湖北省学术著作
Hubei Special Funds for
Academic Publications　出版专项资金

地球空间信息学前沿丛书　丛书主编　宁津生

测绘与地理空间信息学进展

宁津生　陈俊勇　王家耀　李德仁　张祖勋

刘经南　龚健雅　李建成　刘耀林　　　著

WUHAN UNIVERSITY PRESS
武汉大学出版社

图书在版编目(CIP)数据

测绘与地理空间信息学进展/宁津生等著.—武汉:武汉大学出版社,
2022.12
地球空间信息学前沿丛书
湖北省学术著作出版专项资金资助项目
ISBN 978-7-307-23437-6

Ⅰ.测…　Ⅱ.宁…　Ⅲ.测绘—地理信息系统—研究　Ⅳ.P208

中国版本图书馆 CIP 数据核字(2022)第 211745 号

责任编辑:鲍　玲　王　荣　　　责任校对:汪欣怡　　　版式设计:韩闻锦

出版发行:**武汉大学出版社**　　(430072　武昌　珞珈山)
　　　　　(电子邮箱:cbs22@whu.edu.cn 网址:www.wdp.com.cn)
印刷:湖北恒泰印务有限公司
开本:787×1092　1/16　印张:47.75　字数:1132 千字　插页:2
版次:2022 年 12 月第 1 版　　2022 年 12 月第 1 次印刷
ISBN 978-7-307-23437-6　　定价:168.00 元

前　　言

随着空间定位技术、遥感技术、地理信息技术、计算机技术、通信技术和网络技术的发展，当代测绘科学技术已从传统测绘学向近代的地理空间信息学（Geo-Spatial Information Science，Geomatics）演变，在其学科发展中呈现出知识创新和技术引领能力。它已逐渐成为一门利用航天、航空、近地、地面和海洋平台获取地球及其外层空间环境和目标物的形状、大小、空间位置、属性及其相互关联的学科。现代科技的发展使人们能够快速、实时和连续不断地获取有关地球及其外层空间环境的大量几何与物理信息，极大地促进了与地球空间信息获取与应用相关学科的交叉和融合。现代测绘科学技术学科的社会作用和应用服务范围正不断地扩大到与地理空间信息有关的各个领域，构建用于集成各类自然、社会、经济、人文、环境宏观和微观等方面信息的统一的地理空间载体，即构建与"数字中国"相关联的国家地理空间框架，或构建与"智慧中国"概念相关联的时空信息基础设施。特别是在建设"数字中国"和"智慧中国"中发挥着重要的基础性作用。

地理空间信息学是地球科学的一个前沿交叉领域，它利用系统化的方法，集成了用于获取和管理空间数据的所有技术。这些空间数据是产生和管理诸如科学、行政、法律和技术等涉及空间信息过程所需的支撑数据。地理空间信息学不仅包含现代测绘科学的所有内容，而且体现了多学科的交叉与渗透。地理空间信息学不局限于数据的采集，而是强调对地球空间数据和信息从采集、处理、量测、分析、管理、存储、显示、发布和融合服务行业及领域需求的全过程。

基于此，2009 年，时任教育部高等学校测绘学科教学指导委员会主任、中国测绘学会教育委员会主任宁津生院士提议编写一本介绍测绘与地理空间信息学研究进展方面的教材，计划在武汉大学高年级本科生和硕士研究生中试用，可行后向其他院校推广，并马上付诸实施。宁院士召集了八位院士及四位知名教授组成编写组，历时十年，多次召开讨论会，对书名、编写提纲及具体编写内容进行深入研讨。遗憾的是，2020 年 3 月，宁津生院士永远离开了我们，未能等到本书定稿出版的那一天。为了完成先生的遗愿，我们编写组成员决定继续把本书编写完成并出版，以不辜负先生一生对测绘教育事业的深情投入与热爱！

本书主要阐述了测绘与地理空间信息学的最新研究进展及典型应用，内容包括时空基准、导航与位置服务、卫星重力探测与地球重力场、航空航天摄影测量、高分辨率遥感对地观测、精密与特种工程测量、海洋测绘、智能化地图制图、地理空间分析与可视化、网络地理信息系统和服务及从数字地球到智慧地球等。

参加本书编撰的有：宁津生（第 1 章），陈俊勇（第 2 章），刘经南（第 3 章），李建成（第 4 章），张祖勋（第 5 章），李德仁（第 6、12 章），徐亚明（第 7 章），赵建虎（第 8

章)，王家耀、武芳(第9章)，刘耀林(第10章)，龚健雅、陈能成(第11章)。

　　测绘与地理空间信息技术发展迅猛，加之本书编写周期较长，书中难免有一些不完善之处，恳请读者不吝指正。

　　谨以本书的出版纪念宁津生院士诞辰九十周年！

本书编写组

2022 年 12 月

目　　录

第1章　测绘与地理空间信息学发展历程

当今世界，许多全球性问题，如人口、环境、资源、灾害等已成为人类面临的具有挑战性的突出问题。

统计数据表明，世界人口 1800 年达到 10 亿，1930 年达到 20 亿，1960 年达到 30 亿，1974 年达到 40 亿，1987 年达到 50 亿，1999 年达到 60 亿。世界人口在 2005 年已突破 65 亿，2013 年已突破 70 亿。预计到 21 世纪中叶，世界人口将达到 90 亿至 100 亿。世界人口的迅猛增长引发了许多问题。特别是一些经济不发达国家的人口过度增长，影响了整个国家的经济发展、社会安定和人民生活水平的提高，给人类生活带来许多问题。为了解决人口增长过快的问题，人类必须控制自己，做到有计划地生育，使人口增长与社会、经济的发展相适应，与环境、资源相协调。

环境污染是指人类直接或间接地向环境排放超过其自净能力的物质或能量，从而导致环境质量降低，对人类的生存与发展、生态系统和财产造成不利影响的现象。环境污染具体包括水污染、大气污染、噪声污染、放射性污染等。随着科学技术的发展和人们生活水平的提高，环境污染的来源在增加，环境污染的范围在不断扩大，目前在全球范围内都出现了不同程度的环境污染问题，现今经济和贸易的全球化进程不断加快，环境污染也日益呈现国际化趋势。环境污染问题逐渐成为世界各个国家共同研究的课题之一。

当今世界所面临的资源问题主要体现在城市缺水、耕地紧张、矿产资源满足不了国民经济发展的需要，资源与人口增长和经济发展之间的矛盾日益突出，人口的急剧增长和人类的无节制需求是造成资源枯竭的根本原因。人类对自然资源的获取速度，超过了自然资源的补给、再生和增殖速度，就会出现自然资源短缺的问题，尤其是不可再生资源被迅速消耗，蕴藏量快速减少，使得总体资源量迅速降低。

自然灾害是人类依赖的自然界中所发生的异常现象，自然灾害对人类社会所造成的危害往往是触目惊心的。它们之中既有地震、火山爆发、泥石流、海啸、台风、洪水等突发性灾害；也有地面沉降、土地沙漠化、干旱、海岸线变化等在较长时间中才能逐渐显现的渐变性灾害；还有臭氧层变化、水体污染、水土流失、酸雨等人类活动导致的环境破坏灾害。这些自然灾害和环境破坏之间又有着复杂的联系。人类要从科学的角度来认识这些灾害的发生、发展以及尽可能地减小它们所造成的危害，这已是国际社会关注的一个共同主题。

人口增加过快，造成人类生存条件恶化，需要创建相应的良好生存条件；环境污染，导致人类生存环境恶化和生态破坏，需要对生态环境展开实时监测，并进一步调查、评估和治理；资源耗失，造成资源紧缺，需要对资源进行完整可靠的探测和科学合理的开发利用；灾害频发，需要灾前及时准确的预报，灾害发生时应急指挥、抢险救灾以及灾后重建。

人类生活在地球上，一切活动，包括上述这些问题，无不与测绘信息或者地理空间信息息息相关。什么时间？什么地方？发生了什么事情？事发地点及其周围环境发生什么变化、有什么关联？时间、空间、属性是地理空间信息(广义的测绘信息)的三大要素，是人们在生活工作和一切活动中都会涉及的问题。随着经济社会的发展，人们对于测绘信息的需求也在迅速增长，测绘信息的内容和服务方式在国家信息化的大环境下发生了深刻变化。测绘信息化成为测绘学科和测绘事业发展的必然条件。

1.1　测绘学发展的三个阶段

自 1994 年美国以总统令提出建立"国家空间基础设施(NSDI)"和 1998 年美国前副总统戈尔提出"数字地球"这一系列全新的概念后，在世界上引起了极大的反响。由于它是进一步推进社会信息化，抢占信息产业发展新的制高点和主动权的重大战略步骤，因而各国都将其列入国家发展的重中之重，特别是"数字地球"构想在测绘行业中得到强烈的反响，数字地球概念为测绘事业发展提供了新的机遇和更高层次的发展前景。短短几年时间里，从测绘手段、测绘成果的表现形式、测绘成果的应用等方面都发生了质的变化，大大地促进了测绘科技的发展。

3S 技术(GPS、RS、GIS)在测绘学中的出现和应用，使测绘学从理论到手段都发生了根本的变化。空间技术、各类对地观测卫星使人类有了对地球整体进行观察和测绘的工具，好像可以把地球摆在实验室进行观察研究一样方便。

测绘生产任务也由传统的纸上或类似介质的地图编制、生产和更新发展到地理空间数字数据的采集、处理和管理。GPS 的出现革新了传统的定位方式；传统的摄影测量数据采集成果已被遥感卫星或数字摄影获得的影像所代替，测绘人员在室内借助高速高容量计算机和专用配套设备对遥感影像或信号记录数据进行地表(甚至地壳浅层)几何和物理信息的提取和变换，得出数字化地理信息产品，由此制作可供各行各业使用的专用地图等测绘产品。

光纤通信、卫星通信、数字化多媒体网络技术可使测绘产品从单一纸质信息转变为磁盘和光盘等电子信息，产品分发可从单一邮路转到"电路"(数字通信和计算机宽带网络传输)，测绘产品的形式和服务社会的方式由于信息技术的支持发生了很大变化，实现了信息化的发展。

西方国家卫星测地技术可制作全球几乎任一地区 1m 分辨率(IKNOS 卫星影像，相当于 1∶1 万比例尺)的地图，甚至 0.61m 分辨率的 QuickBird 卫星影像可制作更高比例尺的数字地图。卫星上的 GPS 又可将这种地图纳入全球参考框架和转换为它们的国家坐标系，对于军事敏感的重力数据，卫星重力技术所发展的低阶全球重力场模型已足够用于它们的远程战略导弹发射。目前全球高阶重力场模型(如 EGM96)分辨率已达 50km。

数字地球是利用海量地理信息(即地球空间数据)对地球所做的多分辨率、三维数字化描述的整体信息模型，包括数字正射影像、数字高程模型、道路、水系、行政境界、公共地籍、植被、建筑物等基础地理数据集。在此框架上加载各类地球自然信息和人类社会

2

经济活动等一切需要和感兴趣的人文信息，就是虚拟现实模型。

目前发展起来的全数字化摄影测量能够利用功能强大的计算机系统或工作站，对数字化影像进行处理，建立立体地形或地物虚拟模型。但如何将这一技术用在因特网上对多种测绘产品和普通用户提供虚似模型甚至虚拟现实模型，则需要进一步研究和开发功能强、效率高的因特网和 GIS 软件。

从全球来说，目前海洋的精细测绘基本上还是空白，由于陆地高程基准不能用水准测量传递到海洋，在卫星测高技术的支持下用某种去掉潮汐影响的平均海面作深度基准，精度可达米级。但广大的开阔深海的海底地形测绘不可能用船载测深仪完成，用卫星测高结合重力数据(低阶或中阶重力场模型)反演海底地形，目前试验精度可达 10~100m。数字地球将要求海洋测绘技术有新的突破。

综上所述，由于以空间技术、计算机技术、通信技术和信息技术为支柱的测绘高新技术日新月异的迅猛发展，测绘学的理论基础、测绘工程的技术体系，及其研究领域和学科目标，正在适应新形势的需要发生着深刻变化，表现为正在以高新技术为支撑和动力，进入市场竞争求发展，测绘业已成为一项重要的信息产业。它的服务范围和对象也在不断扩大，逐渐由原来的单纯从控制到测图，为国家制作基本地形图的任务，扩大到国民经济和国防建设中，以及与空间数据有关的各个领域。它必将随着 21 世纪更加成熟的信息化社会的到来向更高层次发展，在未来数字地球的概念和技术框架中占据重要的基础性地位。

1.2 传统测绘学概述

测绘学是一门古老的学科，1880 年德国科学家赫尔默特曾对"Geodesy"这个单词下了一个定义：测量和描述地球的学科。现在都将 Geodesy 这个词定义成大地测量学，而且国内外都已约定俗成，毫无疑义。但是我们从赫尔默特对此词的定义和内涵来看，它是测量和描述地球的学科，所以曾经有人将 Geodesy 这个词译成为"测地学"。

传统测绘学若按赫尔默特的定义，就是利用测量仪器测定地球表面自然形态的地理要素和地表人工设施的形状、大小、空间位置及其属性等，然后根据观测到的数据通过地图制图的方法将地面的自然形态和人工设施等绘制成地图。

传统的测绘学科可划分为大地测量学、摄影测量学、地图制图学、工程测量学和海洋测绘学。

(1)大地测量学

大地测量学是研究地球表面及其外层空间点位的精密测定，地球的形状、大小和重力场，地球的整体与局部运动，以及它们的变化的理论和技术的学科。[4][5]

在大地测量学中，测定地球的大小是指测定与真实地球最为密合的地球椭球的大小；研究地球形状是指研究大地水准面的形状；测定地面或空间点的几何位置是指测定以地球椭球面为参考面的地面点位置，即将地面点沿椭球法线方向投影到地球椭球面上，用投影点在椭球面上的大地经纬度表示该点的水平位置，用地面至地球椭球面上投影点的法线距离表示该点的大地高程；研究地球重力场是指利用地球的重力作用研究地球形状等。

解决大地测量学所提出的问题，传统上有两种方法：几何法和物理法。几何法是采用几何观测量(距离、角度、方向)通过三角测量等方法建立水平控制网,提供地面点的水平位置,通过水准测量方法,获得几何量高差,建立高程控制网提供点的高程。物理法是采用地球的重力等物理观测量通过地球重力场的理论和方法推求大地水准面相对于地球椭球的距离(称为大地水准面差距)、地球椭球的扁率(地球形状)等。

(2)摄影测量学

摄影测量学是研究利用摄影的手段获取目标物的影像数据,从中提取几何或物理信息,并用图形、图像表达的学科。[6]

摄影测量学的主要研究内容有:获取目标物的影像,对影像进行处理,将所测得的成果用图形、图像或数字表示。摄影测量学包括航空摄影测量、航天摄影测量、地面摄影测量、地面(近景)摄影测量。

(3)地图制图学

地图制图学是研究地图制作的基础理论、地图设计、地图投影、地图编绘和制作的技术方法及应用的学科。[7]

地图设计,是通过研究、实验,制定新编地图的内容、表现形式及其生产工艺程序的工作;地图投影,是依据一定的数学法则建立地球表面上的经纬线网与在地图平面上相应的经纬线网之间函数关系的理论和方法,也就是研究把不可展曲面上的经纬线网描绘成平面上的图形所产生各种变形的特性和大小以及地图投影的方法等;地图编制,是研究制作地图的理论和技术,即从领受制图任务到完成地图原图的制图全过程;地图制印,是研究复制和印刷地图过程中各种工艺的理论和技术方法;地图应用,是研究地图分析、地图评价、地图阅读、地图量算和图上作业等的理论和方法。

(4)工程测量学

工程测量学是研究工程建设和自然资源开发中进行测量工作的理论和技术的学科。它是测绘学在国民经济、社会发展和国防建设中的直接应用。[8]

工程测量包括规划设计阶段的测量、施工建设阶段的测量和运行管理阶段的测量。每个阶段测量工作的重点和要求各不相同。规划设计阶段的测量,主要是提供地形资料和配合地质勘探、水文测量所进行的测量工作;施工建设阶段的测量,主要是按照设计要求,在实地准确地标定出工程结构各部分的平面位置和高程作为施工和安装的依据;运行管理阶段的测量,是指工程竣工后为监视工程的状况和保证安全所进行的周期性重复测量,即变形观测。

(5)海洋测绘学

海洋测绘学是研究以海洋水体和海底为对象所进行的测量和海图编制的理论和方法的学科。[9][10]

海洋测绘学主要包括海洋大地测量、海道测量、海底地形测量、海洋专题测量以及航海图、海底地形图、各种海洋专题图和海洋图集的编制。海洋大地测量是测定海面地形、海底地形以及海洋重力及其变化所进行的大地测量工作;海道测量,是以保证航行安全为目的,对地球表面水域及毗邻陆地所进行的水深和岸线测量以及底质、障碍物的探测等工作;海底地形测量是测定海底起伏、沉积物结构和地物的测量工作;海洋专题测量是以海洋区域与地理位置相关的专题要素为对象的测量工作,如海洋重力、磁力、领海基线等要素的测量工作；海图制图是设计、编绘、整饰和印刷海图的工作，同陆地地图制图方法基本一致。

传统测绘由于受到观测仪器和方法的限制，只能在地球的某一局部区域进行测量工作，具有如下特征：

①劳动强度大；

②时间延续长；

③测量精度低；

④限于局部范围；

⑤静态测量；

⑥应用范围和服务对象窄。

随着空间技术、计算机技术、信息技术和通信技术的发展及其在各行各业中的不断渗透和融合，测绘学这一古老的学科在这些新技术的支撑和推动下，出现了以3S技术为代表的现代测绘科学技术，使测绘学科从理论到技术发生了根本性的变化。

1.3 数字化测绘的概念与内涵

20世纪90年代，测绘领域充分利用计算机技术、卫星导航定位技术、遥感技术、地理信息系统技术等现代高新测绘技术，实现了地理信息获取、处理、服务和应用全过程的数字化，测绘技术形态和产品形式都发生了深刻变化。随着全球定位系统全面应用于大地测量定位，以及全数字化自动测图系统、影像扫描系统、全数字空中三角测量系统、数字摄影测量工作站、地图编辑工作站、地图数字化系统等数字化测绘技术装备以及地理信息系统基础软件和应用软件相继问世，一套适应新技术的系列数字化测绘标准和地理信息数据生产的工艺流程逐渐形成；进一步，随着卫星导航定位、遥感、数字化测图和地理信息系统等有机结合，测绘和地理信息的获取、处理、管理和服务的运行模式也得到相应发展。与此同时，电子(数字)测绘仪器取得重要进展，生产出了自主知识产权的电子(数字)经纬仪、测距仪、全站仪、GPS接收机等系列国产化仪器，开发出大量的测图软件，基本实现了测绘仪器装备的数字化，彻底改变了传统的地图测制手段，基本解决了基于网络的数字化测绘生产、海量空间数据存储管理、空间数据库构建等关键技术难题，建成了一批基础地理信息中心和基础地理信息数据生产基地，测绘技术体系实现了从传统向现代的历史性跨越。这一阶段是数字化测绘生产时代，或称为地图数字化时代，出现的新技术包括全球导航卫星系统、卫星重力探测技术、航天遥感技术、数字地图制图技术、地理信息系统技术和虚拟现实模型技术。[11]

(1)全球导航卫星系统

全球导航卫星系统(GNSS)是能在地球表面或近地空间的任何地点为用户提供全天候的三维坐标和速度以及时间信息的空基无线电定位系统，包括一个或多个卫星星座及其支持特定工作所需的增强系统。

目前世界上正在运行的全球导航卫星系统有美国的GPS、俄罗斯的GLONASS、欧盟的GALILEO和中国的北斗。

GPS 星座由 24~27 及以上颗卫星组成，轨道高度 21 000km，6 个轨道面，信号包括 L1 载波（$f_1 = 1.575\ 42GHz$）和 L2 载波（$f_2 = 1.227\ 6GHz$），两种调制测距信号 C/A、P1、P2 和广播星历的频率。

GLONASS 是由苏联从 20 世纪 80 年代初开始建设的卫星定位系统，现在由俄罗斯空间局管理。GLONASS 的整体结构类似于 GPS 系统，其主要不同之处在于星座设计、信号载波频率和卫星识别方法的设计。2003 年开始发射第二代 GLONASS-M 卫星，2011 年发射第三代 GLONASS-K 卫星，2015 年开始发射新型的 GLONASS-KM 卫星，系统的整体性能得以增强，应用领域扩大。

GALILEO 系统由 30 颗卫星组成，其中 27 颗工作星，3 颗备份星。卫星分布在 3 个中地球轨道（MEO）上，轨道高度为 23 616km，轨道倾角为 56°。每个轨道上部署 9 颗工作星和 1 颗备份星。GIOVE-A 和 GIOVE-B 分别于 2005 年 12 月底和 2008 年 4 月底发射升空，2012 年 10 月 12 日，随着欧洲伽利略全球导航卫星系统第二批两颗卫星成功发射升空，该系统建设已取得阶段性重要成果。截至 2016 年 12 月，GALILEO 系统在轨卫星达到 18 颗。

中国北斗一号，1994 年由国家批准建设的我国第一代卫星导航定位系统，先后成功发射了 3 颗"北斗一号"导航试验卫星，在此基础上建成了中国"北斗一号"导航试验系统，前两颗卫星构成了独特的"双星有源定位"系统，第三颗"北斗一号"是导航定位系统的备份星。它与前两颗"北斗一号"工作星组成了中国完整的第一代卫星导航定位系统。中国北斗卫星导航系统（BeiDou Navigation Satellite System，BDS）由空间段、地面段和用户段三部分组成，空间段包括 5 颗静止轨道卫星和 30 颗非静止轨道卫星，地面段包括主控站、注入站和监测站等若干个地面站，用户段包括北斗用户终端以及与其他卫星导航系统兼容的终端。提供两种服务方式，即开放服务和授权服务。2007 年 2 月 3 日在西昌成功发射一颗北斗导航试验卫星，卫星准确入轨，北京时间 2011 年 7 月 27 日 5 时 44 分，我国在西昌卫星发射中心用"长征三号甲"运载火箭成功将第九颗北斗导航卫星送入太空。北斗卫星导航系统按照"三步走"的发展战略，于 2012 年前具备亚太地区区域服务能力；2020 年左右，建成北斗三号系统，向全球提供服务。

（2）卫星重力探测技术

卫星重力探测技术是将卫星当作地球重力场的探测器或传感器，通过它对卫星轨道的受摄运动及其参数的变化或两颗卫星之间的距离变化进行观测，以此研究和了解地球重力场的结构。

（3）航天遥感技术

航天遥感技术是不接触物体本身，用传感器采集目标物的电磁波信息，经处理、分析后，识别目标物，揭示其几何、物理性质和相互联系及其变化规律的现代科学技术。

由于遥感技术的出现，在测绘学科中又出现了航天摄影和航天测绘。前者是在航天飞行器（卫星、航天飞机、宇宙飞船）中利用摄影机或其他遥感探测器（传感器）获取地球的图像资料和有关数据的技术，它是航空摄影的发展；后者则是基于航天遥感影像进行测量工作。

（4）数字地图制图技术

　　数字地图制图技术是根据地图制图原理和地图编辑过程的要求，利用计算机输入、输出等设备，通过数据库技术和图形数字处理方法，实现地图数据的获取、处理、显示、存储和输出。此时地图是以数字的形式存储在计算机中，称之为数字地图。有了数字地图就能生成在屏幕上显示的电子地图。数字地图制图的实现，改变了地图的传统生产方式，节约了人力，缩短了成图周期，提高了生产效率和地图制作质量，使得地图手工生产方式逐渐被数字化地图生产所取代。

　　（5）地理信息系统技术

　　地理信息系统是在计算机软件和硬件的支持下，把各种地理信息按照空间分布及属性以一定的格式输入、存储、检索、更新、显示、制图和综合分析应用的技术系统。它是将计算机技术与空间地理分布数据相结合，通过一系列空间操作和分析方法，为地球科学、环境科学和工程设计，乃至政府行政职能和企业经营提供有用的规划、管理和决策信息，并回答用户提出的有关问题。

　　（6）虚拟现实模型技术

　　虚拟现实模型技术是由计算机组成的高级人机交互系统，构成一个以视觉感受为主，包括听觉、触觉、嗅觉的可感知环境。用户戴上头盔式三维立体显示器、数据手套及立体声耳机等，可以完全沉浸在计算机制造的虚拟世界里。用户在这个环境中实现观察、触摸、操作、检测等试验，有身临其境之感。

　　测绘学科的这些变化从技术层面上影响到测绘学科由传统的模拟测绘过渡到数字化测绘，例如测绘生产任务由纸上或类似介质的地图编制、生产和更新发展到对地理空间数据的采集、处理、分析和显示，出现了所谓的4D测绘系列产品，即数字高程模型（DEM）、数字正射影像（DOM）、数字栅格地图（DRG）和数字线划图（DLG）。测绘学科和测绘工作正在向着信息采集、数据处理和成果应用的数字化、网络化、实时化和可视化的方向发展，生产中体力劳动得到解放，生产力得到很大的提高。今天的光缆通信、卫星通信、数字化多媒体网络技术可使测绘产品从单一的纸质信息转变为磁盘和光盘等电子信息，测绘生产产品分发方式从单一的邮路转到"电路"（数字通信和计算机网络、传真等），测绘产品的形式和服务社会的方式由于信息技术的支持发生了很大的变化，表现为正以高新技术为支撑和动力，测绘行业和地理信息产业成为新世纪的朝阳产业。它的服务范围和对象正在不断扩大，不再是原来的单纯从控制到测图，为国家制作基本地形图，而是扩大到国民经济和国防建设中与地理空间数据有关的各个领域，这一时期是数字化测绘技术体系全面建立阶段。

　　数字化测绘是将星载、空载和船载的传感器以及地面各种测量仪器所获取的地理空间数据，通过信息技术和数字化方法，利用计算机硬件和软件对这些地理空间数据进行测量、处理、分析、管理、显示和利用。其显著特征包括：

　　①测绘仪器电子化与自动化；

　　②数据处理计算机化；

　　③测绘生产与产品形式数字化；

　　④测绘成果分发网络化。

1.4 信息化测绘体系的构建与发展

随着信息社会的发展进步，信息技术与信息资源作为信息社会的两大支柱正在成为人类经济和社会活动的迫切需要，成为掌握未来竞争与发展主动权和制高点的重要条件。走以信息技术发展和信息资源建设为核心的信息化道路，已经成为经济社会发展的战略选择。随着国民经济和社会信息化进程的加快，测绘技术进步日新月异，地理信息需求迅速增长，数字化测绘技术和产品已经在众多领域得到广泛应用，测绘开始进入信息化时代。走测绘信息化发展道路，推进测绘信息化发展，是信息社会对测绘发展的基本要求。[11][12][13][14]

信息化测绘是在完全网络运行环境下，利用数字化测绘技术为经济社会实时有效地提供地理空间信息综合服务的一种新的测绘方式和功能形态。测绘信息化的特点主要体现在以下几个方面：[15][16][17][18][19][20][21][22]

①信息获取实时化：地理信息数据获取主要依赖于空间对地观测技术手段，如卫星导航快速定位技术、航空航天遥感技术等，可以动态、快速甚至实时地获取测绘需要的各类数据。

②信息处理自动化：在地理信息数据的处理、管理、更新等过程中广泛采用自动化、智能化技术，可以实现地理信息数据的快速或实时处理。

③信息服务网络化：地理信息的传输、交换和服务主要在网络上进行，可以对分布在各地的地理信息进行"一站式"查询、检索、浏览和下载，任何人在任何时候、任何地方都可以得到权限范围内的地理信息服务。

④信息应用社会化：地理信息应用无处不在，企业成为服务的主体，地理信息资源得到高效利用，并在经济社会发展和人民生活中发挥更大的作用。

面向全社会提供地理信息服务是新时期测绘发展的主要任务，同时也标志着测绘现代化建设或测绘信息化发展进入一个新的阶段，即以地图生产为主向以地理信息服务为主转变的阶段。信息化测绘体系是以多源化、空间化、实时化数据获取为支撑，以规模化、自动化、智能化数据处理与信息融合为主要技术手段，以多层次、网格化为信息存储和管理形式，产品服务从单一的测绘数字产品形式转变为社会各部门、各领域的多元信息和技术服务方式，能够形成丰富的地理信息产品，通过快速、便捷、安全的网络设施，为社会各部门、各领域提供多元化、人性化地理信息服务，是测绘业务手段现代化的综合体现和重要标志。信息化测绘体系建设是实现测绘信息化的重要途径，主要强调地理信息获取实时化、处理自动化、服务网络化和应用社会化。[23][24]信息化测绘体系构建包括：

①较为完善的全国统一、高精度、动态的现代化测绘基准体系。

②现势性好、品种丰富的基础地理信息资源体系。

③基于航天、航空、地面、海上的多平台、多传感器实时化地理信息获取体系。

④基于空间信息网格和集群处理技术的一体化、智能化、自动化地理信息处理体系。

⑤基于丰富地理信息产品和共享服务平台的网络化地理信息服务体系。

这一阶段出现了三个新的学科：卫星导航定位学、航空航天测绘学和地理信息工程学。

1) 卫星导航定位学

(1) 现代测绘基准

现代测绘基准为地理空间信息提供平面位置、高程、重力、深度以及时间等方面的起算依据,包括平面基准、高程基准、重力基准、深度基准和时间基准。

平面基准,即大地测量参考系统,依其原点位置不同而分为参心坐标系和地心坐标系。国际上采用国际地球参考系统(ITRS);我国采用参心坐标系,包括1954北京坐标系和1980西安坐标系,2008年7月1日国务院批准我国采用国家大地坐标系(CGCS2000)。

高程基准,即国家高程基准,我国采用1985黄海高程系统,基准是青岛水准原点及其高程值。国家一、二等水准网则为此高程系统的参考框架。利用厘米级精度水平的(似)大地水准面将GNSS测定的大地高转换成正(常)高,借助(似)大地水准面形成全球统一的高程基准,以此代替几何水准测量所建立的高程参考框架。

现代测绘基准是统一、高精度、地心、动态的几何—物理一体化测绘基准体系。具体表现在:①统一:指国家、陆海统一;②高精度:指坐标框架的相对精度达到10^{-8}量级以上;③地心:指大地测量参考系统定义为地心坐标系;④动态:指测绘基准体系包含了时间概念;⑤几何-物理:指借助大地测量技术相互融合,实现全国(全球)包括几何和物理意义的统一测绘基准。我国未来测绘基准体系包括建立600多个连续基准站、27400多个国家一等水准网点、4000多个卫星控制网点和厘米级国家大地水准面。

(2) 卫星定位技术

卫星定位技术的研究热点包括:精密单点定位技术、网络RTK定位技术、CORS连续运行网络、伪卫星技术和多模、多传感器组合导航。

精密单点定位技术(Precise Point Positioning,PPP)是利用载波相位观测值和IGS或区域CORS提供的高精度或实时的卫星星历及卫星钟差,用户使用单台GNSS接收机实现厘米级甚至毫米级事后或实时的静态或动态定位。这是实现全球精密实时定位与导航的关键技术。

网络RTK定位技术(Network RTK)是在常规RTK和差分GPS技术基础上发展的一种GNSS新技术。在较大区域内建立多个坐标已知的GPS基准站,构成地区网状覆盖,以此为基础,计算和发播相位观测值误差改正信息,对用户进行实时改正的定位。目前我国许多省市利用这种技术建立了连续运行卫星定位服务系统。

CORS连续运行网络是利用多基站网络RTK技术建立的连续运行卫星定位服务综合系统(Continuous Operational Reference System,CORS),目前已成为城市GPS应用的发展热点之一。CORS系统是卫星定位技术、计算机网络技术、数字通信技术等高新科技多方位、深度结晶的产物。

伪卫星技术(Pseudo-Satellite Positioning):伪卫星就是设置在地面上的GPS卫星。伪卫星能够发射类似于GPS的信号,它与GPS的组合定位增加了观测量,且其具有较低的高度角,因而能够显著增强卫星定位的几何图形结构,附加的观测量还有利于增强GPS模糊度的解算,提高精度,进而提升整个系统的可用性、稳定性和可靠性。

多模、多传感器组合导航是把几种不同的单一导航系统或传感器组合在一起,就能利用多种信息源,互相补充,构成一种有多余度和导航准确度更高的多功能系统。

（3）现代高程测量

GPS 可测出地面一点的大地高，如果能在同一点上获得高程异常（或大地水准面差距），那么就可将大地高通过高程异常（或大地水准面差距）转换成正常高（或正高）。它能精确、快速、高效地进行高程测量，这里的关键技术是厘米级高精度、高分辨（似）大地水准面数值模型的确定方法。

2）航空航天测绘学

（1）高分辨率卫星遥感影像测图

2010 年 8 月 24 日 15 时 10 分，我国在酒泉卫星发射中心用"长征二号丁"运载火箭成功地将"天绘一号"卫星送入预定轨道，英文名称为"Mapping Satellite-1"，主要用于科学研究、国土资源普查、地图测绘等诸多领域的科学试验任务；2006 年 1 月 24 日日本发射陆地观测技术卫星 ALOS 号，主要用于获取 3~5m 精度的数字高程模型和测绘 1∶2.5 万的地图；2012 年我国发射高分辨率测图卫星"资源三号"，形成 1∶5 万测图产品和 1∶2.5 万等地形图修测与更新能力。

（2）航空数码相机的摄影测量数据获取

数码相机的最大优势在于不增加飞行成本条件下获取大重叠度影像数据，若将多幅相邻影像同时处理，则可大大提高影像匹配、立体测图和三维重建的精度和可靠性。

（3）轻小型低空摄影测量平台

低空摄影测量平台能够方便地实现低空数码影像获取，可满足大比例尺测图、高精度城市三维建模及各种工程应用的需要，是常规航天、航空遥感手段的有效补充。当前研究的几个关键技术有低空遥感平台多传感器集成技术，自动化、智能化的飞行计划及飞行控制技术，轻小型摄影测量平台的姿态稳定技术，不同重叠度、多角度、多航带影像的摄影测量处理技术。

（4）机/星载激光雷达技术

机/星载激光雷达技术（LiDAR），集激光扫描仪、全球定位系统和惯性导航系统为一体，通过主动发射激光，接收目标对激光光束的反射及散射回波来测量目标的方位、距离及目标表面特性，能够直接得到高精度的三维坐标信息。与传统的航空摄影测量方法相比，机/星载激光雷达技术可部分地穿透树林遮挡，直接获取地面点的高精度三维坐标数据，且具有外业成本低、内业处理简单等优点。

（5）数字摄影测量网格数据处理系统

新一代航空航天数字摄影测量处理平台 DPGRID，由高性能刀片式计算机系统、磁盘阵列、后备电源等组成，是以最新影像匹配理论与实践为基础的自动数据处理系统。利用刀片式计算机网络和数据库加相应的处理软件进行并行处理，不以像片、像对、作业员个人为单位，集生产、质量检测、管理为一体，合理安排人、机的工作，打破了传统摄影测量流程，提高了生产效率。

高分辨率遥感影像数据一体化测图系统 PixelGrid，以现代摄影测量与遥感理论为基础，融合计算机和网络通信技术，提出基于 RFM 通用成像模型的大范围遥感影像稀少/无控制区域网平差、基于多基线/多重特征的高精度 DEM/DSM 自动提取、基于地理信息数据库的高效高精度影像地图制作、基于松散耦合并行服务中间件的集群分布式并行计算等一系列理论和方法，它是国内研制的第一套完整和先进的高分辨率遥感影像测图系统，特别适用于监测条件复杂地区的遥感影像测图。

3）地理信息工程学

（1）地图制图的数字化、信息化与一体化

地图制图生产全面完成了由手工模拟方式到计算机数字化方式的转变，构建了地图制图与出版一体化系统，特别是结合地理信息系统软件和图形软件，形成了以符号图形为基础的地图制图系统。

数字地图制图则是以数字地图产品的生产为最终目标，针对用户不同需求提供数字地图、电子地图以及基于此的多种信息系统，具有显著的服务多向性特征。

数字地图制图的延伸则是信息化地图制图，它是以地理空间信息存储、管理、处理、服务的一体化作为一个系统，并在网络环境下进行资源共享与协同解决问题，同时以提供地理空间信息综合服务为目标。

地理空间信息工程技术，是在电子计算机技术、通信网络技术和地理空间信息技术的支持下，运用信息科学和系统工程理论和方法，描述和表达地球数据场和信息流的技术，是地理空间信息感知、采集、传输、存储与管理、分析、可视化与应用技术的总称。

（2）地理空间数据同化与空间数据库构建

地理空间数据同化是指将异构地理空间数据进行整合，为研究区域规律、综合规划管理、应急决策指挥提供统一的、高质量的地理空间信息服务。

数据同化主要表现为不同数学基础、不同语义、不同尺度和不同时态地理空间数据的同化，另外还有多源非空间数据与空间数据同化的问题，即非空间数据的空间化。以上是构建空间数据库首先应解决的问题。

（3）可量测的实景影像产品

在机动车上装配 GPS、CCD、INS 或航位推算系统等传感器，在车辆行驶中快速采集道路及两旁地物的空间位置和属性数据，并同步存储在车载计算机系统中，经事后编辑处理，形成内容丰富的道路空间信息数据库。它包含了街景影像视频及其内外方位元素，将它们与一般二维城市地图集成在一起，生成众多的与老百姓衣食住行相关的兴趣点（POI），形成为城市居民服务的新的地理空间信息产品。再将这种移动测量系统（MMS）采集的数据与人工测量数据以及航片、卫片等资料建立无缝关联，可形成更全面、更准确和现势性更强的地理信息系统，它是一种"可控、可量、可挖掘"的影像数据，可提供多种集成服务。

（4）基于网格服务的地理信息资源共享与协同工作系统

基于网格服务的地理信息资源共享与协同工作系统是以网络/网格环境为平台，以地理空间信息服务为核心，各种地理信息工程要素（信息获取、处理与服务）、信息工程单元（信息管理、生产与科研单位）、信息系统（信息获取、处理、生产与服务系统）在网络/网格环境下，按照一定的组织结构和相互联系，并遵循相应标准和协议组成的整体系统。

（5）基于"一站式"门户的地理空间信息网络自主服务系统

它是一个建立在分布式数据库管理与集成基础上的"一站式"地理空间信息服务平台，面向公众提供空间信息的自主加载、查询下载、维护、统计信息及其他非空间信息的空间化、公众信息处理与分析软件的自动插入与共享等一系列服务。这个新一代服务系统是基于网络地图服务和空间数据库互操作等新技术开发而成的，将分布在各地不同机构、不同系统的空间数据库在统一标准和协议下连成一个整体，采用相同的标准和协议，进行互操作，使信息共享从数据交换提升到系统集成的共享。

1.5　测绘与地理空间信息学展望

从前述测绘学的发展历程可以看出，现代测绘学是指地理空间数据的获取、处理、分析、管理、存储和显示的综合研究。原来各个测绘分支学科之间的界限已随着计算机和通信技术的发展逐渐变得模糊了。某一个或几个测绘分支学科已不能满足现代社会对地理空间信息的需求，相互之间更加紧密地联系在一起，并与地理和管理学科等其他学科知识相结合，形成测绘学的现代概念与内涵，即研究地球和其他实体的与时空分布有关信息的采集、量测、处理、显示、管理和利用的科学与技术。它的研究内容则是确定地球和其他实体的形状和重力场及空间定位，利用各种测量仪器、传感器及其组合系统获取地球及其他实体与地理空间分布有关的信息，制成各种地形图、专题图和建立地理、土地等空间信息系统，为研究地球的自然和社会现象，解决人口、资源、环境和灾害等社会可持续发展中的重大问题，以及为国民经济和国防建设提供技术支撑和数据保障。测绘学科的应用范围和服务对象——从控制到测图（制作国家基本地形图）的任务扩大到与地理空间信息有关的各个领域，特别是在建设"数字中国"和"智慧中国"中，测绘学将构建用于集成各类自然、社会、经济、人文、环境等方面信息的统一的地理空间载体，即构建与数字中国相关联的国家地理空间框架，或构建与"智慧中国"概念相关联的时空信息基础设施。测绘学已完成由传统测绘向数字化测绘的过渡，现在正在向测绘信息化发展。由于将空间数据与其他专业数据进行综合分析，致使测绘学科从单一学科走向多学科的交叉，其应用已扩展到与空间分布信息有关的众多领域，显示出现代测绘学正向着近年来兴起的一门新兴学科——地理空间信息科学（Geo-Spatial Information Science，Geomatics）跨越和融合。地理空间信息学包含了现代测绘学的所有内容，但其研究范围较之现代测绘学更加广泛。

1996 年，国际标准化组织（ISO）对地理空间信息学（Geomatics）给出了它的定义："Geomatics is a field of activity which, using a systematic approach, integrates all the means used to acquire and manage spatial data required as part of scientific, administrative, legal and technical operations involved in the process of production and management of spatial information. These activities include, but are not limited to, cartography, control surveying, digital mapping, geodesy, geographic information systems, hydrography, land information management, land surveying, mining surveying, photogrammetry and remote sensing"。ISO 还给出以下简明定义："Geomatics is the modern scientific term referring to the integrated approach of measurement, analysis, management and display of spatial data"。地理空间信息学是地球科学的一个前沿领域，它利用系统化的方法，集成了用来获取和管理空间数据的所有技术。这些数据是产生和管理诸如科学、行政、法律和技术等涉及空间信息过程所需的支撑数据。这些领域包括（但不仅限于）地图学、控制测量、数字制图、大地测量学、地理信息系统、海道测量学、

土地信息管理、土地测量、矿山测量、摄影测量与遥感[25][26]。

地理空间信息学不仅包含现代测绘科学的所有内容，而且体现了多学科的交叉与渗透，并且特别强调计算机技术的应用。地理空间信息学不局限于数据的采集，而是强调对地球空间数据和信息从采集、处理、量测、分析、管理、存储，到显示和发布的全过程。这些特点标志着测绘学科从单一学科走向多学科的交叉；从利用地面测量仪器进行局部地面数据的采集到利用各种星载、机载和舰载传感器实现对地球表面及其环境的几何、物理等数据的采集；从单纯提供静态测量数据和资料到实时/准实时地提供随时空变化的地球空间信息。将空间数据和其他专业数据进行综合分析，其应用已扩展到与空间分布有关的诸多方面，如环境监测与分析、资源调查与开发、灾害监测与评估、现代化农业、城市发展、智能交通等。

"十二五"期间我国测绘工作的总体战略是"构建数字中国，监测地理国情，发展壮大产业，建设测绘强国"。"数字中国"是指以高速宽带网络通信技术为基础，以国家空间信息基础设施为依托，以虚拟现实技术为特征，在统一的规范标准环境下，全面系统地揭示和反映中国的自然、社会和人文现象的信息系统体系。地理国情是关于国土疆域、地形地貌、地表覆盖、江河湖泊、交通网络、城镇、人口与生产力、资源环境、灾害等空间分布和时空变化的基本国情。利用现代空间信息技术对地理国情的现状与变化进行测绘、统计和分析，客观准确地揭示其空间分布规律和发展演化趋势，可为资源与生态环境保护、经济社会发展、战略规划制定、区域协调发展、重大国际问题应对等提供有力支撑。地理信息产业是指对地理信息资源进行采集、加工、开发、服务和经营，是新兴的高技术产业，涉及地图、地理信息系统、遥感、卫星导航等产业分支。地理信息的生产应用覆盖面广、产业链长、关联度大、增长迅速，具有智力要素密集度高，产出附加值大，资源消耗少，无环境污染等特点，并与国家安全直接相关。[27]

测绘与地理空间信息学的内容包括：
①测绘与地理空间信息学发展历程；
②测绘与地理空间信息时空基准；
③卫星导航与位置服务；
④卫星重力探测与地球重力场；
⑤航空航天摄影测量；
⑥高分辨率遥感对地观测；
⑦精密与特种工程测量；
⑧海洋测绘与海道测量；
⑨智能化地图制图与地图传播；
⑩地理空间信息分析与可视化；
⑪网络地理信息系统与服务；
⑫从"数字地球"到"智慧地球"。

当代测绘科学技术已从传统测绘学向近代的地理空间信息学演变，在其学科发展中呈现出知识创新和技术带动能力。它已成为一门利用航天、航空、近地、地面和海洋平台获取地球及其外层空间目标物的形状、大小、空间位置、属性及其相互关联信息的学科。现代空间定位技术、遥感技术、地理信息技术、计算机技术、通信技术和网络技术的发展，使人们能够快速、实时和连续不断地获取有关地球及其外层空间环境的大量几何与物理信息，极大地促进了与地球空间信息获取与应用相关学科的交叉和融合。现代测绘科学技术学科的社会作用和应用服务范围正不断扩大到与地理空间信息有关的各个领域，特别是在建设"数字中国"和"智慧中国"中发挥着重要基础性作用。

（本章作者：宁津生）

◎ 本章参考文献

［1］ 李德仁，龚健雅，邵振峰．从数字地球到智慧地球［J］.武汉大学学报（信息科学版），2010（2）：127-132+253-254.

［2］ 宁津生，晁定波．数字地球与现代测绘科技的发展［J］.测绘通报，1999（12）：10-12.

［3］ 宁津生，王正涛．面向信息化时代的测绘科学技术新进展［J］.测绘科学，2010（5）：5-10.

［4］ 李建成．最新中国陆地数字高程基准模型：重力似大地水准面 CNGG2011［J］.测绘学报，2012，41（5）：651-669.

［5］ 宁津生，王华，程鹏飞，等．2000 国家大地坐标系框架体系建设及其进展［J］.武汉大学学报（信息科学版），2015，40（5）：569-573.

［6］ Haipuke K, TANG L. Development Trend and Prospect of Photogrammetry and Remote Sensing［J］. Geographic Information World, 2011（4）：7-11.

［7］ 王家耀．地图制图学与地理信息工程学科发展趋势［J］.测绘学报，2010（2）：115-119+128.

［8］ 张正禄．工程测量学［M］.3 版．武汉：武汉大学出版社，2020.

［9］ 黄文骞．海洋测绘信息处理新技术［J］.海洋测绘，2010，30（5）：77-80.

［10］ 刘秋生，韩范畴，肖京国，等．海洋测绘信息数字平台建设［J］.海洋测绘，2010，30（1）：79-81.

［11］ 宁津生，王正涛．测绘学科发展综述［J］.测绘科学，2006，31（1）：9-16.

［12］ 宁津生．从测绘学科发展看 GIS 专业的学科建设［J］.测绘科学，2003（4）：1-3+1.

［13］ 宁津生，王正涛．2011—2012 测绘学科发展研究综合报告（上）［J］.测绘科学，2012（3）：5-10.

［14］ 宁津生，王正涛．2011—2012 测绘学科发展研究综合报告（下）［J］.测绘科学，2012（4）：5-12.

［15］ 刘经南．GNSS 连续运行参考站网的下一代发展方向——地基地球空间信息智能传感网络［J］.武汉大学学报（信息科学版），2011，36（3）：253-256.

［16］刘顺喜，王忠武，尤淑撑．中国民用陆地资源卫星在土地资源调查监测中的应用现状与发展建议［J］.中国土地科学，2013，27（4）：91-96.

［17］宁津生，王正涛．地球重力场研究现状与进展［J］.测绘地理信息，2013，38（1）：1-7.

［18］杨元喜，张丽萍．中国大地测量数据处理60年重要进展第二部分：大地测量参数估计理论与方法的主要进展［J］.地理空间信息，2010，8（1）：1-6.

［19］宁津生，姚宜斌，张小红．全球导航卫星系统发展综述［J］.导航定位学报，2013，1（1）：3-8.

［20］宁津生，黄谟涛，欧阳永忠，等．海空重力测量技术进展［J］.海洋测绘，2014，34（3）：67-72.

［21］李婧怡，林坚，刘松雪，等．2014年土地科学研究重点进展评述及2015年展望——土地利用与规划分报告［J］.中国土地科学，2015，29（3）：3-12.

［22］徐聪，曹沫林，李柏明．矿山测量技术的发展与探讨［J］.矿山测量，2011，1：58-60.

［23］杨元喜．北斗卫星导航系统的进展、贡献与挑战［J］.测绘学报，2010，39（1）：1-6.

［24］舒怀．从"百度迁徙"看位置服务与大数据融合［J］.卫星应用，2014（5）：39-40.

［25］李德仁．展望大数据时代的地球空间信息学［J］.测绘学报，2016（4）：379-384.

［26］柳林，李德仁，李万武，等．从地球空间信息学的角度对智慧地球的若干思考［J］.武汉大学学报（信息科学版），2012（10）：1248-1251.

［27］周星，周德军．关于测绘信息化发展有关问题的探讨［J］.测绘科学，2008（S2）：101-102+107.

第 2 章　测绘与地理空间信息时空基准

2.1　概述

人类在地球上的一切活动都是在某一特定的时空中存在的，也就是在某一特定的时间和某一特定的地理空间中进行的。人和物(有生命的或是无生命的)所处的时空位置是人类政治、经济和社会活动的基本参系系。测绘与地理空间信息的时空基准体现在国家的经济建设、社会发展、科技进步和国防建设中，也体现在社会的各行各业，从政府行为到人们的日常生活中。

测绘与地理空间信息的时空基准是测绘与地理空间信息的起算数据，是确定测绘与地理空间信息的几何和物理形态及其时空分布的基础，是在数学与物理空间里表示测绘数据与地理要素的参考基准，是保证测绘与地理空间信息在时间域和空间域上的整体性和完备性的必要条件。

测绘与地理空间信息的空间基准是地理信息系统、"数字地球""智慧地球"的基础平台，它通过将各种无关联的信息源统一到一个空间基准，从而重构这些信息源之间的几何和物理的空间关联，以及它们的拓扑关系。地球多源多维信息的一致性、整体性的维护和分析，以及数据共享的实现，也要求测绘与地理空间信息有统一的空间基准的支持。

测绘与地理空间信息的时间基准是科学研究、科学实验和工程技术诸方面的基本物理量。它为一切动力学系统和时序过程的测量和定量研究提供了必不可少的时间坐标。时间基准深入到经济建设、国防建设和人们社会生活的方方面面，过去、现在和未来，无所不在！现代社会的高速发展，对时间频率的精度和可靠性提出了高要求，特别是现代数字信息网络的发展，各种政治、文化、科技和社会信息的协调都需建立在协调一致的测绘与地理空间信息时间基准的基础上。

测绘与地理空间信息的空间基准[8,9,10,20]包括设立和采用平面基准、高程基准和重力基准等。平面基准主要包括国家坐标系统和坐标框架；高程基准主要包括国家高程系统和国家高程控制网(精密水准网)；重力基准主要包括国家重力系统、国家重力基准网和国家大地水准面。测绘与地理空间信息的时间基准包括时间系统与时间系统框架[6,7,16,17]。

中国测绘与地理空间信息的时空基准现代化应适应中国的改革开放，要支持中国经济走向世界、面向全球，要服务中国科技和国防的现代化，提供"数字中国""智慧中国"的测绘地理空间保障。基于大地测量、计算机技术和信息技术的迅猛发展，当前中国测绘与地理空间信息的时空基准已基本实现了三维、高精度、动态和涵盖中国陆海国土。

2.1.1　地心三维坐标

过去由于科技水平的限制，经典的测绘与地理空间信息获取通常都是在地面上进行的，要以较高精度测定目标的地心三维坐标是很困难的，通常都是推算地面目标物的二维坐标、二维影像，因此在过去的 20 世纪里，测绘与地理空间信息（学）空间基准的实际应用中，一般不采用三维坐标。此外，由于人类总是习惯对平面介质（例如纸或屏幕）上的目标进行观测，而对客观存在的三维空间目标通常以某种数学关系转换到二维的平面介质上进行考察研究，这种将三维空间目标转化为二维后，该目标第三维的高程信息往往只作为地理信息系统中的属性处理。

随着空间技术和虚拟技术的发展，现代测绘与地理空间信息所获得的位置、影像等成果，常常表示为以维系卫星运动的地球质心（地心）为坐标原点的三维数据。在测绘与地理空间信息空间基准中采用符合客观空间实际的三维坐标，将是一种必然趋势。

测绘与地理空间信息（学）所采用的三维坐标系统，除了通常的 (X, Y, Z) 坐标系统外，还有经纬度与高程 (B, L, H)、平面公里格网与高程 (X, Y, H) 等多种坐标系统形式。三维坐标系统的原点可以是参心的，也可以是地心的，即采用以地球质心为原点的地心坐标系。采用地心坐标系的优点是明显的，因为这种坐标系统是空中和空间物体运动的本始参照系，可以比较方便客观地阐明地球上各种地理和物理现象，特别目前利用空间技术等手段已可在厘米量级上确定地心的位置，因此采用地心三维坐标系在当今既有它的必要性也有了可能性。但这里要提及一点，考虑到二维介质便于携带，便于量测，因此测绘与地理空间信息（学）曾采用的二维坐标系统不仅过去需要，今后还会长期发挥作用。

2.1.2　高精度

现代测绘与地理空间信息时空基准的量测精度，在过去的几十年间提高了 1 到 2 个量级。例如我国天文大地网是中国 20 世纪 60 年代测绘与地理空间信息的坐标框架，它的相对精度是 3×10^{-6}，是当时大地测量的最高精度。目前我国国家级 GPS 网的相对精度至少可以做到 1×10^{-7}，又例如重力测量和大地水准面计算，也是分别从过去的毫伽（mGal）和公寸（dm）量级精度，提高至今日的微伽（μGal）和厘米（cm）量级。这些都是现代大地测量技术可以做到的，也是现代测绘与地理空间信息对国家级空间基准在精度方面的要求。

在时间的计量精度方面也类同，例如由于空间技术的发展和需要，物体（如人造卫星、导弹等）运动速度的计量，相应的时间必须由毫秒（ms）的精度进展到微秒（μs）的精度，甚至更精确。

2.1.3　动态与时间维

过去定义空间基准时，由于精度较低，所以难以测定被测量对象本身的动态变化，如地形变化等所导致随时间变化的地面点平面和高程的位移，重力的变化。现代空间基准具有高精度的数值，但它们只是相应于某一时刻（历元）的数值，这些数值是动态的，是时间的函数。为了真正保持空间基准的精确性，就必须保持它们具有时间维的现势性。即不仅仅向用户提供涉及某一历元的坐标和高程，还必须同时提供它们相应的时间变率。因此现代空间基准中的坐标、高程和重力值是动态的、是具有时间维的。[9,24] 这也是实时定位、导航、气象、电离层和海平面监测等方面有高精度和实时需求用户的基本要求。

经典测绘与地理空间信息的外业观测、内业处理和成果提供，一般是在有一定时间间隔内完成的三个不同的工序。而现代测绘与地理空间信息所相对应的这几个工序，几乎可以实时或准实时同步完成。例如对静态或动态目标的实时定位（导航），对形变的实时监测，准实时测定大气和海洋角动量变化与地球自转的关系，2002 年升空的 GRACE 卫星就能够准实时测定由大气质量的再分布和雪、冰、地下水变化所引起的地球重力场的短暂性变化。

世界万物皆运动，高精度的测绘与地理空间信息三维成果，必然或必须要以时间（历元）作为它的第四维，否则高精度的三维成果在不断运动的物质世界中就没有意义，也就是说，测绘与地理空间信息的内容，在当前高精度测量的条件下，测量成果必须同步提供进行量测的时刻，即提供它们所相应的时间维——历元。

2.1.4　全球性和区域性

现代测绘与地理空间信息所涉及的范围，已从原来的几十千米扩展到几千千米，不再受经典测绘中"视线"长度的制约。经典测绘与地理空间信息的确定和服务，都主要限于区域的，而且主要是涉及陆域范围。以中国为例，目前中国经济、社会和国防的发展，海洋勘界、海洋资源的利用和开发，航空航天和航海技术的进展，都要求中国现代测绘与地理空间信息的确定和服务，至少应是涵盖中国的全部陆海国土，也就是说在中国的国土上，不论是在中国的陆地、海岛还是海洋，中国的现代测绘与地理空间信息技术都能及时提供可靠适用的时空信息的保障。

现代测绘与地理空间信息已不仅只涵盖区域的陆海国土，而且能提供全球性相应的地理空间信息。例如测定全球的板块运动，冰原和冰川的流动，洋流和海平面的变化，具有时空高分辨率的世界各地的卫星影像，等等，因此过去总在区域中进行的测绘与地理空间信息作业现在已扩展为洲际的、全球的，甚至是星际的作业。

2.2　地球坐标系统和地球坐标框架

地球坐标系统和地球坐标框架是测绘与地理空间信息的空间基准中的平面基准。大地测量常数确定平面基准的度量标准。根据国际地学组织协议通过的地球坐标系统和地球坐标框架，称为国际地球坐标系统（International Terrestrial Coordinate System，ITRS）和国际地球坐标框架（International Terrestrial Coordinate Frame，ITRF）。各国或地区可以采用这些国际坐标系统、大地测量常数和坐标框架，也可以根据各自的社会发展、自然地理和测绘的具体情况，确定本国或本地区的坐标系统、大地测量常数和坐标框架。

中国自 20 世纪 50 年代以来就曾采用过 1954 北京坐标系、新 54 北京坐标系、1980 西安坐标系和 2000 国家大地坐标系（China Geodetic Coordinate System 2000，CGCS2000），与中国这些坐标系统相对应的，就有相应的大地测量常数和坐标框架。

2.2.1 大地测量常数

大地测量常数[10,18,24]是指与地球一起旋转且和地球表面最佳吻合的旋转椭球（即地球椭球）的一些参数。大地测量常数按属性分为几何常数和物理常数。大地测量常数按计算顺序又可分为基本常数和导出常数。基本常数用于唯一定义了的地球坐标系统，导出常数是由基本常数导出，主要是为了便于应用。

地球椭球的几何和物理属性可由大地测量四个基本常数完全确定，即地球椭球的赤道半径 a，地心引力常数（包含大气质量）GM，地球动力学形状因子 J_2 和地球自转角速度 ω，如图 2.1 所示。

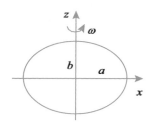

图 2.1 旋转椭球

由这些大地测量基本常数导出的常数有很多，现将主要的大地测量导出常数列出如下，属于旋转椭球几何常数的主要有：

①椭球短半轴：
$$b = a\sqrt{1 - e^2} ; \tag{2-1}$$

②椭球第一偏心率：
$$e = \frac{\sqrt{a^2 - b^2}}{a} ; \tag{2-2}$$

③椭球第二偏心率：
$$e' = \frac{\sqrt{a^2 - b^2}}{b} ; \tag{2-3}$$

④椭球几何扁率：
$$f = \frac{(a - b)}{a} ; \tag{2-4}$$

属于旋转椭球物理常数的主要有：

①椭球面的正常重力位：
$$U_0 = \frac{GM}{E}\mathrm{arctan}e' + \frac{1}{3}\omega^2 a^2 \tag{2-5}$$

②椭球重力扁率：
$$f^* = \frac{\gamma_p - \gamma_e}{\gamma_e} \tag{2-6}$$

式中，γ_e 和 γ_p 分别为椭球面赤道和两极的正常重力。

③椭球面正常重力：
$$\gamma = \frac{a\gamma_e \cos^2\phi + b\gamma_p \sin^2\phi}{\sqrt{a^2 \cos^2\phi + b^2 \sin^2\phi}} \tag{2-7}$$

国际大地测量和地球物理联合会(International Union of Geodesy and Geophysics，IUGG)曾在不同年份推荐过不同的大地测量常数和地球坐标系统。我国 1980 西安坐标系统就采用了 IUGG75 的大地测量常数。目前在世界上广泛使用的是相应于 IUGG 在 1979 年推荐的 GRS80 大地测量常数。表 2-1 给出 GRS80 大地测量常数的数值[18,20]。

表 2-1　　　　　　　　　　　　　　**GRS80 大地测量常数值**

几 何 常 数		物 理 常 数	
a	6 378 137m	GM	$3\ 986\ 005\times10^{8}\,\mathrm{m^{3}/s^{2}}$
$1/f$	298. 257 222 101	ω	$7\ 292\ 115\times10^{-11}\,\mathrm{rad/s}$
J_{2}	$108\ 263\times10^{-8}$	U_{0}	$62\ 636\ 860.\,850\mathrm{m^{2}/s^{2}}$

2.2.2　地球坐标系统与地球坐标框架

1. 地球坐标系统

测绘与地理空间信息(学)的空间基准中的平面基准就是地球坐标系统(Terrestrial Reference System，TRS)，它是一个空间坐标系统，它联系着在空间作周日运动的地球。在这样一个坐标系统中，与地球固体表面有联系的点的位置，由于地球物理的作用，如板块运动、潮汐形变等，其坐标值随时间会有变化。

地球坐标系统，也称地固坐标系统，是一种固定在地球上，随地球一起转动的非惯性坐标系统。

地球坐标系统从它所采用的表现形式方面考虑，常用的有空间直角坐标系统和大地坐标系统两种形式。空间直角坐标用(x, y, z)表示；大地坐标用(经度 λ，纬度 φ，大地高 H)表示，其中大地高 H 是指空间点沿椭球面法线方向高出椭球面的距离。

一个特定的地球坐标系统是由提供了该系统的原点、比例尺、定向以及它们的时变量等有关的规定、算法和常数来定义的。

地球坐标系统常按照坐标系的原点分为地心坐标系统与参心坐标系统。地心坐标系统的原点与地球质心重合，参心坐标系统的原点与参考椭球中心重合(参考椭球是指与某局部区域的地球表面最佳吻合的地球椭球)。

地心坐标系统应满足以下四个条件[20,21]：①原点位于整个地球(含海洋和大气)的质心；②尺度是广义相对论意义下某一局部地球框架内的尺度；③定向为国际时间局(Bureau International de l' Heure，BIH)测定的某一历元的协议地极(Conventional Terrestrial Pole，CTP)和零子午线，称为地球定向参数(Earth Orientation Parameter，EOP)，如 BIH1984. 0 是指 z 轴和 x 轴指向分别为 BIH 历元 1984.0 年的 CTP 和零子午线；④定向随时间的演变满足地壳无整体运动[20]的约束条件，即在整个地壳表面 Σ 上，积分面元 dm、地心向量 r 和速度 v 满足：

$$\int_{\Sigma} \boldsymbol{v}\mathrm{d}m = 0 \quad \int_{\Sigma} \boldsymbol{r} \times \boldsymbol{v}\mathrm{d}m = 0 \tag{2-8}$$

地心空间直角坐标系统若从几何方面，或采用通俗的定义，也可以作如下表述：如图2.2所示，即坐标系的原点位于地球质心，z 轴和 x 轴的定向由某一历元的 EOP 确定，y 与 x、z 构成空间右手直角坐标系。地心大地坐标系统的原点与总地球椭球中心（即地球质心）重合，椭球旋转与协议地极重合，起始大地子午面与零子午面重合。

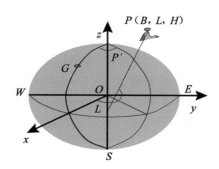

图 2.2　地心坐标系

参心坐标系统的原点位于参考椭球中心，z 轴（椭球旋转轴）与地球自转轴平行，x 轴在参考椭球的赤道面并平行于天文起始子午面。

2. 地球坐标框架

地球坐标系统是由地球坐标框架（Terrestrial Reference Frame，TRF）[19,23,24] 来实现。地球坐标框架相应于地球坐标系统，可分为地心坐标框架与参心坐标框架。

地心坐标框架实现的过程是联合解算各种空间和地面大地测量技术，如甚长基线干涉测量（VLBI）、激光测距（SLR）、全球导航卫星系统（GNSS）和经典大地测量等的测量成果而获得。测量成果包括这些技术器具所在的点位、位移速度和相应的方差协方差等。在联合解算中选用上述这些技术所在的地理位置方面，应有较好的几何分布，在观测成果方面，应具有较好的精度。地心坐标框架是地心坐标系统的实现。

传统的地球坐标框架是由以经典大地测量技术所测定的天文大地网来实现和维持的，一般定义在参心坐标系统中，是一种局域性、二维的地球坐标框架，参心坐标框架是参心坐标系统的实现。

2.2.3　国际地球坐标系统和国际地球坐标框架

1. 全球性地球坐标系统的考虑

建立全球性地球坐标系统需要分离地球的整体运动和它的局部运动。这两种运动在现实世界中是叠加在一起的，要分离它们，就必须借助一个固定于整个地球的坐标系统，即全球性地球坐标系统。理想的全球性地球坐标系统应定义为这样一种坐标系统，即它相对于地球不存在整体性的旋转和平移运动；它相对于惯性参考系统只包含地球的整体运动（地球的轨道运动和自转）。

一旦定义了理想的全球性地球坐标系统，还必须在这一地球坐标系统中测定一系列测站的坐标及其变率，由它们所构成的全球性地球坐标框架，来实现这一全球性地球坐标系统。

选择描述地球不同的几何和物理参数，会形成不同的全球性地球坐标系统。与此同时，还要定义全球性地球坐标系统的原点、尺度、空间定向等参数。这一系列参数的确定连同相应的全球性地球坐标框架就构成了一个完整的全球性地球坐标系统。全球性地球坐标系统的有关参数、模型和定义，常常采取与国际协议一致的方式来确定。

2. 国际地球坐标系统的定义

按 IUGG 的决议（NO. 2，维也纳，1991），国际地球自转局（International Earth Rotation Service，IERS）负责对 ITRS 进行定义、实现和改进。该决议中对 ITRS 有如下定义：① ITRS 是一个似笛卡儿系统，从地球外部看它是空间旋转的，在地球上看它是地心非旋转系统；②地心非旋转系统和国际天文联合会（International Astronomy Union，IAU）所定义的地心坐标系统（Geocentric Reference System，GRS）是等同的；③ ITRS 和 GRS 采用地心坐标时；④该坐标系统的原点是地球质量（包括陆地、海洋和空气）中心；⑤该系统相对于地表的水平位移而言，没有全球性的残余旋转。

3. 国际地球坐标系统应满足的条件

根据上述对 ITRS 的定义，ITRS 应满足以下条件：①坐标原点是地心，它是整个地球（包含海洋和大气）的质量中心；②长度单位是按国际标准（International Standard，SI）定义的米（m）；③它的方向的初始值是由 BIH 给出的 1984.0 的方向；④在采用相对于整个地球的水平板块运动没有净旋转条件下，确定方向的时变。

4. 国际地球坐标框架

计算和发布 ITRF[19,23,24] 的目的是将它作为 ITRS 的实现，也可以作为全球大地坐标框架的一个国际标准，应用于大地测量、地球物理等地球科学，以及大地基准、卫星导航、地壳形变、板块运动等。

ITRF 是通过一组固定于地球表面且只作线性运动的大地点的坐标来表示的。随着各方面对大地测量成果所要求的精度越来越高，因此大地点位的时变，特别是点位的非线性时变就越来越受到关注。此外，采用多种大地测量技术对大地点位的时变进行研究时，还应和天体参考框架如极移等结合起来，才能更好地发现大地点位时变的原因，才能更好地完善精确测定大地点位时变的技术方案。

基于空间大地测量技术（VLBI、SLR、GNSS 等）和地面大地测量技术所测定的测站位置及其位移速度，可以联合构建 ITRF。

在公布国际地球坐标框架 ITRF 的成果时，都相应于一个特定的年份 yy，因此用 ITRFyy 表示。这意味在（yy - 1）年的数值已应用于构成这一给出的国际地球参考框架 ITRFyy。例如，ITRF2005[3] 表示已采用了国际地球自转服务局（IERS）所采集的，截至 2004 年年底以前的全球性的空间大地测量的观测成果，并由此解算了构成这些观测站在 2005 年的位置及其移动速度，由此构成的全球性的地球坐标框架，即 ITRF2005。

这个解算的关键是将基于不同地区坐系的成果归算到 ITRF 中。ITRF 采用无潮汐改正，因此 ITRF 是一个惯用的无潮汐框架。不同地区使用的改正值都归算到这一框架，而其他如相对论比例因子改正、地心位置改正等都按照 ITRS 的定义作归算改正。

随着全球空间大地测量测站个数的增多和在全球分布的改善，ITRF 的精度在过去的

20 年中有了很大的提高。如图 2.3、图 2.4 所示，ITRF88 网有 100 个测站，其中 22 个是共用站（即一个测站具有 2 种以上测量技术装备，如 VLBI、SLR、GNSS 等。到推算 ITRF2000 时，就包括了全球 500 个测站，101 个共用站。在科学性和完整性方面，ITRF 后一个版本中的点位及其速度的精度，都要优于前一个 ITRF 的相应值。

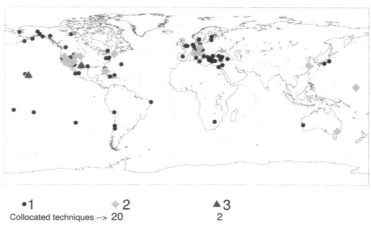

图 2.3 ITRF88 网（100 个测站）

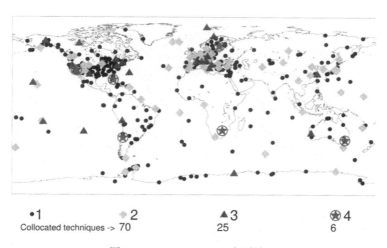

图 2.4 ITRF2000（500 个测站）

ITRF 采用了多种高精度空间大地测量技术来实现地球参考框架的构建和维持。这些空间大地测量技术主要包括甚长基线干涉测量（VLBI）、卫星激光测距（SLR）、全球导航卫星系统（GNSS）、星载多普勒定轨定位（DORIS）技术。

①VLBI 数据处理采用几何方法，不受地心引力常数 GM 误差影响，其尺度因子主要取决于光速 c，这使得 VLBI 在地球参考架的建立和维持中，其尺度因子的长期稳定度远优于 SLR、GPS 技术。

到目前为止，VLBI 是唯一能够同时提供天球参考架(CRF)和地球参考架(TRF)两者之间联系的地球定向参数(EOP)的空间大地测量技术，它确保了 CRF、TRF 和 EOP 的一致。而且，由 VLBI 测得的地球定向参数不仅精度高而且具有高度的稳定性。[19,20]

②SLR 在 ITRF 构建与维持中的核心作用是测定和监测地球质量中心，精确测定地心引力常数 GM，确定和维持 ITRF 原点，并配合 VLBI 技术实现和维持 ITRF 的尺度基准。

地球上某种低阶低频变化所产生的几何效应往往表现在瞬时或平均地球参考框架中地球质心和地球自转轴指向的变化。SLR 数据对 ITRF 的主要贡献是定义该框架的原点，并和 VLBI 的数据一起定义 ITRF 的尺度。SLR 测定成果具有确定性和无重大偏移的性质，并可以得到很精确的 SLR 站间的高程成果和大地坐标框架的比例尺，SLR 能表示这一比例尺的具有毫米量级精度的周平均值。这些都是目前 SLR 对地球参考框架方面的贡献。

受地心引力常数 GM 误差的影响，SLR 监测尺度因子的长期稳定度不如 VLBI，因此，在最新的 ITRF 构建中，ITRF 尺度基准不再由组合 SLR 解算。

SLR 主要通过对 LAGEOS 卫星的观测来实现对地球定向参数的确定，但受地面站分布和观测技术的限制，不具备确定地球定向参数亚日级变化的能力。

③国际全球导航卫星服务(International GNSS Service，IGS)在全球建立了 GPS 连续观测网，并提供包括地球定向参数在内的多种数据产品。到目前为止，在全球分布有近千个 IGS 连续跟踪站。这些大量的全球跟踪站很好地弥补了 VLBI 和 SLR 测站较少的缺点，成为构建和维护 ITRF 的重要手段。

与 VLBI 和 SLR 相比，由 IGS 利用 GPS 测得的地球定向参数值长期稳定性不够，为获得更加稳定的解，需要用 VLBI 和 SLR 的解对其进行一定的改正。但 GPS 的地球定向参数解算过程要比其他两种观测手段快得多，目前只需要 3 小时即可获得地球定向参数的变化值。相信 IGS 今后利用包括 GPS 在内的 GNSS 会在未来的地球定向参数监测中发挥更大的作用。

总的说来，VLBI 主要用于建立和维持 ITRF 的定向基准和尺度基准，SLR 用于建立和维持 ITRF 的原点，从而实现地球坐标系。VLBI 和 SLR 结合相当于实现了 ITRF 高精度、动态的"首级控制"，GNSS 技术实现了对 ITRF 地面站的加密，为普通用户使用 ITRF 提供便利。就目前的空间大地测量技术而言，要建立和维持高精度、科学、完善的 ITRF，VLBI、SLR 和 GPS 技术均不可或缺。随着空间大地测量数据在质、量和分布方面的显著改善，2010 年后发布的 ITRF，已不再采用地面大地测量的测量成果。

5. 国际地球坐标框架 2000（ITRF2000）的定义、参数和条件

我国目前国家导航卫星控制网的解算基准采用 ITRF2000[10,21,22]，因此对这一坐标框架所采用的数值标准和框架的特点进行介绍。

国际地球坐标系统 2000（ITRS2000）和国际地球坐标框架 2000（ITRF2000）的确定都是基于国际科学组织的决议和决定，与它相应的天体系统是基于 IAU(国际天文联合会)的决议 A4(1991)，B2(1997)，B1(2000)。地球系统是基于 IUGG 决议 No.2(1991)。天体和地球系统之间的转换是基于 IAU 决议 B1(2000)。时间坐标的定义、时间系统的转换、光传播模型和大规模物质运动都基于 IAU 决议 A4(1991)和 B1(2000)。

在 ITRS2000 和 ITRF2000 中所采用的长度、质量和时间单位按国际单位系统标准(SI，

1998)分别表示为米(m)、千克(kg)和秒(s)。时间的天文单位是天,它包含 86400 个 SI 的秒。

ITRF2000 是作为地球科学所涉及的标准地球参考系及其框架。除了由 VLBI、SLR 和 GPS 等这些主要的地面站参与计算外,ITRF2000 还采用了地区性的 GPS 网进行加密和改善,如阿拉斯加、南极、亚洲、欧洲、南北美洲和太平洋地区的 GPS 网。

ITRF2000 具有以下特点:①比例尺:VLBI 和 SLR 二者比例尺解的权平均值与 ITRF2000 的比例尺之间,两者之间的比例尺和比例尺变化率均设为零。②原点:SLR 原点解的权平均值与 ITRF2000 解之间,其平移分量及其变率均设为零。③定向: ITRF2000 的定向和 ITRF97 在 1997.0 时刻的定向保持一致,定向的变率通常和地质模型 NNR-NUVEL-IA 保持一致[10,20,21]。这就意味着采用了"无净转"这一条件。为了和 ITRS 的定义保持一致,在确定 ITRF2000 的定向及其变率的解算时,采用了精度和稳定性都比较好的测站。它们应满足如下一些标准:如这些测站必须已进行了不少于 3 年的连续观测;测站点位要远离板块边界和形变带;测站的位移速度的精度在 ITRF2000 联合解算中要优于 3mm/a;这些测站在 3 种不同解算中,其位移速度的残差要小于 3mm/a 等。④大地位:截至 2004 年,国际激光测距服务(International Laser Ranging Service,ILRS)应用于精密定轨分析的重力位模型,IERS 目前还是建议采用 EGM96[22] 为通用重力位模型。因此 GM 和 a 还是采用 EGM96 给定的值,即 398 600.441 5km^3/s^2 和 6 378 136.3m 作为大地位系数的比例因子。⑤ITRF2000 在对其测站坐标及其有关分析中仍采用相应的"无潮汐"值。

最后要说明 ITRF2000 和 NNR-NUVEL-IA 之间的差异。ITRF2000 的成果表明,虽然 ITRF2000 的定向速率和 NNR-NUVEL-IA 的定向速率之间的差异确保在 1mm/a 的水平,局部地区点位变动速度在 ITRF2000 和 NNR-NUVEL-IA 之间的差别,不超过 3mm/a,但 ITRF2000 和地质模型 NUVEL-IA 的相对板块运动[20]仍有很多的不一致。板块运动的角速度,用 ITRF2000 速度来估算的和用 NNR-NUVEL-IA 模型预测的,可能有很大的差异。

后来发展的 ITRF2005 和 ITRF2008 与 ITRF2000 在坐标原点、比例因子和定向等方面, 差别在 10^{-9} 至 10^{-8} 之内。[3] 由于空间大地测量技术的进展,ITRF2008 的建立只采用了 GPS、VLBI、SLR 和 DORIS 四种空间大地测量技术的成果。

2.2.4 中国的大地测量坐标系统和坐标框架

中国采用的坐标系统通常称为中国的大地测量坐标系统(CGCS)。CGCS 是地固坐标系统,是一种固定在地球上,随地球一起转动的非惯性坐标系统。根据坐标系统原点位置的不同,CGCS 分为地心坐标系统和参心坐标系统。前者的原点与地球质心重合,后者的原点与地球参考椭球中心重合(地球参考椭球是指与某局部区域的地球表面最佳吻合的地球椭球)。中国目前还在使用的大地测量坐标系统有 1954 北京坐标系、新 54 北京坐标系、1980 西安坐标系和 2000 国家大地坐标系(CGCS2000)[9,11]。

1. 1954 北京坐标系和天文大地网

中华人民共和国成立初期,由于缺乏天文大地网观测资料,我国暂时采用了克拉索夫斯基参考椭球,并与苏联 1942 年坐标系进行联测,通过计算建立了我国大地坐标系,称为 1954 北京坐标系。该坐标系的原点位于苏联的普尔科沃天文台，定位定向是苏联 1942 年坐标系的定位定向。

与 1954 北京坐标系相应的坐标框架是我国的天文大地网，它于 1951 年开始布设，1975 年完成。在这 25 年间建立起来的中国天文大地网，一等三角锁系由 5 206 个三角点组成，构成 326 个锁段，这些锁段形成 120 个锁环，全长 7.5 万千米。二等三角锁网由 14 149 个三角点组成，二等三角全面网由 19 329 个三角点组成。青藏高原导线，一等导线 22 条，全长约 1.24 万千米，含 426 个导线点；二等导线 48 条，全长约 6 800 千米，含 400 个导线点。从大地测量发展史来看，我国天文大地网规模之大、网形之佳和质量之优，在当时的世界大地测量成果中是非常突出的。

由于历史条件，1954 北京坐标系的定向不明确，采用的地球参考椭球的参数与实际地球形状和大小有较大差异，而地球椭球的定位又与我国大地水准面差距较大，使天文大地网地面观测量向地球椭球面归算时，产生较大偏差，影响其成果质量和使用。

2. 1980 西安坐标系

1980 西安坐标系的参考椭球采用 IUGG1975 年推荐的椭球，椭球定位参数根据我国大陆范围内高程异常平方和最小为条件求解。椭球短轴指向地极原点 JYD1968.0 方向，起始大地子午面平行于我国起始天文子午面。1980 西安坐标系的大地原点位于西安市北 60km 处的泾阳县永乐镇，称为西安原点。

3. 2000 国家大地坐标系及其坐标框架

从 2009 年起，中国采用的国家坐标系统为 2000 国家大地坐标系（CGCS2000）。它属于地心坐标系统，满足以下四个条件：①原点位于整个地球（含海洋和大气）的质心；②尺度是广义相对论意义下某一局部地球框架内的尺度；③定向为 BIH 测定的某一历元的协议地极（CTP）和零子午线，称为地球定向参数（EOP），如 BIH1984.0 是指 z 轴和 x 轴指向分别为 BIH 历元 1984.0 年的 CTP 和零子午线；④定向随时间的演变满足地壳无整体运动的约束条件。

CGCS2000 的大地测量基本常数列于表 2-2。为了便于读者参考，该表也列出了世界大地参考系 1980（GRS80）和 GPS 所采用的美国世界大地坐标系 1984（WGS-84）的大地测量基本常数。

表 2-2　　　　　　　　　　　　　　　**大地测量基本常数**

	1980 西安坐标系	CGCS2000	GRS80	WGS-84
$J_2(\times10^{-3})$	1. 082 63	1. 082 629 832 258	1. 0826 3	1. 082 629 821 31[*]
$GM(\times10^{14}\mathrm{m^3/s^2})$	3. 986 005	3. 986 004 418	3. 986 005	3. 986 004 418
$\omega(\times10^{-5}\mathrm{rad/s})$	7. 292 115	7. 292 115	7. 292 115	7. 292 115
$a(\mathrm{m})$	6 378 140	6 378 137	6 378 137	6. 378 137
$1/f$	298. 257[*]	298. 257 222 101[*]	298. 257 222 101[*]	298. 257 223 563

[*]大地测量导出常数。

与 CGCS2000 相应的坐标框架由两部分组成：第一部分是 2000 国家 GPS 网，它包括了原国家测绘局的国家高精度 GPSA、B 级网，总参测绘局的全国 GPS 一、二级网，和中国地壳监测网络工程中的 GPS 基准网、基本网和区域网，2000 国家 GPS 网是通过这三网统一平差后获得的。2000 国家 GPS 网共有 28 个 GPS 连续运行站，2 518 个 GPS 网点，相对精度为 10^{-8}。第二部分是和 2000 国家 GPS 网联合平差后的天文大地网，由此获得近五万点的三维坐标，相对精度为 10^{-7}。

CGCS2000 采用的历元为 1998.0，采用的坐标框架为 ITRF2000。

4. 中国现代平面基准的完善[8,10,12]

中国现代平面基准的完善，大体可以分为以下三个方面：

第一方面是增加我国的 GNSS 连续运行站（continuing operational reference station，CORS）的数量。足够数量的 GNSS CORS 站是现代大地坐标框架的骨干和主要技术支撑，是用户获得点位静态或动态高精度三维地心坐标的保证，也是我国大地坐标系统和框架与国际通用坐标系统和框架保持动态实时联系和协调的唯一技术手段。在框架点位解算的数据处理中，有了国内这些 GNSS CORS 站的精密点位（$10^{-9} \sim 10^{-8}$ 量级）及其移动速率，再结合一定数量的国外 IGS 站，就能确保我国大地坐标框架点位测定成果在静态和动态方面的精确可靠和全球保持一致。此外，这些 GNSS CORS 站也是建立卫星定位综合服务系统（如导航、制导、地震、电离层、大气可降水分等方面的预测预报）的前提条件。

第二方面是全国 GNSS 网点应达到一定的分布密度。目前的全国 GPS2000 网点为 2200 多个，但该网点在我国陆域的平均密度仅为 1：70km×70km。GPS2000 网不仅网点数过少，密度太低，而且分布不均，因此加密 GPS2000 网并扩展为多导航卫星的 GNSS 网是我国建立现代大地坐标框架所要解决的一个基本问题。

第三方面是不论 GNSS 网点还是 GNSS CORS 站点，通过较长时间的点位测定，应该算出点位比较可靠的时间变率，这对于需要现势性点位或点位动态变化的行业是非常重要的信息。

目前测绘、地震和交通等部门以及省地市在建或运行的 GNSS CORS 站有近千个。而要更好更可靠地做好动态或高精度的位置服务（location based service，LBS），则要在中国建立一个点数更多、分布更均匀的国家 GNSS CORS 站网，并建立相应的数据传输、处理和分发服务的网络系统。

2.3　高程基准、高程系统和高程控制网

高程基准是高程测量的起算依据。区域性高程基准可以用单个或多个验潮站处长期测定的平均海面来确定，通常定义该平均海面的高程为零，常称为高程零点。利用精密水准测量方法测量地面某一固定点与高程零点所在区域平均海面的高差，从而确定该固定点的海拔高程。该固定点就称为水准原点，其高程就是区域性高程的起算数据——起算高程[12,15]。

高程系统定义了海拔高程的起算基准（高程基准）和实现方式。根据实现方式不同，高程系统通常分为正高系统和正常高系统。

正高以大地水准面作为高程的基准面，即地面上一点沿垂线方向到大地水准面的距离

称为正高。这样定义的高程系统叫正高系统。由于正高计算涉及与地下物质密度的分布有关的平均重力加速度值，其精确值无法求得，由此提出正常高的概念，即地面上一点沿垂线方向到似大地水准面的距离称为正常高。这样定义的高程系统叫正常高系统。正常高计算涉及平均正常重力加速度值，这是可以精确计算的。

大地水准面和似大地水准面在海洋上是重合的，在平原地区相差在厘米级，在山区二者之差低于 2m。似大地水准面不同于大地水准面，它不是一个等位面，没有明确的物理意义，这是它的不足，但它不必引入人为的假定而可以精确计算，所以我国的法定高程采用正常高系统。

2.3.1　中国的高程基准

我国高程基准采用黄海平均海水面，验潮站是青岛大港验潮站，在其附近的观象山上有"中华人民共和国水准原点"，如图 2.5 所示。1956 年至 1987 年，我国采用"1956 国家高程基准"，有时也称为 1956 黄海高程基准，高程零点由 1950—1956 年青岛大港验潮站逐时平均海面计算确定。该高程基准采用的水准原点高程为 72.289m。

图 2.5　水准原点位于青岛市观象山

1988 年 1 月 1 日，我国正式启用"1985 国家高程基准"，它采用了青岛大港验潮站1952—1979 年的资料，取 19 年的资料为一组，滑动步长为一年，得到 10 组以 19 年为一个周期的平均海面，然后取平均值确定了高程零点，水准原点高程为 72.260 4m。"1985国家高程基准"的平均海水面比"1956 年黄海平均海水面"高 0.029m。

近十年来，由于卫星大地测量和重力大地测量技术的发展，推算(似)大地水准面的技术有了很大提高，因此当它们的精度和分辨率足够高(满足地形测图和工程建设需要)时，可将通过高程零点的(似)大地水准面直接定义为高程基准[12]。

2.3.2　中国的高程系统和中国国家高程控制网

中国的高程系统采用正常高系统。正常高的起算面是似大地水准面(似大地水准面可用物理大地测量方法确定)。由地面点或参考点，沿垂线向下至似大地水准面之间的垂直距离，就是该点的正常高，这是中国国家采用的该点的高程。我国水准网以黄海青岛验潮站的平均海水面为我国高程起算面，采用正常高系统。

高程控制网，即水准网，是高程系统的实现。国家高程控制网布设的目的和任务有两个：一是在全国范围内建立统一的高程控制网，为地形图测图和工程建设提供必要的高程控制；二是为地壳垂直运动、海面地形及其变化和(似)大地水准面形状等地球科学研究提供精确的高程数据。国家高程控制网一般通过高精度的几何水准测量方法建立，因此也称为国家水准网。

中国国家水准网采用从高精度到低精度，从整体到局部，逐级控制，逐级加密的方式布设。中国国家水准网分为四个等级，即国家一、二、三、四等水准控制网。一等水准网是国家高程控制的骨干，二等水准网是国家高程控制的全面基础，三、四等水准网是直接为地形测图和工程建设提供高程控制点。其现势性通过一等水准控制网的定期全线复测和二等水准控制网的部分复测来维持。

各级水准路线必须闭合于高等级的水准点，并构成环形或附合路线，以便控制水准测量系统误差的累积和便于在高等级的水准环中布设低等级的水准路线。

高程控制网的另一种形式是通过(似)大地水准面来实现。

2.3.3 中国高程基准、高程系统和高程控制网的进展

1957 年我国建成 1956 年黄海高程基准。我国第一期水准网于 1976 年基本完成，其中一等水准测量线路约 60 000km，二等水准 13 000km，基本覆盖我国大陆和海南岛。第一期水准网的起算高程采用 1956 年黄海高程基准。1985 年我国建成 1985 国家高程基准。

1981 年开始着手第二期国家一等水准网和二等水准网的施测，于 1991 年完成了第二期国家一、二等水准网的全部内外业工作。该期水准网的起算高程采用 1985 国家高程基准。1991 年开始采用更高精度对第二期国家一等水准网进行复测，第二期国家一等水准网复测的内外业工作于 1999 年结束。目前国家仍采用 1985 国家高程基准。

当前国家高程基准面临的问题主要表现在以下两个方面：第一方面是目前国家高程控制网主要由 1991 年至 1999 年施测的国家二期和二期复测的一等和二等水准网来实现，它的现势性差。按《中华人民共和国大地测量法式》规定，国家高程控制网中的一等水准网必须在 25 年复测一次。其实质就是减少地壳形变对高程控制点的影响，保证国家水准点高程的精确和可靠，以保持国家高程控制网的现势性。

目前这一高程控制网，即二期一等和二等水准网，使用至今已有 20 余年的历史。因此从依法行政和实际需要出发，我国已从 2012 年开始组织国家三期一等水准网的施测。

第二方面是我国高程的提供方式目前仍是经典的。即用户必须通过与国家高程控制点的水准联测来传递高程。虽然利用 GNSS 技术可以随时随地测定高程，但它测定的高程成果是大地高，不是用户需要的正常高(或海拔高)。针对这个问题的对应措施是，现代国家高程系统除了有高精度的国家高程控制网以外，还应及时推算全国或地区的高精度的似大地水准面[4,12,15]，也就是说，不仅通过国家高程控制网点提供高精度的正常高，还能利用我国的局域似大地水准面结合 GNSS 定位技术在全国陆海国土上的任意一点，提供正常高。

由此可见，建设中国现代高程系统，有两个方面的任务，一是建立新的高程控制网，即组织国家三期高程控制网的施测；二是精化我国似大地水准面[4,15]。

2.4　重力基准、重力系统和重力控制网

重力基准是标定一个国家或地区的（绝对）重力值的标准。重力系统通常与一个国家或地区所采用的参考地球椭球的常数有关。重力控制网是重力测量控制网的简称，它由分布在一个国家或地区的若干绝对重力点和相对重力点，以及若干条重力长基线和短基线构成。与国家平面控制网和高程控制网一样，重力控制网也采用逐级控制的方法，在全国范围内建立各级重力控制网，然后在此基础上为各种不同目的再进行加密重力测量。

2.4.1　中国重力基准、重力系统和重力控制网

在 20 世纪 50—70 年代，我国采用波茨坦重力基准，而我国重力系统采用克拉索夫斯基椭球常数。20 世纪 80 年代，我国重力基准采用经过国际比对的高精度相对重力仪自行测定，而重力系统则相应于 IUGG75 椭球常数。21 世纪初，我国采用高精度绝对重力仪和相对重力仪测定我国新的重力基准，我国目前的重力系统相应于 GRS80 椭球常数。

我国重力控制网共分两级，即重力基准网和一等重力网。重力基准网是重力控制网中最高级控制，其中包括绝对重力点和相对重力点，在这些点上的绝对重力值和相对重力值分别用绝对重力仪 FG5（图 2.6）和相对重力仪 LCR（图 2.7）测定。前者称为基准重力点，后者称为基本重力点，这些点在全国范围内布设成多边形网，点间距离为 300~1 000km。基准重力点重力值精度为±3μGal，与基本重力点的重力联测精度不得低于±20μGal。一等重力网是在重力基准网基础上的次一级重力加密控制网。在全国范围内布设，它的网点称为一等重力点。点间距离一般为 100~300km。

图 2.6　FG5 绝对重力仪

图 2.7　LCR 相对重力仪

国家重力控制网[4,5,9]在进行重力测量的同时，还必须测定重力控制点的平面坐标和高程，以便使用。全国各部门进行重力加密测量时，均应与这些国家重力控制点进行重力联测，使全国重力资料与相应的重力系统一致，便于互相使用。

2.4.2 我国重力基准、重力系统和重力控制网的进展

1957 年我国建立了第一个重力控制网，即 1957 年重力基本网，它由 21 个基本点和 82 个一等点组成。该网与苏联的三个重力基本点联测后确定重力基准，因此 1957 年重力基本网属于波茨坦重力系统。

我国的第二个重力测量控制网，即 1985 国家重力基本网，它于 1985 年完成。该网曾利用意大利的 IMGC 绝对重力仪测定了 11 个绝对重力点，在其中选用 6 个作为我国的重力基准。1985 国家重力基本网共有 57 个重力基本点。该网曾与东京、京都、巴黎、中国香港等地的重力点进行了联测。该网属 1971 年国际重力基准网(IGSN-71)系统。

2002 年我国完成了第三个重力测量控制网，即 2000 国家重力基本网。2000 国家重力基本网用 FG5 绝对重力仪测定了 21 个重力基准点作为我国的重力基准，此外还包括了 126 个重力基本点和 112 个重力基本点引点，共计 259 点组成。2000 网的重力平差值平均中误差为 $\pm 7.3 \times 10^{-8} \, \mathrm{m/s^2}$。外部检核的不符值中误差为 $\pm 7.7 \times 10^{-8} \, \mathrm{m/s^2}$。它是我国目前采用的新的重力基准和重力测量参考框架。2000 国家重力基本网的重力参考系统对应 GRS80 椭球常数。

从国家范围和今后的发展来考虑，2000 国家重力基本网点的分布还不够均匀，今后应该对西部地区十余个 $1° \times 1°$ 和百余个 $30' \times 30'$ 没有实测重力值的格网以及三百余个 $30' \times 30'$ 重力值稀少的格网地区，应适当安排地面和航空重力测量，并考虑充分利用卫星重力测量的成果来改善这些地区重力值的精度和可靠性。为了提高中国的局域重力场和局域大地水准面的精度和分辨率，应积极准备新的国家重力基本网的施测，定期进行地面和海空重力复测和发射中国的重力卫星。

2.5 潮汐改正

社会、经济和科技的发展，对大地测量的精度、历元、框架等方面的要求越来越高，而现代大地测量技术也已经有能力将地球上点位和重力值精确测量到毫米和微伽量级。在这一精度水平下，地球动力中具有同等量级的影响就必须在大地测量成果中加以顾及。因此当前大地测量基准中所定义的系统和框架必须顾及具有同等精度量级的地球动力现象，如潮汐、极移、地壳运动、冰后期反弹等因素的影响。

大地测量学中的潮汐改正在近 30 年来的研究得比较深入。仅国际大地测量协会(IAG)为此就做出了多次决议，用新的更科学的决议更替老的决议。中国大地测量的有关规范细则，凡涉及高精度大地测量观测量的，都规定必须施加潮汐改正[2,13,14]。

例如，当前大地测量常数值是很精确的，是整个测绘和地理空间信息学研究的起始数据，但采用不同的潮汐改正[13,14]，就会产生相应不同的大地测量常数值。例如已作全潮汐改正后的大地测量常数，称为无潮汐(模式)大地测量常数；在潮汐改正中保留永久性

潮汐的直接和间接影响的大地测量常数，称为平均潮汐（模式）大地测量常数；在潮汐改正中只保留永久性潮汐间接影响的大地测量常数，称为零潮汐（模式）大地测量常数。

在大地测量常数中与潮汐改正关系密切的有 a，f，J_2 等，现将国际大地测量协会 IAG 在 1999 年关于顾及不同潮汐改正后的部分大地测量基本常数的最优估值列表如下详见表 2-3。

表 2-3　　　　　**不同潮汐改正后的（部分）大地测量常数（IAG 1999 年最优估值）**

	无潮汐基本常数	平均潮汐基本常数	零潮汐基本常数
a	$(6\,378\,136.59\pm0.10)\,\mathrm{m}$	$(6\,378\,136.72\pm0.10)\,\mathrm{m}$	$(6\,378\,136.62\pm0.10)\,\mathrm{m}$
$1/f$	$298.257\,65\pm0.000\,01$	$298.252\,31\pm0.000\,01$	$298.256\,42\pm0.000\,01$
J_2	$(1\,082\,626.7\pm0.1)\times10^{-9}$	—	$(1\,082\,635.9\pm0.1)\times10^{-9}$

2.5.1　三种类型潮汐改正

第一类是全潮汐改正 d_1。它包括潮汐对大地测量观测值的全部影响，其中也包括永久性潮汐的影响。[13,14]经 d_1 改正后的大地测量观测值称为无潮汐大地测量观测值。作了此项改正后的重力值就称为无潮汐重力值，相应的重力大地水准面就称为无潮汐重力大地水准面，无潮汐水准高，无潮汐垂线偏差，等等。这项改正受到 1979 年国际大地测量协会（IAG）堪培拉（Canberra）大会有关决议的支持。目前中国测绘地理信息主管部门所提供的各种大地测量成果，除 GPS 成果外，都对应于无潮汐大地成果。

第二类是平均潮汐改正 d_2。它是在全潮汐改正 d_1 中恢复（保留）永久性潮汐的（直接和间接）影响。[13]大地测量观测值经 d_2 改正后，意味着周期性潮汐对大地测量观测值的影响都作了改正（消除），但保留了永久性潮汐的影响部分。作了 d_2 改正后的大地测量观测值，称为平均大地测量观测值。如作了此项改正后的重力值就称为平均重力值，与之相应的重力大地水准面称为平均重力大地水准面。中国的大地测量数量处理中一直没有采用过此项改正。

第三类是零潮汐改正 d_3。它是在全潮汐改正 d_1 中，只恢复（或者说保留）永久性潮汐所引起地球形变所导致的影响。经过 d_3 改正后的大地测量观测值消除了周期性潮汐和永久性潮汐对大地测量观测值的直接影响，保留了永久性潮汐对大地测量观测值的间接影响，它称为零大地测量观测值。如作了此项改正后的重力值就称之为零重力值，与之相应的重力大地水准面称之为零重力大地水准面。

现在以重力观测值为例，讨论这三类改正的科学性问题。作了全潮汐重力改正，即 dg_1 改正后的重力值，即无潮汐重力值，是有缺点的。永久性潮汐引起的地球形变，或者说对地球扁率的这一部分改变，不论是从理论上还是从实际测量中，迄今还不能很精确地从地球扁率中分离出来。因此它对重力的影响还是很难精确算得的（或者说还很难准确地加以改正），而且即使是精确获得了无潮汐重力值，这样的重力所对应的大地水准面或地球形状，其惯性矩、自转速度、离心力、周日长等一系列数值，与实际观测值相差较大，会引起一系列不可接受的现象。

作了平均潮汐重力改正，即 dg₂ 改正的重力值，即平均重力，它不符合用 Stokes 公式计算大地水准面的前提条件，即不符合所有产生引力的物质均应包含在大地水准面内。因此应用平均重力进行涉及重力位的计算时，会发生错误（主要在陆地），这一结论是大地测量学者在 20 世纪 90 年代初的一项很有名的研究成果。

总之，全潮汐改正或平均潮汐改正都不符合目前人们的认识水平。人们现在能精确计算日、月、行星作用于地球的引力，它们的重力位，但人们只能近似地知道，在引潮力特别是永久性引潮力作用下，地球的物质是如何重新分布，以响应这些潮汐所产生的力，特别是地球在极低频上的响应问题至今没有很好的解决。因此，利用长期勒甫（Love）数进行潮汐改正的可靠性比较差。而作了零潮汐重力改正，即 dg₃ 改正的重力值，则保持了上述其他两类改正的优点而避免了上述两类改正的缺点，因此从理论上说，零潮汐重力和零潮汐大地水准面比较符合实际。

2.5.2 无潮汐或平均潮汐观测值与零潮汐值的转换式

在中国的大地测量观测值中作潮汐改正的，按现行规范都是采用上述第一类改正，即全潮汐改正 d_1。改正后的是大地测量观测值，即无潮汐大地测量观测值。今后若将它转换为零潮汐大地测量观测值，可采用以下公式计算：

①对重力值来说，零潮汐重力值和无潮汐重力值之间的转换关系式有：

$$g_z = g_n + (\delta - 1)(-30.4 + 91.2\sin^2\varphi) \quad (\mu Gal) \quad (2-9)$$

式中，g_z 为零潮汐重力值，g_n 为无潮汐重力值，$\delta \approx 1.16$。

②对水准高来说，大地水准面在潮汐影响下，相对于弹性地球的地壳发生垂直潮汐位移[13,14]，因此水准高程发生变化。根据我国一等水准测量规范[2]，水准测量成果的潮汐改正（在规范中有时称日月引力改正）采用全潮汐改正，因此我国的水准高程相应于无潮汐水准高程（即无潮汐正常高高程）。将无潮汐水准高高差 ΔH_n 转换为零潮汐水准高高差 ΔH_z，则它们之间的转换关系式为：

$$\Delta H_z = \Delta H_n + 29.6(1+r)(\sin^2\varphi_{(N)} - \sin^2\varphi_{(S)}) \quad (cm) \quad (2-10)$$

式中，$r = 0.68$，$\varphi_{(N)}$，$\varphi_{(S)}$ 分别表示水准路线上北方点和南方点的纬度。

③不同潮汐改正后大地水准面差距的转换关系式[13]。零潮汐大地水准面高程 N_z 和无潮汐大地水准面高程 N_n 间的转换关系为：

$$N_z = N_n + k(9.9 - 29.6\sin^2\varphi) \quad (cm) \quad (2-11)$$

式中，$k = 0.30$。似大地水准面高，即高程异常的转换关系式和式（2-11）相同。

④不同潮汐改正后垂线偏差的转换关系式。引潮力位引起大地水准面相对于椭球的倾斜，导致垂线偏差的改变，这一变化值可分解为子午圈方向的分量 ξ 和卯酉圈方向的分量 η。作了不同的潮汐改正后，它们就相应为无潮汐垂线偏差、零潮汐垂线偏差和平均潮汐垂线偏差。下面仅列出无潮汐垂线偏差（ξ_n，η_n）和零潮汐垂线偏差（ξ_z，η_z）之间的转换关系式：

$$\xi_z = \xi_n + 0.002''\sin\varphi, \quad \eta_z = \eta_n \quad (2-12)$$

2.5.3　潮汐参考基准

大地测量参考框架的框架点受到各种类型的地球动力学影响，如地壳相对运动（包含冰后反弹）、地球潮汐等，使得参考框架在建立和维持处于不断的变动状态。不仅如此，许多大地测量观测量都受这类地球动力学影响。当这些影响与大地测量参考框架的精度具有同等量级时，就成为大地测量参考框架建立和维护过程必须顾及的问题。这里对大地测量基本量（包括几何或重力观测量、导出的几何量和物理量）所参考的潮汐基准做出以下小结：[14]

①无潮汐参考基准。无潮汐参考基准是：消除地球潮汐对大地测量基本量的全部影响，即进行全潮汐改正。相应的大地测量基本量称为无潮汐大地测量基本量。

②平均潮汐参考基准。平均潮汐参考基准是：在大地测量基本量的全潮汐改正中恢复永久性潮汐的直接和间接影响。相应的大地测量基本量称为平均潮汐大地测量基本量。

③零潮汐参考基准。零潮汐参考基准是：在大地测量基本量的全潮汐改正中只恢复永久性潮汐引起地球变形的间接影响。相应的大地测量基本量称为零潮汐大地测量基本量。

我国目前的重力测量框架、水准高程框架，以及传统的天文大地网归算一般都采用无潮汐参考基准。但目前的 GPS 精密定位软件，如 GAMIT，缺省计算时，则采用零潮汐参考基准。从科学和实用角度看，零潮汐参考基准应是今后的研究方向。

2.5.4　潮汐改正采用值的展望

国际大地测量界对潮汐改正的研究几经反复，近十年来已经取得了比较一致的意见，即认为采用《零潮汐改正》是比较科学的，特别对以陆地国土为主的国家更为合适。

中国大地测量的现行规范细则中凡涉及潮汐改正计算的，一直沿用《全潮汐改正》，所以在相应的数据处理和获得的大地测量成果就相应于无潮汐值，如无潮汐重力值，无潮汐水准高、无潮汐垂线偏差、无潮汐高程异常值，甚至由此涉及无潮汐地壳，等等。这项改正曾经受到 1979 年国际大地测量协会（IAG）堪培拉（Canberra）大会有关决议的支持。但随后不久 IAG 就作了改正，在 1983 年汉堡（Hamburg）大会仍以决议的形式修正了它原来的意见，转而对《零潮汐改正》表示支持。但目前世界各国仍以提供经全潮汐改正的大地测量成果为主。

2.6　时间系统与时间系统框架

时间作为基础物理量，在人们的日常生活、科学研究、经济建设、国防建设、军事行动及其他各领域中都有十分重要的意义。天文、定位导航、航空航天、电信交通、信息技术等都离不开精确的时间。

时间系统规定了时间测量的参考标准，包括时刻的参考标准和时间间隔的尺度标准。时间系统也称为时间基准或时间标准。频率基准规定了"秒长"的尺度，任何一种时间基准都必须建立在某个频率基准的基础上，因此，时间基准又称为时间频率基准。

时间系统框架是在全球范围内或是在某一区域内，通过守时、授时和时间频率测量技术，实现和维持统一的时间系统。

一般说来，凡是周期性的运动都可以作为测量时间的参考。比如，地球自转、地球绕太阳公转、月球绕地球运转、单摆的振动、带游丝摆轮的摆动、石英晶体振荡器的振荡、原子内部超精细结构能级跃迁辐射或吸收的电磁波，等等。尽管这些周期运动形成的周期都可作为测量时间的参考，但是，它们所标定的时间不一定都能得到广泛承认。为了使测出的时间具有足够的精度，并能够得到广泛承认，选用参考标准所产生的周期必须具有足够的稳定性和复现性。所谓稳定性，就是不论什么时候，不能因为参考标准所处场所条件的变化，运动周期会出现不能容许的变动。所谓复现性，就是在地球上的任何地方，参考标准的运动周期都能复现，周期长度都能保持不变。只有满足稳定性和复现性要求，并能得到广泛承认的时间参考标准才有可能成为测量时间的基准。

在上述周期运动中，能公认成为时间系统的只有地球自转、地球绕太阳公转、月球绕地球的运转和铯(^{133}Cs)原子内部超精细结构能级跃迁辐射的电磁波。前三种是唯一的自然现象，没有复现性问题。虽然在近代发现它们运转周期的稳定性有些问题，但长期以来它们还是能满足应用要求，成为公认的时间测量标准。后来人们发现，铯原子内部超精细结构能级跃迁辐射的电磁波周期的稳定性和复现性是最高的，所以在近代它已代替前三种作为时间测量的基准。

2.6.1 常见的时间系统[6,7,17]

(1) 世界时(Universal Time，UT)

世界时以地球自转周期为基准，在 1960 年以前一直作为国际时间基准。由于地球的自转，人们在地球上可以观测到的太阳会周期性地经过某个地点上空。太阳连续两次经过某条子午线的平均时间间隔称为一个平太阳日，以此为基准的时间称为平太阳时。英国格林尼治从午夜起算的平太阳时称为世界时，一个平太阳日的 1/86 400 规定为一个世界时秒。地球除了绕轴自转之外，还有绕太阳的公转运动，所以一个平太阳日并不等于地球自转一周的时间。

世界时既然以地球自转周期为基准，那么地球自转轴在地球体内的变化(即极移)和地球自转速度的不均匀，就会对世界时产生影响。地球自转速度主要的三种变化是：长期变化，它是由于日月潮汐的摩擦作用引起的太阳日的长度缓慢增加；季节及周期现象引起的周期变化；地球转动惯量的不规则变化等未知因素引起的不规则变化。目前所指的世界时都是经过这三种因素修正过的。

(2) 历书时(Ephemeris Time，ET)

历书时以地球绕太阳公转周期为基准，理论上讲它是均匀的，不受地球极移和自转速度变化的影响，因而比世界时更精确。回归年(即地球绕太阳公转一周的时间)长度的 131 556 925.9747 为一历书时秒，86 400 历书时秒为一历书时日。但是，由于观测太阳比较困难，只能通过观测月亮和星换算。其实际精度比理论分析的低得多，所以历书时实际使用不多。

(3) 动力学时(Dynamical Time，DT)

在动力学理论和星历表中可发现严密的均匀时间尺度，即在适当的参考框架中所描绘的天体的时变位置。基于这样概念的时间尺度被称为动力时，它能最佳地满足惯性时间概念。这里简单介绍一下两种动力时基准的差别。质心动力学时（Barycentric Dynamical Time，TDB）可由与太阳系的质心有关的行星（或地球）轨道运动导出，而地心动力学时（Terrestrial Dynamical Time，TDT）可由与地球质心有关的地球卫星轨道运动导出。

（4）原子时（Atomic Time，AT）

原子时以位于海平面（大地水准面）的铯（^{133}Cs）原子内部两个超精细结构能级跃迁辐射的电磁波周期为基准，从 1958 年 1 月 1 日世界时的零时开始启用。铯束频标的 9 192 631 770 个周期持续的时间为一个原子时秒，86 400 个原子时秒定义为一个原子时日。由于铯原子内部能级跃迁所发射或吸收的电磁波频率极为稳定，比以地球转动为基础的计时基准更为均匀，因而在近代得到了广泛应用。

虽然原子时比以往任何一种时间尺度都精确，但它仍含有某些不稳定因素，需要修正。因此，国际原子时尺度并不是由一个具体的时钟产生的，它是一个以多个原子钟的读数为基础的平均时间尺度。目前大约有 100 台原子钟以不同的权值参加国际原子时的计算，每天通过罗兰-C 和电视脉冲信号进行相互比对，并且不定期地用搬运原子钟进行对比。

（5）协调时（Universal Time Coordinated，UTC）

协调时并不是一种独立的时间，而是时间服务工作钟把原子时的秒长和世界时的时刻结合起来的一种时间。它既可以满足人们对均匀时间间隔的要求，也能满足人们对以地球自转为基础的准确世界时时刻的要求。协调时的定义是它的秒长严格地等于原子时秒长，采用整数调秒的方法使协调时与世界时之差保持在 0.9s 之内。

（6）GPS 时（GPS Time，GPST）

GPS 时是由 GPS 星载原子钟和地面监控站原子钟组成的一种原子时基准，与国际原子时保持有 19s 的常数差，并在 GPS 标准历元 1980 年 1 月 6 日零时与 UTC 保持一致。GPS 时间在 0～604 800s 之间变化，0s 是每星期六午夜且每到此时 GPS 时间重新设定为 0s，GPS 周数加 1。

2.6.2　时间系统框架[7,16,17]

与大地测量参考框架是大地测量系统的实现类似，时间系统框架是对时间系统的实现。描述一个时间系统框架通常需要涉及以下内容：采用的时间频率基准、守时系统和授时系统。

（1）时间频率基准

时间系统决定了时间系统框架采用的时间频率基准。不同的时间频率基准，其建立和维护方法也不同。历书时是通过观测月球来维护的；动力学时是通过观测行星来维护的；原子时是由分布在不同地点的一组原子频标来建立，通过时间频率测量和比对的方法来维护的。

（2）守时系统

守时系统用于建立和维持时间频率基准，确定时刻。为保证守时的连续性，不论是哪种类型的时间系统，都需要稳定的频标。

　　守时系统还通过时间频率测量和比对技术，评价系统内不同框架点时钟的稳定度和精确度。习惯上把不稳定性称为稳定度，例如，国际原子时的稳定度为 $3×10^{-15}$，就是指国际原子时在取样时间内的不稳定性。

　　（3）授时系统

　　授时系统主要是向用户授时和提供时间服务。授时和时间服务可通过电话、网络、无线电、电视、专用（长波和短波）电台、卫星等设施和系统进行。它们具有不同的传递精度，可满足不同用户的需要。长波（罗兰-C）和短波发播是为传递时间频率信号（用于导航、定位）而专设的，中国已由中国科学院国家授时中心（原陕西天文台）及海军承担，而导航卫星系统也已成为当前高精度长距离时间频率传递的一种重要的技术手段。

　　自20世纪90年代美国全球定位系统（GPS）广泛使用以来，通过与GPS信号的比对来校验本地时间频率标准或测量仪器频标的情况越来越普遍，原有的计量传递系统的作用相对减少。目前除GPS系统外，这种标准时间频率信号发播系统还有罗兰-C系统，中国有短波BPM（2.5、5.0、10.0、15.0MHz）和长波BPL（100kHz）授时系统、北斗卫星导航系统，以及电视和电话系统等。每种手段既有一定的局限性，又可互相替补，既起着时间频率基准的作用，又是实用的信息载体，其"服务"概念远超过了它的"计量"范围。

（本章作者：陈俊勇）

◎ 本章参考文献

［1］ 中华人民共和国测绘法 ［M］．北京：测绘出版社，2002.

［2］ 中华人民共和国国家标准．国家一、二等水准测量规范（GB/T 12897—2006）［S］．北京：国家技术监督局，2006.

［3］ 朱文耀，熊福文，宋淑丽．ITRF2005 简介和评析 ［J］．天文学进展，2008，26（1）：1-14.

［4］ 李建成，陈俊勇，宁津生，等．地球重力场逼近理论与中国 2000 似大地水准面的确定 ［M］．武汉：武汉大学出版社，2003.

［5］ 宁津生，邱卫根，陶本藻．地球重力场模型理论 ［M］．武汉：武汉测绘科技大学出版社，1990.

［6］ 王义遒．建设中国独立自主时间频率系统的思考 ［J］．宇航计测技术，2004（1）.

［7］ 马高峰，郑勇，杜兰，等．时空参考系中的坐标和时间单位 ［J］．天文学进展，2008，28（4）：383-390.

［8］ 陈俊勇．中国现代大地基准的思考 ［J］．武汉大学学报（信息技术版），2002，27（5）：441-444.

［9］ 陈俊勇．与动态地球和信息时代相应的中国现代大地基准 ［J］．大地测量与地球动力学，2008，28（4）：1-6.

［10］ 陈俊勇．国际地球参考框架 2000（ITRF2000）的定义及其参数 ［J］．武汉大学学报（信息技术版），2005，30（9）：753-756.

［11］ 陈俊勇 . 2000 国家大地控制网的构建和它的技术进步 ［J］. 测绘学报，2007（1）：1-8.

［12］ 陈俊勇 . 对中国高程控制网现代化工作的思考 ［J］. 武汉大学学报（信息技术版），2007，32（11）：942-944.

［13］ 陈俊勇 . 永久性潮汐与大地测量基准 ［J］. 测绘学报，2000，29（1）：12-16.

［14］ 陈俊勇 . 关于我国采用三维地心坐标系和潮汐改正的讨论 ［J］. 武汉大学学报（信息技术版），2004，29（11）：941-949.

［15］ 陈俊勇 . 全国及部分省市高精度高分辨率大地水准面的研究及其实施 ［J］. 武汉大学学报（信息技术版），2006，31（4）：283-289.

［16］ 韩春好 . 相对论框架中的时间计量 ［J］. 天文学进展，2002，20（2）：107-113.

［17］ 秦运柏 . 时间频率的高准确度测量方法 ［J］. 宇航计测技术，2002（1）.

［18］ Moritz H. Geodetic Reference System 1980 ［J］. Bulletin Geodesique，1980，54（3）：395-405.

［19］ Boucher C，Altamimi Z. International Terrestrial Reference Frame ［J］. GPS World，1996（7）：71-74.

［20］ Argus D F，Gordon R G. No-Net-Rotation Model of Current Plate Velocities Incorporating Plate Motion Model Nuvel-1 ［J］. Geophys Res. Lett. ，1991（18）：2038-2042.

［21］ Altamimi Z，Sillard P，Boucher C. ITRF2000：A New Release of the International Terrestrial Reference Frame for Earth Science Application ［J］. JGR，107（B10）：10. 1029/2001 JB000561. 2002.

［22］ Lemonine F G，Kenyon S C，Factor J K，et al. The Development of the Joint NASA GSFC and NIMA Geopotential Model EGM96 ［R］. NASA/TP-1998-206861，Maryland，USA. 1998.

［23］ Angermann D，Drewes H，Gerstl M，et al. ITRF combination - status and recommendations for the future ［R］. Proceeding of IUGG General Assembly. G01/03A/C24-002，Sapporo，Japan，2003.

［24］ Angermann D，Kruegel M，Meisel B，et al. Time evolution of the terrestrial reference frame ［R］. Proceeding of IUGG General Assembly，G01/03P/D-007，Sapporo，Japan，2003.

第3章 卫星导航与位置服务

卫星导航作为最重要的定位技术之一，极大地推动了测绘与地理空间信息学的发展，并促使该学科从地学研究和工程建设领域走向公众服务领域。随着万物互联时代的到来，人类文明对标准的空间信息服务的需求日益增大，卫星导航技术则为这一需求提供了很好的解决方案，故而成为众多国家的空间和信息化基础设施。本章将围绕卫星导航和位置服务，介绍卫星导航技术的各个组成部分及其发展现状，并分析该技术的数据处理过程和几种广泛使用的全球导航卫星系统（GNSS）增强系统，最后探讨导航与大众位置服务的发展需求。

卫星导航技术由 GNSS 系统和 GNSS 用户终端两部分物理实体组成。GNSS 主要包括美国的 GPS、俄罗斯的 GLONASS、中国的北斗系统以及欧盟的 GALILEO 四大全球系统，各系统或处于组网建设阶段，或正进行现代化升级，进展不一。顺从现代科学整合集成的发展趋势，卫星导航正向定时导航授时（PNT）体系进化，不仅融合各 GNSS 子系统，更跨学科组合其他导航技术。与服务端对应的 GNSS 用户终端，也呈现出多源的发展态势，即包括多系统多频接收机、增强型接收机和组合型接收机，又发展出了 GNSS-R 的新型接收机。

算法层面，卫星导航技术分为本机数据处理和 GNSS 增强系统两部分内容，用以提供直观、高精度的三维位置信息。基于本机的数据处理，用户可利用抽象的 GNSS 观测资料解算出直观的位置信息。观测资料转换为各类组合观测值后，本机可用周跳探测和粗差处理技术对其进行过滤，进而组建出"纯净"的观测方程，支撑后续的方程解算以及模糊度搜索。为克服原生态 GNSS 系统的脆弱性，GNSS 增强系统被提出并成为主流的发展方向，以保证连续的高精度的导航定位结果。目前广泛使用的增强系统有差分型和精密定位型两大类，而它们的融合体 PPP-RTK 技术则被认为是新一代的增强系统，已受到极大的关注。

科学技术是人类社会发展的原动力，而科学技术发展的原动力又是人类社会需求，故需认真探讨导航与位置服务这项高新技术的发展需求。伴随着移动互联网技术的迅猛发展，其"位置""实时性""绑定身份"及"动态交互"等重要特征催生了对"随时、随地为所有人和事提供个性化信息服务"的位置服务的巨大需求，这使得导航与位置服务具有了更多的社会属性，并促使了其定位方式的变革、服务范围的延伸以及服务能力的提升。本章最后将以"车联网系统""机器人及相关无人系统""精准农业系统"及"泛在位置大数据分析系统"四个典型的导航与位置服务系统为例，探讨需求产生、问题提出、关键技术解决方案出现等的完成过程。

3.1　全球导航卫星系统(GNSS)新进展

3.1.1　全球导航卫星最新发展趋势

①未来的导航卫星市场将由"单极"向"多极"发展,多系统共存是必然趋势。

目前,导航卫星市场仍几乎为美国 GPS 系统独占,但这种局面正在改变。随着 GLONASS 系统的恢复,以及我国北斗系统全球服务的正式运行,这两个系统在卫星导航应用市场已经或正在显示出相当的活力。许多知名的卫星导航芯片、原始设备制造(OEM)板与整机设备制造商竞相开发相关产品,俄罗斯与中国政府也非常重视 GLONASS 和北斗用户设备的研发,全球卫星导航应用市场 GPS 系统"一家独大"的局面正在发生改变。

截至 2020 年,随着北斗全球系统、GALILEO 系统等的部署完成,全球导航卫星领域将呈现 GPS、GLONASS、GALILEO 与北斗四大系统并存的局面。而在局部区域,日本的 QZSS 以及印度的 IRNSS 的力量也不可忽视。这些系统在为卫星导航用户提供更多选择的同时,"一家独大"的局面也将发生重大改变,多系统共存将使更多的用户受益。

②PNT 体系将成为解决军事与民用导航问题的最终解决方案。

可提供全天时、全天候高精度 PNT 服务的无线电卫星导航系统的出现,使全球 PNT 服务产生了革命性的变化,成为最重要的空间基础设施。然而,固有的脆弱性和局限性决定了卫星导航系统不可能解决全部的 PNT 问题,不可能满足全部 PNT 需求,特别是强对抗战场环境条件下军事行动的 PNT 需求。

为了解决单一卫星导航系统的不足,美国首先提出了国家 PNT 体系。集成、融合各种可用 PNT 资源,灵活组合,互为冗余,优势互补的国家 PNT 体系,能够弥补单一系统能力的缺陷与不足,从而提供具有更高可用性、完备性、稳健性和可维持性的高精度 PNT 能力与服务。可以预见,PNT 体系将是未来解决军事与民用 PNT 问题的最终解决方案。

③X 射线脉冲星导航将成为实现导航卫星系统长期自主导航的关键技术。

X 射线脉冲星可以为地球轨道、深空探测和星际飞行航天器提供 PNT 信息,从而实现航天器的高精度自主导航,在深空探测和星际飞行中具有不可替代的作用,应用前景广阔。同时,X 射线脉冲星与探测技术研究即是 X 射线脉冲星导航研究的重要基础,也是天体物理学、空间高能物理学的重要研究领域,X 射线脉冲星导航研究将促进上述领域的研究与发展。

④强对抗条件下的军事 PNT 技术将成为未来信息化战争中的重要保障。

未来的战争将会是以导航、侦察、通信等信息手段为主导的信息化战争,这不但包括依赖上述信息获取手段的"知己、知彼",更包括通过电子干扰、电子欺骗等信息对抗手段,阻断、破坏敌军的信息获取。PNT 信息的获取是信息化战争的重要保障,同时也不可避免地将受到敌军干扰与破坏的威胁。以美国为代表的卫星导航大国,近些年一直重视对抗条件下的 PNT 技术的发展,如美国 GPS 系统增加播发的 M 码信号和 GPS-Ⅲ卫星加装的点波束天线等。可以预见,强对抗条件下的军事 PNT 技术将成为未来信息化战争中时空信息对抗的关键技术。

3.1.2 GPS 的新进展

1. 概述

（1）GPS 简介

GPS（Global Positioning System）是美国研制和维护的中距离圆型轨道卫星导航系统。它可以为地球表面绝大部分地区（98%）提供准确的定位、测速和授时服务。GPS 于 1995 年 4 月完成了原来的设计目标，达到了全面的运行能力。然而，技术上的进一步发展和对系统的新需求致使美国对 GPS 提出了新的要求，以及 GPS 现代化的建议。GPS 现代化涉及建立新的 GPS 地面连续运行站、发射新的 GPS 卫星、为民事和军事用户增加导航信号，对用户提供更高精度和完备性更好的导航系统。其主要内容：①播发新的民用导航信号；②播发新的军用导航码；③发射第三代 GPS 卫星，即 GPSⅢ型卫星。

（2）GPS 坐标系统

WGS-84 是美国为 GPS 全球定位系统建立的坐标系统。通过遍布世界的卫星观测站计算得到的坐标建立，其初始 WGS-84 的精度为 1~2m。1994 年 1 月 2 日，通过 10 个观测站在 GPS 测量方法上改正，得到了 WGS-84（G730），G 表示由 GPS 测量得到，730 表示为 GPS 时间第 730 个周。1996 年，美国国家影像与制图局（National Imagery and Mapping Agency，NIMA）为美国国防部（U. S. Departemt of Defense，DoD）建立了一个新的坐标系统，实现了新的 WGS-84 版本——WGS-84（G873）。加入了 USNO 站和北京站的改正，故其东部方向加入了 31~39cm 的改正。所有的其他坐标都存在 1 分米之内的修正。第三次精化：WGS-84（G1150）于 2002 年 1 月 20 日启用。

（3）GPS 时间系统

GPS 时间系统采用原子时 ATⅠ秒长作时间基准，秒长定义为铯原子 CS133 基态的两个超精细能级间跃迁辐射振荡 9 192 631 170 周所持续的时间，时间起算的原点定义在 1980 年 1 月 6 日零时，与世界协调时 UTC 对齐，启动后不跳秒，以保证时间的连续性。以后随着时间积累，GPS 时与 UTC 时的整秒差以及秒以下的差异通过时间服务部门定期公布。

2. 空间部分

1）GPS 卫星星座

GPS 卫星星座由 24 颗卫星组成，其中 21 颗为工作卫星，3 颗为备用卫星。24 颗卫星均匀分布在 6 个轨道面上，即每个轨道面上有 4 颗卫星（见图 3.1）。轨道的长半径为 26 560km，卫星的运行周期为 11h58min，具体参数见表 3-1。这种布局的目的是保证当截止高度角取 15°时，在全球任何地点、任何时刻至少可以观测到 4 颗卫星。图 3.2 展示了 1993 年 7 月 1 日 00h00m00s（UTC）GPS 卫星星座的位置，从图中可以发现，GPS 卫星在其轨道平面上并不是均匀分布的。这样的设计提高了系统的抗故障能力，但由于部分卫星的空间位置靠得太近，导致空间构形不理想，在 45°~60° 地形坡度的山区，GPS 信号常常被遮挡、中断，很不利于 GPS 的连续导航和高精度定位。

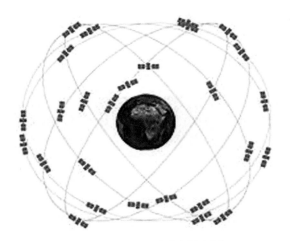

图 3.1 GPS 卫星星座星空图

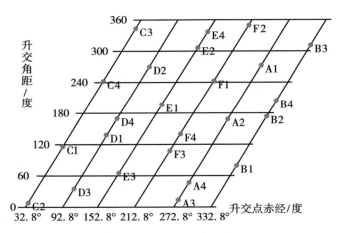

图 3.2 GPS 系统卫星星座平面图(1993 年 7 月 1 日)

表 3-1   **GPS 系统卫星星座参数**

参数	数值
可操作的卫星数	24
轨道平面数	6
每个平面的卫星数	4
轨道类型	近圆
偏心率	$e<0.02$
轨道高度	$h=20\ 180\text{km}$

参数	数值
重访周期	$T = 11\mathrm{h}58\mathrm{m}$
平面间升交点经度差	$\Delta\Omega = 60°$
轨道倾角	$i = 55°$
地面轨道重复	2 圈/1 天

对于 GPS 星座的空间分布设计理念，创建 GPS 之初仅利用理论上推定的 5°的遮挡角来考虑接收机对 GPS 信号的可见性。计算表明，按目前 GPS 的构形，当存在 45°的遮挡角时，就可能使 GPS 接收机所在地在 24 小时内，有 1.5~3 小时不能进行 GPS 三维定位。当存在 60°的遮挡角时，24 小时内有 5~11 小时不能利用 GPS 进行三维定位，该结论已在阿富汗的山区和城市的高楼区得到了验证。

若仅从理论上考虑，27 颗具有良好空间构型的 GPS 卫星，可从根本上减少在山区进行 GPS 三维定位的空白区。从更为可靠的角度考虑，若有 30 颗在空间重新构型的 GPS 卫星，则在地面存在 45°~60°遮挡的情况下，每天完全不能使用 GPS 定位的情况可能会减少到 20 分钟左右。

因此美国已着手对现有 GPS 卫星在空间的构型进行重新布设，GPS 工作卫星由目前的 24 颗改造为 30 颗，并改善它们在空间分布的均匀性，以提高 GPS 在导航和实时定位方面的能力和精度。在最近几年，GPS 卫星星座的卫星数增至 31 颗。其中 3 颗是为了弥补星座空间构型不理想，将原有的 B1、D2 和 F2 的位置分成两个卫星位置，具体位置参见表 3-2 和图 3.3。其他剩余卫星的位置在已有卫星位置的附近，是为了替换即将退役的卫星。和其他卫星星座一样，为了维持 GPS 卫星位于 GPS 卫星星座的设计位置，卫星会偶然性地发生机动来调整卫星的位置和指向。卫星机动（平均每颗卫星 1~2 年发生一次）保证 GPS 卫星偏心率在 0~0.02 范围内，轨道倾角在 52°~58°的范围内，升交角距在标准值 ±4°的范围内。对于那些服役结束的卫星，它们的卫星信号将被关闭，同时这颗卫星将被推至 500km 高度的轨道。

表 3-2　　　　　　　　　　　　　　**在原轨道基础上扩展的情况**

可扩展槽		右旋升交点赤经	升交角距
B1 扩展到	B1F	332.847°	94.916°
	B1A	332.847°	66.356°
D2 扩展到	D2F	92.847°	282.676°
	D2A	92.847°	257.976°
F2 扩展到	F2F	212.847°	0.456°
	F2A	212.847°	334.016°

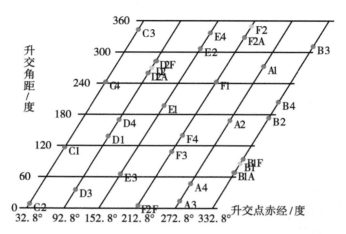

图 3.3　改进后的 GPS 星座平面图(30 颗卫星)

2) GPS 卫星

1978 年至今,一共有 67 颗 GPS 卫星被成功发射,现有 31 颗卫星在轨正常运行。随着技术的更新和需求的提出,GPS 卫星的发展从最初的 Block Ⅰ 到现如今计划使用的 GPSⅢ,其性能也逐步得到了提高。各类 GPS 卫星的指标见表 3-3。

表 3-3　　　　　　　　　　　　　　各类 GPS 卫星指标

参量	Block Ⅰ	Block Ⅱ/ⅡA	Block ⅡR/ⅡR-M	Block ⅡF	GPSⅢ
首次发射	1978	1989	1997	2010	2017(planned)
设计寿命	5 年	7.5 年	7.5 年	12 年	15 年
重量	450kg	>850kg	1080kg	1630kg	2200kg
系统功率	400W	700W	1140W	2610W	4480W
太阳能阵列尺寸	5m^2	7.2m^2	13.6m^2	22.2m^2	28.5m^2
钟	Rb,Cs	Cs,Rb	Rb	Cs,Rb	Rb
钟的稳定性 (每天)	$2 \cdot 10^{-13}$ $1 \cdot 10^{-13}$	$1 \cdot 10^{-13}$ $5 \cdot 10^{-14}$	$1 \cdot 10^{-14}$	$1 \cdot 10^{-13}$ $0.5 \sim 1 \cdot 10^{-14}$	$5 \cdot 10^{-14}$
信号	L1、L2	L1、L2	L1、L2	L1、L2 和 L5	L1、L2 和 L5

GPS 卫星可分为 Block Ⅰ 、Block Ⅱ/ ⅡA、Block ⅡR、Block ⅡF 和 GPSⅢ 等类型。接下来将分别介绍各类型卫星的情况:

(1) Block Ⅰ

Block Ⅰ(见图 3.4)为实验卫星。为了满足方案论证和整个系统试验、改进的需要,美国于 1978—1985 年间从加利福尼亚州的范登堡空军基地用 Atlas-E/F 火箭先后发射了

11 颗 Block Ⅰ 试验卫星，SVN (Space Vehicle Numbers)为 1~11。其中 SVN 7 发射失败，未进入预定轨道。所有的 Block Ⅰ 型卫星携带三个铷钟(Rubidium Clock)，后面发射的 8 颗 Block Ⅰ 型卫星还携带了一个铯钟(Cesium Clock)。卫星重 450kg，设计寿命为 5 年。1995 年底，最后一颗 Block Ⅰ 试验卫星停止工作。

图 3.4　Block Ⅰ 卫星

（2）Block Ⅱ／ⅡA

与试验卫星 Block Ⅰ 相比，Block Ⅱ 卫星做了很多改进，卫星设计寿命 7.5 年，重量大于 850kg，卫星可存储 14 天的导航电文，并具有实施 SA 和 AS 的能力。

Block Ⅱ A 卫星(见图 3.5)是在 Block Ⅱ 卫星的基础上进一步针对改进需求而设计的，具备相互通信的能力，存储导航电文的能力增加至 180 天。由 12 个螺旋极组成的天线阵列(4 个在内圈，8 个在外圈，内圈和外圈为同心圆)发射 L 波段的导航电文，天线指向地球中心，信号呈辐射状向地球发播。天线是以宽频通信的，在 1575MHz 的时候，天线的最大增益为 13.2dBi。SVN35 和 SVN36 卫星上配备了激光反射棱镜，可以利用激光测距技术来分析卫星钟和卫星星历的误差，检验 GPS 测距的精度。从 1989 年至 1997 年共发射 9 颗 Block Ⅱ 卫星和 19 颗 Block Ⅱ A 颗卫星。2007 年 3 月 15 日，最后一颗 Block Ⅱ 卫星完成服役，超过了它的设计使用年限。2016 年 1 月 25 日，最后一颗 Block Ⅱ A 卫星退役。

（3）Block Ⅱ R and Ⅱ R-M（R：Replenishment）

Block Ⅱ R 系列共计划发射 21 颗卫星。其中，13 颗卫星于 1997 年 1 月至 2004 年 11 月发射完毕，被称作 Block Ⅱ R 卫星(见图 3.6)。从 2005 年 9 月至 2009 年 8 月，发射的 8 颗 Block Ⅱ R 卫星被命名为 Block Ⅱ R-M 卫星(见图 3.7)，它们是为 GPS 现代化所设计实施的，有关 GPS 现代化请见后面章节介绍。Block Ⅱ R 和 Block Ⅱ R-M 卫星均携带三个铷钟，设计使用年限为 7.5 年。

该系列卫星由两块 13.6 m^2 的太阳能板收集所需的能源，并将能源存储在氢镍电池中。天线同 Block Ⅱ A 天线一样，采用 12 个螺旋极组成的天线阵列。天线的增益形式要比 Block Ⅱ A 窄，这样将会使地球表面的用户接收到更强的信号，但对于空间其他轨道的

图 3.5 Block II A 卫星

图 3.6 Block II R 卫星

GPS 用户则会接收到较弱的卫星信号。在 Block II R 和 Block II R-M 卫星中，最后发射的 3 颗 Block II R 和所有的 Block II R-M 卫星，其天线增益形式被进一步改进，使得地面用户接收到的卫星信号进一步增强，而空间部分的用户则进一步减弱。同时，Block II R-M 还增

图 3.7　Block Ⅱ R-M 卫星

加了新的民用和军用信号。

(4) Block Ⅱ F(F: follow-on)

Block Ⅱ F(见图 3.8)是在 GPS 第三代卫星服役前的过渡卫星,具有更好的抗干扰能力和测距精度,是首次未安装 SA 技术硬件的卫星,共计划发射 12 颗。卫星上有 6 块太阳能帆板进行能源采集,并存储在砷化镓太阳能电池中,还有一小部分能源存储在氢镍电池中,在轨重量为 1 630kg,设计使用寿命为 12 年。Block Ⅱ F 卫星不仅提供所有 Block Ⅱ R 卫星所能提供的卫星信号,还增加了一个新的民用卫星信号 L5。第一颗 Block Ⅱ F 卫星于 2010 年 5 月发射进行服役。直至 2016 年 2 月,所有 Block Ⅱ F 卫星发射完毕。

(5) GPS Ⅲ

GPS Ⅲ(见图 3.9)卫星被称作第三代 GPS 卫星,起初被称作 Block Ⅲ卫星,现已改名为 GPS Ⅲ。GPS Ⅲ卫星在 2018 年开始投入使用。每颗 GPS Ⅲ卫星将携带三台铷钟,除了播发 Block Ⅱ F 的信号外,还额外增设了新的民用信号 L1C,具体参见后面章节。GPS Ⅲ卫星将提供 3 倍于目前卫星信号的精度,为军方用户提供更强的抗干扰能力,是目前卫星抗干扰能力的 8 倍。由于其采用了先进的技术,卫星的使用寿命将超过 15 年,较目前卫星的使用寿命预计增加约 25%,同时 GPS Ⅲ卫星将采用新的运行控制系统(OCX)。GPS Ⅲ卫星在轨重量约为 2 200kg。其太阳能帆板面积达到 28.5m²,同时由砷化镓太阳能电池和氢镍电池来存储卫星运行所需的能源。该系列卫星是继 Block Ⅱ A 卫星(SVN 35,36)后再次安装激光反射棱镜的卫星,同时还具有搜索救援的能力,可同国际卫星搜救系统进行互操作。

3. 地面监控部分

(1) 综述

地面监控部分(Control Segment, CS)是通过地面监测网对卫星行使监测、操控,并向卫星发送指令的部分,用于支撑整个系统的正常运行的地面设施。主要由主控站、监测

图 3.8　Block Ⅱ F 卫星

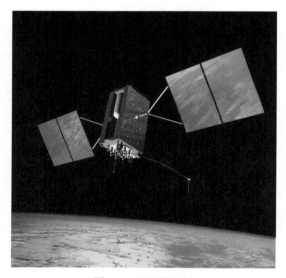

图 3.9　GPS Ⅲ卫星

站、注入站以及通信和辅助系统组成。图 3.10 为 GPS 系统的地面监控部分地理分布。

（2）主控站

主控站是整个地面监控系统的行政管理中心和技术中心，位于美国科罗拉多州的谢里佛尔空军基地（Schriever Air Force Base（AFB）），其主要作用是：

①负责管理地面监控系统中各部分的工作。

②根据各监测站送来的资料，计算/预报卫星轨道和卫星钟改正数，并按规定格式编制成导航电文送往地面注入站。

③调整卫星轨道和卫星钟读数，卫星出现故障时，负责修复或启用备用件以维持其正

常工作。无法修复时，调用备用卫星顶替它，维持整个系统正常可靠地工作。

图 3.10　GPS 地面监控部分的地理分布

（3）监测站

监测站是无人值守的数据自动采集中心。整个全球定位系统共设立了 16 个监测站，其中 6 个站为美国空军的监测站。为了进一步提高广播星历的精度，美国从 1997 年开始实施精度改进计划(L-AII)。首期加入了美国国防部所属的国家地理空间情报局(National Geospatial Intelligence Agency，NGA)的 6 个监测站，此后又加入了其他 5 个 NGA 站。目前的广播星历是用上述 16 个站的观测资料生成的。监测站的主要功能是：

①对视场中的各 GPS 卫星进行伪距测量。

②通过气象传感器自动测定并记录气温、气压以及相对湿度等气象元素。

③对伪距观测值进行改正后再进行编辑、平滑和压缩，然后传递给主控站。

（4）注入站

注入站是向 GPS 卫星输入导航电文和其他命令的地面设施。注入站能将接收到的导航电文存储在微机中，当卫星经过其上空时，用大口径发射天线将这些导航电文和其他命令分别"注入"卫星。

（5）通信和辅助系统

通信和辅助系统是地面监控系统中负责数据传输以及提供其他辅助服务的机构和设施。全球定位系统的通信系统由地面通信线路/海底电缆及卫星通信等联合组成。

此外，美国国家地理空间情报局 NGA 将提供有关极移和地球自转的数据以及监测站的精确地心坐标，美国海军天文台将提供精确的时间信息。

4. 导航信号

GPS 卫星发射的信号由载波、测距码和导航电文三部分组成。

1）载波

载波是指运载调制信号的高频振荡波。GPS 卫星所用的载波有 3 个，分别是 L_1、L_2 和 L_5。其中，L_1 载波是由卫星上的原子钟所产生的基准频率 $f_0(f_0 = 10.23\text{MHz})$ 倍频 154

倍后所形成的，即 $f_1 = 1\,575.42\mathrm{MHz}(154 \times f_0)$，波长 $\lambda_1 = 19.03\mathrm{cm}$；$L_2$ 载波是由基准频率 f_0 倍频 120 倍后所形成的，即 $f_2 = 1227.60\mathrm{MHz}(120 \times f_0)$，波长 $\lambda_2 = 24.42\mathrm{cm}$；如前所述，随着 GPS 现代化的实施，在新的卫星中增设了 L_5 载波，它是由卫星上的原子钟所产生的基准频率 $f_0(f_0 = 10.23\mathrm{MHz})$ 倍频 115 倍后所形成的，即 $f_5 = 1\,176.45\mathrm{MHz}(115 \times f_0)$，波长 $\lambda_5 = 25.48\mathrm{cm}$。采用多个载波频率的主要目的是为了更好地消除电离层延迟，组成更多的线性组合观测值。卫星导航定位系统通常采用 L 波段的无线电信号作为载波，无线电信号频率过低（$f < 1\mathrm{GHz}$）时，电离层延迟严重，改正后的残余误差也较大；频率过高时，信号受到水汽吸收和氧气吸收谐振严重，而 L 波段的信号则较为适中。

2）测距码

测距码是用于测定卫星至接收机间的距离的二进制码。GPS 卫星中所用的测距码从性质上讲属于伪随机噪声码。按照 GPS 现代化分为遗留信号和现代化信号，图 3.11 展示了 GPS 信号的演化历程。

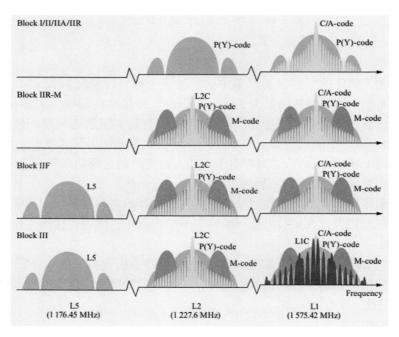

图 3.11　GPS 信号的演化

（1）遗留信号（C/A 码和 P 码）

①C/A 码：C/A 码（Coarse/Acquisition Code）是用于进行粗略测距和捕获 P 码的粗码，也称捕获码。周期 T_u 为 1 毫秒，一个周期含有码元即码长 1 023，每个码元持续的时间即码元周期为 1ms/1 023 = 0.977 517 微秒，相应的码元宽度为 293.05 米。C/A 码是一种公开的明码，可供全球用户免费使用。C/A 码一般只调制在 L_1 载波上，所以无法精确地消除电离层延迟，测距精度一般为 ±（2~3）m。

C/A 码是开放给民间使用的 GPS 卫星传送标准定位信号，它包含有 GPS 接收机用来确定其定位与时间方面的信息，精确度在 100m 左右。

这里所提的 C/A 码是指 GPS 所散布的序列，以下只讨论 L1 信号部分。在 GPS 中使用的 C/A 码是一个群集，它们通常又被称为伪随机噪声(Pseudorandom Noise，PRN)序列，因为它们有着噪声的部分性质，GPS 的 C/A 码里有 1 023 个元素，这里面含有 512 个 1 与 511 个 0，它们的排列看起来仿佛是随机的，但却是完全可决定的，因此叫做伪随机噪声序列。

②P 码：P 码是精确测定从 GPS 卫星到用户接收机距离的测距码，也称精码。实际周期为 1 周，码长为 6.187 1×1 012 码元，码元周期为 0.097 752μs，相应码元宽度为 29.3m。P 码同时调制到 L_1 载波和 L_2 载波上，测距精度为 0.3m。因其巨大的军事价值，1994 年起美国实施了选择性误差 SA(Selective Availability)政策，故目前只有美国及其盟友的军方以及少数美国政府授权的用户才能够使用到 P 码。普通用户可以先捕获 C/A 码，再通过导航电文提供的数据计算出 P 码在整个序列码中的位置。2000 年以后，克林顿政府决定取消对民用信号的干扰，因此现在民用 GPS 也可以达到 10m 左右的定位精度。

③C/A 码的 SA 政策：SA 人为干扰政策是 20 世纪在 C/A 信号上特有的设计，其实是一种保密手段，不仅限制了使用者的权限，还导致了定位精度的降低。SA 政策以 δ 技术、ε 技术和译码技术为核心，主要针对的分别是卫星基准频率 f_0、卫星导航电文的数据以及军用码部分。

δ 技术的实质为引入一个高频抖动信号作用在基准频率 f_0 上，人为地使基准频率 f_0 派生出其他信号，同时也会出现微弱的频率偏移。ε 技术则是对 GPS 信号的卫星星历、状态参数包装处理，人为地降低它的精度到 ±100m 左右。

21 世纪以来，SA 政策已经取消，究其原因，是保守的策略不利于开放性的 GPS 民用信号在市场中的竞争造成的，因此本书对其不作深入讨论。目前，使用第一代民用信号的 GPS 用户，定位精度可以达到 22.5m，这确实得益于 SA 干扰的取消。

(2)现代测距码(L1C 码、L2C 码、L5C 码和 M 码)

①L1C 码：在 GPS 现代化中，于 2013 年开始，将在新发射的 GPS Ⅱ型卫星的 L1 频道上，增播 L1C 导航码(继续无偿提供民用服务)，并随着 GPSⅢ型卫星的建成，将在全部 GPSⅢ型卫星上播发 L1C 导航码。

到目前为止，美国有关方面一直表示，即使播发 L1C 导航码后，将继续提供 C/A 导航码，以保持 GPS 系统的连续性，并在今后新发射的 GPS 卫星中，确保 C/A 导航码至少增强 1.5dB 功率，以削弱噪声对用户的影响。实际上，目前在使用的 GPS 接收设施中都是以接收 C/A 导航码为前提条件设计的，若贸然改变和取消这一导航信号码确需斟酌。

②L2C 码：众所周知，GPS 的 L1 频道上已经载有民用导航信号，即 GPS C/A 导航信号(粗码)，增加的民用导航信号不仅是在 L1 频道上播发的 L1C 导航码，在 L2 频道(1 227.6MHz)上也增加了播发新的民用导航信号——L2C 导航码。L2C 是第二个民用 GPS 信号，专为满足商业需要而设计。

L2C 导航码的主要任务为：

a. 改善 GPS 导航精度。

b. 为用户提供更易于跟踪和获取的 GPS 民用导航信号。

c. 当接收 C/A 和 L1C 导航码信号有干扰时，L2C 导航码可用作 GPS 导航的另一种民用单频导航信号。

L2C 单频导航由于其频率特性，受到的电离层的影响较大，导航误差会比较大。L2C 导航码的性能和特点为：

a. 包含民用短码——CM 码，长度为 10 230 bit，每 20×10^{-3} s 重复一次。CM 码以 25 bit/s 的导航电文调制，在发射时还具有自动纠错功能。

b. 也包含有民用长码-CL 码，长度为 767 250bit，每 $1\ 500 \times 10^{-3}$ s 重复一次。CL 是一个元数据系列，不包括其他调制数据。该元数据的系列，相对于加载在 L1 上的 C/A 导航码而言，提供了约有 24dB（约高于 250 倍）的相关保护。

c. L2C 导航码的每种信号均以每秒 511 500 bit/s，甚至可倍增至 1 023 000 bit/s 的速率发射。

d. 相对 L1 的 C/A 导航码而言，L2C 导航码提供了强于 2.7dB 的数据恢复和 0.7dB 的载波跟踪功能。

③L5C 码：L5C 导航码是在 L5 频率（1 176.45MHz）上播发的，是一个可以应用于民间用户的安全警示信号码，已在 2009 年发射的 GPS II F 型卫星上试播。L5 导航信号的特点主要是：

a. L5C 导航码的结构有了改进，增强了接收后解算的简易性，方便应用于搜索救援。

b. 相对于 L1C 和 L2C 信号，L5C 有更强的发射功率（约增加 3dB 以上）。

c. L5 导航信号的带比较宽，能产生 10 倍的处理增益。

d. L5C 导航码比较长，可能比 C/A 导航码长 10 倍。

④M 码：GPS 现代化的主要部分是设计和播发一种新的军用导航码（M 码）。目的是进一步改善美国 GPS 的军用导航性能，使它更能抗干扰，更好地保障美军的安全使用。M 码作为 GPS 的导航军码分别在 L1 和 L2 频道上发布，即 L1M 和 L2M 码。而新设计的 M 码信号的大部分能量，是放置在上述频道的边缘部分，也就是说与 P(Y) 码和 C/A 码的载频位置作了适当的分离，以减少相互干扰。

不同于现有的 P(Y) 码，M 码是自助的，也就是说用户只要直接接收 M 码信号，就可以计算用户自己的位置。P(Y) 码是加载在 L2 上播发的，使用时要求用户的 GPS 接收机首先锁住 L1 上的 C/A 码，然后再转向锁住 L2 上的 P(Y) 码，这就意味着在接收 GPS 信号的初始化阶段，一旦 C/A 码受到干扰，要接收 P(Y) 码就有困难。

相对于早期 GPS 的 I 型和 II 型卫星，GPS II RM 卫星在设计发射军码的主要特点是：M 码除了在广角（面向全球）天线上播发，以用于美国军用的全球导航信号（该信号在地表的强度是 158dBw）。在 GPS 卫星上还设置了另一个高增益的方向性天线，通过这个方向性天线来发射 M 码的信号，这种功能又称为局域射频功能或侦察射频（spot beam）功能，它可以指令 GPS 的 M 码信号，以特定方向强化向某一特定地区（例如一个跨度为数百千米的地区）播发的强度，在该地区的 GPS 的 M 码信号，可以增加 20dB 的信号强度（即增加 10 倍的伏特场强，100 倍的功率）。

此外，M 码信号还有一些新的性能和特点，如采用新的 MNAV 导航电文，它以信息包的形式表示，而不是以框架形式表示，以方便扩充机动数据的有效负载等。

3）导航电文

只有测距码用户还不能够得到每颗卫星的详细信息。因此 GPS 系统将导航电文调制在测距码前，导航电文中包含了反映卫星的空间位置、卫星钟的修正参数、电离层延迟改正数等 GPS 定位所必要的信息，因此导航电文也称数据码（Data Message，D 码）。

导航电文是具有一定格式的二进制码，以"帧"为单位向用户发送。每帧电文大小为 1 500bit，传输速率为 50bit/s。每个主帧包含 5 个子帧：

①子帧 1 包含有卫星钟改正数、GPS 周数（Week Number）和卫星工作状态信息。

②子帧 2 和子帧 3 主要向用户提供有关计算卫星在轨位置的信息，包括广播星历参数和数据龄期（Age of Data Offset，AODO）。

③子帧 4 和子帧 5 提供了卫星导航、星座历书等信息。

3.1.3　GLONASS 的新进展

1. 概述

（1）GLONASS 简介

GLONASS 是苏联研制、组建的第二代卫星导航定位系统，现为俄罗斯维护运作的全球卫星导航系统。它提供了 GPS 的替代方案，是第二个具有全球覆盖和可比精度的导航系统。GPS 设备制造商表示，添加 GLONASS 可以为他们提供更多的卫星，这意味着位置可以更快更准确地固定，特别是在某些 GPS 卫星视图被建筑物遮蔽的地区。

该系统最早在 1976 年由苏联海军提出，从 1982 年开始，现在由俄罗斯政府负责管理。1990—1991 年组建成具备覆盖全球能力的卫星导航系统，从 1982 年 12 月 12 日开始，该系统的导航卫星不断得到补充，至 1995 年，该系统卫星在数目上基本上得到完善，但随着俄罗斯经济不断走低，该系统也因失修等原因陷入崩溃的边缘。但 2001 年到 2011 年 10 月俄罗斯政府已经补齐了该系统需要的 24 颗卫星。

（2）GLONASS 坐标系统

1993 年以前，GLONASS 卫星导航系统采用苏联的 1985 年地心坐标系（SGS-85，Soviet Geodetic System）。1993 年后改用 PZ-90 坐标系，它是经过地面网与空间网联合平差后计算得到的参考坐标系，用以取代原有的 SCS-85 坐标系，坐标框架的精度约为 1~2m。

PZ-90 的定义包含基本大地常数、地球椭球参数、地球重力场参数以及地心参考系（GRS），详见表 3-4。PZ-90 系统坐标原点位于包括海洋和大气的地球质心。它的 Z 轴指向 IERS（International Earth Rotation Service）推荐的协议地极原点，它的 X 轴指向地球赤道面与由国际时间局（BIH）定义的零子午线的交点，Y 轴满足右手坐标系。

表 3-4　　　　　　　　　　　　地球模型 **PZ-90** 的基本参数

参　　数	数　　值
光在真空中的转播速度	c＝299 792 458m/s
重力常数	G＝6.672 59×10^{-11}m³/s²

续表

参　　数	数　　值
地心引力常数	$GM_{\oplus} = 398\ 600.441\ 8 \times 10^8 \text{m}^3/\text{s}^2$
角速度	$\omega_{\oplus} = 7.292\ 115 \times 10^{-5} \text{rad/s}$
半长轴	$a = 6\ 378\ 136.0\text{m}$
扁率	$f = 1/298.257\ 84$

为了提高坐标系统的精度，2007 年 9 月 20 日对 PZ-90 坐标系进行了修正，该系统被命名为 PZ-90.02。修正后的系统显著改善了 GLONASS 广播星历与 WGS-84 和 ITRF 的一致性。2013 年 12 月 31 日 15 点 GLONASS 坐标系又进行了一次升级，这就是目前采用的 PZ-90.11 地心参考系统，该系统与 IERS 2010 保持一致。地球中心精度（RMS）约为 0.05m，用于计算坐标系的参考点精度达到 0.001~0.005m 的精度。参考系统的转换参数见表 3-5。

表 3-5 **PZ-90 转换参数**

起始	目标	ΔX （m）	ΔY （m）	ΔZ （m）	ω_x （$10^{-3}''$）	ω_y （$10^{-3}''$）	ω_z （$10^{-3}''$）	m （10^{-6}）	历元
PZ-90	WGS-84	-1.10	-0.30	-0.90	0	0	-200	-0.12	1990.0
PZ-90	ITRF-97	+0.07	+0.00	-0.77	-19	-4	+353	-0.003	
PZ-90	PZ-90.02	-1.07	-0.03	+0.02	0	0	-130	-0.22	2002.0
PZ-90.02	WGS-84 (1150)/ ITRF-2000	-0.36	+0.08	+0.18	0	0	0	0	2002.0
PZ-90.11	ITRF-2008	-0.003	-0.001	0.000	+0.019	-0.042	+0.002	-0.000	2010.0

（3）GLONASS 时间系统

GLONASS 系统通过一组氢原子钟构成的 GLONASS 中央同步器来维持时间系统。GLONASS 时间与 UTC 时间联系紧密单有一个 3 小时的常数偏移，即莫斯科时间和格林尼治时差。这种联系隐含了 GLONASS 时间的跳秒。除了常数偏差外，由于采用不同时钟维持时间尺度，GLONASS 时间和 UTC 时间之间存在小于 1ms 的偏差。导航电文通过发布参数 Tc 来解决这钟时间差异。因此，UTC 时间可以由 GLONASS 时间计算得到（UTC(SU) = GLONASS 时+Tc-3 时）。UTC 和 TAI 之间的关系在前面章节已经给出，反映了可变的跳秒数。

由于跳秒，GLONASS 时间改正必须与 UTC 改正相一致，UTC 的改正是由设在巴黎的国际时间局进行。用户可以通过通报和通知提前（至少提前 3 个月）获得既定的改正数信息。为了提高 GLONASS 时间系统的精度，对 GLONASS 时间系统进行了一系列的校准，至 2015 年初，GLONASS 时与 UTC(SU)$_{GLO}$ 之间的一致性保持在 10ns 以内。

2. 空间部分

1）卫星星座

GLONASS 为了使系统拥有更好的全球覆盖能力，目前在轨运行卫星数为 30 颗，其中含 27 颗工作卫星和 3 颗备份卫星。27 颗星均匀地分布在 3 个近圆形的轨道平面上，这 3 个轨道平面两两相隔 120 度，每个轨道面有 8 颗卫星，同平面内的卫星之间相隔 45 度，轨道长半径 2.36 万千米，运行周期为 11h15min44s，轨道倾角为 64.8 度。由于 GLONASS 卫星的轨道倾角大于 GPS 卫星的轨道倾角，所以在高纬度地区的可见性较好。图 3.12 展示了 GLONASS 系统卫星星座分布情况，表 3-6 为其星座参数。

图 3.12　GLONASS 卫星星座星空图

表 3-6 　　　　　　　　　　　**GLONASS 星座参数**

参　　数	数　　值
可操作的卫星数	$t = 24$
轨道平面数，p	$P = 3$
每个平面的卫星数	$t/p = 8$
相位参数	$f = 1$
轨道类型	近圆
偏心率	$e < 0.01$

续表

参　数	数　值
轨道高度	$H = 19\ 100\text{km}$
重访周期	$T = 11\text{h}15\text{min}44\text{s}\pm5\text{s}$
平面间升交点经度差	$\Delta\Omega = 120°$
轨道倾角	$i = 64.8°\pm0.3°$
近地点角距	$\Delta u = 45°$
同平面相邻卫星纬度差	$\Delta uf/n = 15°$
地面轨道重复周期	17 圈/8 恒星日

2）GLONASS 卫星

在 30 年的发展过程中，GLONASS 卫星设计已经经历了许多改进，可以分为三代：原始的 GLONASS、GLONASS-M 和 GLONASS-K，图 3.13 展示了 GLONASS 卫星的发展历程。

（1）GLONASS 型卫星

作为第一代工作卫星，GLONASS 型卫星总共发射了 88 颗。GLONASS 型卫星采用三轴稳定体制，配置有三台铯原子钟，设计寿命约为 3 年，但实际上这款卫星多数提前失效。卫星上配备着一个推进系统，可用来确保卫星的在轨位置，调整卫星姿态，甚至能将卫星移动到轨道中的另一个位置。GLONASS 型卫星的发射基地位于哈萨克斯坦境内的拜科努尔航天发射中心，它们通常经由质子号运载火箭以"一箭三星"的高效方式发射入轨。

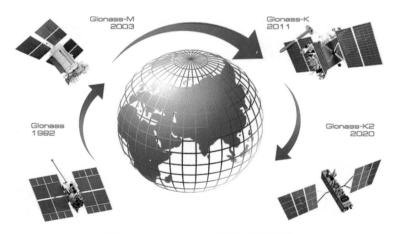

图 3.13　GLONASS 卫星的发展历程

（2）GLONASS-M 型卫星

GLONASS-M 型卫星的结构采用与 GLONASS 卫星相同的圆柱形密闭加压、承力筒式结构，星上仪器、天线馈线装置、指向系统仪器、太阳帆板驱动装置、推进单元和热控系统驱动装置等均安装在承力筒内部。GLONASS-M 卫星采用经改进的天线馈线和星钟等，使卫星寿命增加到 7 年，并且在 G2 波段增加了新的民用导航信号。同一轨道和不同轨道上的卫星之间还具有星间导航链接通信功能，并且在卫星发射天线附近的卫星表面安装激光反射器，以便于地面观测站对其进行激光测距，进而帮助卫星进行精确定轨。

（3）GLONASS-K 型卫星

作为 GLONASS 的第三代卫星，GLONASS-K1 型卫星的设计寿命为 10 年，并且增加了第三个位于 G3 波段的导航信号波段、星间链路和搜救（SAR）载荷等设计。特别地，GLONASS-K1 型卫星在 G3 波段增加播发的是 CDMA 导航信号，其中第一个 CDMA 信号已于 2011 年 2 月起开始被播发，这款卫星也继续在 G1 和 G2 波段播发已有的 FDMA 信号。

GLONASS-K2 卫星星钟系统的稳定度将达到 1×10^{-14}，同时再增加 3 个 CDMA 信号，分别为：L1 波段的民用信号 L1OC 和军用信号 L1SC，L2 波段的军用信号 L2SC，使 GLONASS-K2 卫星 CDMA 信号的数量达到 4 个，即 2 个民用信号，2 个军用信号。同时，GLONASS-K 卫星改善了卫星姿态控制精度和太阳帆板指向精度，增加了搜索救援（Cospas-Sarsat）有效载荷，可用于全球搜索与救援服务。

（4）GLONASS-KM 型卫星

这一款卫星仍处于研发阶段，预计可能会在 2025 年升空运行。

3. 地面控制部分

（1）地面控制部分

GLONASS 系统的地面控制部分由系统控制中心，5 个遥测、跟踪和指挥中心，2 个激光测距站和 10 个监测站组成，其地理分布如图 3.14 所示。地面支持系统的功能是由苏联境内的许多场地共同完成的。随着苏联的解体，GLONASS 系统由俄罗斯航天局管理，地面支持段已经减少到只有俄罗斯境内的场地了，系统控制中心和中央同步处理器位于莫斯科，遥测遥控站位于圣彼得堡、捷尔诺波尔、埃尼谢斯克和共青城。

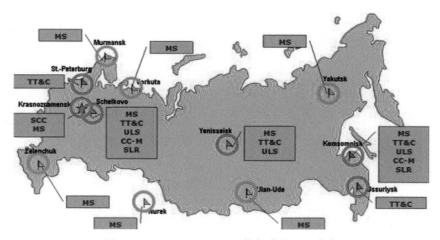

图 3.14　GLONASS 地面监控部分的地理分布

（2）地面控制部分现代化

随着 GLONASS 系统现代化的推进，地面控制部分的改进包括改进控制中心，开发用于轨道监测和控制的现代化测量设备，改进控制站和控制中心之间的通信设备。这些改进项目完成后，可使星历精度提高 30%～40%，可使导航信号相位同步的精度提高 1～2 倍（15ns），并可降低伪距误差中的电离层分量。

为进一步提高 GLONASS 的精度，以满足三个类别的飞机精密进场/着陆的要求，俄罗斯正计划开发以下三种差分增强系统：

①广域差分系统（WADS）：它包括在俄罗斯境内建立 3～5 个 WADS 地面站，可为离站 1 500～2 000km 内的用户提供精度为 5～15m 的位置信息。

②区域差分系统（RADS）：在一个很大的区域上设置多个差分站和用于控制、通信和发射的设备。它可在离台站 400～600km 的范围内，为空中、海上、地面以及铁路和测量用户提供精度为 3～10m 的位置信息。

③局域差分系统（LADS）：它采用载波相位测量校正伪距，可为离台站 40km 以内的用户提供精度为 10cm 量级的位置信息。LADS 台站可以是移动系统，也可用地面小功率发射机——伪卫星来辅助。

4. 导航信号

与美国的 GPS 系统不同的是 GLONASS 系统目前采用频分多址（FDMA）方式，根据载波频率来区分不同卫星（GPS 是码分多址（CDMA），根据调制码来区分卫星）。每颗 GLONASS 卫星发播的两种载波的频率分别为 $L_1 = 1\ 602 + 0.562\ 5K$（MHz）和 $L_2 = 1\ 246 + 0.437\ 5K$（MHz），其中 $K = 1～24$ 为每颗卫星的频率编号。而所有 GPS 卫星的载波频率是相同的，均为 $L_1 = 1\ 575.42$MHz 和 $L_2 = 1\ 227.6$MHz。GLONASS 现代化过程中，其导航卫星开始发射码分多址的 L3 信号。图 3.15 展示了 GLONASS 系统 L1、L2 及 L3 信号上的频率分布情况。

GLONASS 卫星的载波上也调制了两种伪随机噪声码：S 码和 P 码。俄罗斯对 GLONASS 系统采用了军民合用、不加密的开放政策。GLONASS 系统单点定位精度水平方向为 16m，垂直方向为 25m。

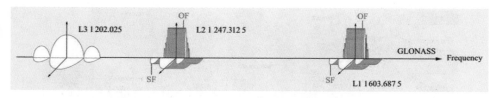

图 3.15　GLONASS 的 L1、L2 及 L3 信号上的频率分布

GLONASS 卫星发送两种类型的信号：标准精度信号 L1OF/L2OF 和高精度信号 L1SF/L2SF。

信号使用与 GPS 信号中类似的 DSSS 编码和二进制相移键控（BPSK）调制。所有 GLONASS 卫星都会传输与标准精度信号相同的编码，但是每个卫星上使用 15 信道不同的频率上发送频分多址，被称为 L1 频带。中心频率为 1 602MHz+n×0.562 5MHz，其中 n 是卫星的频道号(n=−7，−6，−5，…，0，…，6，之前的 n=0，…，13)。信号在 38°锥发送，使用右手圆极化。

L2 频带信号使用与 L1 频带信号相同的 FDMA，但以 1 246MHz+n×0.437 5MHz 的中心频率传输 1 246MHz，其中 n 与 L1 相同。在原始的 GLONASS 设计中，L2 频段仅广播了模糊高精度信号，但是从 GLONASS-M 开始广播与 L1OF 信号具有相同标准精度码的附加民用参考信号 L2OF。

标准精度信号是通过 511 kbit/s 伪随机测距码、50bit/s 导航消息和辅助 100Hz 曲折序列(曼彻斯特码)的模 2 加法(XOR)产生的。伪随机码用 9 级移位寄存器生成，周期为 1ms。

导航信息以每秒 50 位的速度进行调制。开路信号的超帧为 7 500 位长，由 5 帧 30 秒组成，以 150 秒(2.5 分钟)的速度传输连续的消息。每帧长度为 1 500 位，由 15 个字符串组成，每个字符串为 100 位(每个字符串为 2 秒)，数据和校验和位为 85 位(1.7 秒)，时间标记为 15 位(0.3 秒)。字符串 1~4 为发送卫星提供即时数据，每帧重复一次；数据包括星历、时钟和频率偏移以及卫星状态。字符串 5~15 为星座中的每个卫星提供非即时数据(即年历)，帧 I-IV 各描述 5 颗卫星，帧 V 描述剩余的 4 颗卫星。

导航信息使用地面控制部分的数据，每 30 分钟更新一次星历报告；它们包括以地球为中心的地球固定(ECEF)笛卡儿坐标表示的位置和速度信息，并包括午点的加速度参数。年历使用修改的开普勒参数，每天更新。

高精度信号与标准精度信号进行相位正交广播，有效地共享相同的载波，但是高精度信号比开路信号的带宽高 10 倍。尽管高精度信号的消息格式未发布，反向工程的尝试表明：超帧由 72 帧组成，每帧包含 5 个 100 位的串并需要 10 秒的时间进行传输，整个导航消息总长度为 36 000 位，传输时间需要 720 秒(12 分钟)，附加数据似乎分配给关键的 Luni-Solar 加速参数和时钟校正项。

3.1.4　GALILEO 的新进展

1. 前言

伽利略卫星导航系统(Galileo Satellite Navigation System，以下简称伽利略系统)是由欧盟研制和建立的全球卫星导航定位系统。该计划于 1999 年 2 月由欧洲委员会公布，并由欧洲委员会和欧空局共同负责。伽利略系统旨在提供精度在 1m 范围内的三维位置测量服务，并在更高纬度地区提供比其他定位系统更好的定位服务。

伽利略计划对欧盟具有关键意义，它不仅能使人们的生活更加方便，还将为欧盟的工业和商业带来可观的经济效益。更重要的是，欧盟将从此拥有自己的全球卫星导航系统，有助于打破美国 GPS 导航系统的垄断地位，从而在全球高科技竞争浪潮中获取有利位置，并为将来欧洲建设独立防务创造了条件。

伽利略系统建成后，将和美国 GPS、俄罗斯 GLONASS 以及中国北斗卫星导航系统共同构成全球四大卫星导航系统，为用户提供更加高效和精确的定位服务。

伽利略系统将作为 MEOSAR 系统的一部分提供新的全球搜索和救援(SAR)功能。卫星将配备一个转发器，将遇险信号从紧急信标转发到救援协调中心，然后救援协调中心将开展救援行动。同时，该系统预计将提供一个反向链路消息（RLM），以紧急信标通知待救人员救援请求已收到，救援行动正在进行。其中后一个功能是新开发的，与现有全球卫星搜救系统 COSPAS/SARSAT 相比，被认为是一个重大的升级。伽利略系统作为现有 COSPAS/SARSAT 计划的一部分，在 2014 年 2 月的搜索和救援功能测试中发现 77% 的模拟遇险地点可精确定位在 2km 范围内，95% 在 5km 范围内。

2. 空间部分

1）卫星星座

伽利略系统由轨道高度为 23 616km 的 30 颗卫星组成，其中 27 颗工作星，3 颗备份星。卫星位于 3 个倾角为 56 度的轨道面内。伽利略系统于 2016 年 12 月 15 日开始提供早期运营能力（EOC），到 2021 年 12 月，计划的 30 颗在用卫星中，有 22 颗已发射卫星处于可用状态。预计在 2022 年底达到全面运营能力（FOC），届时，伽利略星座将由 24 颗工作卫星组成。预计下一代卫星将在 2025 年后开始投入使用，以取代旧设备，然后可用于备份能力。其卫星星座参数如表 3-7 所示。

表 3-7　　　　　　　　　　　　卫星星座参数

参数	值
卫星星座类型	Walker 24/3/1+6 颗在轨备用卫星
长半轴	29 600.318km
轨道面倾斜角	56 度
卫星运行周期	14h04m42s
地面轨道重复周期	17 圈/10 恒星日

为在全球范围内保持良好的几何条件，获得良好的用户位置精度和可用性，伽利略系统对卫星星座进行了优化。与 GPS 系统相比，伽利略系统在高纬度地区为用户提供了更好的覆盖。

优化的伽利略系统卫星星座使得全球导航用户在任何地方，可见卫星数都能保持在 6~11 颗伽利略卫星。截止高度角为 5 度时，全球平均可见卫星数多于 8 颗。与此同时，该系统还配备 6 颗在轨的备用卫星。伽利略卫星系统的星座设计使得用户可以获得更好的定位服务（高程定位精度 2.3m，水平定位精度 1.3m）。伽利略卫星星座的另一个优势是限制了卫星星座的轨道平面数，使运载火箭每次能同时发射多颗卫星，有利于卫星的快速部署，同时减少卫星星座的维护费用。

在卫星服役结束后，为避免制造空间碎片以及降低空间碎片对卫星系统的威胁，伽利略系统制订了合理的卫星清理计划。当某颗卫星服役结束，新卫星进入预定轨道代替该卫星进行服役后，该卫星会向系统提出清理申请。在系统的控制下，该卫星将被推送到比原轨道高至少 300km 的废弃卫星轨道中。

2）伽利略卫星

　　伽利略卫星系统的发展经历了不同卫星的测试，主要有 GIOVE-A/B 卫星、IOV 卫星和 FOC 卫星，表 3-8 汇总了三类伽利略系统卫星的发射和运行情况。

表 3-8　　　　　　　　　　　　　　**伽利略系统卫星运行数量（2016）**

种类	发射时间	卫星发射			目前健康运行中
		成功	失败	计划中	
GLOVE	2005—2008	2	0	0	0
IOV	2011—2012	4	0	0	3
FOC	2014 至今	12	2	16	12
总数		18	2	16	15

　　（1）GIOVE-A/B 卫星

　　GIOVE-A/B 卫星是伽利略系统的实验卫星，由欧洲卫星导航工业运营的 GIOVE Mission 生产。主要目的是获取导航卫星运行的实际数据以及实验结果，并依此设计 IOV 卫星，减小其运行风险。欧空局组织了全球地面站网络，通过使用 GETR 接收机进行系统研究，收集了 GIOVE-A/B 的测量结果。

　　（2）IOV 卫星

　　在 GIOVE-A/B 实验卫星测试之后，欧盟发射了 4 颗 IOV 伽利略卫星，该卫星与最终伽利略系统需求卫星更为接近，同时 IOV 还设置了搜索和救援功能。前两颗卫星于 2011 年 10 月 21 日由圭亚那航天中心使用联盟号发射器发射，另外两颗卫星于 2012 年 10 月 12 日发射。这使得系统能够进行关键的验证测试。这 4 颗 IOV 伽利略卫星由阿斯特里姆公司(Astrium GmbH)和泰雷兹阿莱尼亚宇航公司(Thales Alenia Space)建造。

　　（3）FOC 卫星

　　2010 年 1 月 7 日，OHB 公司和萨里卫星技术有限公司(SSTL)竞标成功，共建造 14 颗 FOC 卫星，费用为 5.66 亿欧元。阿丽亚娜空间公司将负责发射卫星，费用为 3.97 亿欧元。2016 年 12 月 15 日，伽利略系统开始提供初始运营能力(IOC)。目前提供的服务包括开放服务、公共管理服务和搜索救援服务。由于一个发射上的局部失误导致两颗卫星轨道偏低。

　　截至 2014 年，欧空局及其行业合作伙伴已开始研究伽利略二代(G2G)卫星，并在 2020 年发射期间向欧共体提交。目前一个新的想法是采用电力推进，减少发射期间的能源消耗，并允许单批次发射的卫星被送入多个轨道平面。

　　3. 地面部分

　　地面部分包括完备性监控系统、轨道测控系统、时间同步系统和系统管理中心组成。伽利略系统的地面部分主要由两个位于欧洲的伽利略控制中心(GCC)和 29 个分布于全球的伽利略传感器站(GSS)组成，另外还有分布于全球的 5 个 S 波段上行站和 10 个 C 波段上行站，用于进行控制中心与卫星之间的数据交换。控制中心与传感器站之间通过冗余通信网络连接。全球地面部分还提供与服务中心的接口、增值商业服务以及与"科斯帕斯/

萨尔萨特"(COSPAS/SARSAT)的地面部分一起提供搜救服务，并在不同地理位置分布数据传播网络。

其基本功能有：

①控制和维护卫星星座的状态和配置。

②预测星历和卫星时钟的演进。

③保持相应的 GNSS 时间标度(通过原子钟)。

④更新所有卫星的导航消息。

伽利略系统地面部分根据功能被分解成伽利略控制系统和伽利略任务系统。作为负责卫星星座控制和伽利略卫星管理的伽利略控制系统(GCS)为整个伽利略卫星星座提供遥测、遥控和控制的功能。伽利略任务系统(GMS)负责确定和上传导航和完整性数据消息，以提供导航和 UTC 时间传输服务。

区域设施由监测台提供区域完备性数据，由完备性上行数据链直接或经全球设施地面部分，连同搜救服务商提供的数据，上行传送到卫星。全球最多可设 8 个区域性地面设施。

4. 导航信号

每颗伽利略卫星在三个不同的频率上提供一致的导航信号。每个信号包含至少一对导频和数据元件。图 3.16 概括了伽利略信号频率计划。

信号和元件分配给三种类型定位服务(见表 3-9，表 3-10)：

①包括数据导频对 E1-B/C、E5a-I/Q 和 E5b-I/Q 的开放业务(OS)，即可公开访问的定位业务。

②E1-A 和 E6-A 的公共管理服务(PRS)，即政府授权用户的受限访问定位服务。

③商业服务(CS)，通过数据导频对第三频率的导航信号 E6-B/C，进行选择性地加密，用于提供未来的增值服务。

④作为第四项服务，伽利略卫星支持 COSPAS/SARSAT，这是由美国、俄罗斯、加拿大和法国建立的国际卫星搜索和救援系统，能定位应急无线电信标。该项支持通过作为有效载荷一部分的前向搜索和救援中继器提供，并且通过嵌入到 E1 OS 数据组件的导航消息中的相关联的数据返回链路。

这种复合 AltBOC 信号也可以作为单一信号，提供至少 51.15MHz(50×1.023MHz)的非常大的信号带宽，从而提供卓越的 Gabor 带宽和有效的抑制多路径效应。

伽利略系统和 GPS 被认为是兼容的(共享资源而不降低其他无线电导航卫星系统的性能)和可互操作的(允许用户成功地将来自多个无线电导航卫星系统的伪距测量结合成一个全球导航卫星系统(GNSS)获取位置/速度/时间)：

①两个载波频率共享(E5a / L5 和 E1 / L1)，具有等效的调制。

②基本消息概念是可比较的，例如星历、历书、时钟校正、GST-UTC(伽利略系统时间-通用时间协调)和时间延迟。

③地面坐标参考系统和时间参考系统是一致的。

伽利略系统信号概述见表 3-9，伽利略系统公共信号部件和调制情况见表 3-10。

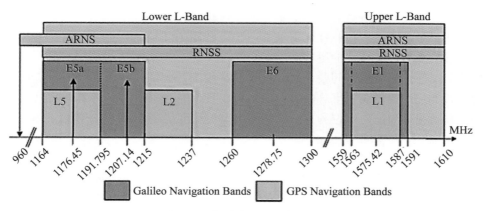

图 3.16　伽利略系统频率计划

表 3-9　　　　　　　　　　　　　　伽利略系统信号概述

伽利略系统信号	信号频率(MHz)	子波段	子波段频率(MHz)	载体对应
E1	1 575.420	n/a	n/a	GPS L1 C/A，L1C
E6	1 278.750	n/a	n/a	
E5	1 191.795	E5b	1 207.140	
		E5a	1 176.450	GPS L5

表 3-10　　　　　　　　　　　　伽利略系统公共信号部件和调制概述

信号	组成	调制方式	Rc	Rsc	Rd, Rsec	信息	服务	多丛	最低接收功率
E1 1575.420MHz	E1-B Data	CBOC	1	1&6	250	I/NAV	OS	in	−160dBW
	E1-C Pilot	CBOC	1	1&6	250	−	OS	phase	−160dBW
E6 1278.750MHz	E6-B Data	CBOC	5	−	1000	C/NAV	CS	in	−158dBW
	E6-C Pilot	BPSK	5	−	1 000	−	CS	phase	−158dBW
E5b 1207.140MHz	E5b-I Data	BPSK	10	−	250, 1 000	[I/NAV]	OS	0°	−158dBW
	E5b-Q Pilot	BPSK	10	−	1000	−	OS	90°	−158dBW
E5a 1176.450MHz	E5a-I Data	BPSK	10	−	50, 1 000	F/NAV	OS	0°	−158dBW
	E5a-Q Pilot	BPSK	10	−	1000	−	OS	90°	−158dBW

3.1.5　北斗卫星导航系统的新进展

1. 概述

(1)北斗系统简介

　　中国北斗卫星导航系统(BDS)是中国自行研制的全球卫星导航系统。它是继美国全球定位系统(GPS)、俄罗斯格洛纳斯卫星导航系统(GLONASS)之后第三个成熟的卫星导航系统。北斗卫星导航系统(BDS)和美国 GPS、俄罗斯 GLONASS、欧盟 GALILEO，都是联合国卫星导航委员会已认定的供应商。

　　北斗卫星导航系统由空间段、地面段和用户段三部分组成，可在全球范围内全天候、全天时为各类用户提供高精度、高可靠的定位、导航及授时服务，并具短报文通信功能，已经初步具备全球导航、定位和授时的能力，定位精度优于 9m，测速精度为 0.2m/s，授时精度优于 20ns。

　　(2)北斗坐标系统

　　北斗使用的坐标系是 2000 中国大地坐标系(CGCS2000)，CGCS2000 与 WGS-84 坐标系一样都是地心地固(ECEF)坐标系(或参考系)，它们同地球固联，与地球一起旋转。CGCS2000 原点与地球质量中心重合，具体椭球参数见表 3-11。CGCS2000 通过国家 GPS 大地网的 2500 多点的坐标和速度(历元 2000.0)进行实现，其坐标实现精度为厘米级，速度实现精度为毫米每年级。

表 3-11　　　　　　　　　　　　　　**CGCS2000 坐标系椭球参数**

椭 球 常 数	值
长半轴	$a = 6\ 378\ 138.0\text{m}$
扁率	$f = 1/298.257\ 222\ 101$
地心引力常数	$GM = 3\ 986\ 004.418 \times 108\text{m}^3/\text{s}^2$
地球角速度	$\omega = 7\ 292\ 115.0 \times 10^{-11}\text{rad/s}$

　　北斗三号采用了全新的北斗坐标系(BDCS)，该坐标系的定义符合国际地球自转服务组织(IERS)规范，与国际地球参考框架(ITRF)差异在 4.0cm 左右，并根据站速度至少 1 年对框架基准站点坐标进行更新。

　　(3)北斗时间系统

　　北斗卫星导航系统采用的是北斗时(BDT)。时间起算的原点定义在 2006 年 1 月 1 日世界协调时 UTC 的零时，启动后不跳秒，保证时间的连续性。以后随着时间积累，BDT 时与 UTC 时的整秒差以及秒以下的差异通过时间服务部门定期公布。

2. 空间部分

　　北斗卫星导航系统的空间段计划由 35 颗卫星组成，包括 5 颗静止轨道卫星、27 颗中地球轨道卫星、3 颗倾斜同步轨道卫星。5 颗静止轨道卫星定点位置为东经 58.75°、80°、110.5°、140°和 160°，中地球轨道卫星运行在 3 个相隔 120°轨道面上，轨道面内均匀分布。至 2012 年底北斗亚太区域导航服务正式开通时，已在西昌卫星发射中心为正式系统发射了 16 颗卫星，其中 14 颗卫星组网并提供服务，分别为 5 颗静止轨道卫星、5 颗倾斜地球同步轨道卫星(均在倾角 55°的轨道面上)以及 4 颗中地球轨道卫星(均在倾角 55°的轨道面上)。

根据中国国家航天局的统计,系统的开发分三步进行:

①2000—2003 年:由 3 颗卫星组成的实验北斗导航系统;

②到 2012 年:覆盖中国及邻近地区的区域北斗导航系统;

③到 2020 年:全球北斗导航系统。

(1)第一代北斗卫星

最初的 BDS-1 星座由 2000 年底推出的两颗对地静止卫星组成,分别位于 80°E 和 140°E,根据它们的位置,它们被称为北斗西和北斗东,简化为北斗 1A 号和北斗 1B 号。作为备份,2003 年在 110.5°E 增加了第三颗卫星(北斗 1C 号)。同时,全部航天器已到了使用寿命的终点,并被第二代北斗系统的卫星所取代。它们在地球静止带上保持相同的位置,并继续提供除了主要 RNSS 之外的 BDS-1 型 RDSS。

每颗卫星有两个出站转发器和两个入站转发器。出站转发器将从 MCS 发射的信号传输到卫星,并向用户传送信号。反之亦然。包括从 MCS 到 GEO 卫星的出站信号的上行链路和从 GEO 到 MCS 的入站信号的下行链路的馈线链路使用 C 波段频率。包括从用户到 GEO 的入站信号的上行链路和从 GEO 到用户的出站信号的下行链路的服务链路使用 L 波段(1 610~1 626.5MHz;上行链路)和 S 波段(2 483.5~2 500MHz;下行链路)RDSS 的频率。图 3.17 展示了北斗一代的工作原理。

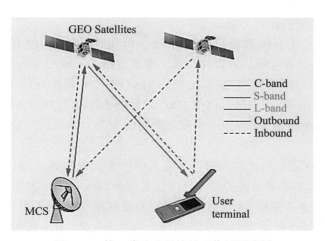

图 3.17 第一代北斗系统的工作原理略图

(2)第二代北斗卫星

2004 年 9 月,我国启动了 BDS-2 的建设工作,并于 2007 年 4 月成功推出了第一台 MEO 卫星(即 COMPASS-M1),用于保护国际电联的频率备案,并为验证提供了试验原子钟,精确的轨道确定和时间同步以及其他关键技术。从 2009 年 4 月发射第一颗 GEO 卫星开始,仅用 3.5 年就部署了 14 颗可操作卫星。2012 年 12 月,BDS-2 正式运行,并宣布开始区域性服务,覆盖纬度 55°S 至 55°N 和经度 70°E 至 150°E。最初的服务公告提供了 B1 频段单频用户所需的业务接口控制文件(ICD)。2013 年 12 月更新版本,涵盖双频(B1/B2)信号的使用。

第二代北斗导航卫星系统采用独特的星座设计,将全球系统(如 GPS,GLONASS 和伽利略)的元素与纯粹的区域系统[如日本准天顶卫星系统(QZSS)和印度区域导航卫星系统(IRNSS/NavIC)]的设计相结合。BDS-2 空间段包括 5 颗地球静止轨道 GEO 卫星,5 颗倾斜同步轨道 IGSO 卫星和 4 颗中等高度地球轨道 MEO 卫星。

GEO 卫星分别位于 58.75°E、80°E、110.5°E、140°E 和 160°E。在服务区域的任何一个地点至少有三个卫星高度角在 10°以上连续可见,从而实现了控制中心与 BDS-2 用户之间的实时信息交换。IGSO 卫星以高度约 36 000km、倾角为 55°的圆周为运动轨道。与 GEO 卫星相比,它们呈现出一个类似于恒星的轨道周期,即相对于固定恒星的地球旋转持续时间为 23h56min,但实际上是相对于地球赤道的。这导致 IGSO 卫星具有持续重复的运行轨道,这些轨道以不同的"8"字形状覆盖在南北纬 55°之间。

基于 2013 年 1 月 22 日至 29 日的广播星历,绘制了北斗卫星的全球覆盖图、亚太区域北斗卫星位置稀释数(PDOP)分布图和北斗系统可用性分布图,以评估区域业务服务开始后全球用户范围和系统的区域有效性。

对于纬度 70°S~70°N 和经度 40°E~180°E 之间的区域,可见卫星的数量大于 5,PDOP 小于 12,满足基本导航要求。纬度 60°S~60°N 和经度 70°E~150°E 之间的区域,可见卫星的数量超过 7 个,PDOP 小于 5,可提供可靠的导航服务。对于纬度 50°S~50°N 和经度 85°E~135°E 之间的区域,可见卫星的数量最终大于 8,PDOP 在 2 到 3 之间,可提供更高的定位精度和更可靠的导航服务。

目前,中国的可见卫星数量已超过 7 个,可用性(由 PDOP 值小于 6 定义)超过 97.5%。北斗系统在服务区域达到设计要求,在指定覆盖区域的可用性接近 100%。

虽然通常认为 GEO 和 IGSO 卫星的组合对纯粹的区域性导航系统来说已经足够,BDS-2 仍使用了少量的 MEO 卫星。该类 MEO 卫星的轨道高度为 21 530km(即 GPS 和伽利略星座之间),轨道面倾角为 55°,卫星重复周期约为 7 个恒星日,总共 13 转,对应的轨道周期为 12h53min。

四颗 BDS-2 MEO 卫星已成对发射,并注入两个不同的轨道平面,它们的上升节点互相偏离 120°。预计未来北斗系统的全球扩展过程中,BDS-2 MEO 卫星轨道将被设计为 24/3/1 类型的 walker 星座,其中 24 颗卫星均匀地分布在三个轨道平面上。目前,北斗系统的 M5 卫星和 M6 卫星占据了平面 A 中的插槽 7 和 8,而 M3 卫星和 M2 卫星放置在平面 B 中的 d4 和 s3。尽管 BDS-2 MEO 星座的大小仍然相当有限,但它增加了服务区域可见卫星的平均数,并提供额外的几何分集,以改善定位。

为保持位置的稳定,GEO 卫星每月进行一次东西方向约 10cm 的常规偏移修正。相比之下,南北方向仅在很长的时间内修正几度而已。对于 IGSO 卫星,每隔约一年半进行一次机动操作,以控制卫星穿越赤道时的经度。

(3)第三代北斗卫星

全球覆盖的北斗导航卫星系统(BDS-3)于 2020 年 7 月 31 日正式开通。系统空间段由 30 颗卫星组成,包括 3 颗静止轨道(GEO)卫星、24 颗中地球轨道(MEO)卫星、3 颗倾斜同步轨道(IGSO)卫星。3 颗静止轨道卫星定点位置为东经 80°、110.5°、140°,中地球轨道卫星运行在 3 个轨道平面上,轨道平面之间为相隔 120°均匀分布。目前正运行的北斗卫星将成为北斗全球导航卫星系统的卫星星座的一部分。未来的 MEO 和 IGSO 卫星将具有与现有卫星相同的轨道，即它们将分别以 21 500km 和 36 000km 的高度在倾角为 55°的轨道面上运行。三个 IGSO 卫星在三个不同的"8"字形轨道上运行，但在 118°E 的上升节点处呈现共同的地面轨道。

2015 年 3 月至 9 月，第三代北斗系统的前 4 颗卫星（包括两颗 IGSO 和两颗 MEO 卫星）已经成功发射并启用。这些卫星发射的初始测试信号主要用于系统的验证。

3. 地面部分

系统的地面段由主控站、注入站、监测站组成。主控站用于系统运行管理与控制等。主控站从监测站接收数据并进行处理，生成卫星导航电文和差分完好性信息，而后交由注入站执行信息的发送；注入站用于向卫星发送信号，对卫星进行控制管理，在接受主控站的调度后，将卫星导航电文和差分完好性信息向卫星发送；监测站用于接收卫星的信号，并发送给主控站，可实现对卫星的监测，以确定卫星轨道，并为时间同步提供观测资料。

BDS-1 地面控制段由北京 MCS 和 20 多个校准站组成。MCS 负责发送出站信号和接收入站信号，用于执行卫星轨道确定和电离层校正，以确定用户的位置，并以短消息的形式发送给订阅用户。

BDS-2 的操作控制系统（OCS）与其他 GNSS 类似，是 BDS 操作的关键部分。BDS-2 示范系统的 OCS 研究早在 20 世纪 80 年代开始，BDS-2 的 OCS 自 2007 年第一颗 BDS-2 卫星发射时开始实施。

BDS-2 的 OCS 为三种卫星发送命令，负责控制和操作星座。OCS 的主要功能有：

①建立和维护坐标参考基准；

②维持时间参考基准；

③进行卫星和地面站之间的时间同步；

④精确计算和预测卫星轨道；

⑤预测卫星时钟偏移；

⑥处理增加数据；

⑦处理 RDSS 信息；

⑧监测、处理和预测电离层延迟；

⑨监控系统完整性；

⑩上传和下载导航信息。

BDS-2 OCS 包括：1 个 MCS，7 个 A 类监控站（主要用于轨道和电离层延迟监测），22 个 B 类监测站（主要用于增强业务和诚信业务），以及 2 个时间同步/上传站。

北斗三号系统综合利用地面监测站与星间链路观测数据实现整个星座所有卫星的轨道确定与时间同步。北斗三号地面跟踪网共有 40 多个跟踪站，均位于中国境内，这些跟踪站部分用于卫星轨道确定与时间同步，部分用作完好性监测。

北斗三号利用星间的测距功能实现卫星全球弧段的轨道确定和时间同步，利用星间通信功能实现电文的实时更新与星上载荷的控制，是系统最具特色的创新设计，不但解决了地面监测站、注入站均在国内无法实现全球弧段精密轨道确定、导航电文及时更新以及星上载荷实时控制的难题，还极大地提升了系统在无地面站支持情况下的自主运行能力。

4. 导航信号

BDS-2 卫星在三个不同的频带中传输 6 个信号，其中 B1 中心频率为 1 561.098MHz，B2 中心频率为 1 207.14MHz，B3 中心频率为 1 268.52MHz。B1 和 B3 的中心频率分别与伽利略/GPS 的 E1/L1 和 E6 频带偏移约 14MHz 和 10MHz，而 B2 中心频率与伽利略 E5b（子）频带的频率相匹配。

BDS-3 在 4 个不同的频段中提供开放式服务和授权服务，提供 B1I、B1C、B2a、B2b 和 B3I 5 个公开服务信号。其中，B1I 频段的中心频率为 1 561.098MHz，B1C 频段的中心频率为 1 575.420MHz，B2a 频段的中心频率为 1 176.450MHz，B2b 频段的中心频率为 1 207.14MHz，B3I 频段的中心频率为 1 268.520MHz。与区域北斗系统相比，北斗三号向下兼容北斗二号 B1I、B3I 信号，并增加了 B1C、B2a（兼容 GPSL1/L5，GALILEO E1/E5a）两个新信号，共提供 4 个频点的公开导航信号。B1C、B2a 两种新信号带宽更宽、测距精度更高、互操作性能更好，普遍增加了导频通道以调高弱信号接收灵敏度，采用多进制 LDPC 信道编码提升弱信号解调性能。B1C、B2a 还调制了新的导航电文 B-CNAV1 和 B-CNAV2，采用了新的轨道参数及基于球谐函数的全球电离层模型 BDGIM，轨道描述精度和电离层改正精度比北斗二号都有显著提升。

3.1.6　GNSS 的兼容、互操作和可互换

前已述及不同卫星导航系统的信号、频率和轨道等都存在差异，所谓 GNSS 的兼容、互操作和可互换在不同的架构以及应用条件下，具有不同的意义和实现的方法。

GNSS 观测值的兼容与可互换：不同 GNSS 系统由于时间系统和坐标系统的不一致（见表 3-12），原始载波信号不能够直接共用。为实现多个导航系统观测值的统一解算，首先需要考虑不同系统的时间差异，由于系统时间差异是一个固定值，在解算方程里直接计算时间差即可。其次是坐标参考框架的差异，不同参考框架所采用的椭球参数不一致，可通过对应的数学变换以实现坐标框架的转换。较好的办法是将 WGS-84、PZ-90、CGCS2000 以及 GTRF 这四种坐标框架都转换到 ITRF 参考框架之下进行数据的联合解算。这些框架之间的转换精度通常可达 2cm 左右，满足大部分测绘应用的需求。

表 3-12　　　　　　　　　**各 GNSS 系统参考框架名称及缩写**

GNSS	参 考 框 架
GPS	WGS-84
GLONASS	PZ-90
GALILEO	GTRF
BeiDou	CGCS2000

GNSS 增强系统的兼容与互操作：对于 GNSS 增强系统（或称 CORS，连续运行参考站系统）而言，世界各国都建立了自己的地基 GNSS 增强系统。我国各省市，地震局、气象

局等行业部门也都建立了区域或者全国性的参考站网络。这些参考站网络在其覆盖的区域内，以及在其应用的领域内都已经建立了较为成熟的应用模式和平台。由于我国CGCS2000坐标系的建立和维护依赖于北斗系统，而国内的GNSS地基增强系统大多是利用GPS系统建立起来的，并没有统一采用CGCS2000坐标系，因此存在框架的转换问题。随着我国北斗系统建成和良好运行，国家测绘地理信息主管部门已经在启动相关的坐标统一和框架转换项目，届时所有的省市CORS系统将能统一到CGCS2000坐标系。

对于厘米级的实时定位，网络RTK模式目前还是最为有效和可靠的定位模式。针对我国不同省市的CORS系统，在双边或多边协议的基础上，实现邻网之间数据互通的共享互操作按不同模式可分为：

①网络RTK模式，直接将邻网相关参考站观测数据和信息与本网参考站组成子网，解算流动站坐标。

②基于非差定位的"网络"RTK模式。此种模式卫星的星历一般采用精密星历，邻网的参考站实时观测数据只用于计算局域电离层等改正数，并不用作计算虚拟相位观测数据和作为起算数据。

③通过某种合作机制建立合作机构内的数据处理联合中心，为所有加盟的区域CORS提供精密星历和区域电离层改正数等服务，然后各区域CORS自行运用网络RTK或基于非差定位的网络RTK提供该区域的定位服务，建立和适时更新合作参与者及非合作参与者在全国范围内不同的数据共享机制。

随着我国北斗全球系统的建立，CGCS2000坐标系的升级将变得尤其重要，在其定义和参考历元保持不变的基础上，利用我国统一联网的GNSS基准站，以及国际上的北斗/GPS/GALILEO/GLONASS多系统参考站，确定CGCS2000到ITRF的转换参数及其变率共14个参数。

3.1.7 卫星导航技术与其他导航技术组合方式的进展

在信号观测质量良好的情况下，卫星导航可以提供可靠的高精度导航定位结果。但卫星导航技术本身存在固有的缺陷，即卫星信号易受偶然或蓄意干扰的影响，容易被建筑物、地形、丛林等削弱和遮挡。当载体行驶在高楼林立的"城市峡谷"中时，卫星信号将受到多路径干扰、部分遮挡或完全中断，致使导航精度下降甚至无法有效导航定位。即便是多个导航卫星系统的组合，也不能从根本上解决卫星导航信号的脆弱性问题[1,2]。

因此，卫星导航常与其他导航技术进行组合来提升导航系统的可用性和稳健性，形成组合导航系统，例如惯性导航系统(INS)、航位推算(DR)、匹配导航和视觉导航等。这些定位技术各有优缺点，相互组合之后能实现多种导航技术的优势互补，提高导航系统的可用性和可靠性，增强系统的抗干扰能力，改善完备性。

1. 航位推算

航位推算(Dead-Reckoning, DR)是一种递推定位技术，在已知初始位置的基础上，通过测量载体的行驶速度或距离，以及行驶方向来推算当前位置，原理如图3.18所示。行驶速度或距离一般是载体坐标系下的测量值，需要另外的姿态参数将该测量值转换到指定的导航坐标系下再进行积分运算，完成位置推算。由此可见，典型的航位推算系统必须包含角运动(姿态测量)传感器和线运动(速度/行驶距离测量)传感器。其中,姿态测量值可以通过三轴陀螺、磁罗盘、GNSS 多天线和左右轮差分里程计等仪器或其组合来获取;速度或距离测量传感器可以是加速度计、里程计、车速传感器和视觉里程计等仪器。

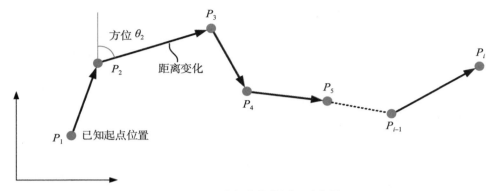

图 3.18　二维航位推算原理示意图

航位推算系统中,姿态传感器误差和速度/里程误差均会带来导航误差,且随着推算时间或行驶距离而不断积累;但其步步推算的原理也带来了自主工作的优势,对外界环境依赖小,不易受干扰。航位推算技术与卫星导航技术具有天然的互补性,二者组合使用时,GNSS 可以对航位推算系统误差进行估计和补偿,抑制误差的积累;而航位推算则在一定程度上无损地平滑 GNSS 的噪声和桥接信号中断的情形。

航位推算可以是二维或三维的。对于二维航位推算,所需姿态信息仅为航向;而对于三维导航,则需要完整的三维姿态。惯性导航系统(INS)是一种典型的、完备的航位推算系统。由于其突出的代表性和日益广泛的应用范围,我们将以此为例来阐述其与 GNSS 卫星定位的组合方式。

惯性导航系统(INS)利用加速度计和陀螺仪提供的惯性测量信息,经过投影和积分运算,得到运载体的速度、位置和姿态等导航参数。INS 不需要任何外来信息也不向外辐射任何信息,环境适应性强,能输出运载体的位置、速度和姿态等多种导航信息,系统的频带宽,具有极好的短期精度。但 INS 的导航精度随时间发散,即长期稳定性差。GNSS 与 INS 组合可实现优势互补:GNSS 有效抑制了 INS 的导航误差积累,而 INS 对 GNSS 的导航结果进行了平滑并弥补了其信号中断[1],从而提供连续、可靠、高精度的完整导航参数。

GNSS/INS 组合导航系统按照组合深度的不同,一般分为松组合、紧组合和深组合三种组合方式,如图 3.19 所示。松组合模式中,GNSS 接收机和 INS 各自独立工作,GNSS 输出的位置和/或速度作为组合导航算法的量测输入,与 INS 进行组合,对 INS 的位置、速度、姿态和传感器误差进行最优估计。紧组合模式中,使用 GNSS 接收机的原始观测信息,包括伪距、伪距率、载波和多普勒等,与 INS 进行组合。在信号条件优越时(如开阔天空下),紧组合和松组合相比,并不能明显提高组合导航系统性能;但在 GNSS 卫星信号受到遮挡和干扰时,紧组合更具优势。例如有效卫星数少于 4 颗时,GNSS 测量值在紧组合中仍能发挥作用,而此时松组合架构中的 GNSS 由于无法独立定位而无法发挥作用。

但另一方面，松组合卡尔曼滤波器结构简单、计算量小，进而容易实现工程化、产品化。

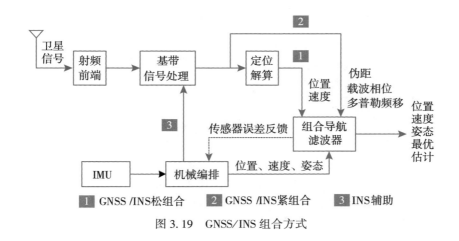

图 3.19　GNSS/INS 组合方式

松组合和紧组合是 GNSS 和 INS 在数据层面的融合，两个子系统在底层仍然是相互独立工作的，对于提高 GNSS 接收机跟踪卫星信号的能力基本没有帮助。更深层次的组合称为深组合，深组合除了可以完成松、紧组合的数据融合工作外，还利用 INS 测量的载体动态信息对接收机跟踪环路进行辅助（如图 3.19 中支路 3 所示），可以有效提升 GNSS 接收机在高动态和强干扰环境下的信号跟踪能力。

2. 匹配导航

匹配导航是通过测量和提取环境特征并与基准数据库进行比较来获取用户位置的导航技术。用于匹配导航的特征种类丰富多样，可以是人造物，如道路、楼房和街道等设施；也可以是地理特征，如地形、重力场和磁场等地理信息[1]。基准数据库中必须包含可用于匹配的特征参数及其坐标。典型的匹配导航技术包括道路匹配导航、地形匹配导航、图像匹配导航、重力匹配导航等。

地图匹配常与 GNSS 和航位推算系统配合用于地面车辆导航，例如 GNSS 提供粗略位置，用于限定地图匹配的搜索范围。匹配导航算法通过比较 GNSS 位置与数据库中的道路信息，并对偏离道路的导航结果进行修正。地形匹配定位通过将一系列陆地或海床地形高程测量值与地形基准数据库进行比较来确定位置。基于图像的导航系统用视觉传感器获取周边环境的二维或三维图像，提取影像特征点，并与数据库中的环境特征数据进行对比、匹配，直接获取载体的位置信息。

GNSS 与匹配导航技术具有较强的互补性：在开阔地区 GNSS 导航精度高，但因地物特征较少而不适合匹配定位；环境复杂区域 GNSS 往往受干扰或遮挡，但因环境特征丰富而适合匹配定位。二者组合可提高导航系统的可用性。

3. 视觉导航

随着近年来无人系统的发展（包括自动驾驶车、服务型机器人、无人机等），视觉导航技术凭借其固有的环境感知能力而凸显出其价值，值得我们在此单独阐述。

基于影像的视觉导航是通过对视觉传感器的 2D 或 3D 影像进行处理和分析，获得导航定位参数的技术。视觉传感器可分为二维视觉传感器和三维视觉传感器，其中二维视觉传感器主要是 2D 相机，而三维视觉传感器包括激光扫描雷达(LiDAR)和深度相机(RGB-D)等。通过有重叠的二维图像也可以进行三维视觉导航。

根据导航参考基准获取方式的不同，视觉导航可分为相对定位型和绝对定位型两大类。视觉里程计(Visual Odometry)是一种典型的相对定位型视觉导航技术，本质上也是一种航位推算(DR)系统。其基本原理是对采集到的连续影像序列进行分析来确定载体的位移和姿态变化。具体方法是追踪匹配特征点在连续影像中的位置变化，来估计载体的前进距离和姿态变化，被分别称为视觉里程计和视觉陀螺(Visual Gyroscope)，笼统地称为视觉里程计。这种相对定位型的视觉导航方案具有简单稳健的优点，不需要前期建立视觉特征数据库，成熟度高，实用性很强，但无法做绝对定位。

数据库匹配视觉导航是一种典型的绝对定位导航方式，其参考基准来源于视觉特征数据库(导航地图)、三维地形图或具有地理参考信息的可量测影像，导航运载体将所拍摄影像与地图中已有的参考基准相关联和匹配，从而获取自身的导航参数。绝对定位型视觉导航属于匹配定位的一种，其优缺点与相对定位型正好相反，是目前的研究热点。

视觉导航的稳健性是个固有难题，若影像视场中背景单一或相似，则出现视觉特征过少或难以区分的情况；雨雾光照等外部条件也会严重影响视觉导航效果；另外在相机动态过大(如转弯)等情况下，影像将会出现模糊或前后连续影像间重叠率不够的问题，导致视觉导航恶化甚至失效。因此，视觉导航手段与惯性导航、卫星定位等其他导航手段的组合也是导航定位技术发展的趋势之一。

总之，GNSS 是室外广域导航定位的理想手段，也是定位导航与授时(PNT)体系的基石。通过与其他导航定位技术及传感器技术进行组合，可有效克服自身的缺陷，显著地提高导航系统的整体可用性、可靠性和鲁棒性，使 GNSS 应用于更加广泛的领域。

3.2　GNSS 用户终端

GNSS 用户终端是接收 GNSS 卫星信号，获取定位和授时等结果的软硬件一体化的设备。根据能够接收的导航系统的信号和定位精度等指标的不同可以分为 GNSS 多系统多频接收机、GNSS 单系统和多系统增强型接收机。为提高定位精度和性能，还可以与其他多种传感器进行组合，形成组合型的用户终端。近年来，除了直接接收 GNSS 卫星发射的信号进行用户定位和授时的通用接收机外，还出现了基于 GNSS 反射信号，用于反演海洋、地表和植被等物理参数的 GNSS-R 接收机。

3.2.1　GNSS 多系统多频接收机

GNSS 多系统多频接收机的基本功能是接收 GNSS 卫星信号，通过载波环和伪码环测得伪距、多普勒和载波相位，并从导航电文中获取用来计算卫星位置和速度的星历参数，根据最小二乘或者卡尔曼滤波等定位算法实现 GNSS 定位与测速。在条件许可的情况下，不同终端能利用差分定位、精密定位和系统组合等技术来进一步提高 GNSS 导航与定位的性能，其位置和速度信息的精度、时效性都有不同。

　　GNSS多系统多频接收机的基本组成如图3.20所示，主要包括天线、射频前端处理模块、基带数字信号处理模块、定位导航解算模块，以及通信模块和芯片。

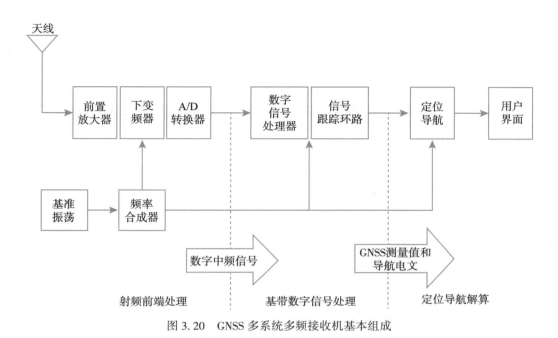

图 3.20　GNSS 多系统多频接收机基本组成

　　①天线：天线是由一个或者多个单元以及相关联的控制电子线路组成，是接收机处理卫星信号的首个器件，它将接收到的 GNSS 卫星信号转变成电压或电流信号，以供接收机射频前端摄取与处理。

　　②射频前端处理模块：射频前端处理模块位于接收机天线与基带数字信号处理模块之间，通过天线接收可见卫星的信号，经前置滤波器和前置放大器的滤波放大后，再与本机振荡器产生的正弦波本振信号进行混频而变频成中频信号，最后经 A/D 转换器将中频信号转换成离散时间的数字中频信号。

　　③基带数字信号处理模块：基带数字信号处理模块是 GNSS 接收机的核心部分，通过处理射频前端所输出的数字中频信号，复制出与接收到的 GNSS 卫星信号相一致的本地载波和本地伪距信号，从而实现对 GNSS 信号的捕获与跟踪，并且从中获得伪距和载波等测量值，解调出导航电文。

　　④定位导航解算模块：在基带数字信号处理模块处理数字中频信号后，各通道分别输出其所跟踪的卫星信号的伪距、多普勒频移和载波相位等测量值以及信号上解调出来的导航电文，再经定位导航解算模块处理这些卫星测量值和导航电文等信息后，接收机最终获得 GNSS 定位结果，或输出各种导航信息。

　　⑤通信模块、芯片：接收机需要实时传输导航定位数据，通信模块是进行数据传输和数据协议转换的单元。通常，射频前端集成在一个专用的集成电路（ASIC）芯片中，基带数字信号处理硬件集成在另一个 ASIC 芯片中，而定位导航解算以及用户界面等软件则在

同一个微处理器芯片中运行。当前主流的芯片形式是将微处理器芯片嵌入到基带数字信号处理 ASIC 芯片中，即二芯形式。

3.2.2　GNSS 单系统和多系统增强型接收机

GNSS 接收机仅仅接收导航卫星的信号，可实现普通单点定位解算，获取 5 到 10 米的定位精度。要实现实时亚米级、分米级和厘米级等高精度的定位，需要两个条件：外部增强数据输入；接收机具有差分定位解算功能。这种类型接收机称为 GNSS 单系统和多系统增强型接收机。根据增强类型不同，可分为伪距差分、载波相位差分和实时精密单点定位增强型接收机。

①伪距差分：根据基准站已知坐标和观测卫星的坐标，求出每颗观测卫星每一时刻的伪距改正量，将其传输至用户接收机终端，接收机通过伪距改正来提高定位精度。用户需要接收伪距改正数并对自身观测值进行改正。

②载波相位差分：利用已知精确三维坐标的差分 GNSS 基准站，求得载波相位改正量，再将这个改正量发送给用户接收机终端，对用户的测量数据进行修正，以提高定位精度。用户需要接收载波相位改正量来进行改正。

③实时精密单点定位：实时精密单点定位（RT-PPP）是一种单台接收机终端利用实时高精度的卫星轨道和卫星钟差以及双频载波相位观测值，采用非差模型进行精密单点定位的方法，实时获取位置、速度信息。用户需要通过因特网获取实时高精度的卫星轨道和钟差等改正信息。

3.2.3　GNSS 接收机与其他技术的组合型接收机

1. 组合型接收机需求

随着 GNSS 应用范围的不断扩大，其应用场景也变得复杂多样。普通接收机技术已无法满足日益苛刻的应用需求，尤其是动态场景应用。普通 GNSS 接收机技术难以克服的动态场景大致分为三类：①高精度动态测量场景（包括移动测绘、精密农业等），由于整个测量过程处于动态环境中，测量型接收机需在动态测量模式下进行工作（基带环路带宽较宽），导致测量噪声增加；②存在卫星信号遮挡、多路径的动态场景（高楼林立的城市"峡谷"里、枝叶茂密的树林内以及错综复杂的立交桥下等），由于遮挡情况随着位置变化而迅速变化，导航型接收机的定位精度、连续性损失严重，测量型接收机则无法提取连续的载波相位；③复杂环境下的高动态场景（包括导弹和高速旋转载体等），由于强动态和信号噪声同时存在，普通接收机因不能兼顾动态和噪声的影响而无法稳定跟踪卫星信号。

普通接收机动态性能恶化的根本原因是接收机跟踪环的设计在处理噪声和动态上相互矛盾，需要折中处理，往往造成顾此失彼。为了容忍载体动态，要求增加跟踪环带宽、减小相干积分时间；而为了提高测量精度和灵敏度，需要减小跟踪环带宽、增加相干积分时间。因此，为解决当前问题需研究集成 GNSS 和其他技术的组合型接收机。

2. 组合型接收机结构

惯性导航系统（Inertial Navigation System，INS，简称惯导）具有动态响应特性好、短时精度高、信息输出率高，但误差随时间和空间逐渐发散等特点，与 GNSS 的特点形成鲜明互补。GNSS/INS 深组合(又称为超紧耦合)是 GNSS 和 INS 在信号处理层面的信息深度融合，与松组合或紧组合相比，增加了 INS 辅助 GNSS 接收机信号跟踪和重捕获的功能，形成 GNSS 与 INS 的相互辅助。由于 INS 估计的载体动态变化信息对 GNSS 接收机跟踪环进行了先验补偿，GNSS 信号环路需要承受的动态冲击显著减弱，解决了普通接收机跟踪环在选择环路带宽和积分时间上难以兼顾动态响应和压低噪声的两难处境，可以在基本不损害动态响应的前提下通过压缩环路带宽、加长积分时间来提高 GNSS 接收机的动态跟踪精度。

GNSS/INS 深组合根据跟踪环结构可划分为矢量结构和标量结构。GNSS/INS 标量深组合如图 3.21(a)所示，主要特征是 INS 辅助信息分别进入每颗卫星的信号跟踪通道，各通道独立工作，互不干扰，信号跟踪与导航求解相对独立。GNSS/INS 矢量深组合如图 3.21(b)所示，它将 INS 数据与 GNSS 信号跟踪数据在一个导航滤波器中有机融合，形成统一的参数估计策略，估计结果反馈控制 GNSS 信号跟踪。GNSS/INS 矢量深组合可以更充分地共享跟踪通道间的信息，得到了国内外学者的重视和深入研究，然而其存在计算量大、结构较传统接收机调整较大以及无法直接跟踪载波相位等问题。由于基于标量深组合结构可操作性更强，且更易工程实现，故目前商用和民用 GNSS 接收机产品仍普遍采用传统的标量跟踪结构。

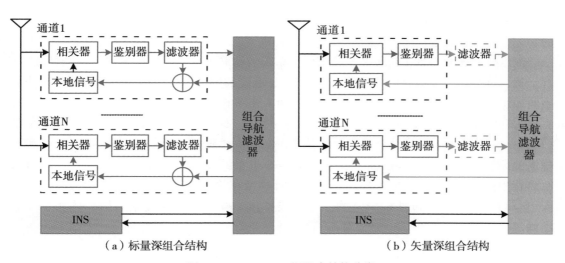

图 3.21 GNSS/INS 深组合结构分类

3. 组合型接收机的进展

GNSS/INS 深组合思想从产生到概念确立经过了 20 多年时间，从最初使用 INS 对环路进行单独辅助以提高接收机抗干扰能力的军事应用开始，发展为基于 INS 辅助跟踪环路的组合结构，在完善性能的过程中发现了矢量跟踪的优势，演变出 INS 辅助矢量环路的结构设计，相关发展历程如图 3.22 所示。

深组合技术从产生到现在，经历了几十年的发展，得到了国内外学者的广泛关注和研

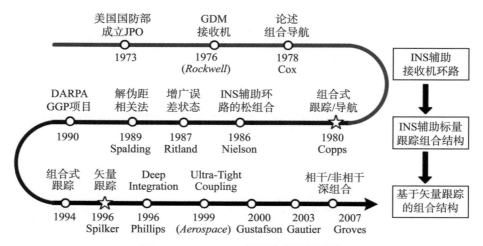

图 3.22　GNSS/INS 深组合的发展历程

究。牛小骥等人调研了国内外四百余篇深组合技术文献，对其研究进展进行了全面、深入的归纳[3]。在从研究主体来看，深组合技术研究经历了以军方为主导，到军民共同研究，再到百家争鸣、百花齐放的局面；从研究过程来看，形成了从"需求分析"到"结构设计"，再到"仿真验证"与"系统实现/性能评估"，最后对深组合技术进行应用推广这样一个科学的、完整的发展过程。

深组合的研究内容主要包括系统结构、系统的滤波器设计、数学模型、系统性能（如抗干扰、抗高动态、捕获以及跟踪灵敏度等）、系统的实现以及应用等方面。不同性质和不同知识背景的研究单位对深组合研究的侧重点也不相同：

①在深组合平台和架构方面，斯坦福大学（Stanford University）、卡尔加里大学（University of Calgary）等科研单位主要基于 PC 机搭建软件深组合系统，便于开展相关技术的研究和验证；而 Draper 实验室、Honeywell 公司及 L-3 Communications 公司等具有军事背景的单位则基于嵌入式平台研制实时的深组合系统，为武器弹药作技术储备。深组合系统结构主要包括标量结构、集中式矢量结构、级联式矢量结构和非相干矢量结构等。

②具有军事背景或者承担国防项目的组织或单位，对系统性能的研究侧重于抗干扰和高动态。Draper 实验室研究表明深组合相比紧组合抗干扰能力提高了 15~20dB。Sandia 国家实验室在 40g 的高动态环境下采用 GNSS/INS 深组合技术保持了载波相位锁定。

③一些大学等学术研究单位，则侧重于数学模型的分析和滤波算法的设计，系统性能方面则对深组合跟踪灵敏度（即弱信号或者低载噪比条件）研究较多。卡尔加里大学的研究表明，相对传统接收机，深组合接收机灵敏度提高 7dB。俄亥俄大学（Ohio University）采用 GNSS/INS 深组合技术实现了 15dB-Hz 弱信号的载波相位跟踪。

4. 组合型接收机的趋势

截至目前，深组合技术研究主要面向军用的高动态、抗干扰，以及民用的弱信号场景。深组合技术所具有的提高接收机动态测量精度的优势，在动态形变监测（例如桥梁检测和强震测量）、自动驾驶等动态高精度定位需求中有巨大潜力，但是目前还没有得到充分重视和深入研究。

由于低成本微机械（MEMS）惯性器件存在精度低、结果发散快等缺陷，GNSS 与低成本惯导的深组合结果不能满足 GNSS 严重恶化条件下的导航定位要求。随着多源融合导航技术的发展，GNSS/INS/视觉等多源深组合技术将是组合型接收机的一个发展趋势。

3.2.4 GNSS-R 接收机

1. GNSS-R 技术

全球导航卫星系统（GNSS）能实时提供标准时间和位置参数等信息，目前已被广泛应用于导航、大地测量和地震监测等诸多领域，在军事和民用领域中发挥着非常重要的作用。随着科学技术的不断发展，GNSS 的应用范围也得到了进一步的扩展。自从西班牙的 Martin-Neira 在 1993 年提出将导航接收信号中的多路径信号用于海面测高以来[4]，基于 GNSS 反射信号的遥感技术，也就是全球导航卫星系统-反射（GNSS-R），受到了国内外学者的广泛关注。图 3.23 是 GNSS-R 技术的探测示意图。

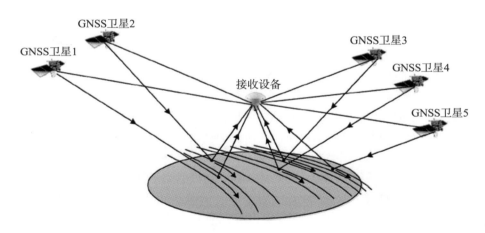

图 3.23　GNSS-R 技术的探测示意图

它属于双/多基地无源雷达系统，利用安放在飞机、卫星等各类平台上的接收设备接收经地表反射的导航卫星信号，从而获取关于地表物体的特征参数。目前包括美国 GPS、俄罗斯 GLONASS、欧洲 GALILEO 和我国北斗在内的 GNSS 卫星已处于在轨运行工作状态，因此将该技术应用于遥感领域时，可显示出如下优势：

①基于无源探测模式，无需额外增加发射设备。

②任何时刻在任何地点同时可见多颗导航卫星，可获得非常高的时空采样率。

③接收设备的体积和功耗小，重量轻，成本低。

④可全天时、全天候工作。

到目前为止，GNSS-R 技术已成功应用于监测和反演海面风场、有效浪高、海冰厚度、海水盐度、海洋溢油、土壤湿度、植被生物量和干雪深度等地表物体的特性参数。

2. GNSS-R 接收机的发展状况

与通用导航接收机不同，GNSS-R 接收设备包含右旋圆极化（RHCP）天线、左旋圆极化（LHCP）天线和多通道接收机。其中，RHCP 天线指向天顶方向，用于接收卫星直射信号。LHCP 天线指向天底方向，用于接收经地表反射的卫星信号。多通道接收机对接收信号进行放大、滤波、下变频、采样等一系列处理。图 3.24 为 GNSS-R 接收机的通用结构。

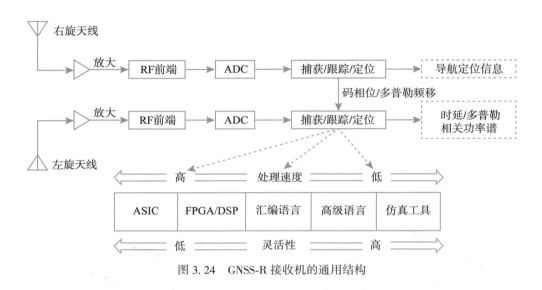

图 3.24　GNSS-R 接收机的通用结构

根据载体的不同，GNSS-R 接收机分为岸基、机载和星载三种不同模式，而且数据处理、硬件实现难度和研制成本依次增加。当前发展最为成熟的是岸基接收机，机载和星载接收机虽然已被用于开展一些观测实验，但还是有比较大的改进空间。

早期的 GPS 反射信号接收机是在传统导航接收机的基础上改进的，采用的是单个右旋圆极化天线。在观测时，将天线指向水平方向，这样既可以接收直射信号，也可以接收低仰角的反射信号。但是，当卫星仰角变大时，信号极化方式将发生变化，无法由普通 GPS 右旋天线接收，因此无法接收全部反射信号。一般情况下采用极性方式不同的两副天线，即一副是普通的 GPS 右旋天线，用来朝天顶接收直射信号，另一副是高增益左旋极化天线，用来接收来自反射区域的反射信号。也可以采用两台普通商用接收机来进行海面风场探测的试验，一台利用右旋天线接收并处理直射信号获得导航定位解，另一台利用左旋天线接收海面反射信号，第一台接收机的结果用于辅助完成反射信号的处理。其优点是可实现大部分反射信号的接收，缺点是直射信号和反射信号的时间延迟信息比对复杂，且反射信号处理过程缺乏实时性。美国 JPL 在常规接收机的基础上开发了 16 通道的反射信号接收机，采用 4 个射频前端，使系统具有很大的灵活性，可以根据不同需要配置天线方案。最初的反射信号接收机称为 DMR（Delay Mapping Receiver），只输出时延-相关功率的一维波形，现在发展为 DDMR（Delay/Doppler Mapping Receiver）接收机，不仅可以提供时延-相关功率数据，同时还可以提供多普勒相关功率数据，故称为延迟多普勒映射接收机，是当前用于 GNSS-R 应用的典型接收机。目前，GNSS-R 接收机技术的发展趋势和分类情况如图 3.25 所示。

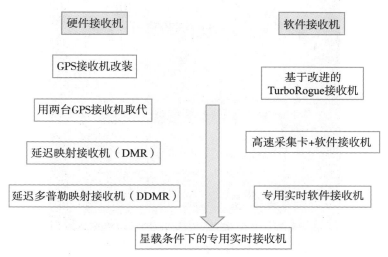

图 3.25　GNSS-R 接收机技术的发展趋势和分类情况

由图 3.25 可知，目前 GNSS-R 接收机按照不同的实现方式可以分为两类：软件接收机和硬件接收机。下面对两类接收机分别进行介绍。

（1）软件接收机

GNSS-R 软件接收机主要包括一路用于接收卫星直射信号的射频前端、至少一路用于接收卫星反射信号的射频前端、共用的本地参考晶振和存储设备。通过多副天线接收到的信号分别经下变频和模数转换之后，采样数据不经过任何相关处理直接存入数据存储器中，后续利用 MATLAB 等软件处理采样数据，以获得延迟-多普勒映射图（DDM）等处理结果。这种接收机的优点是结构简单并且具有很大的灵活性，容易升级，尤其适合算法的开发和系统的功能验证，但其缺点是数据量大，对采样数据采用的是离线处理模式，因此难以实时输出相关运算后的波形，这对于某些应用（如星载条件）来说是不能接受的。

到目前为止，欧空局、美国 JPL、西班牙 UPC 大学、约翰·霍普金斯大学应用物理学实验室、科罗拉多大学等国外单位以及北京航空航天大学等国内单位分别研制出了各种型号的 GNSS-R 软件接收机[5]，其中比较著名的有西班牙 UAB 大学研制的 SPIR 软件接收机，该接收机的实物图如图 3.26 所示。

SPIR 软件接收机共有 16 个接收通道，其中配备 8 根指向天顶的天线用于接收卫星直射信号，另外 8 根指向天底的天线用于接收卫星反射信号。这些天线可以接收 L1、L2 和 L5 波段的 GNSS 信号，并通过模拟下变频获得中频为 19 MHz 的 I/Q 信号，然后以 80 MHz 的采样率对 I/Q 信号进行 1bit 量化。硬盘阵列对 16 通道的数据进行同时存储。软件处理器负责对存储数据进行数字波束合成和并行 FFT 等离线处理。此外，该接收机还包含一块用于为所有系统产生参考时钟的频率合成板卡，以及一台用于提供准确参考时间和秒脉冲的 GPS 接收机。

图 3.26　型号为 SPIR 的 GNSS-R 软件接收机实物图

（2）硬件接收机

GNSS-R 硬件接收机主要包括一路用于接收卫星直射信号的射频前端、至少一路用于接收卫星反射信号的射频前端、共用的本地参考晶振和存储设备。通过多副天线接收到的信号分别经下变频和模数转换之后，采样数据经过 FPGA 或 DSP 的处理实时输出延迟-多普勒映射图（DDM）等处理结果。这种接收机的处理效率较高，输出数据量小，实时性高，但设备结构复杂，研制成本较高，数据处理和软件升级的灵活性欠佳。

到目前为止，NASA Langley 研究中心等国外单位以及中科院空间中心、北京航空航天大学等国内单位分别研制出了各种型号的 GNSS-R 硬件接收机[6,7]，其中比较著名的有西班牙 IEEC 研制的地基 GOLD-RTR 硬件接收机[8] 和 UPC 大学研制的飞艇载 PYCARO 硬件接收机。

GOLD-RTR 接收机的实物图如图 3.27 所示，该接收机中的一副天线指向天顶方向，用于接收卫星直射信号，另外两副天线指向天底方向，用于接收反射信号。天线输出端的低噪声放大器和模拟前端中的放大器将信号放大 53dB。在模拟下变频中，回波信号与本振合成器产生的信号进行混频，得到 3 路频率为 300 kHz 的基带 I/Q 信号。基带信号经过低通滤波器之后，以 80 MHz 的采样率进行 1bit 量化。数字化之后的信号送到 FPGA 中进行相关处理，并输出相关波形。试验期间，该设备可以实时、自动地完成所有互相关计算，完全不需要人为干预。

PYCARO 接收机的实物图如图 3.28 所示。该接收机可采用双频（L1 和 L2）工作模式，能以闭环模式接收多种星座（GPS、GLONASS 和 GALILEO 的 E1 频段）的 P 码和 C/A 码信号。系统采用指向天顶的双极化贴片天线接收 GNSS 直射信号，采用指向天底的天线阵列采集地表反射信号，其中 L1 频段上的 LHCP 天线增益为 12.9 dB，L1 频段上的 RHCP 天

图 3.27　型号为 GOLD-RTR 的 GNSS-R 硬件接收机实物图

线增益为 13.3 dB，L2 频段上的 LHCP 天线增益为 11.6 dB，L2 频段上的 RHCP 天线增益为 11.6 dB。另外，一套便携式数据处理子系统用于整个系统控制、实验数据管理、将数据存储于固态硬盘上以及通过 E 链路完成与地面站之间的通信。

图 3.28　型号为 PYCARO 的 GNSS-R 硬件接收机实物图

3. GNSS-R 接收机的发展趋势

综合考虑 GNSS-R 遥感技术的发展趋势，GNSS-R 接收机未来的发展方向主要集中在两个方面：

一方面是多频点和多模接收机。多频点接收机可同时对多个频点的信号进行相关处理，以获取更加丰富的地物目标散射信息。而多模接收机可同时对多个 GNSS 星座的卫星反射信号进行处理，从而提高空间分辨率和时间分辨率。另一方面是星载专用接收机。当前国内外已有的 GNSS-R 接收机大多采用岸基模式和机载模式，但岸基和机载接收机的探测范围很有限，难以实现对全球海洋和陆地的大范围监测。为实现星载 GNSS-R 遥感监测海洋和陆地的计划，目前国内外已利用星载接收机开展了一些初步的验证实验，比较著名的实验项目如下：

①英国空间中心在 2003 年 10 月发射了在 700 km 轨道高度运行的 UK-DMC 灾害监测卫星。该卫星上安装了由萨里卫星技术公司提供的 GPS 反射信号接收设备，目的是研究利用星载 GNSS-R 设备遥测海洋参数、冰雪和陆地的可行性。实验结果表明利用较低增益（11.8dB）的左旋天线（指向天底）可以接收到海面反射信号，并且可对海面风场进行反演。尽管 UK-DMC 卫星的实测数据用于反演海面风速时还存在较大的误差，但它验证了利用星载 GNSS-R 设备遥测海洋的可行性。

②美国 SuRGE（Student Reflected GPS Experiment）项目。该项目由科罗拉多大学博尔德分校、普渡大学等 4 所高校联合提出，同时 JPL、JHU/APL、NOAA/ETL 和 NASA 兰立研究中心也参与其中，计划于 2004 年发射一颗寿命为 8 个月的小卫星用于利用 GPS 反射信号遥测海面风速和风向、海面高度和土壤湿度。该卫星的天线系统包含 2 副用于接收 GPS 卫星直射信号的天线以及 3 副用于接收反射信号的天线，其中 1 副固定波束的高增益（20 dBic）天线阵列指向天底方向，2 副中等增益（11 dBic）的天线分别指向天底前 40 度和后 60 度的方向。卫星同时搭载一台 SBJ（SuRGE BlackJack）接收机用于提供星上实时海面测高、延迟和多普勒映射。

③英国在 2014 年 7 月发射了 TDS-1（TechDemoSat-1）卫星，搭载一台 ReSI 接收机用于开展星载 GNSS-R 实验[9]。TDS-1 卫星的轨道高度约为 635 km，与太阳基本同步，轨道倾角约为 98.4 度。ReSI 接收机的体积约为 300mm×160mm×30mm，重量约为 1.5kg，功耗约为 10W。它采用一副峰值增益为 13.3 dBi，3 dB 半波束宽度为 15 度的高方向性下视天线接收 GPS L1 频段上的 C/A 码信号。实际工作时，天线的主波束指向卫星后面偏垂直线 6 度的方向。该接收机能同时跟踪、记录和处理来自 4 颗 GPS 卫星的反射信号。星上的排序计算算法基于最接近接收机天线的最大增益来选择 4 个最优的镜面反射点。另外，该接收机还能工作在两种可编程的接收增益模式下，即无监测自动增益模式和固定增益模式。由于与星上其他探测仪不能同时工作，所以在 8 天的循环周期内，该接收机只能工作 2 天，并在 1ms 的相干积累时间内以 1 Hz 的速率实时输出 DDM 结果。

④美国 NASA 的飓风全球导航卫星系统（CYGNSS）项目[10]。该项目计划的 8 颗低轨道小卫星已于 2016 年 12 月 15 日发射成功，卫星在设计过程中充分借鉴了英国 UK-DMC 和 TDS-1 卫星的工作经验，构成 GNSS-R 卫星观测网，以实现在热带风暴和飓风期间利用 GPS 反射信号对海洋表面的风浪进行遥测。

⑤西班牙在 2016 年 7 月发射了 1 颗 6 面立方体卫星 3CAT-2[11]。该卫星重 7 kg，在 510km 高度的太阳同步轨道运行，预期有效载荷数据量高达 10 MB/天。该卫星搭载了 UPC 大学研制的 PYCARO 接收机，主要目的是探索新的 GNSS-R 技术和获取不同目标的观测数据以开发反演各类地物参数的新算法。

随着微小卫星技术的不断发展，研制可由小卫星搭载的 GNSS-R 接收设备，并构建由多颗低轨道小卫星组成的探测网是未来发展的必然趋势和最终目标。

本节简单介绍了 GNSS-R 遥感技术，GNSS-R 接收机的发展状况、发展趋势等内容。随着搭载 GNSS-R 接收机的 CYGNSS 系统的发射成功以及各导航系统的卫星个数的增加，GNSS 反射信号的应用将日渐推广，对于 GNSS-R 技术的进一步全面、系统的研究还需要大量的科研工作者进行基础理论探索和前沿技术的开发工作，将 GNSS 充分地应用于空间环境监测中。

3.3 GNSS 导航与定位数据处理基础

3.3.1 GNSS 观测数据的类型和多类、多频观测数据的组合

1. 观测数据类型

伪距、载波相位和多普勒计数是导航卫星的基本观测量，由这些基本观测量可以衍生出许多导出观测量，这些导出观测量在 GNSS 数据处理中各有其特殊作用。

伪距是卫星和接收机天线之间距离的一个测量值。接收机时钟产生的接收机码和导航卫星时钟产生的信号码(C/A 码、P 码或 M 码)进行相关运算得到 GNSS 信号从导航卫星到接收机的传输时间，传输时间乘以光速得到伪距。因此，伪距反映的是 GNSS 信号发射时刻的卫星天线和接收时刻的接收机天线之间的距离。由于卫星钟和接收机钟的时间系统不同，且信号在传播过程中受到传播介质的影响，该测量值不等于卫星和接收机天线之间实际的几何距离，故称其为伪距，也称为码伪距、码观测值或测距码。伪距的测量精度取决于码相关的精度，根据目前电子技术水平，相关精度可以达到码片的 1%，即 C/A 码和 P 码的精度分别可以达到 3 m 和 0.3 m[12]。

载波相位是指在接收时刻接收的导航卫星信号的相位相对于接收机产生的载波信号相位(即拍频相位)的测量值。载波相位观测量实际上是一个累计的载波相位观测结果，接收机打开后，可以对拍频相位的小数部分进行测量，而接收机与卫星之间初始的完整载波个数并不能得到，只能对载波周数变化进行跟踪。[13]一个完整的载波称为一周，载波相位测量中的不确定整周个数称为模糊度。载波相位的初始测量包括正确的小数部分和在开始历元的一个任意设置的整周数。目前，电子器件对载波相位测量的精度优于波长的 1%，即载波相位的测量精度优于毫米级。[14]同样地，由于受到卫星钟误差、接收机钟误差和传播介质等的影响，载波相位有时也被称作相位伪距。为避免混淆，本书中如无特别说明，提到的伪距均指码伪距。

多普勒效应是指由于信号发射天线与接收天线的相对运动而产生的电磁信号频率偏移现象。多普勒频移是瞬时距离变化率的测量值，当 GNSS 卫星朝向接收机运动时，多普勒频移为正值。本章所涉及的卫星导航与位置服务算法均基于伪距和相位观测值，故对多普勒观测量不展开讨论。

2. 基本观测模型

观测模型用于描述观测值与相应物理条件或事件之间的函数关系，是利用观测值解算未知参数的前提，是 GNSS 数据处理的基础。GNSS 数据处理中，一般认为 GNSS 观测值是接收机位置、钟差、对流层延迟等参数的函数。对观测值进行相应的误差改正后，将观

测方程进行线性化，便可采用最小二乘等参数估计方法解算待估参数的最优值。

模型中某些参数完全已知，可以改正数的形式直接改正观测值。而另一些参数则是未知的，可作为未知参数引入估计过程。还有些参数部分已知，可用模型或先验信息对观测量加以改正，其残余影响可用观测值模型中附加的未知参数进行顾及。

观测模型表示为数学形式就是观测方程，观测方程建立了 GNSS 接收机输出的观测值与具有物理意义的变量之间的联系，这些具有物理意义的变量就是观测方程中的参数。非差的伪距和相位观测方程可表示为式(3-1)。

$$\begin{cases} p_{r,j}^{s}(t) = \rho_r^s(t) + T_r^s(t) + dt_r(t) - \delta\tau^s(t) + \mu_j \iota_r^s(t) + b_{r,j} - b_{r,j}^s + \xi_{r,j}^s(t) \\ \phi_{r,j}^{s}(t) = \rho_r^s(t) + T_r^s(t) + dt_r(t) - \delta\tau^s(t) - \mu_j \iota_r^s(t) + \lambda_j N_{r,j}^s + d_{r,j} - d_{r,j}^s + \varepsilon_{r,j}^s(t) \end{cases}$$

$$(3-1)$$

式中，r，s，j 分别表示接收机、卫星和观测值频率的序号；t 为历元时刻；p 和 ϕ 分别为伪距和相位观测值；ρ 表示卫星和接收机之间的几何距离；T 表示斜路径对流层延迟；dt 和 $\delta\tau$ 分别为接收机钟差和卫星钟差；ι 为第 1 个频率观测值的一阶电离层群延迟；μ_j 为第 j 个频率相对于第 1 个频率的电离层延迟系数；λ_j 表示第 j 个频率信号的波长；N 为相位观测值的整周模糊度；b_r 和 b^s 分别为接收机和卫星的伪距硬件延迟；d_r 和 d^s 分别表示接收机和卫星的相位硬件延迟；ξ 和 ε 分别表示伪距和相位噪声及其他未模型化的误差。

其中，r，s，j，μ 和 N 为无量纲量；t 的量纲为时间，通常以秒为单位；其他符号的量纲为长度，通常以米为单位，且保持统一。同时由物理定律得式(3-2)和式(3-3)。

$$\lambda_j = \frac{c}{f_j} \qquad (3-2)$$

$$\mu_j = \frac{f_1^2}{f_j^2} = \frac{\lambda_j^2}{\lambda_1^2} \qquad (3-3)$$

其中，f_j 为第 j 个频率的值，量纲为时间的倒数；c 为电磁波在真空中的传播速度，取值为 299 792 458 m/s。此处，假定天线相位中心、相对论效应和相位缠绕等误差已在观测值中改正。为简便起见，在不引起混淆的情况下，用于接收机、卫星和观测值频率序号的脚标 r，s，j，以及历元时刻 t 等符号，在下文叙述中会酌情省略，不再另行说明。

定位时，需解算接收机位置的三维坐标，可对 ρ_r^s 进行如式(3-4)所示的线性化。

$$\rho_r^s = \rho_{0r}^s - \frac{X^s - X_{0r}}{\rho_{0r}^s}x_r - \frac{Y^s - Y_{0r}}{\rho_{0r}^s}y_r - \frac{Z^s - Z_{0r}}{\rho_{0r}^s}z_r \qquad (3-4)$$

式中，ρ_{0r}^s 是 ρ_r^s 的近似值，$(X^s$，Y^s，$Z^s)$ 为卫星 s 的坐标，$(X_{0r}$，Y_{0r}，$Z_{0r})$ 为接收机 r 的初始近似坐标，$(x_r$，y_r，$z_r)$ 为待估接收机 r 坐标的改正量。

对流层参数 T_r^s 一般可利用式(3-5)进行参数化。

$$T_r^s = T_{0r}^s + M(\theta_r^s)\delta z_r^s \qquad (3-5)$$

式中：T_{0r}^s 为利用模型计算得到的斜路径对流层延迟，δz_r^s 为待估残余天顶对流层延迟，$M(\theta_r^s)$ 为天顶角 θ_r^s 处的投影函数。有关对流层延迟的模型和投影函数，下文会进一步讨论。

相位观测值的整周模糊度 N 在没有发生周跳时为常数，在实际中，由于吸收了接收机和卫星的相位硬件延迟 d_r 和 d^s，通常难以保持其整数特性。硬件延迟的绝对值是无法确定的，通常处理的是硬件延迟间的相对偏差，接收机的硬件延迟可以被接收机钟差吸收，一般需要考虑的是卫星硬件延迟。

3. 常用的非差线性组合观测值

在 GNSS 定位中，除了直接采用式(3-1)所示原始的非差伪距和载波相位观测方程外，还经常对观测方程进行线性运算，以实现参数消除、模糊度解算等目的。形成线性组合的观测值既可以是同一颗卫星、同一个接收机、同一个类型的不同频率观测值，也可以是同一颗卫星、同一个接收机的不同类型观测值，还可以是不同卫星或不同接收机的对应观测值。通过合理选择组合系数，可以得到具有不同特性的线性组合观测值。下面主要以两个频率($j = 1$，2，$f_1 > f_2$)的情况为例，介绍常用的线性组合观测值。

1)无电离层组合

电离层延迟具有弥散特性，即不同频率的信号受到的电离层延迟不同，电离层一阶延迟与信号频率的平方成反比。利用这一特性，可以通过选取适当的系数形成不含一阶电离层延迟的组合观测值。无电离层(Ionosphere Free)组合的伪距和相位观测值通常表达为式(3-6)。

$$p_{,\mathrm{IF}} = \frac{\mu_2}{\mu_2 - 1}p_{,1} - \frac{1}{\mu_2 - 1}p_{,2} = \frac{f_1^2}{f_1^2 - f_2^2}p_{,1} - \frac{f_2^2}{f_1^2 - f_2^2}p_{,2}$$

$$\phi_{,\mathrm{IF}} = \frac{\mu_2}{\mu_2 - 1}\phi_{,1} - \frac{1}{\mu_2 - 1}\phi_{,2} = \frac{f_1^2}{f_1^2 - f_2^2}\phi_{,1} - \frac{f_2^2}{f_1^2 - f_2^2}\phi_{,2}$$
(3-6)

引入矩阵记号，可得无电离层组合系数矩阵，见式(3-7)。

$$\boldsymbol{\mu}_{\mathrm{IF}} = \left(\frac{\mu_2}{\mu_2 - 1} \quad -\frac{1}{\mu_2 - 1}\right)^{\mathrm{T}} = \left(\frac{f_1^2}{f_1^2 - f_2^2} \quad -\frac{f_2^2}{f_1^2 - f_2^2}\right)^{\mathrm{T}}$$
(3-7)

将式(3-7)代入式(3-6)，可得式(3-8)：

$$\begin{pmatrix} p_{,\mathrm{IF}} \\ \phi_{,\mathrm{IF}} \end{pmatrix} = \begin{pmatrix} \boldsymbol{\mu}_{\mathrm{IF}}^{\mathrm{T}} & \\ & \boldsymbol{\mu}_{\mathrm{IF}}^{\mathrm{T}} \end{pmatrix} \begin{pmatrix} p_{,1} \\ p_{,2} \\ \phi_{,1} \\ \phi_{,2} \end{pmatrix}$$
(3-8)

其中，无电离层组合的模糊度项可表示为式(3-9)：

$$\lambda_{\mathrm{IF}}N_{,\mathrm{IF}} = \boldsymbol{\mu}_{\mathrm{IF}}^{\mathrm{T}} \begin{pmatrix} \lambda_1 N_1 \\ \lambda_2 N_2 \end{pmatrix}$$
(3-9)

无电离层组合可以消除一阶电离层延迟，而不影响与频率无关的项，如接收机与卫星的几何距离、对流层延迟、接收机钟差和卫星钟差，这是其主要优点。由于组合系数不是整数，因此无电离层组合破坏了模糊度的整数特性，同时放大了观测值的噪声。

2)几何无关组合

几何无关(Geometry Free)组合观测值与无电离层组合相反，保留了电离层延迟和模糊度参数的影响，但消除了接收机与卫星的几何距离、对流层延迟、接收机钟差和卫星钟差等误差的影响。最简单的几何无关组合见式(3-10)：

$$\begin{cases} p_{,GF} = p_{,1} - p_{,2} \\ \phi_{,GF} = \phi_{,1} - \phi_{,2} \end{cases} \tag{3-10}$$

事实上，几何无关组合并不唯一，只要两个频率上的观测值满足 1：(−1)的比例关系，就可以消去观测方程中与频率无关的项。为了凑得公式(3-1)中的电离层项 $\iota_r^s(t)$，有时也会根据需要考虑其系数，如将式(3-11)作为几何无关组合的系数矩阵。

$$\boldsymbol{\mu}_{GF} = \left(-\frac{1}{\mu_2 - 1} \quad \frac{1}{\mu_2 - 1} \right)^T = \left(-\frac{f_2^2}{f_1^2 - f_2^2} \quad \frac{f_2^2}{f_1^2 - f_2^2} \right)^T \tag{3-11}$$

几何无关组合主要包含电离层延迟和模糊度的影响，通常情况下，电离层延迟随时间变化缓慢，若无周跳发生，模糊度为常数，对该组合观测值进行历元间差分可以用于探测和修复周跳及分析电离层延迟特性。

3）宽巷组合

宽巷组合一般针对载波相位观测值，其表达式如式(3-12)所示：

$$\phi_{,W} = \frac{f_1}{f_1 - f_2} \phi_{,1} - \frac{f_2}{f_1 - f_2} \phi_{,2} \tag{3-12}$$

记宽巷组合系数矩阵为式(3-13)：

$$\boldsymbol{\mu}_{WL} = \frac{1}{\sqrt{\mu_2} - \sqrt{\mu_1}} \left(\sqrt{\mu_2} \quad -\sqrt{\mu_1} \right)^T = \left(\frac{f_1}{f_1 - f_2} \quad -\frac{f_2}{f_1 - f_2} \right)^T \tag{3-13}$$

宽巷波长定义为式(3-14)，宽巷模糊度为式(3-15)：

$$\lambda_W = \frac{\lambda_1 \lambda_2}{\lambda_2 - \lambda_1} = \frac{c}{f_1 - f_2} \tag{3-14}$$

$$N_W = N_1 - N_2 \tag{3-15}$$

以 GPS 为例，原始载波相位观测值 L1 和 L2 的波长分别为 19cm 和 24cm，而二者形成的宽巷组合观测值的波长可以达到 86cm，明显大于各原始载波相位观测值的波长。模糊度的宽巷组合保留了模糊度参数的整数特性，且具有较长的波长，这有利于周跳探测和模糊度的快速固定。同时，由于观测噪声被显著放大，精度较低，宽巷组合观测值一般不直接用于定位，仅用于模糊度固定的中间过程。

4）窄巷组合

载波相位观测值的窄巷组合可以表达为式(3-16)：

$$\phi_{,N} = \frac{f_1}{f_1 + f_2} \phi_{,1} + \frac{f_2}{f_1 + f_2} \phi_{,2} \tag{3-16}$$

窄巷组合系数矩阵记为式(3-17)，窄巷波长定义为式(3-18)：

$$\boldsymbol{\mu}_{NL} = \frac{1}{\sqrt{\mu_2} + \sqrt{\mu_1}} \left(\sqrt{\mu_2} \quad \sqrt{\mu_1} \right)^T = \left(\frac{f_1}{f_1 + f_2} \quad \frac{f_2}{f_1 + f_2} \right)^T \tag{3-17}$$

$$\lambda_N = \frac{\lambda_1 \lambda_2}{\lambda_2 + \lambda_1} = \frac{c}{f_1 + f_2} \tag{3-18}$$

窄巷组合的模糊度参数亦具有整数特性，其电离层延迟与宽巷组合的电离层延迟大小相等、符号相反。窄巷组合常用于模糊度分解，将已固定的模糊度宽巷模糊度代入无电离层组合的观测方程以后，无电离层组合的模糊度项可以进行如式(3-19)所示的分解。

$$\lambda_{IF}N_{,IF} = \lambda_N N_{,1} + \frac{f_2}{f_1+f_2}\lambda_W N_{,W} = \frac{f_1}{f_1+f_2}\lambda_W N_{,W} + \lambda_N N_{,2} \tag{3-19}$$

由于式中 $N_{,1}$（或 $N_{,2}$）的系数为窄巷波长，因此有时把 $N_{,1}$（或 $N_{,2}$）称作窄巷模糊度。严格地讲，$N_{,1}$（或 $N_{,2}$）只是 $\phi_{,1}$（或 $\phi_{,2}$）的模糊度，而窄巷模糊的定义应该是 $\phi_{,1}$ 和 $\phi_{,2}$ 的模糊度之和[15]。

5）MW 组合

MW 组合的全称是 Melbourne-Wübbena 组合，由 Melbourne 和 Wübbena 于 1995 年提出，其表达式为式(3-20)。

$$\boldsymbol{\phi}_{,MW} = \begin{pmatrix} -\boldsymbol{\mu}_{NL}^T & \boldsymbol{\mu}_{WL}^T \end{pmatrix} \begin{pmatrix} p_{,1} \\ p_{,2} \\ \phi_{,1} \\ \phi_{,2} \end{pmatrix} \tag{3-20}$$

MW 组合观测值由不同类型和不同频率的观测值组成，消除了接收机和卫星的几何距离、对流层延迟、电离层延迟、卫星钟差和接收机钟差的影响，主要包含宽巷模糊度 $N_{,W}$，并受多路径效应、硬件延迟和观测噪声等的影响。通过多个历元的平滑处理能获得较为准确的宽巷模糊度值，通常用于周跳探测和宽巷模糊度估计。

4）差分观测值

不同卫星或不同接收机的观测值通过对应求差形成的组合观测值称为差分观测值。同一台接收机上不同卫星观测值通过求差形成星间差分观测值，可以消除与接收机有关的系统的误差，如接收机钟差、接收机硬件延迟偏差等；同一颗卫星不同接收机的观测值通过求差形成站间差分观测值，可以消除与卫星有关的系统误差，并可削弱大气延迟误差。在星间差分的基础上进行站间差分得到双差观测值，由于消除了所有与卫星和接收机有关的误差，双差相位模糊度具备整数特性。

3.3.2　GNSS 各类观测数据及其组合的周跳探测和粗差处理

1. 周跳

载波相位测量的实际观测值由整周计数和不足一整周的部分组成。后者是在观测时刻的瞬时量测值，由接收机载波跟踪回路中的鉴相器测定，只要卫星的载波信号和接收机的基准振荡信号能正常地生成差频信号，就可以正确获得。整周计数是从首次观测时刻至当前观测时刻计数器逐个累积的差频信号中的整波段数，如果在观测过程中计数器中止了正常的累积工作，整周计数就会比应有值少若干周，当计数器恢复正常工作后，载波相位观测值中的整周计数便会含有这一偏差。这种整周计数出现偏差而不足一整周的部分仍然保持正确的现象称为整周跳变，简称周跳。

周跳发生的原因很多，常见的有如下几种：卫星信号被山坡、树木、桥梁等障碍物遮挡而无法到达接收机天线；接收机运动引起卫星信号暂时失锁；到达接收机的卫星信号信噪比过低使接收机无法正常锁定。这些现象都会使接收机在一段时间内无法生成差频信号，导致整周计数暂时中止，从而产生周跳，而且从该历元开始，后续载波相位观测值中都会包含一个与该周跳大小相同的整周数偏差。这样，周跳往往不仅影响一个历元的载波相位观测值，而且会影响一批观测值，这会严重影响数据处理结果。要避免周跳对数据处理结果的影响，需要确定发生周跳的时刻和对应的卫星，并求出周跳引起的整周数偏差的准确数值，对受影响的各历元观测值加以改正，将其恢复为正确观测值，这一工作称为周跳的探测与修复。

2. 周跳探测与修复方法

周跳探测与修复的方法很多，选用时需要综合考虑可用观测值的类型以及接收机的运动状态等具体情况。通常选取某一变量，将其理论上随时间的变化规律作为周跳探测与修复的基本原理和依据，当这一变量的时间序列出现与理论变化规律明显不同的跳变时，就认为发生了周跳，该变量既可以是原始的载波相位观测值或其差分观测值，也可以是不同类型、不同频率观测值的线性组合，还可以是观测值估值的残差。

1）基于原始载波相位观测值或其差分观测值

多项式拟合的基本思想是将 m 个无整周跳变的载波相位观测值 $\phi(t_i)$（见式（3-21））用最小二乘法求得式中多项式系数 a_0，a_1，a_2，$\cdots$，a_n，并计算拟合后残差的中误差。用该组多项式系数外推下一历元的载波相位观测值并与实际观测值比较，当二者之差的绝对值小于一定阈值（通常设置为 3 倍中误差）时，认为该历元观测值未发生周跳；否则，认为该历元观测值存在周跳。此时，保留实际观测值不足一周的部分，用外推观测值的整周计数取代实际观测值中的整周计数。

$$\phi(t_i) = a_0 + a_1(t_i - t_0) + a_2(t_i - t_0)^2 + \cdots + a_n(t_i - t_0)^n$$
$$(i = 1, 2, \cdots, m; \ m \geqslant n + 1)$$
(3-21)

用多项式拟合法进行周跳探测与修复的假设前提是可以用一个高阶多项式表示观测值，而这一假设很容易被接收机自身运动打破，因此该方法通常不适用于动态定位的周跳探测。

高次差法和多项式拟合法本质上是一致的，其基本思想是通过相邻历元间观测值的差分运算将周跳放大。对相邻历元观测值一次差分，相当于对上述表达观测值的高阶多项式求一次导数。对于可以用 n 阶多项式表达的观测值序列而言，若不存在周跳，则 $n + 1$ 次差分后应该得到一个微小量序列；反之，如果有明显的离群值，则说明对应历元发生了周跳。高次差法要求采样间隔等间距，和多项式拟合法一样，不适用于接收机存在钟跳或者动态定位的情况。

2）基于组合观测值

如果双频载波相位和双频伪距观测值均可用，可以形成 MW 组合。由前文讨论可知，MW 组合主要包含宽巷模糊度，不受接收机和卫星的几何距离、卫星和接收机钟差、对流层延迟和电离层延迟等的影响。虽然会受到码伪距和测量噪声的影响，但这些误差可以通过多历元的观测进行平滑、削弱，且由于宽巷模糊度对应的宽巷波长较长，因而 MW 组合观测值可以探测出小周跳，并适用于动态定位和非差观测值的周跳探测。宽巷模糊度是双频载波相位模糊度 N_1 和 N_2 之差，所以无法确定哪个频率的相位观测值发生了周跳，当两个频率相位观测值发生同样的周跳时，也无法探测。

近年来，北斗等卫星导航系统向用户提供三频观测数据，使得观测值组合的方式也更加多样，比如可以形成超宽巷组合观测值等。充分利用不同组合观测值的优势，能有效提高周跳探测与修复的效率和正确率，从而满足实时精密定位的需求。

几何无关组合载波相位观测值也被用于周跳探测，该组合消除了接收机与卫星的几何距离、对流层延迟、接收机钟差和卫星钟差等的影响，主要包含电离层延迟、模糊度参数和观测噪声，也被称为电离层残差组合。电离层延迟随时间变化一般较为平缓，所以该组合观测值的异常变化可以反映周跳的发生。同时，由于只采用载波相位观测值，噪声小、精度高，且不受几何位置的影响，因此可以探测小周跳，适用于动态定位和非差数据周跳探测与修复。和 MW 组合类似，当两个频率观测值上发生的周跳大小成一定比例时，无法探测出来。

在此基础上，还出现了基于电离层总电子含量变化率(Total Electron Content Rate，TECR)的周跳探测与修复方法。利用电离层残差组合计算总电子含量，由两个相邻历元的总电子含量可以得到总电子含量变化率。根据电离层的变化特性，没有周跳发生时，自然的 TECR 较小，当 TECR 超过预设限值时，则认为发生了周跳。

3)基于观测值残差

当采用历元间差分观测值或三差观测值进行参数估计时，周跳仅影响一个历元的差分观测值，对其他历元的差分观测值没有影响。如果相位观测值中存在未探测出来或未正确修复的周跳，这些观测值对应的残差会比较大，这样就可以根据观测值残差来判断是否存在周跳。载波相位观测值精度较高，用无周跳的相位观测值进行参数估计时，残差通常可以控制在 0.1~0.2 周，如果观测值残差显著大于这一经验值，则认为对应的观测值中含有未被正确修复的周跳。不过，由于误差传播的复杂性，有时大残差的位置及数值与周跳的位置及数值并非直接对应，需要结合粗差探测的相关理论和方法进行判定。

除上述几种方法外，探测和修复周跳的方法还有不少，如多普勒积分法、已知基线法、卡尔曼滤波法和小波分析法等。每种方法都有其优势和局限性，GNSS 数据处理中通常根据实际需要综合选用几种不同的方法，优势互补，提高周跳探测和修复的有效性。同时，通过选择性能良好的接收机和有利的观测条件，可以避免或减少观测值中的周跳，降低周跳探测和修复的工作量。

3.3.3 GNSS 观测方程解算的一般方法与模糊度搜索原理

1. 观测方程解算与模糊度固定方法

1)观测方程解算方法

GNSS 观测方程解算是利用估计或滤波方法从带有误差的观测方程中解算出待估参数。利用最小二乘原理，我们可以从一个由线性方程组描述的系统中确定参数的估计值。卡尔曼滤波是最优估计理论中的一种最小方差估计，它引入了状态空间的概念，利用状态方程根据前一时刻的状态估计和当前时刻的观测值递推估计新的状态估值。

(1)最小二乘估计

最小二乘估计是测量数据处理中的基本数学工具，它估计根据观测值及观测数学模型即可确定参数。现假设线性化后的观测方程为式(3-22)。

$$\underset{m\times 1}{\boldsymbol{l}} = \underset{m\times n}{\boldsymbol{A}}\,\underset{n\times 1}{\boldsymbol{x}} + \underset{m\times 1}{\boldsymbol{v}},\quad \underset{m\times m}{\boldsymbol{P}} \tag{3-22}$$

其中，$\boldsymbol{l}$ 为 m 维观测向量；$\boldsymbol{A}$ 为 $m\times n$ 维系数矩阵；$\boldsymbol{x}$ 为 n 维待估参数向量；$\boldsymbol{v}$ 为 m 维观测误差向量，也叫残差向量；$\boldsymbol{P}$ 为 $m\times m$ 维对称权矩阵；m 和 n 分别是观测值和待估参数个数。

根据 $\boldsymbol{v}^{\mathrm{T}}\boldsymbol{P}\boldsymbol{v}$ 最小准则求出待估参数，结果如式(3-23)所示。

$$\hat{\boldsymbol{x}} = (\boldsymbol{A}^{\mathrm{T}}\boldsymbol{P}\boldsymbol{A})^{-1}\boldsymbol{A}^{\mathrm{T}}\boldsymbol{P}\boldsymbol{l} \tag{3-23}$$

令 $\boldsymbol{Q} = (\boldsymbol{A}^{\mathrm{T}}\boldsymbol{P}\boldsymbol{A})^{-1}$，则第 i 个参数的精度可表达为式(3-24)。

$$\sigma_i = \sigma_0\sqrt{Q_{ii}} \tag{3-24}$$

其中，Q_{ii} 为矩阵 $\boldsymbol{Q}$ 对角线上的第 i 个元素，σ_0 为标准偏差或单位权中误差[16]，计算方法见式(3-25)。

$$\sigma_0 = \sqrt{\frac{\boldsymbol{v}^{\mathrm{T}}\boldsymbol{P}\boldsymbol{v}}{m-n}}\ (m>n) \tag{3-25}$$

为计算方便，$\boldsymbol{v}^{\mathrm{T}}\boldsymbol{P}\boldsymbol{v}$ 可采用式(3-26)进行计算。

$$\boldsymbol{v}^{\mathrm{T}}\boldsymbol{P}\boldsymbol{v} = \boldsymbol{l}^{\mathrm{T}}\boldsymbol{P}\boldsymbol{l} - (\boldsymbol{A}^{\mathrm{T}}\boldsymbol{P}\boldsymbol{l})^{\mathrm{T}}\hat{\boldsymbol{x}} \tag{3-26}$$

如果已知参数的先验无偏估计 x_0 和先验方差-协方差阵 $\boldsymbol{Q}_{x_0}$，则参数的最小二乘解为式(3-27)。

$$\hat{\boldsymbol{x}} = (\boldsymbol{A}^{\mathrm{T}}\boldsymbol{P}\boldsymbol{A} + \boldsymbol{P}_{x_0})^{-1}(\boldsymbol{A}^{\mathrm{T}}\boldsymbol{P}\boldsymbol{l} + \boldsymbol{P}_{x_0}x_0)$$
$$\boldsymbol{P}_{x_0} = \boldsymbol{Q}_{x_0}^{-1} \tag{3-27}$$

这一方法对于将先验信息包含到解中以及约束或固定参数非常有用[14]。对于 GNSS 实时动态解算，经常用到序贯最小二乘方法，下面直接给出其计算公式，见式(3-28)。

$$\hat{\boldsymbol{x}}_k = \hat{\boldsymbol{x}}_{k-1} + \boldsymbol{Q}_{\hat{x}_k}\boldsymbol{A}_k^{\mathrm{T}}\boldsymbol{P}_k(\boldsymbol{l}_k - \boldsymbol{A}_k\hat{\boldsymbol{x}}_{k-1})$$
$$\boldsymbol{Q}_{\hat{x}_k} = (\boldsymbol{Q}_{\hat{x}_{k-1}}^{-1} + \boldsymbol{A}_k^{\mathrm{T}}\boldsymbol{P}_k\boldsymbol{A}_k) - 1 \tag{3-28}$$

其中，$\hat{\boldsymbol{x}}_k$ 为 k 次观测后的估值，$\boldsymbol{Q}_{\hat{x}_k}(=\boldsymbol{Q}_{\hat{x}_k\hat{x}_k})$ 为 $\hat{\boldsymbol{x}}_k$ 的协因数阵，$\boldsymbol{P}_k$ 为观测值 $\boldsymbol{l}_k$ 的权阵。引入变量 $\boldsymbol{K}_k$，如式(3-29)所示，可得式(3-30)。

$$\boldsymbol{K}_k = \boldsymbol{Q}_{\hat{x}_{k-1}}\boldsymbol{A}_k^{\mathrm{T}}(\boldsymbol{P}_k^{-1} + \boldsymbol{A}_k\boldsymbol{Q}_{\hat{x}_{k-1}}\boldsymbol{A}_k^{\mathrm{T}})^{-1} \tag{3-29}$$

$$\hat{\boldsymbol{x}}_k = \hat{\boldsymbol{x}}_{k-1} + \boldsymbol{K}_k(\boldsymbol{l}_k - \boldsymbol{A}_k\hat{\boldsymbol{x}})$$
$$\boldsymbol{Q}_{\hat{x}_k} = (\boldsymbol{I} - \boldsymbol{K}_k\boldsymbol{A}_k)\boldsymbol{Q}_{\hat{x}_{k-1}} \tag{3-30}$$

（2）卡尔曼滤波

卡尔曼滤波是卡尔曼 1960 年提出的一种线性最小方差估计方法。它引入了状态空间的概念，利用状态方程根据前一时刻的状态估计和当前时刻的观测值递推估计新的状态估值。卡尔曼滤波具有如下特点：

①算法是递推的，且使用状态空间法在时域内设计滤波器，所以卡尔曼滤波适用于多维随机过程估计。

②采用动力学方程即状态方程描述被估计量的动态变化规律，被估计量可以是平稳的，也可以是非平稳的。

因此，使用卡尔曼滤波进行导航与定位，首先需要建立滤波的状态方程和观测方程，如式(3-31)所示。

$$\begin{cases} \boldsymbol{X}_k = \boldsymbol{\Phi}_{k,\,k-1}\boldsymbol{X}_{k-1} + \boldsymbol{\Gamma}_{k-1}\boldsymbol{W}_{k-1} \\ \boldsymbol{L}_k = \boldsymbol{H}_k\boldsymbol{X}_k + \boldsymbol{V}_k \end{cases} \tag{3-31}$$

其中，$\boldsymbol{X}_k$ 为状态向量，$\boldsymbol{\Phi}_{k,\,k-1}$ 为状态转移矩阵，$\boldsymbol{\Gamma}_{k-1}$ 为系统噪声驱动阵，$\boldsymbol{W}_{k-1}$ 为系统过程噪声向量，$\boldsymbol{L}_k$ 为观测向量，$\boldsymbol{H}_k$ 为观测矩阵，$\boldsymbol{V}_k$ 为观测噪声。

对于系统过程噪声和观测噪声的统计特性，进行式(3-32)的假设。

$$\begin{cases} E(\boldsymbol{W}_k) = 0, \quad \mathrm{Cov}\{\boldsymbol{W}_k,\ \boldsymbol{W}_j\} = E[\boldsymbol{W}_k\boldsymbol{W}_j^{\mathrm{T}}] = \boldsymbol{Q}_k\delta_{kj} \\ E(\boldsymbol{V}_k) = 0, \quad \mathrm{Cov}\{\boldsymbol{V}_k,\ \boldsymbol{V}_j\} = E[\boldsymbol{V}_k\boldsymbol{V}_j^{\mathrm{T}}] = \boldsymbol{R}_k\delta_{kj} \\ \mathrm{Cov}\{\boldsymbol{W}_k,\ \boldsymbol{V}_j\} = E[\boldsymbol{W}_k\boldsymbol{V}_j^{\mathrm{T}}] = 0 \end{cases} \tag{3-32}$$

其中，$\boldsymbol{Q}_k$ 和 $\boldsymbol{R}_k$ 分别为系统过程噪声和观测噪声的方差阵，而 δ_{kj} 是 Kronecker-δ 函数。

状态向量 $\boldsymbol{X}_k$ 的估值 $\hat{\boldsymbol{X}}_k$ 求解过程可归结为状态预测、滤波增益和状态估计三步。

①利用式(3-33)计算状态预测值及其方差阵。

$$\begin{aligned} \hat{\boldsymbol{X}}_{k,\,k-1} &= \boldsymbol{\Phi}_{k,\,k-1}\hat{\boldsymbol{X}}_{k-1} \\ \boldsymbol{P}_{k,\,k-1} &= \boldsymbol{\Phi}_{k,\,k-1}\boldsymbol{P}_{k-1}\boldsymbol{\Phi}_{k,\,k-1}^{\mathrm{T}} + \boldsymbol{\Gamma}_{k-1}\boldsymbol{Q}_{k-1}\boldsymbol{\Gamma}_{k-1}^{\mathrm{T}} \end{aligned} \tag{3-33}$$

②计算增益矩阵，见式(3-34)：

$$\boldsymbol{K}_k = \boldsymbol{P}_{k,\,k-1}\boldsymbol{H}_k^{\mathrm{T}}\left[\boldsymbol{H}_k\boldsymbol{P}_{k,\,k-1}\boldsymbol{H}_k^{\mathrm{T}} + \boldsymbol{R}_k\right]^{-1} \tag{3-34}$$

③根据式(3-35)计算滤波估计值及其方差阵。

$$\begin{aligned} \hat{\boldsymbol{X}}_k &= \hat{\boldsymbol{X}}_{k,\,k-1} + \boldsymbol{K}_k\left[\boldsymbol{L}_k - \boldsymbol{H}_k\hat{\boldsymbol{X}}_{k,\,k-1}\right] \\ \boldsymbol{P}_k &= (\boldsymbol{I} - \boldsymbol{K}_k\boldsymbol{H}_k)\boldsymbol{P}_{k,\,k-1}\,(\boldsymbol{I}\ \text{为单位阵}) \end{aligned} \tag{3-35}$$

因此，给定系统状态初值 $\hat{\boldsymbol{X}}_0$ 及其方差阵 $\boldsymbol{P}_0$，根据 k 时刻的观测值 $\boldsymbol{L}_k$，就可以递推计算得到 k 时刻的状态估计 $\hat{\boldsymbol{X}}_k$（$k = 1,\ 2,\ \cdots$）。

卡尔曼滤波是一个不断地预测与修正的过程，它具有时间更新和观测更新两个明显的信息更新过程[17]。事实上，上述经典的卡尔曼滤波与最小二乘估计方法是等价的，并可由最小二乘推导得出。

2)整周模糊度固定

载波相位测量中存在一个整周模糊度问题，整周模糊度解算是固定载波相位模糊度为整数的过程。一旦能够准确地确定模糊度，就可以得到卫星与接收机间厘米甚至毫米级精度的距离，从而实现高精度的 GNSS 导航定位。因此，整周模糊度的准确解算是快速、高精度 GNSS 应用的关键，也是 GNSS 研究领域多年来的热点问题。

混合整数模型是所有整周模糊度解算方法的基础。GNSS 定位的观测方程经过线性化处理后，可用式(3-36)表示。

$$\begin{aligned} y &= Aa + Bb + \varepsilon, \quad a \in Z^n, \quad b \in R^p \\ D(y) &= \sigma_0^2\boldsymbol{Q}_{yy} \end{aligned} \tag{3-36}$$

式中，y 为 m 维伪距与载波相位观测值，a 为 n 维整周模糊度参数，b 为 p 维实数未知参数，包括待定点坐标或基线向量、大气延迟和钟差等参数，A 和 B 为设计矩阵，ε 为观测噪声，$D(y)$ 为观测值的方差矩阵，Q_{yy} 为协因数矩阵，σ_0^2 为先验方差。

在 GNSS 领域，一般基于最小二乘准则来处理式(3-36)。由于式中既包含未知的实数参数，又包含未知的整数信息，所以称式(3-36)为混合整数模型。其解算步骤如下：

①浮点解。忽略 a 的整数特性，根据标准的最小二乘来解算得到模糊度参数 a 和其他未知参数 b 的浮点解(float solution)，也称为实数解(real-valued solution)，见式(3-37)。

$$\begin{bmatrix} \hat{a} \\ \hat{b} \end{bmatrix} = \begin{bmatrix} Q_{\hat{a}\hat{a}} & Q_{\hat{a}\hat{b}} \\ Q_{\hat{b}\hat{a}} & Q_{\hat{b}\hat{b}} \end{bmatrix} \begin{bmatrix} A^{\mathrm{T}} Q_{yy}^{-1} y \\ B^{\mathrm{T}} Q_{yy}^{-1} y \end{bmatrix} \tag{3-37}$$

②整数解。引入映射函数 $S: R^n \rightarrow Z^n$，使 n 维浮点模糊度映射到相应的整数值，如式(3-38)所示。

$$\check{a} = S(\hat{a}) \tag{3-38}$$

由于整数向量是离散的，所以映射函数 S 不是一一映射的关系，而是多对一的关系。对整周模糊度来说，这意味着不同的实数模糊度向量会映射到相同的整数向量。对应于不同的整数估计方法，可选择不同的映射函数。

③固定解。在获得可靠的整周模糊度的整数估计值后，修正参数 b 的浮点解 $\hat{b}$，获得固定解 $\check{b}$，见式(3-39)。

$$\check{b} = \hat{b} - Q_{\hat{b}\hat{a}} Q_{\hat{a}\hat{a}}^{-1} (\hat{a} - \check{a})$$
$$Q_{\check{b}\check{b}} = Q_{\hat{b}\hat{b}} - Q_{\hat{b}\hat{a}} Q_{\hat{a}\hat{a}}^{-1} Q_{\hat{a}\hat{b}} \tag{3-39}$$

由模糊度实数解到整数解的求取方法比较复杂，故对于模糊度固定问题的研究主要集中在该方面。最常用的模糊度整数估计的方法有直接取整法、序贯取整法、整数最小二乘法。直接取整是最简单的一种固定整周模糊度的方法，由于对模糊度浮点解直接取整，忽略了模糊度间的相关性，因此，此种方法效果较差，模糊度固定成功率不高。序贯取整法，也被称为 Integer Bootstrapping[18]方法，该方法的基本思想是在前面模糊度取整固定条件下，对余下的其他浮点解进行最小二乘平差改正，然后对改正后的值取整。Three Carrier Ambiguity Resolution (TCAR)和 Cascading Integer Resolution (CIR)属于此方法。整数最小二乘方法被认为是解算模糊度问题最严密的一种方法，其固定成功率较高，在解算过程中需要进行整数搜索。Fast Ambiguity Resolution Approach (FARA)、Fast Ambiguity Search Filter (FASF)、Least-squares Ambiguity Decorrelation Adjustment (LAMBDA)[19]、Modified Least-squares Ambiguity Decorrelation Adjustment (MLAMBDA)等方法都是基于最小二乘方法来解算整周模糊度的。其中 LAMBDA 方法是目前国内外公认的理论上最为严密、解算效率最高的方法。它基于整数高斯降相关原理，通过整数变换降低了模糊度之间的相关性，减少了候选整数模糊度的个数，提高了模糊度的解算效率。

为了解求得整周模糊度的固定解的可靠性，还需对其进行检验，即整周模糊度的确认[20]。整周模糊度的确认方法主要有传统的区别性检验方式，如 F-Ratio 检验、R-Ratio 检验、差分检验、投影检验和 W-Ratio 检验等。还有基于孔估计理论的最优检验及二者结合的检验方法。在实践中，R-Ratio 检验最为简单，也最为常用。

2. 导航定位结果的质量评估方法

GNSS 的基本原理是根据导航信号的传播时间进行测距，应用后方几何交会法求解位置和速度，时间可以伴随位置解算得到。目前，各个卫星导航定位系统都将以下指标作为必备的导航定位结果质量评估指标：精度（Accuracy）、连续性（Continuity）、可用性（Availability）和完备性（Integrity）[21]。四种导航服务性能都对应着一种风险，其中完备性对应着潜在的导航解算出现错误的风险；连续性对应着预料之外的导航解算差错引起服务中断的风险；精度对应着实际导航解算差错的风险；可用性对应导航过程中不满足上述 3 项服务性能指标要求的风险。

1）精度

GNSS 导航定位的精度是指系统为用户所提供的位置与用户当时的真实位置之间的重合度。受各种各样因素的影响，如发射信号的不稳定、接收设备的测量误差、传输环境对信号的影响以及导航信号本身就存在的不确定性等因素，这种重合度有时好有时差，可以用统计的方法来描述。利用用户真实位置（或由第三方提供的精度更高的参考值）获得的这种精度被称为外符合精度；反之相对应的是内符合精度，它在评估时常采用多次采样的期望作为真值。

对应于外符合精度和内符合精度，在英文中有 Accuracy（准确度）和 Precision（精确度）之分。准确度反映了测量值与其真值之间的重合程度，而精确度则反映了测量值与其平均值之间的重合程度。GNSS 精度衡量的常用指标有均值与标准差（STD）、均方根误差（Root Mean Square，RMS）、百分位数、不确定度等。

（1）标准差

标准差是方差的算术平方根，如式（3-40）所示，能反映一个数据集的离散程度，它表征观测结果的偶然误差大小程度。

$$\hat{\sigma} = \sqrt{\frac{1}{N-1}\sum_{i=1}^{N}(x_i - \bar{x})^2} \tag{3-40}$$

（2）均方根误差

均方根误差表征观测结果的偶然误差和系统误差联合影响的大小程度，它是观测值与真值偏差的平方和观测次数 N 比值的平方根，见式（3-41）。

$$\text{RMS}(X) = \sqrt{E(X-\tilde{X})^2} = \sqrt{\sigma_X^2 + [E(X)-\tilde{X}]^2} \tag{3-41}$$

即未知参数 X 的均方根误差的平方等于 X 的方差加上偏差的平方，σ_X^2、$E(X)$、$\tilde{X}$ 分别为 X 的方差、数学期望值和真值。

（3）百分位数

如果将一组含有 N 个数据的列从小到大排序（序号为 n_1，n_2，$\cdots$，n_N），并计算相应的累计百分位，则某一百分位 $P(0 \leq P \leq 100)$ 所对应排序序号 n_P 上代表的数值就称为这一百分位的百分位数，见式（3-42）。

$$n_P = \min\left(\text{floor}\left(\frac{P}{100}\times N + 0.5\right),\quad N\right) \tag{3-42}$$

函数 $\min(x)$，$\text{floor}(x)$ 分别表示取最小值函数和接近 x 的最小整数。第 P 百分位数的含义是，它使得有 $P\%$ 的数据项小于或等于这个值。在 GNSS 中常使用诸如 95% 分位数作为精度指标。

（4）不确定度

测量不确定度是度量不确定性的一种指标。不论测量数据服从正态分布还是非正态分布，衡量不确定性的基本尺度为标准不确定度（标准差）。它主要用来计算某种判断依据的门限值。

设被观测量的真值为 $\tilde{X}$，观测值为 X，真误差为 $\Delta\varepsilon = \tilde{X} - X$，则 X 的不确定度定义为 $\Delta\varepsilon$ 绝对值的一个上界，即式（3-43）。

$$U = \sup |\Delta\varepsilon| \tag{3-43}$$

由于 U 值一般很难准确确定，为此需要借助统计概率。当 $\Delta\varepsilon$ 分布已知时，则可以利用下式对给定的置信概率 P 计算不确定度，见式（3-44）。

$$P(|\Delta\varepsilon| \leq U) = p \tag{3-44}$$

GNSS 用户接收机确定其位置、速度以及授时精度取决于各种因素复杂的相互作用。一般来说，GNSS 的精度性能往往取决于观测到的伪距和载波测量观测值精度和导航星历的数据质量。另外，与相关参数有关联的基础物理模型的逼真度也有直接或间接的关系。卫星导航系统中，影响用户导航定位授时精度的因素包括：导航系统所提供的空间信号（SIS）精度，与接收机及测量环境相关的精度以及与用户使用服务时的时空要素相关因素决定的精度性能三部分。其中，前两部分通常是以用户等效距离误差（UERE）来表示，后一部分通常以几何精度因子（DOP）来度量，UERE 通常由用户设备误差（UEE）和用户测距误差（URE）组成。

从 GNSS 的组成来看，URE 综合反映了导航系统控制段、空间段对于精度的影响，包括导航星历和广播钟差的精度；而 UEE 则反映了用户段和环境段对于精度的影响，包括电离层误差、对流层误差、接收机噪声以及多路径影响等。DOP 所反映的时空影响不仅与空间段相关，还与用户段有关，是一个将空间段和用户段联系在一起的重要纽带。

2）完备性

完备性是指当导航系统的导航定位误差超过允许限值，不能胜任规定的导航工作时，系统及时报警，通知用户或终止此信号的能力。它是用户对系统提供信息可信程度的一种度量。GNSS 完备性性能关系到导航用户，特别是航空等涉及生命安全用户的安全，是保证用户安全性的重要性能参数。GNSS 服务完备性一般用告警阈值（AL）、告警时间（TTA）和危险误导信息（HMI）概率表示[22]。告警阈值，包括水平告警阈值（HAL）和垂直告警限值（VAL）。告警时间是指从系统出现故障开始到系统发出告警所允许的最大时间延迟。HMI 概率是指当前测量值落在告警阈值范围内的危险概率。

完备性监测的理论基础是测量数据处理中模型误差的质量控制（QC）理论。模型误差是指所建立的模型也客观存在的事物之间的差异，这与 GNSS 完备性监测本质需求相一致。模型误差包括偶然误差、系统误差和粗差。偶然误差处理通常使用最小二乘方法，而系统误差和粗差检测是建立在统计的假设检验基础上。QC 理论主要是指系统在规定的环境和时间内完成规定任务的能力，用系统可靠性表示，其核心是异常值的探测、识别与排除算法 DIA（Detection，Identification and Adaptation）。

用户位置、速度和时间估计结果 $\hat{x}$ 的质量取决于函数模型和随机模型是否正确，模型不正确将导致估计值的偏差。为研究系统对异常的探测及定位能力，假设第 i 颗卫星的观测值上存在大的偏差 ∇S_i，根据 QC 的 DIA 方法，GNSS 观测的函数模型为式（3-45）。

$$y = A\hat{x} + \hat{v} + e_i \nabla S_i \tag{3-45}$$

其中，e_i 是除第 i 个值为 1，其他值均为 0 的单位列向量；y 为观测向量；A 为设计矩阵；$\hat{v}$ 为残差向量。

采用期望差错检验来进行 DIA，建立检验模型，即零假设 H_0、备择假设 H_a 以及基于模型误差的假设检测统计量 w_i，分别见式（3-46）、式（3-47）以及式（3-48）。

$$H_0: \quad E(\nabla S_i) = 0 \tag{3-46}$$

$$H_a: \quad E(\nabla \hat{S}_i) = S_i \neq 0 \tag{3-47}$$

$$w_i = \frac{e_i^T P \hat{v}}{\sqrt{e_i^T P Q_{\hat{v}} P e_i}} \tag{3-48}$$

其中，P 为观测权矩阵，$Q_{\hat{v}}$ 为残差的协方差阵。零假设 H_0 下检验统计量 w_i 服从标准正态分布，在备择假设 H_a 下，由于存在异常值，检验统计量 w_i 服从非中心化参数为 δ_i 的正态分布，δ_i 由式（3-49）计算。

$$\delta_i = \nabla S_i \sqrt{e_i^T P Q_{\hat{v}} P e_i} \tag{3-49}$$

w_i 检验的临界值由式（3-50）确定。

$$|w_i| > N_{1-\alpha/2}(0, 1) \tag{3-50}$$

其中，$N_{1-\alpha/2}(0, 1)$ 表示标准正态分布对应误警率 α 的阈值。

评价导航系统的系统端完备性性能时，测量的可靠性应该被考虑在内。GNSS 的可靠性是在本质上取决于冗余观测量和测量系统的几何结构，代表可依赖或可信任系统的程度。可靠性包括内部可靠性和外部可靠性。内部可靠性是指在给出的假设检验条件下，系统发现包括偏差和系统误差在内的模型误差的能力，评价指标为最小检测偏差 MDB（Minimal Detectable Bias）。对于一个特定的置信区间来说，MDB 表示为可探测和确定的最小误差，可表示为式（3-51）。

$$\text{MDB} = \nabla S_i \mid_{\delta_0} = \frac{\delta_0}{\sqrt{e_i^T P Q_{\hat{v}} P e_i}} \tag{3-51}$$

其中，δ_0 为给定误警率 α 和漏警率 β 确定的临界非中心参量，可由式（3-52）计算。

$$\delta_0 = N_{1-\alpha/2}(0, 1) + N_{1-\beta}(0, 1) \tag{3-52}$$

外部可靠性是指未检测到的偏差对参数解算结果产生影响的程度，评价指标为最小检测效果 MDE（Minimal Detectable Effect）。

$$\text{MDE} = Q_{\hat{x}} A^T P e_i \cdot \text{MDB} = \frac{Q_{\hat{x}} A^T P e_i \delta_0}{\sqrt{e_i^T P Q_{\hat{v}} P e_i}} \tag{3-53}$$

3）连续性

连续性是指系统服务不发生中断，持续提供可满足特定用户导航定位所需精度和完备性保障等性能的能力。连续性是衡量一段时间内精度和完备性的稳健性能的指标。完备性服务中的差错检测产生的告警会降低系统连续性，而故障排除后就能改善系统连续性的服务性能。国际民航组织 ICAO 用导航信息的最大非连续性表示，即发生非计划中断的概率；而 GALILEO 系统用连续性风险和最大中断时间表示。

4）可用性

可用性是指在导航系统在其服务空域内为用户提供可用导航服务时间的百分比，是对导航系统工作性能概率的度量。它是高精度和安全导航服务用户区分某一导航系统作为主要导航或仅是辅助性工具的重要依据。

3.4　GNSS 增强系统的类型、定位原理和方法

3.4.1　GNSS 增强系统的类型

GNSS 增强系统可以分为差分增强系统和精密定位系统两大类，前者采用差分定位模式下的差分增强信息来提高用户定位精度，后者采用精密单点定位服务实现高精度用户定位。此外，为应对城市、森林或室内等卫星信号强度严重衰减的复杂环境，可给接收机提供相关信息，以辅助信号的捕获、跟踪，减少定位所需的时间，提高定位精度，该类技术被称为辅助 GNSS(Assisted GNSS，A-GNSS)增强系统。

1. 差分增强系统

差分增强系统分为广域差分增强和区域差分增强两类。

广域差分增强一般是在方圆几千公里的区域内布设 30~40 个参考站，主要利用伪距观测量，辅以载波观测量进行可视卫星轨道、钟差以及空间电离层延迟的精确测定，通过 GEO 卫星向服务区域内用户实时播发相对于导航电文的星历、钟差和电离层格网改正数。用户利用导航卫星观测伪距和导航电文，以及所接收的改正参数进行差分定位处理。

区域差分增强一般在方圆几十公里区域内布设 1 个及以上参考站，主要利用伪距、载波相位观测值和卫星与参考站之间的距离，计算出可视卫星的电离层、对流层等区域误差改正数，并向服务区域内的用户实时播发这些改正数。用户利用改正数对接收到的伪距、载波相位观测值进行相对定位处理。基于载波相位观测值的实时厘米级区域差分增强定位技术，称为实时厘米级动态定位(RTK)技术，多基准站组网工作的情况下，则称为网络 RTK 技术；基于伪距观测值实现米级区域差分增强定位技术，称为伪距差分定位(RTD)技术。基于区域差分增强技术形成的软硬件系统通常称为连续运行参考站系统(CORS)。

2. 精密定位系统

随着导航卫星实时定轨、卫星钟差精密测定、区域电离层格网模型、精密单点定位等核心技术的进步与发展，广域实时精密定位系统可以将 GNSS 系统服务精度提高到 5cm 以内。该系统主要是利用参考站的载波观测量进行卫星轨道、钟差精密确定，用户也主要利用双频载波观测量进行精密单点定位处理，精度可达分米级到厘米级。由于采用了载波观测量，故定位处理需要一定的初始化时间，一般情况收敛时间为 20~30 分钟。目前这一类系统主要包括美国喷气动力实验室(JPL)的全球差分系统 GDGPS、NavCom 公司的

StarFire 系统、Fugro 公司的 OmniSTAR 系统以及 Trimble 公司的 RTX 系统等。此外，GALILEO 通过商业服务信号、日本 QZSS 通过 LEX 信号(2kbps)也可提供该类精密定位服务。

3. A-GNSS 增强系统

由于首次定位时，信号捕获的搜索范围较大。如果对接收机提供一些辅助信息(如参考时间、参考位置、星历等)，就可以计算出一部分多普勒值、时延值以及可见卫星，减少不确定范围和搜索空间，从而缩短捕获时间，提高灵敏度。这种为 GNSS 接收机提供辅助信息，以提高其捕获跟踪能力和接收灵敏度的技术，就称为 A-GNSS 技术。

根据辅助信息的来源可以将 A-GNSS 分成两大类：第一类是由惯性导航设备(INS)辅助。通过 INS 提供的位置、速度和加速度信息可以估计出各路信号的多普勒频偏和传播时延，压缩捕获时需要搜索的空间，提高捕获速度，同时也降低信号的虚警和漏警概率等。第二类是由无线通信网络(包括 GSM、CDMA 等)辅助，如图 3.29 所示，基本思想是 GNSS 借助于无线通信网络(如 GSM、UMTS、CDMA 等)，将导航电文、概略位置、时间信息和频率信息等发送给 MS(Mobile Station)，从而实现对 MS 中 GNSS 接收模块的辅助定位，使得无线通信手机在某些特定环境(如室内)中的地理定位成为可能。

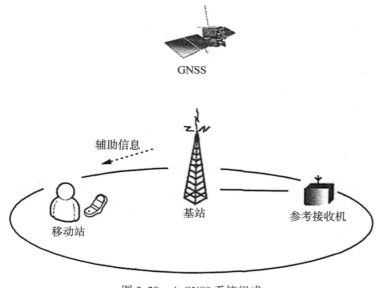

图 3.29 A-GNSS 系统组成

由于 A-GNSS 系统可以通过传输网络提供辅助参数，因此在定位精度、定位灵敏度以及可工作环境方面都优于传统接收机。

①定位精度得到改善。辅助信息使 A-GNSS 接收机能捕获和跟踪较弱卫星信号，使得它能利用比普通接收机更多的卫星进行定位，有更好的定位几何精度因子，故定位精度有一定的改善。

②首次定位时间缩短。由于 GNSS 接收机可以从参考站得到近似的多普勒频偏辅助信

息，使得待搜索的频率范围大大缩小，在搜索分格不变的条件下，搜索的分格数减少。在正常工作环境下，首次定位时间可以减小至数秒。

③接收机灵敏度提高。以 GPS 为例，对强信号，1ms 积分周期的相关器输出信号就已足够达到门限；而对于弱信号，则必须增大积分周期来改善相关器输出的信噪比。增大积分周期带来的问题是分格减小，分格数增大，搜索空间增大。但由于 A-GNSS 接收机可以获知粗略的多普勒频偏，搜索的频率范围减少，因此 A-GNSS 接收机可以在维持分格数不变（搜索时间也不变）的条件下增加相关器的积分时间，使检测灵敏度得以提高。

另外，A-GNSS 技术也存在着一些局限性：

①GNSS 接收设备需加入接收辅助信息模块，增加了实现的复杂度。

②A-GNSS 技术依赖于其他设备或通信网络的支持，增加了设备成本和对其他资源的使用。利用惯性导航设备，根据加速度计和陀螺仪的价格不同，增加成本不等。利用无线通信网络，定位实现必须通过多次网络传输（最多可达 6 次单向传输），占用了网络运营商大量的空中资源。

③在一些特定的场合中，如地表以下位置、建筑物、火车或其他有遮盖的车辆等环境中，A-GNSS 的导航结果仍然不尽如人意。在此种情况下，卫星信号非常弱，普通接收机完全不能定位，即使加入辅助信息，定位所需的时间较长，定位结果也很有可能不精确。

3.4.2　区域差分增强系统

1. 定位原理

GNSS 区域差分增强系统是基于伪距差分的区域增强系统，其通过在位置精确已知的参考站获得测量伪距值，并利用卫星星历和参考站的已知位置求出伪距计算值（真实值），进而求出测量伪距值及伪距计算值两者之差，称为校正值，然后把它发给用户，用户通过接收到的 GNSS 信号和区域增强差分改正信息计算得到自身的精确位置，当参考站和用户之间的距离间隔小于 50km 时，差分定位精度可优于 1m（95%）。应用于民用航空的区域差分增强系统在局域差分基础上进行完备性监测，以满足对于性能要求较高的精密进近等需求。区域差分增强系统由 3 部分组成：导航卫星子系统、地面子系统以及机载子系统。

（1）导航卫星子系统

导航卫星子系统主要指卫星导航系统，产生测距信号，然后发送给地面子系统及机载子系统。

（2）地面子系统

地面子系统主要包括伪卫星、固定在地面的坐标精确已知的参考站接收机（2~4 个）、中心处理站、全向甚高频数据广播（VDB）设备等。伪卫星是基于地面的信号发射器，其能够发射与空间卫星一样的信号，以增强定位解的几何结构。参考站接收机跟踪可视范围内的空间卫星及伪卫星信号，并获得测距观测值。中心处理站接收来自各参考站传输的数据，并对其进行处理。数据链路包括中心处理站与参考站之间的数据传输及中心站向用户的数据广播，数据传输可以采用数传电缆。数据广播通过甚高频（VHF）波段，广播内容包括编码封装之后的差分改正信息和完备性信息。

（3）机载子系统

机载子系统主要指飞机上的 GNSS 接收机、差分改正信号接收处理机及导航控制器等机载航电设备。目前多为 MMR（Multi Mode Receivers），即多模式接收机，可同时接收 GNSS 及差分改正信息并进行处理。机载子系统通过接收到的 GNSS 信息和差分改正信息计算得到飞机自身的精确位置，同时确定垂直及水平定位误差保护级，以决定当前的误差是否超限。导航控制器主要用来控制显示导航参数，进一步与自动驾驶仪连接后实现飞机自动进近着陆。

2. 关键技术

GNSS 区域差分系统的关键技术主要包括差分改正数的解算及完备性信息的解算。

（1）差分改正数处理

在区域差分增强系统中，对于已知精确坐标的参考站，通过观测卫星可得到相应的伪距观测量，然后根据参考站坐标及由广播星历计算得到的卫星位置。计算出卫星到参考站的几何距离，并将伪距观测量进行载波平滑并与几何距离取差，然后再消除接收机钟差，即可得到伪距测量误差。对于相距很近的参考站，可以认为系统误差是相同的。因此，可以对多个参考站的伪距测量误差取平均以削弱测量噪声的影响，同时利用前后两个历元的差分改正数可以求得其伪距变化率。

（2）完备性监测

在将差分改正数发送给用户之前，中心处理站还必须确保所有的差分改正数都是正确无误的。为此，RTCA 定义了一个参数 B 值，该值表征每个卫星的校正值在多个接收机之间的一致性。为保证整个系统的完备性，在地面系统广播伪距差分改正数之前，必须对 B 值进行监测，只要任一参考站 B 值超过规定的限值，就应把相应的观测量排除掉。

3. 当前现状及发展趋势

目前唯一经过民航认证的区域差分增强系统是美国 FAA 支持下研制的 LAAS 系统。除此之外，欧洲空中航行安全组织已将区域差分增强系统列入欧洲单一天空空管研究计划核心系统，在数个机场部署了区域差分增强测试系统，并开展了区域差分增强系统平行进近的研究。日本电子导航研究中心在民航局的支持下进行了 CAT-I 区域差分增强系统的研发，目前正在进行原型系统的设计评估，主要技术问题包括电离层影响、多路径效应和布站，日本未来将用区域差分增强系统提供 CAT-II/III 精密进近和着陆服务，提高机场容量，降低基础设施投资。中国电子科技集团公司研制了中国首套区域差分增强系统的卫星导航着陆系统，目前正在天津滨海国际机场开展安装和适航取证工作。

3.4.3　区域精密定位系统

1. 定位原理

GNSS 区域精密定位系统是在常规 RTK 技术的基础上，通过多个 GNSS 基准站为用户提供高精度的综合误差改正信息，可为用户提供实时厘米级的定位服务，也称为网络 RTK 系统。该系统由基准站网、数据处理中心、数据播发中心、数据通信链路和用户部分组成。一个基准站网络可以包括若干个基准站，每个基准站上配备有 GNSS 接收机、数据通信设备和气象仪器等设备。系统架构如图 3.30 所示。

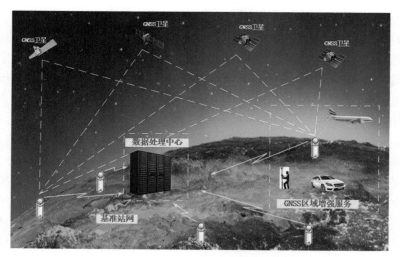

图 3.30　GNSS 区域增强系统示意图

2. 关键技术

GNSS 区域增强系统的关键技术主要包括基准站间的模糊度固定、距离相关误差的建模以及流动站双差模糊度固定。

基准站间的模糊度固定技术主要针对采用网络 RTK 技术的 GNSS 区域增强系统，在基准站坐标精确已知的基础上，通过逐步依次固定宽巷模糊度、窄巷模糊度从而得到原始载波模糊度，为流动站误差的建模奠定基础。

目前，距离相关误差的建模方法主要有两类：一是不进行误差分离，将对流层延迟误差、电离层延迟误差、轨道误差放在一起，建立综合误差的改正模型；二是将上述误差进行分离，分别进行模型改正。

流动站在得到距离相关的误差改正后，还需解算流动站整周模糊度，此时的解算方法与常规 RTK 中的整周模糊度动态解算基本一致。

3. 优缺点

（1）优点

基准站网覆盖范围较常规伪距差分、RTK 的覆盖范围广，能在更大范围内获得较高精度，且提高了定位的可靠性，缩短了用户定位的初始化时间，甚至可以单历元得到高精度的定位结果。原有的用户接收机可直接使用区域增强系统播发的增强信息，无需对设备进行升级或更换，减小了作业成本。鉴于上述优点，区域增强系统的应用范围更加广泛。

（2）缺点

改正数与测站相关，每个用户的改正数在通常情况下是不一样的，因此用户量受到一定的限制，服务范围相对较小。存在服务缝隙，当用户跨越两个区域增强系统的服务范围时，由于各系统提供的误差改正信息的基准不同，用户无法直接使用。多个区域增强系统的服务范围存在交叉，交叉区域的基准站资源存在重复建设的问题。各区域增强系统的服务器无法共享，且运行的管理软件系统不同，系统间服务性能差异比较大。

4. 当前的现状和发展趋势

（1）美国连续运行参考站网系统（CORS）

美国的 CORS 系统（图 3.31）是由美国国家大地测量局 NGS 牵头组建的，包含近 400个站，平均间距 100~200km。该系统由国家网络和合作网络两部分组成，前者由 NGS 建立，要求长期连续观测；后者由联邦政府的其他部门、科研机构、商业团体等共同组建，要求每周工作 5 天，每天观测 8h。由于美国的 CORS 是由国家大地测量局牵头组建的，所以系统的首要目标是建立和维持美国的国家参考框架，还可以提供基准站的原始观测数据、卫星轨道计算服务及部分地区的差分 GPS 服务，也可用于气象预报和研究、地震监测、地球动力学研究等应用领域。

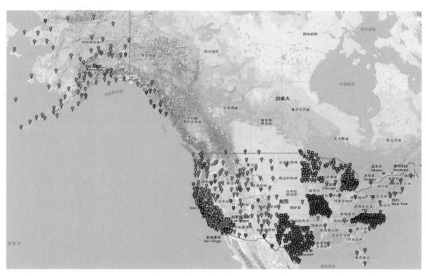

图 3.31　美国 CORS 网络示意图

（图片来源：https://www.ngs.noaa.gov/CORS_Map/）

（2）德国卫星定位与导航服务系统（SAPOS）

SAPOS 是德国国家测量管理部门联合德国测量、运输、建筑、房屋和国防等部门，建立的一个长期连续运行的、覆盖全国的多功能差分 GPS 定位导航服务体系，是德国国家空间数据基础设施。由 250 多个永久性的参考站组成，平均站间距为 40km。SAPOS 采用区域改正参数（FKP）的方法来减弱差分 GPS 的误差影响，一般以 10s 的间隔给出每颗卫星区域改正参数。该系统可为全国提供一个动态的大地参考框架，能提供 4 个不同级别、不同精度的定位服务：实时定位服务、高精度实时定位服务、精密大地定位服务、高精度大地定位服务。

（3）日本 GPS 连续应变监测系统（COSMOS）

日本的 COSMOS 系统是由日本国家地理院组建的，测站数已超过 1 200 个，平均站间距为 30km，在关东、东京、京都等地区平均间距只有 10~15km。COSMOS 构成一个格网式的 GPS 永久站阵列，是日本重要的基础性设施。其主要任务有：构成超高精度的地壳运动监测网络；组成全国范围内的现代"电子大地控制网点"；向测量用户提供原始观测数据，具有 RTK 功能；用于天气预报和气象监测等应用领域。

（4）瑞典永久性参考站网络系统（SWEPOS）

SWEPOS 是由瑞典土地调查局、Onsala 天文台和瑞典国家研究与检测研究所联合建立，实验性运行始于 1994 年。在 1995—1999 年之间，参与该系统设计和资助的单位包括国家铁路管理局、瑞典军方、瑞典土地调查局、瑞典民用航空局、瑞典州铁路、瑞典海洋管理局、瑞典电讯局、国家公路局等。1999 年之后，SWEPOS 系统的维护、升级与资助属于瑞典土地调查局。SWEPOS 系统设计体系包括 SWEPOS 站点、控制中心和信息发布三部分。控制中心设在瑞典土地调查局（耶夫纳）。SWEPOS 系统目前建有 21 个完全站点和 36 个简易站。SWEPOS 系统建立的目的是为后处理提供 L1/L2 波段数据，为无线电广播提供 DGP 和 RTK 纠正，充当高精度的地面控制点，为地壳运动科学研究提供数据，监测 GPS 系统集成状况。

（5）泰国 CORS 系统

泰国的第一个 CORS 网络是由泰国公共服务与城乡规划厅（DPT）于 1996 年建立的，该网络由分布在泰国全国范围内的 11 个站点组成。2007 年底，泰国气象厅（TMD）为进行海啸和地震的早期预警，建立了 5 个 CORS 站，主要分布在北部地区和泰国湾地区。随后，在 2008 年初，泰国土地厅（DOL）利用 Trimble VRS 概念建立了能提供实时动态 GPS 定位服务的 NRTK 网络，该网络目前由 11 个站点组成，主要集中在曼谷地区。另外，日本信息与通信技术研究所（NICT）自 2005 年起在泰国建立了 4 个 CORS 站。同时，泰国的 CORS 还包括 Chulalongkorn 大学建立的泰国 IGS 站 CUSV 以及泰王国测绘厅（RTSD）建立的一个 GNSS 基准站。

（6）其他国家和地区的区域增强系统

维多利亚 GPSNET（图 3.32）在澳大利亚全国范围内提供毫米级至米级导航定位服务，实时定位精度可达厘米级，服务领域可扩展至制图、测绘工程及房地产管理等。加拿大控制网系统 CASCS（图 3.33）通过因特网提供网络地心坐标和相应 GPS 卫星跟踪观测数据，供测量、地球物理和其他用户采用 GPS 单机进行事后精密定位。除此之外，还有许多国家和地区建立了自己的 GNSS 区域增强系统，在此不一一列出。

（7）国内 GNSS 区域增强系统建设现状

国内 GNSS 区域增强系统的建设已经进入蓬勃发展的阶段，目前主要的进展有：

①香港地政署在香港建立了 13 个 GPS 永久跟踪站，平均站距 10km 左右。通过因特网共享或用户选择性方式提供 GPS 数据服务，开展准实时和事后精密定位服务，用于满足香港城市发展需要，特别是香港西北部发展建设的需要。

②深圳连续运行卫星定位服务系统是我国建立的第一个实用化的实时动态 CORS 系统，系统由 5 个 GPS 基准站、一个系统控制中心、一个用户数据中心、若干用户应用单元、数据通信 5 个子系统组成，各子系统互联，形成一个分布于整个城市的局域网或城域网，其实时定位精度可达到平面方向 3cm、垂直方向 5cm。

③湖北省北斗地基增强系统于 2013 年建成，该系统由 30 个北斗连续运行基准站和控制中心系统等组成，采用和开发了具有完全自主知识产权的软硬件产品，控制中心利用

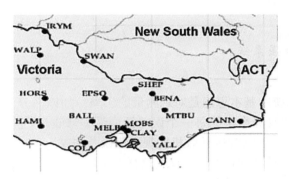

图 3.32　GPSNET 网络示意图

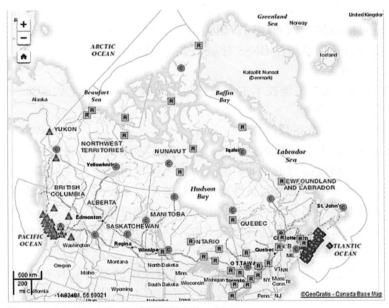

- ⊙ National Network (17) subject to Open Government Licence – Canada
- ⊡ Regional Network (31) subject to Open Government Licence – Canada
- △ Western Canada Deformation Array (23) subject to Open Government Licence – Canada
- ◆ Nova Scotia Active Control Network (40) subject to Nova Scotia License
- ⊙ Discontinued Stations (2) subject to Open Government Licence – Canada

图 3.33　CACS 网络示意图

（图片来源：https：//webapp. geod. nrcan. gc. ca/geod/data-donnees/cacs-scca. php）

PowerNetwork 软件管理全部基准站并生成差分改正数据。

国内目前已经建成或正在建的其他区域增强系统有广东省北斗地基增强系统、新疆北斗地基增强系统、江苏省北斗地基增强系统、广州市北斗地基增强系统、四川省北斗地基增强系统等。

3.4.4　广域差分增强系统

1. 定位原理

GNSS 广域增强系统的基本思想是对观测量的误差源加以区分，并对每一个误差源分别加以模型化，然后将计算出来的每一个误差源的误差修正值（差分改正值），通过数据通信链传输给用户，对用户 GNSS 接收机的观测值误差加以改正，以达到削弱这些误差源的影响，改善用户定位精度的目的。因此，这样既削弱了区域增强系统中对基准站和用户站之间的空间相关性的要求，又保持了区域增强系统的定位精度。广域增强系统中，只要数据通信链有足够的能力，基准站和用户站之间的距离在原则上是没有限制的。

GNSS 广域增强系统的具体工作方式为在一定范围内建立多个基准站，其观测数据传输给主控站，计算出与卫星相关的轨道误差、卫星钟差和大范围的电离层改正数等广域差分改正信息。通过地面站传到地球同步轨道卫星，同步卫星以某 GNSS 系统的 L1 频率为载波，将上述差分改正信息当作 GNSS 导航电文转发给用户站。

2. 关键技术及特点

GNSS 广域增强系统的关键技术主要包括星历及钟差差分改正数解算、电离层差分改正数解算以及完备性监测等。

（1）星历及钟差差分改正数解算

卫星星历及钟差误差为起算数据误差，是卫星误差的主要来源之一，无论是对于绝对定位还是相对定位的精度都有很大的影响。对于广播星历来说，由于其精度较低且完备性能不高，因此，对于一些精度及完备性要求较高的用户来说，其并不能满足定位要求。而星基增强系统通过地面均匀分布的参考站实时对卫星进行观测分析，对各测站观测数据进行时间同步并采用矢量差分的方法通过最小方差估计卫星星历差分改正数。

（2）电离层差分改正数解算

在电离层延迟改正方面星基增强系统目前普遍采用的是格网改正法，该方法由美国 MITRE 公司提出，即将地球假想成一个球面，并定义相应的经线和纬线，考虑到电离层延迟随时间、地点而变化的特点，以一定的间隔将球面划分为众多个较小的区域，电离层格网点就分布在该球面上。利用地面参考站的观测数据近乎实时地计算每个格网点的电离层改正值及其误差，用户便能利用网格内插法以较高的精度获得电离层延迟改正及其误差。具体步骤为：

①分布在区域范围的参考站用双频接收机对 GNSS 可见卫星进行观测，基于双频平滑电离层模型测量相应的穿刺点电离层垂直时延改正值，并通过数据链路实时发送给主控站。

②主控站利用接收到的所有参考站的电离层改正数据计算每个经纬度格网交叉点（网格的间隔一般为 5°）的电离层垂直时延改正值和改正误差 GIVE 值，并以 2~5min 的更新周期经地面上行注入站传送给地球同步卫星（GEO）。

③GEO 卫星以导航电文的形式将改正数据播发给服务区的用户。

④用户利用接收到的 GEO 数据得到其电离层穿刺点所在格网四个顶点的改正数据，并结合解算得到的自身位置内插得到自身的电离层延迟改正值及其误差。

（3）完备性监测

对于星基增强系统的完备性监测，以 WAAS 为例，其完善性监测结构采用了 5 个层次的验证方法，即观测数据合理性检验、内符合检验、平行一致性检验、交叉正确性验证和广播有效性验证。

①每个参考站采用独立的 3 台接收机同时观测采集 GNSS 导航卫星和 GEO 卫星的数据，通过合理性检验与一致性检验，从中选择符合一致性条件的 2 台接收机的数据进行上报。

②基于最小二乘原理对参考站采集数据的正确性和软件处理得到的各项改正数的正确性进行内符合检验。

③每个主控站对参考站上报的两路观测数据进行独立处理，检验二者的处理结果是否一致，两路的处理结果通过平行一致性检验后才可输出给上行注入站。

④将一路观测数据处理得到的差分改正数应用于另一路经预处理的观测数据，通过比较并对残差信息进行统计，确定差分改正数的完善性信息。

⑤对于广播后的信息，主控站应能同时接收并做相应处理，以验证广播值的有效性。

3. 发展现状及趋势

（1）国外广域增强系统

美国的广域增强系统（Wide Area Augmentation System，WAAS）是由美国联邦航空局（FAA）开发建立的一个主要用于航空领域的导航增强系统，该系统通过 GEO 卫星播发 GPS 广域差分数据，从而提高全球定位系统的精度和可用性。美国 WAAS 利用遍布北美和夏威夷的地面参考站（Wide-area Reference Station，WRS）采集 GPS 信号并传送给主控站（Wide-area Master Station，WMS）。WMS 经过计算得出差分改正（Deviation Correction，DC），并将改正信息经地面上行注入站传送给 WAAS 系统的 GEO 卫星。最后由 GEO 卫星将信息播发给地球上的用户，这样用户就能够通过得到的改正信息精确计算自己的位置。

自 2002 年起，俄罗斯就开始着手研发建立 GLONASS 系统的卫星导航增强系统——差分校正和监测系统（SDCM）。SDCM 将为 GLONASS 以及其他全球卫星导航系统提供性能强化，以满足它们所需的高精确度及可靠性。和其他的卫星导航增强系统类似，SDCM 也是利用差分定位的原理。该系统主要由 3 部分组成：差分校准和监测站、中央处理设施以及用来中继差分校正信息的地球静止轨道卫星。

欧洲地球静止导航重叠服务（EGNOS）是欧洲自主开发建设的星基导航增强系统，它通过增强 GPS 和 GLONASS 卫星导航系统的定位精度，来满足高安全用户的需求。它是欧洲 GNSS 计划的第一步，是欧洲开发的 GALILEO 卫星导航系统计划的前奏。EGNOS 系统已经于 2009 年开始正式运行使用，并将至少工作 20 年以上。目前，EGNOS 系统可以提供三种服务：①免费的公开服务，定位精度为 1m，已于 2009 年 10 月开始服务；②生命安全服务，定位精度为 1m，已于 2011 年 3 月开始服务；③EGNOS 数据访问服务，定位精度小于 1m，已于 2012 年 7 月开始服务。

日本的多功能卫星星基增强系统（MSAS），是基于 2 颗多功能卫星的 GPS 星基增强系统，主要目的是为日本航空提供通信与导航服务。系统覆盖范围为日本所有飞行服务区，也可以为亚太地区的机动用户播发气象数据信息。MSAS 的空间段由两颗多功能传输卫星（MTSat）组成，它们是日本发展的地球静止轨道气象和环境观测卫星——"向日葵"（Himawari）卫星的第二代。截至目前，在轨运行的卫星包括 MTSat-1R 和 MTSat-2，分别位于东经 140°和 145°上，采用 Ku 频段和 L 频段两个载波，其中 Ku 频段主要用于播发气象数据，L 频段频率与 GPS L1 频段相同，主要用于导航服务。MSAS 系统的地面段包括：2个主控站分别位于神户和常陆太田，4 个地面监测站（GMS）分别位于福冈、札幌、东京和那霸，2 个监测测距站（MRS）分别位于夏威夷和澳大利亚。

印度的 GPS 辅助型静地轨道增强导航系统（GAGAN）空间段由 3 颗位于印度洋上空的 GEO 卫星构成，采用 C 频段和 L 频段，其中 C 频段主要用于测控，L 频段与 GPS 的 L1（1 575. 42MHz）和 L5（1 176. 45MHz）频率完全相同，用于播发导航信息，并可与 GPS 兼容和互操作。空间信号覆盖整个印度大陆，能为用户提供 GPS 信号和差分修正信息，用于改善印度机场和航空应用的 GPS 定位精度和可靠性。GAGAN 空间段的 3 颗 GEO 卫星分别为"地球静止卫星"（Geosynchronous Satellite，GSAT）系列的 GSAT-8、GSAT-10 以及 GSAT-15。GSAT-8 于 2011 年 5 月发射，目前正工作在东经 55 度的轨道上；GSAT-10 于 2012 年 9 月 28 日发射，目前正工作在东经 83 度的轨道上；GSAT-15 在 2015 年 11 月发射升空。

（2）北斗星基增强系统

我国的北斗星基增强系统主要由地面参考站网、数据处理中心、地面上行站、空间段以及用户终端组成。

地面参考站网由一定数目的监测站及控制中心组成，监测站对北斗导航卫星进行实时的数据接收，获取观测数据发送控制中心，控制中心汇总地面参考站网中所有监测站的实时数据、非实时数据、气象数据及监测站坐标并对外发布 FTP 服务。地面参考站网建设充分利用 IGS-MGEX/国际 GNSS 监测评估系统（iGMAS）等公共基础参考站资源实现原始观测数据的采集，为广域增强信息处理提供数据基础。

数据处理中心是整个星基增强系统的核心，负责完成数据接收、北斗精密轨道及钟差确定、区域电离层建模、增强信息生成，另外作为星基增强系统的核心，具备系统运营、维护、控制能力，确保整个星基增强系统的有效运转。

地面上行站主要负责从数据处理中心获取系统增强电文信息，通过基带处理将其调制成为 GEO 卫星信号，经上变频和功率放大后，通过天线上行注入到 GEO 卫星中，同时上行站负责接收 GEO 卫星下行信号，实现 L 频段下行监测功能。

空间段接收地面上行站上注的信号，转发给终端用户。空间段卫星资源采用北斗同步卫星播发的方式及其他中国制造卫星资源，构筑覆盖全球的天基资源，实现全球广域增强覆盖。

用户终端接收增强信号和北斗信号进行解调，得到增强信息和观测数据；利用增强信息和观测数据进行定位解算。

北斗星基增强系统一期的服务区域为全国范围，定位精度为：东部水平 5m、高程 5m；西部水平 10m、高程 10m。2020 年将要建成的北斗全球卫星导航星基增强系统能够覆盖亚太地区甚至更大的区域，服务区域包括南纬 55 度至北纬 55 度、东经 55 度至 180

度。系统将基于相位观测数据获得厘米级轨道和卫星钟差参数，同时增加卫星轨道和区域相位伪距改正数，预期精度可达米级、亚米级，是一个融全球标准服务和区域多模增强服务于一体的卫星导航系统。此外，增强信号采用叠加协议，兼容服务，增强产品可直接通过导航电文获取，因此无需硬件改变。

3.4.5　广域精密定位系统

1. 定位原理和关键技术

（1）定位原理

广域精密定位技术是在广域差分和精密单点定位技术的基础上，集成先进的基准站观测数据实时采集、数据处理技术来实现大范围高精度定位服务的技术。广域精密定位系统利用一个广域分布的 GNSS 双频接收站网络，收集 GNSS 卫星伪距和载波相位观测值，通过实时数据传输网络传送至数据处理中心，数据处理中心进行精密定轨、实时精密钟差确定和电离层改正信息计算与精密改正信息编码。用户站实时接收改正信息进行精密定位，在全球范围内实现定位精度分米级至厘米级。

（2）关键技术

广域实时精密定位系统的关键技术包括实时观测数据的传输和管理技术、导航卫星实时精密定轨技术、实时精密卫星钟差估计技术、电离层建模技术、产品发播技术以及终端精密定位技术等。

2. 发展现状及趋势

1）国外发展现状及趋势

国际已建立的具有代表性的广域精密差分定位系统包括 NaVcom 公司的 StarFire 系统、Fugro 公司的 OmniSTAR 系统和 SeaStar 系统、Trimble 公司的 CenterPoint RTX 系统以及 Subsea7 公司的 Veripos 系统。

（1）StarFire 系统

早期的 StarFire 系统是为全球几大洲和国家（北美、南美、欧洲和澳大利亚）提供独立的广域差分增强服务，主要应用于精密农业。早期的 StarFire 系统与 WAAS 和 EGNOS 系统类似，但 StarFire 系统用户必须使用高质量的双频 GPS 接收机，用以消除电离层延迟，并采用基于 NavCom 开发的 WCT（Wide Area CorrectionTransform）技术。

2001 年，NavCom 公司与 NASA 的 JPL 达成协议，采用 JPL 的 RTG（Real Time GIPSY）技术将 StarFire 系统升级为一个全球双频 GPS 精密差分定位系统，在全球任何地点、任何时间都能提供亚分米级精度的连续实时定位服务。除 RTG 技术外，StarFire 系统还可以获得 NASA/JPL 全球监测网的观测数据，用以增强 StarFire 系统的地面监测网。StarFire 系统利用国际海事卫星通过 L 波段向全球用户播发差分信号。用户接收机配备了 L 波段的通信接收器，在跟踪观测 GPS 卫星的同时，也接收到了国际海事卫星播发的差分改正信号。

RTG/RTK 是 NavCom 公司近期推出的一种新的实时差分定位模式。利用 RTK 对 RTG 进行初始化可克服 RTG 初始化时间过长的缺点，并可获得厘米级的实时定位精度。当 RTK 发生失锁或数据链通信中断时，可以利用 RTG 继续提供实时定位服务，定位精度仍可达厘米级。当 RTK 恢复跟踪或数据链通信恢复后，则可以用 RTG 的定位结果作为起始点，进行整周模糊度的快速搜索和求解。但这种模式要求用户站至少使用两台 RTG/RTK 组合式双频接收机才能进行实时定位。

(2) OmniSTAR 系统

OmniSTAR 和 SeaStar 都是 Fugro 公司旗下的全球实时差分系统，OmniSTAR 主要应用于陆地和航空，SeaStar 主要为满足海洋上的高动态定位需求而建立的。目前 OmniSTAR 提供四种不同精度的差分 GPS 定位服务：VBS、HP、XP 和 G2，其中 G2 服务可支持 GPS/GLONASS 系统。OmniStar 在农业、GIS、航空、测绘、资产跟踪及监测等方面得到了广泛应用，在差分 GPS 服务市场中占有相当的份额。

(3) StarFix 系统

StarFix 系统主要服务于近海的石油和天然气开发，满足特殊环境下的高精度和高可靠性的亚米级和分米级的动态定位需求。提供支持 GPS 和 GLONASS 系统的 G2、XP2、SGG 和标准 L1 服务，以及支持 GPS 系统的 XP 服务，最新推出的 G4 服务能够同时支持 GPS、GLONASS、北斗、GALILEO 四大系统。

(4) CenterPoint RTX 系统

CenterPoint RTX (Real-Time eXtended) 系统是美国 Trimble 公司建立的可支持 GPS、GLONASS 和 QZSS 系统的全球实时差分系统，能够提供全球范围内水平方向优于 4cm 的精密定位服务。该系统通过 L 波段卫星和移动设备播发卫星增强信号，用户定位初始化时间小于 30 分钟。用户利用 L 波段卫星的播发增强信号进行定位时初始化时间小于 5 分钟。

(5) Veripos 系统

Veripos 系统由 Subsea7 公司建立，在全球建立了超过 80 个参考站，两个控制中心分别位于英国 Aberdeen 和新加坡。Veripos Apex、Apex 和 Veripos Ultra、Ultra 能够提供优于 10cm 的定位精度，Veripos Standard 提供优于 1 m 的定位精度。

2) 国内现状及趋势

(1) 北斗地基增强系统

北斗地基增强系统是北斗卫星导航系统服务精度和完备性的增强系统。在北斗地基增强系统中，通过将中国大陆国土格网化，在格网的节点安装北斗高精度卫星导航接收机，接收北斗导航卫星信号，通过通信网络实时传输到北斗数据综合处理系统，经处理后生成卫星精密轨道、钟差、电离层、综合改正数和完备性等数据产品，利用卫星、数字广播、移动通信等系统进行播发，提供广域和区域的高精度定位服务，用户的北斗高精度接收机/应用终端接收修正数据产品后进行计算，即可获得米级、分米、厘米级的高精度定位服务，系统还向用户提供后处理毫米级的定位服务。

(2) 广域实时精密定位示范系统

广域实时精密定位示范系统是对北斗一代导航增强系统的升级。"广域实时精密定位技术与示范系统"项目为 2007 年国家高技术研究发展计划("863"计划)地球观测与导航技术领域重点项目。项目由中国卫星通信集团公司、中国卫星应用中心和武汉大学共同承担。在广域差分和精密单点定位技术的基础上，集成了实时数据处理、Internet 数据传输和卫星通信等技术，实现我国陆地、海洋和空中优于 1m 定位精度的卫星导航增强示范服务。该系统以提高中国区域用户 GPS 定位精度为主，通过对基于北斗一号的卫星导航增强系统的技术升级，形成覆盖中国区域的高精度导航和综合信息服务系统。

（3）"中国精度"

"中国精度"由合众思壮公司建设，是中国首家覆盖全球运营的星基增强服务系统，于 2015 年 6 月 15 日正式在全球发布并提供服务。卫星播发租用 INMARSAT 3 颗通信卫星播发器；"中国精度"监测站包括 220 个 GPS IGS 站，3 个数据中心，1 个注入站，3 个主控站。专用终端由 GPS 接收机和 L 波段通信接收器组成。系统提供全球高精度实时定位，精度达到厘米级，为收费服务。

（4）夔龙系统

夔龙系统由航天科技集团自主设计、研制建设。拟采用市场化运营方式提供增强服务，当前正处于规划设计阶段。拟在全球建设 300 多个参考站，通过 5 颗 GEO 卫星和 60 多颗低轨通信卫星播发。规划的服务包括免费开放的广域差分服务及授权收费的广域精密定位技术。

3.4.6 广域区域融合增强系统

1. 定位原理

广域精密定位系统可实现两种不同的精密单点定位（PPP）：标准 PPP（浮点解）和整周模糊度固定的 PPP。标准 PPP 服务中，全球网（广域网）产品不包含大气延迟产品，导致 PPP 的浮点模糊度收敛所需时间较长。局域精密定位系统主要服务于实时动态定位（RTK），测站布设较为稠密，有利于准确地模型化大气延迟，流动站用户采用相对定位模式，可以快速固定整周模糊度，实现比 PPP 更高的定位效率。由于相对定位要求基准站与流动站间的卫星共视、观测时间同步，使得定位灵活性和观测值利用率不及 PPP。

广域与区域融合的增强系统是基于广域 GNSS 参考站网与区域加密的 GNSS 站的原始观测数据，进行 GNSS 广域、区域实时精密定位处理，获得实时精密轨道、实时精密钟差、未校正的相位延迟，以及区域伪距和相位误差改正数、区域大气延迟等增强改正信息，通过网络或者卫星播发给用户，用户通过精密单点定位方式，恢复非差模糊度的整周特性并快速固定，实现高精度定位。目前，主要存在两种方式，即非差网络 RTK（URTK）[23,24]和 PPP-RTK 方法[25]。

1）URTK

首先固定参考站的坐标，反算得到参考站的非差观测值残差，生成局域增强改正信息，并以各基准站非差观测值残差的形式播发，通过内插附近三个基准站的观测值残差，生成流动站处的非差改正信息，完成了流动站定位模式由相对定位向绝对定位的转变，同时实现非差模糊度的快速固定。

2）PPP-RTK

利用局域增强系统的观测数据，精化求解广域增强系统提供的（部分）GNSS 产品，如卫星钟差、相位偏差等，同时求解大气延迟等参数，重新生成的各类改正信息并单独播发给流动站使用。通过考虑不同改正信息的时间稳定性，可以制定针对各改正信息的最优更新频率,减轻基准站与流动站之间的通信负担。经过以上方式实现 PPP-RTK,该技术的流程如图 3.34 所示。

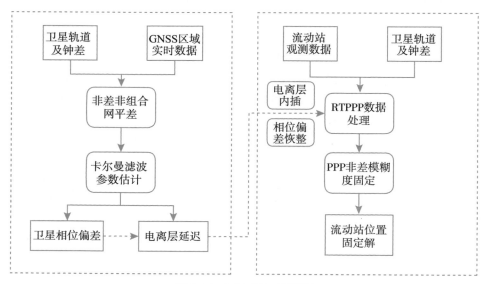

图 3.34　PPP-RTK 流程图

2. 优势及不足

1)优势

①广域、区域融合增强系统集成了广域、区域增强系统各自的优势(快速模糊度固定、定位方式灵活等),同时回避了相应的不足(通信负担较重、定位效率较低等)。

②URTK:基于单基准站的增强信息建模对软硬件、网络数据传输要求相对较低,因此基准站的个数与地理分布不受约束。

③与 RTK 技术相比,PPP-RTK 的定位精度和效率相当,但基准站网的信息播发量已大为减少。

2)不足

①PPP-RTK 对同一时刻观测数据,分别采用了不同的数据处理模式,分离相位偏差、大气延迟等改正信息,由此可能会导致不同改正信息所隐含的基准不一致,进而对随后的用户定位带来不利影响。

②URTK:当参考站与流动站卫星发生周跳时,周跳卫星的增强信息无法及时生成以及模糊度无法迅速固定。

3. 发展现状及趋势

Wubbena 等提出 PPP-RTK 以及其改正信息用状态空间表示(SSR),并论证了 SSR 相对于状态空间表示(OSR)的优势。Geng 等对 PPP-RTK 模糊度固定时间以及定位精度进行了研究,发现在高的卫星截止角下,至少需要 10 分钟才能固定 90% 的星间单差宽巷模糊度,窄巷模糊度的精度需要几十分钟才能优于 0.1 周,对于低的卫星截止角需要时间更长；采用 1s 的观测数据进行解算，NEU 方向的精度分别从 13.7cm、7.1cm、11.4cm 提高到 0.8cm、0.9cm、2.5cm，但是首次成功固定模糊度需要几十分钟。[26] Odijk 等研究发现附加电离层延迟改正以及相位偏差，实时的单频 PPP-RTK 能在 5 分钟以内解算模糊度，并实现厘米级定位精度。Odijk 等对亚太地区的 GPS+BDS 进行了 PPP-RTK 研究，结果表明 GPS+BDS 双系统 PPP-RTK 能显著减少固定模糊度时间，实现平面 1cm，高程 5cm 的定位精度。张宝成等提出了一种能实现单频 PPP-RTK 的 GNSS 局域参考网数据处理算法，固定静态(动态)单频 PPP 整周模糊度所需时长均不超过 10 分钟；模糊度固定后，单频动态 PPP 的平面和天顶 RMS 分别优于 5cm 和 10cm。Ge 等提出非差网络 RTK(URTK)，将双差残差转换为非差残差，对每个参考站的非差残差建模，通过内插获得流动站的非差改正残差，实现模糊度的快速固定[23]。Zou 等提出一种适用于大规模用户的非差网络 RTK 服务新方法，利用 URTK 进行模糊度快速初始化，再利用 PPP-RTK 维持厘米级精密定位服务，可以极大地降低用户与基准站间的实时数据通信负担。

由于单频 GNSS 接收机成本低廉，在当前卫星导航与定位领域拥有大量的用户，因此，使用廉价的单频接收机来实现高精度单机定位是许多导航定位用户所追求和关注的热点问题，而单频 PPP-RTK/URTK 恰好能满足低成本高精度单机定位用户的需要。对于单频 PPP-RTK/URTK 而言，其核心问题是电离层延迟的高精度改正。在现有的单频 PPP-RTK/URTK 数据处理方法中，一般参数化测站至各卫星的电离层斜延迟，并采用动态模型，约束各电离层参数在历元间的变化。在实际应用中，应考虑对电离层参数实施更加符合实际的时空模型化约束，或引入外部高精度的电离层模型值等，并建立实时的电离层改正信息，减少模型化误差，加快 PPP 的收敛。单频 PPP-RTK/URTK 利用区域电离层改正信息辅助非差整周模糊度固定，定位效率高、可靠性强，具有良好的工程应用前景，成为当前的一个研究热点。

伴随 GNSS 系统的发展，多频组合具有长波长、低噪声、削弱电离层等特性，多系统组合定位可有效克服单系统存在的问题，因此多频多系统组合受到越来越多的关注，成为 GNSS 应用领域的重要研究内容和国内外的热点研究方向。在多频多系统 PPP-RTK/URTK 中，需要研究如何选取一组最优的组合或差分观测类型进行参数估计，并通过多频组合进一步消除高阶电离层延迟对卫星相位偏差以及区域电离层改正信息的影响。同时，顾及 GLONASS 频间偏差、BDS 伪距多路径等问题，进一步研究 GLONASS、BDS、GALILEO 等系统的卫星相位偏差估计以及非差模糊度的固定，实现多系统组合 PPP-RTK/URTK。

3.5 导航与位置服务的发展需求

基于位置的服务(Location Based Services，LBS)泛指一切通过移动设备的地理位置和移动网络而构成的信息服务，已经成为当前互联网信息服务业的重要组成部分。随着全球卫星导航系统与智能终端的紧密结合，位置服务与互联网、物联网、云计算及大数据科学交叉融合，已经成为移动互联网应用的标准配置。

3.5.1 移动互联网位置服务的应用

"位置""实时性""绑定身份"和"动态交互"是移动互联网区别于传统互联网的关键特性，是移动互联网产生新技术、新产品、新应用和新商业模式的根源。这些特点与位置服务"随时(Anytime)、随地(Anywhere)为所有人(Anybody)和事(Anything)提供个性化信息服务"的宗旨天然一致。因此，移动互联网位置服务应用迅猛发展，成为当前互联网应用的主流，如图 3.35 所示。

(a) Apple ios: App Store　　**(b)** 手机淘宝　　**(c)** 微信　　**(d)** 新浪微博

图 3.35 位置服务已经成为移动互联网服务的标准配置

导航服务是一种经典的位置服务。这类服务直接将"位置"作为服务的内容提供给用户。随着移动互联网时代的到来，"位置"也逐渐从服务内容转化为服务构成的输入性关键要素。比如苹果公司的 ios 操作系统就内置了很多与位置相关的服务，如"查找周边用户使用的应用软件""分析用户经常出现的地方"；微博、微信等互联网主流应用也内置了大量的"查找周边的新闻""查找周边的用户"等服务功能；一些电子商务应用服务也集成了很多"周边生活购物"的服务内容。这充分说明移动互联网服务与位置服务已经融为一体，通过对用户及相关地理位置的社会感知，"位置"要素能够参与诸如信息搜索、社会交流、电子商务、信息分享传播等多个领域。因此，以"位置"作为服务构成的输入性关键要素的互联网服务，都可以被认为是 LBS。

从应用类型上看，移动互联网位置服务大致包含以下类型：导航、位置共享及兴趣点/移动目标查询服务，基于位置围栏(Geofence)的用户监控及消息通知服务，基于位置的社交服务，基于位置的热点事件分享、问答及点评服务，基于位置的游戏、娱乐服务，根据用户位置环境上下文的个性化信息服务，基于位置的电子商务服务等，见表3-13。当然，这些应用相互之间也在不断融合，其界限特征并不十分明显。

表 3-13　　　　　　　　　　　　　　当前位置服务代表性应用

类型	特　征	代表性应用
1	导航、位置共享及兴趣点/移动目标查询类服务	
2	基于位置围栏的用户监控及消息通知服务	ShopAlerts Safely
3	基于位置的社交服务	foursquare
4	基于位置的热点事件分享、问答及点评服务	豆瓣
5	基于位置的游戏、娱乐服务	myTown POKÉMON GO
6	基于位置的电子商务服务	GROUPON 淘
7	根据用户位置环境上下文的个性化信息服务	VOXY inglés

3.5.2　移动互联网位置服务的特点

2011 年 2 月，著名风险投资公司 KPCB(Kleiner Perkins Caufield & Byers)合伙人约翰·杜尔(John Doerr)用三个词集中概括了移动互联网信息服务的特点：Social(社会)、Local(本地)和 Mobile(移动)，提出了"SoLoMo"这个概念。如图 3.36 所示，这一概念也成为公众领域位置服务在移动互联网时代的特征概括。

"SoLoMo"的"So"体现了位置服务的社会性，有三层含义：①指结合位置的社交网络服务(Social Networking Services，SNS)；②指位置服务计算中的社会计算(Social Computing)特征；③指位置服务所具有的社会感知(Socially Aware)计算发展方向。

社交网络与位置服务有结合的必然性。首先，用户的位置可以反映用户的社会属性，包括经历、工作环境以及其年龄、身份、兴趣爱好等，这些知识能够促进社交的构成；其次，依附于位置的兴趣点(Point of Interest，PoI)、热点事件等形成了社交的话题，丰富了社交的内容；最后，"位置"连接起了虚拟空间与现实空间，促成社会活动线上到线下(Online to Offline，O2O)互动。

位置服务具有鲜明的社会计算特点。首先，社会计算面向的是一个大众计算系统，而不是专家计算系统。位置服务同样如此；其次，社会计算的实施者同时也是计算的受众。而位置服务的提供者同时也是服务的对象。因此位置服务具有社会计算众包(Crowdsourcing)特性；最后，社会计算主要用以处理一些难以定量描述的"软"计算。而位置服务中"兴趣"点、"热点"事件等关键因素都具有高度的社会属性，难以被传统计算模型刻画。

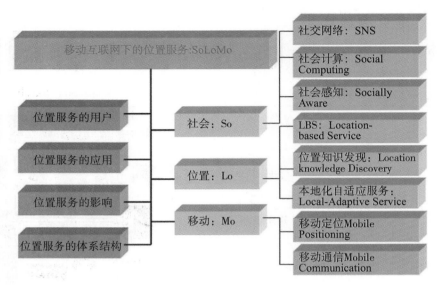

图 3.36　SoLoMo：移动互联网时代位置服务的特征概括

　　基于位置的社会感知计算是指通过人类社会生活空间部署的大规模多种类传感设备，实时感知识别社会个体的行为，分析挖掘群体社会交互特征和规律，引导个体社会行为，支持社群的互动、沟通和协作的一种技术。从感知对象上看，大体上可以分为以下几类：①感知位置的社会语义。位置社会语义主要包括位置的社会信息上下文、位置上常现的交互情景、用户在位置上的社会情感等，是形成基于位置的个性化信息推送服务的基础。②感知人类移动与其社交活动的关系。主要揭示用户位置与用户社交之间的内在规律，通过位置因素提高社交网络结构识别和链路预测的准确性，促进人们社会交往。③感知和预测用户的移动行为。通过用户及其朋友的历史轨迹，分析用户的行动规律，预测其可能出现的位置以及用户即将到达的位置等。④感知用户的社会属性。通过用户的历史轨迹，分析其性别、年龄、婚否、职业、家庭人口等社会属性以及用户个人的生活偏好和生活习惯。

　　"SoLoMo"的"Lo"代表位置。"Lo"也包括三层含义：①指基于位置的服务（Location Based Services，LBS）；②指发现和聚合网络信息中的位置知识；③指位置服务本地化（Local）及服务个性化。

　　位置知识聚合的目的是使得地理位置（position）向社会位置（location）发展。导航服务采用的兴趣点是一种初级的社会位置，包括地理坐标和其简单社会语义。由于人类活动往往在较长时间内都集中于一个特定区域，PoI 内容缺乏不确定性和实时性，导致以此为内容的位置服务难以给予用户长久的兴趣刺激，缺乏用户黏性。而我们注意到，人类社会生产生活所产生的热点事件层出不穷。这些事件在网络上往往通过博客、微博、图片、视频等形式展现。一旦将其与其发生的位置关联起来，那么它们都将成为位置服务的元数据。组织好这些要素，就能够定义出吸引用户的位置服务，推动位置服务的进一步发展。

　　基于位置的社会感知可以使服务自适应地"本地化"。"本地"是用户获取信息服务的主要兴趣指向之一。当前的诸多位置服务应用已经实现了诸如周边兴趣点的评价和推荐、周边人群的社交推荐、周边商品售卖信息推送等本地化工作。随着互联网移动性的不断增强和定位精度不断提高，用户请求服务的"本地"也经常发生变化。对于信息服务而言，用户在不同时刻和地点请求服务的期望也不同。因此，"本地化"的更深层次的意思是指服务应与用户自身环境相适应，形成对用户的个性化服务。用户环境通过社会感知手段获得。

"SoLoMo"的"Mo"表明了当前面向公众的位置服务其核心技术是"移动定位技术"，其服务载体是"移动互联网"。在移动位置服务中，定位技术也发生着巨大的变化。首先从定位方式上，已经由单一方式定位发展成为全源的、协同的定位。多个用户通过信息交互和通信，共享位置服务技术和资源，融合各类定位手段以突破位置服务中的各种时空障碍与信息缺乏，协作完成定位。这种协同定位是互联网时代针对位置服务的发展需求而产生的新型综合定位技术。在服务范围延伸方面，需要解决高楼林立的城市地区、室内等复杂空间环境的泛在定位问题，满足大众移动终端的无缝无盲区位置服务需求；从服务能力扩容方面，需要面对急速增长的数以千计的 GNSS 基准站、百万计的传感器、亿计的大众用户的新局面，实现大规模、多种类定位资源的聚合与互操作，满足海量、高速、频繁的位置服务请求。

其次，定位技术的内涵也在发生着深刻变化，从单纯的对物理空间的感知延伸到对社会人-事-物的理解与推断，具有普适泛在计算的特点。泛在定位（Ubiquitous Positioning）是用户利用多种感知技术综合感知目标、环境及其变化的定位技术统称，是利用各种可用导航定位资源实现任何人、事、地、物、时在统一时空基准下的导航定位技术。在泛在测绘基础上，利用泛在定位和多种资源创建用户感兴趣的目标和有关用户自身的实时动态场景的地图就是泛在地图。综合泛在定位与地图，就构成了一种满足位置服务需要的泛在测绘。在"互联网+"时代，我们每一个位置服务的用户在任何地点、任何时间为认知人与环境的关系而使用和构建地图的活动，在可以感知的时空区域内感知并记录任何感兴趣的目标、事件、环境及其与人的时空关系，并能以某种不确定性指标描绘这种关系进而进行认知、交流、决策和管控的一切活动，都成为测绘的一部分。与传统定位技术相比，泛在定位更加注重了解人与环境、人与社会的实时状态和动态趋势。用户为了解决某一问题所感兴趣或能够感兴趣（合法以及合乎道德伦理的）的任何人、事、物都是可测绘的对象。专业的及非专业的众包测绘数据都将成为泛在定位的重要数据来源。

3.5.3 典型的导航与位置服务系统及关键技术

1. 车联网系统

车联网指包含汽车内部传感网络和外部"车-路-交通-人"等多因素状态感知网络在内的，通过车载移动信息处理中心和车联网信息服务中心建立的，对车辆全时空和全过程进行感知和智能计算的物联网系统（见图 3.37）。通常提及的车联网有两类特定意义：①指车联网信息综合服务 Telematics，就是通过内置在汽车、航空、船舶、火车等运输工具上的计算机系统，无线通信技术，卫星导航装置，交换文字、语音等信息的互联网技术而为车主提供驾驶、生活所必需的各种信息的汽车服务系统。②指具有人-车-路协同的交通控制网，就是利用先进传感技术、网络技术、计算技术、控制技术、智能技术，对道路和车辆进行全面感知(实现人车路全面互联)，对每一条道路进行交通全时空控制，对每一辆汽车进行交通全程控制(进路控制、运行控制、出路控制、安全控制)，并最终实现道路交通"零堵塞""零伤亡"和"极限通行能力"的专门控制网络。

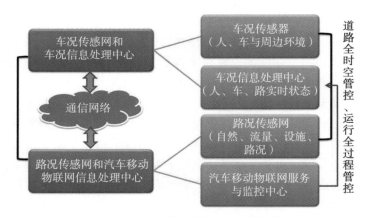

图 3.37　车联网系统"两网两中心两全控制"

车联网系统一般包括车内传感子网和车间传感通信子网两个部分。车内传感子网负责采集与获取车辆的位置、姿态、行驶状态等信息，感知驾驶行为与外部环境，卫星导航定位是其核心基础。车间传感通信子网负责解决车与车(V2V)、车与路(V2R)、车与基础设施(V2I)以及车与人(V2H)的互联互通，实现车辆自组网及多种异构网络之间的通信与漫游，保证交通安全及效率。目前国际上有专用短程通信(Dedicated Short Range Communications，DSRC)与基于4G、5G通信的LTE-V等几种实现方式，但不管哪种方式，车辆的实时精准的位置信息及姿态、速度等信息都是这些公网或专网统一体通信的核心内容。

车联网系统还具有车载移动信息处理和车联网信息服务两个计算中心。整体上可以被看作是具有云-端协同功能的车辆运行与信息娱乐综合服务平台，通常可以包含物流、客货运、危特车辆、汽修汽配、汽车租赁、企事业车辆管理、汽车制造商、4S店、车管、保险、紧急救援、移动互联网等服务，是位置服务的服务者。

当前车联网位置服务已经从单纯的车辆导航发展成为"交通出行即服务(iTaaS)"的新阶段。iTaaS有几个关键特征：①共享，即iTaaS注重交通服务的提供而不是车辆的拥有，乘客不仅是交通服务的享受者，同时也是交通数据的提供者与分享者，然后通过数据来改变和优化出行服务。②融合，即把各类位置服务技术进行室内外一体化、无缝化融合，各种出行模式平台进行标准化融合，建立统一的信用评价体系，同时实现支付体系的一体化，实现一站式出行，形成一个生态圈。③民本，它以人为中心，目标是提供更好的一站式出行服务，出行方案最优配置，以及安全便捷、舒适的出行体验。另外，从提高交通的智能化入手，解决安全事故频发、拥堵成为常态、能耗高、排放高等民生关注的问题，来提升人民的幸福感。④绿色，包含以交通基础设施建设生态化和交通运行低碳化的经济模式为根本前提，以实现交通可持续发展为基本理念，扩大公众绿色出行的比例，减少私人个体机动化的出行，以降低交通运输工具温室气体排放为直接目标的低能耗、低污染、低排放的交通发展模式。⑤智能，提供交通资源的全时空动态感知服务与交通工具的全过程运行管控服务，实现多元、高质、随动的运输服务。通过前述的两子网两中心，在北斗/GPS这样的位置基础上实现亚米级精度的导航定位服务、分米级的交通管控服务、厘米级的智能（无人）驾驶服务。⑥泛在，交通出行服务无处不在，无时不有，一天 24 小时、一年 365 天无时不有，同时实现空间上的零距离换乘，时间上的零时差对接。

2. 机器人及相关无人系统

随着人工智能技术发展进入到新阶段，以机器人为代表的无人（智能）系统已逐渐走入我们的生活，如图 3.38 所示。经过多年的演进，特别是在移动互联网、大数据、超级计算、传感网、脑科学等新理论新技术以及经济社会发展强烈需求的共同驱动下，人工智能呈现出深度学习、跨界融合、人机协同、群智开放、自主操控等新特征。机器人与相关无人系统的迅速发展将深刻改变人类社会生活、改变世界。抢抓人工智能发展的重大战略机遇，构筑我国人工智能发展的先发优势，已成为我国建设创新型国家和世界科技强国的重要任务。近几年涌现出的无人驾驶汽车（轮式机器人）、巡逻安防机器人、无人超市、无人物流配送车等，都必须基于泛在、协同定位技术，必须基于对时空的高精度实时感知而开展服务应用。因此，这一类系统也是一种典型意义的导航位置服务系统。

（a）京东无人送货机器人　　（b）亚马逊无人送货飞机　　（c）小米扫地机器人

图 3.38　基于位置的机器人（无人系统）

机器人（无人系统）的基本运动过程中的主动定位与行动是一体化处理的。以常见的轮式差速机器人为例，简要来说分为传感、规划和控制三个阶段。

（1）多源传感器融合传感

这一部分主要依赖机器人集成的多源传感器本身，对外界环境进行独立感知，并将得到的图像、激光点云等交互给下一层。其间一般发布一个地图服务，将环境地图输入给规划层。当前移动机器人普遍采用即时定位与制图（Simultaneous Localization And Mapping，SLAM）技术对环境开展测绘建模，生成机器人需要的环境地图。SLAM 的计算过程比较复杂，大体可以分为前段采集与后段优化。在前段采集方面，主要有激光雷达与光学图像两类方案。激光雷达可视范围广、精度高，但总体性价比低。光学图像采集又称为视觉SLAM（vSLAM），成本较低，但通常镜头视场角不大，从而造成运动时丢帧，影响后段优化处理。两者方案各有优缺点，总体上都是充当一个定位装置使用，利用相邻帧数据进行特征点匹配，计算出机器人当前的位置和姿态。必要时还可以利用 IMU（Inertial

Measurement Unit，惯性测量单元)提供辅助。在后段优化方面，主要是对前段输出的关键帧进行优化，利用滤波方法或者优化方法(如计算机算法中的分支限界法)进行优化，得到最优的位姿估计。整个 SLAM 过程本身就是一个定位过程，多传感器融合与异构数据的集成、关键帧特征的识别与提取、数据关联与闭环检测、即时定位精度提升等都是当前研究的热点。

(2) 自主路径规划与导航

机器人的路径规划从总体上可分为全局规划与局部规划两个部分。全局规划是用来计算机器人到目标位置的全局路线，核心算法一般会使用导航引擎常用的 Dijkstra、A＊等最优路径算法，计算路径代价，规划机器人的全局路线。结合全局规划，局部规划则着重在每一个时拍思考"此时此刻我该以什么样的速度、姿态从当前位置移动到下一个位置"，以及"如何避开障碍物"。这一过程一般会依托一个局部的栅格地图(Occupancy Map)，通过一些局部代价计算标准(是否会撞击障碍物，所需要的时间等)选取局部的最优路径，生成这一时拍机器人的运动数据指令。在整个规划中，机器人的自主定位还将发挥重要作用，包括 GNSS 定位、面向激光点云的自适应蒙特卡罗粒子滤波定位(Adaptive Monte Carlo Localization，AMCL)等算法综合使用，将定位结果与机器人的里程坐标、地图坐标相互转化，计算出一个准确的里程信息提供给局部规划器。

(3) 底层闭环反馈控制

轮式差速机器人(见图 3.39)在底层电机或轮子上都会提供有编码器，用来记录每转一圈固定触发的脉冲信息及转化而来的轮子行驶距离，再结合惯性传感器和差速动力学模型，用测程法可以计算机器人的里程坐标。这一坐标将参与前述局部规划器的工作。同时，机器人基础控制器(base controller)驱动或电机硬件抽象层(Hardware Abstraction Layer，HAL)驱动会对机器人的运动状态进行抽象和封装，采用和现实世界一样的计量单位如 m/s、rad/s 或 PID(比例(proportion)、积分(integral)、导数(derivative))数据来控制电机或伺服舵机。局部规划部件只用生成这些运动数据指令即可交给控制器，就能驱动机器人运动。

当然，智能机器人作为一种可自主移动、自动执行工作的机器装置，所处的环境会在移动的过程中不断变化，对机器人的环境适应能力将有更高的要求。最新的一些研究应用将机器人的导航问题定义为一个深度/强化学习问题，通过依靠多重模态感觉输入和多源环境感知数据，强调"记忆"、多重模态的"感觉"等因素在多源环境感知中的作用，用以提升移动机器人在复杂、陌生环境下的自主时空感知与规划水平，将"先测绘，再运动"的模式发展为"边测绘，边运动"。还有一些研究将更多人工智能深度学习算法与 SLAM、全局/局部规划相结合，在计算路径代价时进一步分析障碍物类型、自然属性与语义。这些将是未来导航与位置服务技术亟待突破的问题。

3. 精准农业系统

精准农业(Precision Agriculture)是当今世界农业发展的新潮流。核心是建立一套以信息技术为支撑的，根据空间环境实施定位、定时、定量农事操作与技术管理的现代化系统。其优势是以最少的或最节省的投入提高农业(农机)劳动生产率，改善环境，取得经济效益和环境效益。我国是农业大国，据国土资源部调查，我国目前每年撂荒的耕地近三

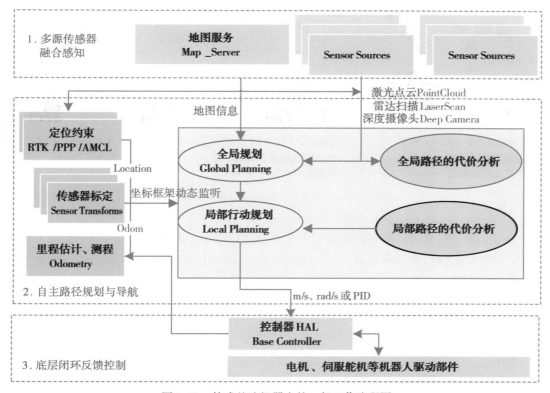

图 3.39 轮式差速机器人的一般工作流程图

千万亩。到"十三五"期间，中国农村劳动力由结构性短缺发展到全面短缺，人工成本已经成为农业第一大成本并逐年提升。依托高精度的导航定位技术，可以提高农业机械化的作业效率，在起垄、播种、收割等各个阶段减轻人工劳动强度。精准农业不但可以有效降低单台农机的作业成本，增加其作业时间窗口，达到白天/夜晚均能工作。同时还能降低农机集群作业的成本，优化整体作业策略，形成了一系列农业领域的基于位置的应用服务。

广义的精准农业系统包括高精度农田定位系统、农田遥感地理信息系统、农机自主智能控制系统、田间作业导航决策系统、农业生产管理决策系统、通信及农机连网交互系统、环境监测及变量管理系统、专家咨询及培训系统等多个组成部分。其中高精度农田定位系统是精准农业的基础，是开展相关机械化、自动化农艺服务的核心。目前国际上一般采用单站 RTK、DGPS 或 WADGPS 几种方式来提供农机的精准定位，其行间作业精度与年重复对比精度从 2cm 到 20cm 不等，如图 3.40 所示。

除了定位系统外，基本的精准农业系统还需要有以下几个组件辅助：①基于惯性传感器的地形补偿组件，实时估计农机运动过程中的俯仰、航向与横滚偏移情况。这是因为一般农田的平整度都不及高等级公路，农机在作业过程中 GNSS 天线的位置与其地面投影间一定存在偏差，需要通过地形补偿组件予以修正；②农机作业规划与导航组件。农机在田

119

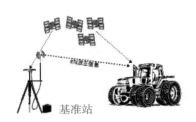  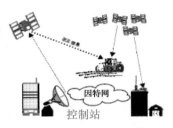

动态实时差分（RTK）模式
行间实施精度 2~5cm
年重复对比精度 2~5cm

局域差分（DGPS）模式
行间实施精度 5~10cm
年重复对比精度 20cm

广域差分（WADGPS）模式
行间实施精度 20cm

图 3.40　几种常见的高精度农田定位系统

间导航与车辆导航不同，需要按照相关农艺标准逐行作业，因此需要田间导航引擎。常见的路径规划方式包括平行线规划、A-B 线规划等；③农机控制组件。根据具体农机的不同又可分为轮式农机和差速履带式农机等多种类型。轮式农机可以通过在车轮上安装角度传感器、在方向盘上安装转动马达的方式，将定位和导航结果转化为控制指令，驱动农机移动。差速履带式农机一般直接控制液压、油压控制器或电机，驱动农机移动。

4. 泛在位置大数据分析系统

泛在位置数据(ubiquitous location data)也被称为"位置大数据"或"时空大数据"，是连接可测量的物理世界和复杂动态的人类社会之间的桥梁，是人们在物理世界生存和活动的重要记录，是探寻人类社会动力学和自然/人文环境的重要研究对象。从数据来源和其形态划分，泛在位置数据主要包括以下 3 类：①地理数据：直接或间接关联着相对于地球的某个地点的数据，包括自然地理数据(土地覆盖类型数据、地貌数据、土壤数据、水文数据、植被数据、居民地数据、河流数据、行政境界)和社会经济数据。来源主要是传统测绘和泛在测绘，包括各种遥感影像和大地基准测量数据。其特点是数据体量大、较为规则化、变化较慢。②动态轨迹数据：通过 GNSS 等测量手段以及网络签到等方法获得的用户活动数据(个人轨迹数据、群体轨迹数据、车辆轨迹数据)，可以被用来反映用户的位置和用户的社会偏好。来源主要有各类导航数据、智能手机数据、物流数据，等等。其特点是数据体量大、信息碎片化、准确性较低、半结构化。③空间媒体数据：包含位置因素的数字化的文字、图形、图像、声音、视频影像和动画等媒体数据，主要来源于车联网、移动社交网络等新型 LBS 应用。特点是数据来源混杂、数据异构性大、数据价值密度低、实时性强但时空标识定义欠严格或欠精确。

从总体来说，泛在位置数据更新速度快且具有很大的混杂性(inaccurate)，且受到数据采集技术等方面的客观制约，使得这些数据不能全面和正确地反映观察对象的整体全貌，因而具有"复杂但稀疏(complex yet sparse)"的特点。同时，与传统小样统计不同，大规模位置数据还存在价值密度低、体量巨大、非结构化动态演变等复杂特性。

随着导航位置服务深入发展，简单的以"提供位置"和"提供基于位置的简单信息"为代表的同质化、低质化服务已经不能满足公众智能化、定制化的精致生活需求，更无法满足政府行业动态化、社会化的精细管理需求。发展位置服务离不开两个方面的能力：提供位置的能力和理解位置的能力。在提供位置方面，随着移动智能终端的普及和室内外无缝定位技术的发展，定位精度不断提高，在社会应用层面已经基本满足人们生产生活的需要。然而面对越来越多、越来越精准的泛在时空位置数据，理解并使之形成新的服务，将成为国家亟需的战略性前沿科技。为了避免位置服务这一新兴科技出现发展瓶颈，提高"理解位置"的能力将成为突破口。"理解位置"其实就是理解位置时空数据背后所反映出来的人的活动、人的情感和人的环境，也就是理解位置背后的社会动力学（social dynamic）。将泛在位置数据与社会动力学相结合，通过人类社会空间部署的大量时空传感器，识别和引导社会个体的行为、揭示群体社会交互特征和规律、支持社群的互动沟通和协作是这一类位置服务系统的核心目标。探寻新规律、新现象将成为人们生活，尤其是移动互联网时代城市生活的新的兴趣点，对公众形成具有群体智能（collective intelligence）的个性化位置服务；对政府形成具有社群普遍性的动态地理国情监测服务。这些服务将覆盖社群迁移、群体人格分析、城市规划、传染病控制、节能减排、生态环境分析、城市经济运行等传统非测绘领域，推动我国导航与位置服务技术的发展，提升北斗系统的普及度和竞争力，具有应用驱动性和创新性。

泛在位置数据研究涉及数据采集、数据处理、计算和存储以及可视化等一套完整的技术方法体系。①数据采集方法。建立完整的、满足多种不同精度需求的、室内外一体的位置大数据传感网络是实现位置大数据获取的基本途径。综合利用自然语言处理、图像处理、信息检索等方法，提取互联网多媒体中的位置信息，建立位置信息与互联网媒体的内在关联。利用用户主动分享的移动社会网络数据。通过已经建立的诸如路桥 ETC 系统、地铁收费系统、公交刷卡系统和视频监控系统等，大规模被动收集用户位置数据。②数据处理分析方法。位置大数据处理分析方法可分为标准和非标准两种处理分析模式。服务于国民经济各行业和企事业业务需求、来源于地理空间信息的位置数据大多采用国标、行标和企事业标准进行分析处理，来源于轨迹和空间媒体的位置数据多采用非标准的新方法处理。位置大数据包含多种来源不确定的数据，使得数据集中往往含有各种各样的错误和误差，体现为数据不正确、不精确、不完全、过时陈旧或者重复冗余。因此需要对数据进行适当的预处理，包括数据补全（协同过滤）、降维分析、关联分析等。数据挖掘和机器学习技术仍然是大数据研究中的主要方法。此外，位置大数据的使用分析更注重数据间的关联关系，不追求数据的精确性和数据间的因果联系，重数据轻模型。③计算和存储方法。利用现代新型的分布式计算框架如 Hdoop、Spark 等，建立流媒体、轨迹、地图数据的高效时空索引和分布式分析技术，尤其注重诸如 Hbase、BigSQL、MongoDB 等非关系时空数据库存储技术。④可视化方法。位置大数据因其体量大、数据繁杂的特征，常规的统计图表无法准确反映其总体趋势，则需要借助一些特殊的数据可视化方法来进行数据表达，将复杂的交通数据及其分析结果通过可视化方式直观地展现出来，并支持对结果的交互式选取和浏览。目前，常用的方法有热点地图、复杂网络结构展现、虚拟现实和增强现实，等等。

3.5.4　小结

从系统体系上说，抽象的位置服务系统是一个复杂的网络系统，如图 3.41 所示，主要包括 4 个层次：

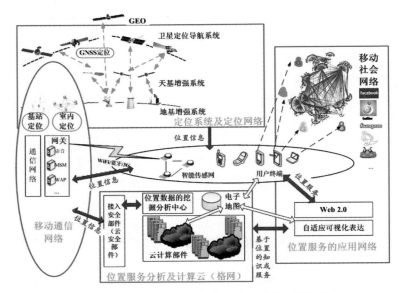

图 3.41　满足全球和区域位置服务的体现结构图

①定位系统及定位网络。这个层次的网络主要涉及 GNSS 及其增强系统，用以提供全球或大区域位置服务移动通信基站系统，提供隐伏区和室内定位。

②移动通信网络。该网络既包括基于 GEO 卫星或其他类通信卫星的网络通信，也包括基于移动互联网和互联网的网络通信。

③计算网络和计算基础设施。这一部分涉及 GNSS 天基或地基增强系统增强信号计算、用户位置数据挖掘与分析、专业与非专业电子地图融合制作与更新、地理信息资源共享和操作协同等方面，拥有一个"云"特性的聚合资源以及对外服务的接口。

④面向公众的社会应用网络，是位置服务的社会载体和实现载体。

从服务应用来看，"位置"已经不是"位置服务"的唯一服务内容，而更多的是生成服务的输入性关键性因素。位置是当前感知用户环境的最有效因素，可以在一定程度上反映用户身份、兴趣、学历、经历等社会属性。因此定位传感（sensing）向基于位置的社会感知（aware）发展是一个趋势。

其次，位置服务系统是一个具有社会计算特征的众包系统。需要一种创意和兴趣模式，吸引大众参与，从而才能更好地为大众服务。

最后，移动互联网下的位置服务可以被看作一个中间件系统。这个系统不生产数据（公众的位置数据、网络内容的位置数据都是天然的存在），也不最终消费数据（现有互联网的应用系统才是最终消费者）。位置服务是其中的关键创新环节。

（本章作者：刘经南）

◎ 本章参考文献

［1］Groves P D. Principles of GNSS, Inertial, and Multisensor Integrated Navigation Systems ［M］. London：Artech house, 2013.

［2］杨元喜. 自适应动态导航定位［M］.2 版. 北京：测绘出版社, 2017.

［3］牛小骥, 班亚龙, 张提升, 等. GNSS/INS 深组合技术研究进展与展望［J］.航空学报, 2016（10）：2895-2908.

［4］Martin-Neira M. A passive reflectometry and interferometry system（PARIS）：Application to ocean altimetry［J］. ESA Journal, 1993, 17（4）：331-355.

［5］Martin-Neira M, Caparrini M, Font-Rossello J, et al. The PARIS concept：An experimental demonstration of sea surface altimetry using GPS reflected signals［J］. IEEE Transactions on Geoscience and Remote Sensing, 2001, 39（1）：142-150.

［6］Garrison J L, Komjathy A, Zavorotny V U, et al. Wind speed measurement using forward scattered GPS signals［J］. IEEE Transactions on Geoscience and Remote Sensing, 2002, 40（1）：50-65.

［7］Bai W, Xia J, Wan W, et al. A first comprehensive evaluation of China's GNSS-R airborne campaign：part Ⅱ—river remote sensing［J］. Science Bulletin, 2015, 60（17）：1527-1534.

［8］Nogues-Correig O, Galí E C, Campderrós J S, et al. A GPS-reflections receiver that computes Doppler/delay maps in real time［J］. IEEE Transactions on Geoscience and Remote sensing, 2007, 45（1）：156-174.

［9］Foti G, Gommenginger C, Jales P, et al. Spaceborne GNSS reflectometry for ocean winds：First results from the UK TechDemoSat-1 mission［J］. Geophysical Research Letters, 2015, 42（13）：5435-5441.

［10］Ruf C, Unwin M, Dickinson J, et al. CYGNSS：enabling the future of hurricane prediction［remote sensing satellites］［J］. IEEE Geoscience and Remote Sensing Magazine, 2013, 1（2）：52-67.

［11］Carreno-Luengo H, Camps A, Via P, et al. 3Cat-2—An Experimental Nanosatellite for GNSS-R Earth Observation：Mission Concept and Analysis［J］. IEEE Journal of Selected Topics in Applied Earth Observations and Remote Sensing, 2016, 9（10）：4540-4551.

［12］Hofmann-Wellenhof B, Lichtenegger H, Wasle E. GNSS-Global Navigation Satellite Systems：GPS, GLONASS, Galileo, and more［M］. Berlin：Springer Science & Business Media, 2007.

［13］李征航, 黄劲松. GPS 测量与数据处理［M］.武汉：武汉大学出版社, 2016.

［14］魏子卿, 葛茂荣. GPS 相对定位的数学模型［M］.北京：测绘出版社, 1998.

［15］Teunissen P J G, Khodabandeh A. Review and principles of PPP-RTK methods［J］. Journal of Geodesy, 2015, 89（3）：217-240.

［16］许国昌. GPS 理论、算法与应用［M］.2 版. 北京：清华大学出版社, 2011.

［17］秦永元, 张洪越, 汪叔华. 卡尔曼滤波与组合导航原理 ［M］. 西安: 西北工业大学出版社, 2015.

［18］Dong D N, Bock Y. Global Positioning System network analysis with phase ambiguity resolution applied to crustal deformation studies in California ［J］. Journal of Geophysical Research: Solid Earth, 1989, 94 (B4): 3949-3966.

［19］Teunissen P J G. The least-squares ambiguity decorrelation adjustment: a method for fast GPS integer ambiguity estimation ［J］. Journal of Geodesy, 1995, 70 (1): 65-82.

［20］刘经南, 邓辰龙, 唐卫明. GNSS 整周模糊度确认理论方法研究进展 ［J］. 武汉大学学报 (信息科学版), 2014, 39: 1009-1016.

［21］苏先礼. GNSS 完好性监测体系及辅助性能增强技术研究 ［D］. 上海: 上海交通大学, 2013.

［22］秘金钟. GNSS 完备性监测方法, 技术与应用 ［D］. 武汉: 武汉大学, 2010.

［23］Ge M, Zou X, Dick G, et al. An alternative Network RTK approach based on undifferenced observation corrections ［C］ //ION GNSS. 2010: 21-24.

［24］Zou X, Tang W, Shi C, et al. Instantaneous ambiguity resolution for URTK and its seamless transition with PPP-AR ［J］. GPS Solutions, 2015, 19 (4): 559-567.

［25］Teunissen P J G, Khodabandeh A. Review and principles of PPP-RTK methods ［J］. Journal of Geodesy, 2015, 89 (3): 217-240.

［26］Geng J, Teferle F N, Meng X, et al. Towards PPP-RTK: Ambiguity resolution in real-time precise point positioning ［J］. Advances in Space Research, 2011, 47 (10): 1664-1673.

第4章 卫星重力探测与地球重力场

4.1 位理论基础

4.1.1 Stokes 理论与大地水准面

一个质体若已知其密度分布，则该质体的外部引力位唯一确定，且必为一个空间谐函数；反之，给定一个外部位函数，可能有无限多个密度分布产生该给定的外部位函数，这是引力反问题本身固有的不适定性。如果我们的问题只是确定质体的外部位，当测定了质体表面的位值，根据位理论第一边值问题的 Dirichlet 原理，存在外部位函数的唯一解，且必然是该质体的外部位，这个解与质体密度分布无关，这就是 Stokes 理论的基本概念。

将这一概念应用到一个封闭的水准(等位)面上就得出著名的 Stokes 定理[1]：如果已知一个水准面的形状 S，S 面上的位 W_0(或它所包含的质量 M)以及旋转角速度 ω，则可根据这些数据单值地求得水准面上及其外部空间任一点的重力位及重力。

将 Stokes 定理应用于大地水准面 S 时，S 是未知的，但其内部包含了所有质量，此时要解的是 Stokes 问题，即已知 S 面上的重力及重力位，且离心力位已知，要求确定大地水准面的形状及其外部重力位。这正是我们实际上要求解的问题，它归结为求解大地测量第三边值问题。

采用平均地球椭球面作参考描述大地水准面的形状，且规定平均椭球面为等位面，也就是一个水准面，并称该椭球为正常椭球。假定已知大地水准面上的重力位与正常椭球面上的正常位等于同一常数 W_0，大地水准面上一点沿椭球法线到正常椭球面的距离 N 称为该点的大地水准面差距，即该点的大地水准面高。大地水准面上同一点的重力位 W_0 与正常位 U 之差为扰动位 T，即

$$T = W_0 - U \tag{4-1}$$

由 Bruns 公式可得到

$$N = \frac{T}{\bar{\gamma}} \tag{4-2}$$

式中，$\bar{\gamma}$ 为正常重力的平均值。由上式确定 N 归结为求解 T。

当已知大地水准面上的重力异常 Δg，

$$\Delta g = g - \gamma \tag{4-3}$$

式中，g 和 γ 分别为大地水准面上一点及正常椭球面上对应点的重力值和正常重力值。将正常椭球面作球近似假设，则可求导，得 T 与 Δg 之间的关系式，即重力测量基本微

分方程

$$\Delta g = -\frac{\partial T}{\partial r} - \frac{2T}{R} \tag{4-4}$$

式中，r 为球面向径，R 为地球平均半径。

　　T 在大地水准面外是调和函数，它的求解理论上归结为求解位理论第三边值问题：

$$\begin{cases} \Delta T = 0, & \text{在 } S \text{ 的外部} \\ \dfrac{\partial T}{\partial r} + \dfrac{2T}{R} = -\Delta g, & \text{在 } S \text{ 面上} \\ T \to 0, & \text{当 } r \to \infty \end{cases} \tag{4-5}$$

这一边值问题有多种解算方法，1849 年 Stokes 解出的结果为

$$T = \frac{R}{4\pi}\iint_{\sigma}\Delta g S(\psi)\,\mathrm{d}\sigma \tag{4-6}$$

或

$$N = \frac{R}{4\pi\bar{\gamma}}\iint_{\sigma}\Delta g S(\psi)\,\mathrm{d}\sigma \tag{4-7}$$

称为 Stokes 公式，式中 σ 为单位球面，Δg 为球面上的重力异常函数，$S(\psi)$ 为 Stokes 函数：

$$S(\psi) = \frac{1}{\sin\dfrac{\psi}{2}} - 6\sin\frac{\psi}{2} + 1 - 5\cos\psi - 3\cos\psi\ln\left(\sin\frac{\psi}{2} + \sin^2\frac{\psi}{2}\right) \tag{4-8}$$

式中，ψ 为计算点到积分面元之间的角距。

　　为保证大地水准面外部扰动位 T 为谐函数，Stokes 理论要求大地水准面外部无质量，为此要把其外的地形质量移去，不同的移去方式对应不同的重力归算，不论用何种方式移去地形质量都将使大地水准面发生变化，产生间接影响。布格改正将平面层地形质量排除不加任何补偿，间接影响最大，可达 N 值本身的 10 倍；地壳均衡改正将地形质量压入大地水准面之下，使地壳达到均匀密度，并对地形质量进行抵偿，其间接影响虽小于布格改正，但也可达 10m 的量级[2]；空间改正将地形质量原状压至大地水准面之下，部分地保留了地形对改正点的引力影响，间接影响相对最小，因此通常采用空间重力异常按 Stokes 公式计算大地水准面。由于间接影响，由 Stokes 公式计算得到的大地水准面是调整后的大地水准面。在重力归算改正模型中，理论上都需已知地形质量的密度分布，通常假定地壳平均密度为 $\rho_0 = 2.67\mathrm{g/cm}^3$，这虽然是 Stokes 理论的主要缺陷，但密度假定的实际影响不大。

4.1.2　Molodensky 理论和似大地水准面

　　Molodensky 理论是研究地球自然表面形状问题，即利用地球自然表面上的各种观测数据确定真实地球的形状。具体来说，即已知地球自然表面 S 上所有点的重力位 W 和重力向量 $\boldsymbol{g}$，要求确定表面 S 及其外部位 V。重力位 W 可用水准测量结合重力测量来测定，重力向量 $\boldsymbol{g}$ 的数值由重力测量测得，相应的垂线方向由地面上测定的天文纬度 φ 和天文经度 λ 确定。这个问题称为 Molodensky 问题。其着眼点是要避开 Stokes 理论需要地壳密度假设

的缺陷，建立新的更严密的地球形状和外部重力场理论。对于地球形状，它强调的是地球的自然形状，或者说地球的真正形状，在这个理论上建立的高程系统可以用水准测量严格实现，避开正高测定需要已知地面点到大地水准面之间的平均重力值的缺陷。Molodensky问题及其解算方法曾是现代物理大地测量学研究的前沿领域。下面介绍 Molodensky 问题有关的基本概念和经典解算方法。

S 面（地面）重力向量 $\underline{g}$ 和位 W 可以看成是这个面上关于曲面坐标天文纬度 φ 和天文经度 λ 的函数，

$$\underline{g} = \underline{g}(\varphi, \lambda), \quad W = W(\varphi, \lambda) \tag{4-9}$$

若已知曲面 S 及其上的重力位 W，则可唯一确定 S 上的重力向量 $\underline{g}$，即 $\underline{g}$ 可表示为 S 和 W 的函数（Moritz，1980）：

$$\underline{g} = F(S, W) \tag{4-10}$$

已知面 S 表示该曲面上的每点的空间直角坐标 (x, y, z)，可计算 S 上各点的离心力位 ϕ，则得出 S 上相应点的引力位 $V = W - \phi$，解引力位第一边值问题可唯一地确定 S 的外部位，由于引力位一阶导数连续，在 S 外部和 S 面上可计算 $\underline{g} = \nabla V + $ 离心力，其中 ∇ 为梯度算子，这一过程说明函数 F 的单值性，F 是非线性算子或映射。

假定由式(4-10)解出 S

$$S = F^{-1}(\underline{g}, W) \tag{4-11}$$

F^{-1} 是 F 关于 S 和 g 的逆算子。式(4-11)是 Molodensky 问题的一个简单概念性公式定义。这里我们假设 F^{-1} 存在且唯一。至于对于实际地球表面，F^{-1} 在数学上是否存在，这一纯数学理论问题的研究不在本书范围内，此处不作探讨。

Molodensky 问题相应的边值问题是一个非线性自由边值问题，式(4-11)中 g 和 W 都是 S 面上的非线性函数，首先需要采用线性化方法建立线性边值条件。式(4-10)可看成边值问题的非线性边值条件，线性化是这一边值条件关于 S 的初始曲面 $S_0 = \Sigma$ 的 Taylor 展开取一次项，并取正常位 U 为参考重力位，其简单几何关系如图 4.1 所示。

设点 $P \in S$ 和点 $Q \in \Sigma$，利用已知边界值可定义点 P 与点 Q 之间的某种一一对应，或称投影，不同的投影定义不同的初始面 Σ，通常称 Σ 为似地球表面，有时也称正常地球表面。点 Q 的位置向量为 $\underline{X}_Q$，正常位和正常重力向量分别为 U_Q 和 $\underline{\gamma}_Q$，点 Q 到点 P 之间位置向量之差为 $\underline{\zeta}$，点 P 的位置向量为 $\underline{X}_P$，该点的重力位 W_P 和重力向量 $\underline{g}_P$ 认为是已知的，则边值条件可写成以下形式：

$$U_Q + \Delta W = W_P \tag{4-12}$$

$$\underline{\gamma}_Q + \Delta \underline{g} = \underline{g}_P \tag{4-13}$$

$$\underline{X}_Q + \underline{\zeta} = \underline{X}_P \tag{4-14}$$

顾及

$$W_P = U_P + T_P$$

将式(4-12)和式(4-13)中所有 P 点的量在 Q 点展开取一次项

$$U_P = U_Q + \frac{\mathrm{d}U}{\mathrm{d}\underline{X}} \cdot \underline{\zeta} = U_Q + \underline{\gamma} \cdot \underline{\zeta} \tag{4-15}$$

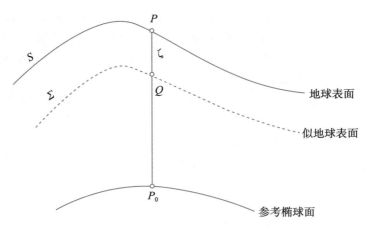

图 4.1　似地球表面

$$\underline{\gamma}_P = \underline{\gamma}_Q + \frac{\mathrm{d}\underline{\gamma}}{\mathrm{d}\underline{X}} \cdot \underline{\zeta} \tag{4-16}$$

$$T_P = T_Q + \frac{\mathrm{d}T}{\mathrm{d}\underline{X}} \cdot \underline{\zeta} \tag{4-17}$$

$\dfrac{\mathrm{d}T}{\mathrm{d}\underline{X}}$ 是扰动重力向量（$\underline{g} - \underline{\gamma}$），本身为一阶微小量，在一次近似下（略去二阶和高于二阶微小量）有

$$T = T_P \approx T_Q \tag{4-18}$$

将式（4-15）、式（4-16）、式（4-17）和式（4-18）代入式（4-12）和式（4-13），并顾及

$$\underline{g}_p - \underline{\gamma}_p = \left(\frac{\mathrm{d}T}{\mathrm{d}X}\right)_p \approx \left(\frac{\mathrm{d}T}{\mathrm{d}X}\right)_Q = \frac{\mathrm{d}T}{\mathrm{d}\underline{X}}$$

得

$$T + \underline{\gamma} \cdot \underline{\zeta} = \Delta W \tag{4-19}$$

$$\frac{\mathrm{d}T}{\mathrm{d}\underline{X}} + \frac{\mathrm{d}\underline{\gamma}}{\mathrm{d}\underline{X}} \cdot \underline{\zeta} = \Delta \underline{g} \tag{4-20}$$

式中，$\mathrm{d}\underline{\gamma}/\mathrm{d}\underline{X}$ 是一个矩阵，即正常位的二阶梯度张量，用 $\boldsymbol{M}$ 表示

$$\boldsymbol{M} = \{M_{ij}\} = \frac{\mathrm{d}\underline{\gamma}}{\mathrm{d}\underline{X}} = \left\{\frac{\partial \gamma_i}{\partial x_j}\right\} = \left[\frac{\partial^2 U}{\partial x_i \partial x_j}\right] \quad i=1,\ 2,\ 3;\ j=1,\ 2,\ 3 \tag{4-21}$$

正常重力向量空间 $\underline{\gamma} \in \Gamma$（如由均质圆球产生的正常重力）与向量空间 $\underline{x} \in X$ 是同构的（意即两空间之间存在连续的正逆映射），故 $\boldsymbol{M}^{-1}$ 存在，$\boldsymbol{M}$ 是 $\underline{\gamma} = \underline{\gamma}(\underline{x})$ 变换的 Jacobi 矩阵，其逆矩阵为

$$\boldsymbol{M}^{-1} = \left\{\frac{\partial x_i}{\partial \gamma_j}\right\} \tag{4-22}$$

从式(4-20)解出 ζ 代入式(4-19)，再引入向量

$$\underline{m} = -\underline{M}^{-1}\underline{\gamma} \tag{4-23}$$

得

$$T + \underline{m}^{\mathrm{T}} \cdot \frac{\mathrm{d}T}{\mathrm{d}\underline{X}} = \Delta W + \underline{m}^{\mathrm{T}}\Delta g = f \tag{4-24}$$

上式是在似地球表面 Σ 上建立的线性化 Molodenky 问题的基本边界条件。它是 20 世纪 70 年代初由 P. Meissl 和 T. Krarup 分别提出来的。

为与球近似 Stokes 问题的边值条件作比较，以及明确向量 m 的几何意义和实用化，对式(4-24)再作改化，为此引入新坐标参数 (ρ, φ, λ)，其中 (φ, λ) 为正常纬度和正常经度，即正常重力向量的方向，坐标 ρ 按下式定义

$$\rho = |\underline{\gamma}|^{-1/2} \tag{4-25}$$

或

$$|\underline{\gamma}| = \gamma = \frac{1}{\rho^2} \tag{4-26}$$

(ρ, φ, λ) 称为似球坐标，其中 ρ 与向径 $\underline{\gamma} = -\underline{x}$ 方向一致，则 $\underline{\gamma}$ 在此坐标系中的分量为

$$\begin{pmatrix} \gamma_1 \\ \gamma_2 \\ \gamma_3 \end{pmatrix} = - \begin{pmatrix} \dfrac{1}{\rho^2}\cos\varphi\cos\lambda \\ \dfrac{1}{\rho^2}\cos\varphi\sin\lambda \\ \dfrac{1}{\rho^2}\sin\varphi \end{pmatrix} \tag{4-27}$$

由式(4-22)和式(4-23)知

$$m_i = -\sum_{j=1}^{3} \frac{\partial x_i}{\partial \gamma_j}\gamma_j \tag{4-28}$$

顾及上式，式(4-24)中左边第二项变为

$$\underline{m}^{\mathrm{T}}\frac{\mathrm{d}T}{\mathrm{d}\underline{X}} = \sum_{i=1}^{3} m_i \frac{\partial T}{\partial x_i} = -\sum_{j=1}^{3} \frac{\partial T}{\partial \gamma_j}\gamma_j \tag{4-29}$$

由此式(4-24)可写成

$$T - \sum_{i=1}^{3} \gamma_i \frac{\partial T}{\partial \gamma_i} = f \tag{4-30}$$

由

$$\frac{\partial T}{\partial \rho} = \frac{\partial T}{\partial \gamma_i} \cdot \frac{\partial \gamma_i}{\partial \rho} \tag{4-31}$$

$$\frac{\partial \gamma_i}{\partial \rho} = -\frac{2}{\rho}\gamma_i \tag{4-32}$$

得

$$\frac{\partial T}{\partial \gamma_i} = -\frac{\rho}{2\gamma_i} \cdot \frac{\partial T}{\partial \rho} \tag{4-33}$$

将上式代入式(4-30)，可将式(4-24)写成

$$\rho \frac{\partial T}{\partial \rho} + 2T = 2f \tag{4-34}$$

式中，$\frac{\partial T}{\partial \rho}$ 是在 φ = 常数和 λ = 常数的 ρ 坐标线方向上的偏导数(见图4.2)。

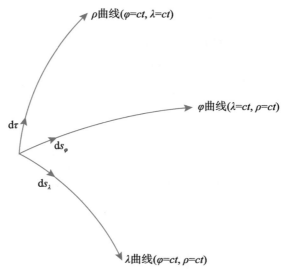

图 4.2　曲线坐标(ρ，φ，λ)的三维参数曲线

图 4.2 中，$d\tau$、ds_φ 和 ds_λ 分别是参数 ρ，φ 和 λ 的弧长参数微分。ρ 曲线称为等天顶线，相应的弧长参数为 τ。建立弧长参数 (τ，s_φ，s_λ) 与相应坐标参数 (ρ，φ，λ) 的关系可引用 Riemann 几何(R^n 空间微分几何)中的度量张量(李建成，1993)，在 R^n 中距离 ds 的度量张量一般表达式为(用求和约定标号缩减式表示)：

$$ds^2 = g_{ij}dx^i dx^j \tag{4-35}$$

这是一个正定二次型，g_{ij} 是一个二阶协变张量的分量，在我们的情况下，$\rho := x^1$，$\varphi := x^2$，$\lambda := x^3$，对 ρ 曲线，$d\varphi = d\lambda = 0$，有

$$d\tau^2 = g_{11}d\rho^2 \tag{4-36}$$

上式可写成

$$\frac{\partial \tau}{\partial \rho} = \sqrt{g_{11}} \tag{4-37}$$

由于 $d\gamma = \frac{\partial \gamma}{\partial \rho}d\rho = \frac{\partial \gamma}{\partial \rho} \cdot \frac{d\tau}{\sqrt{g_{11}}}$，顾及 ρ 的定义式(4-25)及式(4-32)得

$$\sqrt{g_{11}} = \frac{\partial \gamma}{\partial \rho} \cdot \frac{d\tau}{d\gamma} = -\frac{2\gamma}{\rho} \cdot \frac{d\tau}{d\gamma} \tag{4-38}$$

为了将式(4-34)中对 ρ 的偏导数变换为对 τ 的偏导数，顾及式(4-37)和式(4-38)有

$$\frac{\partial T}{\partial \rho} = \frac{\partial T}{\partial \tau}\frac{\partial \tau}{\partial \rho} = -\frac{2\gamma}{\rho}\frac{\partial \tau}{\partial \gamma}\frac{\partial T}{\partial \tau}, \quad 即$$

$$\frac{\partial T}{\partial \rho} = -\frac{2\gamma}{\rho}\frac{\dfrac{\partial T}{\partial \tau}}{\dfrac{\partial \gamma}{\partial \tau}} \tag{4-39}$$

将上式代入式(4-34)可得

$$\frac{\partial T}{\partial \tau} - \frac{1}{\gamma}\frac{\partial \gamma}{\partial \tau}T = -\frac{1}{\gamma}\frac{\partial \gamma}{\partial \tau}f \tag{4-40}$$

上式右端可作如下定义，按式(4-24)有

$$f = \Delta W + \boldsymbol{m}^{\mathrm{T}}\Delta \boldsymbol{g} \tag{4-41}$$

现在建立向量 $\underline{\boldsymbol{m}}$ 与等天顶线切向量的关系，由 $\underline{\boldsymbol{m}}$ 的定义并顾及式(4-22)或式(4-23)可写出

$$\underline{\boldsymbol{m}} = -\frac{\mathrm{d}\underline{\boldsymbol{x}}}{\mathrm{d}\underline{\boldsymbol{\gamma}}} \cdot \underline{\boldsymbol{\gamma}} = -\frac{\mathrm{d}\underline{\boldsymbol{x}}}{\mathrm{d}\tau} \cdot \left(\frac{\mathrm{d}\tau}{\mathrm{d}\underline{\boldsymbol{\gamma}}}\right)^{\mathrm{T}} \cdot \underline{\boldsymbol{\gamma}} \tag{4-42}$$

在等天顶线上的正常重力向量函数为

$$\underline{\boldsymbol{\gamma}} = \gamma(\tau) \tag{4-43}$$

显然存在反函数

$$\tau = \tau(\gamma) \tag{4-44}$$

则有

$$\left|\frac{\mathrm{d}\tau}{\mathrm{d}\underline{\boldsymbol{\gamma}}}\right| = \frac{\partial \tau}{\partial \underline{\boldsymbol{\gamma}}} = \frac{1}{\dfrac{\partial \gamma}{\partial \tau}} \tag{4-45}$$

又 $\left(\dfrac{\mathrm{d}\tau}{\mathrm{d}\underline{\boldsymbol{\gamma}}}\right)^{\mathrm{T}} \cdot \underline{\boldsymbol{\gamma}} = \left|\dfrac{\partial \tau}{\partial \underline{\boldsymbol{\gamma}}}\right| \cdot |\underline{\boldsymbol{\gamma}}| \cdot \cos\theta,$ 因向量 $\dfrac{\mathrm{d}\tau}{\mathrm{d}\underline{\boldsymbol{\gamma}}}$ 与向量 $\underline{\boldsymbol{\gamma}}$ 平行，$\theta = 0$，故

$$\left(\frac{\mathrm{d}\tau}{\mathrm{d}\underline{\boldsymbol{\gamma}}}\right)^{\mathrm{T}} \cdot \underline{\boldsymbol{\gamma}} = \left(\frac{1}{\gamma}\frac{\partial \gamma}{\partial \tau}\right)^{-1} \tag{4-46}$$

由于 $\dfrac{\mathrm{d}\underline{\boldsymbol{x}}}{\mathrm{d}\tau} = e_{\tau}$，为等天顶线方向的单位向量，则

$$\underline{\boldsymbol{m}}^{\mathrm{T}} = -\left(\frac{1}{\gamma}\frac{\partial \gamma}{\partial \tau}\right)^{-1} \cdot \boldsymbol{e}_{\tau}^{\mathrm{T}} \tag{4-47}$$

上式表示向量 $\underline{\boldsymbol{m}}$ 是等天顶线的切线，因为 τ 是向上(τ 值增大方向)为正，负号表示 $\underline{\boldsymbol{m}}$ 与 $\boldsymbol{e}_{\tau}$ 方向相反(向下)。顾及式(4-41)，则式(4-40)可写成

$$\frac{\partial T}{\partial \tau} - \frac{1}{\gamma}\frac{\partial \gamma}{\partial \tau}T = \boldsymbol{e}_{\tau}^{\mathrm{T}} \cdot \Delta \bar{\boldsymbol{g}} - \frac{1}{\gamma}\frac{\partial \gamma}{\partial \tau}\Delta W \tag{4-48}$$

这是和式(4-24)等价的线性化边值条件。

现在按 Molodensky 投影(或称 Helmert 投影)定义似地球表面。这个投影规定在 P 点的参考椭球法线上确定 Q 点，且满足条件

$$\Delta W = W_P - U_Q = 0 \tag{4-49}$$

由此式（4-48）简化为

$$\frac{\partial T}{\partial \tau} - \frac{1}{\gamma} \frac{\partial \gamma}{\partial \tau} T = \underline{e}_\tau^{\mathrm{T}} \cdot \underline{\Delta g} \tag{4-50}$$

或

$$\frac{\partial T}{\partial \tau} - \frac{1}{\gamma} \frac{\partial \gamma}{\partial \tau} T = -\Delta g' \tag{4-51}$$

式中，$\Delta g'$ 是重力异常向量 $\underline{\Delta g}$ 在等天顶线方向 $\underline{e}_\tau$ 上的投影。由于 $\underline{e}_\tau$ 与 $\underline{g}$ 和 $\underline{\gamma}$ 反向，故取负号，式（4-51）左边的所有量都是 Q 点的量。等天顶线的几何意义如图4.3 所示。

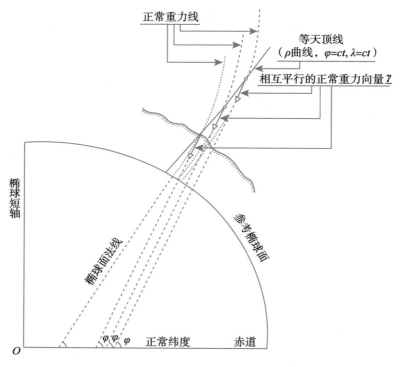

图 4.3　正常重力线和等天顶线

等天顶线上各点的正常重力向量都互相平行，如果正常重力线是直线，则等天顶线与正常重力线重合，由于正常重力线的曲率非常小，因此，两者差别甚微，在实用中通常假定等天顶线方向、正常重力线方向和参考椭球法线一致，略去其间微小差异，则式（4-51）可写成

$$\frac{\partial T}{\partial h} - \frac{1}{\gamma} \frac{\partial \gamma}{\partial h} T = -\Delta g \tag{4-52}$$

式中，$\partial/\partial h$ 表示沿正常重力线方向取导数。

4.2 大地水准面与现代高程测量

4.2.1 大地水准面的相关概念

大地水准面是正高系统的零高程起算面，是与全球无潮汐平均海面最接近并自然延伸到大陆内部构成的封闭重力等位面，并用这个面相对于一个参考椭球面的大地高来描述它的起伏（图 4.4 中的 PQ），称之为大地水准面高或大地水准面起伏。

根据定义，大地水准面有以下主要特点（图 4.4）：

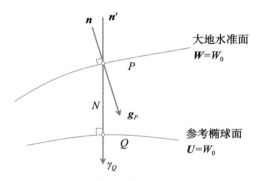

图 4.4　大地水准面与参考椭球面

①大地水准面是一个闭合的重力等位面。因此，大地水准面上任何一点 P 的重力位相等，可以用数学关系表示为：

$$W_P = W_0 \tag{4-53}$$

②在经典 Stokes 理论框架下，大地水准面上的重力位 W_P 等于参考椭球面上的正常重力位 U_0，即

$$W_P = U_Q = W_0 = U_0 \tag{4-54}$$

③大地水准面与铅垂线垂直。在大地水准面上，任意一点的重力方向均垂直于大地水准面。如图 4.4 所示，P 点的重力方向即铅垂线方向 n 与大地水准面的切平面垂直。

④大地水准面的几何度量，即大地水准面高是用过 P 点的椭球法线 n' 与参考椭球面交点 Q 间的距离来表示。

⑤大地水准面是正高系统的参考面。正高 H 是地面点 T（图 4.5）沿着铅垂线到大地水准面的距离 SP，由于铅垂线与法线之间的差异为垂线偏差，其对垂直方向的距离影响非常小，可以近似认为法线方向和垂线方向接近（$n \approx n'$），因此，地面点 S 的大地高 h、正高 H 和大地水准面高 N 之间有以下基本关系：

$$H = h - N \tag{4-55}$$

式（4-55）就是现代高程测量的基本关系。如果确定了高精度高分辨率的大地水准面数

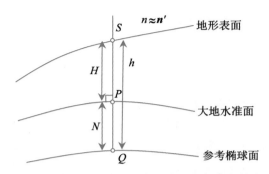

图 4.5　正高、地形表面、大地水准面与参考椭球面

值模型，利用 GPS 观测得到地面点的大地高，就可以计算地面点的海拔高。由于 GPS 观测技术可以获取毫米级的大地高。因此，高程测量现代化的核心与关键就是精确确定大地水准面，为此，国际大地测量协会（International Association of Geodesy，IAG）曾把确定厘米级大地水准面作为大地测量学的世纪奋斗目标之一。

　　根据扰动位的定义，大地水准面上点 P 的重力位 W_P 等于该点的正常重力位 U_P 加上扰动位 T_P：

$$W_P = U_P + T_P \tag{4-56}$$

　　上式中点 P 的正常重力位 U_P 可以用参考椭球面上的正常重力位 U_Q 的级数展开表示（一阶近似）：

$$U_P = U_Q + \left(\frac{\partial U}{\partial n}\right)_Q \qquad N = U_Q - \gamma_Q N \tag{4-57}$$

式中，γ_Q 为参考椭球面上 Q 点的正常重力值，N 就是大地水准面高。将式（4-57）代入式（4-56），并顾及式（4-54），即可得到布隆斯公式：

$$N = \frac{T_P}{\gamma_Q} \tag{4-58}$$

　　考虑物理大地测量学的基本微分方程：

$$\Delta g = -\frac{\partial T}{\partial h} + \frac{1}{\gamma}\frac{\partial \gamma}{\partial h}T \tag{4-59}$$

　　在球近似条件下（垂线方向与法线方向近似、法线方向与径向近似），综合布隆斯公式（4-58），以物理大地测量学的基本微分方程式（4-59）为边值条件进行求解，就可以得到所谓的 Stokes 公式或 Stokes 积分[2]：

$$N = \frac{R}{4\pi\gamma}\iint \Delta g S(\psi)\mathrm{d}\sigma \tag{4-60}$$

式中，R 表示地球的平均半径，γ 为参考椭球面上的正常重力，Δg 为大地水准面上的重力异常，$\mathrm{d}\sigma$ 为积分面元，ψ 为计算点和流动点间的球面角距，$S(\psi)$ 为 Stokes 核函数。Stokes 公式是物理大地测量学中最重要的公式之一，给出了由重力异常确定大地水准面的方法。

Stokes 公式的推导中，考虑了扰动位 T 为谐函数，这其实也是 Stokes 公式应用的基本前提之一，要求大地水准面外部无地形质量，因此，地面观测的重力值需要进行重力归算，达到将大地水准面外部的地形质量以某种形式移去或压入到大地水准面内部的目的。

似大地水准面是与大地水准面很接近但不相同的一个参考面，似大地水准面不是等位面，与高程异常和正常高紧密关联。

根据 Molodensky 理论，假设地面点 $S(h, \lambda, \varphi)$（用大地坐标 h，λ，φ 表示便于描述几何关系）的重力位为 W_S，在沿 S 到椭球面的法线上，有一点 S_0，其正常重力位 U_{S_0} 等于地面点 S 的重力位 W_S，此时 SS_0 的距离即为地面点 S 的高程异常 ζ。而从似地形表面 S_0 点到参考椭球面 Q 点的距离，定义为地面点 S 的正常高 H^*（见图 4.6）。

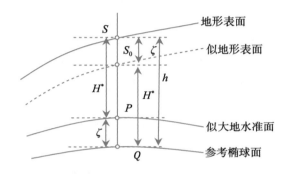

图 4.6　高程异常、正常高、地形表面、似地形表面、似大地水准面与参考椭球面

反过来，可以从参考椭球面向地面量取高程异常和正常高，分别得到似大地水准面和似地形表面。

由高程异常定义中重力位相等的条件，容易得到：

$$W_S(h, \lambda, \varphi) = U_{S_0}(h - \zeta, \lambda, \varphi) = U_{S_0}(H^*, \lambda, \varphi) \tag{4-61}$$

式中，h 为地面点 S 相对于参考椭球面的高度，λ、φ 为地面点 S 的经度和纬度。当以参考椭球面为参考面时，$\zeta(\lambda, \varphi)$ 所描述的曲面为似大地水准面，而 $h - \zeta = H^*$ 所描述的曲面即为似地形表面。因此，高程异常又称为似大地水准面高。与大地水准面类似，习惯上将似大地水准面用相对于参考椭球面的高度 ζ 表示。

与大地水准面确定相比较，确定高程异常不需要知道质体内部位的信息，也就是不需要有关质体密度的任何假设，根据地面重力观测值，就可以直接计算高程异常。

由图 4.6 容易得到高程异常 ζ、正常高 H^* 和大地高 h 之间的关系（忽略法线与垂线间的差异）：

$$H^* = h - \zeta \tag{4-62}$$

该式与式（4-55）形式相同，如果知道似大地水准面，就可以利用 GPS 观测的大地高计算得到正常高。

地面点的正高（式（4-55））与正常高（式（4-62））之间的差异，可以用似大地水准面和大地水准面之间的差异来反映，差值大小与点位的高程和地球内部的质量分布有关系。例如我国青藏高原等高海拔地区，差异最大约 3m，而在我国中东部平原地区差异约几厘米。在大地高等于大地水准面高的地区（ $h = N$ ），或者在海洋面上（ $H = 0$ ）时，似大地水准面与大地水准面重合。以海面为例，将式（4-61）中的大地高 h 用大地水准面高 N 和正高 H 表示，并顾及海上 $H = 0$ ，则式（4-61）转换为：

$$W_S(N, \lambda, \varphi) = U_{S_0}(N - \zeta, \lambda, \varphi) \tag{4-63}$$

此时，地面点 S 在大地水准面上，其重力位为常数，且等于正常椭球面上的正常重力位 U_Q ，可得

$$W_S(N, \lambda, \varphi) = U_Q(h = 0, \lambda, \varphi) = U_{S_0}(N - \zeta, \lambda, \varphi) \tag{4-64}$$

所以，海面上的大地水准面高与高程异常必然相等：

$$N = \zeta \tag{4-65}$$

与 Stokes 理论建立的正高系统相比，基于 Molodesnky 理论建立的正常高系统可以用水准测量严格实现，因为正常高系统的平均正常重力可以精确计算。

确定似大地水准面就是确定地面点 S 的高程异常 ζ 。与大地水准面的计算相似，是根据地面点 S 的扰动位 T_S 和似地形表面的正常重力 γ_{S_0} 由布隆斯公式计算：

$$\zeta = \frac{T_S}{\gamma_{S_0}} \tag{4-66}$$

而地面扰动位 T_S 仍然要解以式（4-59）为边值条件的 Molodesnky 边值问题来确定。虽然 Molodesnky 边值问题与 Stokes 边值问题的边值条件形式是相同的，但意义不同。Molodesnky 边值问题中的扰动位和重力异常都是地球表面的值，而且正常重力线不是边界面的法线，所以 Molodensky 问题是一个斜向导数问题，求解 Molodesnky 问题比 Stokes 边值问题更加复杂[1]。

前面已经提到，Stokes 理论的边界面是大地水准面，需要将地面观测重力归算或延拓到大地水准面上。然而，向下延拓要求延拓量具有调和性。由于大地水准面外部地形和大气的存在，精确的大地水准面确定必须要认真仔细地考虑地形和大气的影响效应，因此，地形效应的评估成为大地水准面精确确定中的一个非常重要的问题。Helmert 第二类凝集法就是一种估计地形质量影响的有效方法。根据这个方法，地球的地形质量用大地水准面上的无限小的凝聚层所取代，同时，要将真实的场量转换到所谓的 Helmert 空间的场量。计算过程中，将 Helmert 重力场量分解成低频和高频部分，其中，低频信息由高分辨率高精度全球重力场模型提供，而短波信息则由 Stokes 积分计算。因此，实际积分也仅仅在计算点周围的一个球冠范围内进行，这也需要采用改进 Stokes 核函数。基于 Helmert 凝集法进行地形改正并利用 Stokes 积分计算大地水准面的这一套理论方法就是所谓的 Stokes-Helmert 方法。

应用 Helmert 第二类凝集法，将地形质量凝集为大地水准面上的一个面密度层，密度函数 $\rho(\varphi, \lambda) = \rho_t(\varphi, \lambda) \cdot h(\varphi, \lambda)$ ，以此满足按 Stokes 理论确定大地水准面其外部无质量要求。这一经过调整质量分布的模型地球，产生"Helmert 重力场"，由此可构造以下

Stokes-Helmert 重力测量边值问题[4,5]:

$$\begin{cases} \nabla^2 T^h = 0, & \text{在 } S_g \text{ 外部空间} \\ \mid \nabla(U + T^h + \delta V) \mid = g, & \text{在 } S_t \text{ 上} \\ U + T^h + \delta V = W_0, & \text{在 } S_g \text{ 上} \\ T^h \sim O\left(\dfrac{1}{r}\right), & r \to \infty \end{cases} \tag{4-67}$$

式中，T^h 为待求解的 Helmert 重力场扰动位函数，U 为正常重力位，S_g 表示大地水准面，S_t 为地形表面，g 为重力测量值，W_0 为已知 S_g 上的重力位常数；设 V^t 和 V^c 分别为地形和凝集层引力位，则式(4-67)中的 δV 为这两种引力位之差:

$$\delta V = V^t - V^c \tag{4-68}$$

δV 即为对大地水准的第一间接影响。式(4-67)中的第二式是一个非线性边值条件，其球近似线性化形式为:

$$\frac{\partial T^h}{\partial r}\bigg|_P + \frac{2}{r_Q}T^h_{P_g} = -\Delta g^h \tag{4-69}$$

式(4-69)中 $\dfrac{\partial T^h}{\partial r}$ 为对地心距 r 的偏导数:

$$\frac{\partial T^h}{\partial r} = -(g_p - \gamma_p) - \delta A \tag{4-70}$$

式(4-69)中 Δg^h 为 Helmert 重力异常:

$$\Delta g^h = g_p - \gamma_Q + F + \delta A + \frac{2}{r_Q}\delta V_{P_g}$$

$$= \Delta g_p + \delta A + \frac{2}{r_Q}\delta V_{P_g} \tag{4-71}$$

式(4-67)是一个 Stokes 双边值问题，涉及两个边界面 S_t 和 S_g；式(4-71)中下标 P，Q，P_g 分别表示地面点及其在正常椭球面和大地水准面上的法向和垂向投影点，γ 是正常重力，F 是空间改正，Δg_P 是空间异常，δA 是地形对地面重力的直接影响:

$$\delta A = \frac{\partial \delta V}{\partial r}\bigg|_P = A^t - A^c \tag{4-72}$$

其中 A^t 和 A^c 分别为地形体和凝集层对 P 点的引力，式(4-71)中的最后一项为对 S_g 上 Δg 的第二间接地形影响，用 δS 表示:

$$\delta S = \frac{2}{r_Q}\delta V_{P_g} \tag{4-73}$$

式(4-67)中的第三式为边界面 S_g 上解算的扰动位函数 $(T^h + \delta V)_{P_g}$ 加正常位 U_{P_g} 应等于 W_0 的边值条件。将 U_{P_g} 在点 Q 上作泰勒级数展开，略去二次项，则有 $U_{P_g} = U_Q - \gamma_Q N$，$N$ 为大地水准面高，即得到布隆斯公式:

$$N = \frac{1}{\gamma_Q}(T^h + \delta V)\bigg|_{P_g} \tag{4-74}$$

式(4-74)就是用 Stokes-Helmert 方法计算的大地水准面高。由式(4-69)和式(4-71)，由 Stokes 积分可计算 Helmert 重力场的高程异常 ζ^h：

$$\zeta^h = \frac{R}{4\pi\gamma}\iint_\sigma \Delta g^h S(r,\ \psi)\,\mathrm{d}\sigma \tag{4-75}$$

式中，R 为地球平均半径，r 是计算点的地心距，ψ 是计算点与积分流动点间的地心角距，σ 是单位球面。则高程异常由下式计算：

$$\zeta = \zeta^h + \frac{\delta V}{\gamma} \tag{4-76}$$

式中 $\delta V = \delta W = V^t - V^c$，是地面重力位的变化，即地面地形引力位与凝集层引力位之差。

综合式(4-67)至式(4-76)，可以概括利用 Stokes-Helmert 方法确定大地水准面主要包括以下步骤：

①构造地球表面的边值问题；

②估计地球表面的 Helmert 重力异常；

③将地球表面的 Helmert 重力异常延拓到大地水准面上；

④进行 Stokes 积分(Stokes 边值问题求解)；

⑤将 Helmert 空间的大地水准面高转换到真实空间。

总体而言，Stokes 理论(包括 Stokes-Helmert 方法)和 Molodesnky 理论都是确定地球形状的基本理论方法，两者有相似之处，也有不同的地方。主要表现在：

①高程系统不同。Stokes 理论与正高相关，Molodensky 理论与正常高相关；其中地面点的正高和正常高分别用式(4-55)和式(4-62)表示，由此，可以得到大地水准面高与高程异常的简单关系，或者得到正高与正常高的简单关系。

②边界面不同。Stokes 理论以大地水准面为边界面，而 Molodensky 理论的边界面为地形表面。

③边界条件不同。虽然求解的边值条件形式都是式(4-59)，但意义不同。Stokes 理论以大地水准面上的重力异常为边界条件；而 Molodensky 理论以实际地形表面的重力异常为边界条件。

④对重力归算的要求不同。Stokes 理论以大地水准面为边界面，需要进行重力归算，需要知道地壳的密度；而 Molodensky 理论不需要进行重力归算。

⑤重力异常定义不同。Stokes 理论定义的重力异常为大地水准面上的重力减去参考椭球面上的正常重力，需要进行重力归算；而 Molodensky 理论的重力异常为现代定义，指地面点某个给定点 $S(h,\ \lambda,\ \varphi)$ 处的重力值大小，与对应的似地形面上点 $S_0(h-\zeta,\ \lambda,\ \varphi)$ 的正常重力之差。

⑥计算公式不完全相同。Stokes 理论采用 Stokes 公式，有积分形式和级数形式，相对简单；Molodensky 理论计算的解为 Stokes 公式的修正，计算复杂困难。

4.2.2　大地水准面确定的理论方法研究概况

GNSS 定位技术实现了水平定位现代化，但测定海拔高程的垂向定位仍然停留在传统的水准测量，成为全面实现三维定位现代化发展的"瓶颈"。如何将 GNSS 观测的大地高转换为海拔高？这一思想进一步激发了精化局部大地水准面的努力。大地水准面确定涉及面广，包括基础理论方法研究，地形影响问题，Stokes 公式的实用改进方法，Stokes-Helmert 方法，重力异常向下延拓问题，球近似的椭球改正问题，多类数据融合处理问题等。下面仅从以上问题中选取部分内容进行简单论述。

1）在理论方法与技术方面

目前，国内外在根据大地测量边值问题求解大地水准面时，基本都是在 Stokes 或 Molodensky 理论框架下采用移去计算恢复技术（Remove-Compute-Restore，RCR），即选用一个高精度的全球重力场模型（Global Geopotential Model，GGM）作为参考场，控制长波部分精度，再将观测信息减去参考场，得到剩余场，利用剩余场信息进行计算处理，最后再恢复长波部分。在计算过程中，短波信息一般采用数字地形模型（Digital Topography Model，DTM）。计算方法有解析积分法、谱方法、统计法（最小二乘配置法）、输入输出系统理论法（Input Output System Theory，IOST）、谱组合法等。解析积分法以单一的重力异常为输入数据，通过积分计算得到大地水准面。针对解析积分速度较慢的问题，通过对积分核函数的修改，使积分表达式转变成卷积计算，从而能够采用 FFT 技术提高计算效率。在大地测量应用研究中，使用谱方法有两个基本假设，即数据无噪声和数据一致性。直接积分法和谱方法都以重力异常为单一的输入数据，不考虑数据误差。随着观测资料种类的增加，而且不同类型数据之间存在误差，为此发展了 LSC 方法，可以融合处理多类观测资料，但是观测值之间协方差函数的确定是该方法需要重点解决的问题，同时协方差矩阵的计算量大，导致效率低下。作为最优估计方法之一，LSC 方法的显著优点是可以联合使用多种观测值，因而在物理大地测量中被广泛使用[13]。FFT 技术与 LSC 相结合发展而来的 IOST 方法不仅可以容纳多类观测数据，还能加入各观测信息的误差，提高计算效率，可以获得输出量的误差信息。IOST 方法需要事先知道观测量的功率谱密度（Power Spectral Density，PSDs）函数、不同类型数据间的互协功率谱密度函数及噪声功率谱密度函数，其中输入信息误差的功率谱密度函数的确定是该方法需要解决的主要问题。谱组合法或最小二乘谱组合法的基本思想是从扰动位的球谐展开出发，将扰动位按阶作谱分解，各重力场元都是扰动位的泛函，可以通过一定的运算得到，因此，可以充分利用观测值的误差信息，采用最小二乘平差求解参数，对解算结果进行精度估计。

如果从（似）大地水准面确定的理论背景来看，可以分为 Stokes 方法、Molodesky 方法、Stokes-Helmert 方法等。一方面，从理论上来说，这些方法计算（似）大地水准面都需要全球均匀覆盖的重力数据，即进行全球积分。实际研究与计算中不可能也无法使用全球重力数据，因此针对积分核函数（如 Stokes 核函数）开展了大量研究（参见 Stokes 核函数改进的论述），期望使用局部范围的重力数据，既能保证计算精度，又能加快计算速度。另一方面，这些方法都需要使用地形数据来获取大地水准面的高频信息，因此，针对地形影响也进行了大量研究（参见地形影响的论述）。其中基于 Stokes-Helmert 方法精化区域大地水准面是近 20 年来受到重视且发展较快的研究领域，并在加拿大、美国和欧洲部分国家用于超高精度高程基准大地水准面模型解算，取得了良好的使用效果，系列研究论文已经被发表（参见地形影响的论述和前面 Stokes-Helmert 方法的论述）。

2）在 Stokes 核函数改进方面

通过改进 Stokes 核函数，克服重力数据不能全球覆盖问题，同时加快截断误差序列的收敛速度，提高计算效率。这方面的研究主要分两类，一类是所谓的确定性改进法，另一类是所谓的随机性改进法。

确定性改进法忽略远区重力的影响，未考虑 GGM 模型系数及地面重力包含的误差，有以下代表性的研究。早期，提出将球面 Stokes 核函数值剔除其低阶部分，得到椭球意义上的核函数（WG 方案）。同期，Meissl 提出，将球面 Stokes 核函数值减去截断半径 φ_0 处的 Stokes 核函数值，使得积分球冠之外的 Stokes 值为零，保证了 Stokes 函数值的连续性（Meissl 方案），Jekeli 在该方面也进行了深入的研究。根据 Molondesky 思想，Vaníček 等提出了另一种椭球 Stokes 核函数方案（VK 方案），方案将 WG 椭球核函数减去一个函数项，这个函数项用勒让德多项式与 Molondesky 系数相乘后求和得到。一般在使用 RCR 技术时，要求椭球核函数的阶数 P 小于参考场模型阶数 M。当阶数 $P=M$ 时，即为 Vaníček 等使用 UNB 技术方案。将 WG 改进椭球 Stokes 核函数和 Meissl 方案结合，Heck 和 Grüninger 提出了新的椭球 Stokes 核函数（HG 方案），使 WG 方案在 φ_0 之后快速收敛。在此基础上，Featherstone 等人将 VK 方案与 Meissl 方案联合使用，在 φ_0 之外，设核函数为零（FEO 方案）。Featherstone 后来对这些核函数进行了详细的分析，并编写了这些核函数的计算程序。褚永海和傅露等将这些改进的 Stokes 方案用于中国近海、美国近海区域大地水准面的计算分析。

随机性改进法的目的在于减弱 GGM 和地面重力数据误差，同时引入随机模型，减弱截断误差。Sjöberg 从 1980 年以来，在这方面进行了系统研究，其基本思想是采用最小二乘进行解算。最初提出这类方法时是将积分公式与引力场模型进行组合，称之为谱组合方法，随后在谱组合方法中加入了重力场模型误差、地面重力数据误差及积分截断误差，并称之为最小二乘改进法（Least-square Modification，LSM）。从国内网站很难下载早期的文献，较新的文献发表于 2003 年 JG 上，在该文献中，提出一种改进 Stokes 公式的普遍适用模型及其最小二乘解，以及一种建立大地水准面模型的计算方案，其中采用无重力归算的改进 Stokes 公式。

针对 Stokes 确定性改进公式和随机性改进公式，Ellmann 在研究了北欧波罗的海周边国家重力大地水准面确定的最优方法问题时，比较了五种改进的 Stokes 公式，其中两种为确定性改进公式，三种为随机性改进公式。通过两项精度统计准则确定最优改进公式，一是大地水准面总的期望均方误差，二是与精密 GPS 水准数据拟合残差的统计精度，数据试验结果表明，两类公式无大的差别，随机性改进公式形式上略优于确定性改进公式。最终采用无偏最小二乘方法改进的 Stokes，公式建立了波罗的海地区重力大地水准面模型 BALTgeoid-04，其中联合了 GRACE 纯重力模型，经与 378 个 GPS 水准面拟合，后验拟合残差的 RMS 为 $\pm(2.8\sim5.3)\text{cm}$，比以 EGM96 为参考场建立的 NKG96 大地水准面模型提高精度平均 $\pm2.5\text{cm}$。

此外，Huang 等在构建加拿大大地水准面时，提出使用阶带有限核函数（DB），并在加拿大重力大地水准面（CGG2010）确定中进行改进，得到新的阶带有限改进核函数（MDBK）。

3）在地形影响方面

地形数据在重力场建模中具有关键作用，可以提供重力场的高频信息。无论是采用纯 Stokes 理论方法还是 Stokes-Helmert 方法，都不能忽视地形的影响。在（似）大地水准确定中，Helmert 凝集法采用的地形归算和残余地形模型（RTM）归算是两类比较有代表性的地形归算方案，两者都有大量的研究成果。Nahavandchi 和 Sjöberg 导出了顾及 h^3 的重力大地水准面的地形改正公式，数值计算表明，包括山区在内，h^3 的贡献在 9cm 范围内；Sjöberg 研究了基于 Stokes-Helmert 方法确定（似）大地水准面的地形改正问题，导出了顾及到 h^2 项的地形直接影响和间接影响公式，但其中未严密顾及地球曲率影响项；随后对重力大地水准面确定中是否需要进行地形改正进行了详细论述；Nahavandchi 2000 年导出了顾及 h^2 的 Stokes-Helmert 方法对重力大地水准面的直接地形影响改正公式，以及评价了 Stokes-Helmert 方法计算大地水准面的两种不同地形和向下延拓改正方法。Novák 等也基于 Stokes-Helmert 方案研究了地形对大地水准面确定的影响。Huang 等研究了地形密度对加拿大 Rocky 山脉大地水准面的影响，利用 $30'' \times 60''$ 高程和密度格网数据，计算了 $5' \times 5'$ 平均和单点地形影响，结果表明，该地区地形密度对大地水准面的影响范围为 $-7.0 \sim 2.8$cm。残余地形模型（RTM）是似大地水准面确定中用得最普通的一种地形质量归算方法，最具代表性的是 Forsberg 在 1984 年开展的研究并用于 GRAVSOFT 的研制。

4）在重力数据延拓处理方面

近 15 年来，地面重力异常或航空重力数据向下延拓到大地水准面问题的研究有了新进展。Novak P. 等 2002 年提出一种限频带航空重力数据向下延拓方法；Sjöberg 在 2003 年推导了 Stokes 公式确定大地水准面的向下延拓解；Ågren 在 2004 年利用位系数和地面重力数据研究了大地水准面确定的向下延拓偏差问题；Huang 等 2005 年研究了向下延拓在加拿大西部地区重力大地水准面建模中的应用。

5）在椭球改正和大气改正方面

为确定厘米级精度或更优的大地水准面，球近似的椭球和大气改正再次受到重视。Sjöberg 在 2001 年和 2003 研究了重力大地水准面确定的大气改正问题，其中特别强调和分析了 0 阶和 1 阶球谐函数的大气影响，结果表明可达 1cm 量级，同时给出了位系数和 Stokes 公式顾及 e^2 的椭球改正公式；Huang 等 2003 年讨论了球近似 Stokes 公式重力大地水准面的 4 种不同椭球改正方法，经数值计算比较，结果得出 Martinec 和 Grafarend 的解算精度高。

4.2.3 国家级大地水准面的研究概况

近 30 年来，发达国家借助于卫星重力任务、卫星测高任务、航空重力任务、航天地形观测任务等的实施，伴随着高精度、高分辨率的重力数据、地形数据的不断累积，一直在不断精化本国大地水准面，目标是从早期的分米级提高到厘米级，实现 GNSS 观测海拔高取代传统水准测量。我国也同步开展了理论方法和应用研究，达到了与美国和加拿大相当的水平。下面分别以美国、加拿大、澳大利亚和我国为例，针对国家范围内的大地水准面模型开发情况进行阐述。

从 20 世纪 90 年代开始，美国一直在开展全国性大地水准面的确定工作，到目前为止，先后发布了 GEOID90、GEOID93、G96SSS、G99SSS、USGG2003、USGG2009、USGG2012、xGEOID14、xGEOID15、xGEOID16、xGEOID17 等十余个重力大地水准面模型及相应的混合大地水准面模型。

GEOID90 是美国国家大地测量局（National Geodetic Survey NGS）在 1990 年 12 月发布的第一个高分辨率大地水准面模型，模型分辨率 $3' \times 3'$。模型计算以 OSU89B（360 阶）为参考场，使用了约 150 万个陆地和船测重力数据，采用 FFT 技术计算。1993 年 1 月美国国家大地测量局发布的第二个高分辨率大地水准面模型 GEOID93，模型覆盖整个美国大陆、夏威夷、波多黎各，不包含阿拉斯加（后来增加阿拉斯加地区模型 ALASKA94）。GEOID93 模型的确定与 GEOID90 类似，参考场为 OSU91A（360 阶）、重力数据 180 万个，计算方法也是 FFT 技术，模型分辨率仍是 $3' \times 3'$。

1996 年 9 月，NGS 发布了分辨率 $2' \times 2'$ 的重力大地水准面模型 G96SSS，使用了 180 万个陆地与海洋重力观测数据，以 EGM96 为参考场，计算采用了粗略的 Stokes-Helmert 方法，其中 Helmert 重力异常采用 Faye 异常近似，参考椭球为 GRS80。将 2951 个 GPS 水准点与 G96SSS 比较，差值均方差为 ±15.1cm，标准差为 ±15.6cm，系统偏差为 31.4cm，这主要反映了水准高程基准 NAVD88 低于全球平均海面，拟合后的混合大地水准面为 GEOID96。2000 年 1 月，NGS 再次发布了重力大地水准面 G99SSS，模型分辨率为 $1' \times 1'$，使用了 260 万个陆地重力数据，以及船测和测高海域重力数据，以 EGM96 为参考场，计算方法与 G96SSS 相同，采用了一些改进措施，包括格网化椭球改正（GEOID96 未作椭球改正），为顾及子午线收敛影响，采用多纬度带格网作地形改正，同时采用最新的 GM 和 $W_0 = 62636856.88\,\mathrm{m^2/s^2}$ 值确定重力异常和大地水准面的零阶项 g_0 和 N_0 等。GPS 水准网点增加到 6169 个（其中包括了各州自测点），与 G99SSS 比较差值的标准差为 ±21.7cm。最大的改进是对 NAD83 椭球坐标基准中的全美陆地 GPS 基准网点（其中大部分进行了重测），以及 NAVD88 高程基准中的 GPS 水准网作了整体重新平差，GPS 椭球高的精度达到 ±1cm，被 NGS 认为是一个"里程碑"的进展。2004 年 1 月，发布重力大地水准面 USGG2003，模型分辨率 $1' \times 1'$，计算方法与 G99SSS 一脉相承，GPS 水准网点增加到 14185 点（包括加拿大 579 点），与 USGG2003 比较差值的标准差为 ±4.8cm。2009 年 1 月，重力大地水准面模型 USGG2009 发布，模型分辨率 $1' \times 1'$，覆盖了包括 Alaska 和美属海岛全部国土。模型计算以 EGM2008 为参考场，利用数百万北美地区重力数据形成 $1' \times 1'$ 格网重力异常，采用严密 Stokes-Helmert 方法计算，与位于山区 18 个州共 18398 个 GPS 水准点分州比较，差值的标准差平均值为 ±6.3cm，拟合后的大地水准面模型 GEOID09 精度比 GEOID03 有显著改善，达到 ±3.0cm。

从 1990 年至 2009 年的 20 年间，美国平均每三年更新升级国家高程基准（NAVD88）大地水准面模型，为此研发了三代高阶地球重力场模型作参考场，包括 360 阶 OSU91，EGM96 和 2160 阶 EGM08，同时不断加密国家 GPS 水准网点密度，20 年提高了 10 倍，重力大地水准面模型分辨率从 $5' \times 5'$ 提高到 $1' \times 1'$，精度从亚米级提高到厘米级，不断推进高程测量现代化。考虑到 NAVD88 的误差远超 GNSS 椭球高的精度，NGS 开始实施进一步精化垂直基准项目（Gravity for the Redefinition of the American Vertical Datum, GRAV-D），重点是用航空重力精化地面重力数据，重新定义新的垂直基准，目标是建立 1cm 精度大地水准面模型。

从 2014 年开始，NGS 为了实现 2022 年的目标，每年都发布年度重力大地水准面模型，模型分成两类，A 类模型不含航空数据，B 类模型加入了航空重力数据。模型计算过程中，尽可能使用所有重力数据，特别是利用新的卫星重力模型和 GRAV-D 任务数据。研制并发布年度大地水准面的目的主要有两方面：一方面是使用当前的卫星重力模型和航空重力数据计算大地水准面逐步更新前期的模型，以便在 2022 年利用所有卫星重力模型和航空重力数据构建最终的大地水准面；另一方面为北美各国提供一个逐渐改善和相同的最终大地水准面模型，并在 2022 年代替 NAVD88。图 4.7 是 2017 年发布的 xGEOID17B 模型示意图。

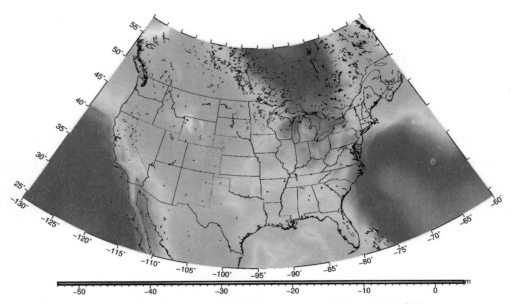

图 4.7　美国本土大地水准面模型 xGEOID17B(引自 NGS)示意图

加拿大在近 30 年中，先后研发了 GSD91、GSD95，CGG2000、CGG2005、CGG2010 和 CGG2013 重力大地水准面，计算方法均采用第二类 Helmert 凝集地形归算及 Stokes-Helmert 边值问题理论。随着数据的积累和观测精度的提高，以及算法的不断完善和改进，模型的分边率和精度也逐渐得到提高(见表 4-1、表 4-2)。将重力大地水准面与 GPS 水准大地水准面进行比较，差值的标准差分别为：0.790(0.695[*])、0.413(0.144[*])、0.225(0.087[*])、0.140(0.084[*])、0.135(0.074[*])和 0.131(0.073[*])(见表 4-2)，其中 CGG2013 模型精度达到了 13.1cm，图 4.8 给出了加拿大大地水准面 CGG2010 模型等值线图。

表 4-1　　　　　　　　　　加拿大大地水准面模型之间的比较①

比较模型		节点数（个）	最小值（m）	最大值（m）	平均值（m）	STD（m）
GSD95-GSD91		428544	−9.230	10.740	0.048	0.706
CGG2000-GSD95		419616	−6.450	3.160	−0.408	0.456
CGG2005-GG2000	加拿大	3637800	−1.663	1.814	−0.276	0.312
	北美	9216000	−2.918	2.528	−0.226	0.378
CGG2010-GG2005	加拿大	3637800	−1.014	1.462	0.088	0.088
	北美	9216000	−1.818	4.284	0.092	0.124
CGG2013-GG2010	加拿大	2892270	−0.636	0.140	−0.037	0.026
	北美	9216000	−1.191	0.221	−0.036	0.028

表 4-2　　　　　　　　　　加拿大大地水准面与 GPS 水准比较②

模型名称	点数	最小（m）	最大（m）	平均（m）	STD（m）
GSD91	2445	−3.486	4.479	−0.794	0.790（0.695*）
GSD95	2445	−1.524	0.730	−0.693	0.413（0.144*）
CGG2000	2449	−1.069	0.474	−0.361	0.225（0.087*）
CGG2005	2449	−0.654	0.420	−0.107	0.140（0.084*）
CGG2010	2449	−0.737	0.324	−0.193	0.135（0.074*）
CGG2013	2449	−0.678	0.349	−0.157	0.131（0.073*）

* 系统差剔除后的标准差。

　　1991 年，澳大利亚 AUSLIG 发布了 AUSGeoid91 模型，分辨率为 10′×10，随后，1993 年发布了 AUSGeoid93。后来，以 EGM96 为参考场，使用了澳大利亚 1996 年发布的约 70 万个陆地重力数据、135 万个近海船测重力和大量的海域测高数据，采用一维 FFT 技术计算残余大地水准面，最后根据最小二乘配置法构建了分辨率为 2′×2′的重力大地水准面 AUSGeoid98，模型结果与 906 个 GPS 水准相比，RMS 为 36.4cm。2011 年，澳大利亚发布了新的重力似大地水准面模型 AUSGeoid09（见图 4.9），分辨率为 1′×1′，采用 2190 阶零潮汐系统 EGM08 作参考场，利用约 140 万个陆地重力异常，以及 1′×1′ DNSC08GRA 近岸海域卫星测高重力异常。由于原高程基准 AHD 是以三等水准为主的低精度水准网 ANLN，相对高程基准似大地水准面从北向南倾斜约 1m，并有大约 0.5m 区域性扭曲，

_____

① http：//www.nrcan.gc.ca/earth-sciences/geomatics/geodetic-reference-systems/9054#_The_Public_Geoid。

② http：//www.nrcan.gc.ca/earth-sciences/geomatics/geodetic-reference-systems/9054#_The_Public_Geoid。

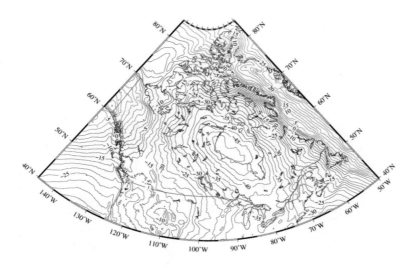

图 4.8 加拿大重力大地水准面模型 CGG2010[33] 示意图

AUSGeoid09 与 911 个 GPS 水准点高程异常之差的标准差为 ±22.2cm，为此对 ANLN 进行了重新平差，改善了 GPS 水准网的精度，使标准差下降到 ±13.4cm。AUSGeoid09 与 GPS 水准似大地水准面的拟合采用最小二乘配置法，拟合标准差降至 ±3.0cm，其中 1/3（±1cm）为 GPS 大地高误差。

除了美国、加拿大和澳大利亚几个国家之外，欧洲少数国家包括德国也已开展了这一工作，但未见更新换代模型。我国也紧跟国际研究前沿，在大地水准面精化和数字高程基准建设方面付出了巨大的努力。

20 世纪 50 年代到 70 年代期间，我国完成了全国范围内一、二等天文重力水准资料观测。为了满足当时建立国家天文大地网地面观测数据归算到参考椭球面对似大地水准面高和垂线偏差数据的需要，利用完成的天文重力水准资料，形成了我国最初的一、二等天文大地网的高程异常控制网，并通过内插得到了 1954 北京坐标系下的第一代似大地水准面（CQG60），CQG60 总体分辨率大致为 200~500km，精度为 ±(3~10)m。20 世纪 70 年代末完成了全国天文大地网整体平差，建立了 1980 西安大地坐标系，CQG60 转换到新坐标系成为 CQG80，天文重力水准高程异常控制网转换为 HACN80，CQG60 和 CQG80 成为我国第一代似大地水准面。

为发展新一代似大地水准面模型，需考虑研制适于我国应用的全球重力场模型作参考场。宁津生等利用包括我国重力数据在内的全球 $30'\times30'$ 平均空间重力异常，研制成 WDM94（360 阶）全球重力场模型。期间原西安测绘研究所和原中科院武汉测量与地球物理研究所也研制了系列类似全球重力场模型。利用全国约 22 万个重力点值，以及 $30''\times30''$ DTM 和 WDM94 模型，计算了中国首个 $5'\times5'$ 重力大地水准面模型 WZD94，与 7 个地区的 GPS 水准网作了相对精度的比较，平均标准差为 ±0.20m。

2000 年，利用约 40 万地面重力数据、$18''.75\times28''.125$ 地形数据以及卫星测高海洋重

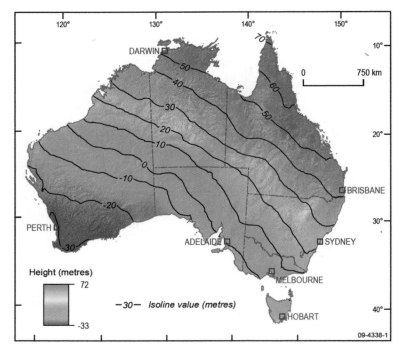

图 4.9　澳大利亚大地水准面模型 AUSGeoid09 示意图

力异常数据研制了新一代陆海统一重力似大地水准面（CNGG2000），将 CNGG2000 与 GPS 水准拟合后得到似大地水准面（CQG2000），分辨率为 5′×5′。CNGG2000 与全国分布均匀的 671 个（A 级网 28 点，B 级网 643 点）GPS 水准点比较的精度为±0.44m。按北纬 36 °和东经 108 °为界划为东北区、东南区、西北区、西南区四个区，拟合前（后）比较结果分别为±0.33（0.28）m、±0.32（0.30）m、±0.57（0.44）m 和±0.53（0.47）m，与 CQG80 的精度相比，CNGG2000 的精度提高了一个多数量级。

　　2011 年，基于 Stokes-Helmert 方法，采用了 110 万个中国陆地重力数据和美国 SRTM 7″.5×7″.5 地形高数据，以及 649 个 B 级 GPS 水准点的高程异常数据，并应用了 10 个全球重力场模型作参考重力场，完成了中国陆地数字高程基准模型——重力似大地水准面 CNGG2011 的研制。CNGG2011 分辨率为 2′×2′，通过对全国 30 个省市局部似大地水准面模型作测试比较表明，CNGG2011 的平均精度为±0.126m，东部 18 省的平均精度为±0.071m，西部 9 省区为±0.138m。各省区的局部似大地水准面，平均精度为±0.062m，东部省为±0.046m，西部省区为±0.106m。总的估计，东部地区似大地水准面精度，平均高于西部地区 1 倍，西藏的精度为±0.22m。"东高西低"的主要原因是西部地区重力数据稀疏或缺失，存在大面积 5′×5′格网重力数据空白，其次是地形变化极复杂，内插数据误差影响大。

　　如表 4-3 所示，我国面积与美国、加拿大和澳大利亚相当，但我国的地形更加复杂，大地水准面起伏高达 110m，美国只有 48m，而美国的重力数据是我国的 3 倍。相对而言，我国大地水准面确定面临的难度要大得多。

表 4-3   **国家级大地水准面模型同期比较**

国家	精度（cm）		重力数据（万个）	起伏（m）	面积（km²）
	2000 年	2011 年			
中国	37.7	12.6	81	110	960
澳大利亚	36.4	13.4	140	80	774
加拿大	22.5	13.1	220	120	998
美国	15.6	9.2	260	48	936

到目前为止，我国全国性（似）大地水准面的研究前后经历近 70 年的发展，从 20 世纪 50 年代开始的高程异常控制网建设，经过 2000 年发布的 CQG2000 被国家主管部门采纳使用，到新一代中国陆地数字高程基准面-重力似大地水准面模型 CNGG2011 的发布，模型分辨率从数百公里级发展到 2′×2′，精度由约 10m 提高到 12.6cm。目前该系列的最新模型 CNGG2015，精度已经提高到 9.3cm。

4.2.4 我国省市级大地水准面的研究概况

除了全国范围内（似）大地水准面模型构建之外，近 20 年来，省市级区域性（似）大地水准面的确定也取得了重大进展，先后完成了 16 个省级、近 100 个市（县）和数十个大型工程项目的大地水准面模型研制，其中省级高程基准模型精度达到了厘米级，而市级高程基准模型精度更是实现了毫米级，大大推动了高程基准面模型的工程化应用，在基础测绘及大型工程项目中得到推广应用，见表 4-4、表 4-5、表 4-6、表 4-7。下面简要论述几个省级大地水准面模型的研究情况。

在 20 世纪末的 1998 年，采用了 1817 个重力点值，以地球重力场模型 WDM94 和 EGM96 作为参考重力场，采用移去-恢复原理和 1DFFT 技术计算了 2′30″×2′30″海南地区重力似大地水准面，用 87 个 GPS 水准点拟合后的 GPS-重力似大地水准面，与 30 个独立的 GPS 水准检核资料比较，精度为±0.095m。这是我国第一个省级大地水准面模型，可以满足 1:1 万比例尺成图对高程的精度要求。随后，在 2002 年，利用 8756 个地面重力点、卫星测高数据中 422 475 个交叉点上的海洋重力异常数据，联合 GPS 水准数据、江苏省分辨率为 18.75″×28.125″的 DTM、美国 NASA/NIMA 研制的 2′×2′全球陆地海洋高程海深模型 TM2000，以 WDM94 和 EGM96 作为参考地球重力场模型，根据严密理论和严密算法，建立了分辨率为 2′30″的江苏省似大地水准面模型，精度为±0.078m。后来，河北省（2004 年）、青海省（2005 年）、广东省（2005 年）、广西壮族自治区（2006 年）、甘肃省（2007 年）、江西省（2009 年）、福建省（2009 年）、河南省（2010 年）、内蒙古自治区（2011 年）等省级大地水准面陆续实施。在这些省级大地水准面确定中，首先选取高精度的全球重力场模型作为参考场，提供高精度的大地水准面长波信息；利用地面实测重力数据，提供高精度的中波信息；采用高分辨率的地形数据（例如 3″×3″SRTM），提供大地水准面的短波分量。通过对重力数据和地形数据的精细处理，例如对地形均衡归算采用 Airy-Haiskanen 均衡模型，而地形位及地形引力的影响均考虑了地球曲率影响的严密球面积分公式等，再按照第二类 Helmert 凝集法，根据移去恢复原理确定重力似大地水准面。最后将球冠谐调和分析方法用于重力似大地水准面与 GPS 水准的联合求解，得出了各省统一的似大地水准面。其中，2005 年完成的广东省大地水准面模型，精度优于±0.050m，是我国当时精度最高的省级统一似大地水准面；2007 年完成的甘肃省似大地水准面模型，精度达到±0.08m，是当时我国西部地区精度最高的大地水准面模型；2011 年完成的内蒙古自治区似大地水准面，精度达到±0.079m，是我国跨度最大的省级大地水准面。表 4-4 列出了我国当前完成的省级大地水准面情况，随着高精度全球重力场模型、高分辨率高精度地形数据，以及更多实测重力数据的使用，加上大地水准面确定方法的不断完善，我国省级 2′×2′分辨率大地水准模型的精度已普遍优于 5cm。

表 4-4　　　　　　　　　　　省级区域（似）大地水准面模型概况

省份	完成时间	分辨率	精度（m）	参考场
海南	1998 年	2.5′×2.5′	±0.095	WDM94、EGM96
江苏	2002 年	2.5′×2.5′	±0.078	WDM94、EGM96
河北	2004 年	2.5′×2.5′	±0.065	WDM94
青海	2005 年	2.5′×2.5′	±0.186	EGM96
广东	2005 年	2.5′×2.5′	±0.045	EGM96
广西	2006 年	2.5′×2.5′	±0.033	EIGEN04C
甘肃	2007 年	2′×2′	±0.074	GGM02C
江西	2009 年	2′×2′	±0.034	EGM2008
福建	2009 年	2′×2′	±0.066	EGM2008
河南	2009 年	2′×2′	±0.025	WDM94
内蒙古	2011 年	2′×2′	±0.079	EGM2008
江苏	2012 年	2′×2′	±0.029	GGM03C
四川	—	2′×2′	±0.085	EIGEN-6C4
浙江	2015 年	2′×2′	±0.030	GGM03C
广西	二期	2′×2′	±0.033	EIGEN-6C4
湖北	—	2′×2′	±0.027	EIGEN-6C4

在省级大地水准面确定的过程中，为了满足各地区测绘任务需求，区域性（似）大地水准面模型确定也取得了重大进展，近 20 个省会和直辖市（见表 4-5）、近 50 个地（县）市

(见表4-6)，也完成了相应的区域性(似)大地水准面模型，2′×2′分辨率的模型精度普遍可以优于1cm(见表4-5、表4-6)。其中，2005年完成的东莞市似大地水准面模型，精度优于±0.01m，是当时国内精度最高的城市似大地水准面，(似)大地水准面模型联合GPS观测，可取代长距离二等水准测量，极大地改善传统高程测量作业模式。(似)大地水准面模型还在灾后重建、南水北调、港珠澳大桥建设等大型工程建设得到了推广应用(见表4-7)。

表4-5　　　　　　　**部分直辖市及省会城市区域(似)大地水准面模型概况**

城市	完成时间	分辨率	精度(cm)	参考场	备注
广州	2006 年	/	±0.8	EGM96	
沈阳	2006 年	2.5′×2.5′	±1.0	EGM96	
武汉	2007 年	2.5′×2.5′	±0.7	GGM02C	
南京	2008 年	2′×2′	±0.8	GGM02C、WDM94	二期
沈阳	/	2′×2′	±0.8	EIGEN04C	二期
广州	2009 年	2′×2′	±0.9	EGM2008	
呼和浩特	2009 年	2′×2′	±0.7	GGM02C、WDM94	
福州	2009 年	2′×2′	±0.8	EIGEN03c	
西安	2010 年	2′×2′	±1.0	EIGEN04C	
西宁	/	2′×2′	±1.0	EGM08	
长沙	/	2′×2′	±0.8	EIGEN03C	
南京	/	2′×2′	±0.9	EGM2008	全市域
贵阳	/	2′×2′	±1.0	EIGEN03C	
长春	/	2′×2′	±0.8	WDM94	
福州	/	2′×2′	±1.0	EIGEN06C3	全市域
天津	/	2′×2′	±1.0	EIGEN06C4	
南昌	/	2′×2′	±0.7	EIGEN51C	
南宁	/	2′×2′	±1.7	GGM03C	全市域
太原	/	2′×2′	±1.2	EIGEN51C	
长春	/	2′×2′	±0.9	GGM03C	国土
重庆	/	2′×2′	±3.3	EIGEN03C	国土
重庆	/	2′×2′	±0.8	EIGEN6C	规划区

表 4-6　　　　　　　　　　**其他城市区域 (似) 大地水准面模型概况**

城市/县、区	完成时间	分辨率	精度（cm）	参考场	备注
深圳	2003 年	/	±2~3	/	
无锡	2003 年	/	±2.2	/	
青岛	2004 年	/	±1.8	WDM94	
常州	2005 年	2.5′×2.5′	±1.4	EGM96	
东莞	2005 年	2′×2′	±1.0	EGM96	
镇江	/	2.5′×2.5′	±0.8	EIGEN03C	
赤峰	2007 年	2.5′×2.5′	±3.0	EIGEN01C	
兴安盟	2007 年	2.5′×2.5′	±2.2	EIGEN01C	
苏州	2007 年	2.5′×2.5′	±0.6	EIG03C	
嘉兴	/	2′×2′	±0.6	GGM02c、WDM94	
宁波	2006 年	2′×2′	±0.6	GGM02c、WDM94	
绵竹-茂县	2009 年	2′×2′	±0.9	EGM2008	
包头	2009 年	2′×2′	±0.7	EIGEN04c	
增城	2010 年	/	±0.9	EIGEN04C	
珠海	2010 年	/	±0.5	EIGEN04C	
佛山	2010 年	2′×2′	±0.8	WDM94	
绍兴	2010 年	2′×2′	±0.9	EIGEN03C	
苏州	2011 年	2′×2′	±0.9	EGM2008	二期
准格尔	/	/	±8.4	WDM94	
宁波	/	2′×2′	±1.0	EIGEN05C	
厦门	/	2′×2′	±0.8	GGM03C	
嘉兴	/	2′×2′	±0.9	EIGEN04C	全市域
徐州	/	2′×2′	±0.4	GGM03C	
台州	/	2′×2′	±1.3	EGM2008	
文山	/	2′×2′	±2.2	EIGEN04C	
包头	/	2′×2′	±2.0	EGM2008	二期
常州	/	2′×2′	±0.7	EIGEN05C	全市域
永定县	/	2′×2′	±1.9	EIGEN05C	福建
金华	/	2′×2′	±1.2	EGM2008	

续表

城市/县、区	完成时间	分辨率	精度（cm）	参考场	备注
三亚	/	/	±0.8	EIGEN03C	
玉溪	/	2′×2′	±3.2	EIGEN-4C	
绍兴	/	2′×2′	±1.0	EIGEN05C	全市域
孝感	/	/	±0.6	EIGEN04C	
咸宁	/	2′×2′	±0.9	GGM03C	
衢州	/	/	±1.3	EIGEN06C	
珠海	/	2′×2′	±0.8	GGM03C	二期
惠州	/	1′×1′	±1.0	GGM03C	
贵安新区	/	2′×2′	±1.0	EIGEN03C	
宜昌	/	2′×2′	±0.7	EIGEN06C4	
南昌	/	2′×2′	±0.7	EIGEN51C	
丽水	/	2′×2′	±1.5	EIGEN6C3	
荆州	/	2′×2′	±0.4	EIGEN06C	
仙桃	/	2′×2′	±1.7	EIGEN06C	
惠州	/	2′×2′	±1.6	EIGEN01C	
舟山	/	2′×2′	±1.6	EIGEN01C	
温州	/	2′×2′	±1.5	EIGEN51C	
鄂州	/	2′×2′	±0.7	EIGEN51C	

表 4-7 　　　　**其他区域或工程应用（似）大地水准面模型概况**

区域或工程项目	完成时间	分辨率	精度（m）	参考场	备注
陕甘宁	1997 年	2.5′×2.5′	±0.243	WDM94	
塔里木	1997 年	2.5′×2.5′	±0.332	EGM96	
柴达木盆地	2004 年	1.5′×1.5′	±0.100	EGM96	青海
柴达木盆地	2004 年	2.5′×2.5′	±0.200	EGM96	新疆
哈尔滨松北区	2005 年	2.5′×2.5′	±0.013	WDM94	
汶川震区	2008 年	2′×2′	±0.020	EIGEN04c	
青岛海湾	2008 年	/	±0.004	EIGEN04C	
香港-珠海-澳门大桥	2009 年	2′×2′	±0.006	GGM02C	

续表

区域或工程项目	完成时间	分辨率	精度(m)	参考场	备注
伊吾-明水-骆驼圈子	2009 年	2′×2′	±0.040	EGM2008	新疆
玉树震区	2010 年	/	±0.046m	EIGEN03C	
南水北调中线干线区域	2011 年	2′×2′	±0.033	GGM03C	
珠江口	2009 年	/	±0.011	EIGEN03C	
香港-珠海-澳门大桥区域	/	2′×2′	±0.009	EIGEN03	二期
浙江海域	/	2′×2′	±0.043	EIGEN03C	
东海	/	/	±0.048	EIGEN6C4	

4.2.5　高程基准现代化与现代高程测量

现代空间观测技术的发展，特别是 GPS 技术的广泛应用，平面位置的精确测定已不是问题，而与工程应用密切关联的海拔高程测定制约了 GPS 技术在工程中的进一步应用。为此，世界各国正在开展高程现代化的研究与应用。NGS 组织实施的 GRAV-D 项目，计划花费数十亿美元，重点进行近海区域、山区的重力观测，构建高精度高分辨率的高程基准面模型，重新定义美国的垂直基准。加拿大自然资源部(Natural Resources Canada, NRCan)下属的大地测量司(Geodetic Survey Division, GSD)也在开展高程基准现代化的研究和实施，发布了新的加拿大大地测量垂直基准 CGVD2013，新的垂直基准使用的大地水准面模型为 CGG2013。在国家重点研发计划、"973"计划、"863"计划、国家自然科学基金等的资助下，国内多所高等院校、科研院所近年来也在高程基准现代化等方面进行了多项关键技术研究，取得了重要研究成果。从美国、加拿大及我国的高程基准现代化来看，其现代化的核心就是要确定高精度高分辨率的国家或区域大地水准面数值模型，实现直接利用 GPS 观测海拔高程。

高程基准作为国家的重要基础设施，其现代化不仅是测绘领域的历史性进步，而且是测绘行业现代化的重要标志。主要表现在以下几个方面：

1)高程基准现代化是测绘技术发展的必然需求

20 世纪 70 年代出现的卫星导航定位技术，揭开了地面定位"颠覆性"技术革命的序幕。卫星导航定位技术经过 40 多年的发展，完全淘汰了传统落后的地面水平定位技术，但海拔高程测量仍要采用 150 多年前发明的水准测量。这种方法劳动强度大、工作周期长、工程成本高。高程测量问题是当今大地测量现代化发展的一道难关。突破这一难关的大方向是建立精密的大地水准面模型，精确确定大地水准面到参考椭球面的高度，从而把椭球高转换为海拔高，使得卫星定位不仅能获取平面坐标，也能够直接提供海拔高，实现真正意义上的三维定位。

目前我国正开展建设以国家连续运行参考站网、卫星大地控制网、高程基准、重力基准和基准服务系统构成的国家现代基准体系结构，其中高程基准通过国家一等水准点改建和区域大地水准面精化实现。而各个城市也在构建由城市 CORS 系统、高精度 GPS 控制网、精密水准网和区域似大地水准面精化构成的城市现代测绘基准。经过几年的探索与实践，已经建成若干个省级 5cm 级精度似大地水准面模型和数十个城市 1cm 级精度似大地水准面模型。这些成果大幅度地提高了相关行业劳动生产率，降低了劳务人力资源消耗。

2) 高程基准现代化是国家城市化、信息化重大战略进程对于地理空间信息的迫切需求

城市化、信息化是国家重大战略举措，地理空间信息在其中占据非常重要的地位。高程信息是建立地理空间基础框架的基础数据，它与人类社会息息相关，它不仅关系国家的经济建设和人民生活，而且关系到国家的主权和国防安全，是实现国民经济和社会信息化必不可少的基础支撑条件，是各项工程建设的基本保障。国民经济和社会发展第十个五年计划提出的"大力推进国民经济和社会的信息化，以信息化带动工业化，实现社会生产力的跨越式发展"是党中央、国务院为加速社会主义现代化建设而做出的重大战略部署，因此，国土、资源等多个领域都在加快建设各种专业信息系统。继发达国家提出"数字地球"战略后，我国各有关部门都在采取积极措施，许多省、自治区、直辖市和大中城市开始加紧实施"数字省区""数字城市""数字社区"等信息化工程。总之，各个方面的信息化建设，要求标准化基础地理信息作为权威的、公用的地理空间基础平台，以实现各种信息资源的整合、利用和社会共享，因此提高我国高程信息的快速获取和保障更新能力已经势在必行。

3) 高程基准现代化是三维位置信息服务产业发展的必然要求

位置信息对于人类生存的重要性越来越突出，美国和部分欧洲国家已经专门针对位置信息立法要求移动紧急报警必须同时传送位置信息。而位置信息服务的对象也逐渐由专业用户向公共用户转变，因此位置信息在形式、内容及精度等方面都将发生变化。公众对位置信息的需求逐步由二维跨越到三维，其产业的发展对三维位置的实时获取需求日趋强烈。国家、省、市等各级 CORS 的发展，为平面位置信息的快速获取提供了有效手段，如个人无线电用户可以通过手机定位模式获取一定精度的位置信息，搭配电子地图的指引，就可以随时随地了解所在位置、目的地等准确信息。但在三维位置需求背景下，其海拔高程信息的有效转化需要现代化的陆海统一高程基准予以支持。位置信息服务是未来信息产业链中的重要一环，因此加强高程基准相关的基础设施的建设有利于推动我国位置信息产业的快速发展。

4) 高程基准现代化是国家海洋开发的需求

21 世纪是海洋世纪，高程基准作为国家的重要基础设施，应尽快实现陆海高程基准的统一，为海洋开发和海岛普查提供技术保障。海岸带是海岸线分别向陆地、海洋扩展一定宽度的带状区域，是影响人类活动的重要地带。目前海岸带地区的地形测量及水深测量分别采用不同的垂直基准面，即陆地地形图高程基准为 1985 国家高程基准，水深地形图（海图）深度基准为当地的理论深度基准面。由于采用不同的参考基准面，导致测量成果数据无法相互转换和统一表示，因此制约了对已有的岸上和岸下数据的无缝合成。为解决两种数字成果在垂直方向上的无缝拼接问题，需要分析海洋测量所涉及的各垂直基准面的关系，在此基础上研究海岸带区域垂直基准面转换的关键

技术，构建海岸带基于 1985 国家高程基准的理论深度基准面模型，实现海岸带地形图（以海岸线为分界线，岸上基准为 1985 国家高程基准，岸下基准为理论深度基准面）的一体化，为区域的经济发展和水运工程建设提供精确可靠的空间信息。同时，统一陆海高程基准是国家经济发展、国防建设对测绘技术提出的紧迫需求。为此，陆海统一基准与海岛（礁）测绘被列为"十一五"国家基础测绘的战略重点，原国家测绘局组织有关单位开展了"陆海统一基准与海岛（礁）测绘生产性试验"，确定了陆海测绘基准统一、海岛（礁）测绘技术方法和方案，完成了海岛（礁）测绘技术总体方案的设计论证工作，并为海岛（礁）测绘生产性试验提供技术支持。

综上所述，高程基准现代化建设综合利用了包含空间定位技术在内的多种大地测量技术手段，在技术理念、实现方式、服务领域等多个方面，促使现行高程基准体系产生深刻变革。高程基准现代化主要包括：①建立全球超高阶重力场模型，确定高精度高分辨率大地水准面，实现高程基准建立与维持模式的更新；②联合大地水准面模型和 GNSS 技术直接测定海拔高，实现高程测定的现代化；③确定各种高程基准相互转换关系，实现全球/区域高程基准的统一。

4.3　卫星重力探测技术及其应用

卫星重力探测技术几乎与人造卫星技术同时出现于 20 世纪 50 年代末 60 年代初，它与传统地面重力测量的最大区别在于卫星是一个运动载体，在不考虑大气阻力等非保守力的作用的情况下，卫星的运动可看作是自由落体运动，根据爱因斯坦关于惯性系中引力和惯性力不可分原理，此时对重力场信号的观测，无法直接由星载重力仪感应到引力位的一阶导数（即引力），只能观测引力位的二阶或更高阶导数，或者通过观测卫星轨道摄动等观测量来反演重力场参量，此时卫星本身就可以视为一个重力传感器。

卫星重力探测技术的发展大致可分为三个阶段[5]：第一代是光学技术，利用以恒星为背景对卫星的光学摄影，摄影仪通常装在大型天文观测经纬仪上，或专用卫星摄影仪，测定卫星在天球坐标系中的方向，以已知地心坐标的地面站为基线，用方向交会法测定卫星的位置，称为卫星三角测量法；第二代是多种技术的地面跟踪和卫星对地观测技术，包括 SLR、Doppler、DORIS、PRARE 和海洋卫星雷达测高等，这些技术均需要采用距离交会法测定卫星位置，海洋卫星雷达测高还可测定海平面高和海洋重力场；第三代是以星载 GPS 精密定轨和在卫星上安装重力梯度仪直接测定重力梯度张量为主要技术，主要是 21 世纪初实施的 CHAMP、GRACE 和 GOCE 计划，分别采用卫星跟踪卫星（Satellite to Satellite Tracking，SST）和卫星重力梯度（Satellite Gravity Gradiometry，SGG）技术（ESA，1999）。若从地球重力场反演的角度来讲，根据观测模式也可以将卫星重力探测技术分为地面跟踪卫星技术、卫星对地观测技术、卫星跟踪卫星及卫星重力梯度观测技术，下面分别对各种技术的发展及应用进行阐述。

4.3.1　地面跟踪卫星技术

地面跟踪卫星的直接观测量主要有三类：方向观测量、距离观测量和距离变率观测量。这些观测量的获得是由地面跟踪手段决定的。根据卫星的技术特性和地面跟踪站设备的差异可以将目前的地面跟踪卫星方法归纳为三种：照相观测法、激光观测法和无线电观测法[6]。

照相观测法以星空为背景拍摄卫星，然后在相片上依据卫星相对于恒星的位置和与之配套的恒星星表，求出观测时刻卫星的赤经和赤纬。自20世纪50年代末，照相观测一直是观测卫星的主要手段。但是，照相观测法所固有的局限性十分明显，即需要满足一定的光学观测条件：观测时星空背景必须足够暗，卫星必须被太阳照亮或自身可以发射出足够强度的光等。这使得观测并不是总能顺利实施，而且由于这类观测方法的角分辨率有限，其精度也十分有限。利用光学法测定卫星方向的精度为 $\pm(0.2\sim2.0)$ s，卫星高度为 1 000~4 000km，定轨误差从几米到几十米量级，推算的重力模型一般低于 8 阶，如 1966 年 SAO 推出的 SE1 模型为 8 阶，相应大地水准面的精度为几米到十几米量级，但这一时期的重力模型在建立初期全球地心坐标系中发挥了重要作用。

20世纪60年代，随着卫星激光测距和多普勒测速技术的迅速发展，定轨精度显著提高，激光观测法和无线电观测法逐步取代了照相观测法成为目前最主要的地面跟踪手段。用于跟踪卫星的激光系统最早于 1961 年在美国发展起来。第一颗带后向反射棱镜的卫星 BE-B 于 1964 年 10 月 9 日发射，轨道高度 1 000km、倾角 80°。1965 年首次收到回波信号，当时的测距精度仅仅只有几米。以后的若干年，激光测卫技术发展十分迅速，精度也由几米提高到了几厘米[7]。目前最先进的激光测卫系统精度已达到了亚厘米级。但是，激光测卫技术也有明显的缺点——依赖气候条件，地面站的建立和维持费用高，机动性差，高强度激光有可能威胁飞行员的安全。这些缺点导致其工作能力、使用范围受到了很大限制。无线电观测法可以测量跟踪站至卫星的距离和距离的变率，测量可由测时法和相位法来完成，目前应用最广的就是多普勒频移效应测距，DORIS 系统就是基于无线电观测法的卫星跟踪技术。它与传统的无线电观测法有一些不同。一方面，DORIS 跟踪站是全球分布、全天候，并对相应卫星进行几乎连续的多普勒观测，提供高精度的定轨资料；另一方面，DORIS 还可以提供地面服务。利用激光和多普勒跟踪数据，由轨道摄动观测量反算扰动重力场参数，建立了早期较精确的低阶（< 24 阶）全球重力场模型系列，满足了当时人造卫星定轨和建立全球地心大地坐标系的迫切需求，这一时期的卫星重力模型用于确定全球大地水准面的精度为米级水平。

4.3.2 卫星对地观测技术

长期以来，由于探测技术手段的落后造成了海洋重力测量资料的缺乏，使得人们对海洋重力场的研究和认识接近空白。20世纪60年代，随着精密海洋重力仪的发展，一些发达国家出于海洋资源开发的需要和军事目的，在其周边近岸海域开展了船载重力测量或海底重力测量，但投入大，施测周期长，所测范围也很有限。卫星测高是一种卫星对地的高科技测量技术，它以人造卫星作为测量仪器的载体，借助空间技术、电子技术、光电技术和微波技术等高新技术的发展，在海洋大地测量领域产生了一场深刻的变革。自 1969 年 Kaula 提出卫星测高的构想以来，近 50 多年来世界上已相继发射了多颗搭载测高仪的科学人造卫星。

4.3.3　卫星跟踪卫星技术

卫星跟踪卫星有两种技术模式：由若干高轨卫星跟踪低轨卫星轨道摄动确定扰动重力场，称为高-低卫星跟踪卫星；通过测定在同一轨道上两颗卫星之间的相对速率变化所求得的引力位变化来确定位系数，称为低-低卫星跟踪卫星[8,9]。高-低卫星跟踪卫星的概念来源于 20 世纪 60 年代初建立轨道中继系统的设想，低-低卫星跟踪卫星的概念是由 Wolff 于 1969 年提出，经过各国学者对 SST 技术近 30 年的理论和技术预研，包括对误差源、技术模式、数据处理的理论和方法等进行了大量的数值模拟实验和分析，卫星跟踪卫星技术逐步趋向成熟和实用。21 世纪初欧美国家先后实施了 CHAMP 和 GRACE 任务，实现了 GPS 卫星对低轨道卫星的三维连续跟踪，突破了传统地面跟踪卫星测量和地面重力测量非全球覆盖、周期长以及轨道较高几个固有的局限性，极大地提高了卫星重力模型的精度和分辨率。

1）CHAMP 计划

CHAMP 计划是由德国航天中心（Deutsches Zentrum für Luft- und Raumfahrt，DLR）和德国地学研究中心（GeoForschungsZentrum Potsdam，GFZ）合作实施的（http：//op. gfz-potsdam. de/champ/index_CHAMP. html）。CHAMP 卫星于 2000 年 7 月 15 日被成功地送入预定轨道，是第一颗采用 SST-hl 技术的卫星（见图 4.10），该任务的实施揭开了新一代卫星重力发展的序幕。CHAMP 的设计任务期为 5 年，于 2009 年彻底结束其任务使命。CHAMP 卫星的轨道参数见表 4-8，用于重力场确定的载荷主要有美国喷气动力实验室（Jet Propulsion Laboratory，JPL）提供的 16 通道双频 GPS 接收机、两个星象仪（测量精度为 0.01°）和星载加速度计。CHAMP 计划的科学目标为确定地球重力场中长波位系数及其低阶系数变化、GPS 海洋和冰面散射测量、全球磁场分布与变化的测定和利用 GPS 掩星进行全球大气与电离层环境探测。

表 4-8　　　　　　　　　　　　　　**CHAMP 卫星的轨道参数**

GPS 历元	2000/08/01 00：00：00	升交点赤经 $\Omega(°)$	144.210
偏心率 e	0.004001	近地点角距 ω（°）	257.706
长半轴 a(km)	6823.287	平近点角 M（°）	63.816
轨道倾角 I（°）	87.277	每天运行圈数	15.40

自 CHAMP 卫星发射以来，仅利用其获得的 GPS 观测值、星载加速度计观测值以及星象仪数据等确定了多个卫星重力场模型，主要是 EIGEN 模型系列（European Improved Gravity model of the Earth by New techniques），如 EIGEN-01S、EIGEN-2、EIGEN-3p 和 EIGEN-CHAMP03S[10-14]。EIGEN-01S 模型在计算中选取了 88 天（2000 年 7 月到 12 月）的数据，其中 GPS 载波和伪距的测距精度分别为 2mm 和 30cm，600km 空间分辨率上模型大地水准面的精度为 10cm；由德国 GFZ 和空间大地测量研究所（Groupe de Recherche de

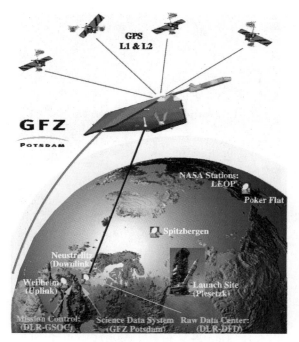

图 4.10　CHAMP 卫星测量原理示意图(引自 GFZ)

Geodesie Spatiale，GRGS)联合发布的 EIGEN-2 模型使用了 6 个月的观测数据，550km 空间分辨率上大地水准面的精度为 10cm；EIGEN-3p 模型使用了 2 年多的观测数据，模型的最高阶为 140 阶，大地水准面和重力异常在 400km 空间分辨率上的精度分别为 10cm 和 0.5mGal。目前，仅利用 CHAMP 卫星跟踪资料恢复的 EIGEN 模型系列的最后一个模型是由 GFZ 使用 33 个月观测资料求得的 EIGEN-CHAMP03S，该模型的最高阶为 120，在 400km 空间分辨率上大地水准面和重力异常的精度分别为 5cm 和 0.5mGal。仅用 6 个月的 CHAMP 数据就比 GRIM5-S1 模型精度在 35 阶次上有一个量级的提高。[13]

2)GRACE 计划

在 CHAMP 卫星任务的基础上，NASA 和 DLR 共同研制了 GRACE 卫星(http://www.csr.utexas.edu/grace/)，于 2002 年 3 月 17 日从俄罗斯北部的 Plesetsk 成功发射升空，其任务期到 2017 年结束。GRACE 卫星任务首次将 SST-hl 技术与 SST-Ⅱ技术结合起来(见图 4.11)，轨道参数见表 4-9。GRACE 双星上除了搭载星载 GPS 接收机、加速度计、星象仪以外，比 CHAMP 任务增加了一个 K 波段测距系统，它是实现 SST-Ⅱ技术的主要设备之一，用来精确测定两颗卫星间的距离或者速率变化，其测速精度约为 1μm/s。GRACE 任务的首要科学目标是确定高精度高分辨率的静态和时变重力场模型。另外，与 CHAMP 卫星任务相同，利用 GPS 掩星进行全球大气与电离层环境探测，确定全球分布的电离层的总电子含量(即全球的电离层数值模型)以及大气折射率。

157

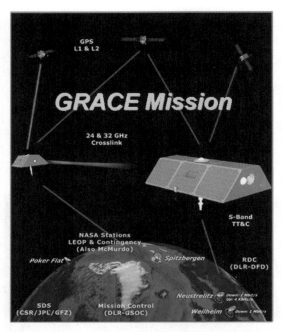

图 4.11　GRACE 卫星测量原理示意图(引自 CSR)

表 4-9　　　　GRACE 卫星发射时刻的轨道参数(UTC：2002/03/17 10：46：50.875)

卫星	长半轴 a (km)	偏心率 e	倾角 $I(°)$	升交点赤经 Ω (°)	近地点角距 ω (°)	平近点角 M (°)
GRACE A	6876.4816	0.00040989	89.025446	354.447149	302.414244	80.713591
GRACE B	6876.9926	0.00049787	89.024592	354.442784	316.073923	67.044158

　　有了 CHAMP 任务的成功实施经验以及 SST-Ⅱ技术的成功应用，GRACE 卫星任务获得了更多更好的科学成果。利用 K 波段测距系统观测得到的卫星间的距离及距离变率观测值能反映出更多的重力场信息：一方面，利用 GRACE 任务能以更高的分辨率和精度恢复静态重力场；另一方面可更好地确定地球重力场的时变信号。[15]目前，仅仅利用 GRACE 卫星观测资料求解得到的卫星重力模型主要是 GFZ 推出的 EIGEN 系列和 CSR 推出的 GRACE 重力场模型系列(GRACE Gravity Model，GGM)。EIGEN 系列主要有 EIGEN-GRACE01S 和 EIGEN-GRACE02S，前者于 2003 年 7 月发布，利用了 2002 年 8 月到 11 月共 39 天的 GRACE 卫星观测数据，模型在 1 000km 分辨率上大地水准面的精度为 5mm，是仅仅利用 CHAMP 卫星观测数据求得的卫星重力场模型精度的 5 倍，比 CHAMP 卫星任务之前的卫星重力场模型精度高 50 倍(GFZ，2003)，这充分体现了 GRACE 卫星任务恢复长波地球重力场的前所未有的能力和潜力。EIGEN-GRACE02S 于 2005 年发布，由 GFZ 利用 110 天的 GRACE 卫星观测资料求解得到，模型最高阶数为 150，该模型在 1 000km 空

间分辨率上大地水准面的精度优于 1mm[16]，以 2 到 4 星期时间段观测数据测定大地水准面年变化的精度为 0.01mm/年到 0.001mm/年。GGM 系列的卫星重力场模型主要有 GGM01S 和 GGM02S，前者的计算采用了约 111 天的数据（2002 年 4 月到 12 月），模型的最高阶为 120 阶，在 200km 空间分辨率上大地水准面的精度为 1cm，相比 GRIM5-S1 在精度上有两个量级的提高；GGM02S 采用了 2002 年 4 月到 2003 年 12 月 263 天的观测数据，模型的最高阶数为 160 阶，在 70 阶次（相当于 290km 空间分辨率）上，全球大地水准面的 RMS 为 0.7cm（最大为 0.9cm），相比 EGM96 在同阶次上的精度（约 2.5cm）有显著的提高[17]。目前，最新 GRACE 纯卫星重力模型 ITSG-Grace2014s 最高阶次已达 200，在 100km 空间分辨率上大地水准面累计误差约 20cm[18]。GGM 和 EIGEN 系列及 ITSG-Grace2014 模型的大地水准面精度在长波部分比 EGM96 有了很大提高。

总的来说，卫星跟踪卫星观测技术突破了卫星地面跟踪以及卫星对地观测技术的局限性，实现了全新的重力探测模式。新的卫星观测技术中，信号传播几乎不存在对流层延迟误差，SST 跟踪测量是全弧段、连续高采样率的，近极轨道保证了卫星地面轨迹的全球覆盖。因而，卫星跟踪卫星观测技术大大提升了重力场模型长波部分的精度，相比以前的卫星重力模型的精度有了近两个量级的提高，这充分体现了新一代卫星重力任务的优越性。但是由于地球重力场自身的特性（信号随高度上升而不断衰减）及 CHAMP、GRACE 卫星任务自身特点（观测模式、卫星高度、搭载仪器精度等）的限制，两个卫星任务所能恢复重力场模型的最大阶数和精度是有限的。

在研究静态重力场的同时，基于 GRACE 观测数据确定时变重力场的研究方面更是取得了令人欣喜的成果，多个大学和研究机构给出了自 GRACE 任务发射以来的连续的时变重力场模型序列，其最高阶次、时间分辨率等信息见表 4-10。这些模型信息成功应用于全球地表浅层水储量变化监测、同震重力变化、冰盖融化、冰后回弹、气候变化等方面的研究，并获得了广泛关注和认可的学术成果。

表 4-10 时变重力场模型

发布机构	最新模型/版本	最高阶次	时间分辨率
CSR	RL06	96	月
	RL06（GFO）	96	月
GFZ	RL06	96	月
	RL06（GFO）	96	月
JPL	RL06	96	月
	RL06（GFO）	96	月
COST-G	Grace-RL01	90	月
	Grace-FO-RL02	90	月
	Swarm	40	月

续表

发布机构	最新模型/版本	最高阶次	时间分辨率
AIUB	G3P	90	月
	GRACE-FO_op	96	月
CNES	RL05	90	月、十天
LUH	geo-Q_2018	60	月
	Grace2018	80	月
	GRACE-FO-2020	96	月
	HLSST_SLR_COMB2019s	60	月
HUST	Grace2020	90	月
IGG，CAS	RL01	60	月
IGG，Bonn	Swarm	40	月
ITG	Grace2010	120	月
ITSG	Grace2018	120	月、天
	Grace_op	120	月
SWJTU	GRACE-RL01	60	月
SWPU	GRACE2021	96	月
Tongji	Grace2018	96	月
	LEO2021	40	月
ULux	CHAMP2013s	60	月
WHU	WHU RL01	120	月
	WHU-GRACE-GPD01s	96	月
XISM&SSTC	RL01	60	月

（注：http：//icgem. gfz-potsdam. de/series）

4.3.4　卫星重力梯度测量技术

随着重力梯度仪灵敏度和稳定性的提高以及空间技术的不断发展，卫星重力梯度任务的成功实施成为可能，从 20 世纪 80 年代开始，国际不同国家不同机构开始积极地开展卫星重力梯度仪计划的研究，主要包括 ESA 的 ARISTOTELES 任务（Application and Research Involving Space Techniques Observing The Earth field from Low-Earth orbit Satellite）、NASA 提出的超导重力梯度测量任务（Superconductor Gravity Gradiometer Mission，SGGM）、美意两国合作研究的系绳卫星系统（Tethered Satellite System，TSS）以及于 2009 年实施的 GOCE 卫星任务。前三个卫星重力梯度任务都因为一些特殊原因未能实施。

GOCE 任务于 2009 年 3 月发射卫星，其主要特点是将 SGG 技术和 SST-hl 技术（见图 4.12）结合起来，实现恢复高精度高分辨率全球静态重力场的目标。为了使卫星尽量使用太阳光提供的能量，轨道被设计成太阳同步近似圆形轨道，倾角约 96.5°，因此在两极将有球半径约 6.5° 的无观测值覆盖地区，第一个测量任务期轨道高度为 260km，后一个为 240km；卫星重力梯度仪的坐标系将采用卫星参考框架，原点在卫星质心，x 轴指向卫星飞行的方向，y 轴垂直卫星轨道平面，z 轴与 x、y 轴组成右手系，近似沿地心向径朝外。任务的核心仪器为 GPS-GLONASS 接收机和重力梯度仪，卫星姿态信息和方向由姿态控制器及恒星敏感器获得，同时采用无阻尼控制（Drag-Free Contral，DFC）使观测不受作用在卫星上非保守力的影响。GOCE 任务的测量原理是唯一满足对卫星三维连续跟踪、能够有效补偿非保守力作用、轨道较低（因而可感应到较强的重力场信号）、观测量可有效补偿重力场信号因高度上升而产生的衰减这四个基本条件的卫星重力测量任务，因而其恢复重力场的能力相对于其他卫星任务将有很大提高，尤其是中高频项，以期实现恢复厘米级大地水准面的目标。

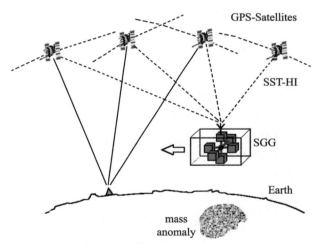

图 4.12 GOCE 任务工作模式（SGG 技术和 SST-hl 技术）（引自 ESA）

GOCE 任务的 HPF 目前主要采用 DIR、TIM 和 SPW 三种方法基于实测数据反演重力场模型[19-23]，分别由法国的 CNES、德国的 TUM 和意大利的 POLIMI 几个机构计算。DIR 的第五代重力场模型（GODIR05S）使用了近 48 个月的 SGG 和 SST 观测值，模型的最高阶次为 300 阶次，滤波器通带为 8.3～125.0 mHz，采用球冠正则化方法[24]来解决极空白引起的病态问题，同时对大于 180 阶次的模型系数均加入了 Kaula 约束，该模型联合了 10 年的 GRACE 数据和 25 年的 LAGEOS 数据来改善重力场模型的中长波（低阶次系数）精度，GRACE 观测方程的最高阶次为 175，该模型是 GRACE 和 GOCE 的联合模型，在 100km 空间分辨率上大地水准面和重力异常累积误差分别为 0.8cm 和 0.2mGal[25]。TIM 第五代模型（GOTIM05S）采用了近 48 个月的 SGG 和 SST 观测数据，最高阶次为 280，采用 ARMA 滤波器处理 SGG 观测噪声的相关性，低频部分主要来自 GOCE SST 的观测值，采用的是短弧法（该模型系列自第四代开始用短弧法代替了能量积分方法处理 SST 观测值）；对低次项系数和大于 200 阶的系数采用了 Kaula 正则化,以解决极空白引起的病态问题和提高信噪比。该模型的反演没有以任何先验重力场模型作参考,是纯 GOCE 重力场模型,在 100km 空间分辨率上大地水准面和重力异常累积误差分别为 2.4cm 和 0.7mGal[26]。SPW 模型(GOSPW04S)采用了 33 个月的 GOCE 观测数据,最高阶次为 280,联合 Wiener 滤波技术和局部最小二乘配置方法处理有色噪声,采用球谐分析方法确定卫星重力模型(http：//icgem. gfz-potsdam. de/ICGEM/shms/go_cons_gcf_2_spw_r4. gfc);上一代 SPW 模型采用了 8 个月的观测数据,最高阶次为 240,在 100km 空间分辨率上大地水准面和重力异常累积误差分别为 8.5cm 和 2.5mGal(Migliaccio et al.,2011)。这三种模型在同等空间分辨率上的精度远远优于 GRACE 的纯卫星重力模型,比如 ITSG-Grace2014s,在 100km 空间分辨率上的大地水准面累计误差约 20cm[27]。

　　虽然 GOCE 任务未完全实现其原定的科学目标(以 1mGal 的精度恢复全球重力异常和 1~2cm 精度确定全球大地水准面,同时空间分辨率达到约 100km),但在小于 200km 的空间分辨率上相比 GRACE 任务反演的重力场精度有了很大的提升,尤其在重力场的中短波频段,这也提高了卫星重力场的空间分辨率。

4.3.5　国际未来重力卫星任务

　　GRACE 任务确定的连续时变重力场序列,为研究陆地水储量变化、冰川质量变化、海平面变化、地震引起的板块质量迁移等地球系统的变化,探究全球变化成因和机制作出了巨大贡献,其影响力甚至超过了其在静态重力场反面的贡献。GRACE 卫星的设计寿命仅 5 年,而自 2002 年发射至今,GRACE 卫星在轨运行超过 15 年。为了保证全球时变重力场探测的时间连续性,弥补 GRACE 卫星任务结束带来的数据空白,欧洲和美国正在积极组织和发展后续的重力卫星计划,目前主要有三个:由 NASA/GFZ 主导的 GRACE follow on (GFO)计划(https：//gracefo. jpl. nasa. gov/mission/overview)[28],由 ESA 联合欧洲多个研究机构主导的地球系统质量迁移任务(e. motion：Earth System Mass Transport Mission)[29]和下一代卫星重力任务(Next Generation Gravimetry Mission,NGGM)[30-32]。同时下一代的卫星重力任务期望在一些方面克服目前 GRACE 任务的不足,例如进一步提高星间测距和非保守力的测量精度,选择比 GRACE 任务更低的卫星轨道,提高 GRACE 时变信号采样的时间分辨率,增加多方向观测量(采用编队测量等)来减弱 GRACE 任务产生的重力场反演中高频误差产生的条带效应,采取可能减弱例如潮汐、大气等时变背景模型误差带来影响的测量模式。

　　另外,学者们根据各类时变重力信号的特点将其时间变化和空间尺度相对应起来,不论是在空间分辨率上,还是在时间分辨率上,目前 GRACE 任务都远远不能满足探测各类时变重力信号的可能,因此需要大力发展下一代卫星重力任务。

　　1)GFO 计划

　　几大未来卫星重力任务中 GFO 任务的进展比较迅速,已于 2018 年 5 月发射卫星,目前已经发布了部分观测数据。该卫星搭载的用于重力场探测的主要仪器有:微波测距系统、星载 GNSS 接收机、星载加速度计、恒星敏感器和激光干涉测距仪。与 GRACE 卫星相比,GFO 卫星的主要技术改进在于搭载了激光干涉测距仪,能将星间测速的精度由

GRACE 任务的微米/秒提高到纳米/秒；GFO 卫星的轨道参数与 GRACE 卫星类似，采用近极圆轨设计，具体为：

①轨道高度 490±10 km；

②轨道倾角 89.5±0.05°；

③轨道偏心率< 0.0025；

④星间距 170~220km。

GFO 计划的主要目标有以下几个方面：

①提供至少 5 年连续的高精度高分辨率的月地球重力场模型；

②验证激光干涉星间测距技术的可行性，和其对提高卫星重力场解精度的有效性；

③进行无线电掩星测量，提供垂直温度/湿度等气象数据。

2) e. motion 任务

ESA 于 2009 年 5 月提议将 e. motion 任务列为"地球探测计划"的探索任务之一（EE-8），随后命名为 e. motion：Earth System Mass Transport Mission（地球系统质量迁移探测任务）。e. motion 任务旨在以更高的精度提供地球重力场时变信息，提高人类对于全球水质量变化、固体地球质量迁移的认识。该任务和 GFO 任务将会有一定的任务重叠期，因此有望获得更高分辨率的观测值，有助于分离时变重力信号，以期获得更高精度和分辨率的卫星重力场模型，同时 GFO 任务对激光干涉测量技术的验证可为 e. motion 任务提供很好的数据处理经验。

e. motion 任务初步计划运行时间约为 7 年，可能会采用钟摆编队模式（见图 4.13），因此会有多方向的观测量，从而可以减弱原来 GRACE 编队产生的条带误差效应，跟踪模式为 SST-HL/LL，轨道的具体参数如下：

• 轨道高度约为 373km；

• 轨道倾角为 75°~90°；

• 轨道重复期为 28.92 天，子重复周期为 10 天；

• 星间距离为 200km。

该任务的主要目标有以下几个方面：

①全球时变大地水准面精度优于 1mm，相应空间分布率优于 200km；

②时变重力场时间分辨率优于 1 个月，7 年的任务期将使卫星重力探测的全球质量变化从季节尺度扩展到 10 年尺度；

③较当前 GRACE 任务的重力测量精度至少提高 10 倍。

卫星搭载的主要载荷包括激光干涉测距仪、加速度计、GNSS 接收机、姿态和轨道控制系统等。e. motion 任务中激光干涉测距仪在测量带宽内的白噪声水平为 $50nm/Hz^{1/2}$，加速度计在测量带宽内的白噪声水平为$10^{-12}m/s^2/Hz^{1/2}$。

另外，有学者基于 e. motion 任务的配置参数模拟研究表明，采用不同倾角飞行的双串联任务是可行的，串联任务即是 GRACE 任务采用的编队模式，因此不需要太多技术支撑。

3) NGGM 计划

欧空局自 2003 年提出了下一代卫星重力任务（Next Generation Gravity Mission，

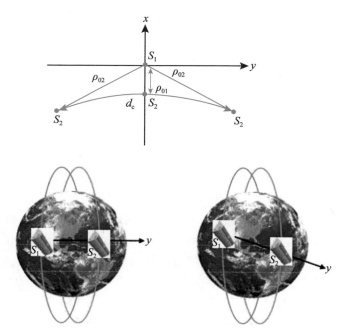

图 4.13　钟摆编队相对运动示意图

NGGM)，确切的说 e. motion 任务是该计划的一部分，其终极目标有以下几个方面：

①以高空间分辨率(100km)、高时间分辨率(一周或更短)、长时间跨度(≥ 6 年)提供地球重力场的时变信息；

②研究不同的测量模式，以期提高观测到的地球物理信号的可分离性，从而减少高频信号引起的混频效应；

③100km 空间分辨率上，大地水准面高度变化确定的精度达到 0.1mm/年。

该任务基于具体的应用需求来确定最合适的观测模式(编队、星座等)，目前考虑到成本和卫星寿命等方面的影响，NGGM 将同样会采用 SST-HL/LL 模式，主要载荷是星载 GNSS 接收机、加速度计、恒星敏感器、星间测距(激光干涉测量)系统。与 GRACE 相比，NGGM 星间距离会从 220km 减小至 100km 左右，轨道高度从 485km 降低至 340～420km，以提高对重力场高频信号的敏感性，星间测距采用激光干涉测量技术，精度达到纳米级，加速度计观测精度需要达到 $10^{-11}\mathrm{m/s^2}$。为了减弱或消除 GRACE 任务重力场模型反演中的南北条带现象，提出了不同于 GRACE 类型编队的另外两种低低跟踪模式——钟摆编队、车轮编队以及三种基本编队模式的混合编队(星座)，车轮编队如图 4.14 所示。

目前学者对三种基本模式和 Bender 混合编队模式进行了数据模拟和分析，结果显示两对 GRACE 编队的混合模式能够以最高的精度恢复低于 20 阶的重力场，但钟摆编队则在高于 20 阶次的重力信号恢复中获得最好精度。

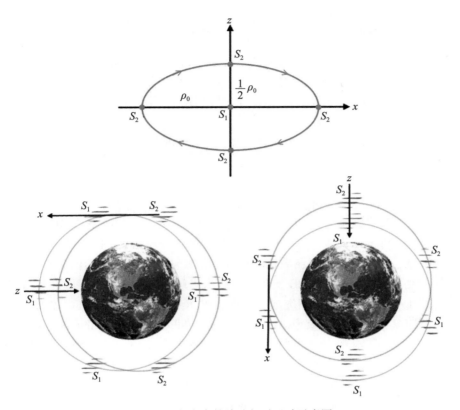

图 4.14　径向车轮编队相对运动示意图

4.3.6　卫星重力探测技术应用

地球重力场的空间结构与变化反映了地球系统的物质分布和运动，是固体地球物理、海洋动力学、冰川学、海平面变化等科学领域的研究与分析所需的基本物理量，因此基于卫星重力探测技术获得的静态与时变重力场模型是相关学科开展研究所需要的重要数据源。GRACE 发布的时变重力场模型，在定量揭示全球水储量变化、冰川消融、海平面与环流变化、强地震及极端气候等全球环境变化导致的地表流体质量变化及大气、陆地水、海洋和固体地球之间的物质交换方面，取得了丰富的科研成果，获得国内外学者的广泛认可。GOCE 任务提供了迄今为止仅采用卫星重力观测数据获得的最高分辨率和最高精度的重力场模型，在研究全球海洋环流、地球内部结构中得到了广泛应用。

1）水文学及气候变化

GRACE 卫星计划可用于探测地球表面质量分布及物质迁移，从而可以用于估计大尺度的季节气候相关的地球表面水循环，因而使得了解全球水循环成为可能。当前的 GRACE 时变序列可用于揭示平均幅度小于 1cm 的地表水变化或小于 1mbar 的海底压强变化，当研究流域区域为 $4.0 \times 10^5 \mathrm{km}^2$ 和 $3.9 \times 10^6 \mathrm{km}^2$ 时，所估计的水储量周年变化精度可分别达到 1cm 和 0.5cm。

　　GRACE 用于水储量变化监测，最早是 Tapley 等[33] 和 Wahr 等[34] 率先利用 1 年的 GRACE 观测数据在约 400km 的空间尺度上研究了全球陆地质量变化，在南美亚马孙河流域、非洲刚果河流域、东南亚恒河流域和湄公河流域等发现存在较为明显的周年的季节性水文变化，其中亚马孙河流域为全球陆地水的周年变化最明显区域，其效应导致的大地水准面变化幅度可达 1cm。其后，国内外大批学者利用 GRACE 时变重力场反演流域水储量变化，主要研究陆地水储量变化的季节性信号及其与全球水文模型的一致性。基于 GRACE 反演水储量的成果，大量学者联合水文模型、降水等解释全球或区域水循环对气候异常的响应机制，例如 Chen 等[35] 基于亚马孙河流域 2002 至 2008 年期间的水储量变化，有效探测到 2005 年该流域特大干旱效应；Xavier 等[36] 分析了该特大干旱与 2002—2003 厄尔尼诺事件（ElNino event）以及北热带大西洋的暖异常相关；Viron 等[37] 利用 4 年的 GRACE 数据，探测到 ENSO 的年际变化与全球陆地水储量变化具有很强的相关性；Morishita 和 Hekei[38] 的研究进一步表明 GRACE 有助于在全球范围内更好地确定降雨异常与 ENSO 的关系，而历史气象观测数据无法提供足够精度的全球降雨信息。在降雨为水储量变化主要驱动力的地区，GRACE 反演的陆地水储量变化与 ENSO 事件有着密切的联系。此外，还有基于 GRACE 观测的研究成果表明：澳大利亚、东非大湖区、Nile 流域、四川盆地的质量变化会受印度洋偶极子（IOD）的影响，热带南美洲受热带大西洋海温异常的影响，欧洲南部水储量变化则与北大西洋涛动有关。GRACE 估计的陆地水储量变化综合了气候异常、变化及人类活动的影响。此外，联合 GRACE 时变重力场和其他水文数据可评估人类活动对水资源的影响，例如 Rodell 等（2009）[39] 和 Famiglietti 等（2011）[40] 利用 GRACE 探测到了印度西北部地区和美国加州中央谷农业灌概区由于过度开采地下水用于农业灌溉导致地下水显著减少。利用 GRACE 探测的陆地水储量变化来约束和改进全球或区域水模型，目前也被学者们关注，例如，Güntner[41] 讨论了 GRACE 观测与水模型的相互比对验证及其对水模型可能的改进作用。

　　2）冰川学

　　冰川是地球系统的重要组成部分，陆地面积的 10% 被冰川覆盖，80% 的淡水储存在冰川里，较大的大陆冰川为南极与格陵兰岛冰盖，占全球冰川储量的 96%。两极冰盖的消融及其引起的物质重新分布和质量平衡效应，与全球气候变暖以及现今的海平面上升密切相关。如果南极和格陵兰岛的冰盖完全融化，将分别导致海平面上升大约 50m 和 7m[42]。因此，研究两极冰盖消融对于全球气候变化趋势预测以及沿海地区人们的生活至关重要。

　　国内外的学者，基于 GRACE 时变重力观测定量地估计了南极和格陵兰冰盖区域近年来的质量变化趋势，并取得了系列研究成果。研究结果表明：南极地区冰川总体呈现消融的趋势，其中东南极地区处于冰盖质量平衡状态，而西南极区域呈现冰川消融趋势且有加速消融趋势；格陵兰岛的冰盖总体呈现加速消融趋势，主要集中在格陵兰岛东南部和西北部。例如：Velicogna 等[43] 估算的南极区域冰盖变化趋势和格陵兰岛冰盖变化趋势分别为 246Gt/a 和 -179 Gt/a，但不同研究学者利用 GRACE 估算的冰盖消融数值结果存在一定的差异。考虑到高山冰川区分布复杂，且观测环境恶劣，传统观测方法无法很好实施长期观测，GRACE 为监测高山冰川质量变化提供了可靠技术手段。相关学者利用 GRACE 探测到了全球较大冰川的质量减少，例如：Luthcke 等[44]基于 GRACE 观测给出的阿拉斯加冰川在 2003—2008 期间的融化速率为 71±6 Gt/a；Matsuo 和 Heki[45]利用 GRACE 时变重力估计的亚洲喜马拉雅地区近年来冰川质量减少速率为 47±12 Gt/a。Jacob 等[46]给出了 2003 年至 2010 年全球冰川质量变化，包括南极、格陵兰岛和各大高山冰川区域，其结果见表 4-11。

表 4-11　**2003 年至 2010 年全球冰川的质量变化率(单位：Gt/a)(Jacob et al.，2012)**

区域	变化率
Iceland	−11±2
Svalbard	−3±2
Franz Josef Land	0±2
Novaya Zemlya	−4±2
Severnaya Zemlya	−1±2
Siberia and Kamchatka	2±10
Altai	3±6
High Mountain Asia	−4±20
Tianshan	−5±6
Pamirs and Kunlun Shan	−1±5
Himalaya and Karakoram	−5±6
Tibet and Qilian Shan	7±7
Caucasus	1±3
Alps	−2±3
Scandinavia	3±5
Alaska	−46±7
Northwest America excl. Alaska	5±8
Baffin Island	−33±5
Ellesmere, Axel Heiberg and Devon Islands	−34±6
South America excl. Patagonia	−6±12
Patagonia	−23±9
New Zealand	2±3
Greenland ice sheet 1 PGICs	−222±9
Antarctica ice sheet 1 PGICs	−165±72
Total	−536±93

区域	变化率
GICs excl. Greenland and Antarctica PGICs	−148±30
Antarctica 1 Greenland ice sheet and PGICs	−384±71

3) 海洋学

IPCC 2007 年大会报告说明在 1993 年至 2003 年 10 年间卫星测高观测到的海平面的年变化速率为 3.1±0.7mm/a，其中由海水温盐效应等导致海水密度变化引起的海平面变化率为 1.6±0.5mm/a，由海洋与大气、陆地和冰川之间的水交换导致的海水质量变化引起的海平面变化率约为 1.2±0.4mm/a。GRACE 时变重力观测首次提供了一种直接定量估计全球海水质量变化对海平面上升的影响的手段，结果是 0.8mm/a 至 2mm/a[47-50]。Cazenave 等[51] 给出了不同因素对平均海平面变化的贡献，见表 4-12。Jacob 等[52] 基于 10 年的 GRACE 时变重力数据，全面探讨了全球各大冰川消融的年变化率及其对海平面的影响，其总的变化率约为 1.48±0.26mm/a。

表 4-12　不同因素对平均海平面变化率的贡献（单位：mm/a）（Cazenave et al., 2009）

数　据	变化率
Sea level（altimetry；2003—2008）	2.5±0.4
Ocean mass（GRACE；2003—2008）	1.9±0.1
Ice sheets（GRACE；2003—2008）	1±0.15
Glaciers and ice caps（2003—2008；Meier et al., 2007）	1.1±0.14
Terrestrial waters（2003—2008）	0.17±0.1
Sum of ice and waters	2.2±0.28
Steric sea level（altimetry minus GRACE；2003—2008）	0.31±0.15
Steric sea level（Argo；2004—2008）	0.37±0.1

GRACE 和 GOCE 重力卫星联合能够供精细的海洋大地水准面，其与卫星测高相结合即可精确求定海面地形的起伏，并进一步探测海洋环流信息，极大地提高了海洋环流研究的效率和精度。Gruber 等[53] 利用 CHAMP 确定的海洋大地水准面（EIGEN-1S）以及卫星测高确定的平均海面高对海面地形进行了研究，大大提高了海面地形的精度，但由于早期 CHAMP 重力场确定的大地水准面精度和空间分辨率较低，仍然难以满足中小尺度海洋环流探测的需求。Tapley 等[54] 率先进行了研究，利用第一个 GRACE 重力场模型计算了稳态海面地形及相应的大尺度海洋环流，与海洋学结果 WOA01 和 EGM96 结果比较说明 GRACE 结果较以往利用卫星测高和海洋重力测量得到的稳态海面地形结果有明显的优越性。2005 年，Tapley 等又利用 GGM02 重力场模型进行了相关研究，取得了更好的结果，

随着 GRACE 数据的不断累积，联合 GRACE 重力场模型和卫星测高数据确定的平均海平面来研究海洋环流势必取得更加丰富的成果。之后，国内外学者开始利用不同的 GRACE 重力场模型进行稳态海面地形及海洋环流的研究[55][56]。Knudsen 等[57]利用由 2 个月 GOCE 数据确定的重力场模型，联合 DTU10 MSS 全球平均海面高模型构建了全球稳态海面地形，结果清晰地显示了全球稳态海流的总特征，并且模型的分辨率与多年 GRACE 数据确定的结果相比得到了极大地改善。Farrell 等[58]利用 ICESat 和 Envisat 测高数据建立了北冰洋地区平均海面高模型，然后联合最新的卫星重力模型确定的大地水准面构建了 5.5 年的稳态海面地形，结果显示的稳态海面地形高以及格陵兰寒流等主要因素特征与海洋学结果一致。Albertela 等[59]对比了 GOCE 和 GRACE 在南极绕极流海域的稳态海面地形及海流结果，表明 GOCE 结果具有较明显的优势。

4）地震学

GRACE 时变重力场反演的地表质量变化在扣除水文因素影响后，亦成功应用于固体地球物质运移的研究中，其中大地震过程中即可产生物质的运移，自然可以利用 GRACE 探测大地震引起的同震重力变化，也是 GRACE 时变重力场应用研究的热点之一。GRACE 卫星提供的连续的、覆盖全面的重力观测资料为地震探测和研究提供更多有效信息，作为其他地震监测手段的有效补充，对地震断层滑动分布模型提供有效约束。

Sun 和 Okubo[60]通过地震断层模型正演结果与 GRACE 观测精度分析指出：大于 Mw9.0 的剪切型或者大于 Mw7.5 的张裂型地震所产生的同震重力变化可以被 GRACE 观测到。GRACE 任务期间可有效探测到的 2004 年苏门答腊 Mw9.3 地震、2010 年智利 Mw8.8 地震和 2011 年日本 Mw9.2 地震引起的同震重力变化。Han 等[61]首次利用卫星重力观测资料探测到了 2004 年苏门答腊 Mw9.3 大地震引起的同震重力变化，后来，许多学者对利用 GRACE 观测 2004 苏门答腊大地震的重力变化进行了研究。Han 等[62]采用 GRACE 星间距离变化率数据，结合断层模型正演结果，证实了 GRACE 卫星对智利 M_w8.8 地震引起的重力变化效应的探测能力。Matsuo 和 Heki[63]利用地震后两个月的 GRACE 数据探测到了 -7 μGal 的重力负变化。Li 和 Shen[64]指出，水平重力梯度分量的"正-负-正"分布能够更敏感地探测倾滑类型的大地震引起的同震变化效应，并基于 2004 苏门答腊地震的实例进行了分析验证。

5）固体地球物理学

确定全球 Moho 面深度是固体地球物理学领域的一个经典问题，目前通常采用两种方法：地震方法和重力方法，前者采用地震观测数据，后者采用重力观测数据。新一代重力卫星 GRACE 和 GOCE 联合反演的重力场模型空间分辨率可达 100km，同时大地水准面精度可以达到 1~2cm，因此采用卫星观测数据研究地壳结构能够有效地克服地震数据的不均匀性和分辨率低等缺点，尤其是在地震数据稀疏甚至完全缺失的情况下。科学家们基于 GOCE 观测数据，对全球和区域的 Moho 面开展了深入的研究[65-69]，获得了全球的地壳和上地幔的密度差，该值从太平洋区域的 81.5kg/m³ 到青藏高原的 988 kg/m³，海洋区域的数值与海底年龄密切相关。利用最新的卫星重力场模型获得的全球 Moho 面分布图，迄今为止空间分辨率最高，该全球 Moho 面分布图给研究地球内部动力学提供了一种新的思路。同时，从 GOCE 卫星观测数据发现在 Scandinavia 和 Canada 区域的地壳有几厘米的上升，主要是因为冰盖融化后地壳的回弹，该研究结果提升了对冰后回弹导致地表上升机理的认知（http：//www. esa. int/Our_Activities/Observing_the_Earth/GOCE/Solid-Earthphysics）。

4.4　卫星测高及其应用

4.4.1　卫星测高技术的发展

卫星测高技术是获取全球海洋观测信息的主要技术之一，在大地测量学和海洋学等相关学科具有广泛应用。随着计算机技术、电子技术和信息技术的发展，以及应用需求的扩展，卫星测高技术本身发生了较大转变，数据处理技术的改进与完善也推动了相关应用领域的进步。自 1969 年著名大地测量学家 Kuala 提出卫星测高概念以来，以欧美为主的国家共发射了 17 颗测高卫星，其中，传统雷达测高卫星 14 颗，激光测高卫星 1 颗，合成孔径雷达测高卫星 1 颗，合成孔径雷达干涉测高卫星 1 颗，见表 4-13。

表 4-13　　　　　　　　　　　　　卫星测高发展基本情况简表

卫星	运行时间	轨道		赤道间距 （km）	重复周期 （天）	测高精度 （cm）
		高度（km）	倾角（°）			
Skylab	1973.05	425	50	—	—	85～100
Geos-3	1975.04—1978	840	115	—	—	25～50
Seasat	1978.06—1978.10	800	108	160/800	3/17	20～30
Geosat	1985.03—1989.09	800	108	165/8	17/176	10～20
ERS-1	1991.07—2000.03	785	98.5	80/8	3/35/168	10
T/P	1992.08—2005.10	1336	66	315	10	3
ERS-2	1995.04—2011.07	785	98.5	80	35	10
GFO	1998.02—2008.10	800	108	165	17	3.5
Jason-1	2001.12—2013.06	1336	66	315	10/406	3.3
Envisat	2002.03—2012.05	800/780	98.5	80	35/30	4.5
ICESat	2003.01—2009.10	590	94	—	183	10
Jason-2	2008.06—	1336	66	315	10/406	2.5
Cryosat-2	2010.04—	717	92	—	369	—
HY-2A	2011.08—	971/973	99.3	—	14/168	—
Saral	2013.02—	800	98.55	80	35	—
Jason-3	2016.01—	1336	66	315	10	—
Sentinel-3A	2016.02—	815	98.65	—	27	—

Skylab、Geos-3 和 Seasat 是美国最早开始进行卫星测高技术研究发射的 3 颗实验卫星，均由于卫星设计或搭载仪器失败等原因导致运行周期较短，其数据精度较差，至今已基本不被所用。之后，传统雷达测高卫星按发射机构或目的可分为 3 个系列：①美国海军发射的 Geosat 卫星和其后续 GFO 卫星系列，Geosat 卫星是由美国海军发射的首颗成功运行并首次获得全球海洋观测数据，其数据至今仍被广泛利用，特别是其大地测量任务漂移轨道所采集高分辨率海面高观测数据，一直是确定高分辨率海洋数值模型不可缺少的部分，作为其后续卫星，GFO 只设计了重复运行周期轨道，这一系列观测数据至今已全部结束；②美国国家航天航空局（NASA）和法国空间局（CNES）联合发射的 T/P、Jason-1、Jason-2 和 Jason-3 卫星系列，该系列雷达测高卫星被公认具有最高的海面高测量精度，而且保证了从 1992 年 8 月至今连续的具有相同地面运行轨迹的观测数据集，因此，一直是海洋数值模型确定的参考基准，以及全球海平面变化研究的首选数据集，如今，Jason-3 测高卫星保持了原始重复周期运行的数据观测，而 Jason-1 和 Jason-2 卫星分别于 2012 年 5 月和 2017 年 7 月经过轨道调整开始大地测量任务的观测，可获得高精度高分辨率的全球海面高数据，有望较大提高现有海洋数值模型的精度和分辨率；③欧洲空间局（ESA）发射的 ERS-1、ERS-2、Envisat 和 Sentinel-3A 测高卫星系列，ERS-1 卫星设计了 3 天、35 天和 168 天三个任务和运行周期，其 168 天重复周期的大地测量观测任务与 Geosat 大地测量任务观测数据具有相同的重要应用，ERS-2 和 Envisat 是其 35 天重复周期任务的后续任务，使该系列观测数据得到延续，但如今均已结束任务，不再提供有效观测数据，Sentinel-3A 是基于合成孔径雷达观测的新型测高卫星。中国在 2011 年 8 月 15 日也发射了首颗雷达测高卫星 HY-2A，搭载双频测高仪和微波辐射计，设计两年的 14 天重复轨道周期和一年的 168 天漂移轨道周期。此外，CNES 与印度空间研究中心于 2013 年 2 月 25 日联合发射了 Saral 卫星，主要目的包括为 Argo 浮标提供中继卫星服务和基于 Ka 波段的新型雷达测高观测，其轨道参数与 ERS 系列相同。

由于传统雷达测高卫星脉冲信号地面测量半径较大，仅在海面或较大湖泊等表面精度较高。在全球气候变暖的大背景下，随着两极冰盖融化对全球气候的影响逐渐加深，迫切需要了解两极冰盖消融情况，及其与全球海平面的变化和全球气温变化之间的关系，促进人们对环境的认识和保护。因此，美国 2003 年 1 月发射了主要用于极地冰盖测量的 ICESat 极轨激光测高卫星，相比传统雷达脉冲信号，激光具有较小的地面测量半径，且在冰面穿透性弱，测量精度较高。该卫星搭载 3 个激光测高仪，但由于激光能量消耗大，3 个测高仪轮流工作，每次开启 1 个测高仪，工作时间 30 天左右，每年 2~3 个工作周期，按这种方式至 2009 年 10 月，3 个测高仪已全部失效，共获得了 18 个工作周期的观测数据。ESA 在 2005 年 10 月也发射了 CryoSat 极轨测高卫星，但由于运载火箭发生故障，卫星发射失败，重造的 CryoSat-2 卫星于 2010 年 4 月 8 日发射，采用了最新的干涉雷达测量方式，包括 3 个测量模式：一是低分辨率指向星下点的高度计测量模式，可获得陆地、海洋和冰盖所有表面观测值；二是 SAR 测量模式，主要为提高海冰观测精度和分辨率，可使沿轨分辨率达到 250m 左右；三是 SAR 干涉计测量模式，主要为提高冰盖或冰架边缘等地形复杂区域精度。

上述发射的系列测高卫星中目前仍在运行的有 Jason-2、Cryosat-2、HY-2A、Saral、

Jason-3 和 Sentinel-3A，为保证海洋和极地的连续监测，国际上已规划了各系列的后续卫星，如 T/P 系列的 Jason-CS，我国 HY 系列的 HY-2B、HY-2C 和 HY-3 等，以及新型测高技术卫星 SWOT 等，并将于近些年相继发射。纵观测高卫星的发展和国际后续的系列规划，测高卫星的目的逐渐向高空间分辨率和高时间分辨率方向发展，这也是测高卫星应用需求所在，据此采用的测高技术也将进行革新，如 Cryosat-2、Sentinel-3A 和 Jason-CS 卫星采用的合成孔径雷达测高技术，Saral 卫星采用的 Ka 波段测高技术，和 SWOT 卫星拟采用的 Ka 波段合成孔径雷达干涉测高技术等，此外，还有正在研究和实验中的测高卫星星座技术和 GNSS 信号测高技术等。

4.4.2　卫星测高技术的基本原理

卫星测高所搭载的微波雷达测高仪通过测定雷达脉冲信号往返于地球表面所经过的时间来确定卫星到星下点的距离，然后根据已知的卫星轨道高度，并顾及各种误差改正项来获取某种平均意义上的海平面相对于参考椭球的大地高，如图 4.16 所示。其基本观测量包括信号往返时间、回波波形和信号自动增益控制值，其中，利用信号往返时间可确定卫星至海面的距离，对回波波形的分析可得到有效波高和后向散射系数，由信号自动增益控制也可得到后向散射系数，进而通过后向散射系数还可以反演海面风速。因此，也可以说，卫星至海面的距离、有效波高和后向散射系数是卫星测高的三个基本观测量，卫星测高的很多应用都是基于这三个基本观测量展开的。[70]

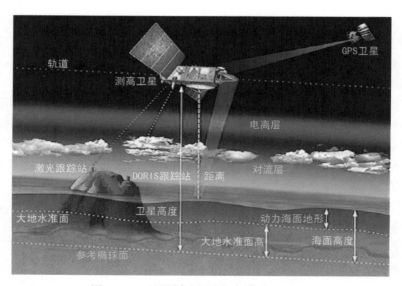

图 4.15　卫星测高原理图(金涛勇，2010)

卫星雷达脉冲信号在从卫星到地球表面的传播过程中，由于大气层中的水分子、悬浮物和电子密度的影响而发生折射或散射，使得观测的信号往返时间有延迟。雷达脉冲信号在接触海面的过程中，还会受到海洋潮汐和海况的影响，直接由观测时间计算的距离将会产生偏差。此外，由于海水的不可压缩性，大气压力的变化将引起海平面的变化，为得到真实海面高，还应进行该项改正。从雷达脉冲信号的发射到信号从海面反射，可能对海面高产生影响的误差改正包括电离层改正、对流层干分量和湿分量改正、逆气压改正、海洋潮汐改正和海况偏差改正，所有这些与传播介质环境相关的改正可称为卫星测高的地球物理与环境误差改正。经过精细的数据编辑和预处理之后，卫星测高获得的海平面高具有了较高精度，可应用于大地测量学和海洋学等众多领域。

4.4.3 卫星测高技术的主要应用

在过去几十年里，卫星测高数据可以以几公里到几十公里甚至近于全球的空间采样率和覆盖率，以及在时间尺度上从几天到几十天的时间采样重复率和持续几年、十几年甚至几十年的观测，提供了迄今为止最为丰富的海平面变化信息和全球平均海面精细结构，并填补了对全球海岸以外的广大开阔海洋潮汐观测的空白。此外，由于现代雷达和微波技术的迅速发展，通过分析检测海面雷达回波的形状、散射特征和回波功率，可以获得全球海洋浪场和风场的某些统计分布，为高海况及灾害性海况的预测、预警提供信息。[71]

1. 卫星测高在大地测量学中的应用

确定地球形状及其外部重力场是大地测量学的基本任务之一，也是其科学目标。海洋占地球表面积的71%，全球重力场的确定在很大程度上取决了海洋重力场的确定。船测重力测量不可能实现全球海洋重力测量的覆盖，卫星测高的出现提供了确定海洋重力场精细结构的最经济有效的手段。利用卫星测高数据可确定高分辨率的大地水准面，意味着精密确定地球形状，使实现全球高程基准统一成为可能。利用卫星测高数据又可间接或直接确定海洋重力场的其他参考量，如重力异常、垂线偏差等，这标志着大地测量在实现其基本任务和科学目标的进程中有了突破性进展。

卫星测高技术可精密测定全球海洋平均海面的大地高，若将平均海面看作大地水准面，则意味着可以用卫星测高技术"直接"测定海洋大地水准面，利用大地水准面高和重力异常之间的泛函关系，由大地水准面可反求出海洋重力异常或重力扰动，获得高精度、稠密的重力异常格网成果。近40多年来，在多代卫星测高计划的支持下，海洋重力场的确定得到了迅速发展，到目前为止，利用卫星测高数据推算的重力异常，其精度在 $1' \times 1'$ 分辨率时可达到 $\pm(2\sim3)$ mGal 甚至更高，其精度可与船测重力精度相媲美，但分辨率却远远高于船测重力。

卫星测高数据为全球海洋地区提供了高分辨率的重力场信息，填补了这一长期留下来的重力资料的空白，从而使得高阶地球重力场模型得到了迅速发展。地球重力场模型是通过相应阶次位系数集合来定义的，低阶位系数主要利用地面卫星跟踪站对卫星的跟踪观测资料进行解算得到。卫星在地球引力场中运行所受到的摄动力主要是引力场的低频分量，这是因为引力场的高频分量随高度增大而迅速衰减，中高轨卫星对其不敏感。卫星测高数据含重力场中、短波成分的丰富信息，在很大程度上可弥补卫星跟踪数据的不足。建立高阶次全球重力场模型必须联合卫星跟踪、卫星测高和地面重力观测数据求解位系数。

大地水准面是高程测量的理想参考面，目前世界各国或地区都是由各自特定验潮站所确定的平均海面定义其相对独立的高程基准。由于海面地形的存在，这些基准与大地水准面的偏差可达 2~3m，全球有 100 多个不同的高程基准。为适应经济、科技和信息全球化趋势，统一全球高程基准将是大地测量的一个跨世界任务，它取决于精密确定全波段的全球大地水准面和海面地形。联合卫星测高技术将是实现这一任务的最佳途径。[71]

2. 卫星测高在海洋学中的应用

大洋环流由海水的水平压力梯度所引起，与地球自转的偏转力达到平衡，表现为海平面高相对于大地水准面的倾斜和起伏。稳态海面地形形成地转流，决定稳态平均洋流。如果能求得海面地形，便可通过海面地形与地转流的大小、方向之间的关系来确定大洋环流的分布模式。卫星测高技术正是研究海面地形的一种最好手段。卫星测高通过对全球海面周而复始的观测，并结合由地球重力场模型计算的大地水准面，即可确定海面地形，然后根据海面地形与海洋环流之间的地转平衡关系，便可以研究海洋环流及其变化。[72]

由于存在波浪的海面与平静的海洋面对卫星测高仪发射信号的反射能力大小不同，后者反射率大且均匀一致、前者反射率小且不均匀，因此，对接收到的回波信号波形进行分析，可以估计海面的有效波高。由于海面风速与海面的粗糙度存在着一定的数学经验关系，测高卫星所搭载的微波传感器通过测量海面上与海面粗糙度有关的后向散射系数、有效波高或者亮度温度等参数，再利用一定的风速算法建立起后向散射系数、有效波高或者亮度温度与风速之间的相互关系，求得海面相应位置的风速。卫星高度计所获得的海面风速和有效波高这两个参数，是研究海面风场和海面波浪场的重要数据来源，为研究风浪和涌浪的生成机制和成长过程提供了宝贵的数据。另外，有效波高可以对高度计海面风速反演模式函数进行修正，从而改善其反演精度。而把风速和波高资料通过数据同化进入预报模式，能有效地提高海洋预报的准确性。

卫星测高技术的出现还提供了一个新的潮汐测量手段，使全球海洋潮汐的研究取得了实质性的进展。一方面，测高卫星是一个功能强大的海洋观测系统，可以获得近乎全球海洋上的水位观测数据，特别是执行精密重复轨迹任务的测高卫星通过特定的周期刚好提供了卫星海面轨迹点上的重复观测，其效果相当于在全球海洋布设了一个高密度的验潮网络。卫星测高技术为建立全球海洋潮汐模型提供了一个巨大的海洋潮汐信息源，建立海潮模型一直是卫星测高技术在海洋学领域中的一个重要应用。

3. 卫星测高在地球物理学中的应用

海底地形反演是卫星测高的一个应用领域。地壳的密度不同可引起重力的差异（即重力异常），大地水准面（静止海面）起伏反映重力异常的存在。重力方向相对正常重力方向的变化，即重力异常变化，表征海面起伏的坡度方向。当局部重力异常在海面上反映为一座"小山"时，这座山在海底可以是一座真正的海底山脉或岛屿，这是由于局部海域海底地形使地壳密度与海水密度反差异常变化引起的。目前，在海底地形反演计算时，常用的数据是重力异常。均衡理论的研究表明，海洋重力异常主要产生于海山及其均衡补偿物质的密度分布异常。基于岩石圈挠曲均衡理论，研究表明在顾及均衡补偿时，海底地形与重力异常在一定波段范围内有较强相关性，这是海底地形反演的理论基础。[73]

海面地形的稳态部分（相对于时变部分）可以联合测高卫星数据和海洋重力场信息（如地球重力场模型）比较准确的确定。这一过程又有助于削弱或消除海面地形对测高海面高的影响，从而确定大地水准面起伏和重力场异常的精细结构。利用地球物理方法可反演海底地球深部结构、研究地幔对流及板块运动等。其方法是通过建立大地水准面形态与板块消减带的相关性研究上地幔和岩石圈的结构与对流。全球覆盖的测高数据可以系统地用于研究海洋岩石圈在表面负荷下的弯曲响应，而船载重力测量资料则做不到这一点。

海洋重力场的长波异常或大地水准面长波起伏是由广阔的地幔对流来保持的，短波异常或大地水准面短波起伏主要来源于岩石圈内或紧接其下面的密度异常。海洋大地水准面短波起伏可以提供有关海底矿藏的信息。海底地壳密度和海水密度的显著反差仅反映在海洋大地水准面的短波起伏中，由滤去长波的海洋大地水准面或由顾及了潮汐和大气压力影响的平均海面可以检测出海底地形，如海岭、海沟、转换断层和海山等。

4. 其他方面的应用

监测海平面的变化。海平面变化是全球变化的一个重要因素之一，卫星测高技术为实时准确测定全球海平面高提供了一种强有力的手段和高质量信息源。利用卫星测高资料可以得出海面高在地心参考坐标框架中的时变序列，直接监测全球海平面的变化，为温室效应所引起的海平面变化并导致全球气候变化以及厄尔尼诺现象等提供分析依据，可依此进一步分析海面高度变化中的各种频率成分及相应成因。此外，由卫星测高观测的海平面变化异常可以反映出由于海啸所引起的巨大海浪，从而帮助研究海啸的传播。

卫星雷达测高的设计初衷是获取高精度的海面高观测值，然而其搭载的雷达测高仪在地球其他表面上同样可获得观测值，但因表面起伏大，观测精度较差，利用波形重跟踪方法对不同表面的雷达脉冲回波进行波形分析以改善距离观测精度，可将卫星雷达测高应用拓展到陆地和冰面。利用卫星雷达测高和激光测高技术可以获得极地冰盖和大陆冰川的表面高程变化，基于表面高变化与厚度和质量改变的简单关系，还可以以此估算冰川质量均衡。高度计除了能进行海面测量之外，还能利用其测高的基本原理，进行内陆水域的水位及变化监测，并分析和探讨水位变化与局部气候环境变化的关系。

高度计除了高程观测之外，还包括雷达信号回波波形和幅度观测，同时，还获取了全球范围不同类型地面上的雷达后向散射系数。由于地面与水面不同，地形复杂，表面不光滑，因此，地面的返回脉冲比海面返回脉冲更加复杂。尽管如此，分析研究陆地回波，仍然可以获取一些有用信息和结论。例如，利用雷达高度计观测的后向散射系数来区分主要的全球地面特性和研究它们的时间演化，包括积雪覆盖、森林、沙漠、沼泽等的变化特征。[74]

4.4.4 利用卫星测高技术反演海洋重力场的研究进展

早在20世纪70年代，卫星大地测量领域的一个研究热点就是基于卫星的轨道信息以及星载传感器的直接观测量，扩展重力场的球谐位系数，构建地球的重力场模型。第一颗测高试验卫星Skylab成功发射后不久，国外科研机构就开始探讨如何基于这种新的测量方式反演海洋重力异常。Gopalapillai[75]首先基于Stokes数值积分公式法证明了卫星测高模拟数据恢复海洋重力异常的可行性，并指出当测高数据满足覆盖任一区块且精度达到1m水平的前提条件时，重力异常的计算切实可行，对于1°×1°的区块解算结果精度大约为19mGal，对于2°×2°大约为8mGal。随着Geos-3的成功发射和数据获取，Rapp等[76]基于实测测高数据及最小二乘配置方法展开一系列的海洋重力场恢复研究，既包括引入20

阶 GEM-9 模型拟合削弱径向轨道误差等长波长误差项的影响，还有通过滤波处理抑制残余噪声，以及采用 Schwiderski 海洋潮汐模型和 Lisitzin 海面地形模型进一步改进测高大地水准面的精度，最终估算出 29 479 个 1°×1° 的平均重力异常，其中 93% 的结果精度优于 15mGal。

由于采用了新型脉冲压缩技术，Seasat 卫星测高精度相比 Geos-3 有了明显改善，在轨运行时间虽仅有三个多月但提供了高质量的观测数据。此外，20 世纪 80 年代中期成功发射的 Geosat 卫星测高精度比 Seasat 更高，且在轨运行时间更长，基于这些数据恢复的海洋重力场精度显著优于 Geos-3 数据的结果。此外，联合多颗测高卫星数据反演海洋重力场的研究也起始于这个时期。Rapp[77-79] 指出由于 Seasat 定轨精度的提升，交叉点平差解算不再引入低阶重力场模型，但应顾及测高卫星的椭球参数选取差异，联合解算将 Geos-3 数据平差至固定的 Seasat 弧段，进而获取海洋区域网格分辨率为 0.125°×0.125° 的重力异常，与船测数据检校显示符合程度优于 31mGal，10 139 个 1°×1° 平均重力异常值精度约为 7mGal。Haxby[80] 通过二维拉普拉斯方程建立了重力异常与大地水准面梯度的关联，并在扁平地球近似条件下采用傅里叶变换解算，研究指出 1 000km 波长内的重力异常确定精度较高，长波部分的重力异常精度较差甚至无法获取。Sandwell[81] 提出了一种沿轨垂线偏差确定的方法，通过沿轨差分观测值能够有效增强海洋重力场的短波特征并抑制径向轨道误差和路径延迟误差等长波长项，从而无需进行交叉点平差。在上述方法的基础上，引入低阶重力场模型作为参考场，采用低通高斯滤波消除高频噪声，最终基于 Geosat 数据首次恢复了 62°S 以南的南极洲周边海域的重力场。[82]

20 世纪 90 年代全球范围内成功发射了 4 颗测高卫星，尤其是 ERS-1 GM 阶段任务的实现以及 Geosat GM 数据的解密，促使全球范围内基于卫星测高资料恢复海洋重力场的研究进入一段鼎盛时期。基于大地水准面或垂线偏差的最小二乘配置法、基于逆 Stokes 方程的大地水准面反算法以及基于拉普拉斯方程的垂线偏差法在这个时期逐渐趋于成熟。此外，同时期的研究还对比分析了基于不同方法恢复的海洋重力场结果。结合 Geosat GM 数据刚刚解密的契机，Sandwell[83] 基于重采样至沿轨 2Hz 的数据再次恢复了 60°S 以南的南极洲周边海域的垂向重力梯度和重力异常，结果的精度水平有了显著提高。随后，Sandwell[84] 联合不同任务阶段的 Geosat 和 ERS-1 数据，顾及 CSR V3.0 潮汐模型改正，通过共线平均和低通滤波抑制测量值噪声，引入 70 阶的 JGM-3 模型作为参考场，采用移去恢复过程得到全球海域 2′×2′ 的重力异常格网，与船测数据检核显示精度达到 7mGal。

海表面高度观测值中包含了大地水准面高、海表面地形、径向轨道误差、潮汐校正、路径延迟误差以及观测噪声等多种信息，Knudsen[85][86] 提出了一种联合卫星测高数据和重力观测值同时估算重力场以及海表面地形的最优估算方法，该方法联合参数化高斯马尔可夫估算方法和最小二乘配置法进行解算，在法罗群岛海域和挪威海海域都得到了令人满意的结果。Andersen 等[87] 对比了基于逆 Stokes 公式的解算方法以及分别将海面高和垂线偏差数据作为观测值的最小二乘配置法恢复重力异常的效果，其中基于沿轨垂线偏差的最小二乘配置法解算结果精度优于其他两种方法。随后，Andersen 和 Knudsen[88] 基于空间覆盖更加稠密的 ERS-1 GM 和 Geosat GM 数据，引入 AG95.1 潮汐模型更新海潮和负荷潮改正，采用 EGM96 模型作为参考场，基于移去恢复过程和最小二乘配置法恢复全球 3.75′×3.75′

的海洋重力异常，与船测数据比对不符值的均方根优于 10mGal。

Hwang 和 Parsons[89][90] 联合使用 Seasat、Geosat、ERS-1、T/P 数据和船测重力数据基于最小二乘配置方法构建了雷克雅内斯海脊海域的精细重力场。其中船测重力数据不再单纯地作为检核的数据集，而是作为附加数据集融入测高重力场以提供其富含的短波信息。此外，该研究采用大地水准面梯度作为最小二乘配置法的输入数据，同时引入一个误差参数表示长波长海表面地形和残余径向轨道误差的影响。基于大地水准面梯度作为输入数据的理论基础在于建立重力异常和垂线偏差的关系，Hwang 和 Parsons[91] 基于逆 Vening-Meinesz 公式的确定性方法和基于最小二乘配置的随机性方法进行推导，对比显示两者在频域内垂线偏差与重力异常的关系式是等价的，同时还提出了一种在网格点处结合 Akima 样条和加权最小二乘解算的插值方法。随后，Hwang[92] 推导出逆 Vening-Meinesz 公式在严格球面积分条件下对应的一维傅里叶变换关系式以及平面近似下的二维傅里叶变换关系式，给出内圈带半径的确定方法以及内圈带效应影响公式。

20 世纪末期，Rapp[93] 以加利福尼亚湾海域为例评价了 Sandwell、Andersen 和 Hwang 等人发布的全球海洋重力异常结果，与船测数据检核的不符值均方根依次为 ±12.1mGal、±10.9mGal 和 ±11.4mGal，其中 Sandwell 结果选择 70 阶 JGM-3 模型作为参考场，其他两个结果均选择 360 阶 EGM96 模型作为参考场。除上述认可度和权威性较高的几个科研团队外，20 世纪 90 年代国际上还有大量基于卫星测高资料反演海洋重力场的研究，但基于测高垂线偏差数据的算例较多。此外，针对海冰覆盖海域的回波波形不同于开阔海域的情况，国际上着手采用波形重跟踪处理提升测高数据精度，并恢复了南极附近海域及北冰洋特定海域的重力场，在此基础上探测到一些未知的海底构造特征[94]。

国内基于卫星测高数据反演海洋重力场的研究最早可追溯至这个时期，李建成等[95] 推导了利用逆 Stokes 公式和 Hotine 公式求解重力异常和扰动重力的卷积表达式，以及最小二乘配置法计算重力异常及其协方差函数确定的公式。许厚泽等[96] 基于 T/P 和 ERS-1 数据获取的网格化大地水准面高，分别使用逆 Stokes 公式法和最小二乘配置法，恢复了中国近海及邻近海域 30′×30′ 的海洋重力异常。李建成等[97][98] 基于 T/P、ERS-2 和 Geosat 数据确定全组合交叉点处的垂线偏差方向分量，经粗差剔除后，采用 Shepard 网格化方法拟合内插 2.5′×2.5′ 的测高垂线偏差信息，北向分量和东向分量与 EGM96 模型检核的标准差分别为 ±1.3″ 和 ±1.5″。根据逆 Vening-Meinesz 公式推导出的卷积形式反演重力异常，其中基于严密平面卷积公式计算的精度优于二维球面卷积公式，与船测重力异常检校的精度约为 9.3mGal。此外，在中国海及邻近海域，国内众多学者利用卫星测高数据反演获取了不同格网分辨率的重力异常，以 2′×2′ 分辨率为例，船测数据检核精度约为 6.33 ~ 11.2mGal[99-103]。

2010 年以来，随着 Cryosat-2、HY-2A 和 SARAL/AltiKa 的成功发射、Jason-1 大地测量任务阶段的飞行以及 Envisat 的轨道调整，SAR、SIN 测量模式以及 Ka 波段的高度计丰富了测高资料种类，轨道参数的设计差异同样使沿轨测高数据信息呈现多样化，为更高精度和分辨率的海洋重力场恢复带来新的契机。目前国际上基于卫星测高资料反演全球海洋重力场模型方面的代表性研究成果有两组，一组是美国加州大学圣地亚哥分校斯克里普斯海洋研究所(UCSD，SIO)Sandwell 科研团队发布的 SS 系列模型，其最新模型为 V23.1[104]；

另一组是丹麦科技大学(DTU)的 Andersen 科研团队研发的系列模型，根据发布时间曾经先后命名为 KMS、DNSC 和 DTU，其最新模型为 DTU13。两个系列模型的分辨率都达到 1′×1′，全球整体精度约为 3~5mGal。随着新的测高数据带来精度以及覆盖率的提升，国际上均在致力于构建精度达到 1mGal 的全球海洋重力场模型。

4.4.5　利用卫星测高技术反演海洋重力场的基础理论

1. 基于大地水准面高计算的逆 Stokes 公式

当对测高观测数据经各种物理环境改正，通过交叉点平差、滤波等方法消除径向轨道误差等系统误差、残余时变海面信号影响和非静态海面高信号，并进行了海面地形的扣除后，获得了比较可靠的海洋大地水准面高的"观测值"，则可利用逆 Stokes 公式由大地水准面高反演重力异常[98]。

根据物理大地测量学的理论知识，大地水准面上任意一点 P 的重力异常 Δg_P 与扰动位 T_P 满足下列关系[105]：

$$\Delta g_P = \left(-\frac{\partial}{\partial h} + \frac{1}{\gamma}\frac{\partial \gamma}{\partial h} \right) T_P \qquad (4\text{-}77)$$

式中，γ 表示正常重力，h 是正高。由于球面上法线方向与矢径 r 的方向相同，因此近似地有 $\partial/\partial h \cong \partial/\partial r$。将 Bruns 公式，采用地球正常重力平均值 $\bar{\gamma}$ 代替 γ，且假设位的零次项为 0，则式(4-77)可写成

$$\Delta g_P = -\left(\frac{\partial}{\partial h} + \frac{2}{R} \right) \bar{\gamma} N_P \qquad (4\text{-}78)$$

式中，R 为平均地球半径。大地水准面的径向导数可表示如下[106][107]：

$$\frac{\partial N_P}{\partial r} = -\frac{1}{R} N_P + \frac{R^2}{2\pi}\iint_\sigma \frac{N - N_P}{l^3}\mathrm{d}\sigma \qquad (4\text{-}79)$$

其中，l 为计算点 P 到流动面元的空间距离，将式(4-79)代入式(4-78)，得逆 Stokes 公式为

$$\Delta g(\varphi_P,\ \lambda_P) = -\frac{\bar{\gamma} N(\varphi_P,\ \lambda_P)}{R} - \frac{\bar{\gamma} R^2}{2\pi}\iint_\sigma \frac{N(\varphi,\ \lambda) - N(\varphi_P,\ \lambda_P)}{l^3}\mathrm{d}\sigma \qquad (4\text{-}80)$$

空间距离 l 满足关系式 $l = 2R\sin\left(\dfrac{\psi}{2}\right)$，代入得

$$\Delta g(\varphi_P,\ \lambda_P) = -\frac{\bar{\gamma}}{R} N(\varphi_P,\ \lambda_P) - \frac{\bar{\gamma}}{16\pi R}\iint_\sigma \frac{N(\varphi,\ \lambda) - N(\varphi_P,\ \lambda_P)}{\sin^3\dfrac{\psi}{2}}\cos\varphi\,\mathrm{d}\varphi\,\mathrm{d}\lambda \qquad (4\text{-}81)$$

式(4-81)的一维卷积表达式为[108]：

$$\begin{aligned}
\Delta g(\varphi_i, \lambda_P) &= -\frac{\bar{\gamma}}{R} N(\varphi_i, \lambda_P) - \frac{\bar{\gamma}}{16\pi R}\iint_\sigma \left[N(\varphi_i, \lambda) - N(\varphi_i, \lambda_P) \right] IS(\varphi_i, \varphi, \lambda_P - \lambda)\cos\varphi\,\mathrm{d}\varphi\,\mathrm{d}\lambda \\
&= -\frac{\bar{\gamma}}{R} N(\varphi_i, \lambda_P) - \frac{\bar{\gamma}}{16\pi R}\int_\varphi \Big\{ \left[N(\varphi_i, \lambda)\cos\varphi \right] \cdot IS(\varphi_i, \varphi, \lambda_P - \lambda) - \\
&\quad N(\varphi_i, \lambda_P) \cdot \left[IS(\varphi_i, \varphi, \lambda_P - \lambda)\cos\varphi \right] \Big\}\mathrm{d}\varphi
\end{aligned}$$

$$= -\frac{\bar{\gamma}}{R}N(\varphi_i, \lambda_P) - \frac{\bar{\gamma}}{16\pi R}F_1^{-1}\left\{\int_\varphi \left\{F_1\left[N(\varphi_i, \lambda)\cos\varphi\right]F_1\left[IS(\varphi_i, \varphi, \lambda_P - \lambda)\right] - \right.\right.$$

$$\left.\left. F_1\left[N(\varphi_i, \lambda_P)\right]F_1\left[IS(\varphi_i, \varphi, \lambda_P - \lambda)\cos\varphi\right]\right\}\mathrm{d}\varphi\right\}$$

$$(4\text{-}82)$$

式中，F_1 和 F_1^{-1} 分别表示一维傅里叶正变换和逆变换算子，此外

$$IS(\varphi_i, \varphi, \lambda_P - \lambda) = \sin^3(\psi/2) = \left[\sin^2\frac{1}{2}(\varphi_i - \varphi) + \sin^2\frac{1}{2}(\lambda_P - \lambda)\cos\varphi_i\cos\varphi\right]^{\frac{3}{2}}$$

$$(4\text{-}83)$$

2. 基于垂线偏差计算的逆 Vening-Meinesz 公式

由于沿轨差分和交叉点差分过程有效地抑制了径向轨道误差等长波长误差项对于测高观测值的影响，可以确定较高精度的垂线偏差，利用垂线偏差恢复海洋重力场的方法得到了广泛使用。

Molodensky[106] 导出了 Vening-Meinesz 公式在空间域中的逆公式为

$$\Delta g = \frac{\gamma}{4\pi R}\iint_\sigma\left(3\csc\psi - \csc\psi\csc\frac{\psi}{2} - \tan\frac{\psi}{2}\right)\frac{\partial N}{\partial\psi}\mathrm{d}\sigma \tag{4-84}$$

式中，σ 表示单位球面，ψ 为计算点 P 与流动点之间的球面距离，$\frac{1}{R}\frac{\partial N}{\partial\psi}$ 是方向 ψ 上的垂线偏差分量，由北向分量 ξ 和东向分量 η 表示：

$$\frac{1}{R}\frac{\partial N}{\partial\psi} = \xi\cos\alpha + \eta\sin\alpha \tag{4-85}$$

式中，α 表示 ψ 方向对应的方位角，即计算点与流动点间的方位角，其正余弦值计算如下：

$$\sin\alpha = -\frac{\cos\varphi\sin(\lambda_P - \lambda)}{\sin\psi} \tag{4-86}$$

$$\cos\alpha = \frac{\cos\varphi_P\sin\varphi - \sin\varphi_P\cos\varphi\cos(\lambda_P - \lambda)}{\sin\psi} \tag{4-87}$$

顾及式(4-85)、式(4-86)和式(4-87)，式(4-84)可写为如下形式：

$$\Delta g(\varphi_P, \lambda_P) = \frac{\gamma}{4\pi}\iint_\sigma\left(3\csc\psi - \csc\psi\csc\frac{\psi}{2} - \tan\frac{\psi}{2}\right)(\xi\cos\alpha + \eta\sin\alpha)\mathrm{d}\sigma$$

$$= \frac{\gamma}{4\pi}\iint_\sigma\left\{\xi\cos\alpha\left(3\csc\psi - \csc\psi\csc\frac{\psi}{2} - \tan\frac{\psi}{2}\right) + \right.$$

$$\left. \eta\sin\alpha\left(3\csc\psi - \csc\psi\csc\frac{\psi}{2} - \tan\frac{\psi}{2}\right)\right\}\mathrm{d}\sigma \tag{4-88}$$

式(4-88)可进一步表达为一维卷积形式

$$\Delta g(\varphi_P, \lambda_P) = \frac{\gamma}{4\pi}\iint_\sigma\int(\xi IV_\xi + \eta IV_\eta)\mathrm{d}\sigma \tag{4-89}$$

式中，

$$IV_\xi = \cos\alpha\left(3\csc\psi - \csc\psi\csc\frac{\psi}{2} - \tan\frac{\psi}{2}\right)$$

$$= \left[\frac{\cos\varphi_P\sin\varphi - \sin\varphi_P\cos\varphi\cos(\lambda_P - \lambda)}{4\sin\psi^3\dfrac{\psi}{2}\left(1 - \sin^2\dfrac{\psi}{2}\right)}\right] \cdot \left(-2\sin\psi^3\frac{\psi}{2} + 3\sin\frac{\psi}{2} - 1\right) \tag{4-90}$$

$$IV_\eta = \sin\alpha\left(3\csc\psi - \csc\psi\csc\frac{\psi}{2} - \tan\frac{\psi}{2}\right)$$

$$= -\frac{\cos\varphi\sin(\lambda_P - \lambda)}{4\sin\psi^3\dfrac{\psi}{2}\left(1 - \sin^2\dfrac{\psi}{2}\right)}\left(-2\sin\psi^3\frac{\psi}{2} + 3\sin\frac{\psi}{2} - 1\right) \tag{4-91}$$

其中,

$$\sin(\psi/2) = \left[\sin^2\frac{1}{2}(\varphi_P - \varphi) + \sin^2\frac{1}{2}(\lambda_P - \lambda)\cdot\cos\varphi_P\cos\varphi\right]^{\frac{1}{2}} \tag{4-92}$$

则式(4-89)的一维卷积谱表达式为

$$\Delta g(\varphi_i,\ \lambda_P) = \frac{\gamma}{4\pi}\int_\varphi \Big\{[\xi(\varphi_i,\ \lambda)\cos\varphi]\cdot IV_\xi(\varphi_i,\ \varphi,\ \lambda_P - \lambda) + [\eta(\varphi_i,\ \lambda)\cos\varphi]\cdot$$

$$IV_\eta(\varphi_i,\ \varphi,\ \lambda_P - \lambda)\Big\}\,d\varphi$$

$$= \frac{\gamma}{4\pi}F_1^{-1}\bigg\{\int_\varphi\Big\{F_1[\xi(\varphi_i,\ \lambda)\cos\varphi]F_1[IV_\xi(\varphi_i,\ \varphi,\ \lambda_P - \lambda)] +$$

$$F_1[\eta(\varphi_i,\ \lambda)\cos\varphi]F_1[IV_\eta(\varphi_i,\ \varphi,\ \lambda_P - \lambda)]\Big\}\,d\varphi\bigg\} \tag{4-93}$$

令

$$cs = \cos\varphi_P\sin\varphi = \frac{1}{2}[\sin(\varphi_P + \varphi) - \sin(\varphi_P - \varphi)] = \frac{1}{2}[\sin(2\varphi_M) - \sin(\varphi_P - \varphi)] \tag{4-94}$$

$$sc = \sin\varphi_P\cos\varphi = \frac{1}{2}[\sin(\varphi_P + \varphi) + \sin(\varphi_P - \varphi)] = \frac{1}{2}[\sin(2\varphi_M) + \sin(\varphi_P - \varphi)] \tag{4-95}$$

用 F_2 和 F_2^{-1} 分别表示二维傅里叶正变换和逆变换算子, 对应的二维球面卷积谱表达式为

$$\Delta g(\varphi,\lambda) = \frac{\gamma}{4\pi}\iint_\sigma [\xi(\varphi,\lambda)IV_\xi(\varphi_P - \varphi,\lambda_P - \lambda) + \eta(\varphi,\lambda)IV_\eta(\varphi_P - \varphi,\lambda_P - \lambda)]\,d\sigma$$

$$= \frac{\gamma}{4\pi}\Big\{[\xi(\varphi,\lambda)\cos\varphi]\cdot IV_\xi(\varphi_P - \varphi,\lambda_P - \lambda) + [\eta(\varphi,\lambda)\cos^2\varphi]\cdot IV_\eta(\varphi_P - \varphi,\lambda_P - \lambda)\Big\}$$

$$= \frac{\gamma}{4\pi}F_2^{-1}\Big\{F_2[\xi(\varphi,\lambda)\cos\varphi]F_2[IV_\xi(\varphi,\lambda)] + F_2[\eta(\varphi,\lambda)\cos^2\varphi]F_2[IV_\eta(\varphi,\lambda)]\Big\} \tag{4-96}$$

式中

$$IV_\xi = \frac{cs - sc\cos(\lambda_P - \lambda)}{4\sin\psi^3 \dfrac{\psi}{2}\left(1 - \sin^2 \dfrac{\psi}{2}\right)} \cdot \left(-2\sin\psi^3 \frac{\psi}{2} + 3\sin\frac{\psi}{2} - 1\right) \tag{4-97}$$

$$IV_\eta = -\frac{\sin(\lambda_P - \lambda)}{4\sin\psi^3 \dfrac{\psi}{2}\left(1 - \sin^2 \dfrac{\psi}{2}\right)}\left(-2\sin\psi^3 \frac{\psi}{2} + 3\sin\frac{\psi}{2} - 1\right) \tag{4-98}$$

此外，李建成等[108]还推导出了逆 Vening-Meinesz 公式的严密二维平面卷积表达式。首先定义一个以计算点 P 为原点，X 轴指向北极，Y 指向东，且 XY 平面过 P 点与地球相切的平面直角坐标系，(x_P, y_P) 和 (x, y) 分别表示计算点和流动点的坐标，计算点与流动点的方位角为 α，顾及 $\mathrm{d}\sigma = 1/R^2\mathrm{d}x\mathrm{d}y$，代入式(4-89)可得

$$\Delta g(x_P, y_P) = \frac{\gamma}{4\pi R^2}\iint_\sigma \left[\xi(x, y)IV_\xi(x_P - x, y_P - y) + \eta(x, y)IV_\eta(x_P - x, y_P - y)\right]\mathrm{d}x\mathrm{d}y \tag{4-99}$$

对应的二维平面卷积表达式为

$$\Delta g(x_P, y_P) = \frac{\gamma}{4\pi R^2}\xi(x, y) * IV_\xi(x, y) + \eta(x, y) \cdot IV_\eta(x, y) \tag{4-100}$$

式中，

$$IV_\xi = \cos\alpha \cdot \frac{-2\sin^3 \dfrac{\psi}{2} + 3\sin\dfrac{\psi}{2} - 1}{2\sin^2 \dfrac{\psi}{2}\left(1 - \sin^2 \dfrac{\psi}{2}\right)^{1/2}} \tag{4-101}$$

$$IV_\eta = \sin\alpha \cdot \frac{-2\sin^3 \dfrac{\psi}{2} + 3\sin\dfrac{\psi}{2} - 1}{2\sin^2 \dfrac{\psi}{2}\left(1 - \sin^2 \dfrac{\psi}{2}\right)^{1/2}} \tag{4-102}$$

其中，

$$\sin\frac{\psi}{2} = \frac{l}{2R} = \frac{1}{2R}\sqrt{(x_P - x)^2 + (y_P - y)^2} \tag{4-103}$$

$$\cos\alpha = -\frac{y_P - y}{\sqrt{(x_P - x)^2 + (y_P - y)^2}} \tag{4-104}$$

$$\sin\alpha = -\frac{x_P - x}{\sqrt{(x_P - x)^2 + (y_P - y)^2}} \tag{4-105}$$

Hwang[92]推导出了另一种核函数形式的逆 Vening-Meinesz 公式，尽管与 Molodensky 推导出的公式形式差异较大，但两种核函数本质上是完全等价的。

重力异常的球谐展开表达式为

$$\Delta g = \gamma_0 \sum_{n=2}^{\infty} (n - 1) \sum_{m=0}^{n} \sum_{\alpha=0}^{1} C_{nm}^\alpha Y_{nm}^\alpha(\varphi, \lambda) \tag{4-106}$$

式中，$\gamma_0 = \dfrac{GM}{R^2}$ 为地球正常重力的平均值，$C_{nm}^{\alpha}(\alpha = 0，1)$ 为位系数，$Y_{nm}^{\alpha}(\varphi，\lambda)$ 表示完全规格化的球谐函数，具有如下形式：

$$Y_{nm}^{\alpha}(\varphi，\lambda) = \begin{cases} \overline{R}_{nm}(\varphi，\lambda) = \overline{P}_{nm}(\sin\varphi)\cos m\lambda，& \alpha = 0 \\[2mm] \overline{S}_{nm}(\varphi，\lambda) = \overline{P}_{nm}(\sin\varphi)\sin m\lambda，& \alpha = 1 \end{cases} \tag{4-107}$$

垂线偏差 $(\xi，\eta)$ 的球谐展式为

$$(\xi，\eta) = -\frac{1}{R}\nabla N(\varphi，\lambda) = -\sum_{n=2}^{\infty}\sum_{m=0}^{n}\sum_{\alpha=0}^{1} C_{nm}^{\alpha}\nabla Y_{nm}^{\alpha}(\varphi，\lambda) \tag{4-108}$$

式中，∇ 为梯度算子

$$\nabla = \left(\frac{\partial}{\partial\varphi}，\frac{\partial}{\cos\varphi\,\partial\lambda}\right) \tag{4-109}$$

引入核函数 $H(\psi_{pq})$

$$H(\psi_{pq}) = \sum_{n=2}^{\infty}\frac{(2n+1)(n-1)}{n(n+1)}P_n(\cos\psi_{pq}) \tag{4-110}$$

式中，p 和 q 分别表征单位球面上的计算点和流动点，ψ_{pq} 表示对应的球面角距，满足下式

$$\cos\psi_{pq} = \sin\varphi_p\sin\varphi_q + \cos\varphi_p\cos\varphi_q\cos(\lambda_q - \lambda_p) \tag{4-111}$$

$P_n(\cos\psi_{pq})$ 为勒让德多项式，可分离为以下级数

$$P_n(\cos\psi_{pq}) = \frac{1}{2n+1}\sum_{m=0}^{n}\sum_{\alpha=0}^{1} Y_{nm}^{\alpha}(\varphi_p，\lambda_p)Y_{nm}^{\alpha}(\varphi_q，\lambda_q) \tag{4-112}$$

引入变形格林公式

$$\iint_{\sigma}\nabla f\cdot\nabla g\,\mathrm{d}\sigma = -\iint_{\sigma}f\Delta^* g\,\mathrm{d}\sigma = -\iint_{\sigma}g\Delta^* f\,\mathrm{d}\sigma \tag{4-113}$$

式中，f 和 g 表示定义在单位球上的两个任意函数，Δ^* 为球面坐标的 Laplace 算子

$$\Delta^* = \frac{1}{\cos\varphi}\left[\frac{\partial}{\partial\varphi}\left(\cos\varphi\frac{\partial}{\partial\varphi}\right) + \frac{1}{\cos^2\varphi}\frac{\partial^2}{\partial\lambda^2}\right] \tag{4-114}$$

对核函数式(4-110)和 $N(\varphi，\lambda) = N(q)$ 应用变形格林公式，并利用球谐函数的正交性可得

$$\iint_{\sigma}\nabla_q H(\psi_{pq})\cdot\nabla_q N(q)\,\mathrm{d}\sigma_q$$

$$= R\iint_{\sigma}\left[\sum_{n=2}^{\infty}\frac{n-1}{n(n+1)}\sum_{m=0}^{n}\sum_{\alpha=0}^{1} Y_{nm}^{\alpha}(p)\nabla_q Y_{nm}^{\alpha}(q)\right] \times \left[\sum_{n=2}^{\infty}\sum_{m=0}^{n}\sum_{\alpha=0}^{1} C_{nm}^{\alpha}\nabla_q Y_{nm}^{\alpha}(q)\right]\mathrm{d}\sigma_q$$

$$= 4\pi R\sum_{n=2}^{\infty}(n-1)\sum_{m=0}^{n}\sum_{\alpha=0}^{1} C_{nm}^{\alpha}Y_{nm}^{\alpha}(p)$$

$$\tag{4-115}$$

对比式(4-106)与式(4-115)，Δg 可表示为

$$\Delta g(p) = \frac{\gamma_0}{4\pi R}\iint_{\sigma}\nabla_q H(\psi_{pq})\cdot\nabla_q N(q)\,\mathrm{d}\sigma_q \tag{4-116}$$

式中梯度向量为

$$\nabla_q H(\psi_{pq}) = \frac{\mathrm{d}H(\psi_{pq})}{\mathrm{d}\psi_{pq}} \cdot \nabla_q \psi_{pq} = \frac{\mathrm{d}H(\psi_{pq})}{\mathrm{d}\psi_{pq}} \left(\frac{\partial \psi_{pq}}{\partial \varphi_q}, \quad \frac{\partial \psi_{pq}}{\cos\varphi_q \partial \lambda_q} \right) \tag{4-117}$$

核函数式(4-110)的封闭形式为

$$H(\psi_{pq}) = \frac{1}{\sin\dfrac{\psi_{pq}}{2}} + \ln\left(\frac{\sin^3 \dfrac{\psi_{pq}}{2}}{1 + \sin\dfrac{\psi_{pq}}{2}} \right) \tag{4-118}$$

其导数为

$$H'(\psi_{pq}) = \frac{\mathrm{d}H(\psi_{pq})}{\mathrm{d}\psi_{pq}} = -\frac{\cos\dfrac{\psi_{pq}}{2}}{2\sin^2\dfrac{\psi_{pq}}{2}} + \frac{\cos\dfrac{\psi_{pq}}{2}\left(3 + 2\sin\dfrac{\psi_{pq}}{2}\right)}{2\sin\dfrac{\psi_{pq}}{2}\left(1 + \sin\dfrac{\psi_{pq}}{2}\right)} \tag{4-119}$$

$\partial\psi_{pq}/\partial\varphi_q$ 以及 $\partial\psi_{pq}/\cos\varphi_q\partial\lambda_q$ 与方位角 α_{qp} 的关系满足球面三角公式

$$\frac{\partial\psi_{pq}}{\partial\varphi_q} = -\cos\alpha_{qp}, \quad \frac{\partial\psi_{pq}}{\partial\lambda_q} = -\cos\varphi_q\sin\alpha_{qp} \tag{4-120}$$

顾及 $\nabla_q N(q)$ 为垂线偏差向量 (ξ, η)，最后得到 Hwang 推导出的逆 Vening-Meinesz 公式

$$\Delta g(p) = \frac{\gamma_0}{4\pi}\iint_\sigma H'(\psi_{pq})(\xi_q\cos\alpha_{qp} + \eta_q\sin\alpha_{qp})\mathrm{d}\sigma_q \tag{4-121}$$

对应的一维和二维球面谱计算表达式分别为

$$\Delta g(p) = \frac{\gamma_0}{4\pi}F_1^{-1}\int_\varphi \{F_1[\xi\cos\varphi]F_1[H'(\Delta\lambda)\cos\alpha] + F_1[\eta\cos\varphi]F_1[H'(\Delta\lambda)\sin\alpha]\}\mathrm{d}\varphi\} \tag{4-122}$$

$$\Delta g(p) = \frac{\gamma_0}{4\pi}F_2^{-1}\int_\varphi \{F_2[\xi\cos\varphi]F_2[H'(\varphi, \lambda)\cos\alpha] + F_2[\eta\cos\varphi]F_2[H'(\varphi, \lambda)\sin\alpha]\}\mathrm{d}\varphi\} \tag{4-123}$$

3. 基于垂线偏差计算扰动重力的 Sandwell 方法

Sandwell[84] 基于 Laplace 方程推导出了垂线偏差、扰动重力、重力异常之间的近似关系式。给定一个满足下列条件的局部直角坐标系，以计算点 P 为坐标原点，z 轴指向 P 点椭球面法向，x-y 坐标面与 z 轴正交，且满足 x 轴指向北，y 轴指向东。坐标系中的扰动位满足 Laplace 方程

$$\frac{\partial^2 T}{\partial x^2} + \frac{\partial^2 T}{\partial y^2} + \frac{\partial^2 T}{\partial z^2} = 0 \tag{4-124}$$

扰动重力 δg 可表示为扰动位径向梯度的负值，即

$$\delta g = -\frac{\partial T}{\partial z} \tag{4-125}$$

垂线偏差为大地水准面梯度的负值，顾及 Bruns 公式给定的大地水准面与扰动位之间的关

系，得到 ξ 和 η 分别与扰动位水平梯度相关的表达式：

$$\xi(x,\ y) = -\frac{\partial N}{\partial x} \approx -\frac{1}{\gamma}\frac{\partial T}{\partial x} \tag{4-126}$$

$$\eta(x,\ y) = -\frac{\partial N}{\partial y} \approx -\frac{1}{\gamma}\frac{\partial T}{\partial y} \tag{4-127}$$

将式(4-125)~式(4-127)代入式(4-124)，整理得扰动重力与垂线偏差满足

$$\frac{\partial \delta g}{\partial z} = -\overline{\gamma}\left(\frac{\partial \xi}{\partial x} + \frac{\partial \eta}{\partial y}\right) \tag{4-128}$$

设 $\delta g(x,\ y,\ z)$、$\xi(x,\ y)$ 和 $\eta(x,\ y)$ 的二维傅里叶变换，分别为 $\delta g(K,\ z)$、$\xi(K)$ 和 $\eta(K)$，其中 K 满足如下条件：

$$K = (k_x,\ k_y)$$
$$k_x = 1/\lambda_x,\ k_y = 1/\lambda_y \tag{4-129}$$
$$|K| = \sqrt{k_x^2 + k_y^2}$$

式中，k_x 和 k_y 分别表征波数域内 x 轴方向以及 y 轴方向的分量，即每单位距离包含波的个数，λ_x 与 λ_y 表示对应坐标轴方向上的波长。

由导数傅里叶变换定理对微分方程式(4-128)进行转换，得出对应的复数域代数方程式：

$$\frac{\partial \delta g(K,\ z)}{\partial Z} = -i2\pi\overline{\gamma}[k_x\xi(K) + k_y\eta(K)]\ ,\quad i = \sqrt{-1} \tag{4-130}$$

基于 Laplace 方程波数域内的解可以建立空间任一高程 z 处的扰动重力与地面扰动重力之间的关系：

$$\delta g(K,\ z) = \delta g(K,\ 0)e^{-2\pi|K|z} \tag{4-131}$$

该式称为向上解析延拓公式，沿径向取导，并取高程为零时的值，得

$$\frac{\partial \delta g(K,\ z)}{\partial z}\Big|_{z=0} = -2\pi|K|\cdot\delta g(K,\ 0)e^{-2\pi|K|z}\Big|_{z=0} = -2\pi|K|\delta g(K,\ 0) \tag{4-132}$$

理论上，式(4-130)与式(4-132)等号右边部分等值，联合两式得

$$\delta g(K,\ 0) = \frac{i}{|K|}\overline{\gamma}[k_x\xi(K) + k_y\eta(K)] \tag{4-133}$$

引入傅里叶逆变换算子 F^{-1}，上式变为

$$\delta g(x,\ y,\ o) = F^{-1}[\delta g(K,\ 0)] = \frac{i}{|K|}\overline{\gamma}[F^{-1}[k_x\xi(K)] + F^{-1}[k_y\eta(K)]] \tag{4-134}$$

上式即为基于 Laplace 方程导出的垂线偏差分量解算扰动重力的傅里叶变换表达式。假设已知规则格网的垂线偏差分量，采用移去-恢复法可以有效恢复海洋扰动重力。由于该方法在恢复海洋重力场过程中通常没有区分扰动重力和重力异常，但实际上两者并不相同。根据重力测量的基本微分方程，重力异常与扰动重力的关系式为

$$\Delta g(x,\ y) = \delta g(x,\ y) - \frac{2}{R}T(x,\ y) = \delta g(x,\ y) - 2\frac{\overline{\gamma}}{R}N(x,\ y) \tag{4-135}$$

式中，扰动位 $T(x,\ y)$ 以及大地水准面 $N(x,\ y)$ 可采用位模型计算。根据地球正常重力 $\overline{\gamma}$

和地球半径 R 的平均值，扰动重力与重力异常转换的改正数可近似表示为$-0.3076N$。假设目前全球重力场模型确定的海洋大地水准面精度约为 0.5m，则该模型计算的扰动重力和重力异常差值约为 0.15mGal，可满足当前海洋重力异常的反演精度需求[109]。

4.5　地球重力场模型新进展

全球重力场模型建模一直是物理大地测量学研究的热点问题之一，随着卫星技术、计算机技术及全球重力场模型确定相关理论的不断发展，模型的阶次不断提高，从低阶到高阶，再到超高阶，模型精度也在不断提高。在超高阶模型出现之前，多位学者在全球高阶次模型研制方面做了大量研究。20 世纪 80 年代以来，联合地面重力数据、卫星测高和卫星轨道跟踪数据构建高阶重力场模型的研究得到迅速发展，先后推出了多个系列的高阶重力场模型，其中比较有代表性的有：俄亥俄州立大学（OSU）发布的 OSU 系列模型[110-115]，包括 OSU81（180 阶）、OSU86C/D（250 阶）、OSU86E/F（360 阶）、OSU89A/B（360 阶）和 OSU91A（360 阶）；德国汉诺威大学发布的 GPM 系列[116]，GPM1（200 阶）和 GPM2（200 阶）；德国大地测量研究所发布的 DGFI92A（360 阶）[117]；德国地学研究中心（GFZ）计算的 GFZ 系列模型[118][119]，包括 GFZ93A（360 阶）、GFZ93B（360 阶）、GFZ95A（360 阶）、GFZ96（359 阶）、GFZ97（359 阶）等模型；美国宇航局（NASA）等机构联合研制的 EGM96模型（360 阶）[120]，该模型的精度在当时达到了前所未有的水平，成为当时国际上采用的标准模型。

20 世纪末，Wenzel（1998）提出了超高阶重力场模型（Ultra-high degree geopotential models）的概念，以区别于不超过 360 阶次的重力场模型，并利用 EGM96 模型、卫星测高重力异常和欧洲西部地区的实测重力，联合解算了 1 800 阶次的模型 GPM98A/B/C。2000年以来，随着 CHAMP（CHAllenging Micro-satellite Payload for geophysical research and application）、GRACE（Gravity Recovery And Climate Experiment）和 GOCE（Gravity field and Ocean Circulation Explorer）卫星重力计划的成功实施，极大地提高了卫星重力模型的精度和分辨率，全球重力场模型中长波分量的精度有了 2 个数量级的提高[121]。同时，海洋测高系列卫星（Geosat、ERS-1/2、Envisat、T/P、Jason-1、CryoSat-2 和 SARAL/AltiKa 等）成功实施，观测数据量、观测质量及处理方法都有了很大提高，利用其数据确定的海洋重力场的分辨率和精度有了很大提高与改善[122-129]。这些都为研制新的高精度超高阶重力场模型提供了重要的数据支持。

美国地理信息情报局（NGA）从 2000 年开始进行超高阶重力模型研究的预研工作，先后解算了多个 2 160 阶次的实验模型，包括 PGM2004A、PGM2006A/B/C 和 PGM2007A/B，最后利用全球的陆地重力、卫星测高和航空重力数据，并联合 GRACE 卫星重力模型 ITG-GRACE03S 对应的法方程[130]，使用块对角最小二乘联合平差方法确定了 2 160 阶次的 EGM2008 模型，模型检验结果表明，EGM2008 模型大地水准面精度（与 GPS/水准结果比较）为 5~10cm，在美国和澳大利亚区域的垂线偏差精度（与天文大地测量结果比较）优于 1.1″~1.3″。与此同时，德国地学研究中心等机构也在持续进行此项研究，相继解算了 EIGEN-6C 系列的超高阶重力场模型，包括 EIGEN-6C、EIGEN-6C2、EIGEN-6C3Stat、

EIGEN-6C4[131][132]，其联合模型 EIGEN-6C4 与 EGM2008 模型最大的不同在于 EIGEN-6C4 模型的构建融入了 GOCE 观测数据，因此该模型与 EGM2008 模型相比在一些区域精度上有明显的提高，这些区域均是构建 EGM2008 时缺少地面重力观测数据的区域[133]，该结论在中国区域也得到了证实。Gilardoni 等[134]首先联合 EGM2008 模型和 GOCE-TIM-R5 模型的大地水准面及其误差信息构建了全球格网大地水准面，然后使用积分方法解算得到 2 160 阶次重力场模型 GECO，结果表明该模型在重力数据的先验误差信息不可靠地区的精度优于参考模型 EIGEN-6C4。Fecher 等[135]基于全球陆地重力、海洋测高数据、卫星重力数据（GRACE、GOCE 等），采用严密最小二乘方法解算了 720 阶次的 GOCO05c 模型，在利用地面重力数据构建法方程时考虑了不同区域地面重力数据的先验误差信息，因此其对应的法方程是满阵，需全矩阵严求逆，模型在 15′×15′空间分辨率上（720 阶次）精度与 EIGEN-6C4 相当。Hirt 等[136]联合 GRACE 和 GOCE 联合卫星重力场模型及南极区域的 Bedmap2 地形数据，采用一种频谱域地形引力正演方法（HC 方法）填充了南极地区的重力数据，并联合卫星观测法方程，采用最小二乘方法解算了 2 160 阶次的模型 SatGravRET2014，分析结果说明，加入地形数据的短波信号可以有效改善卫星重力模型 GOCE-TIM5 在南极地区的精度。

自 20 世纪 80 年代末以来，国内有较多学者及时跟踪国外最新研究成果，并利用我国重力数据，开展了大量相关研究。宁津生和李建成[137]利用椭球谐分析和球谐分析理论，结合全球和我国平均空间重力异常以及 GEM T2 模型，研制了 360 阶的 WDM94 模型，在中国境内区域精度高于同期的 OSU91 模型。石磐[138]使用局部积分改进的谱权综合方法由局部地面重力数据和 OSU91A 重力场模型构建了 360 阶的重力场模型 DQM94，而后又构建了 DQM99A、DQM99B、DQM99C、DQM99D、DQM2000A、DQM2000B、DQM2000C 和 DQM2000D 等模型[139][140]。DQM2000 系列模型在中国境内精度优于 OSU91A 和 EGM96，在中国境外精度与 EGM96 相当。陆洋等[141]使用"密合法"将青藏高原的局部重力数据和 OSU91A1F 模型构建成 360 阶重力场模型 QZ93G，1997 年又利用我国的重力数据，构建了 720 阶的 IGG97L 模型[142]。王强等[143]利用剪切法将中国及周边地区的高分辨率重力数据改进 EGM96 重力场模型，解算了 720 阶的全球重力场模型 WHUT15。黄谟涛等[144]基于 EGM96 和 GPM98CR 模型，结合中国地区细部数据和全球卫星测高 2′×2′重力异常，通过积分方法和局部积分改进方法，分别解算了 MOD 系列重力场模型，包括 MOD99a、MOD99b 和 MOD99c/d。相比 OSU91A 和 EGM96，该系列模型对中国区域局部重力场具有更高的逼近度。王正涛等[145]基于卫星、陆地、海洋等观测数据，利用积分方法确定了 2 160 阶次 UGM08 模型，总体精度相比 EGM2008 稍显不足。李新星[146]采用谱权组合方法联合 EIGEN-6S 卫星重力场模型和格网重力异常构建了完全到 2 160 阶的重力场模型，模型在中国区域略优于 EGM2008 模型。梁伟[147]初步实现了利用 GOCE 卫星法方程和 EGM2008 模型计算格网重力异常，采用块对角最小二乘法确定了 2 160 阶次的超高阶模型 SGG-UGM-1 和 SGG-UGM-2，利用中国和美国的 GPS/水准数据对模型进行了独立检核，结果说明其精度与 EIGEN-6C2 相当。

目前已公开的超高阶重力场模型基本信息见表 4-14。

表 4-14　　　　　　　　　已公开的超高阶重力场模型的基本信息

模型	最高阶次	数 据 类 型	方法	作者/年代
GPM98A/B/C	1 800	EGM96 模型、卫星测高数据、欧洲西部地区重力数据等	谱组合法	Wenzel，1998
EGM2008	2 160	GRACE 卫星重力场模型、陆地重力数据、卫星测高数据、航空重力数据、地形等	块对角最小二乘法	Pavlis et al.，2012
EIGEN-6C4	2 190	GRACE/GOCE/LAGEOS、DTU 测高重力异常、EGM2008 重力异常等	块对角最小二乘法	Förste et al.，2015
GECO	2 160	EGM2008 模型及其误差、EGM2008 大地水准面误差、GOCE TIM R5 模型及其误差协方差	积分方法	Gilardoni et al.，2016
GOCO05c	720	GOCO05s 重力场模型、陆地重力数据、卫星测高数据、NIMA96、RWI_TOIS2012 等	严格最小二乘方法	Fecher et al.，2016
SatGravRET 2 014	2 160	GRACE 法方程、GOCE 法方程、Bedmap2 地形数据等	最小二乘方法	Hirt et al.，2016
DQM99C/D	2 160	中国区域地面重力数据、OSU91A 等	局部积分改进的谱权综合方法	石磐等，1999
DQM2000D	2 160	中国区域地面重力数据、OSU91A 等	局部积分改进的谱权综合方法	夏哲仁等，2003
MOD99C/D	1 800	EGM96、GPM98CR 中国区域细部数据、卫星测高重力异常等	积分方法、局部积分改进方法	黄谟涛等，2001
UGM08	2 160	EIGEN-5S、陆地重力数据、卫星测高数据、航空重力数据等	积分方法	王正涛等，2011
UGM2015	2 160	EIGEN-6S、陆地重力数据、卫星测高重力异常、NIMA96 等	谱权组合方法、调和分析	李新星，2015
SGG-UGM-2	2 160	GRACE 卫星重力场模型、卫星测高重力异常、EGM2008 格网重力异常	块对角最小二乘法	梁伟，2020

近年来，国内外在超高阶全球重力场模型构建方面的研究主要集中在重力数据稀疏空白区的加密填充、超高阶次勒让德函数的快速稳定算法及超高阶重力场模型的解算方法三

个方面：

在勒让德函数的超高阶次稳定计算方面，Holmes 等[148]提出了一种 Cleanshaw 求和的归一化方法和改进的超高阶正规化缔合勒让德函数的递推计算方法，在任何纬度都能够将缔合勒让德函数及其一阶偏导完整有效地计算到 2 700 阶。彭富清[149]研究了超高阶扰动场元球谐展开式中完全正规化缔合勒让德函数及其一、二阶导数的数值特征，并改进了常用标准向前递推关系式。吴星等[150]、王建强等[151]均比较分析了几种求解超高阶勒让德函数的递推方法，认为跨阶次递推方法最适用于超高阶勒让德函数的递推计算。Jekeli 等[152]提出了一种超高阶正规化缔合勒让德函数的快速稳定的计算策略，该方法通过忽略勒让德函数数值计算中的冗余函数，在任何纬度上扩展至 10 800 阶的计算误差小于数据噪声，且还可节省 1/3 的计算内存。刘缵武等[153]提出了通过插入压缩因子和修改的递推算法的方法，可以递推得到完全到 5 400 阶的勒让德函数值。Yu 等[154]研究了勒让德函数的积分表达式，给出了缔合勒让德函数一种积分表达式。Fukushima[155][156]提出了通过扩充双精度数域的 X-number 方法，可稳定计算任意阶次的缔合。于锦海等[157]改进了勒让德函数的跨阶数递推算法，计算了按间隔为 1°余纬完全到 20 000 阶次的正规化缔合勒让德函数的值，并验证了该方法的计算精度。

（本章作者：李建成）

◎ 本章参考文献

[1] 管泽霖，宁津生．地球形状及外部重力场 [M]．下册．北京：测绘出版社，1981．

[2] Heiskanen W A，Moritz H．Physical Geodesy [M]．San Francisco：Freeman W H and Company，1967．

[3] Moritz H．Advanced Physical Geodesy．Karlsruhe：Wichmann Verlag．高等物理大地测量学（中译本）[M]．北京：测绘出版社，1980．

[4] 李建成．物理大地测量中的谱方法 [D]．武汉：武汉大学，1993．

[5] 晁定波．论高精度卫星重力场模型和厘米级区域大地水准面的确定及水文学时变重力效应 [J]．测绘科学，2006，31（6）：4．

[6] 罗佳，宁津生．利用卫星跟踪卫星确定地球重力场的理论和方法 [J]．武汉大学学报（信息科学版），2005，30（1）：1．

[7] 张传定，陆仲连，等．球域调和函数外部边值问题的格林函数解 [J]．解放军测绘学院学报，1994，03：161-166．

[8] 宁津生．跟踪世界发展动态致力地球重力场研究 [J]．武汉大学学报（信息科学版），2001，26（6）：471-474．

[9] 宁津生．卫星重力探测技术与地球重力场研究 [J]．大地测量与地球动力学，2002，22（1）：5．

[10] Reigber C，Lühr H，Schwintzer P．CHAMP mission status [J]．Advances in space research，2002，30（2）：129-134．

［11］ Reigber C, Balmino G, Schwintzer P, et al. A high-quality global gravity field model from CHAMP GPS tracking data and accelerometry（EIGEN-1S）［J］. Geophysical Research Letters, 2002, 29（14）.

［12］ Reigber C, Flechtner F, König R, et al. GRACE orbit and gravity field recovery at GFZ Potsdam-first experiences and perspectives［C］//AGU Fall Meeting Abstracts. 2002, 2002: G12B-03.

［13］ Reigber C, Schwintzer P, Neumayer K H, et al. The CHAMP-only Earth gravity field model EIGEN-2［J］. Advances in Space Research, 2003, 31（8）: 1883-1888.

［14］ Reigber C, Schmidt R, Flechtner F, et al. An Earth gravity field model complete to degree and order 150 from GRACE: EIGEN-GRACE02S［J］. Journal of Geodynamics, 2005, 39（1）: 1-10.

［15］ Chen J, Wilson C, Tapley B, et al. Seasonal global mean sea level change from satellite altimeter, GRACE, and geophysical models［J］. Journal of Geodesy. 2005, 79（9）: 532-539.

［16］ Reigber C, Schmidt R, Flechtner F, et al. An Earth gravity field model complete to degree and order 150 from GRACE: EIGEN-GRACE02s［J］. Journal of Geodynamics, 2005, 39（1）: 1-10.

［17］ Tapley, B. D. , J. Ries, et al. GGM02 an Improved Earth Gravity Field Model from GRACE［J］. Journal of Geodesy, 2005, 79: 467-478.

［18］ Mayer-Gürr T, Zehentner N, Klinger B, et al. ITSG-Grace2014［C］//Oct. , GRACE Science Team Meeting, Potsdam, Germany, url. 2014.

［19］ Rummel R, Gruber T, Koop R. High level processing facility for GOCE: products and processing strategy［J］//Proceedings of the 2nd International GOCE User Workshop GOCE, The Geoid and Oceanography, ESA SP-569. 2004.

［20］ Bruinsma S L, Forbes J M. Anomalous behavior of the thermosphere during solar minimum observed by CHAMP and GRACE［J］. Journal of Geophysical Research: Space Physics, 2010, 115（A11）.

［21］ Pail R, Metzler B, Lackner B, et al. GOCE gravity field analysis in the framework of HPF: operational software system and simulation results［J］//Proceedings of the 3rd International GOCE User Workshop, ESA SP-627. 2007.

［22］ Pail R, Bruinsma S, Migliaccio F, et al. First GOCE gravity field models derived by three different approaches［J］. Journal of Geodesy, 2011, 85: 819-843.

［23］ Migliaccio F, Reguzzoni M, Sanso F, et al. GOCE data analysis: the space-wise approach and the first space-wise gravity field model［J］//Proceedings of the ESA living planet symposium. ESA Publication SP-686, ESA/ESTEC, 2010, 28.

［24］ Metzler B, Pail R. GOCE data processing: the spherical cap regularization approach［J］. Studia Geophysica et Geodaetica, 2005, 49: 441-462.

［25］ Bruinsma S. The DTM-2013 thermosphere model［J］. Journal of Space Weather and

Space Climate, 2015, 5: A1.

[26] Brockmann J M, Zehentner N, Höck E, et al. EGM_ TIM_ RL05: An independent geoid with centimeter accuracy purely based on the GOCE mission [J]. Geophysical Research Letters, 2014, 41 (22): 8089-8099.

[27] Mayer-Gürr T, Zehentner N, Klinger B, et al. ITSG-Grace2014 [C] //Oct., GRACE Science Team Meeting, Potsdam, Germany, url. 2014.

[28] Watkins C, Cho J Y K. Gravity waves on hot extrasolar planets. i. propagation and interaction with the background [J]. The Astrophysical Journal, 2010, 714 (1): 904.

[29] Gruber T, Bamber J L, Bierkens M F P, et al. Simulation of the time-variable gravity field by means of coupled geophysical models [J]. Earth System Science Data, 2011, 3 (1): 19-35.

[30] Cesare S, Musso F, D' Angelo F, et al. Nanobalance: the European balance for micro-propulsion [C] //31st International Electric Propulsion Conference. 2009: 2009-0182.

[31] Cesare S, Aguirre M, Allasio A, et al. The measurement of Earth's gravity field after the GOCE mission [J]. Acta Astronautica, 2010, 67 (7-8): 702-712.

[32] Di Cara D M, Massotti L, Castorina G, et al. Propulsion technologies in the frame of ESA's next generation gravity mission [M]. Nova Publishers Series, 2011.

[33] Tapley B D, Bettadpur S, Ries J C, et al. GRACE measurements of mass variability in the Earth system [J]. Science, 2004, 305 (5683): 503-505.

[34] Wahr J, Swenson S, Zlotnicki V, et al. Time-variable gravity from GRACE: First results [J]. Geophysical Research Letters, 2004, 31 (11).

[35] Chen J L, Wilson C R, Blankenship D, et al. Accelerated Antarctic ice loss from satellite gravity measurements [J]. Nature Geoscience, 2009, 2 (12): 859-862.

[36] Xavier L, Becker M, Cazenave A, et al. Interannual variability in water storage over 2003-2008 in the Amazon Basin from GRACE space gravimetry, in situ river level and precipitation data [J]. Remote Sensing of Environment, 2010, 114 (8): 1629-1637.

[37] De Viron O, Diament M, Panet I. Extracting low frequency climate signal from GRACE data [J]. Earth Discussions, 2006, 1 (1): 21-36.

[38] Yu M, Heki K. Characteristic precipitation patterns of El Niño/La Niña in time-variable gravity fields by GRACE [J]. Earth and Planetary Science Letters, 2008, 272 (3-4): 677-682.

[39] Rodell M, Velicogna I, Famiglietti J S. Satellite-based estimates of groundwater depletion in India [J]. Nature, 2009, 460 (7258): 999-1002.

[40] Famiglietti J S, Lo M, Ho S L, et al. Satellites measure recent rates of groundwater depletion in California's Central Valley [J]. Geophysical Research Letters, 2011, 38 (3).

[41] Güntner A. Improvement of global hydrological models using GRACE data [J]. Surveys in Geophysics, 2008, 29: 375-397.

[42] Cazenave A, Chen J. Time-variable gravity from space and present-day mass redistribution in theEarth system [J]. Earth and Planetary Science Letters, 2010, 298 (3-4): 263-274.

[43] Velicogna I. Increasing rates of ice mass loss from the Greenland and Antarctic ice sheets revealed by GRACE [J]. Geophysical Research Letters, 2009, 36 (19).

[44] Luthcke S B, Arendt A A, Rowlands D D, et al. Recent glacier mass changes in the Gulf of Alaska region from GRACE mascon solutions [J]. Journal of Glaciology, 2008, 54 (188): 767-777.

[45] Matsuo K, Heki K. Time-variable ice loss in Asian high mountains from satellite gravimetry [J]. Earth and Planetary Science Letters, 2010, 290 (1-2): 30-36.

[46] Jacob T, Wahr J, Pfeffer W T, et al. Recent contributions of glaciers and ice caps to sea level rise [J]. Nature, 2012, 482 (7386): 514-518.

[47] Chambers D. Evaluation of new GRACE time-variable gravity data over the ocean [J]. Geophys. Res. Lett. 2006a, 33: 17.

[48] Chambers D. Observing seasonal steric sea level variations with GRACE and satellite altimetry [J]. J. Geophys. Res. 2006b, 111 (C3): C03010.

[49] Willis J, Chambers D, Nerem R. Assessing the globally averaged sea level budget on seasonal to interannual timescales [J]. J. Geophys. Res. 2008, 113: C06015.

[50] Ablain M, Cazenave A, Valladeau G, et al. A new assessment of the error budget of global mean sea level rate estimated by satellite altimetry over 1993-2008 [J]. Ocean Science, 2009, 5 (2): 193-201.

[51] Cazenave A, Dominh K, Guinehut S, et al. Sea level budget over 2003-2008: A reevaluation from GRACE space gravimetry, satellite altimetry and Argo [J]. Global and Planetary Change, 2009, 65 (1-2): 83-88.

[52] Jacob T, Wahr J, Pfeffer W T, et al. Recent contributions of glaciers and ice caps to sea level rise [J]. Nature, 2012, 482 (7386): 514-518.

[53] Gruber T. Gravity Field Models beyond CHAMP, GRACE and GOCE: A synergetic view of global gravity field computation [J]. Signal, 2002, 10 (3): 10-3.

[54] Tapley B D, Chambers D P, Bettadpur S, et al. Large scale ocean circulation from the GRACE GGM01 Geoid [J]. Geophysical Research Letters, 2003, 30 (22).

[55] Jayne S R. Circulation of the North Atlantic Ocean from altimetry and the Gravity Recovery and Climate Experiment geoid [J]. Journal of Geophysical Research: Oceans, 2006, 111 (C3).

[56] Bingham R J, Haines K, Hughes C W. Calculating the ocean's mean dynamic topography from a mean sea surface and a geoid [J]. Journal of Atmospheric and Oceanic Technology, 2008, 25 (10): 1808-1822.

[57] Knudsen P, Bingham R, Andersen O, et al. A global mean dynamic topography and ocean circulation estimation using a preliminary GOCE gravity model [J]. Journal of Geodesy,

2011, 85: 861-879.

[58] Duncan K, Farrell S L. Determining variability in Arctic Sea ice pressure ridge topography with ICESat-2 [J]. Geophysical Research Letters, 2022, 49 (18): e2022GL100272.

[59] Albertella A, Savcenko R, Janjić T, et al. High resolution dynamic ocean topography in the Southern Ocean from GOCE [J]. Geophysical Journal International, 2012, 190 (2): 922-930.

[60] Sun W, Okubo S. Coseismic deformations detectable by satellite gravity missions: A case study of Alaska (1964, 2002) and Hokkaido (2003) earthquakes in the spectral domain [J]. Journal of Geophysical Research: Solid Earth, 2004, 109 (B4).

[61] Han S C, Shum C K, Ditmar P, et al. Aliasing effect of high-frequency mass variations on GOCE recovery of the earth's gravity field [J]. Journal of Geodynamics, 2006, 41 (1-3): 69-76.

[62] Han S C, Sauber J, Luthcke S. Regional gravity decrease after the 2010 Maule (Chile) earthquake indicates large-scale mass redistribution [J]. Geophysical Research Letters, 2010, 37 (23).

[63] Matsuo K, Heki K. Coseismic gravity changes of the 2011 Tohoku-Oki earthquake from satellite gravimetry [J]. Geophysical Research Letters, 2011, 38 (7).

[64] Shen C, Li H, Tan H. Simulation of co-seismic gravity change and deformation of Wenchuan Ms8.0 earthquake [J]. Geodesy and Geodynamics, 2010, 1 (1): 8-14.

[65] Sjöberg L E, Bagherbandi M. A method of estimating the Moho density contrast with a tentative application of EGM08 and CRUST2.0 [J]. Acta Geophysica, 2011, 59: 502-525.

[66] Sjöberg L E. On the isostatic gravity anomaly and disturbance and their applications to Vening Meinesz-Moritz gravimetric inverse problem [J]. Geophysical Journal International, 2013, 193 (3): 1277-1282.

[67] Eshagh M. Determination of Moho discontinuity from satellite gradiometry data: linear approach [J]. Geodyn. Res. Int. Bull, 2014, 1 (2): 1-13.

[68] 2016aEshagh M, Hussain M. An approach to Moho discontinuity recovery from on-orbit GOCE data with application over Indo-Pak region [J]. Tectonophysics, 2016, 690: 253-262.

[69] Tenzer R, Gladkikh V, Novák P, et al. Spatial and spectral analysis of refined gravity data for modelling the crust-mantle interface and mantle-lithosphere structure [J]. Surveys in Geophysics, 2012, 33: 817-839.

[70] 金涛勇, 李建成, 王正涛, 等. 近四年全球海水质量变化及其时空特征分析 [J]. 地球物理学报, 2010, 53 (1): 8.

[71] 姜卫平. 卫星测高技术在大地测量学中的应用 [D]. 武汉: 武汉大学, 2000.

[72] 彭利峰, 姜卫平, 金涛勇, 等. 利用最新 GOCE 重力场模型确定南极绕极流 [J]. 武

汉大学学报（信息科学版），2013，38（11）：5.

[73] 胡敏章，李建成，金涛勇. 顾及局部地形改正的 GGM 海底地形反演 [J]. 武汉大学学报（信息科学版），2013（1）：4.

[74] 褚永海. 卫星测高波形处理理论研究及应用 [D]. 武汉：武汉大学，2007.

[75] Gopalapillai S, Mourad A, Kuhner M. Satellite altimetry applications to geodesy, oceanography and geophysics [C] //OCEAN 75 Conference. IEEE, 1975：508-514.

[76] Rummel R, Rapp R H. Undulation and anomaly estimation using GEOS-3 altimeter data without precise satellite orbits [J]. Bulletin Geodesique, 1977, 51：73-88.

[77] Rapp R H. The determination of geoid undulations and gravity anomalies from Seasat altimeter data [J]. J Geophys Res, 1983, 88：1552-1562 .

[78] Rapp R H. Detailed Gravity Anomalies and Sea Surface Heights Derived from Geos-3/Sesat Altimeter Data [R]. Ohio State Univ. Columbus Dept. of Geodetic Science and Surveying, 1985.

[79] Rapp R H, Cruz J Y. The Representation of the Earth's Gravitational potential in a Spherical Harmoric Expansion to Degree 250 [R]. Dept. of Geodetic Science and Surveying. Rep No 372, The Ohio State University, Columbus, 1986.

[80] Haxby W F, Karner G D, LaBrecque J L, et al. Digital images of combined oceanic and continental data sets and their use in tectonic studies [J]. Eos, Transactions American Geophysical Union, 1983, 64（52）：995-1004.

[81] Sandwell D T. Thermomechanical evolution of oceanic fracture zones [J]. Journal of Geophysical Research：Solid Earth, 1984, 89（B13）：11401-11413.

[82] Sandwell D T, McAdoo D C. Marine gravity of the southern ocean and Antarctic margin from Geosat [J]. Journal of Geophysical Research：Solid Earth, 1988, 93（B9）：10389-10396.

[83] Sandwell D T. Antarctic marine gravity field from high-density satellite altimetry [J]. Geophysical Journal International, 1992, 109（2）：437-448.

[84] Sandwell D T, Smith W H F. Marine gravity anomaly from Geosat and ERS 1 satellite altimetry [J]. Journal of Geophysical Research：Solid Earth, 1997, 102（B5）：10039-10054.

[85] Knudsen P, Andersen O B, Tscherning C C. Altimetric gravity anomalies in the Norwegian-Greenland Sea-Preliminary results from the ERS-1 35 days repeat mission [J]. Geophysical Research Letters, 1992, 19（17）：1795-1798.

[86] Tscherning C C, Knudsen P, Ekholm S, et al. An analysis of the gravity field in the Norwegian Sea and mapping of the Ice Cap of Greenland using ERS-1 altimeter measurements [C] //ESA, Proceedings of First ERS-1 Symposium on Space at the Service of Our Environment, 1993, 1.

[87] Knudsen P, Andersen O B, Knudsen T. ATSR sea surface temperature data in a global analysis with TOPEX/POSEIDON altimetry [J]. Geophysical Research Letters, 1996, 23

(8)：821-824.

[88] Andersen O B, Knudsen P. Global marine gravity field from the ERS-1 and Geosat geodetic mission altimetry [J]. Journal of Geophysical Research：Oceans，1998，103 (C4)：8129-8137.

[89] Hwang C, Parsons B, Strange T, et al. A detailed gravity field over the Reykjanes Ridge from Seasat, Geosat, ERS-1 and TOPEX/POSEIDON altimetry and shipborne gravity [J]. Geophysical Research Letters, 1994, 21 (25)：2841-2844.

[90] Hwang C, Parsons B. Gravity anomalies derived from Seasat, Geosat, ERS-1 and TOPEX/POSEIDON altimetry and ship gravity：a case study over the Reykjanes Ridge [J]. Geophysical Journal International, 1995, 122 (2)：551-568.

[91] Hwang C, Parsons B. An optimal procedure for deriving marine gravity from multi-satellite altimetry [J]. Geophysical Journal International, 1996, 125 (3)：705-718.

[92] Hwang C. Inverse Vening Meinesz formula and deflection-geoid formula：applications to the predictions of gravity and geoid over the South China Sea [J]. Journal of Geodesy, 1998, 72：304-312.

[93] Rapp R H. Past and future developments in geopotential modeling [J]. Geodesy on the Move：Gravity, Geoid, Geodynamics and Antarctica, 1998：58-78.

[94] Laxon S, McAdoo D. Arctic Ocean gravity field derived from ERS-1 satellite altimetry [J]. Science, 1994, 265 (5172)：621-624.

[95] 李建成，宁津生，晁定波. 卫星测高在物理大地测量应用中的若干问题 [J]. 武汉测绘科技大学学报，1996，21 (1)：9~14.

[96] 许厚泽，陆仲元，等. 中国地球重力场与大地水准面 [M]. 北京：中国人民解放军出版社，1997.

[97] 李建成，姜卫平，章磊. 联合多种测高数据建立高分辨率中国海平均海面高模型 [J]. 武汉大学学报（信息科学版），2001，26 (1)：40-45.

[98] 李建成，陈俊勇，宁津生，等. 地球重力场逼近理论与中国 2000 似大地水准面的确定 [M]. 武汉：武汉大学出版社，2003.

[99] 王海瑛，陆洋，许厚泽，等. 利用 T/P 卫星测高资料构造中国近海及邻域平均海平面和海面地形 [J]. 海洋与湖沼，1999，30 (4)：7.

[100] 黄谟涛，翟国君，管铮，等. 利用卫星测高数据反演海洋重力异常研究 [J]. 测绘学报，2001，30 (2)：6.

[101] 翟国君. 卫星测高在海洋测绘中的应用 [J]. 海洋测绘，2002，22 (4)：5.

[102] 王虎彪，王勇，陆洋，等. 用卫星测高和船测重力资料联合反演海洋重力异常 [J]. 大地测量与地球动力学，2005，25 (1)：5.

[103] 张胜军，金涛勇，褚永海，等. Cryosat-2 数据的大地水准面分辨能力研究 [J]. 武汉大学学报（信息科学版），2016，41 (6)：6.

[104] Sandwell D T, Müller R D, Smith W H F, et al. New global marine gravity model from CryoSat-2 and Jason-1 reveals buried tectonic structure [J]. Science, 2014, 346

（6205）：65-67.

[105] Heiskanen W A, Moritz H. Physical Geodesy [M]. San Francisco：Freeman W H and Company，1967.

[106] Molodensky M S, Yeremeyev V F, Yurkina M I. An evaluation of accuracy of stokes' Series and of Some attempts to improve his theory [J]. Bulletin Géodésique (1946-1975), 1962, 63：19-37.

[107] Rummel R. 1977. The Determination of Gravity Anomalies from Geoid Height Using the Inverse Stokes' Formula [R]. Report No. 269, Columbus：Ohio State University, 1977.

[108] 李建成，宁津生，晁定波. 卫星测高在物理大地测量应用中的若干问题 [J]. 武汉测绘科技大学学报，1996，21（1）：9-14.

[109] 李建成，陈俊勇，宁津生，等. 地球重力场逼近理论与中国 2000 似大地水准面的确定 [M]. 武汉：武汉大学出版社，2003.

[110] Rapp, R. H. The earth's gravity field to degree and order 180 using SEASAT altimeter data. terrestrial gravity data and other data [R]. Reports of the Department of Geodetic Science and Surveying, no. 322, The Ohio State University, 1981.

[111] Rapp R H. 1986a. Gravity Anomalies and Sea Surface Heights Derived From a Combined GEOS 3/SEASAT Altimeter Data Set [J]. J. Geophys Res., 91 (B5)：4867-4876.

[112] Rapp R. H., Cruz J. Y. Spherical Harmonic Expansion of the Earth's Gravitational Potential to Degree 360 Using 30'Mean Anomalies [R]. The Ohio State University, Department of Geodetic Science, Report No. 376, Columbus/Ohio, 1986b.

[113] Wang Y M, Rapp R H. Terrain effects on geoid undulation computation [J]. Research Gate, 1990, 15 (1).

[114] Denker H, Rapp R H. 1990. Geodetic and Oceanographic Results from the Analysis of 1 year of Geosat Data [J]. J Geophs Res, 95：13151-13168.

[115] Rapp, R. H., Y. M. Wang, N. K. Pavlis. The Ohio State University Geopotential and Sea Surface Topography Harmonic Coefficient Models [J]. Dep. of Geod., Ohio State Univ. Rep., 1991.

[116] Wenzel H G. Geoid Computation by Least Squares Spectral Combination Using Integral Kernels [J]. Proceedings of Symposium No. 46 "Geoid Definition and Determination", General Meeting of I. A. G., Tokyo, 1982：438-453.

[117] Gruber T, Anzenhofer M. The GFZ 360 gravity field model [J]. The European Geoid Determination, 1993：13-18.

[118] Gruber T, Anzenhofer M, Rentsch M. The 1995 GFZ high resolution gravity model [C] //Global Gravity Field and Its Temporal Variations：Symposium No. 116 Boulder, CO, USA, July 12, 1995. Springer Berlin Heidelberg, 1996：61-70.

[119] Gruber T, Anzenhofer M, Rentsch M, et al. Improvements in high resolution gravity field modeling at GFZ [C] //Gravity, Geoid and Marine Geodesy：International Symposium No. 117 Tokyo, Japan, September 30-October 5, 1996. Springer Berlin Heidelberg,

1997：445-452.

［120］ Lemoine F G, Kenyon S C, Factor J K. The Development of the Joint Nasa GSFC and NIMA Geopotential Model EGM96 ［R］. NASA Goddard Space Flight Center, Greenbelt, Maryland, 20771 USA.

［121］ Tapley B D, Ries J, Bettadpur S, et al. GGM02 an Improved Earth Gravity Field Model from GRACE ［J］. Journal of Geodesy, 2005, 79：467-478.

［122］ Childers V A, McAdoo D C, Brozena J M, et al. New gravity data in the Arctic Ocean：Comparison of airborne and ERS gravity ［J］. Journal of Geophysical Research：Solid Earth, 2001, 106 (B5)：8871-8886.

［123］ Kim J, Benton J F, Wisniewski D. Pool boiling heat transfer on small heaters：effect of gravity and subcooling ［J］. International Journal of Heat and Mass Transfer, 2002, 45 (19)：3919-3932.

［124］ Hwang C, Hsu H Y, Deng X. Marine gravity anomaly from satellite altimetry：A comparison of methods over shallow waters ［C］ //Satellite Altimetry for Geodesy, Geophysics and Oceanography：Proceedings of the International Workshop on Satellite Altimetry, a joint workshop of IAG Section III Special Study Group SSG3. 186 and IAG Section II, September 8-13, 2002, Wuhan, China. Springer Berlin Heidelberg, 2004：59-66.

［125］ Hwang C, Guo J, Deng X, et al. Coastal gravity anomalies from retracked Geosat/GM altimetry：improvement, limitation and the role of airborne gravity data ［J］. Journal of Geodesy, 2006, 80：204-216.

［126］ Hwang C, Hsu H Y. Shallow-water gravity anomalies from satellite altimetry：Case studies in the east china sea and Taiwan strait ［J］. Journal of the Chinese Institute of Engineers, 2008, 31 (5)：841-851.

［127］ Sandwell D T, Smith W H F. Global marine gravity from retracked Geosat and ERS-1 altimetry：Ridge segmentation versus spreading rate ［J］. Journal of Geophysical Research：Solid Earth, 2009, 114 (B1).

［128］ Kingdon R, Hwang C, Hsiao Y S, et al. Gravity Anomalies from Retracked ERS and Geosat Altimetry over the Great Lakes：Accuracy Assessment and Problems ［J］. Terrestrial, Atmospheric & Oceanic Sciences, 2008, 19.

［129］ McAdoo D C, Farrell S L, Laxon S W, et al. Arctic Ocean gravity field derived from ICESat and ERS-2 altimetry：Tectonic implications ［J］. Journal of Geophysical Research：Solid Earth, 2008, 113 (B5).

［130］ Mayer-Gürr T, Eicker A, Ilk K H. ITG-Grace02s：a GRACE gravity field derived from range measurements of short arcs ［C］ //Gravity Field of the Earth：Proceedings of the 1st International Symposium of the International Gravity Field Service (IGFS). Gen. Command of Mapp, Ankara, Turkey, 2007 (Special Issue 18)：193-198.

［131］ Förste C, Bruinsma S, Flechtner F, et al. EIGEN-6C3-The latest Combined Global Gravity Field Model including GOCE data up to degree and order 1949 of GFZ Potsdam and GRGS Toulouse ［C］//AGU Fall Meeting Abstracts. 2011：G51A-0860.

［132］ Förste C, Bruinsma S L, Shako R, et al. A new release of EIGEN-6：The latest combined global gravity field model including LAGEOS, GRACE and GOCE data from the collaboration of GFZ Potsdam and GRGS Toulouse ［C］//Egu general assembly conference abstracts. 2012：2821.

［133］ Rummel R, Yi W, Stummer C. GOCE gravitational gradiometry ［J］. Journal of Geodesy, 2011, 85：777-790.

［134］ Gilardoni M, Reguzzoni M, Sampietro D. GECO：a global gravity model by locally combining GOCE data and EGM2008 ［J］. Studia Geophysica et Geodaetica, 2016, 60：228-247.

［135］ Fecher T, Pail R, Gruber T, et al. The combined gravity field model GOCO05c ［C］//EGU general assembly conference abstracts. 2016：EPSC2016-7696.

［136］ Hirt C, Reußner E, Rexer M, et al. Topographic gravity modeling for global Bouguer maps to degree 2160：Validation of spectral and spatial domain forward modeling techniques at the 10 microGal level ［J］. Journal of Geophysical Research：Solid Earth, 2016, 121 （9）：6846-6862.

［137］ 宁津生，李建成，晁定波，等. WDM94 360 阶地球重力场模型研究 ［J］. 武汉测绘科技大学学报，1994, 19 （4）：283-291.

［138］ 夏哲仁，林丽，石磐. 360 阶地球重力场模型 DQM94A 及其精度分析 ［J］. 地球物理学报，1995, 38 （6）：8.

［139］ 石磐，夏哲仁，孙中苗，等. 高分辨率地球重力场模型 DQM99 ［J］. 中国工程科学，1999 （3）：51-55.

［140］ 夏哲仁，石磐，李迎春. 高分辨率区域重力场模型 DQM2000 ［J］. 武汉大学学报（信息科学版），2003 （S1）：5.

［141］ 陆洋，许厚泽. 区域高阶重力场模型与青藏地区局部位系数模型 ［J］. 地球物理学报，1994.

［142］ 陆洋. 中国大陆超高阶局部地球重力场模型 IGG97L ［C］// 1997 年中国地球物理学会第十三届学术年会论文集. 1997.

［143］ 王强，陈华安. 高分辨率重力数据改进区域高阶重力场模型 ［J］. 华东师范大学学报 （自然科学版），2005 （Z1）：8.

［144］ 翟国君，黄谟涛，谢锡君，等. 卫星测高数据处理的理论与方法 ［M］. 北京：测绘出版社，2000.

［145］ 王正涛，党亚民，晁定波. 超高阶地球重力位模型确定的理论与方法：Theory and methodology of ultra-high-degree geopotential model determination ［M］. 北京：测绘出版社，2011.

［146］ 李新星. 超高阶地球重力场模型的构建 ［D］. 郑州：解放军信息工程大学，2013.

［147］ 梁伟，徐新禹，李建成，等. 联合 EGM2008 模型重力异常和 GOCE 观测数据构建超高阶地球重力场模型 SGG-UGM-1 ［J］. 测绘学报，2018, 47 （4）：10.

[148] Holmes S A, Featherstone W E. A unified approach to the Clenshaw summation and the recursive computation of very high degree and order normalised associated Legendre functions [J]. Journal of Geodesy, 2002, 76: 279-299.

[149] 彭富清, 夏哲仁. 超高阶扰动场元的计算方法 [J]. 地球物理学报, 2004, 47 (6): 6.

[150] 吴星, 刘雁雨. 多种超高阶次缔合勒让德函数计算方法的比较 [J]. 测绘科学技术学报, 2006, 23 (3): 4.

[151] 王建强, 赵国强, 朱广彬. 常用超高阶次缔合勒让德函数计算方法对比分析 [J]. 大地测量与地球动力学, 2009, 29 (2): 5.

[152] Jekeli C, Lee J K, Kwon J H. On the computation and approximation of ultra-high-degree spherical harmonic series [J]. Journal of Geodesy, 2007, 81 (9): 603.

[153] 刘缵武, 刘世晗, 黄欧. 超高阶次勒让德函数递推计算中的压缩因子和 Horner 求和技术 [J]. 测绘学报, 2011, 40 (4): 5.

[154] Yu, J. , C. Jekeli and M. Zhu. Analytical solutions of the Dirichlet and Neumann boundary-value problems with an ellipsoidal boundary [J]. Journal of Geodesy, 2003 (77): 653-667.

[155] Fukushima D, Shiokawa K, Otsuka Y, et al. Observation of equatorial nighttime medium-scale traveling ionospheric disturbances in 630-nm airglow images over 7 years [J]. Journal of Geophysical Research: Space Physics, 2012, 117 (A10).

[156] Fukushima T. Numerical computation of spherical harmonics of arbitrary degree and order by extending exponent of floating point numbers: III integral [J]. Computers & Geosciences, 2014, 63: 17-21.

[157] 于锦海, 曾艳艳, 朱永超, 等. 超高阶次 Legendre 函数的跨阶数递推算法 [J]. 地球物理学报, 2015, 58 (3): 8.

第5章 航空航天摄影测量

随着"物联网+人工智能"时代的到来，以"视觉"为基础的感知是这个新时代的重要特征。这不仅仅因为"视觉"是人类最重要的感知方式(占人类感知的83%，听觉、触觉、嗅觉、味觉则分别仅占11%、3.5%、1.5%、1%①)，更为重要的是，机器视觉的范围远远超过人类视觉，除了人类可见光以外，还有红外、电磁波、干涉雷达、激光测距，等等。

作为测绘科学与技术的一个分支，摄影测量的主要任务是测绘各种比例尺的地形图，为各种地理信息应用提供基础数据。摄影测量学是指利用摄影机获取像片，经过处理以获取被摄物体的形状、大小、位置、特性及其相互关系的一门学科。它又是基于人类视觉实现测量的科学。从20世纪90年代开始摄影测量逐渐摆脱了模拟、解析摄影测量的"专用设备"，实现了数字化。到21世纪前十年，摄影测量的前端数据获取由数码相机替代胶片相机，从而彻底完成了摄影测量由模拟(解析)到数字的变革。这些发展促使了摄影测量与整个社会发展保持同步，进入"物联网+人工智能"时代。例如，在2016年布拉格ISPRS大会上，传统摄影测量最热门的名词，诸如"空中三角测量-triangulation"已经变成稀有"名词"。当代的摄影测量已经与计算机视觉、人工智能、机器人学(Robotics)等学科深度融合，在几何上与SIFT、SGM、SLAM和Robotics相关领域的理论与方法联系在一起，在影像信息提取上则充分吸收利用模式识别与机器学习等人工智能方法。

摄影测量的发展离不开三大部分：传感器(数据获取)与搭载工具、数据处理和数据应用。本章力求不简单重复经典的摄影测量原理等基本内容，为适应当今摄影测量的发展，从以下几个方面说明摄影测量当前的发展：①摄影测量传感器，从成像传感器和定位定姿传感器两个方面，介绍摄影测量在影像和辅助定位数据获取方面的进展，重点介绍近年来迅速发展的倾斜摄影相机和无人机航测平台；②摄影测量几何定位，简要介绍计算机领域中的"运动恢复结构"(Structure from Motion，SfM)和机器人学领域的"视觉即时定位与成图"(Visual Simultaneous Localization and Mapping，VSLAM)与经典的摄影测量几何处理方法的联系与区别；③三维重建，重点介绍以半全局匹配为代表的密集匹配技术，以及三维格网(mesh)构建的泊松表面重建和基于可视性约束的Delaunay表面重建方法；④目标检测与地物提取，将重点阐述基于模板匹配、基于先验知识建模、面向对象和基于机器学习的目标检测方法，同时介绍影像变化检测的主要方法、研究现状和发展趋势；⑤激光雷达测量与信息提取，介绍机载和星载LiDAR设备的发展和工作原理，LiDAR点云的配准及其与影像之间的配准等数据处理方法，以及点云分类、点云建筑物重建等信息提取方法。

---

① http：//4h. okstate. edu/literature-links/lit-online/others/volunteer/4H. VOL. 115% 20Learning% 20Styles _ 08. pdf/.

5.1　摄影测量传感器

5.1.1　成像传感器

在过去 20 年里，摄影测量影像传感器（航空摄影相机）在实际需求和技术进步的推动下有了长足的发展。一方面，摄影测量地图生产已经稳步迈向全数字化的工作流程，各类数字化地图产品的生产效率有了极大的提升，快速获取高质量、高分辨率的数字影像成为迫切需求；另一方面，随着电子信息和材料技术的不断进步，如电荷耦合器件（Charge Coupled Device，CCD）和互补金属氧化物半导体（Complementary Metal Oxide Semiconductor，CMOS）材料的不断发展，极大地促进了摄影测量影像传感器的数字化发展与完善。

在航空摄影测量领域，各种类型的数码相机已经取代胶片相机，成为光学影像数据的主要获取手段。由于数码相机使用 CCD 或 CMOS 芯片进行成像，它与胶片相机不同，它不再需要摄影胶片的更换和繁琐的摄影处理与影像扫描过程，可直接获取"按灰度元素数字化"表达的数字图像[1]，能够有效降低数据获取成本，更适合拍摄大重叠度的序列影像。倾斜相机系统可在多个角度进行拍摄，能够更方便地获取建筑物纹理，有效用于三维城市建模。近年来遥感平台逐渐向低成本和轻小型方向发展，低空摄影测量技术受到广泛关注，由于低空无人机（Unmanned Aerial Vehicle，UAV）航测系统具有使用成本低、机动灵活、载荷多样性、用途广泛、操作简单、安全可靠等优点，在现代测绘行业中发挥着越来越重要的作用，现已成为常规航空遥感平台的有效补充。特别值得一提的是，"无人机（摄影测量）测量"，使传统的"贵族式"摄影测量走向"平民化"摄影测量，甚至直接简称为"无人机测量"；另外航空、航天线阵相机采用推扫式成像方式，通常采用多线阵 CCD 在不同角度分别成像，克服了数码相机视场角小的缺陷，可提供更合理的基高比。

在航天摄影测量领域，星载线阵相机正朝着高空间分辨率、高时间分辨率和高光谱分辨率的方向发展，越来越多星载线阵相机达到米级甚至亚米级的空间分辨率。对于星载线阵相机，除了影像分辨率不断提高之外，遥感卫星传感器的成像方式也向多样化的方向发展，单线阵推扫式成像方式逐渐发展到多线阵推扫成像，立体模型的构建方式也随之多样化，更加合理的基高比，可进一步提高立体成图的精度。当前在轨的高分辨率地球观测卫星仍以传统的大型卫星为主，但卫星平台的小型化已经成为今后发展的重要趋势。现阶段小卫星平台通常搭载中高分辨率的线阵相机，具有价格低廉、机动灵活等优点，采用多颗小卫星还可以进行编队飞行或构成小卫星星座，提高对地观测的时间分辨率。

根据成像方式的不同，摄影测量影像传感器可以分为两大类：面阵相机（area array cameras）和线阵相机（pushbroom linear array cameras）。

1. 面阵相机

面阵相机又称为框幅式相机，它是以面为单位来进行影像采集的成像工具，可以一次性获取一幅被摄物体的影像，具有测量影像直观的优势。它是航空摄影测量最为常用的影像数据获取手段。近十几年来，受益于传感器技术的飞速进步，面阵相机在不断提高影像几何分辨率和辐射分辨率的同时，正逐渐向轻小型化和低成本方向发展，越来越多的非专业测量型相机被用于航空影像的采集。

根据单张影像(或等效虚拟影像)的成像过程进行分类,则可以将航空面阵相机分为单面阵相机、多面阵拼接相机。

1)单面阵相机

单面阵相机是指全色影像(或 Bayer 彩色影像)仅由单个面阵 CCD 成像得到,但它不代表相机内仅集成有一块 CCD 芯片。如 Z/I Imaging 公司的第二代数码航摄仪,相机内部包含 5 块 CCD,其中仅有一块大像幅全色 CCD,其他四块 CCD 分别在红、绿、蓝和红外波段成像,为全色影像提供颜色信息。单面阵相机通常具有相对简单的机械结构,不需要进行多影像的拼接,单张影像内部的几何误差分布较为均匀,其成像示意图如图 5-1 所示。

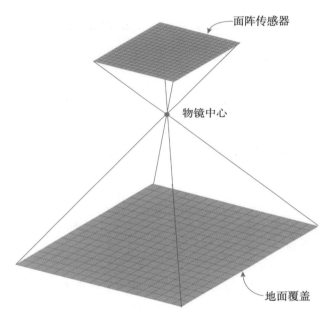

图 5.1 单面阵相机成像示意图

受 CCD 制造工艺的限制,航空摄影测量中采用的单面阵相机大多数为中小像幅尺寸,主要包括无人机平台搭载的和地面近景摄影测量所使用的各种类型的消费级单反数码相机。目前仅有 Z/I Imaging 公司研制出大像幅单面阵相机,已发布的型号包括 RMK DX、DMC Ⅱ、DMC Ⅲ系列,其中 DMC Ⅲ像幅最大,影像分辨率可达 14 592×25 728(3.75 亿像素)。

一般单面阵相机像幅小、视场角窄,飞行效率低,影像数量巨大,有效信息少,后续数据处理和生产效率低下。特别是其较小的视场角,直接限制了摄影测量的基高比,降低了测图高程精度。为解决单面阵传感器视场角小的问题,一般多采用将多个小面阵拼接形成组合面阵数字相机。

2)多面阵拼接相机

多面阵拼接相机采用多块 CCD 对具有一定重叠度的区域分别成像,然后将多个子影像拼接成为较大像幅的虚拟影像。目前国际主流大幅面航空相机的设计理念是利用数字图像处理的方法将多个按照一定角度互有重叠的子相机同步获取影像,并进行拼接处理,得到一幅像幅更大、视场角较高的中心投影的影像。根据 CCD 面阵数量和排列方式的不同,可以大致可将该类相机分为以下四个子类。

第一类:以 Z/I Imaging 公司的第一代 DMC 航摄相机为代表,采用 4 块同样大小的 CCD 芯片组成 2×2 的阵列,分别成像并进一步组成虚拟影像[2](见图 5.2)。该类相机还包括多种变化形式,如 1×2、2×1 和 1×3 阵列的多面阵拼接形式,如果进一步简化,构成 1×1 阵列的相机系统,则退化为单面阵相机的构建方式。该类多面阵拼接相机主要为四维远见和 IGI 公司的产品,典型型号有四维远见公司的 SWDC-4,IGI 公司的 Dual DigiCAM、Triple DigiCAM 和 Quattro DigiCAM。

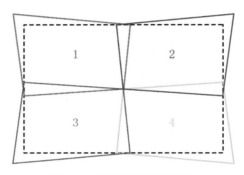

图 5.2 DMC 虚拟影像拼接

第二类:以 Vexcel 公司 UltraCam 系列相机为代表。如图 5.3 所示,该类相机的特点是采用了顺序曝光的机制,使多个子相机尽量在同一位置处曝光,而不是多相机同时成像。Vexcel 公司生产的大像幅相机,如 UltraCam-D、UltraCam-X 和 UltraCam Eagle 等型号,采用 9 块全色 CCD 芯片,分别在 4 个时间点曝光,中像幅相机的型号有 UltraCam-L 和 UltraCam-Lp,仅包含两块全色 CCD,并分两次曝光。

图 5.3 UltraCam-D 相机的顺序曝光机制

第三类:以 Visual Intelligence 公司的 Iris 系列相机为代表。如图 5.4 所示,该类型相机由一组按一定角度分布的小像幅相机固联构成,相机排列方向垂直于飞行方向,最终拼接出一条宽像幅的虚拟影像。参与影像拼接的小像幅相机可以有 3 个、5 个甚至更多,如果需要提高虚拟影像在航线方向上的覆盖范围，还可以采用双排连接架并增加一组小像幅相机。

图 5.4　Iris One 50 相机

第四类：以 2004 年成立的 VisionMap 公司的扫描全景相机 A3 为代表，如图 5.5 所示。它由两台焦距为 300mm 相机(视场角非常小，仅为 6°.9 ×4°.6)，不可能用传统方法进行交会。该相机采用扫描(旋转)摄影(如图 5.5(a))增大视场角，最大扫描视场角可达104(如图 5.5(b))，图 5.5(c)所示为多条航带摄影的"幅宽"，它主要由旁向重叠构成"立体"，与传统的主要由航向重叠构成"立体"相比，这是一个鲜明的特点。

 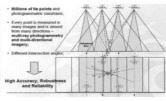

（a）常角相机扫描全景摄影　　　（b）一次扫描摄影　　　（c）多航带扫描摄影

图 5.5　VisionMap 扫描全景相机 A3

近年来，随着技术的进步，面阵相机成像传感器取得了新的进展，主要表现在倾斜摄影相机和无人机航空摄影平台上，以下进行重点介绍。

1)倾斜摄影相机

倾斜摄影相机系统是由一台垂直安置和多台倾斜安置的相机联合组成的，由于其获取影像的时候具备较大的倾斜角，倾斜影像兼具传统垂直摄影和地面摄影的特性，即能够同时获得地物的顶面和侧面的信息，主要用于城市三维建模中建筑物侧面纹理的获取。由于倾斜影像更加接近于人类的视觉习惯，增强了非地理专业人员对几何地理信息的"可读性"，所以也更容易被普通大众所接受。图 5.6 展示了武汉大学信息学部倾斜影像和垂直影像的对比。

从图中我们可以看到相对于垂直影像，倾斜影像非常清晰地显示了高度的变化，以及建筑物侧面的结构。倾斜摄影的另一项重要属性为多视角观察。由于倾斜摄影系统搭载多个朝向不同方向的相机，从而可以对同一地物多个视角成像。多视影像能够提供更多的信

（a）垂直影像　　　　　　　　　　　（b）倾斜影像

图 5.6　武汉大学信息学部垂直影像与倾斜影像

息，遮挡更少，以及具备相互验证的能力，因此如果一个地物能在多个影像中同时被观测到，则其三维的几何信息能够更好地被获取。由于具备了这些优势，近年来，倾斜影像在世界范围内被广泛应用。

虽然倾斜相机逐渐成为现在的研究热点，但是它并不是一个全新的概念。最早可以找到资料的倾斜相机生产于 20 世纪初，如图 5.7 所示，1904 年 Scgeunflug 率先发明了一个 8 镜头的倾斜相机摄影系统。该系统具备 8 个朝向不同方向的镜头，主要应用于军事侦察。

图 5.7　1904 年生产的第一台倾斜相机摄影系统

20 世纪 30 年代，美国制造了一台 Fairchild T-3A 5 倾斜相机系统，该系统创新性地采用了1个垂直相机和4个倾斜相机结构，称之为马耳他十字（Maltese Cross）结构，如图5.8所示。

图5.8 Fairchild T-3A 5 相机系统

如今众多的厂商，如 Track′ Air，Vexcel，IGI 等都推出了各自的倾斜摄影系统，表5-1列出了现有的国内外厂商研制的倾斜摄影测量系统。

表5-1 国内外倾斜摄影测量系统

公司	系统名称	特点	倾斜相机实物图
Vexcel	UltraCam Opesys	• 4个垂直相机+6个倾斜相机； • 垂直相机可获得1幅9千万像素的全色影像、1幅真彩色RGB影像和1幅近红外影像； • 6个倾斜相机结构：2个前视，2个后视相机，左右各一个，倾斜角度均为45°度； • 下视与左右的倾斜相机成像区域存在重叠，视场角达到115°	
IGI	Quattro DigiCAM Oblique	• 4个倾斜相机的4相机系统； • 相机幅面为8 176×6 132； • 像元大小为6μ； • 相机倾角为45°	
Leica	RCD30 Oblique	• 1个垂直相机+4个倾斜相机； • 像元大小为6μ； • 6 000万像素，可升级至8 000万； • 倾斜角度为35°； • 4个倾斜相机与垂直相机的成像范围都有重叠	

公司	系统名称	特　点	倾斜相机实物图
Trimble	AOS	• 1 个垂直相机+2 个倾斜相机，整个镜头在曝光一次后自动旋转 90°，通过这种方式获得前后左右 4 个方向的倾斜和下视影像； • 倾斜影像与下视影像有部分重叠，呈现蝶形影像； • 相机幅面为 7 228×5 428； • 倾角可调节为 29°~49°	
Track′ Air	Midas	• 1 个垂直相机+4 个倾斜相机； • 相机采用 5 Canon EOS 1Ds Mk Ⅱ，2 100 万像素； • 倾斜角度可调节(30°~60°)	
四维远见	SWDC-5	• 1 个垂直相机+4 个倾斜相机； • 相机幅面为 8 176×6 132； • 像元大小为 6μ； • 相机焦距为 100/80mm； • 相机倾角为 45°	
中飞四维	TOPDC-5	• 1 个垂直相机+4 个倾斜相机； • 相机幅面：垂直 9 288×6 000，倾斜 7 360 × 5 562； • 像元大小为 6μ； • 相机焦距：垂直为 47mm，倾斜为 80mm； • 相机倾角为 45°	
上海航遥信息技术有限公司	AMC580	• 1 个垂直相机+4 个倾斜相机； • 相机幅面为 10 320×7 752； • 像元大小为 5.2μ； • 相机倾角为 42°	

2)低空无人机航摄平台

近年来，无人飞机航摄系统在测绘方面的应用越来越广泛。由于应急测绘、小面积高分辨率地理信息数据更新的需求，无人机航摄系统已经成为传统航空、航天摄影测量有力的补充，具有机动灵活、高效快速、精细准确、作业成本低、适用范围广等特点，在小区域和飞行困难地区高分辨率影像快速获取方面具有明显优势。

无人机飞行器与航空摄影测量相结合，航空对地观测的新遥感平台被引入测绘行业，加上数码相机的引入，就使得"无人机数字遥感"成为航空领域的一个崭新发展方向。"无人机数字遥感"有低成本、快捷、灵活机动等显著特点，可成为卫星遥感和有人机遥感的有效补充手段。

(1)低空无人机航摄的特点

①机动性、灵活性和安全性。无人机具有灵活机动的特点，具备灵活、起降场地要求低、方式多种多样，而且安装、调试、起飞作业快捷等优点，可提高测绘应急保障服务能力，由于机身设备轻便，即便是设备出现故障，也不会出现人员伤亡，具有较高的安全性。

②分辨率高、处理速度快。无人机可以在云下超低空飞行，可获取比普通航摄更高分辨率的影像，最优分辨率可达 0.05m，也能多角度摄影获取建筑物多面高分辨率纹理影像。

③精度高。无人机为低空飞行，飞行高度在 50~1 000m，摄影测量精度达到了亚米级，精度范围通常在 0.1~0.5m，符合 1:1 000 的测图要求，在差分 GPS 与 IMU 的辅助下，利用控制点进行定向的精度甚至可以满足 1:500 测图精度的要求。

④成本低、操作简单。无人机低空航摄系统使用成本低，对操作员的培养周期相对较短，系统的保养和维修简便。

针对应急测绘的项目，在时间紧、任务急、情况特殊等环境下，需要快速高效地获取第一时间的影像，如山体滑坡、洪水暴发、森林救火、海上污染等灾害的发生，急需灾区实时影像资料用于灾情分析和救援工作的开展。在突发事件的情况下，无人机可以立即响应，对测区进行全面监测。

(2)低空无人机的类型

目前国内外低空无人机摄影平台非常丰富，主要类型有：固定翼无人机、旋翼(螺旋桨、多旋翼)无人机、无人直升机、无人飞艇等，如图 5.9 所示为各种类型低空无人机摄影平台。

①固定翼无人机航测平台。固定翼无人机靠动力装置(如螺旋桨或涡轮发动机)产生前进的推力或者拉力，由固定在机体上的机翼与空气的相对运动产生升力，作为飞机向前飞行的动力。固定翼无人机航测平台目前是我国应用得最为广泛的一种 UAV 系统，也是测绘行业和部门最早采用的 UAV 平台，它最主要的特点就是飞行速度快、运载能力大。相对于旋翼无人机平台，固定翼无人机较难操作，主要表现在起飞与降落需要人工操作。它的起飞方式可采用滑跑起飞、弹射起飞和手抛起飞，降落回收则可采用滑跑降落、降落伞降落和回收网降落等方式。

②旋翼无人机航测平台。旋翼无人机航测平台是近几年随着飞行控制系统逐渐成熟和稳定而出现的一种新的飞行平台，依靠螺旋桨产生升力，一般采用电动螺旋桨，如 4 旋翼、6 旋翼以及 8 旋翼等。旋翼机和直升机一样，具备垂直起降能力，能够进行定点悬停，在一定速度范围内以任意的速度飞行。近年来，低空旋翼无人机发展迅猛，随着技术的成熟，零配件成本的降低，以多旋翼无人机为主的小型民用无人机市场成为热点，并被

（a）固定翼无人机　　　　　　　　　　　　（b）多旋翼无人机

（c）无人直升机　　　　　　　　　　　　　（d）无人飞艇

（e）大疆精灵无人机

图 5.9　各种类型的低空无人机摄影平台

广泛地应用于低空航空摄影。旋翼无人机航测平台操作简单，经过简单的培训即可操作。

　　③无人直升机航测平台。无人直升机的技术优势是具备垂直起降能力，可以定点起飞、降落，对起降场地的条件要求低，其飞行也是通过无线电遥控或通过机载计算机实现程控。但无人驾驶直升机的结构相对来说比较复杂，机械振动较大对影像质量存在不利影响，操控难度也较大，造价较高，所以种类不多，实际应用也比较少。

　　④无人飞艇航测平台。飞艇是通过艇囊中填充的氦气或氢气所产生的浮力以及发动机提供的动力来实现飞行的，是最安全的低空 UAV 平台。无人飞艇可以在低空 50～1 000m 的空域进行安全的飞行，并能以 0～80km/h 的速度进行巡航。从航空摄影成像方面来看，无人飞艇有以下几点优势：可飞得低，飞得慢，可减小像移造成的影像模糊。同时，无人驾驶飞艇系统操控比较容易，安全性好，可以使用运动场或城市广场等作为起降场地，特别适合在建筑物密集的城市地区和地形复杂地区应用，如城市地形图的修测、补测，数字城市建立时的建筑物精细纹理的采集、城市交通监测等领域。目前市面上用于航空摄影测

量的无人飞艇平台气囊一般较大，体积达到100m³以上，实际地面占用面积较大，不够灵活，这是它应用不广泛的主要原因。

⑤消费级航测无人机。消费级航测无人机(如图5.9(e)所示的大疆精灵无人机)一般采用4旋翼的电动螺旋桨，具备廉价、灵活、便携、易操作等优点，大多支持由GPS实现的航点规划功能，用户可根据拍摄场景的特点灵活地设计航线和拍摄方向，甚至可以垂直于墙面方向拍摄高层建筑物的墙面。因此，消费级航测无人机已越来越多地用于城市场景小范围的三维重建之中。

(3)无人机UAV系统常用相机

无人机UAV系统一般搭载消费级的单反相机，比较常见的有佳能5D Mark系列、索尼NEX系列、索尼ILCE系列等。有的非常小，焦距只有4mm，像元仅2.3μm。

2. 线阵相机

线阵相机，顾名思义，它的成像元件是呈线状的，一般而言，线阵相机是利用安置在相机焦面上的一条或多条CCD线阵，通过连续推扫的方式获得二维影像。线阵相机的工作原理如图5.10所示，在每一个成像时刻只生成一行影像，对应地面上的一个狭长条，随着相机平台沿飞行轨迹运行，线阵CCD连续推扫形成二维影像。由于线阵CCD可一直推扫，其形成的影像一般构成条带状影像。条带状影像沿线阵CCD方向的宽度称为幅宽，在飞行高度固定的情况下，影像分辨率基本为常量，幅宽由线阵上的CCD探元的数量决定。

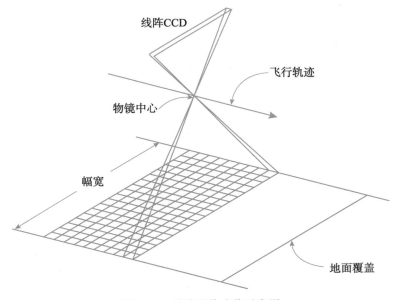

图5.10 线阵影像成像示意图

线阵相机可安置在航空和航天的平台上，分别形成航空线阵相机和航天(卫星)线阵相机。

1）航空三线阵/多线阵

航空三线阵/多线阵影像在多视的重叠区域内，可以进行立体测图。线阵推扫式设计克服了传统面阵数码影像相幅小的缺点，使得航空数字影像的相幅大大增加；三线阵/多线阵同时推扫的设计则克服了航空面阵数码影像的基高比小的缺点，提高了高程定位精度。目前航空三线阵影像测图被广泛应用于军事、测绘、应急响应等领域。

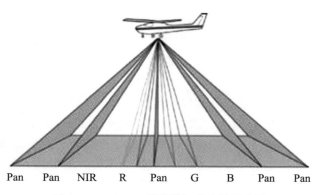

图 5.11　JAS 150 线阵推扫式成像示意图

航空三线阵/多线阵传感器包括单镜头和三镜头两种，单镜头三线阵/多线阵传感器主要代表有三线阵的 ADS40/80，StarImager 以及五线阵的 JAS 150（见图 5.11）等。这种相机构成三线阵/多线阵的原理就是在焦平面上不同位置有多行 CCD 线阵列，包括红、绿、蓝、红外、全色等多光谱 CCD 探测器件。其中有三行/多行全色波段 CCD 探测器，分别在前视、下视、后视成像，传感器向前推扫时，这三个线阵/多个线阵 CCD 同时扫描成像，获取全色影像，一个航带扫描结束后，最终将会获取前下后三视/多视的三个/多个具有大重叠度的长条带影像。另外，还采用 3 色分色镜对自然光进行分光处理，由位于焦平面上的多光谱探测器来记录对应的多光谱信息。

三镜头传感器主要代表是 3-DAS-1，如图 5.12 所示，该传感器设置有三个镜头，每个镜头的焦平面上都包含有红、绿、蓝等多光谱成像 CCD 阵列。线阵推扫时，三个倾角不同的镜头分别对前下后视进行成像，获取前下后视的彩色影像。

不管是单镜头三线阵/多线阵传感器还是三镜头三线阵传感器，其目的都是为了生成三线阵/多线阵影像进行立体测图。前者只能生成全色影像（黑白影像），在与多光谱影像融合后才能得到彩色影像，后者通过三个镜头直接生成前下后三视三个条带的彩色影像。

2）航天线阵相机

目前的航天线阵探测器主要以推扫式成像方式为主，根据传感器所带的镜头数可以分为单线阵推扫式传感器以及多线阵推扫式传感器，这两种传感器的主要区别在于同时生成的全色成像数目不同，单镜头的只能同时生成一个条带全色影像，而多镜头可同时生成多个条带全色影像，前者主要用于一般的地图测图、城市规划、环境监测、

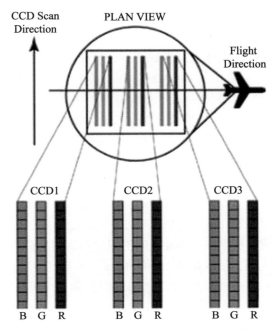

图 5.12 3-DAS-1 内部 CCD 阵列结构图

土地调查以及情报信息搜集等，后者除了上述应用外，还专门用于立体测图，生成地面三维模型等。

(1)单线阵推扫式对地观测卫星(单线阵)

线阵推扫式成像卫星，其传感器主要采用线阵 CCD 推扫式成像技术，在相机的焦平面上有多行 CCD 线阵列，这些 CCD 阵列分别是用来响应全色以及多光谱波段的光源，并生成对应的全色以及多光谱影像。为了得到超高分辨率影像，传感器一般采用长焦距设计。为了进行立体观测，大部分超高分辨率卫星所搭载的传感器姿态可以绕某固定轴旋转，使得卫星可以在不同位置获取同一地面范围的影像，并且两个不同观测位置以及地面区域构成的基高比较大，足以获得较好的立体观测效果。例如，传感器可以绕沿轨道方向旋转，获取旁边相邻轨道地区的影像从而形成异轨立体，异轨立体像对的左右影像的成像时间一般间隔较长，为几天甚至几个星期，而在这段时间内，立体像对同名区域地物可能存在几何以及辐射差异，如新增地物、农作物颜色发生变化等。这将对立体观测造成影响，但是，这种情况在其他一些需求领域可以得到应用，如对目标区域进行变化检测识别等。传感器也可以绕垂直于飞行方向旋转，获取星下点沿轨道方向的前方或者后方区域的影像形成同轨异步立体。相对于异轨立体，同轨立体像对左右影像的成像时间基本一致，一般间隔时间是几分钟，地物在这么短时间内不会发生较大的变化，不会产生较大的辐射和几何差异，因此同轨立体能够获得更好的立体观测效果。这类卫星按照不同的地面分辨率还可以分为以下类别：

①超高分辨率：地面分辨率在 1m 以下的卫星称为超高分辨率卫星，除了专为军方发射的超高分辨率卫星，其他的超高分辨率卫星大部分由少数几家民营企业负责运营，美国的 GeoEye 和 DigitalGlobe，以色列的 ImageSat International 是世界上有名的三大卫星运营商。这三大商业卫星公司拥有全球大部分的超高分辨率对地观测卫星。目前在轨运行的超高分辨率卫星主要有 GeoEye 公司的 IKONOS、GeoEye-1、QuickBird-2、DigitalGlobe 公司的 WorldView-1、WorldView-2、WorldView-3、WorldView-4，以色列的 EROS-B，韩国的 KOMPSAT-2，印度的 CartoSat-2，俄罗斯的 Resurs DK-1（非近极地轨道）等。

②高分辨率：地面分辨率在 1~4m 之间的卫星称为高分辨率卫星，主要包括中国的北京 1 号、北京 2 号、CBERS-02B、ZY1-02C、GF-1、GF2，中国台湾的 FormoSat-2，英国的 TopSat，印度的 CartoSat-1，泰国的 THEOS，以色列的 EROS-A，德国的 RapidEye 星座，尼日利亚的 NigeriaSat-2，阿尔及利亚的 Alsat-2A、Alsat-2B，马来西亚的 RazakSAT（非近极地轨道）以及阿联酋迪拜的 DubaiSat。

③中高分辨率：地面分辨率在 4~8m 之间的卫星称为中高分辨率卫星，主要包括印度的 IRS-1C、IRS-1D、IRS-P6，俄罗斯的 Monitor-E-1 以及印度尼西亚的 LAPAN-Tubsat。

④中等分辨率：地面分辨率在 8~20m 之间的卫星称为中等分辨率卫星，主要包括法国的 SPOT-2、SPOT-4，日本的 Terra/ASTER，中国的 CBERS-02，欧空局的 PROBA/CHRIS，美国宇航局的 EO-1/Hyperion，埃及的 Egyptsat-1，沙特阿拉伯的 Saudisat-3，新加坡的 X-Sat 以及土耳其的 RASAT。

⑤低分辨率：地面分辨率在 20~40m 之间的卫星称为低分辨率卫星，主要包括英国的 UK-DMC、UK-DMC-2，阿尔及利亚的 Alsat-1，尼日利亚的 NigeriaSat-1，土耳其的 Bilsat 以及西班牙的 Deimos-1。

（2）立体测图卫星（多线阵）

为了进行立体观测，需要卫星在不同位置获取同一地区的卫星影像，而且基高比要尽量大，立体像对的获取时间不能相差较远，才能获得良好的立体观测效果。因此一些卫星上搭载了双镜头或者三镜头传感器，这些传感器通过倾斜不同角度的镜头，获取双线阵或者三线阵同轨立体像对。这种多镜头传感器是专门为了进行立体测图设计的，比前文提到的通过单镜头前后或者左右旋转的立体观测方式要更加稳定，因为不需要对传感器的对地观测倾角进行调整，避免了由此产生的一些复杂的传感器构造设计，以及可能造成的轨道不稳定等。它也更加适合用于立体图测图、DEM 以及 DOM 等数字产品的制作。搭载这类传感器的卫星主要有：法国的 SPOT-5，日本的 ALOS/PRISM（见图 5.13）、Terra/ASTER，印度的 CartoSat-1，国产的"天绘一号"卫星和"资源三号"卫星，此外还有我国 2019 年发射的 GF-7 卫星。

"天绘一号"卫星是中国首颗传输型立体测绘卫星，采用了 CAST2000 小卫星平台，一体化集成了三线阵、高分辨率和多光谱等 3 类 5 个相机载荷[3]，其有效载荷及成像原理如图 5.14 所示。目前，"天绘一号"已成功发射 01 星、02 星、03 星（性能数据见表 5-2），三颗卫星在轨组网运行稳定，已具备规模化数据保障能力。

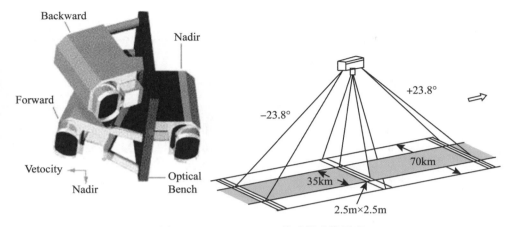

图 5.13 ALOS/PRISM 传感器成像原理

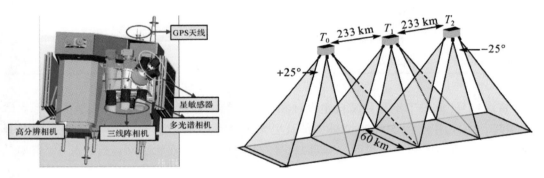

（a）卫星有效载荷示意　　　　　（b）立体影像成像原理

图 5.14 "天绘一号"卫星有效载荷及成像原理

表 5-2　　　　　　　　　　　"天绘一号"卫星性能数据

卫星名称	"天绘一号"01 星	"天绘一号"02 星	"天绘一号"03 星
发射时间	2010 年 8 月 24 日	2012 年 5 月 6 日	2015 年 10 月 26 日
轨道高度（km）	500	500	500
轨道倾角（°）	97.3	97.3	97.3
轨道偏心率	0	0	0
相机类型	2m 分辨率全色相机、10m 分辨率多光谱相机、5m 分辨率三线阵全色立体相机	2m 分辨率全色相机、10m 米分辨率多光谱相机、5m 分辨率三线阵全色立体相机	2m 分辨率全色相机、10m 分辨率多光谱相机、5m 分辨率三线阵全色立体相机

续表

卫星名称	"天绘一号"01 星	"天绘一号"02 星	"天绘一号"03 星
星下点像元分辨率	全色 2m、三线阵全色 5m、多光谱 10m	全色 2m、三线阵全色 5m、多光谱 10m	全色 2m、三线阵全色 5m、多光谱 10m
侧视角(°)	0	±10	±10
幅宽(km)	60	60	60
光谱/波段范围(μm)	蓝：0.43~0.52 绿：0.52~0.61 红：0.61~0.69 近红外：0.76~0.90	蓝：0.43~0.52 绿：0.52~0.61 红：0.61~0.69 近红外：0.76~0.90	蓝：0.43~0.52 绿：0.52~0.61 红：0.61~0.69 近红外：0.76~0.90
回归周期/(天)	58	58	58
摄影覆盖范围	南北纬 80°之间	南北纬 80°之间	南北纬 80°之间
降交点地方时	13：30	13：30	13：30
是否具备商业编程能力	是	是	是
GPS 类型	单频 GPS	单频 GPS	双频 GPS
拍摄能力(km²/d)	150 万	150 万	150 万

"资源三号"测绘卫星是我国自主设计和发射的第一颗民用高分辨率光学传输型立体测绘卫星，主要用于 1：50 000 立体测图及更大比例尺基础地理产品的生产和更新以及开展国土资源调查与监测[4]。目前，"资源三号"已有两颗卫星在轨组网运行。其中"资源三号"01 星于 2012 年 1 月 9 日发射，它搭载了 4 台光学相机：一台地面分辨率为 2.1m 的正视全色 TDI CCD 相机、两台地面分辨率为 3.5m 的前视和后视全色 TDI CCD 相机、一台地面分辨率为 5.8m 的正视多光谱相机。"资源三号"02 星于 2016 年 5 月 30 日发射，它在 01 星的基础上进行了如下改进：①提高立体影像的分辨率。在不改变光学镜头的前提下，通过更换与正视相机相同的 7μm TDICCD 器件，将前后视相机的地面像元分辨率由 01 星的 3.5m 提高到 2.5m；②更高的高程测量精度。02 星搭载了一台激光测距仪，通过主动测高的方式将卫星的高程测量精度从 5m 提高到 1m，更好地满足测绘任务需要。

"天绘一号"卫星和"资源三号"卫星为我国的测绘生产提供了持续稳定的中高分辨率卫星影像数据源，打破了我国长期依靠国外进口的局面，在我国 1：50 000 和 1：25 000 比例尺的立体测图方面发挥了重要作用。

(3)多线阵拼接相机

相机上的 CCD 阵列受目前制造工艺以及 CCD 数据响应速率的限制，每行最多只能并列 12 000~14 000 个 CCD，因此单轨影像地面覆盖宽度比较窄，对于分辨率在 1m 的卫星，其地面覆盖宽度在 12~14km 左右。为了获取宽幅线阵影像，常用的办法是采用多个 CCD 阵列并列同时成像，然后再将这些 CCD 获取的影像进行拼接得到宽幅线阵影像，形成多线阵拼接相机。多线阵拼接相机主要有两种方式：单镜头多线阵拼接和多镜头多线阵拼接。

①单镜头多线阵拼接。在一个相机镜头的焦面上排放多个子线阵 CCD。目前大多数卫星相机采用该种方式，如美国 WorldView 系列卫星相机、IKONOS 卫星相机、QuickBird卫星相机、印度 IRS-1C 卫星全色相机、日本 ALOS 卫星 PRISM 传感器的三线阵相机、法国 Pleiades 卫星 HR 相机等，我国的 CBERS-02B 卫星 HR 相机、"天绘一号"卫星 HR 相机和"资源三号"卫星的三线阵相机也采用这种方式。

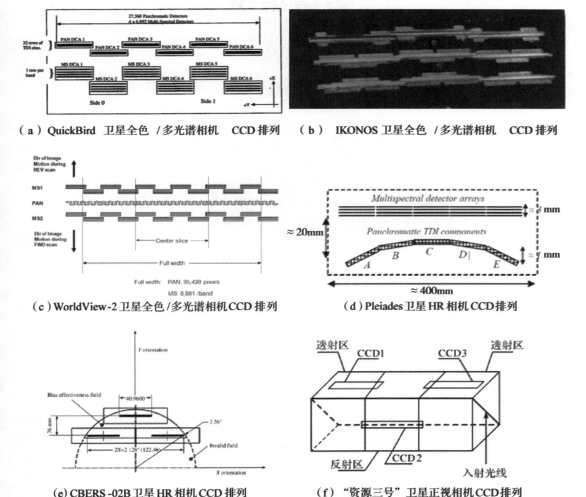

（a）QuickBird 卫星全色／多光谱相机　CCD 排列　　（b）　IKONOS 卫星全色／多光谱相机　CCD 排列

（c）WorldView-2 卫星全色／多光谱相机 CCD 排列　　（d）Pleiades 卫星 HR 相机 CCD 排列

（e）CBERS-02B 卫星 HR 相机 CCD 排列　　（f）"资源三号"卫星正视相机 CCD 排列

图 5.15　单镜头多线阵拼接相机 CCD 排列

②多镜头多线阵拼接。利用多个镜头进行拼接，其中每个镜头内部存在一条或者多条CCD 线阵。目前，采用该种方式的卫星主要为国产的"资源一号"02C 卫星 HR 相机、"高分一号"宽覆盖相机（GF-1 WFV）。其中"资源一号"02C 卫星具有两台 HR 相机，每台 HR相机焦面上排列有 3 个子 CCD 线阵（类似图 5.15（e）所示）；"高分一号"WFV 则由 4 台多

光谱相机构成，如图 5.16 所示，每台多光谱相机具有一个 CCD 线阵，幅宽为 200km，拼接后的 WFV 影像的幅宽为 800km。

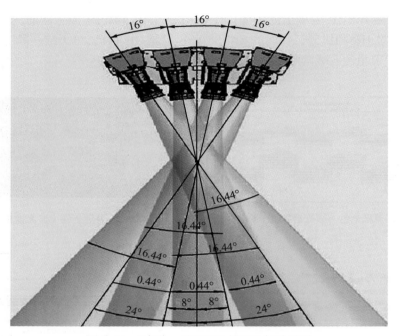

图 5.16　"高分一号"WFV 相机几何关系图

5.1.2　定位定姿传感器

1. 定位定姿传感器简介

1）GNSS

全球卫星导航系统由三部分组成（如图 5.17 所示）：空间部分（GNSS 卫星星座）、地面控制部分和用户部分。GNSS 卫星可连续向全球用户播发用于导航定位的测距信号（包括测距码和载波相位）和导航电文（用于计算卫星位置和卫星钟差等），并可接收来自地面控制系统的各种信息和指令以维持导航系统的正常工作。地面控制系统的主要功能是：跟踪 GNSS 卫星，对其进行距离测量，确定卫星的轨道和钟差改正数，进行预报后，编制成导航电文，通过注入站上传到卫星。地面控制系统还能通过注入站向卫星发送各种指令，调整卫星的轨道和时钟参数，修复故障或启用备用件等。用户利用 GNSS 接收机来测定接收机到卫星间的距离，并根据导航电文计算信号离开卫星的瞬间卫星在空间的位置，解算出接收机天线所在的三维位置、三维速度和钟差等信息。

GNSS 不仅包括美国的 GPS、俄罗斯的 GLONASS、中国的北斗系统以及欧盟的 GALILEO 等全球卫星导航系统，也包括印度的正在发展的 IRNSS 和日本即将建立的 QZSS 等区域卫星导航系统和有关的增强系统。

GNSS 接收机主要由 GNSS 天线和 GNSS 接收机主机两部分组成，其主要功能是接收

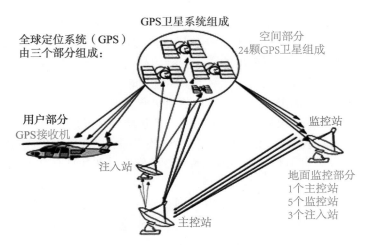

图 5.17 GNSS 系统组成

GNSS 卫星信号并经过信号放大、变频、锁相处理，测定出 GNSS 信号从卫星到接收机天线间的距离、解译导航电文、实时解算 GNSS 天线所在位置及运动速度等。

GNSS 天线由天线单元和前置放大器两部分组成，其作用是将 GNSS 卫星信号的微弱电磁波能量转化为相应电流，并通过前置放大器将接收的 GNSS 信号放大，为减少信号损失，一般将天线和前置放大器封装在一体。

GNSS 接收机主机的内部结构通常分为射频前端处理、基带数字信号处理（DSP）和定位导航运算三大模块，如图 5.18 所示。

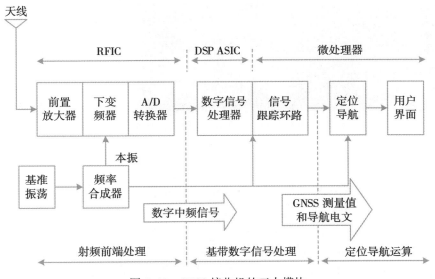

图 5.18 GNSS 接收机的三大模块

射频前端处理模块通过天线接收所有可见的导航卫星信号，经前置滤波器和前置放大器的滤波放大后，再与本机振荡器产生的正弦波本振信号进行混频而下变成中频（IF）信号，最后经模数（A/D）转换器将中频信号转变成离散时间的数字中频信号，基带数字信号处理模块通过处理射频前端所输出的数字中频信号，复制出与接收到的卫星信号相一致的本地载波和本地伪码信号，从而实现对 GNSS 信号的捕获与跟踪，并且从中获得伪距和载波相位等测量值以及解调出导航电文，这些卫星测量值和导航电文中的星历参数等信息再经后续的定位导航运算模块的处理，最终获得定位结果和导航信息。

随着集成电路技术的发展，上述 GNSS 接收机核心模块已经可以集成为一个纽扣大小的导航定位芯片（SoC），这种射频基带一体化的 SoC 导航定位芯片具有高系统整合度、低外部组件成本、超小布局面积的特性，且功耗低，可广泛应用于智能手持设备、可穿戴设备、物联网、车载导航、无人机和授时等大众应用领域。它们的体积很小，可以完成信号捕获跟踪测量，供电、数据存储与相机集成，如大疆精灵 4 pro（见图 5.9（e））。绝对定位获得的成像位置可作为 EXIF（Exchangeable Image File Format）信息记录在 JPEG 和 TIFF 格式影像文件中，摄影测量处理时用户可方便地将其读取出来，如图 5.19 所示为大疆无人机拍摄的武汉大学信息学部的局部影像和在 Windows 系统中显示的影像文件的 GPS 位置信息。

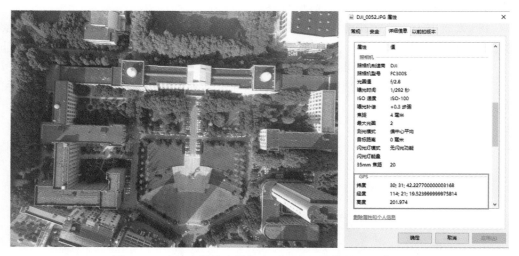

图 5.19　武汉大学信息学部大疆无人机影像的 GPS 信息

2）GNSS 定位方法

GNSS 定位方法主要有两大类：单点定位和差分定位。

（1）单点定位

单点定位也称为绝对定位，即用户利用一台 GNSS 接收机计算天线在 WGS-84 坐标系中绝对坐标的方法。单点定位的优点是用户只需用一台接收机就可独立地完成定位工作，外业观测（数据采集）方便灵活。单点定位根据所采用的卫星星历、观测值类型和误差处理方法不同，又分为标准单点定位（Single Point Positioning，SPP）和精密单点定位（Precise Point Positioning，PPP）。标准单点定位通常采用广播星历，使用伪距观测值，一般粗略考虑电离层延迟改正，受卫星星历误差、卫星钟误差以及卫星信号传播过程中的大气延迟误差的影响较为显著，标准单点定位方法确定动态用户的瞬时位置精度一般为 10m 左右，只能满足一般导航的需要。精密单点定位指的是用户利用一台 GNSS 接收机的载波相位和测码伪距观测值，采用高精度的卫星轨道和钟差产品，通过模型改正或参数估计的方法精细考虑与卫星端、信号传播路径及接收机端有关误差对定位的影响，实现高精度定位的一种方法。利用这种方法可获得分米级到厘米级的定位精度。精密单点定位的数据处理较标准单点定位复杂。

（2）差分定位

差分定位也称为相对定位，即确定同步跟踪相同卫星信号的两台或两台以上接收机之间的相对位置（坐标差）的定位方法。两台接收机同步观测同一组卫星信号，因轨道误差、大气延迟误差具有很强的空间相关性，因此通过差分方式消除上述误差的影响，其定位精度得到显著提高。孙红星等将 GNSS 差分定位技术与摄影测量相结合，实现免像控条件下大比例尺无人机影像航测[5]。他们将多系统 GNSS 进行差分定位，通过相位双差求解模糊度，实现影像摄站位置（外方位线元素）的精密定位，对满足一定摄影条件（如低航速、需构架航线等）获取的影像进行 GPS 辅助空中三角测量，精度可满足 1：500 比例尺地形图的精度要求。然而，这种方法对测区范围有较大限制（一般要求 2km² 以内），在一定程度上约束了该技术的广泛应用。究其原因在于，差分定位的站间距离大时，误差相关性小，定位精度就会降低。

根据使用的 GNSS 观测值类型，差分定位可分为伪距差分定位和载波相位差分定位。伪距差分定位采用伪距或相位平滑伪距观测值，其定位精度为米级到分米级。载波相位差分采用高精度的载波相位观测值，在模糊度固定后，实时定位精度可达厘米级，静态后处理的定位精度可以达到毫米级。

由于卫星轨道误差、对流层和电离层延迟误差随着基线长度的增加达到数十千米时，相关性减弱，定位精度随之下降，此时模糊度也不容易被固定。为了实现长基线的高精度差分定位，又出现了多基准站差分定位技术。多基准站差分定位技术的基本思想是利用多个基准站的观测值建立区域误差模型，区域内任意位置的误差可以根据该模型计算出来，用户利用经过误差改正以后的观测值就可以获得高精度的定位结果。多基准站差分定位根据使用的观测值和误差处理方式的不同，可分为局域差分、广域差分和网络 RTK。

实时动态定位（RTK）是一种常用的相对定位技术。在 RTK 中，需要把一台接收机安置在一个已知点上（称为基准站），基准站通过数据链将自己的载波相位观测值及站坐标等信息实时播发给用户。流动站接收机进行相对定位解算，当整周模糊度正确固定后，其实时定位精度可达厘米级。RTK 的适用范围一般不超过 15km。距离更长时应采用网络 RTK 技术，网络 RTK 仍可达到厘米级的定位精度。

3）惯性传感器

惯性传感器（Inertial Measurement Unit，IMU）包括加速度计和陀螺仪。加速度计测量比力，陀螺仪测量角速度，两者的测量过程都不需要外部参照，均是相对于惯性系而言的。加速度计又称比力敏感器，它是以牛顿惯性定律作为理论基础，可以用来感知和测量运动体沿一定方向的比力（即运动体的惯性力与重力之差），然后经过一次积分求得速度，再次积分可得到位移。陀螺仪是感测旋转的一种装置，其作用是为加速度计的测量提供一个参考坐标系，以便把重力加速度和运动加速度区分开来。

测量加速度的方法有很多种，例如机械的、电磁的、光学的、放射线的，按照作用原理和结构的不同，加速度计可以分为两大类：机械加速度计和固态加速度计。机械加速度计包括力反馈摆式加速度计、双轴力反馈加速度计和摆式积分陀螺加速度计等，固态加速度计包括振动加速度计、表面声波加速度计、静电加速度计、光纤加速度计以及硅微机械加速度计等。陀螺仪方面，随着科学技术的发展，人们已经发现大约有 100 种以上的物理现象可以被用来感测载体相对于惯性空间的旋转。从工作机理来看，陀螺仪可以分为两大类：一类是以经典力学为基础的陀螺仪（通常称为机械陀螺），另一类是以非经典力学为基础的陀螺仪，经典力学陀螺仪主要有液浮速率积分陀螺、动力调谐陀螺和静电陀螺等；非经典力学陀螺主要有振动陀螺（包括石英速率陀螺、半球谐振陀螺）、光学陀螺（包括环形激光陀螺、干涉型光纤陀螺、光纤环形谐振陀螺、环形谐振陀螺）。近年来，惯性传感器的发展方向主要集中于微机械系统（Micro-Electro-Mechanical-System，MEMS）技术。利用蚀刻技术将多个传感器集成在单独的硅晶片上，这使得小而轻的石英和硅类型的惯性传感器可低成本、大批量地生产。微光机电系统（Micro-Optical-Electro-Mechanical-System，MOEMS）技术采用光学读出方式替代许多 MEMS 的电容检测，因而更具提高精度的潜力，目前仍在研究阶段。此外，利用最新的冷原子干涉测量技术有望研制出超高精度的惯性测量单元。

4）恒星敏感器

恒星敏感器（以下简称星敏感器）是当前广泛应用的天体敏感器，它是天文导航系统中一个很重要的组成部分。它以恒星作为姿态测量的参考源，可输出恒星在星敏感器坐标下的矢量方向，为航天器的姿态控制和天文导航系统提供高精度测量数据。星敏感器按其发展阶段可分为星扫描器、框架式星跟踪器和固定敏感头星敏感器三种类型，其中固定敏感头星敏感器是当前的发展主流，其原理是通过光学系统由光电转换器件感知恒星，处理电路扫描搜索视场，来获取、识别导航星，进而确定航天器的姿态。这种类型的星敏感器视场呈锥形，易于确定星像的方位，且没有机械可动部件，因而可靠性高。目前，固定敏感头的 CCD 星敏感器因其像质好、分辨率高、技术发展比较成熟等已在工程上得到广泛应用，而新型固定敏感头的 CMOSAPS 星敏感器，由于可以设计大视场光学结构，在探测星等比较低的情况下，也能保证视场内有足够数量的恒星可以识别，可以减小导航星库的大小，提高导航星座的搜索速度和姿态更新的速率。另外，由于其具有集成度高、不需要电荷转换、动态范围大等特点，是当今星敏感器发展的趋势。

图 5.20 给出了星敏感器的工作原理示意图，星敏感器通常包含全天球识别工作模式和星跟踪工作模式。在全天球识别工作模式下，星敏感器通过光学镜头在视场范围内拍摄得到星图，经过星点质心定位、星图识别和姿态计算等步骤之后，直接输出姿态信息。在星跟踪工作模式下，星敏感器利用先验姿态信息，进入星跟踪算法模块，通过局部的星点质心定位和识别最终解算出当前姿态信息。

2. 航空测量定位定姿

航空测量定位定姿通常采用 GNSS/IMU 组合导航系统，也称为位置姿态测量系统（Position and Orientation System，POS），它是以 IMU 为核心，GNSS 及其他传感器为辅助，

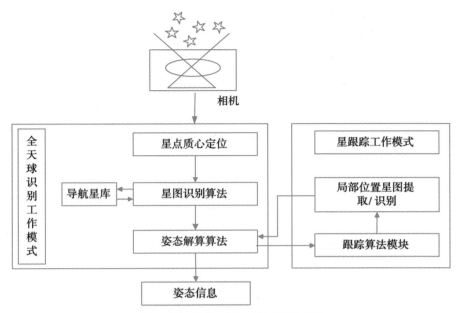

图 5.20　星敏感器工作原理示意图

构建高精度定位定姿一体化的组合导航系统，结合了 GNSS 长时间内的高精度定位与 IMU 的运动学信息，融合互补，提供连续、高带宽、长时短时精度均较高的完整导航参数。在测绘领域，利用 POS 辅助航空摄影测量，又称为直接地理参考技术（Direct Geo-referencing，DG），它是地理信息数据大范围、自动化、高效快速获取的关键，它维持着整个数据采集过程中的坐标系统，实现各类数据在现实世界中的正确表达，达到"无控制"测绘的目标。

目前，用于航空测量的商用 POS 系统硬件主要包括机载 GNSS 接收机、惯性传感器（IMU）、计算机控制系统（PCS）等。机载 GNSS 接收机可用来确定高精度的传感器位置，利用载波相位差分动态定位技术，在观测到 4 颗及以上卫星时，根据机载接收机与地面基准站上架设的接收机获取到的相位信息，最终可以获取厘米级精度的三维空间位置。若采用精密单点定位技术，则无需在地面布设基准站，只需要根据 IGS 组织提供的精密星历、钟差等参数，便可计算机载接收机的三维空间位置。惯性导航系统中的惯性测量单元由 3 个加速度计、3 个陀螺仪、数字化电路、执行信号调解和温度补偿的中央处理器组成。经过补偿的加速度计和陀螺仪数据，可以作为速度和角速度的增率以 200~1 000HZ 的频率传送到计算机系统 PCS。PCS 在捷联式惯性导航器中对加速度和角速率进行积分计算，最终获取相对于地面的位置、速度及姿态信息。为尽可能地提高系统的精度，通常需要保持较小的体积和重量，以便将其安置在传感器的透镜中心附近。计算机控制系统含大容量存储系统和运行一体化惯性导航软件（Integrated Inertial Navigation，IIN）的计算机，IIN 的实时导航计算结果不仅可以作为飞行控制管理系统的输入数据，也可用于对稳定平台的控制。此外，PCS 可以为传感器提供精确的采样时间标识[6]。

　　Applanix 公司生产的 POS AV 系统共有 310、410、510 和 610 四个系列，其中 510 和 610 可用来进行航空摄影辅助测量，其后处理分为差分 GNSS 和 PPP 两种定位模式，组合以后的标称精度见表 5-3。

表 5-3　　　　　　　　　　　POS AV 510 和 610 后处理定位定姿精度

POS AV	差分 GNSS		PPP	
	510	610	510	610
平面位置(m)	<0.05	<0.05	<0.1	<0.1
高程(m)	<0.1	<0.1	<0.2	<0.2
速度(m/s)	0.005	0.005	0.005	0.005
水平角(deg)	0.005	0.0025	0.005	0.0025
航向角(deg)	0.008	0.005	0.008	0.005

　　以上是 POS AV 的典型定位定姿精度，实际精度取决于测区的卫星几何构型、大气变化状况和环境影响等因素。值得一提的是，POS 系统的定位精度主要取决于 GNSS 的定位精度，而定姿精度主要取决于 IMU 的性能。衡量 IMU 性能的主要指标是陀螺零偏，此处的 POS AV 510 所用的陀螺零偏为 0.1°/h，而 POS AV 610 所用的陀螺零偏小于 0.01°/h。

　　理论上，GNSS 绝对定位主要取决于流动站与卫星的几何图形结构(PDOP)和用户等效测距误差(UERE)两个方面，其精度可用下式进行概算：

$$\sigma = \text{PDOP} \cdot \text{UERE} = \text{PDOP} \cdot \sqrt{\sigma_{eph}^2 + \sigma_{clk}^2 + \sigma_{ion}^2 + \sigma_{trp}^2 + \sigma_{mp}^2 + \sigma_{noise}^2}$$

式中，σ 为定位精度，σ_{eph} 为卫星轨道误差，σ_{clk} 为卫星钟差误差，σ_{ion} 为电离层误差，σ_{trp} 为对流层误差，σ_{mp} 为多路径误差，σ_{noise} 为观测值噪声，PDOP 可分解为高程方向的精度因子 VDOP 和水平方向的精度因子 HDOP。

　　经过分析，GNSS 在截止高度角为 5° 时，全球平均 HDOP 可优于 1.0，VDOP 可优于 1.5。采用 IGS 组织的事后精密星历产品，卫星轨道精度优于 0.02m，卫星钟差优于 0.03m。差分 GNSS 中的大气误差可以通过差分消除大部分，而 PPP 中需要估计，相比较而言，大气误差对 PPP 影响更大。此外，PPP 采用双频组合观测值，观测误差被放大。各类误差组成情况见表 5-4。

表 5-4　　　　　　　　　　　GNSS 定位误差组成情况(m)

误差项目	差分 GNSS	PPP
卫星轨道	0.02	0.02
卫星钟差	0.03	0.03
电离层误差	0.03	0.03
对流层误差	0.01	0.06

误差项目	差分 GNSS	PPP
观测噪声	0.01	0.03
多路径延迟	0.01	0.01
UERE	0.05	0.08

最终，差分 GNSS 的 UERE 为 0.05m，其对应的平面位置精度为 0.05m，高程精度为 0.075m，PPP 的 UERE 为 0.08m，其对应的平面位置精度为 0.08m，高程精度为 0.12m。以上精度为理想情况下所能达到的定位精度，实际中，受到各种环境不可控因素的影响，定位精度会有所降低。

POS 系统的核心算法主要就是 GNSS/IMU 数据融合处理。根据数据融合方式的不同，可分为松组合、紧组合和深组合，其中松组合和紧组合是算法层面的组合，而深组合是硬件层面上的组合。

图 5.21 是松组合的结构图。GNSS 单独使用一个滤波器输出位置和速度，作为测量输入给组合滤波器，估计校正 IMU 误差后输出导航参数，它的结构简单，稳定性高，并且有 GNSS 和 IMU 两套导航输出，对完好性监测有一定作用。但是，当 GNSS 不能生成导航解时，组合滤波器无法进行测量更新，而且 GNSS 输出的导航解是时间相关的，影响卡尔曼滤波器的状态估计，会显著减慢 IMU 误差估计的速度。

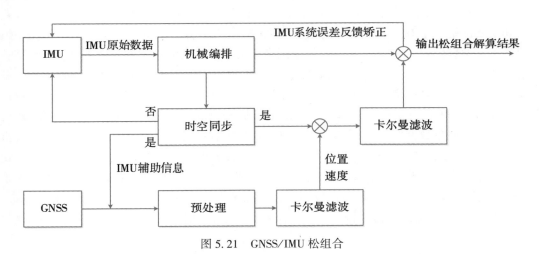

图 5.21 GNSS/IMU 松组合

图 5.22 是紧组合的结构图。紧组合将 GNSS 滤波器并入了组合滤波器中，直接利用 GNSS 的观测值作为输入，一起估计 GNSS 和 IMU 的状态参数，在建立合适的状态模型后，即使卫星数少于 4 颗，也能在短时间内继续滤波导航，并且不存在由一个滤波器输出作为另一个滤波器输入带来的统计问题，防止了时间相关的噪声影响状态估计，紧组合通常比松组合具有更好的精度和稳健性，但是滤波器因状态量的增加而导致稳定性降低，在

算法层面上，紧组合是当前的研究重点。

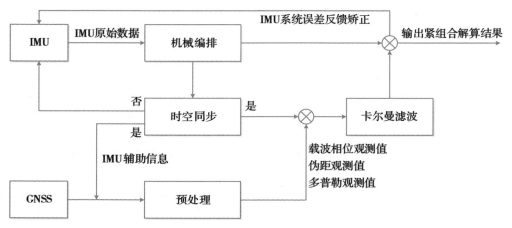

图 5.22　GNSS/IMU 紧组合

深组合将 GNSS/IMU 组合和 GNSS 信号跟踪合并为单个估计算法，利用 IMU 信息来辅助 GNSS 进行信号跟踪和捕获，提高对噪声的抑制效果，并能够在更低的信噪比情况下保持对环路的跟踪，具备更强的动态性能和抗干扰能力，特别适合用于军事领域，是未来发展的趋势。

差分 GNSS/IMU 组合定位定姿与 PPP/IMU 定位定姿的工作原理在本质上没有太大差异，其主要区别在于 GNSS 解算是采用差分定位还是 PPP 定位。同样的，两者也存在松组合和紧组合两种模式。在松组合中，其区别在于 GNSS 提供的位置和速度是由差分 GNSS还是 PPP 解算获得，在 IMU 数据的处理上是一样的。相比于松组合，紧组合的状态模型仅在松组合模型的基础上增加了与 GNSS 有关的状态参数，例如模糊度、对流层等参数。对于差分 GNSS 来说，如果是短基线，仅仅需增加相位双差模糊度参数，如果是长基线，还需增加对流层参数。对于 PPP 来说，一般采用星间单差法，这样可以不用估计接收机钟差，因此，紧组合的状态模型上增加了星间单差模糊度参数和对流层参数。紧组合的观测方程与差分 GNSS 或 PPP 的观测方程具有相同形式，原有的 GNSS 观测方程建立的是GNSS 参考点位置、速度与伪距、相位和多普勒观测值之间的关系，而 GNSS 参考点位置、速度与 IMU 中心的位置、速度和姿态存在函数关系，因而可以方便地导出紧组合的观测方程。

无论是差分 GNSS/IMU 组合还是 PPP/IMU 组合，其一般的工作流程如图 5.23 所示。可以看到，高精度 GNSS/IMU 组合涉及多方面的关键问题，从组合导航过程来看，主要包括误差检校、机械编排、初始对准、滤波更新、闭环误差补偿、平滑技术等。从组合导航的数学理论来看，主要包括组合方式、函数模型、随机建模、信息融合滤波等研究，实现高精度组合导航，依赖于这些关键性问题的解决。

3. 航天定轨定姿

1）低轨卫星 GNSS 定轨

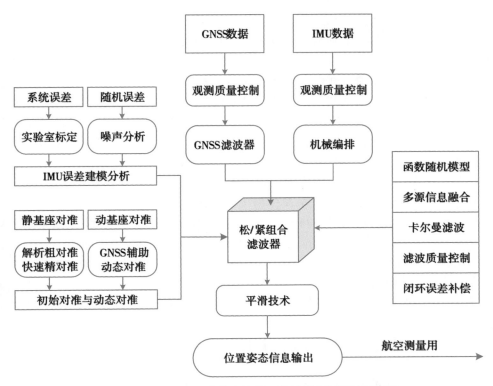

图 5.23　GNSS/IMU 定位定姿的工作流程（虚框为可选项）

GNSS 在航天领域的应用可追溯到 1982 年，当时 GPS 尚处于试验研究阶段，GPS 接收机第一次被搭载到遥感卫星 Landsat4 上。由于当时 GPS 在轨试验的卫星数量有限，大多数时间内无法实现定轨。但在 GPS 卫星可视情况较好的有限时段内，定轨精度可达到 20m，初步验证了 GPS 测定低轨卫星轨道的可行性。首次用星载 GPS 测量获得厘米级精密定轨精度的成功范例是 10 年后发射的 TOPEX/POSEIDON 海洋测高卫星（以下简称 T/P 卫星）。T/P 卫星的主要任务是通过卫星距离海洋表面的高度测量，实现全球海洋学和全球气象学的研究。T/P 卫星要成功实施海洋测高任务，对定轨精度的设计指标要达到 13cm。为此 T/P 卫星搭载了三种独立的定轨系统：一种是法国建立的 DORIS；二是激光后向反射阵列，用于地面卫星激光测距定轨；三是 Motorola 公司研制的 6 通道可跟踪双频 P 码和载波相位的 GPS 接收机，目的是验证 GPS 用于精密定轨的潜力。JPL 应用 GPS 测量数据精密定轨的结果表明：T/P 卫星径向轨道精度 RMS 达到 3cm，切向和法向的轨道精度优于 10cm。此后，GNSS 技术因具有全球性、高精度、观测数据量多、轻质量、低功耗和低成本等诸多优势，既能在轨实时自主地确定低轨卫星的运动状态和时间信息，用于卫星的轨道维持与姿态控制，又可以将观测数据下行，进行事后精密定轨，为低轨卫星的科学应用提供轨道支持。因此，星载 GNSS 测量已逐渐发展成为低轨卫星轨道测控的主要技术手段。

卫星定轨是根据带有随机误差的观测数据和并不完善的轨道动力学模型，依照一定的准则，对卫星轨道状态参数、动力学模型参数、观测模型参数等进行最优估计的过程。

卫星轨道动力学的理论基础是天体力学，起源于牛顿力学和万有引力定律。如果把卫星和地球看作质点，在万有引力的作用下，卫星和地球之间的运动问题称为二体问题。描述二体问题的质点运动轨道，常称为正常轨道。但是卫星与地球并非严格意义的质点，以及还存在其他如日月引力、大气阻力等摄动力的影响，卫星的实际运行轨道偏离正常轨道，通常称之为摄动轨道。影响卫星运动的各种摄动力有其相应特征，人们根据这些特征对该力学因素进行模型化，因此形成了各种摄动力模型。在卫星定轨数据处理中，这些摄动力模型被加以综合运用，有利于提高定轨结果精度和轨道预报能力。

卫星围绕地球运转所受的作用力大致分为两类：保守力和非保守力。保守力包括地球中心引力、地球非球形引力、日月等 N 体引力、地球固体潮汐和海洋潮汐摄动力、广义相对论摄动等。这些引力只与卫星的位置有关，和卫星的速度及表面特性无关。非保守力包括大气阻力、太阳光压力、机动推力和地球反照光压力等。非保守力不仅与卫星的位置和速度有关，而且和卫星的几何形状和星体表面特性存在密切关系。在动力学定轨中，大部分保守力能够用比较精确的数学模型表示，而非保守力具有较强的随机性，很难用数学模型来描述。因此在精确的动力学模型的基础上，为了补偿无法模型化或错误模型的微小摄动力的影响，常引入经验力模型。

目前，国内外低轨卫星的定轨方法可主要归结为以下三种：

（1）几何学定轨方法

几何学定轨的原理来自 GNSS 单点定位，要求接收机至少观测到 4 颗 GNSS 卫星，分别用伪距、载波相位和多普勒频移观测数据直接计算接收机天线相位中心的位置和速度。几何学定轨的优点是原理简单、计算量小，但是其缺点非常明显，定轨精度受观测数据质量限制；观测卫星数少于 4 颗时，就无法进行几何学定轨；解算的速度精度低，无法进行轨道预报等。

（2）动力学定轨方法

根据卫星的动力学模型，通过对其运动方程的数值积分将后续观测时刻的卫星状态参数归算到初始位置，用一个轨道弧段的不同时刻观测数据来估计初始时刻的卫星状态。动力学定轨法受到卫星动力模型误差的限制，如地球引力模型误差、大气阻力模型误差等。因此在动力学定轨中，通过增加摄动力模型参数和经验力模型参数，并频繁调节模型参数来吸收摄动力模型误差，以提高动力学定轨的轨道精度。

（3）简化动力学定轨方法

充分利用卫星的动力学模型与几何观测信息，通过估计经验力的随机过程噪声（一般为一阶 Gauss-Markov 过程模型），对动力学模型信息与几何观测信息作加权处理，利用过程噪声参数来吸收卫星动力学模型误差。也就是说，在定轨数据处理中，通过增加动力学模型过程噪声的方差，降低动力学模型在解中的作用，定轨结果偏向于几何学定轨。如果增加观测数据的噪声，观测数据在定轨中作用减弱，该定轨方法转化动力定轨方法。因此通过合理调节动力学模型和观测噪声的随机模型，使定轨结果趋向于最优结果。

根据卫星任务对卫星轨道参数需求的时间延迟，可以分为实时自主定轨和事后精密定轨两种。实时自主定轨通常采用简化动力学定轨方法，将定轨算法和软件进行优化和简化，移植到星载 GNSS 接收机内部。当接收机观测得到新的观测数据后，立即进行数据处理并更新和预报低轨卫星轨道参数，满足卫星对轨道参数的实时需求。美国 NASA 下属的喷气推进实验室（JPL）在高精度定轨和定位软件 GIPSY 的基础上，研制出一套实时版GIPSY 软件——RTG（Real-Time GIPSY）软件。该软件不仅可用于低轨卫星的自主定轨，也可用于地面飞机的实时定位。对于低轨卫星的自主定轨应用，RTG 中增加了两项技术改进：一是改进了动力学模型和 GPS 观测模型以及滤波算法；二是增加模块使用WADGPS 或 WAAS 的实时差分改正信息。2002 年，JPL 将 RTG 软件应用到 SAC-C 卫星的实时定轨，利用 GPS 广播星历和双频伪距观测值，实现 1.5m 的定轨精度。2010 年，武汉大学自主研制出星载 GNSS 实时定轨软件 SATODS，已经成功移植到我国的星载 GNSS接收机，利用伪距观测值的实时定轨精度可以达到 1.0m。近年来，研究团队对 SATODS软件进行扩展，使其能够实时处理载波相位观测数据，初步的试验结果表明，使用双频伪距与载波相位观测数据，定轨精度可以提升到亚米级。

　　而事后精密定轨是在观测数据下行到地面的，可以使用高精度的 GNSS 精密星历和精密钟差，采用精确的轨道动力学模型和严密的观测数据建模，通过定轨数据处理获得低轨卫星的精确轨道参数，满足低轨卫星科学应用对高精度轨道参数的需求。精密定轨的轨道精度从 10cm 逐步提升到 5cm 以内。

　　2）恒星敏感器定姿

　　对地观测卫星对卫星定姿精度的需求很高，一般需要搭载多个恒星敏感器和高精度陀螺仪进行组合定姿。每个恒星敏感器通过星图识别和姿态解算，得到星敏测量坐标系相对于惯性坐标系的姿态矩阵，通常用姿态四元数来表示，由此在不同时刻的惯性坐标系与星敏测量坐标系之间建立起联系。在遥感卫星的对地摄影测量中，需要摄影相机相对于地球固定坐标系的姿态矩阵，因此，还需要进行多次坐标系转换来实现，如图 5.24 所示。J2000 惯性坐标系与地球固定坐标系间的转换需要经过岁差矩阵、章动矩阵、恒星时角旋转矩阵、极移矩阵的连续旋转得到，星敏测量坐标系与卫星本体或摄影相机坐标系之间的转换是由实验室标定的安置矩阵来实现。

图 5.24　不同坐标系的卫星姿态的转换关系

　　由此可知，卫星定姿就是如何从带有粗差、系统误差和随机误差的星敏与陀螺仪等观测数据，通过一定的数学准则，最优估计星敏测量坐标系相对于 J2000 惯性系的姿态矩阵，然后通过坐标转换，确定卫星本体或摄影相机坐标系相对于地球固定坐标系的姿态矩阵。

　　根据航天器上安装的恒星敏感器数量，星敏定姿可分为单星敏、双星敏和多星敏姿态确定。单星敏定姿是直接使用星敏测量输出的四元数，计算星敏测量坐标系相对于 J2000 惯性系的姿态矩阵。双星敏姿态确定算法也称为 TRIAD 算法，是一种简单的代数方法，分别在 J2000 惯性坐标系和星敏测量坐标系下，用不平行的两个星敏主光轴方向单位矢量构造新的坐标系，通过新的坐标系旋转来计算星敏测量坐标系相对于 J2000 惯性系的姿态矩阵。多星敏姿态确定是利用多个不平行观测矢量来确定空间飞行器的姿态。基于多个观测矢量进行姿态确定时，一般利用最小损失函数来描述解的精度。如果所有的观测矢量和数学模型是精确的，那么损失函数为零。如果存在误差或者观测噪声，则损失函数值越小越好，即所谓的 Wahba 问题。但是直接求解 Wahba 问题比较困难，而且很难获得最优解。1968 年，Davenport 提出了 q 方法，利用四元数参数化姿态矩阵，将 Wahba 问题转化为 K 矩阵的最大特征值求解问题，极大地推动了静态确定性姿态解算算法的发展。然而 q 方法涉及矩阵特征值和特征矢量的计算，求解姿态的数值计算量仍然较大。1978 年，Shuster 提出了 QUEST 算法，作为一种简易的估计特征矢量的方法，它直接求解 Wahba 问题，给出最小二乘意义下的最优姿态四元数估计值。该算法最早应用于 1979 年的 MAGSAT 任务，也是目前解决 Wahba 问题的最常用算法。对于单星敏定姿来说，星敏观测值中的粗差、系统误差和随机误差无法识别和剔除，对卫星定姿影响很大。随着所搭载的星敏数量增加，可以识别并剔除星敏测量中的粗差数据，采用多星敏定姿方法来降低观测噪声对定姿的影响，提高卫星姿态的确定精度。

陀螺仪/星敏感器组合定姿是一种动态滤波估计姿态算法，其基本原理是利用陀螺仪的输出建立姿态动力学方程，星敏感器定姿结果作为观测值，按照一定准则下的最优融合估计方法得到航天器的真实姿态。陀螺仪存在未标定误差以及安置误差，经过长时间积分后会产生姿态漂移，但其噪声水平低，短时稳定性好，且动态响应快，而星敏感器姿态测量结果噪声大，且容易受到环境影响，两者具有明显的优势互补性。通过组合定姿，能够保证连续的更高精度的航天器姿态确定。在陀螺仪/星敏感器组合定姿中，一般需要建立陀螺仪零偏、比例因子、安置误差等参数的状态方程，通过实时估计以补偿陀螺仪的输出。由于航天器姿态通常由四元数来表示，导致四元数姿态误差具有乘性误差和加性误差两种特性，因此常采用的扩展卡尔曼滤波算法也分为乘性扩展卡尔曼滤波（MEKF）和加性扩展卡尔曼滤波（AEKF），其中 MEKF 被广泛应用于各种航天器姿态确定任务并且发展最为成熟。扩展卡尔曼滤波算法多用于星上实时处理，对于卫星轨道短弧段定姿或者事后精密定姿，可采用最小二乘处理方法，该方法分为三步，首先根据星敏感器定姿结果导出星敏感器的角速度，并作为观测值，将陀螺仪的系统偏差作为待估参数，建立观测方程，利用最小二乘求解；然后将求解的偏差参数补偿到陀螺仪的角速度观测值上完成标定；最后对标定的陀螺仪角速度观测值进行积分，得到任意时刻的卫星姿态。该方法不需要像扩展卡尔曼滤波人为地设置很多的先验信息，对于短弧段轨道任务的航天器定姿，具有更好的稳定性。

卫星定姿精度很大程度上取决于单星敏输出的角度观测值，这里以天绘遥感卫星为例，天绘遥感卫星上共搭载了 3 个星敏感器，取其主光轴的观测输出，分别进行两两夹角的计算，由于各主光轴是刚体固定不动的，因此，夹角是一个常值，将计算的夹角去均值后得到误差序列，该误差序列可以在一定程度上反映星敏观测的精度情况，如图 5.25 所示。

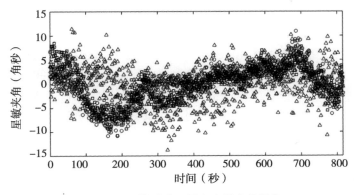

图 5.25 天绘遥感卫星主光轴夹角误差

夹角波动范围基本在±10 角秒以内，均方根误差约为 4 角秒，这表明星敏观测精度约为 4 角秒。由于去掉的均值部分也带有误差，因此，星敏观测的实际误差还应大些。在多星敏定姿中，求解 Wahba 问题可以对星敏观测值进行平差，进而提高最终的定姿精度。

星载陀螺具有很好的短期稳定性，其输出的角速度观测值噪声水平很低，经过积分以后，反映在角度增量上的随机误差被进一步减弱。

仍以天绘遥感卫星为例，使用多星敏定姿结果导出卫星角速度，与陀螺原始角速度进行比较，如图 5.26 所示。多星敏定姿的结果噪声本身很大，经过差分以后转换为角速度，噪声被进一步放大。相较而言，陀螺原始角速度具有很好的稳定性，其噪声远小于星敏导出的角速度，因此，使用陀螺仪/星敏感器组合定姿可以平滑星敏感器观测误差，提高最终的定姿精度。

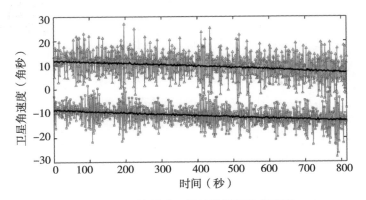

图 5.26 天绘遥感卫星的陀螺原始角速度

5.2　摄影测量几何定位

5.2.1　航空影像定位

在摄影测量理论和应用中，空中三角测量（Aerial Triangulation，AT）是利用光学影像大规模快速精确定位的主要技术手段。其主要过程首先是通过影像间自动匹配将测区中所有影像连接成一个整体的区域网，然后结合各类基础控制数据和辅助定向数据进行联合区域网平差解算，从而对所有影像联合精确定位，即解求所有影像的相机（内方位）参数和统一地理坐标框架下的摄影方位（外方位）参数。

在计算机领域中有两个理论和算法与摄影测量中的空中三角测量相对应。即机器视觉领域中的"运动恢复结构"（Structure from Motion，SfM）和机器人学领域的"视觉即时定位与成图"（Visual Simultaneous Localization and Mapping，VSLAM）。SfM 和 SLAM 的基本原理都是利用摄影场景的多张影像自动恢复相机运动和场景结构。

图 5.27 为 SfM 的算法流程。主要包括二维影像特征跟踪（2D Feature Tracking）、三维位姿估计（3D estimation）、光束法平差与优化（Optimization Bundle Adjustment）以及三维恢复（Geometry Fitting）等。其中二维影像特征跟踪包括影像可视性分析、特征提取和特征匹配，相当于空中三角测量中的自动转点过程，即通过特征匹配方法在影像间寻找同名点的过程；三维位姿估计则包含投影矩阵估计（对应摄影测量理论中的单片空间后方交会）和基础矩阵估计（对应摄影测量理论中的相对定向），这一过程相当于空中三角测量中为区域网平差提供初值；光束法平差主要是附加相机参数自检校的光束法平差。

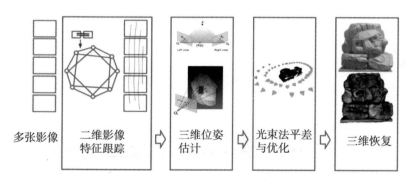

多张影像　　二维影像　　三维位姿　　光束法平差　　三维恢复
　　　　　　特征跟踪　　估计　　　　与优化

图 5.27　SfM 的算法流程示意图

图 5.28 所示为视觉 SLAM 的算法流程图。整个视觉 SLAM 流程包括以下步骤：①传感器信息采集，包括相机影像信息以及其它传感器（如惯性传感器、重力计等）信息的采集和预处理；②前端（Front End），也称为视觉里程计（Visual Odometry，VO），主要通过相邻影像间的特征匹配结果估算相邻影像间的运动（相对方位）以及局部地图（加密点）；③后端（Back End），也称为整体优化（Optimization），主要根据前端估计的相邻影像间的

位姿(Pose)变化以及回环检测的信息进行整体优化,消除前端估计结果中的误差累积,得到全局一致的相机运动轨迹和地图;④回环检测(Looping Closing),主要判断机器人是否到达过先前的位置,如果检测到回环则把信息提供给后端进行优化处理;⑤建图(Mapping),主要根据整体优化得到的相机轨迹建立与任务要求相对应的地图。

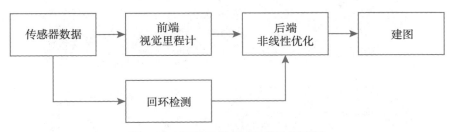

图 5.28　整体视觉 SLAM 算法流程图

　　由上可知,摄影测量和机器视觉①中的 SfM 以及机器人学中的 SLAM 一样,基本任务都是利用光学影像,经过影像处理以获取摄影场景中物体的形状、大小、位置、特性及其相互关系。摄影测量是一门发端于 19 世纪中叶的学科,这一点与 SfM 和 SLAM 是从属于计算机科学中的分支领域不同。但是,摄影测量学在 20 世纪计算机出现以后不断引入计算机科学的研究成果,特别是引入计算机立体视觉代替人眼的观测自动确定影像间的同名点,开启了摄影测量的自动化时代,并于 20 世纪 90 年代逐渐进入数字摄影测量时代。由于摄影测量是测绘学的分支学科,主要面向测绘工程实践,因此在机器视觉与影像处理领域对无序摄影(可能出现大倾角摄影)以及非量测相机的检校等关键问题还没有取得关键性的进展之前,摄影测量学通过对摄影方式的规范化,并在摄影过程中采用量测相机等措施,先于机器视觉领域实现了数字摄影测量的工程化和实用化。但是进入 21 世纪以来,随着人工智能和机器学习研究在最优化理论中不断取得进展,并广泛应用于机器视觉和影像处理领域,机器视觉逐步解决了包括特征匹配以及相机自检校等一系列难题,从而在SfM 和 SLAM 两个方向上逐渐后来居上,取得了很多令人瞩目的进展和成果。例如近年兴起的大众影像建模就是利用互联网上大量不规则、非专业影像进行大范围的重建,典型的有著名的"一日重建罗马"项目。同时随着无人机低空摄影和多视倾斜摄影在摄影测量领域的普及,SfM 和摄影测量两个学科日益融合。国际上以 Pix4Dmapper、Photoscan、Acute3D 等为代表的软件系统,为倾斜影像从几何定位直至三维建模提供了较高程度的自动化解决方案,这些软件目前也已经广泛应用于摄影测量领域。国内香港科技大学计算机系权龙团队开发的基于深度学习的大规模高效空中三角测量与重建 Altizure 软件可以同时一次性处理几十万甚至百万张影像的测区的空中三角测量与三维重建。图 5.29 和图 5.30

---

　　① 正是因为 SfM 和 SLAM 分别来源于计算机科学领域的计算机视觉和机器人两个领域,而且近年来计算机视觉正是由于不断应用机器学习领域的最新研究成果而取得了瞩目的进展,并逐渐成为计算机人工智能科学领域中的一个越来越重要的应用分支。因此,在本章中采用了"机器视觉"这个词来代替计算机视觉,意在强调该领域与机器学习和人工智能领域越来越强的关联性。

所示为 Altizure 软件的两个空中三角测量案例。

（138 200 张 24M 像素的影像，使用 12 台服务器，空中三角测量处理时间约 46 小时）

图 5.29　Altizure 软件的空中三角测量案例之一

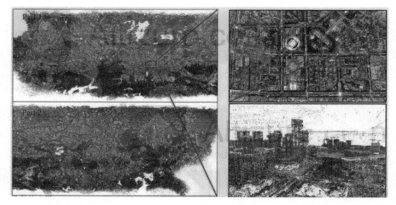

（121 万张 50M 像素的影像，使用 12 台服务器，空中三角测量处理时间约 405 小时）

图 5.30　Altizure 软件的空中三角测量案例之二

与摄影测量中的空中三角测量和机器视觉中的 SfM 不同，发端于机器人学中的 SLAM 则更强调影像定位的实时性处理，其终极目标是实现实时导航。SLAM 虽然近年来也已经取得了很大的进展，例如谷歌和苹果都发布了相应的 SLAM 开发平台，但是目前 SLAM 距离实用化还有一段路要走。尽管如此，SLAM 领域中的很多研究成果同样可以应用于摄影测量的空中三角测量和机器视觉的 SfM，且三个学科未来的发展趋势必然是逐渐走向融合。

下面主要基于 SfM 的算法流程介绍三个不同学科的主要进展和成果。

1. 特征提取与匹配

无论是 AT、SfM 还是 SLAM，其实现影像定位的第一步都是需要在影像间自动确定同名点，依据这些同名点在空间中所对应的同名光线相交的约束条件来估计影像间的位姿变化。因此，特征点提取和匹配是恢复影像摄影位姿必须要解决的首要问题。研究者们希望影像中的特征点在相机运动之后保持稳定，即当场景和相机视角发生少量改变时，还能从影像中判断出哪些地方是同一个点。显然由于影像的灰度值受到光照、形变、物体材质的影响严重，在不同影像间变化非常大，不够稳定，因此仅凭灰度值是不够的，这就需要在影像中提取特征点。一种直观的特征提取方式就是在不同的影像间提取角点并确定它们的对应关系。典型的角点提取算子如 Harris 算子和 Forstner 算子。然而，在大多数应用中，单纯的角点依然无法满足恢复影像摄影位姿的要求。例如，从远处看上去是角点的地方，当相机移近以后可能就不再显示为角点了；或者当旋转相机方位时，影像上的角点的外观会因为透视投影而发生变化，这样就不容易辨认出哪个是同一个角点了。因此，研究者们在长年的研究中设计了很多更加稳定的局部影像特征，例如 SIFT、SURF 等。这些人工设计的特征点通常具有如下性质：

①可重复性（Repeatability）：相同的区域可以在不同的影像中找到；②可区别性（Distinctiveness）：不同的区域有不同的表达；③高效率（Efficiency）：同一图像中，特征点的数量应该远小于像素的数量；④本地性（Locality）：特征仅与一小片影像区域相关。

特征点由关键点（Key-point）和描述子（Descriptor）两部分组成。比如讨论 SIFT 特征时是指"提取 SIFT 关键点"和"计算 SIFT 描述子"两件事情。关键点是指该特征在影像中的位置，有些特征点还具有方向和大小等信息。描述子通常是一个向量，即按照某种人为设计的方式，描述了该关键点周围像素的信息。描述子是按照"外观相似的特征应该有相似的描述子"的原则设计的。因此，只要两个特征点的描述子在向量空间中的距离相近就可以认为它们是同样的特征点。

目前最著名的特征点是 Lowe 提出的具有尺度、旋转和平移不变性的 SIFT（Scale Invariant Feature Transform），该算子自提出以来已经取得了长足的发展，代表性成果包括 PCA-SIFT 算子和 SURF 算子，以及为了克服 SIFT 和 SURF 在视角未知的多视角影像或者低空与地面影像联合处理中仅能匹配少量有效点且极易出现错误匹配的缺陷，在特征检测和描述方法中引入仿射变形不变性的 Harris-Affine 算子、ASIFT（Affine-SIFT）算子以及 AIFE（Affine Invariant Feature Extractor）算子等。但是这些算子通常都具有较大的运算量，例如截至目前，普通 PC 机的 CPU 还无法实时计算 SIFT 特征。因此，另外一些特征则考虑适度降低精度和健壮性，以提升计算速度。例如 ORB（Oriented FAST and Rotated BRIEF）特征则是目前非常具有代表性的实时影像特征。它改进了 FAST 检测子不具有方向性的问题，并采用了速度极快的二进制描述子 BRIEF，使整个影像特征提取环节大大加速。因而 ORB 算子在对实时性要求非常高的 SLAM 中应用得非常广泛。

特征匹配是特征提取之后需要解决的另外一个重要问题。宽泛地讲，特征匹配对应于恢复影像摄影位姿过程中的数据关联问题，即确定影像间同名点（同名光线）的问题。最简单的特征匹配算法就是暴力匹配（Brute-Force Matcher），但是当特征点数量很大时，暴力匹配算法的运算量非常大，同时还会带来另外一个难以解决的问题，即误匹配问题。目前已有很多算法从不同的思路和方向上对特征匹配效率进行改进。有在 SIFT 算法基础上的改进，如使用 PCA 算法进行特征降维，提高两个特征向量之间距离计算的速度。使用快速最近邻算法(如 KD 树或哈希算法)提高寻找最近邻的速度。也有不基于 SIFT 算法的改进，比如在特征提取方向，FAST 算法使用机器学习中的决策树分类器进行快速特征点提取。特征描述方向，BRIEF 使用二进制的特征描述符代替整型或浮点型的描述符，不仅能快速生成描述符，比较描述符之间相似性的速度也快。

自动探测并删除误匹配点也是特征匹配中非常重要的一个内容。删除误匹配点的方法可以分为两类：一类不使用严格成像模型，另一类使用严格成像模型。

前者主要包括：①最近邻距离比值法：把最近邻距离和次近邻距离之间的比值作为选择候选匹配的指标；②双向选择法：先以一张影像的特征点为基准，为每一个特征选择最近邻的特征，然后以另一张影像的特征点为基准选择最近邻特征，只有当相互选择的是同一对特征时，认为这些匹配是候选匹配；③松弛法：先假定特征点之间的一种变换关系和初始匹配关系，然后把邻近的点与兴趣点对这种变换关系的符合程度作为兴趣点的置信度，通过迭代不断调整特征点之间的匹配关系，从而确定出候选匹配；④投票法：也叫霍夫变换法，也是先假定一种影像间的近似的变换关系，然后用特征点之间的组合对变换参数进行投票，根据投票的峰值来确定概略变换参数和候选匹配点。

使用严格成像模型的算法主要是利用核线约束来进行，用候选匹配点解算模型参数，并根据匹配点对该模型的符合程度，筛选出正确的匹配点。并且通常使用随机抽样方法进行辅助。最常见的如较早的 RANSAC(Random Sample Consensus)算法和最小平方中位数 LMedS(Least Median of Squares)算法，后来还衍生出很多其他的算法，例如 MSAC(M-estimator SAmple and Consensus)，MLESAC(Maximum Likelihood Estimation SAmple and Consensus)，PROSAC(PROgressive SAmple Consensus)，等等。

除了特征提取和特征匹配以外，对于大型三维场景(例如城市场景，通常出现在航空摄影测量领域)的影像位姿估计来说，另外一个需要解决的问题就是如何概略确定影像间的相对位置关系。在传统的摄影测量领域中，由于航空摄影存在相对严格的航空摄影规范，因此可以采用基于摄影规划(航带结构、摄影流水号等)信息或者机载 GNSS/IMU 辅助数据来确定影像间的相邻关系。但是对于地面小范围的摄影场景，例如莫高窟的洞窟、室内场景等，摄影通常采用无序摄影方式，前述利用摄影辅助数据的方式就无能为力了。除此以外，在 SLAM 领域，回环检测同样提出了如何只根据影像信息判断两张影像位置关系的需求。

在机器视觉领域，目前这个问题最简单的解决方案是词袋(Bag of Words，BoW)模型。该模型由特征聚类、特征检索和计算影像相似度三部分组成。特征聚类是对大量影像中的特征进行聚类形成影像中经常出现且具有代表意义的"关键"特征(也可以成为关键词)。特征检索是将聚类得到的关键特征组织成一种数据结构(例如 k 叉树、Fabmap 或者 Chou-Liu 树等)，这个数据结构相当于"字典"。至此，一幅影像可以转化为另外一种描述：影像中出现了哪些在字典中定义的关键词——可以使用关键词出现的情况(例如直方图)来描述整幅影像。最后影像的相似度就转化为影像描述向量的相似性比较问题。一般说来，相似性的计算希望根据关键词的区分性和重要性来评估，常用的做法是 TF-IDF(Term

Frequency-Inverse Document Frequency)方法。TF 的思想是，某关键词在一幅影像中出现的频度越高说明该词的区分度越高；IDF 的思想是某关键词在字典中出现的频度越低，分类影像时区分度越高。综上可知，词袋模型实质上是一种非监督机器学习过程——构建词典相当于对特征描述子进行聚类，树只是为聚类结果提供了一种快速检索的数据结构。因此该模型可以结合机器学习的最新进展进一步改进和提升，例如根据机器学习的图像特征，而不是人为设计的特征进行聚类，聚类方法也可以使用机器学习领域中更好的方法代替，等等。

上面介绍的都是传统非机器学习的特征的提取、匹配、聚类和检索等。近年来，随着机器学习领域中深度学习理论的出现和不断发展，特征的提取与描述已经不再是过去根据人的经验去设计，而是直接由机器深度学习自动获得特征及其描述。对比传统的 SIFT 特征，通常特征的描述只有 128 维。那么现在通过深度机器学习出来的特征很容易达到上千维。因此，相较于那些传统的基于人工设计的特征提取而言，由深度机器学习获得的特征则要强大得多，从而更能适应图像的多样性，提高识别的准确度和效率。图 5.31 为 Altizure 软件基于深度学习特征提取方法实现的航空摄影与街拍摄影之间的影像配准示例。

图 5.31　基于深度学习特征实现的航空摄影与街拍摄影之间的影像配准

另外，上文提到的词袋模型本质上是通过特征聚类来检索影像间可视性相邻关系的。特征聚类在机器学习中通常属于非监督学习方法，因而同样适合于使用深度学习方法实现。基于深度学习的大规模高效空中三角测量与重建 Altizure 软件已经可以实现航空摄影与街拍摄影的联合自动空中三角测量。

2. 成像模型

光学图像的成像过程可以看作是三维世界中的坐标点(单位为 m)映射到二维影像像平面(单位为像素)的过程。如图 5.32 所示，光学图像的成像过程中包含了两部分：首先是空间点由三维世界坐标系变换到三维相机坐标系(对应图 5.32 右侧)；然后再由三维相机坐标系映射到二维影像平面(对应图 5.32 左侧)。第一部分的两个三维空间坐标系之间的变换参数对应于影像的外方位参数，第二部分的三维到二维的坐标映射参数对应于相机的内方位参数。

世界坐标系和相机坐标系两个三维直角坐标系之间的变换是一个刚体变换，它保证了

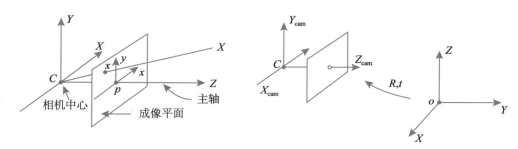

图 5.32　光学图像的成像过程

同一个向量在两个坐标系中的长度和夹角都不会发生变化。这种变换也叫做欧氏变换，可以分解为一个旋转和一个平移两部分。从世界坐标系向相机坐标系的变换在摄影测量学中用影像摄影曝光时刻的摄站 (X_s, Y_s, Z_s) 和像平面姿态角 $(\varphi, \omega, \kappa)$ 生成的旋转矩阵 $\boldsymbol{R}$ 来表示。

$$\begin{pmatrix} X_c \\ Y_c \\ Z_c \end{pmatrix} = \begin{pmatrix} a_1 & b_1 & c_1 \\ a_2 & b_2 & c_2 \\ a_3 & b_3 & c_3 \end{pmatrix} \cdot \begin{pmatrix} X_w - X_s \\ Y_w - Y_s \\ Z_w - Z_s \end{pmatrix} = \begin{pmatrix} a_1(X_w - X_s) + b_1(Y_w - Y_s) + c_1(Z_w - Z_s) \\ a_2(X_w - X_s) + b_2(Y_w - Y_s) + c_2(Z_w - Z_s) \\ a_3(X_w - X_s) + b_3(Y_w - Y_s) + c_3(Z_w - Z_s) \end{pmatrix}$$

$$(5\text{-}1)$$

在机器视觉中，世界坐标系中的向量 $\boldsymbol{a}_w$ 经过旋转（用旋转矩阵 $\boldsymbol{R}$ 描述）和平移 $\boldsymbol{t}$ 以后，得到了相机坐标系中的向量 $\boldsymbol{a}_c$：$\boldsymbol{a}_c = \boldsymbol{R}\,\boldsymbol{a}_w + \boldsymbol{t}$。引入齐次坐标以后这个变换还可以写成：

$$\begin{pmatrix} \boldsymbol{a}_c \\ 1 \end{pmatrix} = \begin{pmatrix} \boldsymbol{R} & \boldsymbol{t} \\ \boldsymbol{0}^{\mathrm{T}} & 1 \end{pmatrix} \begin{pmatrix} \boldsymbol{a}_w \\ 1 \end{pmatrix} = \boldsymbol{T} \begin{pmatrix} \boldsymbol{a}_w \\ 1 \end{pmatrix} \tag{5-2}$$

上式中的变换矩阵 $\boldsymbol{T}$ 也称为欧氏变换矩阵。使用齐次坐标以后，两次变换的累加就可以写成更加通用的形式：

$$\tilde{\boldsymbol{b}} = \boldsymbol{T}_1 \tilde{\boldsymbol{a}}, \quad \tilde{\boldsymbol{c}} = \boldsymbol{T}_2 \tilde{\boldsymbol{b}} \;\Rightarrow\; \tilde{\boldsymbol{c}} = \boldsymbol{T}_2 \boldsymbol{T}_1 \tilde{\boldsymbol{a}} \tag{5-3}$$

光学图像成像过程的第二部分对应于三维相机坐标系到二维像平面坐标系的映射。如果不考虑相机镜头的畸变，这个映射关系可以描述为针孔相机模型（如图 5.33 所示）。

为了描述上述坐标映射过程，首先需要在像平面上定义一个像素坐标系 $o\text{-}u\text{-}v$：原点位于影像左上角，u 轴向右与相机坐标系的 x 轴平行，v 轴向下与相机坐标系的 y 轴平行。这样像平面上的任意一个像素就可以定义一个像素坐标 $[u, v]^{\mathrm{T}}$。像素坐标系与成像平面之间存在一个缩放和原点的平移：

$$\begin{cases} u = f_x \cdot \dfrac{X_c}{Z_c} + c_x \\[2mm] v = f_y \cdot \dfrac{Y_c}{Z_c} + c_y \end{cases} \tag{5-4}$$

其中，$(X_c, Y_c, Z_c)^{\mathrm{T}}$ 为相机坐标系中的点，f_x 和 f_y 为焦距，$(c_x, c_y)^{\mathrm{T}}$ 为像主点的像素

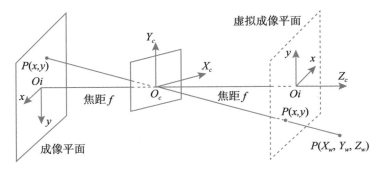

图 5.33 针孔相机模型

坐标。在摄影测量中使用的量测相机可以看作是针孔模型的实例，因此将上述两步合二为一就可以得到摄影测量中著名的共线方程①：

$$\begin{cases} u - c_x = f_x \cdot \dfrac{X_c}{Z_c} = f_x \cdot \dfrac{a_1(X_w - X_s) + b_1(Y_w - Y_s) + c_1(Z_w - Z_s)}{a_3(X_w - X_s) + b_3(Y_w - Y_s) + c_3(Z_w - Z_s)} \\[4mm] v - c_y = f_y \cdot \dfrac{Y_c}{Z_c} = f_y \cdot \dfrac{a_2(X_w - X_s) + b_2(Y_w - Y_s) + c_2(Z_w - Z_s)}{a_3(X_w - X_s) + b_3(Y_w - Y_s) + c_3(Z_w - Z_s)} \end{cases} \tag{5-5}$$

在机器视觉中为了使矩阵形式更加简洁又引入了齐次坐标，这样三维相机坐标系到二维像素坐标系的映射可描述为：

$$Z_c \begin{pmatrix} u \\ v \\ 1 \end{pmatrix} = \begin{pmatrix} f_x & 0 & c_x \\ 0 & f_y & c_y \\ 0 & 0 & 1 \end{pmatrix} \begin{pmatrix} X_c \\ Y_c \\ Z_c \end{pmatrix} = \boldsymbol{K} \cdot \boldsymbol{P}_c \tag{5-6}$$

上式中的 $\boldsymbol{K}$ 矩阵也称为相机的内参数矩阵（Camera Intrinsics）。同样的，类似于摄影测量学的共线方程，将光学影像成像模型的两步完整地合并起来可以得到：

$$\boldsymbol{P}_{u,v} = \boldsymbol{KTP}_w \tag{5-7}$$

上式中隐含了一次齐次坐标到非齐次坐标的转换，而且考虑到齐次坐标乘上非零常数后表达同样的含义，去掉了公式左边的 Z_c。上式中，$\boldsymbol{TP}_w$ 代表三维世界坐标系中的点 $\boldsymbol{P}_w$ 被变换到了相机坐标系中，如果按照齐次坐标的方式对其最后一维进行归一化处理就可以得到点 $\boldsymbol{P}_w$ 在相机归一化平面上的投影：

$$\boldsymbol{P}_c = \begin{pmatrix} \dfrac{X_c}{Z_c}, & \dfrac{Y_c}{Z_c}, & 1 \end{pmatrix}^{\mathrm{T}} \tag{5-8}$$

此时 $\boldsymbol{P}_c$ 可以看作是一个二维的齐次坐标，称为归一化坐标。相机归一化平面是相机前方 $z = 1$ 处的平面。由于 $\boldsymbol{P}_c$ 经过内参矩阵 $\boldsymbol{K}$ 之后就得到了像素坐标，所以可以把像素

---

① 此处的共线方程与摄影测量教科书中的公式还差了一个负号。这是由于相机坐标系 z 轴的定义不同引起的。在机器视觉中，相机坐标系的 z 轴通常定义为垂直于像平面指向摄影场景；摄影测量中相机坐标系 z 轴一般定义为垂直于像平面背离摄影场景的方向。

坐标 $(u, v)^{\mathrm{T}}$ 看成是对归一化平面上的点量化测量的结果。

上述光学图像的成像模型只是理想化的结果。在真实摄影中，为了获得好的成像效果，相机前方加了透镜。透镜对理想成像过程中的光路产生了新的影响：一是透镜自身的形状对光线传播的影响产生径向畸变；二是在机械组装过程中，透镜与成像平面之间不可能完全平行，这也会影响到光线穿过透镜投影到像平面的位置，从而产生切向畸变。

由透镜形状引起的畸变一般称为径向畸变。在针孔模型中，一条直线投影到像平面还是一条直线。但是在实际摄影中，由于透镜的径向畸变会使一条直线投影到像平面上变成一条曲线。通常这种现象越靠近影像的边缘越明显。由于透镜加工过程中往往是中心对称的，这使得不规则的畸变通常径向对称，因而被称为径向畸变。径向畸变主要分为桶形畸变和枕形畸变两类，桶形畸变是由于影像放大率随着与光轴之间的距离增大而减小，枕形畸变则正好相反，如图 5.34 所示。

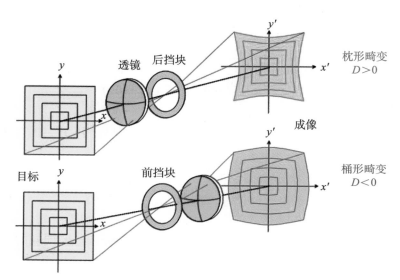

图 5.34　径向畸变示意图(上面为枕形畸变，下面为桶形畸变)

在光学图像的成像模型中考虑畸变的影响，通常是对径向畸变和切向畸变建模。无论是摄影测量学还是机器视觉，径向畸变和切向畸变的公式都是一样的：

$$\Delta x = x(1 + k_1 r^2 + k_2 r^4 + k_3 r^6) + 2p_1 xy + p_2(r^2 + 2x^2) \tag{5-9}$$

$$\Delta y = y(1 + k_1 r^2 + k_2 r^4 + k_3 r^6) + p_1(r^2 + 2y^2) + 2p_2 xy \tag{5-10}$$

$$r^2 = x^2 + y^2 \tag{5-11}$$

式中，k_1、k_2、k_3 为径向畸变参数，p_1，p_2 为切向畸变参数。但是在摄影测量领域，透镜畸变的改正通常是直接加在像坐标上的，即上式的 x，y 对应于像平面上的像坐标。在机器视觉中，透镜畸变则是加在归一化坐标上的，上式的 x，y 对应于相机归一化平面上的归一化坐标，即在机器视觉中，三维世界坐标系中的点首先投影到相机的归一化平面上获得归一化坐标，然后加入畸变，最后再将畸变改正后的归一化坐标按照相机内参数矩阵缩放

(焦距)和平移(像主点)到真实的像平面得到像素坐标。

3. 位姿估计

众所周知,无论是 AT、SfM 还是 SLAM,从摄影场景的多张影像中自动恢复相机运动和场景结构时,最终都要使用光束法平差(Bundle Adjustment,BA)进行整体优化。但是 BA 本质上是一个非线性最优化问题,因而就必然面对一个如何解求未知数(影像位姿、相机参数以及场景结构)初值的问题。在摄影测量领域,这个初值的解求是通过组合几种特定的几何定位模型①来完成的。这些几何定位模型包括相对定向、单片空间后方交会以及空间前方交会等。在机器视觉中与摄影测量中的这些几何定位模型相对应的问题分别为:对极几何约束问题、PnP (Perspective-n-Points)问题和三角测量问题。

(1)对极几何约束问题

对极几何约束问题对应于摄影测量理论中的相对定向,主要是根据影像间匹配好的同名特征对解求影像间的相对方位(相机的相对运动)。图 5.35 所示为对极几何约束的示意图。

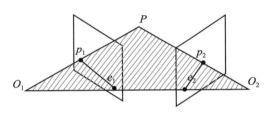

图 5.35　对极几何约束

如图 5.35 所示,设已经完成影像匹配的两张影像 I_1 和 I_2 之间的相对运动为 R, t。两个相机中心为 O_1 和 O_2。假设影像 I_1 和 I_2 之间的同名点对 $\{p_1,\ p_2\}$ 是一个正确匹配,那么 p_1 和 p_2 为同一个空间点 P 在影像 I_1 和 I_2 的投影。因此同名光线 O_1p_1 和 O_2p_2 在三维空间中相交于点 P,由 O_1,　O_2 和 P 三点确定的平面称为极平面(Epipolar plane)。O_1O_2 被称为基线(base line),基线与两张影像像平面的交点 e_1 和 e_2 称为极点(Epipoles),极平面与两张影像像平面的交线称为极线(Epipolar line)。对极几何约束可以表示为如下公式:

$$p_2^{\mathrm{T}} \cdot K^{-\mathrm{T}}(\hat{t}R)\ K^{-1} \cdot p_1 = 0 \tag{5-12}$$

对极几何约束的几何意义就是摄影测量中的共面约束:O_1,O_2 和 P 三点共面。上式的中间部分可以分记作两个矩阵:基础矩阵(Fundamental Matrix)F 和本质矩阵(Essential Matrix)E。因此上式可以进一步简化为:

$$E = \hat{t}R,\quad F = K^{-\mathrm{T}}EK^{-1},\quad p_2^{\mathrm{T}}Fp_1 = 0$$

对极几何约束是齐次约束,所以上式中对 E 乘以任何非零常数后等式依然成立。这说明本质矩阵 E 在不同尺度下是等价的。可以证明,本质矩阵 E 的奇异值必定是 $[\sigma,$

---

① 摄影测量中另一个重要的几何模型是模型连接。这个模型在机器视觉中同样有对应的模型且非常重要,这个模型将在后文的整体构网策略中介绍。

σ，$0]^{\mathrm{T}}$ 的形式，这被称为本质矩阵的内在性质。由于平移和旋转各有 3 个自由度，而本质矩阵具有尺度等价性，因而本质矩阵实质上只有 5 个自由度。这和摄影测量中已知 5 对同名点就可以解求相对定向是一致的。机器视觉中通常使用八点法（Eight-point-algorithm）解求本质矩阵。八点法在实质上和摄影测量中相对定向的直接解是等价的。

根据八点法解求得到本质矩阵 E 以后，相机的相对运动 R 和 t 可以通过本质矩阵的奇异值（SVD）分解得到。设本质矩阵的 SVD 分解为：$E = U\Sigma V^{\mathrm{T}}$。其中 U，V 为正交阵，Σ 为奇异值矩阵。根据本质矩阵的内在性质可知 $\Sigma = \mathrm{diag}(\sigma, \sigma, 0)$。在 SVD 分解中，对于任意本质矩阵 E，存在两个可能的 t 和 R 与之对应：

$$\hat{t}_1 = UR_Z(\pi/2)\Sigma U^{\mathrm{T}} \qquad R_1 = UR_Z^{\mathrm{T}}(\pi/2)\,V^{\mathrm{T}}$$

$$\hat{t}_2 = UR_Z(-\pi/2)\Sigma U^{\mathrm{T}} \qquad R_2 = UR_Z^{\mathrm{T}}(-\pi/2)\,V^{\mathrm{T}}$$

其中，$R_Z(\pi/2)$ 表示绕 Z 轴旋转 90° 得到的旋转矩阵。同时由于 $-E$ 和 E 等价，所以对任意一个 t 取负号，也会得到同样的结果。因此，从 E 分解得到 t，R 时，一共存在如图 5.36 所示的 4 个可能的解。但是只有第一个解中 P 在两个相机中都具有正的景深，因此只要把任意一点代入 4 个解中，检测该点在两个相机下的深度，就可以确定哪一个解是正确的了。

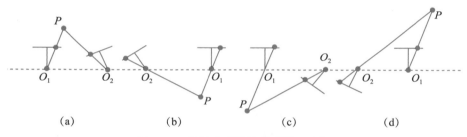

(a)　　　　　　(b)　　　　　　(c)　　　　　　(d)

图 5.36　分解本质矩阵得到的 4 个解

上述本质矩阵估计中还有一个问题就是根据线性方程解出的 E 可能并不满足 E 的内在性质——它的奇异值不一定为 $[\sigma, \sigma, 0]^{\mathrm{T}}$ 的形式。此时可以将求出来的矩阵投影到 E 所在的流形上。假设八点法求解的 E 作 SVD 分解后得到的奇异值矩阵 $\Sigma = \mathrm{diag}(\sigma_1, \sigma_2, \sigma_3)$，不妨设 $\sigma_1 \geqslant \sigma_2 \geqslant \sigma_3$，则取

$$E = U \cdot \mathrm{diag}\left(\frac{\sigma_1 + \sigma_2}{2}, \quad \frac{\sigma_1 + \sigma_2}{2}, \quad 0\right) \cdot V^{\mathrm{T}} \tag{5-13}$$

（2）单应变换

除了基础矩阵和本质矩阵以外，还有一个重要的矩阵是单应矩阵（Homography）H，该矩阵可以看作是基础矩阵的退化，通常用来描述两个平面之间的映射关系。若场景中的特征点都落在同一平面上（比如墙面、地面等），则可以通过单应性进行运动估计。这种情况在无人机垂直向下摄影时比较常见。

假设影像 I_1 和 I_2 之间的同名点对 $\{p_1, p_2\}$ 是一个正确匹配，并且这些同名特征点落在空间的同一平面上，那么，

$$p_2 = Hp_1 \text{ or } \begin{cases} u_2 = \dfrac{h_1 u_1 + h_2 v_1 + h_3}{h_7 u_1 + h_8 v_1 + h_9} \\[2mm] v_2 = \dfrac{h_4 u_1 + h_5 v_1 + h_6}{h_7 u_1 + h_8 v_1 + h_9} \end{cases} \tag{5-14}$$

单应矩阵可以通过直接线性变换法(Direct Linear Transform)求解。与本质矩阵相似,求出单应矩阵后也需要对其分解得到相机的相对运动 R, t。分解的方法包括数值法与解析法。与本质矩阵的分解类似,单应矩阵的分解同样可以得到4组旋转矩阵 R 和平移向量 t,并且同时可以计算出它们分别对应的空间点所在平面的法向量。如果已知成像的空间点的深度全为正值(即在相机前方),那么可以排除两组解。最后仅剩两组解,这是需要通过更多的先验信息进行判断。通常可以假设已知场景平面的法向量来解决,例如场景平面与相机平面接近平行,那么检查法向量 n 即可。

单应矩阵的重要意义在于:当特征点共面或者相机发生纯旋转时,基础矩阵的自由度下降,这就出现了所谓的退化(degenerate)。实际应用时数据中总是包含噪声,这时候如果用八点法求解基础矩阵,那么基础矩阵多余出来的自由度将主要由噪声决定。为了避免这个退化现象的不良影响,实际应用时都是同时估计基础矩阵 F 和单应矩阵 H,选择重投影误差比较小的那一个作为最终的运动估计矩阵。

(3)PnP 问题

PnP 问题对应于摄影测量中的单片空间后方交会问题,它描述了已知 n 个3D空间点及其投影位置时如何估计相机的位姿。这种 3D-2D 方法不需要对极约束,可以在很少的匹配点中获得较好的运动估计,是最重要的一种姿态估计方法。

PnP 问题最常用的方法是直接线性变换法(DLT),该方法将旋转矩阵 R 和平移向量 t 合成一个 3×4 的增广矩阵 $[R \mid t]$ 来求解,这样有12个未知数,需要至少6对3D-2D点。但是这样求出来的增广矩阵左边 3×3 的矩阵通常不满足旋转矩阵的要求,为此可以通过 QR 分解将其重投影到 SE(3)流形上,从而转换出旋转和平移两部分。

PnP 问题的另外一种方法是P3P,这种方法需要3对3D-2D点,用于相机运动估计和额外的一对验证点以便于从可能的解中选出正确解。当用于估计相机位姿的点比较多时,可以将 P3P 法和 RANSAC 方法结合起来使用,以求取得更加稳定可靠的估计结果。除此以外还有一些相对复杂的方法如 EPnP 和 UPnP 等。

PnP 问题在实际应用中通常是首先使用 P3P 等方法估计相机位姿的初值,然后根据重投影误差构建非线性最小二乘优化问题对估计值进行精化微调。

另外,当相机内参未知时,PnP 问题可以同时估计 K, P, t 三个量。但是由于未知数之间存在相关性,因而通常需要引入一些先验知识用于增强解求的可靠性,例如从影像的 exif 信息中获取焦距的近似值等。

(4)三角测量

三角测量对应于摄影测量中的空间前方交会,都是在已知两张影像的相机运动信息后根据同名光线相交原理解求影像上同名特征所对应的空间点的三维坐标。在机器视觉中通常都是通过最小二乘法求解,这一点与摄影测量中的空间前方交会是一致的。

4. 自动构网与区域网平差

从摄影场景的多张影像中自动恢复所有影像的相机运动和场景结构，本质上都是一个非线性最小二乘优化问题，即根据影像间的同名点观测通过光束法平差（Bundle Adjustment，BA）对重投影误差进行最优化。假设 p_j 为世界坐标系中的三维点，$x_{i,j}$ 为空间点 p_j 在影像 I_i 中的二维像点观测，影像 I_i 的位姿 R_i、t_i 所对应的李代数为 ξ_i，相机的内参数为 K（这里按照 AT 的假定，整个测区中所有影像是使用同一相机拍摄的），那么观测误差 $e_{i,j}$ 为

$$e_{i,j} = x_{i,j} - h(\xi_i, K, p_j) \tag{5-15}$$

整体上待优化的代价函数为：

$$e = \frac{1}{2}\sum_{i=1}^{M}\sum_{j=1}^{N_i}\|e_{i,j}\|^2 = \frac{1}{2}\sum_{i=1}^{M}\sum_{j=1}^{N_i}\|x_{i,j} - h(\xi_i, K, p_j)\|^2 \tag{5-16}$$

对上述总体代价进行最小二乘求解，相当于对影像的位姿、相机参数以及空间点在整体上进行调整和优化，即所谓的 BA。AT、SfM 和 SLAM 在具体的算法实现和工程应用中存在一些差别且各有优缺点。具体表现在以下几个方面：

● 摄影测量的 AT 主要面向测绘工程实践，因此非常侧重于平差结果的精度与可靠性，且需要在统一地理坐标框架下绝对定位。因此摄影测量中的 BA 优化一般都是假定相机参数已知（即使用量测相机或者预先标定过的非量测相机），且引入已知地理坐标的控制点观测，很多情况下还会增加 GNSS/IMU 等摄影辅助数据进行联合平差。为了确保精度和结果的可靠性，摄影测量领域在粗差探测方面的研究更加系统和完善，因此在粗差探测方面摄影测量领域相对于机器视觉领域存在明显优势。

● SfM 和 SLAM 虽然同属于机器视觉领域，但还是存在明显的差别。其中最主要的差别在于 SLAM 通常处理的是视频数据，即待定位的影像间存在明确的时序关系，因此在 SLAM 的 BA 问题中除了有像点观测方程描述影像与空间点的可视性关系以外，还包括了由机器人运动传感器输入数据关联起来的影像位姿时序关系，即运动方程。如果忽略影像在时间上的先后顺序，那么 SLAM 问题就退化为 SfM 问题。另外与 SfM 相比，SLAM 的终极目标是为了实现机器人的自主导航，因而更加侧重于优化解算的实时性，为此目标通常也是假设相机内参数已知，即相机是经过预先标定的。

● SfM 的终极目标是从大量影像中恢复场景的三维结构，其研究主要侧重于方法的通用性，对摄影方式和相机类型的要求不高，通常影像为无序摄影方式获得，相机则为廉价的非量测相机。因此 SfM 的 BA 优化的最显著特点是影像位姿与相机内参数的联合解算，即附件相机参数的自检校平差。由于附加的相机内参数与影像位姿参数之间存在明显的相关性，因而 SfM 对于未知数存在相关性的非线性最小二乘优化进行了系统研究，其研究成果对于摄影测量有非常好的借鉴意义。

尽管存在差别，AT、SfM 和 SLAM 三个领域的 BA 优化基本上都包括：平差或优化模型、超大规模线性方程组的解算、初值与构网、粗差探测与剔除这四个问题。

（1）平差或优化模型

BA 在本质上是一个非线性最小二乘优化问题。通常的做法是将非线性目标函数 $f(x)$ 做一阶泰勒展开，即 $f(x + \Delta x) \approx f(x) + J(x)\Delta x$。这里 $J(x)$ 为 $f(x)$ 关于 x 的导数，实际

上是一个 $m \times n$ 的矩阵，也称为雅可比矩阵。非线性最小二乘优化问题可以转化为一个线性最小二乘问题，寻找下降向量 Δx，使得 $\|f(x + \Delta x)\|^2$ 达到最小，即

$$\Delta x^* = \underset{\Delta x}{\arg\min} \frac{1}{2} \| f(x) + J(x)\Delta x \|^2 \tag{5-17}$$

对上式求 Δx 的导数，并令其为零，可以得到线性方程组：

$$J(x)^{\mathrm{T}}J(x)\Delta x = - J(x)^{\mathrm{T}}f(x) \tag{5-18}$$

上述方程称为增量方程，也称为高斯牛顿方程和法方程(Normal Equation)。摄影测量中的常用的间接平差的法方程与上式类似，主要的不同是将所有的观测看作是带权观测，因而在最终的在法方程中增加了观测权矩阵 $P(x)$。一般情况下，观测权矩阵 $P(x)$ 为对角矩阵。但是当需要考虑观测之间的相关性时，该矩阵通常会替换为观测的协方差矩阵 $C(x)$ ①

$$J(x)^{\mathrm{T}} \cdot P(x) \cdot J(x)\Delta x = - J(x)^{\mathrm{T}} \cdot P(x) \cdot f(x) \tag{5-19}$$

BA 求解的关键在于迭代求解增量方程，具体步骤如下：

---

①给定初始值 x_0；

②对于第 k 次迭代，求出当前的雅可比矩阵 $J(x_k)$ 和误差向量 $f(x_k)$；

③求解增量方程 $J(x_k)^{\mathrm{T}}J(x_k)\Delta x_k = - J(x_k)^{\mathrm{T}}f(x_k)$；

④若 Δx_k 足够小则停止迭代，反之则令 $x_{k+1} = x_k + \Delta x_k$ 并返回第②步。

这种方法的缺陷主要是当求解的未知数间存在强相关性(例如自检校平差时相机参数与影像的位姿之间)时法方程系数矩阵 $J^{\mathrm{T}}J$ 可能为奇异矩阵或者病态(ill-condition)的情况，此时增量的稳定性很差，导致算法不收敛。更严重的是，有时即使法方程系数矩阵非病态，如果迭代过程中求解的步长 Δx 太大，这会导致一阶泰勒展开式 $f(x + \Delta x) \approx f(x) + J(x)\Delta x$ 不够准确，无法保证迭代收敛。

针对上述缺陷，高斯牛顿法衍生出很多改进算法。例如一些线搜索方法(Line Search Method)[7]，这类改进主要是引入一个标量 α，在求解出 Δx 后进一步确定 α 使得 $\|f(x + \alpha\Delta x)\|^2$ 达到最小。除此以外还有一类信任区域方法(Trust Region Method)，是为 Δx 添加一个信任区域，并认为目标函数的线性近似在信赖区域中是有效的。信赖区域的大小通常可以根据近似模型与实际函数之间的差异来确定：

$$\rho = \frac{f(x + \Delta x) - f(x)}{J(x)\Delta x} \tag{5-20}$$

上式中，如果 ρ 接近于 1，则近似是好的。如果 ρ 太小，说明实际下降速度过快，因而可以认为近似比较差，此时应该缩小近似范围。反之，如果 ρ 比较大，说明应该放大近似范围。于是可以构建如下所示的改良版的列文伯格-马夸尔特(Levenberg-Marquardt)非线

---

① 在摄影测量领域，考虑观测相关性的问题通常称为最小二乘配置法。

性优化框架：

---

①给定初始值 $\boldsymbol{x}_0$，以及初始信赖区域半径 μ；

②对于第 k 次迭代，求解

$$\min_{\Delta \boldsymbol{x}_k} \frac{1}{2} \| \boldsymbol{f}(\boldsymbol{x}_k) + \boldsymbol{J}(\boldsymbol{x}_k)\Delta \boldsymbol{x}_k \|^2, \quad s.t. \quad \| D\Delta \boldsymbol{x}_k \|^2 \leqslant \mu$$

这里 μ 是信赖区域的半径，$\boldsymbol{D}$ 参见下文。

③计算 ρ，如果 $\rho > 0.75$ 则 $\mu = 2\mu$；如果 $\rho < 0.25$ 则 $\mu = 0.5\mu$；

④如果 ρ 大于某个阈值，则认为近似可行，令 $\boldsymbol{J}(\boldsymbol{x}_k)$；

⑤判断算法是否收敛，如不收敛则返回第②步，反之结束。

在上述框架中，$\Delta \boldsymbol{x}$ 被限定在一个半径为 μ 的球中，认为只有在这个球中一阶线性近似才是成立的。引入 $\boldsymbol{D}$ 后，信赖区域相当于一个椭球。一般 $\boldsymbol{D}$ 取成非负数对角矩阵——通常用 $\boldsymbol{J}^\mathrm{T}\boldsymbol{J}$ 的对角元素的平方根，使得在梯度小的维度上约束范围更大一些。上述框架中带不等式约束的优化问题可以使用拉格朗日乘子法转换为无约束的优化问题：

$$\min_{\Delta \boldsymbol{x}_k} \frac{1}{2} \| \boldsymbol{f}(\boldsymbol{x}_k) + \boldsymbol{J}(\boldsymbol{x}_k)\Delta \boldsymbol{x}_k \|^2 + \frac{\lambda}{2} \| \boldsymbol{D}\Delta \boldsymbol{x}_k \|^2 \tag{5-21}$$

式中，λ 为拉格朗日乘子。类似于前面高斯牛顿法，上述问题可以转化为关于增量的线性方程组

$$(\boldsymbol{J}^\mathrm{T}\boldsymbol{J} + \lambda \boldsymbol{D}^\mathrm{T}\boldsymbol{D})\Delta \boldsymbol{x} = -\boldsymbol{J}^\mathrm{T}\boldsymbol{f}, \tag{5-22}$$

当 $\boldsymbol{D}$ 取为单位矩阵时，上式退化为岭估计：

$$(\boldsymbol{J}^\mathrm{T}\boldsymbol{J} + \lambda \boldsymbol{I})\Delta \boldsymbol{x} = -\boldsymbol{J}^\mathrm{T}\boldsymbol{f} \tag{5-23}$$

由上式可知，当参数 λ 较小时，$\boldsymbol{H} = \boldsymbol{J}^\mathrm{T}\boldsymbol{J}$ 起主要作用，这说明二次近似在该范围内是比较好的，此时 LM 方法更接近于高斯牛顿方法；当参数 λ 较大时，$\lambda \boldsymbol{I}$ 或者 $\lambda \boldsymbol{D}^\mathrm{T}\boldsymbol{D}$ 将占主导地位，此时 LM 更接近于一阶梯度下降法（最速下降法），这说明此时二阶近似不够好。由此可知，LM 的求解方式，可在一定程度上避免法方程系数矩阵的非奇异和病态问题，提供更准确和更稳定的增量解 $\Delta \boldsymbol{x}$。在实际应用中，信赖区域方法中还有一种 Dog-leg 方法，该方法相对于 LM 方法而言效率略高一些。

非线性优化问题的框架，主要分为 Line Search 和 Trust Region 两类。Line Search 主要是先固定搜索方向，然后在该方向寻找步长，以最速下降法和高斯牛顿法为代表；Trust Region 法则先固定搜索区域，再考虑找该区域内的最优点。此类方法以 LM 和 Dog-leg 法为代表。

除去上述非线性优化问题框架以外，SLAM 领域还发展了一种将非线性优化与图论结合起来的理论，即图优化（G^2O：General Graphic Optimization）理论。该理论的显著特色是通过图（Graph）的方式非常清晰地描述出优化问题的未知变量和误差观测结构：待解求的影像位姿向量和空间点坐标向量可以表示为图中的顶点（Vertex），影像间的运动约束以及

影像与空间点之间的可视性关系则表示为图中的边（Edge），或者简单地说，优化问题中的误差项表示为图中的边。图 5.37 为典型的图结构。由于图优化是利用图模型来表达非线性最小二乘优化问题，因此可以利用图模型的一些性质来实现更好的优化。例如可以去掉图中的孤立顶点，优先优化那些边数较多（按照图论术语，度数较大）的顶点。

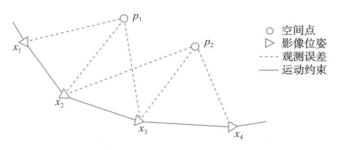

图 5.37　SLAM 中的 BA 图结构示例

（2）超大规模线性方程组的解算

根据前文给出的 BA 整体优化的代价函数可以近似为：

$$e = \frac{1}{2}\sum_{i=1}^{M}\sum_{j=1}^{N_i} \| e_{i,j} \|^2 = \frac{1}{2}\sum_{i=1}^{M}\sum_{j=1}^{N_i} \| x_{i,j} - h(\xi_i, K, p_j) \|^2$$

$$\approx \frac{1}{2}\sum_{i=1}^{M}\sum_{j=1}^{N_i} \| e_{i,j} + F_{i,j}\Delta\xi_i + C_{i,j}\Delta K + E_{i,j}\Delta p_j \|^2 \tag{5-24}$$

上式中 $F_{i,j}$ 表示代价函数在当前状态下对相机位姿的偏导数，$C_{i,j}$ 代表代价函数在当前状态下对相机内参数的偏导数，$E_{i,j}$ 代表代价函数在当前状态下对加密点（在机器视觉中也称为场景结构或路标点）的偏导数。现在把上述方程中的未知数重新整理。首先将所有影像（假设影像数为 m）的位姿未知数合在一起成为影像位姿向量 $x_c = (\xi_1 \ \xi_2 \ \cdots \ \xi_m)^T_{6m \times 1}$；其次将加密点（假设有 n 个加密点）的空间坐标未知数合成为加密点坐标向量 $x_p = (p_1 \ p_2 \ \cdots \ p_m)^T_{3n \times 1}$，相机内参数向量 $x_k = (f_x \ f_y \ c_x \ c_y \ k_1 \ k_2 \ p_1 \ p_2)^T$，其中假设相机模型为 OpenCV 模型。因此，雅可比矩阵可以写成 $J = [F \ E \ C]$ 的形式，法方程则表现为如下形式：

$$\begin{pmatrix} F^T F & F^T E & F^T C \\ E^T F & E^T E & E^T C \\ C^T F & C^T E & C^T C \end{pmatrix}\begin{pmatrix} \Delta x_c \\ \Delta x_p \\ \Delta x_k \end{pmatrix} = \begin{pmatrix} -F^T e \\ -E^T e \\ -C^T e \end{pmatrix} \tag{5-25}$$

在摄影测量领域，通常会将相机内方位元素作为带权虚拟观测值，假设像点观测值和内方位元素虚拟观测值对应的权矩阵分别为 P_f 和 P_k，那么上述法方程的形式略有改变：

$$\begin{pmatrix} F^T P_f F & F^T P_f E & F^T P_f C \\ E^T P_f F & E^T P_f E & E^T P_f C \\ C^T P_f F & C^T P_f E & C^T P_f C + P_k \end{pmatrix}\begin{pmatrix} \Delta x_c \\ \Delta x_p \\ \Delta x_k \end{pmatrix} = \begin{pmatrix} -F^T P_f e \\ -E^T P_f e \\ -C^T P_f e - P_k e_k \end{pmatrix} \tag{5-26}$$

上述两种法方程式中的未知数都是 $6m+3n+8$。当影像数和加密点数（而且一般情况下

$n >> m$)都非常巨大时，法方程式的求解就是一个典型的超大规模线性方程组的求解问题。由于摄影测量较早地面向工程实践，因而比较早的意识到了法方程系数矩阵是一个具有所谓"镶边带状结构"的稀疏矩阵，并发展了很多具体的解算方法。例如法方程可以采用逐点法化方式进行快速构建，并且其法方程系数阵则为镶边带状结构的对称稀疏正定矩阵。这相当于对总的法方程采用分块消元改化①的策略，逐点消去空间三维点坐标改正数的系数，形成维数只跟像片内外方位元素个数($6m+8$ 个)有关的维数较小的改化法方程，通过对改化法方程的求解获得相机的内外方位元素改正数，最后再用回代法求解各个空间点的三维坐标改正数。

在摄影测量中，具有镶边带状结构的线性方程组的求解通常采用循环约化法求解。在机器视觉领域，则主要使用应用数学领域中各种超大规模线性方程组求解的开源库。在这些开源库中，通常采用各种矩阵分解（QR 分解、Cholesky 分解和 LU 分解等）方法求解。很多开源库还提供了分布式网络并行计算版本，大大降低了求解超大规模法方程的难度。

（3）初值与构网

如前所述，非线性最小二乘优化问题通常采用迭代求解方案，其中每一次迭代都是求解一个关于未知数增量的线性方程组。因此非线性最小二乘优化问题的迭代求解需要有一个良好的初值。在摄影测量领域，BA 优化的初值估计往往采用航带法或独立模型法近似求解。其中航带法需要利用摄影规划的航带信息；独立模型法则主要以单模型为单元，而由所有单元模型各自形成的地面点坐标作为整体参加到全区域的平差运算中。这两种方法对于按照航空摄影规范进行作业的航空摄影而言是没有问题的，但是对于机器视觉领域经常遇到的无序摄影方式就无能为力了。由于多源影像不存在统一的摄影轨迹规划，特别是无序摄影影像的加入，使得根据连接点和航线信息直接构造整体区域网进行平差的策略不再适用，除此以外，由于在构网过程中还需要考虑相机参数的自检校，这些问题都成为机器视觉领域中的关键研究课题。目前机器视觉领域构网策略主要分为三种：顺序增量式、层级并列式以及全局方式。下面重点介绍这三种构网策略。

顺序增量式构网策略[8]的基本思路如图 5.38 所示：首先在摄影影像中根据匹配结果的质量，例如匹配点数、立体模型的平均交会角度以及基础矩阵估计的精度和可靠性等，确定一个最优模型作为整个区域网构网的初始模型；然后对这个模型估计基础矩阵②（即相对定向）和三角测量（即空间前方交会），这样就解得了区域网最开始的两张影像的相对方位和该模型中观测的空间点坐标；接下来，每一次只加入一张影像，该影像必须和已经构网的影像间存在公共的空间点，即在前面构网过程中已经解求得空间坐标的点，这样就可以用这些公共点的三维空间坐标和它们在影像上的二维像点观测坐标解求该影像的相机位姿（同样的，如果需要也会解求相机参数），由于区域网中新加入了影像，因此应该使

---

①　在机器视觉中，这种消元改化方法成为边缘化（Marginalization）或者 Schur 消元（Schur Elimination）。

②　如果未知相机参数，可以在基础矩阵估计过程中加入相机参数的自检校。必须指出的是，机器视觉中附加相机参数自检校的基础矩阵估计并不能够保证解求的相机参数的可靠性和精度。但是，随着顺序增量式构网过程中不断添加新的影像和 BA 优化，才能够使得相机参数逐渐接近真实值。

用所有已有的像点观测值重新进行空间前方交会，从而更新已有点的空间坐标。如此反复，每次只向区域网中增加一张影像，直至整个区域网构网完成。

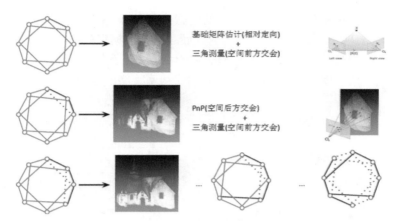

图 5.38 顺序增量式构网的流程示意图

上述顺序增量式构网流程中有一个显而易见的缺陷，就是构网过程中存在误差累积从而导致场景漂移。为了克服这个缺陷，构网过程中需要不断检测构网的整体精度，当构网精度下降到一定阈值时会启动整体优化（BA）程序对已构网影像进行一次整体平差，如图5.39 所示。

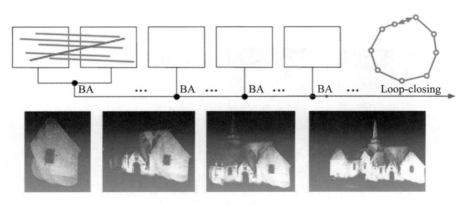

图 5.39 顺序增量式构网中反复执行 BA 优化

上述顺序增量式构网策略的主要缺陷在于：首先构网的稳定性和结果受第一对最优模型选择的影响较大，而且构网过程中添加影像的顺序也对最终的结果有一定影响，不当的影像添加顺序容易导致整个构网过程陷入局部最优解；其次尽管在构网过程中反复执行BA 优化以降低构网过程中的误差累积，但是并不能够完全消除误差累积的影响，因而存在一定程度的场景漂移现象，最终构网的精度也受到一定程度的影响；最后，整个构网过程显然是一个顺序的串行过程，且 BA 优化的反复执行也严重影响了整体的效率，因为随着区域网规模的逐渐扩大，BA 优化的规模也会逐渐扩大，直至整个区域网的 BA 优化。因此，顺序增量式构网的最大问题就是不易并行化，算法整体效率低。这里就要考虑用层级并列式构网策略。

层级并列式构网策略的主要目的是为了提高构网的效率。与顺序增量式构网策略不同，构网过程不是从一个最优的模型开始的，而是从多个模型或子场景开始，并各自独立增长；当两个独立增长的区域网中存在重叠时就可以执行子场景合并，重复上述过程直至整个区域网合并完成。图 5.40 所示为层级并列式构网策略的示意图。

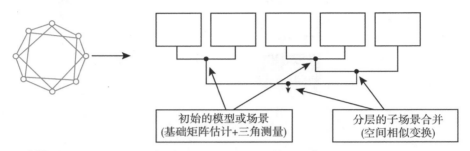

初始的模型或场景　　分层的子场景合并
(基础矩阵估计+三角测量)　　(空间相似变换)

图 5.40　层级并列式构网策略示意图

如图 5.41 所示，在层级并列式构网中，子场景的合并相当于求解两个子场景之间的空间相似变换。一般说来有两种方法：一种是利用两个子场景中公共的空间点，如图 5.41(a)所示；另一种则是利用两个子场景中公共的影像的位姿，如图 5.41(b)所示，图 5.42 所示为多层的子场景合并过程示意图。

(a)　　　　　　　　　　　　　　(b)

图 5.41　子场景合并方法

层级并列式构网同样要考虑克服构网过程中误差累积的问题，因此构网过程中也需要反复地执行 BA 优化。其中除了在各个子场景独立的增长过程中需要在满足一定条件时启动 BA 优化以外，在子场景合并以后都需要执行一次 BA 优化。尽管如此，相对于顺序增量式构网来说，层级并列式构网过程中执行 BA 优化的次数还是大大减少了，因而效率较顺序增量式构网有很大提高。除此以外，层级并列式构网策略也在一定程度上解决了顺序增量式构网对初始模型选择和影像添加顺序的依赖性问题。同时由于增量式构网被限制在了多个子场景之中，因此误差累积效应也得到了一定的抑制，因而精度也有了一定程度的提高。

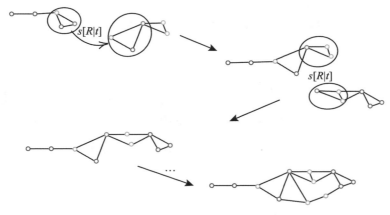

图 5.42　多层子场景合并过程示意图

全局构网策略与前两种构网策略有本质的不同，其中的核心思想是将影像位姿中的旋转和平移(即摄影测量中的外方位角元素和线元素)分开求解。在双视立体模型的基础矩阵估计中可以解求出两张影像之间的相对旋转和相对平移(基线向量)。全局构网开始时是构建一个"整体核线图(the Whole Epipolar Graph，WEG)"，在这个图中，顶点代表影像，边则连接了那些有足够多匹配点的影像(构成双视立体像对)，图中的回路则代表要满足的多视约束。在这个意义上，闭合回路中连续的节点间的相对旋转变换和相对位移变换都应当组合成一个单位矩阵。这种强制性的约束可以极大地减少增量构网中的误差漂移。

基于上述将旋转和平移分而治之的策略，全局构网过程一般分为两步，如图 5.43 所示：第一步是计算每张影像的全局旋转(在统一坐标参考系中影像的旋转矩阵)，即将区域网中所有双视立体模型间的相对旋转通过多视约束(整体核线图中的回路)转换成全局旋转；第二步是计算每张影像的绝对平移，即影像的相机绝对位置，有可能会同步计算出场景结构(加密点)。之所以将全局构网方法分解为上述两步是因为双视之间的相对旋转可以非常准确地估计出来，即使是短基线像对，双视之间的相对位移则不是这样的。

全局构网的第一步过程是联立所有的多视约束方程整体优化解求所有影像的全局旋转，如图 5.44 所示。通常为了解求的方便是将旋转矩阵转化为旋转向量的形式求解。除此以外，在全局旋转的优化求解过程中，可以通过各种假设检验方法有效地发现异常相对旋转(由于匹配粗差引起的基础矩阵估计异常)，因此这一步对于匹配粗差以及相对旋转异常有很好的稳定性。

在已知区域网中所有影像的全局旋转以后，全局匹配的第二步实质上就转化为已知影像摄影姿态时的影像摄站位置的估计问题。这一步在实质上和摄影测量中的模型连接是一样的。即每个立体模型相对定向后，两张影像之间的基线长度相对于全局的摄站位置而言差一个比例因子，这就需要通过调节相邻两个立体模型的基线长度来使得模型公共点的空间坐标重合在一起。因此在这一步中，已知条件是所有立体像对的相对平移 $\{t_{i,j}\}$，待解

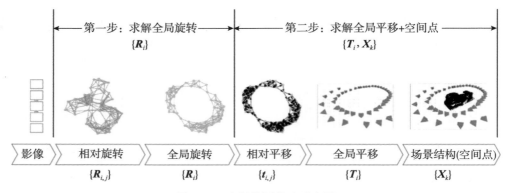

图 5.43　全局构网策略示意图

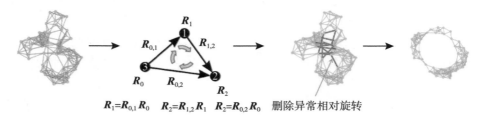

图 5.44　求解全局旋转的原理

求的未知数包括所有立体像对的比例因子 $\{\lambda_{i,j}\}$，所有影像的全局平移 $\{T_i\}$，以及所有场景点的三维空间坐标 $\{X_k\}$。

　　全局构网过程中也需要调用一次 BA 整体优化，即在构网的最后，当所有影像的全局旋转和全局平移以及所有场景点的空间坐标都已知初值后再进行一次整体的 BA 优化，因此全局构网过程中执行 BA 整体优化的次数远小于前面两种构网策略，构网的效率得到了很大提升。除此以外，在全局构网过程中，求解所有立体像对的相对平移和相对旋转，以及求解所有场景点的空间坐标都可以并行化，因此全局构网的效率是非常高的。

　　全局构网的缺点之一在于不易于处理相机参数的自检校，这是因为全局构网的基础是首先估计区域网中所有立体模型的基础矩阵并获得相对平移和相对旋转，但是当未知相机参数时，基础矩阵的估计很难保证同时可靠地解求出相机参数。顺序增量式和层级并行式构网策略中，伴随着区域网的渐进增长过程，多视观测约束也逐渐增加，这对整体解求相机参数提供了更多的约束条件，因此相机参数是在反复执行 BA 优化过程中逐渐逼近真值的。显然全局优化不具备这一特性，因此目前大多数全局构网策略都是假定相机是经过了预先检校的，即在构网过程中认为相机参数已知。全局构网的另一个缺点是全局平移的求解受匹配粗差以及由此引起的相对平移异常的影响比较大，目前还没有特别稳健的方法检测异常并消除其不良影响。因此有人采用了混合式构网策略，即整体解求全局旋转，但是却依然采用顺序增量式或者层级并行式策略解求全局平移，这种方法的效率虽然比不上全局构网策略，但是却比顺序增量式和层级并行式策略要好，同时还可以克服全局构网的上述两个缺点。

(4)粗差探测与剔除

在 BA 优化过程中有一个非常重要的问题就是如何处理观测数据中的粗差。如果不能有效地探测粗差，那么在 BA 优化过程中，粗差观测通常具有较大的梯度，这就意味着调整与粗差相关的变量可能会导致目标函数有更大的下降，当粗差很大时，往往会掩盖其他正确观测的影响，因此优化算法会专注于调整一个错误的值，这显然是不希望看到的。为此，机器视觉领域主要是在 BA 的代价函数中引入一个稳健的核函数 $\rho(\cdot)$，也称为损失函数(Loss Function)，即

$$e = \frac{1}{2}\sum_{i=1}^{M}\sum_{j=1}^{N_i}\rho(\parallel e_{i,j}\parallel^2) = \frac{1}{2}\sum_{i=1}^{M}\sum_{j=1}^{N_i}\rho(\parallel \boldsymbol{x}_{i,j} - h(\boldsymbol{\xi}_i, \boldsymbol{K}, \boldsymbol{p}_j)\parallel^2) \qquad (5\text{-}27)$$

引入核函数的目的是为误差的影响定义一个上限，即当误差大于某个阈值时将误差的二范数度量替换为一个增长较慢的函数，同时保证光滑性质。核函数的引入可以使优化过程更为稳健，因此也称为稳健核函数。常用的稳健核函数有 Huber 核函数、Cauchy 核函数以及 Tukey 核函数。

由于核函数与每个观测的误差有关，因此核函数的引入相当于将不同观测的误差以加权的方式累加起来，这和摄影测量在 BA 中引入的观测权是一致的。需要指出的是，粗差问题在摄影测量领域研究得较早。该领域主要是基于统计假设检验理论系统研究了粗差探测、粗差与系统误差的可区分性等问题[9]。其中的最小二乘稳健估计理论不仅提出了核函数的五条选择原则，还在此基础上发展为选权迭代法。因此，在粗差问题上，摄影测量领域的研究相对于机器视觉领域更加系统和完善。

5.2.2 卫星影像定位

高分辨率光学卫星成像系统越来越多地应用于遥感和摄影测量领域，并成为人类获取地球空间信息的重要手段之一。这类成像系统不仅能够提供高分辨率的全色和多光谱影像，而且还具有立体成像能力。卫星影像数据是测绘所依赖的必不可少的数据保证，也是快速获取现势性地理信息以及快速测图的必由之路。因此，高分辨率光学卫星成像系统在国民经济和国防建设中发挥了重要作用。

1. 卫星传感器成像模型

传感器成像几何模型的研究是遥感影像摄影测量处理和应用的基础，任何影像的成像几何模型都可以定义成一个物方和像方的精确转换关系，例如航空摄影测量理论中的共线方程式。与常规的航空摄影不同，高分辨率光学卫星成像系统一般采用推扫式 CCD 线阵成像技术，具有不完全中心投影成像几何的特点，这种成像的几何特征远比传统的中心透视投影复杂。通常影像的成像几何模型包含大量参数，并且不同的成像系统具有完全不同的定向参数。目前，已有许多不同的成像几何模型，其复杂程度、严密程度和精度各不相同，但可以粗略地分为严密几何成像模型和通用几何成像模型两大类。

(1)严密几何成像模型

严密几何成像模型是考虑成像时造成影像变形的各种物理因素如地表起伏、大气折射、卫星位置、传感器姿态变化等，然后利用这些物理条件构建而成的成像几何模型。这

类模型数学形式较为复杂，但在理论上是严密的，能真实地反映成像时空间几何关系，并且模型的定位精度较高。严密几何成像模型一般是在地心直角坐标系中基于轨道参数或者基于卫星的状态矢量实现几何定位。常见的模型包括：基于轨道参数的共线方程、基于惯性地心坐标系状态矢量的共线方程以及基于地固地心坐标系状态矢量的共线方程等。

但是严密成像模型需要已知卫星的轨道位置及速度矢量、姿态矢量、相机成像几何内参数等一系列对于卫星影像精确对地定位所要求的必要参数，而在大多数条件下卫星运行方都不愿意公开这些参数，因而极大地限制了严密成像模型的实际应用和推广。除此以外，由于高分光学卫星在高空飞行状态平稳，姿态变化缓慢。同时由于高分辨率线阵传感器飞行高度高，成像光束窄，接近平行投影的特点，造成了定向参数之间存在很强的相关性，因而利用严密几何成像模型处理高分辨率卫星影像虽然在理论上严密，但其优越性却往往被求解参数众多，数值解算不稳定等缺点所湮没。

目前严密成像模型主要用于卫星地面数据处理系统，且主要用于光学成像卫星的在轨几何标定。

（2）通用几何成像模型

通用几何成像模型一般不考虑传感器成像的物理因素，直接采用某种数学函数来描述地面点和相应像点之间的几何关系。这类模型虽然在理论上不够严密，但是却具有与传感器无关、数学形式简单、计算速度快等优点。

在诸多通用几何成像模型中，Gene Dial，Jacek Grodecki 提出的有理函数模型（Rational Function Model，RFM）通过有理多项式拟合影像空间与物方空间的成像几何关系，可以看作是严密成像几何模型的高精度近似，独立于摄影平台与传感器，所以适用于任意航天传感器平台，因而是目前应用最为广泛的通用成像模型。在 RFM 中，影像像素坐标和其地面三维坐标之间的关系用有理多项式来表达，其中所有的坐标都进行归一化处理。为描述方便，现假设 x_n 和 y_n 为归一化影像像素坐标，$(\varphi_n, \lambda_n, h_n)$ 为归一化地理坐标（经度，纬度，椭球高），RFM 模型的数学表达式为：

$$x_n = RPC_x(\varphi, \lambda, h) = \frac{f_1(\varphi_n, \lambda_n, h_n)}{f_2(\varphi_n, \lambda_n, h_n)}, \qquad y_n = RPC_y(\varphi, \lambda, h) = \frac{f_3(\varphi_n, \lambda_n, h_n)}{f_4(\varphi_n, \lambda_n, h_n)};$$

(5-28)

式中，$f_t(\varphi_n, \lambda_n, h_n)(t = 1, 2, 3, 4)$ 为一般多项式，且多项式中每个坐标分量 φ^n，λ^n、h^n 的幂最大不超过 3，每一坐标分量的幂的总和也不超过 3。从上式可以看出，我们熟悉的共线方程式其实仅是 RFM 的一个特例。一般来说，在 RFM 中，由光学透视投影所引起的畸变表示为一阶多项式，而像大气折光、地球曲率、镜头畸变、星载 GPS/IMU 固有误差所引起的成像变形可由二次多项式趋近，其他高阶部分的未知畸变可由三阶多项式部分模拟。

C. Vincent Tao，Yong Hu 指出有理函数模型（RFM）可以通过严格成像模型拟合推出，或通过较大数量、分布均匀的地面控制点求出[10]。因而目前绝大多数商业卫星立体影像的大范围区域网平差主要都是基于 RFM 的。例如：FRASER C S，Gene Dial，Jacek Grodecki 将 RFM 应用于 IKONOS 影像的区域网平差，取得了平面和高程均优于±1 像素的定位精度，并且证明了 RFM 模型比严密成像模型更加稳定。因此，RFM 是目前卫星影像商业应用领域中使用最广泛的通用成像模型。

值得指出的是，通用几何成像模型的一个特例是 Weser 等提出的通用推扫线阵成像模型[11]。该模型能够涵盖线阵推扫成像的所有物理过程，其最大的优点是可以根据不同卫星影像供应商提供的信息灵活地在模型中设置各种用于卫星定位的参数。通常情况下，这些参数的设定需要对影像供应商提供的原始定位模型中固有的系统误差进行建模，然后通过附加自检校参数的最小二乘平差方法解求，从而达到补偿系统误差，提高定位精度的目标。

对于线阵扫描影像，各条扫描线之间可以看作近似平行投影，而任意一条扫描线满足中心投影的几何关系。通用成像模型的示意图如图 5.45 所示。

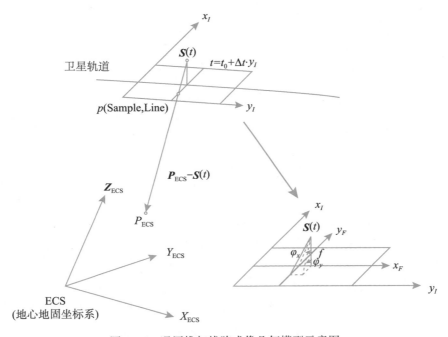

图 5.45　通用推扫线阵成像几何模型示意图

该模型建立了位于地心地固空间坐标系中的一个物方点 $\boldsymbol{P}_{ECS}$ 与其在影像像素坐标系中的投影点 $\boldsymbol{p}_I$ =（Sample，Line，0）^{T} 之间的关系，投影点 $\boldsymbol{p}_I$ 在影像像片坐标系的坐标为 $\boldsymbol{p}_F$ =（x_F，y_F，0）^{T}。其中影像像片坐标 p_F 的表达式如下：

$$\begin{cases} x_F = f \cdot \tan(\varphi_x) \\ y_F = f \cdot \tan(\varphi_y) \end{cases} \tag{5-29}$$

式中，f 为相机的焦距，（φ_x，φ_y）是 CCD 线阵探元的视角，该视角值每个探元都不同，即与像素坐标的横坐标 Sample 值有关。理想情况下，认为 CCD 线阵呈直线排列且不考虑大气折光和物镜畸变等因素，φ_x 为常数，φ_y 可根据探元位置和探元的大小计算求出。但是，在实际情况下，CCD 线阵在焦平面上的排列不是一条严格的直线，而是一条曲线，$\boldsymbol{p}_I$ 与

p_F 的关系一般可使用多项式表示。

像片坐标 p_F 与物方点坐标 P_{ECS} 的关系表达式如下：

$$P_{ECS} = S(t) + R_O \cdot R_P(t) \cdot \left[C_M + \lambda \cdot R_M \cdot (p_F - c_F + \delta x) \right]$$

$$p_F = c_F - \delta x + \mu \cdot R_M^{\mathrm{T}} \cdot \left\{ R_P^{\mathrm{T}}(t) \cdot R_O^{\mathrm{T}} \cdot \left[P_{ECS} - S(t) \right] - C_M \right\}$$

第一式为正变换，第二式为反变换。式中 λ 为比例因子，$\mu = 1/\lambda$；c_F 表示影像坐标中像主点的位置，δx 代表由大气折光、物镜畸变等引起的影像误差；平移向量 C_M 和旋转矩阵 R_M 表示相机与卫星本体之间的刚体运动关系；旋转矩阵 $R_P(t)$ 从卫星轨道坐标系旋转至卫星本体坐标系，它由卫星轨道坐标系姿态角（侧滚角 roll、俯仰角 pitch 和航偏角 yaw）的原始测量值构成；旋转矩阵 R_O 表示从地心地固坐标系旋转至卫星轨道坐标系，可由摄影瞬间的卫星轨道位置和飞行速度矢量计算得到；$S(t)$ 表示卫星的轨道位置，由 GPS 测量获得。卫星轨道位置 $S(t)$ 和轨道系姿态角是随时间变化的函数，对于每条扫描线，根据成像时刻使用拉格朗日内插获取对应的轨道位置和姿态角。

该模型最早用于 ALOS/PRISM 影像。但是通过对残差结果分析，认为 ALOS/PRISM 的每个 CCD 阵列之间的相对校正精度不够，因而又扩展了该模型，增加了附加参数进行自检校。试验表明，扩展后的附加自检校参数的通用推扫线阵成像模型用于 ALOS/PRISM 的定位时精度可以达到子像素级。

2. 在轨几何标定

所谓在轨几何标定，就是利用高精度地面控制数据对遥感卫星的相机几何成像参数进行标定。众所周知，受卫星反射过程中机械振动、在轨运行时的温度变化等因素的影响，卫星入轨后相机的几何成像参数会发生变化，此时如果继续使用实验室标定的参数值将无法准确描述影像的物像关系，进而影响后续影像产品的几何质量。因此，在轨几何标定对提高卫星影像产品的定位精度和几何质量具有重要意义。

传统的传感器在轨几何标定主要包括三方面的内容：首先需要对传感器定位中可能存在的系统误差建模；然后是通过地面检校场获取标定所需的地面控制数据；最后则是通过带附加参数的自检校区域网平差解算出系统误差补偿模型参数。

（1）系统误差建模

传感器在轨几何标定通常包含两部分：内标定和外标定，其目的就是消除相机内、外方位中存在的系统误差。对于系统误差的补偿原则上可以分为直接补偿法和间接补偿法两种。考虑到线阵 CCD 影像系统误差的实际情况，通常采用间接补偿法。间接补偿法中又有两种不同类型的方法：自检校法和验后补偿法。

自检校法又称为带附加参数的区域网平差。它根据具体的传感器严密成像几何模型，选用一个由若干参数组成的系统误差模型，将这些附加参数作为未知数（或处理成带权观测值）与区域网的其他参数一起求解，从而在平差过程中自检定并自消除系统误差的影响。这种方法的优点是不增加任何实际的摄影、测量工作量，而且可以免除某些稍麻烦的实验室检定工作。缺点是只能补偿在可利用的连接点和控制点上所反映出来的系统误差；同时附加参数的选择是人为的或经验的，选择不同，结果会有差异；还存在参数间的强相关而恶化计算结果的可能性。

另一种间接补偿法为验后补偿法。这种方法对像点(或模型点)上的残差进行分析处理，求出像片(或模型)上若干子块内节点的系统误差改正值，然后用插值的方法求出所有像点(或模型点)的系统误差改正值，经过改正后再进行下一次平差的计算。这种反复分析残差而取得系统误差改正值的验后方法，能使结果获得可靠的改善。

由此可知，线阵传感器在轨几何标定的关键在于建立合适的内、外方位元素系统误差补偿模型。不同的线阵 CCD 传感器由于制造、安置、发射、运行等条件不一样，其系统误差补偿模型可能就不同，这就使得不同传感器的在轨几何标定方案缺乏通用性。一种可行的替代思路是使用通用推扫线阵成像模型，即将不同传感器的成像模型和参数映射到通用线阵成像模型，然后使用通用线阵成像模型进行在轨几何标定。显然这种思路使得为不同的传感器开发通用的在轨几何标定系统成为可能。

(2)地面检校场与地面控制数据

传感器在轨几何标定所需的地面控制数据通常来自预先设定的地面检校场。目前，利用全球范围分布的标定场进行在轨高分辨率卫星几何标定和精度验证已被普遍接受。例如，SPOT 系列卫星有着 40 多年的在轨几何检校的经验，并在全球建设了 21 个几何检校场(Valorge，C.，2004)，采用分步标定的方法，对 SPOT5 卫星影像进行几何标定，包括内标定、外标定等，最终实现了无控定位精度：平面达到 50m(RMS)，立体像对高程定位精度达到 15m(RMS)(Breton，E.，2002)。IKONOS 也是利用 DarkBrooking、Railroad Valley、Denver、Lunar lake 等多个检校场采用分步标定的方法，经过一系列的几何标定工作，最终实现无控定位精度：平面达 12m(RMS)，高程达 10m(RMS)的定位精度(Jacke Grodecki，2005)。

(3)附加参数的自检校区域网平差

卫星线阵影像每一条扫描行都有一套独立的外方位元素，但在空三解算过程中将所有扫描周期的外方位元素都作为平差未知数是不现实的，同时也是不必要的。关键在于选取合适的数学模型来描述飞行轨迹，目前常用的卫星影像区域网平差数学模型有多项式模型、分段多项式模型和定向片内插模型等。

多项式模型是利用飞行时间的低阶多项式来描述外方位元素的变化，是卫星线阵影像定向解算时普遍采用的方法。分段多项式模型是将整个飞行轨道按照一定的时间间隔分成若干段，在每一轨道分段内采用多项式模型，以在分段边界处由相邻分段多项式计算出的外方位元素相等为条件，附加一阶导数相等的约束条件。定向片模型是在飞行轨道上以一定的时间间隔抽取若干离散的曝光时刻(称为定向片)，平差解算时仅求解定向片时刻的外方位元素，其他采样周期的外方位元素由此内插得到，内插模型一般采用 Lagrange 多项式。

定向片内插模型是以中心投影的共线方程作为平差的基础方程，以影像坐标量测值作为观测值，不仅能够方便地引入地面测量数据等非摄影测量观测值，而且便于引入附加的系统误差检校参数。

飞行轨道可采用 Lagrange 多项式进行曲线拟合。设 $n-1$ 阶的 Lagrange 多项式通过曲

线 $y = f(x)$ 上的 n 个点：$y_1 = f(x_1)$，$y_2 = f(x_2)$，$\cdots$，$y_n = f(x_n)$。令：

$$P_j = y_j \prod_{\substack{k=1 \\ k \neq j}}^{n} \frac{x - x_k}{x_j - x_k} \tag{5-30}$$

则 $n-1$ 阶的 Lagrange 多项式可表示：

$$P(x) = \sum_{j=1}^{n} P_j(x) \tag{5-31}$$

以 1 阶和 3 阶 Lagrange 多项式为例进行说明。

1 阶 Lagrange 多项式：线性内插方式。

$$\left.\begin{aligned}
X_S^j &= c_j X_S^k + (1 - c_j) X_S^{k+1} \\
Y_S^j &= c_j Y_S^k + (1 - c_j) Y_S^{k+1} \\
Z_S^j &= c_j Z_S^k + (1 - c_j) Z_S^{k+1} \\
\varphi^j &= c_j \varphi^k + (1 - c_j) \varphi^{k+1} \\
\omega^j &= c_j \omega^k + (1 - c_j) \omega^{k+1} \\
\kappa^j &= c_j \kappa^k + (1 - c_j) \kappa^{k+1} \\
c_j &= \frac{t_{k+1} - t_j}{t_{k+1} - t_k}
\end{aligned}\right\} \tag{5-32}$$

3 阶 Lagrange 多项式：假设某点 p 对应的线阵外方位元素 X_p，Y_p，Z_p，φ_p，ω_p，κ_p 可用 4 个定向影像的外方位元素描述。p 点对应时刻 t，$t_k (1 \leqslant k \leqslant 4)$ 表示 4 个定向影像对应的时刻，X_j，Y_j，Z_j，φ_j，ω_j，$\kappa_j (1 \leqslant j \leqslant 4)$ 表示 4 个定向影像的外方位元素。插值后的外方位元素为：

$$X_p = \sum_{j=1}^{4} X_j \prod_{\substack{k=1 \\ k \neq j}}^{4} \frac{t - t_k}{t_j - t_k}, \qquad \varphi_p = \sum_{j=1}^{4} \varphi_j \prod_{\substack{k=1 \\ k \neq j}}^{4} \frac{t - t_k}{t_j - t_k}$$

$$Y_p = \sum_{j=1}^{4} Y_j \prod_{\substack{k=1 \\ k \neq j}}^{4} \frac{t - t_k}{t_j - t_k}, \qquad \omega_p = \sum_{j=1}^{4} \omega_j \prod_{\substack{k=1 \\ k \neq j}}^{4} \frac{t - t_k}{t_j - t_k}$$

$$Z_p = \sum_{j=1}^{4} Z_j \prod_{\substack{k=1 \\ k \neq j}}^{4} \frac{t - t_k}{t_j - t_k}, \qquad \kappa_p = \sum_{j=1}^{4} \kappa_j \prod_{\substack{k=1 \\ k \neq j}}^{4} \frac{t - t_k}{t_j - t_k}$$

需要说明的是，轨道一般采用 Lagrange 多项式进行插值，而姿态则需要根据姿态数据的类型选择不同的插值方式。例如姿态数据是以欧拉角的方式记录，那么可以采用 Lagrange 多项式进行插值。如果姿态数据采用四元数的方式记录，则可以选用球面插值方法。

线阵影像定向片法区域网平差包括单线阵和附带立体模型的多线阵（两线阵或三线阵）区域网平差两种形式。单线阵平差相当于空间后方交会解求定向片时刻的外方位元素，此时需要大量的地面控制点。多线阵可以同时解求定向片时刻的外方位元素和待定点地面坐标。

误差方程及法方程式：

$$
\left.
\begin{aligned}
\boldsymbol{v}_x &= \boldsymbol{B}x + \boldsymbol{A}_x t && + \boldsymbol{A}_s d_s - l_x && \boldsymbol{P}_x \\
\boldsymbol{v}_c &= \boldsymbol{E}x && - l_c && \boldsymbol{P}_c \\
\boldsymbol{v}_s &= && \boldsymbol{E}d_s - l_s && \boldsymbol{P}_s \\
\boldsymbol{v}_g &= \boldsymbol{A}_g t + \boldsymbol{D}_g d_g && - l_g && \boldsymbol{P}_g \\
\boldsymbol{v}_i &= \boldsymbol{A}_i t && + \boldsymbol{D}_i d_i && - l_i && \boldsymbol{P}_i
\end{aligned}
\right\}
\qquad (5\text{-}33)
$$

式中，$\boldsymbol{v}_x$，$\boldsymbol{v}_c$，$\boldsymbol{v}_s$，$\boldsymbol{v}_g$，$\boldsymbol{v}_i$ 分别为像点坐标、控制点、自检校参数、GPS 观测值、IMU 观测值的改正数向量；$\boldsymbol{B}$，$\boldsymbol{A}_x$，$\boldsymbol{A}_s$，$\boldsymbol{A}_g$，$\boldsymbol{A}_i$ 分别为待定点、共线方程中外方位元素、自检校参数、GPS 漂移改正对应的外方位元素、IMU 漂移改正对应的外方位元素的系数矩阵；$\boldsymbol{D}_g$，$\boldsymbol{D}_i$ 对应 GPS、IMU 的漂移改正系数矩阵；l_x，l_c，l_s，l_g，l_i 为常数项；$\boldsymbol{P}_x$，$\boldsymbol{P}_c$，$\boldsymbol{P}_s$，$\boldsymbol{P}_g$，$\boldsymbol{P}_i$ 为权矩阵。

法方程式（上三角形式）为：

$$\boldsymbol{N}\boldsymbol{X} = \boldsymbol{L}$$

$$
\boldsymbol{N} = \begin{pmatrix}
\boldsymbol{B}^{\mathrm{T}}\boldsymbol{P}_x\boldsymbol{B} + \boldsymbol{P}_c & \boldsymbol{B}^{\mathrm{T}}\boldsymbol{P}_x\boldsymbol{A} & \boldsymbol{B}^{\mathrm{T}}\boldsymbol{P}_x\boldsymbol{A}_s & & \\
& \boldsymbol{A}^{\mathrm{T}}\boldsymbol{P}_x\boldsymbol{A} + \boldsymbol{A}_g^{\mathrm{T}}\boldsymbol{P}_g\boldsymbol{A}_g + \boldsymbol{A}_i^{\mathrm{T}}\boldsymbol{P}_i\boldsymbol{A}_i & \boldsymbol{A}^{\mathrm{T}}\boldsymbol{P}_x\boldsymbol{A}_s & \boldsymbol{A}_g^{\mathrm{T}}\boldsymbol{P}_g\boldsymbol{D}_g & \boldsymbol{A}_i^{\mathrm{T}}\boldsymbol{P}_i\boldsymbol{D}_i \\
& & \boldsymbol{A}_s^{\mathrm{T}}\boldsymbol{P}_x\boldsymbol{A}_s + \boldsymbol{P}_s & & \\
& & & \boldsymbol{D}_g^{\mathrm{T}}\boldsymbol{P}_g\boldsymbol{D}_g & \\
& & & & \boldsymbol{D}_i^{\mathrm{T}}\boldsymbol{P}_i\boldsymbol{D}_i
\end{pmatrix}
$$

$$(5\text{-}34)$$

$$
\boldsymbol{X} = \begin{pmatrix} x \\ t \\ s \\ d_g \\ d_i \end{pmatrix}
\qquad
\boldsymbol{L} = \begin{pmatrix}
\boldsymbol{B}^{\mathrm{T}}\boldsymbol{P}_x l_x + \boldsymbol{P}_c l_c \\
\boldsymbol{A}^{\mathrm{T}}\boldsymbol{P}_x l_x + \boldsymbol{A}_g^{\mathrm{T}}\boldsymbol{P}_g l_g + \boldsymbol{A}_i^{\mathrm{T}}\boldsymbol{P}_i l_i \\
\boldsymbol{A}_s^{\mathrm{T}}\boldsymbol{P}_x l_x + \boldsymbol{P}_s l_s \\
\boldsymbol{D}_g^{\mathrm{T}}\boldsymbol{P}_g l_g \\
\boldsymbol{D}_i^{\mathrm{T}}\boldsymbol{P}_i l_i
\end{pmatrix}
\qquad (5\text{-}35)
$$

法方程结构如图 5.46 所示。

实际解算时通常消去待定点未知数获取改化法方程，如图 5.47 所示，利用 Brown 提出的逐次分块约化法求解。

单线阵平差时上述误差方程及法方程式相应去掉待定点未知数部分，即所有地面点均为已知的地面控制点，因此：①平差解算时可直接构建如图 5.47 所示的改化法方程；②逐次分块约化求解时可直接获取未知数的协因数矩阵 $\boldsymbol{Q}_{xx}$、改正数的协因数矩阵 $\boldsymbol{Q}_{vv}$ 及可靠性矩阵 $\boldsymbol{Q}_{vvP}$，方便于利用验后方差分量估计理论计算各类观测值的验后权并自动定位粗差。

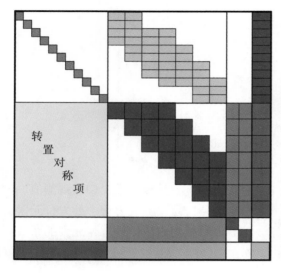

图 5.46　法方程结构图

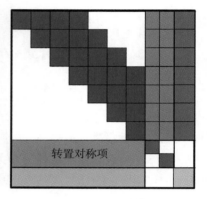

图 5.47　改化法方程结构图

3. 高分卫星影像的区域网平差

大范围高分辨率光学卫星影像的区域网平差既可以基于严密几何成像模型，也可以基于通用的有理函数模型。其中基于严密几何成像模型的光束法平差可参见上文"传感器的在轨几何标定"。对于高分光学卫星影像的绝大多数商业用户而言，光学卫星影像的区域网平差则主要使用通用成像模型。

有理函数模型 RFM 是严密几何成像模型的高精度拟合，其区域网平差模型可采用 RFM 模型加其模型变换基础上的像方平移、仿射变换来实现。实际上，RFM 成像模型可以看作是对其对应的严格成像几何模型的参数进行重组而得到的。存在于传感器平台的内定向和外方位元素中的各种误差也同样会引起 RFM 模型的误差。如果所得到的 RFM 模型是根据初始的星历参数、姿态角数据和内定向参数计算的，我们就必须利用一定数量的控制点对 RFM 模型进行精化处理，即基于 RFM 成像模型的定向方法。根据 Grodecki 和 Dial 的研究，针对基于 RFM 成像模型的影像定向可以在像方空间也可以在物方空间进行。我们采用在像方空间的定向方法[12]，该方法可描述如下：

$$x_k + a_{i,0} + a_{i,1}x_k + a_{i,2}y_k = RPC_x^i(\varphi_k, \lambda_k, h_k)$$
$$y_k + b_{i,0} + b_{i,1}x_k + b_{i,2}y_k = RPC_y^i(\varphi_k, \lambda_k, h_k)$$

式中，$a_{i,0}$，$a_{i,1}$，$a_{i,2}$ 和 $b_{i,0}$，$b_{i,1}$，$b_{i,2}$ 是针对影像 i 的 6 个定向参数；(x_k, y_k) 和 $(\varphi_k, \lambda_k, h_k)$ 是标号为 k 的点的影像与地面坐标。由于大多数的高分辨率卫星传感器皆为线阵 CCD 推扫式成像，其成像在卫星飞行方向上为近似平行投影，在扫描方向上为中心透视投影。另外，高分辨率线阵 CCD 传感器具有飞行高度高，成像光束窄，接近平行投影的特点，其定向参数之间存在很强的相关性。例如，传感器在飞行方向的瞬时成像位置与传感器俯仰角具有强相关性，这些参数的误差所引起的像坐标误差的模式和大小也基本一致。因此，使用该定向模型，平差参数 $b_{i,0}$ 将吸收所有星载传感器在飞行方向上位置和姿态误差所引起的影像行方向上的误差，平差参数 $a_{i,0}$ 将吸收所有星载传感器扫描方向上位置和姿态误差所引起的影像列方向上的误差；由于影像的行一般对应于星载传感器的飞行方向，影像的行与每条 CCD 线阵的瞬时成像时间相关，平差参数 $b_{i,1}$ 和 $a_{i,2}$ 将吸收由星载 GPS 和惯性导航系统漂移误差所引起的影像误差，而参数 $a_{i,1}$ 和 $b_{i,2}$ 则吸收因内定向参数误差所引起的影像误差。

使用上式，我们先利用 RFM 模型将点的地面坐标转换到影像像素坐标，再利用计算所得到的影像像素坐标与其实际量测坐标对 2 个平移参数 $a_{i,0}$ 和 $b_{i,0}$（定向方法 IMG-2）或所有 6 个参数 $a_{i,0}$，$a_{i,1}$，$a_{i,2}$ 和 $b_{i,0}$，$b_{i,1}$，$b_{i,2}$（定向方法 IMG-6）进行平差估计。基于 RFM 的光束法平差的数学模型见以下方程：

$$v = A\Delta + l;\ P \tag{5-36}$$

$$v = [v_x, v_y]_k^T;\ \Delta = (a_{i,0}, a_{i,1}, a_{i,2}, b_{i,0}, b_{i,1}, b_{i,2}, \Delta\varphi_k, \Delta\lambda_k, \Delta h_k)^T$$

其中，$A = \begin{pmatrix} 1, & x_k, & y_k, & 0, & 0, & 0, & \frac{\partial x_k}{\partial \varphi_k}, & \frac{\partial x_k}{\partial \lambda_k}, & \frac{\partial x_k}{\partial h_k} \\ 0, & 0, & 0, & 1, & x_k, & y_k, & \frac{\partial y_k}{\partial \varphi_k}, & \frac{\partial y_k}{\partial \lambda_k}, & \frac{\partial y_k}{\partial h_k} \end{pmatrix}$；$l = \begin{pmatrix} x_k - RPC_x^i(\varphi_k, \lambda_k, h_k) \\ y_k - RPC_y^i(\varphi_k, \lambda_k, h_k) \end{pmatrix}$，$P$ 为

描述根据影像坐标量测精度所定的权矩阵。

考虑到卫星影像立体区域网平差的目的在于以下几点：①消除卫星影像立体像对内部各影像之间的上下视差；②使得不同立体像对之间的同名观测具有相同的空间坐标；③在有控的条件下，平差解算的同名像点的空间坐标与其控制点空间坐标差异性最小。也就是通过平差调整卫星影像的定向参数，使得同名光线相交至一致位置，且与实际地面的差异性最小。

因此，还可以基于 RFM 的独立模型区域网平差方法。其基本原理为：以卫星立体像对（模型）为单元，在原始 RPC 的基础上，通过空间前方交会计算连接点在所有立体像对中的空间坐标，并将空间坐标的均值作为其空间加密坐标，然后 RFM 的像方改正模型逐一计算每张影像的像方仿射变换参数。不断重复以上过程进行迭代计算，直至前后两次迭代的像点中误差之差小于一定的阈值为止。其原理示意图如图 5.48 所示。

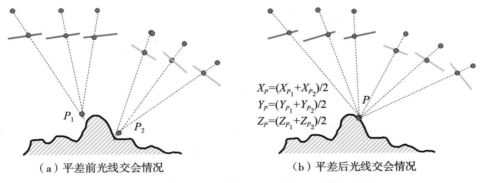

（a）平差前光线交会情况　　　（b）平差后光线交会情况

图 5.48　立体卫星影像模型法区域网平差原理示意图

　　图 5.48 中三条红线和黄线分别表示两个三视卫星立体像对的三张影像，分别组成模型 1 和模型 2。在平差之前，对于两个立体像对上的一个连接点利用原始 RPC 参数进行空间前方交会，由于各影像的 RPC 参数具有一定的系统误差，其在模型 1 和模型 2 中的像点所对应光线不能交会至一致位置。如图 5.48 所示，连接点在模型 1 和模型 2 中，最优交会空间点分别为 P_1 和 P_2 两点。平差过程中，计算 P_1 和 P_2 两点的平均位置 P，并将其作为控制点，根据前文的定向方法调整每张影像的定向参数(即像方的仿射变换参数，相当与空间后方交会)，从而使得同名光线相交至点 P 所在位置。独立模型法立体卫星影像区域网平差的流程如图 5.49 所示。

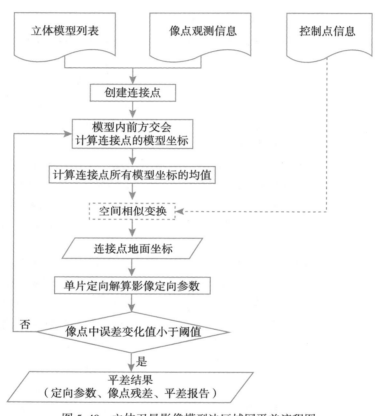

图 5.49　立体卫星影像模型法区域网平差流程图

　　该流程可概括为"空间前方交会"→"均值化连接点地面坐标"→"单片定向"三个关键性步骤，具体如下：
　　①空间前方交会：以立体模型为单位，使用影像的原始 RPC 参数和仿射变换改正参数(第一次迭代仿射变换改正参数为 0)，对连接点进行空间前方交会，计算连接点在每个模型中的空间坐标(以下为方便称为模型坐标)。
　　②均值化连接点地面坐标：由于不同立体模型的直接对地定位精度不同(即使用原始 RPC 参数的定向精度)，所以步骤①中计算的同一个连接点在不同模型中前方交会得到模

型坐标各不相同。通过计算连接点在所有立体模型的模型坐标的均值，并将其作为连接点的地面坐标，从而逐步消除模型坐标的不一致性。在有控的情况下，通过空间相似变换，将连接点地面坐标转为绝对地面坐标。由于测区范围较大，空间相似变换时应使用地心地固坐标。

③单片定向：将步骤②得到的连接点作为"虚拟控制点"，逐影像进行单片定向，计算每张影像的仿射变换改正参数。

以上过程迭代执行，每次迭代结束后更新影像的仿射变换参数。计算相邻两次像点中误差的变化值，比较其是否小于预先设定的阈值，判断迭代是否结束。

从上述过程可以看出，本书提出的卫星影像模型法区域网平差的实质为：通过一致化连接点在各立体模型中的前方交会的地面坐标，实现自由网定向（卫星影像区域网内部一致性）；通过一致化连接点的地面坐标与对应控制点的外业坐标，实现绝对定向（卫星影像区域网与地面控制点间的外部一致性）。

近年来，高分光学卫星影像的区域网平差还出现了一种新的形式，与过去由卫星立体像对构成的测区不同，测区是由正视高分影像构成的。对于这种不构成立体观测的正视高分影像组成的测区，由于卫星影像重叠区域较小且交会角也非常小（一般情况下小于10°），呈现弱交会状态，因此高程通常采用摄影区域中已有的 DEM 作为辅助控制，然后在稀少控制点辅助的情况下，使得不同影像间同名观测算到 DEM 上得到的空间坐标相等，如图 5.50 所示。

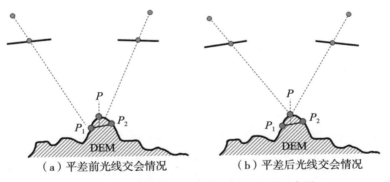

（a）平差前光线交会情况　　　　　（b）平差后光线交会情况

图 5.50　卫星影像片面区域网平差原理示意图

卫星影像的平面区域网平差与立体模型法区域网平差的主要区别在于前方交会方式的不同：在立体模型法中，前方交会可以基于立体像对直接前方交会；平面区域网平差中，前方交会是单张卫星影像上观测光线与辅助控制的 DEM 前方交会。除去这一点差别，前述的区域网平差步骤和原理都是一样的。

5.3　三维重建

在数字摄影测量或计算机视觉领域，三维重建是特指利用二维影像（照片）恢复物体三维信息的过程。一般说来，三维重建包括影像采集、摄影测量几何定位(也称为相机标定)、三维密集点云获取以及三维场景建模几个关键过程，本节仅介绍三维密集点云获取技术及三维场景建模方法。三维密集点云获取主要依赖影像密集匹配算法，通过获取影像对上的稠密同名点进而交会出物方三维点云。三维场景建模按照成果形式的不同，可分为基于 Mesh 的表面重建方式与基于线框拓扑模型的建模方法，基于线框拓扑模型的建模方法将在雷达测量与信息提取中介绍。

5.3.1   三维点云密集匹配算法

三维点云密集匹配(也称为立体匹配)是数字摄影测量或计算机视觉中的经典问题，也一直是最活跃的研究方向之一。立体匹配的目标是从不同视点的影像中找到匹配的对应点，进而解算得到该点对应的三维坐标。最早的立体匹配需求是摄影测量领域提出的，为了从重叠的航空影像中使用计算机自动提取地面高程信息，摄影测量学者使用了一些匹配算法来替换传统的人工观测以提高地形图的测图效率。

通过密集匹配技术获取三维点云的过程一般在核线影像对上进行，其核心任务为获取左右核线影像上同名点视差。根据最优化理论方法的不同，Scharstein 和 Szeliski 对于现存的立体匹配方法进行了分类和评估[13]。他们将这些方法分成了两类：一类是局部方法，另一类是全局方法。如果一个立体匹配算法是局部最优的函数，那么它就是局部匹配算法，反之则是全局匹配算法。

局部算法以视差连续性约束为前提，利用匹配点和待匹配点本身以及其邻近局部区域的灰度信息来计算相关度，如采用匹配窗口的代价聚合算法(平方差算法 SSD、绝对差算法 SAD、归一化算法 NCC 等)，采用特征点的匹配算法(SIFT、SURF、GIST 等)，采用相位匹配的匹配算法。局部算法的优点是效率高，但是它对局部的一些由于遮挡和纹理单一等造成的模糊比较敏感，在视差不连续和无纹理区域易造成误匹配。局部匹配算法的关键在于决定一个最优的窗口形状、大小以及窗口内各像素的权值。

全局算法基于分段连续和顺序一致性的假设，将平滑性代价加入匹配代价的计算中，使匹配转化为能量函数的全局最优化过程，主要包括图割算法(Graph Cut)、置信度传播算法(Belief Propagation)和动态规划算法(Dynamic Programming)。全局匹配算法通常需要耗费大量内存和运算时间，并且大多数全局算法在处理较大不连续视差时存在问题。全局匹配算法的关键在于寻找一个能够有效计算全局最优值的目标函数。

半全局匹配算法采用局部逐点匹配的思想，在待匹配像素多个方向上做动态规划，用多个一维的平滑约束来近似该像素二维的平滑约束，通过一致性约束来减少因遮挡、噪声产生的错误匹配。半全局匹配从本质上来讲是一种改进的动态规划的方法，它既保留了动态规划高效的特点，同时也在一定程度上提高了计算结果的精度。当然半全局匹配算法也仍然存在传统动态规划固有的规划路径不完全的缺点。半全局匹配算法的关键在于解决视差在无纹理区域、遮挡区域、视差较大不连续区域的传播问题以及内存消耗量大的问题。

半全局匹配算法中应用较为广泛的是 SGM 算法(Semi-Global Matching)[14]，它使用互信息(Mutual Information，MI)作为相似性测度，以多路径动态规划作为全局能量最小化计算策略。SGM 方法在计算机视觉、数字摄影测量等领域都得到了较好的应用，并且在处理航空航天影像数据、航空倾斜影像数据以及地面近景影像数据中，都显示出了一定的优势，是一种效率与效果兼顾的密集匹配方法，可取得媲美 LiDAR 点云的密集匹配效果，SGM 匹配效果如图 5.52 所示。半全局匹配主要过程如下：

（1）代价计算

SGM 匹配算法采用互信息 MI 作为匹配相似性测度（也可以使用 Census），互信息最初用于计算机视觉中配准不同传感器获得的影像和医学影像，它对光照变化不敏感。在互信息的计算过程中全局的灰度差异被投射到相关灰度的联合直方图里，因而互信息可以有效地处理辐射差异所造成的影响。

MI 是从待匹配的两幅影像的信息熵来定义的：

$$MI_{I_1 I_2} = H_{I_1} + H_{I_2} - H_{I_1 I_2} \tag{5-37}$$

其中，H 表示图像的熵。对于离散的数字图像而言，需要对图像信息熵进行泰勒展开，得到离散化的函数：

$$H_I = \sum h_I = \sum_{i \in I} -\frac{1}{n} \lg(P_I(i) \otimes g(i)) \otimes g(i) \tag{5-38}$$

$$H_{I_1 I_2} = \sum h_{I_1} h_{I_2} = \sum_{i \in I_1,\, j \in I_2} -\frac{1}{n} \lg(P_{I_1 I_2}(i,\, j) \otimes g(i,\, j)) \otimes g(i,\, j) \tag{5-39}$$

其中，P 表示灰度概率，可以通过统计同名区域内所有像素的灰度信息得到；$\otimes g$ 表示高斯滤波。因此基于互信息的代价计算可以定义为：

$$C(\boldsymbol{p},\, d) = -(h_{I_1}(\boldsymbol{p}) + h_{I_2}(\boldsymbol{q}) - h_{I_1 I_2}(\boldsymbol{p},\, \boldsymbol{q})) \tag{5-40}$$

其中 $\boldsymbol{q} = e_{I_1}(\boldsymbol{p},\, d)$ 表示 I_1 影像上像素 $\boldsymbol{p}$ 在视差为 d 时在 I_1 影像上对应的像素。

（2）代价累积

SGM 的能量函数可以表示为：

$$E(D) = \sum_{p \in I} \left\{ C(p,\, D_p) + \sum_{q \in N_p} (P_1 \cdot T[\,|D_p - D_q| = 1\,]) + \sum_{q \in N_p} (P_2 \cdot T[\,|D_p - D_q| > 1\,]) \right\}$$

$$\tag{5-41}$$

其中，第一项是以视差图 D 作为初始视差按代价计算中计算出的每个像素的匹配代价的和；第二项是对像素 $\boldsymbol{p}$ 某邻域 N_p 中所有视差变化较小的像素 $\boldsymbol{q}$ 以 P_1 做较小的惩罚；第三项对视差变化较大的像素 $\boldsymbol{q}$ 以 P_2 做较大的惩罚。$T[m]$ 表示二值运算，当 m 为真的时候取值 1，为假时取值 0。

匹配的过程就是能量函数最优化的过程。对于 SGM 的能量函数 $E(D)$，就是找到一个使其有最小值的视差图 D。Y. Boykov 已经证明在二维层次寻找 $E(D)$ 的最优解是一个 NP 问题，但在一维方向上通过动态规划来求解则是有效可行的。因此 SGM 采用了多个方向（4 或 8 方向）的一维平滑来模拟二维平滑的思路，如图 5.51 所示，以多个简单的一维搜索来获得二维层次上能量函数的最优解。

每个方向能量函数的计算都是一个迭代累加的过程，某像素 $\boldsymbol{p}$ 的代价是当前点的匹配代价与该路径上前一个像素点 $\boldsymbol{p} - \boldsymbol{r}$ 的最小路径代价之和。每个方向代价累加可以用下式来表示：

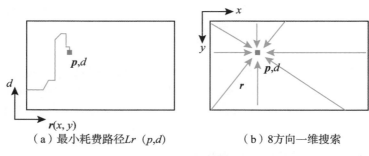

（a）最小耗费路径 Lr（p,d）　　　　（b）8方向一维搜索

图 5.51　代价累加思路示意图

$$L_r(\boldsymbol{p},\ d) = C(\boldsymbol{p},\ d)\ + \min \begin{pmatrix} L_r(\boldsymbol{p} - \boldsymbol{r},\ d), \\ L_r(\boldsymbol{p} - \boldsymbol{r},\ d - 1) + P_1, \\ L_r(\boldsymbol{p} - \boldsymbol{r},\ d + 1) + P_1, \\ \min_{i} L_r(\boldsymbol{p} - \boldsymbol{r},\ d) + P_2 \end{pmatrix} \tag{5-42}$$

最后将多个方向的累加结果求和以得到最终的代价值。

（3）视差计算

计算出能量函数之后，只需要找到使能量函数有全局最优解的视差值就可以完成匹配并得到视差图。在半全局匹配算法中采用 winner takes all 的方法，对每一个像素 p 寻找使能量函数在该点代价最小的视差 d，这个 d 就是最终匹配所得到的视差值。

（4）视差检查

为消除遮挡造成的匹配结果的不确定性，需要对匹配的结果进行视差检查。视差检查依据左右一致性（LRC）准则进行，认为立体影像对中左右影像是同一场景，因此在水平方向上从左至右和从右至左匹配应是相同的；相反的，匹配结果不一致的地方则认为是遮挡，匹配结果不可靠。图 5.52 是不同影像的 SGM 匹配效果。

5.3.2　三维表面重建

三维 Mesh 的构建问题在计算机视觉领域称为表面重建（surface reconstruction），其目的是将三维离散点云重建为表面，一般使用三维三角网格作为物体表面的表达方式。表面重建方法大致可分为两大类：隐式曲面的方法和基于 Delaunay 方法。隐式曲面的重建方法中比较常用的方法是泊松表面重建（poisson surface reconstruction）方法，而 Delaunay 方法中有代表性的方法是基于可视性约束的 Delaunay 表面重建方法。

1. 泊松表面重建

泊松表面重建[15]是指对具有法向量信息的三维点云，通过求解泊松方程来取得点云模型所描述的表面信息其代表的隐性方程，通过对该方程进行等值面提取，从而得到最终所需要的具有三维几何实体信息的表面模型。如图 5.53 所示为二维泊松重建过程示例，对于输入的有向点集 $\boldsymbol{V}$，定义指示函数 χ_M 的梯度 ∇_{χ_M} 是一个几乎在任何地方都是零的向

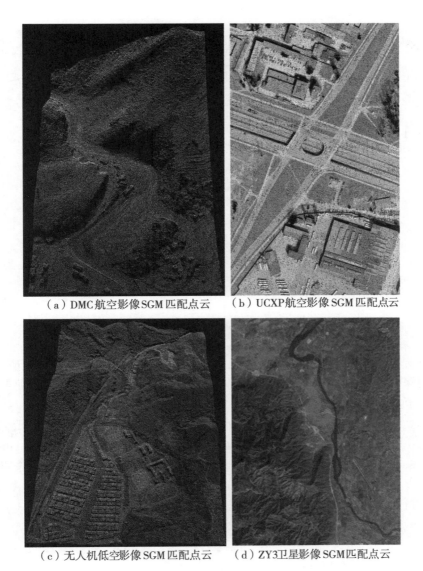

（a）DMC航空影像SGM匹配点云 （b）UCXP航空影像SGM匹配点云

（c）无人机低空影像SGM匹配点云 （d）ZY3卫星影像SGM匹配点云

图 5.52 不同影像的 SGM 匹配效果

量场，进而在指示函数χ_M上提取等值面获得重建的表面∂M。可使用散度算子计算指示函数，即使标量函数$\tilde{\chi}$的拉普拉斯算子(梯度的散度)等于向量场$\dfrac{u}{V}$的散度，而这是一个标准的泊松问题。此方法重建出来的模型具有水密性的封闭特征，具有良好的几何表面特性和细节特性。

对于输入数据 S 是一个样本集 $s \in S$，每个样本包含一个点 $s.\,p$ 和一个内法线 $s.\,N$，假定位于或者邻近一个未知模型 M 的表面为 ∂M。基于泊松方程的三维表面重建算法流程如图 5.54 所示。

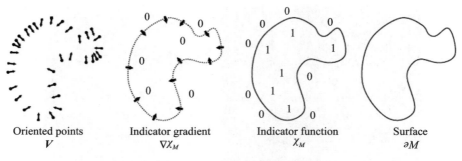

图 5.53　二维泊松重建示例

图 5.54　泊松表面重构算法流程图

　　首先对所输入的点云进行八叉树分割，给定最大树深 D，构建八叉树 O，使每个样本点都落到深度为 D 的叶节点上。八叉树是一种用于描述三维空间的树状数据结构。八叉树的每个节点表示一个正方体的体积元素（以下简称体素），每个节点有八个子节点，将八个子节点所表示的体积元素加在一起就等于父节点的体积。八叉树的点云分割过程可简要描述为：设定分割深度；遍历点云坐标构建包络立方体（如图 5.55 中的 Level 0）；将包络立方体按半尺寸划分为 8 个立方体格（如图 5.55 中的 Level 1），并将点按空间位置归并至对应立方体格；对格中多于（含等于）一个点的立方体格继续划分（如图 5.55 中的 Level 2）并进行点位置归并；重复上述过程直至达到设定的分割深度为止。

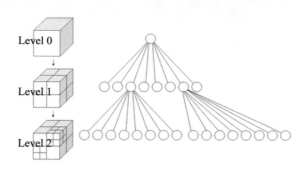

图 5.55　八叉树点云分割示意图

　　点云完成八叉树分割后，接下来进行向量场计算。对八叉树的每个节点 $o \in O$，设定

F_o 为单位积分的"节点函数"，它以节点 o 为中心，以节点 o 的大小展开：

$$F_o(q) \equiv F\left(\frac{q - o.c}{o.w}\right)\frac{1}{o.w^3} \tag{5-43}$$

其中 $o.c$ 和 $o.w$ 分别是节点 o 的中心和宽度。在不同深度的节点上计算"节点函数"并进行后续计算可得到不同精细程度的三维表面，实现由粗到精的表面重建，节省内存开销与时间成本。

定义指示函数的梯度场近似值为：

$$V(q) \equiv \sum_{s \in S} \sum_{o \in Ngbr_D(s)} \alpha_{o,s} F_o(q)s.N \tag{5-44}$$

其中，$Ngbr_D(s)$ 为最邻近 $s.p$ 的 8 个深度为 D 的节点，$\{\alpha_{o,s}\}$ 为三次线性插值的权。

定义向量场 V 后，接下来求解函数 $\tilde{\chi} \in F_{\sigma,F}$ 使得 $\tilde{\chi}$ 的梯度最接近 V，即泊松方程 $\Delta\tilde{\chi} = \nabla \cdot V$ 的一个解。泊松方程的解可通过求解函数 $\tilde{\chi}$ 的最小化来简化问题：

$$\sum_{o \in O} \|\langle \Delta\tilde{\chi} - \nabla \cdot V, F_o \rangle\|^2 = \sum_{o \in O} \|\langle \Delta\tilde{\chi}, F_o \rangle - \langle \nabla \cdot V, F_o \rangle\|^2 \tag{5-45}$$

给定 $|O|$ 维向量 v，它的第 o 维坐标为 $v_o = (\nabla \cdot V, F_o)$，解泊松方程的目标是寻找函数 $\tilde{\chi}$，使得 $\tilde{\chi}$ 的拉普拉斯算子在任意 F_o 上的投影尽可能地接近 v_o。为了把它表示为矩阵形式，设 $\tilde{\chi} = \sum_o x_o F_o$，定义 $|O| \times |O|$ 阶矩阵 L，计算使得 L_x 的返回值为拉普拉斯算子和每个 F_o 点乘之和的向量 $x \in R^{|O|}$。对于所有节点 o，$o' \in O$：

$$L_{o,o'} \equiv \left\langle \frac{\partial^2 F_o}{\partial x^2}, F_{o'} \right\rangle + \left\langle \frac{\partial^2 F_o}{\partial y^2}, F_{o'} \right\rangle + \left\langle \frac{\partial^2 F_o}{\partial z^2}, F_{o'} \right\rangle \tag{5-46}$$

对 $\tilde{\chi}$ 的求解可转化为寻找 $\min\limits_{x \in R^{|O|}} \|Lx - v\|^2$。

为了获得重建表面 $\partial\tilde{M}$，有必要首先选择一个等值，然后通过计算指示函数提取对应的等值面。通过在样本点的位置估计 $\tilde{\chi}$，然后使用平均值来提取等值面：

$$\partial\tilde{M} \equiv \{q \in \mathbb{R}^3 \mid \tilde{\chi}(q) = \gamma\} \text{ with } \gamma = \frac{1}{|S|}\sum_{s \in S}\tilde{\chi}(s.p) \tag{5-47}$$

影响泊松表面重建效果的主要因素为八叉树深度，树深度越大，表面细节越丰富，如图 5.56 所示为同一输入数据在不同树深度下的重建效果。树深度为 d 时，计算时内存需求为 2^d，考虑到计算机内存资源的限制，因此泊松表面重建不能无限增加树深度，对较大场景进行泊松表面重建时，可考虑将大场景首先划分为小场景，然后进行表面重建。

2. Delaunay 表面重建

对于摄影测量或计算机视觉等通过影像匹配方法获取的点云，由于受影像质量、影像几何定位精度、匹配算法的正确率及精度等因素的影像，其质量一般不如激光扫描点云，数据中往往存在噪点或异常点，使用隐式曲面重建(比如泊松表面重建等)的方法往往不能得到令人满意的效果。

基于可视性的 Delaunay 表面重建方法构建三维三角网格算法[16]是由 Labatut 等人提出

267

图 5.56 树深度分别为 6(左)，8(中)，10(右)时的重建效果

的。该算法首先对三维离散点云进行 Delaunay 三角网剖分构建空间 Delaunay 四面体，然后根据三维离散点云对应的像点观测的视线方向计算 Delaunay 四面体的可视性，最后利用图割的方法将 Delaunay 四面体划分为外部体和内部体，内部体和外部体相交的中间表面即 Mesh 结果。因此，该算法将 Mesh 表面重建问题转化为空间四面体的二值化标号问题(binary labeling problem)，利用最小割原理将空间四面体标号为外部体和内部体两部分，相邻的外部体和内部体相交的有向三角面片的集合即是待重建的表面模型。

利用图割算法解决 Delaunay 空间四面体二值化标号问题的原理如图 5.57 所示。图中顶点 V 表示空间四面体，s(source)与 t(sink)为终端顶点，分别为源点与汇点，邻域顶点之间的连接边成为 n-links，顶点与终端顶点 s 与 t 之间的连接成为 t-links，这样就构成了一个 s-t 图。每条连接边之间都有一个连接权值(也称为代价)，连接边的权值根据图 5.57(b)所示确定，对于空间四面体的一个顶点，与之每一个像点观测构成一条视线，这条视线穿过一系列的空间四面体，设为 V1，V2，…，V5，沿着视线路径上的相邻的空间四面体组成 s-t 图的连接边 n-link。

构建空间四面体 s-t 图后，使用图割算法计算该最小割问题，得到外部空间四面体与内部空间四面体的集合，通过跟踪内部体与外部体相交的有向三角面片，可提取待重建物体表面的 Mesh，如图 5.58 所示为某匹配点云通过基于可视性的 Delaunay 表面重建方法构建的 Mesh。

从图 5.58(b)可看出，通过遮挡检测可剔除较大的误匹配点，但表面重建结果不够光滑，这主要是由于匹配点的几何精度不够高，而重建的表面又直接使用了匹配点坐标。一般来说，为获得更加光滑的表面重建结果，还需要对表面进行优化处理。通过对三角网节点的双边滤波，可实现对表面重建结果的光滑处理，同时也能保持三维表面的结构特征信息。

双边滤波[17]最早用于影像的去噪与光滑处理，它是一种可以保边缘的去噪滤波器。双边滤波器由空间域核与值域核组成，在图像的特征区域，自身像素值与周围像素值差别较大，这时起主导的值域核决定周围像素值的权重系数大幅度降低，因此双边滤波能够在去噪的同时保持细节特征。双边滤波的定义如下式所示：

$$BF\,[I]_p = \frac{1}{W_p}\sum_{q \in S} G_{\sigma_S}(\|p - q\|)\,G_{\sigma_r}(|I_p - I_q|)\,I_q \tag{5-48}$$

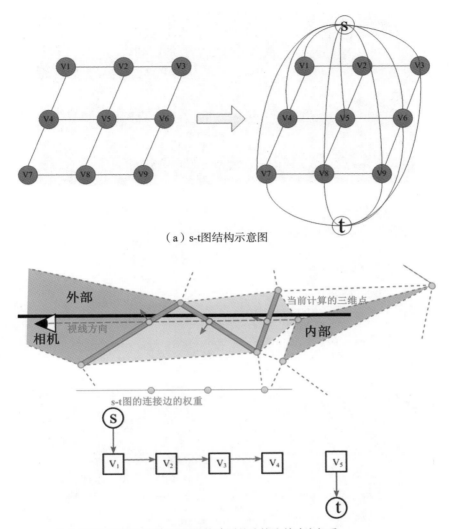

（a）s-t图结构示意图

（b）根据空间四面体的可视性构建图的连接边并确定权重

图 5.57   基于可视性的 Delaunay 表面重建方法原理示意图

$$W_p = \sum_{q \in S} G_{\sigma_S}(\| p - q \|) \, G_{\sigma_r}(| I_p - I_q |) \qquad (5\text{-}49)$$

式中，p 为影像上的一个像素，q 是邻域的像素，G 是邻域像素的集合，σ_s 和 σ_r 分别为空间域和像素灰度值域的高斯核函数的参数，用于控制平滑的程度。双边滤波原理如图 5.59 所示。对于影像上的一个像素，其平滑卷积核函数由空间核与像素灰度值域核两部分组成，空间核主要起到平滑作用，而像素灰度值域核则主要起到保边缘的作用，因此，空间核与值域核合成的双边滤波核既具有平滑效果，也具有边缘保持的功能。对于图中输入的带有噪声的台阶状数据，双边滤波后，台阶台面得到较高的光滑的同时，台阶的边缘又得到很好的保持。三角网双边滤波的效果如图 5.58(c)所示。

269

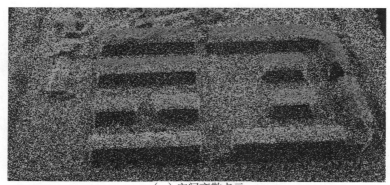

（a）空间离散点云

（b）基于可视性的 Delaunay 表面重建 Mesh 结果图

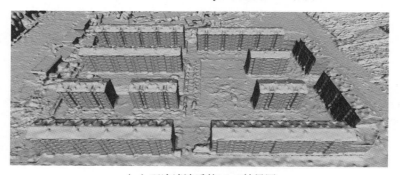

（c）双边滤波后的 Mesh 结果图

图 5.58 匹配获取的空间离散点云和三维 Mesh 重建结果

5.3.3 三维建模软件与可视化引擎

除上述自动化三维表面重建方法外，对一些重建效果要求较高的场合，往往也使用人工三维建模及纹理贴图进行精细化三维重建。目前人工三维建模软件应用较多的有 Autodesk 公司的 3ds Max 和 Maya、Multigen 公司的 Creator、Google 公司的 SketchUp 等，这些建模软件几乎可以满足对现实世界中任何物体的建模，如房屋、道路、管道、树木等。

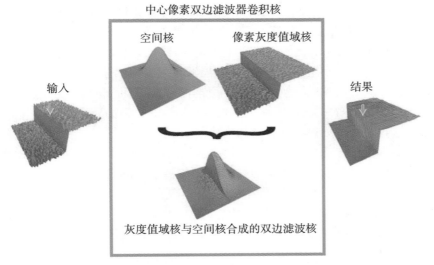

图 5.59 双边滤波原理示意图

三维可视化技术依赖于计算机图形学技术的发展，在不同行业形成了许多可视化工具，对于地理信息行业来说，比较专业的三维可视化平台有：美国 Skyline 公司的 TerraExplorer 软件、美国 ESRI 公司的 ArcGIS 3D 软件、吉奥公司的 GeoGlobe、灵图公司的 VRMap 等软件。这些平台均支持大数据量的地理信息数据三维可视化与场景漫游，具备一定的三维交互编辑与查询分析等功能。

对于更底层的三维渲染开发需求，用户可基于 OpenGL 或 DirectX 等国际主流的图形标准进行三维可视化平台的开发。目前一款开源的三维引擎 OpenSceneGraph（OSG），也被广泛地应用在可视化仿真、游戏、虚拟现实、科学计算、三维重建、地理信息、太空探索、石油矿产等领域。OSG 采用标准 C++ 和 OpenGL 编写而成，可运行在所有的 Windows 平台、OSX、GNU/Linux、IRIX、Solaris、HP-Ux、AIX、Android 和 FreeBSD 操作系统上，在各个行业均有着丰富的扩展，比如西安恒歌数码科技有限责任公司在此基础上开发了一款 FreeEarth 三维数字地球开发平台软件，能够实现各种眩晕效果要求下的三维地理空间信息表达。

5.4 目标检测与地物提取

5.4.1 高分辨率遥感影像目标的自动检测与影像自动解译

目标检测是遥感图像解译的一项基本任务，即确定图像中是否存在感兴趣的目标，并判断目标所属的类别。它有着重要的作用和广阔发展前景。随着遥感技术的发展，传统的目视解译方法由于耗时长、劳动强度大、依赖于目视判读者的经验而变得难以满足需求，因此利用计算机进行自动目标检测具有重要的研究意义。

在遥感技术发展早期，影像分辨率较低，分不清常见地物的单体，每个像素点反映的是地面数百乃至数千平方米范围内地面目标的集群效应（即混合像元），类似的区域具有大致相同的宏观表现（如色调、亮度），缺乏内部的细节和纹理，传统的基于像元统计特性的非监督分类（ISODATA 算法、C-均值算法等）和监督分类（基于最小错误概率的 Bayes 分类、最大似然分类、最小距离分类等）方法能够较为成功地适用于中低分辨率遥感影像分类和目标检测。高分辨率（通常指的 10m 更高的像元地面分辨率）卫星正在快速发展，高分辨率影像与中低分辨率影像相比，结构、纹理和细节等信息更加清楚，可辨识目标的种类大大增加，也带来了处理上的难度和挑战。

遥感影像目标检测方法主要包括基于模板匹配的目标检测方法，基于先验知识建模的目标检测方法，面向对象的目标检测方法和基于机器学习的目标检测方法[18]。这些目标检测方法就实现策略而言，可以分为自底向上数据驱动的目标检测和自顶向下知识（假设）驱动的目标检测；就基于的目标特征类型而言，可以分为基于局部特征的目标检测和基于全局特征的目标检测；另外，从人类视觉认知的角度出发，利用视觉显著性也是实现目标检测的重要手段[19]。

1. 基于模板匹配的目标检测

最简单的目标检测方法是模板匹配算法，该方法选择或者定义一个标准的目标“模板”，建立数学描述，在图像中全局搜索寻找匹配目标。基于模板匹配的目标检测方法首先通过现有图形或者训练学习生成待检测目标类别的模板，然后在考虑旋转、平移和缩放的同时，根据最小误差匹配或者最大相关测度对模板和图像进行相似性度量。图像模板可以是刚性模板或变形模板，而变形模板又分为基于参数的和基于模型的。模板匹配算法简单，但缺点很明显，难以对复杂的检测目标定义合适的标准模板。为了能适应目标尺度、姿态、亮度的变化，先后出现了基于不变矩、纹理特征描述、小波特征描述的模板匹配算法。

2. 基于先验知识建模的目标检测

基于先验知识建模的目标检测方法首先利用目标局部或者全局的形状先验和上下文信息对其进行表达建模或者描述，然后将其融入到合适的处理模型中，通过求解模型，达到目标检测的目的。利用形状先验进行目标的检测识别可以不受目标颜色、纹理等表观特征多样性的影响，并且与图像中边缘、颜色信息等结合起来可以很好地抵抗背景和噪声的干扰。而利用像元、图块以及目标等图像成分之间的相关性，即上下文信息可以消除图像解译中的不确定性和模糊性，提高检测识别的准确度。在对目标形状先验的利用上，基于形状先验引导的方法研究最为广泛，并取得了不错的结果。能够灵活融入目标形状先验的分割方法主要有活动轮廓模型、图割模型以及其他一些基于特定规则形状的方法等。在对目标上下文语义的利用上，基于统计机器学习的概率图模型得到广泛的研究和应用。概率图模型能够在统一的概率框架下建立图像多特征和目标上下文语义关系，并且能够通过灵活地构造图结构训练学习得到很多隐性的和较为复杂的上下文语义，模型的扩展能力较强。在概率无向图模型中，目前研究最为广泛的是条件随机场，理论上具有融合利用各种类型的多特征和存在于标记图像和观察图像中上下文的能力。2013 年，龚龑和舒宁[20]基于邻接空间关系特征，利用非规则马尔可夫随机场模型，有效实现像斑自身特征和邻域上下文信息共同参与像斑属性判断，显著提高了影像目标提取结果，该方法具体流程如图 5.60 所示。

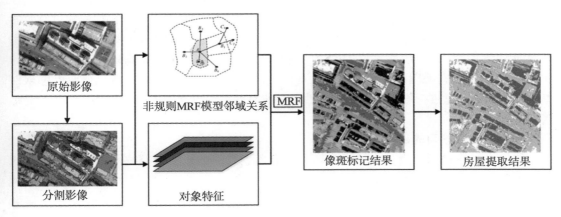

图 5.60　基于邻接空间关系特征的目标提取

　　尽管目标先验知识中的形状和上下文先验具有稳定不变的特点，可以很好地用来进行高分辨率遥感影像的目标检测，但现有的基于形状先验的方法容易受影像复杂背景、噪声、弱对比度等影响，同时在目标的上下文语义信息利用上缺少统一、通用的模型，难以更加有效地利用较为复杂的上下文信息。

3. 面向对象的目标检测

　　面向对象的目标检测不再以单个像素为目标，而是利用尺度参数、光谱和形状因子对影像进行分割得到同质影像对象，通过提取和分析对象的光谱、纹理、几何结构以及拓扑关系等特征进行分类和地物目标检测，其具体流程如图 5.61 所示。该方法充分利用了高分辨率遥感影像丰富的空间信息，弥补了传统的基于像素统计特征分类方法的不足，极大地提高了高分辨率遥感影像自动识别的精度。

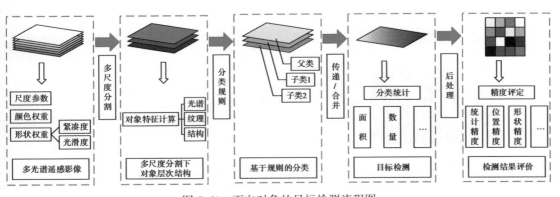

图 5.61　面向对象的目标检测流程图

面向对象的目标检测主要包括影像分割和对象分类两个关键步骤，实际上是在分割的基础上分配每个对象的类别归属，对象分类的效果依赖于分割结果的质量。但是，在分割过程中有许多不确定因素，使得分割尺度的选择存在一定的困难。此外，在对象分类过程中，分类规则是决定分类精度的关键因素。因此，在众多的特征参数中，如何通过有效的特征参数组合达到最佳分类，也是尚未解决好的重要问题。目前多采用国外已有软件来实现面向对象遥感影像分类，其中最为主流的是由德国 Definiens Imaging 公司开发的 eCognition 软件，它采用了决策专家系统支持的模糊分类算法，突破了传统商业遥感软件单纯基于光谱信息进行影像分类的局限性，是所有商用遥感软件中第一个基于对象的遥感信息提取软件。

4. 基于机器学习的目标检测

如果将目标检测视为一个分类问题，目前蓬勃发展的机器学习技术可以得到有效的应用。基于机器学习的目标检测方法是在监督、半监督或者弱监督的框架下，通过对数据本身的学习，获取其中最有效的特征表征，充分挖掘数据之间的关联，建立强大的分类器。

除了比较经典的支持向量机（SVM）、随机森林、Adaboost、期望最大化（EM）等，近年来非常活跃的深度学习为自动提取目标特征提供了一个有效的框架。基于深度学习的目标检测要解决好以下几个主要问题。第一，由于深层神经网络需要在包含各种各样影像的足够大样本数据集上训练以避免过度拟合，导致深度学习的特征很大程度上取决于大数据。因此，如何减少对大规模训练数据的依赖是一个具有挑战性的课题。第二，用于对象检测的深层神经网络特征提取时间成本较大，需要不断优化来进一步提高计算效率，在应用于遥感影像时尤为重要。第三，遥感影像受大气环境、传感器特性等的影响，地物的辐射特性可能存在较大差异，也为深度网络的特征抽取带来了挑战。

目前，卷积神经网络（CNN）已被广泛应用于目标检测与识别，因此，在计算机视觉与遥感领域，大量的语义分割特征都是通过 CNN 来获取的。基于 CNN 的语义特征获取方法，其基本原理是借鉴人脑对特征逐层抽象的特点，构建多层卷积层，通过卷积层与非线性变换的组合来实现从底层特征（如边缘）到高层特征的抽取，进而得到目标的语义特征信息，如图 5.62 所示。

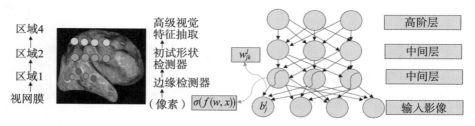

图 5.62　CNN 逐层语义特征抽取示意图

在基于 CNN 的遥感影像目标检测与语义分割（计算机视觉术语，指逐个像素赋予语义属性标签，类同于遥感影像的像素分类）中，主要有以下技术：

（1）多策略融合

以全卷积网络（Fully Convolution Networks，FCNs）框架[21]为基础，在网络的各层中以"端对端"（end-to-end）的方式，融入多种策略，从而改善网络结构，得到更稳健的特征描述信息。常见的改善神经网络卷积层的策略有：金字塔池化、扩张卷积（Dilated Convolution）、多路径特征抽取方式等，这些都可用来获取影像的全局和局部特征。

（2）对称结构扩展

作为 FCNs 的一种特殊扩展结构，对称编码/解码结构被广泛采用，原因在于对称结构能更好地刻画上采样后的输出。这些对称的结构能在一定程度上克服由于上采样阶段（uppooling）所造成的精度损失，但是随着层数的增加，这些方法很有可能受到 GPU 显存大小的限制，并且没有融入更多的空间上下文信息。

（3）优化方法嵌入

为了更好地融入空间上下文信息，很多方法在 CNN 结构中融入离散条件随机场（CRF）优化模型。CRF 模型是一种很有效的优化模型，可以进一步提升语义分割结果精度。通过 CRF 融入更多的空间上下文信息，初始语义分割片段能预测出其与邻接像素之间的关系。基于 CNN 卷积网络的语义分割如图 5.63 所示。

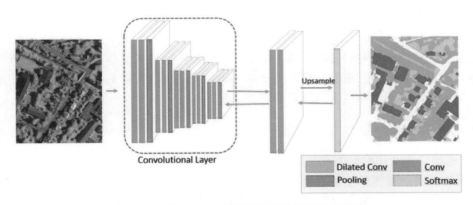

图 5.63　基于 CNN 卷积网络的语义分割示意图

5. 生物视觉机制启发的目标检测

受人类视觉系统的启发，研究者们把视觉注意机制应用到目标检测中。针对遥感图像中地物背景的复杂性、人工团块目标的特征多样性，视觉注意模型能够在不同尺度上反映出多种视觉特征的局部差异和变化，然后融合得到最终的显著图，定量地给出图像中各个位置的视觉显著性，为目标检测和识别提供初始的区域和位置等参考信息，其具体流程如图 5.64 所示。依据显著图提供的显著性测度，结合图像分割算法，就可以实现对目标区域的自动分割，最后利用目标特征过滤虚警完成目标提取，大大降低了目标检测的复杂度，提高了检测识别的效率。2011 年，Itti 和 Zhicheng Li 合作[22]，在原有模型的基础上，结合 Gist 特征在大范围的遥感图像目标检测的应用中取得较好的结果。

实现遥感影像的自动化、智能化处理，减轻人工劳动，是遥感应用长期追求的重要目

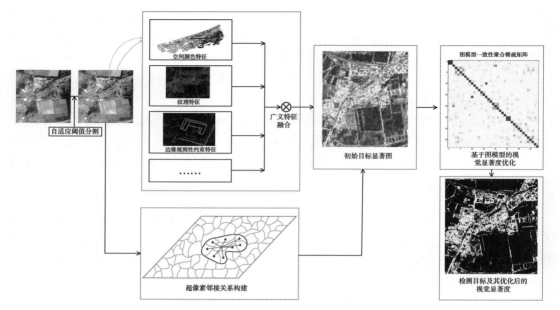

图 5.64　生物视觉机制启发的目标示例图

标。但由于遥感影像自身的复杂性和不确定性，给遥感影像尤其是高分辨率遥感影像的目标检测和解译带来了巨大挑战。目前关于这一重要问题的研究尚处于探索阶段，距离真正的实用化还有很多理论和技术问题需要解决。

5.4.2　遥感影像的自动变化检测

（1）遥感影像变化检测的意义

随着空间科学技术的迅猛发展，特别是 IKONOS、QuickBird、SPOT 系列、GeoEye-1/2，WorldView-1/2 以及国产卫星"资源三号""高分二号"等高分辨率遥感卫星相继投入使用，遥感影像数据获取能力已大幅度提升。据统计，2010 年以来航空影像获取每年完成的面积均超过 100 万 km²，2015 年航空摄影已完成面积超过 200 万 km²，航天影像获取已实现 2.5m 地面分辨率影像年度国土面积全覆盖，优于 1m 高分辨率影像重点区域年度覆盖[23]。这些海量高分辨率遥感影像数据的长周期积累为大规模、快速的地理空间信息服务提供了可靠的数据保障。遥感影像变化检测技术通过对两期遥感影像进行对比分析，找出其中的变化区域，在地理空间信息服务中应用广泛，对土地覆盖变化监测、环境变迁动态监测、自然灾害监测、违章建筑物查处、军事目标打击效果分析以及国土资源调查等方面具有重要的应用价值和商业价值。以下主要说明关于高分辨率遥感影像变化检测的主要问题。

（2）遥感影像变化检测的主要难点

遥感影像变化检测主要通过不同期影像的对比分析寻找变化，由于拍摄时不同光照、大气条件、拍摄视角等因素的影响，不同期影像间通常存在明显的辐射差异和几何差异，

276

如图 5.65 所示，其中辐射差异主要表现为相同的地物在不同期影像上具有不同的辐射值，而几何差异主要表现为经过严格几何配准后的同一地物在不同期影像上具有不同的坐标信息，这些差异难以通过预处理如辐射校正、几何纠正、影像配准等方法消除，严重影响了后续的变化检测结果。此外，受限于目前影像分割、影像解译和目标提取等方面的技术现状，遥感影像的变化检测依然是一个极具挑战的难点问题。主要表现在以下几个方面：① 日照和大气条件不同造成的辐射差异；② 传感器获取影像时的几何差异；③ 细小变化对象的识别；④ 不同季节植被的光谱特征不同。

图 5.65 显示了高分辨率遥感影像间的辐射差异和几何差异，影像为航空正射影像数据，地点位于重庆市，其中（a）图获取时间为 2012 年，（b）图获取时间为 2013 年，两张影像之间存在明显的辐射差异，红色箭头所指的建筑物在两期影像上存在明显的几何差异。

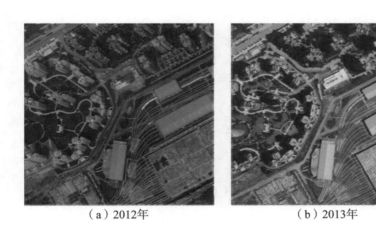

（a）2012年　　　　　　　　　　（b）2013年

图 5.65　遥感影像变化检测

（3）遥感影像变化检测的主要方法与研究现状

遥感影像变化检测技术通常包含四个组成部分：预处理、分析处理单元、比较方法、变化图。其中预处理主要包括几何校正、辐射校正、影像配准、图像滤波、图像增强等。

就分析处理单元而言，此前的研究主要区分为像素和对象两类，2015 年 Tewkesbury 对它进行了进一步区分，分为像素、窗口、图像对象叠加、图像对象比较、多期图像对象、矢量多边形、混合处理单元七类[24]。详细介绍参见表 5-5。

表 5-5　　　　　　　　　遥感影像变化检测中常用的分析处理单元

	描述	可比较特征	优势	局限性
像素	单个图像像素进行比较	色调、（有限的）阴影	速度快，适合于那些对速度要求较高的大尺寸影像数据	不太适合于高分辨率或超高分辨率影像的变化检测

续表

	描述	可比较特征	优势	局限性
窗口	窗口或核内的像素组合进行比较	色调、纹理、(有限的)模式、(有限的)关联性、(有限的)阴影	能够计算统计相关性、纹理、基本的上下文信息	比较的尺度通常受限于窗口大小；尽管有些研究者尝试提出了自适应窗口大小的变化检测方法，但多尺度分析仍然是一个难点；上下文信息有限
图像对象叠加	只对其中一期影像进行分割获得对象信息，其他序列影像简单叠加	色调、纹理、(有限的)模式、(有限的)关联性、(有限的)阴影	对象的形成，使得纹理测量、上下文特征建模等更加合理	无法比较对象尺寸和形状；只反映了其中一期影像的对象信息，无法检测子对象的变化
图像对象比较	分别对不同期影像进行分割获得对象，对象特征提取后进行比较	色调、纹理、尺寸、形状、模式、关联性、阴影	所有对象的属性都可以用于比较，包括色调、纹理、大小、形状、模式、阴影等	由于光照、大气条件、视角变化等因素的影响，不同期影像的分割差异较大，不一致的分割易造成对象碎片，进而导致误检测
多期图像对象	多期图像数据集合到一个数据堆栈中进行协同分割，从而获得对象	色调、纹理、模式、关联性、阴影	在对象形成过程中考虑了所有的影像信息，可以有效减少碎片错误	无法比较对象的大小和形状；在协同分割过程中容易忽略细小或不显著的变化
矢量多边形	矢量数据主要由现有数字测图或者地籍数据集获得	色调、纹理、关联性、(有限的)阴影	现有地图数据库通常可以提供"干净"的底图数据作为基础，整个变化检测过程只需要关注变化的信息，减少变化检测的难度。此外，矢量数据还可以引导变化信息的提取	无法比较对象大小和形状；矢量数据的制作会提高生产成本；矢量数据库的质量会直接影响变化检测的质量
混合处理单元	首先采用像素或者窗口进行比较，再对结果进行分割，从而获得对象	色调、纹理、模式、关联性、阴影	可以将不同类方法的优点结合起来	无法比较对象的大小和形状

在比较方法方面，常用的比较方法有算术运算法、分类比较法、变换法、直接分类法、变化矢量分析法（CVA）、其他方法等。

①算术运算法根据图像亮度或其衍生特征发现变化。这类方法较容易实现，但通常无

法给出变化类型，通常只能获得变化与未变化两个类别信息。典型的方法有图像差值，图像比值等。

②分类比较法首先单独对不同期影像进行分类，其次，根据不同期分类图进行比较，获得变化类别信息。这类方法无需事先进行辐射校正，可以获得变化类型信息，但不同期影像的分类错误会累积到最后的变化图。典型的方法有人工神经网络（ANN）、支持向量机（SVM）、决策树以及随机森林等机器学习方法。

③变换法通过数学变换突出图像之间的变化，它是处理高维数据的一种有效方法，但结果不具备明确的专题意义，很难定位和解译变化。典型的方法有主成分分析法（PCA）、流苏帽变换法（KT）等。

④直接分类法将多期影像数据集合到一个堆栈中，同时对多期数据进行分类，发现静态和动态的土地覆盖变化。这类方法只需进行一次分类操作，是挖掘复杂时间序列影像信息的一个有效框架，还可以生成一个带标签的变化图。但这类方法的分类训练数据集制作通常较复杂，特别是时间序列影像。

⑤变化矢量分析法通过分析单元间差分矢量的计算来获得变化的幅度和方向信息，这类方法能够处理任意波段的数据，生成详细的变化检测信息。但这类方法很难发现土地覆盖变化的轨迹，要求获取的遥感影像数据来源。此外，在其原始形式下，变化方向和幅度是不明确的。

此外，还有一些基于模糊理论、GIS 信息辅助以及空间数据挖掘理论等的遥感影像变化检测方法。

（4）遥感影像变化检测的主要趋势

遥感影像变化检测的发展趋势主要表现在以下几个方面：

①三维变化检测。随着影像获取能力和影像密集匹配技术的不断发展，利用影像数据可以得到高密度的点云数据。除影像自身丰富的光谱信息外，这些点云数据提供了更加可靠的几何信息，理论上可以降低算法的难度，进一步提高变化检测的自动化程度、精度及鲁棒性等。

②新知识和新模型的引入，如近年来流行的马尔可夫随机场等最优化模型。这些新方法将影像变化检测问题建模为能量最小化问题，通过能量优化模型寻找最优解以获得变化检测结果，这类方法不仅考虑了不同期影像点和点之间的相似性，还考虑了相邻点之间的空间相关性，在一定程度上避免了噪声的影响，可以有效提高变化检测的精度。

③深度学习方法。目前，深度学习在大数据的特征提取方面展现了优势，无需人工选择特征，避免了变化检测过程中难以选择有效特征的问题，因此把深度学习引入到变化检测中可以更好地解决特征提取的有效性问题，从而提高变化检测的自动化程度。

5.5　激光雷达测量与信息提取

5.5.1　不同平台 LiDAR 设备的发展与工作原理

激光探测与测距（Light Detection And Ranging，LiDAR）技术，简称激光雷达，是 20 世

纪 80 年代开始出现的高新技术，它集成激光测距技术、计算机技术、差分定位技术（DGPS）、惯性测量单元（IMU）于一体，快速获取被测目标表面点的三维坐标数据。图 5.66 为机载 LiDAR 工作示意图。该技术在获取空间信息方面提供了一种全新的技术手段，使传统的单点采集变为大面积连续获取数据，从而大大提高了测量的效率。

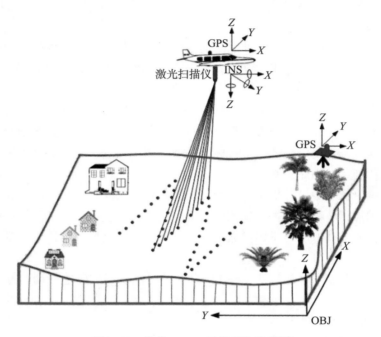

图 5.66　机载 LiDAR 系统工作示意图

根据激光扫描仪安装平台的不同，可以将激光扫描测量系统分为机载 LiDAR、地面 LiDAR 和星载 LiDAR 系统。LiDAR 系统包括一个单束窄带激光器和一个接收系统，简单理解其过程是激光器产生一束光脉冲，打在物体上并反射回来，最终被接收器所接收。接收器准确地测量光脉冲从发射到被反射回来的传播时间。因为光脉冲以光速传播，所以接收器总会在下一个脉冲发出之前收到前一个被反射回的脉冲。鉴于光速是已知的，传播时间即可被转换为对距离的测量。结合激光器的高度、激光扫描角度、从 GPS 得到的激光器的位置和从 INS 得到的激光发射方向，就可以准确地计算出每一个地面光斑的三维坐标 (X, Y, Z)。

在机载采集的情况下，LiDAR 被放置在固定翼飞机或直升机的无障碍位置。这通常涉及将传感器盒固定到飞机的底部，并将飞行中的控制器放在操作人员所在的地方。然后飞机飞行到目标区域，并以一定形式的路径飞过该区域进行测量，测量的密度由飞机的 LiDAR 数据采集率、高程和地面速度决定。机载 LiDAR 技术的相关研究多，发展也相对成熟。但是，由于机载 LiDAR 扫描视场角、飞行空域等因素的限制，阻碍了机载 LiDAR 对全球范围数据的获取。与之相比，星载 LiDAR 系统具有许多不可替代的优势。星载 LiDAR 采用卫星平台，运行轨道高、观测视野广，可以触及世界的每一个角落，为境外地区三维控制点和数字地面模型（Digital Elevation Model，DEM）的获取提供了新的途径，无论对于国防或是科学研究都具有重要意义。

在地面采集中，LiDAR 单元安装在三脚架或车载上。由于目标的范围远远低于机载测量，所以点密度将高得多，可达到每平方厘米几点。这实际上受入射光束直径的限制——如果交点为 5mm，则每毫米收集一个点是做不到的。使用地面移动系统，需要一个耦合的 GPS-IMU 解决方案来跟踪设备在数据采集期间的位置。这原则上类似于机载系统，但又增加了复杂性，因此更有可能降低 GPS 的可见性，以至于对 IMU 控制的依赖性将会更大。地面控制 GPS 位置也与移动系统一起用于校准和质量评估。使用三脚架安装的系统，GPS 控制可以是来自单元上的 GPS 和地面上的一个或多个控制点或者是来自地面上的多个 GPS 目标提供几何形状。多个扫描组合如长达三个或更多扫描之间会存在共同点和不同点。通常的做法是在场景中放置高度反射的目标和具有精确的可扫描标记，以保证最小的共同点。这些点在理想情况下，也将使用 GPS 收集。

全球卫星定位系统（GPS）以及惯性导航系统（IMU）的发展和成熟，为高精度的 LiDAR 系统的出现提供了技术整合平台。德国 Stuttgart 大学在 1988—1993 年，将激光扫描技术与定位定姿系统加以结合，生产出第一台实用的机载激光扫描系统。2002 年 9 月，世界上第一台装有高分辨率彩色数码相机和多光谱相机的 LiDAR 系统出现。2008 年以后，机器人测图系统大量出现，通过在机器人身上装置激光设备，使机器人感知环境并完成特定任务。

比较著名的商用机载 LiDAR 系统有：加拿大 Optech 公司的 ALTM Gemini、ALTM Orion，美国 Leica 公司的 ALS60、ALS70，Trimble 公司的 Harrier 56、Harrier 68i，如图 5.67 所示。2011 年中国科学院光电研究院成功研制国内首台机载激光雷达系统，可快速、直接、大范围地获取高精度三维数据，满足了国内对高精度航空测绘的迫切需求。在机载 LiDAR 硬件系统快速发展的同时，机载 LiDAR 数据处理理论方法得到较快的发展，其中部分方法已转化为实用软件产品，如芬兰 TerraSolid 公司的 TerraScan。

ALTM Gemini 的作业高度可达 4 000m，扫描频率最大为 100Hz，激光采样频率最大可达 167kHz，高程精度为 5~30cm，可集成 6 000 万像素航测数字相机。ALTM Orion 拥有高达每秒 60 万次表面高程数据读取的采集能力以及 Optech 公司最新的 iFLEX 技术平台，激光采样频率可达 200kHz，高程精度可达 5~15cm，同样可集成 6 000 万像素航测数字相机，Orion 全系统仅重 27kg，体积只有 0.03m³，提供了很好的安装灵活性。Leica ALS60 作业高度可达 5 000m，最大扫描频率可达 100Hz，激光采样频率可达 200kHz，并集成有中幅面阵数码相机，该系统的最大特点是打破了传统设备必须在效率和精度上，或者必须在设备体积和飞行高度上进行取舍的限制。Leica ALS70 最大作业高度为 5 000m，最大扫描频率达 200Hz，激光采样频率达到 500kHz，回波数无限制，能提供的点云稠密程度大为提高，并可集成全波形数据采集器。Trimble 公司研制的机载测图系统 Harrier 系列，最大作业高度可达 3 000m，激光扫描频率最大可达 200Hz，激光采样频率最大可达 300kHz，其特点为集成定位定姿系统、激光扫描仪与框幅式数字相机等数据采集传感器，同时获取数字图像与激光点云数据。不难看出，激光扫描系统与摄影系统的集成，是 LiDAR 技术的主要发展趋势之一。

(a) Optech ALTM Orion

(b) Leica ALS70

(c) Trimble Harrier 68i

图 5.67　著名的商用机载 LiDAR 系统示例

　　星载 LiDAR 系统主要应用于全球范围内的测绘、大气探测以及太空探测等。目前一些空间大国都在开展相关研究,如美国、中国、日本等都实施了一些星载 LiDAR 系统。美国主要的星载雷达系统有 GLAS(第一个专门用于地球测量的激光雷达系统)、LOLA(月球轨道高度计)、ATLAS(先进地形激光测高系统)等。日本于 2007 年发射的 SELENE 卫星上搭载的 LALT 星载 LiDAR 系统,可以用于月球地形测绘。2007 年 10 月我国首颗探月卫星"嫦娥一号"CE-1(Chang'E-1)发射成功,其搭载的激光高度计 LAM(Laser Altimeter)是我国第一个星载激光高度计,其核心部件均为我国自行生产。于 2010 年 10 月发射的"嫦娥二号"中搭载的改进激光高度计,使探测频度增加到之前的 5 倍,如图 5.68(a)所示。

　　2016 年 5 月 30 日发射的"资源三号"02 星搭载的激光测距仪(如图 5.68(c)),是我国首台对地观测激光测距仪,它在 500km 轨道高度上可以实现 1m 的测量精度。因为其测量获取的激光高程点能够作为高程控制点,辅助"资源三号"02 星主载荷进行立体测绘,对于提高我国对全球三维地形的测量精度具有重要的意义。

　　另外,我国于 2019 年发射的"高分七号"立体测绘卫星也搭载了激光测距仪,用于获取高精度激光高程点辅助光学立体影像的区域网平差,以期提高立体影像无控定位精度,达到 1∶10 000 比例尺测图精度的要求。

　　目前地面激光雷达设备生产厂家主要有 RIEGL、I-SiTE、Leica、Optech、Faro、Trimble 等,如图 5.69(a)所示,国内厂商诸如南方测绘公司等也已研发出一些产品,如图 5.69(b)所示。

　　近年来,LiDAR 技术在农业、水利电力设计、公路铁路设计、国土资源调查、交通旅

（a）"嫦娥二号"激光高度计

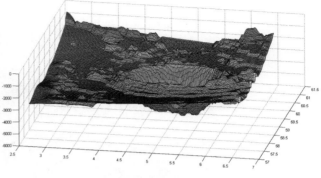

（b）LAM 制作的月球陨石坑三维模型

（c）"资源三号"02 星激光测距仪

图 5.68　星载 LiDAR 系统示例

（a）Leica P40

（b）南方测绘UA-0500

图 5.69　地面 LiDAR 设备示例

游与气象环境调查、城市规划、无人驾驶等各大领域得到广泛应用。LiDAR 提供的是离散三维地形数据，经过处理能直接获取高精度 DSM、DEM 用于地形量测。林业方面，根据 LiDAR 数据，可分析出森林树木的覆盖率和覆盖面积、树木的疏密程度、森林占地面积及木材量的多少等信息。电力方面，通过 LiDAR 数据可以了解整个线路设计区域内的地形和地物要素的情况。无人驾驶方面，凭借激光雷达持续 360°的能见度和精确的距离信息（±2cm），在车辆向前行驶过程中，根据安装在车顶的 LiDAR 传感器测量四周的环境信息，判断车辆与周围地物的距离，在无人控制的情况下提示车辆行驶，如图 5.70 所示。

图 5.70　无人驾驶 LiDAR 工作示意图

5.5.2　LiDAR 测量数据处理

1. 三维点云的配准

不同点云的配准是 LiDAR 测量数据处理的重要步骤。它可用于对不同摄站（位置、方向、不同平台，例如空-地）不同时期获得的同一区域或对象的点云进行几何上的精确配准，为进一步的测量和信息提取提供更好的基础数据。

针对三维点集的配准有主曲率方法、遗传算法、点标记法、自旋图像、随机采样一致性算法等。这些算法各具特色，能够在一定程度上解决三维点集的配准问题。但影响最大，应用最广泛的是迭代最临近点算法（Iterative Closest Point，ICP）。该算法在 1992 年由 Besl 和 Mckay 提出，是基于纯粹几何模型的三维物体对齐算法。ICP 算法不断重复进行"确定对应关系点集—计算最优刚体变换"的过程，直到满足收敛准则，ICP 算法的本质是一种基于最小二乘法的最优匹配算法。它的目标是找到目标点集与参考点集之间的旋转 R 和平移 T 矩阵，以使得两匹配数据满足某种程度度量准则下的最优匹配。得益于它的高精度和普适性，已成为三维点集配准中的主流算法。

2. 激光点云与影像配准

由于激光扫描数据和光学影像对目标的表现形式和数据特点有很大差异，因此，两类数据的配准不能完全使用普通影像配准方法。但在方法上仍可以分为配准基元（Registration Primitives）、相似性测度（Similarity Measure）、变换函数（Transformation Function）和匹配策略（Matching Strategy）4 个基本问题。主要目的是将两者数据源放在同一个参考系统中，因此研究内容的关键技术包括配准基元选择和提取、变换数学模型选择。

配准方法的区别实质上是对前文所述 4 个基本问题的选择不同，其中配准基元的选择对配准的后续步骤有较大影响。根据配准基元的不同，可将现有配准方法分为如下几类：

（1）基于灰度的配准方法

基于灰度的配准方法在空间域上直接比较光学影像和由点云产生的强度影像或 DSM 在影像窗口内灰度分布的相似程度，在灰度层次上进行配准。一种方法是利用互信息作为相似性测度来衡量灰度分布的相似性，并假设当它们的空间位置达成一致，即严格配准时，其互信息为最大。梯度下降法作为匹配策略，在每次迭代中将模板窗口沿梯度下降最陡的方向移动，可逐步计算出正确的配准参数。

（2）基于频率的配准方法

频率域配准方法是基于傅里叶变换原理，利用相位信息对影像进行配准。通过对图像进行快速傅里叶变换，频率域配准方法将图像变换到频率域，然后利用它们互功率谱中的相位信息，对图像进行配准。对于有几何变形的图像，频率域配准算法最初只适用于仅存在平移的情况。Reddy 等优化了此类方法，根据相位相关准则，可以确定图像间的平移、旋转和缩放等几何变换因子。近年来，基于相位相关的高精度配准方法发展迅速，并取得了一些成果，其配准精度已达到了子像元级别。

（3）基于统计的配准方法

由于光学影像与激光点云两种数据来源于不同类型的传感器，影像灰度值与点云强度值、高程值之间并不是完全的对应关系，存在一定的误差。但对于同一个场景目标，光学影像灰度与点云强度或高程之间存在一定的统计相似性，因此图像之间的相关性可以通过估计两幅图像像元灰度之间的联合概率分布来判断。互信息 MI(Mutual Information) 是信息论中的一个概念，最初被用来衡量两个随机变量之间的相互依赖程度，在多源遥感影像配准问题研究中已取得了重要的成果。针对光学影像和激光点云的自动配准问题，Parmehr[25] 等同时用激光点云的强度信息和高程信息与光学影像配准，并采用归一化联合互信息 NCMI(Normalized Combined Mutual Information) 来度量三者之间的统计相关性。

（4）基于点特征的配准方法

点特征是影像配准中最常用到的特征。房屋角点、道路交叉点、水域的重心点等典型点特征，在早期的遥感影像的配准中常被人工选取作为控制点。在城市区域光学影像和激光点云的配准问题上，Ding 等利用建筑物中丰富的水平线和垂直线，从影像上提取两者的相交点，提取点云 DSM 上屋顶边缘的角点，将这两个点集进行特征匹配。在地面摄影测量中，González-Aguilera 等利用地面扫描的距离影像和光学影像中的 Förstner 特征点进行配准。Altuntas 等用 SIFT 算子配准室内激光扫描数据与影像。在特征描述方面，Ding 等利用特征点所属的两条边缘线的几何关系，设计了一种角度特征描述子；Bodensteiner 等和叶沉鑫等设计了一种自相似性特征描述，该方法利用了邻域内像素灰度值之间的关系，取得了较理想的效果。

（5）基于直线特征的配准方法

城市中的建筑物所表现出来的大量直线特征可作为 LiDAR 和影像数据的配准基元。由摄影测量原理可以推断出一个配准基础：精确配准的 LiDAR 数据和光学影像中的同名直线以及投影中心必须共面，即从 LiDAR 数据中提取的直线投影到影像平面后应该与影像平面上的同名直线重合。将这些相关直线特征上的点坐标代入变换函数，按最小二乘原理解算出配准参数。

（6）基于预分割平面特征的配准方法

城市中的屋顶、道路、广场等包含了大量的平面特征，基于区域的影像分割方法很容易将这些平面特征从影像中分割出来，ROUX 利用影像中的这些平面特征和 LiDAR 数据中的点作为配准基元，然后将与平面的距离大于某阈值的激光点视为异常点，利用随机抽样一致性（RANSAC）算法估算异常点的比率作为相似性测度，这样可避免对每个激光点进行求距离的运算，提高算法效率；最后通过单纯形（Nelder-Mead Simplex）算法作为匹配策略求解出机载 LiDAR 和单张航空影像之间的变换，从而解决配准问题。

（7）基于多基元的配准方法

由于 LiDAR 强度图像和光学影像提取的特征点数量较大，这样往往会导致巨大的运算量，效率低下。结合线特征和点特征的方法可有效解决这一问题。待配准数据间的非刚性变换模型采用针孔相机模型，在配准策略上将配准分成两个步骤：首先提取的线特征作为配准基元，相关线特征之间的距离作为相似性测度，将强度图像和光学影像进行平移、旋转、缩放变换的配准，解算相机的外方位元素；然后利用 Harris 检测的点特征作为配准基元，位移帧差作为相似性测度，进行扭曲、拉伸等非线性变换的配准，此时依靠线特征配准的结果为约束搜索匹配点，可提高算法效率。

（8）基于多源点云的配准方法

为解决三维激光点云和二维光学影像配准时特征差异大的问题，有人提出转换配准数据源的方法，从影像序列中利用多视几何原理恢复出三维信息，从而转化为两个三维点集的空间配准问题，如图 5.71 所示。Leberl 等对比分析了激光扫描点云和影像匹配点云，发现两者具有很多相似之处，因此两个三维点集之间的配准更容易实现。Postolov 等从影像中人工选择建筑物屋顶区域并匹配得到屋顶的三维坐标，然后从激光点云中提取对应的屋顶点，采用共面约束条件迭代最小二乘进行配准。Zheng 等采用类似的思路首先用光束法平差处理序列影像，然后利用 ICP（Iterative Closest Point）方法将平差得到的三维连接点坐标与激光点云进行匹配得到同名点，最后用匹配出的同名激光点坐标计算光学影像中更精确的内外方位元素。

图 5.71　点云与影像配准后的效果示例（YANG, 2015[26]）

3. DTM 滤波

虽然激光雷达数据的用途各异，但其应用中往往都有一个基础环节，即区分原始点云数据中的地面点和非地面点，这个过程也称为点云数据的滤波。点云数据滤波的精度不仅影响了数字地面模型（DTM）、数字表面模型（DSM）或者数字高程模型（DEM）的质量，同时也决定了基于上述模型的其他衍生产品的质量，例如归一化数字表面模型（nDSM，DSM-DTM）、建筑物建模等。虽然目前的方法在点云数据滤波的精度上已经取得了长足的进步，但是在应对一些特殊的地形时依然存在很多问题，例如急剧变化的复杂地形或者地面点十分稀疏的陡峭山地地区。

现有的点云滤波主流方法可以大致概括为以下几类：

（1）基于渐进表面的滤波方法

基于渐进表面的滤波方法首先通过一部分地面控制点初始化一个地形表面，然后根据不同的误差参数来寻找可能的地面点，例如通过到初始表面的残差进行筛选。通过不断的迭代过程，最终找到所有的地面点。Zhang 等将计算机领域的前沿研究成果布料仿真滤波器（CSF）应用于点云滤波之中。整个"布料"（地形表面）的节点，即地形的形状将根据一个描述"布料"上所受重力、内力以及连接关系的函数进行调整。结果显示 CSF 方法可以获得精度较好的滤波结果。Hu 等提出了将滤波问题建模成寻找最优分类面的问题，通过在格网化的每个位置求得一个最优的分类高程获得此分类面。该算法的能量函数考虑高差、地面光滑约束等信息，寻优则通过 8 方向的半全局优化来完成，从而实现了可并行计算的高效率的滤波。该类滤波方法在大多数地形上能取得较好的效果，但对地形细节的处理方面存在一些问题，例如丢失山脊和陡崖，或误分一些较小的地物。

（2）基于形态学的滤波方法

数学形态学方法主要包括开运算和闭运算，每种运算都由膨胀和腐蚀这两种基本运算组成。对 LiDAR 点云滤波来说，膨胀运算即取滤波窗口内高程的最大值，腐蚀运算即取窗口内高程的最小值。开运算是先对点云进行腐蚀运算，再进行膨胀运算；闭运算则反之。在形态学运算的基础上，通过设计描述相邻点高程值差异的坡度算子对符合一定特征的地面点进行提取。与基于渐近表面的滤波方法相比，基于形态学的滤波方法在应对相对陡峭的地形时具有更强的鲁棒性，但窗口大小的选取是一个问题。

（3）基于不规则三角网（TIN）的滤波方法

另一个得到广泛应用的滤波方法是基于不规则三角网（TIN）的方式。通常来说，这种方法先通过一些局部最低点建立初始 TIN，然后通过一系列的验证方法判断合适的地面点并不断地加入 TIN 中。Axelsson 使用局部最低点建立 TIN，并分析残余点与 TIN 的相对关系，如果满足特定约束条件则使用该点对 TIN 进行更新。同时通过镜像点的方式来对符合条件边缘点进行保留以消除切边效应。目前被广泛应用的商业软件 TerraSolid 就采用了此类方法。然而，该类方法在处理非连续的地形时精度不能保证。

（4）基于分割-分类的滤波方法

基于分割-分类的滤波方法通常包括以下几个步骤：首先，将原始的点云数据通过内插生成栅格图像；然后，通过设定一些分割条件对图像进行分割，将图像分割成一系列未分类的目标对象；最后，通过对不同的对象类别设定一些分类条件，去除地物点，从而实现滤波。该类方法能够很好地去除不同大小和形状的地物，比较适合应用于城市地区点云数据的滤波处理中。但受限于图像分割算法，在地面点稀疏的密林区局限较大。

（5）基于统计分析的滤波方法

近年来，基于统计分析的点云数据滤波方法获得了越来越广泛的关注。Mongus 和 Zalik 提出了一种非监督、自适应参数的滤波方法，首先选取一系列控制点来产生金字塔结构，为后续的多尺度滤波做好准备。控制点的选择基于自动化的自底向上策略，即较上一层的控制点由下层中相邻四个格网单元中已经确定的控制点来决定。随后，通过薄板样条函数(TPS)插值来产生姿态可变的平滑趋势面。最终，通过分析候选点和趋势面的高程差对地面点进行滤波。与其他方法不同的是，这种方法没有预先设定用来筛选候选点的阈值，而是通过自动计算所有未分类点到对应趋势面的平均高程差来对每一个地面点有针对性地进行分类。经过实验验证该方法对较为复杂的地形也能产生很好的效果。

（6）基于多尺度比较的滤波方法

基于多尺度比较的滤波方法主要包含以下几个步骤：首先，生成一些具有不同分辨率的趋势面；然后，在不同尺度下，通过判断点云中的每个点到不同趋势面的高差来确定地面点。基于多尺度比较的滤波方法的核心在于设定一系列不同的滤波尺度，如果滤波尺度过大，很多地面细节将会丢失。相反，如果滤波尺度不足则会导致滤波结果中残留地物点。该类方法适合用于城区，在地形起伏较大的区域效果较差。

除了上述方法，当前快速发展的深度学习技术也被用在了机载 LiDAR 点云的滤波中。Hu 和 Yuan 通过上千万带标签样例的深度学习，在测试集上可以获得 98% 左右的分类精度[27]。该方法的一个缺点是机器学习和分类的速度还比较慢，需进一步改进。

5.5.3　LiDAR 数据的信息提取

1. 点云分类

随着激光雷达技术在各领域中应用的快速发展，作为后续相关处理的前提，点云分类正成为点云处理领域一个非常活跃的研究方向。根据是否需要标签数据，点云分类方法可分为监督法与非监督法。

监督法是通过学习的方式进行分类。根据是否需要人工设计特征，可将目前点云监督分类方法进一步分为传统机器学习方法与深度学习方法。

基于传统机器学习的分类方法，最初的研究大多将 LiDAR 点云数据转换为图像，然后借助图像分类的研究成果(如基于像素的监督分类法、基于对象的监督分类法等)对栅格化后的点云数据进行分类。近年来，越来越多的方法直接从点云数据中提取更高维语义信息。根据采用基元的不同，目前直接对三维点云数据进行分类的方法可以分为：基于点的分类法、基于分割的分类法、基于体素的分类方法以及基于对象的分类方法。

（1）基于点的分类方法

Chehata 等用随机森林对 5 类总计 21 种机载激光雷达点云特征进行分类，并通过迭代的特征选择方法获得了 6 种最好的特征。Guo 等利用 26 种特征及 JointBoost 分类器对复杂场景下的建筑、植被、地面、电线及架线塔共 5 种地物进行了分类。Kragh 等采用 13 种特征对车载点云进行分类，并针对不同车载点云中点密度变化采用变邻域半径的方法提取特征。Brodu 等提出了一种多尺度特征提取方法描述地物特征，并对两个区域内植被、岩石、水和地面进行了分类。

（2）基于分割的分类方法

Zhang 等首先对点云进行分割，然后以面片为基元，构建出区域面积、坡度、首末回波差异等 13 个特征，并将采用 SVM 对这些特征进行训练、分类。

（3）基于体素的分类方法

Lim 等首先对三维点云数据进行超体素分割，然后采用多尺度条件随机场对超体素进行分类。在大多数情况下，采用超体素的表达能够使数据的总数降低到原始数据量的 5%。

（4）基于对象的分类方法

Kim 等提出了一个基于点基元和对象基元的分类方法。首先，在体素分割结果的基础上，采用 RANSAC 和最小描述长度法（Minimum Description Length，MDL）获取直线与平面分割基元；其次，采用形状判别标准对这些直线与平面分割基元进一步检查并改正错误的分割基元；之后，从这些分割基元中提取点特征与对象特征；最后，将点特征与对象特征分别单独输入给两个随机森林分类器进行分类。

在基于传统机器学习的点云分类方法中，常见的分类器包括随机森林、Adaboost、人工神经网络、支持向量机、期望最大化（Expectation-Maximization，EM）算法以及 Dempster-Shafer 算法。尽管这类分类器在处理高维数据时有很好的效果，但在分类过程中只利用局部特征并没有考虑点云的空间上下文信息。目前流行的顾及上下文信息的分类器包括：马尔可夫随机场（Markov Random Fields，MRF）和条件随机场（Conditional Random Fields，CRF），它们正被越来越多地应用在点云分类中。

①基于深度学习的分类方法。近几年，深度学习正越来越多地被应用到三维点云分类中。一种直接的方法是首先将激光点云体素化，然后采用三维卷积神经网络进行逐点分类。此外，还有一些将三维点云转换为二维特征图进行分类的方法，该类方法一般先获取带有颜色信息的激光点云在多个视角下的二维图，然后采用图像的全卷积网络对点云的二维图进行逐像素分类，最后将二维图的分类结果映射回点云。图 5.72 为基于深度学习的分类结果示例。

②非监督法是基于规则进行分类。一般首先采用表面生长算法提取平面分割基元，然后根据一定的规则对平面分割基元进行分类。有的方法则先把激光雷达点云分割为超体素，然后建立一系列规则对这些超体素进行合并，并对合并后的物体设计规则进行识别。

2. 建筑物检测与三维重建

建筑物除了可采用监督法点云分类的方式（如前文所述）提取外，还可基于非监督的规则进行检测。通常先用滤波的方法区分地面点和非地面点，然后对非地面点中的建筑物和其他（如植被等）进行区分（Forlani et al.，2006）；Awrangeb 等（2013）将地面点去除后，获得建筑物的粗略区域，然后利用分割和分类对建筑物区域进行精细提取，去除掉了植被点；同时，Sun 等（2013）采用 GraphCut 优化方法进行分类，首先区分出植被点和非植被点，然后对于非植被点，通过聚类的方式得到建筑物点和地面点。

对于机载 LiDAR 的建筑物三维重建方法主要分为两类——模型驱动法和数据驱动法。模型驱动法是将处理后的点云与先验模型数据库进行匹配，选出最优匹配结果并按照其在数据库对应的模型形状进行重建。由于模型本身包含着丰富的几何信息，所以采用模

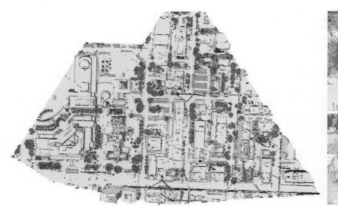

图 5.72　基于深度学习的分类结果示例(Huang[28]，2016)

型进行重建的建筑物具有较高的规则度，该方法可以较好地弥补在数据采集过程中因遮挡等问题造成的建筑物部分位置信息损失的缺陷。但该方法也存在不足，由于建筑物的屋顶各式各样，很难囊括所有的屋顶模型。

对于建筑物的模型，主要难点是在建筑物屋顶方面，通常来说有以下几种屋顶模型：

①平顶型：该屋顶模型最为简单，只需要在确定建筑物区域的基础上，将平面向上拉伸即可。

②倾斜平顶：该屋顶模型与平顶型屋顶类似，唯一不同之处是需要确定屋顶的倾斜角度。

③存在屋脊线的屋顶：在构建该模型时，统一认为屋脊线在屋顶面的中间，所以在屋顶重建时，只需要确定屋脊线的高度以及两边屋顶片面的 4 个点位坐标即可。

④混合式屋顶：由上述三种屋顶结构组合而成，需要对各个屋顶面片进行聚类重组，分别运用上述三种模型重建。

根据建立的屋顶模型，确定面片的邻接关系，生成面片拓扑图，然后根据拓扑图来判断所需要建模的屋顶为上述哪种类型，最后进行模型的构建。同时，熊彪[29]等提出了脚点图分割算法，对建筑物的脚点图进行分割，对每部分分割结果进行整合，形成最终的建筑物模型。

数据驱动法主要分割的面片，按照一定的关系构建面片之间的拓扑结构。相比模型驱动的方法，数据驱动不受建筑物复杂程度的约束，对于屋顶的类型适用性较强，但如果点云在采集过程中由于遮挡问题导致建筑物的点云部分缺失，则会出现错误的重建结果。通过数据驱动法目前学者们进行了大量的研究。数据驱动方法的难点在于面片分割的精度，其会直接影响到最后重建的结果。

Y. Xiao(2014)提出了一种基于法向量和曲率来进行面片分割的方法，并在此基础上，对分割的面片提取出外轮廓线，将其规则化后，求取其面片的相交线，然后得到建筑物屋顶模型。闫吉星(2014)提出了一种基于 GraphCut 二值标记的机载 LiDAR 点云的建筑物三维重建方法。它将三维重建问题转化成三维实体图的二值标记问题，采用 GraphCut 对建筑物点云进行全局优化，对建筑物的外部和内部进行标号，通过标号边界得到建筑物的几何要素以及拓扑关系。为了重建不同尺度下的建筑物，黄荣刚（2016）提出了基于形态学尺度空间理论的多细节层次建筑物模型构建方法，可以生成不同尺度下的建筑物模型。Wu采用轮廓树对建筑物的拓扑结构进行描述，并且根据其分析建筑物面片之间的拓扑关系，最后通过二分图匹配的方式，建立单个屋顶面片模型，并将所有的模型整合成一个完整的建筑物模型，作者采用上海市陆家嘴地区的复杂建筑物进行实验，证明利用该方法可以得到很好的建筑物模型。

现阶段，对于各种方法的测试，一般均采用 ISPRS 发布的 Benchmark Test 数据[30]，其中包含了德国的法伊英根以及加拿大的多伦多地区，其中，法伊英根地区主要是低矮建筑物，小型建筑物比较多而且建筑物与植被相邻很近，点密度大约为每平方米4个；而多伦多地区建筑物较高，并且建筑物上的小型结构较为丰富。这两个数据均具有很强的代表性，因此在算法设计中，常采用这两种数据作为测试数据。

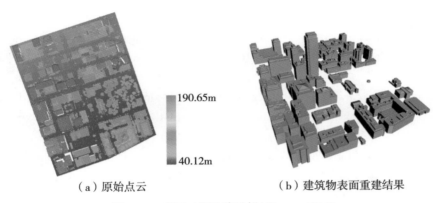

（a）原始点云　　　　　　　　（b）建筑物表面重建结果

图 5.73　房屋三维重建示例（Huang，2016）

（本章作者：张祖勋）

◎ 本章参考文献

［1］ 王之卓．全数字化自动测图系统的研究方案（讨论稿）［J］．武汉大学学报（信息科学版），1998（4）：287-293.

［2］ Dörstel C. DMC - Practical experiences and photogrammetric system performance［J］. Fritsch D Photogrammetric Week，2003.

［3］ 王任享，胡莘，王新义，等．"天绘一号"卫星工程建设与应用［J］．遥感学报，2012，16（s1）：2-5.

［4］ 李德仁．我国第一颗民用三线阵立体测图卫星——资源三号测绘卫星［J］．测绘学报，2012，41（3）：317-322.

［5］ Sun H，Li L，Ding X，et al. The precise multimode GNSS positioning for UAV and its application in large scale photogrammetry［J］．地球空间信息科学学报（英文版），

2016，19（3）：1-7.

［6］朱锋. PPP/SINS 组合导航关键技术与算法实现［D］. 武汉：武汉大学，2015.

［7］Nocedal J，Wright S J. Numerical optimization［M］. Springer，1999.

［8］Wu C. Towards Linear-Time Incremental Structure from Motion［C］// International Conference on 3dtv-Conference. IEEE，2013：127-134.

［9］李德仁，袁修孝. 误差处理与可靠性理论［M］. 2 版. 武汉：武汉大学出版社，2002.

［10］Tao C V，Hu Y. A Comprehensive study of the rational function model for photogrammetric processing［J］. Photogrammetric Engineering & Remote Sensing，2001，67（12）：1347-1357.

［11］Weser T.，Rottensteiner F，Willneff J，et al.. Development and testing of a generic sensor model for pushbroom satellite imagery［J］. Photogrammetric Record，2008，23（123）：255-274.

［12］Grodecki J，Dial G. Block Adjustment of high-resolution satellite images described by rational functions［J］. Photogrammetric Engineering & Remote Sensing，2003，69（1）：59-70.

［13］Scharstein D，Szeliski R. A taxonomy and evaluation of dense two-frame stereo correspondence algorithms［J］. International Journal of Computer Vision，2002，47（1-3）：7-42.

［14］Hirschmuller H. Stereo processing by semiglobal matching and mutual information［J］. IEEE Transactions on Pattern Analysis and Machine Intelligence，2008，30（2）：328-341.

［15］Michael K，Matthew B，Hugues H. Poisson surface reconstruction［C］//Proceedings of the Fourth Eurographics Symposium on Geometry processing，2006：61-70.

［16］Labatut P，Pons J P，Keriven R. Robust and Efficient Surface Reconstruction From Range Data［C］// Computer Graphics Forum. Blackwell Publishing Ltd，2009：2275-2290.

［17］Kornprobst P，Tumblin J，Durand F. Bilateral filtering：Theory and applications［J］. Foundations & Trends® in Computer Graphics & Vision，2009，4（1）：1-74.

［18］Zhicheng Li，L. Itti. Saliency and gist features for target detection in satellite images［J］. IEEE Transactions on Image Processing A Publication of the IEEE Signal Processing Society，2011，20（7）：2017.

［19］余华欣. 基于遥感图像的目标检测与运动目标跟踪［D］. 西安：西安电子科技大学，2014.

［20］龚龑，舒宁，王琰，等. 遥感影像像斑空间关系分析的非规则无参数马尔可夫随机场模型［J］. 测绘学报，2013，42（1）：101-107.

［21］Shelhamer E，Long J，Darrell T. Fully convolutional networks for semantic segmentation［J］. IEEE Transactions on Pattern Analysis & Machine Intelligence，2014，39（4）：640-651.

［22］ Zhicheng Li, Itti. L. Saliency and gist features for target detection in satellite images ［J］. IEEE Transactions on Image Processing A Publication of the IEEE Signal Processing Society, 2011, 20 (7)：2017.

［23］ 李明, 赵俊霞, 胡芬. 国家航空航天遥感影像获取现状及发展 ［J］. 测绘通报, 2015 (10)：12-15.

［24］ Tewkesbury A P, Comber A J, Tate N J, et al. A critical synthesis of remotely sensed optical image change detection techniques ［J］. Remote Sensing of Environment, 2015, 160：1-14.

［25］ Parmehr E G, Fraser C S, Zhang C, et al. Automatic registration of optical imagery with 3D LiDAR data using statistical similarity ［J］. ISPRS Journal of Photogrammetry and Remote Sensing, 2014, 88：28-40.

［26］ Yang B, Chen C. Automatic registration of UAV-borne sequent images and LiDAR data ［J］. Isprs Journal of Photogrammetry & Remote Sensing, 2015, 101：262-274.

［27］ Hu X, Yuan Y. Deep-Learning-Based classification for DTM extraction from ALS point cloud ［J］. Remote Sensing, 2016, 8 (9)：730.

［28］ Huang J, You S. Point cloud labeling using 3d convolutional neural network ［C］// International Conference on Pattern Recognition (ICPR), 2016.

［29］ Xiong B, Oude Elberink S, Vosselman G. Footprint map partitioning using airborne laser scanning data ［J］. Isprs Annals of Photogrammetry Remote Sensing & Spatial Informa, 2016, Ⅲ-3：241-247.

［30］ http：//www2. isprs. org/commissions/comm3/wg4/detection-and-reconstruction. html.

第6章 高分辨率对地观测系统

6.1 高分辨率对地观测系统概述

人类生活在地球的四大圈层(岩石圈、水圈、大气圈和生物圈)的相互作用之中,其活动能上天、入地和下海。在20世纪航空航天信息获取和对地观测技术成就的基础上,人们纷纷构建天地一体化的对地观测系统,以便全天时、全天候地实时获取全球的粗中高分辨率的点方式(GNSS)和面方式(RS)的时空数据,用以回答人类社会可持续发展的重大问题。2003年,由美国、中国和欧盟等50多个国家或组织发起,经三次部长级峰会讨论于2005年通过了GEOSS十年行动计划,到2011年已有87个国家和61个国际组织参加,旨在建立一个分布式的一体化全球对地观测的多系统集成系统(GEOSS),其目标是研究解决人类社会可持续发展的九大问题:健康、灾害、气象、能源、水资源、气候、可持续农业、生态和生物多样性(详见 http://www.earthobservations.org)。

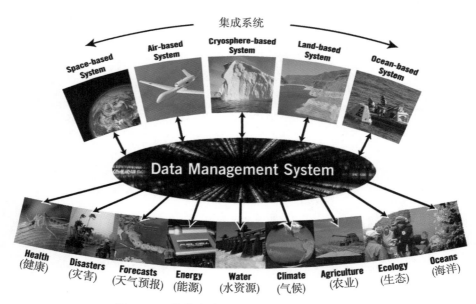

图6.1 一体化全球对地观测集成系统(GEOSS)

进入21世纪以来,伴随着航天技术、通信技术、传感器技术和信息技术的飞速发展,人们可以从各种航天、近空间、航空和地面平台上，用紫外、可见光、红外、微波、合成孔径雷达、激光雷达、太赫兹等多种传感器获取目标的多种分辨率影像和非影像数据，其空间分辨率、光谱分辨率和时间分辨率得到了极大的提高。

世界各国都十分重视发展高分辨率卫星对地观测系统，发射了一系列高分辨率光学和雷达卫星，并已走向商业化。据统计，目前在轨运行的主要陆地光学卫星中，有 81 颗属于高分辨率组(0.5~2.5m)，其中并不包含微卫星，由此可见当前高分辨率对地观测的规模和受关注程度。目前世界上已发射的商用高分辨率卫星主要有：2008 年 9 月，美国 GeoEye 公司发射的 GeoEye-1 传感器，提供 0.41m 的全色波段和 1.6m 的多光谱波段；法国国家空间研究中心(CNES)分别于 2012 年 9 月和 2014 年 6 月发射的 SPOT-6 与 SPOT-7 传感器，全色波段为 1.5m，多光谱波段为 6m。2013 年 11 月，美国 Planet 公司发射的 Skysat 传感器，全色分辨率为 0.8m，4 谱段多光谱分辨率为 2m，目前已有 21 颗 Skysat 卫星在轨运行；2014 年 8 月，美国 Digital Globe 公司发射的 WordView-3 传感器提供 0.31m 的全色波段和 1.24m 的多光谱波段；2015 年 3 月，韩国航空航天研究院发射的 KOMPSAT-3A 卫星，提供 0.4m 的全色波段以及 1.6m 的多光谱波段。2018 年 1 月，芬兰 ICEYE 公司发射的世界首颗小型 SAR 卫星，提供倾斜距离向分辨率 0.5m，方位向分辨率 2.5~3m；2018 年 12 月，美国 Capella 公司发射的 Capella-1 卫星，最高分辨率为 0.3m，截至 2022 年 11 月已发射了 7 颗 Capella 业务星；以色列和法国在近几年也推出了亚米级的高分辨率传感器。另外，值得一提的是亚洲的印度和日本，2020 年 2 月，日本"光学七号"成像侦察卫星成功发射入轨，分辨率优于 0.3m；2020 年 11 月，印度太空研究组织发射了 RISAT-2BR2 卫星，最高分辨率可达 0.35m；如图 6.2 所示，在近几年乃至未来的几年内，还将不断地有更高分辨率、更优良性能的卫星发射。从该图可以看出：高分辨率卫星的发展正在不断突破空间分辨率的极限，这些卫星给世界遥感市场带来了全新的机遇和挑战，使得利用卫星影像测制 1∶10 000 到 1∶5 000 比例尺的地形图成为可能。同时，新一代高分辨率雷达卫星的出现，也是一个值得关注的现象。可以说，我们已经进入了高分辨率卫星遥感时代。

图 6.2 列出了近几年国际上发射和即将发射的高分辨率卫星，表 6-1 列出了国外主要高分辨率遥感卫星的基本参数。

我国已将高分辨率对地观测系统列入 2006—2020 年国家重大专项中。《国家中长期科学与技术发展规划纲要(2006—2020 年)》中对高分辨率对地观测系统进行了明确阐述："高分辨率对地观测数据是对农业、灾害、资源环境、公共安全等重大问题进行宏观决策的有力根据，是保障国家安全的基础性和战略性资源，我国虽有气象卫星和资源卫星等观测手段，但高分辨率数据主要依靠国外，未形成完整的对地观测系统。掌握信息资源自主权，是国家的紧迫需求，具有重大的战略意义。高分辨率对地观测系统重点发展基于卫星、飞机和平流层飞艇的高分辨率先进对地观测系统，空间分辨率最高达 0.3m，空基优于 0.1m，光谱分辨率达纳米级；与其他中、低分辨率地面覆盖观测手段结合，形成时空协调、全天候、全天时的对地观测系统，并可根据需要对特定地区进行高精度观测；整合并完善现有遥感卫星地面接收站，建立对地观测中心等地面支撑系统。到 2020 年，建成稳定的运行系统，提高我国空间数据的自给率，形成空间信息产业链"(见图 6.3)。

表 6-1　国外主要高分辨率遥感卫星的基本参数

卫星	QuickBird2	ALOS	GeoEye1	WorldView2	Pleiades	SPOT-6	SkySat	SPOT-7	WorldView3	KompSAT3A
发射时间	2001.10.18	2006.1.24	2008.9.6	2009.10.8	2011.12.17	2012.9.9	2013.11.21	2014.6.30	2014.10.8	2015.7.28
所属国家	美国	日本	美国	美国	法国	法国	美国	法国	美国	韩国
卫星重量/kg	900	4 000	1 955	2 800	1 000	712	110	712	2 800	800
设计寿命/年	7	3~5	7+年（燃料15年）	7.25	5	10	>6	10	7.25	4
降交点时刻	10：30am	10：30am	10：30am	10：30am	10：30am	10：30am	10：30am	10：30am	1：30pm	10：30am
轨道高度/km	450	692	684	770	694	694	500~600	694	617	528
重访周期	6	46	<3	1.1	1	1	1	1	1	28
相机焦距/m	8.832	未查到	13.3	8.832	13	未查到	3.6	未查到	8.832	8.6
地面幅宽/km	16.5	70	15.2	16.4	20	60	8	60	13.1	12
地面分辨率/m	PAN：0.61 MS：2.44	PAN：2.5 MS：10.0	PAN：0.41 MS：1.65	PAN：0.46 MS：1.8	PAN：0.5 MS：2.0	PAN：1.5 MS：6.0	PAN：0.8 MS：2.0	PAN：1.5 MS：6.0	PAN：0.31 MS：1.24	PAN：0.4 MS：1.6
PAN波段/μm	0.45~0.90	0.52~0.77	0.45~0.90	0.45~0.90	0.45~0.90	0.45~0.75	0.45~0.90	0.45~0.75	0.45~0.80	0.45~0.90
MS波段/μm	0.45~0.52 0.52~0.60 0.63~0.69 0.76~0.92	0.45~0.50 0.52~0.60 0.61~0.69 0.76~0.89	0.45~0.52 0.52~0.60 0.60~0.69 0.76~0.92	0.45~0.51 0.51~0.58 0.63~0.69 0.77~0.89	0.43~0.55 0.49~0.61 0.60~0.72 0.75~0.95	0.45~0.52 0.53~0.59 0.62~0.69 0.76~0.89	0.45~0.51 0.52~0.59 0.60~0.69 0.74~0.90	0.45~0.52 0.53~0.59 0.62~0.69 0.76~0.89	0.45~0.51 0.51~0.58 0.63~0.69 0.77~0.89	0.45~0.52 0.52~0.60 0.63~0.69 0.76~0.90

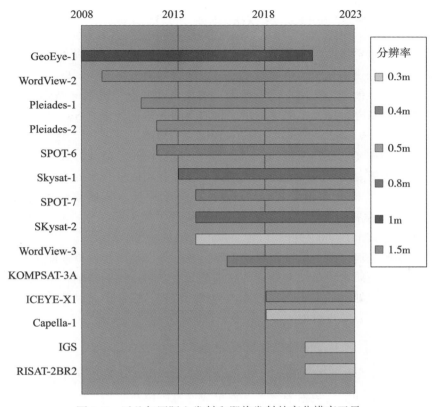

图 6.2 近几年国际上发射和即将发射的高分辨率卫星

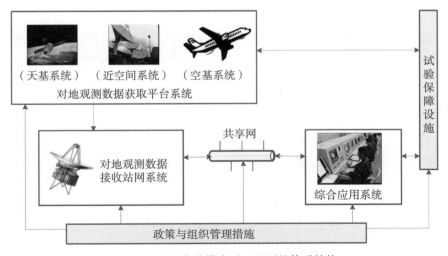

图 6.3 我国高分辨率对地观测的体系结构

6.2　高分辨率光学卫星影像地面处理技术

高分辨率光学卫星作为对地观测领域的一个重要组成部分，已成为对地观测领域的一个新的制高点。高分辨率光学卫星的发展使得成像数据的清晰度和解析能力不断提升、信息量得到极大丰富、地理定位信息更趋精确、获取更加便捷、成本逐渐降低。近十年来，许多国家争相研制高分辨率光学遥感卫星，目前空间分辨率优于 0.5m 的商业遥感卫星已开始运行使用(WorldView-3，2014；RISAT-2BR2，2020)。

近年来，我国在光学遥感卫星的空间分辨率、运行模式、荷载形式以及数据处理等方面也有了全新的进展。为了进一步提高我国自主对地观测信息获取的能力，高分辨率对地观测系统重大专项已被列入国务院《国家中长期科学和技术发展规划纲要(2006—2020年)》，是我国科技发展的重中之重，在十几年间完成了数十颗高分辨率卫星的发射任务，成像空间分辨率达到了 0.3m 左右。

地面处理系统是遥感卫星系统工程的重要组成部分，是衔接卫星地面接收和用户的桥梁和纽带，精确的高质量卫星地面处理产品也是开展遥感应用的基础。本节将围绕高分辨率光学卫星影像地面处理的主要内容，从地面处理流程、影像产品以及系统辐射校正和几何处理的算法模型等方面进行简要介绍。

6.2.1　光学卫星影像地面处理流程及产品

高分辨率光学影像地面处理的输入是地面接收系统解压缩和格式化后的原始数据，一般称为帧扩展记录数据，该数据中包含了卫星成像过程中获取的影像数据和平台及相机辅助参数信息。基于该数据光学卫星地面处理系统首先完成原始输入数据的格式解析，获取地面处理必要的辅助参数数据和相机成像数据。

高分辨率光学影像地面处理的输出结果是各级影像产品，对于高分辨率光学卫星影像来讲，地面处理的影像产品主要分为以下几个级别：

0 级产品：对 0 级数据进行解析处理，按照分景参数信息输出原始成像数据和相应的参数数据，按照标准格式规范存储，形成 0 级产品；

1 级产品：对 0 级产品经过系统辐射纠正，没有经过系统几何校正的影像产品。

2 级产品：由 1 级产品直接根据星上下传的轨道和姿态数据进行几何校正后形成的影像产品。

3 级产品：由 1 级产品通过地面控制点和粗格网 DEM，进行统一几何校正后形成的影像产品。

4 级产品：由 1 级产品通过高精度地面控制点和精格网 DEM，进行正射校正后形成的影像产品。

图 6.4 显示了光学卫星影像地面处理的主要流程和输出的各级影像产品。

6.2.2　辅助数据的解析与处理

辅助数据解析是对下传的二进制辅助数据按照一定的格式规范进行解译与分析的。辅

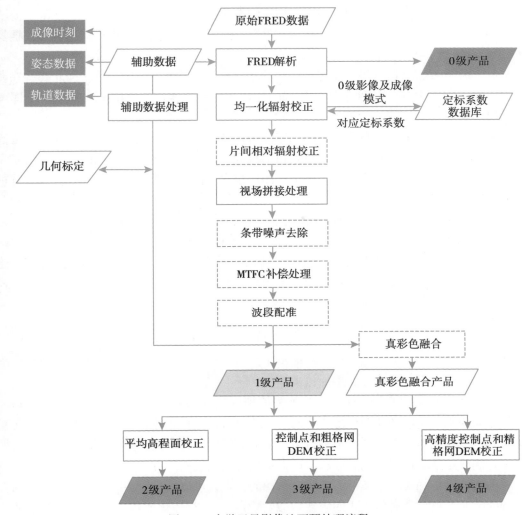

图 6.4　光学卫星影像地面预处理流程

助数据通常包括相机标识、时间标识、星历数据、姿态数据、相机温度、相机增益、积分时间等与相机运行和数据处理相关的参数。其中，时间数据、星历数据和姿态数据是最为重要的辅助数据，是光学卫星影像几何处理的必要数据。

星历数据又称为轨道观测数据，是指星上 GPS 接收机或其他定轨设备测定的卫星在某个时刻在地心直角坐标系下的位置和速度。姿态观测数据是由姿态敏感器和惯性装置测量得到的卫星本体在空间惯性坐标系下的姿态，通常用四元数或欧拉角和角速度表达。常用的姿态敏感器有恒星敏感器、太阳敏感器、红外地平仪等。为获取高频、高精度、高稳定度的姿态数据，通常采用陀螺与姿态敏感器组合定姿的方式进行卫星的姿态测量。成像时间数据用于记录卫星的成像时刻和行积分时间周期等参数。星历数据、姿态数据和时间数据均按照一定的频率记录。

在对轨道姿态的采样数据进行建模之前，需对解析后辅助数据进行稳定性和可用性分析。各类辅助观测数据一般是随时间变化而稳定变化的，各采样点数据只在一定范围内波动。一般情况下，直接下传的姿态和轨道数据会存在重复帧现象，解析后需要进行去重复组处理。

另外，轨道数据测量时间、姿态系统测量和成像时间基准不一定一致，因此要将三者统一到 UTC 时间系统下，以便于辅助数据的处理和使用。通常，仅用一个常数因子即可将两种时间系统统一。

CCD 的行积分时间随地球自转的线速度、卫星轨道高度和侧摆角的变化而有规律地变化。但是辅助数据中没有直接提供每条扫描行成像时刻的星务时间，而是以一定的时间间隔记录了若干组成像时间观测值，每组观测值包含成像时刻、获取的扫描行行号、行积分时间周期等信息。

取一段影像的辅助数据中共有 N 组成像时间观测值，每组参数包括了对应的扫描行行号 l_i、星务时刻 tp_i 和行积分时间周期 $\mathrm{Int}T_i$，这里，$i = 1，2，3，\cdots，N$。行积分时间周期的测量精度通常是非常高的，因此，以第一组时间观测值对应的星务时间为起点，建立扫描行时间参数模型。于是，对于影像上的第 j 条扫描行，其成像时刻 t_j 可以利用公式 (6-1) 计算，这里，$t_j \in [l_n，l_{n+1}]$，$n = 1，2，3，\cdots，N - 1$。

$$t_j = tp_1 + \sum_{i=1}^{n} \mathrm{Int}T_i \times (l_{i+1} - l_i) \tag{6-1}$$

这样，扫描行的成像时间误差主要取决于起始采样点星务时刻的准确性，因而从理论上更有利于在后续误差补偿计算中加以消除。

基于离散的卫星星历和传感器姿态观测值精确地内插任意成像时刻的卫星轨道和姿态，是建立相机严密成像几何模型的基础。对于星载线阵传感器，各扫描行的外方位元素是随时间连续变化的，考虑到卫星平台运行平稳的特点，在一段时间内，采用一般多项式模型拟合法或拉格朗日多项式内插法均可得到任意扫描行的外方位元素。

考虑到卫星传感器平台飞行姿态相对平稳的特点，可以用一般多项式拟合模型获取各扫描行的定向参数，其通用形式如公式 (6-2) 所示，t 为归一化成像时刻，或相对于某一参考点的相对时刻。

$$\left.\begin{aligned}
X_s &= m_0 + m_1 t + m_2 t^2 + \cdots + m_k t^k \\
Y_s &= n_0 + n_1 t + n_2 t^2 + \cdots + n_k t^k \\
Z_s &= s_0 + s_1 t + s_2 t^2 + \cdots + s_k t^k \\
X_{vs} &= w_0 + w_1 t + w_2 t^2 + \cdots + w_k t^k \\
Y_{vs} &= g_0 + g_1 t + g_2 t^2 + \cdots + g_k t^k \\
Z_{vs} &= c_0 + c_1 t + c_2 t^2 + \cdots + c_k t^k \\
\varphi &= d_0 + d_1 t + d_2 t^2 + \cdots + d_k t^k \\
\omega &= e_0 + e_1 t + e_2 t^2 + \cdots + e_k t^k \\
\kappa &= f_0 + f_1 t + f_2 t^2 + \cdots + f_k t^k
\end{aligned}\right\} \tag{6-2}$$

有必要根据采样点观测值的时间间隔和轨道姿态的稳定度，选取合适的多项式阶数。理论上讲，多项式的阶数 k 越高，外方位元素的拟合精度越高。一般取 $k=2$ 或 3，能同时满足精度和效率的要求。

无论采用哪种建模方法，采样点的数量都不宜过少；采样频率越高，轨道姿态多项式建模的可靠性越高。

6.2.3 光学卫星影像的辐射处理

系统辐射校正是指消除或改正遥感影像在成像过程中附加在传感器输出辐射能量中的各种外界因素的影响，使传感器输出的辐射能量能够正确地反映地物真实反射率的过程。系统辐射校正主要分为相对辐射校正和绝对辐射校正两种。相对辐射校正主要是消除 CCD 探测器件和电路系统所引起的 CCD 探元之间响应非均匀性，亦称之为去条带校正或均匀化校正，是绝对辐射校正的预备步骤，也是光学卫星地面数据处理的基本环节。绝对辐射校正是在相对辐射校正的基础上校正大气等因素的影响，获取实际地物的反射率与 DN 值的对应关系，与遥感数据的定量化应用密切相关，是定量遥感的重要环节。本节主要介绍相对辐射校正方法，绝对辐射校正必须利用地面辐射校正场，此处不予讨论。

光学卫星影像的相对辐射校正主要完成消除 CCD 探元相应差异的均一化相对辐射校正处理和死像元、暗像元内插与修补处理，对于多片 CCD 视场成像还需按照相机的设计完成视场拼接处理，在系统辐射处理之后，根据质量改善的需要，还需要完成噪声去除、调制传递函数补偿处理，进一步改善辐射处理质量，对于多光谱成像还要进行多波段配准处理，限于篇幅，本节简要介绍均一化辐射校正和死像元、暗像元内插与修补处理。

1. 均一化相对辐射校正

均一化辐射校正处理主要基于 CCD 探元的相对定标系数，实现逐个探元的校正处理，均一化相对辐射校正主要采用线性模型，如式(6-3)所示。

$$DN_{ical} = k_i(DN_i - B_i) \tag{6-3}$$

式中，DN_i 为校正前第 i 个像元灰度值，B_i 和 k_i 分别为某波段某模式下第 i 个像元相对辐射定标偏置和系数，DN_{ical} 为相对辐射校正后的第 i 个像元灰度值。相对定标系数可以通过实验室和在轨定标获取，图 6.5 显示了实际成像的均一化辐射校正结果。

2. 死像元、暗像元内插与修补

对于线阵，随着系统在轨运行状态变化，会出现某个像元的响应异常，这时需要根据响应异常像元所在的位置，对该像元进行内插和修补处理，主要的方法是利用周围点对其进行内插替代。但是，由于无效像元成列状分布，所以，内插时不能用上、下的像素点，因为上、下的像素点同样为无效像元，而只能用左、右的像素点对其进行内插。内插方法如下：

$$C_{i,j} = (C_{i,j+1} + C_{i,j-1})/2$$

式中，$C_{i,j}$ 为死像元处理后的值，i 为此像素点的行，j 为此像素点的列。$C_{i,j+1}$、$C_{i,j-1}$ 分别为死像元左右两像素点的亮度值。

图 6.6 为 CBERS-02B CCD 影像数据对暗像元进行校正前后的对比图。由此可见，校正后图像的均一性效果要优于校正前的图像。

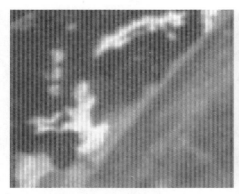

（a）原始图像 （b）辐射校正结果

图 6.5 系统辐射校正

(a) 校正前影像 (b) 校正后影像

图 6.6 CBERS-02B 影像暗像元校正的效果图

3. 多片 CCD 影像视场拼接

对于光学成像来讲，由于单条 CCD 器件的长度有限，无法满足影像成像幅宽的要求，因此，光学相机的设计需要采用多片 CCD 拼接构成一个大的成像视场。由于每一片 CCD 在视场中单独成像，因此，为了构成一个完整的视场影像，需要对多片 CCD 影像进行视场拼接处理。

根据不同的相机结构设计，CCD 影像的视场拼接可以分为共线 CCD 成像视场影像拼接和非共线 CCD 成像视场影像拼接处理。

共线 CCD 成像设计是将多片 CCD 在物理上通过光学棱镜拼接成一条直线，为了保证成像的完整性，相邻 CCD 之间会有一定像元的重叠，因此，在进行视场影像拼接时，可以根据设计的重叠关系，直接进行拼接和滤波处理，图 6.7 显示了共线 CCD 视场拼接前后的结果。

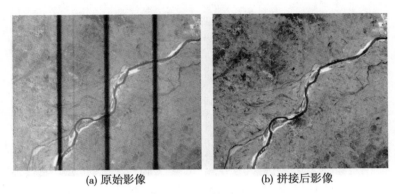

(a) 原始影像　　　　　　　　(b) 拼接后影像

图 6.7　共线 CCD 视场拼接前后的影像

非共线 CCD 视场拼接是将多片 CCD 按照"品"字形或交错排列的方式，构成一个大的成像视场，图 6.8 给出了我国民用高分辨率遥感卫星 HR 相机的焦平面示意图，三片 TDI CCD 在焦平面上偏视场排列，根据提供的设计参数，每片 TDI CCD 的宽度为 4 096 个像元，三片 CCD A1、A2 和 A3 相互平行，A1 和 A3 对齐排列，两列 CCD 之间的垂直间距为 26.00mm，A1 与 A2、A2 与 A3 之间均重叠 21 个像元，以保证相邻 TDI CCD 的成像重叠，便于后续拼接处理(胡芬，2010)。

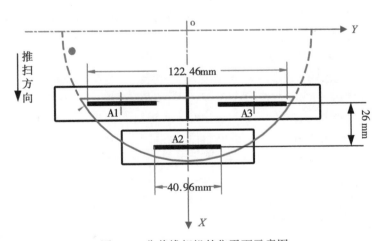

图 6.8　非共线相机的焦平面示意图

卫星平台和地形起伏等因素会导致 CCD 之间的重叠关系存在非线性变形，使得视场拼接算法设计相对比较复杂，限于篇幅这里不再详细介绍，具体可以参阅三片非共线 TDI

CCD 成像数据内视场拼接理论与算法研究（胡芬，2010），图 6.9 显示了非共线 CCD 视场拼接前后的效果。

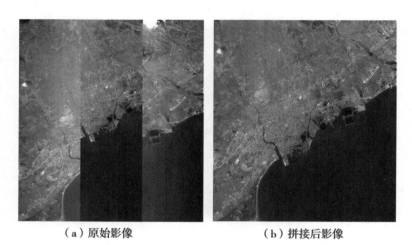

（a）原始影像　　　　　　　　　　（b）拼接后影像

图 6.9　非共线 CCD 视场拼接前后的影像

如果能利用几何和辐射定标场的绝对定标参数，多片 CCD 影像视场拼接的效果将会更好（见下文 6.2.5）。

6.2.4　光学卫星影像的几何处理

传感器几何模型是进行几何处理的基础，反映了地面点三维空间坐标与像平面坐标系中相应像点二维坐标之间的数学关系。根据构建原理，传感器几何模型分为物理传感器模型和广义传感器模型。建立物理传感器模型时，需要考虑成像过程中造成影像变形的物理因素，如地表起伏、大气折射、相机透镜畸变及卫星的位置、姿态等，再利用这些物理条件来建构成像几何模型，即严格几何成像模型。广义传感器模型建立时，则不考虑传感器成像的物理意义，直接采用数学函数如多项式、直接线性变换、仿射变换及有理多项式等形式描述地面点和相应像点之间的几何关系。在传统的摄影测量领域，应用较多的是物理传感器模型，即基于共线方程的几何模型。由于物理传感器模型与传感器物理和几何特性紧密相关，因此不同类型的传感器对应的物理模型不同。目前，光学卫星多采用线阵推扫式成像传感器，每一扫描行成像的几何模型随时间而异，因此依据共线原理建立的物理模型对后续处理极为不便。同时，出于对卫星参数的保密，广义传感器模型多为卫星方所青睐，其中有理多项式模型具有与严格几何成像模型等精度的优点，成为使用最为广泛的几何模型。

1. 严格几何成像模型的建立

目前，光学卫星传感器均以线阵推扫方式成像，每一扫描行满足中心投影，如图 6.10 所示。

基于像点、物点与投影中心三点共线条件，可得到严格几何成像模型。建立空间固定惯性参考系与传感器坐标系之间的成像模型，如公式（6-4）所示。

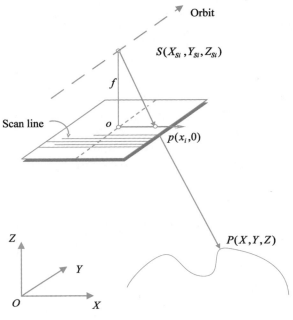

图 6.10 推扫成像示意图

$$\begin{pmatrix} X - X_{si} \\ Y - Y_{si} \\ Z - Z_{si} \end{pmatrix}_{CIS} = \lambda \boldsymbol{R}_{GF} \boldsymbol{R}_{FB} \boldsymbol{R}_{BS} \begin{pmatrix} x_i \\ y_i \\ -f \end{pmatrix} \tag{6-4}$$

式中，λ 为尺度因子；(x_i, y_i) 为像点 p 在图像坐标系下的坐标；(X, Y, Z) 为地面点 P 在 CIS 下的坐标；(X_{si}, Y_{si}, Z_{si}) 为地面点 P 成像时刻投影中心在 CIS 下的坐标。

式(6-4)是利用卫星运动基本矢量、姿态和相机的侧视角所建立的单线阵推扫式传感器影像坐标与其地面点在 CIS 坐标系下的坐标关系式(张过，2005)，即单线阵推扫式卫星遥感影像的严格几何成像模型。这里需要特别指出的是，式中卫星的基本运动矢量、姿态和侧视角可以从影像的辅助参数文件读出。

2. 有理多项式(RPC)模型

RPC(Rational Polynomial Coefficients)模型是一种直接建立像点像素坐标和与其对应的物方点地理坐标关系的有理多项式模型。为了保证计算的稳定性，RPC 模型将像点图像坐标(l, s)和经纬度坐标(B, L)和椭球高 H 进行正则化处理，见公式(6-5)，使坐标范围在[-1, 1]之间。

$$l_n = \frac{l - \text{LinneOff}}{\text{LineScale}}, \quad s_n = \frac{s - \text{SampleOff}}{\text{SampleScale}}$$

$$U = \frac{B - \text{LonOff}}{\text{LonScale}}, \quad V = \frac{L - \text{LatOff}}{\text{LatScale}}, \quad W = \frac{H - \text{HeiOff}}{\text{HeiScale}} \tag{6-5}$$

则 RPC 模型表示为：

$$l_n = \frac{\mathrm{Num}_L(U,\ V,\ W)}{\mathrm{Den}_L(U,\ V,\ W)}$$

$$s_n = \frac{\mathrm{Num}_S(U,\ V,\ W)}{\mathrm{Den}_S(U,\ V,\ W)} \Bigg\} \tag{6-6}$$

其中，

$$\mathrm{Num}_L = (U,\ V,\ W) = a_1 + a_2 V + a_3 U + a_4 W + a_5 VU + a_6 VW + a_7 UW + a_8 V^2 + a_9 U^2 + \\
a_{10} W^2 + a_{11} UVW + a_{12} V^3 + a_{13} VU^2 + a_{14} VW^2 + a_{15} V^2 U + a_{16} U^3 + \\
a_{17} UW^2 + a_{18} V^2 W + a_{19} U^2 W + a_{20} W^3$$

$$\mathrm{Den}_L = (U,\ V,\ W) = b_1 + b_2 V + b_3 U + b_4 W + b_5 VU + b_6 VW + b_7 UW + b_8 V^2 + b_9 U^2 + b_{10} W^2 + \\
b_{11} UVW + b_{12} V^3 + b_{13} VU^2 + b_{14} VW^2 + b_{15} V^2 U + b_{16} U^3 + b_{17} UW^2 + \\
b_{18} V^2 W + b_{19} U^2 W + b_{20} W^3$$

$$\mathrm{Num}_S = (U,\ V,\ W) = c_1 + c_2 V + c_3 U + c_4 W + c_5 VU + c_6 VW + c_7 UW + c_8 V^2 + c_9 U^2 + c_{10} W^2 + \\
c_{11} UVW + c_{12} V^3 + c_{13} VU^2 + c_{14} VW^2 + c_{15} V^2 U + c_{16} U^3 + c_{17} UW^2 + \\
c_{18} V^2 W + c_{19} U^2 W + c_{20} W^3$$

$$\mathrm{Den}_S = (U,\ V,\ W) = d_1 + d_2 V + d_3 U + d_4 W + d_5 VU + d_6 VW + d_7 UW + d_8 V^2 + d_9 U^2 + \\
d_{10} W^2 + d_{11} UVW + d_{12} V^3 + d_{13} VU^2 + d_{14} VW^2 + d_{15} V^2 U + d_{16} U^3 + \\
d_{17} UW^2 + d_{18} V^2 W + d_{19} U^2 W + d_{20} W^3$$

其中，a_i，b_i，c_i，$d_i(i = 1,\ 2,\ \cdots,\ 20)$ 为有理多项式系数。

有理多项式系数的确定有文献介绍（张过，2005）。用户使用 RPC 模型无需卫星参数和姿轨数据，因此它与传感器无关，且计算效率高，坐标反算无需迭代，已被国内外高分辨率光学卫星影像广为使用。

3. 系统几何校正产品生产

光学卫星影像的系统几何校正是光学卫星影像地面处理中必不可少的组成部分，系统几何校正主要用于消除成像系统的系统误差，使得影像满足真实的地理关系。系统几何校正主要完成传感器偏置、扫描非线性、传感器不对齐、姿态变化、轨道变化、全景扭曲、地球表面弯曲、地球自转等系统校正（唐海蓉，等，2003）。

高分辨率光学卫星影像的系统几何校正是直接基于卫星平台获取的轨道和姿态参数（这些参数连同内方位元素可以通过几何定标场进行绝对标定），根据严格的成像几何模型或者 RPC 模型，建立待纠正影像和原始获取影像之间的几何变换关系，按照指定的地图投影，通过影像重采样形成 2 级影像产品，2 级影像产品的精度主要取决于卫星原始轨道和姿态的测量精度。

4. 几何精校正及正射校正产品自动生产

由于系统几何校正的精度直接取决于获取卫星影像的原始轨道和姿态测量精度，一般遥感卫星的系统几何校正只能达到几十到几百米的几何定位精度，无法满足更高精度的应用需求，因此，需要进一步进行几何精校正和正射校正处理，以获取更高精度的卫星影像产品。

几何精校正和正射校正选取一定数量的控制点，通过地面控制点对卫星的成像几何模型参数进行平差解算，对于高分辨率光学卫星影像而言，几何精校正和正射校正采用的几何模型是一样的，只是几何精校正和正射校正采用的控制点精度和 DEM 精度不同。

随着影像匹配技术的发展，通过预先布设全球控制点影像数据库和 DEM 数据库，作为几何精校正和正射校正的参考控制点和参考 DEM，通过影像匹配技术实现控制点的自动选取，然后采用粗差检测和剔除技术，剔除错误匹配的控制点，实现几何精校正和正射校正影像产品的自动化生产。

所谓控制点库即按照一定规范存储的控制点影像数据库，对于光学卫星影像点处理中采用的控制点库是一种广义的控制点，即只要采集的控制点影像有足够的纹理信息，都可以作为控制点使用，图 6.11 显示了采集的各种类型控制点影像。

图 6.11 控制点影像

为了验证基于控制点库的几何精校正产品生成的可行性，对 161 景遥感卫星影像进行实验，以 Google Earth 影像作为参考数据源，采用几何精校正产品自动生产流程对影像进行几何精校正，校正精度如图 6.12 所示。

统计 161 景影像校正精度，见表 6-2。

表 6-2 　　　　　　　　　　　　　　**精度统计结果**

精　　度	平　　面
中误差	14.768 9m
平均精度	13.025 7m

续表

精　度	平　面
标准差	6.982 5m
最大误差	39.703 0m
最小误差	2.516 2m

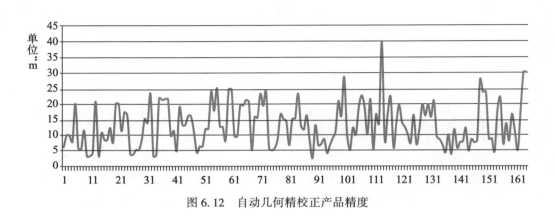

图 6.12　自动几何精校正产品精度

实验结果证明，采用基于控制点库的几何精校正产品自动生成方法，几何定位精度可保证在 20m 以内，最高精度可达到米级，将原系统几何校正 300m 左右的定位精度提高到了 20m 以内，定位精度提高了一个量级。因此，基于控制点库的几何精校正产品生产可以有效提升系统几何校正精度较低的遥感卫星地面几何定位精度和几何处理质量。

6.2.5　光学卫星影像的检校场定标与验证

目前，国内研制的高分卫星的图像视觉效果和辐射质量都得到提高，但是定位精度与国外同类卫星的定位精度相比还存在较大的差距，"资源一号"02 星定位精度为 7km（RMS）、"资源二号"03 星定位精度达到 200m，2008 年发射的"遥感二号"卫星定位精度也在 600m，国外卫星 IKONOS、SPOT-5 等定位精度为几十米，国外发射的 GeoEye 和 WorldView2 的无控制点定位精度在 10m 以内。在一定的控制条件下，国外卫星影像正射纠正精度为 1 个像元以内，而国产卫星影像正射纠正的精度为 3~4 个像元。

几何质量和辐射质量除与研制部门的卫星载荷的技术状态有关外，通过地面精细处理同样能提高质量，即通过几何标定提高卫星影像的几何精度，通过辐射标定提高卫星影像的辐射质量。在几何质量方面，SPOT-5 和 IKONOS 卫星通过位置传感器标定（GPS 相位中心）、姿态传感器标定（星敏光轴指向、星敏安装矩阵、陀螺星敏时空关系）、相机安装矩阵标定（确定位置姿态传感器与相机之间的时空关系）、相机内方位元素标定（标定相机的每个 CCD 探元的指向角）和在轨定期稳定性监测（3~6 个月一次）等工作，绝对定位精度实现了以下目标：SPOT-5 达到 50m 以内，IKONOS2 达到 10m 以内，WorldView2 达到 3m 以内；图像内部几何精度实现了以下目标：SPOT-5、IKONOS2、WorldView2 等均在一个像元以内。位置传感器标定、姿态传感器标定、相机安装矩阵标定国内是有一定基础的，但是国内并没有开展相机内方位元素标定等工作。

本章采用高精度几何检校场和卫星辅助数据获取模拟影像，通过模拟影像与真实影像高精度配准计算，获取足够数量的控制点数，根据光学严密几何成像模型标定 CCD 探元指向角和外方位元素改正数。

例如，依据测绘遥感信息工程国家重点实验室建设的嵩山几何场高精度 DEM 和DOM，对成像时间为 2009 年 1 月 2 日的国产某星数据进行高精度几何标定，并对成像时间为 2009 年 5 月 13 日的国产星数据进行验证，如图 6.13 所示。

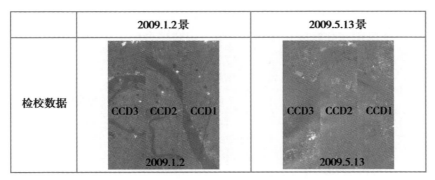

图 6.13　检校数据

2009.1.2 景国产星数据自身检校结果见表 6-3。

表 6-3　　　　　　　　　　**2009.1.2 景国产星数据自身检校结果**

精度	line 方向（像素）	sample 方向（像素）
控制点定向（理论内方位元素）	0.565 001 419	3.367 801 905
内检校结果残差	0.469 776 485	0.410 973 533

2009.5.13 景国产星数据使用几何检校结果前后定位精度对比见表 6-4。

表 6-4　　　**2009.5.13 景国产星数据使用几何检校结果前后定位精度对比表**

精度	line 方向（像素）	sample 方向（像素）
控制点定向（不用内检校结果）	0.422 252 376	3.586 987 691
控制点定向（用内检校结果）	0.445 291 087	0.415 300 836

从表 6-4 看，与控制点定向精度相比，2009.1.2 景自身内检校后行向精度由 0.5 像素

提高到 0.4 像素，列向精度则由 3.3 像素提高到 0.4 像素，精度提升明显。利用 2009.1.2 景的内检校结果补偿 2009.5.13 景，行向精度无明显变化，列向精度由 3.5 像素提高到 0.4 像素，精度提升依然很明显。

　　试验结果证明，国产卫星带控制点定位精度可从 3 个像素提高到 1 个像素左右，与国外高分卫星相当。国产卫星具有一定的稳定性，时间相差近 4 个月的两景数据依然能够进行应用。大力发展建设高精度几何检校场，满足军民用户由追求高清晰度向追求高几何精度、高几何质量转变的迫切需求。

6.2.6　我国第一颗民用三线阵立体测图卫星——"资源三号"卫星

　　2012 年 1 月 9 日，我国成功发射了"资源三号"卫星。"资源三号"卫星是我国自主设计和发射的第一颗民用高分辨率立体测图卫星，卫星平台的主要参数见表 6-5。

表 6-5　　　　　　　　　　　　"资源三号"测绘卫星平台参数

平台指标	指标参数
卫星重量	2 650kg
星上固存容量	1TB
平均轨道高度	505.984km
轨道倾角	97.421°
降交点地方时	10 点 30 分
轨道周期	97.716 分钟
回归周期	59 天
设计寿命	5 年

　　"资源三号"测绘卫星上搭载了 4 台光学相机，其中 3 台全色相机按照前视 22 度、正视和后视 22 度设计安装，构成了三线阵立体测图相机；另一台多光谱相机包含红、绿、蓝和红外 4 个谱段，用于与正视全色影像融合和地物判读与解译。为了保证卫星影像的辐射质量，4 台光学相机的影像都是按照 10 比特进行辐射量化，"资源三号"测绘卫星 4 台相机的主要参数见表 6-6。

表 6-6　　　　　　　　　　　"资源三号"测绘卫星载荷主要参数

载荷参数	三线阵相机	多光谱相机
光谱范围	0.5~0.8μm	蓝：0.45~0.52μm 绿：0.52~0.59μm 红：0.63~0.69μm 近红外：0.77~0.89μm

续表

载荷参数	三线阵相机	多光谱相机
地面像元分辨率	下视：2.1m 前后视：3.5m	5.8m
焦距	1 700mm	1 750mm
量化比特数	10bit	10bit
像元尺寸	下视 24 576(8 192 * 3) ×7μm; 前后视 16 384(4 096×4)×10μm;	9 216(3 072×3)×20μm
静态传函	优于 0.2	优于 0.2
幅宽	52km	52km
视场角	6 度	6 度

图 6.14 是"资源三号"测绘卫星下视 2.1m 分辨率的图像。

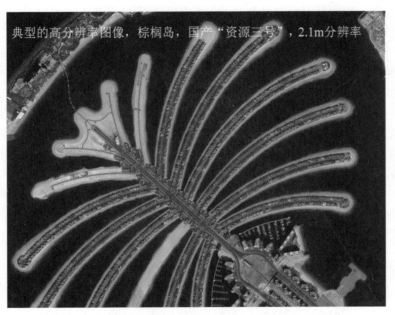

图 6.14 "资源三号"测绘卫星下视图像(分辨率为 2.1m)

利用地面几何定标场对"资源三号"测绘卫星定期进行在轨几何检校是提高其影像产品几何质量的关键，也是充分挖掘卫星影像产品后续应用潜力的保证。

经过几何定标后，利用高精度地面控制点(控制点精度优于 1m)检验了不同轨道获取的影像数据，在卫星系统稳定工作的情况下，标定后的无地面控制精度优于 15m，详见表 6-7。

表 6-7 　　　　　　　　　　　　几何定标后无地面控制精度检验

景号	区域	检查点	成像时间	X 中误差（m）	Y 中误差（m）	中误差（m）
1	郑州	24	2012-02-03	5.332	5.193	7.443
2	南阳	8	2012-02-03	2.322	7.749	8.090
3	洛阳	24	2012-01-24	10.009	10.337	14.389
4	安平	508	2012-2-28	6.844	8.187	10.671
5	合肥	4	2012-3-24	7.492	3.838	8.672

例如，本研究利用大连实验区进行平差精度分析，在该地区分别获取了外业 18 个 GPS 控制点，由不同的控制点和检查点量测的结果可以看出，只要 4 个控制点，就会明显提高量测的几何定位精度和高程精度，利用 14 个检查点求得高程精度为 1.787m，平面精度达到 2.975m。

"资源三号"测绘卫星的成功发射实现了我国民用高分辨率测绘卫星领域零的突破，对我国测绘事业的发展具有革命性意义，是我国卫星测绘发展史上一座新的里程碑，也是我国卫星遥感对地观测技术实现从有到好的一次跃升。

6.3　高分辨率遥感影像信息处理

近年来，空间成像技术的快速发展，大量高空间分辨率遥感卫星的成功发射，标志着对地观测数据获取技术新纪元的来临，我们已经进入了高分辨率卫星遥感时代。这种新型影像扩大了遥感应用的范围，拓宽了对地观测的尺度，提高了数据更新的速度，包含了更多与人类生活和生产相关的细节信息，在与经济发展密切相关的城市群管理中也日益体现出应用价值。高分辨率卫星影像在城市生态环境评价、城市规划、地形图更新、地籍调查、精准农业等方面有巨大的应用潜力。因此，高分辨率影像处理和应用技术的研究不仅具有非常重要的学术价值而且具有重要的现实意义。

6.3.1　高分辨率影像处理面临的问题与研究现状

高分辨率影像数据的特点是：①由于分辨率的显著提高，在同一区域范围内，较之中低分辨率影像而言，高分辨率影像的数据量显著增加；②受成像技术的影响，高分辨率数据可供利用的光谱波段减少，光谱分辨率降低；③影像所展现的地物几何结构和纹理信息更加明显。

在应用实践中，我们发现：高分辨率数据在带来全新的对地观测模式的同时，也带来了一系列信息处理与模式识别的新问题。大量实验表明：卫星遥感影像空间分辨率的提高并不一定意味着影像解译精度的提高（Myint et al.，2004）。与传统的中低分辨率卫星影像相比，显然，卫星空间分辨率的提高确实能增强地物信息的获取能力，可以描述一些中低分辨率无法探测到的新目标（如屋顶、小路、阴影、花园、停车场等）。但是，随着影像空间分辨率的提高，数据量大幅度增加，地物信息呈现高度细节化。影像中地物的光谱分布更具变化，不同地物的光谱相互重叠，"同物异谱""异谱同物"现象大量发生，同类地物的光谱特性差异变大，异类目标的光谱特性相互重叠，使得类内方差变大，类间方差变小，这减弱了影像光谱域的统计可分性（Bruzzone，Carlin，2006）。一方面，这是由于受空间成像技术的影响，高分辨率传感器提供的光谱波段数减少，比如 IKONOS、QuickBird、SPOT-5 等传感器只有 4 个多光谱波段，与 MODIS、Landsat 等中低分辨率影像相比，光谱信息大幅度减少；另一方面，虽然光谱分辨率减小，但高分辨率影像所提供的丰富空间信息，却改变了传统遥感影像的类别定义和地物光谱统计特征。由于光谱波段的减少和影像信息的细节化，造成了类内方差的增大和类间方差的减少，因此，建立在中低分辨率影像处理基础上的光谱解译方法，在解译高分辨率数据的复杂特征时，面临着很大的困难，需要发展新的处理方法和技术。

针对高分辨率影像光谱信息不足，影像信息细节化，混合像元减少，纯净像元增多，以及由此产生的影像特征提取和模式分类上的问题，Dell' Acqua 等（2004）提出：要提高高分辨率影像的分类精度，必须联合影像的光谱和空间信息。现有的高分辨率遥感数据模式识别总体上可以分为两个思路，一是利用影像的空间、结构特征，增强光谱特征空间的模式可分性，另一个是以商业化软件 eCognition 为代表的面向对象方法。

①纹理特征是空间结构特征中非常重要，也是最常用的一种。灰度共生矩阵 GLCM（Haralik，等，1973）是常用且有效的纹理测度。Tian 等（1999）用 GLCM 结合光谱信息识别气象卫星 GOES 获取的卫星云图，区分云的类型。Christodoulou 等（2003）利用灰度共生纹理识别 METEOSAT7 气象卫星获取的不同云的类型，然后结合 SOFM 网络和 KNN 分类器进行分类。Christoulas 等（2007）对中分辨率多光谱卫星 MERIS 进行纹理分析测试，将研究区域分成：水体、森林、农田和城区，实验结果显示通过联合多种 GLCM 纹理特征能够明显提高分类精度。Dell'Acqua 等（2006）测试了不同窗口、不同测度的 GLCM 纹理对于 SAR 影像的城市分类进行了实验，结果表明：多窗口 GLCM 纹理的联合使用更适合城市环境分析，而且人工神经网络算法 Fuzzy ARTMAP 在实验中获得了较好的效果。

小波纹理特征也常用于遥感影像的特征提取。Durieux 等（2007）对 MERIS 影像在不同尺度的小波特征进行了研究，结果表明小波纹理能够有效表达地物的尺度-方向信息。Acharyya 等（2003）对 IRS-IA 和 SPOT 等卫星数据用小波纹理特征辅助影像分类，该文献重点研究了软计算方法对于小波纹理特征模式识别的效果。Fukuda 和 Hirosawa（1999）研究了小波纹理特征对于 SAR 影像农作物物种识别的效果，结果表明小波纹理能够成功地应用于多频多极化 SAR 影像的分类，同时作者建议更有效的分类器能进一步提高制图精度。

另外，除了 GLCM 和小波纹理以外，也有研究者对分形维数（李厚强，2001；Sun et al.，2006；李禹，等，2008）、随机场模型方法（Zhao et al.，2007）以及 Fourier 变换（Delenne et al.，2008）在高分辨率纹理提取方面进行了尝试。这些纹理特征能够有效利用高分辨率影像的结构信息，描述不同覆盖、不同类型的地物变化，所以能用来提取影像特征，补充光谱特征空间的不足。

②面向对象处理的基本思想是利用对象或图斑所表现出的整体性质作为影像的分析单

元，以对象为单位进行处理而不是传统的像元。这种分析方法的最初模型是由 Kettig 和 Landgrebe(1976)提出的 ECHO(Extraction and Classification of Homogeneous Objects)分类器。该方法把影像划分为同质性区域和非同质性区域，然后对这两类不同性质的区域分别采用窗口分类和像素级分类的方式。Jimenez 等(2005)提出了 ECHO 的非监督版本，称为 UnECHO。Lu 等(2007)比较了 MLC 和 ECHO 对于高分辨率影像的农业土地利用制图的效果，分别获得了 92.4% 和 93.3% 的精度。近年来，由于商业化软件 eCognition 的出现，以及高分辨率影像的大规模应用，面向对象分析方法越来越受到遥感研究人员的关注。eCognition 的核心技术是分形网络进化多尺度分割算法(FNEA，Fractal Net Evolution Approach)(Hay et al.，2003)，该算法采用至下而上的区域增长方式来实现多尺度分割，通过对相邻单元(像素或者对象)的异质性来决定单元的合并或者分裂。eCognition 是随着高分辨率影像数据的大规模应用而发展起来的，在土地、城市、森林、资源环境管理、能源探测等方面都有着广泛的应用。Wang 等(2004a，2004b)用面向对象分类技术识别不同的红树林树种，并和传统的 GLCM 纹理特征比较，得到了更高的精度。Yu 等(2006)利用面向对象方法，结合多元化空间结构特征对高分辨率影像进行分割和特征提取，对植被类型实施详细的识别与调查。Gitas 等(2004)利用面向对象分析方法从 NOAA-AVHRR 提取火灾的过火区域，与实测数据相比，结果达到高度(90%)的空间一致性。Walker 和 Blaschke(2008)用面向对象方法，采用 0.6m 分辨率的真彩色航空影像对 Phoenix 城区制图，该项研究采用重分割的方式减少过分割现象。面向对象方式的其他应用实例还包括：非洲干燥区域的土地制图(Elmqvist et al.，2008)，基于图斑的航空影像城市景观分析(Zhou，Troy，2008)，从高分辨率 SAR 影像中检测石油(Karathanassi et al.，2006)，用高分辨率影像监测钻石矿区的动态(Pagot et al.，2008)，从高分辨率影像中提取建筑物(乔程，等，2008)、桥梁(薄树奎，等，2008)、道路(胡进刚，等，2006)、河流(孙晓霞，等，2006)，以及提取耕地和进行退耕还林监测(李敏，等，2008；黄建文，等，2007)，城市用地分类和土地调查(苏伟，等，2007；赵宇鸾，林爱文，2008；张秀英，等，2008)。另外，近年来，对于多时相高分辨率影像用于细节目标变化的监测应用也受到重视，因此有学者将面向对象方法用于变化检测(Bovolo，2009；陈阳，等，2008；Park，Chi，2008；Im et al.，2008；王慕华，等，2009)，获得了比像素级变化分析方法更好的效果。

6.3.2　像元形状指数(PSI)方法

影像空间分辨率的提高，使得大量的细节化信息在影像上得到充分表征，传统的光谱特征不能有效地描述复杂的高分辨率影像信息。武汉大学张和黄等(Zhang，L.，Huang，X.，et. al. 2006)提出一种像元形状指数(Pixel Shape Index，PSI)方法，提取像素邻域多个方向的方向线直方图(Direction Lines Histogram)，旨在描述像素上下文的形状、结构特性，从空间形状的角度提取影像的特征，弥补传统光谱方法的不足。

灰度共生矩阵，小波等传统方法能有效地提取影像的纹理特征，补充光谱信息的不足，但这些传统的方法并不是随着高分辨率影像的出现而产生的，它们没有充分利用高分辨率影像的特点，没有针对形状、结构、大小等视觉更敏感的因素进行特征提取。因此，利用高分辨率影像的特点，专门设计一种基于像元形状指数以及基于形状和光谱特征融合的高(空间)分辨率遥感影像特征提取与分类方法(Zhang，Huang，2006；Huang et al.，2007)。PSI 的主要特点是：

①它是一种描述局域形状特征的空间指数；

②计算具备光谱相似性的邻接像元组的维数；

③能够探测 20 个以上的方向；

④较小的计算代价。

PSI 的设计原则是：

①利用相邻像元的光谱相似性，目的在于考虑像元的空间上下文特征；

②使处于相同形状区域内的像元具有相同或相近的特征值，这是为了减少同质性区域的噪声和光谱变化；

③增强不同形状区域像元之间的特征值，这是为了充分利用高分辨率影像的细节特性。

PSI 的计算是通过定义围绕中心像元的一系列方向线，如图 6.15 所示，该图表示中心像元(centric pixel)及其邻域像元(surrounding pixel)所构成的方向线，图中相同灰度的像元处在同一方向线上。由图可知，方向线是一系列相隔一定角度的，由中心像元朝不同方向发散的线段，它们的长度各不相同，其长度由相邻像元间的光谱同质性测度和阈值来确定。PSI 的计算步骤如下：

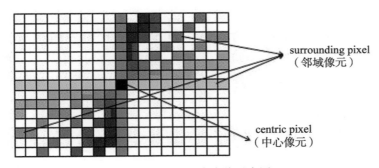

surrounding pixel
（邻域像元）

centric pixel
（中心像元）

图 6.15　PSI 方向线示意图

(1)异质性测度

$$\mathrm{PH}_d(k, x) = \sum_{s=1}^{n} |p_s(k) - p_s(x)| \qquad (6\text{-}7)$$

其中，$\mathrm{PH}_d(k, x)$ 表示当前的邻域像元 k 在第 d 条方向线上的异质性测度值，$p_s(x)$ 表示中心像元在波段 s 上的光谱值，$p_s(k)$ 表示当前(邻域)像元 k 在波段 s 上的光谱值，n 代表波段数。式(6-7)计算简便，适合大数据量运算，但是，当可用的波段数较多的时候，它并没有充分考虑到不同光谱波段的差异，在这种情况下，PSI 将采用光谱角匹配(Spectral Angle Match，SAM)的方法计算多/高光谱的相邻像元异质性：

$$\mathrm{PH}_d(k, x) = \arccos\left[\frac{\sum_{s=1}^{n} p_s(k) \cdot p_s(x)}{\left[\sum_{s=1}^{n}(p_s(x))^2\right]^{\frac{1}{2}}\left[\sum_{s=1}^{n}(p_s(k))^2\right]^{\frac{1}{2}}}\right] \tag{6-8}$$

（2）方向线的扩展

每条方向线都按照特定的规则从中心像元出发朝两边同时扩展，第 i 条方向线扩展的条件是：

①光谱约束条件：$PH_d(k, x) \leqslant T1$，即当前像元的异质性小于阈值 $T1$，异质性较大的点不被该方向线所接受；

②空间约束条件：$L_d(x) \leqslant T2$，即该方向线的长度小于阈值 $T2$，方向线扩展的空间约束，同时控制计算时间。

（3）方向线长度计算

①欧氏距离（Euclidean Distance）：

$$L_d(k) = \sqrt{(m^{e1} - m^{e2})^2 + (n^{e1} - n^{e2})^2} \tag{6-9}$$

②街区距离（City-Block Distance）：

$$L_d(k) = \max(|m^{e1} - m^{e2}|, |n^{e1} - n^{e2}|) \tag{6-10}$$

式中，(m^{e1}, n^{e1}) 表示该方向线一端的像元坐标行列号，(m^{e2}, n^{e2}) 表示另一端点的行列号。欧氏距离是默认的方向线长度计算方法，能有效地表示不同方向线的差异，也可以采用街区距离快速计算长度。

（4）方向线直方图计算

计算中心像元 x 的全部 D 条方向线，得到该像元的方向线直方图 $H(x) = \{x \in I | L_1(x), \cdots, L_d(x), \cdots, L_D(x)\}$。形状指数定义为方向线直方图的均值：

$$\mathrm{PSI}(x) = \frac{1}{D}\sum_{d=1}^{D} L_d(x) \tag{6-11}$$

（5）计算每个像元的 PSI 值

遍历整个影像，重复（1）~（4）步骤，得到影像每个像元的 PSI 值。计算流程如图 6.16 所示。

PSI 共有 3 个参数：光谱约束阈值 $T1$、空间阈值 $T2$ 和方向线总数 D。它们在影像特征提取中的功能分别是：D 控制方向线的夹角，它表示 PSI 对空间邻域特征的描述能力，D 越大，方向线越密集，夹角越小，对邻域形状的探测越准确；$T1$ 是同质性阈值，它与同一形状区域内像元灰度的变化程度有关。$T2$ 是空间扩展阈值，表示方向线延伸的长度限制，它和目标的探测尺度及影像分辨率有关。由此可知，$T1$ 和 $T2$ 需要根据具体的影像特点来设置。根据这个特性，在实验中，$T1$ 的估计值为：各类样本均值的欧氏距离的方差，即平均类间距离的平方根；$T2$ 在特征提取中表现为尺度因子，但我们的实验结果显示：在经过 PSI 特征归一化之后，不同的 $T2$ 值对形状特征提取影响很小，可以认为 PSI 是具备尺度不变性的算子（Huang et al.，2007；Zhang et al.，2006）。参数 D 一般取常数 20，由于 20 个不同方向已经具备很强的探测能力，更多的方向数只能增加计算代价而对精度提高意义不大。

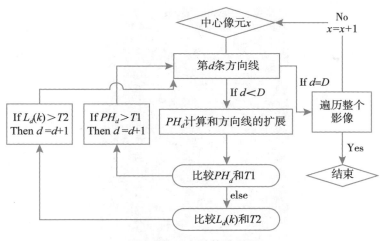

图 6.16 PSI 计算流程图

例如，实验区域为北京的 QuickBird 影像，如图 6.17 所示。该图的 QuickBird 影像是经过全色波段锐化的 RGB 波段，空间分辨率为 0.61m，影像大小为 1 420×460，PSI 参数设置为：$T1 = 100$，$T2 = 50$，$T1$ 值取平均类间距离的平方根，由训练样本估计得到，$T2$ 取影像长度宽度最小值的 1/10。实验同时提取该影像的灰度共生矩阵(GLCM)特征，以验证和比较 PSI 的效果。GLCM 采用 7×7 窗口，计算均值、方差、对比度 3 个统计量。空间特征 PSI 和 GLCM 都分别与 QuickBird 的多光谱波段组合成新的特征矢量，输入 SVM 分类器。结果如图 6.17 所示，其精度统计见表 6-8。

表 6-8　　　　　　　　　　　　　**QuickBird 实验的分类精度统计**

特征	水体	树木	草地	房屋	裸地	道路	阴影	OA	Kappa
RGB	99.9	75.1	81.2	53.6	99.2	79.6	95.3	74.6	0.682
GLCM	99.9	83.6	73.4	55.6	98.6	82.0	95.3	78.6	0.739
PSI	99.9	83.6	78.8	97.8	98.8	82.1	95.3	85.7	0.823

从表 6-8 可以看到，相对于光谱特征和 GLCM 特征，PSI 能够把 OA（Overall Accuracy）分别提高 11.1% 和 7.1%。另外，在保持了水体、草地、裸地、阴影的识别精度的同时，大幅度提高了房屋和道路的提取精度。这是由于房屋和道路一般有相似的光谱反射特性，这两类地物在中低分辨率影像上通常归为一类——城市不透水层，只有影像分辨率提高才能有效地区分房屋和道路。在本实验中，光谱方法的分类结果并不理想，这是由于随着空间分辨率的提高，影像细节充分展现，而且可用的光谱波段减少，从而造成光谱识别的困难，需要引入空间特征来提高识别的准确度。实验结果体现了 PSI 对高分辨率城市目标提取(尤其是人造目标)的优势。

图 6.17　实验区域 QuickBird 影像图

6.3.3　面向对象的高分辨率影像处理

　　面向对象分析（Object-based Image Analysis，OBIA）是高分辨率遥感影像处理的重要研究方向之一。OBIA 的核心思想是把对象（Object）作为影像特征提取和分析的最小处理单元。相对于传统的基于像素（pixel-based）的处理方式而言，OBIA 方法是随着商业化高分

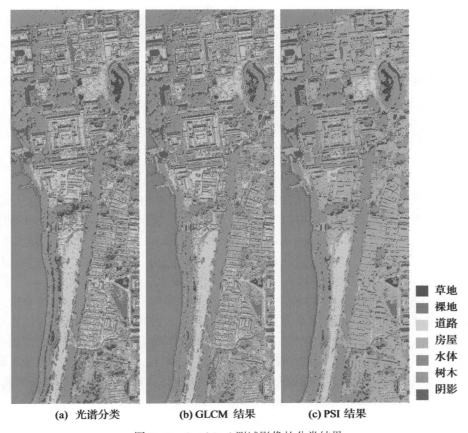

(a) 光谱分类　　　　(b) GLCM 结果　　　　(c) PSI 结果

图 6.18　QuickBird 测试影像的分类结果

辨率影像的出现，而逐渐受到研究者的重视。商业化软件 eCognition 在近年来的出现和发展就是 OBIA 在高分辨率影像处理领域的一个典型范例。但需要指出的是：OBIA 是一种思想，而不是一种具体的技术。因此，面向对象分析的具体实施和处理方法，是需要我们比较、研究和分析的。本章提出一种自适应均值移动（Adaptive Mean Shift）模型，用均值移动对高分辨率遥感影像进行非参数化特征空间分析，把特征空间中相似的点集作为整体处理单元，进行面向对象分析。

1. 分形网络进化算法

随着高分辨率卫星的发射，以及商用高分辨率数据的获取，影像展现大量的细节信息和纯净像元，使得像素在空间的聚合以及整体分析成为可能。典型代表就是 eCognition 商业软件的出现，其核心算法就是分形网络进化多尺度分割算法。

分形网络进化，即 FNEA（Fractal Net Evolution Approach），它利用模糊集（Fuzzy Set）理论提取影像中的感兴趣对象，通过参数的调节来实施多尺度的分割结果（Hay，等，2003）。FNEA 的迭代分割从像素层开始，通过自下而上迭代的区域融合方式，使较小的像素或对象合并。合并的依据是以两个相邻对象的异质性测度是否小于某个阈值。当异质

319

性超过该阈值的时候，合并的过程终止，迭代结束。这个阈值就是所谓的"尺度参数"（Scale Parameter），它控制着面向对象分析的尺度。异质性测度的定义如下：

$$C_{i,j} = H(O_i \cup O_j) - H(O_i) - H(O_j)$$
$$= w_{\text{spectral}} \cdot C_{i,j}^{\text{spectral}} + (1 - w_{\text{spectral}}) \cdot C_{i,j}^{\text{spatial}} \tag{6-12}$$

式中，$H(O_i)$ 和 $H(O_j)$ 分别表示对象 i 和对象 j 的异质性指数，$H(O_i \cup O_j)$ 表示假设对象 i 和 j 合并以后的异质性测度。异质性指数 $C_{i,j}$ 同时考虑了影像的光谱和空间特征，其中 w_{spectral} 和 $w_{\text{spatial}} = (1 - w_{\text{spectral}})$ 分别代表光谱和空间的权重。在式（6-12）中，光谱异质性由对象所包含像素的标准差来描述：

$$C_{i,j}^{\text{spectral}} = \sum_{b=1}^{B} w^b \cdot [N_{i,j} \cdot \sigma_{i,j}^b - (N_i \cdot \sigma_i^b + N_j \cdot \sigma_j^b)] \tag{6-13}$$

式中，w^b 表示波段 $b(1 \leqslant b \leqslant B)$ 在计算中的权重，N_i，N_j 和 $N_{i,j}$ 分别表示对象 i，j 及其合并后的对象所包含的像素数，相应的，σ_i，σ_j 和 $\sigma_{i,j}$ 表示其标准差。式（6-12）中的空间异质性指数由对象的紧凑度（compactness）和光滑度（smoothness）来计算，其定义如下：

$$C_{i,j}^{\text{spatial}} = w_{\text{compact}} \cdot C_{i,j}^{\text{compact}} + (1 - w_{\text{compact}}) \cdot C_{i,j}^{\text{smooth}} \tag{6-14}$$

式中，$w_{\text{compact}} \in [0, 1]$ 表示紧凑度在异质性计算中的权重。

近年来，FNEA 算法获得广泛的关注，大量的研究表明，该方法在高分辨率影像处理与分析领域有取代传统的面向像素方法的趋势。但是，客观地说，FNEA 也有其不足之处，比如很难找到尺度参数的确定方法，又如：高分辨率影像既然是一个多尺度地物分布的复杂统一，不可能用一个单一的尺度来描述其特性。而且，不同的尺度会出现不同的特征，比如一个较小的尺度不适合提取对象的结构形状特性，这些参数都需要人为的确定，有时甚至需要目视解译修改对象的属性。

2. 基于均值漂移（Mean Shift）的面向对象分析

分形网络进化方法 FNEA 归根结底是一种阶梯式区域增长（hierarchical region-merging）算法，依据单元之间的临近度来获得分割结果。阶梯式算法需要更多的计算时间来处理分裂—合并过程，而且其迭代终止的条件定义起来非常困难（Comaniciu，Meer，2002）。如上文所述，OBIA 是一种思想，而不是一种具体的技术，其实质是特征空间的聚类。因此，有必要考虑其他有效的特征空间分析方法来弥补现有算法的不足。本章利用另一种有效的特征空间聚类方法——概率密度估计和均值漂移，来实施面向对象分析。

对于特征空间分析而言，与阶梯式方法相对应的是概率密度估计（Probability Density Estimation，PDE）。PDE 方法的特点是把特征空间视为一种经验概率密度函数分布（Probability Density Function，PDF），其理论框架是基于 Parzen 窗口的核密度估计方法（Fukunaga & Hostetler，1975；Comaniciu & Meer，2002）。假设 $x_i(i = 1, 2, \cdots, n)$ 为 d 维空间的 n 个数据点，那么点 x 的核密度估计算子可以表示为：

$$\hat{f}_{h,K}(x) = \frac{c_{k,d}}{n\,h^d} \sum_{i=1}^{n} k\left(\left\|\frac{x - x_i}{h}\right\|^2\right) \tag{6-15}$$

式中，$c_{k,d}$ 表示核函数 $k(\cdot)$ 的正规化参数，h 为带宽（bandwidth），核函数和带宽代表当前数据点在密度估计中的权重。特征空间分析的关键步骤就是找到概率密度函数 PDF 的局部极大值点，这些极大值点称为密度众数（Mode）点，对应于特征空间的密集区域，它们的位置和分布可以用来刻画数据的局部结构特点。Modes 的特点就是存在于梯度为 0 的位置，即众数点处的概率密度变化为 0：$\nabla f(x) = 0$。如果能够找到这些众数点的位置，那么其带宽范围内的点集可以视为特征空间的一个聚类或者集群，如果把这个特征空间的集群作为一个分析单元的话，这就与 OBIA 的基本思想相吻合了。在这一背景下，我们采用均值移动(Mean Shift，MS)来估计众数点在影像中的空间位置，因为 MS 可以在不直接计算概率密度函数的条件下，有效地估计梯度为 0 点的位置。

考虑到均值移动是一种有效的空间特征提取与分析方式，而且能非参数化地提取和描述任意形状的特征空间聚类。因此，它能挖掘影像的上下文同质性，减少局部光谱变化，同时很好地保持边缘和细节信息。这些特性使 MS 成为一种潜在的面向对象提取与分析算法。因此，本章提出一种自适应均值移动模型，用于高分辨率遥感影像面向对象提取与分析，其详细步骤如下：

(1)预处理

设 $x = \{x^b\}_{b=1}^B$ ($x \in I$)是影像 I 中 x 像素的光谱特征矢量，B 为光谱波段数。如果影像数据包含高光谱波段的话，则需要进行维数减少预处理，一方面在保持特征空间可分性的同时减少计算代价，另一方面，核密度估计方法并不能很好地适应高维数据尺度，这是由于大多数数据点都集中在一个较小的区域内，造成了数据在高维空间的稀疏分布。设维数减少或特征提取后像素 x 的特征矢量为 $\boldsymbol{x} = \{x^b\}_{b=1}^R$，$R$ 为特征提取后的维数($R<B$)。

(2)自适应带宽选择

均值漂移迭代的一个关键问题就是带宽 h 的选择，它是 MS 的一个重要参数。本章根据高分辨率遥感影像模式的特点，将像元形状指数(Pixel Shape Index，PSI)(Zhang et al.，2006)作为当前迭代点的带宽值，利用影像上下文的相关性和结构特征来确定带宽。

(3)均值移动迭代

初始化设置 $j = 1$ 以及 $y_1 = x$，j 代表当前的迭代数，计算均值移动向量：

$$\boldsymbol{m}_{h,\,G}(\boldsymbol{y}_j) = \boldsymbol{y}_{j+1} - \boldsymbol{y}_j, \quad 其中\ \boldsymbol{y}_{i+1} = \frac{\sum\limits_{i=1}^{n} \boldsymbol{x}_i g\left(\left\|\frac{\boldsymbol{x} - \boldsymbol{x}_i}{h}\right\|^2\right)}{\sum\limits_{i=1}^{n} g\left(\left\|\frac{\boldsymbol{x} - \boldsymbol{x}_i}{h}\right\|^2\right)} \tag{6-16}$$

式中，$\boldsymbol{y}_j$ 和 $\boldsymbol{y}_{j+1}$ 表示第 j 和(j+1)次迭代中的加权均值向量，它们的差表示均值的移动量。当这个移动量小于某个阈值时 $\boldsymbol{m}_{h,\,G}(\boldsymbol{y}_j) \leq \varepsilon$，认为算法收敛到概率密度最大，梯度为零的众数点。

(4)众数合并，形成聚类或点集

当相邻的收敛点之间的距离小于带宽 h 时，将这两个收敛点合并，避免过分割。合并之后的众数点称为显著性众数。

(5)面向对象分类

收敛于同一个众数点 y_c (c 为收敛迭代次数)的所有像元，形成一个集合，它们构成一个对象，作为高分辨率影像分析中的一个单元。取这个对象内所有像元特征向量的均值：

$$z^b = \frac{1}{n} \sum_{x \to y_c} x^b \tag{6-17}$$

式中，$x \to y_c$ 表示收敛于 y_c 的点。设 C_l（$1 \leq l \leq L$）表示影像中 L 个信息类别，则像素 $x = \{x^b\}_{b=1}^{R}$ 和对象 $z = \{z^b\}_{b=1}^{R}$ 的识别过程可以表示如下：

　①面向像素的分类：$x \in C_l \Leftrightarrow Cla(x) = C_l$；

　②面向对象的分类：$z \in C_l \Leftrightarrow Cla(z) = C_l$。

3. 实验分析

实验目的是用高分辨率遥感数据，对提出的基于自适应均值移动模型的面向对象分析方法进行测试，并与传统的方法进行比较。实验数据是具备高空间分辨率的高光谱航空影像：美国华盛顿地区，传感器为 HYDICE（Hyperspectral Digital-imagery Collection Experiment），192 波段影像，空间分辨率为 2m。用维数减少的方法对数据进行预处理，以减少高维特征空间的稀疏效应。本节采用非负矩阵分解 NMF（Non-negative Matrix Factorization），将高光谱数据减少为 3 维。

实验数据如图 6.19 所示，影像由 HYDICE 成像光谱仪获取，参考数据由 Purdue 大学 Landgrebe 提供，其中一小部分用作训练样本（每个类别约 50 个样本），其他的作为测试样本。该影像区域的信息类别定义为：道路、草地、水体、小路、树木、阴影和房屋。这个实验影像具有高分辨率数据的典型特征：第一，地物类型非常复杂，比如屋顶由很多不同种类的材料构成，形成较大的类内方差，很难定义屋顶的典型光谱反射特性；第二，房屋、道路和小路由相似的物质构成，因此光谱特征非常相似，且难以区分，同时，阴影—水体，树木—草地也由于其相似的光谱反射，降低了光谱区分能力；第三，由于影像是在干燥的季节获取的，部分草地较为枯萎，表现出裸地的光谱特性，与小路的光谱特征相近，这样也造成了模式识别上的困难。

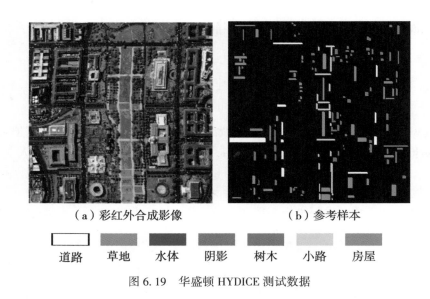

　　（a）彩红外合成影像　　　　　（b）参考样本

道路　草地　水体　阴影　树木　小路　房屋

图 6.19　华盛顿 HYDICE 测试数据

表 6-9　　　　　　　　　　　　**HYDICE 实验训练和测试样本的个数**

类别	训练样本数	测试样本数
道路	55	892
草地	57	910
阴影	50	567
小路	46	624
树木	49	656
房屋	52	1，123
总数	309	4，772

实验用 3 种不同的算法与提出的自适应均值移动分析模型进行比较，分别是：3 维 NMF 光谱特征；18 维的多尺度差分形态学序列 DMPs（Differential Morphological Profiles），DMPs 由 Benediktsson 等（2005）提出，是一种有效的基于影像结构特征的光谱—空间联合分类方法，已经经过大量的测试，成为高分辨率影像模式分类的标准技术之一。实验还比较了相似尺度下的分形网络进化算法 FNEA。每种不同的特征都采用 RBF-SVM 分类器，其分类结果如图 6.20 所示，图中的黑色区域表示其他三种算法的明显错误，4 种算法的详细精度统计见表 6-10。

表 6-10　　　　　　　　　　　　**不同特征集合的定量精度统计**

类别	NMF	DMPs	FNEA	MS
道路	94. 9	95. 6	95. 2	95. 6
草地	86. 1	89. 2	86. 7	99. 2
阴影	96. 4	97. 6	97. 4	98. 1
小路	88. 1	96. 9	88. 0	97. 0
树木	86. 0	88. 7	86. 1	99. 1
房屋	90. 1	95. 9	89. 7	95. 5
AA（%）	90. 3	94. 0	90. 5	97. 4
OA（%）	89. 4	93. 4	89. 6	97. 2

表 6-10 中的 OA 表示总体精度（overall accuracy），AA 表示平均精度（average accuracy），OA 是混淆矩阵的统计结果，AA 表示类别平均精度，是与每个类别测试样本数量无关的，表示算法对每类地物的平均适应度。首先观察图 6.20，从视觉上比较不同特征集的结果，主要关注房屋—小路，草地—树木等光谱相似性目标的区分效果。从图 6.20（a）可以观察到：基于光谱的分类方式会在同质性区域内产生明显的椒盐效应，如道路、草地和屋顶等区域都可以明显地看到这一错误现象。而且，光谱特征空间无法区分光谱相似性的目标（如矩形区域所示）。图 6.20（b）较大地改善了光谱分类的结果（总体精度达到 93.4%），非常好地区分了屋顶和道路，这是由于 DMPs 特征能够探测不同尺度不同

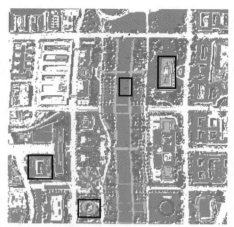

（a）NMF光谱特征(3维，OA=89.4%)

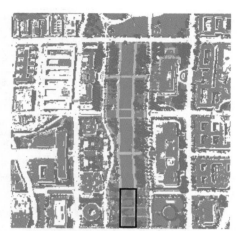

（b）21维多尺度形态学特征序列DMPs
(OA=93.4%，Benediksson,等，2005)

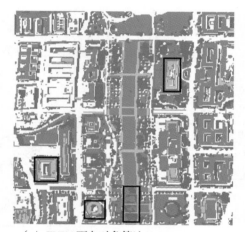

（c）FNEA面向对象算法(OA=89.6%)

（d）自适应均值移动面向对象分析
(3维，OA=97.2%)

道路　草地　水体　阴影　树木　小路　房屋

图 6.20　不同算法的测试结果(Benediktsson 等，2005)

结构特性的目标，但在区分草地—树木的时候，也存在一定程度的错误，这是因为 DMPs 偏重于探测有一定形状特性的人工结构，而忽视了光谱特征对物体的识别。在 21 维 DMPs 特征中，有 18 维是表征空间结构的属性，只有 3 个 NMF 波段是表征光谱特性的，这在一定程度上使结构特征在特征空间中占统治地位，使决策过程更多地倾向于结构属性。至于 FNEA 算法(图 6.20(c)所示)，视觉上明显增强了同质性区域的分类精度，减少了椒盐效应，但 FNEA 并未有效利用影像的空间结构特征，分割结果没有有效地增强光谱相似性目标的区分效果，如图 6.20(c)所示，屋顶—小路，草地—树木的识别没有明显的改善。需要强调的是，为了保证比较的公平性，FNEA 的分割尺度和均值漂移的相对应，分别把影像划分为 7 035 和 7 032 个对象, 在相似的情况下进行比较。通过表 6-10 的统计结果, 以及图 6.20 的比较, 我们可以发现自适应均值移动模型获得了最高的精度和最好的视觉效果, 成功识别了光谱相似性目标(屋顶—小路, 树木—草地), 消除了像素层分析的椒盐效应, 增强了影像识别结果的同质性。MS 方法也获得最高的平均精度(AA = 97.4%), 说明了它对不同类型、不同尺度的目标都有更好的效果。

6.3.4 本节小结

本节以高分辨率遥感影像的数据特点引出目前遥感影像处理所面临的问题, 在此基础上, 针对当前的研究现状, 指出高分辨率影像的精确解译必须有效提取和利用影像的形状结构、对象及其上下文特征。本节重点介绍了像元形状指数 PSI(Pixel Shape Index)算子: 该算法以高分辨率影像的上下文像素的光谱相似性为基本依据, 用方向先直方图来描述影像的局部结构和形状特征, 弥补光谱特征空间的不足, 减少光谱分类的不确定性, 实验结果表明: PSI 算子能有效提高光谱相似性目标的识别精度。同时, 在面向对象的高分辨率影像处理方面, 本节介绍了一种自适应均值移动的面向对象分析方法, 从特征空间分析的角度, 以上下文的同质性作为分析带宽, 形成有意义的空间对象, 并结合机器学习算法进行分类, 并在 HYDICE 华盛顿数据的对比实验中证明了算法的优越性。

本节所展示的算法为高分辨率遥感影像处理方法的发展, 提供了有效的途径——以结构、对象层的空间信息来弥补像素层光谱信息解译的不足。需要指出的是, 随着空间技术的不断发展, 高分辨率影像将提供更高的空间分辨率和更精细的光谱波段。因此, 高分辨率影像处理技术的进一步发展, 将涉及像素-结构-对象的多层处理单元, 以及光谱-纹理-语义多层特征的联合信息提取。

6.4 高分辨率雷达(SAR)卫星数据几何处理技术

6.4.1 SAR 距离-多普勒模型(RD 模型)

SAR 作为一种主动遥感成像方式, 可以提供非常精确的传感器到目标的距离和返回信号的多普勒历史信息, 这些信息可以很精确地将卫星和地表坐标相联系, 从而构建 SAR 定位模型, 通过解算定位模型就可以得到每个像元的地理位置。定位模型必须建立在一定的坐标系统之上。由于现在星载 SAR 辅助数据多数在 WGS-84 坐标系下, 本节将给出在地心坐标系下的 SAR 定位模型。该模型适用于 SLC 和 MGD 模式的 SAR 标准产品。

RD 定位模型是由 Brown 首先提出的, Curlander(1982, 1991)发展了该模型, 并给出了作为分析问题出发点的三个基本方程式。

合成孔径雷达卫星定位原理是利用等距离线、等多普勒线在地球等高面上的交点确定影像像元位置。距离-多普勒法完全是从 SAR 成像几何的角度来探讨像点(i, j)与物点(X, Y, Z)之间的对应关系。它所依据的原理如下: 在距离向上, 到雷达的等距离点地面目标分布在以星下点为圆心的同心圆束上。而在方位向上, 卫星与地面目标相对运动所形成的等多普勒频移点的分布是双曲线束。同心圆束和双曲线束在地球等高面上的交点, 就可以确定地面目标。

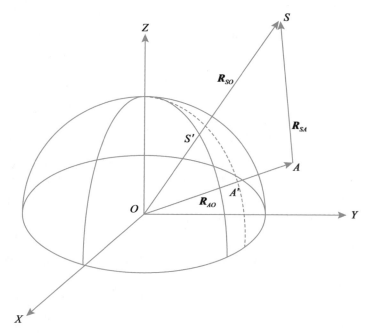

图 6.21　定义 RD 模型的 ECR 坐标系

在图 6.21 中 S 表示卫星 SAR，其位置、速度矢量分别为 $\boldsymbol{R}_{SO}$、$\boldsymbol{V}_{SO}$，其中 $\boldsymbol{R}_{SO}$ 在图中对应向量 OS。A 为地球表面上某地物点，AS 用 $\boldsymbol{R}_{SA}$ 表示，其绝对值为 R。地物点 A 在地球椭球表面上的投影点为 A'，$A'A$ 为 A 点的高程 h。OA 向量用 $\boldsymbol{R}_{AO}$ 表示。设目标点 A 的 GEI 坐标矢量 $\boldsymbol{R}_{AO} = (X,\ Y,\ Z)^{\mathrm{T}}$，这里 $(X,\ Y,\ Z)$ 必须满足地球形状模型：

$$\frac{X^2 + Y^2}{A^2} + \frac{Z^2}{B^2} = 1 \tag{6-18a}$$

式中，$(X,\ Y,\ Z)$ 为合成孔径雷达影像上任一点对应物点在 WGS-84 椭球下的三维坐标，$A = a_e + h$，$B = b_e + h$，为该点的椭球高，$a_e = 6\ 378\ 137.0$ 和 $b_e = 6\ 356\ 752.3$ 分别为 WGS-84 地球椭球的长短半轴。式(6-18a)描述地球形状的模型确定一个椭球面。

设卫星的位置矢量用 $\boldsymbol{R}_{SO} = (X_S,\ Y_S,\ Z_S)^{\mathrm{T}}$ 表示，速度矢量用 $\boldsymbol{V}_{SO} = (X_{SV},\ Y_{SV},\ Z_{SV})^{\mathrm{T}}$ 表示。地面点 A 在影像上的坐标用 $(i,\ j)$ 表示，i 为方位向，j 为距离向列号。目标到卫星的矢量 $\boldsymbol{R}_{AS}(i,\ j) = \boldsymbol{R}_{SO}(t_{ij}) - \boldsymbol{R}_{AO}$，这里 t_{ij} 是雷达波束形心和目标相交的时间。卫星到目标的距离 R 是已知的，而 R 又是卫星矢量和目标矢量的函数，则有如下距离方程成立：

$$R^2 = (X - X_S)^2 + (Y - Y_S)^2 + (Z - Z_S)^2 \tag{6-18b}$$

$\boldsymbol{R}_{SO} = (X_S,\ Y_S,\ Z_S)^{\mathrm{T}}$ 由卫星轨道数据给出，R 雷达回波时间和光速确定。

当雷达波束通过目标时，其多普勒频移：

$$f_D = -\frac{2}{\lambda R}(\boldsymbol{R}_{SO} - \boldsymbol{R}_{AO}) \cdot (\boldsymbol{V}_{SO} - \boldsymbol{V}_{AO}) \tag{6-18c}$$

式中，f_D 为该点对应的多普勒中心频率，$\boldsymbol{R}_{SO}$ 和 $\boldsymbol{V}_{SO}$ 分别为该点成像时刻的卫星的位置和速度矢量，$\boldsymbol{R}_{AO}$ 和 $\boldsymbol{V}_{AO}$ 为该点的位置和速度矢量，λ 为雷达波长，R 为该点成像时刻卫星和地面点的距离。式(6-18c)描述 SAR Dopper 方程确定的等多普勒面，点目标的回波数据在频率上出现偏移，偏移量正比于卫星与目标间相对速度，由式(6-18c)可知，等多普勒曲线为双曲线，如图 6.22 所示。

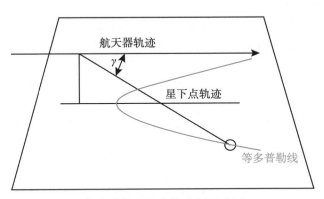

图 6.22   等多普勒方程曲线示意图(杨杰，2004)

由式(6-18b)确定的等距离线和式(6-18c)确定的双曲线的交点确定目标影像的位置，如图 6.23 所示。SAR 影像上任意点的三维空间坐标可以通过求解式(6-18a)、式(6-18b)、式(6-18c)获得。

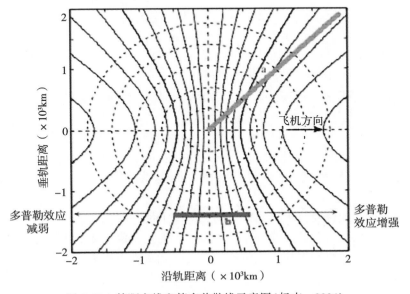

图 6.23   等距离线和等多普勒线示意图(杨杰，2004)

6.4.2　SAR 影像 RPC 模型

1. SAR 影像成像与推扫式光学卫星遥感影像几何特性对比

在雷达测量中，由于地形起伏或高大建筑物等其他顶部的雷达回波先于底部被天线接受，故产生像点移位现象。类似于光学影像的立体观测法，视差原理也可以用在雷达测量中，即通过量测两幅影像的视差来计算相应地形的高程（Toutin，2003）。

如图 6.24 中，地面点 A 在某一基准面上的垂直投影点为 A_0，其高差 $AA_0 = h$，A 与 A_0 在像面上的构像为 a 和 a_0，则 $aa_0 = d_y$ 即为高差 h 引起的像点移位。由图中几何关系可得：

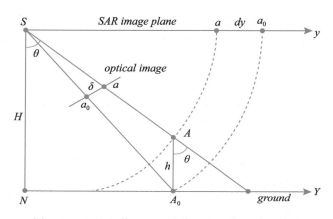

图 6.24　地形起伏引起的影像移位（肖国超，2001）

$$d_y = h \cdot \frac{\cos\theta}{m_y} \tag{6-19}$$

式中，θ 为视角，m_y 为距离向图像比例尺分母。

而在线阵推扫式光学卫星遥感影像上，地形起伏引起的影像移位 δ。由摄影测量学（金为铣，1996）可知：

$$\delta = h \cdot \frac{r}{H} \tag{6-20}$$

式中，h 为地物目标点对基准面的高差，H 为摄站对基准面的高度（航高），r 为像底点至像点的辐射距离。

比较式（6-19）和式（6-20）可得到以下结论（肖国超，2001）：

①由于地形起伏而引起的影像移位，在雷达图像上是由于距离投影与垂直投影方式的差异而引起的；在光学摄影像片上是由于中心投影和垂直投影方式差异而引起的。两者影像移位的参照点（地面点的垂直投影点之像点）是相同的。因此，由于地形起伏而引起的影像移位的性质在雷达图像和光学摄影像片上必然具有共同点。

②在雷达图像上和光学摄影像片上，由于地形起伏引起的影像移位大小，皆与地物目标点相对于基准面的高差 h 成正比。

③在雷达图像上影像移位随影像距底点的辐射距增大(θ角增大)而减小。在光学影像片上，影像移位随影像距底点的辐射距增大而增大。

④在雷达图像上，高出基准面的地物目标影像移位的方向是向着底点移位，在光学摄影像片上刚好相反。

由图 6.25 可见，在光学和 SAR 影像中由于高程引起的像点位移，只是引起像点位移的方向不同。在光学影像中，位移总是在远离传感器的方向发生，光学传感器在天顶时，这种位移相对较小。在雷达图形上，位移是朝向传感器的，传感器在天顶时这种偏差会变得相当大。

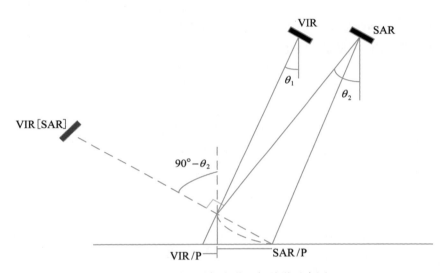

图 6.25　SAR 近似光学几何关系示意图

2. SAR 影像成像与推扫式光学卫星遥感影像成像模型形式对比

在推扫式光学卫星遥感影像中，RPC 模型的实质是地球表面一小范围的三维地形在二维影像平面上的中心投影关系(TAO，2001)。线阵推扫式成像传感器是逐行以时序的方式获取二维影像。一般是先在像面上形成一条线影像，然后卫星沿着预定的轨道向前推进，逐条扫描后形成一幅二维影像。影像上每一行像元在同一时刻成像且为中心投影，整个影像为多中心投影。星载雷达影像的成像方式是卫星以一个脉冲重复间隔向地面发射电磁波，接收回波形成的影像，在多普勒中心频率归零后的影像中，影像上的一行就是相应地面三维地形的距离投影。

星载 SAR 影像与推扫式光学卫星遥感影像成像几何关系的最大区别是：光学影像每行是地面三维地形中心投影所得，SAR 影像每行是地面三维地形距离投影所得，二者由高程引起的像点位移方式不同。

由摄影测量学(金为铣，1996)可知，推扫式光学卫星遥感影像每行成像几何关系如下：

$$x_i = -f \frac{a_1(X - X_{Si}) + b_1(Y - Y_{Si}) + c_1(Z - Z_{Si})}{a_3(X - X_{Si}) + b_3(Y - Y_{Si}) + c_3(Z - Z_{Si})} \tag{6-21}$$

式中，x_i 为地面点对应在光学影像上某一行的像坐标。

由 F. Leberl 公式（toutin，2000）可知，因雷达天线的瞬时位置到地面点之间的矢量长度与根据像坐标量测值应相等，则对于斜距显示的图像如下：

$$x_i = \frac{\sqrt{(X - X_{Si})^2 + (Y - Y_{Si})^2 + (Z - Z_{Si})^2} - R_0}{m} \tag{6-22}$$

式中，R_0 为扫描延迟，x_i 为地面点在斜距显示图像上距离向的像坐标，m 为距离向图像比例分母。

分析式（6-21）和式（6-22）可知，类似于推扫式光学遥感影像成像的模型方式，SAR 影像每行的距离投影同样可以用简单多项式表示。则在推扫式光学遥感影像成像几何关系能用 RPC 模型表示的前提下，星载雷达影像的成像几何关系也可以用 RPC 模型表示。

3. SAR 影像 RPC 模型参数求解

本节研究根据 SAR 严密成像几何模型求解 RPC 模型参数的方法，无偏的 RPC 模型参数求解方法，可以获得精确无偏的 RPC 模型参数（秦绪文，2006）。

将公式（6-6）变形为：

$$\left.\begin{array}{l} F_X = N_s(P,\ L,\ H) - X * D_s(P,\ L,\ H) = 0 \\ F_Y = N_L(P,\ L,\ H) - Y * D_L(P,\ L,\ H) = 0 \end{array}\right\} \tag{6-23}$$

则误差方程为：

$$V = Bx - l, \qquad W \tag{6-24}$$

式中，

$$B = \begin{pmatrix} \dfrac{\partial F_X}{\partial a_i} & \dfrac{\partial F_X}{\partial b_j} & \dfrac{\partial F_X}{\partial c_i} & \dfrac{\partial F_X}{\partial d_j} \\ \dfrac{\partial F_Y}{\partial a_i} & \dfrac{\partial F_Y}{\partial b_j} & \dfrac{\partial F_Y}{\partial c_i} & \dfrac{\partial F_Y}{\partial d_j} \end{pmatrix}, \qquad (i = 1,\ 20,\ j = 2,\ 20)$$

$$l = \begin{pmatrix} -F_X^0 \\ -F_Y^0 \end{pmatrix}$$

$$x = \begin{pmatrix} a_i & b_j & c_i & d_j \end{pmatrix}^{\mathrm{T}}$$

式中，W 为权矩阵，在 RPC 参数求解中，一般为单位权矩阵，在形成法方程的时候省略。

根据最小二乘平差原理，可将误差方程变换为法方程：

$$(B^{\mathrm{T}}B)x = B^{\mathrm{T}}l \tag{6-25}$$

当 RPC 模型采用二阶或者二阶以上的形式时，解算其模型参数会存在模型过度参数化的问题，RPC 模型中分母的变化非常剧烈，导致设计矩阵（$B^{\mathrm{T}}B$）的状态变差，设计矩阵变为奇异矩阵，最小二乘平差不能收敛。在 Tao（Tao，2001）的 RPC 模型参数求解过程中以及后续国内外研究人员在研究不同遥感影像 RPC 模型参数求解中，均采用岭估计法确定岭参数 k。虽然岭估计是克服法方程病态性的一种常用方法，能在某种程度上改善最小二乘估计，但是它存在两个问题：第一，由于岭估计改变了方程的等量关系，使得估计结果有偏；第二，岭参数的确定非常困难，且随意性很大，其估计结果与岭参数选择密切相关,若选择不同的岭参数,得到的估计结果可能大不相同,不具有可推广性。那么,当法方程的系数阵为秩亏时,能否寻找一种算法既改善法方程的态性,又不改变方程的等量关系,从而克服岭估计的两个缺点。王新洲教授(2001)提出谱修正迭代法求解法方程的方法,不论法方程呈良态、病态或秩亏,其解算程序均不需加任何变化。当法方程呈良态时,经几次迭代就可收敛到精确解。当法方程呈病态时,收敛速度稍慢,但估计结果无偏。具体公式表述为:

设有 $(\boldsymbol{B}^{\mathrm{T}}\boldsymbol{B})\boldsymbol{x} = \boldsymbol{B}^{\mathrm{T}}\boldsymbol{l}$,将上面式子两边同时加上 $\boldsymbol{x}$,得到

$$(\boldsymbol{B}^{\mathrm{T}}\boldsymbol{B} + \boldsymbol{E})\boldsymbol{x} = \boldsymbol{B}^{\mathrm{T}}\boldsymbol{l} + \boldsymbol{x} \tag{6-26}$$

其中,$\boldsymbol{E}$ 为 t 阶单位矩阵,由于式子两边都含有未知参数 x,所以只能采用迭代的方法求解,其迭代公式为:

$$\boldsymbol{x}^{(k)} = (\boldsymbol{B}^{\mathrm{T}}\boldsymbol{B} + \boldsymbol{E})^{-1}(\boldsymbol{B}^{\mathrm{T}}\boldsymbol{l} + \boldsymbol{x}^{(k-1)}) \tag{6-27}$$

4. RPC 模型参数求解试验

本试验采用高中低不同分辨率的星载影像,分别包括高分辨率影像 TerraSAR-X、COMO-SkyMed 和 Radarsat-2,中低分辨率影像 ALOS、JERS、ERS 和 ASAR。各影像数据的基本参数见表 6-11。

表 6-11 不同分辨率影像的基本参数

影像数据	位置	获取时间(年/月.日)	影像大小(像素)	雷达波长(米)	影像中心经纬度	影像级别
TerraSAR-X	中国四川冕宁地区	2007/12/13	30 276×16 192	0.031 1(X)	E 101.896° N 28.472°	SLC
COMO-SkyMed	中国天津地区	2008/04/09	19 366×18 960	0.031 2(X)	E 117.22° N 39.131°	SLC
Radarsat-2	中国湖北地区	2008/06/24	9 264×11 263	0.056(C)	E 116.070° N 39.820°	SLC
ALOS	威尼斯海岸区	2007/04/24	1 536× 18 432	0.235 3(L)	E 12.363° N 45.328°	SLC
JERS	澳大利亚森林区域	1995/01/01	5 433×18 055	0.235 3(L)	E150.756° S 34.305°	SLC
ERS	中国北京地区	1997/10/18	4 900×29 378	0.056 7(C)	E 117.746° N 39.182°	SLC
ASAR	中国河北地区	2004/09/17	5 170×28 793	0.056 2(C)	E 114.321° N 36.778°	SLC

1)TerraSAR-X 卫星遥感影像 RPC 模型参数求解试验

(1)9 种形式的 RPC 模型参数求解精度对比

该组试验是在控制点格网大小为 500 像素×500 像素,高程分 5 层,在每个格网中心计算一个检查点,结果见表 6-12,从中可得:

表 6-12　利用 TerraSAR-X 影像求解的 9 种形式的 RPC 模型参数精度（单位：像素）

模型形式	阶数	控制点精度						检查点精度					
		X		Y		平面		X		Y		平面	
		最大	中误差	最大	中误差	最大	中误差	最大	中误差	最大	中误差	最大	中误差
1	1	−8.632 73	2.238 64	−5.724 97	2.085 68	10.358 54	3.059 66	−5.346 68	1.776 66	−4.873 07	1.941 42	7.234 21	2.631 66
2	2	−0.050 29	0.010 51	−0.000 34	0.000 12	0.050 29	0.010 51	−0.029 00	0.009 04	−0.000 30	0.000 12	0.029 00	0.009 04
3	3	−0.000 76	0.000 13	0.000 24	0.000 10	0.000 77	0.000 17	0.000 32	0.000 11	0.000 22	0.000 10	0.000 37	0.000 15
4	1	−74.643 9	20.121 74	−144.370	34.567 58	162.428 8	39.997 52	−61.909 4	18.403 40	−128.620	31.767 88	142.631 3	36.713 53
5	2	−0.118 93	0.023 23	0.296 46	0.048 52	0.319 43	0.053 80	−0.105 77	0.0199 9	0.247 06	0.042 94	0.268 75	0.047 37
6	3	0.001 86	0.000 34	−0.004 34	0.000 59	0.004 72	0.000 68	0.001 43	0.000 30	−0.003 60	0.000 52	0.003 86	0.000 60
7	1	−140.605	38.342 75	−11.278 1	2.727 56	140.605 0	38.439 64	−118.237	34.899 42	−10.048 4	2.562 89	118.2377	34.993 40
8	2	−1.714 07	0.358 00	0.044 70	0.008 19	1.714 65	0.358 09	−1.308 51	0.319 63	0.037 61	0.007 51	1.309 05	0.319 72
9	3	−0.010 62	0.002 28	0.000 26	0.000 12	0.010 62	0.002 28	−0.007 65	0.002 01	0.000 26	0.000 12	0.007 65	0.002 02

①有分母的 RPC 模型比没有分母的 RPC 模型精度要高，分母不相同的 RPC 模型比分母相同的 RPC 模型精度要高。在三阶情况下，当 $Den_s(P, L, H) \neq Den_L(P, L, H)$（分母不相同）时，检查点像方平面精度为 0.000 15 像素，控制点像方平面精度为 0.000 17 像素；当 $Den_s(P, L, H) = Den_L(P, L, H)! = 1$（分母相同但不恒为1）时，控制点像方平面精度为 0.000 68 像素，检查点像方平面精度为 0.000 60 像素；当 $Den_s(P, L, H) = Den_L(P, L, H) \equiv 1$ 时，控制点像方平面精度为 0.002 28 像素，检查点像方平面精度为 0.002 02 像素。

②三阶模型的精度比二阶模型的精度高，一阶模型的精度最差。当采用三阶 RPC 模型时，精度相当高。当 $Den_s(P, L, H) \neq Den_L(P, L, H)$（分母不相同）时，一阶模型检查点的像方平面精度为 2.631 66 像素，二阶模型检查点的像方平面精度为 0.009 04 像素，三阶模型检查点的像方平面精度为 0.000 15 像素。

③所有的三阶模型在控制点达到亚像素精度，在检查点同样达到亚像素精度，检查点和控制点的最大平面误差在 0.02 个像素以内。

因此，本研究选取三阶模型的三种 RPC 模型的形式对于 TerraSAR-X 的卫星遥感影像开展后续试验。

(2)格网大小对 RPC 模型参数求解精度的影响

该组试验是采用上述 TerraSAR-X 数据在控制点的样式 1 格网大小为 4 000 像素×4 000 像素，样式 2 格网大小为 2 000 像素×2 000 像素，样式 3 格网大小为 1 000 像素×1 000 像素，样式 4 格网大小为 500 像素×500 像素，样式 5 格网大小为 200 像素×200 像素，高程分 5 层，在控制点格网的平面和高程中心生成检查点，来评价格网大小对 RPC 模型参数求解精度的影响，见表 6-13，从中可以得出如下结论：

随着每层控制点数目的增加，检查点平面中误差有变小的趋势，如图 6.26 所示。随着控制点格网变密，RPC 模型的精度逐渐接近严格成像几何模型的精度。

在后续的 TerraSAR-X 试验中采用 500 像素×500 像素。

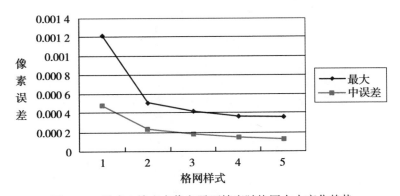

图 6.26 形式 3 检查点像方平面精度随格网大小变化趋势

(3)高程分层数对 RPC 模型参数求解精度的影响

该组试验是在控制点的格网大小为 500 像素×500 像素，高程分 2、3、4、5、6 层，在控制点格网的平面和高程中心生成检查点，以评价高程分层数对 RPC 模型参数求解精度的影响，见表 6-14，从中可以得出如下结论：

表 6-13　格网大小对 TerraSAR-X 求解 RPC 模型参数精度的影响（单位：像素）

格网样式	形式	控制点残差 Y 最大	Y 中误差	X 最大	X 中误差	平面 最大	平面 中误差	检查点残差 Y 最大	Y 中误差	X 最大	X 中误差	平面 最大	平面 中误差
1	3	-0.000 99	0.000 34	0.000 18	0.000 10	0.000 99	0.000 35	0.001 21	0.000 46	0.000 24	0.000 12	0.001 21	0.000 48
	6	0.005 38	0.002 25	-0.007 25	0.002 68	0.008 32	0.003 50	0.004 48	0.002 41	-0.005 34	0.001 70	0.005 87	0.002 95
	9	0.014 58	0.005 69	0.000 24	0.000 13	0.014 58	0.005 69	0.010 63	0.005 71	-0.000 22	0.000 12	0.010 63	0.005 71
2	3	0.000 68	0.000 24	0.000 20	0.000 11	0.000 69	0.000 26	0.000 49	0.000 21	-0.000 22	0.000 11	0.000 51	0.000 24
	6	0.002 34	0.000 55	-0.005 39	0.000 90	0.005 87	0.001 06	-0.001 13	0.000 38	-0.002 77	0.000 61	0.002 94	0.000 71
	9	-0.010 01	0.003 75	0.194 95	0.000 25	0.010 02	0.003 76	0.007 74	0.003 07	-0.000 25	0.000 12	0.007 74	0.003 08
3	3	-0.000 72	0.000 17	0.000 22	0.000 11	0.000 73	0.000 20	0.000 38	0.000 14	-0.000 20	0.000 10	0.000 42	0.000 18
	6	0.002 66	0.000 58	-0.006 39	0.000 98	0.006 92	0.001 14	0.001 49	0.000 49	-0.004 32	0.000 82	0.004 57	0.000 96
	9	-0.010 43	0.002 75	0.000 25	0.000 12	0.010 43	0.002 75	0.005 69	0.002 29	-0.000 25	0.000 12	0.005 69	0.002 30
4	3	-0.000 76	0.000 13	0.000 24	0.000 10	0.000 77	0.000 17	0.000 32	0.000 11	0.000 22	0.000 10	0.000 37	0.000 15
	6	0.001 86	0.000 34	-0.004 34	0.000 59	0.004 72	0.000 68	0.001 43	0.000 30	-0.003 60	0.000 52	0.003 86	0.000 60
	9	-0.010 62	0.002 28	0.000 26	0.000 12	0.010 62	0.002 28	-0.007 65	0.002 01	0.000 26	0.000 12	0.007 65	0.002 02
5	3	-0.000 67	0.000 10	0.000 25	0.000 10	0.000 70	0.000 14	-0.000 43	0.000 08	0.000 25	0.000 10	0.000 36	0.000 13
	6	0.000 84	0.000 11	-0.002 04	0.000 25	0.002 20	0.000 28	0.000 77	0.000 10	-0.001 74	0.000 22	0.001 89	0.000 24
	9	-0.010 76	0.002 01	-0.000 26	0.000 12	0.010 76	0.002 02	-0.009 26	0.001 88	0.000 26	0.000 12	0.009 26	0.001 88

表6-14 高程分层对 TerraSAR-X 求解 RPC 模型参数精度的影响(单位：像素)

高程层	形式	控制点残差						检查点残差					
		Y		X		平面		Y		X		平面	
		最大	中误差	最大	中误差	最大	中误差	最大	中误差	最大	中误差	最大	中误差
2	3	-0.000 61	0.000 17	0.000 24	0.000 10	0.000 64	0.000 19	5.833 40	4.305 06	1.159 75	1.157 32	5.946 53	4.457 90
	6	0.002 36	0.000 45	-0.005 38	0.000 77	0.005 88	0.000 89	28.012 54	16.035 50	31.149 68	15.850 97	41.892 78	22.547 51
	9	-0.010 95	0.002 37	0.000 26	0.000 12	0.010 95	0.002 38	3 576.340	1 934.248	-775.268	337.772 9	3 588.011	1 963.519
3	3	-0.000 72	0.000 15	0.000 24	0.000 10	0.000 73	0.000 18	0.010 51	0.007 03	0.000 23	0.000 10	0.010 51	0.007 03
	6	0.002 35	0.000 44	-0.005 35	0.000 75	0.005 85	0.000 87	0.011 99	0.005 16	-0.025 18	0.011 52	0.025 34	0.012 62
	9	-0.010 77	0.002 32	0.000 26	0.000 12	0.01 077	0.002 32	-0.026 66	0.019 56	0.000 28	0.000 12	0.026 66	0.019 56
4	3	-0.000 74	0.000 14	0.000 24	0.000 10	0.000 76	0.000 17	0.000 29	0.000 11	0.000 22	0.000 10	0.000 36	0.000 15
	6	0.002 09	0.000 39	-0.004 83	0.000 67	0.005 26	0.000 77	0.001 58	0.000 35	-0.004 00	0.000 59	0.004 30	0.000 69
	9	-0.010 68	0.002 29	0.000 26	0.000 12	0.010 68	0.002 29	-0.007 52	0.002 01	0.000 26	0.000 12	0.007 52	0.002 01
5	3	-0.000 76	0.000 13	0.000 24	0.000 10	0.000 77	0.000 17	0.000 32	0.000 11	0.000 22	0.000 10	0.000 37	0.000 15
	6	0.001 86	0.000 34	-0.004 34	0.000 59	0.004 72	0.000 68	0.001 43	0.000 30	-0.003 60	0.000 52	0.003 86	0.000 60
	9	-0.010 62	0.002 28	0.000 26	0.000 12	0.010 62	0.002 28	-0.007 65	0.002 01	0.000 26	0.000 12	0.007 65	0.002 02
6	3	-0.000 77	0.000 13	0.000 24	0.000 10	0.000 78	0.000 16	0.000 35	0.000 11	0.000 22	0.000 10	0.000 39	0.000 15
	6	0.001 67	0.000 30	-0.003 94	0.000 52	0.004 28	0.000 60	0.001 31	0.000 26	-0.003 28	0.000 46	0.003 52	0.000 53
	9	-0.010 59	0.002 27	0.000 26	0.000 12	0.010 59	0.002 27	-0.007 72	0.002 02	0.000 26	0.000 12	0.007 73	0.002 02

　　随着高程分层数目的增加，检查点平面中误差有变小的趋势，如图 6.27 所示。随着高程分层数目的增加，RPC 模型的精度逐渐接近严格成像几何模型的精度。

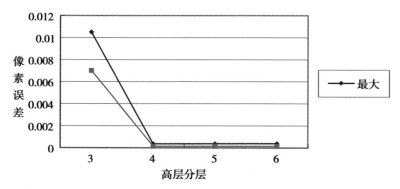

图 6.27　形式 3 检查点像方平面精度随高程分层变化趋势

　　从以上试验可以看出，在控制点的格网大小采用 500 像素×500 像素，高程分为 5 层时，分母不相同的三阶的 RPC 模型(形式 3)求解的 RPC 参数检查点像方平面最大误差为 0.000 37 像素，平面精度快为 0.000 15 像素，和严格成像几何模型很相同，可以取代严格成像几何模型进行摄影测量处理。

　　2)不同影像数据的 SAR-SLC-RPC 求解试验

　　为证明 RPC 模型对不同 SAR 影像数据的适用性，这里对高中低不同分辨率的 SAR 影像进行 RPC 模型求解试验，表 6-15 中列出了对高中低分辨率影像建立 RPC 模型的格网大小和高程分层。

表 6-15　　　　　　　　　　　不同 SAR 数据的 RPC 模型格网大小和高程分层

影像数据	控制点		检查点	
	格网大小	高程分层	格网大小	高程分层
COMO-SkyMed	500×500	4	500×500	3
Radarsat-2	500×500	4	500×500	3
ALOS	500×500	4	500×500	3
JERS	500×500	4	500×500	3
ERS	500×500	4	500×500	3
ASAR	500×500	4	500×500	3

　　表 6-16 中列出了实验结果，实验对分母相同的三阶 RPC 模型进行参数求解。

表 6-16 对 6 种不同数据进行求解分母相同的三阶 RPC 模型参数表(单位:像素)

影像数据	控制点						检查点					
	X		Y		平面		X		Y		平面	
	最大	中误差	最大	中误差	最大	中误差	最大	中误差	最大	中误差	最大	中误差
COMO-SkyMed(10^{-4})	-6.770 27	2.159 85	1.890 90	0.403 06	6.772 41	2.197 13	0.069 79	0.024 03	-0.019 50	0.005 08	0.070 09	0.024 56
Radarsat-2 (10^{-5})	-0.219	0.049	-4.613	0.739	4.619	0.741	-0.165	0.046	-3.329	0.674	3.333	0.676
ALOS	-0.000 04	0.000 02	0.000 12	0.000 03	0.000 13	0.000 04	0.000 05	0.000 02	-0.000 37	0.000 21	0.000 37	0.000 21
JERS	0.014 81	0.004 00	-0.005 04	0.001 34	0.015 63	0.004 22	0.014 81	0.003 99	-0.005 04	0.001 32	0.015 63	0.004 21
ERS	0.000 08	0.000 03	0.003 88	0.001 80	0.003 88	0.001 80	0.000 12	0.000 03	0.003 24	0.001 77	0.003 24	0.001 77
ASAR	0.011 70	0.005 89	-0.001 31	0.000 34	0.011 70	0.005 90	0.011 43	0.005 12	-0.000 95	0.000 30	0.011 43	0.005 13

从表 6-16 中可以看出，无论对于 COSMO SkyMed 或 Radarsat-2 这样高分辨率 SAR 影像，还是 ALOS、JERS、ERS 或 ASAR 这样的中低分辨率的 SAR 影像，对在控制点的格网大小采用 500 像素×500 像素，高程分层为 4，分母相同的三阶的 RPC 模型（形式 3）求解的 RPC 参数检查点像方平面最大误差约为 0.005 像素，平面精度都小于 0.006 个像素，已很好地和严格成像几何模型精度保持相同，可以取代严格成像几何模型进行摄影测量处理（张过，等，2010）。

6.4.3　InSAR 的 RPC 模型

1. InSAR 严密成像模型（Rosen et al.，2000）

实现高程测量的几何关系有两种表示方法：空间矢量模型和二维简化几何模型。空间矢量模型是干涉测量原理的一种三维描述，该模型是基于距离-多普勒方程与相位方程的。二维简化几何模型是在空间矢量模型的基础上做了一些简化，为更好地理解干涉测量中的目标和卫星之间的几何关系，本节重点介绍二维简化几何模型。

InSAR 的简化几何模型如图 6.28 所示。图中以卫星 S_M 的星下点为坐标原点 O，x 轴表示卫星飞行方向垂直指向纸面，y 轴表示距离方向，z 轴表示由星下点指向卫星的径向。卫星承载的是右侧视雷达，下视角为 θ。卫星 S_M 的高度为 H，基线 B 为卫星 S_M 和 S_S 之间的距离，目标 P 的高度为 h，r_M、r_S 分别表示目标 P 到卫星 S_M、S_S 的斜距。

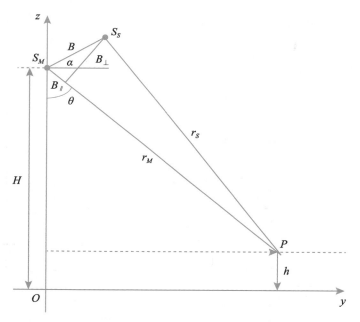

图 6.28　简化的 InSAR 几何模型（Rosen et al.，2000）

由此可以建立的几何关系为：

基于 SAR 成像原理的距离方程（Range equation）：

$$r_M = |\ \boldsymbol{P} - \boldsymbol{S}_M\ | \tag{6-28}$$

多普勒方程(Doppler equation):

$$f_d = \frac{\lambda \boldsymbol{v}_M \cdot (\boldsymbol{P} - \boldsymbol{S}_M)}{2\ |\ \boldsymbol{P} - \boldsymbol{S}_M\ |} \tag{6-29}$$

和干涉相位方程(Phase equation):

$$\phi = \frac{4\pi}{\lambda}(|\ \boldsymbol{P} - \boldsymbol{S}_S\ | - |\ \boldsymbol{P} - \boldsymbol{S}_M\ |) \tag{6-30}$$

如果已知卫星 1 的状态矢量 $\boldsymbol{S}_M$、卫星 2 的状态矢量 $\boldsymbol{S}_S$、基线 $\boldsymbol{B}$ 和干涉相位 ϕ,就可以计算目标点的状态矢量 $\boldsymbol{P}$。

上面 3 个方程都是基于空间三维模型的,在所有的 InSAR 系统中均是严格成立的,而对于星载 InSAR 系统,可以得到以下近似关系式:

$$\Delta r = r_M - r_S = B\sin(\theta - \alpha) \tag{6-31}$$

这个关系式可以很容易地推导出来:

在 $\triangle S_M S_S P$ 中,由余弦定理可以得到:

$$r_S^2 = r_M^2 + B^2 - 2r_M B\cos\left(\frac{\pi}{2} - \theta + \alpha\right) \tag{6-32}$$

整理后可以得出:

$$\Delta r = r_M - r_S = B\sin(\theta - \alpha) + \frac{\Delta r^2}{2r_M} - \frac{B^2}{2r_S} \tag{6-33}$$

对于星载 InSAR 系统,$\Delta r \ll B \ll r_M$,可以近似后得到下面结果:

$$\Delta r = B\sin(\theta - \alpha) \tag{6-34}$$

由此可以得到,干涉图上任意一像元的干涉相位为:

$$\varphi = \varphi_M - \varphi_S = -\frac{4\pi}{\lambda}B\sin(\theta - \alpha) \tag{6-35}$$

根据三角关系,P 点的高程可以表示为:

$$h = H - r_M\cos\theta \tag{6-36}$$

同理,如果已知卫星的轨道参数和系统参数,就可以解求地面点的高程值了。

2. InSAR 的 RPC 模型

RPC 模型的作用是通过卫星的严密成像的几何模型来拟合地面点 $(P,\ L,\ H)$ 和影像点 $(L,\ S)$ 之间的数学关系,结合 InSAR 过程中的严密成像几何模型,建立如下 RPC 模型(张过,等,2011):

$$\varphi = f_1(s_M,\ l_M,\ \text{Height}) \tag{6-37a}$$

$$
\begin{aligned}
s_M &= f_{2M}(\text{lat},\ \text{lon},\ \text{Height}) \\
l_M &= f_{3M}(\text{lat},\ \text{lon},\ \text{Height})
\end{aligned}
\tag{6-37b}
$$

$$
\begin{aligned}
s_S &= f_{2S}(\text{lat},\ \text{lon},\ \text{Height}) \\
l_S &= f_{3S}(\text{lat},\ \text{lon},\ \text{Height})
\end{aligned}
\tag{6-37c}
$$

$$
\begin{aligned}
\text{lat} &= f'_{2M}(s_M,\ l_M,\ \text{Height}) \\
\text{lon} &= f'_{3M}(s_M,\ l_M,\ \text{Height})
\end{aligned}
\tag{6-37d}
$$

Lat，lon，Height 分别表示地面点的纬度、经度和高程；s_M、l_M 分别表示主影像的列方向和行方向；s_S、l_S 分别表示辅影像的列方向和行方向，φ 表示干涉相位。

式(6-37)描述的是 RPC 模型的抽象形式，下面给出具体形式：

相位方程 f_1 的具体形式是：

$$PHA = \frac{N_{f1}(X,\ Y,\ H)}{D_{f1}(X,\ Y,\ H)}$$

其中，

$$
\begin{aligned}
N_{f1}(X,\ Y,\ H) = &\ a_1 + a_2 Y + a_3 X + a_4 H + a_5 YX + a_6 YH + a_7 XH + a_8 Y^2 + a_9 X^2 + a_{10} H^2 \\
&+ a_{11} XYH + a_{12} Y^3 + a_{13} YX^2 + a_{14} YH^2 + a_{15} Y^2 X + a_{16} X^3 + a_{17} XH^2 \\
&+ a_{18} Y^2 H + a_{19} X^2 H + a_{20} H^3
\end{aligned}
$$

$$
\begin{aligned}
D_{f1}(X,\ Y,\ H) = &\ b_1 + b_2 Y + b_3 X + b_4 H + b_5 YX + b_6 YH + b_7 XH + b_8 Y^2 + b_9 X^2 + b_{10} H^2 \\
&+ b_{11} XYH + b_{12} Y^3 + b_{13} YX^2 + b_{14} YH^2 + b_{15} Y^2 X + b_{16} X^3 + b_{17} XH^2 \\
&+ b_{18} Y^2 H + b_{19} X^2 H + b_{20} H^3
\end{aligned}
$$

(X, Y) 为标准化的影像坐标，H 为标准化的地面高程坐标，PHA 为标准化的相位坐标，其标准化公式如下：

$$PHA = \frac{\varphi - \text{PHASE\_OFF}}{\text{PHASE\_SCALE}}$$

$$X = \frac{\text{Sample} - \text{SAMP\_OFF}}{\text{SAMP\_SCALE}}$$

$$Y = \frac{\text{Line} - \text{LINE\_OFF}}{\text{LINE\_SCALE}}$$

$$H = \frac{\text{Height} - \text{HEIGHT\_OFF}}{\text{HEIGHT\_SCALE}}$$

上述公式中，a_i、b_i 是相位方程的模型系数，SAMP_OFF、SAMP_SCALE、LINE_OFF、LINE_SCALE、HEIGHT_OFF、HEIGHT_SCALE 分别是 X、Y、H 的标准化参数，PHASE_OFF 和 PHASE_SCALE 是相位的标准化参数，其中 b_1 通常为1。

主影像地面点到影像坐标的转化关系 f_{2M}、f_{3M} 为：

$$Y = \frac{N_{f_{2M}}(P,\ L,\ H)}{D_{f_{2M}}(P,\ L,\ H)}$$

$$X = \frac{N_{f_{3M}}(P,\ L,\ H)}{D_{f_{3M}}(P,\ L,\ H)}$$

其中，

$$
\begin{aligned}
N_{f_{2M}}(P,\ L,\ H) = &\ a_1 + a_2 L + a_3 P + a_4 H + a_5 LP + a_6 LH + a_7 PH + a_8 L^2 + a_9 P^2 + a_{10} H^2 \\
&+ a_{11} PLH + a_{12} L^3 + a_{13} LP^2 + a_{14} LH^2 + a_{15} L^2 P + a_{16} P^3 + a_{17} PH^2 \\
&+ a_{18} L^2 H + a_{19} P^2 H + a_{20} H^3
\end{aligned}
$$

$$D_{f_{2M}}(P, L, H) = b_1 + b_2L + b_3P + b_4H + b_5LP + b_6LH + b_7PH + b_8L^2 + b_9P^2 + b_{10}H^2$$
$$+ b_{11}PLH + b_{12}L^3 + b_{13}LP^2 + b_{14}LH^2 + b_{15}L^2P + b_{16}P^3 + b_{17}PH^2$$
$$+ b_{18}L^2H + b_{19}P^2H + b_{20}H^3$$

$$N_{f_{3M}}(P, L, H) = c_1 + c_2L + c_3P + c_4H + c_5LP + c_6LH + c_7PH + c_8L^2 + c_9P^2 + c_{10}H^2$$
$$+ c_{11}PLH + c_{12}L^3 + c_{13}LP^2 + c_{14}LH^2 + c_{15}L^2P + c_{16}P^3 + c_{17}PH^2$$
$$+ c_{18}L^2H + c_{19}P^2H + c_{20}H^3$$

$$D_{f_{3M}}(P, L, H) = d_1 + d_2L + d_3P + d_4H + d_5LP + d_6LH + d_7PH + d_8L^2 + d_9P^2 + d_{10}H^2$$
$$+ d_{11}PLH + d_{12}L^3 + d_{13}LP^2 + d_{14}LH^2 + d_{15}L^2P + d_{16}P^3 + d_{17}PH^2$$
$$+ d_{18}L^2H + d_{19}P^2H + d_{20}H^3$$

(P, L, H) 为标准化的地面坐标，(X, Y) 为标准化的影像坐标，其标准化公式如下：

$$P = \frac{\text{Latitude} - \text{LAT\_OFF}}{\text{LAT\_SCALE}}$$

$$L = \frac{\text{Longitude} - \text{LONG\_OFF}}{\text{LONG\_SCALE}}$$

$$H = \frac{\text{Height} - \text{HEIGHT\_OFF}}{\text{HEIGHT\_SCALE}}$$

$$X = \frac{\text{Sample} - \text{SAMP\_OFF}}{\text{SAMP\_SCALE}}$$

$$Y = \frac{\text{Line} - \text{LINE\_OFF}}{\text{LINE\_SCALE}}$$

式中，a_i、b_i、c_i、d_i 为主影像地面点到影像坐标的模型系数，LAT_OFF、LAT_SCALE、LONG_OFF、LONG_SCALE、HEIGHT_OFF 和 HEIGHT_SCALE 为地面点坐标的标准化参数。SAMP_OFF、SAMP_SCALE、LINE_OFF 和 LINE_SCALE 为影像像素坐标的标准化参数，其中 b_1 和 d_1 通常为 1。

辅影像地面点到影像坐标的转化关系 f_{2S}、f_{3S} 为：

$$P = \frac{N_{f_{2S}}(X, Y, H)}{D_{f_{2S}}(X, Y, H)}$$

$$L = \frac{N_{f_{3S}}(X, Y, H)}{D_{f_{3S}}(X, Y, H)}$$

式中，

$$N_{f_{2S}}(P, L, H) = a_1 + a_2L + a_3P + a_4H + a_5LP + a_6LH + a_7PH + a_8L^2 + a_9P^2 + a_{10}H^2$$
$$+ a_{11}PLH + a_{12}L^3 + a_{13}LP^2 + a_{14}LH^2 + a_{15}L^2P + a_{16}P^3 + a_{17}PH^2$$
$$+ a_{18}L^2H + a_{19}P^2H + a_{20}H^3$$

$$D_{f_{2S}}(P, L, H) = b_1 + b_2L + b_3P + b_4H + b_5LP + b_6LH + b_7PH + b_8L^2 + b_9P^2 + b_{10}H^2$$
$$+ b_{11}PLH + b_{12}L^3 + b_{13}LP^2 + b_{14}LH^2 + b_{15}L^2P + b_{16}P^3 + b_{17}PH^2$$
$$+ b_{18}L^2H + b_{19}P^2H + b_{20}H^3$$

$$N_{f_{3S}}(P, L, H) = c_1 + c_2 L + c_3 P + c_4 H + c_5 LP + c_6 LH + c_7 PH + c_8 L^2 + c_9 P^2 + c_{10} H^2$$
$$+ c_{11} PLH + c_{12} L^3 + c_{13} LP^2 + c_{14} LH^2 + c_{15} L^2 P + c_{16} P^3 + c_{17} PH^2$$
$$+ c_{18} L^2 H + c_{19} P^2 H + c_{20} H^3$$

$$D_{f_{3S}}(P, L, H) = d_1 + d_2 L + d_3 P + d_4 H + d_5 LP + d_6 LH + d_7 PH + d_8 L^2 + d_9 P^2 + d_{10} H^2$$
$$+ d_{11} PLH + d_{12} L^3 + d_{13} LP^2 + d_{14} LH^2 + d_{15} L^2 P + d_{16} P^3 + d_{17} PH^2$$
$$+ d_{18} L^2 H + d_{19} P^2 H + d_{20} H^3$$

(P, L, H) 为标准化的地面坐标,(X, Y) 为标准化的影像坐标,其标准化公式如下:

$$P = \frac{\text{Latitude} - \text{LAT\_OFF}}{\text{LAT\_SCALE}}$$

$$L = \frac{\text{Longitude} - \text{LONG\_OFF}}{\text{LONG\_SCALE}}$$

$$H = \frac{\text{Height} - \text{HEIGHT\_OFF}}{\text{HEIGHT\_SCALE}}$$

$$X = \frac{\text{Sample} - \text{SAMP\_OFF}}{\text{SAMP\_SCALE}}$$

$$Y = \frac{\text{Line} - \text{LINE\_OFF}}{\text{LINE\_SCALE}}$$

式中,a_i、b_i、c_i、d_i 为辅影像地面点到影像坐标的模型系数,LAT_OFF、LAT_SCALE、LONG_OFF、LONG_SCALE、HEIGHT_OFF 和 HEIGHT_SCALE 为地面点坐标的标准化参数。SAMP_OFF、SAMP_SCALE、LINE_OFF 和 LINE_SCALE 为影像像素坐标的标准化参数,其中 b_1 和 d_1 通常为1。

主影像像素坐标到地面点的转化关系 f'_{2M}、f'_{3M} 为:

$$P = \frac{N_{f'_{2M}}(X, Y, H)}{D_{f'_{2M}}(X, Y, H)}$$

$$L = \frac{N_{f'_{3M}}(X, Y, H)}{D_{f'_{3M}}(X, Y, H)}$$

其中:

$$N_{f'_{2M}}(X, Y, H) = a_1 + a_2 Y + a_3 X + a_4 H + a_5 YX + a_6 YH + a_7 XH + a_8 Y^2 + a_9 X^2 + a_{10} H^2$$
$$+ a_{11} XYH + a_{12} Y^3 + a_{13} YX^2 + a_{14} YH^2 + a_{15} Y^2 X + a_{16} X^3 + a_{17} XH^2$$
$$+ a_{18} Y^2 H + a_{19} X^2 H + a_{20} H^3$$

$$D_{f'_{2M}}(X, Y, H) = b_1 + b_2 Y + b_3 X + b_4 H + b_5 YX + b_6 YH + b_7 XH + b_8 Y^2 + b_9 X^2 + b_{10} H^2$$
$$+ b_{11} XYH + b_{12} Y^3 + b_{13} YX^2 + b_{14} YH^2 + b_{15} Y^2 X + b_{16} X^3 + b_{17} XH^2$$
$$+ b_{18} Y^2 H + b_{19} X^2 H + b_{20} H^3$$

$$N_{f'_{3M}}(X, Y, H) = c_1 + c_2 Y + c_3 X + c_4 H + c_5 YX + c_6 YH + c_7 XH + c_8 Y^2 + c_9 X^2 + c_{10} H^2$$
$$+ c_{11} XYH + c_{12} Y^3 + c_{13} YX^2 + c_{14} YH^2 + c_{15} Y^2 X + c_{16} X^3 + c_{17} XH^2$$

$$+ c_{18}Y^2H + c_{19}X^2H + c_{20}H^3$$

$$D_{f'_{3M}}(X, Y, H) = d_1 + d_2Y + d_3X + d_4H + d_5YX + d_6YH + d_7XH + d_8Y^2 + d_9X^2 + d_{10}H^2$$
$$+ d_{11}XYH + d_{12}Y^3 + d_{13}YX^2 + d_{14}YH^2 + d_{15}Y^2X + d_{16}X^3 + d_{17}XH^2$$
$$+ d_{18}Y^2H + d_{19}X^2H + d_{20}H^3$$

(P, L, H) 为标准化的地面坐标，(X, Y) 为标准化的影像坐标，其标准化公式如下：

$$X = \frac{\text{Sample} - \text{SAMP\_OFF}}{\text{SAMP\_SCALE}}$$

$$Y = \frac{\text{Line} - \text{LINE\_OFF}}{\text{LINE\_SCALE}}$$

$$H = \frac{\text{Height} - \text{HEIGHT\_OFF}}{\text{HEIGHT\_SCALE}}$$

$$P = \frac{\text{Latitude} - \text{LAT\_OFF}}{\text{LAT\_SCALE}}$$

$$L = \frac{\text{Longitude} - \text{LONG\_OFF}}{\text{LONG\_SCALE}}$$

式中，a_i、b_i、c_i、d_i 为主影像像点坐标到地面点坐标的模型系数，SAMP_OFF、SAMP_SCALE、LINE_OFF、LINE_SCALE、HEIGHT_OFF 和 HEIGHT_SCALE 为像素点坐标的标准化参数，LAT_OFF、LAT_SCALE、LONG_OFF 和 LONG_SCALE 为地面点经纬度坐标的标准化参数，其中 b_1 和 d_1 通常为 1。

3. InSAR RPC 模型的替代试验

1）TerraSAR-X 数据的 RPC 模型参数求解试验

本试验采用的干涉数据为 TerraSAR-X，地区为武汉地区，数据类型是 SSC，成像模式为 SM，极化方式为 HH，雷达波长为 0.031 1cm，主影像的成像时间为 2008 年 9 月 26 日，中心经纬度为北纬 30.396 7 度，东经 114.456 度；辅影像的成像时间为 2008 年 10 月 7 日，中心经纬度为北纬 30.396 6 度，东经 114.456 度，具体参见表 6-17。

表 6-17 **TerraSAR-X 数据说明**

TerraSAR	主影像	辅影像
成像时间	2008 年 9 月 26 日	2008 年 10 月 7 日
影像行列数	6 058×11 264	6 052×11 264
中心点经纬度	30.396 668 8°N 114.456 439 4°E	30.396 611 1°N 114.455 503 4°E
雷达波长	0.031 1(X)	
地形描述	影像对应区域为中国湖北武汉地区	

以 TerraSAR-X 数据为例，分析了模型形式、格网大小与高程分层对模型误差的影响后，后续试验均选择模型形式为 3 阶有分母、格网大小为 400 像素×400 像素、高程分为

343

15 层的模型形式。

（1）六种形式的相位方程 RPC 模型参数求解精度对比

该组试验是在控制点格网大小为 400 像素×400 像素，高程分 15 层，在每个格网中心计算一个检查点，表 6-18 中模型形式 1，2，3 表示有分母的 RPC 模型，4，5，6 表示无分母的 RPC 模型。

表 6-18　　　　　利用 TerraSAR-X 影像求解的 6 种形式的 RPC 模型参数精度　　（单位：弧度）

模型形式	阶数	控制点精度			检查点精度		
		最大	最小	均方误差	最大	最小	均方误差
1	1	$-4.314\ 6\times10^{-2}$	$1.833\ 87\times10^{-5}$	$2.923\ 53\times10^{-2}$	$1.285\ 98\times10^{-1}$	$-4.784\ 1\times10^{-7}$	$5.910\ 38\times10^{-2}$
2	2	$-1.806\ 4\times10^{-4}$	$1.343\ 51\times10^{-8}$	$8.472\ 7\times10^{-5}$	$9.944\ 71\times10^{-4}$	$1.019\ 73\times10^{-8}$	$2.961\ 89\times10^{-4}$
3	3	$-1.154\ 3\times10^{-6}$	$4.729\ 4\times10^{-11}$	$3.634\ 51\times10^{-7}$	$-1.166\ 1\times10^{-5}$	$8.367\ 4\times10^{-11}$	$2.407\ 1\times10^{-6}$
4	1	$-1.672\ 0$	$-6.580\ 3\times10^{-4}$	$1.129\ 9$	$3.718\ 1$	$-1.838\ 8\times10^{-5}$	$1.807\ 8$
5	2	$-2.688\ 4\times10^{-2}$	$3.410\ 2\times10^{-6}$	$1.844\ 4\times10^{-2}$	$1.406\ 7\times10^{-1}$	$2.207\ 0\times10^{-6}$	$4.454\ 7\times10^{-2}$
6	3	$-5.161\ 7\times10^{-4}$	$-2.057\ 7\times10^{-7}$	$2.992\ 2\times10^{-4}$	$5.367\ 1\times10^{-3}$	$9.979\ 3\times10^{-8}$	$1.291\ 0\times10^{-3}$

由表 6-18 可以得出：

①相同的阶数，有分母的 RPC 模型比没有分母的 RPC 模型精度要高，并且要高出 2 个以上的数量级。

②相同的模型形式（均为有分母或者均为无分母），三阶模型的精度比二阶模型的精度高，一阶模型的精度最差。

因此，后续的试验选择的模型是三阶有分母形式的 RPC 模型。

（2）格网大小对相位方程 RPC 模型参数求解精度的影响

该组试验是采用上述 TerraSAR-X 数据在控制点的样式 1 格网大小为 1 000 像素×1 000 像素，样式 2 格网大小为 800 像素×800 像素，样式 3 格网大小为 600 像素×600 像素，样式 4 格网大小为 400 像素×400 像素，高程分 15 层，在控制点格网的平面和高程中心生成检查点，来评价格网大小对 RPC 模型参数求解精度的影响，详见表 6-19。

表 6-19　　　　　格网大小对 TerraSAR-X 求解 RPC 模型参数精度的影响　　（单位：弧度）

格网形式	形式	控制点精度			检查点精度		
		最大	最小	均方误差	最大	最小	均方误差
1	3	$-1.116\ 2\times10^{-6}$	$-3.274\ 2\times10^{-10}$	$3.705\ 8\times10^{-7}$	$-1.077\ 8\times10^{-5}$	$5.202\ 3\times10^{-10}$	$2.568\ 5\times10^{-6}$
2	3	$-1.119\ 1\times10^{-6}$	$-5.820\ 8\times10^{-11}$	$3.858\ 1\times10^{-7}$	$-1.105\ 2\times10^{-5}$	$-6.548\ 4\times10^{-11}$	$2.471\ 8\times10^{-6}$
3	3	$-1.076\ 0\times10^{-6}$	$-6.548\ 4\times10^{-11}$	$3.676\ 2\times10^{-7}$	$-1.105\ 2\times10^{-5}$	$-5.311\ 5\times10^{-10}$	$2.353\ 3\times10^{-6}$
4	3	$-1.154\ 3\times10^{-6}$	$4.729\ 4\times10^{-11}$	$3.634\ 51\times10^{-7}$	$-1.166\ 1\times10^{-5}$	$8.367\ 4\times10^{-11}$	$2.407\ 1\times10^{-6}$

由表 6-19 和图 6.29 可以得出：4 种格网形式，控制点和检查点的均方误差都是同一量级，并且相差不大，因此，格网大小对相位方程的 RPC 模型参数求解精度的影响不显著。

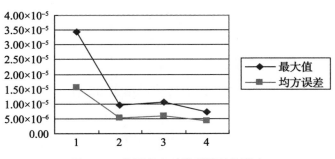

图 6.29　格网大小对模型误差的影响

（3）高程分层数对 RPC 模型参数求解精度的影响

该组试验是在控制点的格网大小为 400 像素×400 像素，高程分 3、6、9、12、15 层，在控制点格网的平面和高程中心生成检查点，以评价高程分层数对 RPC 模型参数求解精度的影响，详见表 6-20。

表 6-20　　　　　**高程分层对 TerraSAR-X 求解 RPC 模型参数精度的影响**　　　（单位：弧度）

高程分层	形式	控制点精度			检查点精度		
		最大	最小	均方误差	最大	最小	均方误差
3	3	$-1.140\ 4\times10^{-6}$	$2.182\ 8\times10^{-11}$	$3.717\ 3\times10^{-7}$	$-2.075\ 6\times10^{-5}$	$2.692\ 1\times10^{-10}$	$5.333\ 4\times10^{-6}$
6	3	$-1.151\ 8\times10^{-6}$	$7.639\ 8\times10^{-11}$	$3.650\ 1\times10^{-7}$	$-1.202\ 3\times10^{-5}$	$-1.600\ 7\times10^{-10}$	$2.532\ 3\times10^{-6}$
9	3	$-1.144\ 9\times10^{-6}$	$-6.184\ 6\times10^{-11}$	$3.635\ 3\times10^{-7}$	$-1.190\ 8\times10^{-5}$	$-2.510\ 2\times10^{-10}$	$2.487\ 8\times10^{-6}$
12	3	$-1.149\ 2\times10^{-6}$	$8.367\ 4\times10^{-11}$	$3.622\ 8\times10^{-7}$	$-1.180\ 2\times10^{-5}$	$-2.910\ 4\times10^{-11}$	$2.445\ 8\times10^{-6}$
15	3	$-1.154\ 3\times10^{-6}$	$4.729\ 4\times10^{-11}$	$3.634\ 51\times10^{-7}$	$-1.166\ 1\times10^{-5}$	$8.367\ 4\times10^{-11}$	$2.407\ 1\times10^{-6}$

由表 6-20 和图 6.30 可以得出：5 种高层分层形式，控制点和检查点的均方误差都在同一量级，高层分 3 层的均方误差要比其余形式大，尤其是检查点的均方误差，超出了其余形式的一倍多，高程分为 6、9、12、15 层的情况，它们之间的均方误差变化很小。因此，推荐选择后 4 种高程分层形式。

2）ERS 数据的模型参数求解试验

ERS 数据的试验地区为中国三峡地区，数据类型是 SLC，雷达波长为 0.056 7cm，主影像中心经纬度为北纬 31.158 度，东经 109.929 度；辅影像的中心经纬度为北纬 31.166 度，东经 109.933 度，具体参见表 6-21。

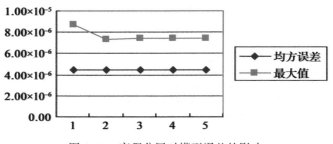

图 6.30　高程分层对模型误差的影响

表 6-21 　　　　　　　　　　　　　　　**ERS 实验数据说明**

ERS	主影像	辅影像
影像行列数	26 652×4 900	26 592×4 900
中心点经纬度	31. 158 000 0°N 109. 929 000 0°E	31. 166 000 0°N 109. 933 000 0°E
雷达波长	0. 056 7(C)	
地形描述	影像对应区域为中国三峡地区	

RPC 模型替代的结果见表 6-22。

表 6-22 　　　　　　　　　**ERS 相位方程替代后的 RPC 模型精度误差评定表** 　　　　　（单位：弧度）

相位精度	控制点	检查点
最大	$7.35×10^{-3}$	$-7.92×10^{-3}$
最小	$2.21×10^{-8}$	$-8.47×10^{-7}$
均方误差	$2.26×10^{-3}$	$2.23×10^{-3}$

3）ASAR 数据的模型参数求解试验

本试验采用的干涉数据为 ASAR，地区为伊朗 Bam 火山地区，数据类型是 SLC，雷达波长为 0.056 2cm，主影像的成像时间为 2003 年 6 月 11 日，中心经纬度为北纬 29.145 563 5度，东经 58.527 438 0 度；辅影像的成像时间为 2003 年 12 月 3 日，中心经纬度为北纬 29.138 499 0 度，东经 58.521 873 5 度，具体参见表 6-23。

表 6-23 　　　　　　　　　　　　　　　**ASAR 实验数据说明**

ASAR	主影像	辅影像
成像时间	2003 年 6 月 11 日	2003 年 12 月 3 日
影像行列数	26 888×5167	26 897×5 167

续表

ASAR	主影像	辅影像
中心点经纬度	29.145 563 5°N　58.527 438 0°E	29.138 499 0°N　58.521 873 5°E
雷达波长	0.056 2(C)	
地形描述	影像对应区域为伊朗 bam 地区	

RPC 模型替代的结果见表 6-24。

表 6-24　　　　相位方程替代后的 RPC 模型精度误差评定表　　　（单位：弧度）

相位精度	控制点	检查点
最大	5.01×10^{-3}	4.93×10^{-3}
最小	-9.78×10^{-8}	-1.66×10^{-7}
均方误差	1.18×10^{-3}	1.18×10^{-3}

4）ALOS 数据的模型参数求解试验

本试验采用的干涉数据为 ALOS，地区为日本富士地区，数据类型是 SLC，雷达波长为 0.236cm，主影像中心经纬度为北纬 35.438 509 8 度，东经 138.574 186 3 度；辅影像中心经纬度为北纬 35.435 758 4 度，东经 138.578 314 7 度，具体参见表 6-25。

表 6-25　　　　　　　　　ALOS 实验数据说明

ALOS	主影像	辅影像
影像行列数	18 432×4 640	18 432×4 640
中心点经纬度	35.438 509 8°N　138.574 186 3°E	35.435 758 4°N　138.578 314 7°E
雷达波长	0.236（L）	
地形描述	影像对应区域为日本富士以及周边地区	

RPC 模型替代的结果见表 6-23。

表 6-26　　　　相位方程替代后的 RPC 模型精度误差评定表　　　（单位：弧度）

相位精度	控制点	检查点
最大	1.83×10^{-4}	-1.78×10^{-4}
最小	-1.06×10^{-8}	7.34×10^{-9}
均方误差	5.45×10^{-5}	4.99×10^{-5}

5）COSMO-SkyMed 数据的模型参数求解试验

本试验采用的干涉数据为 COSMO-SkyMed，地区为中国山西地区，数据类型是SLC，雷达波长为 0.031 2cm，主影像中心经纬度为北纬 39.418 723 8 度，东经112.393 647 8 度；辅影像中心经纬度为北纬 39.421 808 0 度，东经 112.386 791 0 度，具体参见表 6-27。

表 6-27　　　　　　　　　　　**COSMO-SkyMed 实验数据说明**

COMO-SkyMed	主影像	辅影像
成像时间	2008 年 11 月 23 日	2008 年 12 月 9 日
影像行列数	18 880×19 662	18 896×19 662
中心点经纬度	39.418 723 8°N 112.393 647 8°E	39.421 808 0°N 112.386 791 0°E
雷达波长	0.031 2(X)	
地形描述	影像对应区域为中国山西地区	

RPC 模型替代的结果见表 6-28。

表 6-28　　　　　　　**相位方程替代后的 RPC 模型精度误差评定表**　　　　　（单位：弧度）

相位精度	控制点	检查点
最大	−1.13×10^{-3}	8.97×10^{-4}
最小	2.98×10^{-9}	7.81×10^{-9}
均方误差	2.03×10^{-4}	1.94×10^{-4}

6）模型误差的评定

用 RPC 模型替代 InSAR 严密几何模型的相位方程，必然会带来模型的替代误差。因此，就会引入一个关键的问题：模型的替代误差对 InSAR 的测量会造成何种程度的精度损失。下面我们从相位方程入手，来分析一下精度损失。

在相位方程式中令 $R = |P - S_2| - |P - S_1|$；

则有 $\phi = \dfrac{4\pi}{\lambda} * R$；

对 ϕ 求导可以得出：$\dfrac{\mathrm{d}R}{\mathrm{d}\phi} = \dfrac{\lambda}{4\pi}$。

由此可以看出：沿视线方向的距离与相位的导数是波长的函数。

表 6-29 统计了各种数据的模型误差转换到波长的量值。

表 6-29   **5 种数据检查点的均方误差**

数据	检查点均方误差	转化为波长(＊波长)
ERS	$2.23×10^{-3}$	$1.77×10^{-4}$
ASAR	$1.18×10^{-3}$	$9.39×10^{-5}$
ALOS	$4.99×10^{-5}$	$3.97×10^{-6}$
COSMO-SkyMed	$1.94×10^{-4}$	$1.54×10^{-5}$
TerraSAR-X	$4.41×10^{-6}$	$3.51×10^{-7}$

7) 结论

由表 6-29 可以得出：高分辨率数据 ALOS、COSMO-SkyMed、TerraSAR-X 替代精度很高，可以达到万分之一个波长，ERS、ASAR 的替代精度也可以达到千分之一个波长。因此，模型替代的精度符合要求(张过，等，2011)。

6.4.4 星载立体 SAR 区域网平差

1. 区域网平差概述

对于航空摄影而言，区域网平差是在多条航线组成的区域内，根据少量的野外控制点和室内加密点的平面和高程坐标进行整体平差，解求加密点的平面、高程坐标和影像的方位元素的测量方法。其主要目的是为无野外控制点的地区测图提供定向的控制点和外方位元素，区域网平差被认为是在航空影像和少量地面控制点条件下进行测地定位的一种精密方法(李德仁，郑肇葆，1992)。

本章采用 RPC 模型，将就高分辨率 SAR 影像的区域网平差问题，包括平差模型的提出、精细实验验证、最优布点方案以及在多星多传感器卫星遥感影像区域网平差方面进行深入的讨论(张过，等，2011)。

2. 区域网平差数学模型

卫星遥感影像的 RPC 模型参数解求一般利用与地面无关的模式，通过卫星遥感影像的严格成像模型计算拟合而成，故存在较大的系统性误差。因此，可以通过影像自身之间的约束关系补偿 RPC 模型的系统误差来提高定位精度，这就是基于 RPC 模型的卫星遥感影像区域网平差的基本思想。

同样，在影像上定义同样的变换，根据基于 RPC 模型线性化的公式推导，可以对每个连接点列如下线性方程：

$$v_x = \begin{Bmatrix} \dfrac{\partial F_x}{\partial a_1} \cdot \Delta a_1 + \dfrac{\partial F_x}{\partial a_2} \cdot \Delta a_2 + \dfrac{\partial F_x}{\partial a_3} \cdot \Delta a_3 + \dfrac{\partial F_x}{\partial b_1} \cdot \Delta b_1 + \dfrac{\partial F_x}{\partial b_2} \cdot \Delta b_2 + \dfrac{\partial F_x}{\partial b_3} \cdot \Delta b_3 \\ + \dfrac{\partial F_x}{\partial D_{lat}} \cdot \Delta D_{lat} + \dfrac{\partial F_x}{\partial D_{lon}} \cdot \Delta D_{lon} + \dfrac{\partial F_x}{\partial D_{hei}} \cdot \Delta D_{hei} \end{Bmatrix} + F_{x0}$$

$$v_y = \cdot \left(\begin{array}{l} \dfrac{\partial F_y}{\partial a_1} \cdot \Delta a_1 + \dfrac{\partial F_y}{\partial a_2} \cdot \Delta a_2 + \dfrac{\partial F_y}{\partial a_3} \cdot \Delta a_3 + \dfrac{\partial F_y}{\partial b_1} \cdot \Delta b_1 + \dfrac{\partial F_y}{\partial b_2} \cdot \Delta b_2 + \dfrac{\partial F_y}{\partial b_3} \cdot \Delta b_3 \\ + \dfrac{\partial F_y}{\partial D_{lat}} \cdot \Delta D_{lat} + \dfrac{\partial F_y}{\partial D_{lon}} \cdot \Delta D_{lon} + \dfrac{\partial F_y}{\partial D_{hei}} \cdot \Delta D_{hei} \end{array} \right) + F_{y0}$$

(6-38)

记为：

$$V = Bt + AX - l \tag{6-39}$$

同样，可以对每个控制点列如下线性方程：

$$v_x = \left(\dfrac{\partial F_x}{\partial a_1} \cdot \Delta a_1 + \dfrac{\partial F_x}{\partial a_2} \cdot \Delta a_2 + \dfrac{\partial F_x}{\partial a_3} \cdot \Delta a_3 + \dfrac{\partial F_x}{\partial b_1} \cdot \Delta b_1 + \dfrac{\partial F_x}{\partial b_2} \cdot \Delta b_2 + \dfrac{\partial F_x}{\partial b_3} \cdot \Delta b_3 \right) + F_{x0}$$

$$v_y = \cdot \left(\dfrac{\partial F_y}{\partial a_1} \cdot \Delta a_1 + \dfrac{\partial F_y}{\partial a_2} \cdot \Delta a_2 + \dfrac{\partial F_y}{\partial a_3} \cdot \Delta a_3 + \dfrac{\partial F_y}{\partial b_1} \cdot \Delta b_1 + \dfrac{\partial F_y}{\partial b_2} \cdot \Delta b_2 + \dfrac{\partial F_y}{\partial b_3} \cdot \Delta b_3 \right) + F_{y0}$$

(6-40)

记为：

$$V = Bt - l \tag{6-41}$$

其中：

$$B = \begin{pmatrix} \dfrac{\partial F_x}{\partial a_1} & \dfrac{\partial F_x}{\partial a_2} & \dfrac{\partial F_x}{\partial a_3} & \dfrac{\partial F_x}{\partial b_1} & \dfrac{\partial F_x}{\partial b_2} & \dfrac{\partial F_x}{\partial b_3} \\ \dfrac{\partial F_y}{\partial a_1} & \dfrac{\partial F_y}{\partial a_2} & \dfrac{\partial F_y}{\partial a_3} & \dfrac{\partial F_y}{\partial b_1} & \dfrac{\partial F_y}{\partial b_2} & \dfrac{\partial F_y}{\partial b_3} \end{pmatrix}, \quad t = \begin{pmatrix} \Delta a_1 & \Delta a_2 & \Delta a_3 & \Delta b_1 & \Delta b_2 & \Delta b_3 \end{pmatrix}^{\mathrm{T}}$$

$$A = \begin{pmatrix} \dfrac{\partial F_x}{\Delta D_{lat}} & \dfrac{\partial F_x}{\Delta D_{lon}} & \dfrac{\partial F_x}{\Delta D_{hei}} \\ \dfrac{\partial F_y}{\Delta D_{lat}} & \dfrac{\partial F_y}{\Delta D_{lon}} & \dfrac{\partial F_y}{\Delta D_{hei}} \end{pmatrix}, \quad X = \begin{pmatrix} \Delta D_{lat} & \Delta D_{lon} & \Delta D_{hei} \end{pmatrix}^{\mathrm{T}}$$

$$l = \begin{pmatrix} -F_{x0} \\ -F_{y0} \end{pmatrix}, \quad V = \begin{pmatrix} v_x \\ v_y \end{pmatrix}$$

因此根据最小二乘平差构建法方程：

$$\begin{pmatrix} A^{\mathrm{T}}A & A^{\mathrm{T}}B \\ B^{\mathrm{T}}A & B^{\mathrm{T}}B \end{pmatrix} \begin{pmatrix} t \\ X \end{pmatrix} = \begin{pmatrix} A^{\mathrm{T}}l \\ B^{\mathrm{T}}l \end{pmatrix} \tag{6-42}$$

采用最小二乘进行求解，获得每个影像的方位元素和每个待定点的坐标。

区域网平差按照间接平差，通常必须满足足够的起始数据，至少需要两个平高控制点和一个高程控制点，才能确定平差的基准(李德仁，郑肇葆，1992)。当区域网中没有起始数据或起始数据缺少，误差方程系数矩阵列亏，这样的区域网平差问题称为秩亏区域网平差。可以采用和求解 RPC 模型参数一样的无偏估计方法，对缺少基准的秩亏的卫星遥感影像区域网平差进行求解，获得无偏的地面点坐标和无偏的仿射变换参数。

将式(6-42)两边同时加上 $\begin{pmatrix} t \\ X \end{pmatrix}$，得到

$$\left[\begin{pmatrix} A^T A & A^T B \\ B^T A & B^T B \end{pmatrix} + E \right] \begin{pmatrix} t \\ X \end{pmatrix} = \begin{pmatrix} A^T l \\ B^T l \end{pmatrix} + \begin{pmatrix} t \\ X \end{pmatrix} \qquad (6\text{-}43)$$

式中，E 为和 $\begin{pmatrix} A^T A & A^T B \\ B^T A & B^T B \end{pmatrix}$ 阶数相同的单位矩阵，由于式子两边都含有未知参数

$\begin{pmatrix} t \\ X \end{pmatrix}$，所以只能采用迭代的方法求解，其迭代公式为：

$$\begin{pmatrix} t \\ X \end{pmatrix}^{(k)} = \left[\begin{pmatrix} A^T A & A^T B \\ B^T A & B^T B \end{pmatrix} + E \right]^{-1} \left[\begin{pmatrix} A^T l \\ B^T l \end{pmatrix} + \begin{pmatrix} t \\ X \end{pmatrix}^{(k-1)} \right] \qquad (6\text{-}44)$$

在区域网平差中，需要地面点坐标近似值的确定也是一个关键问题，可以通过基于 RPC 模型的空间前方交会来提供区域网平差的初始值。

3. 实验及结果分析

1)测区及实验数据说明

本次试验区域位于广东省中南部的广州地区，地处东经 113.00° 到 113.75°，北纬 22.50° 到 23.25° 之间。广州属丘陵地带，地势东北高，西南低，北部和东北部是山区，中部是丘陵、台地，南部是珠江三角洲冲积平原。图 6.31 为数据对测区的覆盖范围图，影像①②为 TerraSAR-X 影像对，影像③④为 COSMO-SkyMed 影像对，影像⑤为 SPOT-5 影像。其中，SAR 影像均为单视复数斜距影像(SLC)，SPOT-5 为全色 1A 级影像。表 6-30 中列出了这五景数据的参数情况。

表 6-30　　　　　　　　　　　　　　**SAR/光学影像参数**

影像种类	获取时间 （年/月/日）	升降轨/ 下视方向	下视角范围	影像大小 （像素）	分辨率 （m）
①TerraSAR-X	2010/01/19	Asc. /R	29.62°~32.39°	27 499, 17 872	3
②TerraSAR-X	2010/01/24	Asc. /R	46.65°~48.51°	30 490, 16 576	3
③COSMO-SkyMed	2010/01/31	Des. /R	45.02°~47.42°	23 232, 18 378	3
④COSMO-SkyMed	2010/02/05	Des. /R	22.16°~26.03°	26 032, 18 427	3
⑤SPOT-5 HRG	2007/12/03	——	2.28°	24 000, 24 000	2.5

2)立体 SAR 实验

(1)角反射器定向试验

这里对 TerraSAR-X 和 COSMO-SkyMed 两个立体像对进行平差实验，6 个角反射器点被当作地面控制点或者检查点，来验证平差模型的精度。实验结果如表 6-31 和表 6-32 所示，其中 σ_{plane} 表示的是用平差模型反算出影像坐标与原影像坐标的单位权中误差，包含

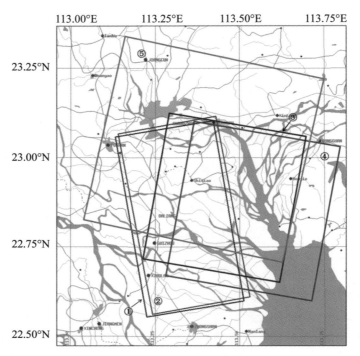

图 6.31　SAR/光学影像测区覆盖图

三项误差：①平差模型误差；②像点量测误差；③地面点量测误差，由于利用角反射器做定向的像点量测精度很高，而地面角反射器点位置利用 GPS 联测的结果也在 0.05m 的误差内，故这里可以表征平差模型的定向精度。

表 6-31　　　　　　　　　　　　　　TerraSAR-X 像对平差结果

控制点 布设方案	σ_{plane} （像素）	控制点中误差（m）		检查点中误差（m）	
		平面	高程	平面	高程
1 中心	0.129	—		0.789	3.036
2 中心	0.150	—		0.928	1.445
3 中心	0.070	—	—	0.122	0.181
4 角点	0.078	0.125	0.138	0.166	0.241
1 中心，4 角点	0.084	0.102	0.124	0.032	0.028
6	0.085	0.110	0.127	—	—

表 6-32 COSMO-SkyMde 像对平差结果

控制点布设方案	σ_{plane}（像素）	控制点中误差（m）		检查点中误差（m）	
		平面	高程	平面	高程
1 中心	0.048	—	—	1.125	0.783
2 中心	0.052	—	—	0.694	0.698
3 中心	0.064	—	—	0.475	0.347
4 角点	0.071	0.102	0.199	0.304	0.092
1 中心，4 角点	0.072	0.270	0.176	0.174	0.003
6	0.082	0.280	0.180	—	—

由表 6-31 和表 6-32 可以得出以下结论：

①对于 TerraSAR-X，最坏情况下的模型中误差不超过 0.15 像素；对于 COSMO-SkyMed，最坏不超过 0.082 像素，说明像面模型能很好地拟合立体 SAR 定向误差。

②一个控制点(中心)情况下，对 TerraSAR-X 有检查点中误差为：平面 0.789m，高程 3.036m；对 COSMO-SkyMed 有检查点中误差：平面 1.125m，高程 0.783m。随着控制点个数的增加，检查点中误差降低到平面 0.032m，高程 0.028m(TerraSAR-X)，以及平面 0.174m 和高程 0.003m(COSMO-SkyMed)。这说明像面模型对星载立体 SAR 的平差有很高的精度。

(2)人工选点定向试验

在实际工程应用中，由于人工角反射器布设的方法成本很高，往往只能采用当地地形图或者 DOM/DEM 作为参考资料，通过人工选点的方法进行地面控制。这里，我们利用广州地区 1∶10 000 的 DOM/DEM 作为地理参考，选取控制点和检查点做立体 SAR 定向试验。这就涉及人工选点的工作。不同于 CR 技术所能达到的高精度点量测，人工选点受到 SAR 影像斑点噪声的干扰，通常只能达到像素级。

本节针对 TerraSAR-X 像对(①②)采用 4 种不同构型或不同数量的控制点布设方案进行平差实验，所有的控制点只布设在立体像对的周边，具体方案如下：(a)四边控制方案；(b)四角点控制方案；(c)八点周边控制方案；(d)密周边控制方案。

此外，8 个相同的检查点均匀分布在立体像对上，应用于以上 4 种方案中。为表现模型误差的分布情况，平面和高程残差图如图 6.32(a)~(b)所示。其中，控制点用实心三角形表示，检查点用空心圆形表示，高程误差矢量在竖直方向用虚线表示，平面误差矢量用实线表示。

平差结果在表 6-33 中列出，从表中可以看出，单位权中误差 σ_{plane} 的值都在 0.5 个像素级，说明影像坐标的量测误差在 DOM/DEM 下得到了较好的控制，且 RPC 平差模型也得到了很好的定向精度。

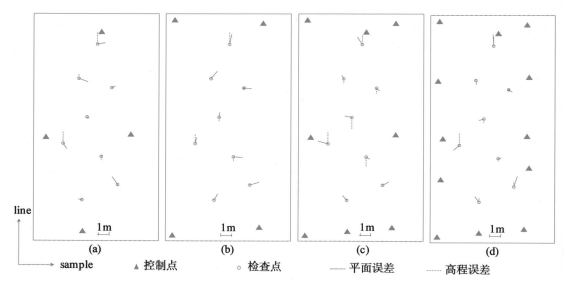

图 6.32　4 种方案下的平差模型误差残差图

表 6-33　　　　　　　　　　　　　　TerraSAR-X 像对平差结果

GCP 布设方案	σ_{plane}（像素）	控制点中误差（m）		检查点中误差（m）	
		平面	高程	平面	高程
（a）4 边	0.425	0.288	0.306	1.888	1.463
（b）4 角	0.482	0.416	0.901	1.027	1.123
（c）8 周边	0.430	0.563	0.558	0.799	0.951
（d）12 密周边	0.457	0.493	0.396	0.779	1.084

从图 6.32 和表 6-33 中，我们可以得出以下结论：

①越接近控制区中心的点，其中误差越小。

②对于同样是四点控制的两种方案，由于四角控制方案中所得的控制区域大于四边控制，使得最终四角控制方案下能获得更高的平差精度。

③总的来说，平面和高程误差都很小，四角控制情况下检查点的精度接近 1m，随着控制点个数的增加，检查点的精度也增加了。然而，由于选取多个高精度的控制点非常困难，控制点的无限量增加并不一定能带来精度的提高。

基于以上分析，我们发现，四角布点方案不仅在四点情况下有最好的图形结构，且可以接近多点控制的精度效果。在之后的实验中，我们将只采用四角控制的方案。

3）多源数据联合平差实验

RPC 平差模型早在 21 世纪初被广泛地应用于光学立体影像的平差，这里我们将对多源数据包括不同 SAR 传感器和光学/SAR 传感器得到的立体像对进行平差，实验结果在表

6-34 中列出。其中，SAR-SAR 影像对③和④为同侧观测模式，①和③为异侧观测，SAR-SPOT 影像对为异侧观测模式。平差过程采用人工选点方式及四角点控制方式，8 个均匀分布的检查点用来评价平差精度。

表 6-34　　　　　　　　　　　　　　多源影像对平差结果

组合方式		交会方式	σ_{plane}（像素）	控制点中误差（m）		检查点中误差（m）	
				平面	高程	平面	高程
SAR-SAR	③&④	21.38°/same-side	0.286	0.299	0.071	1.338	0.625
	①&③	80.26°/opposite-side	0.415	0.430	0.220	1.067	0.739
SAR-SPOT	①&⑤	60.35°/opposite-side	0.559	0.208	0.223	1.551	0.902

从表 6-34 可见，考虑到辐射差异的影响，同侧立体像对可获得优于 0.286 像素模型精度，比异侧成像的精度更高。而对同样是侧视观测的①&③像对和①&⑤像对，拥有更大交会角的①&③像对能获得更高的平差精度。

总的来说，所有像对的检查点平面精度在 1.5 像素左右，高程精度都达到亚像素级，表明 RPC 平差模型能够适用于不同系统下的立体影像对，且能获得较高的定向精度。

6.4.5　星载 SAR 制作 DOM

1. 基于仿真影像的星载 SAR 控制点选取

基于 RPC 模型的影像模拟实际上是结合卫星 RPC 参数以及 DEM 信息生成模拟影像的过程。对于 DEM 上的任意高程点，利用 RPC 模型求解出对应在影像坐标系下的影像坐标，并生成模拟影像。模拟过程以 DEM 以及覆盖 DEM 区域的真实 SAR 影像的元数据信息作为输入数据，模拟 SAR 影像作为输出数据，流程示意图如图 6.33 所示，具体流程如下：

1）输入数据

①DEM 影像。DEM 影像处于一定的地图投影下，建立在大地坐标系统中。

②覆盖该 DEM 影像的真实 SAR 影像的元数据信息，其中包括建立定位模型所必须的各种参数，这些参数最好已经经过控制点优化处理。

2）输出数据

模拟 SAR 影像(SAR 影像坐标空间)。若 SAR 元数据对应的真实 SAR 影像是斜距影像，则模拟影像也是斜距影像；若对应的是地距影像，模拟影像也是地距影像。

3）模拟过程

(1)确定模拟影像的范围

提取 DEM 4 个角点坐标并转换为 WGS-84 坐标系下的大地坐标，利用 RPC 模型反变换解算各角点在原始 SAR 影像空间的像素坐标，并结合原始 SAR 影像的大小，确定模拟影像的大小。在此过程中，DEM 4 个角点仅利用其平面投影坐标，高程选取该区域的最

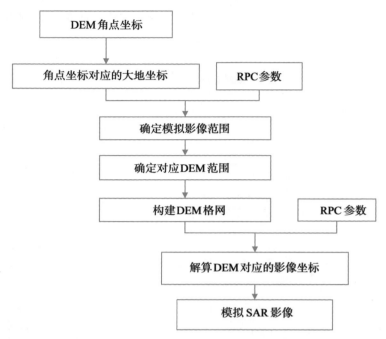

图 6.33　基于 RPC 模型的 SAR 影像模拟流程图

高和最低高程进行计算，获得尽可能大的模拟影像区域。流程如图 6.34 所示。

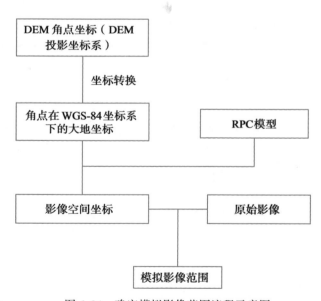

图 6.34　确定模拟影像范围流程示意图

(2)确定模拟影像对应的 DEM 的范围

对于步骤(1)中确定的模拟影像的 4 个角点利用 RPC 模型正变换投影到平均高程面，并将 WGS-84 坐标系下的大地坐标转换为原 DEM 的投影坐标。

(3)DEM 内插

由于 DEM 的分辨率低于真实 SAR 影像，在进行影像模拟时为了获得精细的模拟影像，需要 DEM 适当的插值，本书采用双线性内插方法。

(4)模拟影像坐标解算

对于 DEM 上任意一点，通过建立的 DEM 格网内插出 WGS-84 坐标系下的大地坐标，利用 RPC 模型可求解其对应的模拟影像上的坐标。由于 SAR 数据通常较大，在进行解算时往往需要进行分块处理。

(5)确定模拟影像灰度

对于 SAR 模拟影像像元灰度值的确定，Wivell(1992)提出可以用 $K \cdot \sqrt{\sigma}$ 来表示，其中 K 为常数，$\sqrt{\sigma}$ 为雷达散射截面，因为 $\sqrt{\sigma}$ 与 DEM 分辨率单元对模拟影像像元散射能量的贡献成正比。Small(1998)直接采用地面散射单元面积作为模拟得到的影像像元值。本章采用 Guindon(1992)提出的 $P_s = K$，其中 K 是个常数，如 $K=1$，则模拟得到的雷达影像其像元值不具有物理意义，但 Guindon 阐述模拟影像的特征是由地面散射单元面积的总和决定的，采用什么样的后向散射模型用于单个地面分辨单元 σ 的计算并不重要。本章在此思路的基础上，基于双线性内插的思想，针对利用几何模型投影到模拟影像的像元位置数值为非整情况提出了基于面积贡献大小的灰度确定方法。假设 DEM 分辨单元对应的模拟影像坐标为 (x, y)（如图 6.35 所示），其中 (x_1, y_1)，(x_2, y_2)，(x_3, y_3)，(x_4, y_4) 分别为模拟影像上 (x, y) 对应的邻域的像点坐标。对于模拟影像上的任意一点，实际代表了一块地面区域，因此对于像点 (x, y)，其灰度来源于 4 个部分，即 4 个相邻像点的贡献值之和，表现在图中就是以 (x, y) 为中心的区域与其他 4 个相邻像点对应区域的面积。因此，4 个相邻像点对于 (x, y) 灰度贡献值的大小可用相交区域的大小表示。(x_1, y_1) 对于 (x, y) 的贡献值表现为图中红色区域的大小，即为 $(1-x+x_1) \cdot (1-y+y_1)$。也就可以认为像元 (x_1, y_1) 的灰度为 $(1-x+x_1) \cdot (1-y+y_1)$。

依据"基于 RPC 模型的影像模拟(张过，2012)"理论生成模拟影像，结果如图 6.36 所示。从图 6.36 可以看出模拟影像与真实 SAR 影像具有相同的几何特征，二者在视觉上一致，地形脉络一致。同时这种特征上的一致性，给选点提供了可能性。

2. 星载 SAR 几何纠正实验

1)平原选点纠正实验

对于平原地区，地形起伏引起的误差基本可以忽略，因此可以通过在真实 SAR 影像与地形资料上选取一定数目的控制点建立仿射变换模型进行正射纠正。本章选取两景广东地区的 TerraSAR-X 与 COSMO-Skmed 影像进行正射纠正。实验数据的基本信息见表 6-35。

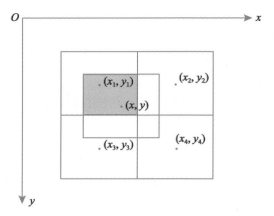

图 6.35 SAR 模拟影像灰度确定示意图

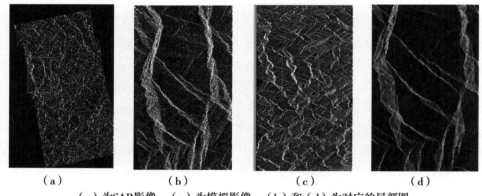

（a） （b） （c） （d）

（a）为SAR影像，（c）为模拟影像，（b）和（d）为对应的局部图

图 6.36 基于仿真影像选取控制点

表 6-35　　　　　　　　　　　　　　　　　实验数据基本信息

	TerraSAR-X	COSMO-SkyMed
Production_Time	6-Oct-2007	21-Match-2008
Image_Size	16 545×23 454	19 650×20 000
Center_Lat_Lon	23. 12°N　113. 44°E	22. 82°N　113. 46°E
Orbit _Direct_Look	Ascending_Right	Descending_Right
Sampling rate	2. 75(m)	2. 5(m)
Imaging_Mode	STRIPMAP	SpotLight
Polarization_Modes	VV	HH
Data_Type	GEC	GEC
Incident_Angle	32. 50°	23°
Terrain_Description	Flat area	Flat area

（1）TerraSAR-X 实验

TerraSAR-X 数据实验基本结果如下（图 6.37 为控制点分布图，图 6.38 为正射影像及残差分布图，表 6-36 为定向精度，表 6-37 为正射纠正精度）。

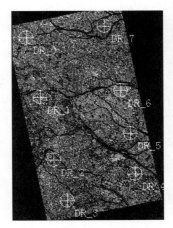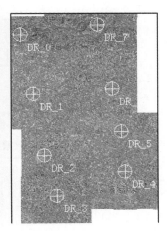

图 6.37　TerraSAR-X 影像控制点分布图

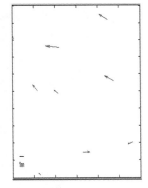

图 6.38　TerraSAR-X 数据正射影像及残差分布图

表 6-36　　　　　　　　　　**TerraSAR-X 数据定向精度（像素）**

点类型	模 拟 影 像		SAR 影 像		精　　　度		
	X	Y	X	Y	RMS_x	RMS_y	RMS_{xy}
控制点	2 687.965	3 797.227	6 291.075	10 031.854	−0.582	0.082	0.588
控制点	6 695.000	20 597.000	16 362.200	56 442.800	0.637	−0.090	0.644
控制点	13 528.334	17 912.005	35 291.894	49 428.792	−0.704	0.100	0.711
控制点	10 517.474	2 611.179	27 871.320	7 200.377	0.645	−0.091	0.655
检查点	4 067.800	9 915.000	9 737.000	26 929.000	0.660	0.080	0.664

续表

点类型	模 拟 影 像		SAR 影 像		精　　度		
	X	Y	X	Y	RMS_x	RMS_y	RMS_{xy}
检查点	5 363.240	16 396.600	12 935.417	44 821.024	0.569	0.180	0.597
检查点	13 081.846	13 704.910	34 295.998	37 837.400	0.448	0.578	0.731
检查点	12 132.072	9 221.000	31 940.165	25 455.627	−0.708	1.740	1.878
控制点 RMS 误差					0.645	0.090	0.651
检查点 RMS 误差					0.604	0.922	1.102

表 6-37　　　　　　　　　　**TerraSAR-X 数据正射纠正精度(m)**

正 射 影 像		1 ∶ 10 000 DOM		精　　度		
X	Y	X	Y	RMS_x	RMS_y	RMS_{xy}
38 420 309.720	2 545 478.780	38 420 310.060	2 545 477.760	−0.340	1.020	1.080
38 430 946.260	2 542 802.710	38 430 950.600	2 542 802.090	−4.340	0.620	4.380
38 442 360.060	2 551 022.820	38 442 362.720	2 551 020.920	−2.660	1.900	3.270
38 425 854.580	2 530 121.090	38 425 856.130	2 530 118.760	−1.550	2.330	2.800
38 430 665.640	2 529 342.970	38 430 666.900	2 529 341.710	−1.260	1.260	1.780
38 443 777.920	2 532 991.430	38 443 780.830	2 532 989.490	−2.910	1.940	3.500
38 426 462.170	2 505 847.460	38 426 462.770	2 505 846.850	−0.600	0.610	0.860
38 436 383.100	2 512 279.140	38 436 380.770	2 512 279.140	2.330	0.000	2.330
38 448 200.490	2 515 207.630	38 448 202.080	2 515 208.420	−1.590	−0.790	1.780
RMS 总误差				2.280	1.370	2.660

（2）COSMO-SkyMed 实验

COSMO-SkyMed 数据实验基本结果如下(图 6.39 为控制点分布图，图 6.40 为正射影像及残差分布图，表 6-38 为定向精度，表 6-39 为正射纠正精度)。

表 6-38　　　　　　　　　**COSMO-SkyMed 数据定向精度 (像素)**

点类型	模 拟 影 像		SAR 影 像		精　　度		
	X	Y	X	Y	RMS_x	RMS_y	RMS_{xy}
控制点	4 048.000	2 993.000	19 853.176	15 947.641	0.409	0.497	0.644
控制点	10 865.000	4 052.000	36 835.000	18 942.000	−0.410	−0.497	0.645
控制点	8 815.833	16 426.167	31 079.221	49 749.049	0.388	0.471	0.611

点类型	模 拟 影 像		SAR 影像		精　　　度		
	X	Y	X	Y	RMS$_x$	RMS$_y$	RMS$_{xy}$
控制点	1 612.500	15 325.667	13 140.000	46 641.000	−0.388	−0.470	0.610
检查点	9 588.000	9 910.000	33 345.641	33 509.337	−0.845	0.493	0.978
检查点	4 398.500	6 073.000	20 565.000	23 659.000	1.167	0.870	1.455
检查点	3 118.000	10 709.500	17 138.000	35 182.000	−0.202	−0.010	0.202
检查点	9 006.413	13 109.474	31 727.000	41 477.000	−0.032	−1.110	1.111
控制点 RMS 误差					0.399	0.484	0.627
检查点 RMS 误差					0.728	0.747	1.043

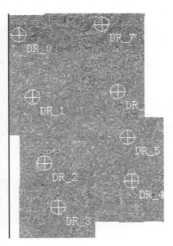

图 6.39　COSMO-SkyMed 影像控制点分布图

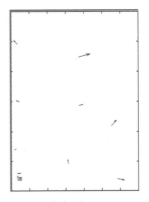

图 6.40　COSMO-Skymed 数据正射影像及残差分布图

表 6-39　　　　　　　　**COSMO-SkyMed 数据正射纠正精度(m)**

正 射 影 像		1 : 10 000 DOM		精　　度		
X	Y	X	Y	RMS$_x$	RMS$_y$	RMS$_{xy}$
38 425 916. 515	2 513 884. 439	38 425 916. 987	2 513 884. 808	0. 472	0. 369	0. 599
38 427 220. 058	2 529 886. 020	38 427 219. 068	2 529 886. 520	−0. 990	0. 500	1. 109
38 426 754. 465	2 549 102. 076	38 426 753. 256	2 549 103. 518	−1. 209	1. 442	1. 882
38 443 583. 022	2 544 735. 153	38 443 587. 042	2 544 736. 353	4. 020	1. 200	4. 195
38 443 755. 016	2 528 762. 787	38 443 756. 238	2 528 762. 914	1. 222	0. 127	1. 229
38 440 857. 857	2 509 011. 974	38 440 857. 475	2 509 013. 782	−0. 382	1. 808	1. 848
38 454 314. 508	2 504 012. 825	38 454 316. 802	2 504 012. 050	2. 294	−0. 775	2. 421
38 452 612. 064	2 521 809. 729	38 452 613. 818	2 521 812. 000	1. 754	2. 271	2. 869
RMS 总误差				1. 897	1. 272	2. 285

2)山区选点纠正实验

对于山地和高山地等选点困难地区，地形起伏和叠掩、透视收缩等特殊的 SAR 成像几何特征使得直接选点十分困难。对于山区和高山地地区主要利用 DEM 进行影像模拟，通过真实影像和模拟影像的配准，进而建立像点与地面点的对应关系，再进行几何校正。

本章选取 4 景山区数据进行山地和高山地的正射纠正实验，实验数据基本信息见表 6-40。

表 6-40　　　　　　　　　　　**实验数据基本信息**

	TerraSAR-X-GEC data	COMO-Sky Med	ERS	ASAR
Production_Time	12-May-2008	14-May-2008	08-Aug-1998	30-Nov-2007
Image_Size	56400×42400	24875×23681	2500×15000	4306×21189
Center_Lat_Lon	31. 99°N 104. 47°E	31. 83°N 104. 47°E	40. 73°N 120. 24°E	40. 86°N 120. 39°E
Orbit _Direct_Look	Ascending_Right	Ascending_Right	Descending_Right	Descending_Right
Azimuth_Resolution	1. 25(m)	0. 5 (m)	4. 49 (m)	4. 49 (m)
Range Resolution	1. 25(m)	0. 5 (m)	22. 45 (m)	22. 35 (m)
Imaging_Mode	STRIPMAP	Spotlight-2	Image Mode	Image Mode
Polarization_Modes	HH	HH	VV	VV
Data_Type	GEC	GEC	SLC	SLC
Incident_Angle	26. 44°	23°	23°	24. 68°
Terrain_Description	Mountain of Sichuan area	Mountain of Sichuan area	Huludao area	Huludao area

（1）TerraSAR-X 实验

TerraSAR-X 数据实验基本结果如下(图 6.41 为正射影像及残差分布图，表 6-41 为定向精度，表 6-42 为正射纠正精度)。

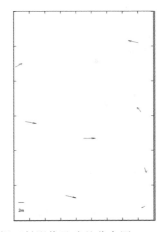

图 6.41 山区 TerraSAR-X 数据正射影像及残差分布图

表 6-41   山区 **TerraSAR-X 影像定向精度(像素)**

点类型	模拟影像		SAR 影像		精 度		
	X	Y	X	Y	RMS$_x$	RMS$_y$	RMS$_{xy}$
控制点	22 294.665	49 122.219	22 317.500	49 000.500	−0.407	0.5056	0.649
控制点	13 159.000	12 666.000	13 166.000	12 538.000	−0.372	0.4626	0.594
控制点	20 829.000	13 479.000	20 816.000	13 336.000	0.389	−0.4834	0.620
检查点	15 039.893	49 869.949	15 049.000	49 767.000	0.390	−0.485	0.622
检查点	11 653.000	34 344.000	11 658.000	34 235.500	0.650	0.355	0.741
检查点	18 594.653	35 431.282	18 601.173	35 309.849	0.000	0.000	0.000
检查点	13 472.427	20 545.467	13 480.000	20 425.000	−2.468	−2.013	3.185
检查点	21 679.634	20 488.684	21 672.000	20 347.000	−0.490	1.672	1.742
控制点 RMS 误差					0.390	0.484	0.622
检查点 RMS 误差					1.230	1.320	1.853

表 6-42   山区 **TerraSAR-X 影像正射纠正精度(m)**

正射影像		1 : 50 000 DRG		精 度		
X	Y	X	Y	RMS$_x$	RMS$_y$	RMS$_{xy}$
448 006.193	3 560 938.301	448 012.202	3 560 935.003	6.009	−3.298	6.855
432 159.400	3 554 017.029	432 163.703	3 554 012.120	4.303	−4.909	6.528
448 795.200	3 524 920.933	448 796.400	3 524 927.010	1.200	6.077	6.194
448 377.700	3 541 040.663	448 375.410	3 541 035.102	−2.290	−5.561	6.014
440 973.100	3 533 451.228	440 980.301	3 533 451.005	7.201	−0.223	7.204

续表

正 射 影 像		1：50 000 DRG		精 度		
433 455.700	3 538 369.974	433 462.410	3 538 373.050	6.710	3.076	7.381
448 851.300	3 513 923.530	448 849.332	3 513 925.003	−1.968	1.473	2.458
438 614.400	3 517 010.428	438 620.892	3 517 013.010	6.492	2.582	6.987
RMS 总误差				5.052	3.892	6.378

（2）COSMO-SkyMed

COSMO-SkyMed 数据实验基本结果如下（图 6.42 为正射影像及残差分布图，表 6-43 为定向精度，表 6-44 为正射纠正精度）。

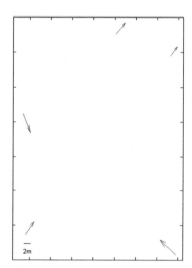

图 6.42　山区 COSMO-SkyMed 数据正射影像及残差分布图

表 6-43　　　　　　　　　山区 **COSMO-SkyMed** 影像定向精度（像素）

点类型	模 拟 影 像		SAR 影像		精 度		
	X	Y	X	Y	RMS_x	RMS_y	RMS_{xy}
控制点	3 306.000	16 515.000	3 385.000	16 359.000	−0.417	0.086	0.426
控制点	2 157.000	4 470.000	2 254.000	4 353.000	0.705	−0.145	0.720
控制点	21 203.747	15 785.813	21 314.284	15 646.050	0.556	−0.115	0.568
控制点	14 139.267	5 977.675	14 253.000	5 867.000	−0.844	0.174	0.862
检查点	13 465.000	9 423.000	13 569.000	9 301.000	1.291	−0.136	1.299
检查点	12 172.821	17 165.405	12 271.667	17 015.000	−2.425	0.693	2.522
检查点	15 921.167	3 262.283	16 040.331	3 158.668	−0.713	1.750	1.890

点类型	模 拟 影 像		SAR 影 像		精　度		
	X	Y	X	Y	RMS_x	RMS_y	RMS_{xy}
检查点	7 683.047	8 331.221	7 784.000	8 194.000	1.232	0.657	1.396
控制点 RMS 误差					0.650	0.134	0.664
检查点 RMS 误差					1.547	0.999	1.842

表 6-44　　　　　　山区 COSMO-SkyMed 影像正射纠正精度(m)

正射影像		1∶50 000 DRG		精　度		
X	Y	X	Y	RMS_x	RMS_y	RMS_{xy}
449 050.189	3 526 525.518	449 054.648	3 526 528.723	4.459	3.205	5.491
451 608.881	3 525 897.359	451 612.154	3 525 899.994	3.272	2.635	4.201
444 694.012	3 524 240.493	444 697.454	3 524 234.944	3.442	−5.550	6.530
444 815.737	3 520 727.020	444 819.747	3 520 730.744	4.010	3.724	5.472
451 883.731	3 520 149.985	451 876.186	3 520 154.243	−7.546	4.258	8.664
RMS 总误差				4.805	4.000	6.252

(3) ERS

ERS 数据实验基本结果如下(图 6.43 为正射影像及残差分布图,表 6-45 为定向精度,表 6-46 为正射纠正精度)。

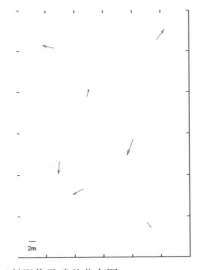

图 6.43　山区 ERS 数据正射影像及残差分布图

表 6-45　　　　　　　　　　　　山区 ERS 影像定向精度(像素)

点类型	模 拟 影 像		SAR 影像		精　　度		
	X	Y	X	Y	RMS_x	RMS_y	RMS_{xy}
控制点	685. 423	11 403. 760	610. 553	11 233. 070	0. 733	−0. 164	0. 751
控制点	1 871. 244	9 294. 003	1 799. 653	9 117. 852	−0. 359	−0. 250	0. 438
控制点	738. 583	2 042. 536	663. 287	1 870. 643	−0. 596	−0. 136	0. 612
控制点	1 797. 816	1 984. 950	1 723. 573	1 807. 888	0. 669	0. 260	0. 718
检查点	850. 879	3 523. 838	778. 054	3 352. 110	−2. 524	−0. 658	2. 609
检查点	2 098. 235	4 409. 262	2 025. 449	4 230. 259	0. 358	1. 092	1. 149
检查点	892. 183	8 145. 683	818. 875	7 973. 168	−1. 026	0. 405	1. 103
检查点	1 965. 372	6 431. 250	1 892. 563	6 254. 955	0. 493	−0. 816	0. 953
控制点 RMS 误差					0. 700	0. 242	0. 741
检查点 RMS 误差					1. 612	0. 905	1. 849

表 6-46　　　　　　　　　　　　山区 ERS 影像正射纠正精度(m)

正射影像		1 : 50 000 DRG		精　　度		
X	Y	X	Y	RMS_x	RMS_y	RMS_{xy}
254 666. 635	4 503 162. 097	254 665. 661	4 503 154. 389	−0. 974	−7. 708	7. 769
262 872. 140	4 496 681. 909	262 863. 395	4 496 678. 366	−8. 746	−3. 543	9. 436
252 916. 495	4 530 765. 493	252 906. 910	4 530 767. 348	−9. 585	1. 855	9. 763
288 763. 878	4 532 745. 740	288 770. 825	4 532 752. 021	6. 947	6. 280	9. 365
285 229. 176	4 488 327. 871	285 232. 073	4 488 324. 900	2. 897	−2. 971	4. 149
264 593. 555	4 518 941. 966	264 594. 925	4 518 946. 597	1. 370	4. 632	4. 830
280 392. 507	4 508 510. 939	280 387. 035	4 508 501. 280	−5. 472	−9. 659	11. 101
RMS 总误差				6. 068	5. 836	8. 419

(4) ASAR

ASAR 数据实验基本结果如下(图 6. 44 为正射影像及残差分布图,表 6-47 为定向精度,表 6-48 为正射纠正精度)。

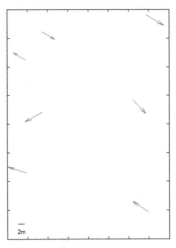

图 6.44 山区 ASAR 数据正射影像及残差分布图

表 6-47 山区 ASAR 影像定向精度(像素)

点类型	模拟影像		SAR 影像		精 度		
	X	Y	X	Y	RMS_x	RMS_y	RMS_{xy}
控制点	1 756.440	17 622.320	2 405.777	18 459.681	0.291	0.717	0.774
控制点	1 406.640	14 910.240	2 057.356	15 752.109	−0.117	−0.573	0.585
控制点	483.480	5 337.560	1 136.787	6 186.929	0.096	0.420	0.431
控制点	1 794.040	1 898.200	2 445.111	2 736.159	0.056	−0.227	0.234
检查点	1 813.286	6 538.561	2 462.836	7 375.804	1.073	0.312	1.117
检查点	1 096.066	8 273.938	1 747.782	9 116.306	0.167	1.785	1.793
检查点	2 177.429	9 631.410	2 826.560	10 466.736	0.454	−1.122	1.211
检查点	1 232.658	12 017.564	1 884.800	12 860.400	−0.906	0.060	0.908
控制点 RMS 误差					0.192	0.597	0.627
检查点 RMS 误差					0.858	1.231	1.500

表 6-48 山区 ASAR 影像正射纠正精度(m)

正 射 影 像		1:50 000 DRG		精 度		
X	Y	X	Y	RMS_x	RMS_y	RMS_{xy}
254 687.984	4 503 102.048	254 681.040	4 503 105.158	−6.944	3.110	7.609
284 918.588	4 489 368.640	284 912.390	4 489 374.324	−6.198	5.684	8.410
258 619.432	4 524 178.080	258 612.778	4 524 172.926	−6.653	−5.155	8.417

续表

正 射 影 像		1：50 000 DRG		精　　度		
254 545.255	4 542 553.190	254 540.503	4 542 557.205	−4.752	4.016	6.221
258 674.341	4 552 385.063	258 679.156	4 552 380.820	4.815	−4.243	6.418
281 044.968	4 528 451.457	281 049.947	4 528 444.091	4.979	−7.366	8.891
284 407.240	4 558 128.390	284 414.013	4 558 122.643	6.773	−5.748	8.883
RMS 总误差				5.944	5.210	7.904

3) 理论精度和实际精度分析

在 SAR 的几何纠正中地形起伏和卫星星历误差是两个主要的误差来源，卫星星历误差可以通过建立的低价多项式消除，而地形起伏引起的误差可以在重采样过程中消除。因此 SAR 影像几何纠正的精度取决于 DEM 的精度和定向精度。

如图 6.45 所示，地形起伏引起的定位误差可以用公式 $\Delta R = \dfrac{\Delta h}{\cos\eta}$ 表示，其中参数 Δh 是高程误差，η 为雷达入射角，ΔR 则为高程误差 Δh 引起的定位误差。

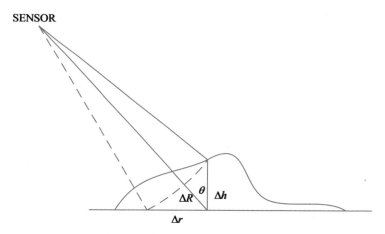

图 6.45　高程误差引起的定位误差

本章中平原地区采用高程精度为 1m 的 1：10 000 的 DEM，而山地和高山地区采用高程精度为 5m 的 1：50 000 的 DEM，由于高程误差引起的定位误差见表 6-49。

表 6-49　　　　　　　　　　　　高程误差引起的定位误差

Data_Type	入射角	定 位 结 果	高　　程
TerraSAR-X	32.50°	1.19 m	Flat area
COSMO-SkyMed	23.00°	1.08 m	Flat area

Data_Type	入射角	定位结果	高　　程
TerraSAR-X	26.44°	5.58 m	Mountain area
COSMO-SkyMed	23.00°	5.43 m	Mountain area
ERS	23.00°	5.43 m	Mountain area
ASAR	24.68°	5.53 m	Mountain area

通过表 6-49 可以看到理论上平原地区的正射纠正精度为 1m 左右，山区和高山区的正射纠正精度大约为 6m。实验中平原地区的正射纠正精度大概为 2m，山区和高山区的正射纠正精度大约为 7m，考虑平原地区 1 个像素和山区 2 个像素的定向精度，实验得到的正射纠正精度是合理的。

6.5 高分辨率雷达(SAR)影像地物解译技术

合成孔径雷达(Synthetic Aperture Radar，SAR)技术自 20 世纪 50 年代末诞生以来，在电子硬件水平的支持下得到了突飞猛进的发展。由于 SAR 系统是斜视观测，同时地物微波特征与肉眼视觉效果不同使得人眼对 SAR 影像理解能力较弱。在 SAR 影像中许多不同地物具有类似的图像特征，如水体、阴影、水泥路等在 SAR 影像上都呈黑色狭长状；地形起伏引起的叠掩、阴影等也对人工地物判读带来了一定的影响。如何正确、高效地从 SAR 中提取信息成为图像解译的重点。SAR 影像解译侧重于图像理解，主要从雷达影像中有效地提取感兴趣信息，如类别、高度、湿度、粗糙度等。

SAR 解译包含内容较为广泛，任何可以将图像特征(灰度特征、几何特征等)与确定实际地物联系在一起的方法都可以称为解译，如分类、分割后识别出地物类型、地物物理信息的提取等。目前 SAR 影像地物解译主要依赖于后向散射强度信息，解译方法大多采用光学影像的解译方法，再加上 SAR 影像固有的斑点噪声的影响，使得 SAR 影像特征提取的有效性低，SAR 影像分类、变化检测、解译的精度难以满足实际需求。利用多模态 SAR 影像提供的丰富信息，在多维入射角、多极化、多基线观测条件下融合 SAR 影像的纹理和结构特征的 SAR 影像地物解译是发展趋势。

6.5.1 SAR 影像线状目标提取

1. 单极化 SAR 边缘检测

边缘提取与线状特征检测是遥感影像解译的重要内容之一，因此得到了广泛关注。光学影像的边缘检测与线状目标提取得到了广泛研究，技术日趋成熟。但 SAR 影像具有相干成像引起的相干斑噪声，其边缘检测与线状特征提取有其自身的特点。目前 SAR 影像边缘检测与线性地物提取主要集中在单波段单极化影像中，典型的边缘检测方法有方差系数法、Frost 似然比方法、ROA 算子及其扩展算法、广义似然比等方法，这些方法考虑 SAR 影像统计分布模型，均具有恒虚警率特征。其中 ROA 系列算子得到了最为广泛的应用。1997 年，Lopes 与 Fjortoft 等组成的研究小组提出了基于多边缘最小均方误差估计的指数加权均值比（ROEWA）算子和多分辨率边缘检测方法，他们系统研究了多种 SAR 图像边缘检测方法，最终总结出了一个完整的 SAR 图像边缘检测与分割算法的框架。这些早期研究的经典方法取得了很大的成功，被广泛应用于 SAR 影像边缘检测和线状地物提取中。同时期也有一些其他的边缘检测方法被提出，如基于分型的方法、无参数检测方法，但是这些方法的后继研究很少，在实际应用中也较少采用。20 世纪 90 年代末以来，多分辨率的思想逐渐受到人们关注，多种基于小波及二代小波的 SAR 影像边缘检测方法相继被提出，并在海岸线提取、目标分割中取得了不错的效果。另外，基于进化计算等智能方法的边缘检测器也得到了广泛应用（杨淑媛，等，2005）。再者为了解决 SAR 影像边缘检测定位不准的问题，Germain 等提出了基于统计主动轮廓的定位方法（Germain et al.，2000），赵凌君对单极化 SAR 图像边缘检测的问题进行了系统的研究，探讨了边缘检测、边缘定位、边缘检测性能定量评估的基本思想和方法，并对近年来边缘检测的研究状况进行了分析和总结（赵凌君，等，2007）。

尽管单极化 SAR 影像经过 20 多年的研究取得了很大的进展，但边缘检测依然存在一些问题，如对边缘模型限制较多、定位不准，对于隐含在斑点噪声中的微弱边缘检测率较低，等等。原因主要有两个：①斑点噪声的影响。斑点噪声降低了影像质量，特别是对于功率较大背景下的微弱边缘，斑点噪声几乎掩盖了边缘信息；②数据边缘信息不足。边缘是相邻地物斑块客观存在的边界，灰度变化是客观边缘在影像上的反映，且与极化方式有关。单极化影像提供的信息有限，难以高精度地提取地物边缘。

2. 极化 SAR 边缘检测

全极化 SAR 数据提供了目标 4 个复后向散射系数，完整地保留了目标的散射信息，具有比单极化更为丰富的地物信息。特别是高分辨率极化 SAR 影像，不仅包含了地物空间细节信息，而且能够获得任意极化方式下的回波影像，使得某单极化 SAR 影像上难以检测到的影像边缘在其他极化方式的影像上具有更好的边缘特征，这有利于克服斑点噪声的影响。极化 SAR 影像包含目标的散射机制等信息，利用散射机制信息可以降低感兴趣目标的虚警率，在道路、桥梁、电力线等线状地物检测与识别方面具有较大的优势，并已取得了一定的成果。

极化散射矩阵可以转换为一个 3 维复矢量 $s = (S_{hh} \quad S_{hv} \quad S_{vv})^{\mathrm{T}}$，其服从零均值的多元高斯分布。极化 SAR 影像也同样受到斑点噪声的影响，常采用多视处理方法抑制斑点噪声，得到多视协方差矩阵，其服从复 Wishart 分布。

与单极化 SAR 影像相比，极化 SAR 影像数据形式较为复杂，其边缘检测面临着新问题，如复矩阵数据的处理、极化信息的利用等。广义的极化 SAR 影像边缘检测过程一般分为以下四个步骤：影像预处理、极化边缘检测、边缘后处理、边缘识别，如图 6.46 所示。影像预处理主要进行数据转换、多视或滤波等斑点噪声抑制及特征提取；极化边缘检测是指狭义的边缘检测，使用极化影像生成边缘方向图和边缘强度图；边缘后处理包括边缘细化、边缘精确定位及矢量化等内容；边缘识别是与应用相关的更高级别的边缘检测步骤。

极化影像预处理在 Lee 的专著中有详细的讨论，边缘后处理等与单极化 SAR 影像

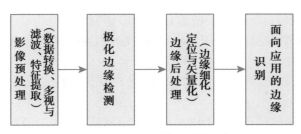

图 6.46 极化 SAR 影像检测的一般过程

边缘检测类似。极化 SAR 影像线状目标的提取难点在于边缘检测。极化 SAR 影像边缘检测思想与单极化基本一致，比较邻域中假定方向边缘两侧散射的差异。不同的是极化 SAR 影像中，极化信息(包括统计特性和散射机理)的挖掘与利用是当前面临的主要困难。根据极化信息利用方式的不同，边缘检测可分为如图 6.47 所示的 4 类(邓少平，等，2011)。

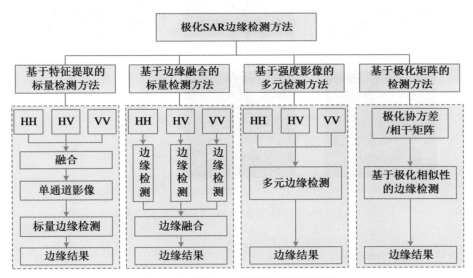

图 6.47 极化 SAR 影像边缘检测分类

(1)基于特征提取的方法

基于特征提取的标量检测方法先采用数据融合的方法从极化 SAR 数据提取边缘信息丰富的特征，然后在该影像上采用单极化的方法检测边缘。极化 SAR 信息的利用体现在特征提取中。特征提取分为三类：①特征选择及信号处理的方法，最简单的是选取三种极化方式中的某个边缘丰富的强度影像，其次是使用总功率影像(SPAN)，更为有效的方法是主成分分析提取第一主成分；②通过滤波的方法获得噪声得到抑制的标量影像，如极化白化滤波(PWF)、最优加权 LEE 滤波；③采用极化处理技术提取特征，如 Cloude-Pottier 分解中的第一特征值和基于目标最优极化对比增强方法得到的边缘增强的影像。

上述方法中基于 SPAN 和 PWF 的边缘检测方法以其简单高效获得了广泛应用，基于 SPAN 的边缘检测结果被广泛应用于精细 LEE 滤波中判断邻域窗口内的同质子窗口，以此提高滤波器的空间细节保持特性，而 PWF 是粗尺度边缘检测非常有效的方法，被用于分级目标检测中。

本类方法的特点是完全可以直接借鉴单极化 SAR 影像中的先进方法，缺点是极化信息的利用率低。

为了克服此类方法的弱点，将 OPCE 算法应用到邻域中，自适应选择领域最优极化方式，增强预设边缘两侧目标，再采用 ROA 算子检测边缘，提出了 AOPCE-ROA 算法，且计算时不需要进行极化合成，OPCE 中的最大特征值即 ROA 算子结果，新方法具有比 SPAN-ROA 更好的性能，其结果如图 6.48 所示。

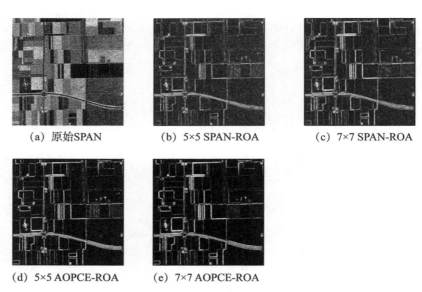

(a) 原始SPAN　　　　(b) 5×5 SPAN-ROA　　　　(c) 7×7 SPAN-ROA

(d) 5×5 AOPCE-ROA　　　(e) 7×7 AOPCE-ROA

图 6.48　SPAN-ROA 算法与 AOPCE-ROA 算法效果图

（2）基于边缘融合的方法

先分别对每个极化通道单独进行边缘检测，然后采用一定的方法融合多个检测结果。基于边缘融合的方法是一种特征级的信息融合方法，边缘融合方法的选择至关重要。常见的融合方法有：①代数融合算法，如最大值法、数学平均法、对称求和法；②Geodesic 重构法（Chanussot et al.，1999），由 Chanussot 提出用于融合多时相 SAR 影像的边缘；③基于证据理论的方法（Borghys et al.，2003）。

边缘检测时各极化通道被当成不相关的随机变量，忽略了极化通道间的相关性，在边缘融合时，冗余信息与通道间的新增信息起着同样的作用，此类方法仍然有其局限性。

（3）多元检测方法

采用一定的相似性尺度估算假定边缘两侧像素的强度矢量相似程度检测边缘。均值向量欧氏距离是其中最简单的方法，但该方法仍未考虑通道间的相关性。多元统计分析被用于极化 SAR 影像的边缘检测中。采用强度对数变换，获得近似高斯分布，再使用基于多元高斯分布的 Hotelling-T^2，检验被用于判断待检验边缘两侧对数强度均值的相等性，具有恒虚警率特性(Borghys et al.，2002)。该方法还可用于多时相、多波段、多极化等可构造(近似)多元高斯分布的 SAR 影像检测边缘。通道间的相关性得到了利用，相比基于边缘融合的检测方法，降低了冗余信息的使用，极化信息的利用程度有了较大提高。然而①对数强度影像的多元高斯分布只是一种假设，严格意义上并不成立；②虽然利用了极化通道之间的相关性，但仅仅是强度影像之间的相关性，极化协方差矩阵非对角元素没有被利用，地物目标散射机制信息没有得到充分挖掘。

(4)复 Wishart 检测方法

基于极化协方差/相干矩阵的复 Wishart 概率模型，采用卡方法检验假定边缘两侧协方差/相干矩阵的相等性。对于多视协方差矩阵 C_1，C_2，均为 $p \times p$ 的正定 Hermitian 矩阵，视数分别为 n，m，则 $Z_1 = mC_1$ 和 $Z_2 = mC_2$ 分别服从复 Wishart 分布 $Z_1 \in W_C(p, n, \Sigma_1)$ 和 $Z_2 \in W_C(p, m, \Sigma_2)$，其中 Σ_1，Σ_2 分别为 C_1，C_2 的期望。似然比检验统计量为：

$$Q = \frac{(n+m)^{p(n+m)}}{n^{pn}m^{pm}} \frac{|Z_1|^n |Z_2|^m}{|Z_1 + Z_2|^{n+m}} \tag{6-45}$$

其分布函数可由 $-2\rho\ln Q$ 的分布得到：

$$P\{-2\rho\ln Q \leqslant z\} \simeq P\{\chi^2(p^2) \leqslant z\} + \omega_2[P\{\chi^2(p^2+4) \leqslant z\} - P\{\chi^2(p^2) \leqslant z\}]$$
$$\tag{6-46}$$

其中，

$$\rho = 1 - \frac{2p^2 - 1}{6p}\left(\frac{1}{n} + \frac{1}{m} - \frac{1}{n+m}\right)$$

$$\omega_2 = -\frac{p^2}{4}\left(1 - \frac{1}{\rho}\right)^2 + \frac{p^2(p^2-1)}{24}\left(\frac{1}{n^2} + \frac{1}{m^2} - \frac{1}{(n+m)^2}\right)\frac{1}{\rho^2}$$

$-2\rho\ln Q$ 是一个渐近分布，独立于用于检验的两个协方差矩阵。对于某个假设的边缘，给定一虚警率 $P_{fa, 1}$，可求得阈值 T_f，且其与场景无关。

相干矩阵也服从复 Wishart 分布，亦可使用卡方检验检测边缘。与前面三种方法相比，基于极化数据的多元统计分析方法使用了极化 SAR 数据特有的统计模型，充分利用了极化数据的相位信息和极化通道之间的相关信息，极化信息利用程度大幅提高。

3. 线状目标提取

许多线状目标的提取多基于边缘检测方法，如 D1 算子和 D2 算子。后来提出的 duda 算子，具有更好的线特征检测算子。此外，还有一些采用其他技术的线状目标提取方法，如 Hough 变换、Radon 变换、Ridgelet、Curvelet 等二代小波方法。活动轮廓模型和水平集方法也常被用于提取不规则的线状目标(黄魁华，等，2011；唐亮，等，2005)。

这些方法多针对单极化 SAR 影像提出，难以适用矩阵形式的极化数据。为使用极化 SAR 数据，Zhou 提出了一种组合第一类和第四类边缘检测方法、由粗到精两级的线性目标提取方法，在粗尺度使用 PWF 得到边缘增强的影像，并用 Curvelet 提取线状目标区域，在精细尺度上使用结合复 Wishart 检验和模糊融合方法细化边缘，兼顾效果和效率，取得了较好的效果(Guangyi et al.，2011)。

4. 极化 SAR 线状目标提取特例——输电线提取

电力线是陆地重要的线状目标之一，与单极化影像相比，利用极化信息从高分辨率极化 SAR 影像上进行提取具有较大优势。如图 6.49 所示，BC 为电力线，$CDEF$ 为极化平面，θ_0 为引入的极化方向角。由于电力线不具有方位对称性，同极化和交叉极化具有较强的相干性，而背景杂波则满足方程为对称，同极化和交叉极化相干性为 0，因此可用于该相干性检测电力线。定义检测算子：

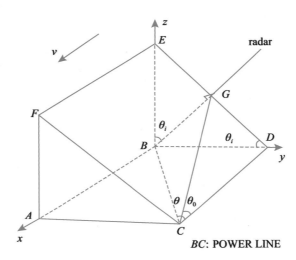

图 6.49　电力线几何示意图

$$\mathscr{L}(S) = -\ \mathrm{sign}(\theta_0)\ \mathrm{Re}(\hat{\gamma}) \tag{6-47}$$

$$\hat{\gamma} = \frac{S_{hh}S_{hv}^*}{\sqrt{\langle\,|\,S_{hh}\,|^2\,\rangle\langle\,|\,S_{hv}\,|^2\,\rangle}} \tag{6-48}$$

杂波相干性估计值 PDF 为 $p(\hat{\gamma}) = 2(N-1)\hat{\gamma}\,(1-\hat{\gamma}^2)^{N-2}$（Touzi，等，1996），因此给定一虚警率可得到检测阈值。为提高相干性估计精度，相干性估计在 Hough 进行。

对沿方位向架设的输电线，其满足方位对称性，相干性为 0。注意到杂波不仅满足方位对称性，还满足旋转对称性，因此引入一定的极化方位角在破坏电力线方位对称性的同时，杂波的相干性不会发生变化，从而提高电力线的相干性。即在相干性估计时使用如下旋转后的后向散射矩阵代替原散射矩阵：

$$S' = \begin{pmatrix} \cos\theta_0 & \sin\theta_0 \\ -\sin\theta_0 & \cos\theta_0 \end{pmatrix} S \begin{pmatrix} \cos\theta_0 & -\sin\theta_0 \\ \sin\theta_0 & \cos\theta_0 \end{pmatrix} \tag{6-49}$$

式中，θ_0 为引入的极化方向角，约为 30°。

不同方向电力线的检测结果如图 6.50 所示。需要指出的是，图 6.50(d) 中由于电力线与方位向垂直，电力线回波信号极弱，信杂比较低，无法实现电力线的正确检测。

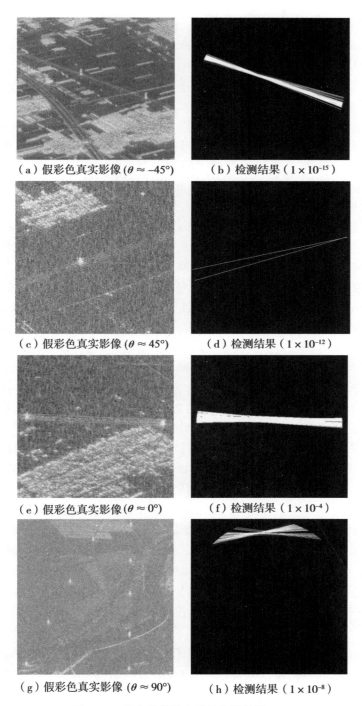

（a）假彩色真实影像($\theta \approx -45°$)　　　　（b）检测结果（1×10^{-15}）

（c）假彩色真实影像($\theta \approx 45°$)　　　　（d）检测结果（1×10^{-12}）

（e）假彩色真实影像($\theta \approx 0°$)　　　　（f）检测结果（1×10^{-4}）

（g）假彩色真实影像($\theta \approx 90°$)　　　　（h）检测结果（1×10^{-8}）

图 6.50　真实影像输电线的检测结果

6.5.2　极化 SAR 影像城市低后向散射地物精细解译

1. 低后向散射地物散射特性

合成孔径雷达(Synthetic Aperture Radar，SAR)是主动遥感的重要手段之一，在农业、林地等方面有重要应用(Mettle et al.，2004；Neumann et al.，2010；Saatchi et al.，1997)。SAR 传感器工作波段较长(0.01m~1m)，在云、雪、雨、雾等恶劣自然条件下有良好的适应性。十余年来，各个国家都在大力发展星载、机载 SAR 系统。同时，SAR 系统也由原来的多极化模式发展为全极化(POLSAR)和全极化干涉(POLINSAR)工作模式。通常，经过良好极化定标的 POLSAR 系统，面分布自然地物的总体分类精度可达 80% 以上，特定植被分类精度高于 85%，在地物专题制图中已经有较为广泛的应用(Hill et al.，2005；Lee et al.，2006，2007；Pottier et al.，2000)。

SAR 系统由于其良好的适应性，在城区也有广泛应用。然而，许多传统的分类方法若直接应用于城区会引起较大的误差。城市中面分布地物分类误差主要来自以下两个方面：

①中高分辨率 SAR 影像由于单个像素中包含的散射单元减少，使得矩形窗口估计的极化协方差矩阵 $C3$ 精度降低，普通的 Wishart 最大似然估计器失效。同时，由于平静水体、光滑水泥路、裸土等目标纹理较弱，针对纹理清晰的高分辨率数据的 SIRV(Spherically Invariant Random Vectors) 等方法也无法估计较高精度的 $C3$ 矩阵(Formont et al.，2011；Hondt et al.，2007；Greco et al.，2007；Vasile et al.，2010)。

②为了获取较好的城市细节特征，通常采用分辨率较高的机载系统进行成像，而机载系统入射角变化范围较大，大入射角使得城市中低散射强度的面目标后向散射系数较为相似。而传统的 H/Alpha-Wishart(Pottier et al.，2000)算法、Freeman-Durden 分解算法(Freeman，2007；Yamaguchi et al.，2011)等，在中高分辨率 POLSAR 系统中常常把裸露土壤、水泥公路、水体划分为同一类，因此大大影响了分类精度。

弱后向散射地物主要指雷达影像灰度较弱的目标，总体而言包括裸露土壤、水泥道路、水体、阴影等，如图 6.51 所示。不同弱后向散射地物回波强度不同，引起弱散射的原因也不同。

首先，在几种地物中，裸露土壤的粗糙度是最高的，雷达后向散射信号相对较强(相对水泥路和水体而言)。我们知道，粗糙度是一个相对于波长尺度的概念：波长越长，面状介质在雷达上表现得越光滑；波长越短，面状介质在雷达上表现得越粗糙。在 L 波段，由于波长较长，裸土等地物主要是以 Bragg 散射为主，往往表现为低熵。在 X 波段，当地物粗糙程度较大时，地物不再以 Bragg 散射为主，HH 极化与 VV 极化没有明确的相关性，往往会表现为中、低熵。类似的现象可以在 TerraSAR-X 影像上观察到(Tishampati et al.，2009)。

其次，水体的散射过程受风况、雷达波长、水质等因素的影响。水面起风会引起一定的波浪，造成一定的粗糙度，从而引起 Bragg 散射；无风、微风时，水面基本平静，会有较强的镜面散射。雷达波长较长时，甚至会穿透水体，获取水下信息。水中不同成分物质，如盐、泥沙等也会对水体造成一定的影响。总体而言，在有风的情况下，对波长较长的雷达系统(L，P)，水体主要以 Bragg 散射为主，表现为低熵(如 AIRSAR 系统在

图 6.51 城市常见弱散射地物类型

Flevoland、San Francisco 等地区影像)。对于波长较短的雷达系统(X，C)，在较为平静水面时，以镜面反射为主，雷达后向散射信号较弱，受系统噪声、相干斑的影响较为严重，在雷达影像上表现为中、高熵(具体可以参考欧空局网站上的 Radarsat2 示例数据)。

对于水泥路，由于几乎不可穿透，同时表面较为平整，主要是以镜面散射为主，雷达后向散射信号较弱，受系统噪声、相干斑的影响较为严重。X/C/L 波长时，在雷达影像上表现为中、高熵(Dhar et al.，2011；Lee et al.，2008)。

阴影主要是由于山体或建筑物的遮挡，不能获取目标区域回波信号；而其他地物则主要由于镜面反射造成回波功率过弱。由于回波信号都很弱，在单站式后向散射雷达中，单纯的极化信息无法将平静水体引起的镜面反射和阴影区分开，利用干涉信息提取建筑物、山体高度，然后估计阴影范围成为解决问题的方法。

土壤、水泥路、水体的反射作用主要由 Fresnel 散射与 Bragg 后向散射构成。土壤主要由 Bragg 散射主导，水体由 Fresnel 散射主导，水泥路则是两者的混合。单站雷达观测的信号都是 Bragg 散射能量，但由于强度不同，使得三种地物可由极化信息区别，如图 6.52 所示。

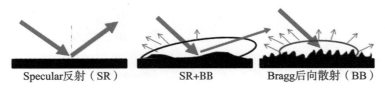

Specular反射（SR）　　　SR+BB　　　Bragg后向散射（BB）

图 6.52 面散射类型

2. 预分类辅助的极化协方差矩阵估计

为了将几种弱后向散射地物区分开，本章提出一套弱散射地物分类流程。通常

POLSAR/POLINSAR 系统获取的是散射矩阵 $\boldsymbol{S}2$。"H"表示水平极化波的发射或接收，"V"表示垂直极化波的发射或接收。

$$\boldsymbol{S}2 = \begin{pmatrix} HH & HV \\ VH & VV \end{pmatrix} \tag{6-50}$$

式中，$\boldsymbol{S}2$ 只能描述雷达学中的确定性目标，如金属球、二面角等。为了描述空间分布的面状目标，需要利用多视处理构建二阶统计量，如极化协方差矩阵 $\boldsymbol{C}3$：

$$\boldsymbol{C}3 = \boldsymbol{E}(\boldsymbol{k}_L \cdot \boldsymbol{k}_L^{*\mathrm{T}}) \tag{6-51}$$

$$\boldsymbol{k}_L = \begin{pmatrix} HH & \sqrt{2}HV & VV \end{pmatrix}^{\mathrm{T}} \tag{6-52}$$

式中，$\boldsymbol{E}$ 表示统计期望，在实际中用空间域矩形窗口平均代替。

　　为了使均值较好地近似期望，大窗口多视处理是必需的。对于城市区域，由于地物复杂，道路、裸露土壤等常常呈狭长状（图 6.53），给普通矩形窗口估计方法（Boxcar Estimate，BE）带来了困难。而在自然地物分类常用的 H/Alpha-Wishart 对这些地物分类往往失效，图 6.53 中道路、裸露土壤、水体常常被划分为一类。而在中高分辨率条件下，单位像素中包含散射单元减少，光滑面目标使得针对高分辨率的 SIRV 分类方法也失效。

图 6.53　CET38-XSAR 实验区 PAULIRGB SAR 影像

　　利用预分类图进行极化协方差矩阵估计成为解决问题的有效途径。基于预分类的极化协方差矩阵估计（Object Estimate，OBE）流程如图 6.54 所示。

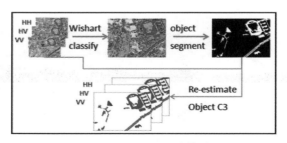

图 6.54　极化协方差矩阵估计流程

首先进行预分类，分类方法不限。本章采用 H/Alpha-Wishart 算法，分类结果中水体、水泥路、裸露土壤被错误地分为同一类。将错分类别单独提取出来，然后分割(图6.55中白色为分割背景，分割对象为蓝色：A、B、C)。

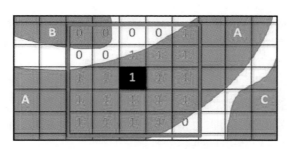

图6.55 基于分割结果的矩阵估计范围

在预分类中被分为同一类的地物往往可能由散射机理相似的不同地物组成，而即使是同一分割对象也可能由不同地物组成。为了尽可能保证估计窗口中心协方差矩阵 $C3$ 的同质性，只有属于同类别同对象的像元才参加估计，从而保证了道路等狭长地物也有较稳定的统计特性。

利用等效视数(ENL)对矩形窗口估计法和预分类法估计的结果进行比较。ENL 作为噪声水平与统计平稳性的关键指标，在 SAR 图像处理中具有重要作用。通常，较大的ENL 意味着较高的信噪比(SNR)，同时也可以描述极化协方差矩阵 $C3$ 具有较好的统计稳健性(Anfinsen et al.，2009)。

表6-50 中在不同窗口大小下对 CET38-XSAR 数据中的水泥路、水体、裸土目标进行了 ENL 估计。结果表明，在相同窗口下 OBE 估计的 $C3$ 矩阵 ENL 值均大于 BE 法。这表明基于预分类法估计的 $C3$ 矩阵统计特性较为稳定，有助于后续精细分类精度的提高。同时，随着估计窗口的增大，BE 、OBE 方法的 ENL 值都在减小，这表明：即使是预分类中同类、同分割对象的地物也表现出差异性，这种差异使得后续地物的精细分类变得必要。

表6-50   BE 与 OBE 方法 ENL 估计结果   (单位：视)

	Win size 11		Win size 21	
	BE	OBE	BE	OBE
Road	13.6	17.5	5.1	9.3
Water	24.6	28.0	10.6	14.4
Soil	8.5	20.7	2.5	13.6

3. Entropy-PSD 平面精细分类

在机载高分辨率 SAR 系统中，裸露土壤、水体、水泥地容易发生混淆，尤其是当裸土粗糙度较小、水泥路较为平坦、水面较为光滑时。由于三种地物表面光滑，散射过程中镜面散射成分较多，导致目标回波很弱。

常规 H/Alpha-Wishart、Freeman-Durden 分解、SIRV 等算法对极化差异性较大的物体有较好的区分能力，而对弱散射目标区分差。

土壤、水体、水泥地在极化雷达学中都属于单次散射；同时，在极化方位角补偿后，三种物体都呈现出很强的反射对称性，其交叉极化(HV)与同极化(HH 或 VV)相关系数近似于 0。但由于三种地物粗糙度有细微的差别，使得 $C3$ 矩阵估计的熵值和 HH/VV 相位差的标准差依然具有一定的可区分性。

（1）Entropy 特征

熵值表征了目标的随机程度，其取值在 0 到 1 之间。值越接近 1，表示目标的随机性越高，地物至少包含两种散射机理，并且每种散射成分强度相似；值越接近 0，表示目标散射是确定性的，只有一种散射机理占主导。

$$\text{Entropy} = -\sum_{i=1}^{3} p_i \cdot \log(p_i) \tag{6-53}$$

式中，$p_i = \lambda_i / (\lambda_1 + \lambda_2 + \lambda_3)$。

满足散射对称假设的 $C3$ 矩阵特征值 λ_i：

$$\lambda_1 = \frac{1}{2}(E(|HH|^2) + E(|VV|^2)) - \lambda_2 \tag{6-54}$$

$$\lambda_2 = \frac{1}{2} \cdot \frac{E(|HH|^2) \cdot E(|VV|^2)}{E(|HH|^2) + E(|VV|^2)}(1 - \Delta) \tag{6-55}$$

$$\lambda_3 = E(|HV|^2) \tag{6-56}$$

$$\Delta = \frac{E(HH \cdot VV^*) \cdot E(VV \cdot HH^*)}{E(|HH|^2) \cdot E(|VV|^2)} \tag{6-57}$$

裸土的粗糙度相对其他两种地物是最大的，在波长较长的 SAR 数据中往往表现为低熵，而在 X 波段上常常表现为中熵；水体、水泥路由于各个通道散射强度过低并且很接近，在 X 波段往往表现为高熵。如图 6.56 所示，随机采样的 150 个样点中，土壤相比其他两种地物有很好的区分性。

（2）PSD 特征

由于水体和水泥道路都很光滑，导致熵、Alpha 角、反熵参数都很相似，基于通道强度的极化参数无法奏效。只有利用通道间相关性进行分类；同时，进行方位角补偿后，由于目标满足散射对称，HH/HV、VV/HV 相关系数几乎为 0，使得可利用的通道相关系数仅为 HH/VV。定义 PSD 为：

$$\text{PSD} = SD(\arg(HH \cdot VV^*)) \tag{6-58}$$

式中，SD 表示求标准差，arg 表示求相位，"＊"表示共轭操作。Entropy 与 PSD 估计时均采用前文提到的方法。

PSD 描述了同极化通道相位差的聚散程度。实际上，PSD 与 HH/VV 通道相关系数的相互关系由 Cramer-Rao 边界条件描述(Seymour et al.，1994)：

$$\text{PSD} = \sqrt{\text{Var}_\phi} > \sqrt{\frac{1 - |\gamma|^2}{2N|\gamma|^2}} \tag{6-59}$$

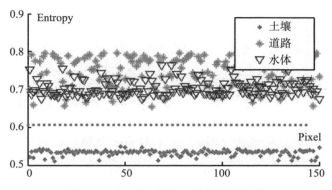

图 6.56 土壤、道路、水体统计熵值

$$|\gamma|^2 = \frac{E(|HH \cdot VV^*|^2)}{E(|HH|^2)E(|VV|^2)} \tag{6-60}$$

式中，N 为视数。图 6.57 绘制了 PSD 参数与同极化相关系数曲线。相关系数与相位标准差有直接的关系，低相关系数对应的相位标准差总是很大。PSD 与通道相关系数都可以对通道间的相关性进行评价。在低相关性区域(通常小于 0.2)，相位对相关系数的变化有更强的敏感性，对水体和水泥道路等光滑地物有很好的区分性。

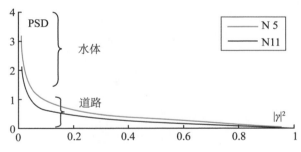

图 6.57 PSD 与同极化相关系数关系

本书在土壤、水泥路、水体中随机选取了 150 个样点进行统计。由于土壤和道路的结构稳定性比水体更高，所以其同极化相干系数更高，相位统计方差更小，如图 6.58 所示。

鉴于三种地物对不同参数敏感程度不同，提出了一种区分土壤、水泥路、道路的精细分类方法，流程如图 6.59 所示：首先在预分类的基础上精化 **C**3 矩阵的估计，然后在 Entropy-PSD 平面上对三种地物进行精细分类，最后获取精细分类结果。

4. 极化 SAR 在城区低后向散射分类中的应用

利用 CET38-XSAR 数据，对改进分类方法进行了实验。CET38-XSAR 是国内第一个 POLINSAR 机载原型实验系统，由中国电子科技集团第 38 研究所研制。XSAR 系统为 X 波段(9.6GHZ)全极化雷达，可以在全极化模式下进行双天线干涉测量，主辅天线相对位

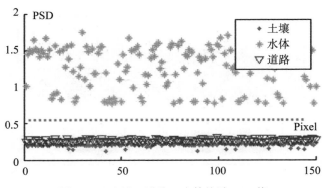

图 6.58　土壤、道路、水体统计 PSD 值

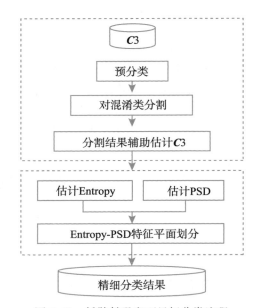

图 6.59　低散射强度面目标分类流程

置如图 6.60 所示。载机成像时平均飞行速度为 120m/s，雷达入射角可在 37 度至 45 度间调整；距离向、方位向影像分辨率分别为 0.4m、0.1m。系统从 2009 年至 2010 年初在海南省陵水县进行了多次实验飞行，累计飞行时间数百小时，获取了大量验证数据。在空中进行飞行实验时，武汉大学、中国测绘科学研究院、中国科学院等单位的科研人员也进行了地面配套数据的同步测量。关于 XSAR 系统成像覆盖范围、图像精度、预处理精度评价等，可以参考相关文献(李平湘，等，2011；史磊，等，2011)。

　　本书实验采用 XSAR 系统于 2010 年 1 月获取的飞行数据，在航带 Strip06-0043 中截取了一块 755×1 000 像素大小区域，如图 6.60 中 PAULIRGB 影像。在图 6.61 中，除了植被以外，后向散射较弱的面状地物主要是：高速公路(1)、水塘(2)、裸露土路(3)、塑胶运

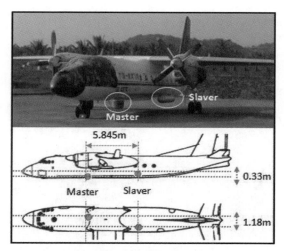

图 6.60 双天线 XSAR 系统

动跑道(4)、建筑物引起的阴影(5)、水泥篮球场(6)。

图 6.61 实验区 PAULIRGB 影像与对应地物调绘图

　　为了使影像满足较好的目视效果，在方位向进行了 4 视处理，同时进行了 Refine-Lee 滤波(窗口大小 5×5)。随后，对实验区进行了 H/Alpha-Wishart 分类，分类结果如图 6.62 所示。

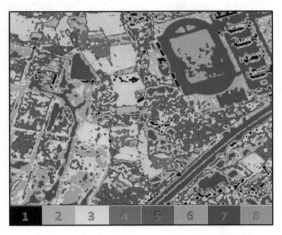

图 6.62　实验区 H/Alpha-Wishart 分类结果

　　在 H/Alpha-Wishart 分类结果中，6 种表面光滑的目标都被分为了同一类，这对城市地物专题制图是不利的。即使加入反熵参数，H/Alpha/A-Wishart 方法也不能把这 6 类地物区分开。这主要有两个原因：①弱回波信号使得目标信号受噪声影响严重，只有增大 $C3$ 矩阵的 ENL 才能得到较好的结果；②在 X 波段下，Alpha、反熵等参数对这几种弱回波地物不太敏感。在预分类的基础上，本章将混淆的类别提取出来(图 6.62 中第 7 类，蓝色)，然后进行分割，采用改进的方法对这 6 类地物进行 $C3$ 矩阵估计。

　　普通 BE 估计和预分类 OBE 估计 $C3$ 矩阵的 ENL 如图 6.63 所示。OBE 估计的 $C3$ 矩阵 ENL 比 BE 高，在狭长形高速公路上，OBE 方法获得了更好的等效视数。同时，BE 估计 $C3$ 时，由于没有考虑地物边缘信息，估计到的边缘甚至被背景模糊掉。

　　SAR 系统在城区成像常常会受到建筑物的遮挡产生阴影，由于阴影中不包含或较少包含地物信息，在分类中往往不考虑阴影的影响，将其从分类结果中去除。阴影的自动识别和去除可以利用干涉测量获取建筑物高度，然后估算阴影范围，由于这些不是本章研究重点，对此不进行详述。

　　估计 $C3$ 矩阵后，再进行 Entropy 参数和 PSD 参数的估计，构建归一化 Entropy-PSD 特征平面。如图 6.64 所示，对实验区中待分类地物的每个像素估计 Entropy、PSD 值，在特征平面上绘制出，颜色表示累计值大小。

　　图 6.64 中水体、道路、土壤在 Entropy-PSD 平面上有较为明确的分界面，可以设置简单的阈值对或用 mean-shift 等方法对特征平面直方图进行划分等。同时，不同地物在特征空间中的聚合程度不同，聚合度由高到低分别是：土壤、道路、水体。聚合度大小主要由地物表面粗糙度和物理结构稳定性决定：水面粗糙度受风的影响，虽然是同种物质，但同质性较弱；而土壤粗糙度比道路更高，具有相对较强的回波和极化信息。Entropy-PSD

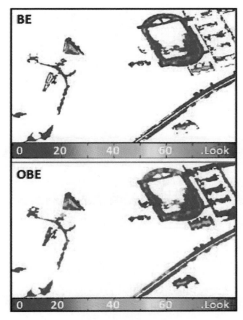

图 6.63　BE 与 OBE 估计混分类 ENL 值

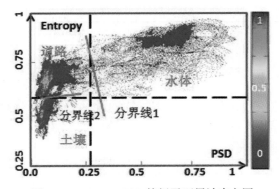

图 6.64　Entropy-PSD 特征平面累计直方图

特征平面对低散射强度的目标有较好的敏感性，可以提高 H-Alpha-Wishart、H/Alpha/A-Wishart 等方法的分类精度。

　　图 6.65 是本书中算法对 H/Alpha-Wishart 错误分类结果的再划分。通过 Entropy-PSD 平面的分类，图 6.62 中错分的第 7 类被重新分为 3 类。对照实地调绘图 6.61，道路(1)、水体(2)、土壤(3)被很好的区分开。在精细分类结果中，由于水泥篮球场和高速公路材质相似，两者划为一类；同时，塑胶运动场由于表面较为粗糙，熵参数与裸露土壤很相似，两者也被划为一类。

　　将水泥篮球场和高速公路视为同类，塑胶运动场与裸露土壤视为一类，算法分类精度

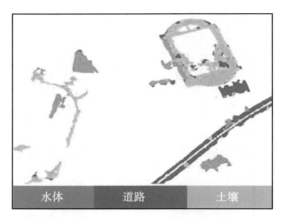

图 6.65　弱散射目标精细分类结果

混淆矩阵见表 6-51。用户精度（user accuracy，UA）比生产者精度（procedure accuracy，PA）略低，分类总体精度接近 83%，Kappa 系数为 0.715。与普通 H/Alpha-Wishart 分类方法相比，本书提出的分类算法在弱散射目标的划分上有很大改进，普通方法无法区分的类别得到了很好的划分。

表 6-51　　　　　　　　　　　　　　低散射强度目标分类混淆矩阵

地图上分类	地 表 分 类			
	水体	土壤	道路	UA(%)
水体	14 052	4 789	1 451	70.0%
土壤	11	42 375	3 451	92.4%
道路	532	5 383	18 993	76.3%
PA(%)	96.2%	80.6%	79.5%	82.8%

　　针对高分辨率 X 波段 SAR 系统在城市地物分类中出现的问题进行了研究和探讨。鉴于常规非监督分类方法无法区分城区中水体、水泥路、裸土等弱散射地物，本研究提出了一种分类算法流程：首先进行预分类，再进行分割，利用分类、分割结果对 $C3$ 矩阵进行较高精度的估计；在估计的结果上统计 Entropy、PSD 参数，在两个参数构成的特征平面上利用阈值或 mean-shift 进行地物的划分，最后得到进行分类结果。分类图结果与定量精度评价表明本研究提出的方法在弱散射目标的分类上有很大改进。该方法由于是对预分类的精化，无论是 $C3$ 矩阵的估计还是 Entropy-PSD 特征平面划分都受预分类影响。同时，该方法主要针对弱散射目标，而 PSD 参数对植被、建筑等不敏感。因此，未来的研究工作还需要结合多源数据对算法进行更深入的研究。

6.5.3 基于 POLINSAR 影像的植被下地形估计

1. POLINSAR 植被下地形估计

目前，基于 POLINSAR 数据的森林参数、植被下 DEM 提取模型经过了一定时间的发展，已经在小范围内展开了相关的应用示范。例如：2003 年 Muhtar 等利用 POLINSAR 数据成功地完成了俄罗斯贝加湖附近的森林植被高度、植被下 DEM 的反演。2005 年 Yamada 等基于 ESPRIT 超分辨方法成功地进行了森林与地表测高反演的实验。随后，Cloude 于 2006 年提出了极化相干层析概念(Polarization Coherence Tomography)，也取得了较好的反演结果。目前，从模型机理来看，植被及植被下地形信息的提取主要基于物理散射模型的方法，以随机体散射(RV)、方向体散射(OV)、随机体散射+地表散射(RVOG)为代表。

从模型适用范围来看，这些模型适用于 L 波段极化干涉 SAR 数据。由于 P 波段对植被层的穿透性更强，直接利用基于 L 波段建立的方法误差较大。极化干涉优化、ESPRIT 算法优化方法、极化相干层析 PCT 和基于 Numerical Radius 估计的方法从数学角度出发，不需要过分依赖复杂的电磁物理散射建模，对大多数极化干涉数据有较好的适应性。但是相位中心依赖于电磁波平均衰减系数和垂直冠层结构，难以用单一的数学模型进行描述，在单基线观测的条件下可能存在解的不确定性问题，同时与基于电磁物理散射模型方法相比精度较差。Cloude 等发展的这些模型和算法都是基于 SIR-C/X SAR 和 E-SAR 数据进行验证，适用于 L-波段极化干涉 SAR 数据。目前，有的学者针对 P 波段数据开展了模型和算法的改进工作(Cloude，等 1998)。甚至在穿透力较弱的 X 波段也已经有学者展开研究，如 Garestier 等(2006)研究了 X 波段机载高空间分辨率极化干涉 SAR 的森林及农田结构信息的提取方法。综上所述，目前国际上虽然已有极化干涉机理模型在 X、C、L、P 波段比较成功地用于植被高度的反演，但应当看到目前的模型和方法仍存在以下一些问题和局限性：

①为了简化模型，方便求解，以上介绍的方法都是基于 RVOG 和 OVOG 模型，对复杂垂直结构林分(多层林层)的解决方法也是在这两个模型上简单地引入冠层深度参数，对现实复层林分结构形态的描述不够合理。

②现有方法多是针对森林平均树高的反演，在 C/X 波段用于低矮植被(如草地，农作物)结构参数的反演上，在 P 波段极化干涉 SAR 数据森林参数反演上，目前虽然有人开展了一些相关的模型改进和方法研究，但进展不大(Cloude et al.，1998；Garestier et al.，2006)。

③普通物理模型与信号分离方法都没有充分考虑方位向坡度与距离向坡度对雷达信号的影响。随着 SAR 影像质量的不断提高，在大起伏地形环境下，经典的地形反演方法精度受到很大的影响。充分考虑两个方向地形对散射机理的影响已经成为植被下 DEM 信息获取研究的热点之一(Lee，Ainsworth，2011)。

④由于 SAR 成像机理与实际地物散射特性的复杂性，建立的物理模型或信号分离等方法往往会产生一定的矛盾。如何建立一定的评价方法来解释和衡量模型与实际场景的矛盾成为提高精度的关键。

在国内，由于我国于 2010 年 1 月底在海南才使用了自己的 X 波段的极化干涉 SAR 系统，这严重制约了我国极化干涉 SAR 数据处理和信息提取理论及技术的发展。尽管如此，国内微波遥感科技工作者通过积极开展国际合作，从 NASA 获取到中国天山及和田地区的 SIR-C/X SAR 极化多频干涉测量数据，自德国 DLR 获取到一些 ESAR 极化干涉测量数据等，开展了极化干涉 SAR 植被及植被下地形信息提取的方法和模型的评价、验证和改进研究。虽然目前也利用我国自行研制平台在海南获取的极化干涉数据进行了地形测绘研究（杨杰，史磊，等，2010），但总体来讲仍然处于国外先进理论和方法的跟踪、验证和改进阶段。因此有必要基于我国自主研发的极化干涉 SAR 系统，系统地开展极化干涉散射机理和植被高度及植被下地形反演模型的研究，提高我国在该领域自主创新能力，力争在 SAR 高技术领域占有一席之地。

2. 单基线植被下地形估计

极化干涉应用于植被下地形估计通常有单基线法(single-baseline)与多基线法(multi-baseline)。单基线指两次重复观测获取一对干涉影像；多基线指两次以上重复观测，获取多个干涉影像对。一般而言，在获取数据相干性较好的情况下，多基线比单基线由于有更多的观测量，可以适用于更复杂的模型，相对反演精度较高。但在实际中，多基线观测通常由平台重复飞行获得，而时间去相干成为制约多基线应用的关键。而机载平台通常可以搭载两个天线进行同时观测，消除了时间去相干的影响，将主要的去相干源限制在植被层上，具有较好的实用价值。在此主要讨论单基线植被下地形估计方法，提及的方法都可以扩展到多基线情况下。单基线植被下地形估计主要模型如下：

（1）随机体散射（RV）模型

植被作为可穿透层，对电磁波有一定的衰减作用。通常植被层由垂直结构函数 $f(z)$ 描述：z 表征植被高度，$f(z)$ 表示 z 高度时植被单位散射强度，如图 6.66 所示。

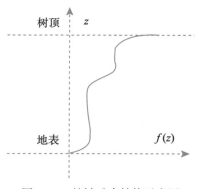

图 6.66　植被垂直结构示意图

当垂直结构函数已知时，高度为 hv 的植被层的相干系数为：

$$\gamma = \exp(i \cdot \beta_z z_0) \frac{\int_0^{hv} f(z) \exp(i \cdot \beta_z z) \mathrm{d}z}{\int_0^{hv} f(z) \mathrm{d}z} \tag{6-61}$$

式中，z_0 为植被下地形高度，β_z 为相位与高度转换系数，通常可以由干涉系统几何关系估计出。RV 模型特点在于植被层的相干系数与干涉选取的极化状态无关，这是由于垂直结构参数对极化状态不敏感造成的。在实际中，如树篱等枝叶随机性很高的植被与 RV 模型符合得较好。常用的垂直结构函数主要有：常数结构函数(uniform profile)、指数分布结构函数(exponential profile)，如图 6.67 所示。

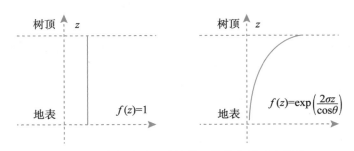

图 6.67　常数植被垂直结构和指数植被垂直结构

uniform profile 中植被结构函数是常数；exponential profile 中植被结构函数是指数分布，σ 为消光系数、θ 为入射角。由于极化干涉系统中可以计算各个极化状态下相干系数，而 RV 模型只有 z_0、σ、hv 三个未知数，观测值远远大于未知量，可以进行估计。

（2）方向体散射(OV)模型

与 RV 模型不同，方向体散射(OV)模型中垂直结构函数还受到极化状态 ω 的影响，不同的极化状态对应了不同的垂直结构参数，如方向性指数函数(见图 6.68)。

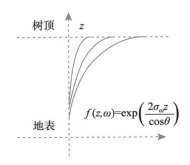

图 6.68　方向性指数植被垂直结构

当垂直结构函数已知时，高度为 hv 的植被层引起的相干系数为：

$$\gamma(\omega) = \exp(i \cdot \beta_z z_0) \frac{\int_0^{hv} f(z, \omega) \exp(i \cdot \beta_z z) \, \mathrm{d}z}{\int_0^{hv} f(z, \omega) \, \mathrm{d}z} \tag{6-62}$$

常用的垂直结构函数主要是指数分布结构函数(exponential profile)，指数分布结构函数中消光系数 σ_ω 与选取的极化状态有关。由于极化干涉系统中可以计算各个极化状态下相干系数，OV 模型只有 z_0、hv 两个未知数与极化状态无关，每个极化状态下的相干系数引入了两个观测值和一个未知量 σ_ω，反演也是可行的。

（3）随机体散射（RVOG）模型

电磁波在传播的过程中由于受到植被层的衰减，往往不容易穿透地表。RVOG 模型把植被下地表建模为不可穿透层。指定极化状态下获取的相干系数为：

$$\gamma(w) = \exp(i \cdot \beta_z z_0) \frac{\gamma_v + \mu(w)}{1 + \mu(w)} \tag{6-63}$$

RVOG 模型实质是 RV 模型+地表模型，模型中 γ_v 为 RV 模型中的植被层相干系数、$\mu(w)$ 为地表散射与体散射强度比（地体幅度比）。RVOG 表明：极化干涉相干系数变化主要是由地体幅度比引起的。在实际中，对于特定植被，RVOG 模型与 L 波段数据符合得较好（见图 6.69）。

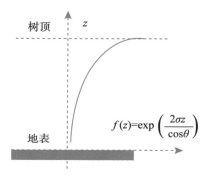

图 6.69　顾及植被下地形的 RVOG

RVOG 中植被结构函数任用指数分布。由于极化干涉系统中可以计算各个极化状态下相干系数，而 RV 模型有 z_0、σ、hv 三个未知数与极化状态无关，地体幅度比 $\mu(w)$ 受极化状态影响。由于每个极化状态下的相干系数引入了两个观测值和一个未知量 $\mu(w)$，反演是可行的。相比 RV、OV 模型，RVOG 模型由于考虑了植被下地形因素的影响，反演精度远远高于前面两种方法，是一种更为精细的植被下地形反演法。

3. 地形反演结果及分析

（1）模拟数据反演

北京理工大学雷达所模拟传感器与天线参数：载波中心频率 1.3GHz（L 波段）、方位向分辨率 0.7m、斜距分辨率 1m、平台飞行高度 4 500m、垂直基线 1m、水平基线 10m、影像中心入射角 45°，双天线极化干涉数据。如图 6.70 所示，场景为模拟的阔叶林与针叶林数据，植被平均高度为 10m，植被下地形水平。植被下土壤粗糙度与含水量适中、地表几乎水平（方位向坡度为 0.001%，距离向坡度为 0.001%）。

首先对数据进行相干系数的估计，对复相干系数进行分析。对模拟场景估计了 HV、HH−VV、HH+VV 的相干系数，如图 6.71 所示。从相干系数图中发现阔叶林相干系数略

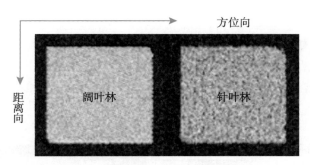

图 6.70 模拟场景 PAULIRGB 影像

低于针叶林,这主要由于针叶林叶面形状相对细长,具有更强的同质分布特性,具有更高的相干系数。

图 6.71 模拟场景相干系数影像

由于模拟场景相干性较高,相干系数均高于 0.85,模拟数据 RVOG 植被模型反演精度较高,模拟场景三维地形反演结果如图 6.72 所示。10m 植被高度条件下,绝对高程估计误差为 0.37m、相对误差为 0.27m,估计精度优于 90%。

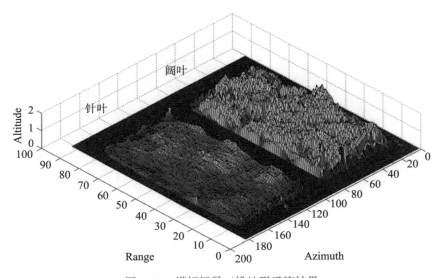

图 6.72 模拟场景三维地形反演结果

（2）ESAR 真实数据反演

对 ESAR 机载极化干涉数据进行实验，数据源为全极化数据，10m 干涉基线与 40 度入射角，主天线 PAULIRGB 影像如图 6.73 所示。测试地区位于 Oberpfaffenhofen，德国 DLR 附近。机载 ESAR 平台对 Oberpfaffenhofen 地区进行了成像，从可见光影像可看出：实验区地物种类丰富，包含机场跑道、植株覆盖范围较大的森林区域，一些矮小的农作物、裸地与居民地等。

图 6.73　Oberpfaffenhofen 地区 ESAR-PAULIRGB 影像与光学影像

Oberpfaffenhofen 地区地形相对平坦，本研究沿方位向进行了剖面分析，对整个区域与森林区域进行了高度反演，反演结果如图 6.74 所示。定量估计结果中，地形平均高度为 −0.1m～0.2m，较为平坦，且与实际情况相符。但估计的地形方差较大，在 2.3～5m 间浮动，见表 6-52。

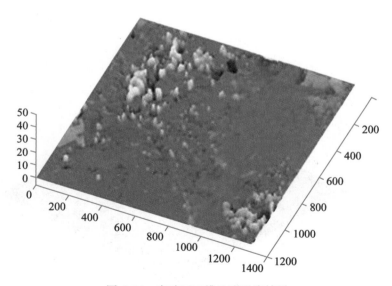

图 6.74　实验区三维地形反演结果

表 6-52   **RVOG 模型拟合直线求解地表高度统计信息**

	Mean（whole line）	SD（whole line）	Mean（forest part）	SD（forest part）
RVOG	−0. 130 0 m	2. 337 5 m	0. 260 4 m	5. 188 3 m

（本章作者：李德仁）

◎ 本章参考文献

［1］ Acharyya M, De R K, Kundu M K. Segmentation of remotely sensed images using wavelet features and their evaluation in soft computing framework ［J］. IEEE Transactions on Geoscience and Remote Sensing, 2003, 41（12）: 2900-2905.

［2］ Agenzia Spaziale Italiana, "COSMO-SkyMed SAR products handbook," ASI— Agenzia. Spaziale Italiana, Roma, Italy, http: //eopi. asi. it, May, 2007.

［3］ ASFhttp: //www. asf. alaska. edu/ , 2005.

［4］ Azevedo De L. Radar in the Amazon ［Z］. Ann Arbor: 1971: 101, 1275-1281.

［5］ Freeman A. Fitting a two components scattering model to polarimetric SAR data from forests ［J］. IEEE Transactions on Geoscience and Remote Sensing, 2007, 45（8）: 2583-2592.

［6］ Ulbricht A, Papathanassiou K P, Cloude S R. Polarimetric analysis of SAR-interferograms in L- and P-band ［J］. Geoscience and Remote Sensing Symposium Proceedings, 1998. IGARSS '98. 1998 IEEE International, 1998, 3: 1647-1649.

［7］ Bovolo F. A multilevel parcel-based approach to change detection in very high resolution multispectral images ［J］. IEEE Geoscience and Remote Sensing Letters, 2009, 6（1）: 33-37.

［8］ Bruzzone L, Carlin L. A multilevel context-based system for classification of very high spatial resolution images ［J］. IEEE Transactions on Geoscience and Remote Sensing, 2006, 44（9）: 2587-2600.

［9］ Burden R L, Faires J D. Numerical Analysis ［M］. C A: Brooks/Cole Publishing Company, 1997.

［10］ Benediktsson J A, Palmason J A, Sveinsson J R. Classification of hyperspectral data from urban areas based on extended morphological profiles ［J］. IEEE Transactions on Geoscience and Remote Sensing, 2005, 43（3）: 480-491.

［11］ Kampes B. Delft object-oriented radar interferometric software: Users manual and technical documentation ［J］. Delft University of Technology, Delft, 1999, 1.

［12］ Baltsavias E, Pateraki M, L. Zhang L. Radiometric and Geometric Evaluation of IKONOS Geo Images and Their Use for 3D Building Modeling ［J］. Proceedings of Joint ISPRS Workshop on High Resolution Mapping from Space, 2001, Hanover, （On CD-ROM）.

［13］ Borghys D, Perneel C. Combining multi-variate statistics and dempster-shafer theory for edge detection in multi-channel SAR images ［C］//Pattern Recognition and Image Analysis: First Iberian Conference, IbPRIA 2003, Puerto de Andratx, Mallorca, Spain, JUne 4-6, 2003. Proceedings 1. Springer Berlin Heidelberg, 2003: 97-107.

［14］ Borghys D, Lacroix V, Perneel C. Edge and line detection in polarimetric SAR images ［J］. Proceedings 16th International Conference on Pattern Recognition, 2002, 32 (1): 60-65.

［15］ Clive S. F, Mehdi Ravanbakhsh. Georeferencing Accuracy of GeoEye-1 Imagery ［J］. Photogrammetric Engineering and Remote Sensing, 2009, 6: 634-638.

［16］ Christodoulou C I, Michaelides S C, Pattichis C S. Multifeature texture analysis for the classification of clouds in satellite imagery ［J］. IEEE transactions on geoscience and remote sensing, 2003, 41 (11): 2662-2668.

［17］ Comaniciu, D, Meer, P. Mean shift: a robust approach toward feature space analysis ［J］. IEEE Transactions on Pattern Analysis and Machine Intelligence, 2002, 24 (5): 603-619.

［18］ Christoulas G, Tsagaris V. Anastassopoulos, V. Textural characterization from various representations of MERIS data ［J］. International Journal of Remote Sensing, 2007, 28 (3-4): 675-692.

［19］ Curlander J C, McDonough R N. Synthetic Aperture Radar-System and Signal Processing ［M］. New York: John Wiley & Sons, 1991.

［20］ Chen P H, Dowman I J. SAR image geocoding using a stereo-SAR DEM and automatically generated GCPs ［C］//International Archives of the Photogrammetry and Remote Sensing, Amsterdam, The Netherlands, 2000, 32: 38-45.

［21］ Chen P H, Dowman I J. Space intersection from ERS-1 synthetic aperture radar images ［J］. The Photogrammetric Record, 1996 (15): 561-573.

［22］ Chen P H, Dowman I J. A weighted least squares solution for space intersection of spaceborne stereo SAR data ［J］. IEEE Transactions on Geoscience and Remote Sensing, 2001 (39): 233-240.

［23］ Crandall C J. Radar mapping in Panama ［J］. Photogrammetric Engineering. 1969, 35 (4): 1062-1071.

［24］ Chanussot J, Mauris G, Lambert P.. Fuzzy fusion techniques for linear features detection in multitemporal SAR images ［J］. IEEE Transactions on Geoscience and Remote Sensing, 1999, 37 (3): 1292-1305.

［25］ Definiens Imaging, eCognition Professional User Guide 4, 2003, Munich, Germany. ［Online］. Available: http://www.definiens-imaging.com.

［26］ Delenne C, Durrieu S, Rabatel G, et al.. Textural approaches for vineyard detection and characterizing using very high spatial resolution remote sensing data ［J］. International Journal of Remote Sensing, 2008, 29 (4): 1153-1167.

［27］ Dell'Acqua F, Gamba P. Discriminating urban environments using multiscale texture and multiple SAR images [J]. International Journal of Remote Sensing, 2006, 27 (18-20): 3739-3812.

[28] Dell' Acqua F, Gamba P, Ferari A, et al.. Exploiting spectral and spatial information in hyperspectral urban data with high resolution [J]. IEEE Geoscience and Remote Sensing letters, 2004, 1 (4): 322-326.

[29] Durieux L, Kropacek J, Grandi G D, et al. Object-oriented and textural image classification of the Siberia GBFM radar mosaic combined with MERIS imagery for continental scale land cover mapping [J]. International Journal of Remote Sensing, 2007, 28 (18): 4175-4182.

[30] Dowman I J. The geometry of SAR images for geocoding and stereo applications [J]. International Journal of Remote Sensing, 1992, 13 (9): 1609-1617.

[31] Dowman I J. Chen P H. A rigorous stereo method for DEM generation from RADARSAT data [C]. in RADARSAT ADROSymp., Montreal, QC, Canada, 1998.

[32] Dowman I, Dolloff J. An evaluation of rational function for photogrammetric restitution. International Archives of Photogrammetry and Remote Sensing, Amsterdam, The Netherlands, July 16-23, (Amsterdam, The Netherlands: GITC), 2000, 33 (B3): 254-266.

[33] Tishampati D, Doug G, Menges C. Agricultural performance monitoring with dual-polarimetric terrasar-x imagery [C] //Radar Conference, 2009 IET.

[34] Elmqvist B, Ardo J, Olsson L. Land use studies in drylands: an evaluation of object-oriented classification of very high resolution panchromatic imagery [J]. International Journal of Remote Sensing, 2008, 29 (24): 7129-7140.

[35] Edwards E P, Sowter A, Smith M J. Evaluation of a Space Intersection Strategy for Use with Stereoscopic SAR Imagery over Developing countries [C] //Envisat & ERS Symposium, 2005.

[36] Pottier E, Lee J S. Unsupervised classification scheme of PolSAR images based on the complex Wishart distribution and the entropy alpha anisotropy Polarimetric decomposition theorem [C]. Proceedings of EUSAR 2000, Munich, Germany, 2000: 265-268.

[37] Fraser C S, Hanley H B, Yamakawa T. High precision geopositioning from Ikonos satellite imagery [C]. Proceedings ASPRS Annual Meeting, Washington DC. (on cdrom), 2002.

[38] Fukuda S, Hirosawa H. A wavelet-based texture feature set applied to classification of multifrequency polarimetric SAR images [J]. IEEE Transactions on Geoscience and Remote Sensing, 1999, 37 (5): 2282-2286.

[39] Fukunaga K. Introduction to Statistical Pattern Recognition [M]. second ed. Salt Lake City: Academic Press, 1990.

[40] Fukunaga K, Hostetler L D. The estimation of gradient of a density function, with applications in pattern recognition [J]. IEEE Transactions on Information Theory, 1975,

21（1）：32-40.

［41］ Fraser C S, Yamakawa T. Insights into the Affine Model for High-Resolution Satellite Sensor Orientation［J］. Photogrammetric Eng. & Remote Sensing, 2004, 58（5-6）：275-288.

［42］ Fraser C S, Hanley H B. Bias compensation in rational functions for IKONOS satellite imagery［J］. Photogrammetric Engineering & Remote Sensing, 2003, 69（1）：53-57.

［43］ Garestier F, Dubois-Fernandez P, Dupuis X, et al. PolInSAR analysis of X-band data over vegetated and urban areas［J］. Transactions on Geoscience and Remote Sensing, 2006（44）：356-364.

［44］ Gruen A. Potential and Limitations of High Resolution Satellite Imagery, Keynote Address［C］. 21st Asian Conference on Remote Sensing, Taipei, China, 2000.

［45］ Gitas I, Mitri G H, Ventura G. Object-based image classification for burned area mapping of Creus Cape, Spain, using NOAA-AVHRR imagery［J］. Remote Sensing of Environment, 2004, 92：409-413.

［46］ Zhu G R, Cartology［M］. Wuhan：Wuhan University Press, 2004.

［47］ Dial G J G. Block adjustment with rational polynomial camera models［C］// Proceedings of ASPRS Annual Meeting, Washington, DC, 2002, 22-26.

［48］ Dial G J. IKONOS accuracy without ground control［C］//Proceedings of ISPRS commission I symposium, Denver, USA, 2002b.

［49］ Gonçalves J. Orientation of SPOT Stereopairs with a SAR Image［Z］. Anchorage, Alaska：2003.

［50］ Gupta R, Hartley R I. Linear Pushbroom Cameras［J］. IEEE Transactions on Pattern Analysis and Machine Intelligence, 1997, 19（9）：963-975.

［51］ Goldstein R M, Zebker H A, Werner C L. Satellite radar interferometry：Two-dimensional phase unwrapping［J］. Radio Science, 1988, 23（4）：713-720.

［52］ Graham L C. Synthetic interferometric radar for topographic mapping［J］. Proc. of IEEE, 1974, 62：763-768.

［53］ Grodecki J, Dial G. Block adjustment of high resolution satellite images described by rational functions［J］. Photogrammetric Engineering & Remote Sensing, 2003, 69（1）：59-68.

［54］ Zhang G, Fei W B, Li Z, et al. Evaluation of the RPC model for spaceborne SAR imagery［J］. Photogrammetric Engineering & Remote Sensing, 2010, 76（6）：727-733.

［55］ Zhang G, Zhu X Y. A study of the RPC model of TerraSAR-X and COSMO-SkyMed SAR imagery［J］. The International Archives of the Photogrammetry, Remote Sensing and Spatial Information Sciences,（Beijing）, 37, Part B1.

［56］ Zhang G, Fei W B, Li Z, et al. Evaluation of the RPC Model as a Replacement for the Spaceborne InSAR Phase Equation［J］. The Photogrammetric Record, 2011, 26（135）：325-338.

［57］ Zhang G, Li Z. Geometric Model for High-Resolution SAR-GEC Images ［J］. International Journal of Image and Data Fusion, 2013, 4 (2): 159-170.

［58］ Zhang G, Qiang Q, Luo Y, et al. Application of rpc model in ortho-rectification of spaceborne sar imagery ［J］. Photogrammetric Record, 2012, 27 (137).

［59］ Zhang G, Li Z, Pan H B, et al. Orientation of Spaceborne SAR Stereo Pairs employing the RPC Adjustment Model ［J］. IEEE Transactions on Geoscience and Remote Sensing, 2011, 49 (7): 2782-2792.

［60］ Zhang G, Fei W B, Li Z, et al. Evaluation of the PRC Model for Spaceborne SAR Imagery ［J］. Photogrammetric Engineering & Remote Sensing, 2010, 76 (6): 727-733.

［61］ Zhang G, Zhu X Y. A Study of The RPC Model of TerraSAR-X and COSMO-SkyMed SAR Imagery ［J］. The International Archives of the Photogrammertry, Remote Sensing and Spatial Information Sciences, 37, Part B1, Beijing, China, pp321-324.

［62］ Zhang G, Yuan X X. On RPC Model of Satellite Imagery ［J］. Geo-spatial Information Science (Quarterly), 2006, 9 (4): 285-292.

［63］ Zhang G, Li D R, The Study on RPC Model of Satellite Imagery ［C］ // GIS in Asia: Think Global Act local——Asia GIS 2006 International Conference, 2009, 9-10 March, 1-13.

［64］ Germain O. , Refregier P. On the bias of the likelihood ratio edge detector for SAR images ［J］. IEEE Transactions on Geoscience and Remote Sensing, 2000, 38 (3): 1455-1457.

［65］ Guangyi Z, et al. Linear feature detection in polarimetric SAR images ［J］. IEEE Transactions on Geoscience and Remote Sensing, 2011, 49 (4): 1453-1463.

［66］ Guindon B, Adair M. Analytic Formation of Space-borne SAR ImageGeocoding and "Value-added" Products Using Digital Elevation Data ［J］. Canadian Journal of Remote Sensing, 1992, 18 (1): 4-12.

［67］ Vasible G, Philippe Ovarlez J, et al. Coherency matrix estimation of heterogeneous clutter in high resolution polarimetric SAR images ［J］. IEEE Trans. Geosci. RemoteSens. , 2010, 48 (4): 1809-1826.

［68］ Hay G J, Blaschke T, Marceau D J, et al. A comparison of three image-object methods for the multiscale analysis of landscape structure ［J］. ISPRS Journal of Photogrammetry and Remote Sensing, 2003, 57: 327-345.

［69］ Huang X, Zhang L, Li P. Classification andextraction of spatial features in urban areas using high resolution multispectral imagery ［J］. IEEE Geoscience and Remote Sensing letters, 2007, 4 (2): 260-264.

［70］ Habib A F, Morgan M, Jeong S. K, et al. Analysis of epipolar geometry in linear array scanner scenes ［J］. The Photogrammetric Record, 2005, 20 (109): 27-47.

［71］ Hae-Yeoun Lee, Park, W. , Epipolarity analysis for linear pushbroom imagery ［J］. International Symposium on Remote Sensing, 2001, 17: 593-598.

［72］ Yamada H, Okada H, Yamaguchi Y. Accuracy improvement of ESPRIT-based polarimetric

SAR interferometry for forest height estimation ［C］//Geoscience and Remote Sensing Symposium, IGARSS '05. Proceedings. 2005 IEEE International. 4077-4080, June 2005.

［73］Im J, Jensen J R, Tullis J A. Object-based change detection using correlation image analysis and image segmentation ［J］. International Journal of Remote Sensing, 2008, 1 （2）: 399-423.

［74］Jimenez L O, Rivera-Medina J L, Rodriguez-Diaz E, et al. Integration of spatial and spectral information by means of unsupervised extraction and classification for homogeneous objects applied to multispectral and hyperspectral data ［J］. IEEE Transactions on Geoscience and Remote Sensing, 2005, 43 （4）: 844-851.

［75］Curlander J C. Location of space-borne SAR image ［J］. IEEE Transaction on Geoscience and Remote Sensing, 1982, 20 （3）: 359-364.

［76］Curlander J C, McDonough R N. Synthetic Aperture Radar: System and Signal Processing ［M］. John Wiley & Sons, INC. 1991.

［77］Johnsen H, Lauknes L, Gunerussen T. Geocoding of Fast-Delivery ERS-1 SAR Image Mode Product Using DEM Data ［J］. International Journal of Remote Sensing, 1995, 16 （11）: 1957-1968.

［78］Japan Aerospace Exploration Agency, "ALOS Data Users Handbook," Rev. C, Earth Observation Research and Application Center Japan Aerospace Exploration Agency, Japan, http: //www. eorc. jaxa. jp/ALOS/en/doc/handbk. htm, March, 2008.

［79］Curlander J C. Location of space-borne SAR image ［J］. IEEE Transaction on Geoscience and Remote Sensing, 1982, 20 （3）: 359-364.

［80］Curlander J C, McDonough R N. Synthetic Aperture Radar: System and Signal Processing ［M］. John Wiley & Sons, INC. 1991.

［81］Grodechi J, Dial G. Block adjustment of high-resolution satellite images described by rational polynomials ［J］. Photogrammetric Engineering and Remote Sensing, 2003 （69）: 59-68.

［82］Johnsen, H., Lauknes L, Gunerussen T. Geocoding of Fast-Delivery ERS-1 SAR Image Mode Product Using DEM Data ［J］. International Journal of Remote Sensing, 1995, 16 （11）: 1957-1968.

［83］Lee J S, Grunes M R, Pottier E. Quantitative comparison of classification capability: Fully polarimetric versus dual and single polarization SAR ［J］. IEEE Transactions on Geo science and Remote Sensing, 2001, 39 （11）: 2343-2351.

［84］Lee J S, Ainsworth T. The effect of orientation angle compensation on coherency matrix and polarimetric target decompositions ［J］. Transactions on Geoscience and Remote Sensing, 2011, 49 （1）: 53-64.

［85］Lee J S, Ainsworth T L, Grunes M R. et al. Evaluation of multilook effect on entropy alpha anisotropy parameters of polarimetric target decomposition ［C］//Proceedings of IGARSS 2006.

[86] Lee J S, Ainsworth T L, et al. Evaluation and Bias Removal of Multi-look Effect on Entropy Alpha Anisotropy in Polarimetric SAR Decomposition [C] //Geoscience and Remote Sensing, IEEE Transactions on , 2008, 46 (10): 3039-3052.

[87] Karathanassi V, Topouzelis K, Pavlakis P, et al. An object-oriented methodology to detect oil spills [J]. International Journal of Remote Sensing, 2006, 27 (23): 5235-5251.

[88] Kettig R L, Landgrebe D A. Classification of multispectral image data by extraction and classification of homogeneous objects [J]. IEEE Transactions on Geoscience Electronics, 1976, 14 (1): 19-26.

[89] Konecny G, Schuhr W. Reliability of Radar Image Data [C]. The 16th ISPRS Congress, Tokyo, 1988, 2.

[90] Kobrick M, Leberl F, Raggam J. Radar stereo mapping with crossing flight lines [J]. Canadian Journal of Remote Sensing, 1986, 12 (9): 132-148.

[91] Kim T. A Study on the Epipolarity of Linear Pushbroom Images [J]. Photogrammetric Engineering and Remote Sensing, 2000, 66 (8): 961-966.

[92] Lu S, Oki K, Shimizu Y, et al. Comparison between several feature extraction/ classification methods for mapping complicated agricultural land use patches using airborne hyperspectral data [J]. International Journal of Remote Sensing, 2007, 28 (5): 963-984.

[93] Leberl F. Radargrammetry for Image Interpretation [R]. ITC Technical Report, 1978.

[94] LaPrade G. An analytical and experimental study of stereo for radar [J]. Photogrammetric Engineering, 1963, 29 (2): 294-300.

[95] Leberl F, Domik G, Raggam J, et al. Multiple incidence angle SIR-B experiment over Argentina: stereo-radargrammetric analsis [J]. IEEE Transcations on Geoscience and Remote Sensing, 1986, 24 (4): 482-491.

[96] Myint S W, Lam N, Tyler J. Wavelets for urban spatial feature discrimination: comparisons with fractal, spatial autocorrelation, and spatial co-occurrence approaches [J]. Photogrammetric Engineering and Remote Sensing, 2004, 70 (7): 803-812.

[97] Eineder M, Fritz T. (coord.). TerraSAR-X Ground Segment, SAR Basic Product Specification Document (TX-GS-DD-3302) [J]. Rev. 1.4, 2006, 10.

[98] MacDonald Dettwiler. RADARSAT-2 Product Format Definition, MacDonald, Dettwiler and Associates Ltd, Richmond, B. C. , Canada, http: //www. radarsat2. info/product/ new_prod_ov. asp, March, 2008.

[99] Morgan M, Kim K-O, Soo J et al. Epipolar Resampling of Space-borne Linear Array Scanner Scenes Using Parallel Projection [J]. Photogrammetric Engineering & Remote Sensing, 2006, 72 (11): 1255-1263.

[100] Mora O, Perez F, Pala V, Arbiol R. Development of a multiple adjustment processor for generation of DEMs over large areas using SAR data [J]. Geoscience and Remote Sensing Symposium, 2003. IGARSS '03. Proceedings, 2003, 4 (7): 2326-2328.

[101] Neumann M, Ferro-Famil L, Reigber A. Estimation of forest structure, ground, and canopy layer characteristics from multi-baseline polarimetric interferometric SAR data [J]. IEEE Trans. Geosci. Remote Sens. , 2010, 48 (3): 1086-1104.

[102] Hill M J, et al. Integration of optical and radar classification for mapping pasture type in Western Australia [J]. IEEE Transactions on Geoscience and Remote Sensing, 2005, 43 (7): 1665-1680.

[103] Greco M S, Gini F. Statistical analysis of high resolution SAR ground clutter data [J]. IEEE Trans. Geosci. RemoteSens. , 2007, 45 (3): 566-575.

[104] Schmidt N. et al. TerraSAR-X value added image products [J]. IEEE International Geoscience & Remote Sensing Symposium, 2007, 23 (7): 3938-3941.

[105] OGC (OpenGIS Consortium). The OpenGIS Abstract Specification, 1999, - Topic 7: The Earth Imagery Case, http: //www. opengis. org/ public/abstract/99-107. pdf.

[106] Ono T. Epipolar Resampling of High Resolution Satellite Imagery [J]. Joint Workshop of ISPRS WG I/1, I/3 and IV/4 on Sensors and Mapping from Space, Hanover, 1999.

[107] Ostrowski J A, Cheng P. DEM extraction from stereo SAR satellite imagery, Geoscience and Remote Sensing Symposium [C] //Proceedings IGARSS 2000, 2000 (5): 2176-2178.

[108] Hondt O D, López-Martínez C, Ferro-Famil L, et al. Spatially non stationary anisotropic texture analysis in SAR images [J]. IEEE Trans. Geosci. RemoteSens. , 2007, 45 (12): 3905-3918.

[109] Pagot E, Pesaresi M, Buda D, et al. Development of an object-oriented classification model using very high resolution satellite imagery for monitoring diamond mining activity [J]. International Journal of Remote Sensing, 2008, 29 (2): 499-512.

[110] Park N W, Chi K H. Quantitative assessment of landslide susceptibility using high-resolution remote sensing data and a generalized additive model [J]. International Journal of Remote Sensing, 2008, 29 (1): 247-264.

[111] Formont P, et al. "Statistical classification for heterogeneous polarimetric SAR images [J]. IEEE Journal of Selected Topics in Signal Processing, 2010, 5 (3): 567-576.

[112] Muhtar Q. An unsupervised classification method for polarimetric SAR images with a projection approach [C] //Geoscience and Remote Sensing Symposium, 2003. IGARSS'03. Proceedings, 2003 (7): 4471-4473.

[113] Raggam J. Untersuchungen unl Entwicklungen zur Stereooradargrammetrie [D]. Technical University Graz, 1985.

[114] Rosen P A, Hensley S, Joughin I R, et al, Synthetic Aperture Radar Interferometry [J]. Proceedings of the IEEE, 2000, 88 (3): 359-361.

[115] Sun W, Xu G, Gong P, et al. Fractal analysis of remotely sensed images: A review of methods and applications [J]. International Journal of Remote Sensing, 2006, 27 (22): 4963-4990.

[116] Schreier G, Kosmann D, Roth A. Design Aspects and Implementation of a System for Geocoding Satellite SAR-Images [J]. ISPRS Journal of Photogrammetry and Remote Sensing, 1990, 45 (1): 1-16.

[117] Song S Y, Sohn G H, Park H C. An Efficient 3-D Positioning Method from Satellite Synthetic Aperture Radar Images [J]. Heidelberg, Berlin: Springer, 2006. 533-540.

[118] Schreier G, Kosmann D, Roth A. Design Aspects and Implementation of a System for Geocoding Satellite SAR-Images [J]. ISPRS Journal of Photogrammetry and Remote Sensing, 1990, 45 (1): 1-16.

[119] Small D, Holecz F, Meier E, et al. Absolute Radiometric Correction in Rugged Terrain: a Plea for Integrated Radar Brightness [C] //Geoscience and Remote Sensing Symposium Proceedings, 1998, 1: 330-332.

[120] Saatchi S, Soares J. Mapping deforestation and land use in Amazon rainforest using SIR-C imagery [J]. Remote Sensing of Environment, 1997, 59 (2): 191-202.

[121] Cloude S R. Polarization Coherence Tomography [C] //Proceedings of 6th European SAR Conference, EUSAR 06, Dresden, May 2006.

[122] Tian B, Shaikh M A, Azimi-Sadjadi R, et al. A study of cloud classification with neural networks using spectral and textural features [J]. IEEE Transactions on Neural Networks, 1999, 10 (1): 138-151.

[123] Toutin T. State-of-the-art of elevation extraction from satellite SAR data [J]. ISPRS Journal of Photogrammetry & Remote Sensing, 2000, 55: 13-33.

[124] Tao C V, Hu Yong. A comprehensive study of the rational function model for photogrammetric processing [J]. Photogrammetric Engineering & Remote Sensing, 2001, 67 (12): 1347-1357.

[125] Toutin T. Opposite-side ERS-1 SAR stereo mapping over rolling topography [J]. IEEE Transactions on Geoscience and Remote Sensing, 1996, 34 (2): 80-88.

[126] Toutin T. Path Processing and Block Adjustment With RADARSAT-1 SAR Images [J]. IEEE Tansactions on Geoscience and Remote Sensing, 2003, 41 (10): 2320-2328.

[127] Toutin T. Stereo-mapping with SPOT-P and ERS-1 SAR images [J]. International Journal of Remote Sensing, 2000, 21 (8): 1657-1674.

[128] Thierry T, Chénier R, Yves C. Multi Sensor Block Adjustment [C] //IEEE International Geoscience & Remote Sensing Symposium. IEEE Xplore, 2003.

[129] Toutin T, Chénier R. 3-D Radargrammetric Modeling of RADARSAT-2 Ultrafine Mode: Preliminary Results of the Geometric Calibration [J]. IEEE Geoscience and Remote Sensing Letters, 2009, 6 (2).

[130] Theiss H J, Mikhail E M, 2005. An Attempt at Regularization of A SAR Pair to Aid in Stereo Viewing [C] //ASPRS 2005 Annual Conference (W0314_7010).

[131] Tao, C V, Hu Y. 3D Reconstruction Methods Based on the Rational Function Model [J]. Photogrammetric Engineering & Remote Sensing, 2002, 68 (7): 705-714.

［132］ Tao C V, Hu Y. Investigation of the Rational Function Model ［C］ //Proceedings of ASPRS Annual Convention, 2000, Washington D. C. (on CD-ROM).

［133］ Touzi R, Lopes A. Statistics of the stokes parameters and of the complex coherence parameters in One-Look and multilook speckle fields ［J］. IEEE Transactions on Geoscience and Remote Sensing, 1996, 34 (2): 519-531.

［134］ Thompson A R, Moran J M, Swenson G M. Interferometry and Synthesis in Radio Astronomy ［M］. New York: Wiley Interscience, 1986.

［135］ Toutin T. Review Paper: Geometric processing of remote sensing images: models, algorithms and methods ［J］. International Journal of Remote Sensing, 2003, 25 (10): 1893-1924.

［136］ Mette T, Papathanassiou K P, Hajnsek I. Biomass estimation from Polarimetric SAR interferometry over heterogeneous forest terrain ［C］ //Proc. IGARSS, Anchorage, AK, 2004, 1: 511-514.

［137］ Dhar T, Gray D, Menges C. Comparison of dual and full polarimetric entropy-alpha decomposition with terrasar-x suitability for use in classification ［C］ //Geoscience and Remote Sensing Symposium (IGARSS), 2011 IEEE International.

［138］ Walker J S, Blaschke T. Object-based land-cover classification for the Phoenix metropolitan area: optimization vs. transportability ［J］. International Journal of Remote Sensing, 2008, 29 (7): 2021-2040.

［139］ Wang L, Sousa W P, Gong P. Integration of object-based and pixel-based classification for mapping mangroves with IKONOS imagery ［J］. International Journal of Remote Sensing, 2004, 25 (24): 5655-5668.

［140］ Wang L, Sousa W, Gong P, et al. Comparison of IKONOS and QuickBird images for mapping mangrove species on the Caribbean coast of Panama ［J］. Remote Sensing of Environment, 2004, 91 (3-4): 432-440.

［141］ Wivell C E, Steinwand D R, Kelly G G, et al. Evaluation of Terrain Models for the Geocoding and Terrain Correction of Synthetic Aperture Radar (SAR) Images ［J］. IEEE Transactions on Geosciences and Remote Sensing, 1992, 30 (6): 1137-1144.

［142］ Xia Y, Kaufmann H, Guo X. Differential SAR interferometry using corner reflectors ［C］ //Geoscience and Remote Sensing Symposium, 2002. IGARSS'02. IEEE, 2002.

［143］ Xia Y, Kaufmann H, Guo X F. Landslide monitoring in the three Gorges area using D-INSAR and corner reflectors ［J］. Photogrammetric engineering and remote sensing. 2004, 70 (10): 1167-1172.

［144］ Qin X W, Zhang G, Li L, Chen J P. A New Method of Computation RPC Parameters for Satellite Imagery Based on Unbiased Estimator ［C］ //12th Conference of Int. Association for Mathematical Geology, 26-31 August, Beijing, China, 2007: 518-521. (ISTP: 000250473800132).

［145］ Yu Q, Gong P, Clinton N, et al. Object-based detailed vegetation classification with airborne high spatial resolution remote sensing imagery [J]. Photogrammetric Engineering and Remote Sensing, 2006, 72 (7): 799-811.

[146] Yamaguchi Y, et al. Four component scattering power decomposition with rotation of coherency matrix [J]. IEEE Trans. Geosci. RemoteSens., 2011, 49 (6): 2251-2258.

[147] Zhang L, Huang X, Huang B, Li P. A pixel shape index coupled with spectral information for classification of high spatial resolution remotely sensed imagery [J]. IEEE Transactions on Geoscience and Remote Sensing, 2006, 44 (10): 2950-2961.

[148] Zhao Y, Zhang L, Li P. Classification of high spatial resolution imagery using improved general Markov random field-based texture features [J]. IEEE Transactions on Geoscience Remote Sensing, 2007, 45 (5): 1458 -1468.

[149] Zhou Q, Troy A. An object-oriented approach for analyzing and characterizing urban landscape at the parcel level [J]. International Journal of Remote Sensing, 2008, 29 (11): 3119-3135.

[150] Zebker H A, Goldstein R M. Topographic mapping from interferometric synthetic aperture radar observations [J]. Journal of Geophysical Research, 1986, 91 (B5): 4993-4999.

[151] 薄树奎, 聂荣, 丁琳. 基于面向对象方法的遥感影像桥梁提取 [J]. 计算机工程与应用, 2008, 44 (26): 200-202.

[152] 陈阳, 陈映鹰, 林怡. 基于面向对象分类方法的遥感影像变化检测 [J]. 山东建筑大学学报, 2008, 23 (6): 515-520.

[153] 陈尔学. 星载合成孔径雷达影像正射校正方法研究 [D]. 北京: 中国林业科学研究院, 2005.

[154] 邓少平, 张继贤, 李平湘. 极化 SAR 影像边缘检测综述 [J]. 计算机工程与应用, 2011, 47 (22): 1-5.

[155] 胡芬, 王密, 李德仁, 等. 基于投影基准面的线阵推扫式卫星立体像对近似核线影像生成方法 [J]. 测绘学报, 2009, 38 (5).

[156] 胡芬. 三片非共线 TDI CCD 成像数据内视场拼接理论与算法研究 [D]. 武汉: 武汉大学, 2010.

[157] 胡进刚, 张晓东, 沈欣, 等. 一种面向对象的高分辨率影像道路提取方法 [J]. 遥感技术与应用, 2006, 21 (3): 184-188.

[158] 巩丹超, 张永生. 有理函数模型的解算与应用 [J]. 测绘学院学报, 2003, 20 (1): 39-42.

[159] 黄魁华, 张军. 局部统计活动轮廓模型的 SAR 图像海岸线检测 [J]. 遥感学报, 2011, 15 (4): 737-749.

[160] 黄建文, 鞠洪波, 赵峰, 等. 利用遥感进行退耕还林成活率及长势监测方法的研究 [J]. 遥感学报, 2007, 11 (6): 899-905.

[161] 金为铣. 摄影测量学 [M]. 武汉: 武汉大学出版社, 1996.

[162] 江万寿, 张剑清, 张祖勋. 三线阵 CCD 卫星影像的模拟研究 [J]. 武汉大学学报 (信息科学版), 2002, 27 (4): 414-419.

[163] 李厚强，刘政凯，林峰．基于分形理论的航空图像分类方法 [J]．遥感学报，2001，5（5）：353-357.

[164] 李敏，崔世勇，李成名，等．面向对象的高分辨率遥感影像信息提取——以耕地提取为例 [J]．遥感信息，2008，6：63-67.

[165] 李禹，刘军，计科峰，等．高分辨率 SAR 图像机动目标纹理特征提取与分析 [J]．电子与信息学报，2008，30（12）：2809-2812.

[166] 李德仁，郑肇葆．解析摄影测量 [M]．北京：测绘出版社，1992.

[167] 刘文宝．矿图手工数字化位置数据系统误差的控制 [J]．煤炭学报，1998，23（4）：443-447.

[168] 廖明生，林珲．雷达干涉测量——原理与信号处理基础 [M]．北京：测绘出版社，2003.

[169] 秦绪文．基于拓展 RPC 模型的多源卫星遥感影像几何处理 [D]．北京：中国地质大学，2006.

[170] 秦绪文，李丽，张过．多传感器卫星遥感影像无控制点区域网平差 [J]．辽宁工程技术大学学报，2007，26（2）：187-189.

[171] 秦绪文，张过，李丽．SAR 影像的 RPC 模型参数求解算法研究 [J]．成都理工大学学报（自然科学版），2006，22（4）：349-355.

[172] 乔程，骆剑承，吴泉源，等．面向对象的高分辨率影像城市建筑物提取 [J]．地理与地理信息科学，2008，24（5）：36-39.

[173] 苏伟，李京，陈云浩，等．基于多尺度影像分割的面向对象城市土地覆被分类研究——以马来西亚吉隆坡市城市中心区为例 [J]．遥感学报，2007，11（4）：521-530.

[174] 孙晓霞，张继贤，刘正军．利用面向对象的分类方法从 IKONOS 全色影像中提取河流和道路 [J]．测绘科学，2006，31（1）：61-62.

[175] 唐海蓉，向茂生，朱敏慧．Landsat7 图象系统级几何校正算法研究 [J]．中国图象图形学报，2003，8（9）：1008-1014.

[176] 王慕华，张继贤，李海涛，等．基于区域特征的高分辨率遥感影像变化检测研究 [J]．测绘科学，2009，34（1）：92-94.

[177] 王新洲，刘丁酉，张前勇，等．谱修正迭代法及其在测量数据处理中的应用 [J]．黑龙江工程学院学报，2001，15（2）：3-6.

[178] 肖国超，朱彩英．雷达摄影测量 [M]．北京：地震出版社，2001.

[179] 杨淑媛，王敏，焦李成．基于混合遗传算法的 SAR 图像边缘检测 [J]．红外技术，2005（1）：53-56.

[180] 杨杰．星载 SAR 影像定位和从星载 InSAR 影像自动提取高程信息的研究 [D]．武汉：武汉大学，2004.

[181] 叶新魁，文贡坚，王继阳，等．基于零高程点的卫星影像核线确定方法 [J]．测绘信息与工程，2009，34（2）：28-31.

[182] 祝小勇．基于 RPC 的星载 SAR 影像几何纠正 [D]．武汉：武汉大学，2008.

[183] 张秀英，杨敏华，刘常娟，等. 面向对象遥感分类技术在第二次土地调查中的应用 [J]. 遥感信息，2008，3：77-80.

[184] 张永军，丁亚洲. 基于有理多项式系数的线阵卫星近似核线影像的生成 [J]. 武汉大学学报（信息科学版），2009，34（9）：1068-1071.

[185] 张过. 缺少控制点的高分辨率卫星遥感影像几何纠正 [D]. 武汉：武汉大学，2005.

[186] 张祖勋，周月琴. 用拟合法进行 SPOT 影像的近似核线排列 [J]. 武汉测绘科技大学学报，1989，14（2）：20-25.

[187] 张祖勋，张剑清. 数字摄影测量学 [M]. 武汉：武汉大学出版社，2001.

[188] 张过，墙强，祝小勇，等. 基于影像模拟的星载 SAR 影像正射纠正 [J]. 测绘学报，2010，31（6）：554-560.

[189] 张过，潘红播，江万寿. 基于 RPC 模型的线阵卫星影像核线排列以及核线几何关系重建 [J]. 国土资源遥感，2010，81（4）：32-34.

[190] 张过，费文波，李贞，等. RPC 对星载 SAR 严密成像几何模型的可替代性分析 [J]. 测绘学报，2010，39（3）：264-270.

[191] 张过，祝彦敏，费文波，等. 高分辨 SAR-GEC 影像严密成像几何模型及其应用研究 [J]. 测绘通报，2009，5：12-15.

[192] 张过，李德仁，秦绪文，等. 基于 RPC 模型的高分辨率 SAR 影像正射纠正 [J]. 遥感学报，2008，12（6）：942-948.

[193] 张过，李德仁. 卫星遥感影像 RPC 参数求解算法研究 [J]. 中国图象图形学报，2007，12（12）：2080-2088.

[194] 谌华. CRInSAR 大气校正模型研究及其初步应用 [D]. 北京：中国地震局，2006.

[195] 赵凌君，贾承丽，匡纲要. SAR 图像边缘检测方法综述 [J]. 中国图象图形学报，2007，12（12）：2042-2049.

[196] 赵宇鸾，林爱文. 基于面向对象和多尺度影像分割技术的城市用地分类研究——以武汉市城市中心区为例 [J]. 国土资源科技管理，2008，25（5）：90-95.

第 7 章　精密与特种工程测量

精密与特种工程测量是从 20 世纪 50 年代，随着美国、苏联等国开始兴建核物理、航天等特种工程，为解决巨型设备的安装、定位、安全监测等测量难点而逐步发展起来的。由于当时我国的经济实力比较弱，国民经济处于百废待兴状态，国家没有经济实力建设像粒子加速器这样的大型特种工程，所以我国的精密与特种工程测量是从水利大坝变形监测等需求中逐步发展起来的。该方向作为工程测量方向的研究热点，起始于 20 世纪 80 年代。而该技术真正为人们所认识及重视，是在测量工作者成功完成北京正负电子对撞机的精密安装之后。精密与特种工程测量技术的普遍应用，则是近 20 年来，国家大型、特异工程的需求，如国家大剧院工程、FAST 天文望远镜工程、高铁工程等，这些工程的需求极大地推动了精密与特种工程测量技术的发展，使得我国成为精密工程测量应用的主战场[1]。

本章首先回顾精密与特种工程测量的发展历程，给出精密与特种工程测量的定义，分析精密与特种工程测量的特点及应用范围；第二部分为精密与特种工程测量的常用设备，主要介绍应用于精密与特种工程测量的最新的测量仪器性能及技术指标；第三部分为精密与特种工程测量的数据处理理论，主要介绍测量误差理论、误差分配理论、可靠性理论、不确定度及数据处理等；第四部分为精密与特种工程测量的应用，介绍了粒子加速器安装测量、FAST 发射面变位测量及馈源仓跟踪测量、国家体育场安装数字化测量与三维建模、飞机制造中的测量技术、港珠澳大桥高精度测量基准建立与沉管安装测量、高铁工程 CP Ⅲ测量及轨道检测技术、核电站核壳裂缝检测技术等。

通过本章的学习，使读者了解精密与特种工程测量的发展历程以及最新的测量设备的性能；掌握精密与特种工程测量的概念及数据处理理论；从具体案例的学习中，初步掌握测量的技术手段和方法，并在今后类似工程中能加以借鉴。

7.1　精密与特种工程测量的概述

20 世纪 50 年代，美国、苏联等国开始兴建核物理、航天等特种工程，为解决巨型设备的安装、定位、安全监测等测量难点，发展了一种微型大地测量（Micro-Geodesy），以近距离内实现特高精度的测量为特色。由于特种工程的设计新奇、结构复杂，对精密测量的特殊要求层出不穷，因而出现特种测量（Special Survey），以针对性地提出特殊措施来解决具体问题为特点[2]。

精密与特种工程测量是指以毫米级或更高精度进行的服务于特种工程的工程测量技术。重要的科学试验和复杂的大型工程，如高能加速器、高速铁路、飞机制造、大型的卫星天线、大型的水利大坝、跨海大桥等都属于特种工程，与常规的建设工程相比，这些工程建设中的某些环节(如设备的安装、检测等)对测量的精度要求高、实时性强，甚至常规的测量仪器和方法都无法满足工程的需要，常需设计和制造一些专用的仪器和工具，采用特殊的作业手段去完成。计量、激光、电子计算机、摄影测量、电子测量技术以及自动化技术等也已应用于精密与特种工程测量工作。

精密与特种工程测量的最大特点是测量精度要求很高。精度这一概念包含的意义很广，分为相对精度和绝对精度。相对精度又有两种，一种是一个观测量的精度与该观测量的比值，比值越小，相对精度越高，如边长的相对精度。但比值与观测量及其精度这两个量都有关，同样比例是1∶1 000 000，观测量是10m和10km时，精度分别为0.01mm和10mm，故有可比性较差的缺点。另一种是一点相对于另一点，特别是邻近点的精度，这种相对精度与基准无关，便于比较，是安装与检测测量中常用的精度评定方法。绝对精度也有两种，一种是指一个观测量相对于其真值的精度，这一精度指标应用最多。由于真值难求，通常用其最或是值代替。另一种是指一点相对于基准点的精度，该精度与基准有关，并且只能在相同基准下比较。

精密与特种工程测量的应用领域主要包括：

①科学工程，如高能粒子加速度工程、FAST工程中设备的安装与检测；

②军事工程，如火箭发射架安装标定、大型雷达天线的检测等；

③交通工程，如高速铁路轨道的安装检测，超长隧道的洞内控制网布设，水下沉管的施工放样等；

④水利工程，如大坝的变形监测、水轮机及大型闸门的安装、超长引水涵洞的施工放样等；

⑤大型、特异建筑工程，如高耸建筑物的垂直度检测及周日变化监测、异性预制构件的施工放样、重点部位的变形监测；

⑥大型制造业，如大飞机制造中部件的安装及外形检测、自动化生产线产品外形质量检测、大型设备的安装等；

⑦核电工程，如核岛筏基沉降监测、大型设备的安装、核安全壳内外观缺陷检测、装料机垂直度圆度检测、燃料组件伸长量测量等；

⑧其他行业，如古文物测量、古建筑复原、逆向工程等。

7.2 精密与特种工程测量的常用设备

在精密工程测量仪器方面，多传感器集成测绘系统、激光跟踪仪、激光扫描仪、测量机器人、各种高精度GPS接收机、电子全站仪、水准仪以及各种专用测量仪器，为精密测绘提供了技术保障。

7.2.1 激光跟踪仪

1. 概述

激光跟踪测量系统(Laser Tracker System)是工业测量系统中一种高精度的大尺寸测量

仪器。它集合了激光干涉测距技术、光电探测技术、精密机械技术、计算机及控制技术、现代数值计算理论等各种先进技术,对空间运动目标进行跟踪并实时测量目标的空间三维坐标。它具有高精度、高效率、实时跟踪测量、安装快捷、操作简便等特点,适用于大尺寸工件配装测量。

激光跟踪测量系统是由激光跟踪头(跟踪仪)、控制器、用户计算机、测量附件(包括目标靶球、手持无线测头和扫描测头)等组成。

目前世界上主流的激光跟踪仪生产厂商包括徕卡、API 和法如等。其中以徕卡的市场份额居多,拥有全球 1 600 多台的装机量。

2. 激光跟踪测量系统原理

激光跟踪测量系统的基本原理是在目标点上安置一个反射器,跟踪头发出的激光射到反射器上,又返回到跟踪头,当目标移动时,跟踪头调整方向来对准目标。同时,返回光束为检测系统所接收,用来测算目标的空间位置。

激光跟踪测量系统本质上是一种球坐标测量系统(图 7.1)。它测量目标点的距离及水平和竖直方向的偏转角,从而得到以跟踪仪测量中心为原点的目标点空间三维坐标。

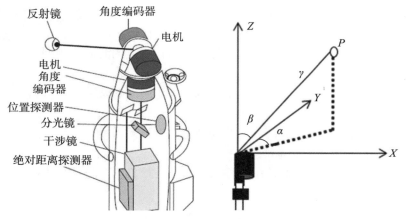

图 7.1　激光跟踪测量系统原理

其中,测距系统由绝对测距仪 ADM 和干涉测距仪 IFM 组成。测量前,目标靶镜安置于目标点中,绝对测距仪测得基准距离。测量时,激光光束由激光器发出,通过光束准直和扩束后被分光镜分为两路,一路光射向固定反光镜后反射回来,另一路光射向目标靶镜反射回来,两路反射回来的光束在分光镜上会合从而产生干涉条纹。当目标靶镜移动时,分光镜上的干涉条纹发生变化,此时接收器中的光电转换元件和电路将变化的干涉条纹转换为电脉冲信号,电脉冲信号经过校正、放大后输入计数器中计算得到总脉冲数,通过计算机计算出目标靶镜相对于基准距离的位移量,即得到目标靶镜到跟踪仪测量中心的空间距离。

测角系统一般采用圆光栅测角系统。该系统具有分辨率高、动态精度高、抗干扰信号能力强等优点。圆光栅测角系统主要包括圆光栅环、耦合器、读数头、细分盒和计数器等。光栅度盘是利用在度盘表面上一个圆环内刻有许多均匀分布的透明和不透明等宽度间隔的辐射状光栅线进行测角。将密度相同的两块光栅重叠，将它们的刻线相互倾斜一个很小的角度，这时会产生明暗相间的条纹(莫尔条纹)，夹角越小，条纹越粗，条纹的亮度按正弦周期性变化。若发光管、指示光栅、光电管的位置固定，当度盘随照准部转动时，发光管发出的光信号通过莫尔条纹落到光电管上，度盘每转动一条光栅，莫尔条纹移动一周期，莫尔条纹的光信号强度变化一周期，光电管输出的电流也变化一周期。在照准目标的过程中，仪器的接收元件可累计出条纹的移动量，从而测出光栅的移动量，经转换得到角度值。

由于激光跟踪仪是利用激光测距，所以测距精度很高，但角度编码器随着距离的加大而产生的位置误差亦很大，所以跟踪仪本身主要是角度误差。激光本身受大气温度、压力、湿度及气流流动的影响，所以大气参数的补偿对此仪器的正常使用十分关键。

3. 激光跟踪仪技术性能介绍

经过几十年的发展，激光跟踪仪集成了众多新技术，不仅性能获得了极大的提升，而且在功能及应用领域上获得了拓展。20世纪90年代后期，激光跟踪仪在保留激光干涉测距功能的前提下，融入了高精度绝对距离测量技术，使跟踪仪的跟踪速度更快、操作更方便。21世纪初，激光跟踪仪凭借良好的工业现场和环境适应能力、内部电池供电的优势，可在各种恶劣的工作条件下实现高精度的三维测量。同时，因其高度集成了测量所需的附件，包括预览相机、水平仪、环境检测仪及远程遥控器等，并融合了无线通信技术，激光跟踪仪的便携性能进一步提升。此外，激光跟踪仪还引入了目标自动锁定技术，可自动识别反射靶球并锁定光束，无须操作者手动寻找光束、掌握不断光的情况下进行操作，使跟踪仪的操作更简单。

目前，随着绝对干涉技术的深入发展，激光跟踪仪在保留上述优势外，成功将绝对干涉技术应用于跟踪测量。绝对干涉仪同时拥有传统干涉仪快速测量以及绝对测距仪精度高的优点，使激光跟踪仪能够实现1000点/秒的速度，快速高精度测量。同时，采用了最新一代的自动目标锁定技术，除了在原有基础上实现光束自锁定，还可在测量过程中完成断光续接，无须重新开始测量，且该重建过程的测量不确定度可达到10μm。

同时，随着靶球及测头的技术革新，如不同规格的工具球、手持无线测头(探针)、扫描测头等，激光跟踪仪可实现诸如空间六自由度及隐藏特征的测量，极大拓展了激光跟踪仪的功能及应用领域(表7-1)。

表7-1　　　　　　　　　　**几种常见的激光跟踪仪型号及其技术参数**

特性	指标	Leica AT960	FARO Vantage	API Radian
绝对测距	精度	10μm	16μm+0.8μm/m	10μm 或 0.7μm/m 取大
	分辨力	0.1μm	0.5μm	0.1μm
角度测量	精度	15μm+6μm/m	20μm+5μm/m	3.5μm/m
	分辨力	0.01″	0.02″	0.018″

续表

特性	指标	Leica AT960	FARO Vantage	API Radian
坐标测量	精度	15μm+6μm/m	16μm+0.8μm/m	5μm/m
	单点重复性	/	8μm	/
干涉测距	精度	0.5μm/m	/	0.5μm/m
	分辨力	/	/	0.08μm
跟踪性能	工作范围	160m	80m	160m
	水平范围	±360°	±360°	±320°
	垂直范围	145°	−52.1°~+77.9°	−59°~+79°
	速度	180°/s	(180°/s)25m/s	(180°/s)6m/s
	加速度	360°/s^2	360°/s^2(30m/s^2)	180°/s^{2}2g
外形	主机尺寸	258mm×477mm	224mm×416mm	177mm×177mm×355mm
	主机重量	13.8kg	12.6kg	9kg
	控制器重量	1.65kg	4.8kg	3.2kg

4. 激光跟踪仪主要测量附件

激光跟踪仪有目标靶球、手持无线测头、手持式三维激光扫描测头等三种重要的测量附件。

1）目标靶球

激光跟踪仪的目标靶球一般有猫眼反射器(CER)、角隅棱镜反射器(CCR)、玻璃棱镜反射球(TBR)和防摔反射球(BRR)等几种类型(表 7-2)，目前使用比较多的是角隅棱镜反射球(CCR)，由三面互相垂直的角锥棱镜组成，如图 7.2 所示。

图 7.2　角隅棱镜反射器(CCR)

表 7-2 几种常用的目标靶球及其技术参数

目标靶球型号	入射角范围（°）	靶球半径（mm）	球形偏差（mm）	光学中心偏误差（mm）
猫眼反射器（CER）	±60	6.35	<0.01	<0.01
角隅棱镜反射器（CCR）	±30	6.35	<0.0015	<0.006
红领反射球（RRR）	±30	19.05	<0.0015	<0.006
玻璃棱镜反射球（TBR）	±20	6.35	<0.003	<0.01
防摔反射球（BRR）	±30	6.35	<0.0015	<0.01

激光跟踪仪在测量目标靶球时，理论上，目标靶球的中心与球面任意点之间的空间距离等于球半径 R，激光的入射角也会对测距带来误差。该项误差主要是指目标靶球的结构加工误差，主要包括靶球外形球形度误差、光学中心偏移误差和反射面夹角误差。靶球外形球形度误差主要是制造时的标准度和使用过程中磨损造成的，一般为微米级；光学中心偏移误差指球体的中心和激光反射中心不重合；反射面夹角误差指三面角锥棱镜不能严格地两两垂直。

2）手持无线测头

手持无线测头通过探针测量常规目标靶球无法测量到的隐藏点或难以测量点，常常应用于设备内部结构的测量。以徕卡手持无线测头 T-Probe 为例，其主要由底座、工具反射棱镜（Tooling Ball Reflector，TBR）、六自由度指示灯、姿态二极管和探针等部分组成，如图 7.3 所示。

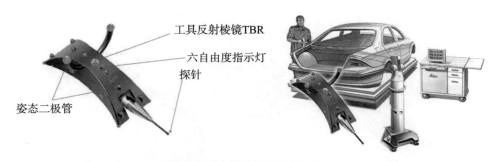

图 7.3 徕卡手持无线测头 T-Probe

T-Probe 的独立坐标系定义如下：工具反射棱镜 TBR 为坐标系原点，工具反射棱镜 TBR 指向探针方向的二极管为 Y 轴，垂直指向右侧二极管的方向为 X 轴，按照右手系的定义确定 Z 轴。

T-Probe 在测头中心放置了反射镜，可由激光跟踪仪给出测头中心的坐标。同时按一定的阵列分布了 10 个红外发光二极管，由跟踪仪内置的 T-Cam 数字照相机系统捕捉红外图像，解算出 T-Probe 的 6 个位姿参数（x，y，z，俯仰，摇摆，自转），进而根据给定的参数计算出测头探针针头中心的坐标。其配合激光跟踪仪的最大测量范围可达 30m。在 8.5m 范围内，空间长度测量误差不超过 60μm。

　　T-Probe 采用加长探针，用户可以根据测量需要组合探针和加长杆，包括 100mm、200mm 以及更长的探针，其具有自动测头识别功能，更换测头后能自动识别，而无须重新校验。徕卡手持天线测头 T-Probe 的技术参数如表 7-3 所示。

表 7-3　　　　　　　　　　　　　　**徕卡 T-Probe 技术参数**

最大测量范围	30m
水平方向	360°
垂直方向	±45°
俯仰方向	±45°
角摆方向	±45°
配备标准探针和电池的重量	670g

　　3）扫描测头

　　手持式三维激光扫描测头一般用于物体建模、物体重构等逆向工程。以徕卡产品 T-Scan（图 7.4、表 7-4）为例，它同样在测头中心放置了反射镜，可由激光跟踪仪给出测头中心的坐标。同时按一定的阵列分布了 9 个红外发光二极管，由跟踪仪内置的 T-Cam 数字照相机系统捕捉红外图像，解算出 T-Scan 的 6 个位姿参数，进而可将扫描得到的三维信息转换到激光跟踪仪的坐标系内。T-Scan 对环境照明条件不敏感，可以和激光跟踪仪无缝配合进行点云扫描，从黑色到高反光表面，甚至是没有任何特殊处理的碳纤维表面，均可测量，可以自动识别任何表面类型或细微的颜色差异，而无须对表面进行任何处理。

图 7.4　徕卡扫描测头 T-Scan

表 7-4　　　　　　　　　　　　　　**徕卡 T-Scan 5 技术参数**

最大测量范围	50m
扫描速度	160 线/秒
采样率	210 000 点/秒

续表

扫描精度	60μm
水平方向	360°
垂直方向	±45°
俯仰方向	±45°
角摆方向	±45°
重量	1 080g

7.2.2 测量机器人

1. 概述

测量机器人又称自动全站仪,是一种集自动目标识别、自动照准、自动测角与测距、自动目标跟踪、自动记录于一体的测量平台。

它的技术组成包括坐标系统、操纵器、换能器、计算机和控制器、闭路控制传感器、决定制作、目标捕获和集成传感器八大部分。坐标系统为球面坐标系统,望远镜能绕仪器的纵轴和横轴旋转,在水平面360°、竖面180°范围内寻找目标;操纵器的作用是控制机器人的转动;换能器可将电能转化为机械能以驱动步进马达运动;计算机和控制器的功能是从设计开始到终止操纵系统、存储观测数据并与其他系统接口,控制方式多采用连续路径或点到点的伺服控制系统;闭路控制传感器将反馈信号传送给操纵器和控制器,以进行跟踪测量或精密定位;决定制作主要用于发现目标,如采用模拟人识别图像的方法(称试探分析)或对目标局部特征分析的方法(称句法分析)进行影像匹配;目标获取用于精确地照准目标,常采用开窗法、阈值法、区域分割法、回光信号最强法以及方形螺旋式扫描法等;集成传感器包括采用距离、角度、温度、气压等传感器获取各种观测值。由影像传感器构成的视频成像系统通过影像生成、影像获取和影像处理,在计算机和控制器的操纵下实现自动跟踪和精确照准目标,从而获取物体或物体某部分的长度、厚度、宽度、方位、2维和3维坐标等信息,进而得到物体的形态及其随时间的变化。

2. 基本原理

测量机器人不仅提供角度,而且还提供距离。如图7.5所示,假定全站仪中心为坐标原点,从一台全站仪 A 出发,先瞄准后视点(也就是确定坐标轴方向),测量目标点 P 的空间斜距 S、水平角 α 和垂直角 β,则 P 点的三维坐标为

$$X_P = S \cdot \cos\alpha \cdot \cos\beta$$
$$Y_P = S \cdot \sin\alpha \cdot \cos\beta \tag{7-1}$$
$$Z_P = S \cdot \sin\beta$$

不同测量机器人之间除了测角精度、测距精度不同外,还有其他功能的区别,如马达驱动、操作界面、系统与应用软件、自动照准、无棱镜测量等方面。一般而言,目前高精

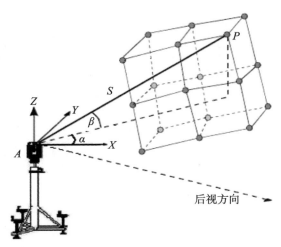

图 7.5　极坐标测量原理

度全站仪的方向测量精度可以达到 0.5″~1″，测距精度在±(0.6~1)mm。在用测量机器人实际测量物体表面点时，作为合作目标，在待测位置一般放置小棱镜、猫眼棱镜或者是反射膜片。极少情况下，直接利用物体自然表面测量。

3. 自动目标识别原理与测量过程

1）目标识别原理

在测量机器人望远镜里面，安装了一个 CCD，如图 7.6 所示。工作时，发射二极管（CCD 光源）发射一束红外激光，通过光学部件被同轴地投影在望远镜轴上，从物镜口发射出去，由测距反射棱镜进行反射，望远镜里专用分光镜将反射回来的 ATR 光束与可见光、测距光束分离出来，引导 ATR 光束至 CCD 阵列上，形成光点，其位置以 CCD 阵列的中心作为参考点来精确地确定。

CCD 阵列将接收到的光信号转换成相应的影像，通过图像处理计算出图像的中心。图像的中心就是棱镜的中心。假如 CCD 阵列的中心与望远镜光轴的调整是正确的，ATR方式测得的水平方向和垂直角可从 CCD 阵列上图像的位置直接计算出来。

2）测量过程

①搜索：首先手动给出概略位置，启动 ATR 后，全站仪以螺旋扫描的方式搜索目标［图 7.6(a)］。当发现目标以后，计算出十字丝中心与返回图像中心的偏移值［图 7.6(c)］，给出改正后的水平、垂直角度读数。偏移值控制全站仪马达又一次驱使望远镜转动，使其更加接近正确的角度值位置。

②照准：当全站仪驱使望远镜不断接近棱镜的中心，当偏离值小于允许的限差时，全站仪再次测量图像中心对十字丝中心的偏离值，产生最后的水平和垂直角度测量值，同时保证了最高的测距精度。

③记录与计算：根据最后的角度和距离值，计算三维坐标，并将所有测量数据存储。

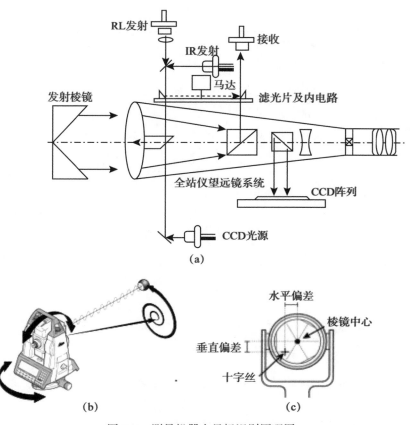

图 7.6 测量机器人目标识别原理图

4. 主要产品

常见的测量机器人生产厂商主要包括 Leica、Trimble、Topcon 等(图 7.7、表 7-5)。

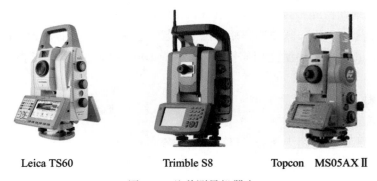

图 7.7 几种测量机器人

表 7-5 　　　　　　　　　　　　几种测量机器人型号及其技术参数

特性	指标	Leica TS60	Trimble S8	Topcon MS05AXⅡ
测距	精度(棱镜)	0.6mm+1ppm	1mm+1ppm	0.8mm+1ppm
	单次测量时间	2.4s(典型)	2s(标准)	0.9s(首次1.5s)
	单棱镜测程	1.5~3 500m	1.5~3 000m	1.3~3 500m
角度测量	精度	0.5″	0.5″	0.5″
	分辨力	0.1″	0.1″	0.1″
马达	转速	最大180°/s	最大115°/s	最大85°/s
	换面时间	典型2.9s	—	—
自动照准(ATR)	圆棱镜	1 500m		1 000m
	360°棱镜	1 000m		600m
	测角精度	0.5″		1″

注：1ppm=1×10⁶。

7.2.3　三维激光扫描仪

1. 概述

三维激光扫描技术是 20 世纪 90 年代中期开始出现的一项高新技术，是继 GPS 空间定位系统之后又一项测绘技术新突破。它通过高速激光扫描测量的方法，大面积、高分辨率地快速获取被测对象表面的三维坐标等数据。可以快速、大量地采集空间点位信息，为快速建立物体的三维影像模型提供了一种全新的技术手段。其具有快速性，不接触性，实时、动态、主动性，高密度、高精度，数字化、自动化等特性。

对激光扫描仪的分类方法有多种，若按照维度分类，可以分为二维激光扫描仪(如德国的 SICK 激光扫描仪)和三维激光扫描仪。若按照平台分类，可以分为手持激光扫描仪(如加拿大的)、地面激光扫描仪、车载激光扫描仪和机载激光扫描仪等。若按照测距原理分类，可以分为三角法、脉冲法和相位法。若按照测程分类，可以分为短距离激光扫描仪(测程小于 10m)、中距离激光扫描仪(测程小于 100m)和长距离激光扫描仪(测程大于 100m)。

2. 测量原理

1)脉冲型激光测距

脉冲型激光测距是利用激光器对目标发射很窄的激光脉冲，根据光脉冲到达目标并由目标返回到接收机的时间计算目标的距离。

$$S = \frac{c\Delta t}{2} \tag{7-2}$$

式中，S 为目标的距离，c 为光传播的速度，Δt 为光往返的时间。

这种靠漫反射的测距方式的范围可以达到几百米到千米。但距离测量的频率慢(一般小于 1 万点/秒),点的精度相对较低(毫米到厘米级)。因此,一些远程扫描仪都采用这种方式,主要用于土木建筑、滑坡灾害监测等测量,如 Mensi、Riegl 的产品。

2)相位型激光测距

相位型激光测距是通过强制调制的连续光波在往返传播过程中的相位的变化来测量光束的往返传播时间,其计算公式如下:

$$\Delta t = \frac{\phi}{2\pi f} \tag{7-3}$$

式中,Δt 为光往返的时间(s),ϕ 为调制光波的相位变化量(rad),f 为调制频率(Hz)。

光的往返传播时间得到后,目标至参考点的距离可由下式求得:

$$S = \frac{c\Delta t}{2} = \frac{c}{2} \times \frac{\Phi}{2\pi f} = \left(\frac{\lambda}{2}\right) \times \left(\frac{\Phi}{2\pi}\right) \tag{7-4}$$

式中,S 为目标至参考点距离(m),c 为光波传播速度(m/s),λ 为调制光波波长(m)。

相位位移是以 2π 为周期变化的,因此有:

$$\Phi = (N + \Delta n) \cdot 2\pi \tag{7-5}$$

式中,N 为相位变化整周期数,Δn 为相位变化非整周期数。

由以上两式可知:

$$S = \left(\frac{\lambda}{2}\right) \cdot (N + \Delta n) \tag{7-6}$$

上式表明,只要测出发射和接收光波的相位差,即可得到目标的距离。进而计算出距离。

3)调频型测距

这种漫反射测距方式的范围通常在 100m 内,也就是这种扫描仪测程较短,精度相对较高,但测量速度极快(一般数百万点/秒)。因此,一些中短程扫描仪采用了相位式,它的精度可以达到毫米级,主要用于工业测量方面,如 Leica、Zoller+Froehlich 等公司的产品。

4)激光三角法测距

激光三角法测距的基本原理是基于平面三角几何,如图 7.8、图 7.9 所示。其方法是让一束激光经发射透镜准直后照射到被测物体表面上,由物体表面散射的光线通过接收透镜汇聚到高分辨率的光电检测器件(如 CCD)上,形成一个散射光斑,该散射光斑的中心位置由传感器与被测物体表面之间的距离决定。而光电检测器件输出的电信号与光斑的中心位置有关。因此,通过对光电检测器件输出的电信号进行运算处理就可获得传感器与被测物体表面之间的距离信息。为了达到精确的聚焦,发射光束和光电检测器件受光面以及接收透镜平面必须相交于一点。

由图 7.9 中的 $\triangle PAO \sim \triangle OCB$ 可得

$$\frac{PA}{OC} = \frac{OA}{CB} \tag{7-7}$$

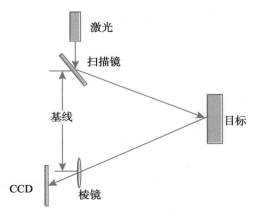

图 7.8　三角测距示意图

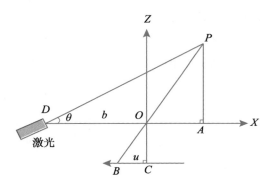

图 7.9　三角测距中的几何关系

式中，OC 为焦距 f，CB 为图像坐标 u，PA 为坐标 z，而

$$OA = DA - DO = z\cot\theta - b$$

$$\frac{z}{f} = \frac{z\cot\theta - b}{u} \tag{7-8}$$

$$z = \frac{b}{f\cot\theta - u} \cdot f$$

按照比例关系

$$\frac{x}{u} = \frac{y}{v} = \frac{z}{f} \tag{7-9}$$

得

$$\begin{pmatrix} x \\ y \\ z \end{pmatrix} = \frac{b}{f\cot\theta - u} \begin{pmatrix} u \\ v \\ f \end{pmatrix} \tag{7-10}$$

对 z 求导数，得

$$\frac{\mathrm{d}z}{\mathrm{d}u} = \frac{z^2}{\mathrm{d}f} \tag{7-11}$$

由上式可知，精度随距离的增加下降很快，因此该类扫描仪的测程一般较短。

三角法测距以快速、简便和精度高的特性，被广泛应用于小距离和微小距离测量，这类扫描仪的测量范围在 2m 左右，但测量精度可达到几十微米。

3. 观测值

测量所获得的点的信息包括点的三维坐标、激光点的反射信号强度值以及颜色信息等。大量空间点的坐标、反射强度和颜色构成激光扫描的点云数据。

4. 主要的产品

常见的地面三维激光扫描仪的生产厂商包括 RIEGL、Leica、Trimble、Optech、Topcon、Faro 等(图 7.10)。

图 7.10 地面三维激光扫描

下面是三类仪器厂家给出的主要技术参数(表 7-6~表 7-8)：

表 7-6 **柯尼卡-美能达 VIVID910**

距离测量方法		光学的三角测量
受光镜头		长焦 $f=25mm$，中焦 $f=14mm$，广角 $f=8mm$
扫描范围		0.6~2.5m
最佳三维测量范围		0.6~1.2m
激光等级		2级
输入范围	X	111~463mm(长焦)，198~823mm(中焦)，359~1196mm(广角)
	Y	83~347mm(长焦)，148~618mm(中焦)，269~897mm(广角)
	Z	40~500mm(长焦)，70~800mm(中焦)，110~750mm(广角)
精度		X：0.22mm。Y：0.16mm。Z：0.10mm
扫描时间		0.3s(快速模式)，2.5s(精确模式)
取景框		320×240 Pixel
尺寸与质量		213mm×413mm×271mm，11kg
温度范围		10~40℃(工作)，-10~50℃(存储)

表 7-7　　　　　　　　　　　　　　　　**RIEGL VZ-400**

距离测量方法	脉冲法
测距范围	1.5~500m(80%反射率)，1.5~280m(20%反射率)
单点测量精度	2mm/100m，1.3mm/50m
测量速度	300 000 点/秒
激光点发散度	0.3mrad
视场范围	垂直：-40°~+60°，水平：0°~360°
角度分辨率	垂直：0.0005°。水平：0.0005°
角度步频率	垂直：0.0024°~0.288°。水平：0.0024°~0.5°
激光等级	1 级
尺寸与重量	308mm(长)×180mm(直径)，9.6kg
温度范围	0~40℃(工作)，-10~50℃(存放)

表 7-8　　　　　　　　　　　　　　　　**徕卡 HDS6000**

距离测量方法	相位法
测距范围	79m(90%反射率)，50m(18%反射率)
单点测量精度	4mm/1~25m，10mm/50m
距离测量精度	≤4~5mm(25m 内)；≤5~6mm(50m 内)
模型表面精度	90%反射率下：2mm/25m，4mm/50m；10%反射率下：3mm/25m，7mm/50m
测量速度	50 万点/秒
激光光斑大小	3mm+40″发散角；8mm/25m；14mm/50m
视场范围	垂直：310°。水平：360°
角度分辨率	垂直：0.002°。水平：0.0025°
角度步频率	垂直：0.004°~0.2°。水平：0.004°~0.75°
激光等级	3R 级
尺寸与重量	244mm×351mm×190mm，14kg
温度范围	0~40℃(工作)，-20~50℃(存放)

5. 点云数据的特点

激光扫描仪测量的密集数据就是点云。点云数据包含了三维坐标、激光反射强度和颜色信息。通过进一步处理还可以得到点的法向量。点云数据的特点有如下 5 个方面。

①可量测性：可以直接在点云上量取点的坐标和法向量；两点的距离和方位；计算点云围成的表面与体积等。

②光谱性：具有 8bit 甚至更高的激光强度量化信息和 24 位真彩色信息。

③不规则性：点云扫描是按照水平角和垂直角等间隔步进方式进行采样的。同样的间隔，距离与点间隔成正比。再加上各种因素的影响，点云在空间的分布并不是规则格网状的。

④高密度：目前扫描仪的角分辨率在10″左右，对应点间距可达到毫米级，因此，每平方米点的密度可以达到近百万个。

⑤表面性：激光点接触到物体表面即被反射，不能到达物体内部。因此点云信息都是物体表面信息，不涉及物体内部。

7.2.4　地面 SAR

1. 概述

地基合成孔径雷达干涉测量技术（GB-SAR Interferometry）是近十多年发展起来的地面主动微波遥感探测技术。它主要应用宽带雷达探测技术获取雷达信号辐射区域一维距离域的高分辨成像，利用合成孔径雷达技术获取方位向分辨率，并利用微波信号干涉测量技术对信号采样之间的形变相位进行提取和计算。

相比于传统大地测量地表形变监测手段具有以下几个方面的优势：

①空间分辨率高、采样周期短。GB-SAR 只需几分钟便可获取一幅雷达影像，可实现对目标的实时监测，并且雷达影像图的分辨率高。以 IBIS-L 系统为例，其距离向分辨率达到 0.5m，角度向分辨率达到 4.4mrad。

②全天时、全天候、非接触式遥感探测。GB-SAR 系统即使在比较恶劣的天气条件下也能够提供几乎连续的扫描，无须接触物体表面，通过获取两幅雷达影像之间雷达信号的干涉相位便可求出目标的形变信息。

③精度高、获取的信息量大。该技术不含空间基线且采样周期短，不存在星载雷达干涉测量中因地形及基线误差引起的误差影响。干涉测量技术在理论上可达到亚毫米级的目标形变探测精度，对目标形变量提取的采样密度高，可同时获取变形体表面的整体和局部形变信息。

2. 基本原理

1）步进频率连续波技术

步进频率连续波（Stepped-Frequency Continuous Wave，SFCW）是一种频率呈阶梯式变化的宽带雷达信号。它由一串连续的脉冲组成，脉冲的宽度可以根据情况进行调整，每个脉冲的发射频率不同，频率间的阶跃为一固定值。对脉冲回波作快速傅里叶逆变换（IFFT）处理，可以得到雷达天线辐射目标的距离高分辨输出。

步进频率连续波雷达传感器采用了 N 个连续的频率序列，这一频率序列统一按照 Δf 的步长进行频率变动。图 7.11 为步进频率连续波波形分别在时域、频域以及时频域的显示。

雷达波数带宽 B 是步长 Δf 的 N 倍。PRI（Pulse Repetition Interval）是脉冲重复间隔，即一个频率传播的时间。步进频率连续波雷达传感器运用一个频率调制系统，向目标连续地发送正弦信号序列并接收回波信号以获取目标属性。其发射信号波形的数学表达如下式所示：

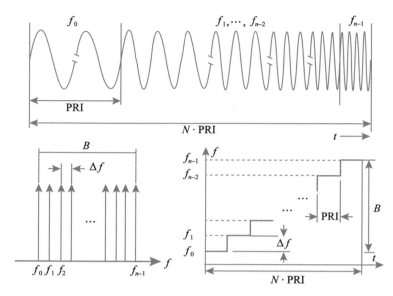

图 7.11　步进频率连续波时频域信号示意图

$$x_i(\omega_i,\ t) = A_i \cos(\omega_i t + \theta_i) \tag{7-12}$$

式中，$\omega_i = 2\pi(f_0 + i\Delta f)$，$i = 0, \cdots, N-1$；$A_i$ 和 θ_i 分别是第 i 个发送信号的振幅和相对相位。

回波信号可以用下式表达：

$$r_i(\omega_i,\ t,\ \tau) = B_i \cos\left[\omega_i(t - \tau) + \theta_i\right] \tag{7-13}$$

式中，B_i 是第 i 个回波信号的振幅，τ 是微波双程传播时间。

距离向分辨率 ΔR 由下式给出：

$$\Delta R = \frac{c}{2B} \tag{7-14}$$

2）合成孔径雷达成像技术

合成孔径雷达（Synthetic Aperture Radar，SAR）能够提高方位向分辨率。该技术基于下述基本现象：目标在雷达波束范围内能够停留一定时长，在雷达沿孔径方向移动时，连续被雷达天线观测到。方位向上邻近两个目标沿合成线性孔径变化的相位历史相差 2π 或更多，则这两个目标可以被区分开来。合成孔径上 $\lambda/4$ 的移动距离对应临界相位变化，从而决定了合成孔径雷达系统方位向的分辨率。线性合成孔径雷达中所能达到最高的分辨率为真实孔径雷达孔径长度的一半。

3）微波干涉测量技术

所谓微波干涉测量技术，就是比较天线馈送信号的波程差。在雷达信号处理中，测量天线的波程差是将两个输出的信号进行比较，常用的有两种方法：时差测量和比相法。时差测量通过比较两个脉冲回波包络的时延差来计算波程差，通常误差较大；比相法是将两路输出的复信号比相，即干涉处理，因此也称为干涉测量法。雷达天线每一次完整的信号发射与回波接收过程可以看作天线波束对辐射场区的一次采样，经过一系列的数据处理过程得到相应的观测相位和回波信号强度。如果目标未发生任何变化和位移，那么理想情况下多次采样得到的观测相位和信号强度均不会发生改变。相反一旦目标移动，那么信号强度和相位值都会发生相应程度的改变。

图7.12展示了干涉测量的基本原理。雷达首先发射天线（图中 TX）馈送微波信号，信号经与目标的相互作用形成后向散射信号，最终被接收天线（图中 RX）接收，经过相关信号处理与数据处理步骤即可得到该次测量的一个采样复信号，包含了信号强度和相位观测值 φ_1。雷达系统持续对辐射场区的目标进行采样，假设第二次采样开始时目标发生了形变 Δr，那么雷达得到第二个采样复信号，包含了相应的信号强度和观测相位 φ_2。

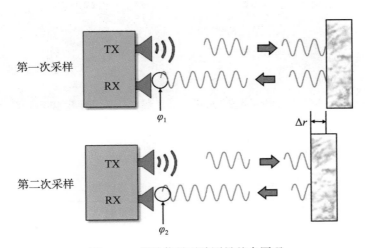

图 7.12　微波信号干涉测量基本原理

形变相位实际上就是两个观测相位值的差值，按照公式(7-15)计算。

$$\Delta\varphi = \varphi_1 - \varphi_2 = -2\,\frac{2\pi}{\lambda}\Delta r \tag{7-15}$$

观测相位和相位差均被规划至区间 $[-\pi, \pi]$ 中，计算角度差时需要判断角度所处象限。但为了避免频繁地判断角度象限，通常按照公式(7-16)利用复数的共轭相乘提取干涉相位。

$$S_1 = A_1 \cdot e^{j\varphi_1}, \ \ S_2 = A_2 \cdot e^{j\varphi_2}$$
$$S_{\text{int}} = S_1 \cdot S_2^* = A_1 A_2 e^{j\Delta\varphi} \tag{7-16}$$

式中，S 是采样复信号，A 和 φ 分别是观测信号强度和相位值。

现代较为先进的地基雷达干涉测量系统（如 IBIS 等）具有较高的稳定性和较低的热噪声水平，使得观测相位值对目标的位置变化敏感度非常高，通常能够探测到目标 0.1mm 的形变。值得注意的是根据奈奎斯特采样准则连续两次观测相位值是有严格限制的。如果预先知道目标变形方向，那么两次信号采样之间的变形不能大于 1/2 波长，而如果变形方向未知，则两次采样实际形变不能大于 1/4 波长，否则无法正确探测。

3. IBIS 设备简介

IBIS 系统主要有地基干涉雷达和地基合成孔径雷达两种配置：IBIS-S(Structure)为地基干涉雷达系统，IBIS-L(Landslide)等为地基合成孔径雷达系统(图 7.13)。IBIS-S 为真实孔径雷达系统，仅具有距离向一维成像和分辨能力。系统由雷达主机、电脑控制单元、供电单元和三维旋转脚架等组成，主要应用于桥梁、高层建筑物等线状结构体的一维变形监测。IBIS-L 为 GB-SAR 系统，由雷达主机、电脑控制单元、供电相和线性滑轨等组成，主要应用于滑坡、大坝、高边坡等面状区域的二维变形监测，典型系统基本参数如表 7-9 所示。

(a) (b)

图 7.13　IBIS 系统的分类

表 7-9　　　　　　　　　　　　**IBIS-S 与 IBIS-L 典型系统参数配置**

系统类型		IBIS-S	IBIS-L
雷达控制单元	信号频段	Ku	Ku
	信号类型	SFCW	SFCW
	孔径类型	—	合成孔径
天线	增益	20dBi	20dBi
	极化方式	VV	VV
	主瓣-3dB 角宽	17°H/15°V	17°H/15°V
分辨率	空间分辨率	0.5m	0.5m
	方位向分辨率	—	4.4mrad
最大监测距离		600m	4 000m
变形监测灵敏度(mm)		0.01	0.1

7.2.5　室内 GPS 测量系统

1. 概述

根据 GPS 测量原理，21 世纪初，人们提出了基于区域 GPS 技术的三维测量理念，进而开发出一种具有高精度、高可靠性和高效率的室内 GPS(Indoor GPS 或 iGPS)系统，主要用于解决大尺寸空间测量与定位问题。其原理同 GPS 一样，利用三角测量原理建立三维坐标体系，不同的是采用红外激光代替了卫星(微波)信号。

iGPS 是一个高精度的角度测量系统，利用室内的激光发射装置(发射器)不停地向整个空间内发射单向的带有位置信息的红外激光(扫描激光扇面)，接收器接收到信号后，从中得到发射器与接收器间的 2 个角度值(类似于经纬仪的水平角和垂直角)。在已知发射器的位置和方位信息后，只要有两个以上的发射器就可以通过角度交会的方法计算出接收器的三维坐标。利用发射器发出红外光信号，众多个接收器就能独立地计算出各自当前的位置。

iGPS 对大尺寸的精密测量提供了一种新的方法。以前对飞机整机、船身、火车车身和装甲车身等大尺寸的精密测量是非常困难的。现在，采用 iGPS 就能很方便地解决这一难题。另外，iGPS 系统能够建立一个大尺寸的空间坐标系，并且一旦建立后，就能完成如坐标测量、跟踪测量、准直定位、监视装配等测量任务。

2. 系统组成

iGPS 系统主要由以下部分组成，包括信号发射器、探测器、接收器、基准尺和系统软件(图 7.14)。

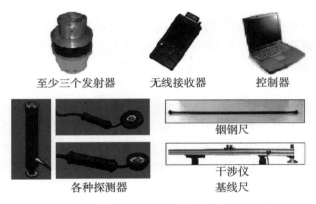

图 7.14　iGPS 系统组成

iGPS 的作业过程如图 7.15 所示。

①发射器不断向外发射红外光线信号。标准的 iGPS 系统含有 4 个计量型发射器。在工作范围内，每个传感器(接收器)在任何时候都应至少与 3 个发射器直接交换信息。因此，发射器的数量需要与工作场合相适应，以保证每个传感器保持最少的在线测量要求。

②探测器检测到红外光线信号并将此信号传输给放大器。iGPS 系统要求每个探测器连接到一个放大器和信号处理接收器电路板上。这些接收器板封装在一个集线盒中，可以与 1~8 个探测器连接。例如：一个 5 自由度的手持式传感器工具(包含着两个传感器)可以配 2 个传感器的集线盒。iGPS 系统支持各种不同结构的传感器。通常，要把传感器安装在工具、零件、装组件或大型构件上。一旦安装好后，并保证同时与 3 个发射器在线通信。

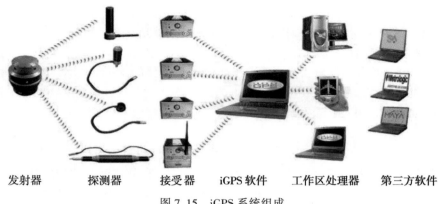

图 7.15　iGPS 系统组成

③接收器将从放大器传送的信号转换成角度数据。

④角度信息通过调制解调器无线网络传输到中央控制室的计算机中，然后利用专用软件 WORKSPACE 将角度信息处理成为位置信息，并在整个工作区域和网络中共享，供工作区域内无数个用户使用。

⑤用户也可以使用第三方软件(SA、MAYA、Metrolog 等)来处理这些位置信息。

3. 单台发射器测角原理

一台 iGPS 发射器以角度作为基本观测量，因此，可以将一台发射器看成一台经纬仪。但与经纬仪不同的是，iGPS 测角方式不是采用角度读盘，而是利用发射器发射信号与传感器接收信号之间的时间差来完成。

如图 7.16 所示，发射器能够产生 3 束信号：两路围绕发射器头的红外激光扇形光束和一路红外 LED 脉冲。这些信号能够利用光电检测器转化成定时脉冲信号。发射器头的旋转速度可以单独设置。通过设置其不同的旋转速度来分辨各个发射器。

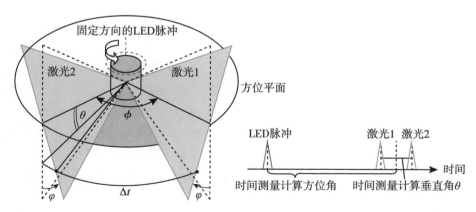

图 7.16　iGPS 角度确定原理

如图 7.16 所示，发射器发射的扇形光束相对于垂直旋转轴有一定的倾斜角度 φ（通常为 30°。若无倾斜，则两个扇形光束之间以及 LED 脉冲与光束之间的信号脉冲被传感器接收的时间差为零，垂直角度始终为零）。两个扇形光束在方位平面的夹角为 Φ。发射器头部的旋转速度为 ω。

以 LED 脉冲作为计时零位，发射器发出的第一束扇形光束到达接收器的时刻为 t_1，发出的第二束扇形光束到达接收器的时刻为 t_2。

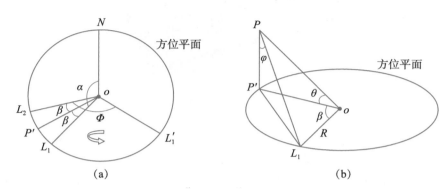

图 7.17 iGPS 角度确定原理

如图 7.17(b) 所示，o 为发射器旋转中心，P 为接收器，P' 为接收器在方位平面的投影。假定 LED 脉冲触发时，第一束扇形光与方位平面的交线为 $o\text{-}N$，这相当于水平度盘上的零刻划线。$o\text{-}L_1$ 为第一束光到达接收器时刻该光束与方位平面的交线；$o\text{-}L_2$ 为第二束光到达接收器时刻该光束与方位平面的交线，而此刻第一束光与方位平面的交线为 $o\text{-}L_1'$。由图 7.17(a) 可知，显然有：

$$\alpha = \omega \cdot t_1, \qquad \Phi - 2\beta = (t_2 - t_1) \cdot \omega \tag{7-17}$$

由式（7-17）可以得到方位角：

$$\angle NoP' = \alpha - \beta = \frac{(t_1 + t_2) \cdot \omega - \Phi}{2} \tag{7-18}$$

图 7.17(b) 中，有关系式：

$$P'L_1 = 2R\sin\frac{\beta}{2}, \quad P'P = P'L_1\cot\varphi, \quad \tan\theta = \frac{P'P}{R} \tag{7-19}$$

由此可以得到垂直角：

$$\theta = \arctan\frac{P'P}{R} = \arctan\left[2 \cdot \cot\varphi \cdot \sin\frac{\Phi - (t_2 - t_1) \cdot \omega}{4}\right] \tag{7-20}$$

式（7-18）和式（7-20）分别是 iGPS 测量方位角和垂直角的计算公式。式中，t_1，t_2 是观测值；ω，Φ，φ 是系统的设计参数，是已知值。

4. 系统测量过程

如图 7.18 所示，首先定义 iGPS 的坐标系：原点位于第一个发射器的中心，X 轴为第一个发射器中心指向第二个发射器中心，并在第一个发射器方位平面的投影，按照右手法则定义三维坐标系。

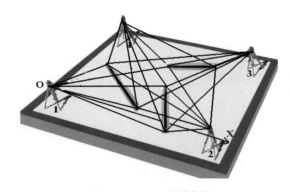

图 7.18　iGPS 系统标定

　　然后，启动 iGPS 系统。这时每个发射器向外连续不断地发射水平角和垂直角等激光信息。发射器产生的两个激光平面在工作区域旋转。每个发射器有特定的旋转频率，转速约为 3 000r/min。依次在不同的位置放置基准尺或者矢量测量棒。基准尺或者矢量测量棒的两端安置接收器，接收器接收激光信息。在多个不同位置处，测量出基准尺或者矢量测量棒两端点的接收器与发射器之间的水平角及垂直角。

　　最后，按照经纬仪光束法平差原理计算其他发射器相对于给定坐标系的平移量和空间姿态(旋转角)，从而完成整个系统的构建。

　　在完成系统构建以后，每个发射器的空间位姿(坐标和方位)是已知的。通过至少两个不同发射器的组合，就可以计算接收器(测量点)的 X、Y、Z 坐标。发射器越多，测量越精确。为了提高测量精度和可靠性，一般一个测量点至少能接收到 4 个发射器的信号。也就是说，一个 iGPS 系统至少由 4 台发射器组成。一般建议在 30m×30m 的空间内放置 6 个发射器。

　　当有足够多数量的发射器，iGPS 的工作区域将不受限制。其测点定位原理如图 7.19 所示。

5. 系统误差分析

　　作为一种角度前方交会，对于两个发射器而言，接收器处于不同位置时的精度差别很大[图 7.20(a)]，而 4 个发射器不仅能使各处接收器的定位精度显著提高，而且更加均匀[图 7.20(b)]。

　　室内 GPS 测量系统组成复杂，测量方法灵活，影响系统测量不确定度的因素很多，有些因素甚至是相关的。定位精度取决于发射器的数量和位置、接收器的数量以及工作空间的大小。

　　角度测量误差是造成坐标测量最主要的误差源，而且角度测量误差的影响会随距离的增大而增大。iGPS 系统的整个误差模型是一个非常复杂的非线性模型，下面列举了主要误差源。

　　1) 与发射器有关的误差

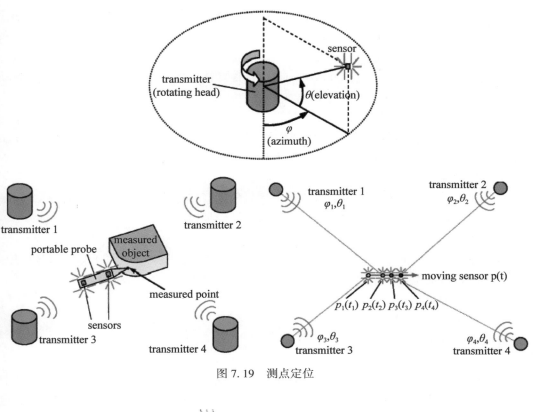

图 7.19 测点定位

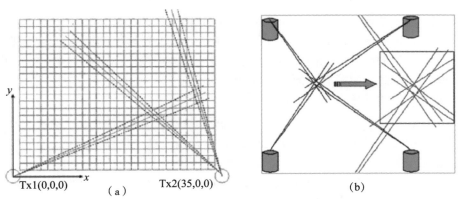

图 7.20 多个发射器的交会结果

①发射器的校准误差，它会造成接收器位置测量误差。

②发射器顶部发出的扇形光束随环境温度变化会有微小的偏移，造成水平角测量误差，最大达 $0.25''$。

③发射器头部倾斜误差。由于旋转轴本身不够稳定，当受到外界振动时，其头部会轻微地抖动，造成垂直角测量误差，最大达 $1''$。

④光束的不严格对称造成水平角测量误差，约 1″。

⑤旋转噪声误差。是由于发射器头部不能很平滑地转动，使角度测量产生误差。通过引入系统参数进行补偿，可大大降低其影响。

2）与接收器有关的误差

接收器由电子元件组成，如检波器、放大器等。接收器种类有丁字形、球形、圆柱形等。以圆柱形为例，误差主要有以下 2 种。

①其形状不严格对称。

②放大器在放大信号时会使脉冲产生漂移，特别是当发射器和接收器距离很近时（<1m），产生的误差尤为显著。近距离的反射造成脉冲信号失真。

3）计时时钟误差

该测量系统在工作时是通过测时来确定测量角度，将光信号转换成数字信号，因此计时误差会对测量造成一定的误差，可以通过系统补偿加以减弱。

4）外界环境对其产生的影响

因该系统发射的光信号主要是红外光，当在室外进行测量时，大气不稳定对光线传播会产生影响，进而造成测量误差。

5）模型误差

在此系统中，系统理论数学模型实际测量系统之间有一定的误差。

6. 特点与应用

1）特点

与其他 3D 测量技术相比，iGPS 拥有相当多的优势。例如，在大空间的加工环境中，iGPS 技术成本低廉而且耐用。iGPS 技术的另一个优点就是可以围绕被测物体进行 360° 空间测量，而不需要转换坐标系，从而降低或消除转站造成的误差。

类似 GPS，iGPS 把同样的定位性能从地球空间缩小到封闭的区域和局部测量应用。它利用对眼睛无害的红外激光信号器替代了卫星，建立局域坐标系，并为各种工业测量提供精密的定位信息。它具有如下技术特点。

①高精度：最高精度可达 0.2mm。

②灵活性：可以根据环境灵活布设，包括室外应用，布设时间快；当整个系统进行一次固定装配标定后，就可以无限次数地使用。所有进入这个区域的待测物都可以马上测量，无须建立坐标系。

③高效率：在一个装配车间内，常常需要同时监控一个部件的多个关键点线、面的位置关系；也可能同时监控不同部件之间的相互关系。这种情况下，只要发射信号能覆盖监测区域，都可以在测点上安装多个接收器或者由多人手持接收器，实现多用户同时测量，互不干扰。

④可靠性：iGPS 系统可以对系统自身进行监控。如果有发射器出现位移或出现问题的情况，系统会自动报警，这样就可以在最短的时间内发现系统的问题。局域 iGPS 精密测量系统的工作范围为-10~50℃，受环境影响很小。

⑤大尺寸测量：基本上不受空间限制，通过增加发射器，可以大大扩展测量范围，特别适合于大尺寸工件的安装（如飞机机翼与机身的自动对接）。

2）iGPS 系统技术指标

①测量范围 2~50m。

②激光波长 785nm。

③单次测量角精度小于 20″。

④覆盖空间：水平 230°，垂直 60°。

⑤空间测量精度：在 10m 工作区域内，测量精度为 0.12mm；在 40m 区域内，测量精度为 0.25mm。

⑥发射器位置的布置及使用不同种类的接收器会产生不同的测量精度，例如：3 个发射器，相对于 2 个发射器，其测量精度可提高 50%；4 个发射器相对于 3 个发射器，其测量精度可提高 30%；5 个发射器相对于 4 个发射器，其测量精度可提高 10%~15%（图7.21）。此外，平测头、圆柱测头及矢量测头具有不同的精度。

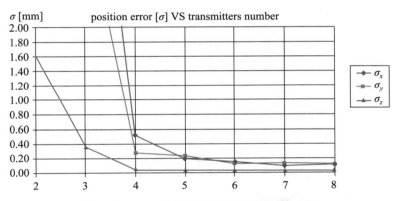

图 7.21　iGPS 定位精度与发射器数量的关系

3）iGPS 的应用

当要进行大范围、大量点三维坐标同时测量时，iGPS 无疑是一个非常强大的测量系统。发射器可以安装在墙面上或者天花板上；安装在任意一个工件上的接收器只要接收到两个（最好大于或等于 4 个）发射器就可以实时确定其位置。使用时，首先建立 iGPS 的坐标系统。该坐标原点位于第一个发射器的中心，可根据需要转移到工装或飞机上。对于发射器的布置而言，应遵循的主要原则是发射器之间的最小距离及最佳测量区域的设置，保证各个接收器与发射器之间有较好的几何构型。

iGPS 可以根据不同的测量环境灵活地布设高精度的局部空间测量体系。其实它并不限制于室内应用，在室外也同样可以工作。它在航空航天工业、汽车工业、重工业加工、工业机械人等方面都有着广阔的应用前景。

（1）航空航天应用

①自动装配：飞机大型部件的自动安装控制、校正和连接。

②大型部件的长度和水平度测量。

③工具检测：操作工具的定期检查和校正。

④逆向工程：获得重要部件的三维坐标和图形，指导生产。

⑤实时监控：实时监控被测物在生产、安装和维修过程中的位置和状态。

⑥移动导航：跟踪和导航工作区域内的起重机、机器人或其他移动设备和工具。

⑦资产的追踪：记录和监控工具、材料的位置，以便于寻找。

（2）汽车及船舶工业应用

①在线检测：实现对组装线的部件实时检查功能。

②校准机器人：准确地监控工作中机器人并不断对其进行校准。

③实时监控：实时监控操作工具上的关键点，并在超出允许范围时报警。

④逆向工程：获得重要部件的三维坐标和图形，指导生产。

⑤汽车设计工具：代替传统的测量工具 PCMMs，为汽车设计工程师提供一种便携的、无线的、高精度测量工具。

⑥无转站测量：360°全方位检测车身，无须移动和重新标定测量系统。

（3）工业测量与机器人应用

①大部件尺寸测量：局域 GPS 对大型物件提供高精度的测量技术。

②在线检测：实时监测生产装配线或实验室研究的质量控制。

③实时监控：监督起重机和传输系统的位置。

④校准：指导机械设备的安装和校准。

⑤同步追踪：iGPS 系统可同时测量追踪多个被测点，为机器人自动控制提供准确信息。

图 7.22 展示了美国波音公司应用 iGPS 进行飞机装配的实例。

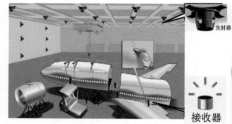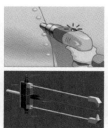

图 7.22　iGPS 在飞机装配中的应用

7.3　精密与特种工程测量的数据处理理论

7.3.1　测量误差理论

误差是指测量结果偏离真值的程度。对任何一个物理量（如角度、距离、高差等）进行测量，都不可能得出一个绝对准确的数值，也就是说，只要是测量数据，都或多或少地含有误差。为了方便对误差进行描述和处理，通常我们根据误差的来源，把测量误差人为地分为偶然误差(又称随机误差)、系统误差和粗差三种。误差亦可以用绝对误差和相对误差来表示。绝对误差是指测量分析结果与真值之差;相对误差是绝对误差和真值的百分比率。

系统误差产生的原因可归纳为:①由于测量仪器结构上不够完善或仪器未经很好的校准等原因;②由于测量本身所依据的理论、公式的近似性或对测量方法考虑不周;③由于测量者的生理特点,如分辨能力,甚至固有习惯等。系统误差的特点是测量结果向一个方向偏离,其数值按照一定规律变化,可以通过计算或实验方法求得,即可以预测,并且可以修正或调整,降低其对测量结果的影响。

偶然误差是由于各种偶然因素(如温度、湿度等)引起的,这些因素的影响一般是微小的,而且难以确定某个因素产生的具体影响的大小。这种偶然误差都服从一定的统计规律(正态分布):①绝对值相等的正误差与负误差出现的机会相同;②绝对值小的误差比绝对值大的误差出现的机会多;③误差不会超过一定的范围。在确定的测量条件下,对同一物理量进行多次测量,并且用它的算术平均值作为该物理量的测量结果,能够较好地减少偶然误差的影响。基于最小二乘法的经典的测量平差理论是建立在测量结果仅包含偶然误差的情况下。

粗差是大的偶然误差,一般是指绝对值大于3倍中误差的观测误差,是由于测量过程中某些意外事件或者不确定的意外因素所引起的。从测量误差的来源分析,可以将粗差的来源归纳为以下3种。①外在条件。在测量过程中,由于外界条件的干扰、外界条件的突变、测量状态的瞬间改变等因素产生的粗差。②人为因素。由于测量人员的疏忽、麻痹大意等出现读数误差、记录误差、测量错误、计算错误等,或者工作责任心不强、过度疲劳、缺乏经验、操作不当等因素所造成的粗差。③测量仪器。测量仪器本身存在缺陷,使用前未经检验,或者测量仪器某些部件的偶然失效等因素引起的测量粗差。

粗差的出现是一个小概率事件,粗差的存在将大大影响平差结果的可靠性,甚至导致完全错误的结果,所以含有粗差的测量数据绝对不能采用。传统上是在进行测量外业和内业的过程中,通过一系列的措施,如采用适当的观测程序、增加多余观测、利用几何条件的闭合差大小加以限制,及时发现并予以剔除。从20世纪60年代末起,相继发展了一些处理粗差的理论和方法,其中有以统计假设检验为基础的粗差检验方法,如荷兰巴尔达(W. Baarda)教授提出的数据探测法等,此外还有以稳健估计为基础的选权迭代法等,从而在平差计算中实现了粗差自动剔除的目的。

1)数据探测法

数据探测法是用以发现和剔除粗差的检测统计方法。

Baarda 数据探测法的基本思想:在平差中检测出粗差(观测值中存在粗差),并对其进行定位(第几个观测值),删除粗差观测值,然后按常规平差方法(最小二乘法)进行平差(参数估计),达到消除粗差,获得"干净"观测值的目的。

2)选权迭代法

在迭代平差中,通过适当变化观测值的权达到消除观测值粗差的方法。它把含有粗差的测量观测值看作选自相同方差母体的子样本,它的基本思想是先用最小二乘法进行平差,得到第一组的残差,在第一次经过平差处理后,依据计算的残差和与之相关的其他部分参数，按照事先选取的权函数，推导出下一次计算中观测数据的相对应的权。最终，包含粗差的观测值的权将会越来越小，直到最后趋于零。选权迭代法的权函数的选取有各种各样的形式，常用的选权迭代法有 Huber、Harnpel 和 IGG。

7.3.2　误差分配原则

误差分配理论是测量设计的基础，例如，要确定控制网的精度和施工放样的精度，需要按照误差分配理论对误差进行合理分配。限差也是一种误差，如一般取中误差的 2 倍误差为极限误差或容许误差，建筑限差就是一种设计的总的允许误差。误差分配主要依据三个原则：等影响原则、忽略不计原则和按比例分配原则。

①等影响原则。设总的限差为 Δ，主要由三种误差 Δ_1、Δ_2、Δ_3 引起，等影响原则认为三种误差相等，即

$$\Delta_1 = \Delta_2 = \Delta_3 = \frac{\Delta}{\sqrt{3}} \tag{7-21}$$

按照误差传播定律，有

$$\Delta^2 = \Delta_1^2 + \Delta_2^2 + \Delta_3^2 = 3\left(\frac{\Delta}{\sqrt{3}}\right)^2 = \Delta^2 \tag{7-22}$$

②忽略不计原则。设总限差为 Δ，主要由两种误差 Δ_1、Δ_2 两种误差引起，当一种误差等于或小于另一种误差的 1/3 时，这一误差对总限误差的影响可忽略不计，如假设

$$\Delta_2 = \frac{\Delta_1}{3}$$

$$\Delta^2 = \Delta_1^2 + \Delta_2^2 = \Delta_1^2 + \left(\frac{\Delta_1}{3}\right)^2 = 1.11\,\Delta_1^2 \tag{7-23}$$

$$\Delta = 1.05\,\Delta_1 \approx \Delta_1$$

③按比例分配原则。设总限差为 Δ，主要由三种误差 Δ_1、Δ_2、Δ_3 引起，根据实际情况，它们之间的比例为：$\Delta_1 : \Delta_2 : \Delta_3 = 1 : 2 : 1.5$，则有

$$\Delta^2 = \Delta_1^2 + \Delta_2^2 + \Delta_3^2 = 7.25\,\Delta_1^2 \tag{7-24}$$

最后可得三种误差与总限差的比例关系为 $\Delta_1 = 0.37\Delta$，$\Delta_2 = 0.74\Delta$，$\Delta_3 = 0.56\Delta$。在这种情况下，Δ_2 是主要的误差来源，Δ_3 次之，Δ_1 最小。

7.3.3　可靠性理论

如果一个测量控制网的平差模型是正确的，那么平差结果的精度能正确地反映网的质量。这里所说的平差模型正确是指观测值和未知数之间的几何关系和物理关系是正确的，观测值是独立的随机变量。然而，在实际中常常存在模型误差，例如：观测值和未知数之间的函数关系不正确，观测值中存在系统误差或粗差，观测值的先验精度与实际不合等。在统计学的质量控制术语中，精度被称为"设计质量"，在给定模型下，该设计质量的实现如何，需引入一个"实现质量"准则，即网的可靠性准则。为了得到一个好的实现质量，一是对网进行复测；二是在布网时事先考虑用独立的附加观测值来改善网的结构，这些观须值不仅是必需的，而且可为检验平差模型提供足够信息。可靠性准则不仅可提供衡量控

制网观测值间相互控制、检核的量化数值，还能提供可能出现但不易被发现的最大粗差。

测量的可靠性理论最早由荷兰的巴尔达(Baarda)于 1967 年提出，主要针对控制网的单个粗差，提出了数据探测法及内部可靠性和外部可靠性。李德仁在 1985 年将巴尔达的可靠性理论进行了扩展，提出了摄影测量平差系统的可靠性理论，从一维备选假设发展到多维备选假设，提出了粗差和系统误差、粗差和变形的可区分性。

控制网的可靠性，指的是它能发现和抵抗模型误差(粗差和系统误差)的能力，发现模型误差的能力成为内部可靠性，未被发现的模型误差对平差结果的影响程度成为外部可靠性。

7.3.4 不确定度

不确定度的含义是指由于测量误差的存在，对被测量值不能肯定的程度。反过来，也表明该结果的可信赖程度。它是测量结果质量的指标。不确定度越小，所述结果与被测量的真值愈接近，质量越高，水平越高，其使用价值越高；不确定度越大，测量结果的质量越低，水平越低，其使用价值也越低。

测量的不确定度与测量误差之间具有完全不同的含义。

例如：有一列数，A_1，A_2，$\cdots$，A_n，它们的平均值为 A，则不确定度为 $\max\{|A - A_i|,\ i = 1,\ 2,\ \cdots,\ n\}$。

7.4 精密与特种工程测量的应用

7.4.1 粒子加速器的安装

加速器是一种通过电磁铁的电磁场使带电粒子增加速度(动能)的装置。科学家利用加速器来完成不同的实验目的，如研究更小粒子的存在，用以解决宇宙的起源、现在和将来等重大科学问题。

加速器从功能上可以分为：①以提高粒子能量为目的的高能粒子加速器；②作为超强光源的同步辐射加速器；③研究重粒子特性的重粒子加速器。

按粒子运动轨道的形状可分为直线加速器、环形加速器。

粒子加速器的结构一般包括 3 个主要部分：①粒子源，用以提供所需加速的粒子，有电子、正电子、质子、反质子以及重离子等；②真空加速系统，其中有一定形态的加速电场，并且为了使粒子在不受空气分子散射的条件下加速，整个系统放在真空度极高的真空室内；③导引、聚焦系统，用一定形态的电磁场引导并约束被加速的粒子束，使之沿预定轨道接受电场的加速。所有这些都要求高、精、尖技术的综合和配合。

加速器的测量内容包括：①工程设计阶段，参考椭球体设计，建立大地水准面设计与模型(大地水准面模型和离差模型)，建立大地水准面的测量与模型(垂线偏差模型)，建立仪器检校实验室；②工程施工阶段，建立地面测量控制网(平面控制网和高程控制网)，建立地面与隧道的联测网，建立地下测量控制网，建立隧道变形监测控制网，隧道掘进和质量控制的有关测量工作；③设备安装阶段，建立地下精密测量控制网(平面控制网和高程控制网），设备的定位测量，设备的预组装测量，设备的组装测量；④设备服役阶段，加速器的状态检查测量、隧道的变形测量以及其他日常的测量工作。

由于大型加速器建设的规模大，设备安装定位精度高。例如，欧洲原子核研究中心的4 000 亿电子伏环形质子同步加速器，是埋深约 40m 的隧道式建筑，直径 2.2km，环形隧道宽仅 4m，但长约 7km，要在此环形隧道内安装 1 000 块弯转和聚焦磁铁，每块磁铁重十多吨。质子在磁铁上的真空管内绕行，真空室横断面的长宽均不大于 150mm，在不到3s 的时间内，质子要绕机器轨道约 72 000 圈，行程大于 5.0×10^5 km，相当于绕地球 12 圈半。这种情况决定了必须以极高的精度来定位磁铁。多数工程提出磁铁的安装要求是：任意两相邻磁铁的相对径向中误差不大于 0.1mm，高程中误差也不大于 0.1mm，测量误差还要比它小得多。

1. 超高精度环形网的布设方案

为了控制磁铁的安装位置，必须建立超高精度的环形网。环形网的布设常用如下三种方案：直伸三角形锁、加测高的直伸三边形锁及梯形大地四边形锁（图 7.23）。

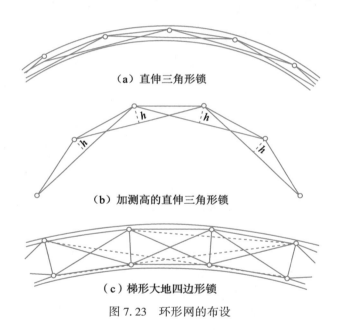

（a）直伸三角形锁

（b）加测高的直伸三角形锁

（c）梯形大地四边形锁

图 7.23　环形网的布设

2. 磁铁的定位测量

根据原控制点和四极磁铁测量标志的标定数据在底板上标出磁铁的粗定位位置；磁铁就位后，根据定位控制网点的坐标和测量标志点的理论坐标计算标志数据，利用前后定位网点对磁铁进行调整，以实现精密定位。

3. 磁铁位置的回归分析与再调整

加速器定位精度的优劣表现在两个方面：①实际轨道与理论轨道的偏差；②实际轨道自身的圆滑程度。

在设备精密安装后，需要对设备定位的精度进行评定，并对粒子束轨道的圆滑程度进行优化，然后对某些磁铁的位置进行再调整。其方法是以磁铁的测量标志点为导线点重新进行交叉导线测量。

7.4.2　FAST 发射面变位测量及馈源仓跟踪测量

位于贵州省黔南布依族苗族自治州平塘县大窝凼的喀斯特洼坑中的 500m 口径球面射电望远镜（Five-hundred-meter Aperture Spherical radio Telescope，FAST），被誉为"中国天眼"，是具有我国自主知识产权、世界最大单口径、最灵敏的射电望远镜（图 7.24）。面积约 30 个足球场大小，它是由 46 万块三角形单元拼接而成的球冠形主反射面，内置可移动变位的复杂结构索网系统。

图 7.24　FAST 全貌及主要部件图

FAST 测量精度要求：

①在高落差的喀斯特地貌的复杂环境下（平均坡度 30°），基准网的点位精度 1mm；

②实现对 2 300 个反射面节点的连续定位，并及时反馈给反射面控制系统，节点在反射面法向精度达到 2mm；

③在 500m 尺度上实现馈源位置和姿态的实时动态跟踪测量，一次支持系统要求 17mm 的精度，二次精调平台要求 3mm 的定位精度。

1. 基准网点的布设与测量

基准控制网是后续整个测量的基础，与传统控制网主要差异表现如下：

①高差大，在 500m 范围，150m 的落差，平均坡度角度为 30°，大气垂直折光大；

②精度高，在实现 1mm 的坐标精度；

③控制网设计时，就必须充分考虑控制网的通视和可用性；

④还需要考虑避开后续机构的空间干涉；

⑤保持良好的网型分布和一定的点密度；

⑥最大可能地满足后续天线运行差分改正需求；

⑦最大可能地满足后续天线运行测量对测站的数量和分布要求。

最终的优化结果如图 7.25 所示。

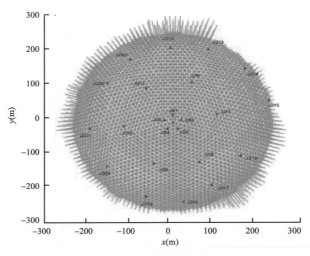

图 7.25　控制点布设示意图

①中心处考虑后来改为馈源仓停靠平台，进行了中心五边形变化，用于机构的精密标定，同时作为后续反射面测量系统的测站使用。

②基墩的高度一般在 5m，最高为 18m（以球面为参考）；后续由于变位设计参数修改，反射面向上运动空间，并距离反射面最小高度为 1.5m，整体基墩高度均提升了 2m。

③整个索网设计修改，抬升了近 2m。

④11 个基墩 7~8m，10 个基墩超过 10m，3 个基墩超过 15m。

为了最大限度地保障基墩的稳定性，需采取以下措施。

①采用了双层隔离结构，防震，恒温，并预埋了温度传感器结构，用于温度变化的结构建模补偿；

②基于稳定性和避免空间干涉，采用三级变径，下层 2.5m，中层 1.5m，上层 0.5m；

③基础打到基岩，或者 20~30m 持力层；

④根据基墩的高度和地质机构，采用双摩擦桩，基岩单桩和 5 梅花桩。

控制网的测量主要包含两部分：在基墩建造完成后，对控制点进行精密测量，获得各点 2cm 精度的绝对坐标和 1mm 精度的相对点位坐标；对基墩的稳定性进行监测，获得基墩形变规律，并进行模型改正。最终提供满足精度要求的控制点坐标。

基于 FAST 测量的实际需求，控制网的测量根据工程进度分阶段独立实施。分别建立首级测量控制网、精密测量控制网和标校测量控制网，这样可以保证测量工作独立展开，合理分配不同阶段的工作量。

1）首级控制网测量

首级测量控制网 A1~A4 选择台站周围的 4 个山头上，构成一大的四边形，实现对整个台站区域的控制。将来可作为 FAST 台站 GPS 连续观测台站，同时可以用作 FAST 馈源 GPS-RTK 动态测量系统的基准站，控制点具有开阔的视野，远离 6 个馈源支撑塔，具有良好的 GPS 信号接收环境。按 A 级网标准进行测量，以确定 4 个基墩的绝对坐标。

2）标校控制网测量

（1）平面控制测量

如图 7.26 所示，标校控制网分布范围小，采用高精度的全站仪进行边角网同测（测角标称精度 0.5″，测距标称精度 0.6mm+1ppm），采用全组合法测角、对向双边测距的方法。可以实现好于 0.5mm 的相对坐标测量精度，满足主动反射面测量测站和标校测量测站的精度要求。

采用天文观测的方法测定 JD1—JD6 之间的天文方位角，精度优于 0.5″；采用联测的方法获得 JD1 的绝对坐标。以此作为起算数据，对观测数据进行自由网平差，获得控制网的绝对坐标。

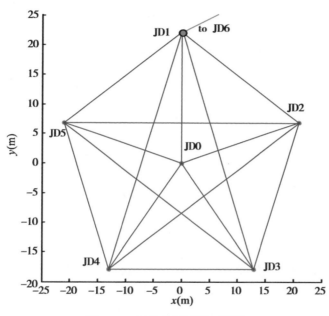

图 7.26　标校控制网平面测量

（2）高程测量

控制网的高程在建造初期采用精密水准测量的方法进行测量；天线建造完成后，不具备水准测量的观测条件，由于控制点分布范围小，观测边长为短边（均在 20～40m），控制点几何等高，高程相对变化（取 JD1 为局部坐标系高程起算点）小，采用三角对向高程测量的方法来代替水准测量。

3）精密控制网测量

（1）平面测量

如图 7.27 所示，精密控制网采用高精度的全站仪进行边角网同测，采用全组合法测角、双边对向测距的方法。该方法可以实现控制点之间的相对坐标精度优于 1mm。

通过联测方式获得 JD1 绝对坐标；通过天文大地测量方法，测得 JD1—JD6 之间的天

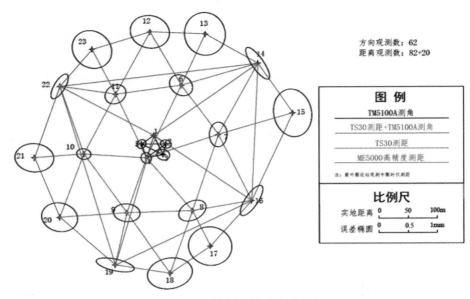

图 7.27　精密控制网平面测量

文方位角；以此作为起算数据解算，从而可以获得精密控制网的绝对坐标测量。

精密测量控制网和标校测量控制网点位基准均选取 JD1，方位基准均选取 JD1—JD6，两个控制网的基准完全相同。故这两个控制网采用了相同的坐标系统。

（2）高程测量

建造初期可以采用精密水准测量和基墩铟钢尺悬高联测的方法实现控制点的高程测量。天线建造完成后，限于观测条件的限制，无法采用水准测量方法；考虑到控制边长一般为 110~130m，均为短边，可以采用对向三角高程测量的方法测定控制点高程变化。

如图 7.28 所示，控制网内部 7 个点中，JD6—JD11 控制点几乎等高，JD1 与 JD6—JD11 之间的高程差小于 10°，可采用精密三角高程来测定高程相对坐标。

如图 7.29 所示，JD12—JD23 控制点几乎等高，可以采用精密三角高程来测定高程相对坐标。

控制网中外围控制点（JD12—JD23）与 JD1、JD6—JD11 之间高度角高达 20°~40°，采用精密三角高程无法实现 1mm 高程精度的测量。如图 7.30 所示，将控制点 JD1 与 JD12—JD23 进行精密测距交会，确定 JD1 和 JD12—JD23 之间的高程差，获得内部控制网和外围控制网之间的高程转换参数。

2. 主动反射面变位测量

主动反射面的变位测量是 FAST 需要解决的关键技术及难点之一。要在 500m 尺度的野外环境下，实现 2 300 个控制节点的 2mm 精度的实时定位测量。

在 2 300 个节点处安装单面小棱镜，选择在中心的基墩上安置 10 台全自动全站仪（测角标称精度 0.5″，测距标称精度 0.6mm+1ppm），观测效率：球面检测 30min，抛物面检

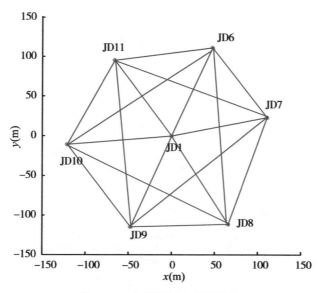

图 7.28 内部控制点高程测量

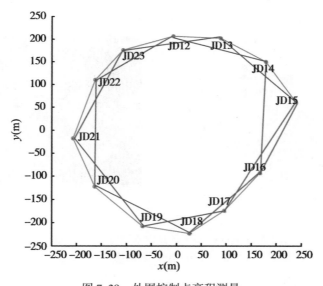

图 7.29 外围控制点高程测量

测 10min。为了提高检测的效率，采用抽稀扫描规划的方案，仅测量抽稀的 276 个点，对应的观测效率：球面检测 4min，抛物面检测 1.3min。

反射面测量关键的问题之一是要消除大气折射的影响。测量控制网可以为反射面测量系统提供差分参考点，用来修正大气折射对测量带来的误差。试验结果表明，内符合精度为 0.3mm，外符合精度为 0.9mm。

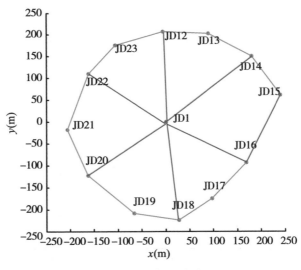

图 7.30　高程联测

3. 馈源动态跟踪测量

图 7.31　馈源上棱镜及 GPS 天线安装示意图

图 7.32　馈源距离交会示意图

馈源系统跟踪测量是 FAST 测量另一个关键技术及难点。馈源系统要求在上百米空间范围内按规划轨迹进行精确的运动，要求全程实现馈源系统实时动态跟踪测量。需要解决的关键问题包括如下两项：

①满足多项高性能的技术指标。需要实现实时动态的跟踪测量，测量精度要求达到 5mm，测量效率要求好于 10Hz，测量结果需要实时反馈到控制系统。

②满足全天候、全天时持续观测。射电望远镜的观测需要测量系统能够实现全天候、全天时的持续工作，这对系统的可靠性、可维护性和造价成本提出了很高的工程要求。

馈源系统采用了两级控制系统：①一级系统为索控制驱动系统，采用 GPS-RTK 测量作为反馈(满足全天候观测，同时为全站仪提供概略坐标)，全站仪可用时，进行精密动态跟踪可提供更高精度(调试采用了极坐标法)；②二级精调系统，采用了全站仪动态距离交会。

7.4.3 国家体育场安装数字化测量与三维建模

国家体育馆鸟巢工程是 2008 年奥运会的主体育场，外型设计独特，主体 25.8 万平方米，建筑高度达 69m（从地表算起），整体由巨大的钢架结构焊接而成，钢结构重量达 4.5 万吨。这些钢结构本身形状复杂，基本上是在地面逐块安装完毕后在高空拼接而成，需要精确的检测和测量控制手段才能保证鸟巢结构严格按照设计焊接而成。图 7.33 是部分钢结构的焊接安装现场。

图 7.33　鸟巢钢结构焊接与吊装

用传统的测量手段检测钢结构焊接质量主要通过全站仪观测一部分钢结构特征部位，通过特征数据的比较检验了钢件的焊接质量，工作量大，而且现场遮挡严重，一些设计的结构点，如钢件的角点，实际上并不存在也无法观测。用激光雷达方法对局部钢结构做质量检测能保证快速、准确地检测钢结构的焊接质量。

1. 现场扫描

项目检测采用 Leica 公司的 HDS3000 扫描仪，有效距离达 300m。实际钢结构空间跨度在 20m 左右，设计站点与目标的最远距离一般在 60m 以内，符合仪器扫描的距离。

因此在实地测量中，首先根据钢架结构和实地情况设立好扫描站点，对需要测量的特征部分作精细扫描（图 7.34）。为保证距离影像整体配准的精度，还需要在目标及其周围布设一定数量的标靶。站点布设遵循以下原则。

①通视，能够现场采集需要检测的数据，主要是所有的钢架端口。

②站点数量既能保证采集到所有需要检测的端口，又要尽量少。

③设置合理的标靶控制点，保证控制边长度及几何控制网形状优化。

扫描密度设置一般要保证数据利用与扫描效率兼顾的原则，根据经验设置为 30m 处点间距为 7mm 就可以满足要求，实际扫描中一般 3 个人在 2 小时左右就可以完成扫描。

图 7.34　现场扫描

扫描完毕后把各站的数据连接起来。用标靶和基本的控制点条件及提取的几何条件构成整体的数据后激光雷达数据采集完毕。激光雷达数据本身都是隐性的，直接通过数据采集的特征点精度比较低，但是数据成模精度很高（如 Leica 公司的 HDS3000 影像数据的成模精度为±2mm），因此一般通过几何特征提取求解对应的特征点。

2. 钢结构安装

1）特征提取

钢架的主要特征为口部几何特征，槽钢的四个角坐标及其边界棱角的中点坐标具有设计坐标。在空间数据影像中，我们将目标的特征部位单独提取，几何目标提取主要是角点（图 7.35）。根据扫描的端口方向不同，每个端口的数据方向不同，需要采用不同的方法。

为了提取顶点的坐标，需要将端口的棱线提取出来，将棱线的交点作为端口的顶点。棱线的提取可以采用直接提取边缘点拟合或者平面相交的办法。

钢结构的接口部分一般数据点多，理论上设计的构件定点在端口的平面上，采集数据首先拟合出端口面。钢结构整体一般不规则，但是端口的局部基本上是长方体，侧面比较平整，所以可以将侧面局部的点提取后拟合为平面，通过平面相交可以求解部分棱线。最后得到如图 7.35 所示的 4 条线，求解直线的交点即为端口的 4 个设计角点。在拟合平面时候，选择点集中不可避免存在一些噪声点，一般将几何体的拟合误差限定在±2mm 内。

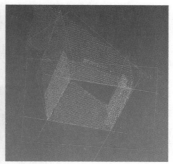

图 7.35 钢结构对接扫描及特征提取

2）对比分析

通过局部坐标系的特征只能检测目标端口之间的相对位置，要检测具体的偏差，必须将采集的特征坐标和构件的设计坐标转换到同一基准坐标系下。

项目中采用设计的坐标系为基准坐标系，将整体提取的特征点和设计同名特征点在考虑参与配准点位的空间分布均匀基础上做对应的误差最小二乘匹配，这样得到的目标点就和设计坐标统一起来。

在变换的坐标系中可以将提取的特征坐标和已有的设计坐标作比较。

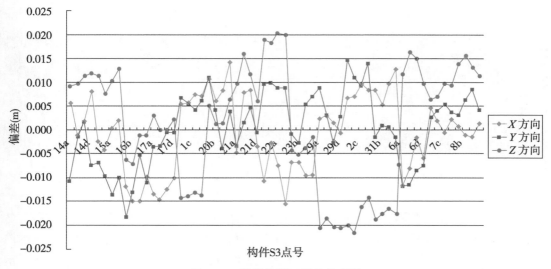

图 7.36 构件的端口误差分布图

从端口的比较数据可以看出，大部分的端口误差在 20mm 内，而且端口定点的正负偏差基本均衡，钢架焊接的误差在预定误差之内。

3. 次结构监测

钢结构主结构安装完成，卸载前对钢结构屋顶结构(包括桁架柱内柱下弦杆(含)以上部分)进行全面的整体测量，分区块提供屋顶结构的实物数据，并给出与设计理论值的偏差。需要在 GPS 控制网的基础上对整体钢架结构进行扫描测量(图 7.37)。

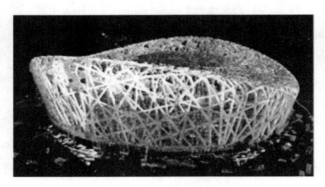

图 7.37　钢结构整体点云

鸟巢钢架建筑特点是内侧钢件多为长方体，易于通过边界点相交来提取设计特征点。

首先在扫描的激光数据中分割出相关拐点的 3 个平面点云，然后拟合成 3 个相交平面，如图 7.38 所示，这样我们就可以计算得到设计点的测量值。交点即是三条棱线的交点。

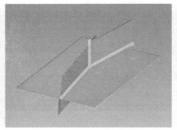

图 7.38　平面相交

卸载后重新在控制网基础上对鸟巢进行一次整体扫描。在实际中，随着施工进展，鸟巢钢架及其外围悬挂护栏遮挡，原来能够观测到的相对应端口比较少，不能进行有效的前后数据对比分析。因此，对两个时间段扫描的点云特征进行综合对比分析，最后选取对钢架次结构进行整体对比分析，以检测卸载前后鸟巢钢架结构变化。

图 7.39 是其中部分次结构点云图，对整个次结构各个拐角处拟合出 4 个点，拟合方法与牛腿肩部和次结构端口坐标方法相同；将前后两次数据的同一位置次结构数据点用相同方法提取出来后，就可以作相应的对比分析。图 7.39 显示了对比的位置及某节点结果。

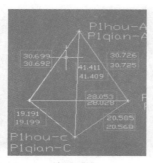

次结构点云　　　　　　结果对比　　　　　　次结构位置

图 7.39　次结构点云及其端口特征点

4. 三维仿真模型构建

国家体育场的三维模型能够直观地反映出体育场宏伟的真实外观。同时，由于三维激光扫描精确的优点，又能够准确、细致地表现钢结构牛腿部分钢架的扭曲程度，并且可以在模型上进行直接量测，简单精确测出钢结构上的每一点的三维空间坐标。因此，构建体育场的三维模型是钢结构安装数字测量必不可少的一部分。

根据实际采集数据分析，可以将钢架结构整体分为三种类型。

①规则长方体：主要是钢架上下弦支撑结构部分，可以通过简单的集合体直接拟合确定。

②不规则平面结构：这部分结构主要是钢架连接部分，可以采用多个不规则平面片构成其表面模型。

③曲面结构：曲面结构主要呈扫掠面结构，可以通过 NUBRS 曲面进行精确拟合表达。

将这部分模型主要分为三个部分：上弦杆和下弦杆部分，上弦杆、下弦杆之间的支撑钢架部分和外侧弯曲钢架部分。

1）上弦杆和下弦杆模型的构建

上弦杆和下弦杆部分的初步模型为规则长方体，实际中因为扫描角度有限，所以不能获取关于构件的全部点云数据，通过分割处构件两面到三面点云用长方体模型来模拟生成如图 7.40 所示的结构。下弦杆模型的做法和上弦杆模型的做法是同样的。

2）上弦杆、下弦杆之间的支撑钢架模型的构建

上弦杆与下弦杆中间连接部分属于不规则平面模型，实际在模型中用 11 个平面构成，需要有 14 个边界控制点，再由这些控制点连接成边界线，由边界线生成 11 个曲面组成中间连接部分的模型，将连接部分模型与钢架支撑部分结合构成最后的支撑钢架模型，如图 7.41 所示。

3）外侧弯曲结构部分

弯曲部分钢结构采用提取 4 条边界曲线的方法生成一根钢架的几个或几段表面；对于数据不全的部分，采用扫掠面的方法，只要提取出一段边界线作为扫掠轨迹，和一条母

图 7.40　上弦杆和下弦杆模型

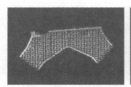

图 7.41　上下弦支撑结构模型

线，即可经扫掠生成一个扫掠面，弯曲部分钢架制作的过程如图 7.42 所示。

图 7.42　扫掠面模型

将所有的模型整合到一起，采用线框模型显示可以得到如图 7.43 所示的钢架模型。

图 7.43　鸟巢框架的整体线框模型

7.4.4　激光跟踪仪在航空工业中的应用

激光跟踪仪测量系统是当前飞机制造过程中应用最广泛的一种数字化测量系统。在飞机的外形测量，飞机零部件定位，工装检验与调整等方面均已得到应用。

1. 激光跟踪仪测量应用

1）产品检验

在以激光跟踪仪为代表的数字化测量技术产生后，实体飞机的几何尺寸信息采用三坐标化描述（图 7.44）。借助三维图形引擎，可以实时直观地分析、查看任意复杂实体与数模的偏离情况，轻松地构造各类质量指标。

图 7.44　翼身外形测量

例如，采用激光跟踪仪对部段结构进行关键特征的测量、分析，并与供应商交付数据对比，分析变化趋势，如图 7.45 所示。

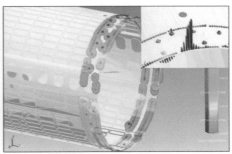

图 7.45　测量数据与数模数据比对分析

又如，在产品的结构包络上布设变形监测点，监测这些点在不同工位、不同受力情况下的拓扑结构变化，对产品变形进行定量分析，如图 7.46 所示。

2）定位辅助

激光跟踪仪也可用于定位辅助，如装配仿真。根据产品检验的实测数据，通过测量软件的对齐功能仿真当前装配方案的实际效果。借助三维可视化窗口可以直观地查看产品的偏差情况，实现对于装配方案的全面评估。对于关键特征测量数据进行分析，根据装配仿真中发现的偏差问题，利用关键特征测量点与模型最小化距离关系的 Bestfit 来模拟不同的

图 7.46　变形监测

装配方案，对各种对接方案进行可视化模拟和偏差的定量分析，辅助装配方案决策，寻求最佳装配结果，如图 7.47 所示。

图 7.47　装配仿真

　　例如，部段对接辅助。由激光跟踪仪获取机身和机翼上对接基准点的空间位置，将位置传送至调姿定位系统后，与设计位置进行比对，进而由调姿定位系统对调姿轨迹进行规划，传送至运动控制器后，对调姿定位阵列发出指令，调整飞机部段位姿。如此循环，直至部段位姿参数符合对接公差要求，如图 7.48 所示。

　　3）工装检验与调整

　　激光跟踪仪也可用于辅助工装的定位与安装（图 7.49），在提高了全局精度的同时，极大地加快了安装效率。

　　2. 案例一：超声波 C 扫描系统机械精度检测

　　超声波 C 扫描系统是一种用于工件内部探伤的设备。其使用计算机控制超声换能器在工件上纵横交替搜查，将工件内部的反射波强度以辉度的形式连续显示出来，这样就可以绘制出工件内部缺陷横截面图形。

　　超声波 C 扫描系统主要由机械传动机构、超声波 C 扫描控制器和超声波 C 扫描探伤

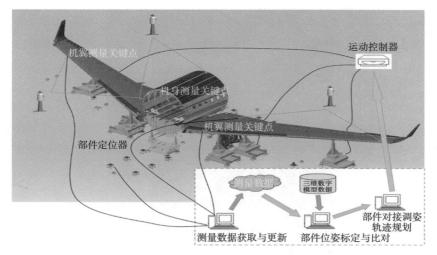

图 7.48 翼身对接辅助定位

图 7.49 工装检验与调整

仪组成(图 7.50)。其中，机械传动机构包含了龙门框架线性机械轴、机械手以及转台，三者的机械精度十分重要，直接决定着工件探伤定位结果的精确性。因此，要定期使用激光跟踪仪对超声波 C 扫描系统龙门框架线性机械轴、机械手以及转台的机械精度进行检验。

按照规范要求，龙门框架的线性轴机械精度要求：全行程内最大允许定位误差为 0.5mm，最大允许重复定位误差为 0.25mm。机械手的机械精度要求：在 X、Y、Z 轴三个方向各自的全行程内，最大允许定位误差为 0.5mm，最大允许重复定位误差为 0.25mm。转台的机械精度要求：全行程内转角的最大允许定位误差为 0.2°，最大允许重复定位误差为 0.1°。

在检测任务中，将设备所要检测的各部分均可视为刚性移动，只要测出其上一点的运动轨迹精度，即可对设备的运行精度进行评价。测量时选用激光跟踪球作为目标，将跟踪球固定于待检设备的合适位置上，将激光跟踪仪架设于超声波 C 扫设备的线性运动方向上，操纵设备移动，对跟踪球的位置进行测量。

图 7.50　超声波 C 扫描系统

　　具体而言，检测龙门框架的线性轴机械精度时，将激光跟踪球球座用硅胶固定于机械手上，使激光跟踪仪能够在龙门框架的全行程内测量到跟踪球。以龙门框架的起点为初始位置，激光跟踪仪测得跟踪球球心坐标。运行龙门框架的运动轨迹程序，使其在直线方向上以 0.25m 的间隔均匀前进，每运行 0.25m 的距离，龙门框架静止 3s，激光跟踪仪测得当前位置的跟踪球球心坐标。如此直至龙门框架的行程终点，可测得一系列的球心坐标。

　　在 SA 软件中处理测量结果，以第一个球心位置为原点，可得到这一系列球心与第一个球心位置的空间距离。将它们与龙门框架的设定位移 0.25m，0.50m，…对应进行比较，即可得到龙门框架在全行程内各点的定位误差。

　　以上为单次往程测量的步骤。龙门框架由往程运行的终点起，反向以 0.25m 的间隔均匀前进直至往程起点，激光跟踪仪进行返程测量，测量方法同上，可得单次返程内的龙门框架线性轴机械精度。按照规范要求，如此往返测量三次，检测结果即可对龙门框架线性轴机械精度进行评价。

　　机械手精度的检测方法与龙门框架线性轴类似。激光跟踪球依然固定于机械手上（图7.51），保证跟踪球与跟踪仪的通视。保持龙门框架静止不动，运行机械手的运动轨迹程序，使其分别在 X、Y、Z 轴三个方向的全行程内以 0.25m 的间隔均匀移动，由激光跟踪仪测得一系列球心坐标后分别对三个方向上的位移精度进行计算。每个方向都要进行三次往返程测量，检测结果即可对机械手精度进行评价。

　　转台机械精度的检测对象是旋转角度。将激光跟踪球固定于转台外边缘附近，反射面正对激光跟踪仪，如图 7.52 所示。转台静止时，激光跟踪仪测得跟踪球的第一个球心位置。然后运行转台的运动轨迹程序，使其以 $30°$ 的间隔转动，每转动 $30°$，转台静止 3s，激光跟踪仪测得当前位置的跟踪球球心坐标。直至转台转至 $360°$，即完整转完一圈为止，共测得 13 个球心 A_0，A_1，…，A_{12} 的点位坐标。在 SA 软件中，将这些点位拟合得到平面

图 7.51　超声波 C 扫描系统机械手

圆，圆心为 O 点，可求得 OA_1，OA_2，$\cdots$，OA_{12} 分别与 OA_0 的夹角，将其与相应的转台运动设定值 $30°$，$60°$，$\cdots$，$360°$ 比较，可得转台在全行程内的机械运动误差。以上为单次往程测量。转台由 $360°$ 的位置反方向转回 $0°$，测量方法同上，可得单次返程内的转台机械运动误差。如此循环测量三次，检测结果即可对转台机械精度进行评价。

图 7.52　超声波 C 扫描系统转台

3. 案例二：翼身辅助对接

在飞机数字化制造过程中，激光跟踪仪的一个典型应用是机翼与机身辅助对接。

飞机翼身对接系统如图 7.53 所示。全局坐标系为飞机设计数模确定的对接坐标系，被标定在装配车间中，始终保持静止，用于标定局部坐标系的位置和姿态。飞机的位姿是以全局坐标系为参考系定义的。在全局坐标系下有一组被标定的基准点 P_1，P_2，$\cdots$，P_n，用来确定激光跟踪仪坐标系相对于全局坐标系的位姿，使激光跟踪仪坐标系与全局坐标系相统一。调姿定位器固定在地面上，可沿 X、Y、Z 轴向运动，其自身坐标系方向（即轴运动方向)与全局坐标系方向相同。定位器上安装有光栅尺、编码器及力学传感器,可反馈定位器受力和位置信息。

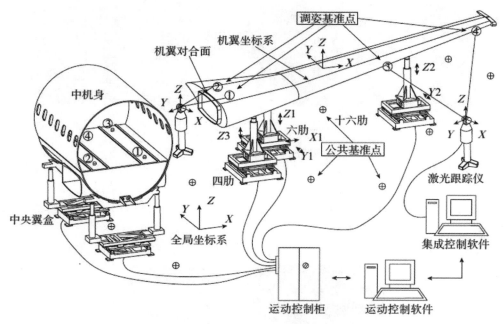

图 7.53　飞机翼身对接系统

机身采用托架式调姿机构,前后托架各固连两个定位器;机翼定位器采用 3-PPPS 并联调姿机构,可实现机身与机翼的六自由度调姿。地面和固定工装上分布多个公共基准点用于测量场构建,这些点在全局坐标系下均有理论值。

机身和机翼工装上各有 4~8 个调姿基准点,皆为 OPT(Optical Tooling Point)点,即为激光跟踪球的反射中心,表征翼身的位置姿态。要在飞机图纸上明确标记翼身对接 OPT 点的位置,装配前安装激光跟踪仪的反射球,校准 OPT 位置。其中,机翼调姿基准点布置在机翼下侧,距离远,高度大,人工引光难度大,可采用自动测量方法测量,即直接驱动激光跟踪仪在指定位置附近搜索并测量。

在飞机翼身对接过程中,首先进行中机身调姿,然后分别进行左机翼调姿和右机翼调姿,调姿完毕后进行翼身对合。每个大部件调姿过程大体一致,其基本流程如下:

①数字化测量场构建。采用单台或多台激光跟踪仪布站,保证大部件上调姿基准点可测。激光跟踪仪测量调姿基准点附近区域 5~8 个公共基准点,与其理论值进行坐标系拟合,得到测量坐标系与全局坐标系转换关系,从而建立测量基准坐标系。

②调姿基准点测量。大部件上架时,调姿基准点实际位置已在理论位置附近。激光跟踪仪采用自动测量方法,测量调姿基准点实际位置坐标。基于①中所述坐标转换关系和调姿基准点在跟踪仪坐标系下的坐标值,解算调姿基准点在全局坐标系下的坐标值。

③大部件位姿调整。根据调姿基准点测量值和理论值的差值,进行定位器驱动量解

算，然后终端执行机构逐渐调整定位器到理论位置，实现大部件的姿态调整和位置调整。其中，姿态调整分为横滚、俯仰、航向3个阶段。每次调整完毕后，根据定位器反馈位置计算调姿基准点的估计坐标，跟踪调姿基准点位置，作为下一次连续自动测量的搜索起始点，以便激光跟踪仪能快速搜索定位。

通过集成控制软件连续循环执行上述②、③步骤，即调姿基准点自动测量、大部件位姿调整、调姿基准点位置跟踪等操作，多个调姿基准点自动测量按顺序连续进行，大部件姿态调整和位置调整连续进行。调姿基准点的实际位置满足装配公差要求（一般为0.5～0.8mm）时，步骤执行结束，中机身位置和姿态达到理论值；机翼姿态达到理论姿态，位置值与理论值X轴方向偏差一定距离，即翼身对合保留量，以保证对接过程绝对安全，此后进行翼身对合操作，机翼缓慢插入中央翼盒。理论上经过一次完整调姿过程即可完成大部件姿态调整和位置调整，仅保留最后的部件对合操作，实际过程中可根据需要进行部件位姿微调和精确调整。

翼身对接完成后，可使用激光跟踪仪检测对接效果。检测前仍然和对接时一样要先确定统一的坐标系，保证测量到的飞机结构尺寸空间点都处在同一个坐标系中，保证所测结构部件处于静止状态。使用激光跟踪仪进行点云采集，通过采集对接后的机翼与机身不同部位的扫描式点云数据，在同一坐标系中进行拼接，得到完整的对接曲面点云数据，然后拟合成曲面数字模型，把得到的测量结果与设计数模中的理论数据比较，按照偏差数据计算几何元素间的相对位置，包括距离和角度关系，查看关键部位的特征符合情况，包括尺寸公差等。

7.4.5　港珠澳大桥高精度测量基准建立与沉管安装测量

港珠澳大桥是连接香港、珠海、澳门的超大型跨海通道，全长55km，为世界最长的跨海大桥（图7.54）。海中桥隧长35.578km，是当今世界最具挑战性的工程，被誉为"新世界七大奇迹"。该桥具有跨海长度长、工程规模大、建设条件复杂、结构形式多样、技术难度大、地理位置特殊及政治意义重大等突出的特点。主体建造工程于2009年12月15日开工建设，2017年7月主体工程全线贯通。

1. 高精度测量基准建立

港珠澳大桥主体工程测量基准由首级控制网和在此基础上逐级加密建成的首级加密网及一、二级施工加密网组成。其中，首级控制网是港珠澳大桥的基础控制网，2008年9月—2009年2月建立，大桥建设期每年复测一次。首级平面控制网示意图如图7.55所示，包括14个GPS平面兼高程控制点和3个GNSS连续运行参考站点。按照国家B级GPS网精度施测，统一港、珠、澳三地的坐标基准。

首级高程控制网包括59个一等水准点和52个二等水准点。其中一等水准路线总长约260km，二等水准路线总长约100km。实施了多处跨江（海）高程传递，统一了港、珠、澳三地的高程基准。

港珠澳大桥的工程坐标系包括桥梁工程坐标系（BCS2010）和隧道工程坐标系（TCS2010）。为最大限度地减少坐标投影的长度变形，采用高程抵偿面的任意带高斯正形投影方法。桥梁段的投影长度变形值综合影响在-4～5mm/km内；隧道段的投影长度变形

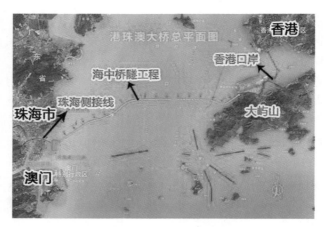

图 7.54　港珠澳大桥总平面图

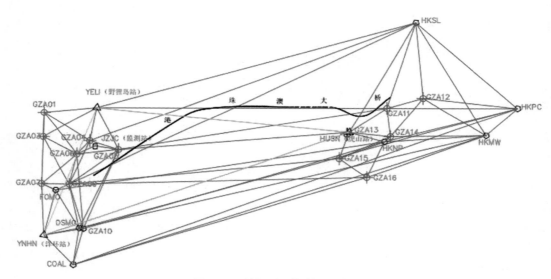

图 7.55　首级平面控制网示意图

值综合影响在 $-3\sim3mm/km$ 内。满足工程精密施工最大长度变形值影响小于 $5mm/km$ 的精度要求[3]。

2. 沉管定位测量

　　岛隧工程由海上人工岛和海底沉管隧道构成,全长约 7 440m,是整个工程中实施难度最大的部分,即施工控制性工程。其深埋沉管是我国建设的第一条外海沉管隧道,也是目前世界上最长的公路沉管隧道和唯一的深埋沉管隧道。沉管隧道长 6.7km,设计最深处管顶水深 $-33m$,其中,沉管段长 5 664m,由 33 个管节组成,标准管节长 180m,宽 37.95m,高 11.4m。隧道东端 1 313.362m 位于半径 5 500m 的圆曲线上,其余部分为直线。

要求：最终接头的位置位于管节 E29/E30，距西人工岛隧道外控制点约 5.8km，距东人工岛隧道外控制点约 1.3km(图 7.56)。贯通限差要求 50mm。

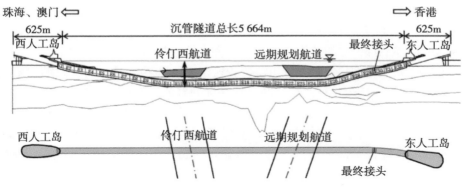

图 7.56 港珠澳大桥岛隧工程纵、平面示意图

1) 岛隧工程首级加密控制测量

为了满足岛隧工程施工需要，在东、西人工岛附近各布设了一个海中测量平台；同时，在人工岛上布设了首级加密控制网点。首级加密控制网采用 GPS 静态观测模式，将岛隧工程首级加密控制网点同东、西人工岛测量平台参考站及全站仪观测墩点、HZMB-CORS 站、香港小冷水 CORS 站等共计 19 个点进行联测，观测 3 时段，每个时段长度不少于 23h，网型如图 7.57 所示。

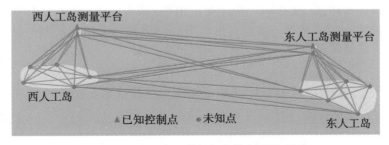

图 7.57 人工岛上首级加密控制网示意图

2) 沉管定位的主要技术要求及难点

沉管安装定位的主要技术要求如下：沉管管段首端(与前一块对接段)称为安装端或 A 端，末端称为自由端或 B 端。根据施工要求，A 端和 B 端的定位精度应达到±2.5cm，即平面轴线误差和高程误差应控制在±2.5cm 以内。这一定位精度对水下定位的要求是相当高的，目前单纯的水下声学定位方法是无法实现的。

在沉管安装过程中要实时监测其位置姿态，能够实时显示沉管的各角点位置、姿态、对接点距离、方位等技术参数和三维立体图，从而指导安装。

3) 沉管定位测量

在沉管 A、B 端建立 2 个测量塔，测量基本过程如下：在 2 个测量塔上部平台的中心各安装 1 台 GPS-RTK 接收机，以实时测定测量塔上部平台中心坐标；使用安装于测量塔顶部的激光发射接收器和安装于测量塔底部的反射镜(激光挠度系统)，实时精确测定测量塔在安装过程中风流和重力等作用下的变形导致的位置偏差(即挠度)；使用安装于测量塔底部的光纤罗经/姿态传感器精确测量管段的三维姿态(包括 Heading、Roll、Pitch)。根据测得的塔顶部平台中心的三维坐标、沉管姿态数据和挠度数据，实时确定测量塔底部平台中心准确位置坐标，并实时推算出沉管管段 A 端、B 端及其他特征点的三维坐标(包括平面和深度数据)，比较特征点坐标与设计坐标的差值，指导沉管管段的沉放。

在沉管建造完成后、安装之前，使用三维激光扫描技术快速获得沉管三维模型，为实时显示沉管做准备。在管段沉放过程中，采用三维显示技术，将水下地形、已安装的沉管、正在安放的沉管，根据它们真实的地理空间信息，在三维立体场景中绘制出来，监控、指挥施工过程。当沉管到达预定位置，且在误差允许范围内时，沉管开始对接并"着床"。

管段沉放测量是一个动态测量的过程，设在测量塔上的 GPS-RTK 接收机、激光挠度仪和沉管管段上的光纤罗经/姿态传感器需要不间断地进行同步测量，所有数据通过无线传输方式实时发送到计算指挥中心，计算指挥中心实时计算出管段的三维姿态和轴线偏差。

4)误差分析

测量过程存在以下误差：①GPS-RTK 测量中误差 $m_1 = 12mm$；②挠度仪及测量塔初始安装校准误差 $m_2 = 3mm$；③挠度仪测量中误差 $m_3 = 0.5mm$；④测量塔平台中心测量误差 $m_4 = 3mm$；⑤姿态仪艏向误差 0.1°，纵横摇监测误差 0.01°，反映在测量塔底部沉管对接面角点坐标测量最大误差(按照最大倾斜角 2°估算)约为 $m_5 = 2.5mm$；⑥数据传输延迟误差小于 0.1s，由于运动速度慢，延迟误差所引起的坐标误差可以忽略不计。上述的各项误差相互独立，根据误差传播定律，最终的点位中误差：

$$m = \pm \sqrt{m_1^2 + m_2^2 + m_3^2 + m_4^2 + m_5^2} = \pm 13mm \qquad (7\text{-}25)$$

沉管的方位是通过 A、B 端坐标反算出来的，其误差为 0.035°，优于姿态仪直接测定的精度。

7.5　精密与特种工程测量展望

精密与特种工程测量是伴随着大型工程、微型工程、高科技工程和特殊工程发展而发展的，而且不断深入地下、水域和宇宙空间。这些工程建设中的测量工作难度大，精度要求高，许多工程要求达到亚毫米级，甚至更高。传统的测量方法和仪器设备已不能满足工程的需要。人类必将研究和探讨精密工程测量的新理论、新方法和新的测绘仪器，推动了精密工程测量的飞速发展。

7.5.1　新理论、新方法的研究

精密工程测量最基本的特点就是精度要求高，工作难度大。它的工作对象都是高科技

工程和尖端科学工程，如三角网、导线网、线形锁和钢尺量边的导线等，不能满足精密测量的需要，要进行新理论、新方法的研究。例如，全球定位系统（GPS）、雷达干涉测量（INSAR）、全站仪、传感器和机器人等的研发，更好地促进它们在精密工程测量中的应用。更重要的是，随着科学技术的进步和精密工程测量的需要，研究开发纳米技术和一些人类目前还未知的新材料、新技术应用于测量，可望使测量精度达到 1/1 000mm 或 1/10 000mm，测量方法大大改善。

7.5.2 研究减少环境等外界各因素对精度的影响

测量工作都在大气中进行，受温度、气压影响比较大，各类测量仪器在测角、测距、测高、定向、定位和工程放样中都受到大气折光等因素的影响。气象影响除了折射率误差外，还有温度、气压的测定误差。人类曾采取飞机、气球等各种措施测定测线上的气象元素，但并没有根本解决问题，气象误差仍是精密工程测量的主要误差源之一。被测物体受热胀冷缩的影响，也会影响测量结果。同时，地形、地物和大面积水面的影响也不可忽视。另一方面，现在所用的测量仪器多数是电子类仪器，电磁波在传输过程中除了大气影响外，还受到强磁场的影响，如电磁波，微波发射台、站，高压线、变电站等。这些环境等外界因素对测量精度的影响规律和相应的改正措施的研究，是精密工程测量研究的重要方向。

7.5.3 研究现代测绘信息处理的新方法

现代测绘信息不仅是点、线、面等三维坐标，而且是包括时间、色彩、亮度以及地球、太阳运转状态等多维信息。测量误差不仅会服从正态分布，传统的最小二乘原理也并非最优。此外，在精密工程测量和微型变形监测中，传统的统计模型和分析方法也并非最佳。同时，现代测绘信息处理并不是单一的平差，还包括图形、图像、色彩及时间等处理，是多维、多项的综合处理。

现代测绘要随着精度要求的提高和观测方法的更新，研究新的信息处理模型，如确定性模型、混合模型、动态模型和不确定性模型等。在处理方法上可采用灰关联法、模糊评判法、神经网络法等。更需要研究一些前人没有用过的信息处理方法，即创新。

7.5.4 专用精密测量仪器的研制

常规的测量仪器在测绘工作中发挥着巨大作用，但随着科学技术的进步，常规的测量仪器精度和自动化、智能化程度还不能满足精密工程的需求。我们要大胆改革，勇于创新，可以采用纳米技术、网络技术、宇宙环境、空间信息以及特殊的技术，研制新一代精密工程测量专用仪器，实现测量的高精度、自动化、智能化，使测量信息采集和成图一体化、成果多元化、施工放样和微小变量监测与灾害预测自动化，实现测绘科学的现代化。

（本章作者：徐亚明）

◎ **本章参考文献**

［1］ 张正禄．工程测量学［M］．武汉：武汉大学出版社，2013.

［2］ 吴翼麟，孔祥元．特种精密工程测量［M］．北京：测绘出版社，1993.

［3］ 张彦昌，黄永军．港珠澳大桥隧道沉管安装定位及姿态监测技术［J］．海洋测绘，
 2012，32（5）：25-28.

［4］ 骆亚波．FAST 天线测量研究［D］．北京：中国科学院，2013.

第8章 海洋测绘

海洋测绘是获取和描绘海洋、江河、湖泊等水体和包围水体各对象的基础地理要素及其几何和物理属性信息的理论和技术，是测绘科学与技术的一个重要分支，是一切海洋军事、海洋科学研究及开发和利用活动的基础。按照学科体系，海洋测绘主要包括海洋测量、各类测量信息的绘制以及信息的综合管理和利用三大内容[1,2]。海洋测量是对水体、水底、周围陆地进行测量的理论、技术和方法，按照研究内容和任务可分为海洋大地测量（包括海洋重力、磁力、海洋控制网、海洋垂直基准测量）、海洋导航定位、水深测量及海底和海岸带地形测量、海底地貌测量、海洋水文测量、海洋工程测量及海洋遥感测量等内容。海图绘制是综合呈现和表达测量信息的工作，是设计与制作海图的理论、方法和技术的总称。海洋地理信息系统是对海洋的空间信息处理、管理、显示、分析和应用的技术和方法。

海洋测绘经过长期发展，已从单一水深测量和编制航海图为主要任务，发展到以沿岸地形测量、水深测量、底质探测、重力与磁力测量、水文测量、工程测量、遥感测量、航海图和专题图编绘等多种任务并行的综合测绘保障阶段。从以传统的船载方式获取海洋基础地理信息为主，发展到向天基、空基、船基和潜基等多种测量平台和多种传感器相结合的立体综合测量方式转变[1-3]。"3S"新技术的不断发展，使得海洋测绘的信息获取平台、设备、手段更加丰富，推动海洋测绘信息处理技术水平不断提高，以及成果精度和分辨率不断提升，新理论和新方法不断充实和发展。当前的海洋测绘正呈现立体、高精度、高分辨率、高效的信息获取、处理和应用的发展态势。下面按照海洋测绘的学科内容，具体介绍各领域的进展。

8.1 海洋大地测量

海洋大地测量以确保海洋测量控制基准为目的，是为海洋测绘建立物理（重力和磁力）和几何（平面和高程）基准体系与维护框架的大地测量技术，是陆地大地测量在海区的扩展[1]。

8.1.1 海洋重力测量

海洋重力测量属于物理海洋大地测量，是建立海洋重力测量基准、获取海洋重力基础数据、开展海洋重力场模型构建、应用重力异常变化开展海洋资源和目标探测的基础性海洋测量工作。目前海洋重力测量呈现星基、机载、船基和海底沉箱的多平台测量态势，测量设备正在朝多样化和国产化方向发展，重力测量数据在精细化方向进展较快[4,5]。

1. 海洋重力仪

目前用于海洋重力测量的船载/机载重力仪主要有美国 Micro-g LaCoste 公司的 L&R S 型与 S Ⅱ 型系列、德国 Bodenseewerk 公司的 KSS 系列(GSS-2，KSS5、KSS30、KSS31、KSS32 海洋重力仪)、俄罗斯的 GT-2M 与 CHEKAN-AM 海洋重力仪，以及美国 ZLS、DGS 等船载海洋重力仪和 Micro-g LaCoste 公司 INO sea-floor 海底重力仪构成的海洋重力测量设备体系。我国的海洋重力仪长期依赖进口，近年在引进、消化和吸收的基础上，国产重力仪研发进展较快，具有自主知识产权的捷联式航空重力仪、三轴平台式航空重力仪和海洋重力仪研发取得了突破性的进展，目前已完成实验验证，实现了数据的自动采集和规范处理，性能指标接近国外同类产品。中国科学院测量与地球物理研究所在国家重大科学仪器开发专项支持下，研制了 CHZ 型海空重力仪，国防科技大学、中船重工 707 所、北京航天控制仪器所等单位分别完成了 SGA-WZ01 型捷联海空重力仪、GDP-1 型动态重力仪和捷联式移动平台重力仪的工程化研制，并开展了系列化的海空重力测量试验，取得了与 LRS Ⅱ 海空重力仪精度相当的验证结果。整体而言，我国的海洋重力测量平台正呈现立体化、仪器装备呈现多样化和自主化方向发展的态势[2,4]。

在重力仪性能评估方法与评价指标确定方面，目前已形成了海洋重力仪稳定性测评的技术流程和数据处理方法；在研究环境因素和重力固体潮效应影响的基础上，形成了重力仪零点趋势性漂移、有色观测噪声与随机误差的分离方法，稳定性评估的标准化技术流程，由零漂线性常数、线性变化率和非线性变化中误差等参数联合组成海洋重力仪稳定性能评估指标体系。针对采用重复线开展重力仪动态精度性能评估问题，推出了以重复测线两两之间的均方根误差、系统偏差、标准差等组合参数代替传统的仅以均方根误差单一参数为评估指标的新的重复测线内符合精度评估公式，为重力仪动态性能评估提出了更精细的评估指标。

2. 海洋重力测量数据处理

海洋重力测量数据处理正在朝精细化和规范化方面发展[2]，主要进展如下。

1)测量数据消噪

考虑噪声变化的低频特点，借助 FIR 数字低通滤波技术，可有效消除重力异常测量信号中高频噪声，最大限度地还原真实重力异常值；联合 Mallat 算法和小波包分解算法，实现重力数据中的异常滤除，相对单一 FIR 滤波，提高了滤波的效率。针对使用小型测量船搭载摆杆型海洋重力仪获取数据质量不高的问题，根据海洋环境动态效应误差特性，采用基于互相关分析的交叉耦合效应修正方法，对高动态海洋重力测量数据实施综合误差补偿和精细处理，并在典型恶劣海况条件进行了验证，结果显示重力测线成果内符合精度从原先的 $\pm 9.35 \times 10^{-5} \mathrm{m/s^2}$ 提升到 $\pm 1.43 \times 10^{-5} \mathrm{m/s^2}$；同时使用卫星测高反演重力对精细处理结果的可靠性进行了外部检核，外符合精度也从原先的 $\pm 7.73 \times 10^{-5} \mathrm{m/s^2}$ 提高到 $\pm 5.63 \times 10^{-5} \mathrm{m/s^2}$。

2)航空重力测量数据延拓

采用截断奇异值(TSVD)正则化方法，并依据广义交叉检核(GCV)准则选择正则化参数，实现了传统的逆 Poisson 积分向下延拓模型的正则化解算，解决了传统逆 Poisson 积分向下延拓模型产生的不适定性问题。针对海域重力场变化相对平缓特点，提出了利用卫星测高重力向下延拓和超高阶位模型直接计算两种海域延拓改正数的方案；针对高阶位模型在地形变化复杂的陆部难有较好的逼近度问题，提出了联合使用位模型和地形高信息计算延拓改正数的新方法，即在位模型延拓改正数基础上加入地面和飞行高度面上的局部地形改正差分修正量，以此作为陆部航空重力测量向下延拓的总改正数，同时提出了位模型改正数与地形改正数频谱匹配概念。新思路的显著特点是，其解算过程避开了传统求解逆Poisson积分方法固有的不稳定性问题，有效简化了向下延拓的计算过程和解算难度，提高了延拓计算精度。

3）多源重力数据融合

对融合多源重力数据的传统配置法计算模型进行不适定性分析的基础上，基于Tikhonov正则化方法，构建了多源重力数据融合的正则化配置模型；联合Tikhonov正则化方法和移去-恢复技术，构建了多源重力数据融合的正则化点质量模型；研究分析了数据融合统计法和解析法的内在关联与差异，针对同类多源重力数据融合问题，提出了融合多源重力数据的纯解析方法。

4）测量成果精度评估

根据海洋重力测量精度分析特点和要求，采用以重复测线不符值、测线网交叉点不符值的标准差对海洋重力测量的内符合精度进行评估的方法[4]。为外部评估海洋重力测量成果精度，将高阶EGM2008模型重力异常和卫星反演重力异常数据集作为外部数据源，以该高精度、高分辨率数据源为参考，检核和评估海洋重力测量数据的质量，实现了可能残存粗差和系统误差的有效发现和消除[5]。

8.1.2 海洋磁力测量

海洋磁力测量属于物理海洋大地测量，是建立海洋磁力测量基准、获取海洋磁力基础数据、开展海洋地磁场模型构建、应用磁异常变化开展海洋资源和目标探测的基础性测量工作。近年来，海洋磁力测量的进展[1-3, 5]主要体现在：①设备国产化进展较快，自主产权的光泵式海洋磁力仪、组合测量系统已成功研制；②航空磁力测量精度得到显著提高；③数据处理的精细化和规范化程度得到改善；④磁力测量范围得到拓展。

1. 海洋磁力测量系统及地磁测量

1）磁力测量系统

我国成功研制了自主产权的光泵式海洋磁力仪，形成了一套海洋全张量磁梯度系统，用于测量地球磁场三分量数据及张量磁力梯度数据，并实时采集设备的定位信息及姿态信息。组合系统由两组三分量磁力仪、惯导系统、GNSS、温度/压力传感器等组成，适用于测量地磁场矢量空间的磁场变化率。在磁法勘探中，组合系统测量结果用于解释的效果明显优于单探头标量测量和三探头标量梯度测量结果。利用多台海洋磁力仪、测深仪和GNSS，研制数据合成器、水下拖体、电源适配器、数据收录兼导航软件，构建了阵列式海洋磁力测量系统，成倍地提高了磁力测量效率，兼作多梯度磁力测量系统，提高了海洋磁力测量的精度。

2）海底地磁日变站布设

为了解决离岸较远的磁力高精度测量问题，开展了海底日变站的布设和日变改正研究和应用，极大地拓展了海洋磁力测量的范围。根据海洋磁力测量作业拖鱼入水深度，研究并确定了海底地磁日变站的合理布放深度；分析了地形、底质和流速对地磁日变站布设的影响，提出根据海图提供的海底地形和底质资料、ADCP 提供的流场信息，综合选择海底地形变化平缓、流场变化缓慢和底质稳定的海底作为海底日变站位置的选址原则，为复杂海域海底日变站选址和地磁日变数据的高精度获取提供了依据。

3）海岛礁磁力测量

在海岛礁地磁测量技术方面，近年来取得了从无到有的突破。目前地磁三分量测量有三种作业方式，即地磁台站连续跟踪观测、定点定期复测和流动测量。海岛礁地磁测量实现了地磁经纬仪、陀螺经纬仪、天文观测和 GNSS 高精度定位与定向等多系统一体化集成应用。以陆地成熟的流动地磁测量技术为基础，以地磁三分量为观测对象，结合海岛礁磁偏角测量的特殊性，提出完整的数据处理模型，形成了较为完备的地磁三分量海岛礁测量技术体系，并编制了相应的技术规程。

针对海岛礁地磁测量中观测基线较短的问题，利用陀螺经纬仪的超短基线磁偏角测量方法，通过陀螺经纬仪和地磁经纬仪的有机配合，代替现有 GNSS 作业模式，可使观测基线从 200m 缩短至 50m，为海岛礁磁偏角测量的大规模开展开辟了新途径。针对观测基线短于 50m 的情况，提出了基于天文方位角观测的无基线磁偏角测量方法，解决了孤立小岛礁磁偏角测量技术难题。

4）船载海洋磁力测量

开展了磁力仪拖鱼入水深度计算与控制研究，建立了入水深度与配重、拖缆长度和船速间的关系模型。基于 G882TVG 海洋磁力仪阵列的海上拖曳试验数据，推导了海水阻力对拖缆拉力和拖鱼入水深度影响的计算模型；分析了配重对拖鱼入水深度的影响效果，证明拖鱼入水深度随拖缆长度的增加呈非线性增加，当拖缆长度达到一定数值时，拖鱼入水深度不再继续增加；拖鱼入水深度随配重的增加呈线性增加，配重每增加 10kg，可使拖鱼入水深度增加 1m；随着拖鱼入水深度的增加，拖鱼阻力也随之增加，当拖鱼入水深度超过 60m 时，航速应保持 6kn（1kn=1.852km/h）。

测线布设是海洋磁力测量海区技术设计的核心内容，在保证整个测区的测量成果精度和测量效率方面起着决定性作用。目前测线间距确定依据测图比例尺而定，未充分顾及测区的地磁场特性。结合海洋磁力测量特点，基于测线间磁异常的线性插值，以相邻测线插值精度作为指标，给出了测线布设合理性的评价方法。该方法可以有效分析测线布设方式对磁测的影响，评价测线布设的合理性，为海洋磁力测量测线布设的优化提供量化指标。

2. 海洋磁力测量数据处理

1）磁干扰消除

针对海洋磁力测量数据处理中面临的磁平静变化和磁扰的识别与校正问题，通过建立日变数据的傅里叶谱分析模型，把日变曲线分解成不同周期的、振幅依次减小的傅里叶谐波，以确定每天的日变基值和傅里叶级数的各次谐波系数，实现了磁平静日变和磁扰改正的相互分离，解决了强磁扰期间的日变改正问题，提高了海洋地磁测量的精度。

2）拖鱼起伏变化对磁力测量影响及作业原则

为削弱海洋磁力测量时船速、风、流、浪、涌等外界因素影响，以及多艘测量船同时测量时船型参数(船长、排水量、船速)及拖缆长度的不同导致拖鱼的入水深度不相同而产生的影响。借助上拓和下拓理论,对测量时不同深度的磁力观测数据延拓到平均海平面上,比较改正量大小,确定拖鱼起伏变化对测量成果的影响,进而给出了顾及拖鱼起伏变化的磁力数据处理方法和作业原则,认为当开展一级到三级海洋磁力测量时,必须顾及拖鱼入水深度的影响,需采用延拓算法,将实测磁力数据归算到平均海平面。

3) 船磁改正

船姿建模及其改正是海洋磁力测量数据处理中一个必不可少的环节。传统船磁模型只取磁方位角为变量,改正后测线数据存在系统差和船磁影响的起伏变化,给不断累积的地磁数据拼接带来困难。磁正西北和北东方向的测线网受船的感应磁性变化的影响最小,东西向测线之间船磁影响差异最小,而磁南北向测线之间正好相反,据此可从测线布设方案着手减弱船磁效应影响。完备的船磁模型可以兼顾考虑测线航向、地磁总场、磁倾角和拖缆长度的变化,通过不同拖缆长度的主、副测线网交点差平差或三点各两种不同拖缆长度的方位测量,实现地磁异常分离和完备船磁效应的改正。

3. 海洋磁力测量应用

1) 地磁场模型构建

借助实测磁力数据,通过各项改正,获得正常地磁值或各分量值,借助几何建模法(勒让德尔技术、泰勒多项式、多面函数等)和地磁位(球谐和、矩谐和)建模法开展地磁场模型构建,满足了局域地磁场模型的构建精度要求和地磁匹配导航的需要。

2) 水下磁性目标探测

磁探测技术能快速、有效地探测出水下小尺寸磁性目标,在沉船、水雷、海底电缆和潜艇探测中得到广泛应用。磁性目标引起的异常是矢量场,常用三个坐标轴上分量表示。现阶段,我国的水下磁性目标探测基本采用质子磁力仪或光泵磁力仪测量标量磁,推断磁性目标参数。标量测量结果丢失了磁异常矢量的方向信息,无法全面反映磁性目标的磁场特征,降低了磁性标参数的计算精度。国外测量磁异常分量的磁通门磁力仪和超导干涉磁力仪早已得到应用,并基于三分量磁测数据实现了优于基于标量磁场的磁性目标参数解算精度。利用总强度磁异常,通过换算得到了磁异常三分量,进而实现目标参数解算。空间域分量换算需要复杂的褶积运算,而频率域换算则可将空间域褶积关系转化为频率域的乘积关系,大大简化了计算过程。基于傅里叶变换的二度体与三度体磁异常分量换算方法为磁异常分量的换算奠定了基础。随着磁探测需求的不断提高,对磁异常分量换算精度要求也越来越高。分量换算精度与采样分辨率相关,分辨率越高,换算精度越高;反之,换算精度较低。相对陆地磁探测,单探头磁力仪在动态海洋环境下获取高分辨率磁场更为困难,制约了常规探测模式在水下小尺度磁性目标探测中的效能。海洋磁阵列测量模式的出现,为获取高分辨率磁场数据提供了非常有效的手段,其空间采样分辨率可介于亚米级至米级之间。

8.1.3 海洋控制网的建立

海洋控制网建立是布设、施测覆盖海岸、岛礁、水体和海底控制网的工作,是大地控制网的组成部分,是陆地平面坐标框架网向海洋的延伸。海洋控制网为各项海洋活动提供绝对平面起算基准，是一切海洋开发和利用活动的基础。海洋控制网包括海岸控制网、岛-陆控制网、岛礁控制网、海面和水下控制网以及各子网形成的联合控制网。海岸控制网、岛-陆控制网和岛礁控制网的建设方法和技术相对成熟，主要借助 GNSS 定位技术来实现。海面控制网和水下控制网包括海面和水体锚定控制网和海底控制网(图 8.1)，其建设尚处于起步阶段。近年来，随着海洋经济和海洋军事活动的深入，海面和水下控制网的建设受到了各国的高度重视。目前，海面控制网、水体控制网和海底控制网建设在网址选择、网型优化、海洋时变声场构建、绝对平面基准向水下的传递、控制网联合测量方法和数据处理方法、网点维护等方面取得了长足的发展[3,7]。下面分别介绍各方面取得的最新进展。

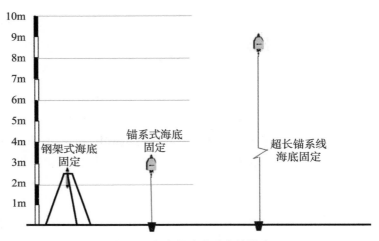

图 8.1　海底基阵阵元布放形式

1. 控制网布设[7, 8]

顾及最大覆盖面积、图形强度以及定位精度，水下控制网基本网形结构常布设为如图 8.2 和图 8.3 所示的正三角形或正方形网络，其中正方形网型结构最优。海底控制网点布设时，需要考虑声波的传播距离和测量精度。在水表层和温跃层，建议控制网点间的深度差变化分别不大于 10m 和 50m。

2. 海底控制网测量

1)时变声场构建[8]

海底控制网测量多采用边交会定位，基本测量元素为空间距离。声速直接决定着空间距离测量的精度以及最终控制点位的解算精度。通常取两测量点声速剖面的平均声速剖面，计算两点间声线的传播距离。海洋水文环境的复杂性决定了声速误差会给测距计算带来较大的代表性误差，并严重影响测距精度。为削弱其影响，根据声速剖面测量点间声速变化的正交性，借助正交函数，通过构建随时间和空间变化的声速空间场，获得声线传播深度的声速，进而实现距离的高精度计算。

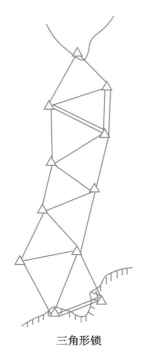

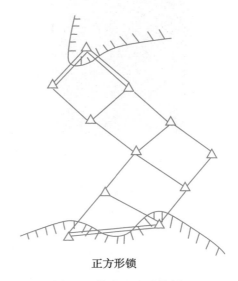

三角形锁　　　　　　　　　　　　　正方形锁

图 8.2　海底三角形控制网　　　　　图 8.3　海底四边形控制网

2）分步控制测量

传统海底控制网点平面坐标测量多采用双三角锥方法，即利用多艘携载 GNSS 接收机和换能器的测量船交会确定海底点的坐标。双三角锥测量法需要对每个海底控制网点实施测量，其优点是每个控制网点的平面坐标独立确定，但缺点是因需要将 GNSS 绝对平面基准借助声学测距交会定位传递到海底，受声速误差影响较大，海底点位的确定精度不高；此外，因动用多艘测量船开展同步作业，作业成本相对较高。为克服以上不足，现代海底控制网点测量采用分布作业模式：首先，借助圆走航在个别控制网点上实现平面绝对基准从海面传递到海底控制网点上；然后，海底控制网点间进行相互测距；最后，联合确定部分控制点绝对坐标和海底点间相对测量距离，实现所有海底控制网点绝对坐标的确定。分步测量的优点主要表现在如下两个方面：①圆走航基准传递采用等角测距、海底控制网基本在同温层测距，空间测距精度较高，点位解算精度高；②只利用一艘测量船开展绝对基准传递，海底控制网点间测距自动完成，因此作业成本低、自动化程度高。

（1）圆校准（圆走航）绝对基准传递[7]

圆走航测量是借助安装 GNSS 接收机和换能器的测量船，以一定半径 R 围绕海底控制点沿圆周走航，走航过程中连续测量船载换能器到海底控制点上应答器距离，进而实现交会定位以及海面绝对平面基准向海底控制点传递的一种测量方法。圆走航绝对基准传递方法如图 8.4 所示。围绕单个控制点圆周走航测距具有很好的对称性，声速误差带来的测距误差具有对称性，因此交会定位的精度较高。也正是因为该原因，圆走航中可以不实施声速测量，仍可取得与实施声速测量开展距离计算和交会定位同等的定位精度，不但提高了定位精度，同时也简化了作业。根据交会定位空间图形强度因子和位置计算协因数阵，走航半径 R 取水深时定位精度最高。

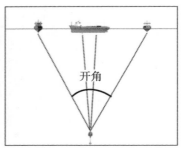

图 8.4　圆绝对校准原理

（2）海底控制网点间相互测距

借助海底控制网点上的换能器（应答器），通过与其他海底控制网点上的应答器相互测距，获得应答器或海底控制网点间的距离（图 8.5）。每个海底控制网点与其他网点进行相互测距时，该网点上的应答器切换为换能器工作模式，发送声波与其他网点上的应答器测距。完成测距后再切换到应答器模式，与下一个网点上的换能器（应答器）进行测距。

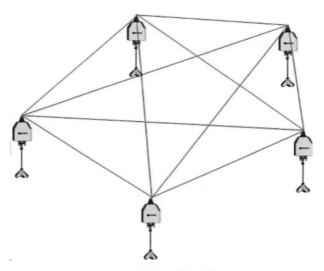

图 8.5　海底基阵相对校准

3. 海底控制点解算

获得了所有海底控制网点间基线长度后，采用无约束平差对所有基线进行筛选，剔除不合格的基线，再联合圆走航获得的部分海底控制点的绝对坐标，借助约束平差方法，实现所有海底待求点绝对坐标的计算，完成海底控制网的整体平差计算[8]。海底控制网联合平差基本原理示意如图8.6所示。

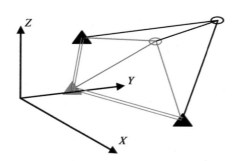

图8.6 附加限制条件约束的海底控制网平差

由于已知点和待求点三维空间分布的不对称性，联合网平差结果中的垂直解会同GNSS定位中的情况一样精度比较低，甚至不可用。为了解决该问题的影响，借助船载换能器和海底控制点上应答器内置的压力传感器提供的高精度深度或深度差信息，产生了两种网平差方法。

（1）二维网平差

压力传感器提供的深度精度为0.1%深度，与测距精度近似相同，远高于联合网平差所得垂直解精度。对两点上压力传感器提供的深度较差，得到两点间的深度差，再将得到的两点间三维空间几何距离转换为二维，此时的三维海底网平差问题转换为二维网平差问题。

（2）附加深度差约束的三维网平差

压力传感器提供的深度差尽管具有较高的精度，但仍带有观测误差，可视为高精度的观测量，与控制网点间的空间直线距离方程联合平差，并赋予较大的权重，联合实现控制网的解算。

二维网平差简化了网平差数据处理的难度，且保证了海底控制网点的解算精度。在满足精度要求的情况下，二维网平差不失为一种较好的解决方案。附加深度差约束的三维网平差增加了高精度观测量约束。理论和实践均表明，相对于二维网平差，三维网平差改善了海底控制网点解算的精度。

8.1.4 海洋垂直基准

海洋垂直基准是海洋垂直测量成果的起算参考，包括陆地高程基准、平均海平面和深度基准面（图8.7）。海洋垂直基准通常借助潮位站潮位数据来确定，随着卫星测高、GNSS等相关技术的发展，海洋垂直基准确定采用的数据源和表达方式发生了深刻的变革[9]。

GNSS高精度垂直解已广泛应用于海洋测绘中，在GNSS一体化测深、GNSS潮位测量等技术中发挥着重要的作用，但均需解决如何将GNSS实测大地高转换为基于深度基准面的海图高问题。目前，海洋垂直基准转换以平均海平面或似大地水准面为中介，实现大地高到正常高，再从正常高到海图高的两步转换，也可实现大地高到海图高的一步转换。无论采用何种转换，均需解决三个问题，即垂直参考基准面选取，深度基准面的无缝化和垂直基准间的无缝转换。椭球面或平均海平面常被选作垂直参考基准面。深度基准面定义于验潮站，离散、跳变和不连续，其无缝化问题是三个问题中的关键。潮位站密集水域，各站上的大地高、正常高和海图高关系明确，可实现彼此转换。潮位站包围水域深度基准面无缝化问题可借助几何法或潮差比法内插获得。据此机理已在多个水域实现了深度基准面无缝化及垂直基准的无缝转换。全球潮汐模型和全球平均海平面模型为任意海域垂直基准面的无缝构建及垂直基准间的无缝转换提供了条件。借助全球潮汐模型可获得深度基准面相对平均海平面的差距，基于全球平均海平面模型可得到基于椭球面的平均海平面值，联合二者可实现椭球面、平均海平面和深度基准面之间的无缝转换。但在近海岸，全球平均海平面模型和全球潮汐模型的精化问题应引起足够重视。

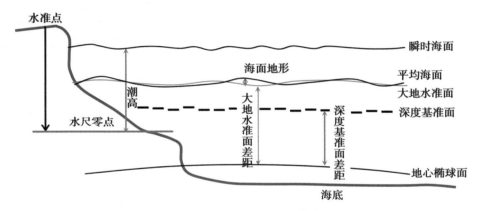

图 8.7 海洋垂直基准面及其关系

1. 无缝垂直基准[10]

无缝垂直基准指表征垂直信息的参考面具有连续性和光滑性，可在一定的几何或物理意义方面反映垂向空间信息表达的一致性。大地测量学中应用的高程基准包括地球椭球面、大地水准面和似大地水准面，均在全球或较大范围内具有连续、无缝等特点。地球椭球面是规则的几何形态面，正高系统和正常高系统的起算面由单一验潮站的多年平均海面定义，本身具有单点定位特性。海洋区域基础地理信息应采用（似）大地水准面作为垂直基准，以保证海陆地理信息表达的统一性。为了特定专题产品航海图生产，才产生了次一级的海图深度基准和平均大潮高潮面基准的确定问题，这些基准面是与潮汐分布状态密切相关的曲面，难以用简单的数学形式逼真，因此应用逐点定义方式实现。为了图载水深的测定和表达，以平均海面为参考的海图深度基准面标量场形式的连续化表达是必要的。平均大潮高潮面基准只应用于线状要素和点状要素表达，所以其应用需求是离散的或沿海岸线连续的。就重力归算而言，参考面即先验大地水准面本身是连续和无缝的，在实用中多以连续形态的平均海面代替。

国际上，用于海道测量的连续无缝垂直基准常指纯几何大地测量意义的地球椭球面。

2. 多级垂直基准的相互关系

现代海洋测绘的垂直基准构成具有多级体系，椭球面构成零级基准，平均海面或大地水准面构成一级基准。平均海面在大地坐标系中的表达通过卫星测高技术及验潮站点的GNSS技术等几何观测手段为主要实现途径。大地水准面基准满足实际地球重力场的等位特性，可结合CHAMP、GRACE、GOCE等卫星重力观测数据、卫星测高数据和海洋船载和航空重力数据，依据物理大地测量的基本理论构建。大地水准面通过高程零点在全球大地水准面上的垂直偏差联入国家高程基准面，作为海底地形的垂直基准[10]。

海图深度基准面和平均大潮高潮面等潮汐基准面构成海洋区域二级垂直基准，实质为海洋测绘中实用的且在传统理论和技术需求下无明显标定和维持意义的海洋测绘信息垂直基准。这两个基准相对平均海面的关系可通过精密潮汐场模型，利用深度基准、平均大潮高程面基准值的计算公式确定，并通过一级基准过渡，实现纯几何大地测量意义表达，构建零级基准的海图深度基准面和平均大潮高潮面的大地高模型。

记平均海面大地高为 $h(\varphi, \lambda)$，全球统一大地水准面高为 $N(\varphi, \lambda)$，国家高程基准在全球大地水准面上的垂直偏差为 $\Delta N(\varphi, \lambda)$，相对于国家高程基准的区域海面地形为 $\zeta(\varphi, \lambda)$，相对平均海面的海图深度基准值为 $L(\varphi, \lambda)$ 和平均大潮高潮面为 $\text{MSH}(\varphi, \lambda)$，而海图深度基准面和平均大潮高潮面的大地高分别为 $h_{\text{CD}}(\varphi, \lambda)$ 和 $h_{\text{MSL}}(\varphi, \lambda)$，二者的正（常）高分别为 $H_{\text{CD}}(\varphi, \lambda)$ 和 $H_{\text{MSH}}(\varphi, \lambda)$，则在垂直基准间存在如下转换公式：

$$\begin{cases} \zeta(\varphi, \lambda) = h(\varphi, \lambda) - N(\varphi, \lambda) - \Delta N(\varphi, \lambda) \\ h_{\text{CD}}(\varphi, \lambda) = h(\varphi, \lambda) - L(\varphi, \lambda) \\ h_{\text{MSH}}(\varphi, \lambda) = h(\varphi, \lambda) + \text{MSH}(\varphi, \lambda) \\ H_{\text{CD}}(\varphi, \lambda) = h(\varphi, \lambda) - N(\varphi, \lambda) - \Delta N(\varphi, \lambda) - L(\varphi, \lambda) = \zeta(\varphi, \lambda) - L(\varphi, \lambda) \\ H_{\text{MSH}}(\varphi, \lambda) = \zeta(\varphi, \lambda) + \text{MSH}(\varphi, \lambda) \end{cases}$$

$$(8\text{-}1)$$

在完成构建一级和二级基准面相对于零级基面的标量场模型后，可实现不同基准下的垂直信息转换。

3. 无缝海图深度基准的网格化实现与质量控制

海域深度基准面应为连续变化的曲面，即无缝海图深度基准面，由于海图深度基准面随潮波逐点变化，以及潮汐模型本身存在严格解析表达的困难，构建真正意义上的连续海图深度基准面通常难以做到，故目前以网格标量场模型形式代替连续无缝海图深度基准模型。

网格形式的海图深度基准面模型的数值一般取 L 值模型。为方便无验潮模式下的水下地形测量应用，需以平均海面高模型为中介，转换至相对零级基准表达。而为与陆地地形一致，可利用两类一级基准之间的转换关系，即区域基准下的海面地形模型，将海图深度基准面以国家高程基准为参考面表达。

网格形式的海图深度基准在平均海面基准下的表达精度主要取决于潮汐场模型的精

度。海图深度基准面模型精度指标的确定应与其服务目的相匹配,基本原则是在水位改正中占据微弱的误差份额,如限定为水位控制中误差的 1/3。

4. 原有水深数据基准转换

传统水位控制常采用分带法和分区法实现,由于采用的验潮站组合、深度基准面确定依据或算法不同,海图水深采用的基准面处于割裂或分片状态,因此将历史数据转换至新的网格化基准体系时,需考虑验潮站组合,将原有基准反订正至平均海面,再行转换。对于新测数据,需充分顾及采用的技术和数据处理方式。验潮站控制下的水位改正以平均海面作为参考面为宜,可减少离散基准下的基准面定义偏差和不完善的水位归算误差;无验潮模式测定的水深应以大地高为基准,并借助上述转换模型实施转化。

8.2　海洋位置服务

一切海洋要素测量和海上活动均无法离开位置服务。海洋位置服务按照服务对象和空间位置分布分为海面和水下位置服务。海面位置服务目前主要借助 GNSS 提供。一般船只导航、定位多采用 GNSS 单点定位技术;中小比例尺水下地形测量中,导航定位多采用 GNSS 广域差分或星际差分定位技术;大比例尺水下地形测量、精密工程测量中,定位主要采用 GNSS-RTK(Real-time Kinematics)、PPK(Post-processing Kinematics)和 PPP (Pointing Precise Positioning)定位技术。相对于水面,水下的位置服务可采用的手段非常有限,目前主要采用声学定位系统如 LBL(Long Baseline)、SBL(Short Baseline)、USBL (Ultra-short Baseline)、自研制的声学阵列系统或以上系统形成的组合系统,采用测距、测相等定位方法实现满足不同精度要求的位置服务。为确保水下位置服务的准确性、连续性和稳健性,声学定位技术常与惯性导航系统(INS)、航位推算系统等组合使用。为确保水下潜器的隐蔽、连续和准确导航,惯性导航系统常与海底几何场(地形、地貌)或物理场(重力、磁力)的匹配导航系统组合,形成无源自主导航定位系统,为水下潜器提供位置服务[8]。

8.2.1　水下声学位置服务

水下声学定位采用声波测距(或距离差)或测相(相位差)实施定位,是目前主要的水下定位手段。下面分别介绍近年来声学定位系统、定位方法取得的进展。较成熟的水下声学定位系统有 LBL、SBL 和 USBL,各自的基线长度分别为 10cm、20~50m、100~6 000m,作用距离为 5~20km、2~5km 和 0.2~1.0km。为满足特殊的定位精度要求,近年来还研制了声学阵列定位系统。

1. LBL 定位系统及定位方法

LBL 包括安装在船上或水下载体上的收发器及一系列已知位置的应答器(基阵网)。LBL 基阵(控制)网是 8.1.3 节中建立的海底或水体中的控制网。工作时,可利用一个或多个应答器进行定位,应答器的个数和基线长度决定定位精度。图 8.8 给出了多应答器(控制点)、双应答器和单应答器三种定位方法。

1)多应答器(控制点)定位[7]

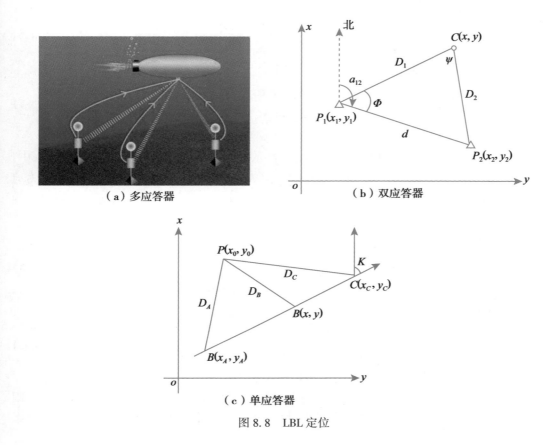

（a）多应答器 （b）双应答器

（c）单应答器

图 8.8 LBL 定位

当具备 3 个或 3 个以上控制点时，载体上的换能器与各控制点上的应答器相互测距，以载体三维坐标为待求参数，结合各控制点已知坐标，构建距离观测方程。对距离观测方程线性化，解算载体的三维坐标。

为提高载体位置的解算精度，多应答器定位时尽量考虑采用较多的海底控制点，以增加冗余观测和提高载体点位的解算精度。此外，考虑垂直解在解算中的不稳定性，可采用应答器与载体上、换能器内置的压力传感器提供的深度差，以及海底控制点的绝对高程，综合确定载体的高程。

2）双应答器定位

图 8.8（b）中，$P_1(x_1，y_1)$、$P_2(x_2，y_2)$ 分别为两个海底控制点坐标，C 为载体位置。α_{12} 为基线 d 的方位角，Φ 为 P_1 处三角形顶角，D_1、D_2 为载体到控制点的水平距离（可借助压力传感器提供的深度，将观测得到的空间距离转换为平距）。根据几何关系，可以计算得到 α_{12}、Φ 以及载体位置 $C(x，y)$。

$$\alpha_{12} = \arctan \frac{\Delta y_{12}}{\Delta x_{12}}$$

$$\Phi = \arccos \frac{D_1^2 + d^2 - D_2^2}{2dD_1}$$

（8-2）

$$x = x_1 + D_1\cos(\alpha_{12} - \Phi)$$
$$y = y_1 + D_1\sin(\alpha_{12} - \Phi)$$
$$(8\text{-}3)$$

如果 C 在 P_1、P_2 联线的另一侧，则上式应为：

$$x = x_1 + D_1\cos(\alpha_{12} + \Phi)$$
$$y = y_1 + D_1\sin(\alpha_{12} + \Phi)$$
$$(8\text{-}4)$$

3）单应答器定位

单应答器定位要求载体按照内置罗经提供的固定方位 K 直线航行。图 8.8（c）中，$P(x_0，y_0)$ 为控制点坐标，A、B 和 C 为在沿航向 K 航行时的三个船位，D_A、D_B、D_C 为应答器至 A、B、C 的水平距离。载体以航速 V 匀速航行，$A—B$ 和 $B—C$ 的航行时间分别为 t_A 和 t_C，则可以构建如下平距观测方程：

$$\left.\begin{array}{l}(x_A - x_0)^2 + (y_A - y_0)^2 = D_A^2 \\ (x_B - x_0)^2 + (y_B - y_0)^2 = D_B^2 \\ (x_C - x_0)^2 + (y_C - y_0)^2 = D_C^2\end{array}\right\}$$
$$(8\text{-}5)$$

根据以上测量约束则：

$$x_A = x + Vt_A\cos(180° + K) \quad x_C = x + Vt_C\cos(K)$$
$$y_A = y + Vt_A\sin(180° + K) \quad y_C = y + Vt_C\sin(K)$$
$$(8\text{-}6)$$

将式（8-6）代入式（8-5），解算得到载体的位置。

相对多应答器定位，单应答器和双应答器定位简化了作业，也降低了定位精度。因此，多应答器定位多应用于高精度定位，双应答器定位和单应答器定位多用于水下载体导航。

2. (超) 短基线定位 (USBL/SBL)

SBL 由水下应答器（控制点）和载体上固定安装的水听器基阵和换能器组成。载体换能器发射声波，水下应答器应答，所有船载水听器接收，得到一个斜距观测值和不同于这个观测值的多个斜距值，再根据距离差或者时间差确定换能器和应答器之间的坐标向量，并结合应答器坐标得到载体位置（图 8.9）。

USBL 与 SBL 定位原理相同，只是水听器和换能器组成的阵列以彼此很短的距离（小于半个波长，仅几厘米）按直角等边三角形布设且装在一个很小的壳体内，以方位-距离法实施定位。

3. 多阵列水下声学精密定位

USBL 具有定位简单、实施方便等特点，但具有基线短、测距有限和难以满足高精度定位要求等不足。为了增加冗余观测，在水下精密定位工程应用中，设计了采用多发射阵列和多接收阵列组成的水下多阵列精密声学定位系统（图 8.10）。图中，发射阵列由 3 个换能器组成，控制点为 O；接收阵列由 4 个应答器组成，待求点为 M。根据阵列安装参数，可以计算发射阵列中 A、B 和 C 换能器的三维坐标，同时也可建立 P、K、Q、R 相对 M 的关系。利用这 3 个换能器与 4 个应答器的 12 个测距值，形成测距方程。由于方程中仅包含待求点 M 坐标 3 个未知数，存在 9 个多余观测，因此显著提高了水下定位精度。

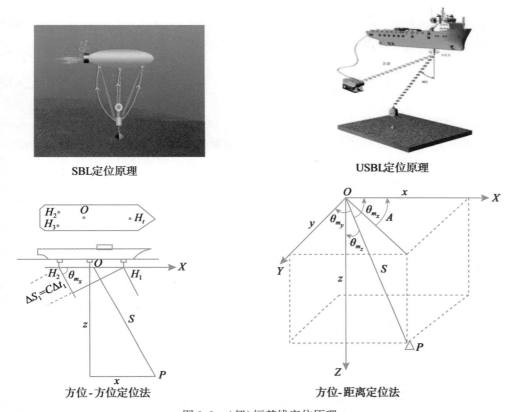

SBL定位原理

USBL定位原理

方位-方位定位法

方位-距离定位法

图 8.9 (超)短基线定位原理

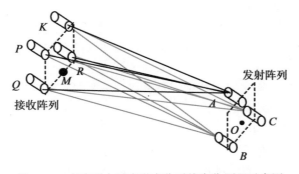

图 8.10 多阵列水下声学定位系统定位原理示意图

8.2.2 水下匹配导航

匹配导航是一种新型、自主海洋导航定位方法，借助海洋几何要素(如海底地形、地貌)或海洋物理要素(海洋重力、磁力)，通过实测与背景场相同的要素，借助匹配算法，从背景场中获得载体当前位置，实现载体导航。匹配导航包括实测要素序列、与实测要素相同的背景场和匹配算法三个部分。匹配导航是一种辅助导航，常与惯导系统（INS）组合，形成组合导航系统。组合导航系统中匹配导航主要用于削弱 INS 的积累误差，而 INS 则为匹配导航提供当前载体的概略位置、匹配搜索空间以及载体的速度和加速度。

1. 匹配背景场

基于地球物理场的匹配导航定位采用的背景场主要为地理坐标框架下的全球或局域磁场模型或重力场模型。地磁匹配导航需要地磁背景场。地磁背景场可借助国际地磁参考框架（International Geomagntic Reference Frame，IGRF）和中国地磁参考框架（China Geomagntic Reference Frame，CGRF）。IGRF 和 CGRF 均每 5 年更新一次，前者精度为 100~200nT，后者为 50~150nT，精度均偏低，不利用匹配导航。为了提高导航精度，可借助测量的局域地磁数据开展局域地磁场模型构建。局域地磁场建模常采用几何建模法或基于地磁位理论的建模方法。几何法主要包括 Legendre 多项式和 Taylor 多项式两种拟合建模法，以及曲面样条和多面函数法两种内插建模方法；基于位理论的建模方法主要有矩谐分析法。重力匹配导航需要的背景场为重力场模型。获得了局域或全球重力值或重力异常值后，便可采用类似地磁场建模方法，构建局域地磁场模型，并作为背景场，用于后续重力匹配导航。

基于几何场的匹配导航定位采用的背景场主要为全球或局域数字海图或海底声呐图像。地形匹配采用的背景场为数字海图或水下地形图。借助单波束或多波束测深，获得测点在地理坐标框架下的坐标和海洋深度基准下的深度，利用这些离散点便可构建海床 DEM 背景场。地貌匹配采用的背景场为区域海底地貌图像。常借助侧扫声呐测量来获得海底地貌图像，对多条带侧扫声呐图像拼接，形成大区域海底地貌图像。

2. 实时要素测量

匹配导航中的实时测量要素应该与背景场要素相同。基于地球物理场的匹配导航定位主要借助载体上携带的重力仪或拖曳的磁力仪观测得到的重力（磁力）数据，进而实现实时匹配要素时序观测数据的获取；基于海洋几何场的匹配导航定位主要借助载体携带的测深仪（如单波束、多波束）或拖曳的海底声呐成像系统（如侧扫声呐系统、合成孔径声呐系统）观测得到的条带图像来实现实时地形/地貌匹配要素的获取。

3. 匹配算法

匹配导航借助实测要素序列和其对应要素背景场匹配实现当前位置的确定，匹配的可靠性直接决定着导航定位结果的可靠性。最优匹配的判断采用相关分析算法，目前主要采用的相关算法有互相关 COR（Cross Correlation）算法、平均绝对差 MAD（Mean Absolute Difference）以及均方差 MSD（Mean Square Difference）算法。当 COR 最大，MAD 和 MSD 最小时，匹配的可靠性较高。背景场反映了匹配要素空间分布，实时观测要素序列可能为线分布或面分布，由此产生了线—面匹配算法和面—面匹配算法。

1）线—面匹配

单波束测深、磁力测量、重力测量会形成"线"观测序列数据，而背景场为"面"，实测线序列和面分布背景场的匹配，称为线—面匹配。线面匹配算法主要有 TERCOM（Terrain Contour Matching）、ICCP（Iterative Closest Contour Point）和 SITAN（Sandia Inertial Terrain-aided Navigation）算法。TERCOM 是较为经典的一种线—面匹配算法（图 8.11）。

TERCOM 利用平行于 INS 航迹的一组要素序列作为最终匹配序列,首先在格网内改变第一个 INS 推算点位置,在背景场中寻找一组与 INS 推算航迹平行的一组新的序列。遍历第一个 INS 推算位置有效范围内的格网,得到多组与 INS 推算航迹平行的序列。将每一组序列各点格网对应的地磁值与磁力实测值进行匹配,寻找匹配最优的一组作为最终的匹配结果。

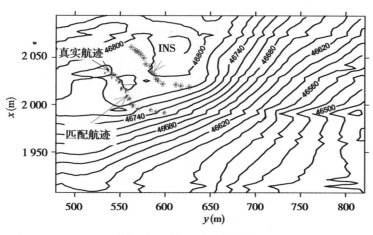

图 8.11　线—面匹配原理

2)面—面匹配

多波束测量和侧扫声呐能够在航获得海底的地形和地貌图以及图像面分布条带,背景场为"面"分布,因此这类匹配称为面—面匹配。针对地形的面面匹配算法有基于等深线走向的匹配算法、基于等深线图像的匹配算法和基于等深线链码和形状特征的匹配算法;针对地貌图像的匹配算法较多,如基于目标边界线的图像匹配法、Chamfer 图像匹配法、基于小面元微分纠正的图像间自动配准法、SURF(Speeded-Up Robust Features)算法等。图 8.12 为实测侧扫声呐条带片段与海底地貌图像背景场的匹配原理示意图。

无论采用何种匹配算法,载体位置均借助实测条带序列在背景场中不同区域的遍历、寻找最大相关或最大一致来实现。

8.2.3　组合系统位置服务

组合系统兼顾了系统内不同系统优势,弥补了各自的不足,实现水下高精度、高可靠性连续位置服务。目前用于水下位置服务的组合系统主要有 3 种[8]。

1. USBL+LBL+INS 组合系统

USBL 与 LBL 常结合形成综合定位系统,使之既具有 USBL 的操作灵活性,又具有 LBL 的定位精度(图 8.13)。组合系统中,利用 USBL 系统快速确定海底各控制点的坐标,再根据各控制点,采用多应答器定位,为水下载体提供位置服务。惯性导航系统 INS 为载体提供速度、加速度和方位信息服务。

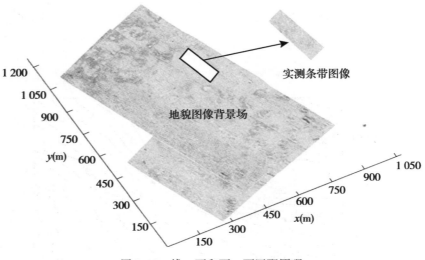

图 8.12　线—面和面—面匹配原理

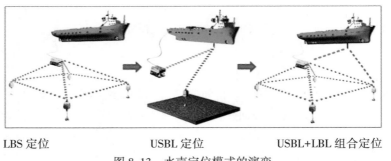

LBS 定位　　　　　　　　USBL 定位　　　　　USBL+LBL 组合定位

图 8.13　水声定位模式的演变

2. USBL+DVL+INS 组合系统

USBL 通过融合多普勒测速仪 DVL(Doppler Velocity Logger)和 INS(Inertial Navigation System)数据，大大提高了定位精度及系统的可靠性，扩大了水下声学定位技术的不同需求和应用范围。组合系统中，利用 USBL 为载体提供声呐定位服务；利用 DVL 提供的速度和 INS 提供的方位，得到载体的推算行进距离和位置信息；再联合两套系统的位置、速度和加速度信息，借助 Kalman 滤波，通过信息融合获得最终载体的实时位置，并对 INS 实施累积误差修正。

3. 匹配导航+INS 组合系统

INS 可以提供载体的实时推算位置、速度、加速度和方位信息，匹配导航通常提供间断的载体位置，可对 INS 的推算位置实施校正，进而提高 INS 的位置推算精度，实现载体的高精度、稳健和连续导航。

8.3　海底地形测量

海底地形反映了海床的起伏变化，海底地形测量在海底板块运动、沉积物迁移变化、导弹坐底发射、水面/水下载体安全航行、水下匹配导航、水下管节安放、沉船打捞、油气勘探和环境监测等海洋科学研究、海洋军事和海洋工程中发挥着重要的作用。海底地形测量是一项基础性海洋测绘工作，目的在于获得海底地形点的三维坐标，主要测量位置、水深、水位、声速、姿态和方位等内容，其核心是水深测量。水深测量经历了从人工到自动、单波束到多波束、单一船基测量到立体测量的三次大的变革。早期水深形测量主要借助测深杆或者测深锤来实现。现代水深测量源于"二战"时期出现的基于超声波的单波束回声测深技术。通过监测声波往返于换能器到海底的双程传播时间，再结合声速计算水深，反映海底地形的起伏变化。单波束测深虽每次只能发射一个波束，但实现了水深测量从人工到自动的变革。随着声学、传感器、计算机和数据处理等技术发展，20世纪70年代起出现了由换能器阵列组成的多波束回声测深技术。多波束系统每次发射可以在与航迹正交的扇面内形成上百甚至几百个波束，相对单波束，多波束系统的出现是水深测量的又一场革命。长期以来，船基声呐测深是海底地形测量的主要作业模式。随着相关技术进步，历经半个多世纪的发展，船基测深技术不断完善，基于星基遥感图像的海底地形反演、机载激光测深、基于潜航器或深拖系统的测深技术相继出现且研究和应用日益成熟。目前海底地形测量已形成了立体测量体系和信息的高精度、高分辨率、高效获取的态势[1-2, 11]。

8.3.1　船基海底地形测量技术

船基海底地形测量是一种最常用的海底地形测量技术。传统船基海底地形测量主要借助船载单波束/多波束回声测深仪开展水深测量，同步开展潮位、定位和声速测量。目前该技术在设备性能、测量模式、数据处理方法等方面发生了深刻变化，充分体现了测深的高精度、高分辨率和高效测量等特点。

1. 水深测量模式[11]

船基海底地形测量系统集多元传感器于一体，在航实现多源信息综合采集和融合，最大限度地削弱或消除了测量中的各项误差影响，提高了海底地形测量精度和效率。GNSS一体化测深技术是该领域的典型代表（图8.14）。联合单波束/多波束测深技术、GNSS-RTK/PPK/PPP高精度定位技术、POS（Position and Orientation System）技术和声速在航测量技术等于一体，借助GNSS高精度三维解，联合船姿和方位以及换能器和GNSS天线在船体坐标系下坐标，实时获得测深换能器三维坐标，为测深提供高精度的瞬时三维起算基准，结合利用在航声速声线跟踪获得的高精度水深，最终获得高精度水下测点三维坐标。GNSS一体化测深技术的优势在于无须开展潮位站潮位观测，较彻底地补偿了波浪和声速等因素对测量的影响，在航确定海底点三维坐标，显著提高了测量精度和效率，成为目前最常用的一种船基海底地形测量作业模式。

船基海底地形测量的无人化和自动化充分体现在无人船海底地形测量技术中。除

GNSS 一体化测深系统中设备外，无人船还配备自动操控、避碰、无线电、雷达等系统。根据遥控指令，无人船自动到达测量水域，沿设计测线实施测量，提取、存储和发送数据到岸上操控中心，操控中心开展实时或事后数据处理。无人船海底地形测量技术极大地降低了作业成本，提高了作业效率，在海况良好的大区域测量中、浅滩等危险或困难水域测量中作用明显。

传统水深测量　　　　　　GNSS一体化水深测量　　　　　GNSS一体化无人船水深测量

图 8.14　水下地形测量

2. 测深数据处理

测深数据处理一直是海底地形测量中研究的热点问题之一，包括质量控制，声速、吃水、姿态、水位等改正，测深数据滤波及海底地形图绘制等，进展集中体现在如下 3 个方面。

1）声速及声线跟踪方法、声速剖面简化

声速对测深精度影响显著，目前研究主要聚焦于声线跟踪、声速剖面简化和声场构建。

声线跟踪是利用声速剖面（Sound Velocity Profile，SVP）和往返传播时间、基于 Snell 法则确定不同入射角波束在海底圆斑坐标的方法。目前声线跟踪主要有层内常声速/常梯度声线跟踪方法，以及在此基础上为提高计算效率提出的误差修正法和等效声速剖面法。改进方法基于简单 SVP 与实际 SVP 的面积差，修正用简单 SVP 声线跟踪结果，替代实际 SVP 声线跟踪结果。改进方法不失精度，改善了水深计算效率。

以上改进方法改善了计算效率，但也忽略了声线中间变化。SVP 简化通过去除不具有代表性以及对声线跟踪精度贡献小的声速，达到提高声线跟踪效率、反映声线变化过程的目的，克服了声线跟踪改进方法的不足。SVP 简化主要有人工和自动两类方法。人工法通过人工挑选 SVP 中特征声速形成新的 SVP，虽简单，但受人工经验影响较大。自动或半自动简化法包括滑动平均法、D-P（Douglas-Peucker）法、MOV（Maximum Offset of Sound Velocity）法和面积差法。滑动平均法通过选择一定深度窗口，用平均声速替代窗口内原 SVP 进而实现整个 SVP 简化；D-P 法以垂直距离为指标，在保证 SVP 形状特点的基础上实现简化；MOV 法是 D-P 法的改进，将距离指标改为声速维度上的最大距离实施简化。D-P 法和 MOV 法均基于形状简化 SVP，忽视了声线跟踪特点，基于简化后 SVP 声线跟踪的精度会随深度增加表现出不稳定。面积差法基于等效声速剖面思想实施简化（图 8.15），SVP 简化率和声线跟踪精度均优于前三种方法。

基于 SVP 变化正交性，利用多个测站的 SVP 数据通过构建声速空间场模型，实现包

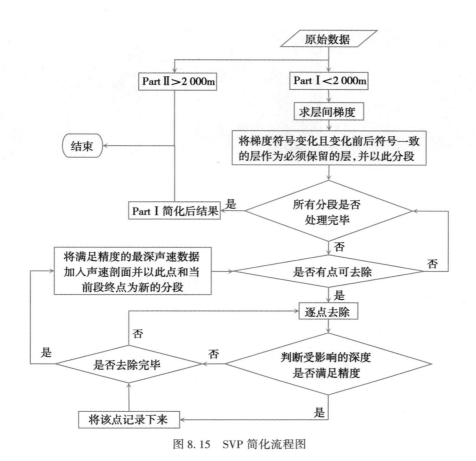

图 8.15　SVP 简化流程图

围水域任何位置的 SVP 确定；借助表层声速和已知深度约束，同样基于正交性原理也可实现 SVP 反演。以上研究削弱了声速代表性误差影响，提高了声线跟踪精度。

2) 测深数据滤波

受复杂海洋环境、系统噪声和测量船噪声等影响，获取的测深点云存在大量粗差，严重影响了测深数据对海底地形的准确描述，需给予滤除。目前常用滤波方法主要有 COP 法，Ware、Knight & Wells 法，Eag(RDANH)法，趋势面法，抗差估计法，Bayes 估计法，中值/均值滤波、局部方差检测和小波分析相结合的滤波方法、选权迭代加权平均等。以上均基于统计实现滤波，对于海量点云数据的处理存在速度慢、适用性较差、碎石区等复杂海床测深数据滤波性能欠佳等不足。CUBE(Combined Uncertainty Bathymetry Estimation) 是一种自动滤波方法，具有滤波高效、可靠、抗差、稳健等特点而被广泛采用。CUBE 算法在进行格网水深估计时认为测深点在格网节点周围均匀分布，据此可准确地估计出格网节点的水深值。CUBE 算法会在碎石区测深数据滤波中遇到挑战，滤波后结果中仍存在大量噪声，需借助人工滤除，顾及位置的二次 CUBE 滤波算法较好地解决了该问题(图 8.16)。

传统一次CUBE滤波　　　　二次CUBE滤波　　　　一次CUBE滤波+人工滤波

图 8.16　边坡大量粗差及其剔除

3）残余误差综合影响削弱[12]

多波束是由多传感器组成的综合测深系统，除受自身测量误差影响外，还受声速、姿态、安装偏差等影响。虽对这些影响严格测定和补偿，但其残余误差仍会给测深结果带来系统性综合影响，导致多波束 Ping 扇面地形出现"哭脸"或"笑脸"的现象。根据相邻条带公共覆盖区测量对象的一致性，采用误差强制压制法可消除该现象，但简单的平均并不能从机理上对其彻底消除。基于地形频谱特征的削弱方法认为综合影响仅改变了测深结果对地形变化趋势的反映，未影响对微地形的呈现。据此，利用高精度中央波束测深结果构建边缘波束地形趋势，联合实测微地形，合成边缘波束地形，从机理上彻底地削弱了残余误差综合影响。

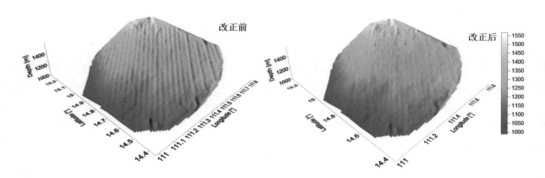

图 8.17　基于地形频谱特征的多波束测深数据中系统性残余误差综合影响削弱

3. 测深系统及数据处理软件

相对单波束测深系统，多波束系统因其全覆盖、高效率等特点得到了广泛应用，系统研制进展较快，目前产品主要有 SeaBeam 系列、FANSWEEP 系列、EM 系列、Seabat 系列、R2SONIC 系列及我国自主研发的多个型号的浅水多波束，已形成了全海深、全覆盖、高精度、高分辨、高效率测量态势。高分辨、宽带信号处理及测深假象消除、CUBE 测深估计等技术的采用，大幅度提高了测深精度、分辨率和可信度，测深覆盖已从传统的 3~5

倍水深扩展到 6~8 倍，每 Ping 波束从上百个发展为几百个，设备的小型化和便于安装等特点突出。数据采集与处理目前主要采用 CARIS、PDS、Hypack、Qinsy Evia、Triton 等软件，我国自主研发的测深数据处理软件也已投入应用。

8.3.2　机载激光雷达测深(ALB)技术

ALB(Airborne Lidar Bathymetry)借助红外激光(1 064nm)、绿激光(532nm)分别探测海表和海底，通过检测海表和海底回波实现测深。同多波束一样可实现全覆盖测量，其作业效率更高，在潮间带、浅水等地形测量中应用广泛。

1. ALB 系统

ALB 系统主要由激光扫描仪、POS、高度计等组成。按照设计测线，飞行过程中快速扫描实现海底地形全覆盖测量。以飞机平台为基准，ALB 借助红外、绿激光获得海表和海底高。测量中同步采集飞机位置、姿态和航向。飞机位置借助 GNSS-RTK/PPK/PPP 获得，姿态和航向借助 IMU 获得。此外，联合外部获得的海水浑浊度及部分船基实测海底地形数据，构建修正模型，提高 ALB 测量成果精度。

ALB 系统研发目前已从实用化迈入商业化，脉冲发射频率得到进一步提高，半导体泵浦 Nd：YAG 固体激光器和双波长(红外、绿激光)系统极大增强了 ALB 探测能力，系统的体积、重量和能耗显著减小，机动性和续航时间增强。ALB 正向小型化，轻量化，有人驾驶机载平台向无人机平台转变。典型的 ALB 系统主要有 Optech 的 SHOALS 200/400/1000/3000，CZMIL 和 Aquarius 系列产品，AHAB 的 HawkEye Ⅱ/Ⅲ 和 Chiroptera，RIEGL 的 VQ-820-G。按激光波长数分为双波长(SHOALS 系列，CZMIL，HawkEye Ⅱ/Ⅲ、Chiroptera)和单波长(VQ-820-G)ALB 系统，双波长 ALB 采用红外、绿激光分别探测海表和海底，一般采用共线、圆形扫描方式，单波长 ALB 系统采用单一绿激光探测海表和海底，一般采用圆弧扫描方式。我国目前也在研制 ALB 系统，多处于研发阶段。

2. 数据处理技术

1)激光雷达测深理论

激光测深能力与水体散射系数和衰减系数比值强相关，借助唯像理论可建立激光测量的唯像雷达方程。激光束虽具有一定发射角，但其传输规律仍可用准直光束传输特性来描述，据此可建立准直光束在海水中传输的唯像理论模型。影响水底回波振幅的因素主要有水底反射率和脉冲展宽，基于激光辐射传输模型可对水底回波振幅进行校正。

2)归位计算

ALB 归位计算理论和方法已经比较完善。根据 GNSS 提供的激光扫描仪三维绝对坐标，结合飞机姿态、激光扫描模式及扫描角、往返测量时间，可归算海面点的三维坐标。据此，再根据激光海表回波和绿激光海底回波测量时差、海水折射率、波束扫描角，归算绿激光海底圆斑的三维坐标。

3)波形识别

波形识别是检测激光回波、获取水面和海底波束传播时间，进而计算深度的关键。目前采用的技术主要有：为抑制白天强背景噪声，更精确地提取激光回波信号，对回波信号首先开展高通滤波滤除低频信号，再识别两种高频脉冲；利用回波信号的上升时间及振幅等特征，采用半波峰法识别海表和海底回波信号，进而估算水深；采用窄脉冲、高速探测器、小接收视场、窄带干涉滤光片和正交偏振方式接收，改善浅水海表和海底反射信号叠加；采用双高斯脉冲拟合，从极浅海水回波中分离海表和海底脉冲，实现水深提取。

4）浑浊度反演[13]

海水浑浊度会引起激光能量衰减，影响激光回波波形；反之，根据激光水体回波特征可估计海水浑浊度。提取 ALB 原始波形数据后，分析激光水体后向散射波形，估计有效衰减系数，进而反演海水浑浊度。

5）绿激光高度修正及单一绿激光测量[14]

受水面穿透影响，绿激光海表测量存在不可靠性。利用红外、绿激光测量结果分析绿激光水面穿透深度空间变化，利用统计法对绿激光海表高程修正，提高绿激光海表测量精度。采用逐步回归法建立关于泥沙含量、波束扫描角和传感器高度的绿激光水面穿透深度模型，推导单一绿激光高度修正公式，据此对绿激光海表和海底高程修正，实现基于单一绿激光的高精度海底地形测量。

6）深度偏差修正[13]

几何发散和多次散射使绿激光底回波产生脉冲展宽效应，引起波峰位移，导致测深产生偏差。深度偏差主要与 ALB 系统测量参数（波束扫描角，传感器高度）和海水水文参数（水深，浑浊度）有关。采用逐步回归法建立关于水深、波束扫描角、传感器高度和海水浑浊度的深度偏差模型，据此对 ALB 进行深度修正，实现 ALB 高精度水深测量。

8.3.3 海岸带一体化地形测量技术

尽管 ALB 可实现海岸带水下和干出地形的一体化测量，但穿透能力和测量精度受海水浑浊度影响较大，有些水域难以实施测量[13,14]。近年，利用多波束和激光扫描仪面扫测、非接触测量特点，出现了集多波束、激光扫描仪、稳定平台、POS 等于一体的且安装在测量船或气垫船上的海岸带一体化测量系统，同步测量浅滩水深以及激光测程内的岸边地形，同时获取水下和干出地形。海岸带一体化地形测量在堤坝、码头等水域有较好的应用，但在一般的浅滩地带存在测量盲区。现代多波束具有旋转声呐探头的功能，但依然难以扫测获得接近干出部分的浅水地形。

8.3.4 潜基海底地形测量技术

为了提高海底地形地貌信息获取的分辨率和精度，满足海洋科学研究和工程应用需要，以 AUV/ROV/深拖系统为平台，携载多波束测深系统、侧扫声呐系统、压力传感器、超短基线系统于一体的潜基海底地形地貌测量系统已经面世，并在我国一些重点勘测水域和工程中得到了应用，也受到了海事、水下考古、海洋调查等部门的高度重视。潜基海底地形地貌测量系统借助超短基线定位系统、罗经、姿态传感器和压力传感器为平台提供绝对平面和垂直坐标，利用多波束和侧扫声呐获得海底地形和地貌信息，并将信息通过电缆传输到船载存储和处理单元，综合计算获得海底地形。潜基测量技术适用于深海地形测量。随着我国深海调查活动的深入，其应用必将越来越广泛。

8.3.5 反演技术

1. 卫星遥感反演水深[15]

卫星遥感反演水深借助可见光在水中传播和反射后的光谱变化，结合实测水深，构建反演模型实现大面积水深反演，再结合遥感成像时刻水位反算得到海底地形。目前可用的影像主要来源于 IRS、IKONOS、QuickBird、AVIRIS、Sentinel-2、Landsat、TM、SPOT 等卫星。卫星遥感反演水深具有经济、灵活等优点，但反演精度及范围有待提高。

反演水深的关键是构建不同波段或组合波段与水深间的反演模型，主要包括波段优选、波段组合及反演模型构建三部分。波段优选是提取显著波段的工作，目前借助主成分分析法或相关法通过分析各波段反演水深的显著性或与水深的相关性来选择。波段组合是分析不同显著波段组合对反演水深精度改善程度，进而确定最优组合波段的工作。反演模型构建实则是构建显著波段或组合波段与实测水深间的关系模型并用于水深反演，先后出现了线性模型、附加幂函数非线性修正的线性模型、基于底部反射模型建立的单/双/三波段反演模型、结合多光谱遥感信息传输方程推导出的水深对数反演模型等。以上三个过程对于不同卫星影像和在不同水域，最优波段选择、最佳波段组合及反演模型均存在差异。

2. 重力反演海底地形[2, 3, 11]

重力异常和海底地形在一定波段内存在高度相关性，借助重力异常或重力梯度异常可反演大尺度的海底地形，为科学研究提供支撑。重力反演海底地形经历了从一维线性滤波到二维线性滤波发展，其核心是反演模型构建。反演模型构建经历了直接建模和修正建模过程，目前多采用修正建模。如利用 ETOPO5 模型、GMT 海岸线数据、卫星测高重力异常和船测水深，一些学者建立了海底地形模型。采用垂直重力梯度异常可以反演得到独立于重力异常的海底地形模型。在不同海底模型假设基础上，许多学者开展了水深反演，如在椭圆形海山模型假设基础上利用垂直重力梯度异常、采用非线性反演方法对全球的海山分布进行了反演；基于高斯海山模型，通过分析地壳密度、岩石圈有效弹性厚度及截断波长对反演的影响，采用垂直重力梯度异常反演得到海底地形。

借助重力地质法(GGM)，利用大地水准面数据，在频域内采用二维反演技术，以迭代法处理海底地形和大地水准面的高次项问题，削弱岩石圈挠曲强度的误差影响，改善反演精度；采用快速模拟退火法，利用重力垂直梯度也可反演海底地形。比较 GGM 法、导纳法、SAS 法、垂直重力梯度异常法和最小二乘配置法，认为 GGM 法、SAS 法反演精度较高，GGM 法、垂直重力梯度异常法和最小二乘配置法适宜开展大面积海底地形反演。

3. 声呐图像反演高分辨率海底地形[11]

高分辨率海底地形在沉船打捞、油气勘探和环境监测等海洋工程和科学研究中发挥着重要作用。高精度和高分辨率海底地形在浅水区主要借助多波束获取，但在深水区其测深分辨率会随波束入射角和水深增大而显著降低。侧扫声呐通过深拖可获得 20~100 倍于测深分辨率的海底声呐图像，但缺少高程信息。基于侧扫声呐成像机理及光照理论，借助 SFS(Shape From Shading)方法可实现基于声呐图像的海底高分辨率地形反演(图 8.18)。SFS 方法是基于声波在海床表面遵循的海底反射理论，通过构建回波强度与入射方向、地形梯度等因素之间的关系，对模型求解即可得到海床地形。SFS 反演仅能得到相对形状，需借助外部测深数据或侧扫声呐测量中提取出的水深数据进行约束，才能实现绝对海底地形的恢复。

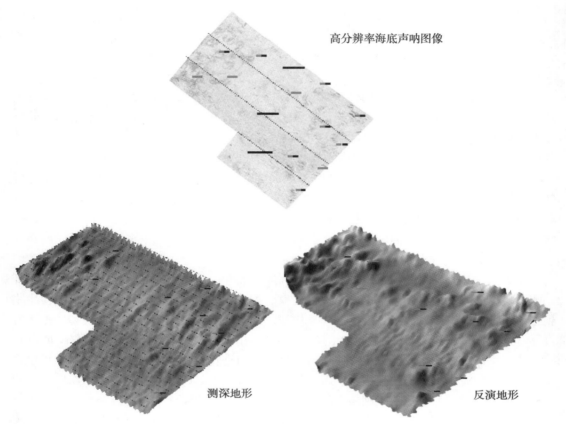

高分辨率海底声呐图像

测深地形　　　　　　　　　　　　　　　　　　反演地形

图 8.18　利用声呐图像反演海底高分辨率地形

8.4　海底地貌信息获取

海底地貌信息主要包括海床地物分布、纹理特征、底质类型及其分布等，常借助多波束(Multibeam Echo Sounding System，MBES)、侧扫声呐(Side Scan Sonar，SSS)和浅地层剖面仪(Sub-bottom Profiler，SBP)等声学测量设备，通过获取来自海底或浅表层层界的回波强度，构建声呐图像，反映海床地貌特征。近年来，在 MBES 声呐图像的角度响应改正、SSS 图像处理、MBES 和 SSS 图像信息融合、SBP 图像处理及底质声学分类等方面取得了显著进步，提升了测量成果对海底地貌信息的高精度、高分辨率表达。

8.4.1　MBES 声呐图像 AR 改正[16]

MBES 声呐在记录测深数据的同时也记录了每个波束的后向散射强度，形成声呐图像，反映水体目标、海底目标及地面特征（纹理、底质等）。多波束声呐图像的处理流程一般包括原始文件解码、TVG 改正、片段数据地理位置计算、地理编码与图像镶嵌等步骤，流程如 8.19 所示。受海底散射模型影响，MBES 后向散射回波强度会随波束入射角变化而变化，导致 MBES 声呐图像中央区域为"亮带"，条带横向回波强度（或图像中的灰度）分布不均衡。如图 8.20 所示，现有方法仅顾及了 D_1 镜反射区与 D_2 漫反射区，忽视了高入射区 D_3；此外，现有各反射区海底反射模型参数给定尚不合理，给声呐图像质量、海底目标识别及底质划分等应用带来了较大影响。目前，顾及底质分布的角度响应（Anglular Response，AR）建模法和 AR 分类改正法解决了该问题，取得了较好的 MBES 图像 AR 改正效果。

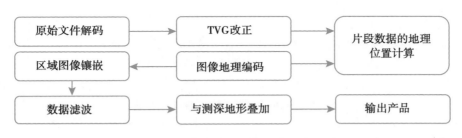

图 8.19 多波束声呐图像的处理流程图

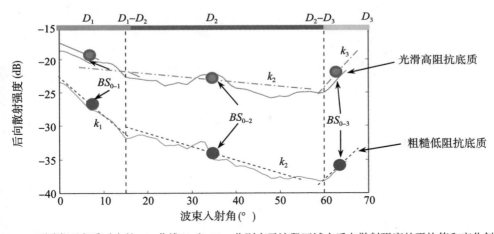

图 8.20 不同类型底质对应的 AR 曲线（k_i 和 BS_{0-i} 分别表示该段区域内后向散射强度的平均值和变化斜率）

1. AR 建模法

图 8.20 中，角度响应参数反映在每个脉冲的后向散射数据序列中，可通过多个脉冲取平均获得；每个脉冲带有随机误差，提取过程中依次引入多个脉冲平均和加权滑动平均；AR 曲线边界可借助 AR 曲线对应的二次微分曲线中的极值位置来获得，因此对不同角度响应区域的边界可以借助该方法做自适应提取；提取边界后，可计算每个角度响应区域中的平均后向散射强度和变化斜率等参数。利用上述参数建立分段 AR 模型，并用于改

正相应区域的 MBES 回波强度，消除 AR 效应的影响。AR 建模法建模过程如下。

1）连续脉冲平均角度响应曲线提取

原始记录的后向散射强度序列存在较大的偶然误差，需对连续脉冲平均，削弱偶然误差影响，得到更准确的 AR 曲线。平均 AR 曲线需通过对选定脉冲周围连续 N 个脉冲平均。受姿态影响，脉冲间的波束入射角并不相同，因而需要在平均操作之前首先将每个脉冲利用样条内插进行重采样，获得等角度的后向散射强度序列。重采样的角度间隔应与原始采样的角度间隔保持一致。

2）平均 AR 曲线平滑

受各种因素影响，平均 AR 曲线仍存在局部起伏，需对其进一步平滑。平滑选用加权滑动平均。

3）角度响应参数的提取

AR 曲线的参数包括不同区域的边界、不同区域的平均后向散射强度值及其变化斜率。一旦获得不同区域的边界，其他参数都可以相继计算得到。

不同区域的边界反映了波束散射模式在不同区域之间的变化。边界通常可以通过角度响应曲线对应的二次微分曲线中的极值位置获得。D_1 和 D_2 的边界可以通过寻找二次曲线中入射角在 $5° \sim 30°$ 范围内的最大值来确定，而 D_2 和 D_3 的边界可以通过寻找入射角在 $45° \sim 60°$ 范围内的最大值来确定。在每个角度响应区域内，后向散射强度平均值可以通过对区域内所有后向散射强度值进行平均计算得到，后向散射强度值的变化斜率则可以利用线性回归方式计算参数得到。

4）AR 分段改正模型构建

D_2 与 D_3 区间的过渡区一般较小，可以忽略，而 D_1 与 D_2 的过渡区域通常较大，需要考虑。利用上一个步骤提取的角度响应参数，可以在 D_1、D_2、D_3 和 D_1–D_2 区域建立相应的角度响应模型 BS_m：

$$\begin{cases} BS_m = BS_N + k_1\varphi, & D_1(0° \leqslant \varphi < \varphi_1) \\ BS_m = BS_1 + \dfrac{(BS_2 - BS_1)(\varphi - \varphi_1)}{\varphi_2 - \varphi_1}, & D_1 - D_2(\varphi_1 \leqslant \varphi < \varphi_2) \\ BS_m = BS_2 + 10\lg(\cos^2\varphi) + k(\varphi - \varphi_2), & D_2(\varphi_2 \leqslant \varphi < \varphi_3) \\ BS_m = BS_3 + k_3(\varphi - \varphi_3), & D_3(\varphi \geqslant \varphi_3) \end{cases} \tag{8-7}$$

式中，φ_1、BS_N 和 BS_1 分别代表 D_1 区的结束角度、开始强度与结束强度，而 $\varphi_2(\varphi_3)$ 和 BS_2（BS_3）分别代表 $D_2(D_3)$ 区的开始角度和开始强度，k_i 为该段区域内后向散射强度的变化斜率。其中 k 作为 D_2 的补偿斜率可以通过下式计算得到：

$$k = \frac{k_2(\varphi_3 - \varphi_2) - 10\lg(\cos^2\varphi_3)]}{\varphi_3 - \varphi_2} \tag{8-8}$$

5）AR 分段改正

对原始后向散射强度数据 BS_r 的角度响应改正可以通过下式获得：

$$BS_c = BS_r - BS_m + BS_{0-2} \tag{8-9}$$

式中，BS_m 代表模型改正值，BS_{0-2} 为 D_2 区域的平均后向散射强度值，而 BS_c 代表改正后的后向散射强度值。

相比传统改正模型，AR 建模法存在以下优势：

①使用更准确的角度响应参数建立角度响应模型，并且很好地反映了真实的波束散射模型；

②分别在 3 个主要角度响应区域(D_1、D_2 和 D_3)和一个过渡区域(D_1-D_2)建立角度响应改正模型以接近真实的角度响应曲线。

MBES 片段(Snippet)数据是一个波束内所有在截止门限内的后向散射回波采样点。由于波束内后向散射回波采样点一般按照等时间采样，实际记录的只有波束中央位置的坐标数据(斜距、入射角、深度等)。因此可以利用波束中央的深度值和每个回波与中央回波的时间之差计算出的斜距，得到每个采样点的具体位置。根据多波束声呐每个后向散射回波采样点的地理位置，选择合适的图像分辨率和合理的地理范围，便可实现海底 MBES Snippet 声呐图像的构建。

借助建立的分段 AR 改正模型，对 MBES Snippet 条带数据中的每一 Ping(多波束发射一次称为一 Ping，每一 Ping 形成一个断面)回波强度数据进行 AR 改正，便可消除角度响应对 MBES 图像的影响。

2. 顾及底质分布的 AR 分类改正法

建模法中，若不同角度响应区域的边界不能够被准确地检测出来，相应的角度响应改正结果会不准确。此外，由于建模法没有考虑海底不同底质对角度响应曲线的影响。因此在海底底质变化复杂的情况下，建模法会存在一些问题，包括用于脉冲平均的合理个数和加权滑动滤波窗口大小的选择等问题。众多研究表明角度响应参数可用于海底底质分类。在获取海底分类后，无须考虑建模法中参数选择问题，只需对每类底质的后向散射数据分别实施改正，因此克服了建模法的不足。顾及底质变化的 AR 分类改正法较好地利用了 AR 效应与底质间的相关性，因此理论上能够较好地消除 AR 效应对 MBES 图像的影响。

AR 分类改正法通过获得不同底质的角度响应曲线进行角度响应改正，包括如下 4 个步骤。

1)角度响应参数优化

将 AR 建模法中采用的 8 个参数简化为 1 个，即采用回波强度获得不同底质的 AR 改正曲线。

2)非监督底质分类

无须知道海底底质分布的先验信息，根据同类底质回波强度的聚敛性，借助 K-means++算法实施 MBES 声呐图像分类。

3)每类底质的角度响应曲线获取

根据分类结果，提取同类底质不同角度对应回波强度的平均值，构建该类底质的 AR 改正曲线。

4)角度响应改正

利用建立的不同底质的 AR 改正曲线，对原始 MBES Snippet 数据中每 Ping 的回波强度序列进行改正，最终实现整个 MBES 声呐图像的 AR 改正。

AR 分类改正法构建不同底质 AR 曲线和 AR 改正的流程如图 8.21 所示。不同方法的角度响应改正效果如图 8.22 所示。

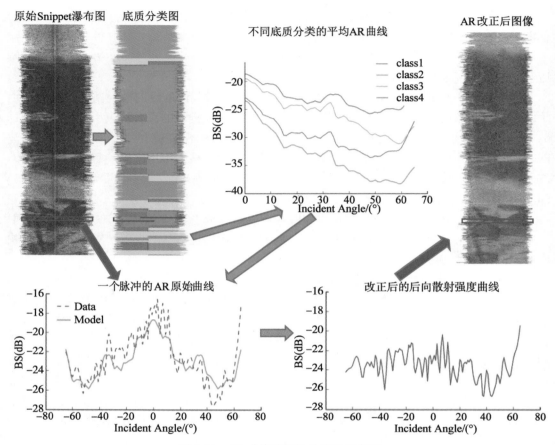

图 8.21　AR 分类改正法的流程示意图

8.4.2　侧扫声呐图像处理

　　同多波束一样，侧扫声呐(SSS)也是一种海底扫测设备，主要用于获取海底的地貌图像，反映海底的目标、纹理和底质等信息。SSS 图像处理步骤与多波束声呐图像处理步骤有相似之处，也有不同的地方。不同之处主要在于侧扫声呐图像的位置与波束坐标获取方式与多波束声呐完全不同；而相似之处则在于图像受到的影响因素相近。侧扫声呐图像处理步骤一般包括拖鱼位置确定、姿态改正、辐射改正、几何改正、地理编码、图像镶嵌等步骤，流程如图 8.23 所示。近年来，围绕 SSS 图像高质量获取研究在海底线跟踪、图像辐射畸变改正和大区域海底地貌图像拼接方面取得了显著的进步。下面重点介绍这些进展。

　　1. 海底综合跟踪[17]

　　海底跟踪的目的在于确定 SSS 每 Ping 回波中第一个来自拖鱼正下方海底的强回波位

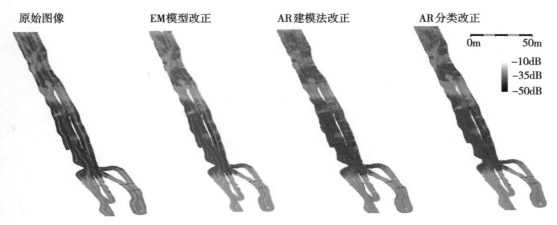

图 8.22 不同方法的角度响应改正效果

图 8.23 侧扫声呐图像处理步骤

置，进而确定拖鱼高度、消除原 SSS 图像中的水柱区，获得能够真实反映海底地貌特征的 SSS 声呐图像。海底跟踪常采用人工方法或简单的阈值方法来实现。受水面回波及船体尾流、悬浮物、强吸收及反差底质等因素影响，SSS 图像海底线跟踪往往不准确，影响了图像中水柱区的去除以及最终海底地貌图像的形成。海底线综合跟踪法克服了传统方法的不足，综合峰谷法、一致性变化原则和对称变化原则，联合 Kalman 滤波，实现了海底线的准确跟踪。相对传统方法，抗差性和跟踪的精度和自动化程度均得到显著提高。图 8.24 给出了综合法海底跟踪的原理和实施流程，图 8.25 给出了传统阈值方法、最后峰法和综合法海底跟踪效果图。

2. 顾及底质变化的 SSS 图像辐射畸变改正[18]

SSS 通过发射声波并记录来自海底的后向散射回波强度形成图像。测量中，SSS 在沿航迹和垂直航迹方向上会受到各种不同因素的影响。沿航迹方向，后向散射强度受到传播损失(水体中的散射和吸收)和声呐高度变化影响；垂直航迹方向，后向散射强度受传播损失、换能器接收波束模式、波束角度响应以及由海底地形变化引起的入射角变化影响。受上述横向和纵向因素影响，SSS 图像中存在辐射畸变，严重地影响了 SSS 图像的质量和应用。为消除辐射畸变影响，传统方法常采用 TVG 改正方法。受参数设置不准、人工 TVG 增益参量未实时记录等因素影响，辐射畸变改正效果往往不理想。顾及底质变化的

491

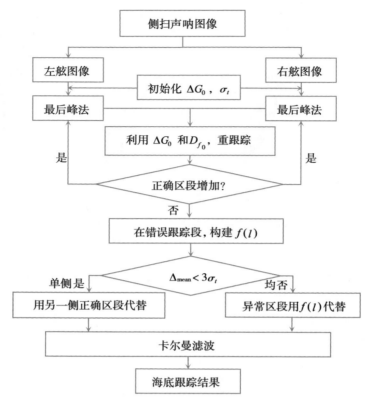

图 8.24　综合法海底跟踪流程图

辐射畸变改正考虑了底质因素的影响和时变增益在图像中的变化特点，具有较好的改正效果。图 8.26 给出了 SSS 图像辐射畸变改正过程。

顾及底质变化的辐射畸变改正包括以下几个步骤：

①利用海底线追踪技术获取声呐沿着航迹方向上的高度变化，通过建立后向散射强度与声呐高度的线性模型来消除沿着航迹方向上的 TVG 残余误差影响；

②将 SSS 记录数据从斜距-回波强度序列转换为入射角-回波强度序列；

③利用 z 分数算法对原始入射角-回波强度图像进行归一化处理，得到 z 分数图像；

④选择合适的分类数 K 对 z 分数图像进行 K-means＋分类并获得不同底质分类的分布；

⑤利用底质类型的分布获取每类底质对应的入射角-平均回波强度曲线；

⑥利用每种底质的入射角-回波强度曲线改正声呐图像的辐射畸变。

3. 大区域海底声呐图像拼接[19]

单条带 SSS 图像经过地理编码后，在地理框架下拼接，形成大区域海底声呐图像。受定位精度不高、畸变未彻底改正等因素影响，拼接后的 SSS 海底地貌图像出现畸变、错位和双目标问题，严重影响了 SSS 图像对海底地貌的真实表达。联合地理拼接和基于共视目

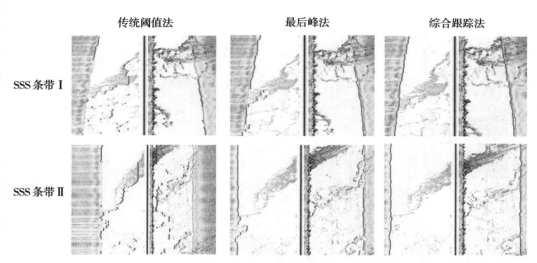

图 8.25 传统阈值法、最后峰值法和综合跟踪法在复杂 SSS 条带图像中的海底跟踪效果

标的条带图像拼接的综合拼接法有效地解决了该问题。该方法的数据处理流程如图 8.27 所示。图 8.28 给出了单一地理拼接法平均和综合拼接法平均形成的大区域海底地貌图像。

基于共视特征目标的匹配算法根据相邻条带的共视目标，借助 SURF 匹配算法，通过寻找特征点对，借助 RANSAC 算法对特征点对检验，再借助薄板样条获取相邻条带之间的变化关系，进而以其中一个条带的图像为参考，变化另一个图像，实现共视地物形状和位置的唯一。考虑 SSS 测量中定位精度的变化，以上基于共视目标的匹配和变换需要沿航线分区进行，在特征丰富的区段，采用小区域匹配和变化；特征贫瘠地区，采用大区域匹配和变化。完成匹配和变化后，对于相邻条带公共覆盖区图像需要采用小波分析等方法实现图像的融合。对所有条带图像拼接，最终形成大区域海底地貌图像。

8.4.3 高精度高分辨率海底地貌图像获取

高分辨率海底地貌图像可借助新型的合成孔径声呐系统和更高分辨率的侧扫声呐系统来获取，但定位不准问题仍然存在。随着多波束 Snippet 图像和伪扫测图像的出现，多波束声呐图像的分辨率得到显著提高。虽与侧扫声呐图像存在较大差距，但因其图像位置精度高，可通过与侧扫声呐图像匹配，实现 SSS 图像的位置校正，进而实现海底高精度和高分辨率声呐图像的获取。

SSS 采用拖曳作业，其图像因船速和船姿变化存在尺度的不一致和旋转畸变。SURF 图像匹配算法最大的优点是在图像存在旋转、尺度变换、仿射变换和视角变换等条件下具有良好的不变性，其将积分图像和 Haar 小波结合在一起，具有特征点提取速度快和匹配效率高等特点。该算法由特征点检测、特征点对描述及匹配、空间变换关系确定三部分组成，图 8.29 给出了多波束和侧扫声呐图像匹配流程。完成了两套图像的匹配后，借助小波分析方法对这两套图像实施融合。

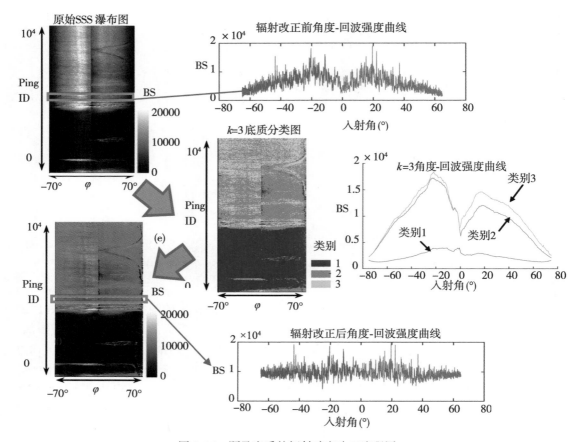

图 8.26 顾及底质的辐射畸变改正流程图

8.4.4 海底底质声学分类

底质是一个重要的海底地貌信息。底质探测是获取海床表面及浅表层沉积物类型、分布等信息的技术，是海洋动力学研究、海洋矿产资源开发和利用、舰船锚泊、水下潜器座底等海洋科学、经济、军事的基础数据，是海洋测量的内容之一。海底底质常借助采样器取样或钻孔取芯、实验室分析获得，存在效率低、成本高等缺陷。底质声学测量借助声波回波特征与底质的相关性实现底质探测，具有探测底质效率和分辨率高的特点，是传统底质取样探测的一种很好的补充方法[20]。近年来，底质声学探测研究发展迅速，集中体现在底质声学测量和底质声学分类两个方面。

1. 底质声呐测量

底质声学测量是借助声学换能器测量来自海床表面或海底浅表层底质层界的回波强度的工作。近年来，研究主要聚焦于声呐测量和回波强度数据处理两个方面。

海床表面底质声学信息可借助单波束回声测深仪、MBES 和 SSS 来获取，浅表层声学

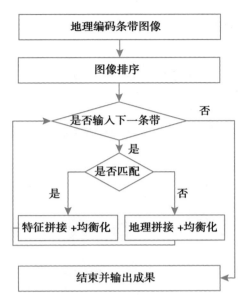

图 8.27 大区域多条带侧扫声呐图像综合拼接法流程

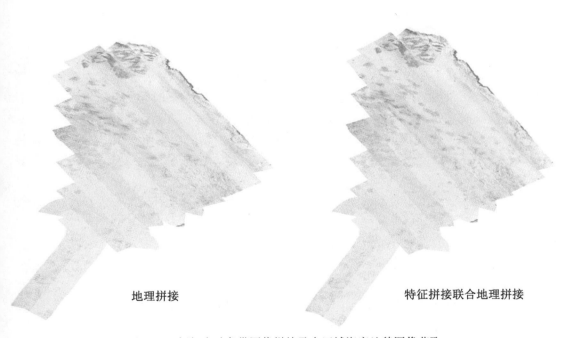

地理拼接   特征拼接联合地理拼接

图 8.28 侧扫声呐条带图像拼接及大区域海底地貌图像获取

信息主要借助浅地层剖面仪或单道地震来获取。为从以上设备接收的回波强度信息中提取出底质特征,需对回波强度进行质量控制、各项补偿和修正的处理。

对于海床表面回波,数据处理进展包括以下 4 个方面。

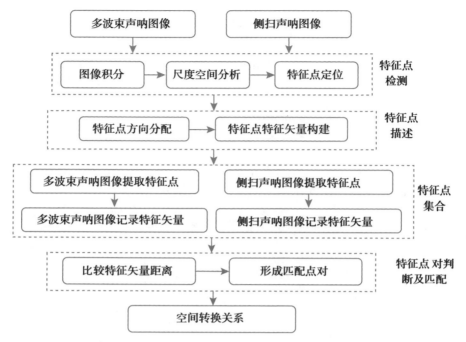

图 8.29 基于 SURF 的多波束与侧扫声呐图像匹配流程图

①质量控制。常采用统计方法如滑动平均来消除回波强度序列中的异常观测值。

②声速改正及传播损失改正。根据声速和声波的往返程传播时间，通过声线跟踪，计算波束传播到海底的实际声程，进而用于声波在海水中传播损失的计算和补偿。

③波束模式改正。根据波束在海底反射模式随入射角的变化而变化这一机理，小入射角（≤25°）时采用镜反射改正模型或线性改正模型，大入射角（>25°）时采用兰伯特改正模型。

④海底地形坡度改正。根据测深数据提供的地形坡度计算和补偿地形因素对声强的影响量。

对于浅表层回波强度，数据处理进展包括以下 3 个方面。

①数据预处理，包括振幅的希尔伯特变换、滑动滤波、强度到灰度的转换等。

②层位综合拾取，包括灰度突变法、层位追踪法和层位生长法。

③数据处理软件的研制。

2. 底质声学特征

声波测量不同海底底质时所表现出来的声学特征。底质声学探测的内容之一，可用声学特征参数或声波回波强度的统计特征参量来描述，是海底底质声学分类的前提和基础。

底质的声学特征参数主要包括反映底质与声波相互作用的声波反射系数、能量归一化系数、回波能量分布、回波间相关系数、回波的包络谱等，上述参数也可采用声阻抗、声吸收（衰减）系数来反映。不同底质的声学特征参数可在实验室通过测量和分析获得。

声波回波强度或对应声呐图像灰度的统计特征参数主要包括反映声阻抗变化和界面粗糙度的平均值、标准差和高阶矩等，评估回波强度分布的分形维数和直方图；描述回波强度功率谱的特征量，用于纹理分析的灰度共生矩阵，对回波强度分布和结构变化较敏感的分形维，回波强度的角度依赖性特征等。应用比较多的两类统计特征分别是分形特征和灰度共生矩阵。分形特征主要包括：①分形维数。反映复杂形体空间占有的有效性，是描述分形在空间填充程度的统计量，反映复杂形体的局部在结构、功能、形态，信息、能量等某一方面与整体的相似性，可采用分配维数、豪斯多夫维数和计盒维数来确定。②空隙特征。反映图像纹理疏密程度的表征量，空隙参数小表示纹理细密，反之，表示纹理粗糙，可采用分形集质量和期望质量来计算。③多重分形。对图像全局和局部两方面奇异性结构描述，可采用学习估计所有分布的奇异性。灰度共生矩阵是一种通过研究灰度的空间相关特性来描述纹理的常用方法。搜索图像中所有像素点，灰度共生矩阵可以反映图像灰度分布的综合信息。灰度共生矩阵包括两个重要的统计变量：一是能量，矩阵各个元素值的平方和，可以反映图像的纹理粗细和灰度分布均匀情况，图像纹理细致、灰度分布均匀时，能量值较大，反之，则能量值较小；二是对比度，反映图像纹理的沟纹深浅和该图像清晰程度。纹理的沟纹越深，对比度越大；反之，则对比度越小。

因性能、采用的频率和初始设置不同，不同的声呐设备在同底质下表现出的回波声学特征会存在差异，需要采用显著性分析，从诸多声学特征参数中寻找出对底质类别较敏感和强相关的显著性底质声学特征参数，用于后续底质声学分类。通常采用以下方法：①从测深仪或浅地层剖面仪测量结果中，提取反射系数、累积能量归一曲线、反射信号的时域波形特征（幅度分布统计、直方图等）、反射信号的频域特征和回波间相关统计特征。②从侧扫声呐系统测量结果中提取回波强度的统计量或分位点、纹理特征和斜入射反向散射强度与入射角的关系特征。③从多波束声呐系统的测量结果中，提取均值、分位数、标准偏差、对比度、频谱和回波幅度的直方图6类特征参数。

3. 底质声学分类

利用海底底质的声学特征参数或回波强度的统计特征参数，进行底质类型划分的方法。底质声学探测的内容之一，是效率较高、成本较低的海底底质分类技术。常用的方法有声学参数反演法和声波回波强度统计特征分类法。

1）声学参数反演法

基于不同海底底质类型对声波信号相干分量的贡献不同这一机理，通过反演海底沉积物的声阻抗、声吸收系数等声学参数，结合不同沉积物的密度、声速、孔隙率和颗粒度等物理参数，构建经验模型，实现不同声学特征参数到实际底质类型的映射以及海底底质的声学分类。

2）声波回波强度统计特征分类法

利用不同海底底质下回波的强度或振幅的统计特征参量，采用恰当的聚类分析方法，通过构建分类器实现不同底质类型的划分。采用的统计特征参数主要有：反映声阻抗变化和界面粗糙度的平均值、标准差和高阶矩等；评估回波强度分布的分位数和直方图；描述回波强度功率谱的特征量；用于纹理分析的灰度共生矩阵；对于回波强度和深度变化的分布和结构非常敏感的分形维；回波强度的角度依赖性特征等特征参数。聚类方法通常有 4 种。

①模板匹配分类法。将待分类样本与不同底质的标准回波强度模板进行比较，匹配最好的样本底质为模板对应的底质。

②判别函数分类法。通过寻找一个线性或非线性判别函数，实现不同底质类别的划分。

③神经网络分类法。根据分类数，通过网络训练，构建输入回波强度与分类结果之间的映射模型，并据此模型实现底质分类。

④聚类分析法。根据回波强度样本的特性，借助相似性度量，将特征相同或相近的归为同一类底质，实现底质聚类和类型划分。

按照是否具备先验底质样本，声波回波强度统计特征分类法又分为以下两种。

①监督分类法。通过寻找先验底质样本与对应位置回波强度之间的关系实现底质分类，通常采用的分类方法有模板匹配法、判别函数法和神经网络分类。

②非监督分类法。无须先验底质样本，只需根据预分类底质的回波强度间的相似性关系，实现聚类分类，通常采用的方法有自组织神经网络分类法、聚类分析法。非监督分类结果也可在后续具备底质样本后，将非监督分类结果与实际底质样本对照，实现真实底质类型的划分。

完成底质分类后，根据底质声学分类结果，绘制平面或三维底质类型分布图。对于借助单波束测深仪、多波束测深仪和侧扫声呐系统测量的回波强度数据底质分类得到的海床表面底质及其分布，可绘制二维底质分布图，并用不同的颜色表示不同的底质类型；对于借助浅地层剖面仪回波强度底质分类的海底浅表层底质类别和层界分布，可绘制三维底质分布图；也可绘制以横坐标为断面起点距、纵坐标为深度、不同颜色表示不同层底质类型的二维底质断面图。

8.5　海洋水文要素观测

水文测量是海洋测量的组成部分，为水深测量和水下距离测量等应用提供测量基准、声场等基础信息。海洋水文要素主要包括潮位、流速、温度、盐度、水色、透明度、含沙量、浑浊度等。诸要素中，水位和流速与其他海洋测量相关度较高，近年来测量方法发展较快。

8.5.1　潮位获取

潮汐观测主要为了解当地潮汐性质，计算当地潮汐调和常数、平均海平面和深度基准面，预报潮位及提供测量水域潮位等应用服务。近年来，在潮位获取方面开展了 GNSS 在航、锚定潮位测量和提取研究，基于 GNSS 潮位的平均海平面和深度基准面传递，基于全球潮汐模型的潮位预报、余水位推算方法研究，实现了潮位的多样化、高精度获取。

1. GNSS 潮位观测[11]

GNSS 验潮主要借助 GNSS-RTK/PPK/PPP 提供的瞬时垂直解，经过综合处理来反映水面的升降变化。考虑验潮精度和作用距离，RTK/PPK 适合航道近距离验潮；而 PPP 由于无须基准站、与作用距离无关，一般适用于远距离潮位观测。GNSS 观测数据需经如下处理才能获得最终潮位。

1）时间统一

GNSS 观测数据标定为 UTC 时间，姿态传感器 MRU（Motion Reference Unit）为无时标系统，但由计算机提取其输出的姿态数据，因此标定为计算机时间。UTC 时间与计算机时间存在时间偏差，需将 UTC 时间和计算机时间实现统一。时间统一可通过两种方式来实现：其一，通过实验，事先将二者的时间偏差量测定，并用于后续二者的统一；其二，根据同时刻计算机提取的 GNSS 观测数据标定的计算机时间 t_{pc} 和 UTC 时间 t_{UTC}，计算二者的时间偏差 Δt，实现二者时间的统一。

2）姿态改正及瞬时水面高程序列获取

为了获得瞬时水面高程，需要将 GNSS 天线处的三维定位解借助姿态参数归算到水面，实现消除姿态影响的同时，获得瞬时水面高程。首先根据姿态参数（横摇角和纵摇角）获得理想船体坐标系下 GNSS 在水面投影点 p 坐标，然后根据 GNSS 天线处的三维坐标，结合航向 A，获得 GNSS 天线在水面投影点的三维坐标，z 即为瞬时海面高程。

3）潮位提取

瞬时水面不代表潮位，为了消除波浪因素的影响，获得稳态变化的潮位，需借助 FFT 实现潮位提取。潮位提取时需要给定恰当的截止频率/周期。若在固定潮位站开展 GNSS 潮位测量，则截止周期直接取该水域的潮位周期；若实施在航 GNSS 潮位，则截止周期根据实际给定，通常约为当地潮位周期的 1/3。

GNSS 潮位测量可以在航实施，也可以锚定实施。采用的载体可以为测量船，也可以为锚定的浮标。GNSS 在航潮位的最大特点是无须顾及潮位模型误差，在航获取高精度潮位，可同时为邻近水域多艘测量船提供水位改正信息。

2. 光学摄像法水位观测技术[4]

光学摄像法水位观测的基本原理是，在水中立一杆水尺，岸边安放一台光学成像镜头或一台摄像机，光学成像镜头和摄像机瞄准水尺，工作时定时采集水尺图像并送入计算机，由计算机进行自动判读，得到水面的水位值。光学摄影法水位观测的关键在于水尺的设计，即设计一种简单的、在白天和夜晚均能够获得较好图像的水尺图案。锯齿形图案水尺能有效地实现光学验潮的设想，是一种较好的选择（图 8.30）。

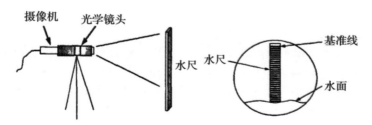

图 8.30　光学摄影法水位观测原理及所采用的水尺

3. 基于全球潮汐模型的余水位改正[10,11]

若具备测量水域各分潮潮汐调和常数及平均海平面，借助潮汐模型可预报测量时刻水位。随着全球海潮模型如 Schw80、NAO.99、FES2004、TPXO7 等和全球平均海平面模型如 DTU10-MSS 等研究的深入，可获得全球任何海域各分潮调和常数及平均海平面，进而构建潮汐模型和预报水位。基于全球模型解决了对陌生水域潮汐特征了解和精度要求不高情况下海底地形测量时潮位的改正问题，但需注意模型精度的不均匀问题及模型的精化问题。

无论采用何种预报方法，相对于观测潮位，预报潮位精度偏低。余水位改正法可较好地改善预报潮位精度。在潮位站，根据实测潮位与潮汐调和常数预报潮位差值，即余水位，可修正测深位置潮位预报结果，改善潮位预报精度，为测深提供潮位改正。若存在多个预报模型时，需根据余水位变化规律，考虑建立恰当的改正模型。

4. 潮位改正模型

潮位为测深提供瞬时垂直起算基准。随着测深模式和潮位获取模式的变化，潮位改正呈现事后和在航改正两种情况。基于潮位站的经典潮位改正方法主要有单站内插法、双站内插法、双站/多站分带法、时差法、最小二乘法等，基于上述方法可事后对水深数据进行处理，也可利用各潮位站的无线电发送来的潮位数据实时来改正。类似地，基于潮汐预报或余水位的潮位改正也可采用实时或事后处理；在航 GNSS 潮位测量由于最终的潮位需借助长序列海面高程变化序列来提取，因此需事后提取潮位和事后实施潮位改正。GNSS 一体化测深中，GNSS 为换能器提供瞬时高程，结合水深可在航实时获得各测深点的高程。在远海航渡式水深测量中，测深瞬时垂直起算基准可借助全球潮汐模型、GNSS 潮位、GNSS 一体化水深测量三种方式获得。

8.5.2 流速获取及流场构建[21]

流速测量是获取流速流向，构建流场，反映流速分布和变化规律的工作。流速测量按照测量对象的不同分为固定水层流速测量和垂线流速测量两类。前者主要借助流速流向仪测量，后者主要借助 ADCP（Acoustic Doppler Current Profiler）来获取。ADCP 因测量效率和精度高、可获取垂线流速等特点在生产中广泛应用。ADCP 对流速流向观测的最后结果均与测船航行的速度有关。围绕流速的研究目前主要聚焦于基于外部传感器的 ADCP 流速测量、基于有限个座底 ADCP 的宽断面流量实时估计、基于径向基函数的潮流分离和局域流场构建等方面。

1. 基于外部传感器的 ADCP 流速测量

ADCP 通过发射一定频率的声波至水底反射面，接受反射面的回波，依据底跟踪法求出船速。若水底反射面相对大地为静止状态，则所求船速即为相对大地的速度矢量。如果为浮泥或泥沙，则在波浪、水流共同作用下产生底沙输移运动。此时，ADCP 用底跟踪法测出的船速就不是相对大地的速度，ADCP 底跟踪失败。此外，ADCP 借助其内置的磁罗经为流速测量提供绝对方位，但因受铁质测量船磁场干扰，磁罗经提供的方位往往与实际存在较大的偏差；根据磁罗经提供的方位，结合当地的磁偏角才能得到流速的地理方位，磁偏角提供的不准确，也会影响最终绝对方位的确定。ADCP 借助其内置的倾斜仪为

ADCP 换能器提供姿态参数，用于波束的姿态改正。由于内置设备的精度较差，给实际流速的计算也带来了一定的影响。以上影响会导致传统 ADCP 流速测量不准，给区域流场的构建和流量的计算带来显著影响。

GNSS 可以为测量船提供绝对方位 A、船速 v 和姿态参数，不受底质、船体等因素影响。此外，借助外部光纤罗经也可以为测量船提供方位 A 和姿态参数。基于这些外部信息，结合 ADCP 实测的相对换能器的流速和流向，即可实现绝对基准下流速和流向的精确确定。

实施过程如下：

1）仪器安装

将 GNSS 布设为正交阵列，沿着轴线布设两台 GNSS 接收机，一台位于船首，一台位于船体重心上方；在轴线正交，经过船体重心的船舷位置布设另外一台 GNSS 接收机。三台 GNSS 均采用 GNSS-RTK 作业模式。光纤罗经安装在船体重心上方位置。

2）数据采集

同步采集 GNSS 数据、光纤罗经数据和 ADCP 测流数据。

3）数据处理

①对观测得到的 GNSS 数据进行质量控制，提取 ADCP 实测的相对换能器的流速和流向数据；对所有的数据进行同步处理。

②根据姿态数据，对 ADCP 实测的相对换能器的流速流向数据进行姿态改正。

③根据航向，对姿态改正后的流速流向数据进行旋转变换，获得地理坐标框架的相对流速和流向。

④根据测量船龙骨方向的两台 GNSS 接收机实时定位数据，计算船体速度。

⑤对③和④中的结果实施融合处理，获得地理坐标框架下的绝对流速和流向。

由于采用外部基准替换了 ADCP 内部传感器提供的基准参数，无论是从参数的可靠性还是精度，均相对于传统的 ADCP 有了很大的改善，因此显著提高了 ADCP 测量的精度，并拓展了传统 ADCP 测量的范围。

2. 基于走航式 ADCP 数据的河口水域局域时空流场构建

流场是水流运动特征和悬沙输移规律研究的基础，为航道整治、滩涂湿地的保护和利用、污染物扩散及输移等问题的研究提供科学依据。采用固定方式观测流场可得到长时序的观测数据，且便于采用传统调和分析方法进行潮流分离，但这种方法只能获取单个垂线的流速数据，难以反映区域的流场变化；若增加测站数，则成本较高。采用走航式 ADCP 实施近岸及河口地区的流速观测，可构建局域流场，反映水流的局域时空变化规律。基于走航 ADCP 数据的河口水域局域时空流场构建很好地解决了该问题。该方法首先选用多项式函数作为 Candela 潮流分离方法中的基函数，开展潮流和余流的分离；然后，据此函数对河口水域的大潮、中潮、小潮 3 个时段的走航数据实施了潮流分离，分别获得了余流场和潮流场的空间分布函数及大潮、中潮、小潮 3 个时段的流场时变规律，进而实现了河口水域的局域时空流场的构建。

3. 多垂线流量实时估计[22]

针对传统水位-流量曲线法在感潮河段实施流量估计的局限，以及指标流速法在河口流量估计中存在单垂线代表性差、未考虑水面横比降及流速、断面面积的季节性变化影响显著等不足，通过研究垂线的平均流速与断面平均流速之间的关系随季节、位置的变化规律以及弯曲河道水面形态和河床冲於等因素对断面面积估计的影响，构建多垂线平均流速 U_i 与断面平均流速 U_0 的关系模型、水位 G 与横断面的面积 A 模型，借助这两个实时模型，实现断面流量的实时估计。

多垂线流量实时估计法很好地解决了大断面流量测量时的时效性差、不同步问题，以及单一垂线断面的代表性差和精度不高问题，为大断面流量实时、准确估计提供了一种较好的方法。

8.6　海洋工程测量

海洋工程测量是海洋工程建设中勘察设计、施工建造和运行管理过程的测量技术，是海洋测量的组成部分。测量内容几乎包括所有海洋测绘内容，既有单一属性要素测量的特点，又有围绕工程服务的特殊性。实际测量中可根据工程需要组合测量，也可为满足测量要求改进现有的测量方法，并通过多源测量信息融合，最终实现测量对象信息的全方位获取。近年来，随着海洋工程活动的增加和作业难度的增大，海洋工程测量技术受到施工单位的高度重视，技术研发进展迅速，除了单一专业测量技术的进步外，跨学科、多系统集成、多源信息融合、高精度测量等特点相对突出[1-3]。下面围绕几类典型海洋工程说明以上特点。

1. 港珠澳海底隧道管节沉放

海底隧道管节的精确安放是港珠澳大桥工程施工中的一个难点，具有管节尺寸大、作业区施工难度大、对接精度要求高等特点。为了保证管节精确安放，在浅水区，基于测量塔，联合 GNSS-RTK 定位、全站仪自动测量、水下声学定位、管节姿态和方位测量等技术，根据不同沉放阶段的测量精度要求和各测量方法的特点，对多源测量信息融合，综合实现管节的沉放和对接；在深水区，组合研制的多阵列水下声学定位系统、管节姿态和方位测量系统等，综合实现管节的安放和对接。

对多源系统输出的信息融合，不但确保了管节不同沉放阶段的精度要求，同时也保证了输出的管节位置、姿态和方位等状态参数的稳健性和可靠性。

2. 沿海风电站建设及监测

风电是一种清洁能源，近年来围绕近海风电站建设发展迅速，风电站建设和安全监测技术进展较快。围绕建设和后续维护阶段的监测测量，主要涉及海床浅表层底质层界分布、海底地形地貌稳定性监测(尤其是风电站位置的稳定性)、海床表明的沉积物变迁、风电站周围的风场和流场变化、输送电缆海床下的状态及变化等方面。风电场上述信息的综合管理及预报系统，为风电场安全运营及预警提供基础数据支撑。

3. 水下考古

近年来，水下考古需求越来越旺盛，在水声测量技术进步的牵引下，水下考古从发现到打捞水下文物均取得了较大的进步，实现了从无到有以及完整测量保障体系的形成。在探测阶段，主要借助侧扫声呐快速扫描成像，基于图像识别来发现水下文物；在发掘阶段，基于浅地层剖面测量获取海床浅表层底质层界，底质声学识别技术实现底质划分以及文物的埋深，地形测量技术反映挖掘区域的大小并为挖掘方案优化设计服务；打捞阶段，利用声呐定位技术、测姿技术、声呐和光学成像技术、三维空间显示技术实时监测文物打捞阶段的全状态信息，确保文物打捞的安全性。"南海 1 号"南宋沉船打捞是利用综合测量技术实现成功发现和打捞的典范案例。

4. 水下建筑物安全检测

长期以来，水下建筑物（如水坝、桥墩等）稳定性监测主要借助陆地测量技术（如 GNSS、全站仪等）来监测坝体的位移和沉降变化，但对于坝体结构监测，如裂缝则显得无能为力。近年来，随着水声成像和定位技术的发展，建筑物水下部分及其周围床体环境监测则成为可能。目前，水下坝体监测主要组合二维/三维声呐成像、水下相机成像、声学定位和潜器定姿等系统来实现，将多系统安装在 AUV 等水下潜器上，通过多源系统测量和多源信息融合，实现坝体裂缝检测和定位。

8.7 海洋遥感

8.7.1 卫星遥感[23-25]

借助卫星遥感可以对海洋进行实时、全方位的立体监测，长期获得稳定可靠的海洋观测资料。目前可用的卫星遥感数据源有 MODIS、MERIS、GOCI、Sentinel-2、Landsat 8、Landsat TM、SPOT、Hyperion、QuickBird、WorldView-2、Pleiades-1 等。借助上述卫星数据，可开展海岸带、植被、海洋生态监测及水深反演等工作。

岸线监测算法研究方面，采用边缘提取算子如 Canny 算子、Sobel 算子或利用归一化水体指数、修复归一化水体指数法进行水陆分离，利用轮廓边界跟踪技术提取岸线；利用归一化水体指数确定岸线位置；根据岸线的多源多时相影像特征和空间特征，与多种非遥感信息资料相结合，采用对照分析法，实现岸线长度、位置、类型提取；根据岸线的时空和分形维数变化，可研究岸线的演变。

植被监测算法研究方面，利用中等空间分辨率的单时相、多时相或融合的多光谱影像可研究海岸带植被覆盖度、分类、生物量、碳储量、净初级生产力等。

水色监测算法研究方面，通过获取海面上行的离水辐亮度，经大气校正和水色反演，可得到水体中浮游植物色素浓度、悬浮颗粒浓度等信息。

水色反演已从单一的叶绿素浓度扩展到透明度、悬浮泥沙浓度、黄色物质浓度等参数。水色反演算法的区域性特征明显，基于同步采集的大量现场数据不断优化现有算法，是未来的研究方向。

8.7.2 机载遥感[23,26]

机载遥感测量主要借助机载可见光相机、可见光摄像机、红外相机、高光谱成像仪、LiDAR、SAR（Synthetic Aperture Radar）、合成孔径雷达等开展海岸带地形测量，岸线、植被、水色等监测，采用技术与卫星遥感近似。潮间带地形测量是海洋测绘的一个难点，有人/无人机载激光扫描测量技术较好地解决这一问题。潮间带地形测量是海洋测量的一个组成部分，但常因淤泥底质、植被覆盖、浅水等特点，人工测量很难涉足。借助机载激光扫描系统、倾斜摄影测量等机载遥感技术，可以非接触遥测潮间带三维地形。机载激光扫描测量系统因具备一定的穿透性能，对于植被覆盖的潮间带地形测量具有较好的适用性。

8.7.3　声呐遥感[11-19, 27]

声呐系统常安装在测量船、载体或深拖体中，通过发射声波，利用声波在海水中的远距离穿透性能，远距离地探测海底地形的变化、感知水体或海底地物的位置和属性以及海底的地貌纹理特征和底质属性特征。随着声呐技术、电子技术、计算机等相关技术的快速发展，已形成了完整的声呐遥感探测体系。声呐遥感体系中目前应用较多的声呐系统主要有多波束系统、侧扫声呐系统、合成孔径声呐系统、2D/3D 声呐系统等，下面重点介绍这些系统的最新进展。

1. 侧扫声呐成像

侧扫声呐系统(SSS)是常用的条带式海底成像设备，借助安装在拖鱼或深潜拖体上的左、右舷换能器阵列发射的宽扫幅波束，走航过程中对水体或海底进行线扫描成像，进而感知水体目标、海底目标及地貌特征(纹理、底质等)的条带图像。目前 SSS 系统向多频段、多脉冲、多波束、深拖及同时具备测深及成像功能方向发展，如 EdgeTech 系列、Klein 系列、Triton C3D 系列以及适用于深拖的 Kongsberg Maritime Deep Tow 系列。我国的 SSS 系统研发起步较晚，但发展迅速，目前已实现商业化，并在生产中取得了较好的应用效果。SSS 图像主要用于寻找目标，近年来在图像精处理及目标探测和识别方面研究取得了长足发展，具体表现在条带图像均衡化、海底线综合追踪、多条带声呐图像均衡化、基于地理编码和共视特征匹配的多条带图像拼接、大区域海底图像生成及基于精细化处理后声呐图像的目标自动检测和识别等方面。

2. 多波束系统测量

多波束系统(MBES)常安装在测量船或深拖体中，具有测深功能，还具有接收海底和水体回波，形成海底回波图像和水体图像能力。MBES 底回波图像有三类，即由平均波束强度、波束序列片段(Snippet)强度和伪侧扫回波强度形成的声呐图像。Snippet 数据的垂航分辨率远高于平均波束强度，尤其在大入射角区。考虑高分辨率图像特点，Snippet 图像方面的研究相对较多，主要聚焦于 Snippet 图像的 AR 改正、图像均衡化、Snippet 图像与 SSS 图像的融合等方面。MBES 水体回波可形成水柱图像，进而实现水体中目标的探测。围绕水柱图像的研究主要聚焦于水柱图像消噪、基于噪声特点的水体中目标自动探测和识别几个方面。

3. 合成孔径声呐测量

合成孔径声呐(Synthetic Aperture Sonar, SAS)是一种利用合成孔径技术的侧扫式主动成像声呐系统。与 SSS 相比，SAS 图像具有更高的径向分辨率，且与距离无关。装备有高、低频换能器的合成孔径声呐可同时获得高、低频声呐图像，可以清晰地呈现海底地貌以及海床下一定深度的目标，可全面地反映管线的分布。SAS 的作业模式与 SSS 相同。目前 SAS 正在向小型化发展，测量技术和性能不断完善。我国的 SAS 技术基本与国外处于同级，自主产品已经投入实际应用。SAS 数据处理研究进展主要表现在条带图像的快速生成、处理、拼接，大区域地貌图像生成，高低频图像融合及基于 SAS 图像的目标探测和识别方面。

4. 二维声呐成像

近年来，二维声呐成像在工程中应用越来越广泛。通常采用基于船基悬臂或座底工作模式，近场（小于 100m）对目标开展快速线扫描成像。二维声呐成像系统目前主要采用国外设备，如 Kongsberg MS1000（机械）、BlueView M900（实时）等。与 MBES 水柱数据处理类似，相关研究主要聚焦于高质量影像获取和基于图像的目标检测。因二维声呐成像只能获取平面图像，无法反映目标三维形态，研究目标三维形态参数挖掘算法是未来的一个发展方向。

8.8 海图制图及海洋地理信息系统

8.8.1 海图制图

海图是所有测量要素的综合承载体，目前纸质海图虽仍在沿用，但电子海图更普及，其进展主要体现在如下几个方面[28]。

①在符号及标记方面，在 IHO 相关标准和规范基础上，采用文本描述法，设计和形成了"所见即所得"的海图符号编辑器和基于字符颜色扩展的海图水深注记表示方法；对海岛礁符号采用分类描述，建立了海岛礁符号编码，海岛礁符号设计方法，开发形成了海岛礁符号库系统，完善了现有海图符号数据库。

②生产工艺方面，根据海图配准、电子海图中数字接边、数字化海图制图中点状要素注记自动配置和航海图书生产流程中的色彩管理方案要求，形成了完整的英版航海通告信息自动搜集与处理技术，进一步完善了电子海图生产工艺。

③应用方面，提出了电子海图云服务概念，设计了云环境下的海图集合论数据模型；提出了海图集合的云存储策略，建立了云环境下的空间索引模型；提出了全球电子海图的云可视化服务方案，研究了云计算环境下电子海图网络服务的部署方法。以自主知识产权电子海图控件为显示核心，建立电子海图功能服务并按照网络地图服务标准发布，实现了浏览器/服务器模式的电子海图的发布。利用 MapServer 平台的开源、开放、跨平台特性以及支持 S-57 电子海图数据的功能，深入研究基于 MapFile 的海图数据访问、制图表达等关键问题，更好地促进 Web 电子海图的应用。研究了电子海图在 AUV 区域搜索任务中的应用，开发了电子海图遥感溢油识别显示应用平台，设计了基于电子海图基础平台的海洋调查方案辅助生成系统，深化了电子海图的专业化应用。在电子海图导航方面，开展了中国海区 e-航海原型系统技术架构研究，对中国海区 e-航海建设进行了全面论述，提出了以e-航海系统为关键环节的"智慧港口"概念，提出了以服务天津港复式航道通航安全为核心的天津港 e-航海试点工程建设的总体设想。

8.8.2 海洋地理信息系统[28-30]

结合海洋开发和智慧海洋建设需求，研究形成了较完备的海洋地理信息系统（Marine

Geographic Information System，MGIS），包括时空数据模型、时空场特征分析、信息可视化和信息服务等理论方法体系。通过 Multipatch 格式扩充 CDC（Changed Data Capture）数据，实现了从二维 CDC 格式数字海图和海洋测量数据快速构建三维空间的方法；在数字海洋电子海图数据融合可视化方面，提出了温跃层数据的自动提取和三维表达的理论与实现方法，实现了可视化海洋环境空间数据的动态演示，形象地表达了海洋环境空间分布。

在数字 MGIS 建设方面，沿用 S-57 标准数据结构的部分特性，采用面向对象的思想，设计了满足 ENC_SDE 要求的电子海图空间数据库系统的空间数据模型，支持了电子海图空间数据的统一管理；优化了两级空间索引算法，设计了数据库存储文件的空间数据组织结构；提出港口航行信息数据集成的组织方法，构建了港口信息数据模型；提出海洋测绘产品的标准化、海洋测绘质量管理体系的标准化和海洋测绘生产体系的标准化等构想。

在应用方面，从数据特征和用户需求出发，研发了集成数据管理与查询、数据处理与分析和数据可视化功能于一体的南海海洋信息集成服务系统；提出了"虚拟港湾"的概念，并以天津海岸带"虚拟港湾"仿真平台建设为原型，详细说明了"虚拟港湾"仿真平台建设的技术原理和技术路线；积极推进了"数字海洋"建设，实现了数据采集、全景图像生成、三维全景实景建库等关键技术，研发了数据库服务、三维全景实景显示漫游和渔政地图等子系统。研制了海洋多源异构数据转换系统，设计了可实现海洋数据解译与再存储的统一数据存储结构，搭建了海洋水文环境要素可视化系统，基于面向数字海洋应用的虚拟海洋三维可视化仿真引擎——i4Ocean，模拟了海上溢油现象。

（本章作者：赵建虎）

◎ 本章参考文献

［1］中国测绘学会海洋测绘专业委员会．海洋测绘专业发展研究［M］//中国测绘学会．中国测绘学科发展蓝皮书（2012—2013 卷）．北京：测绘出版社，2013.

［2］中国测绘地理信息学会海洋测绘专业委员会．海洋测绘专业发展状况［M］//中国测绘学会．中国测绘学科发展蓝皮书（2015—2016 卷）．北京：测绘出版社，2016.

［3］赵建虎，陆振波，王爱学．海洋测绘技术发展现状［J］．测绘地理信息，2017，42（6）：1-10.

［4］欧阳永忠，陆秀平，暴景阳，等．计算 S 型海洋重力仪交叉耦合改正的测线系数修正法［J］．武汉大学学报（信息科学版），2010，35（3）：294-297.

［5］邓凯亮，暴景阳，黄谟涛．航空重力数据向下延拓的 Tikhonov 正则化法仿真研究［J］．武汉大学学报（信息科学版），2010，35（12）：1414-1417.

［6］于波，黄谟涛，翟国君，等．海洋磁力测量空间归算阈值条件确定及其应用［J］．武汉大学学报（信息科学版），2010，35（2）：172-175.

［7］Zhao J H，Zou Y J，Zhang H M，et al. A new method for absolute datum transfer in seafloor control network measurement［J］. Journal of Marine Science & Technology，2016，21

（2）：216-226.

［8］ 赵建虎，张红梅，吴永亭，等．海洋导航与定位技术［M］．武汉：武汉大学出版社，2017.

［9］ 周兴华，付延光，许军．海洋垂直基准研究进展与展望［J］．测绘学报，2017，46（10）：1770-1777.

［10］ 暴景阳，许军，于彩霞．海洋空间信息基准技术进展与发展方向［J］．测绘学报，2017，46（10）：1778-1785.

［11］ 赵建虎，欧阳永忠，王爱学．海底地形测量技术现状及发展趋势［J］．测绘学报，2017，46（10）：1786-1794.

［12］ Rezvani M H, Sabbagh A, Ardalan A A. Robust automatic reduction of multibeam bathymetric data based on M-estimators［J］. Marine Geodesy, 2015, 38（4）：327-344.

［13］ Mandlburger G, Hauer C, Wieser M, et al. Topo-Bathymetric Lidar for monitoring river morphodynamics and instream habitats—A case study at the pielach river［J］. Remote Sensing, 2015, 7：6160.

［14］ Zhao J H, Zhao X L, Zhang H M, et al. Shallow water measurements using a single green laser corrected by building a near water surface penetration model［J］. Remote Sensing, 2017, 9（5）：1-18.

［15］ 林明森，张有广，袁欣哲．海洋遥感卫星发展历程与趋势展望［J］．海洋学报，2015，37（1）：1-10.

［16］ Zhao J H, Yan J, Zhang H M, et al. Two self-adaptive methods of improving multibeam backscatter image quality by removing angular response effect［J］. Journal of Marine Science and Technology, 2017, 22（2）：288-300.

［17］ Zhao J H, Wang X, Zhang H M, et al. A comprehensive bottom-tracking method for sidescan sonar image influenced by complicated measuring environment［J］. IEEE Journal of Oceanic Engineering, 2016（99）：1-13.

［18］ Zhao J H, Yan J, Zhang H M, et al. A new radiometric correction method for side-scan sonar images in consideration of seabed sediment variation［J］. Remote Sensing, 2017, 9（6）：1-18.

［19］ Zhao J H, Wang A X, Zhang H M, et al. Mosaic method of sss strip images using corresponding features［J］. IET Image Processing, 2013, 7（6）：616-623.

［20］ 唐秋华，刘保华，陈永奇，等．基于改进 BP 神经网络的海底底质分类［J］．海洋测绘，2009，29（5）：40-56.

［21］ Zhao J H, Chen Z G, Zhang H M, et al. Multiprofile discharge estimation in the tidal reach of Yangtze Estuary［J］. Journal of Hydraulic Engineering, 2016, 142（12）：1-12.

［22］ Dai H, Shang S P, He Z G, et al. Analysis and compensation of ADCP current direction error caused by ambient magnetic field［J］. Flow Measurement & Instrumentation, 2016, 52：115-120.

［23］ 黄文骞，苏奋振，杨晓梅，等．多光谱遥感水深反演及其水下碍航物探测技术

[J]. 海洋测绘，2015，35（3）：16-19.

[24] 蒋兴伟，林明森，张有广. 中国海洋卫星及应用进展 [J]. 遥感学报，2016，20（5）：1185-1198.

[25] 李清泉. 海岸带地理环境遥感监测综述 [J]. 遥感学报，2016，20（5）：1216-1229.

[26] Mandlburger G，Pfennigbauer M，Pfeifer N. Analyzing near water surface penetration in laser bathymetry—A case study at the river pielach [J]. ISPRS Annals of Photogrammetry，Remote Sensing and Spatial Information Sciences，2013，1（2）：175-180.

[27] Goswami R，Rao G S B，Rani S S，et al. Segmentation of sonar images based on adaptive thresholding with image histogram [J]. Digital Image Processing，2010，2（3）：89-95.

[28] 陈长林，翟京生，陆毅. IHO 海洋测绘地理空间数据新标准分析与思考 [J]. 测绘科学技术学报，2011，28（4）：300-303.

[29] Li Q，Peng R C，Zheng Y D. Research on automatically collecting and processing of foreign notice to mariners information [C] //2011 Geospatial Information Technology & Disaster Prevention and Reduction. Chengdu，China，2011：275-279.

[30] Coiras E，Petillot Y，Lane D M. Multiresolution 3-D reconstruction from side-scan sonar images [J]. IEEE Transactions on Image Processing，2007，16（2）：382-390.

第9章　智能化地图制图与地图传播

地图制图与地图传播兼有科学、技术和工程的属性。地图制图具有科学属性，因为它是描述和表达地球(学)空间数据场和信息流的科学，有科学的研究对象、研究任务和研究目标，有特有的理论(基础理论和应用理论)体系；地图制图具有技术属性，因为它是地球空间信息的抽象、概括、可视化和传播的技术，有特有的技术(制图技术和传播技术)体系；地图制图具有工程属性，因为它是利用各种多源异构空间信息资源，通过地图制图技术和相关要素(如管理要素、经济要素)，构建新的地图产品和提供相应服务的集成过程、集成方式和集成模式。

地图制图与地图传播的科学、技术和工程属性是随着社会需求的增长和科学技术的进步不断发展变化的，但发展是不充分的，各个研究方向的进展也是不平衡的。尽管目前计算机数字化地图制图已经取代了传统手工地图制图，并正向网络化地图制图和智能化地图制图发展，但从 20 世纪 70 年代末创建计算机地图制图专业以来的近 40 年间，地图制图领域专家系统的研究，前 10 余年间比较"热"，而后 10 余年间相对比较"冷"，究其原因主要是对基础理论研究未给予重视。即使是在地图制图领域，被国际地图制图界认为属于国际性难题的地图制图综合却发展较快，究其主要原因，是对制图综合理论研究给予了充分的重视，形成了完整的地图制图综合理论体系，特别是地图制图综合指标的量化体系和相应的计算综合指标的数学方法，而且对地图内容各要素(居民地和道路、地貌和水系等)的制图综合理论与方法进行了深入研究和充分的实验，为后来的自动制图综合研究打下了坚实基础。正因为如此，20 世纪 90 年代以来，基于模型、算法和知识的自动制图综合研究取得了一批国际上有影响力的优秀成果，特别是在基于自动制图综合链的全要素、全过程的自动化、智能化综合过程控制和综合质量评价方面有了突破性进展。与此同时，由于地理信息系统技术的快速发展，地图传播技术和方式也发生了很大变化。进入 21 世纪，特别是近年来，随着人工智能技术的发展，地图设计特别是专题地图制图的自动化、智能化研究又重新活跃了起来，出现好的发展势头。

时空大数据时代的到来必将给地图制图与地图传播带来许多变化，地图制图与地图传播领域的人-机智能融合技术研究必将成为重要发展趋势，地图制图与地图传播又站在了新的起点上。

本章重点分析了智能化地图制图与地图传播的研究现状，介绍了该领域前沿基础研究；然后分专题介绍智能化地图设计、智能化地图制图综合、面向社会多样化应用的地图传播；最后，从 5 个方面分析了智能化地图制图与地图传播发展的展望。

9.1　智能化地图制图的研究现状

　　智能化地图制图研究人工智能在地图制图中的应用，有代表性的成果是地图制图专家系统。地图制图专家系统，是在地图制图领域，把地图制图专家的知识、经验以及他们从事本学科领域研究长期形成的基本理论和方法，以某种形式输入计算机，由计算机模仿地图制图专家的思维规律和问题处理方法，采用某种推理技术和控制策略，让计算机进行演绎和推理，从而达到地图制图专家解决本领域问题能力的一种计算机系统。

　　地图制图专家系统的核心内容是地图制图知识库和推理机制，主要由地图制图知识库、推理机、工作数据库、人机接口、解释程序和知识获取程序等部分组成。

　　20 世纪 80 年代初，专家系统技术引入地图制图领域，兴起了地图制图专家系统的研究，到 90 年代的短短 10 余年间形成了一个热潮。在国外，英国 G. Robinson 和 M. Jeckson 于 1985 年研制了一个地图设计专家系统 MAP-AID，其任务是为地图上的不同要素确定合适的地图符号；加拿大 Pfefferkorn 和 Burr 研制的名为 ACES 的"综合性地图制图专家系统"(1985)，主要是解决地图上注记的自动配置问题；美国研制的专题地图数据处理制图专家系统，主要解决专题地图数据的分类、分级、合成与显示；美国华盛顿大学 P. Jankowski 和 T. L. Nyegges 研制了基于知识的地图投影选择专家系统(1989)；荷兰 ITC 国际航天测量与地球学学院 J. C. Muller 和 Wang Zeshen 研制了基于知识的制图符号设计系统(1990)；美国 Freemen 和 Nickerson 研制了基于规则的制图综合专家系统 MAPEX；等等。在国内，有武汉测绘科技大学张文星提出的制图综合专家系统 MAPGEN(1988)；中国科学院周英铭用基于规则方法研制的统计制图专家系统(1989)；郑州测绘学院的孙群研制的军事专题地图制图专家系统数学基础自动生成子系统(1990)；陆效中研制的面向对象的定量制图专家系统(1991)；华一新研制的专题地图设计专家系统 PC-MAPPER (1991)；游雄研制的地图的颜色设计和彩色管理系统(1994)；王家耀、武芳、吴战家研究的制图综合专家系统工具 CGES(1992)；等等。

　　同 20 世纪 80 年代到 90 年代中期这短短 10 余年间形成的地图制图专家系统研究的热潮相比较，在以后的 10 余年间这种热潮似乎已不再存在，在这之前研制的地图制图领域的那些专家系统在地图制图生产中基本未得到应用。这是为什么呢？其实，钱学森先生早在 1984 年 9 月 1 日给戴汝为的信中就明确指出，"我以为外国人工智能工作，似乎急于求成，而基础理论工作不扎实。我们当然最后要取得应用成果，但不能没有理论的指导，理论与实践相结合"[1]。时隔 17 年后的 2011 年第 14 期《科学导报》刊登李娜的文章，题目是《被批 20 年无进展，人工智能需要重启？》。李娜认为："为什么没有机器人能够修复日本的核反应堆？原因是人工智能研究在 20 世纪 60 年代和 70 年代取得了很大的进步，但随后走上了错误道路。"文章引用人工智能(AI)和认知科学领域的奠基人 Marvin Minsky 和 Patrick Winston 的观点："过去 20 年中 AI 本来是应该取得更大进展的，问题发生在 80 年代。"20 世纪 80 年代，AI 研究的资金开始枯竭，研究人员尝试探索商业化 AI，由此产生的最大问题是 AI 研究的狭窄和专业化，而基础问题乏人问津，没有进展。因此主张回归早期的研究模式，将狭窄的应用驱动研究回归到好奇心驱动研究。没有理论指导，研究工作就不可能持久。[2]就地图制图而论，它本是一个极具创造性的工作，是一个十分复杂的思维过程，逻辑思维（抽象思维）、形象思维、灵感思维并存。逻辑思维能方便地用数学公式来描述，但是地图制图过程中大量存在的形象思维和灵感思维带有模糊性或不确定性，许多情况下连地图制图专家都难以说清楚某个制图问题为什么只能这样处理而不能那样处理，又怎么让计算机去做呢？这就是说，要花大气力进行基础性工作，包括基础理论研究：地图制图过程中到底有什么样的知识在起作用，从哪里和如何获得这些知识；地图制图知识特别是那些模糊性或不确定性知识怎样提取和表示，怎样对这些知识进行处理；建立什么样的适合地图制图特点的演绎推理机制和控制策略；等等。这些基础理论、方法和技术问题，只有通过持久、扎扎实实的研究工作才能逐步解决。然而，在过去的10余年里，地图制图领域除在个别问题上开展了可持续的研究并取得了一系列理论成果外，地图制图其他方面的智能化研究基本上没什么进展，这有认识和思维方式上的问题。

可喜的是进入21世纪以来，人工智能"回归基础"出现了好的转机，比较有代表性的是不确定性人工智能及其应用研究。《不确定性人工智能》一书指出，"研究、探索在人脑认知过程中，知识和智能的不确定性，以及如何利用计算机模拟并处理这种不确定性"[3]，为我们提供了思考问题的范例和基础理论支持。在地图制图领域，即使在地图制图专家系统停滞不前的10余年间，也还是取得了不少研究成果。例如：地图设计新理论[4,5]，自适应地图可视化（ACVis）关键技术[6,7]，基于活动理论的网络地图设计与实现[8]，空间知识地图构建理论和方法[9]，专题地图智能化设计理论与关键技术[10]，地图自动化制作的控制论理论与方法[11,12]等。特别是智能化地图制图综合团队一直未停止过研究，在自动制图综合模型、算法和知识及基于知识的推理，基于自动制图综合链的全要素、全过程的智能制图综合理论，自动制图综合过程控制与质量评估，居民地增量级联更新理论和方法等方面，都取得了一系列创新性理论成果[13-23]。

上述智能化地图制图的研究说明，实现地图制图的智能化或提高地图制图的智能化程度和水平，基础性理论研究十分重要，不能急于求成；要坚持理论与实践相结合，但不能没有理论作指导。

9.2 智能化地图制图前沿基础研究

传统地图制图即手工模拟地图制图，经过长期地图制图生产经验的积累沉淀和科学总结，已经形成了成熟的方法、技术和工艺；数字化条件下如何利用电子计算机进行地图制图，显然不能让计算机定量模仿传统地图制图条件下的那一套地图制图方法，必须走智能化的道路，而这就必须关注智能化地图制图前沿的某些基础性理论和方法。

9.2.1 地图信息传输理论——智能化地图制图与地图传播系统工程理论

地图信息传输理论，是从把地图制图与传播作为一个系统工程的角度考虑的。地图信息传输理论认为，地图的根本任务和作用就是在地图制作者和地图使用者之间传递地理信息，也就是从整体上研究制图者、地图信息、地图、地图使用者、地图的使用效果这五个部分之间的相互作用与联系。

地图信息传输具备了作为一个系统的一切特征。作为典型系统工程的地图制图与地图传播，需要用系统工程理论作指导。系统工程理论包括三个基本组成部分，即系统论、信息论和控制论。从地图制图与地图传播的角度考虑，系统论主要研究地图制图与地图传播系统各环节(或分系统、子系统)的构成，及如何组织各个环节而使系统得到优化；信息论主要研究信息结构的层次性和传递方法；控制论主要研究传递过程的控制作用与反馈作用，使系统朝着有利的方向演变并达到预期目的。实际上，地图制图与地图传播作为系统，肯定有信息流，而且这种信息流是可控制的。这正是智能化地图制图与传播所需要的。

1. 基于系统论的智能化地图制图与地图传播系统

地图制图具有"流水型"的结构特点，它要求前后工序的有机联系和衔接。地图制图的依据是地图用途和用户要求，这是最基本的地图制图条件。在此基础上，按照系统工程科学思想，应包括地图设计分系统、地图制作分系统、地图印刷或地图传播分系统等。而每个分系统还可能包括若干个子系统。例如，地图设计分系统可以分为地图总体设计子系统、地图投影设计子系统、地图符号设计子系统、地图色彩设计子系统、地图内容表示方法设计子系统；地图制作分系统可分为地图内容制图综合子系统、制图综合质量控制与评估子系统、地图可视化符号自适应匹配子系统、地图注记自动匹配子系统；地图印刷分系统可以分为印前编辑子系统、直接制版子系统、印刷子系统；当不需印刷而采用网络传播方式时，也可以划分相应的子系统。而每个子系统还可以包括二级子系统，如此等等。地图制图系统、分系统、子系统、二级子系统之间的纵向层次关系和横向的相互联系与制约关系，可以描绘成一个系统结构图，存在整体与局部、局部与局部、系统与外部环境之间的依存、影响和制约关系。描述这些关系的地图制图系统结构图，可以为有效地开展智能化地图制图与地图传播提供理论依据。

2. 基于信息论的地图制图与地图传播信息结构系统

地图制图的信息结构，即地图制图信息的组织模式。它是体现地图制图水平的一个主要方面。按照信息论观点，地图制图信息结构系统应具有整体性、结构性和层次性特征。地图信息结构系统的整体性，就是在建立地图的信息结构时，必须从整体出发，始终着眼于整体与局部、整体与环境的相互联系与相互作用，综合地处理问题，这是系统的精髓。从系统的功能讲，系统整体大于其部分简单之和。地图信息结构系统的结构性，指系统内部各部分相互联系和作用的方式。地图信息结构系统的结构合理性，对于系统是非常重要的，合理的地图信息结构系统应是先进的和科学的。地图信息结构系统的层次性，指系统各部分(分系统、子系统)之间的地位、等级的相互关系，任何系统都是有层次的。

3. 基于控制论的地图制图与地图传播控制系统

地图制图与地图传播作为地图信息传输过程是可控的。根据地图信息传输的理论，作为地图信息传输的控制过程有两个基本特点：其一，地图信息传输作为被控制的对象存在可能性空间，即多种发展的可能性。根据地图的不同用途和要求，可以设计和生产出多种多样的地图，即地图信息的产生面临各种可能性，它们的集合构成地图信息传输的可能性空间。其二，地图信息传输作为被控制的对象，不仅存在可能性空间，而且地图制图者可以根据地图的不同用途和要求，在这些可能性空间中进行选择。地图信息传递过程中，可以产生各种类型、各种主题、各种形式和各种比例尺的地图，地图制图者究竟设计一种什么样的地图，这是可以根据地图的不同用途和用户要求对地图信息的产生和传递实施控制的。

所以，地图信息传输控制由三个基本环节构成：第一，掌握地图信息产生和传递的可能性空间，即地图的类型、主题、比例尺和形式等地图空间；第二，根据地图用途和用户要求，在可能性空间中选择某种地图类型、主题、比例尺和形式的目标；第三，拟定控制条件，使地图信息的产生和传递向着限定的目标转化。

9.2.2　智能化地图制图的地图视觉感受论理论和方法

对于人类视觉地图来说，地图感受论作为地图制图的应用理论，必须掌握 3 个关键理论和方法。

1. 视觉变量和视觉感受效果

视觉变量也称图形变量，通常指引起视觉差别的最基本的图形和色彩变化，由于它为探索最适合于人类视觉阅读的最有效的图形符号设计原则提供了一条科学的途径，将对地图符号设计的系统化、标准化和智能化起很大促进作用。视觉变量从含义上说是指人类视觉上可以察觉到的差别，基本上属于"感觉"的范围，但它不仅限于感觉的初级阶段，也包含认识的因素和心理现象的影响，产生不同的感觉效果。有代表性的视觉变量研究有两个：一个是法国地图学家 J. Bertin 提出的 6 个视觉变量，即形状、尺寸、方向、亮度、密度和色彩；另一个是美国地图学家 J. Morrison 提出的 8 个视觉变量，即形状、尺寸、色彩、亮度、饱和度和图案的方向、排列、纹理。各种视觉变量能引起视觉感受的多种效果，包括整体感、等级感、数量感、质量感、动态感和立体感等。对每种视觉变量和视觉感受效果进行明确的定义，是构成智能化地图符号系统和表示方法的基础。

2. 地图制图数据的量表方法、地图类型、符号类型与视觉变量的关系

所谓量表，是指在地理研究和地图制图中度量事物的方法，是对客观事物的观测资料（数据）进行处理所必需的。根据被观测物体的数学属性，将量表分为定名量表、顺序量表、间距量表和比例量表 4 类，每类量表都有明确的界定或定义。

按照制图数据的量表方法，专题地图可以分为定性专题地图和定量专题地图两类：前者显示或反映现象的种类或名称的空间分布或定位；后者表示现象的数量及其空间分布特征。

制图现象按其空间分布特征，可以分为点状现象（0 维）、线状现象（1 维）、面状现象（2 维）和体状现象（3 维），它们分别用点状符号、线状符号、面状符号和体状符号来表示。将制图数据量表、符号类型、地图类型、视觉变量之间联系起来，可以明显地看出它们之间的关系。实际上，视觉变量可以分为两类：一类是差别变量，如形状、色相、图案排列和图案方向，用以表示数据之间的定性差别，主要用来制作定性专题地图；另一类是等级变量，如尺寸、色彩亮度、饱和度及图案纹理，用以表示数据之间的定量差别，主要用于制作定量专题地图。

3. 从地图语言的角度理解地图符号的语言学特征

地图符号作为地图制图特有的地图语言，它用一种物质的对象来代指一个抽象的概念，以一种易被心灵了解和便于记忆的形式，把制图对象的抽象概念呈现在地图上，从而使人们产生深刻的印象。从智能化地图设计的角度，有两个问题需要关注：一是地图符号的本质，即地图符号的约定性——地图符号同它所代替的抽象概念之间的一一对应关系，等价性——约定过程中代指抽象概念的地图符号之间是等价的；二是地图符号的语言学特征，即句法学——地图上符号与符号之间的关系，语义学——地图符号与制图对象之间的关系，语用学——地图符号与使用者之间的关系。

9.2.3　智能化地图制图中的地图模型理论和方法

把地图作为模型，使地图制图进入更加严密的理论模型试验阶段。这里只研究数学模型，从智能化地图制图的角度来看，有 4 个方面的模型理论需要给予关注。

1. 空间点位向平面转换的数学模型

空间点位向平面转换的数学模型主要涉及选择和设计地图投影——地图投影数学模型和不同地图投影之间的相互变换——地图投影变换模型两个问题，掌握地图投影及地图投影变换的一系列理论对地图投影设计是至关重要的。

2. 地图逻辑数学模型

地图逻辑数学模型主要涉及用集合论对地图模型的元素进行逻辑数学描述——模型元素的逻辑数学描述，以及用集合论对物体标志进行逻辑数学描述——物体标志的逻辑数学描述两个方面。前者是设计任何地图模型的基础；后者是设计地图内容时选取物体的依据，包括概念-等级层次描述模型、物体空间定位度量逻辑数学描述、物体空间结构逻辑数学描述。

3. 地图内容要素分布特征的数学模型

地图内容要素分布特征的数学模型主要包括对连续起伏的地形表面进行数学拟合——地形表面(包含海底)特征的数学模型，对制图现象的空间分布特征进行数学描述——空间现象分布趋势的数学模型，对制图物体分布规律进行数学描述——制图物体空间分布特征的数学模型，对各种地理要素(现象)间相互影响制约关系进行数学描述——制图对象相关关系的数学模型 4 种。第一种数学模型，主要针对地貌等高线表示法设计；第二种数学模型，主要用于指导制图现象空间分布趋势表示方法设计；第三种数学模型，主要用来指导地图内容要素综合指标的量化设计；第四种数学模型，为分析研究各种要素(现象)之间相互依赖关系提供设计地图上要素表示广度和深度的理论依据。

4. 地图制图综合的数学模型

从模型的角度讲，制图综合的数学模型主要是解决综合前后的模型变换，这种变换可以表示为：

$$M_{K1} \xrightarrow{G} M_{K2} \tag{9-1}$$

式中，G 为模型变换算子，M_{K1} 为算子作用之前的模型(地图)，M_{K2} 为算子作用之后的模型(地图)。

地图模型是对真实地理世界的科学抽象和概括的表象，不同比例尺地图是真实地理世界的不同详细程度的制图表象。由真实地理世界到经过科学抽象和概括的地图表象，由比较详细的地图表象到比较概略的地图表象，都是通过地图制图综合数学模型来实现的，即通过式(9-1)的模型变换算子 G 来实现。设计地图制图综合模型变换算子的任务，就是要设计地图制图综合过程的模型(算法)化、知识化和制图综合指标的计量化。

9.2.4　智能化地图制图中的人工智能理论和方法

前述的智能化地图制图的地图信息传输理论和方法、地图视觉感受理论和方法、地图模型理论和方法，是地图制图功能、地图的人类视觉感受规律、地图作为模型应用的理论总结，一定程度上为地图制图的智能化奠定了基础，但地图制图智能化的实现还必须有人工智能理论和方法的支持。

随着地图制图领域解决各类问题的模型、算法研究的日益深入和不断完善，可以发现单独依靠模型、算法不可能解决千变万化、错综复杂的各种地图制图问题，研究地图制图专家的智能行为产生机理，进而利用高性能计算机模拟地图制图专家的智能行为，建立基于模型、算法和知识的各类智能地图制图系统，将重新活跃起来。

地图制图中的知识包括确定性知识(可以用模型、算法描述的)和不确定性知识或模糊性知识(一般不可用模型、算法描述)。从这个角度讲，地图制图智能化问题，要着重研究知识特别是模糊性知识的总结(抽象)或获取、表示，以及基于知识特别是模糊性知识的不确定性推理。

1. 智能化地图制图知识的获取

地图制图知识是地图制图领域专家(泛指)认识活动的成果或结晶，属于科学知识范畴，包括地图制图经验知识(初级形态)和理论知识(高级形态)，无论是直接知识或间接知识都是在地图制图实践中形成的，地图制图知识也需要借助于人工智能语言形式来描述，使之可以被计算机存储、处理、理解和运用，地图制图生产实践是检验地图制图知识的标准。可以说，能否获得大量地图制图知识是智能化地图制图能否成功的关键。

1)通过向地图制图领域专家做调查获取知识

这就是通常说的"面谈法"，即与地图制图领域专家面谈。"面谈法"要突出做好3件事：一是，事先拟定一个调查问题的提纲，有目的地询问地图制图专家是怎样处理地图制图过程中的各种问题的、为什么要这样处理，把那些为专家所有、鲜为人知的制图知识发掘出来；二是，从典型地图产品(或作品)的实例入手，这是因为专门知识在领域专家的头脑中有时并没有很好地组织，可以在领域专家叙述典型地图制图实例过程中联想他采用的方法、使用的经验和知识；三是，注重对领域专家解决问题使用的概念和事实进行整理，找出知识间的因果关系和相互作用，在调查基础上进行分析研究。

2)从地图制图书本和研究成果中获取知识

地图制图书本和研究成果是领域专家长期积累的经验和科学研究的总结，内含大量知识。包括地图制图领域的教材、专著和作业规范、科研技术报告和学术论文等。其中教材、专著含有丰富的理论知识，特别是一些新知识；作业规范中含有大量的规则式知识，本身就是现行地图制图生产的依据；科研总结(技术)报告和学术论文中经常能提供一些最新的问题求解的知识。但从大量文献中抽取知识也不是一件容易的事，要阅读、分析、抽取，对于抽取的知识要经过认证(或验证)。

3）利用辅助工具获取地图制图知识

这类辅助工具如编辑检查工具、知识一致性检查工具、知识抽取工具等，是通过人机交互、内容的语义语法检查及表示形式的自动转换等方法，来帮助领域专家把他们解决地图制图领域问题的知识抽取出来，并尽可能花费较少的时间将知识编码和形式化。但它还只是一种获取知识的工具和手段，起关键作用的还是人。

4）利用知识学习系统获取地图制图知识

知识学习系统也称知识训练系统或机器学习系统，是获取知识的一种新手段，它是从问题领域的大量实例中自动归纳出新的规则和内容，或从实例数据的计算中推导出某些结论。主要用于对知识库中的知识进行修改，增加知识的数量和提高知识的质量，更有利于知识的一致性和完备性的实现，更能体现知识的自动获取和人工智能特点。

2. 智能化地图制图知识的表示

地图制图知识只有进行适当表示（形式化描述）后，才能在计算机中存储、检索、修改和运用。从地图制图的特点来看，目前可用于地图制图领域知识表示的方法主要有产生式规则表示法、语义网络表示法、框架表示法、谓词逻辑表示法和混合表示法。

不确定性知识表示与处理的基础是模糊集合论或不确定性理论。具体表示方法可以认为是产生式规则表示法、框架表示法和语义网络表示法的扩展；而因素神经网络表示法，则可以认为是一种新的模糊知识表示方法。

1）地图制图知识的产生式规则表示法

产生式规则表示法是一种最常用的知识表示方法，其形式化描述语句为"如果……条件成立，那么有……结论或者动作"。

例如有规则 1：如果制图区域的轮廓形状近似圆形，且制图对象为某大洲，则制图区域地图适宜的地图投影为方位投影。

上例中，条件部分为两个前提条件的与。实际上，随着知识的增加和问题复杂性的增加，规则的条件部分和结果（动作）部分都可能变得更复杂。条件部分可能是各个前提条件的与、或、非组合，而规则的结果（或动作）部分可能扩展为执行一个程序，进行某些推理，或者执行某些控制谋略。

显然，产生式规则表示法有两个显著特点：一是，知识库中的知识容易增、删、改，修改其中的某一条规则，虽会影响系统性能，但不会影响系统中的其他规则；二是，知识表示结构的一致性，所有知识都严格按产生式规则形式编码，符合人们的思维习惯。产生式规则表示法的缺点是格式有些呆板，有时可能推理效率较低。

对模糊知识的表示而言，模糊产生式规则可以说是对传统产生式规则表示法的一种扩展和改进。这种扩展和改进十分重要，因为地图制图领域专家本人在处理地图制图问题时的直觉（形象思维）、经验、灵感（灵感思维）、窍门和启发性知识常常缺乏明确的逻辑关系，有时甚至连制图专家本人也很难将这些知识及它们之间的关系表达得很清楚。因此，有必要在传统产生式规则基础上，研究模糊式产生规则，即研究模糊式产生规则中的模糊前提条件、模糊结论及动作、模糊规则强度及可信度。

2）地图制图知识的语义网络表示法

它是知识的图解表示，由节点和弧或链（带有箭头的弧线）组成。节点表示概念和事实，弧(链)表示节点之间的关系。常用于表示具有网络结构的知识。

知识的语义网络表示法是利用语义网络的继承和匹配技术，把对事物的描述及其信息从概念节点传递到实例节点，从而得出某些具体的结论。它有三个方面的优点：一是比较自然，能直接且明确地表达概念之间的语义关系，接近人的语义记忆特点；二是具有一定的联想性，着重表达语义之间的相互关系的知识，在一定程度上体现了联想思维过程；三是推理效率较高，较快地导出与问题有关的概念和事实，不必遍历整个知识库。主要缺点是不像产生式规则那样能保证推理的严格性和有效性，不便表示判断性知识和深层次知识，当求解问题复杂或面对复杂知识时很难控制和表示。

模糊知识的语义网络表示法，可以视为传统知识语义网络表示法的扩展和改进，即将语义网络模糊化，具体说是将节点内容模糊化和语义关系模糊化，对于后者要研究采用什么方法来实现不确定性的传播和模糊匹配规则等难题。

3) 地图制图知识的框架表示法

它把有关信息存放在一起，以便存取和处理，可以看作一种数据结构或数据组织，其形式化描述如图 9.1 所示。

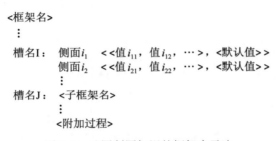

<框架名>
　　⋮
槽名Ⅰ：　侧面i_1　＜＜值i_{11}，值i_{12}，…＞，＜默认值＞＞
　　　　　侧面i_2　＜＜值i_{21}，值i_{22}，…＞，＜默认值＞＞
　　　　　⋮
槽名Ｊ：　＜子框架名＞
　　　　　⋮
　　　　　＜附加过程＞

图 9.1　地图制图知识的框架表示法

由图 9.1 可以看出，这是一种层次表示结构，即一个框架可以有任意数目的槽，一个槽可以有任意数目的侧面，而一个侧面可以有任意数目的值；此外，框架表示法可以嵌套，即框架的有些槽中可填入特定的实例或数据，而有些槽中能存入指向它的子框架的指针。

智能化地图制图中，地图投影的选择和设计、地图内容各要素的综合、地图符号的设计等的知识，都可以采用框架表示法。

框架表示法的优点在于：一是能以很灵活的结构和组成比较方便地表达求解问题的多层结构知识及其相互关系；二是框架中槽和侧面的内容能自由地进行填写和补充，知识的增、删、改可较容易实现；三是框架具有一定自然性，体现了人的思维活动。其缺点是缺少对框架中内容如何使用的信息，往往要附加一些说明和作用机制才行。

同样，用框架表示模糊知识也需要将框架模糊化，包括槽值模糊化、关联模糊化和附加过程模糊执行(在框架内附加激活条件)。

4) 地图制图知识的谓词逻辑表示法

同产生式规则相类似，是一种具有公式形式的知识表示方法。例如，要表示"印度的轮廓形状近似圆形"这一事实，则可采用如下形式：

区域形状<印度，圆形或近似圆形>

这里，"区域形状"为谓词，"印度"和"圆形或近似圆形"为对象。

对于由单个谓词逻辑构成的简单命题，可通过逻辑连接方法综合成复杂命题，逻辑操作包括与、或、非、蕴含等。其中，蕴含实际上就是表示"如果……，那么……"这样一种因果逻辑关系，所以很自然地被用来表示规则。以下是复合命题的一个例子：

"印度是一个中纬度国家，且其区域轮廓形状近似圆形。"

地理位置<印度，中纬度地区>

区域形状<印度，近似圆形>

有了这样的表示机制和约定以后，就可以利用这些形式及其组合来表示许多复杂的句子和知识。有时为了方便推理，还可以在表示形式上进行适当的变换。谓词逻辑表示法的特点：一是，谓词逻辑是一种很自然的知识表示法，许多方法与人对问题的直观理解相对应；二是，能很方便地从给定的事实和规则的集合中推出新的事实和规则；三是，能保证其推理结果的正确性，属于精确推理；四是，常常不受具体对象的制约，比较灵活，单个命题可以独立插入知识库中或从知识库中删除。其缺点是效率不高，易使推理过程冗长。

地图制图领域的问题错综复杂，单一的知识表示法往往不能适应多方面的要求，加之目前尚没有一种通用的知识表示方法，所以在实际的智能化地图制图过程中往往要结合运用多种知识表示法，即知识的混合表示法。此时，可以先对各种知识进行分层，不同层次的知识采用不同的表示方法，这样可以从整体上增强知识表示功能，提高推理效率。例如，框架表示法的许多缺点能被一阶谓词逻辑或产生式规则表示法有效解决，而谓词逻辑和产生式规则表示法的缺点又能由框架表示法来弥补。所以，要进一步研究一种能根据地图制图的实际问题把几种知识表示法灵活组合起来，并构建高效的知识表示体系。

3. 智能化地图制图中基于知识的推理和控制策略

1）基于知识的推理

地图制图问题求解过程中，推理和控制策略是两个十分重要的问题。所谓推理，指的是依据一定的原则和方法从已有的事实推出结论，进行问题求解的过程。智能化地图制图系统中常常采用基于知识的推理，分为精确推理和不精确推理两类。

精确推理亦称逻辑推理，以数理推理为基础，所处理问题的前提条件和结论之间存在确定性的因果关系，其前提条件也是确定的，涉及的知识和数据大多是静态的、可靠的和确定的。基于知识的推理与知识的表示方式有密切关系。精确推理既包括谓词演算的逻辑推理，也包括产生式规则或框架表示的确定性推理，其基本原理是从一个给定的事实或规则集中，依据基本的逻辑推理法则，推断出新的事实和规则。

不精确推理亦称不确定性推理或模糊推理，或似然推理。主要处理不确定性或模糊性问题，以统计推理和不确定性在推理过程中的传播和积累为核心内容。一般表现为前提条件与结论之间存在某种不确定性因果关系，或前提条件就带有某种不确定性，所涉及的知识往往是不确定的或模糊的。

不精确推理大多是精确推理方法的进一步发展，或对精确推理方法的拓展和改进。不确定性的"传播"和"更新"算法是不确定性推理的核心。

目前，常用的不确定推理方法主要有 MYCIN 确定性理论(引入可信度概念和方法)、主观 Bayes 方法、Dempster-schafer 证据理论和模糊推理，其中模糊推理是一类从不确定性知识表示和逻辑运算两方面对传统的确定性推理进行扩展和改进的模型，能更好地模拟地图制图专家的思维过程，在智能化地图制图中具有良好应用前景。

2)推理过程的控制策略

不论是精确推理还是不精确推理，主要是由计算机来实现的，这就必须有控制策略来控制推理过程，主要解决推理过程中的知识选择与知识应用的顺序问题，从而控制推理过程的执行和实现，是基于知识推理的灵魂。对控制策略的要求包括两个方面：一是保证和加快推理过程的实现，尽可能缩短问题求解所需时间，提高推理效率；二是保证推理结果的可靠性，增强推理过程选择知识和应用知识的准确性，提高推理的质量。要兼顾这两个方面的要求，最根本的是总结领域专家处理和解决问题的过程和思维方法，包括逻辑思维(抽象思维)、形象思维(直感思维)和灵感思维方法，其中特别是形象思维和灵感思维方法，至今尚无人系统研究此问题。

目前，常用的控制策略有数据驱动控制、目标驱动控制、混合控制和元控制(利用元知识)，它们各有优缺点，详细介绍参见相关文献。

9.3 智能化地图设计的若干前瞻性问题

地图设计是地图制图中的一个十分重要的科学性与技术性相结合、理论与实践相结合的阶段，在很大程度上决定地图产品的质量和水平，而地图设计的智能化又是智能化地图制图的所有问题中最难解决的一个问题，包括地图总体设计、地图投影选择与设计、地图符号设计、地图色彩设计和地图内容表示方法设计等。由于地图用色目前已相对趋于成熟，这里不予介绍，可参考相关文献[24-26]。

9.3.1 智能化地图总体设计

地图总体设计，指创作新地图的总体方案设计，一般包括新地图的任务分析、总体规格、地图范围、比例尺、地图类型、地图内容、制图资料、表示方法、地图配置、综合指标、技术方案等。不是所有的新地图都要做总体设计，如国家系列比例尺地图等。小比例尺地理挂图、各类地图集等，是要做总体设计的。也不是所有的地图总体设计都要包括上述那么多内容，根据新地图的实际需要可增可减。

地图总体设计的智能化，目前还很少有人研究，因为这其中的不确定性因素太多。例如，长期积累的地图总体设计经验如何抽象成可以形式化描述的知识，地图总体设计知识库及基于知识库的推理机制；地图总体设计的各个环节和内容还未形成能让计算机执行的线性或并行逻辑框架；等等。所以，地图总体设计的智能化难度非常大，但尽可能提高其智能化水平是必要的，也是可能的。为此，要重点研究以下两个问题。

1. 地图总体设计流程

一个符合逻辑的地图总体设计流程是必须的，否则计算机就无法执行，更不用说智能化了。地图总体设计流程应顾及各个环节的依存与制约关系，流程的线性与并行兼容、可嵌套(增减)。例如：对于地图总体设计而言，地图功能需求分析是前提，它是根据地图的用途和用户的要求确定的，而制约地图功能需求分析的是制图资料(数据库)，这是地图总体设计流程的第一层次；根据地图功能需求分析，在地图总体设计知识库的支持下，并行地研究确定地图范围(制图区域)、地图比例尺、地图类型和使用方式，它们共同决定图幅尺寸，这是地图总体设计流程的第二层次；地图类型、地图比例尺和地图使用方式决定地图投影、地图内容要素构成、表示方法和综合指标，这是地图总体设计流程的第三层次；地图配置即图名、比例尺、图例、出版说明的配置与分布，可看作地图总体设计流程的第四层次；再往下就是设计地图的制作技术方案，要考虑制图资料(数据)状况和现有的技术状况，这是地图总体设计的第五层次。

地图的类型和使用方式很复杂，特别是地图类型很多，如地图集的总体设计就比地理挂图的总体设计复杂得多，难度也大得多，可以单独进行总体设计，即地图集总体设计。而地图集又区分为普通地图集、专题地图集和综合地图集，它们的总体设计要求也差别很大，要分门别类地研究它们的总体设计流程，从中找出普遍性即共性的东西，研究它们的形式化描述，这对地图总体设计智能化研究是最基础的。

2. 地图总体设计知识库及推理机制

地图设计是一项极具挑战性和创造性的工作，地图总体设计更需要经验的积累和总结。今后的研究首先要从大量的经验中抽象提炼出知识，给出计算机可存储的知识的形式化描述，建立知识库，并研究基于地图总体设计知识的推理机制。相对于地图投影、地图内容表示法、地图符号设计和地图色彩设计的智能化而言，地图总体设计的知识化、知识的形式化描述及基于知识的推理机制研究是一项十分复杂和更加艰难的任务，目前尚无人系统涉足这个领域。

首先，目前的地图总体设计活动基本上是一种地图制图专家(设计人员)的个体或少数人行为，大量的经验性东西散落在各个地图制图(或地图出版)单位甚至是个人的头脑中，缺乏条理化，知识专家(最好是地图制图领域的)需要深入地图制图总体设计活动过程，仔细观察地图制图专家在地图总体设计的各个环节是如何分析、判断和思维的，把那些隐藏在每个决策背后的知识抽象提炼出来，包括总体设计中有关对象及概念的说明性知识，有关对象、行为及状态的规则性知识，有关过程的过程性知识，以及模糊性(不确定性)知识。

其次，要研究地图总体设计知识的表示即形式化描述。针对不同类型的知识，研究不同的表示方法及推理机制。

关于智能化地图总体设计的实现，鉴于这个问题的难度很大，不妨在实现过程中采用逐步推进的方法：先着手计算机辅助地图总体设计，而在研究和实际应用中逐步提高智能化程度；先着手单幅(或多拼幅)地理挂图的计算机辅助总体设计及其智能化，而后逐步推进到地图集的计算机辅助总体设计及其智能化，这也是"先易后难"的方法。

9.3.2　智能化地图投影选择

在智能化地图设计方面，相对而言地图投影设计的智能化研究是较早的。这也不足为奇,因为地图投影的模型化程度高,可以用严格的数学表达式来描述;同时,什么样的地图设计选择什么样的地图投影的规则性很强,而且可以用严密的数学公式来表达,这就有利于形式化描述和推理。所以,在地图设计领域最早于 20 世纪 90 年代初就开展了地图投影设计专家系统研究[27,28],主要解决全球、半球、大洲、大洋、各国、各地区地图投影的选择和应用。

智能化地图投影选择和设计要关注以下 4 个问题。

1. 影响地图投影选择的因素和地图投影选择过程中的信息层次

1)影响地图投影选择的因素

地图投影选择和设计受到多方面因素的影响和制约,要了解这些因素各自起什么作用和怎样起作用,找出起主要作用的因素,达到各影响因素要求之间的最佳平衡。这是智能化地图投影选择和设计的基础性工作。

在智能化地图制图条件下,影响地图投影选择的主要因素包括以下 4 个方面。

①地图的用途。地图用途的不同决定了它们对地图投影有不同的要求。例如,航海图、航空图和交通图一般要求采用等角性质的投影;地图投影性质确定后,再根据具体情况确定采用哪一类等角投影,如航海图常采用等角正圆柱投影(墨卡托投影);各种统计地图、世界军事力量状况图等,常采用等面积性质的投影;综合性地图(包括综合专题地图)则适宜选择各种变形都不大的任意性质投影;等等。

②制图区域的范围大小。判断地域的范围大小对地图投影选择的影响主要体现在地图投影选择的复杂程度方面。制图区域的范围越大,投影选择越复杂,需要考虑的因素越多,如世界地图的投影选择就是一个十分复杂的问题,不论是选择何种地图投影方式,其变形都会很大,所以为世界地图选择投影时,要考虑投影变形分布情况、地图用途、经纬线网形状要求、地图配置以及本国对世界地图投影使用习惯等因素;当制图区域范围较小时,投影选择要容易得多,许多因素可不予考虑。

③制图区域的形状和地理位置。制图区域的形状和地理位置对地图投影选择的影响主要表现在 3 个方面:一是投影面的类型,如方位投影、圆柱投影、圆锥投影等;二是投影面的轴位,如正轴投影、横轴投影、斜轴投影;三是投影面与原面相交的状况,如切投影、割投影。而这三者集中到一点,就是各类地图投影都有自己独特的变形分布规律和等变形线的形状,制图区域最适合的地图投影是那些等变形线形状同制图区域轮廓线具有较好一致性的地图投影,这是按制图区域形状和位置选用地图投影的原则。

④地图比例尺。地图比例尺对地图投影选择的影响,主要表现在制作大比例尺地图尤其是军用大比例尺地图时,应同本国地形图采用的地图投影取得一致或统一起来。各个国家对本国地形图的投影都有统一规定。而中小比例尺地图的地图投影选择比较灵活,可根据具体要求选择比较适宜的地图投影,一般不受地图比例尺的影响。

2)地图投影选择的信息层次

前述各种因素对地图投影选择的影响程度,目前还无法用数学方法来描述,更未找到具体计算各种影响因素作用大小的数学公式。但总体存在领域专家解决问题的思维规律,有一条分析和解决问题的主线,即各种因素对地图投影选择影响的层次性,由此将其抽象成地图投影选择的信息层次。

①第一层次。依据地图用途和特殊要求，确定地图投影的性质（等角投影、等积投影、任意投影等）及地图上经纬线网的总体特征。

②第二层次。依据制图区域范围大小和轮廓形状，基本确定地图投影类型（方位投影、圆锥投影、圆柱投影等）。

③第三层次。依据制图区域地理位置，确定地图投影的轴向（正轴投影、斜轴投影、横轴投影等）。

④第四层次。地图比例尺和数学基础内容要求对地图投影选择影响不大，但能起到某种小的修改和约束作用。

上述地图投影选择的信息层次及相应的投影选择过程中制图专家的思维层次，是针对一般情况而言的，而在实际地图制图中可能还会有各种各样的特殊情况需要考虑，并补充新的信息，这种情况下要注意处理好普遍性和特殊性的关系。

2. 智能化地图投影选择系统的基本架构

如图9.2所示，智能化地图投影选择系统由人机交互、工作数据库和知识库、推理机制和解释机制、成果显示及修改等部分组成。其中：人机交互以知识引导方式让用户选择或回答，主要输入与地图投影选择有关的信息；工作库和知识库是系统的基础，存储地图投影选择过程中用到的一些特定信息和具体数据（如制图区域经纬度范围、轮廓形状等），知识库存储地图投影选择方面的事实性知识和规则知识；推理机制，在临时工作库和知识库支撑下运行，总体上采用正向推理，局部采用反向推理；解释机制，负责对记录的推理路径和推理结果进行解释；成果修改、显示，就是在计算机屏幕上显示推理结果和实际选用的地图投影，包括经纬线网、制图区域轮廓、地图投影变形及图幅配量等，并视情况修改，直至满意为止。

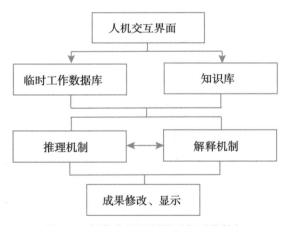

图9.2　智能化地图投影选择系统构架

3. 地图投影选择的知识类型、表示方法与知识库

1）知识类型

地图投影选择过程中所用到的知识大体可分为两类：一类是事实知识（陈述性知识）；

另一类是规则知识(过程规则)。这些知识的主要特点是:专业化程度高且涉及问题具体;知识数量有限且相互之间存在一定联系;常含有启发性信息,不能硬性割裂开来。

2)知识表示方法

(1)事实知识的表示

地图投影选择过程中的事实知识涉及以下 6 个方面的内容。

①制图区域类别方面的知识:说明制图对象是全球、半球、大洲、大洋、区域、国家和大区等类别中的哪一类。

②制图区域轮廓形状方面的知识:说明制图区域轮廓形状是接近圆形、矩形还是椭圆形,沿赤道延伸还是沿其他纬线延伸等。

③制图区域范围大小方面的知识:给定制图区域边界的经纬度数值。

④地图用途方面的知识:说明地图的具体用途。

⑤地图投影性质要求方面的知识:说明地图用途对地图投影性质的要求。

⑥地图比例尺对地图投影要求方面的知识:提供经纬线网间隔和地图纸张尺寸等方面的知识。

上述 6 类事实知识,可采用一元或多元一阶谓词逻辑形式表示。

(2)规则知识的表示

地图投影选择过程中使用最多的是规则知识,它们反映和表示影响地图投影选择的各因素之间的作用关系和相互联系,实际上是一些对前述事实知识进行应用的知识,是知识库中的主要内容,采用产生式规则的形式表示:

$$Rule<(编号),(结论),(前提)>$$

这里

(结论)∷=对地图投影问题和概念的进一步明确和具体化

(前提)∷=多个事实和条件的逻辑组合,包括条件的与、或、非

3)知识库的建立

地图投影选择知识库中的知识包括事实知识和规则知识两个部分。所有事实知识放在知识库的最前面,其后依次为世界地图投影选择规则知识、半球和国家等区域地图投影选择规则知识、小区域地图投影选择规则知识、各种索引及辅助知识等。在此基础上,按地图投影选择的信息层次将上述各个知识集合中的知识分成子集合,每个子集合中的知识也按照一定的顺序排列,体现每条规则适用面大小或规则的重要性程度,以保证推理结果的可靠性。这样的知识库结构和管理方法,便于知识的扩充和修改。

4. 智能化地图投影选择的人机交互和推理

主要研究基于知识库的推理。在推理之前或推理过程中还需要通过人机交互方式输入推理过程中必需且系统中没有的信息,对推理路径进行解释。

1)人机交互

人机交互输入的内容主要包括 7 项。

①地图制图对象及其类别。用户在工作数据库列出的世界、半球、洲、洋、国家、海区、大区、省区和地区等类中进行选择。

②地图用途。用户在系统给出的航空图、航海图、交通图、形势图、人口密度分布图

等多个图种中进行选择。

③制图区域范围及中心位置。当系统不能自动提示这类信息或提示的信息不理想时，用户可按自己的要求输入制图区域的经纬度数值及中心位置的经纬度数值。

④地图投影特性要求。如用户指定地图投影性质，则从系统给出的地图投影性质类别中选择；如用户不给定地图投影性质，则由系统推理确定。

⑤地图比例尺及经纬线网间隔。用户可输入自己确定的比例尺，如不确定可输入比例尺的大致数值，然后调整；一旦地图比例尺确定后，系统就可根据比例尺与经纬线网间隔的关系给出参考值，供用户参考。

⑥纸张尺寸。用户输入以厘米为单位的纸张有效尺寸。

⑦地图数学基础内容要求。用户需要通过人机交互菜单指定地图上要显示哪些地图数学基础内容，哪些内容不予显示。

2）推理方法和控制策略

不同的制图对象，地图投影选择推理的复杂程度是不一样的。可以考虑按制图对象范围分成 3 个层次：一是世界图和全球图；二是半球图、洲图、洋图、国家图、大区图；三是省（自治区、直辖市）图或地区图。对不同层次制图对象地图投影选择进行推理，各自的着眼点和侧重面不一样，有利于推理的针对性。

对三个层次制图对象地图投影选择进行推理的方法和控制策略基本相同，采用全局正向推理、局部（单步）反向推理相结合的混合推理策略。由于地图投影选择所用到的事实知识绝大多数是确定的，大多数规则知识的作用效果是稳定的，前提和条件之间的关系也是确定的，只是有时要考虑一些特殊情况，所以一般采用精确推理。

3）推理结果显示和推理路径解释

地图投影选择推理结果即最终确定采用的地图投影能在屏幕上即时显示出来，同时还能显示推理时所用到的已知信息、各种事实知识和规则知识，推理的步骤和过程也都被记录下来，据推理解释用户可以知道推理过程和结论是怎样得出的，同时也可对知识库内容的一致性与合理性进行检查。

9.3.3　智能化地图符号设计

在地图设计的整个过程中，地图符号的设计是一个十分重要的环节。地图作为地理环境信息的载体，其功能在很大程度上是由地图符号的整体表现力决定的。地图设计的实践表明，符号设计是地图设计中最困难的问题之一，智能化地图符号设计尤是如此。

智能化地图符号设计是一个复杂的问题，同解决其他许多复杂问题一样，系统论方法是地图符号设计的基本方法，它是符号设计规范化、标准化的有效途径。

1. 影响地图符号设计的因素分析

地图符号设计涉及许多因素，其中直接涉及 8 个方面的因素[4]。

1）地图内容

这是地图符号设计首先要考虑的因素，在地图内容确定之前，是不可能设计地图符号的。因为地图符号是地图内容信息的载体，是地图内容的表现形式。

2）地图资料（数据）特性

在地图内容确定之后，就要对地图资料即数据特性进行分析，其中包括以下 4 项：

①平面位置(维数)特性分析。即判断符号是呈点状、线状还是面状分布，以确定符号类型。

②资料(数据)测度水平分析。即分析资料的量表方法，建立资料分级体系，也就是将资料按测度特征分成等级(定性的、顺序的、定量的)，这种等级划分对最终在地图上显示的信息所要求的感受水平有重要影响。

③信息单元结构层次分析。即研究资料(数据)信息单元的结构层次。为使地图有序(层次)地进行信息传输，设计符号时有必要遵循这样的程序，因为符号在视觉变量方面的层次结构与有组织的资料的结构层次是相应的。

④资料(数据)其他特性分析。如对于资料的质量特性，一些资料可能是通过量测或观测得来的，而其他资料可能是建立在估计或推测基础上的，这种差别可以通过符号来体现。

3) 地图的使用要求

这里强调的是使用要求，尽管也包含一般意义上的地图目的与用途，但更侧重地图用途在特殊情况下的反映，特别是用户在使用地图过程中的活动，即地图的人文因素，这对符号设计有很大影响。

4) 制图信息的视觉感受类型

制图信息的视觉感受类型包括联合感受、选择感受、有序感受、数量感受等。在设计地图符号时，视觉感受类型要求决定视觉变量的选择，一旦感受类型确定下来，相应地，视觉变量也就可以被选定。

5) 视觉变量

地图设计中是根据感受类型或感受水平选择恰当的视觉变量。虽然不能说这些视觉变量能包含地图符号设计的全部问题，但只要能把视觉变量同符号设计的其他因素有机地结合起来，还是会取得成功的。

6) 心理学感受规律

在地图设计中，心理学方面的研究还有许多问题不明确。尽管如此，在设计地图符号时，还是有一些心理学感受规律具有参考价值，如轮廓与主观轮廓、目标与背景、恒常性、视错觉等。

7) 传统的联想与标准

实际上这属于一种制图风格的习惯影响。例如，蓝色和水密切地联系在一起，是人们表示河流、湖泊、海洋及有关现象的一种颜色；绿色表示植被；气温图上的高温值往往用浅红色表示，低温值则用各种蓝色表示；等等。

8) 地图生产技术和成本

这主要指地图生产技术的可行性及符号设计对生产成本的影响，从目前的地图制图技术和经费支撑能力来看，这不是主要因素，一般甚至可不予考虑。

2. 智能化地图符号设计的基本过程和程序

地图符号设计是一项很复杂的工作，按照系统论的思想，设计地图符号的基本过程和程序如图 9.3 所示。

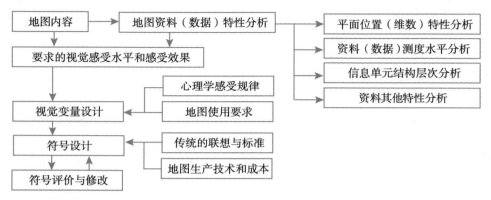

图 9.3　智能化地图符号设计的基本过程和程序

由图 9.3 可知，地图符号设计的具体程序有如下 6 个步骤。

①根据地图用途要求与制图区域特点确定地图内容。

②地图资料(数据)的特性分析。

③确定视觉感受要求，即视觉感受水平和视觉感受效果的要求，包括地图视觉感受的层次要求；对于专题地图，也包括地理底图要素功能的分析及其所要求的视觉感受水平。

④地图视觉变量设计，即选择视觉变量，这时需要考虑心理学视觉感受规律、传统地图制图的风格与标准化等因素。

⑤设计地图符号。

⑥符号的评价与修改。

3. 智能化地图符号设计系统基本架构

如图 9.4 所示，智能化地图符号设计系统由人机交互、工作数据库、工作符号库和知识库、推理机制和解释机制、符号设计工具、成果显示与修改等部分组成。其中：人机交互部分，以知识引导方式由用户选择或回答，主要输入与地图符号设计有关的信息，如地图内容信息、地图资料(数据)特性分析信息、要求的视觉感受水平和感受效果信息等；工作数据库主要用于存储地图符号设计过程中用到的一些特殊信息和具体数据(如上述人机交互对话存储的信息)，工作符号库主要存储已出版地图的符号(供设计地图符号参考)，知识库存储地图符号设计方面的事实知识和规则知识，它们是地图符号设计推理的基础；推理机制，在工作数据库、工作符号库和知识库等支持下运行，采用全局正向推理、局部反向推理相结合的方法；解释机制，负责对记录的推理路径和结果进行解释；符号制作工具，完成推理结果的可视化，构建具体符号；设计制作的符号需在屏幕上显示，甚至要进行样图试验，给予评价，确定是否需要修改。

4. 地图符号设计的知识类型、知识表示、知识库和基于知识库的推理

1)知识类型

地图符号设计过程中用到的知识，主要包括事实知识和规则知识两类，其特点是有一定的模糊性或不确定性。

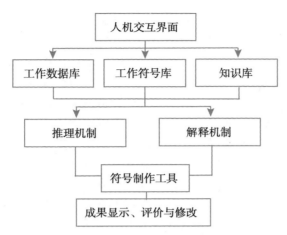

图9.4 智能化地图符号设计系统基本构架

①事实知识。即陈述知识，主要包括：满足地图用途要求和反映制图区域地理特点的地图内容方面的事实性知识；地图符号类型（如点状符号、线状符号、面状符号等）方面的事实性知识；制图数据水平的测度（数据量表）特征（如定名量表、顺序量表、间距量表、比率量表等）方面的事实性知识；制图数据的层次结构事实性知识；等等。

②规则知识。即过程规则知识，主要包括：根据前述地图符号设计的基本过程和程序，由地图内容和地图数据量表特征确定视觉感受水平和感受效果的过程规则知识；由视觉感受水平和感受效果产生所要求的视觉变量的过程规则知识；由视觉变量推理出所设计地图符号的过程规则知识。

2）知识表示

①事实知识的表示。对于地图符号设计中的事实知识，采用一元或多元一阶谓词逻辑表示法，或框架表示法，或语义网络表示法，这是由地图符号设计中事实知识的特点决定的。由图9.4可以看出，地图符号设计的事实知识可以按地图符号设计的过程和步骤划分知识块，每个知识块构成一个知识源。所以，采用谓词逻辑表示法时，可采用逻辑连接方式将简单命题组成复合命题；采用框架表示法时，知识源用框架表示，因为框架特别适用于表示具有层次性结构的知识；采用语义网络表示法时，利用语义网络的继承和匹配技术。框架和语义网络特别适合表示如地图符号设计这类具有层次结构特点的知识。

②规则知识的表示。这是一种地图符号设计知识的产生式规则表示法，分为条件和结果两个部分。由于地图符号设计过程的知识多、问题复杂，规则的条件和结果都会很复杂，这是由前述影响地图符号设计的因素分析、智能化地图符号设计的基本过程和程序所决定的。采用产生式规则描述"地图内容→制图数据特征→要求的视觉感受水平和感受效果→视觉变量设计→地图符号"的实现过程和信息层次传递，规则的条件部分会是多个前提条件的与、或、非的组合，规则的结果部分可能扩展为执行一个程序，进行某些推理，或执行某些控制策略，如设计的"地图符号"还要受到地图使用要求、传统联想与标准、地图生产技术和成本等条件的制约。

3）知识库的建立

智能化地图符号设计系统知识库中的知识包括事实知识（描述性知识）和规则知识（产生式过程知识）。从知识应用和推理过程来讲，事实知识放在知识库的最前面，按照影响地图符号设计的因素和图 9.4 所示地图符号设计的基本过程和程序依次存放，这样做是为了便于知识的应用和推理过程的顺利实现；其后存放地图符号设计基本过程和步骤的规则知识，它基于一个总的地图符号设计过程的规则知识框架，包括若干个规则知识模块，如根据地图用途要求和制图区域地理特点确定地图内容的规则知识模块，根据地图内容和制图数据特征确定符号类型所要求的视觉感受水平和视觉变量层次结构的规则知识模块，根据视觉感受水平和视觉变量层次结构产生视觉变量的规则知识模块，根据视觉变量并顾及地图使用要求、传统联想和标准、地图生产技术和成本及心理学感受规律形成地图符号系统的规则知识模块。由此可见，前一个规则知识模块是后一个规则知识模块的前提条件，后一个规则知识模块是前一个规则模块的结果。

4）基于知识库的地图符号设计推理与人机交互

相对于地图投影选择而言，智能化地图的符号设计过程更复杂，涉及的因素也更多，所以在地图符号设计推理之前或推理过程中还需要通过人机交互方式输入推理过程中需要且系统中没有的信息（知识），主要包括以下 3 类。

①地图用途要求信息。地图用途要求决定地图内容，而地图内容又决定地图符号的设计，但所设计的具体地图的用途要求信息在系统中是没有的，因此首先要输入地图用途要求信息，根据输入的地图用途要求信息所确定的地图内容，可开始地图符号设计。

②地图制图区域地理特点信息。地图制图区域地理特点对地图内容及其符号设计是有影响的因素，因此要输入地图制图区域经纬度，并据此获得制图区域地理特点对地图符号设计的特殊要求。

③地图视觉感受要求信息。地图视觉感受要求信息直接影响到地图符号视觉变量的设计，包括视觉感受水平和效果要求，即视觉感受层次要求信息，是设计地图符号视觉变量的基础。

基于上述通过人机交互输入的信息，考虑心理学感受规律、传统地图符号联想和地图使用要求，设计地图符号视觉变量，在工作数据库、工作符号库和知识库支持下，确定地图符号系统，并显示、修改。显然，同智能化地图投影的设计与选择相比较，智能化地图符号设计更加复杂，特别是其知识及基于知识的推理过程和推理机制尚需进行系统的、深入的研究。

5. 面向用户多样性的自适应地图符号系统设计

数字制图条件下的地图可视化不同于手工传统制图条件下的地图可视化，其核心是地图符号的自适应性，即将数字形式的计算机可识别的地图转换为图形符号形式的人的视觉可感知的地图，而且更重要的是满足高交互性、面向用户群的自适应地图可视化的需求。自适应地图可视化，是以用户模型、人机交互行为和知识推理为基础，具有地图符号的自组织、自调整、自表达和自导航能力的地图可视化。它是以用户为核心的，同目前的地图符号设计以设计模型为主导、忽视用户之间的差异有区别。

自适应地图可视化的提出最早可追溯到 1998 年伦敦大学（University of London）和欧洲

媒体实验室(European Media Laboratory, EML)等的研究。我国在该领域的研究主要集中在中国科学院地理科学与资源研究所、解放军信息工程大学和德国慕尼黑技术大学地图学研究所等单位的合作研究成果中[7]，主要关注以下问题。

1) 自适应地图符号模型

现有的地图符号模型主要采用参数模型和基于 SVG 的描述模型，而后者本质上也属于图元参数模型。

图元参数模型设计基于地图符号划分的思想，图元是构成地图符号的基本单元，也是符号库的基本组成元素，一个完整的图元应包括几何参数和配置参数。图元参数模型具有较好的规范性和通用性，但这种规范性和通用性，也使之不能满足面向用户的自适应地图可视化的要求，如符号的组织体系(点、线、面)不便于用户对地图符号的更换操作，未建立地图符号和用户之间的联系，地图符号未与用户对地图认知信息的能力关联等。

自适应地图符号模型分为概念模型、逻辑模型和物理模型三个层次。其中概念模型是自适应地图符号模型的核心，逻辑模型与概念模型相对应，物理模型是自适应地图符号模型的具体实现，最终形成多叉树的自适应地图符号库的组织结构。

自适应地图符号模型的实现采用树状结构，通过对地物类别不断地分类，组成自适应地图符号树。树根代表整个自适应地图符号库，每个树节点代表某级地物划分粒度的地物类别，树节点中包含一个地图符号集合，其为可表达该类地物的符号的集合，集合中的每个元素称为地图符号对象，每个符号对象包含符号描述、符号配置定义和符号图形数据。

所以，自适应地图符号模型与现有的地图符号模型并不是完全割裂的，而是对现有地图符号模型的继承、改进和发展。

2) 自适应地图符号库的设计

自适应地图符号库是自适应地图可视化系统的核心组成部分，其实现过程的关键是实体和属性及它们之间联系的确定。

首先，要确定实体和属性。自适应地图符号库中的实体及其属性包括地图符号类、地图符号集合、地图符号对象和用户类型。地图符号类是自适应地图符号树中的一个节点对象，它又包括子节点，子节点继承父节点的属性；地图符号集合属于某一特定的地图符号类，是其属性之一，也是自适应地图符号库中的一个实体，地图符号集合包括若干地图符号对象，这些地图符号对象是地图符号集合的属性，且为多值属性；地图符号对象是自适应地图符号库中存储的概念上独立存在的对象，包含符号描述、符号配置定义和图形(几何)数据，三者都是地图符号对象的属性；用户类型是自适应地图符号库中的实体之一，包含用户类型的标识和简单的描述。

确定实体和属性后，需要建立实体与属性之间的联系，自适应地图符号模型包括一对一(1:1)、多对一($M:1$)和多对多($M:N$)三种联系。在一对一的联系中，一个实体中的每个实例只能与其他参与该联系的实体的一个实例相联系；在多对一的联系中，一个实体的多个实例与另一个参与该联系的实体的一个实例相联系；在多对多的联系中，一个实体的多个实例与另一个参与该联系的实体的多个实例相联系。

确定实体与属性及其联系后，即可构建自适应地图符号库的 E-R 图(图9.5)。

3) 自适应地图符号编辑器的设计

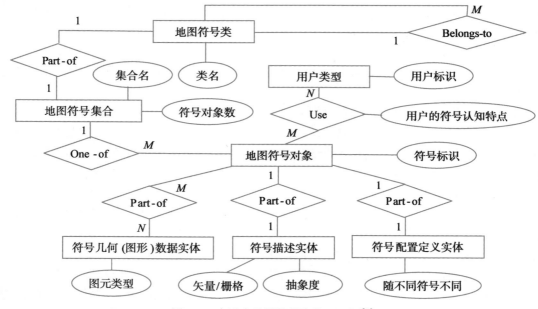

图 9.5　自适应地图符号库的 E-R 图[7]

为了使地图用户能够在自适应地图符号库的基础上，方便地制作出个性化的地图符号且能够对设计的地图符号进行改进，需要设计自适应地图符号编辑器。

地图符号的标准化和个性化之间的对立统一，是自适应地图符号设计中必须要解决的问题。实际上，两者都隐含了一定程度的自适应性，在一定条件下是可以互相转化的，用户认知测试的过程就是地图符号标准化和个性化之间互相转化和适应的过程，也是自适应地图符号库不断自我完善的过程，而自适应地图符号编辑器是实现地图符号的标准化和个性化的对立、统一而不可缺少的工具。

自适应地图符号库编辑器设计包括自适应点符号(组合点符号、图像符号、字体符号)编辑器、自适应线符号编辑器、自适应面符号(轮廓线、填充)编辑器等的设计，关键是分别提供方便用户使用的点符号、线符号和面符号等创建/修改界面和浏览/管理界面。

4) 自适应地图符号用户认知信息的获取

提出这个问题的基本依据是，即使有了自适应地图符号编辑器，普通用户还是希望能够尽量少甚至不用自己设计地图符号，而要求自适应地图符号系统能够根据用户的不同认知特点自动选择地图符号，这就需要不断获取地图符号用户认知信息。

自适应地图符号用户认知信息获取，是从认知学的角度，首先根据用户的类别，在对大量用户进行调查和统计分析的基础上，使用构建的地图符号模板自适应地提供可视化方案，利用自适应地图符号系统提供给用户更换表达地物实体的地图符号的功能，并且按照所属用户类别对于表达该地物实体的地图符号集合中的各个地图符号使用频率的降序顺序推荐给用户，以便用户用尽可能少的时间来确定最适应的地图符号。当用户对地图符号集合中的地图符号都不满意时，可以利用自适应地图符号编辑器来设计个性化的地图符号，并用于地图可视化，自适应地图符号系统会将用户设计的个性化地图符号上传到自适应地图符号库中。在地图用户更改地图可视化方案的过程中，自适应地图符号系统就记录了用户对地图符号集合中各地图符号的使用情况，即获取了地图用户的符号认知信息。

5）自适应地图符号系统

在完成自适应地图符号模型和自适应地图符号库、自适应地图符号编辑器及自适应地图符号用户认知信息获取的基础上，即可进行自适应地图符号系统的设计，包括总体设计和功能模块设计。

自适应地图符号系统的总体设计，应该解决对自适应地图符号系统有重要影响的基于网络的系统架构、地图符号模板、个性化地图符号处理、地图符号匹配推荐算法等问题。

自适应地图符号系统的功能由地图符号库引擎、地图符号配置、地图符号配置保存、地图符号编辑和地图符号用户认知信息及数据挖掘与知识发现等5个模块组成。

面向用户多样化的自适应地图符号设计是智能化地图符号设计方面的一个新的研究领域，目前的成果仅是初步的，尚有许多问题需进一步深入研究。

9.3.4 智能化专题地图表示方法设计

专题地图的表示方法确实有许多不同于普通地图的地方，就专题地图表示方法本身而言，有定点符号法、线状符号法、质底法、等值区域法、等值线法、范围法、点值法、动线法、定位统计图表法和分区统计图表法等，已比较成熟。但是，随着专题地图品种的日益增多和计算机多媒体技术的发展，构成表示方法的符号类型更丰富、组合形式更多样灵活。在这样的背景下，有些学者开始研究智能化专题地图设计的问题[29-31]。

1. 影响专题地图表示方法设计的因素分解

影响专题地图表示方法设计的因素很多，其中主要的因素有如下3类。

①专题地图的内容要素。对于专题地图而言，其内容一般包括两个方面：一是专题地图的地理底图，指地理要素；二是专题地图的主题，指专题要素。专题地图的地理底图要素的多少与专题地图的主题要求有关，但无论地理底图要素是多还是少，是繁还是简，其表示方法设计相对比较简单；而专题地图的主题内容却因地图类型和用途要求不同，表示方法差别很大。所以，这里主要讨论主题要素对表示方法设计的影响。

②专题地图主题内容的表示等级。专题地图主题内容的表示等级直接影响到其表示方法的设计，因此要先确定专题地图主题内容要素的表示等级（定性、分类、顺序分级、间隔分级和数值表示）。对于单个专题内容要素而言，其表示等级对表示方法设计的影响处理起来相对简单一些；而对于专题地图主题内容的"联合要素"而言，其表示等级对表示方法设计的影响要复杂一些。所谓"联合要素"[32]，指用一个符号（即表示方法）表示几个有一定关系的定量要素，并要区分结构型联合要素和非结构型联合要素，因为两者的表示方法不一样。

③专题地图的使用方式。专题地图的使用方式，对地图主题内容表示方法的设计也有较大影响。例如：墙上挂用的较小比例尺专题地图，其地理底图要素一般用习惯色彩表示，而其主题内容要素的表示方法则要求简明突出（类别差别大、分级数不宜多），图面层次感强；桌面用专题地图或专题地图集的地理底图要素一般用统一的青冈色表示，呈现

在第二层平面上，主题内容要素分类分级数可以多一点(但一般不超过七级)，用比较突出的表示方法呈现在第一层平面上。

2. 智能化专题地图表示方法设计的基本思路

基于前述智能化专题地图表示方法设计影响因素的分析，在总结传统专题地图表示方法设计经验的基础上，提出如下智能化专题地图表示方法设计的基本思路(图 9.6)。

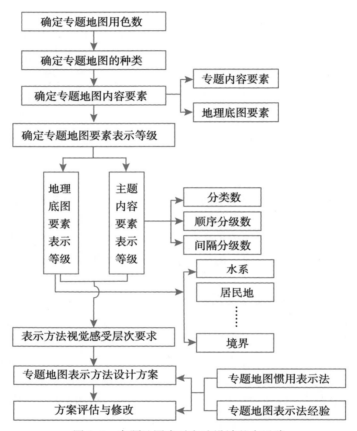

图 9.6 专题地图表示方法设计基本思路

①首先确定专题地图的用色数。专题地图的用色数与专题地图表示方法设计有着密切关系，用色数一经确定，专题地图表示方法就会受到用色数的限制。

②确定专题地图的种类。不仅要确定专题地图的类别(自然地图、经济地图、人文地图)，还要确定各类专题地图种别(地貌图、地质图、气候图，工业图、农业图、交通图、第三产业图、矿藏资源图等，人口图、文化图、民族宗教图等)。

③确定专题地图的内容要素及表示等级。要明确专题地图的地理底图要素包括哪些，专题地图的主题内容是什么，是单项要素还是联合要素，以及主要内容要素对地理底图要素的要求。

④确定专题地图内容要素表示的等级数。首先，要确定专题地图内容要素表示的层次

(平面)数及表示方法的视觉感层次要求,是两层平面还是三层平面,如果是两层平面则地理底图要素置于第二层次(低层),而主题内容要素放在第一层次(高层);如果是三层平面,则地理底图放在第三层平面(最低层),反映质量特征的分类表示或区域数量分级表示置于第二层平面(较高层),而反映数量特征的点状符号(结构符号、表示数值的统计图表)表示置于第一层平面(最高层)。此外,还必须确定专题要素的表示等级(分类、顺序等级和间隔分级),并说明是如何具体分类分级的。

⑤形成专题地图表示方法初步设计方案,并对方案进行评价和修改,此时要顾及惯用的专题地图表示法和长期经验。

3. 智能化专题地图表示方法设计系统基本架构

如图9.7所示,智能化专题地图表示方法设计系统由人机交互界面、工作数据库、专题地图表示方法库和表示方法知识库、表示方法设计推理机制和解释机制、专题地图表示方法设计方案及其评估与修改等部分构成。其中,人机交互主要是输入专题地图表示方法设计所必需且知识库中又没有的信息;工作数据库、表示方法管理数据库和知识库是智能化专题地图表示方法设计系统的基础支撑,工作数据库包括专题地图地理底图数据和专题要素数据,专题地图表示方法管理数据库存储和管理现有专题地图的各种表示方法,专题地图表示方法知识库存储和管理表示方法设计的各类知识;专题地图表示方法设计推理机制和解释机制,执行系统基于输入信息和知识库的推理及推理过程的解释;专题地图表示方法设计方案,基于推理结果,从表示方法数据库中选择所需具体表示方法及其组合,与工作数据库结合形成;专题地图表示方法设计方案评估和修改,通过人机交互方式完成。此外,应顾及专题地图惯用表示方法、表示方法设计经验及表示方法组合创新。

4. 智能化专题地图表示方法设计的知识类型、知识表示和知识库

关于专题地图表示方法,在现有的许多科技文献中都有论述和介绍,并编纂出版了一大批高水平专题地图集和综合性地图集,这些都可以作为智能化专题地图表示方法设计的知识源泉。

1)知识类型

(1)专题地图类型的知识

从学科专题内容角度来讲,知识来源十分广泛,知识内容十分丰富,知识的专业性很强,包括自然现象地图知识、社会现象地图知识两大类。其中:自然现象地图知识可进一步分为普通自然现象地图知识、地质图知识、地球物理图知识、地势图知识、气象和气候图知识、海洋图知识、水文图知识、土壤图知识、植被图知识、动物图知识等;社会现象地图知识可进一步分为人口图知识、经济地图知识、服务地图知识、政治与行政区划图知识、历史地图知识等。其中的每类专题地图知识还可进一步细分。应该说,专题地图学科专业知识的总结十分复杂,工作量也很大。但总体来说,可以概括如下:

①制图区域分类及其对地图要素影响的知识;

②制图区域经纬度范围的知识;

③专题地图分类的知识;

④专题地图类型和地图内容主题关系的知识;

⑤专题地图类型、内容主题要求与地理底图要素关系的知识。

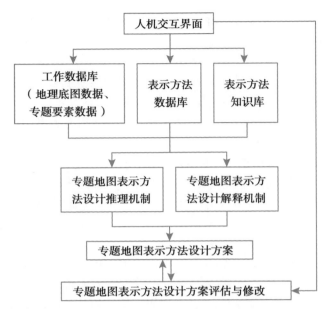

图 9.7　智能化专题地图表示方法设计系统基本架构

（2）专题地图要素表示等级的知识

专题地图要素表示等级的知识包括专题地图内容表示视觉平面层次知识和专题内容要素表示等级（分类、顺序分级和间隔分级）的知识。其中专题内容要素表示等级的知识比较多。例如：分类，如发电厂分为火电厂、水电厂、核电厂 3 类；顺序分级，与要素自身的性质和制图区域有关，如境界分为国界、省界、地级市（地区）界、县界 4 级，若制图区域没有国界，境界只分为 3 级，如河南省只有省界、地级市界、县界；间隔分级，一般指定量专题地图或统计地图专题要素，地图类型与要素分级数的关系可简化为地图类型与要素"数量名"的分级数的关系，如只对"产量"（粮食产量、棉花产量等）确定分级数，至于如何进行数据分级处理的问题，这里不涉及，可参考相关文献［23，29，32］。这些知识可以概括如下：

①要素的表示等级及对应的详细程度（分级数）的知识；

②要素的分类分级与地图类型关系的知识；

③要素的分级数与地图类型关系的知识；

④制图区域对分类分级影响的知识；

⑤哪些要素能构成"联合要素"及"联合要素"类型的知识。

（3）专题地图表示方法的知识

专题地图表示方法的知识包括各种表示方法的内涵知识、形状与色彩知识、尺寸与亮度知识、配置知识等。例如：

①定点符号法表示呈点状分布专题要素的知识；

②线状符号法表示呈线状或带状延伸的专题要素的知识；

③质底法表示连续且布满整个制图区域现象的质的差别(或区域间的差别)的知识;

④等值线法表示制图现象分布特征(连续分布且渐变、离散分布且渐变、现象强度和随时间变化)的知识;

⑤范围法表示专题要素在制图区域内间断而成片的分布范围和状况的知识;

⑥点值法表示制图区域现象呈分散的、复杂分布的知识;

⑦动线法用箭形符号的不同宽窄度显示专题要素移动方向、路线及其数量和质量特征的知识;

⑧等值区域法用面状符号表示专题要素在不同区域内的差别的知识;

⑨分区统计图表法用统计图表表示各区划单位内专题要素的数量及其结构的知识。

此外,还有一些特别的统计图表法的相关知识,例如:

①金字塔图表法表示不同现象或同一现象不同级别数值的知识;

②三角形图表法表示各区划单位某现象内部构成的不同比值的知识;

③线状图表法(简单线状图表、复合线状图表和结构线状图表)表示两个变量的知识;

④放射线图表法表示一点向四周辐射的现象的知识;

⑤圆形(扇形)图表法表示指标总的规模、内部分割的专题要素的知识;

⑥等值图块图表法(结构等值图块、立方体图块)表示现象数量比较的知识。

最后,要特别重视各种表示方法分析比较和综合应用的知识,例如:

①专题地图表示方法分类(按对现象时间变化的表示分类,按对现象数量和质量特征表示的分类,按符号类型分类)的知识;

②表示方法选择的规则知识;

③各种表示方法综合运用的知识。

(4)专题地图表示方法对视觉变量要求的知识

其包括点符、线符、面符地图选择视觉变量的知识,例如:

①定性点符地图,采用相同色彩不同形状的符号/相同形状不同色彩的符号/不同形状和色彩的符号/传统的黑色几何符号/非传统形状对比很大的黑色符号;

②定性面符地图,用不同颜色或纹理填充区域;

③顺序点符地图,采用亮度不同的符号/大小不同的符号;

④顺序面符地图,用不同亮度填充区域;

⑤定量点符地图(比率符号地图),采用非线性比例棒(一维)/比例棒(一维)/比率符号(二维)/比率减小符号(二维)/立方体(三维);

⑥多元定量点符地图(图表地图),采用饼图/棒图;

⑦定量面符地图(等值区域图),采用等差分级/等比分级。

当然,以上所列专题地图表示方法知识还是比较概略的,不够具体,也是不全面的,尚需进一步深化研究和总结。

2)知识的表示

关于专题地图表示方法知识的表示,可以根据知识的特点,分别采用前述(见9.2节)地图制图知识的产生式规则、语义网络、谓词逻辑等表示法来表示。

①对于具有"条件,结论"特点的专题地图表示方法知识,宜采用产生式规则表示法。

例如："如果地图类型为土地利用图，则采用质底法表示"；对于具有网络结构特点的专题地图表示方法知识，宜采用语义网络表示法(图 9.8)。

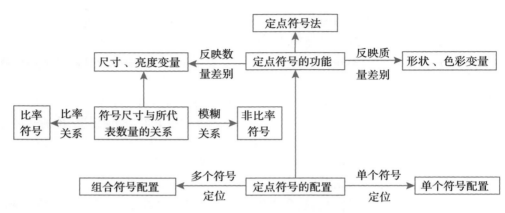

图 9.8　专题地图表示方法知识的语义网络表示法

②对于具有层次结构特点的专题地图表示方法的知识，宜采用框架表示法。例如：

框架名：　　　　　　　　线状要素习惯用法
要素：　　　　　　　　　境界
适用地图类型：　　　　　全部
表示等级：　　　　　　　顺序分级
子项：　　　　　　　　　[国界，省界]
方案号：　　　　　　　　20

此处，"方案号"引出一个子框架：

框架名：　　　　　　　　线状符号方案
方案号：　　　　　　　　20
形状：　　　　　　　　　[13，13]
色彩：　　　　　　　　　[36，36]
尺寸：　　　　　　　　　[[2，2]，[1，1]]

③对于具有公式形式特点的专题地图表示方法的知识，宜采用谓词逻辑表示法。例如：

联合要素(工农业产值结构，[工业产值，农业产值]，结构型)

和

顺序分级(境界，[国界，省界，地市界，县界]，全部)

3) 知识库建立

将前述专题地图类型知识、专题地图内容表示等级知识、专题地图表示方法知识、专题地图表示方法对视觉变量要求的知识、专题地图表示方法选择知识等形式化、程序化，有序存储在知识库中，以便于知识的管理和基于知识的推理。

5. 智能化专题地图表示方法设计的人机交互和推理

对于智能化专题地图表示方法设计系统，人机交互主要输入那些工作数据库、表示方法数据库和知识库中没有而对专题地图表示方法设计又是必不可少的信息，这些信息包括以下 4 项。

①专题地图类型(图种)信息。包括所设计的具体专题地图的图种信息，这是设计专题地图表示方法的前提。

②专题地图内容要素信息。包括地理底图要素和专题要素信息，以便有针对性地设计表示方法。

③专题地图内容要素表示等级信息。包括专题要素与地理底图要素之间的层次等级信息、专题要素自身之间的层次等级信息，以及专题要素的分类分级数信息(分类、顺序分级、间隔分级)，这些信息是设计专题地图表示方法所必需的。

④专题地图制图区域信息。包括所设计专题地图制图区域范围(经纬度)信息及其地理特点信息，这些信息将对专题地图表示方法的设计产生影响。

在上述通过人机交互方式输入的信息的驱动下，在专题地图表示方法知识库、表示方法管理数据库和工作数据库的支持下，通过基于知识的推理机制得到专题地图表示方法的初步设计方法，经过对方案的评估和人机交互修改，并可视化输出，以得到最终的专题地图表示方法设计方案。

9.4　智能化地图制图综合前瞻性问题

数字地图制图综合发展到今天，已经取得了很大进步，但自动化程度低仍然是阻碍地图制图技术进一步发展的重要因素。这里以数字地图综合为例，探讨智能化地图制图综合的发展，这是智能化地图制图的核心问题。

数字地图综合是地图制图学中最具挑战性的研究领域，被称为世界难题，国际学术界长期以来给予了高度关注。制图综合过程的客观化、定量化、模型化、算法化、智能化、协同化和系统化，反映了数字地图综合研究的进展和发展趋势，其中制图综合过程的智能化是问题的核心，因为制图综合过程的客观化(规律)、定量化、模型化、算法化、协同化和系统化都是制图综合过程的智能化所必需的。

9.4.1　智能化数字地图综合理论模型

本质上是要探讨地图综合中的哲学思维问题，包括制图对象的本体特征对地图综合的影响及科学方法论和认识论对地图综合的影响，是智能化数字地图综合的基础[19]。

1. 制图对象的本体特征与地图综合的关系

主要研究内容包括两个方面：一是，地理客体(制图对象)本身的特征对地图综合思维方向的影响，例如地理客体的层次结构特征与地图综合中的地图尺度层次，地理客体的有序特征与地图综合中的地理规律控制，地理客体运动和转化过程的内在否定性特征与地图综合中的矛盾协调，地理客体发展演变的周期性特征与地图综合中的信息循环等；二是，制图对象的属性特征对地图综合思维方向的影响，如地学信息的抽象性与地图综合中的抽象度，地学信息的近似性与地图综合中的"形似"和"神似"，地学信息的可转换性与地图综合中的信息映射和派生等。

2. 科学的认识论和方法论与地图综合的关系

主要研究内容包括 4 个方面：一是，整体观、层次观和循环观对地图综合的启示，例如地理信息科学中的整体观与地图综合中的全局审视，地理信息科学中的层次观与地图综合中图层视觉层次考虑，地理信息科学中的循环认识论与地图综合中信息挖掘和深加工（地理知识认知与提炼过程）等；二是，地学认知模糊性和地学精度相对性对地图综合的启示，地学知识具有模糊性，经过制图综合处理得到的地学信息和知识及其精度具有相对性，地图综合的结果只能达到"更好"，不可能是"最好"；三是，形象思维与抽象形象思维相结合、"形-数-理"一体化对地图综合的启示，地图综合的过程就是形象思维与抽象思维紧密结合的过程，也是由图形结果的直观识别到图形参数度量的再识别机理与模型构建的螺旋式循环过程；四是，传统方法论与现代科学方法论相结合对地图综合的启示，还原论方法与整体论方法相结合，分析方法和综合方法相结合，确定性描述与不确定性描述相结合，静力学描述与动力学描述相结合，理论方法与实验方法相结合，定性描述与定量描述相结合，科学性与艺术性相结合等。

3. 地图综合概念模型框架

主要研究三个方面的问题：一是，地图综合的信息机理模型，例如，地图综合的主客观依据——地理认知，地图综合信息加工功能——对地理客体空间分布格局的概括、对复杂地理信息的过滤、对数据库综合后制图综合（可视化）的实施过程等；二是，地图综合过程概念抽象模型，例如，数据库模型框架——从数字景观模型到数字制图模型，数据库层次结构框架——基于主导数据库的多重表达，基于知识和地理目标的过程框架，地理客体的抽象描述模式——"对象-类"的继承和归并模式等；三是，模型算法与操作相结合的地图综合概念模式，知识推理方法与数学模型、算法紧密结合，是智能化地图综合的基本概念模式。

9.4.2　智能化数字地图综合数据模型

智能化数字地图综合的实施，很大程度上依赖工作数据库的支持，其核心是所使用的数据模型，主要是研究基于地理实体的矢量数据模型和基于空间剖分的格网数据模型。

1. 基于地理实体的矢量数据模型

在数字地图综合领域，这是一种最常用的数据模型，很多地图综合算法都是基于这种数据模型的。该模型还存储了空间拓扑关系，可分为非拓扑关系模型和拓扑关系模型两种：非拓扑关系模型包括点模型、线模型和面模型，更多的是为单纯的地图制作与显示服务，对于涉及要素空间关系判断与分析的地图综合而言，存在很大局限性。从综合的角度讲，单一的点不存在化简操作，而只能对其进行删除、位移操作，而由多个点构成的点群的化简也是通过对点与其他实体关系的判断实现点的删除；线模型主要支持对曲线本身的化简；面模型作为点、线实体综合的描述（如凸壳），可以转化为线、点实施综合操作。拓扑关系模型，分为树状拓扑模型和网络拓扑模型，适用于复杂空间查询与空间分析。树状拓扑模型采用"自上而下"描述空间实体，对用于某些需要"自下而上"的查询比较困难；网络拓扑模型是一种描述空间拓扑关系更完备、更复杂的数据模型，具备部分双向查询功能。但拓扑数据模型是一种"静态"数据模型，对地图图形综合并没有太多的优越性，因此有的学者提出了一种动态分段的地图数据模型[33]，对于地图综合是有积极意义的。

2. 基于空间剖分的格网数据模型

基于空间剖分的格网数据模型可以在一定程度上弥补基于实体的矢量数据模型的缺陷，它是通过一系列某种形状的剖分单元将整个地图平面或地球球面进行连续分割，从而形成连续铺盖的格网，分为平面格网模型和球面格网模型两类。

1）平面格网模型

平面格网模型可以分为规则型与不规则型两种类型。

（1）规则型格网模型

规则型格网模型指区域内所有的点都具有相同数目、形状和大小的毗邻单元，剖分单元主要为方格（栅格）、三角形和六边形。其中栅格模型是将平面规则地分成一个个方格，地理实体用它们所占据的栅格来定义，点状地物用一个栅格单元表示，线状地物用沿线走向的一组相邻栅格单元表示，而面或区域则用相邻栅格单元的集合表示。其显著特点是属性明显，位置隐含，栅格之间的毗邻关系是固定的和可推算的，容易在计算机中存储、操作和显示，数据结构容易实现，算法简单，且易于补充、修改，特别是易于同遥感影像结合处理，地图综合时可利用栅格数据结构进行目标图形的冲突检查与移位，使得复杂的综合操作变得相对简单。问题是常常需要在综合前后进行矢量数据和栅格数据之间的相互转换，会损失地图的精度。

（2）不规则格网模型

目前研究最多的是不规则三角网模型（Triangulated Irregular Network，TIN）和 Voronoi 多边形模型。前者是最常用的一种数据模型，其中 1934 年俄国数学家 B. Delaunay 提出的所谓 Delaunay 三角网的形状是最优的，具有唯一性、空圆特性和最大最小角特性，基本构建方法包括基于矢量方式构建 TIN（逐点内插法、三角网生长法、分治法等）、基于栅格方式构建 TIN、基于带约束条件的矢量（或栅格）方式构建 TIN 和由等高线构建 TIN[34] 等，常用于由双线河到单线河的综合及居民地的综合。后者由俄国数学家 M. G. Voronoi 于 1908 年提出，并以他的名字命名，荷兰气象学家 A. H. Thiessen 最先用此法在离散分布的每个气象站周围建立 Voronoi 多边形，并用其内所包含的一个唯一气象站的降雨强度来表示该区域的降雨强度，又称泰森（Thiessen）多边形。Voronoi 多边形的生成方法包括直接法（增量法、Bowyer 法、分治法、并行法和栅格法）和间接法（先构建点集的 Delaunay 三角网，再取其对偶图得到最终的 Voronoi 图），特别是基于栅格的 Voronoi 多边形生成方法，其步骤最接近于定义，且实现过程比基于矢量的方法简单，还能方便地扩充到线对象的 Voronoi 多边形，在地图综合中有着广泛的应用，如基于 Voronoi 多边形的点、线综合。

2）球面格网模型

目前建立的国家和地区空间数据库大多沿袭了传统地图表达空间信息的模式，对以比例尺变化为原始驱动力的地图综合而言存在先天不足，且原有适于区域性表达的平面数据模型对于全球性地理现象研究与环境监测具有明显的局限性，球面格网模型应运而生。

球面格网模型格网单元的形状和大小可以是规则的，也可以是不规则的。前者可以是三角网、四边形和六边形等；后者包括 Voronoi 图等。大多数应用需要规则格网模型，它便于开发简单而有效的算法，更重要的是它可以细分到一定的空间尺度，形成具有层次性的球面格网模型。空间数据分辨率的层次变化实际上反映了比例尺的变化，这一特性对基于比例尺变化的地图综合极为重要。目前这方面的研究包括全球层次格网模型和球面Voronoi 多边形模型两种。

（1）全球层次格网模型

全球层次格网模型 QTM 建立的基本原理，是将一个正多面体（如四面体、正六面体、正八面体、正十二面体和正二十面体等）嵌入地球内作为球面剖分的基础，正多面体的顶点投影到球面，形成覆盖整个球面的球面多面体，每个球面多面体可以继续剖分，从而形成具有多分辨率层次特性的规则型全球格网模型。

球面格网的构建不像平面栅格那样简单，它有一定的构建准则：剖分格网针对全球完全覆盖，不存在重叠；格网具有相同的几何形状和大小；剖分格网的边在某些投影中是直线；格网是规则的，且对应一套有效的编码系统，与地理坐标有简单的对应关系；格网具有任意分辨率，并能形成层次结构。

目前，球面格网生成方法主要有两种：一是直接在球面生成球面格网；二是间接生成球面格网。后者是将最初的球面多边形投影到平面上，进行格网剖分，再投影到球面上，是一种常见的方法，可以简化球面格网的构建，Dutton 于 1996 年提出的基于八面体构建全球层次格网模型 QTM 的方案是此方法的典型代表。QTM 全称八面体四分三角网（Octahedronal Quaternary Triangular Mesh），是一种基于地球内切正八面体的三角剖分。

全球层次格网模型已用于应对各种全球性问题的数据组织、管理与分析，特别是QTM 数据模型对于解决图形冲突检测及冲突解决等地图综合操作具有层次性、近邻性等重要特性。层次性是指在 QTM 编码体系中，每个三角形都具有完全确定的位置、形状、尺寸和方向，且 QTMID 的码位直接反映了空间数据的分辨率或比例尺，直接对其进行操作就可以进行多分辨率数据的处理和显示，从而在一个相对宽泛的比例尺范围内对空间数据进行制图综合；近邻性是指在 QTMID 编码体系中，QTM 三角形面元之间的近邻关系是固定的或可推算的，定位存取性好；根据 QTM 三角形面元之间的关系，采用一定的空间索引结构可以加快邻域关系的搜索，十分有利于图形冲突的自动检测，对于图形冲突检测具有重要意义。

另外，QTM 兼容矢量和栅格数据结构的优点，既能像栅格数据那样以三角形格网连续覆盖整个地球，对三角形连续剖分形成层次性的全球格网结构，全球统一编码；又能在存储时像矢量数据那样按空间对象存储，没有空间对象的地方不进行存储，非冗余表示，数据结构紧凑。

（2）球面 Voronoi 多边形模型

与平面 Voronoi 多边形不同，球面 Voronoi 图中“两点间距离”应为连接两点的大圆中较小弧的长度，而非两点间的直线距离。球面 Voronoi 图生成的算法主要有矢量法和栅格法两类，与平面上一样，格网方法在球面 Voronoi 图构建中取得了较好的效果，但球面上很难实现以四边形为代表的常规格网覆盖，所以有些学者提出在构建全球规则格网结构的基础上，使用膨胀算法生成球面上点、线、多边形对象的 Voronoi 图，如基于 QTM 的球面Voronoi 图的生成方法[35,36]。

3）多尺度数据模型

多尺度数据模型指在数据结构中考虑了具有不同详细程度内插的各层次数据版本，它们从原始空间数据库中按不同粗略程度提取出来，并按照某种方式进行组织。

由于栅格图像结构简单，不同分辨率的多维影像金字塔在显示时可按不同的显示要求调用不同分辨率的影像，从而达到图像实时快速显示的目的，已在数字图像显示、处理与传输中得到广泛的应用；对于矢量数据而言，它的各个层次不同详细程度的数据版本，可以看作原始数据经过制图综合而生成的一系列不同尺度的空间数据，即基于大比例尺空间数据库自动生成多比例尺空间数据库，这是目前正在研究且难度很大的问题。

评判多尺度数据模型的指标主要有：首先，就各个尺度数据总量与原始数据量之比而言，要考虑"空间换时间"的代价大小，如果某套数据的若干版本的总数据量超过原始数据的两倍多，其代价显然太大；其次，从质量上考虑，多尺度数据模型的构建远比栅格图像要求高，即它不能产生新的拓扑错误，这有很大难度；另外，从渐进式显示的角度考虑，由于在较低层次读入了一定的数据，故在此基础上读入下一层次数据的量越少越好，这也是有难度的。

关于多尺度数据模型，目前已有一些学者进行了研究。其中，研究最多的是针对线数据的多尺度数据模型，以 BLG 树（binary-line generalization tree）和条带树（strilo-tree）为代表，它们有两个共同点：一是它们都是二叉树，每个节点存储的元素都是曲线的某一部分，而当一条曲线被二分后，这两条子曲线就对应原节点的左右子节点，于是一颗条带树的每一层的全部节点就形成了一个层次细节，而所有叶节点之和便是原始数据；二是BLG 树和条带树的生成都与经典的 Douglas-Peucker 算法相关，BLG 是一种能将 Douglas-Peucker 算法结果进行增量存储的数据结构，其生成与 Douglas-Peucker 算法的过程紧密相关，条带树也是一种对曲线进行层次化表达的方法，其生成过程也可以紧密结合 Douglas-Peucker 算法的过程。

9.4.3 智能化数字地图综合中几何变换的操作与算法

由于地图包含几何（量度）信息（与位置、大小、形状有关）、专题（属性）信息（与要素类型和重要性有关）和关系信息（相邻要素间的空间关系），所以数字地图综合必定包含几何变换、专题或属性变换和关系变换三种类型的变换。

几何变换由一些综合操作完成，而每一操作均由算法或算子来实现。与几何变换有关的问题包括：哪些操作是必须的？哪些操作是目前已有的？对每种必要的操作都有哪些算法可用？这些都是需要研究的。

在传统地图综合教科书中，通常只列出选取、化简、概括（归类）、位移等几种综合操作，这在手工地图综合条件下是有用的。随着计算机地图综合技术的发展，上述几种综合操作就显得不够具体也不够用，所以 20 世纪 80 年代末开始，一些学者就开始研究更具体、更多的综合操作，其中李志林（2007）提出将 40 个综合操作作为必要的综合操作具有代表性。当然其他人还可根据需要增加一些综合算子。文献[16，19]在这方面进行了总结和介绍。

1. 数字地图点要素的综合操作和算法

1）点（群）要素的综合操作

点要素的综合操作包括删除（elimination）、扩大（magnification）和移位（displacement）。点群要素的综合操作包括聚合（aggregation）、区域化（regionalization）、选择性删除（structure somission）、结构简化（structure simplification）和典型化（typification）。

2）点（群）要素综合操作算法

对于前述每个点（群）要素的综合操作，都要为它们分别设计一个或多个算法。独立点要素的删除和扩大两种操作算法相对较简单，不作介绍；点要素的移位算法及线要素和面要素的移位算法将在后面讨论。所以，这里重点介绍点群要素的综合操作算法，包括点群要素的聚合算法、选择性删除算法和结构化简算法。

①点群要素聚合算法。指将点要素综合分成若干组（群或类），每个群用独立点表示，其中的关键是空间聚类，即将类似的要素归为同一类（群或组），可通过序贯式（sequentially）或迭代式（iteractively），也可以通过层次的或非层次的算法实现聚类，由此产生了序贯式层次聚类和序贯式非层次聚类、迭代式层次聚类和迭代式非层次聚类等多种算法，其中最常用的有 K-均值（K-means）聚类算法和迭代自组织数据分析技术算法（Iterative Self-Organization Data Analysis Technology Algorithm，ISODATA）。将所有点分成若干"群"以后，就要研究用一个点来表达"群"，从统计学的角度讲，最能代表这个"类"的是众数（mode）、平均值（mean）、中值（median）和最接近均值（nearest to mean）的点。

②选择性删除算法。主要有 Langran 和 Poiker 于 1986 年提出的居民地间距比率法（Settle-Spaceing Ratio Algorithm）、Van Kreveld 等于 1996 年提出的圆增长法（Circle-Growth Algorithm）。

③结构化简算法。主要有艾廷华和刘耀林于 2002 年提出的基于 Voronoi 图的结构化简算法，此法能使点群化简后的分布区域和相对密度两个主要参数不变。

2. 数字地图线要素的综合操作和算法

1）线要素的综合操作

单条线要素的综合操作主要有移位（displacement）、删除（elimination）、比例尺驱动综合（scale-driven generalization）、局部修改（partial modification）、去点（point-reduction）、光滑（smoothing）、典型化（typification）；一组线要素的综合操作主要有收缩（collapse）、移位（displacement）、增强（enhancement）、兼并（merging）、选择性删除（selective omission）。

上述线要素的综合操作中，"去点"操作又被称为曲线逼近操作，不涉及比例尺的变化；"光滑"操作与比例尺也没有直接联系，包括曲线拟合（curve-fitting）与过滤（filtering）；所谓的比例尺驱动综合，也包括光滑操作和去点操作。在成组线要素的综合操作中，收缩操作包括环到点（ring-to-point）操作和双线到单线操作（double-to-single）。

2）线要素的综合算法

早期的线要素综合算法是针对单线要素的，核心是减少表达曲线的点的数量，本质是用尽可能少的点来逼近原曲线的形状，也称为点收缩算法。最具代表性的是使用垂距作为阈值的 Douglas-Peucker 算法（1973）；李志林（1988）针对 Douglas-Peucker 算法速度慢的问题，提出了一种充分利用在 X 方向和 Y 方向上最大值点和最小值点的点压缩算法；Visualinghan 和 Whyatt（1993）针对 Douglas-Peucker 算法会造成曲线变形很大的缺陷，提出了把有效面积作为点化简的准则，逐个删除有效面积最小点的 Visualinghan-Whyatt 算法。

另一类线要素的化简算法是光滑算法，运用了高斯卷积、傅里叶变换、小波变换、Snakes、经验模式分解和分形等技术，不过这些算法的参数与地图比例尺没有直接联系；Perkal（1966）提出的 ε-圆滚动算法及 Christersen（1999，2000）针对 ε-圆滚动算法的完善方案，不仅未解决根本性问题，而且 ε-圆的大小与地图比例尺也没有直接联系。因此，找出算法所使用的参数与地图比例尺之间的关系成为关键，Li 和 Openshaw（1992，1993）提出基于自然法则的比例尺驱动的线要素综合算法，使用的参数是源比例尺、目标比例尺和最小可视尺寸（SVS），其中最小可视尺寸由实验得到（图上为 0.5～0.7mm），即将最小可视尺寸内的所有空间变化全部忽略，用一个点（像元）来表示这个范围，Weibel 称 Li 和 Openshaw 推荐的这种算法为 Li-Openshaw 算法。

对于线要素的其他综合操作，也有许多算法，如线的局部修改、道路弯曲的典型化、道路交叉点的收缩、等高线的综合、交通网的综合、双线收缩为单线、河网的综合等算法。

3. 数字地图面要素的综合操作和算法

1）面要素的综合操作

面要素的综合操作分为单个面要素的综合操作和一组面要素的综合操作。

单个面要素的综合操作主要有收缩（collapse）、移位（displacement）、删除（elimination）、扩大（exaggeration）、形状化简（simplification）、分割（split）等。其中，收缩操作包括面到点（area-to-point）、面到线（area-to-line）、局部收缩（partial）三种具体操作；扩大操作分为定向加粗（derectional thickening）、扩大（enlargement）和局部加宽（widening）三种具体操作。

一组面要素的综合操作主要有毗邻（agglomeration）、聚合（aggregation）、融合（amalgamation）、溶解（dissolving）、兼并（merging）、重排（relocation）、结构化简（structural simplification）、典型化（typification）等操作。

2）面要素的综合算法

在栅格模式下，Monmonior（1983）提出了一系列面要素综合操作的算法，并将它们用于聚合、分割等；李志林和苏波（1994，1997）设计了一系列基于数学形态学的面要素栅格综合算法，如选择性删除、形状化简、收缩和局部收缩、小面积图斑的结构化简、聚合和移位等算法。

在矢量模式下，面要素的综合操作主要采用凸壳、边框和最小外接矩形等算法；三角网剖分、Voronoi 图和骨架线等算法广泛用于面要素的收缩和面要素的聚合；小面积图斑的结构化简算法、毗邻化算法、兼并算法、溶解算法、形状化简算法、建筑物典型化算法等也得到了应用；移位场、有限元法、带易变形约束的有限元法和最小二乘法等，用于解决面要素的移位（重排）问题。

4. 数字地图三维要素的综合操作和算法

1）三维要素的综合操作

地面上的三维要素主要指建筑物。对单个建筑物的综合操作主要有删除（elimination）、放大（exaggeration）、简化（simplification）、移位（displacement）和专题典型化（thematic typification）等。其中，删除操作分为几何删除（geometric elimination）和专题删除(thematic elimination);放大操作分为几何放大(geometric exaggeration)和专题放大(thematic exaggeration);简化操作分为平整化(flattering)、矩形化(squaring)和专题简化(thematic simplification)等。

对于一组建筑物的综合操作主要有聚合(aggregation)、典型化(typification)、分割(split)、合并(merging)等操作。

2)三维要素的综合算法

三维要素的综合本身是一个新的问题,其操作模式正在研究中,实现这些操作的算法也有待进一步研究。

9.4.4　智能化地图制图综合的知识库

制图综合的难度和复杂性集中体现在它对人的思维活动的高度依赖,而人在实施制图综合过程中的思维又具有主观性、灵活性和判断标准的模糊性等特征。要使人在制图综合过程中的主观判断变成计算机可接受的、可形式化的规则(知识),关键是构建制图综合的指标体系和知识规则,并建立规则(知识)库,以支持智能化地图制图综合的实施。

1. 制图综合知识的类型

制图综合知识的分类是领域知识总结和描述的基础。Armstrong(1991)将制图综合知识分为几何的、结构的和过程的三类;Chang 和 McMaster(1993)把制图综合知识分为过程的、陈述的和语义的三类;齐清文和姜莉莉(2001)提出了与 Armstrong(1991)基本一致的制图综合知识分类体系,从不同角度将制图综合知识加以分类,更为具体和可操作。从面向地理特征的制图综合出发,将制图综合知识分为几何性知识、结构性知识和过程性知识;从操作过程的角度来讲,将制图综合规则分为五类,即地物的地理特征描述性知识、操作项选择知识规则、算法选择知识规则、面向专题地理要素的制图综合知识规则和面向区域制图综合知识规则;而在知识库中则按照综合条件、综合行为、综合要求(综合水平)三个变量组织知识,形成三维坐标关系的知识规则体系。

上述三维坐标关系的知识规则体系中,综合条件分为存在情况(某地物在数据库中是否存在)、表现特征(某数据集中某性质或特征的表现情况)、事实(某种事件是否为真)、取值(某实体的属性值)和关系(地物间的空间关系);综合行为分为逻辑控制、空间转换和属性转换;综合要求(或综合水平)分为"一般"制图要求、"专题"制图要求和"特殊"用户制图要求。

综合条件、综合行为、综合要求三个变量的任意组合,就可以构成知识库中的一条规则,如:

(一般要求)IF<取值>THEN<逻辑控制>
(专题要求)IF<存在>THEN<空间转换>
(用户要求)IF<事实>THEN<属性转换>
(一般要求)IF<关系>THEN<空间转换>
(专题要求)IF<表现特征>THEN<逻辑控制>
(用户要求)IF<取值>THEN<属性转换>

2. 制图综合规则知识表示的控制指标

制图综合规则，即将实施综合的条件与制图综合的行为连接起来，解决"何时""何处"对"何物"执行"何操作"的问题。前者，综合条件由影响图形尺度表达的因素决定，在综合规则中表现为与几何、拓扑、语义相关的基本指标参量，在规则的形式化表达中对应为谓词逻辑，是建立综合规则的元子构成；后者，操作行为表现为综合算子、综合算法、参量设定等。主要的综合控制指标有如下4项。

①空间分辨率。指描述地图表达中地理目标空间特征的表达水准，分为空间大小分辨率、空间特征分辨率和空间关系分辨率。

②语义分辨率。指地图目标主题属性表达可划分的最小单位，描述语义层次结构树中的深度级别和宽度范围，可分为集合语义分辨率、聚合语义分辨率和次序语义分辨率。

③时间分辨率。指地理目标时态特性划分的最小单位，将连续变化过程离散化后的最小时间间隔，在面向时态特征的制图综合中要建立基于时间分辨率的规则，主要表现在连续时间离散化、粗化、时间的突出、快照选取、时间平滑等操作。

④精度。指描述地理目标的不确定性特征，表达空间数据质量上的可依赖程度，有定位精度、属性精度、时间精度之分，主要用于从数据质量上约束综合行为，制定相应的约束规则。

3. 制图综合规则知识的获取

尽管对于高度依赖人的思维活动的制图综合规则知识的获取十分困难，但国内外部分学者在建立制图综合指标体系和知识规则获取方面仍做了不少研究工作，取得了一些成果，如与领域专家交流、群组讨论、文献分析、系列地图对比（反演工程）、机器学习、人工神经网络等，其中以通过机器学习获取制图综合知识的方法最具研究与应用前景。

Zucker 等（2000）认为机器学习法是解决制图综合知识获取这一难题的有效工具，并设计了基于机器学习的制图综合知识获取系统，其最大特点是在系统中把知识获取（抽象）和知识可用性作为不可分的两个部分整体考虑（图9.9）。

基于机器学习的知识获取系统包括知识抽象和知识表示两个过程。知识抽象分为两个步骤：第一步，由地图制图专家抽取描述某些地理目标的指标（measure）集合；第二步，基于这些指标集合确定目标的定性描述，其中部分可以由地图专家提供，部分可通过机器学习得到。实际上机器学习获取知识是由专家和机器共同完成的。知识可用性主要确定知识是否可用及使用效果，基本做法是把足够的制图综合样例提供给制图专家进行评判，由制图专家指出该综合结果是否能被接受的结论，从而反推出某综合操作对某类地物的综合是否合适。

9.4.5 智能化地图制图综合知识表示方法

制图综合知识表示方法研究较多，如谓词逻辑、语义网络、框架、产生式、面向对象、状态空间、概念从属、六元组等知识表示方法，但目前运用最多的是产生式规则、面向对象规则和六元组规则等。

1. 制图综合知识的产生式规则表示法

用产生式规则表示制图综合知识有两个优点：一是表示方法自然、简洁，易于理

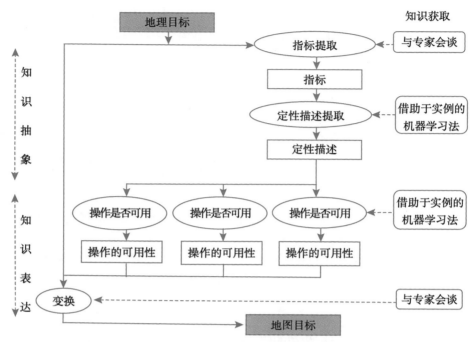

图 9.9　基于机器学习的制图专家知识获取流程

解；二是产生式规则之间是相互独立的，增加、删除或修改某条规则不会直接影响到其他规则。

　　齐清文和姜莉莉（2001）提出的面向地理特征的制图综合知识产生式规则表示示例，包括地物地理特征的知识描述、用于综合过程识别的知识规则和用于算法选择的知识规则等三类[21]。其中，地物地理特征的知识描述，主要针对基于地理特征的"对象—类"知识；用于综合过程识别的知识规则，分为判定"减少对象数目"过程中的操作项的知识规则、判定"简化空间内容"过程中的操作项的知识规则和判定"简化属性内容"过程中的操作项的知识；用于算法选择的知识规则分为根据对数据处理的方式和要求来选择算法的知识、根据被处理对象的特征选择算法的知识和根据被处理对象的数据结构选择算法的知识。

　　2. 制图综合规则的面向对象规则表示法

　　这是对面向对象的制图综合知识的规则表示法进行的探索性研究（Kang et al.，2007），研究者认为利用综合算子对地理目标实施综合操作后可能产生 3 种影响，并由此将实施综合操作后的结果分为以下 3 类综合规则。

　　①确定地物是否存在的规则。如 "如果类 C 是目标数据库类 Cgen 的超类，它的超类 Csp 也必然是 Cgen 的超类"。

　　②地物空间特征性变换的规则。如 "当一个地物的几何特性变化时，它与其他地物的拓扑关系必须得到维护"。

　　③地物属性变换的规则。如 "当创建了一个新的地物关系，必须为新的地物类创建新

的拓扑关系"。

3. 制图综合规则的六元组表示法

此法由蔡忠亮等提出[37]，其基本思想是把所有的制图综合规则都概括统一到一个六元组中来描述，即

(<层代码>，<操作算子>，<属性码>，<指标项>，<下限>，<上限>)

其中，<层代码>确定本规则所适用的地物层，取值为 B、H、L、T、R、P、G 等，每个字母代表一个地物层；<操作算子>确定本规则是针对哪种综合操作，如删除、合并或简化等；<属性码>确定本规则适用某层下的哪一类目标，如同是建筑物层，但高层砖结构建筑物多边形化简与土结构平房多边形化简规则是不一样的；<指标项>确定规则针对的特征项，如是以长度还是以面积值作为化简依据；<上限>、<下限>分别确定指标值项的取值范围。

制图综合规则的六元组表示法的物理意义可表达为：当<层代码>内的目标具有<属性码>，且其<指标项>小于<上限>并大于<下限>时，执行<操作算子>。

制图综合的六元组规则是对所有规则的一个完备表达，即它可以描述所有制图综合规则；但同时在这些规则的六元组表达中，可能存在部分元组没有意义，对无意义的元组可用 X 组合表示，其取值"缺省"。

9.4.6 智能化数字地图综合过程的控制模型

制图综合过程具有很强的智能性，综合控制过程是一个极其重要的研究方向，目前已取得了一些初步成果，如国外有些学者提出了自动综合过程模型即"爬山模型"（hill-climbing）（Barrault et al. , 2001；Calanda，2003），这是一种通过循环匹配来获取自动综合最优解的过程，模型本身比较简单，目前只有距离约束、类别约束和子类目标约束三个约束条件，其约束能力很弱，在地图自动综合实际应用中还存在不少问题。此外，也有学者利用 Agent 技术研究制图综合过程，并将"爬山算法"引入系统的过程处理中，初步实现了对制图综合过程的处理和控制，但对目标处理只限于居民地和交通要素层，采用的约束条件仍有限。在国内，焦健等（2002）从空间信息传递的角度，尝试提出了空间信息综合链的概念；武芳、钱海忠等对面向自动综合过程控制的"自动制图综合链"的理论与技术模型，把所有的自动综合模型、算法集成起来，建立自动综合过程控制体系，实现自动综合过程的自我循环和优化[15]。这应该是一种正确的选择。

1. 自动制图综合链及其特性

自动制图综合链的概念，源于工业自动化领域的工作流思想。对于给定的原始数据，可以认为是给定的制图综合任务。一个给定的制图综合任务，可以分解为数个"子"制图综合任务，一个"子"制图综合任务还可能有若干个"孙"制图综合任务。这样，制图综合任务之间就存在"父-子"隶属关系。上一级制图综合任务称为"父任务"，其节点称为"父节点"；下一级制图综合任务称为"子任务"，其节点称为"子节点"。相应地，自动制图综合过程中包含许多子链，每个子链又包含许多节点，这样，自动制图综合过程之间也存在"父-子"关系，上一级制图综合链称为"父链"，下一级制图综合链称为"子链"，"父链"与"子链"之间的关系，就是"父任务"与"子任务"之间的关系。同时，在每一个"子链"

中，可能存在许多"子任务"，这些"子任务"之间存在"子-子"平等关系，即这些任务之间只有先后次序关系，而没有隶属关系，把相邻任务中的前一个任务关系称为"前临任务"，后一个任务称为"后临任务"。

将制图综合任务节点按照一定的层次和顺序串联起来，并转化为可以形式化描述和执行的链表，就形成了自动制图综合链(图 9.10)，它具有以下特点。

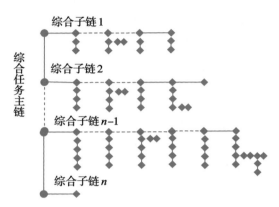

图 9.10　自动制图综合链的表示形式

1）自动制图综合链的复合性

自动制图综合主链由若干条综合子链组成，综合子链包含许多节点，而每个节点又可能包含一条综合子链，依此类推，所以综合链是一条复合链。

2）自动制图综合链的单向性

在自动制图综合链中，一个"父链"可以包含多个"子链"，但每一个"子链"只能有一个"父链"，综合链的各个节点之间是"串联"关系，制图综合操作之间有着严格的先后顺序，必须等待某一步综合操作完后才能执行下一步综合操作。

3）自动制图综合链的多态性

自动制图综合链中的每一综合操作都可能会对下一步的综合操作产生影响，不同的综合操作顺序会产生不同的综合效果。

4）自动制图综合链的不可精确求解性

自动综合是一种最佳逼近问题，自动制图综合过程是一种逐渐逼近和求精的过程，实际上是一类不可精确求解的问题，这与制图综合问题求解高度依赖制图人员的思维活动这一特点有关。

5）自动制图综合链的可分解性

实际上这是前述"自动制图综合链的复合性"的另一个方面。既然自动综合链是一个复合链，它就可以分解为一系列子链，在分配制图综合任务时，可以把相同的综合任务集中在一个综合链，不同的综合任务分配在不同的综合链中，这样可以保持同级别综合链的相对独立性。

2. 基于自动制图综合链的自动综合过程

基于前述自动制图综合链及其特性，通过基于知识的空间数据检查、基于数据检查的制图综合任务提取、综合链的自动生成与执行、综合过程自动监控、基于知识的综合算法与结果评估、综合链的 CASE 存储等环节，即可构成完整的基于自动制图综合链的自动综合过程。

1) 基于知识的地理空间数据检查

这里的地理空间数据，指地理空间矢量数据，包括对综合前后的空间数据进行检查。对综合前的空间数据进行检查，其目的是获得待综合区域的地理特点、重点综合内容和综合方法等相关信息，为后续的制图综合提供依据；对综合后的空间数据进行检查，其目的是判别综合结果是否满足要求。

既然是基于知识的地理空间数据检查，就要研究数据检查的顺序和赖以进行数据检查的知识类型，目前的研究主要集中在基于模糊性知识的数据检查和基于精确性知识的数据检查，关键是这些知识如何获得。

2) 基于数据检查的综合任务提取

通过综合前的数据检查，可以发现需要进行制图综合的任务，进而对制图综合任务实施提取，并将制图综合任务转化为计算机可识别的自动制图综合工作流程，由计算机自动执行，从而有效提高制图综合的自动化和智能化水平。

通过数据检查，可以获得问题数据以及与问题数据相关的所有知识，包括目标自身的特征、综合阈、综合环境、综合操作和执行综合操作所需要的综合算法等信息，这些信息能有效支持自动综合的实现。

3) 自动制图综合链的自动生成与执行

由于被提取出来的制图综合任务本身还只是任务列表，不能被计算机直接识别和执行，必须研究如何将其转化为自动制图综合链。首先对提取出来的制图综合任务进行分解，然后按照一定的原则构建制图综合链，从而被计算机执行。这一过程实际上是要对被提取出来的制图综合任务列表信息实施进一步的提取和挖掘，在知识库、算法库的支持下，从制图综合任务列表中提取出综合链。综合链中的综合操作顺序是动态生成的，综合操作的顺序和综合任务的重要性顺序密切相关。

4) 基于制图综合知识的综合操作过程监控

研究基于制图综合知识的综合操作过程监控，目的是避免用户的误操作，提高制图综合质量。由于制图综合知识库中存在对目标操作的信息，故可以基于知识库对综合操作进行实时监控，如有违背综合知识的操作，则强行中断其综合操作行为。

基于制图综合知识的综合操作过程监控系统如图 9.11 所示。其中，感知模块实时感知外界变化，并将感知信息传递给分析引擎和日志库；日志模块记录和保存感知模块实时传递的信息，作为用户行为的记录，并具有快速查询和定位的作用；分析引擎模块在知识库的支持下，对接收的信息进行分析，并形成动作指令，发送给动作模块；动作模块将分析引擎发出的指令转换为作用于被监控对象的动作，包括干预动作、表示动作和请求动作；知识库则支撑分析引擎的工作，分析引擎的所有分析和反应都必须在知识库中找到依据。

5) 基于制图综合知识的综合算法和综合结果评估

制图综合算法能力和水平的评估，目前最有说服力的方法是针对相同的环境和条件，

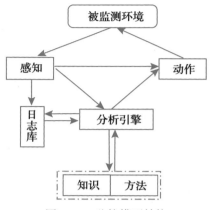

图 9.11　监控模型结构

即相同的地图用途、地图比例尺和制图区域,采用不同的综合算法实施综合操作,通过分析其综合结果对综合算法进行评估。

制图综合结果的评估,也可以借鉴上述对制图综合算法进行评估的方法,即基于知识库中的制图综合知识检查制图综合所生成的目标比例尺数据,判断综合结果中的问题数据并统计问题数量,以评估综合结果的可靠性。

6)基于制图综合知识的综合任务存储

一个成功的自动制图综合链可以作为一个 CASE 存储起来,如果制图综合结果不符合知识库的要求,可以从综合链 CASE 库中寻找一条最优的综合链来执行,所以综合链的存储可以辅助系统获取最优综合结果。而综合链是由综合任务组成的,所以综合链的存储实质上是综合任务的存储,这种存储必须是结构化的且便于检查。这就要研究结构化存储模型,包括制图综合任务的表示(如制图综合任务的单链结构表示和层次结构表示)、制图综合任务之间关系的表示。

7)基于综合链的制图综合过程控制模型

基于综合链的制图综合过程控制模型的构建十分复杂,图 9.12 可作为参考模型,按照自动综合作业流程,该模型包括以下环节。

①数据准备。对数据进行检查(图幅号、提供单位、数据范围和制图区域等),将数据输入系统,对数据进行聚类(按主要道路、河流等)。

②综合前空间数据质量评估。对原始数据进行评估,如果原始数据已符合目标比例尺地图的要求(或已是目标比例尺地图),则不需实施综合,直接结束。

③系统初始化。包括知识库、算法库、显示模块和符号库调入,以及默认参数和公共信息池的初始化。

④综合前设置与调整。包括地图用途、源地图比例尺、目标地图比例尺和制图区域特点等的设置,以及综合算子、算法和综合参数库等的设置与调整。

⑤基于知识的制图综合数据检查。

⑥基于数据检查的综合任务提取。

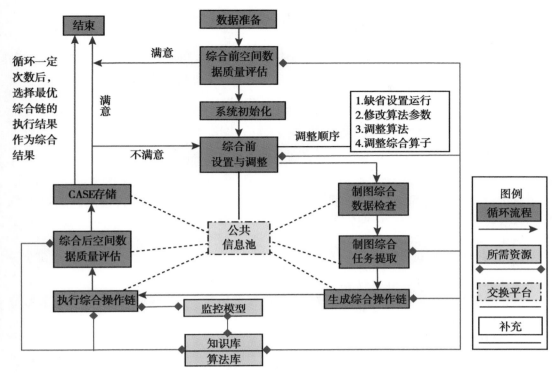

图 9.12　基于综合链的制图综合过程控制模型

⑦自动制图综合链的生成。

⑧制图综合链的执行。

⑨综合后数据质量的评估。基于综合后数据质量评估信息，判断综合结果是否符合要求。若不满足，则返回④，对综合算子、算法、参数等进行调整，并重新执行④以后的各个步骤；若满足要求，则结束。

⑩自动制图综合链的 CASE 存储。将生成的综合链作为 CASE 存入 CASE 库，并接受与其他综合操作循环中生成的综合链 CASE 的比较。

⑪如果系统执行一定数量的循环次数后，还没有获取满足知识库要求的自动综合结果，则从 CASE 库中选出最优的制图综合链执行，把执行结果作为最终的综合结果。

⑫结束。

9.5　面向社会多样化应用的地图传播

　　面向社会多样化应用，本质上是社会用户的多样性导致地图品种和地图传播方式的多样化。传统地图制图时代，地图基本上是以标准化、规范化的"制式"模式供部门、单位或专业人员使用。随着电子计算机的出现和迅速发展，特别是在当今迅速发展的信息社会，由于数字(电子)地图的大众化和广泛使用，地图大多以最终方式表现在不同大小窗口和不同分辨率的屏幕上，地图的载体与介质、传输方式越来越多，如基于桌面的、网络和移动的、不同分辨率的屏幕地图系统(计算机、手机和 PDA 等)，面向社会应用多样化的地图传播的研究成为业界和学界关注的热点。

面向社会多样化应用的地图传播中的地图，无论是数字(电子)地图、网络地图或是移动地图，都是一个地图系统，具有一般的查询、量算和分析功能，通过这些功能传播地图信息。

9.5.1　数字地图——面向社会多样化应用的地图传播的基础

数字地图是对现实世界地理信息的一种抽象表达，是地理空间数据的集合，它在计算机中的表示和存储形式为一组数据，由坐标(三维)位置、属性和一定的数据结构组成，通过软件的处理和符号化方法，在计算机(手机、PDA)屏幕和输出设备上可以再现彩色的、符号化的地图，还可以借助数字地图印前系统生成的分色挂网胶片制版印刷，或数字直接制版，数字直接印刷，得到纸质地图。

数字地图的特点和计算机处理的灵活性导致了地图产品的多样性，使数字地图成为互联网时代面向用户多样化应用的地图传播基础。

数字地图按其数据组织形式和特点分为数字线划地图、数字栅格地图、数字高程模型和数字正射影像图 4 种。

1. 数字线划地图

数字线划地图(Digital Line Graphic，DLG)，又称数字矢量地图，是一种以矢量方式表示并以矢量数据结构存储的数字地图，是地图的矢量数据集，保存要素的空间关系及相关属性信息。

数字线划地图以矢量数据库的方式进行管理和维护。我国已建成全国 1∶100 万地形数据库、1∶50 万交通数据库、1∶25 万地形数据库、1∶5 万基础地理信息数据库和各种比例尺海图数据库，此外，还有全球 1∶500 万数字矢量地图数据库和全国 1∶400 万矢量数据库。

数字矢量线划图能方便地进行内容要素提取、地形量算、地形分析及复杂的地理空间分析，利用数字矢量地图数据进行空间数据挖掘，从而发现地理空间知识，是目前研究的热点问题。已建成的各种比例尺数字矢量数据库，基本上是利用不同时期生产的地形图采用数字化方式建成的，这就造成了不同比例尺数据库之间的不一致性。对此，有两个问题需要进行深入研究：一是，如何利用大比例尺数字矢量数据库自动派生(生成)各种较小比例尺数字矢量数据库，保持不同比例尺数据库之间的一致性；二是，如何实现在更新大比例尺数字矢量数据库的基础上自动更新其他较小比例尺的数字矢量数据库，即"增量级联更新"或"一体化更新"。这两个问题的解决，都涉及前述智能化地图制图综合的研究(见 9.4 节)。此外，面向社会多样化应用的地图传播，不同用户和解决不同问题对数字矢量地图内容的详细程度的要求也是不一样的，需要"多尺度可视化"；适应面向社会多样化应用的不同地图品种(特别是专题和专用地图)，对起"定位"作用的基础地理要素表示的重点和详细程度的要求也是不一样的。同样，这两个问题的解决，都要采用前述智能化地图制图综合方法。

2. 数字栅格地图

数字栅格地图(Digital Raster Graphic，DRG)，是以栅格数据表示并以栅格数据结构存储的数字地图，是利用纸介质地图或分版胶片经过扫描、纠正、图像处理与数据压缩，形成在内容、几何精度和色彩上与纸介质地图完全一致的计算机栅格数据文件。

目前，我国的系列比例尺地形图全部生成了数字栅格地图，以栅格地图数据库的方式进行管理和维护。

数字栅格地图制作方便、成本低，能保持原有纸介质地图的风格和特点，通常作为地理背景使用，不能据此进行深入分析和内容提取。

3. 数字高程模型

数字高程模型(Digital Elevation Model，DEM)，是利用大量已知平面位置和高程的坐标点对地形表面起伏的表示，即以数字形式存储的表示地形表面点位置的高程值集合，它表示区域 D 上地形的三维向量有限序列 $\{V_i = (X_i，Y_i，Z_i)，i = 1，2，3，\cdots，n\}$，其中 $(X_i，Y_i) \in \zeta$ 是平面坐标，Z_i 是 $(X_i，Y_i)$ 对应的高程，所以它也是用数字形式描述的地形表面模型。

数字高程模型有规则格网 DEM 和不规则三角网 TIN 两种形式。对于规则格网 DEM，可以根据离散分布的高程点，选择某种合适的数学模型(加权平均内插法、移动曲面拟合法、有限元法、最小二乘法等)，求解出模型的待定系数，将系数回代数学模型，再算出规则格网某点上的高程值。大量实验表明，由于实际地形的非平稳性，DEM 的精度主要取决于原始采样点的密度和分布以及地形特征顾及与否。对于不规则的三角网 TIN 的构建，可以基于矢量方式和基于矢量方式约束条件、基于栅格方式和基于栅格方式约束条件、基于等高线等。

数字高程模型在 GIS 中应用十分广泛，如地形分析、地学分析、地形三维可视化、地貌晕渲、地貌制图综合等。考虑到计算机数据存储、处理的特点及分析计算和表示的方便快捷，规则格网 DEM 数据比不规则三角网 TIN 的应用更加广泛，大量使用由 TIN 内插生成的规则格网 DEM 数据，因此要研究相应的从 TIN 数据到 DEM 数据转换的内插算法，以便更逼真地表现地形特征[34]。

4. 数字正射影像图

数字正射影像图(Digital Orthophoto Map，DOM)，是用数字形式存储的正射影像图，具有正射投影性质。它是在数字正射影像上，采用数字制图技术，绘制公里格网和有关的地理要素，进行图廓内外整饰和注记制作而成的。数字正射影像图成图速度快、现势性强，信息量丰富、直观易读，有较广泛的应用，特别是互联网上能经常见到这类地图，如 Google Earth 上提供的大多是这类地图。

9.5.2 电子地图——面向社会多样化应用的地图传播的基本形式

关于电子地图(Electronic Map)的定义，目前尚没有统一严格的说法。根据《测绘学名词》(第三版)和有关文献[38,39]，我们可以从狭义和广义两个方面来理解电子地图。从狭义上讲，电子地图，是以数字地图作为数据基础，以计算机系统作为处理平台，在屏幕上实时显示的地图，所以，电子地图又称为"屏幕地图"；从广义上讲，电子地图是屏幕地图与支持其显示的地图软件的总称。

电子地图具有数据与软件集成、过程的交互性、信息的多媒体表达、无级缩放与多尺度、快速高效的信息检索与地图分析、多维与动态可视化等特点，这些特点决定了电子地图与纸介质模拟地图、电子地图与数字地图、电子地图与地理信息系统（GIS）等既有联系，也有区别，这是在把电子地图作为面向社会多样化应用的地图传播的基本形式来研究时要特别注意的。

电子地图的类型多种多样，但无论何种电子地图，本质上都是一个系统，即电子地图系统，由电子地图数据、硬件系统（输入设备、计算机及存储设备、网络通信设备、输出设备）、软件系统（计算机软件、电子地图软件）等组成，一般具有浏览、查询和分析等功能。这里着重介绍当前正在兴起及今后有发展前景的几种电子地图。

1. 多媒体电子地图

电子地图的一种类型，是一种使用多媒体技术的电子地图。随着多媒体技术的发展，单一媒体形式的电子地图不能满足社会多样化应用的需求，多媒体电子地图应运而生。加拿大地图学家 Taylor（1991）将多媒体电子地图定义为：在计算机技术的支持下，集文本、图表、图形、图像、声音、动画和视频等于一体的新型地图。相对于单一媒体的电子地图而言，多媒体电子地图增加了表达地理信息的媒体形式，以视觉、听觉、触觉等感知形式，直观、形象、生动地表达地理空间信息，将多媒体信息集成为一个有机的、具有人性化和自适应操作界面的地图传播系统。多媒体技术的运用，使电子地图的特点和功能发生了很大的变化，如表现手段的多样化、用户界面的自适应化、内容的多维与动态可视化、统计分析和空间分析的实时化等。根据多媒体电子地图的特点和社会化大众应用的需求，有学者建议将多媒体电子地图分为只读型多媒体电子地图、交互型多媒体电子地图和分析型多媒体电子地图三类。

对于多媒体电子地图，应着重关注以下几个方面的问题。

1）多媒体电子地图的基本结构和页面划分及其相互关系

（1）基本结构

这是首先要研究的问题，通常是集基于地图数据的多媒体数据、电子地图浏览（交互式操作）和分析软件等于一体的多媒体电子地图系统。该系统采用超媒体结构形式，把电子地图和多媒体信息都视为各自独立的节点，通过"节点—链—网络"结构将它们串联起来，形成统一的整体。采用这样的结构，能很容易地实现"目录—图组—图幅"的链接，这类似于传统地图集的结构模式。

（2）页面划分及其布局

多媒体电子地图的页面划分及其布局涉及查询检索效率问题，主要包括目录、图组、图幅及其说明性信息，其中的每个信息都是一个主题对象节点，每个主题对象都存在与其关联的一组操作命令，一般由按钮形式表示，分为功能按钮和链接按钮。功能节点执行对主题对象的某个操作功能，链接按钮构成对象节点之间的链（从一个节点跳转到下一个节点）。所谓页面，指承载一个主题对象及其所有命令按钮结构的最小单元。页面也是一个节点，每个页面都有一个唯一的页面节点标识码。

（3）页面分类

根据页面主题对象的不同，可以分为功能型页面、说明型页面和地图型页面三类。功能型页面，是主题对象为指向一组其他页面节点的链接按钮集合的页面，多媒体电子地图系统的目录是最典型的功能型页面；说明型页面，其主题对象为地图的补充说明信息，如文字、图表、图片等；地图型页面，其主题对象为地图，操作命令如查询、量算、分析、缩放、漫游等。所以，本质上多媒体电子地图就是一个集三种类型页面于一体的多媒体电子地图信息系统，其中地图型页面是核心，起关键的"枢纽"作用。功能型页面通过对应的一组选择按钮将一组页面组织起来，通过用户选择和点击按钮可以切换到相关的新页面，构建一种并联页面关系；说明型页面将具有共同主题的若干说明型信息链接成一个串联关系，用户通过点击其上的"上一页""下一页"命令按钮可以实现在一组说明型页面中的内容浏览，即实现多媒体电子地图的信息系统中的"翻页"。

2）多媒体电子地图的目录管理和界面功能及其布局

目录是针对一组层次对象集按一定的次序所建立的索引关系表，是对多媒体电子地图进行合理、有效数据组织的基本形式，为用户提供直接、快速地对感兴趣的电子地图页面进行浏览的基本手段，成为多媒体电子地图用户最容易接受的一种表现形式。所以，目录是多媒体电子地图集的一种科学组织管理形式，也是一种重要的用户交互界面形式，目录管理是设计多媒体电子地图的一项重要内容。

（1）目录管理

在多媒体电子地图中，通常采用目录树的方法来实现目录管理。目录树采用树状层次结构，它的最高一层是封面，有一组按钮；封面包括多个图组（1，2，…，n），每个图组对应一个主题，属于一级目录，与封面的一组按钮一一对应；各图组的首页一般为功能型页面，称为主图，属于二级目录，为图组内的各页面及子图组提供进一步的选项功能，与各图组的首页面的一组按钮一一对应。目录树通过对页面进行统一编码，将众多不同类型页面组织成一个有机整体，并便于对页面的调用和显示。目录树的运用方式有两种：一是组合方式，即通过功能型页面主显示区中的选项功能实现从当前页面到下一层页面的切换，通过目录工具按钮实现返回上一层页面或直接回到封面的功能，这样就可以最终访问到多媒体电子地图信息系统中的每一个页面；二是直接方式，即在多媒体电子地图页面中直接建立目录树（窗口），用户可直接访问到多媒体电子地图信息系统中的任何一个页面。前者是逐级访问或逐级返回，给用户带来不便；后者是直接访问所要浏览的页面，提高了页面访问与浏览的效率。

（2）界面功能及其布局

多媒体电子地图信息系统的界面功能设计十分重要，直接关系到用户使用电子地图的便利程度与效率，不仅显示各页面的主题和内容，而且还要提供用户访问、切换、阅读、查询、分析等一系列应用电子地图的手段。多媒体电子地图信息系统的界面主要体现在不同类型的地图页面上。一方面，由于页面主题内容（主题对象）与功能是不同的，所以页面的界面构成各有差异，地图型页面应有对地图进行各种操作的功能按钮，而功能型和说明型页面却不需要；另一方面，为使多媒体电子地图信息系统保持统一性，不同类型页面的设计风格和界面布局也应保持相对一致性。在设计界面时应处理好不同类型页面之间的差异性和相对一致性的关系。一般来说，多媒体电子地图信息系统的界面应包括主显示区、信息显示区、目录工具栏、浏览工具栏、附属说明信息和菜单功能选项等，布局要合理有序，便于用户操作。

3）多媒体电子地图的超媒体链接机制

（1）超媒体链接思路

多媒体电子地图的超媒体链接是一种类似于人类联想记忆结构的超媒体结构，实际上就是节点和链组成的网络。超媒体节点可分为文本节点、结构化数据节点、位图像节点、图形节点、动画节点、视频节点、音乐节点、数字化语音节点、混合媒体节点、按钮节点、组织型节点和推理型节点等；超媒体链包括链源（描述节点信息迁移的原因）、链宿（热字、热区、热点、媒体对象节点等）和链属性（说明链的类型）等。

（2）超媒体链接机制

据上所述多媒体电子地图信息系统的媒体类型和超媒体链接思路，通常在多媒体电子地图信息系统中定义目录树节点、封面节点、图组节点、主图节点、图幅节点、文本节点、静态图组节点、视频图像节点、动画节点和声音节点等。其中文本节点、静态图组节点、视频图像节点、动画节点和声音节点等具有指向其他节点的指针，称为终极节点；封面节点、图组节点、主图节点、图幅节点等不具有指向其他节点的指针，目录树节点同时指向这四类节点。这样一来，多媒体电子地图信息系统中的节点间的链接关系就可以归纳为封面-图组链接、主图-图幅链接、图幅-插图连接、图幅/插图-图幅/插图链接、主图/图幅/插图-多媒体信息链接、目录树-封面/图组/主图/图幅链接 6 类。科学设计和实现超媒体链接，对于多媒体电子地图信息系统的高效运行和应用具有重要意义。

2. 网络电子地图

随着互联网技术的发展，基于单机（PC）环境的电子地图向基于互联网环境的电子地图转变，出现了网络电子地图，互联网和万维网（World Wide Web，WWW）成为全球性信息发布的主渠道，改变了地图信息的传播方式，突破了时间和空间的限制。网络电子地图，简单地说是基于互联网的电子地图，或在互联网上运行的电子地图。它以互联网为平台，以电子地图为载体，采用链接方式同文字、图片、视频、音频、动画等多媒体信息相连，通过访问电子地图数据实现信息查询和空间分析等功能。

1）网络电子地图的分类

网络电子地图可以按照其表达空间信息的方式和网络电子地图的体系结构进行分类。按照表达空间信息的方式，可将网络电子地图分为静态网络电子地图（栅格数据类型、矢量数据类型、矢-栅混合数据类型）和动态网络电子地图（栅格数据类型和矢量数据类型）；按照体系结构可将网络电子地图分为基于服务器的、基于客户机的和混合式的三类，其中混合式网络电子地图综合考虑了客户机和服务器的计算能力和网络带宽，提高了互操作性和系统性能，这与将 WebGIS 分为胖服务器/瘦客户机、胖客户机/瘦服务器和客户机/服务器负载均衡三类在道理上是相同的，实际上网络电子地图一般都是基于 WebGIS 的，具有图形操作、交互制图、综合查询、空间分析、三维显示等功能。正因为网络电子地图是基于 WebGIS 的，而 WebGIS 主要采用 C/S 与 B/S 两种模式，所以网络电子地图也主要采用 C/S 和 B/S 两种架构。

2）网络电子地图设计和实现

（1）网络地图数据库

网络地图数据库是建立在网络环境上的地图数据库，它利用 Web 技术将地图数据库中的信息实时发布出去，而 Web 站点利用数据库技术对网站的各种数据进行有效管理并实现用户与网络地图数据库进行实时动态交互数据。所以，网络地图数据库必须具有后台数据库、Web 服务器、客户端浏览器以及连接客户端浏览器和 Web 服务器之间的网络，这就是所谓的 B/S 分式，这种"瘦客户"方式也是网络地图数据库的最大优点，美国 Google 公司推出的网络地理信息服务系统 Google Earth 便是典型代表，它拥有丰富的全球性遥感影像数据、数字高程模型数据、数字地图数据等。以下 Google Earth 的一些特点值得借鉴。

①Google Earth 是 Web 软件支持下的访问海量数据资源的集成系统，总数据量达到 TB级，在线服务数据量超过 200TB。

②与现有各类 GIS 软件相比，Google Earth 的一个突出特点或优点是易学易用，这是全球用户迅速增长的主要原因。

③采用高效、高速数据压缩传输技术，充分利用微机图形卡三维加速引擎的强大功能，直观表达三维地球表面特征，用户可以进行从全球到局部直至城市建筑物的缩放，基本实现了数字地球的构想。

④遵循网络服务（Web Service）的规范，充分利用扩展标准语言 XML 的优势，具有与设备、平台、语言、协议无关，数据互操作的集成应用等许多特点。

Google Earth 的上述特点，对我们研究网络电子地图有许多启示作用，但还有一些问题需要进一步研究。

①全球海量数据的集成管理。针对目前对地观测数多源异构特点，首先要采用统一的（国家）地球空间数据基础——2000 中国大地坐标系（简称 CGCS2000），研究启用 CGCS2000 对已有其他坐标系地形图带来的影响，并实施数字地图数据坐标转换；要研究基于地理本体的语义转换模型，建立语义转换规则库，研制语义转换适配器，以实现不同语义数据的自动转换；要研究不同时间、不同传感器系统和不同分辨率的遥感影像的融合与平滑，生成新的影像，保持色调的一致性，避免出现"补丁"情况；要研究多尺度（不同比例尺）地图数据在详略程度上的协调性，保证用户基于不同比例尺地图进行空间认知的正确性；要研究遥感影像数据与 DEM、道路数据的精确配准；等等。

②基于地球椭球进行地球空间数据建模。采用直接基于地球椭球进行地球空间数据建模，实现全球空间数据的快速无缝拼接，是网络地图数据库的一个重要问题，涉及网络电子地图的应用效果。主要研究空间信息多级格网（Spatial Information Multi Grid，SIMG）及其划分方法与编码结构，实现两个功能；一是，以此作为宏观地理信息（自然、社会、经济）的载体，即宏观地理信息以地理格网的形式进行补充和分析，而非行政区域形式；二是，作为空间数据的载体，即空间数据经一定处理后，以格网作为其存储和管理单元。目前，关于格网划分方法分为两类：一类是以整个地球表面作为研究背景的格网划分，以基于八面体的四分三角形格网（O-QTM）、球面四叉树（SQT）为代表，其特点是对地球表面进行无缝、多级的格网划分，大多数格网采用基于多面体的多边形层叠配置和规则形状划分方式，也有按经纬网划分格网的；另一类是以小范围区域为参考背景的格网划分，如局

部地区的农业用地分析、水资源分析、气候与环境分析等，地球球面变化可以忽略，大部分采用基于方里网的多边形格网划分。

（2）地图数据的压缩和传输

在网络电子地图及其网络数据库的环境下，海量地图数据特别是遥感影像数据会产生数据存储和数据传输问题，即使应用宽带网络，也还存在这个问题，因此将地图数据特别是影像数据压缩后进行存储和传输对于减小网络和服务器的负载具有重要意义。空间数据压缩分为有损压缩和无损压缩，这是个老问题，但也需要做进一步研究。就图像数据而言，无损压缩是利用数据的统计冗余进行压缩，可完全恢复原始数据而不引起任何失真，但压缩率受到数据统计冗余度的理论限制，一般为 2∶1 到 5∶1，这类方法广泛应用于文本数据、程序和特殊应用场合的图像数据（如指纹数据、医学图像数据等）的压缩，由于压缩比例的限制，仅使用无损压缩方法不可能解决影像数据的存储和传输问题；有损压缩方法利用了人类视觉对图像中的某些频率成分不敏感的特征，允许压缩过程中损失一定的信息，虽然不能完全恢复原始数据，但是所损失的部分对理解原始图像的影响较小，却换来了大得多的压缩比，如目前常用的改进小波方法具有压缩率高（93.8%）的特点，广泛用于语音、图像和视频数据的压缩。随着数据压缩技术的发展，已经研究出许多好的压缩算法，能够在失真很小的情况下对地图数据进行有效的压缩，但基于小波理论的地图数据压缩算法仍需进一步优化和改进。

地图显示涉及大量数据，这些数据需要花较长时间从服务器下载到客户端，所以要研究某种策略尽量减少网络传输的数据量及传输次数，以提高地图数据传输效率。目前，除上述地图数据压缩算法外，一般还可考虑采用以下两种方法：一是，根据客户端当前的地图显示比例尺需求向服务器端发出请求，服务器端只返回客户端当前地图显示比例尺所需要的数据，而不是返回显示范围内的全部数据，从而减少传输的数据量，即所谓分层传输；二是，在客户端设置一定大小的缓冲区，并预测地图的移动方向，通常服务器端根据客户端请求返回比请求区域范围大几倍的数据，这样当客户端进行移图操作时，首先判断需要显示的区域是否在缓冲区内，如果在，就直接从缓冲区读取，否则向服务器编发出后续数据请求，如此反复进行。

（3）海量地图数据快速搜索引擎

网络电子地图一般用户量很大，研究海量地图数据搜索引擎，是实现大用户量并发访问的关键。在这方面，Google Earth 的互联网快速搜索服务机制值得借鉴。

目前正在兴起的空间数据库引擎（SDE）要解决的问题，除数据模型、数据存储模型、数据安全性外，就是空间数据的索引和空间数据的网络调度，这也是 SDE 的主要特点。国内外地理空间数据库引擎技术发展很快。国内主要由北京超图地理信息技术有限公司的 SuperMap SDX+、武汉中地信息工程公司的 MapGIS SDE 等；国外主要有 ArcSDE、Oracle Spatial 等。

此外，国内还研发了以下三种方法：一是，基于四叉树剖分的菱形块格网单元的空间数据组织和索引机制，它是将四元三角剖分的三角形格网组织成四叉树剖分的菱形块格网，以菱形块格网单元进行空间数据组织和索引，利用线性四叉树对成熟的 Morton 编码作为关键来标识查找菱形块，并在此基础上经改进来索引三角形格网，进行领域搜索；二是，基于空间划分格网、Hibert R-Tree 和普通 R-Tree 的三级空间索引，即 H2R-Tree 空间索引，其优点是具有更高的查询效率，能实现局部范围的高效率更新，支持分布式管理；三是，基于道路拓扑和动态分段相结合的混合索引机制，它是针对数据沿道路呈线状分布、道路相互联通的特点提出的，据分析，搜索的空间效率和时间效率都优于 R-Tree 索引。

3. 移动导航电子地图

移动导航电子地图是电子地图技术应用最广泛、最具市场前景的一个新的分支，其特点是紧密结合了计算机、通信、移动定位、导航地理数据库、嵌入式 GIS 等高新技术，具有路径规划和分析、动态导航、信息查询等功能，已从单一的车载导航发展到全方位的移动定位服务。导航(移动)电子地图的任务，就是要为移动中的用户提供随时随地的电子地图查询检索、移动位置和导航的全方位服务。

移动导航电子地图是在移动定位技术支持下以提供导航服务为目标的电子地图系统。按其应用模式分为：自导航系统，由导航设备和电子地图组成，可嵌入工控机中，也可以嵌入 PDA 中；中心管理系统，由管理中心和移动车辆组成，导航电子地图安装在管理中心，各移动车辆的位置通过无线传输设备传输到管理中心并显示在电子地图上，实现管理中心对移动车辆的监管；组合系统，上述两类系统的结合，电子地图同时配置在管理中心和移动车辆。

关于移动导航电子地图，应关注以下 4 个问题。

1) 导航数据库

导航电子地图数据库，是支持智能交通系统(Intelligent Transportation System，ITS)和基于位置的服务(Location Based Service，LBS)的地图数据库，是 ITS 和 LBS 的重要支持平台。

导航电子地图数据库是指针对 ITS 和 LBS 的应用需求，按照统一技术标准建立的地图数据库，其内容着重道路及其属性信息，以及 ITS 和 LBS 应用所需的其他相关信息，如地址系统信息、地图显示背景信息、用户所关注的公共机构及服务信息等。可以说，导航电子地图数据库的主要内容是以道路网为骨架的地理框架信息，其上叠加社会经济信息(如商业服务、医疗服务单位或设施等)以及交通信息，其中交通信息包括静态交通信息(如交通规则、道路通行条件等)和动态交通信息(如实时路况信息)。

鉴于导航电子地图数据库覆盖区域广，对数据本身的现势性、准确性和一致性，数据组织和索引的高效性，导航电子地图数据生产的规模化和规范性，都要求很高，必须要有通用的技术标准、高效的数据组织和索引方法、产业化生产的技术保障，因此要重点研究导航电子地图的数据库的概念模型、逻辑模型、数据组织与索引、生产与服务以及导航数据的实时动态更新等问题。

2) 导航定位、路径规划和路径引导及人机接口技术

导航定位的功能是提供实时、连续的移动目标位置，是系统能够正确辨别移动目标当前的行驶路段和正在接近的交叉路口。目前的导航定位有三种方式：一是自主式，即惯性导航；二是非自主式，即卫星导航，如 GPS 导航、北斗导航等；三是组合式，即前两者的组合，以弥补前两者的不足。惯性导航、组合式导航还有些问题需进一步研究，此外

重/磁导航是目前开始关注的研究内容。

路径规划，就是在一个特定区域范围内的道路网络中为用户规划其目标路径，即找到最小旅行代价的路线。此处的"最小"，指经济上最省、时间上最快、路程上最短、行驶上最安全或其他意义的"最优"，其核心是最短路径的选取，实现的关键是最短路径算法，目前广泛采用的是 Dijkstra 算法及在此基础上的改进算法。当用户在移动导航电子地图上给出起点和终点后，最短路径算法即可在较短时间内从导航电子地图数据库中搜索出所需的最短路径，并以闪烁的形式显示在电子地图上。所谓路径引导，指帮助用户沿路径规划得到的预定路线行驶而顺利到达目的地的过程，即利用路径规划和定位功能引导车辆行驶。根据车辆当前的位置、走向及行驶的道路信息，实时路径引导功能不断更新这些信息，当转弯或行驶指令到达时，路径引导功能的可视信号、声频信号或行驶指令会向驾驶员发出报警信号。

人机接口是连接导航定位、路径规划和路径引导三者之间的桥梁，接口设计的核心是保证驾驶员的安全性且操作简单。

3）地图匹配

地图匹配在移动导航电子地图系统中起着重要作用。它将导航定位功能输出的位置信息与移动导航地图数据库提供的道路位置信息进行比对，并通过适当的地图匹配算法确定车辆当前行驶的路段及车辆在该路径的准确位置，因此地图匹配算法是研究的重点，有效的地图匹配算法能显著提高道路网络定位的准确性。地图匹配算法的核心是通过将车辆行驶的轨迹与导航地图数据库提供的规划路径相比对，把基于各种传感器和车辆位置与道路网联系起来，以确定车辆位于电子地图的最大可能位置，即匹配位置。由于导航地图数据库具有道路的位置坐标，故匹配位置可用于重新定位车辆的位置，以提高定位的精度。

4）交通状况的实时无线通信

随着我国城市（镇）化进程的加快，加之交通状况非常复杂，车辆堵塞情况随机分布，交通状况的实时通信变得十分重要，必须让导航定位系统实时地跟踪交通状况，对路径实现动态规划，以真正实现实时导航，从而提高对道路的利用率，提高交通效率。而要实现实时动态导航，就必须由交通监控中心将路况动态信息实时传输给车载导航定位系统，车辆导航定位系统也要将车辆行驶的路段及位置信息传送到交通监控中心，而这一切都离不开无线通信，如移动通信系统（Global System for Mobile Communication，GSM）和集群通信系统（Trunk Mobile Radio System，TMRS）。

9.5.3 知识地图

"知识地图"这个概念，最早由英国情报学家布鲁克斯（B. C. Brookes）在他的经典著作《情报学基础》中提出，他认为情报学的真正任务是组织、加工和整理客观知识，绘制成以各个知识单元为节点的知识地图。最早的知识地图是美国捷运公司制作的一张包含知识资源的美国地理图，可以说是知识地图的雏形。目前知识地图仍是一种处于发展中的新型地图。

1. 知识地图的概念

关于"知识地图"，至今还没有一个统一的定义，总体来说有狭义和广义之分。

　　狭义知识地图，是指用清单、图表等各种信息模式表示知识分布及各种关系的地图，是知识管理的良好工具。

　　广义知识地图，是利用可视化技术完成知识管理的各项活动，不仅包括表示知识资产（如专家、文档、专利等）以能更好地揭示知识概貌、更快地存取知识，也包括隐性知识的提取。

　　具体来说，学界对知识地图的表述不尽相同，归纳起来主要有以下几种。

　　①知识指南与目录说。Davenport 和 Pmsak（1999）认为，知识地图不管它是否真的是张地图、知识的黄页簿，还是精心建立的数据库，都只是告诉人们知识所在位置，并不包含其中的内容，是一种指南与目录性的知识。

　　②知识导航系统说。Duff（2000）认为，知识地图是对显性知识和隐性知识的导航系统，并显示不同知识存储之间的重要动态联系，是知识管理系统的输出模块，输出内容包括知识的来源、整合后的知识内容、知识流和知识的汇聚，以帮助用户获取所需知识。

　　③关系说。Vail（1999）将知识地图定义为用可视化方法显示所获得的知识及其相互关系，以促使不同背景下的使用者在各个具体层面上进行有效的知识交流和知识学习。

　　④知识管理工具说。王君等（2003）认为，知识地图是一种帮助用户知道在何处找到知识的知识管理工具，它采用一种智能化的向导代理，通过分析用户的行为模式，智能化地引导检索者找到目标信息。

　　⑤知识分布图说。陈立娜等（2003）认为，知识地图就是企业知识资源的总分布图，包括两种内容：一是，企业知识资源的总目录及各知识点间的关联；二是，人员专家网络，即对企业员工的知识技能及相关领域专家的描述。

2. 知识地图的分类

　　由于知识地图目前尚无统一的界定，所以关于知识地图的分类也是众说纷纭。这里介绍以下几种类型。

　　1) 按照知识地图表示内容分类

　　①面向程序的知识地图。这类知识地图是关于某个业务流程的知识或知识源的图形化表达。此处的业务流程涵盖了一个企业或一个组织机构的任何业务操作流程。其主要作用是规划知识管理方案并推动知识管理的实践。

　　②面向概念的知识地图。这其实是分类学的一种，是划分组织等级和进行内容分类的一种方法，如植被分类、土壤分类、岩石分类、地貌分类等。在知识管理中，分类学被用于网站站点或知识库中内容的管理。

　　③面向能力的知识地图。这类知识地图是将一个组织机构的各种技能、职位甚至个人的职业生涯视为一种资源并予以记录，从而勾画的一张该机构智能分布图。其功能类似于黄页电话簿，可以使员工很方便地找到他们所需要的专项知识的描述。

　　④面向社会关系的知识地图。也称为社会关系图，它揭示不同社会实体之间、不同组织机构之间和统一组织内部不同成员之间的关系的表现形式和处理原则。

　　2) 根据构建知识地图的目的分类

　　①知识创新地图。展示开发特定竞争力的计划步骤或创造新的知识的图形化表达。

　　②知识评价地图。利用图形化方式评价知识资产。

③知识识别地图。提供知识资产的总体概貌并指向知识的具体位置。

④知识获取地图。又称为学习地图(Learning Map)，包括学习总览与过程地图、学习内容结构地图及学习回顾地图。

⑤知识传播地图。显示将知识传播给哪些人的地图。

⑥知识营销地图。用于将特定领域的竞争力发布给公众。

3. 基于地理图的知识地图

基于地理图的知识地图最符合我们通常所说的"地图"。其主要特征是：以地理图为基础进行知识叠加操作；所有知识资源之间具有语义或逻辑上的关联，形成知识体系；知识是经过高度概括的信息，可以是统计信息、情报信息、数据挖掘与知识发现信息、人文(社交)要素信息、实时态势信息等。显然，是一类特殊的"专题地图"。

美国的知识地图，主要是通过网上(在线)数据挖掘发现恐怖分子分布及其活动地点和活动规律的知识，制作恐怖分子网络知识地图(图 9.13、图 9.14)以及人种、部族、宗教、社交网络等供高层决策使用的知识地图(图 9.15、图 9.16)等。

图 9.13　1991—2007 年美国本土恐怖分子分布网络知识地图

(来源：https://www.investigativeproject.org/redirect/2007_FerrorMap.pdf)

4. 知识地图的功能和作用

知识地图是一个新的概念，具有独特的、一般地图无法替代的功能和作用。

1)知识地图的功能

知识地图的功能主要表现在以下两个方面。

(1)知识地图的搜索导航功能

图 9.14 基于谷歌地图的美国本土交互式恐怖事件历史地图
（来源：https：//www. investigativeproject. org/maps/terrorism-map. php）

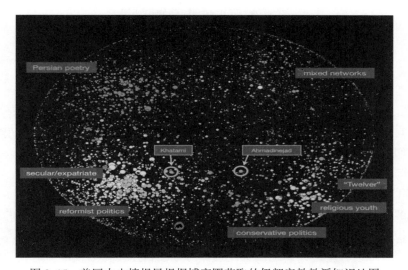

图 9.15 美国中央情报局根据博客圈获取的伊朗宗教教派知识地图
（来源：John Kelly and Bruce Etling, 2008. Mapping Irons Online
Publitics and Culture in the Persian Blagosphere https：//cyber. harvard.
edu/sites/cyber. harvard. edu/files/Kelly & Etling-Mapping-Irans-Online-
Public 2008. pdf）

　　因为知识地图是一种知识(显性、隐性)导航系统，并显示不同知识存储之间的动态
联系，对知识使用者具有导航功能，可以使用户快速找到他们所需要的知识点，然后追溯
到相关的知识源。知识源可根据人、文献资料、非出版的原始资料，甚至可以是推动某一
事物进展的原动力(如特定的环境、职位或地位等)。在这一过程中，用户可能会成为别

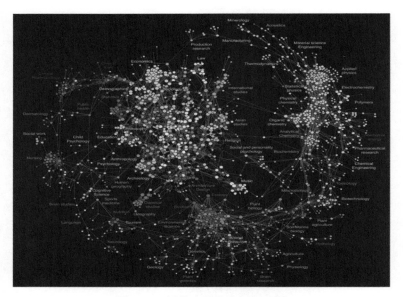

图 9.16　网络点的流向知识地图

（来源：Johan Bollen et al.，2009. Clickstream Data Yields High-Resolution Maps of Science，https：//journals. plos. org/plosone/article/figure？id=10. 1371/journal. pone. 0004803. g005）

人的知识源，而用户自己的知识源又会与其他知识相关联。另外，知识地图还支持用户的模糊查询，它可以将相互毗邻的知识单元联系起来进行详细的描述。用户使用隐喻的方法可以找到他们需要却无法详细描述的知识，通过所谓的"语义入口"进行浏览，用户能够客观地定位与他们的需求相关的信息。

（2）知识地图的培育评估功能

知识地图还具有对智力资产进行培育和评估的功能。知识地图描述知识的过程，也是评估现有知识的过程，由此可见，知识地图对知识评估、知识开发、共享和应用都具有十分重要的作用。面向程序的知识地图描述运作每个项目需要什么技能，这些技能之间的关系怎样以及通过怎样的过程能获得某种技能，这显然是进行以项目为基础的知识学习。知识地图还能用于整个组织或某个组织单元内各领域和部门所拥有的专家，并提供专家的详细信息及与其交流的环境。由于为组织创造价值的专家本身就是智力资本，所以这种知识地图不仅描述了专家的情况信息，而且表示了智力资本的情况信息，可以清楚看到它对管理知识工人的重要意义。

2）知识地图的作用

知识地图是实现知识管理的重要手段。例如：左美云（2002）认为，知识地图是一种帮助用户知道在什么地方能够找到所需知识的知识管理工具；李素琴（2002）认为，知识地图是一张表示企业有哪些知识及其方位的图片，是知识存在位置的配置图；乐飞红（2002）认为，知识地图是利用现代信息技术制作的企业知识资源的总目录及知识款目之间关系的综合体；李志强(1991)认为，知识地图可以是某个部门或某个成员拥有什么知识的导览，也可以是在何处可得到何种信息的查询系统。乐飞红、陈锐(2002)根据上述观点，对知识地图的作用概括如下：

①有助于知识的重复利用，有效防治知识的重复生产，节约检索和获取知识的时间；

②发现"知识孤岛"，并在它们之间建立联系，促进知识共享；

③发现企业内部能有效促进知识学习的非正式社团；

④为知识评估提供基础支持；

⑤协助员工快速获取所需知识；

⑥通过知识检索功能，支持企业决策及业务问题的解决；

⑦提供更多的学习知识和利用知识的机会；

⑧有助于知识资产的创造和评价；

⑨有助于建立合适的知识管理基础设施。

从功能和内容的角度来看，知识地图的特点是：有效共享，良好的互操作，可重用的共享软件，高效可靠的知识获取，识别不同系统的知识资源，良好的学习能力。

5. 知识地图与其他地图的区别

随着知识地图、概念图、思维导图、认知地图在知识管理领域的应用，特别是概念图和思维导图在知识组织和知识导航中的应用，使得这些概念之间的区别变得模糊起来，尤其是一些软件同时支持各种图形的构建，因此就出现了"等同论"及"无须区别论"等观点。实际上，这些可视化工具在历史渊源、构建目的、构建方法、表现方式及表现能力等方面是有区别的。当然，这里主要是指狭义知识地图。

1)历史渊源不同

知识地图是情报领域提出的组织和导航知识资源的图形化工具，与图书馆学、情报学、目录学、知识组织和知识管理等关系密切。概念图是教育领域提出的一种教学工具，与学习理论、图式理论关系紧密；思维导图最初只是为了改进笔记方法，后来被应用于个人、企业、教育等领域；认知地图源于认知心理学，在质量管理、故障分析、管理咨询、小组讨论、组织学习、组织决策和组织计划等方面得到广泛应用。其中，概念图、思维导图与教育领域有密切关系，都利用了人类发散思维的特性。

2)构建目的不同

知识地图构建的目的，是组织和导航各类知识资源，提供有效的知识获取方式，用于揭示知识体系及评价知识存量，让人们能够找到解决问题所需要的知识。概念图最初的构建目的是帮助人们快速掌握某一领域概念之间的关系，后来通过让人们自己构建的概念图来学习某一领域的概念体系，最近已有利用所构建的概念图导航知识资源的研究。思维导图构建的目的是利用图形化方式表达人类的发散思维，挖掘人脑的潜能，但也有人研究利用所构建的思维导图组织和管理知识资源；认知地图构建的目的主要是通过揭示各种想法之间的关系，特别是因果关系，提取人脑中的隐性知识，注重个人心智模式的捕获。

3)构建方法不同

知识地图的构建需要经历一个复杂、严格的过程，包括知识审计、知识分类、知识关联、制定图形等过程，需要知识组织、业务流程、知识工人的参与，是耗时耗力的知识工程，而概念图、思维导图和认知地图一般由个人或某个领域相关专家组成的小组直接进行构建。即便是概念图、思维导图和认知地图，它们的制作方法也不尽相同。概念图一般是罗列某个领域的所有概念，然后将概念进行分类并选择中心概念，最后将各个概念关联起来；思维导图则是从一个主要概念开始，随着思维的不断深入，逐步建立一个有序图，一个思维导图只有一个中心节点；认知地图是从目标出发，进行发散思维，并不断挖掘导致相关因素变化的原因，认知地图只有一个中心目标，其他均是影响这一目标的因素。

4）表现形式不同

知识地图的表现形式多种多样，有档案总管型、思考管理型、网状地图型、星状地图型、点状地图型、条列地图型、等值线地图型等，可以是网状结构、树形结构，也可以是韦恩图结构、圆心圈结构、蜘蛛网结构等。而概念图除了交叉关系处是树形结构，整体上是网状结构，是某一领域的知识网络；思维导图呈现为由思考中心依次向外发散的树形结构，每个节点表现为一个想法，整个树是人类思维不断发散和深化的体现；认知地图也基本遵照树形结构，由根节点到叶子节点依次排列目标和因素，但也有节点存在多个父节点或环状结构，整体上表现为网状结构。

5）表现能力不同

知识地图一般具有解释某个组织所有的知识源的知识体系的能力，且这种知识体系是严密复杂的。而概念图能够构造某个领域的知识网络，便于学习者掌握整个知识架构；思维导图具有呈现思维过程的能力，人们能够借助思维导图的构建提高发散思维的能力，通过思维导图理清思维的脉络，并可供自己或他人回顾整个思维过程；认知地图呈现的是人脑中各种想法之间的关联，其构建过程也是参与人员的思维过程，但这一过程更倾向于揭示各种关联关系，而不仅仅是进行发散思维、探索相关知识的过程。

9.6　智能化地图制图与地图传播发展的展望

从科学史上科学范式的演进来看，随着大数据时代的到来，如今已步入以"数据密集型计算"为特征的科学范式时代，智能化地图制图与地图传播亦如此，虽然现代地图制图的核心一直是时空数据的处理和表达，但并没有像今天这样面对天空地海一体的大规模多源（元）异构和多维动态的数据流（或流数据），地图实时动态性、主题多变性（针对性）、内容广泛性、载体多样化、表现形式个性化、制作方法现代化、应用泛在化等特征，是以往任何时期都无法比拟的，智能化地图制图与地图传播未来的发展还有很大的创新空间。

1. 大数据思维将成为智能化地图制图与地图传播的时空观和方法论

大数据思维，指整个社会都认识大数据、适应大数据和应用大数据，"一切用数据说话，一切凭数据决策"成为整个社会的新常态。根据空间与时间一起构成运动着的物质存在的两种基本形式的哲学观，包括人类活动在内的任何事物（现象）的运动变化都是在一定的空间和时间发生的，而所有大数据本质上都是由包括人类活动在内的任何事物（现象）的运动变化所产生的，这就是时空大数据。它是基于统一时空基准（时间基准、空间基准），活动于时空中与位置直接或间接相关联的大数据，成为智能化地图制图与地图传播的数据源。从时间序列讲，可以科学表达和传播过去（历史），现在（现状）与未来（规划、预测），即时间序列的延拓；从空间范围讲，可以表达和传播地球表层(四大圈层)、海洋、宇宙空间(月球、火星及空间环境)、网络空间等，即深空、深地、深海、深蓝等都成了智能化地图制图与地图传播的对象，这就是智能化地图制图与地图传播的时空观。

　　智能化地图制图与地图传播的时空观必将推动相关理论的新发展，地图哲学及其指导的时空综合认知、时空信息模型、时空信息传输、时空信息本体、时间信息语言学等，都将成为智能化地图制图与地图传播理论创新的领域；互联网、物联网、云计算技术的发展，系统论方法、协同论方法、自适应方法、最优化方法等将成为智能化地图制图与地图传播的方法论；人工智能技术、数据挖掘与知识发现技术、时空大数据可视化技术、网络/格网/云服务技术，以及语义网络技术等，都将成为智能化地图制图与地图传播的支撑技术。在智能化地图制图与地图传播的时空观与方法论指导下，时空大数据时代地图的实时动态性、主题多变性、内容广泛性、载体多样化、表现形式个性化、制作方法现代化和应用泛在化、传播网络化等，必将成为可能。

2. 多源(元)异构时空大数据聚合将成为智能化地图制图与地图传播的第一任务

　　多源(元)异构时空大数据的聚合(集成、融合、同化)，是时空大数据时代给智能化地图制图与地图传播带来的新问题。当前，全球正在经历一场持久而深远的数据化(一切皆可"量化")革命、跨界、融合、开放、共享是大数据时代的核心特征。

　　多源(元)异构时空大数据的聚合主要解决两个方面的问题。一方面，要把各种分布在各个部门的分散的("点"数据)和条块分割的("条"数据)大数据汇聚在一个特定的平台上，并使之发生持续的聚合效应。这种聚合效应就是通过数据多维融合和关联分析与数据挖掘，揭示事物的本质规律，对事物做出更加快捷、全面、精准和有效的研判和预测。另一方面，针对来自国内外不同部门、不同行业的时空大数据往往具有多类型、多分辨率、多时态、多尺度、多参考系、多语义等问题，研究科学描述、表达和揭示多源异构时空大数据的复杂关系及其转换规律，为国家重大工程和信息化条件下的联合作战提供全球一致、陆海一体、无缝连续时空大数据服务。所以，时空大数据聚合是大数据的核心价值，是大数据发展的高级形态，是大数据时代的解决方案。

　　时空大数据之"大"，就在于将各种分散和分割的多源异构的数据彼此联系，加以聚合，以便更清楚地理解事物的本质和未来的趋势，这就是"数聚力量"。数据的聚合是重要的，也是有困难的，但唯有聚合才能赢得效益，没有哪一种效益能赛过聚合之效，这就是"重在聚合，难在聚合，赢在聚合"。多源异构时空大数据聚合成为智能化地图制图与地图传播的第一任务是必然的趋势。

3. 时空大数据密集型计算将成为智能化地图制图与地图传播的基本特征

　　数据最早源于测量，没有测量就没有科学，没有数据也没有科学。现在可以这样说，没有时空大数据密集型计算，就没有未来智能化地图制图与地图传播的发展。现在有必要也有可能把重点放在时空大数据的智能化深加工方面，包括智能化地图总体设计、地图投影设计与选择、地图符号设计、地图用色设计、地图(特别是专题地图)表示方法设计、智能化地图制图综合(时空大数据多尺度自动生成和增量级联更新)，时空大数据分析、挖掘与知识发现，以及时空大数据可视化与智能化地图传播(服务)等全过程。未来的智能化地图制图与地图传播，可以称为"地图计算"，由于长期以来地图制图人员的经验、思维在制图过程中起着重要作用，所以在时空大数据密集型计算和计算机地图制图背景下，就需要研究人类自然智能与计算机人工智能深度融合式的地图制图与地图传播，以及基于云计算的分布、并列、协同式的智能化地图制图与地图传播，时空大数据分布式存储驱动下的统计分析和数据挖掘，面向不同层次、不同用户需要的可视化主题多变性、强交互性、快速性和多模式智能服务等一系列计算问题，通过计算发现过去的科学方法发现不了的新模式、新知识和新规律，这就是"时空大数据隐含价值→计算发现价值→应用实现价值"，数据密集型计算贯穿于智能化地图制图与地图传播的全过程。

4. 机器学习技术将促进智能化地图制图中知识获取方式发生深刻的变革

智能化地图制图的核心是智能，智能的核心是知识，而知识的核心是如何获得知识，知识就是"力量"，地图制图知识就是智能化地图制图的"力量"。

机器学习是人工智能（Artificial Intelligence，AI）研究发展到一定阶段的产物，AI 技术发展经历三个时期，即推理期、知识期和学习期[40]。20 世纪 50 年代至 70 年代初，人工智能研究处于"推理期"。那时人们以为只要能赋予计算机逻辑推理能力，计算机就能具有智能，A. Newell 和 H. Simon 因为这方面的工作贡献获得了 1975 年计算机图灵奖。但是，随着该领域研究的发展，人们逐渐认识到，仅有逻辑推理能力是远远实现不了人工智能的，要使计算机具有智能，就必须设法使计算机拥有知识。在 E. A. Feiginbaum 等人的倡导下，从 20 世纪 70 年代中期开始，人工智能研究进入"知识期"，大量专家系统出现，很多应用领域取得大量成果，E. A. Feiginbaum 作为"知识工程"之父在 1994 年获得计算机图灵奖。然而，随着人工智能研究的深入发展，人们认识到专家系统面临"知识工程瓶颈"，即完全由领域专家把知识总结出来再教给计算机是很困难的，如此人们思考让计算机自己学习知识的问题。20 世纪 80 年代以来，研究最多、应用最广的"从样例中学习"，标志着人工智能进入了"学习期"，机器学习正是视为解决知识工程瓶颈问题的关键而走上了人工智能的主舞台。

回顾计算机地图制图技术出现以来的历史进程，不难发现，它也符合前述人工智能技术发展规律。要从根本上解决智能化地图制图中的"知识工程瓶颈"问题，机器学习应是最重要的技术进步源泉之一，而"时空大数据分析"恰恰是各种机器学习技术的平台。要深入研究时空大数据时代的三大关键技术，即机器学习、云计算、众包（crowd sonrcing）。机器学习提供数据分析能力，云计算提供数据处理能力，众包提供数据标注能力。在时空大数据平台上，利用机器学习技术使计算机具有各类（种）地图设计（总体设计、地图投影设计、地图符号设计、地图表示方法设计、地图色彩设计）知识、制图综合（地图内容各要素的图形结构特征的自动识别与化简、点云数据特征点识别与抽稀、时空大数据多尺度转换……）知识、各要素图形关系自动识别与处理知识等。针对智能化地图制图中过于复杂的编程任务、自适应性等，"从样例中学习"特别是人类自然智能与计算机人工智能深度融合的人机融合智能技术更具有发展前景。

5. 时空认知和时空信息传输将成为智能化地图制图与地图传播的总体技术架构和技术路线的理论支撑

地图空间认知与地图信息传输已有许多研究，时空大数据时代的时空认知与时空信息传输，继承了 20 世纪 60 年代捷克人柯拉斯尼（A. Kolacny）提出的地图信息传输模式的基本特征和统帅贯穿地图制图与地图传播全过程的精髓，但又突破了其局限性。随着全球导航卫星系统（GNSS）、天空地海一体化对地（其他星球）观测（RS）、地理信息系统（GIS）、机器学习和人工智能、"互联网+"等新兴信息技术的发展，人类对自己赖以生存的时空环境的认识正在由地图空间认知和地图信息传输向以现实地理世界为对象，由传感器网"感知的地理世界"（现实地理世界的第一次模型表达），到融合社会经济人文信息后"重构的地理世界"（现实地理世界的第二次模型表达），再到用户"认知的地理世界"，并根据"认知的地理世界"指导工作，同时反馈指导行动的效果，可追溯到"重构的地理世界"甚至"感知的地理世界"，这个过程就是智能化地图制图与地图传播的过程。特别要强调的是，时空大数据时代人类认知自己赖以生存的现实地理环境的科学活动"三要素"（主体要素——科学家，客体要素——科学活动的对象，工具要素——科学活动的手段）中，工具要素（硬件、软件）处于越来越重要的地位，作用越来越大，是科学活动的"倍增器"，开放、动态、多模式、综合的时空感知认知和时空信息传输新模式，必将成为智能化地图制图和地图传播总体技术架构和技术路线的理论基础。

（本章作者：王家耀、武芳）

◎ 本章参考文献

[1] 钱学森. 1984年3月1日致戴汝为 [M] // 钱学森书信（第二卷）. 北京：国防工业出版社，2007.

[2] 李娜. 被批20年无进展，人工智能需要重启？[J]. 科学导报，2011（14）：9.

[3] 李德毅，杜鹏. 不确定性人工智能 [M]. 北京：国防工业出版社，2005.

[4] 王家耀. 地图设计的新理论 [M] // 地图学与地理信息工程研究. 北京：科学出版社，2015.

[5] 王光霞，游雄，於建峰，等. 地图设计与编绘 [M]. 北京：测绘出版社，2011.

[6] 谢超. 自适应地图可视化关键技术研究 [D]. 郑州：解放军信息工程大学，2009.

[7] 王英杰，陈毓芬，余卓渊，等. 自适应地图可视化原理与方法 [M]. 北京：科学出版社，2012.

[8] 刘芳. 基于活动理论的网络地图设计研究 [D]. 郑州：解放军信息工程大学，2011.

[9] 王富强. 空间知识地图构建理论和方法研究 [D]. 郑州：解放军信息工程大学，2013.

[10] 马俊. 专题地图智能化设计理论与关键技术研究 [D]. 郑州：解放军信息工程大学，2013.

[11] 王家耀. 试论地图信息传输的可控性 [M] // 地图学与地理信息工程研究. 北京：科学出版社，2005.

[12] 冯涛. 专题地图自动化制作和控制理论与方法研究 [D]. 郑州：解放军信息工程大学，2014.

[13] 王家耀，武芳. 数字地图自动综合原理与方法 [M]. 北京：解放军出版社，1998.

[14] 武芳. 空间数据的多尺度表达与自动综合 [M]. 北京：解放军出版社，2003.

[15] 武芳，钱海忠，邓艳红，等. 面向地图自动综合的空间信息智能处理 [M]. 北京：科学出版社，2008.

[16] 武芳，邓艳红，钱海忠，等. 地图自动综合质量评估模型 [M]. 北京：科学出版社，2009.

[17] 闫浩文，王家耀. 地图群（组）目标描述与自动综合 [M]. 北京：科学出版社，2009.

[18] 毋河海. 地图综合理论与技术方法研究 [M]. 北京：测绘出版社，2004.

[19] 王家耀，李志林，武芳. 数字地图综合进展 [M]. 北京：科学出版社，2011.

[20] 王家耀，武芳，吕晓华. 地图制图学与地理信息工程学科进展与成就 [M]. 北京：测绘出版社，2011.

[21] 齐清文，姜莉莉. 面向地理特征的制图综合指标体系和知识法则的建立与应用研究 [J]. 地理科学进展，2001，20（S1）：1-13.

[22] 武芳，许俊奎，李靖涵. 居民地增量级联更新理论与方法 [M]. 北京：科学出版社，2017.

[23] 王家耀，邹建华. 地图制图数据处理的模型方法 [M]. 北京：解放军出版社，1992.

[24] 游雄. 地图的颜色设计与色彩管理系统理论与实用研究 [D]. 郑州：解放军测绘学院，1994.

[25] 游雄，万刚. 地图颜色设计的可视化方法 [J]. 解放军测绘学院学报，1996，13（3）：218-223.

[26] 江斌. 地图设色专家系统的初步探讨 [J]. 地图，1991（1）：49-52.

[27] 孙群. 军事专题地图制图专家系统的建立及数学基础自动生成子系统的实现 [D]. 郑州：解放军测绘学院，1990.

[28] 吴忠性. 制图领域专家系统 [M] //陈述彭. 地球系统科学——中国进展·世界展望. 北京：中国科学技术出版社，1998.

[29] 陆效中. 面向对象的定量制图专家系统 [D]. 郑州：解放军测绘学院，1992.

[30] 华一新. 专题地图设计专家系统 PC-MAPPER [D]. 郑州：解放军测绘学院，1991.

[31] 陆效忠. 统计地图的分级表示法 [M]. 北京：解放军出版社，1989.

[32] 何宗宜. 地图数据处理模型的原理与方法 [M]. 武汉：武汉大学出版社，2004.

[33] 武芳，谭笑，王辉连，等. 顾及网络特征的复杂人工河网的自动选取 [J]. 中国图象图形学报，2007，12（6）：1103-1109.

[34] 王家耀. 空间信息系统原理 [M]. 北京：科学出版社，2001.

[35] 赵学胜. 基于 QTM 的球面 Voronoi 数据模型 [M]. 北京：测绘出版社，2004.

[36] 童晓冲，贲进，张永生. 基于二十面体剖分格网的球面实体表达与 Voronoi 图生成 [J]. 武汉大学学报（信息科学版），2006，31（11）：966-970.

[37] 蔡忠亮，杜清运，毋河海，等. 大比例尺地形图交互式综合系统数据库平台的建立 [J]. 武汉大学学报（信息科学版），2002，27（3）：289-295.

[38] 测绘学名词审定委员会（全国科学技术名词审定委员会公布）. 测绘学名词（第三

版）［M］. 北京：科学出版社，2010.

［39］ 龙毅，温永宁，盛业华. 电子地图学 ［M］. 北京：科学出版社，2006.

［40］ 周志华. 机器学习 ［M］. 北京：清华大学出版社，2016.

［41］ ［以］沙伊·沙莱夫·施瓦茨，［加］沙伊·本·戴维. 深入理解机器学习——从原理到算法 ［M］. 张文生，等译. 北京：机械工业出版社，2016.

［42］ Davenport T H, Pmsak L. Working Knowledge：How organization manage what they know ［M］. Boston：Harvard Business School Press，1998.

［43］ Duff J. Knowledge exchange at Glaxo welcome ［J］. The Information Manage Journal，2000 （3）：88-91.

［44］ Vall Ⅲ, Edmond F. Knowledge mapping：Getting started with knowledge management ［J］. Information Systems Management，1999 （4）：32-36.

［45］ 王君，樊治平. 一种基于 Web 的企业知识管理系统的模型框架 ［J］. 东北大学学报，2003 （2）：65-67.

［46］ 陈立娜. 知识管理中企业知识地图的绘制 ［J］. 图书情报工作，2003 （8）：44-47.

第 10 章　地理空间分析

随着对地观测技术、互联网、物联网和通信技术的发展，获取了大量的对地观测空间数据和非空间的社交数据。地理空间分析研究进入大数据时代，地理大数据蕴藏的多源、多粒度和多模态时空信息，突破了传统研究中数据源的局限，为地理现象的多尺度精准理解与时空动态模式发现提供了更丰富的数据源。随着社交媒体、视频新闻等大数据的出现，地理事件在文本、社交网络等虚拟空间的传播及演化机理日益受到关注。如何融合地理实体空间与虚拟空间中的多模态数据，从多空间、多角度分析和重构事件的演化特征与发展过程，成为当前地理空间分析前沿难题。作为揭示地理要素与现象内在本质的空间分析技术和方法，近年来围绕地理大数据的空间分析研究主要集中在基础理论、地理要素特征、时空格局、相互规律、内在机理等方面。

在空间分析与统计的基础理论方面，在以计算几何为核心的空间几何分析基础上，空间统计分析由基于经典概率统计到顾及空间非独立性特征的空间统计分析的发展转变，分析方法由面向结构化空间数据，向不同类型、不精确、不完整以及样本有偏、质量不可控的地理大数据统计推断和时空分析技术方法转变，逐渐形成以地理格局、地理要素相互作用和地理过程分析为主的地理空间分析方法体系。

在地理时空格局分析研究方面，侧重分析区域间差异化格局以及区域内部不同空间单元的聚集与分散格局，前者主要采用特定的区域差异，选取区域不同时段的属性数据，进行空间差异化分析和可视化表达，其中，空间自相关分析(全局和局部)是常用的分析方法；后者通常采用空间插值分析、核密度分析和热点分析等方法，获取地理空间格局中的冷热区和集聚分散特征。

地理空间作用分析方面，测度地理空间要素对某一格局和过程的作用强度和大小，旨在揭示地理格局与过程的相互作用关系，以期为预测格局变化方向和决策等服务。地理空间作用分析包括自然要素和人为要素两个方面，重点探讨驱动因子选择与关键因子甄别、作用分析方法确定及不同驱动因子在不同时空尺度上的功能和效应等。空间作用分析方法包括系统动力学、地理加权回归等。

地理过程分析方面，主要分析和提取地表环境(要素、综合体)随时空变化的演变规律。在动态演变分析中，包含两个层面的含义：对现状的分析和对未来变化的模拟。地理空间过程分析方法可大致分为时空过程表达模型、以元胞自动机为代表的地理模拟模型和以粒子群优化为代表的群智能优化模型等类型。

在地理空间数据挖掘方面，围绕空间数据挖掘模式以及挖掘算法等关键问题，开展不同类型知识研究数据挖掘模式和方法研究，并根据不同的数据挖掘需求，研究时空聚类知识挖掘、分类知识挖掘、关联规则知识挖掘以及时空过程知识挖掘等模型和应用。

在地理空间数据可视化分析研究方面，关注二维、三维可视化技术发展，推动空间数据可视化、空间决策支持和地学虚拟现实环境应用；关注运用可视化技术探究地理空间特征、地理空间格局、地理空间要素相互作用与相互关系、地理过程演变规律，更好地服务于地学方面的模式认知和决策支持。

10.1 空间分析模型

地理空间的组成要素之间存在相互制约、相互作用的依存关系，表现为人口、质量、能量、信息、价值的流动和作用，反映不同的空间现象和问题，解决这些复杂问题需要依赖空间分析模型的研究。按照地理空间分析的思路和模式可将空间分析模型划分为空间格局分析模型、空间作用分析模型和空间过程分析模型三类。

10.1.1 空间格局分析模型

该类模型用于研究地理对象的空间分布特征，主要包括分布密度和均值、分布中心、离散度等。

1. 空间自相关分析

空间自相关分析反映某一变量在空间上是否相关及其相关程度，是 ESDA 中运用最广泛的方法之一。空间自相关分析包括全局型自相关和局部型自相关两种分析角度，其中全局指标可从区域整体上测度某一属性的空间集聚程度，局部指标可用于探索集聚中心的空间位置。

1）全局空间自相关

全局 Moran's I 是运用得较为广泛的全局空间自相关统计量，用来研究地理要素的空间分布格局及其成因，其计算公式如下：

$$I = \frac{\sum\limits_{i=1}^{n} \sum\limits_{j=1}^{n} W_{ij}(x_i - \bar{x})(x_j - \bar{x})}{\dfrac{\sum\limits_{i=1}^{n} \sum\limits_{j=1}^{n} W_{ij}}{\dfrac{\sum\limits_{i=1}^{n} (x_i - \bar{x})^2}{n}}} \tag{10-1}$$

式中，n 为要素总数，x_i 和 x_j 代表要素在第 i 和第 j 个空间位置的属性值；w_{ij} 为区域或位置与的空间权重矩阵，表示空间对象 i 和 j 之间的连接关系，如果区域或位置与相邻，则规定 $w_{ij} = 1$，否则 $w_{ij} = 0$；$\bar{x}$ 表示样本均值。I 的取值范围为 $[-1, 1]$。当 I 值为正时，表明要素之间相关关系为正，即相似的值趋于互相毗邻；当 I 计算值为负时，表明要素相关关系为负，即不相似的值趋于互相毗邻；当 I 计算值趋于 0 时，表明要素随机分布，不存在相关性。

2）局部空间自相关

由于全局 Moran's I 只是对全局自相关的描述，难以描述局部空间的不稳定性。为了描述每个空间要素的局部相关性，需要利用局部空间自相关的方法来识别不同位置上要素的空间集聚模式，以反映空间单元与其邻域的相似或相异程度及其发生的具体位置。单变量局域空间自相关计算方法如下：

$$I_{kl} = \frac{x_i \bar{x}}{S^2} \sum_{j=1}^{n} w_{ij}(x_i - \bar{x}) \tag{10-2}$$

式中，S^2 为 x_i 的离散方差，其余参数与式（10-1）相同。

2. 克里金插值

克里金插值法（Kriging）又称空间自协方差最佳插值法。它首先考虑的是空间属性在空间位置上的变异分布．确定对一个待插点值有影响的距离范围，然后用此范围内的采样点来估计待插点的属性值。它是用协方差函数和变异函数来确定高程变量随空间距离而变化的规律，以距离为自变量的变异函数，计算相邻高程值关系权值，在有限区域内对区域化变量进行无偏最优估计的一种方法，是地统计学的主要方法之一（侯景儒等，1998；陈天恩等，2009）。克里金插值法的适用条件是区域化变量存在空间相关性（谭万能等，2005）。克里金插值法广泛地应用于地下水模拟、土壤制图等领域，是一种很有用的地质统计格网化方法。

克里金插值方法主要包括普通克里金（Ordinary Kriging）、简单克里金（Simple Kriging）、泛克里金（Universal Kriging）、指示克里金（Indicator Kriging）、概率克里金（Probability Kriging）、析取克里金（Disjunctive Kriging）和协同克里金（Co-Kriging）。应用克里金法首先要明确三个重要的概念：区域化变量、协方差函数和变异函数（徐建华，2010）。

3. 景观格局分析

景观格局通常是指景观的空间结构特征，具体是指由自然或人为形成的，一系列大小、形状各异的景观镶嵌体在景观空间的排列，它既是景观异质性的具体表现，同时又是包括干扰在内的各种生态过程在不同尺度上作用的结果。空间斑块性是景观格局最普遍的形式。景观格局及其变化是自然的和人为的多种因素相互作用所产生的一定区域生态环境体系的综合反映，景观斑块的类型、形状、大小、数量和空间组合既是各种干扰因素相互作用的结果，又影响该区域的生态过程和边缘效应。景观格局分析常用指数包括景观破碎度、景观分离度、景观多样性指数、优势度、均匀度、分维数和聚集度等。

景观要素在空间上的分布是有规律的，形成各种各样的排列形式，称为景观要素构型，从景观要素的空间分布关系上讲，最为明显的构型有五种，分别为均匀型分布格局、团聚式分布格局、线状分布格局、平行分布格局和特定组合或空间连接。

10.1.2　空间作用分析模型

空间作用分析模型用于研究物体位置和属性集成下的关系，尤其是物体群（类）之间的关系，包括地理要素间的联系强度和影响大小。

1. 地理加权回归

地理加权回归（GWR）就是用回归原理研究具有空间（或区域）分布特征的两个或多个变量之间数量关系的方法，在数据处理时考虑局部特征作为权重。地理加权回归的特点是通过在线性回归模型中假定回归系数是观测点地理位置的位置函数，将数据的空间特性纳入模型中，为分析回归关系的空间特征创造了条件。

地理加权回归模型是一种相对简单的回归估计技术，它扩展了普通线性回归模型，假定有 $i=1, 2, \cdots, m$；$j=1, 2, \cdots, n$ 的系列解释变量观测值 $\{x_{ik}\}$ 及系列被解释变量 $\{y_i\}$，如式（10-3）所示：

$$y_i = \beta_0(\mu_i, \nu_i) + \sum_k \beta_k(\mu_i, \nu_i) x_{ij} + \varepsilon_i \qquad (10\text{-}3)$$

系数 β_k 的下标 k 为与观测值联系的 $m \times 1$ 阶待估计参数向量，是关于地理位置（μ_i, ν_i）的 $k+1$ 元函数，GWR 可以对每个观测值估计出 k 个参数向量的估计值；ε_i 是第 i 个区域的随机误差，满足零均值、同方差、相互独立等球形扰动假定。

2. 地理探测器

地理探测器（Geographical Detector）是探测地理要素空间分异性并揭示形成空间分异性原因（驱动力）的一种统计学方法。其核心思想基于这样的假设，即"如果自变量对因变量有重要影响，那么自变量与因变量在空间分布上应该具有相似性"。

地理探测器包含 4 个方面的探测器，分别是分异及因子探测，即探测因变量的空间分异和自变量对因变量的解释力度，用 q 值度量；交互作用探测，用于识别不同影响因子之间的交互作用对因变量的解释力度是增加，还是减弱抑或是相互对立；风险区探测，用于判断两个子区域间的地理要素属性均值是否有明显差别；生态探测，用于比较两个自变量对因变量空间分布的影响是否有显著差异。

地理探测器方法和原理目前已在众多领域得到应用。地理要素空间分异性探测力指标用 q 值度量，其表达式为：

$$q = 1 - \frac{\sum_{h=1}^{L} N_h \sigma_h^2}{N \sigma^2} = 1 - \frac{\text{SSW}}{\text{SST}} \qquad (10\text{-}4)$$

$$\text{SSW} = \sum_{h=1}^{L} N_h \sigma_h^2, \quad \text{SST} = N \sigma^2 \qquad (10\text{-}5)$$

式中，h 为因变量 Y 或自变量 X 的分类数或分层数；N 和 N_h 分别为整个区域和第 h 类中的样本数；σ^2 为整个区域 Y 值的方差，σ_h^2 为第 h 类的 Y 值的方差；SSW 和 SST 分别为层内方差和整个区域的总方差。q 的值域为 $[0, 1]$，q 值越大说明因变量 Y 的空间分异性越明显，如果空间分异性是由自变量 X 形成的，那么 q 值越大说明该变量对因变量的解释力越强，反之越弱。

3. 引力模型

从长期的经验可以发现，空间相互作用与距离有密切关系，距离越近的两个区域，相互作用的可能性越大。另外，人们也发现规模大的区域要比规模小的区域更能吸引人流、资金流等。该模式认为，两个区域间的相互作用与这两个区域质量（如经济规模或人口规模）成正比，与它们之间的距离成反比，如下式表示：

$$F_{ij} = \frac{M_i \cdot M_j}{D_{ij}^b} \qquad (10\text{-}6)$$

式中，F_{ij}为 i 和 j 两地间的相互作用量，M_i、M_j 分别为 i 和 j 两地间的质量，D_{ij} 为 i 和 j 两个城市间的距离，b 为测量距离摩擦作用的指数。

10.1.3 空间过程分析模型

用于研究地理对象的动态发展，根据过去和现在推断未来，根据已知推测未知，运用科学知识和手段来估计地理对象的未来发展趋势，并作出判断与评价，形成决策方案，用以指导行动，以获得尽可能好的实践效果。

1. 地理模拟系统

地理模拟系统是地理学研究的一种技术手段，是对地理环境进行虚拟研究的一项重点研究项目。地理系统具有复杂性特点，决定了地理系统的研究也呈现复杂化，主要包括元胞自动机与多智能体(黎夏等，2007)。

1)元胞自动机

元胞自动机(CA)具有强大的空间运算能力，与系统动力学、分形等模型方法不同，CA 在地理学的核心应用并不是描述和解释各种地理现象的复杂特征，而是模拟和预测复杂的地理过程，常用于自组织系统演变过程的研究(黎夏等，2007；罗平等，2010)。元胞、状态和元胞空间是 CA 的三个基本概念，构成了模型空间过程表达的概念基础。在物理学领域，CA 被定义在由离散且状态有限的元胞组成的元胞空间上，按一定的局部规则在离散的时间维度上演化的动力学系统。即元胞是 CA 的最基本组成部分，其状态取值来自于有限集合中一个，所有元胞规则地排列而构成元胞空间的空间格网，各元胞的状态随时间而变化。元胞状态体现了特定研究目的下元胞的本质属性，可以是 {0，1} 的二进制形式，或者是 {s_0，s_1，s_2，…，s_i，…，s_k} 整数形式的离散集。

转换规则是元胞自动机的核心，它表述被模拟过程的逻辑关系，决定空间变化的结果。一个元胞自动机如果没有转换规则，那么它将只能描述静态的现象，只有在引入了转换规则之后，才能模拟复杂的动态空间现象。根据元胞当前的状态及其邻居状况确定下一个时刻该元胞状态的动力学函数，就是一个状态转移函数(史忠植，1998)。该转换函数可能十分简单，如"生命游戏"中的转换规则；也可能比较复杂，可以包含很多子模式(杜宁睿等，2001)。这个函数构造了一种简单的、离散的空间/时间范围的局部物理成分，可以记为：

$$f: S_i^{t+1} = f(S_i^t, S_N^t) \tag{10-7}$$

式中，S_N^t 为 t 时刻的元胞空间邻域的状态组合(谢惠民，1994；周成虎，2001)。

2)多智能体

多智能体理论和技术是在复杂适应系统理论及分布式人工智能(DAI)技术的基础之上发展起来的，自 20 世纪 70 年代末出现以来发展迅速，目前已经成为一种进行复杂系统分析与模拟的思想方法与工具。

多智能体建模的中心在于通过智能体(Agent)对局部细节和全局表现反映出与外界环境之间的信息接收、反馈以及校正，研究微观主体如何通过这一系列行为产生宏观的复杂性，也就是全局行为的复杂性。多智能体系统在分析和建立人机交互理论和交互模型中发挥着重要作用，多智能体理论侧重 Agent 的社会行为研究，各类 Agent 的社会行为又与地理环境和其他 Agent 的行为息息相关，其核心思想是探讨基于地理环境的微观个体的相互作用，这种相互作用的结果是能够产生影响全局发展的微观格局。

2. 智能优化算法

智能优化算法是一类通过模拟某一自然现象或过程而建立起来的优化方法，主要包括人工神经网络、遗传算法、粒子群算法、禁忌搜索算法、模拟退火算法和蚁群算法等。这一类算法具有适于高度并行、自组织、自学习与自适应等特征，可以有效解决较复杂的非线性的多目标优化问题。

1）粒子群算法

粒子群算法(PSO)是一种进化计算技术，1995 年由 Eberhart 博士和 Kennedy 博士提出，源于对鸟群捕食的行为研究。该算法最初是受到飞鸟集群活动的规律性启发，进而利用群体智能建立的一个简化模型。粒子群算法在对动物集群活动行为观察的基础上，利用群体中的个体对信息的共享使整个群体的运动在问题求解空间中产生从无序到有序的演化过程，从而获得最优解。

每个粒子都具有自己的位置和速度，决定飞行的方向和速率，可以用一个三元组（x_i，v_i，pbest_i）表示，其中，位置向量 x_i 为粒子 i 在 n 维搜索空间的当前位置；速度向量 v_i 为粒子 i 在 n 维搜索空间对应的当前飞行速度；历史最优位置向量 pbest_i 为粒子 i 所经历过的 n 维空间的个体最好位置，在进化过程中，粒子达到某个适应值更好的位置时，会将该位置记录为该粒子的最优向量，并通过粒子不断寻找更优的位置而不断更新最优向量。同时，群体还维护一个全局最优向量 gbest_i，引导粒子向全局最优区域收敛。目前，粒子群算法已被广泛应用于企业选址、交通布局和用地规划等空间决策。

2）遗传算法

遗传算法(GA)是模拟达尔文生物进化论的自然选择和遗传学机理的生物进化过程的计算模型，是一种通过模拟自然进化过程搜索最优解的方法。遗传算法是从代表问题可能潜在的解集的一个种群开始的，而一个种群则由经过基因编码的一定数目的个体组成。每个个体实际上是染色体带有特征的实体。染色体作为遗传物质的主要载体，即多个基因的集合，其内部表现(即基因型)是某种基因组合，它决定了个体的形状的外部表现，如黑头发的特征是由染色体中控制这一特征的某种基因组合决定的。因此，在一开始需要实现从表现型到基因型的映射，即编码工作。

由于仿照基因编码的工作很复杂，我们往往进行简化，如二进制编码，初代种群产生之后，按照适者生存和优胜劣汰的原理，逐代演化产生出越来越好的近似解，在每一代，根据问题域中个体的适应度大小选择个体，并借助于自然遗传学的遗传算子进行组合交叉和变异，产生出代表新的解集的种群。这个过程将导致种群像自然进化一样的后生代种群比前代更加适应于环境，末代种群中的最优个体经过解码，可以作为问题近似最优解。遗传算法由于对复杂优化问题的求解表现出明显优势，因此在选址问题中获得广泛的应用。

3）蚁群算法

蚁群算法(ACO)，是一种用来在图中寻找优化路径的概率型算法。它由 Marco Dorigo 于 1992 年在他的博士论文中提出，其灵感来源于蚂蚁在寻找食物过程中发现路径的行为。蚁群算法是一种本质上并行的算法。每只蚂蚁搜索的过程彼此独立，仅通过信息激素进行通信。所以，蚁群算法则可以看作一个分布式的多 Agent 系统，它在问题空间的多点同时开始进行独立的解搜索，不仅增加了算法的可靠性，也使得算法具有较强的全局搜索能力。

蚁群优化算法最初用于解决著名旅行商(TSP)问题，经过多年的发展，在算法寻优过程中，单个的人工蚂蚁无序地寻找解。算法经过一段时间的演化，人工蚂蚁间通过信息激素的作用，自发地越来越趋向于寻找到接近最优解的一些解，这就是一个无序到有序的过程。蚁群算法参数数目少，设置简单，具有较强的鲁棒性，在不同领域的组合优化问题求解中已有广泛应用。

10.2　地理空间格局分析

地理空间格局(Pattern)主要表达研究对象在特定空间范围内的分布、配置关系与规律，属于静态概念。空间格局分析有助于了解地理现象与地理实体的空间分布情况、与其他地理要素之间的空间关系以及格局形成的驱动机制。本节从地理空间分布特征、地理空间抽样、地理空间插值分析、景观格局分析四个方面详细介绍地理空间格局分析相关方法与流程。其中，地理空间分布特征是空间理论的基本规律，地理空间抽样是格局分析数据获取的关键技术，地理空间插值则为空间格局分析提供可靠的拟合数据，景观格局分析是地理空间格局分析的核心。

10.2.1　地理空间分布基本特征

1. 地理空间分布基本特征

地理空间是物质、能量、信息的数量及行为在地理范畴中的广延性存在形式。地理空间研究是地理学的基本核心问题之一，主要探讨地理空间的宏观分异规律与微观变化特征，地理事物在空间中的分布形态格局、互相作用关系与影响效应等问题(郭仁忠，1999)。

地理空间具有空间异质性和空间依赖性两类重要特征。空间异质性(spatial heterogeneity)是指地理过程和格局在空间分布上的不均匀性及其复杂性，属于一阶空间过程(first order process)，反映了任意有限面积区域内的空间格局与关系随着区域位置变化而发生变化的现象，即空间过程变量的均值(一阶矩)在地理空间上呈现不稳定状态。空间依赖性(spatial dependence)是空间过程或空间随机过程的另一重要属性，属于二阶空间过程(second order process)，是指地理实体或地理现状的空间分布呈现出相邻区域或相邻点具有相互依赖性的特征。托布勒的地理学第一定律(Tobler First Law)对上述现象进行了普遍性描述，即"地理空间所有实体或现象都是相关的，这种相关性随着实体或现象距离的缩小而增强"。

图 10.1 显示的例子描述了空间依赖性、空间异质性以及二者结合所呈现的空间模式。

2. 地理空间自相关分析

地理空间自相关性是指地理实体或要素某一属性变量观测值与该观测点相邻位置取值相关的特性，是地理学第一定律的具体体现。空间自相关分析是一种通用的空间统计分析

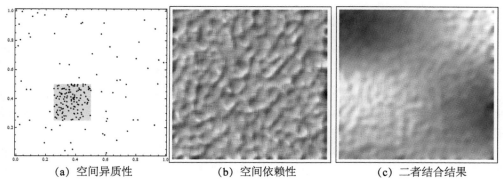

图 10.1 空间异质性与空间依赖性的分布特征

方法，是揭示空间变量区域结构形态的有效工具。

区别于传统相关性分析，空间自相关分析同时以地理要素属性值和空间位置作为输入，检验要素属性值是否与其相邻空间点上的属性值具有相关性。空间相关性分析既能揭示地理要素属性相关强度和相关方向，又可以解释地理要素在空间维度上的变化趋势。正相关表明地理要素在某位置的属性值变化与该位置相邻空间单元具有相同的变化趋势，通常体现为空间集聚性。负相关则表明地理要素在某位的属性值变化与该位置相邻空间单元具有相反的变化趋势，通常体现为空间异常性。

地理空间自相关分析通常包括空间抽样与数据获取、空间自相关性量化度量、度量指标有效性与显著性检验三个必要过程。

空间抽样与数据获取：空间抽样决定了空间自相关分析结果的可靠性。在获取分析样本时，需要充分估计样本的代表性，具体表现为样本对地理要素变量时空分布特征的拟合能力。过于稀疏的样本难以精确表达地理要素空间分布特征，通常容易忽略精细尺度上的地理要素自相关性。同时，过于密集的样本将增加统计推断的难度，从而影响空间自相关性的提取。

空间自相关性量化度量：空间自相关性通常分为全局空间自相关和局部空间自相关。全局空间自相关旨在概括地得出地理要素在指定空间范围内的空间依赖尺度，局部空间自相关则用于描述某个地理空间单元与其邻域的相似程度。

度量指标有效性与显著性检验：与传统相关性分析类似，空间自相关性分析同样需要对相关系数的显著性进行假设检验。检验过程通过设计相关性不显著的零假设，采用 t 检验计算空间自相关系数的 p 值，并将 p 值与指定的显著性水平进行对比，判断是否拒绝零假设。

空间自相关系数通常包括全局空间自相关系数和局部空间自相关系数两类，常用的度量指标包括 Moran's I 系数、Geary's C 系数和 Getis Ord G 系数。在具体衡量全局或局部空间自相关性时，三种系数具有不同的表现形式。

1）Moran's I 指数

Moran's I 指数分为全局和局部两种类型，其中全局 I 指数的计算公式见式（10-1）。

相应地，局部 I 指数的计算公式为

$$I_i = \frac{x_i - \bar{x} \sum_{j=1}^{n} w_{ij}(x_j - \bar{x})}{\sum_{i=1}^{n} (x_i - \bar{x})^2} \qquad (10\text{-}8)$$

实际应用中，通常采用标准化统计量 Z 检验 I 指数的有效性。Z 为正值且显著表示正向相关、区域空间集聚。Z 为负值且显著表示负相关、区域空间分散。Z 为零表示独立随机分布。采用象限法对 I 指数进行划分，其空间关联模式可细分高高相关（即属性值高于均值的空间单元被属性值高于均值的领域所包围）、低低相关、高低相关、低高相关四种类型，其中前两类属于正空间自相关，后两类属于负空间自相关。

2）Geary's C 指数

Geary's C 指数分为全局和局部两种类型，其中全局 C 指数的计算公式为：

$$C = \frac{(n-1) \sum_{i=1}^{n} \sum_{j=1}^{n} w_{ij}(x_i - x_j)^2}{2 \sum_{i=1}^{n} \sum_{j=1}^{n} w_{ij} \sum_{i=1}^{n} (x_i - \bar{x})^2} \qquad (10\text{-}9)$$

式中，n 为数据集所包含的地理实体数量，x_i 与 x_j 分别为地理实体 i 与 j 的变量值，w_{ij} 表示地理实体 i 与 j 之间的邻近关系，$w_{ij} = 1$ 代表 i 与 j 互为邻近的地理实体，$w_{ij} = 0$ 则代表二者互不相邻。

相应地，局部 C 指数的计算公式为：

$$C_i = \sum_{j=1}^{n} w_{ij}(x_i - x_j)^2 \qquad (10\text{-}10)$$

实际应用中，同样采用标准化统计量 Z 检验 C 指数的有效性。$Z > 1$ 且显著表示负相关，$Z < 1$ 且显著表示正相关，$Z = 1$ 时无空间相关。总体上看，C 指数期望不受样本值与样本量的影响，其统计性能不如 I 指数。

3）Geis Ord G 指数

Geis Ord G 指数分为全局和局部两种类型，其中全局 G 指数的计算公式为：

$$G = \frac{\sum_{i=1}^{n} \sum_{j=1}^{n} w_{ij}(d) x_i x_j}{\sum_{i=1}^{n} \sum_{j=1}^{n} x_i x_j} \qquad (10\text{-}11)$$

式中，n 为数据集所包含的地理实体数量，x_i 与 x_j 分别为地理实体 i 与 j 的变量值，w_{ij} 表示地理实体 i 与 j 之间的邻近关系，$w_{ij} = 1$ 代表 i 与 j 互为邻近的地理实体，$w_{ij} = 0$ 则代表二者互不相邻。

相应地，局部 G 指数的计算公式为：

$$G_i = \frac{\sum_{j=1}^{n} w_{ij} x_j}{\sum_{j} x_j} \qquad (10\text{-}12)$$

实际应用中，采用标准化统计量 Z 检验 G 指数的有效性。Z 大于期望且显著表示存在热点区，Z 小于期望且显著表示存在冷点区。G 指数识别负相关效果较差，统计性能不如 I 指数和 C 指数。

10.2.2 地理空间抽样

地理空间抽样是空间格局分析数据获取的关键技术。在地理要素调查、监测实施过程中，抽样技术因其能够在保证精度的前提下避免全面调查造成巨大人力、物力和财力开销，已经成为主要的数据获取手段（姜成晟等，2009；Haining，2003）。本质上，地理空间抽样是一种样点空间分布格局的优化布局过程。相应地，样点代表性体现了空间抽样方案对抽样变量空间分布特征的拟合程度。

1. 地理空间采样影响因素

空间异质性与空间依赖性对空间抽样设计具有重要影响，异质性使得样点具有非同质性或非等概率，依赖性则意味着样点数据具有非独立性。研究表明，自然地理属性和社会经济地理属性的调查样点具有不同的空间分布模型。在空间离散点群的集群分布、随机分布、规则分布等几种分布方式中，自然地理要素主要包括由维持植物和动物生产、保持并提高水和空气质量、维持人类健康和生境安全相关的属性，其调查样点在空间上呈现局部、随机和异常特性，并且样点之间存在一定的空间关联性，因此其分布方式属于具有一定结构性的区域随机分布。社会经济地理要素主要指工业、交通、城镇等非农业建设用途相关的属性，受城镇土地利用集约程度区域差异的影响，调查样点具有明显的分布中心或分布轴线（如城镇的商业中心、商业街等商业繁荣点或者区域），也即其分布方式趋近于集群分布。由此可见，针对自然属性的空间抽样设计的目标应在于揭示样点的局部随机性和空间关联性，而社会经济属性空间抽样设计应用于揭示样点的空间集群特征。因此，为了准确揭示土地质量空间变化规律，需要根据地理要素的分布特征确定有针对性的空间抽样方法（Stein et al.，2003；Särndal et al.，1978；Wang，2017）。

2. 地理空间采样方案优化设计

空间抽样问题一般可以表示为针对地理空间上某研究对象，采用适当的抽样方法在地理空间上抽取 n 个样本点，使得样本点估计值更接近真实值。地理空间抽样方法包括经典空间抽样、空间聚类抽样和地统计学空间抽样方法等。经典空间抽样方法包括简单随机抽样、分层随机抽样、系统抽样、多阶段抽样和空间均衡抽样。其中分层随机抽样是研究人员通过对抽样区域进行预先的抽样调查获取地理要素变化规律，对抽样区域进行空间分层和样本空间构造，从而提高抽样精度。系统抽样（Systematic Sample）是指可将总体分成均衡的几个部分，然后按照预先定出的规则，从每一部分抽取一个个体，得到所需要的样本。假设要从容量为 N 的总体中抽取容量为 n 的样本。空间均衡抽样（Generalized Random Tessellation Stratified，GRTS）通过对样本空间进行改造，将样本空间从二维平面映射到一维空间上，并且给每个抽样单元一个空间编码，然后采用等间距或系统抽样方式抽取单元形成样本。

空间聚类抽样方法包括空间覆盖抽样法（Spatial Coverage Sampling，SCA）和适应性聚类抽样（Adaptive Clustering Sampling，ACS）两类（Benedetti et al.，2017）。K-means 聚类抽

样算法是空间覆盖抽样(SCA)的基本算法,其基本思想是将抽样区域进行格网划分,以格网的 (x,y) 坐标为聚类变量,采用 K-means 算法通过迭代移动各个基准类别的中心,直至将所有格网聚为几类,最后以每个空间聚类的中心为样点构成空间抽样样本(Wang et al.,2012)。适应性聚类抽样(ACS)方法根据概率选择一定数量的样点作为初始样本,如果初始样本中第 i 个样点相邻抽样单元的数量超过预先设定值或者样点的观测值满足一定条件,则以样本 i 为中心对其周围的格网采样,以此类推直到遍历所有抽样单元(Thompson,2011;Turk et al.,2005)。与传统抽样方法相比,适应性聚类抽样方法具有原理简单、方便操作的特性,主要适用于抽样目标稀少、具有聚类特征的总体,样点与其周围邻近的抽样单元具有较高的同一性可能,典型的应用为稀有动物或者生态资源的空间抽样调查或者传染病空间分布趋势估计等(Cox et al.,1997)。但是,该方法的抽样效率受到样本空间单元大小、初始样本大小和选取周围样本方法等主观因素的影响较大,并且对实际抽样中样本的分布特征要求较为严格。

地统计学空间抽样方法建立在地统计学理论与方法基础上。设抽样区域为 D,$Z(x)=\{Z(x_i)\mid 1\leqslant i\leqslant n\}$ 为随机变量,其中 $x_i\in D$ 表示样本点的位置,则 $Z(x)$ 为具有随机性和结构性双重特性。变量的两个抽样点存在某种程度的相关性,该相关性大小依赖于两点间距离 h 及变量的空间变异特征。诸多研究将地理空间抽样过程概括为地理空间规律拟合、抽样方案设计和统计推断三部分,具体又可以详细拆分为抽样准则确定、样本空间构造、最小(最优)样本量计算、样点布设、抽样估计和不确定性衡量 6 个关键步骤(Huang et al.,2005;Rempel et al.,2003;Li,Zimmerman,2015)。空间抽样准则通常包括抽样目标与约束条件两部分,常用的抽样目标有最小克里金方差、最大信息熵等,常用约束条件包括最小样本量、空间阻隔性、采样可达性等。样点选择算法包括多阶抽样法、枚举抽样法、序贯法、空间模拟退火方法等。

3. 地理空间采样的统计推断与评价

地理空间抽样统计推断是指在一定置信程度下,根据空间样本资料的特征,通过构建统计量对地理要素总体参数与特征作出估计和预测的方法。它既可以用于对地理空间总体参数(如总体均值、总体方差等)进行估计,也可以用作对地理空间总体某些分布特征与分布模式进行假设检验。与传统统计学相似,地理空间抽样的统计推断通过对样本观察值分析来估计和推断总体分布的未知参数,包括点估计和区间估计两类。

10.2.3　地理空间插值分析

地理空间插值是指根据已知区域变量子集生成一个区域连续表面的过程,能够为空间格局分析提供可靠的总体拟合数据。假设插值变量(自然、人文地理要素)连续分布于地理空间中,并且其分布规律具有地理空间的一般特性,则可以在空间统计学基础上采用地理空间抽样方法获取一系列离散点,对插值变量总体进行估计(Chen et al.,2017)。传统的空间插值方法可以分为确定性方法和地统计方法两类,其中确定性插值方法可根据相似程度(反距离权重法)或平滑程度(径向基函数插值法)使用测量点创建表面,地统计学方法(克里金法)利用测量点的统计属性以及测量点之间的空间自相关性进行插值。

1. 反距离加权插值

反距离加权插值(Inverse Distance Weighting, IDW)综合了泰森多边形的自然邻近法和多元回归渐变方法的长处,采用待估点邻近区域内所有数据点的距离加权平均值对待估点 Z 值进行估计。IDW 是一种全局插值法,即全部样点都参与某一待估点的 Z 值的估算,其适用于呈均匀分布且密集程度足以反映局部差异的样点数据集(贾悦等, 2016)。

设有 n 个点, 平面坐标为 (x_i, y_i), 差值变量为 z_i, $i = 1, 2, \cdots, n$, 反距离加权插值的插值函数为:

$$f(x, y) = \begin{cases} \dfrac{\sum\limits_{j=1}^{n} \dfrac{z_j}{d_j^p}}{\sum\limits_{j=1}^{n} \dfrac{1}{d_j^p}}, & \text{当}(x, y) \neq (x_i, y_i), i = 1, 2, \cdots, n \text{ 时} \\ z_i, & \text{当}(x, y) = (x_i, y_i), i = 1, 2, \cdots, n \text{ 时} \end{cases} \quad (10\text{-}13)$$

其中, $d_j = \sqrt{(x - x_j)^2 + (y - y_j)^2}$ 是 (x, y) 点到 (x_j, y_j) 点的水平距离, $j = 1, 2, \cdots, n$。p 是一个大于 0 的常数, 称为加权幂指数。

从式(10-13)可推出,

$$z = \dfrac{\sum\limits_{j=1}^{n} \dfrac{z_j}{d_j^p}}{\sum\limits_{j=1}^{n} \dfrac{1}{d_j^p}}$$

是 $z_1, z_2, \cdots, z_n$ 的加权平均值。

加权幂指数 p 可以调节插值函数曲面的形状。p 越大, 在节点处函数曲面越平坦; p 越小, 在节点处函数曲面越尖锐。

反距离加权插值的优点是公式简单, 适用于节点散乱且不是格网点的问题, 它的缺点则是只能在节点上取到函数的最大值、最小值。当节点比较多时, 反距离加权插值的计算工作量比较大, 可将插值公式作下列简化:

$$f(x, y) = \begin{cases} \dfrac{\sum\limits_{j=1}^{n} w(d_j) z_j}{\sum\limits_{j=1}^{n} w(d_j)}, & \text{当}(x, y) \neq (x_i, y_i), i = 1, 2, \cdots, n \text{ 时} \\ z_i, & \text{当}(x, y) = (x_i, y_i), i = 1, 2, \cdots, n \text{ 时} \end{cases} \quad (10\text{-}14)$$

其中

$$w(d_j) = \begin{cases} \dfrac{1}{d_j}, & 0 < d_j \leqslant \dfrac{R}{3} \\ \dfrac{27}{4R}\left(\dfrac{d_j}{R} - 1\right)^2, & \dfrac{R}{3} < d_j \leqslant R \\ 0, & d_j > R \end{cases} \quad (10\text{-}15)$$

当 $d_j \leqslant \dfrac{R}{3}$ 时，$w(d_j)$ 的图像是一段双曲线（即原来 $p = 1$ 时的倒数距离加权插值公式）；

当 $\dfrac{R}{3} < d_j \leqslant R$ 时，$w(d_j)$ 的图像是一段抛物线；当 $d_j > R$ 时，$w(d_j) = 0$。

2. 径向基函数插值

径向基函数法（Radial Basis Functions，RBF）是一系列精确插值方法的组合，即插值获得的表面必须通过每一个实测的采样值。径向基函数包括平面样条函数（Thin-plate Spline）、张力样条函数（Spline with Tension）、规则样条函数（Completely Regularized Spline）、高次曲面函数（Multiquadric Functions）和反高次曲面样条函数（Inverse Multiquadric Spline）五种基本函数。

作为精确插值器，径向基插值方法不同于全局或局部多项式等不精确插值器，其要求插值生成的表面必须穿过测量点。径向基插值法用于根据大量数据点生成平滑表面，这些函数可为平缓变化的表面（如高程）生成很好的结果，但不适用于表面值在短距离内出现剧烈变化和/或怀疑样本值很可能有测量误差或不确定性时的情况。

给定 n 个点 x_1，$\cdots$，$x_n \in \varOmega$，且满足于函数 $G_j = g(x_j)$，$j = 1$，2，$\cdots$，n，则径向基函数插值形式为：

$$p_n(x) = \sum_{j=1}^{n} \lambda_j \phi(\parallel x - x_j \parallel) + u(x) \tag{10-16}$$

式中，$\parallel \cdot \parallel$ 为欧氏距离，ϕ 为选择的径向基函数，权重 λ_1，λ_2，$\cdots$，$\lambda_n \in \mathbb{R}$ 和拉格朗日乘子 $u(x)$ 由数据点构成的多项式（线性方程组）估计得到，具体计算流程如下：

①计算采样数据中所有样点的距离矩阵 $\boldsymbol{D}$；

②计算距离矩阵 D 中每对样点间距离的径向基函数值 $\phi(\ )$，生成径向基函数值矩阵 $\boldsymbol{\varPhi}$；

③用单位列向量和单位行向量增大 $\boldsymbol{\varPhi}$，并在位置 $(n+1)$，$(n+1)$ 插入一个值，从而生成矩阵 $\boldsymbol{A}$；

④计算从各网点 p 到采样样点间的距离，构成列向量 $\boldsymbol{r}$；

⑤将选择的径向基函数应用于 $\boldsymbol{r}$ 生成列向量 $\boldsymbol{\phi}$，并向 $\boldsymbol{\phi}$ 中增加 1 作为 $(n + 1)$ 位置元素，从而形成向量 $\boldsymbol{c}$；

⑥计算矩阵积 $\boldsymbol{b} = \boldsymbol{A}^{-1}\boldsymbol{c}$，得到式（10-16）中的权重与拉格朗日乘子。

具体的计算公式为 $\begin{pmatrix} \boldsymbol{\varPhi} & 1 \\ 1 & 0 \end{pmatrix} \cdot \begin{pmatrix} \lambda \\ u(x) \end{pmatrix} = \begin{pmatrix} \boldsymbol{\phi} \\ 1 \end{pmatrix}$，即 $\boldsymbol{A}\boldsymbol{b} = \boldsymbol{c}$，从而有 $\boldsymbol{b} = \boldsymbol{A}^{-1}\boldsymbol{c}$。

3. 克里金插值

克里金插值（Kriging）作为地统计学中的经典分析方法，是一种在有限区域内对区域化变量进行无偏最优估计的方法（陈天恩等，2009；杨奇勇，2011），其适用条件是区域化变量存在空间相关性，区域化变量、协方差函数和变异函数是克里金法应用的三个基础概念。

克里金插值方法主要包括简单克里金（Simple Kriging）、普通克里金（Ordinary Kriging）、协同克里金（Co-Kriging）、泛克里金（Universal Kriging）、指示克里金（Indicator

Kriging)、概率克里金(Probability Kriging)和析取克里金(Disjunctive Kriging)。下面简要介绍普通克里金和协同克里金方法。

1)普通克里金插值

普通克里金插值是一种有效的格网化空间统计方法,广泛应用于地下水环境模拟、土壤制图等领域。该方法是一种最优线性无偏估计方法,其公式表示为:

$$Z^*(x_0) = \sum_{i=1}^{n} \lambda_i(x_0) Z(x_i) \tag{10-17}$$

式中,$Z^*(x_0)$ 为在点 x_0 处的待估计值,$Z(x_i)$ 为该点处的观测值,$\lambda_i(x_0)$ 为与距离有关的权重系数,n 为测量数据点。在计算过程中,$\lambda_i(x_0)$ 取值与插值变量空间协方差函数有关。具体协方差函数可以采用球状模型、指数模型等理论模型进行拟合。

球状模型公式表示为:

$$\gamma(h) = \begin{cases} 0, & h = 0 \\ C_0 + C\left(\dfrac{3h}{2a} - \dfrac{h^3}{2a^3}\right), & 0 < h \leqslant a \\ C_0 + C, & h > a \end{cases} \tag{10-18}$$

指数模型公式表示为:

$$\gamma(h) = \begin{cases} 0, & h = 0 \\ C_0 + C(1 - e^{-\frac{h}{a}}), & h > 0 \end{cases} \tag{10-19}$$

式中,h 代表空间距离,a 指变程,C_0 指块金值,C_0+C 指基台值。

2)协同克里金插值

协同克里金插值是普通克里金插值法的扩展,它利用几个空间变量之间的相关性,要用到两个或两个以上的空间变量,将主变量的自相关性和主辅变量的交互相关性结合起来进行空间估计,以提高估计的精度和合理性。其公式为:

$$Z^*(x_0) = \sum_{i=1}^{n} \lambda_{1i} Z_1(x_i) + \sum_{j=1}^{p} \lambda_{2j} Z_2(x_j) \tag{10-20}$$

式中,$Z^*(x_0)$ 为点 x_0 处待估计值;$Z_1(x_i)$ 和 $Z_2(x_j)$ 分别是主变量 Z_1 和辅助变量 Z_2 的实测值;λ_i 和 λ_j 分别是主变量 Z_1 和辅助变量 Z_2 实测值权重,且 $\sum \lambda_{1i} = 1$,$\sum \lambda_{2j} = 0$。n 和 p 是参与 x_0 点估值的主变量 Z_1 和辅助变量 Z_2 的实测值数目。

10.2.4　地理景观格局分析

景观格局(landscape pattern)是指景观元素斑块和其他结构成分的类型、数量及空间分布与配置模式。景观格局既是景观异质性的具体表现,又是各种干扰及生态过程在不同尺度上的作用结果。景观格局分析的目的是从看似无序的景观斑块镶嵌中发现潜在的、有意义的景观规律,了解不同类型景观的分布特征及其空间分异,理解产生与控制景观空间格局的驱动因子和作用机制。研究地理景观空间格局对于土地资源持续利用、生态环境优化以及生物多样性保护都有十分重要的意义。本节详细描述了地理景观格局度量指标及其计算方法,并描述了景观格局分析尺度依赖性特征及其分析方法。

1. 地理空间分布格局度量指标

景观格局通常是指景观的空间结构特征，具体是指由自然或人为形成的，一系列大小、形状各异的景观镶嵌体在景观空间的排列，它既是景观异质性的具体表现，同时又是包括干扰在内的各种生态过程在不同尺度上作用的结果。空间斑块性是景观格局最普遍的形式。景观格局及其变化是自然的和人为的多种因素相互作用所产生的一定区域生态环境体系的综合反映，景观斑块的类型、形状、大小、数量和空间组合既是各种干扰因素相互作用的结果，又影响着该区域的生态过程和边缘效应(张娜，2013)。因此，可以将研究区域不同生态结构划分为景观单元斑块，通过定量分析景观空间格局的特征指数，从宏观角度给出区域生态环境状况。

计算某地区现状的景观指数可以帮助理解和评价该地区的景观现状和土地利用格局，对不同时段的景观指数的计算还可以了解分析该地区的景观格局变化和土地利用演变的趋势，分析发生这些变化的驱动因子和发展趋势，为后面的规划提供参考(Liu et al.，2016)。景观格局分析有助于增加对规划区景观的理解程度，为组合或引入新的景观要素来调整或构建新的景观结构提供支撑，从而辅助完成景观规划与设计。景观格局指数包括以下 8 个指标。

1)景观破碎度

破碎度表征景观被分割的破碎程度，反映景观空间结构的复杂性，在一定程度上反映了人类对景观的干扰程度。它是由于自然或人为干扰所导致的景观由单一、均质和连续的整体趋向于复杂、异质和不连续的斑块镶嵌体的过程，景观破碎化是生物多样性丧失的重要原因之一，它与自然资源保护密切相关。公式如下：

$$C = \frac{\sum N_i}{\sum A_i} \tag{10-21}$$

式中，$\sum N_i$ 代表景观斑块总个数，$\sum A_i$ 表示景观总面积。在土地利用研究中，破碎度指数反映土地利用被分割的破碎程度。

土地利用破碎度指数分布基本规律有：人类活动少，自然景观为主的区域，破碎度很小；人类活动强烈，自然景观几乎完全破坏，土地利用格局成熟的地区，破碎度也不大；人类活动和自然作用都很强，土地利用格局不稳定的地区，各种类型交错分布，这样的地区具有较高的破碎度指数。

2)景观分离度

景观分离度指某一景观类型中不同斑块数个体分布的分离度。

$$V_i = \frac{D_{ij}}{A_{ij}} \tag{10-22}$$

式中，V_i 为景观类型 i 的分离度，D_{ij} 为景观类型 i 的距离指数，A_{ij} 为景观类型 i 的面积指数。

3)干扰强度和自然度

干扰强度表示人类的干扰作用，干扰强度越小，越利于生物的生存，因此，其针对受体的生态意义越大。

$$W_i = \frac{L_i}{S_i}; \quad N_i = \frac{1}{W_i} \tag{10-23}$$

式中，W_i 表示受干扰强度，L_i 是指 i 类生态系统内廊道（公路、铁路、堤坝、沟渠）的总长度，S_i 是指 i 类生态系统的总面积，N_i 是 i 类生态系统类型的自然度。

4）景观多样性指数

景观多样性指数反映景观中各类斑块复杂性和变异性的量度，其大小反映景观要素的多少和各景观要素所占比例的变化。当景观由单一要素构成时，景观是均质的，其多样性指数为 0；由两个以上类型构成的景观，当各景观类型所占比例相等时，其景观的多样性指数最高；各景观类型所占比例差别增大，则景观的多样性下降。

$$H = 1 - \sum_{i=1}^{N} (P_i)^2 \tag{10-24}$$

式中，H 为多样性指数，N 为景观类型总数，P_i 是每一个景观类型所占面积的百分比。

5）优势度

景观优势度指数表征研究区域内某一单独景观占优势的程度，反映斑块在景观中占有的地位及其对景观格局形成和变化的影响。优势度指数表示景观多样性对最大多样性的偏离程度。其值越大，表明偏离程度越大，即某一种或少数景观类型占优势；反之，则趋于均质；其值为 0 时，表明景观完全均质。景观优势度由以下公式来计算：

$$D_m = 1 - E \tag{10-25}$$

6）均匀度

景观均匀度（evenness）指数反映景观由少数几个主要景观类控制的程度，描述景观里不同景观类型的分配均匀程度。均匀度指数和优势度指数呈负相关。

$$E = \frac{D}{1 - \frac{1}{N}} \tag{10-26}$$

式中，E 为研究区域景观均匀度指数，D 为实际景观多样性指数，N 为景观类型总数。

7）分维数

$$D = \frac{2\ln\left(\frac{P}{4}\right)}{\ln(A)} \tag{10-27}$$

式中，D 表示分维数，P 为斑块周长，A 为斑块面积。D 值越大，表明斑块形状越复杂，D 值的理论范围为 1.0～2.0，1.0 代表形状最简单的正方形斑块，2.0 表示等面积下周边最复杂的斑块。

8）聚集度指数

$$RC = \frac{1 - C}{C_{\max}} \tag{10-28}$$

式中，RC 是相对聚集度指数，取值范围为 0～1 之间；C 为复杂性指数，$C_{\max}$ 是 C 的最大可能取值。RC 取值越大，则代表景观由少数团聚的大斑块组成；RC 值小，则代表景观由许多小斑块组成。

2. 地理分布格局尺度依赖性

尺度(scale)是指在研究某一对象时所采用的时间或空间单位,尺度可以分为空间尺度和时间尺度。尺度问题一直是景观生态学研究中的核心问题,在不同的空间尺度下,景观格局会表现出不同的特征(朱明等,2008)。要想客观地反映地理空间格局信息,需要了解景观格局的尺度效应。在景观生态学中,尺度往往以粒度(grain)和幅度(extent)来表达。空间粒度往往指景观中最小可以辨识的单元所代表的长度、面积或体积(如样方、像元),时间粒度表示事件发生或取样的频率与时间间隔。例如,对于空间数据或遥感影像资料,其粒度对应于像元的大小,与分辨率有直接关系。野外观察取样的时间间隔则特指时间粒度。幅度是指所研究对象在空间或时间上持续的范围或长度,具体指研究区域的总面积决定该研究的空间幅度,而研究的时间范围则决定其时间幅度。

尺度在景观生态学中的定义不同于地理学或地图学中的比例尺。在景观生态学中,大尺度(coarse scale)是指大空间范围或时间幅度,往往对应于小比例尺、低分辨率;而小尺度(fine scale)则指小的空间范围或时间幅度,往往对应大比例尺、高分辨率。

空间格局的尺度依赖主要体现在从不同尺度上观测或分析空间异质性时结果是不同的,空间异质性因尺度而异的现象称为尺度效应(傅伯杰等,2010)。为了方便表达,把景观指数随空间尺度变化的曲线称为尺度效应曲线,景观指数随尺度变化的函数关系则称为尺度效应关系。

10.2.5　地理格局关系分析

地理格局关系分析是指采用空间分析方法,深入揭示不同地理格局产生的内在机理与驱动机制,是地理格局分析的重要组成部分。常用的地理格局关系分析方法包括多元线性回归、逻辑回归、偏最小二乘法以及地理加权回归模型等。传统回归分析在于拟合地理变量与驱动因素之间的平均趋势,缺少对地理空间特征的考虑。相应地,学者尝试将空间相关性与异质性特征引入回归分析,构建了空间回归模型以及地理加权回归模型,并采用最小二乘法进行回归参数估计。

1. 多元线性回归模型

多元线性回归模型是指在解决实际问题时,用两个或两个以上的影响因素作为自变量来解释因变量的变化情况,并且这些变量之间的关系为线性关系。

$$y = \beta_0 + \sum_{i=1}^{p} \beta_i x_i + \varepsilon, \ i = 1, \ 2, \ \cdots, \ n \tag{10-29}$$

式中,y 指空间属性的含量,x 是不同的环境影响因子或者波谱信息,p 是总共的影响因子的个数,β_i 是第 i 个影响因子的系数。

2. 偏最小二乘法模型

偏最小二乘法由瑞典统计学家 Herman Wold 提出,然后由 Svante Wold 发展。偏最小二乘法是最常用的化学计量学和光谱定量分析中使用的技术手段,偏最小二乘法结合了主成分回归和多元线性回归模型的主要思想,解决多元线性回归模型中自变量多重共线性和维数众多的问题。偏最小二乘法定义为:

$$\hat{Z}_{\text{PLSR}}(x_i) = \sum_{k=0}^{p} \hat{\beta}_k \cdot q_k(x_i) , \quad i = 1, 2, \cdots, n$$
$$q_k(x_i) = \sum_{j=1}^{m} \boldsymbol{l}_j^{\text{T}} \cdot \boldsymbol{X}_j(x_i) , \quad i = 1, 2, \cdots, n \tag{10-30}$$

式中，$\hat{Z}_{\text{PLSR}}(x_i)$ 是空间属性在地理位置 (x_i, y_i) 利用 PLSR 的预测值；n 是土壤样本综述；$q_k(x_i)$ 是利用主成分对光谱转换后的成分变量，同时任意两个 $q_k(x_i)$ 变量之间是没有共线性关系的；$\hat{\beta}_k$ 是利用 PLSR 估计的漂移模型系数；m 是辅助变量的总的数量；$\boldsymbol{l}_j^{\text{T}}$ 是 PLSR 模型中的特征向量，并且 $\boldsymbol{l}_j^{\text{T}} \cdot \boldsymbol{l}_j = 1$。

3. 地理加权回归模型

地理加权回归模型是对普通线性回归模型的一种扩展，主要是将数据的地理位置融合到回归参数之中，即：

$$y_i = \beta_0(u_i, v_i) + \sum_{k=1}^{p} \beta_k(u_i, v_i) x_{ik} + \varepsilon_i , \quad i = 1, 2, \cdots, n \tag{10-31}$$

式中，(u_i, v_i) 为第 i 个研究对象的坐标(如经纬度)，$\beta_k(u_i, v_i)$ 是第 i 个研究对象上的第 k 个回归参数，是具有地理位置信息的函数，$\varepsilon_i \sim N(0, \sigma^2)$，$\text{Cov}(\varepsilon_i, \varepsilon_j) = 0 (i \neq j)$。

空间权重矩阵是 GWR 模型的核心，和半方差函数相类似，它是通过选取不同的经验空间权函数来表达对数据在空间上的关系。其中最广泛应用的是 Gauss 函数法，它是通过选取一个连续的单调递减的函数来表达权重随距离变化的关系：

$$W_{ij} = \exp\left(-\frac{d_{ij}^2}{h^2}\right) \tag{10-32}$$

式中，h 是描述权重与距离之间的非负衰减参数，称为带宽。d_{ij} 描述的是坐标点 i 和 j 之间的距离，定义如下：

$$d_{ij} = \sqrt{(x_i - x_j)^2 + (y_i - y_j)^2} \tag{10-33}$$

GWR 模型的关键部分是选择合适的最优带宽，也就是表明不同空间位置上的研究目标的影响范围。本书采用了对极大似然原理进行修正之后的 Akaike 信息量准则(AICc)来确定最优带宽，AICc 定义为：

$$\text{AICc} = -2\ln L(\hat{\theta}_L, x) + 2q \tag{10-34}$$

式中，$\hat{\theta}_L$ 为 θ 的极大似然估计，q 为未知参数的个数。式中右边第一项 $\ln L(\hat{\theta}_L, x)$ 是似然函数 $L(\hat{\theta}_L, x)$ 的对数乘以 -2，第二项波动变量是未知参数个数 q 的 2 倍，似然函数 $L(\hat{\theta}_L, x)$ 越大的估计量越好，因而使 AICc 达到最小的模型为最优模型。

10.2.6 地理空间格局优化

地理空间格局优化是空间格局分析的最高阶段，旨在对空间格局进行优化安排，辅助解决当前空间格局存在的问题，从而达到经济效益、社会效益以及生态效益最大化的预期目标。地理空间格局优化通常作为一种优化决策问题进行求解。求解过程中，地理格局被看作优化方案，采用遗传算法、蚁群算法、粒子群算法等优化模型，调整格局单元的空间配置方式或其与环境因素的关系，从而实现预期目标最优化。土地利用空间优化是典型的地理格局优化问题之一，本节以该问题为例介绍地理格局优化基本流程及相关方法。

1. 土地利用空间格局优化

土地利用格局优化是地理学、经济学、土地资源学、生态学等多个学科长期研究的重要课题，具备多种研究角度与关注重点，有着不同的内涵与外延。综合当前研究成果，土地利用格局优化可以认为是针对有限的土地资源，为了达到土地利用经济效益、社会效益及生态效益最大化目标，在土地利用现状基础上，运用恰当的科学技术和管理方式，在多层次、多尺度上实现土地资源在数量格局与空间格局上的合理配置，提高土地利用效率与效益，促进资源、环境、人口要素的有机结合，维持土地生态系统的平衡，实现土地利用的可持续发展（Zhang et al.，2016；Li et al.，2016；Liu et al.，2015；Liu et al.，2012）。

土地利用格局优化具有多重特性（Liu et al.，2017；Liu et al.，2015）。①时空动态性：土地利用格局优化的主体和过程都是在一定时空下出现和进行的，优化方案也是其随着时间的变化而发生改变。②地域层次性和差异性：土地利用格局优化是在不同尺度的区域系统内进行资源配置，低层次系统内部的土地资源是高层次系统的组成部分，相同层次系统间也存在客观的差异，导致区域土地利用格局优化的方向、目标和实施过程各不相同。③整体性与协调性：不同土地用途、用地部门之间需要必要的协调，以整体效益为标准解决决策冲突。④多目标性：土地利用优化配置旨在促进土地利用的经济效益、社会效益、生态效益等目标的最大化，而不同目标之间往往是冲突的，需要多目标处理技术进行协调。⑤政策导向性：土地利用优化方案应该为一定的政策或制度服务，使其落实到土地利用空间上。⑥公共参与性：随着参与式土地利用规划理念的提出和推广，土地利用格局优化已经由以政府为主导的形式逐渐过渡到多主体共同决策的模式。

2. 多智能体遗传优化模型

本节介绍如何将土地利用多智能体决策模型与空间化遗传模型框架有机结合，构建土地利用格局优化的多智能体遗传模型。

多智能体遗传模型求解土地利用格局优化问题的思路如图 10.2 所示。在不同自然、社会、经济条件的情景环境下，多智能体系统对各类土地利用决策主体的信念、愿望及意图进行表征，模拟各个主体在土地利用格局优化过程中的决策行为，生成各自的布局方案。空间化遗传模型，一方面通过基因和染色体表征土地利用空间格局，以有效表达多智能体系统的地理空间，为多智能体系统提供环境信息；另一方面，遗传进化算子优化辅助智能体进行交流与协作，解决智能体之间的冲突与分歧，最终达成一致，得到最后的土地利用优化配置方案。在多智能体遗传模型中，空间操作与计算单元采用遗传算法编码空间化中的基本定义，基因表示用地单元，复合基因表示地块簇，染色体表示土地利用空间格局。但这些空间基础单元的内涵得到了延伸，它不仅会受到遗传进化算子的改变，还会被不同智能体所感知与操作。依据上述过程，多智能体遗传模型在求解土地利用优化配置问题时主要包括 3 个步骤：①空间化遗传模型为多智能体系统提供地理空间，各智能体在不同情景下，观察和感知自然、社会、经济环境信息，通过知识库产生各自的土地利用偏好（A1，A2，A3，A4）；②各智能体按照偏好生成不同的土地利用布局方案，并存储于决策库中(B1，B2，B3)；③利用智能选择算子、智能交叉算子、智能变异算子等智能体遗传进化算子对各智能体的布局方案间的冲突进行协调，实现智能体间的交流与协商，完成共同决策过程，得到土地利用优化配置方案(C1，C2，C3，C4，C5)。

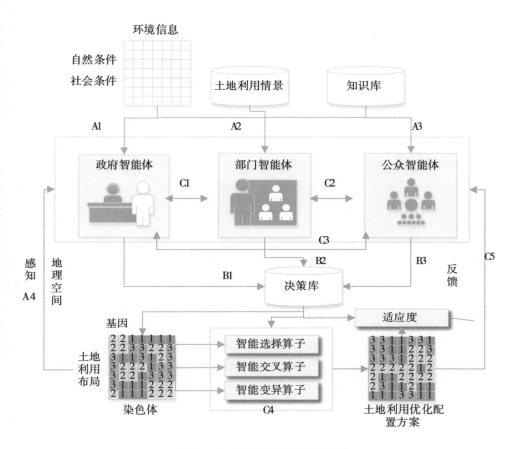

图 10.2　多智能体遗传模型框架

土地利用决策智能体在不同土地利用发展情景下，观察和感知环境条件，包括土地利用格局、自然条件和社会经济条件，在知识库的支持下产生空间决策偏好，反映各自的信念、愿望与意图。此过程通过多智能体系统进行模拟，政府智能体、部门智能体和公众智能体分别会产生不同的空间决策偏好，生成各自的期望效用函数，分别对应于图中 A1 和A4、A2 和 A4、A3 和 A4。

决策智能体依据自身偏好，表达特定的意图，产生用地布局方案。在多智能体系统中，各智能体分别生成各自的决策行为：政府智能体不直接生成配置方案时，而是设定方案社会、经济、环境等综合效益的评价指标(B1)。部门智能体会追求本部门用地的利益最大化，如农业部门和林业部门都会选择地形、地质、区位条件较优的土地单元进行布局(B2)。公众智能体主要关注局部用地布局情况对自身利益产生的影响(B3)，城市居民和农村居民对同一块土地单元的偏好可能会截然不同，例如城市居民希望其成为城镇用地以满足生活及生产需求，而农村居民希望保持农业用地不变作为经济来源。

不同决策智能体预先设想或期望的配置方案可能是大相径庭的，分歧与冲突会发生在不同类别的决策主体间(如农业部门与建设部门、建设部门与环境保护部门)。多智能体遗传模型利用智能体进化算子(智能选择算子、智能交叉算子、智能变异算子)(C4)完成不同主体间的交流与协商，降低决策主体之间的分歧(C1，C2，C3)，实现优化方案对决策主体的反馈(C5)，达成一致的最终方案，尽可能地使各个主体拥有最大的满意度。

总体上，多智能体系统用以模拟多种决策主体的自下而上的微观空间行为(A1~A4，B1~B3)，空间化遗传模型实施自上而下的宏观目标，并通过遗传进化过程实现配置方案的宏观涌现与优化(C1~C5)。

10.2.7　实例分析

以广州市为例，选取景观、斑块等多层次景观格局指数分析了其 2000 年土地利用景观格局特征。

1. 总体景观空间格局分析

1) 斑块面积指数

表 10-1 为研究区各景观类型斑块面积指数。从表中可以看出林地景观平均斑块面积最大($524.21hm^2$)，其次是耕地景观($377.25hm^2$)。斑块面积变异系数反映斑块大小的差异，研究区内水体、林地、建筑景观具有较大的变异系数，其中水体景观最大的斑块为珠江河网。建筑景观变异系数高，说明研究区内既有大面积集中分布的城市建成区，又有零星分布的小居民点，体现了广州市城乡交错分布的特点。从景观类型的斑块数目来看，建筑景观板块数量最大，但面积仅居第三位，说明其分布比较破碎。

表 10-1　　　　　　　　　研究区景观类型斑块面积指数

景观类型	斑块面积 (km^2)	斑块数目 (个)	平均斑块面积 (hm^2)	斑块面积中值 (hm^2)	斑块面积 变异系数
建筑	973.00	1430	68.04	16.35	1 121.41
耕地	1 946.58	516	377.25	22.04	960.48
林地	2 888.38	551	524.21	26.99	1 264.58
园地	759.01	835	90.90	27.81	323.17
水体	506.69	766	66.15	13.00	1 492.27
草地	118.10	254	46.50	22.30	178.09

2) 斑块形状指数

斑块形状指数通常采用面积/周长比或分维数表示。考虑到不同斑块的面积相差较大，本实例采用面积加权方法计算形状指数和分维数，具体以斑块面积占总面积的比例为权重修正不同的斑块形状指数。

形状在一定程度上对斑块生态功能具有影响作用,不规则的斑块可能比规则的斑块更具有异质的生态过程。图 10.3 和图 10.4 表明,耕地、水体和林地景观斑块形状较为复杂。其中,耕地景观复杂性主要受沿河流阶地与河谷平原等地势低平的地区分布特征影响,水体景观则由于河网分布曲折而表现出复杂性,林地景观主要是不断受建筑、耕地、园地等景观的侵占而表现出曲折的边界。建筑景观与园地景观因受人类活动的干扰,表现出比较规则的几何形状,斑块复杂程度较低。草地景观较低的复杂程度与研究区内斑块面积较小有关,尺度效应造成了其简单边界特征。

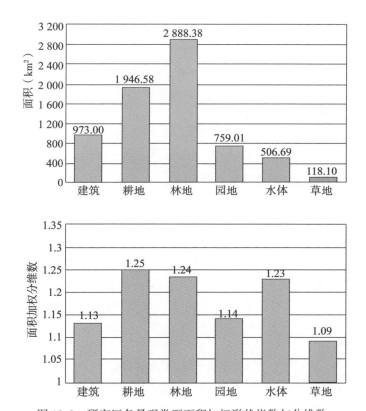

图 10.3 研究区各景观类型面积加权形状指数与分维数

3)空间异质性指数

景观异质性指数主要反映了景观内部各斑块的空间分布状况。从尺度上来看,异质性指数可以分为景观层次指数(如景观多样性、优势度、均匀度等)、景观类型层次指数(如分离度、连接度)以及景观类型层次通用指数(如破碎度等)三类。

空间异质性通常采用景观破碎度表示,即景观类型数据与面积的商值,具体表示为单位面积中的斑块数目或斑块密度。从图 10.4 来看,研究区主要景观类型的破碎度依次是草地 2.15>水体 1.51>建筑 1.47>园地 1.10>耕地 0.27>林地 0.19。由此可见,在人类干扰作用下,草地、水体和建筑用地较破碎;相反,耕地与林地则维持较低的破碎水平,与倡导的集约化农业生产等政策相关。

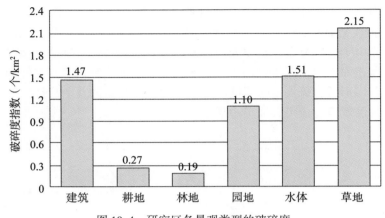

图 10.4　研究区各景观类型的破碎度

2. 景观格局对比分析

1) 景观斑块几何形状指数对比

表 10-2 是各行政区几何形状指数计算结果。从表中可以看出，各子区斑块平均面积相差不大，平均大小为 146.15~205.75hm²，但斑块面积差异均较大，其中从化区面积变异系数达到 1 595.08。对比面积加权形状指数，番禺区指数最小，为 5.63，由于该区域多为三角洲平原，地势平坦，景观类型以建筑、耕地、园地等文化景观与农业生态景观为主，森林等自然和半自然景观面积分布很少。形状指数最大的是从化区(10.48)，境内多山，森林等半自然景观分布广泛，斑块形状受人类干扰相对较小。各区分维数相差不大，均介于 1.19~1.23 之间，说明各区斑块形状复杂程度相近，且由于人类活动的强烈干扰导致斑块形状趋于简单。

表 10-2　　　　　　　　　　　研究区各子区几何形状指数

	面积 (hm²)	平均斑块 大小(hm²)	面积变异 系数	面积加权 形状指数	面积加权 分维数
原市区	134 930.13	149.26	977.72	8.54	1.21
番禺区	116 195.55	152.69	574.69	5.63	1.19
花都区	96 905.08	156.80	972.55	8.92	1.22
增城区	172 600.26	146.15	1 108.03	9.13	1.23
从化区	198 544.53	205.75	1 595.08	10.48	1.23

2) 多样性指数对比

基于信息论的香农(Shannon)多样性指数和辛普森(Simpson)多样性指数被广泛用于景观的多样性研究。多样性指数的大小取决于斑块类型多少(即丰富度)以及各斑块类型在面积上分布的均匀程度。图 10.5 是各区香农多样性指数和均匀度指数。结果显示，多样性指数和均匀度指数表现出高度相关性，其中花都区的多样性指数和均匀度指数最高，分别为 1.52 和 0.85，接近本例中的多样性最大值 1.79 与均匀度最大值 1，表明花都区 6 类景观分布最均匀。从化区多样性指数和均匀度指数最小，分别为 1.09 和 0.61，进一步表明了从化区林地景观的优势性。

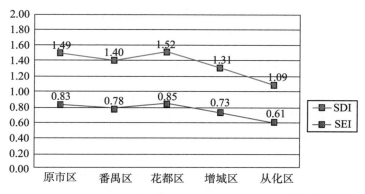

图 10.5 各区香农多样性指数(SDI)和均匀度指数(SEI)

10.3 地理空间相互作用

地理空间是一切人类活动的载体，人类活动及其在时空中的相互作用是许多社会和经济现象的驱动力，表现为地理空间相互作用。人们的生产生活包括工作、社交、购物、娱乐等都需要一定的资源，而这些资源往往只在一定的区域内可以获得，因此人们必须用时间换取空间，以进行某些活动。为了减少所花费的时间，人类制造了各种交通工具和通信系统，并建立了城市这种形态，使相互作用集中在一个相对较小的空间内。在城市内部、城市之间、城镇体系以及地区之间都存在地理空间相互作用，这些相互作用有着多种多样的表现形式。

10.3.1 基本概念

地理相互作用是指区域之间所发生的相互影响，主要表现为人口、物质、信息等的相互传输过程，区域之间的资源供需互补是其驱动力。地理空间相互作用对区域之间经济关系的建立和发展变化有着很大的影响。通过对地理相互作用建模，可以定量描述和分析地理要素的流动、区域之间的联系及其演变。

地理空间相互作用对区域之间经济关系的影响具有双向性。一方面，空间相互作用能够使相关区域加强联系，互通有无，拓展发展的空间，获得更多的发展机会。另一方面，空间相互作用又会引起区域之间对资源、要素、发展机会等的竞争，并有可能对有的区域造成损害。

资源的区域性解释了为什么空间中的任何区域不可能孤立地存在和发展。为了保持生产和生活正常进行，城市之间、城市与区域之间存在物质、能源、人员、资金、信息的交换和联系，这种交换和联系即为地理空间相互作用。地理空间相互作用的表现形式相当复杂，在方向、距离、时间上千差万别。但不管哪种相互作用，都是由迁出地、迁入地和两地之间的流动路线这三个基本要素组成。这三个要素是空间相互作用的基础。千万种相互作用均具有这种基本形态，无数的空间相互作用单元相互重叠，错综复杂，使得一定区域内不同等级规模、不同职能性质的城市或乡镇产生密切的联系，并形成具有一定结构和功能的不同层次和等级的有机整体。地理空间相互作用永远处在不停的动态变化中，不断地重新组合，不断地形成新的地理空间动态，成为地理学的重要研究内容（许学强，2009）。

10.3.2　地理空间相互作用的分类

海格特（P. Haggett）根据相互作用的表现形式，于 1972 年提出一种地理空间相互作用的分类。他借用物理学中热传递的三种方式，把空间相互作用的形式分为对流、传导和辐射三种类型。第一类，以物质和人的移动为特征，如产品、原材料在生产地和消费地之间的运输，邮件和包裹的输送及人口的移动等。第二类，是指各种各样的交易过程，其特点不是通过具体的物质流动来实现，而只是通过簿记程序来完成，表现为货币流。第三类，指信息的流动和创新（新思维、新技术）的扩散等。这样，区域之间的联系可表现为以下三种主要方式：货物和人口的移动，财政金融上的往来联系，以及信息的流动。

地理空间相互作用的进行，需要借助各种交通运输、金融网络和通信联络工具。物质和人口的移动，必须通过各种交通网络，如铁路网、公路网、航空网，以及水路、管道等。货币流动通过金融网络，如银行等金融机构之间形成的网络。信息的传输和交流，必须通过各种通信网络，如电话、传真机、无线电和电视传真、卫星通信等。因此，也可以根据相互作用赖以进行的各种网络对相互作用分类。如果把网络和城市一起考虑，那么城市就是位于各种网络中的交会点，交织在城市中的网络愈多，说明城市的通达性愈好，城市对外的作用愈强，在城市体系中的地位也愈重要。

10.3.3　地理空间相互作用的产生条件

美国学者厄尔曼（E. L. Ullman）认为相互作用产生的条件有三个：互补性、干扰机会和可运输性。

1. 互补性

人们起初认为地区间的职能差异是相互作用形成的条件。后来发现，这个假设的理由不充分。因为任何地方彼此间都存在职能差异，但纯粹的差异并不总是产生交换，也并不都存在相互作用。厄尔曼认为，从供需关系角度出发，两地间的相互作用需要有这样一个前提条件，即它们之中的一个由某种东西提供，而另一个对此种东西恰有需求，这时才能实现两地间的作用过程。厄尔曼称这种关系为互补性（complementarity）。正是这种特殊的互补性，构成了空间相互作用的基础。厄尔曼提出的互补性侧重两地间的贸易联系，互补性越大，两地间的流动量也越大。

互补性是地理空间相互作用产生的一个非常重要的前提。地区之间各种经济联系的产生的根本动力是地区之间的互补性。在互补条件的刺激下，货物运输从数千米到数千千米，甚至绕上半个地球，来满足互补要求。例如，我国煤炭资源主要分布在华北，江南很少，长期以来，一直是北煤南运。又如，我国各大城市圈，如珠江三角洲城市群、长江三角洲城市群、东北地区的若干城市群（如辽宁中部城市群、哈大齐城市群）、武汉城市圈、长株潭城市圈等，由于城市间的互补性形成地理空间相互作用，在这种相互作用下不断动态演进发展。再如，中东是世界主要石油输出地区，而欧洲、日本和北美是世界石油的重点消费区，于是，巨型油轮一直在上述产地和销地之间进行着不远万里的航行。可见，互补性是自然资源分布和区域经济社会发展不平衡的结果，这种互补性又导致了地理空间相互作用的产生。

2. 干扰机会

地区之间的互补性，导致了货物、资金、人口和信息的移动和流通。但是也可能存在以下情况：当货物在 A 和 B 两地间输送时，A 和 B 两地间介入了另一个能够提供或消费货物的 C 地，从而产生所谓干扰机会（intervening opportunities），引起货物运输原定起止点的替换。这时，即使 A 和 B 两地间存在互补性，相互作用也难以产生。区域之间的互补性是多向的，即一个区域可以在某个方面与多个区域同时存在互补性，但它究竟与哪个区域实现这种互补性，取决于它们之间互补性的强度，强度越大则发生相互作用的可能性及程度也就越大。由于干扰机会的存在，有互补性的两个区域之间也不一定就能发生相互作用。总而言之，区域之间发生空间相互作用，首先要存在互补性，可达性好，并且没有干扰机会或干扰机会的影响小。

实际上，与其说干扰机会是相互作用产生的条件，不如说是改变原有空间相互作用格局的因素。一般来说，干扰机会起两种作用：首先，可以节省运输费用，这是商品流通的一个显著要求。假设 B 地和 C 地提供同一商品给 A 地，如果 C 地与 A 地间的距离较 B 地与 A 地间的距离更近些，C 地就能起干扰机会的作用。这样货物由 C 地运往 A 地的费用将比由 B 地运往 A 地便宜，结果 C 地的这项货物在 A 地的价格就将下降而富有销路。其次，干扰机会具有影响运输，特别是影响人口移动的过滤器作用。它导致地点上的置换，减少了长距离的相互作用。准确地把握干扰机会，可以促进一个城市、地区或国家的经济发展；反之，则可能因失去良机，给经济发展带来负作用。

3. 可运输性

除了互补性和中介机会外，空间相互作用产生的第三个条件是可运输性（transferability）。可运输性是指区域之间进行商品、资金、人口、技术、信息等传输的可能性。

尽管当代运输和通信工具已经十分发达，距离因素仍然是影响货物和人口移动的重要因素。距离，影响运输时间的长短和运费。距离越长，产生相互作用的阻力越大。如果两地间的距离过长，克服距离过长的成本超过了可接受的程度，那么，即使两地间存在某种互补性，相互作用也不会发生。所以，距离的摩擦效果导致空间组织中的距离衰减规律（Distance-decay Regularity）。

不同的货物，对距离的敏感性也不同，这和它们的可运输性有关。一般地，货物的可运输性是由单位重量的价值所决定的。单位重量价值低的货物运输距离较短，而单位重量价值高的货物运输距离较长。非常明显，笨重的砂土砖石的运输距离，将远小于精密仪表、电子元件的运输距离。可运输性除对货物的运输有影响外，对人的购物出行也有显著影响。人们通常走较少的路去购买低价值的货物，而走较多的路去得到高价值的货物，从而促成商业中心等级体系的出现。

综上所述，可运输性受以下因素的影响：一是空间距离和传输时间。区域之间的空间距离和传输时间越长，进行经济联系就越不方便，为此付出的投入也会增加，因而，可达性就差；反之，可达性就好。二是被传输客体的可传输性。可传输性与被传输客体的经济运距有着密切的关系。由于受经济支付能力、时间、心理等方面的限制，各种商品、人口、技术等的经济运距是不相同的，即它们的可传输性存在较大的差异。被传输客体的可传输性越大，则可达性也大。三是区域之间是否存在政治、行政、文化和社会等方面的障碍。如果区域之间存在经济保护壁垒、文化隔离、政治和社会方面的矛盾或冲突，那么，可达性就差。反之，区域之间各方面的关系良好，那么，可达性就好。四是区域之间的交通联系。交通联系方便、通畅，则可达性好；否则，可达性差。总之，区域之间的空间相互作用与可达性是呈正向关联的。

厄尔曼提出空间相互作用的三个条件是在 1956 年，因而对物质流的讨论较多。比较而言，对货币流和信息流的探讨较少，其对空间相互作用产生的影响也未提及。随着经济与社会的发展，货币流和信息流在空间相互作用中的地位将日益重要，因此有必要进一步研究它们独自的特点。

10.3.4　地理空间相互作用的模型及其改进

1. 引力模型

从长期的经验可以发现，空间相互作用与距离有密切关系，距离越近的两个区域，相互作用的可能性越大。另外，人们也发现规模大的区域要比规模小的区域更能吸引人流、资金流等。该模式认为，两个城市间的相互作用与这两个城市的人口规模（表示城市的质量）成正比，与它们之间的距离成反比。因此，空间相互作用的这两点特性使得人们想起了牛顿的万有引力公式，并采用下式来度量空间相互作用。

$$I_{ij} = \frac{(W_i P_i)(W_j P_j)}{D_{ij}^b} \tag{10-35}$$

式中，I_{ij} 为 i 和 j 两个城市间的相互作用量，W_i 和 W_j 为经验确定的权数，P_i 和 P_j 分别为 i 和 j 两个城市的人口规模，D_{ij} 分别为 i 和 j 两个城市间的距离，b 为测量距离摩擦作用的指数。

这个引力模式的特点是简单明了，但要应用于实际却比较复杂。难度较大的问题是式（10-35）中的变量如何确定的问题。引力模式要注意的问题有以下四点。

①引力模式中确定城市质量一般用人口规模，有时也用其他指标。

②引力模式中的距离，可以用时间、运输成本等特殊距离单位来衡量两地间的距离。

③引力模式中的质量加权问题更复杂，质量加权的基本原理，是要显示人口规模不能反映出的人口结构上的差异，因此，人口性别、年龄、收入、职业、受教育水平等因素都可以作为"权数"来考虑。但是，要加权，就将使引力模式变得复杂，计算困难；若不加权，公式的适用范围和客观性都受到局限。

④引力模式中另一个重要问题是对距离指数 b 的选择。理论上认为，b 应等于 1.0 或 2.0（即取平方），但经验研究显示，b 值可以在 0.5~3.0 的幅度内变化，其原因在于不同货物的可运输性不同，从而影响了距离指数的值。

在城镇或村镇的社会经济功能网络分析中，常应用引力模型来计算城镇或村镇之间的联系强度，进而构建社会经济功能联系网络。以下以湖北省武汉市黄陂区为例，说明应用引力模型构建村镇社会经济功能网络。由于乡镇自由的特殊性，其吸引力大小不能仅通过人口与经济量的大小来概括，因此我们建立了一个能够评定乡镇吸引力的指标体系，通过挑选一系列指标，并使用专家打分法确定各项指标的权重，以期科学评价乡镇的吸引力大小。而乡镇与乡镇之间的吸引力则通过如下公式进行计算：

$$t_{ij} = a \frac{N_i N_j}{d_{ij}^2} \qquad (10\text{-}36)$$

式中，t 为 i 镇与 j 镇之间的吸引力，a 为系数，N 为通过乡镇吸引力评价指标体系评价出的指标值，d_{ij} 为 i 镇与 j 镇之间的距离。乡镇之间的吸引力不仅由其人口多少和经济量大小体现而来，同时也应该同社会功能水平所体现，因此可以从经济和社会方面来构建乡镇质量指标体系，主要从乡镇的综合经济发展水平、乡镇基础设施、乡镇社会功能三个一级指标来综合反映村镇质量。综合经济发展水平是指乡镇经济发展的规模、速度和所达到的水准，是衡量乡镇综合经济实力现状和未来发展潜力的重要内容，主要通过经济总量、城市规模的相关指标来反映，是经济功能的指标；基础设施是为乡镇居民生产和生活提供的公共服务的物质工程设施，主要通过交通运输和公共服务设施来反映，是社会功能的指标；乡镇是在一定空间范围内的各种经济要素的聚合体，乡镇社会功能方面主要从与人相关的社会功能相关的因子出发，以与实际生活密切相关的指标来评定各乡镇的社会功能水平大小。采用上述方法计算出黄陂区的镇镇联系网络，如图 10.6 所示。

图 10.6 中，网络的节点代表黄陂区下辖的每个镇（街道），网络的每一条边代表两地之间的社会经济联系，边的粗细代表两地之间社会经济联系的强弱程度。可以看出，受交通条件、地形地貌、经济发展状况等多种因素，镇镇之间相互吸引的强度是不同的。从图中网络可以看出，前川与罗汉寺、前川与祁家湾、祁家湾与滠口、武湖与前川、六指与长轩岭、滠口与横店、前川与李集等，这些地方之间的连接边密集，网络复杂，说明这些镇之间的社会经济联系较强。

2. 潜力模型

通达性（accessibility），国内学者也称其为可达性、易达性。其广为接受的定义为：相互作用机会的潜力大小。人文地理学者通常将其解释为从一个地方到达另一个地方的容易程度，其基本含义就是研究区域间社会经济交往的便利程度。它可以用时空距离、运输费用等来衡量。公式如下：

$$I_i = \sum_{j=1}^{n} I_{ij} = \sum_{j=1}^{n} \frac{P_i P_j}{D_{ij}^b} + \frac{P_i P_i}{D_{ii}^b} \qquad (10\text{-}37)$$

式中，I_i 表示城市间的相互作用量，P_i 和 P_j 为 i 和 j 两个城市的人口规模，D_{ij} 为 i 和 j 两个城市间的距离，b 为测量距离摩擦作用的指数。D_{ii} 有时采用 i 城与离它最近城市间距离的一半，也可以用 i 城面积的平均半径。

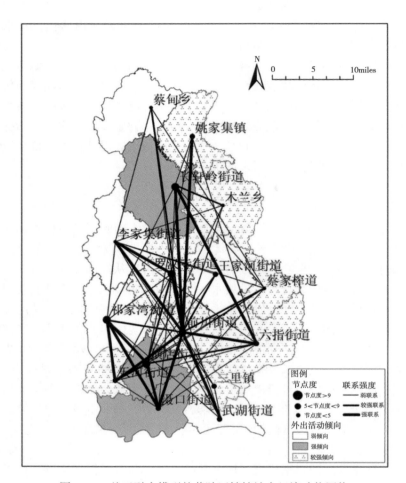

图 10.6　基于引力模型的黄陂区镇镇社会经济功能网络

潜能反映了该城镇在整个城镇体系中的集聚能力也就是在空间上的吸引力。潜能模型的结果是一个绝对值，其量纲单位不直观，因此吉尔曼(Geertman)和凡埃克(Van Eck)将潜能模型作了改进，使其成为一个无量纲的相对潜能：

$$P_{ij} = \frac{I_{ij}}{I_i} \tag{10-38}$$

它代表了从 i 到 j 的作用力在 i 位置的总体作用力中所占的比重。这就是改进的潜能模型。

一般潜能模型可用于比较区域中城镇吸引力的大小，比较发展的优势、劣势，检验基础设施(主要是交通设施)的改善可以促进哪些城镇吸引力、发生力的变化，它们的变化有多大。

如果研究对象的某些社会经济总量在空间上有明显变化，或者研究的空间范围有明显变化，或者要在不同的地区之间进行对比，应该使用改进的潜能模型，一般潜能模型就不适用。潜能模型也借用了万有引力公式，但是与引力模型不同的是，引力模型是计算两个区域之间的预期的相互作用量，而潜能模型是把一个城市与其他每一个城市(包括它自身)的相互作用量求和，得到这个城市的总体作用力。

潜能模型使用广泛，但也面临着一些问题。第一，潜能随距离衰减的速率在不同的情况下不一定是一致的。一些距离衰减函数，如指数式，在使用之前必须得到检验。第二，在通常情况下，是把各个地区的引力因子全都集中到其中心来计算，这就假定了某地区内部的各点有相同的通达性，事实上，可能相差甚远。

3. 市场域模型

如果要研究城镇的吸引范围、作用范围，就可以用市场域模型。由于空间相互作用的存在，以位于空间中的一个设施、一个企业和一个城市等作为供给中心的主要市场范围，叫作市场域。市场域的识别方法主要有3种。

①哈夫(Huff)法是一种比例方法。当 i 区域产品对 j 区域的市场占有率大于某个阈值，那么称 j 区域是 i 区域的市场域。

$$P_{ij} = \frac{O_i(r_{ij})}{O_k f(r_{kj})} \tag{10-39}$$

可以看出，哈夫模型和改进潜力模型的公式表达一样，但物理意义不同。改进潜能模型侧重某一地区潜能大小，而哈夫模型侧重某一地区是否在另一地区的市场域范围内。

②最强占领法，是针对市场区域 j，用引力模型计算体系内各个区域对区域 j 的相互作用强度，求出对区域 j 作用最大的一个区域，即

$$F_{ij} = \max\left(F_{ij} = G \frac{m_i m_j}{r_{ij}^2} \right) \tag{10-40}$$

如果区域 i 对区域 j 作用最大，那么就认为区域 j 是区域 i 的市场域。用这个方法识别的区域除了边界外，一个地方只可能成为一个城市或区域的市场域。

③断裂点识别法，由引力模型变形而来的。莱利(W. J. Reilly)对贸易区进行了研究，提出一个城市从周围某个城镇吸引来的零售顾客数量与该城市的人口规模成正比，与两地间的距离平方成反比，这就是莱利零售引力法则，其公式为：

$$T_{ij} = \frac{D_{ij}}{1 + \sqrt{\dfrac{P_i}{P_j}}} \tag{10-41}$$

式中，T_i 是 i 城市从周边城镇 j 吸引来的零售销售额；D_{ij} 是城镇 i，j 之间的距离；P_i，P_j 分别是 i，j 城镇的人口规模(秦玉，2008)。

10.3.5 地理空间相互作用实例

以湖北省17个地市级单元(包含神农架林区)为例，采用引力模型分析地市之间的空间相互作用。

在地市级空间联系能力测度中选取了33个基本指标，涵盖区域社会经济发展水平和基础设施服务能力两个方面，其中区域社会经济发展水平包含：①区域规模，有总人口、流动人口、非农人口、建成区面积、住宅建筑面积、住宅使用面积上的居住人口等指标；

②社会经济发展水平，有 GDP、二三产业比重等指标；③资本与投资；有地方财政收入、地方财政支出、全社会固定资产投资等指标。基础设施服务能力包含：①科教文卫事业水平，有高等学校教师数量、各类专业技术人员、公共图书馆等指标；②交通，有运营车辆数量和铁路、公路的客货运量等指标；③生活环境，有居民消费水平、园林绿地面积等指标。根据主成分分析的基本原理和步骤，在对原始指标数据进行无量纲标准化处理中，为了使不同年份之间具有可比性，使用 3 个年份的最大值进行极值标准化。采用主成分分析提取出主成分变量，并按其方差贡献占总方差的比例作为主成分的权重，以此加权求和得到各个地级市区域的空间联系能力得分。以空间联系能力和综合空间可达性为基础，计算地市之间两两空间相互作用。根据空间相互作用大小绘制空间联系图(图 10.7)。

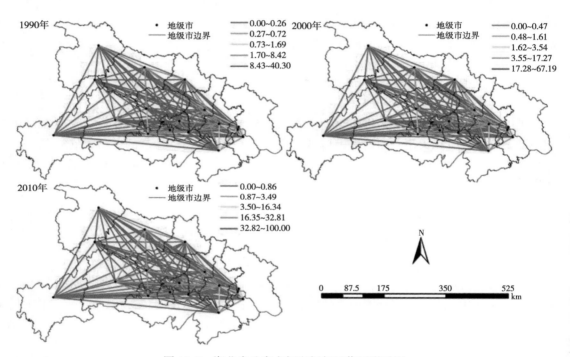

图 10.7　湖北省地市之间空间相互作用联系图

从图 10.7 可以看出，地市级之间权重较大的连接边形成以武汉、襄阳、宜昌为顶点的三角形，并从各个顶点向周围辐射，其中在武汉附近与周围的孝感、鄂州、黄石、黄冈、咸宁形成了星形的放射状结构，3 个年份中边权重排名前三的联系均存在于武汉与咸宁、孝感、鄂州之间的联系。宜昌与附近的荆州、荆门联系强度相对较大，襄阳与其西北部的十堰连接边权重较大。各个时段中各个边权变化量如图 10.7 所示：边权的变化量与边权的空间分布具有一致性，增加量较大的连接边仍围绕核心城市武汉、襄阳、宜昌分布。由此可见，武汉、襄阳、宜昌(分别为省会城市和省城副中心城市)对于全省的空间联系结构具有重要地位。以连接权重为基础求得各个时间段的边权变化量和变化率，由表可知地级市之间空间联系强度呈现不断上升趋势，1990—2000 年和 2000—2010 年的边权重增加量平均值分别为 2.75、2.10，增长率分比为 418.87%、62.33%，可见地市级空间联系强度在 1990—2000 年这个时间段内增加的绝对量和相对量方面均较 2000—2010 年显著。在数值分布的离散程度方面，变化量、变化率的变异系数均呈现上升趋势，说明各个连接边的权重变化呈现出逐步离散的特征，边权变量之间的差异将逐渐增大。变化量的变异系数相对于变化率较大，说明边权的增加量比增加速度分布特征较离散。

10.4　地理过程模拟分析

地理过程模拟就是对其演化特征、演变趋势、未来情景等进行分析、判断和评估。定量分析地理过程演变，一直是一个值得探讨的重点、热点和难点问题，将复杂的地理事物演变过程抽象化、空间化和结构化，并建立模型研究地理事物的变化过程、驱动机制、变化影响及变化趋势是地理过程定量研究的重要途径。

10.4.1　地理过程模拟概述

1. 基本概念

地理过程是指地理事物随时间的演变轨迹，强调地理事物随时间的变化特征。按照地理过程的性质，可分为自然地理过程和人文地理过程。自然地理过程是指在地球表层各自然地理成分相互作用下，自然综合体的形成和演变过程，如气候形成和变化、河谷发育、水文过程、土壤发育和植物群落发育等。人文地理过程是指人文地理要素的发展演化过程，如土地利用格局变化、城市用地扩展、人口迁移等。

分析地理过程，需要在可感知的和可测量的基础上，按照不同的时间尺度，依照时序对各类地理现象进行特征描述，而后把这些特征放在某个规定的范畴中进行分析，得到在时间序列上的变化规律。

2. 元胞自动机

元胞自动机（Cellular Automaton，CA），也译作细胞自动机、点格自动机、分子自动机或单元自动机，是一种时间和空间都离散的动力系统。

元胞自动机起源于 20 世纪 30 年代初，当时数学家特瑞英（A. M. Turing）和纽曼（J. V. Neumann）提出了数值计算可能产生机器自繁殖的理论。20 世纪 50 年代初，计算机创始人冯·诺依曼（Von Neumann）通过特定程序在计算机上实现类似于生物发展中元胞自我复制，他提出一个简单模式，把长方形平面划分成若干网格，每一格点表示一个元胞式系统的基元，它们的状态赋值为 0 或 1，对应于网格中的空格和实格。在事先规定的规则下，元胞的演化就可以用网络中的空格或实格的变动来描述，所有元胞根据同样的转移规则（Transition Rules）进行变换。元胞的状态取决于前一时刻元胞本身、元胞的邻居和系统转移规则。这就是元胞自动机的雏形。20 世纪 60 年代末，英国剑桥的数学家康威（J. H. Conway）设计出一种单人玩的生命游戏，是历史上最为著名、最为经典的元胞自动机模型，这个元胞自动机具有通用图灵机的计算能力。1986 年，法国的弗里斯（U. Frish）等和美国的哈斯拉赫尔（B. Hasslacher）提出基于六角形网络的格子气模型，该模型利用元胞自动机的动态特征来模拟流体粒子的运动；克里斯托弗·兰顿（Christopher Langton）在二维自动机中发现的一个能自我复制的"圈"或称"能自我复制的元胞自动机"体现了人工生命"自我复制"的生命核心特征（周成虎，2001；谢惠民，1994）。

CA 应用于城市增长、扩散和土地利用演化方面的研究做得最早、最深入，同时也是当前 CA 应用的热点。1979 年，Tobler 首先提出 CA 模型在地理模拟中的应用潜力，并采用 CA 模型模拟当时美国五大湖地区底特律城市的扩展。随后学者对元胞自动机模型在城市扩展动态模拟中的作用进行了更深入的研究（Batty et al.，1994）。加拿大的怀特与荷兰的恩格伦（White，Engelen，1993）进行了约束性 CA 用于模拟城市土地利用动态变化的研究，他们认为商业和工业的集聚在城市发展中起到了至关重要作用，以此为约束建立了土地利用动态变化的 CA 模型，在模型中他们还用一些可调节的内部参数体现元胞自身的随机性变化。周成虎等（1999）利用 CA 构造了一个实用化的且可运行的空间动力学模型（GeoCA-Urban），模型中采用蒙特卡罗方法计算各个元胞利用类型的状态转移概率矩阵，从而得出下时刻元胞的状态。黎夏等（2002、2003、2005）则将蚁群算法、粒子群算法、遗传算法和人工神经网络算法等引入 CA 模拟中，并开发了 GeoSOS 系统，对城市动态模拟作出了重要贡献，对 CA 模型在中国的应用也起到了很大的推动作用。

SLEUTH 模型是 Clarke 等开发的旨在模拟城市发展的元胞自动机模型。SLEUTH 模型源于坡度层（slope）、土地利用层（landuse）、排除层（excluded）、城市范围层（urban）、交通道路层（transportation）和阴影层（hillshade）的英文缩写。Clarke 根据城市的土地使用类型、交通网络、坡度等参数，建立与 GIS 松散集成的模型，该模型在大型空间数据库和遥感卫星影像数据支持下，在宏观和中观尺度来模拟人为因素造成的土地利用变化情况，并在 10~100 年时间尺度上进行中长期预测。地理元胞对邻域没有任何约束条件，通过基于交通、地形和城市化的约束条件计算每个元胞单元的发展可能性，把城市化的元胞作为种子点，通过其扩散带动整个区域的发展。SLEUTH 模型可应用于城市扩展的模拟和预测研究，该模型同样也适用于小尺度区域的扩展模拟。

CLUE 模型是根据经验量化土地利用和覆盖变化和驱动因子之间的关系建立的。与大部分经验模型比较，它的优势在于能够模拟多种同时发生的土地利用方式变化。随着该模型的进一步完善，它在国家和区域的尺度上有了很多的应用。CLUE 小组对该模型进行了改进，现在称为 CLUE-S 模型。CLUE-S 模型由两个不同的模块组成：非空间需求模块和空间分配模块。非空间需求模块在聚集的水平上计算各类土地利用/覆盖类型的面积变化；空间分配模块用栅格系统计算各种变化了的土地利用/覆盖类型面积的转移方向。对于土地利用需求模块，可选择多种模型计算各种土地利用类型需要的面积，从简单的趋势预测到复杂的经济模型，模型的选择依赖于研究区域最重要的土地利用类型的转换和预测的结果。

10.4.2　地理过程模拟建模原理

1. 标准元胞自动机模型及其扩展

一个标准的元胞自动机是由一个元胞空间和定义于该空间的变换函数所组成，其基本构成是元胞及其状态、元胞空间、邻域、转换规则和离散时间。所以，可以认为一个元胞自动机可由以下五元组模型来描述，即

$$CA = \{S, L, N, R, T\} \tag{10-42}$$

模型中，S 是元胞及其状态（cell，cellular states）所有的元胞都是相互离散的并且在某一时刻一个元胞只能有一种状态，该状态取自一个有限集合；L 表示元胞自动机的元胞分布在空间网点的集合，即元胞空间（lattice）；N 描述的是元胞的空间邻居（neighborhood），其是元胞周围按一定形状划定的元胞集合，它们影响该元胞下一个时刻的状态；R 是元胞的演化规则（evolution rules）；T 是离散演化时间（time）。

转换规则是元胞自动机的核心，它表述被模拟过程的逻辑关系，决定空间变化的结果。一个元胞自动机如果没有转换规则，那么它将只能描述静态的现象，只有在引入转换规则之后，才能模拟复杂的动态空间现象。根据元胞当前的状态及其邻居状况确定下一个时刻该元胞状态的动力学函数，就是一个状态转移函数（史忠植，1998）。该转换函数可能十分简单，如"生命游戏"中的转换规则；也可能比较复杂，可以包含很多子模式（杜宁睿等，2001）。这个函数构造了一种简单的、离散的空间/时间范围的局部物理成分，可以记为：

$$f: S_i^{t+1} = f(S_i^t, S_N^t) \tag{10-43}$$

式中，S_N^t 为 t 时刻的元胞空间邻域的状态组合（谢惠民，1994；周成虎，2001）。

元胞自动机模型采用"自下而上"的思路实现对于地理过程的模拟，由于先验知识和模型条件设定的不完备性，模拟结果带有不确定性。将约束条件、统计模型、智能优化算法等引入模型，对标准元胞自动机模型进行改进，实现扩展的元胞自动机地理过程模拟。

转换规则在元胞自动机地理过程模拟中具有关键性作用，通常基于历史数据采用回归方法获取。采用空间 Logistic 回归、地理加权回归等统计模型对常规的转换规则获取方法进行改进。由于转换规则的复杂性和区域性，有研究表明采用机器学习、非线性方法、数据挖掘技术等有助于改进转换规则，如马尔可夫过程、神经网络、支持向量机、知识挖掘、案例推理等模型与元胞自动机模型结合。

在模型实现方面，引入空间化算子、智能优化算法、高性能计算等技术可以降低模型的不确定性，提高模型性能。拓展元胞、元胞空间、元胞邻域的定义，发展组合元胞、斑块元胞等带有约束条件的空间操作单元。为了模拟地理过程演化中的多主体博弈，引入多智能体模型、博弈算法等。采用遗传算法、微粒群算法、蚁群算法、人工免疫算法等优化模型计算。将 GPU（Graphic Processing Unit）高性能计算技术与元胞自动机模型相结合，设计高性能地理元胞自动机并行计算技术，有助于实现大尺度地理过程模拟。

城市扩张过程不仅是一个自然过程，其演变更多的是受到人文等因素的影响。演化规则的构造必须既能遵循历史条件下城市系统自组织演变的规律，又能有效地结合各种社会经济和生物物理因素。结合宏观因素和宏观过程，可以弥补传统 CA 模型的缺陷，使模拟结果更精确。例如，根据宏观社会经济约束条件构建约束性 CA 模型，引入变权理论、模糊理论、规模及空间约束等构建模糊元胞自动机，结合特定地理单元构建多层次约束性 CA 模型等。

2. Logistic 回归与 CA 相结合的地理过程模拟模型

1）Logistic 回归模型

1838 年，生物数学家费尔许尔斯特（Verhulst）创立了 Logistic 回归模型，是一种对二分类因变量(因变量取值有 1 或 0 两种可能)进行回归分析时经常采用的非线性回归统计方法。Logistic 回归模型，在流行病学、野生动物群变化、森林火灾预测、森林退化等领域应用较为成熟。近年来，除了在自然科学中得到广泛应用外，还在社会科学、地理科学中也得到普遍应用，如在土地利用变化的驱动力分析、土地利用格局模拟、城市扩张预测等得到了广泛应用。

一般线性回归模型中，因变量是一系列连续变量，并且在理论上要求因变量要服从正态分布的假设条件。在遇到因变量不连续时，一般的线性回归模型就不能很好地解决问题。而 Logistic 回归模型与一般线性回归模型的主要区别就是不同类型的因变量，Logistic 回归模型的因变量可以是定性数据，也可以是定量数据，可以是连续的，也可以间断的，可以为区间变量，也可以为分类变量，还可以是区间与分类变量的混合。因此，Logistic 回归模型主要针对二元或多元响应变量建立起来的回归模型(李雪平等，2005)，可以用来判断解释变量对一个二值响应变量的重要程度、方向和强度。

地理过程模拟的 Logistic 回归模型主要应用于土地利用类型变化、土地利用格局变化、土地利用驱动力分析以及城市用地扩展的研究中。在 Logistic 归回模型中，当因变量的取值仅为 1 或 0 两个值时，则称为二元 Logistic 回归模型；当因变量的取值大于等于 3 时，则称为多元 Logistic 回归模型。

Logistic 回归模型中因变量仅取两个值，即 1(代表事件发生)或 0(代表事件不发生)，影响 Y 取值的一系列自变量分别为 X_1，X_2，$\cdots$，X_m，其基本模型如下(王美霞等，2012)：

$$P_i = \frac{\exp\,(\beta_0 + \beta_1 X_1 + \beta_2 X_2 + \cdots + \beta_m X_m)}{1 + \exp\,(\beta_0 + \beta_1 X_1 + \beta_2 X_2 + \cdots + \beta_m X_m)} \tag{10-44}$$

对 P_i 进行对数变换，将 Logistic 回归模型表示成线性模型，如下：

$$\ln\left(\frac{P_i}{1 - P_i}\right) = \alpha + \beta_1 X_1 + \beta_2 X_2 + \cdots + \beta_m X_m \tag{10-45}$$

式中，P_i 为给定系列自变量 X_m 值时，事件发生的条件概率，服从二项分布，取值为 1 或 0；α 为回归截距，表示当各解释变量为 0 时，事件发生与不发生概率之比的自然对数值；β_1，$\cdots$，β_m 为回归系数，表示在其他自变量固定的条件下，第 m 个自变量每改变一个单位时 Logistic(P)的变化量。

发生比率(odds ratio)用来对各种自变量(如连续变量、二分变量、分类变量)的 Logistic 回归系数进行解释(Pereira et al.，1991)。在 Logistic 回归模型中应用发生比率来理解自变量对事件概率的作用是最好的方法，因为发生比率在测量关联时具有一些很好的性质(Feiberg Stephen，1985)。发生比率用参数估计值的指数来计算(Hosmer et al.，1989)：

$$odd(P) = \exp\,(\alpha + \beta_1 X_1 + \beta_2 X_2 + \cdots + \beta_m X_m) \tag{10-46}$$

Logistic 回归产生与预测值相关事件的发生比率，这些比率是 Logistic 系数 β 的指数，也称为 $\exp(\beta)$。一个预测值的发生比率表示当解释变量的值每增加一个单位时，因变量发生的比率情况。当 $\exp(\beta)>1$，说明发生比增加；当 $\exp(\beta)=1$，说明发生比不变；当 $\exp(\beta)<1$，说明发生比减少。

Logistic 回归模型中的 α 和 β 值可以通过 SAS 或 SPSS 统计软件的 Logistic 函数来计算，然后代入 Logistic 回归模型中得出预测模拟方程式。对于用 Logistic 回归模型模拟结果一般采用 R. G. Pontius 提出的 ROC（Relative Operating Characteristics）方法进行检验，ROC 值介于 0.5 和 1 之间，越接近 1 说明模拟效果越好，一般情况下 ROC 大于 0.7 以上时，模拟结果较为理想。

2）Logistic 回归模型获取 CA 转换规则

在土地利用/覆盖变化、城市扩展等地理过程的模拟中，可以使用 Logistic 回归模型进行地类变化的驱动力分析，找出主要影响因素及其定量关系。多元 Logistic 回归技术方法基于数据的抽样，能为每个自变量产生回归系数。这些系数通过一定的权重运算法则被解释为生成特定土地利用类别的变化概率。在实际应用中，以土地利用/覆盖变化模拟为例，以地类转换概率为因变量，以地类转换的影响因素为自变量，建立 Logistic 回归模型，获取地类转换规则并用于 CA 模型。

运用 Logistic 回归模型对区域土地利用/覆盖变化的驱动因子进行空间统计分析，并用 ROC 方法检验回归模型的拟合优度。例如，李强、任志远（2012）建立的 Logistic 回归模型中主要有两类数据，一是土地利用数据，二是驱动力因子数据。土地利用数据来源于 Landsat TM 影像和 Landsat ETM+影像，运用监督分类得到土地利用类型数据。主要的驱动因子数据包括：距地级市中心的距离、距县城中心的距离、距主要河流的距离、距主要公路的距离、距主要铁路的距离、高程、坡度、坡向、人口密度、地均 GDP。并得出以下回归模型（此处只以耕地为例）：

$$\log \frac{P_1}{1-P_1} = 2.471\,733\,57 - 0.000\,006\,16\,X_1 - 0.000\,043\,52\,X_2 - 0.000\,009\,47\,X_3 -$$
$$0.000\,670\,34\,X_6 - 0.184\,762\,08\,X_7 - 0.000\,194\,25\,X_8 + 0.000\,114\,71\,X_9 -$$
$$0.000\,368\,26\,X_{10} \tag{10-47}$$

式中，X_1，X_2，$\cdots$，X_{10} 依次对应于前述各自变量。

ROC 检验方法源于二值可能性表，每个可能性表对应一种未来土地利用类型的不同假设。ROC 的验证可在统计软件中实现，选择实际的土地利用作为状态变量，预测相应的土地利用类型的适宜区作为检测变量，其结果 ROC 曲线大于 0.5，说明模型的拟合程度较好。

3. 马尔可夫过程扩展的地理过程模拟模型

自 20 世纪 60 年代以来，Markov（马尔可夫）过程理论得以迅速发展和逐步完善。Markov 过程过程在下一个时刻将达到的状态，仅依赖于目前所处的状态，而与以往的状态无关，因此它是一种弱相关的随机过程。Markov 过程是研究系统的状态及状态转移的理论，它是通过对系统不同状态的初始概率以及状态之间的转移概率的研究来确定系统各组成部分的变化趋势，从而达到对未来状态预测的目的。

将 Markov 过程用于地理过程模拟具有可行性。在一定条件下，地理过程演化具有马尔可夫过程的性质。如在一定区域内，不同土地利用景观类型之间具有相互可转化性，且表现出一定的随机波动性。

以土地利用景观演化过程模拟为例，土地利用景观类型对应 Markov 过程中的"可能状态"，而景观类型之间相互转换的面积数量或比例即为状态转移概率，可用如下公式对土地利用状态进行预测：

$$S_{(t+1)} = P_{ij} \times S_{(t)} \tag{10-48}$$

式中，$S_{(t)}$，$S_{(t+1)}$，分别表示 t，$t+1$ 时刻的系统状态；P_{ij} 为状态转移矩阵，可以用下式表示：

$$P_{ij} = \begin{pmatrix} p_{11} & p_{12} & \cdots & p_{1n} \\ p_{21} & p_{22} & \cdots & p_{2n} \\ \vdots & \vdots & & \vdots \\ p_{n1} & p_{n2} & \cdots & p_{nn} \end{pmatrix} \tag{10-49}$$

式中，p_{ij} 为土地类型 i 转化为类型 j 的转移概率（$0 \le p_{ij} \le 1$ 且 $\sum_{1}^{n} p_{ij} = 1$，i，$j = 1$，2，$\cdots$，n。

国内外应用马尔可夫模型进行土地利用动态变化研究的例子有许多（刘耀林等，2004；蒋文伟等，2004），这些研究实践证明了马尔可夫过程用于土地利用景观变化研究是可行的。但传统 Markov 模型中没有空间因子，模型中没有每一类土地利用景观的空间分布，预测的变化结果只是数量的分配，难以预测土地利用景观空间格局演化。

Markov 模型通常和 CA 模型结合使用，将它们集成为 Markov-CA 模型，Markov-CA 模型综合了 CA 模型模拟复杂系统空间变化的能力和 Markov 模型长期预测的优势。

以土地利用景观变化模拟为例，在土地利用景观栅格图中，每一个像元就是对应于一个元胞，每个像元对应的土地利用景观类型为元胞的状态。在 GIS 软件的支持下，利用转换面积矩阵和条件概率图像进行运算，从而确定元胞状态的转移，模拟土地利用景观格局的变化。具体实现过程如下。

首先，获取基于元胞（像元）的转移概率矩阵，通过 GIS 叠置分析，得到土地利用景观类型 Markov 转移概率矩阵、转移面积矩阵和一系列条件概率图像（这些图像来自转移概率矩阵，代表每个像元在下一时刻被某土地利用景观类型覆盖的概率）。

其次，定义 CA 滤波器：①定义元胞的邻域，如采用 5×5 的滤波器，即认为一个元胞周围 5×5 个元胞组成的矩形空间对该元胞状态的改变具有显著影响，实际上就是采用扩展摩尔型来定义的元胞邻居。②根据邻居离元胞距离的远近创建具有显著空间意义的权重因子，使其作用于元胞，从而确定元胞的状态改变，该权重因子保证了离元胞最近的地区对元胞转化影响最大。

最后，确定起始时刻和 CA 循环次数，以模拟土地利用景观演化。

杨国清（2006）采用 Markov-CA 模型模拟广州市土地利用景观演化。以 2000 年广州地区土地利用景观格局为起始状态，用 Markov-CA 模型对 2010 年土地利用格局进行预测，元胞大小为 60m×60m。预测结果表明：2000—2010 年，土地利用格局基本保持 20 世纪 90 年代的变化趋势：建设用地持续增加、耕地继续减少。相对于 2000 年，建设用地面积净增加了 215.97km^2，增幅为 22.20%，反映了 21 世纪初 10 年内广州城市化速度相对 20 世纪 90 年代有所放缓，但城市化趋势依然强劲。10 年间耕地减少了 200.44km^2，降幅为 10.30%，相对于 20 世纪 90 年代，减少速度没有明显放慢。此外，未利用地持续减少，共减少 11.42km²，减幅为 11.21%。林地、园地和水域面积基本保持稳定，处于动态平衡状态中。2000—2010 年，人类活动对广州市土地利用格局影响进一步加剧，土地利用斑块数增加，破碎度指数继续上升，土地利用格局进一步破碎化；多样性指数为 1.64，基本维持在 20 世纪 90 年代水平；分维数为 1.06，基本保持不变，但形状指数下降为 1.47，表明土地利用斑块形状复杂程度有所降低，斑块形状趋于简单。

由于 Markov-CA 模型必须在栅格格式下运行，因此对预测原始数据的数据格式转换是模型预测的主要误差来源之一。杨国清(2006)进行的误差分析表明，从矢量转换成栅格数据后，各类土地利用景观类型面积有不同程度的减小，格式转换的误差为-0.24%。缩小栅格单元大小能够在一定程度上减小误差，但会对计算机软件、硬件系统造成呈指数关系增长的运算负荷，而且缩小栅格受到数据来源精度的限制。对研究区 2010 年土地利用景观时空变化的预测模拟结果比较可信，进一步提高预测精度可以考虑以下途径：①使用更高空间分辨率的土地利用遥感数据，如使用 SPOT 卫星影像或 IKONOS、QuickBird 卫星影像甚至是航空影像，原始数据的精度越高，越有利于预测结果在数量和空间上的精度提高；②分土地利用景观类型单独预测，然后再综合分析，从而提高最受关注的土地利用类型的预测精度；③在与土地利用数据相同的空间精度上采用各种定量方法评价各种土地利用类型转变的难易程度，评价方式的合理性是决定预测结果是否符合土地利用变化规律的关键。

4. 多智能体扩展的地理过程模拟模型

1) 多智能体的基本概念

多智能体理论和技术是在复杂适应系统理论及分布式人工智能(DAI)技术的基础之上发展起来的，自 20 世纪 70 年代末出现以来发展迅速(Weiss，1999)，目前已经成为一种进行复杂系统分析与模拟的思想方法与工具。

智能体(Agent)具有丰富的内涵，其中中文名词有"智能体""主体""代理人"等概念，在不同的学科背景中有不同的含义。因此，Agent 并没有一个统一明确的定义，不同的研究人员都在自己的系统中赋予 Agent 不同的结构、内容和能力，以方便自己特定方向的深入研究(罗英伟，1999)。由于 Agent 没有受制于固定的框架，用它来建立模型可以灵活多变，从而受到了各个学科领域研究者的青睐，社会学科尤为突出，因为 Agent 能够模拟人类的行为，具有许多智能特征，包括能动性、社会进化性、反应性、社会性等。

Maes(1995)定义多智能体为"试图在复杂的动态环境中实现一组目标的计算系统"。它能够通过传感器感知环境，并通过执行器对环境起作用。Wooldridge 等(1998)定义多智能体为在某个环境中能动自主实现其目标的计算机系统。Franklin 和 Graesser(1996)则定义多智能体为：处于某一环境的系统，能够感知环境并对环境起作用，同时它具有自己追求的目标，并能感知未来和作出相应的反应。

Agent 模型是具有一定的目标、知识和能力，具备学习功能，Agent 能够通过机器学习，或者在其运行过程中更理想地收集信息，使其在工作的过程中知识不断增加，能力不断增强，具有更高的智能程度，则构成具有高智能功能的 Agent。杨汉成(2003)提出了如图 10.8 所示的概念模型，各模块功能如下所示。

其中，事物感知器对外界环境的信息进行感知，事物解释器是系统内外进行交互的界面。事物分析器通过调用知识库的知识，对感知的信息进行分析和推理，事物处理器通过

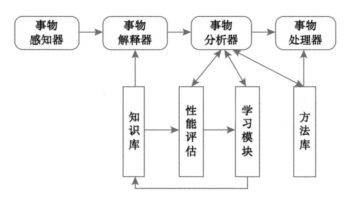

图 10.8 Agent 的概念模型

调用方法库中的方法对问题进行处理。方法库提供处理问题的方法。学习模块对从外界得到的信息，通过智能主体的学习能力进行初步加工后，形成知识并加入知识库中。性能评估模块对新获得的知识进行深化处理，去除干扰，解决矛盾，维护知识库的完整性质，并产生学习模块的反馈信息。

2）基于 MAS-CA 的地理过程模拟建模

多智能体系统在分析、建立人机交互理论和交互模型中发挥着重要作用，多智能体理论侧重 Agent 的社会行为研究，各类 Agent 的社会行为又与地理环境和其他 Agent 的行为息息相关，其核心思想是探讨基于地理环境的微观个体的相互作用，这种相互作用的结果是能够产生影响全局发展的微观格局。但多智能体系统缺乏空间概念，而大多数地理 Agent 的行为和结果都是空间性的，如何将不同 Agent 的社会行为融入地理空间，更好地体现出自然环境与社会环境系统的复杂性与非线性，是多智能体理论与模型未来深入研究的必然趋势。

多智能体系统采用从底层自下而上的建模思想来研究复杂地理空间系统的动态发展变化，与元胞自动机自下而上的研究思路一致（黎夏等，2007）。当前，基于空间的多智能体一般都是借助元胞自动机的思想来实现，多智能体与元胞自动机的耦合类似于"棋盘"空间，Agent 分布在规则的二维"棋盘"格网上，二维"棋盘"格网相当于元胞自动机的元胞空间，不同的"棋子"代表不同的 Agent，它们是离散的、有序的，每个 Agent 有较强的自我控制和内在的行为规则，相互之通过微观互动的自组织过程形成地理空间的分异特征。多智能体与元胞自动机的耦合具有如下优势。

①每个元胞具有明确的空间特征与局部邻域转换规则，本身不能移动；每个 Agent 则具有明确的社会行为特征，并可以在二维格网间根据一定的规则自由移动；它们都用离散的二维区域单元进行空间组织与表达，两者的结合使得元胞具有社会组织性与空间拓展性，并且可以较好地实现空间数据结构上的转换与统一。

②元胞自动机在地理空间过程模拟上具有独特优势，但只能通过邻域转换规则改变自身状态，并不具备自我决策和学习的能力；多智能体代表了各种灵活的不同空间决策实体，Agent 具有一定的智能性，能够对环境变化作出适应性的调整，两者的集成可以很好

地形成优势互补，从而更好地分析地理空间交互作用过程与复杂空间决策行为。

土地利用系统是一个典型的复杂地理系统，它的动态变化是土地利用相关利益群体相互作用的结果。以城镇扩展为例，相关利益群体主要包括政府、企业与农户，决策空间是城镇及其周边区域，以离散元胞状态形成交互作用机制（图10.9）。多智能体层包括政府Agent、企业Agent与农户Agent，各类Agent都是具有独立思维与决策能力的主体。政府Agent具有土地利用规划与用地批准的决策行为；企业Agent具有用地选址的优势度判断与用地申请的决策行为；农户Agent则具有对农村居民点城镇化前后的综合利益比较和用地征用与否的选择决策行为。各类Agent相互之间通过不断地沟通、交流，形成城镇土地扩展的宏观布局与微观选址。元胞自动机层是固定的、规则的空间离散单元，通过元胞自身与邻域状态制定转换规则，具有对时空特征描述的能力，与多智能体决策属性有机结合共同形成城镇扩展的动力机制。环境要素层是多智能体层和元胞自动机层所处的自然与社会环境，是元胞转换规则与多智能体规则运行的基础；同时，多智能体层也会根据环境要素层的变化不断地调整其决策行为，以达到城镇空间扩展与地理环境的协调统一。

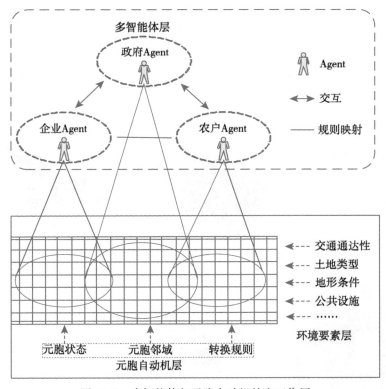

图10.9 多智能体与元胞自动机的交互作用

10.4.3 地理过程模拟实例

我们以武汉市为例，采用元胞自动机、多智能体和博弈论相结合构建城市扩张模拟模型(Tan et al.，2015)。

　　城市扩张模拟能为预测城市建设用地空间变化、土地利用规划及区域可持续发展政策制定提供强有力的工具。在众多城市扩张模拟模型中，元胞自动机因其灵活性、易操作性及自组织性已被学术界作为城市扩张模拟最基本及最重要的工具。然而，传统的自下而上的元胞自动机模型无法很好地反映驱动城市扩张的宏观社会经济因素。城市用地转换是拥有不同策略及利益倾向的智能体群组间博弈的结果，那么城市用地的转换并不能由单一的智能体群组来决定。而博弈论正好能寻求在不同策略及利益冲突下博弈各方达到均衡的过程及结果。因此，利用博弈论解决城市用地开发中各方利益冲突的问题，能较好地窥探现实世界中不同利益群体在城市用地转换过程中的博弈过程及结果。将元胞自动机和多智能体相结合，以期能提高现有城市扩张模拟的精度。一方面，决定一个元胞的状态转换规则由它的邻域作用与一系列距离变量决定；另一方面，代表着现实世界不同群体的多个智能体相互作用、相互联系，共同对所有元胞的转换状态进行选择。所有的空间解释变量及人的决策行为都被纳入城市扩张的模型之中。该模型首先构建基于逻辑回归的元胞自动机模型，然后将多智能体和元胞自动机模型结合，并构建基于博弈论的智能体间动态博弈模型。

　　使用的数据包括 Landsat MSS/TM/ETM+卫星遥感数据，地形图数据以及统计调查的社会经济数据等。首先对遥感图像进行几何精度纠正，误差在 1 个像元以内，然后对不同时相的图像进行简易标准化处理，并进行图像增强，采用最大似然法进行监督分类，获取2000—2013 年武汉市城镇建设用地的空间扩展图形信息，以此为基准采用多时相连续对比法，获取其他年份的相关数据，通过 1∶1 万地形图以及实地调查进行核查。图 10.10展示了智能体支付效用的影响因子的空间分布，图 10.11 是系统运行界面。

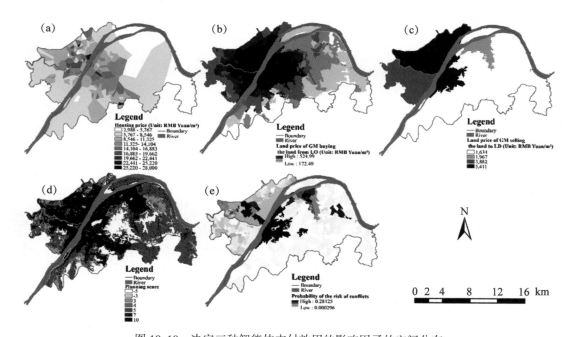

图 10.10　决定三种智能体支付效用的影响因子的空间分布

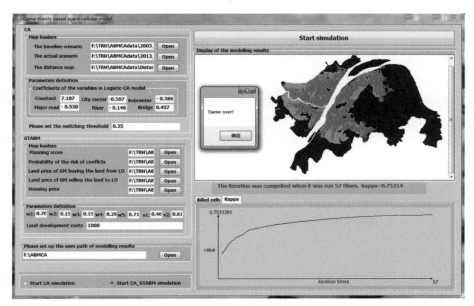

图 10.11　元胞自动机与多智能体复合模型模拟界面

在模型运行之前，以 2003 年武汉市城市建设用地和 1993—2003 年获取的转换规则模拟 2013 年武汉市城市建设用地空间分布，并将其与 2013 年武汉市实际城市建设用地分布进行对比，选取 Kappa 系数定量地反映模型运行的模拟结果。图 10.12 显示了最终模拟结果和实际城市用地分布。模型模拟的精度 Kappa 系数达到 0.753 1，表明该复合模型能较好地用于城市扩张模拟。

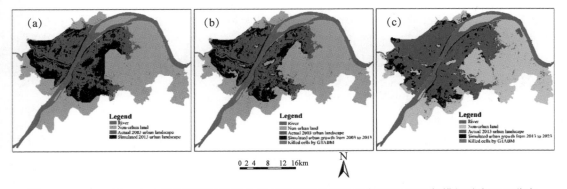

图 10.12　2003 年、2013 年实际城市用地分布与模拟城市用地分布以及 2023 年模拟城市用地分布

以 2003—2013 年获取的转换规则及 2013 年武汉市中心城区实际城市建设用地模拟了 2023 年武汉市中心城区城市用地空间扩张形态。模拟结果显示：到 2023 年武汉市中心城区城市建设用地将要达到 442.77km² ，几乎是 2003 年的 2 倍。对于城市用地空间增长分

布而言，大部分新增城市用地主要以内填式和边缘扩张式分布在已有城市用地内部和边缘，少量新增建设用地零星地分布在外延地区。

10.5　地理空间数据挖掘分析

数据挖掘是指从时空数据库中抽取隐含在其中的、人们事先不知道的，但又潜在有用的知识、空间关系或非显示地存储在时空数据库中的有意义的特征。不同的数据挖掘技术有不同的挖掘目标和其挖掘特点，对所需数据的格式和形态也不同。因此，数据挖掘这一技术存在多种多样的方法。

本节主要介绍数据挖掘的基本概念、挖掘模式以及挖掘算法等关键问题，提出数据挖掘模式，并根据不同的数据挖掘需求，从时空聚类知识挖掘、分类知识挖掘、关联规则知识挖掘以及时空过程知识挖掘四个方面开展知识挖掘基本概念和算法的描述。

10.5.1　数据挖掘模式

数据挖掘是一个复杂的过程，影响这一过程的因素涉及多方面，包括挖掘的数据本身、数据整合、针对数据和知识特征的挖掘方法、发现知识的模型、挖掘知识的表达等。根据研究，提出数据的七元组挖掘模式：$M = F(T, V, U, C, I, O, K)$。其中 M 代表挖掘模式(mode)，T，V，U，C，I，O，K 表示挖掘七要素：挖掘目标(target)、挖掘变量(variable)、挖掘单元(unit)、挖掘特征数据库(characteristic database)、挖掘信息库(information database)、挖掘算子(operator)以及挖掘知识表达(knowledge)，如图 10.13 所示。其中，挖掘目标明确了数据挖掘的任务；挖掘变量是对挖掘目标的形式化表达，是组织挖掘数据的依据，是连接挖掘数据库与挖掘目标的桥梁，同时也是挖掘知识表达的载体；挖掘单元定义了顾及挖掘范围、尺度与知识表达粒度的最小操作单元；挖掘算子是对挖掘数据的操作；挖掘特征数据库是以挖掘变量为依据，在原始的数据库的基础上经过筛选、提取、关联等操作形成的一个围绕挖掘目标的专题数据库；挖掘信息库是对特征数据库的再加工，通过属性信息空间化、要素特征定量化等技术，分析、提取与挖掘任务紧密关联的信息集；挖掘知识表达是运用图、表、规则等形式来表达知识，增强用户对挖掘结果的理解。

其中各步骤的详细内容分述如下。

1)整合基础数据库

基础时空数据包括：地理国情普查/动态监测数据、其他相关部门专题数据、泛在网络信息等，这些数据具有类型多样、格式各异、语义异构、空间多尺度、时间频率不一致、数据规模海量的基本特征。为开展知识挖掘与评价，采用时空数据清洗、时空数据变换、时空数据同化等数据处理方法实现多源异构数据集成、整合技术的研究。

2)时空数据挖掘变量设计

挖掘变量是对挖掘目标的形式化表达，是挖掘数据组织的依据，也是连接挖掘数据库与挖掘目标的桥梁，是挖掘知识表达的载体。通过分析地表覆盖变化、环境生态承载力评价、空间分布格局规律、城市扩张空间演变机理以及预测模拟等领域问题特征，结合数据

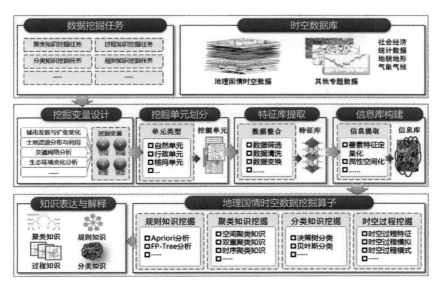

图 10.13　数据挖掘模式

挖掘流程与特点，设计可量化的时空数据挖掘变量。

3）时空数据挖掘单元划分

挖掘单元定义了顾及挖掘范围尺度与知识表达粒度的最小操作单元，时空数据常用的挖掘单元包括规则格网、行政区划或管理单元、地形单元等。挖掘单元划分的过程中需结合数据的特点和研究目标，确定挖掘单元划分尺度，主要包括规则格网大小、行政区划或管理单元等级（如省级、市县级）、地形单元（如每隔 20m 划分一个高程带）等。

4）时空数据挖掘特征数据库构建

建立时空数据与挖掘变量之间的关联关系，从数据库中经过抽取、清洗、转换等操作提取关联数据，形成时空数据挖掘的特征数据库。针对基础数据多源异构的特征，时空数据抽取方法通常包括对空间数据与属性数据的抽取；时空数据清洗操作通常包括数据的插值、去噪、平滑等；时空数据转换通常包括数据的尺度转换、坐标转换、时间转换等。

5）时空数据挖掘信息库构建

在特征数据库基础上，结合挖掘目标与挖掘变量，采用要素特征定量化、属性空间量化、数据离散化等技术对特征数据库进行操作，对时空数据挖掘变量进行量化或信息提取，构建时空数据挖掘特征信息库。

6）时空数据挖掘模型研究

在挖掘变量、特征数据库和信息库基础上，开展时空数据挖掘模型研究。构建空间规则挖掘模型，包括 Apriori 及 FP-Tree 挖掘技术（Edu，1994；Koperski，Han，2000）；构建空间聚类、空间与非空间属性双重聚类和时序聚类知识挖掘技术；构建分类模型，包括决策树分类和朴素贝叶斯分类挖掘技术；构建时空过程挖掘模型，研究时空过程演变机理挖掘、时空过程模拟、时空过程模式发现。

7）知识表达与解释

根据时空数据挖掘的目标和成果特征，研究聚类知识、关联知识、过程知识和分类知识的表达、可视化与解释技术。常用的知识表达与解释方式包括基于文本的知识表达、基于图形的知识表达和基于表格的知识表达。

10.5.2　数据挖掘算法

数据挖掘作为近年来从大量复杂数据库中发现有用信息和知识的有力工具而得到广泛的关注，国内外各研究机构纷纷开展了对数据挖掘技术的研究和探索工作。通常来说，数据挖掘的主要技术手段包括聚类知识挖掘、分类知识挖掘、关联知识挖掘以及时空过程挖掘等。

1. 关联规则知识挖掘的基本概念和算法

1）关联规则知识挖掘的基本概念

关联规则知识挖掘是发现数据库中不同项目之间潜在的、有趣的联系。关联规则形如 $X \rightarrow Y$ 的表达式，其中 X 和 Y 是不相交的项集，关联规则的强度可以用它的支持度和置信度度量。支持度确定规则可以用于给定数据集的频繁程度，而置信度确定 Y 在包含 X 的事物中出现的频繁程度。其中项、项集、支持度、置信度的具体含义描述如下。

（1）项

项是关联规则最基本的元素，Edu（1994）提出了关联规则概念，将项定义为数据库中的二值型属性，这是数据挖掘领域中对项的最直观、最常用的理解。在一些特殊的情况下可以将二值型这一约束去掉，用一个数值型字段来表述一个项。

（2）项集

项集是项的集合，描述的是一组项同时出现的情况，这是其含义在数据挖掘领域中的解释。从谓词逻辑的角度考察，由于项是公式，项集是公式的合取式，仍是公式。从概率论的角度考察，项是基本事件的集合，那么项集在形式上是一个集合系。在关联规则挖掘中，项集是其中各项的交，也是基本事件的集合。

（3）频繁项集

有一系列集合，这些集合有些相同的元素，集合中同时出现频率高的元素形成一个子集，满足一定阈值条件，就是频繁项集。频繁项集是关联规则挖掘的关键，频繁项集意味着这些项联合出现的概率较高，存在一定的模式。

（4）支持度

项集 A 的支持度（support），即该项集出现的概率（Sha，Li，2009）。一般来说，在关联规则挖掘中项集的支持度是用总数量和项集的支持度技术求出的。假设共有 10 个事务，称其总事务数或者总数量为 10；项集 $\{Item1, Item2\}$ 共出现 2 次，称满足该项集的事务技术或者其支持度技术为 2；依据古典概型，该项集的支持度为事务计数除以总事务数，即 2/10。一般地，对于基本事件空间 X（不要求 X 是有限的或可数的），其幂集 2^X 是一个 σ 域，记 2^X 上的一个有限测度 m（$\forall A \in 2^X$ 均有 $0 \leqslant m(A) \leqslant \infty$ 成立），则（X, 2^X, m）是一个测度空间。此时 $m(X)$ 是总数据量，$m(A)$ 是项的支持度计数。令 $P(A) = m(A)/m(X)$，则 P 是一个概率测度（因为 $P(X) = 1$），因此用 A 的支持度计数 $m(A)$ 与总

数据量 $m(X)$ 之比作为 A 的支持度是合理的。在关联规则挖掘中，m 通常取有物理解释的测度，例如记录数、面积、长度等，这样不仅可以了解事件的概率（即项集的支持度），还可以了解其"绝对"大小，相对于直接使用概率测度是更自然的做法。对于不同的数据或者应用场景可能需要选择不同的测度才能完成关联规则挖掘任务。

（5）置信度

置信度（confidence）是条件概率。具体，假设 A 和 B 空间 X 上的两个项集，对于关联规则来 $A \Rightarrow B$ 来说，其置信度就是 $P(B \mid A)$（Koperski，Han，1995）。在关联规则挖掘的过程中，仅在 $A \cup B$ 是频繁项集时才考虑关联规则 $A \Rightarrow B$，此时项集 $A \cup B$ 和 A 的支持度（即 $P(B \cup A)$ 和 $P(A)$）必然是已知的，因此关联规则挖掘的过程中是利用公式 $P(B \mid A) = \dfrac{P(A \cup B)}{P(A)}$ 来计算置信度的。

2）关联规则知识挖掘算法

对于关联规则挖掘的算法主要有 Apriori 算法和 FP-Tree 算法。

（1）Apriori 算法

Apriori 法是关联规则挖掘最常用的算法。该算法是针对事务数据库设计的，其基本思想是利用 Apriori 性质排除非频繁项集以减少支持度计算耗时。Apriori 性质源于概率测度的非负性和可列可加性，而不是事务数据的物理或逻辑结构，对于其他类型的数据同样适用，因此 Apriori 算法的基本思想也具有很强的通用性，可将之抽提为抽象算法。

抽象 Apriori 算法首先根据数据生成一组初始候选模式 C_1，然后找出其中满足指定条件的模式 F_1，根据 F_1 生成候选模式集 C_2，再从 C_2 中选出 F_2，由 F_2 生成 $C_3 \cdots \cdots$ 循环往复，直到不能再得到新的符合要求的模式集（或触发其他结束条件）为止。

（2）FP-Tree 算法

FP-Tree 增长算法可以在挖掘全部频繁项集时，不产生候选项。其主要思想是：首先，将提供频繁项的数据库压缩到一棵 FP 树，保留其相关信息。然后，将压缩后的数据库划分成一组条件数据库，每个关联一个频繁项或"模式段"，并分别挖掘每个条件数据库。对 FP 增长方法的性能研究表明：面向大型数据库时算法效率比 Apriori 算法快一个数量级。

2. 时空聚类知识挖掘的基本概念和算法

1）时空聚类知识挖掘的基本概念

时空聚类知识挖掘用于发现目标之间的集聚或分散的分布模式，实现目标位置、属性、密度相似的分布模式的识别，且在模式识别过程中尽可能地不受模式形状以及噪声的干扰。时空聚类知识挖掘具有如下基本特性。

①聚类知识挖掘目标为同一子类中目标尽可能相似，不同子类中目标尽可能地不相似。

②聚类分析用于数据分组的时候，也可以看作一种非监督分类，即在无任何先验知识的情况下，按照数据的自身分布特征而将数据归并成若干类别，使得类内差异小，类间差异大。通常所指的分类知识挖掘与聚类分析不同的是，需要附加类别信息，即监督分类。

2）时空聚类知识挖掘算法

根据研究的数据类别的不同，时空聚类知识挖掘的算法包括空间聚类知识挖掘算法，空间与非空间属性双重聚类挖掘算法以及时空聚类知识挖掘算法三类。

（1）空间聚类知识挖掘算法

空间聚类模式挖掘算子通常包括基于划分的算法、基于模型的算法、基于密度的算法、基于层次的算法、基于图论的算法五类聚类算法。

①基于划分的空间聚类知识挖掘。

经典 K-means 算法。K-means 算法（Kanungo et al.，2002）堪称最为经典的一种空间聚类算法，K-means 算法的核心内容在于迭代优化过程，通过不断优化平方误差准则，最终获得对数据集的 k 个划分，从根本上讲这属于"爬山"算法的范畴。其具体流程可以归纳为：一，随机选取 k 个实体，每个实体均视为一个簇的质心；二，按照距离最近的原则，将剩余实体分别指派给最近的质心实体，并重新计算每个簇的质心；三，不断重复步骤二，直到平方误差准则收敛，聚类过程完成。具体流程如图 10.14 所示。

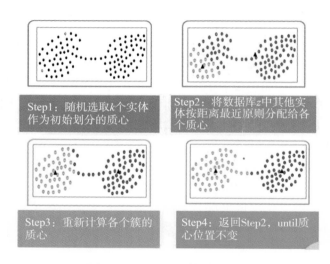

图 10.14　K-means 算法流程图

基于遗传算法的 K-means 算法。分析可知经典的 K-means 算法受初始聚类中心的影响较大，有学者研究采用遗传算法进行粗聚类，获取聚类中心，再以获取的聚类中心作为 K-means 算法的中心进行聚类，弥补 K-means 算法受初始聚类中心影响大的问题。

ISODATA 算法。ISODATA 算法是对原始 K-means 算法的一个重要扩展，K-means 算法中，每次迭代过程获得新的聚类划分后，并不对这些划分的质量进行评估，聚类过程存在一定的盲目性。ISODATA 算法的主要思想在于：在每次迭代过程后，通过计算簇内及簇间的有关参数，并与设定阈值进行比较，来确定两个簇合并为一类或分裂成两类，最后，在满足预设条件的基础上，满足平方误差准则最小的要求。ISODATA 算法在聚类过程中具有自组织、人机交互的特点，从而有利于获得质量较高的聚类结果。

②基于模型的空间聚类知识挖掘。

基于模型的空间聚类方法，其主要思想为给一特定的数学模型，将数据与该模型之间进行拟合。基于模型的方法通常假定数据集是由混合概率分布构成的，每种概率分布代表一个簇。常用的 GA 遗传算法是一种通过模拟自然进化过程搜索最优解的方法，其显著特点是隐含并行性和对全局信息的有效利用能力，只需少量结果就可以反映探索空间较大的区域，便于实时处理，而且具有较强的稳健性。在聚类方法中利用遗传算法可以降低传统聚类算法对初始化的要求，因而该算法有区别于其他算法的独特优势。

③基于层次的空间聚类知识挖掘。

基于层次的空间聚类知识挖掘的主要思想在于将空间实体构成一棵聚类树，通过反复分裂或聚合操作来获得满足一定要求的空间聚类结果。层次聚类方法分为两种基本形式：凝聚法和分裂法。其中，前者是通过由下而上的策略，首先将每个实体视为一个簇，直到所有实体聚为一个空间簇或达到某个终止条件，聚类结束；后者是通过由上而下的策略，首先将所有实体视为一个空间簇，通过分裂操作进行分解，直到每个实体自成一个簇或达到某个终止条件，聚类结束。

④基于密度的空间聚类知识挖掘。

DBSCAN（Density-Based Spatial Clustering of Application with Noise）算法（Andrade et al.，2013；Ester et al.，2015），是一种典型的基于密度的空间聚类算法，其基本思想在于采用一定邻域范围内包含空间实体的空间数目来定义空间密度的概念，并通过不断生长高密度区域进行空间聚类操作。DBSCAN 算法聚类时，首先检验每个空间实体的特定邻域范围，判断其是否为核实体，并搜索该实体的直接密度可达对象；继而选取一个核实体，通过递归搜索策略加入所有核实体的直接密度可达对象，直到没有空间实体加入，一个空间簇的生成结束；接着选择另一个没有加入空间簇的核实体进行下一个空间簇的生成；最后没有加入任何空间簇的实体被标识为孤立点。

⑤基于图论的空间聚类知识挖掘。

基于图的空间聚类方法（Liu et al.，2012）也是一类非常重要的空间聚类算法。这类方法首先针对所有空间实体构建一个图，进而采用一定的准则将图划分为一系列的子图，每个子图即视为一个空间簇，首先系统地研究了基于最小生成树的聚类分析算法，其区分了不同的聚类模式，并发展了针对性的解决策略。经典的基于图论的算法往往对空间簇内部密度的变异过于敏感，为此，本系统借鉴刘启亮等提出基于层次的图论聚类算法，实现了不同密度空间簇的识别，并进一步考虑空间障碍的影响，实现了 ASCDT+聚类算法（Liu et al.，2013）。

（2）空间与非空间属性的双重聚类知识挖掘模型

①基于划分的双重聚类知识挖掘。

K-means 算法作为经典的基于划分的空间聚类算法，仅考虑了空间属性或者非空间属性的差异，而没有同时顾及空间与非空间属性信息。因此，借鉴 Jiao 等（2011））将空间属性与非空间属性归一化后分别计算空间属性距离与非空间属性距离，再进行加权融合，如下：

$$D(p, q) = w_1 \sqrt{(x_p - x_q)^2 + (y_p - y_q)^2} + w_2 \sqrt{\sum_{k=1}^{n} (A_{pk} - A_{qk})} \tag{10-50}$$

式中，A_{pk} 表示空间实体 P 的第 k 维非空间属性；w_1，w_2 分别表示空间属性与非空间属性权值，可以根据实际情况设置，默认情况为 $w_1 = w_2 = 0.5$。

基于以上加权求和后的距离评价目标之间的差异性，采用基于划分的聚类思想，实现空间属性与非空间属性的双重聚类（图 10.15）。

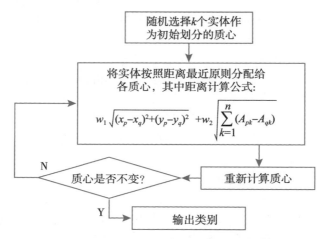

图 10.15　基于划分的双重聚类知识挖掘流程

②基于层次的双重聚类知识挖掘。

HDFSC 方法（Deng et al.，2011）为典型的基于层次的双层聚类算法，该算法采用凝聚力来度量目标之间的差异，通过在实体间凝聚力的基础上定义不同簇间的凝聚力，并通过空间簇专题属性平均水平来约束专题属性在空间上的非均匀性，最后综合定义了基于层次的双重聚类算法的凝聚系数。进行层次聚类时，每次合并凝聚系数最大的两个簇，即每次对簇间凝聚力较大且专题属性平均水平差异较小的两个簇进行合并。其中簇间凝聚力，专题属性平均水平，凝聚系数定义如下。

簇间凝聚力：对于空间簇 w_1、w_1，簇间凝聚力定义为这两个空间簇实体间凝聚力的平均值，记为 $F_c(C_i,\ C_j)$，即

$$F_c(C_i,\ C_j) = \frac{\sum F_p(p,\ q)}{n},\ p \in C_i,\ q \in C_j\ \text{且}\ q \in ND(p) \tag{10-51}$$

式中，$F_p(p,\ q)$ 为实体 p 和实体 q 之间的凝聚力，n 为空间簇 C_i 和 C_j 间有凝聚力作用的实体数目。

专题属性平均水平：对于任意簇 C，其专题属性平均水平定义为簇中所有实体专题属性的平均值，记为 $\overline{A(C)}$，即

$$A(C) = \frac{\sum_{i=1}^{n} A(P_i)}{n},\ P_i \in C \tag{10-52}$$

式中，$A(P_i)$ 为空间实体 P_i 的专题属性值，n 为空间簇 C 的实体数。

凝聚系数：对于空间簇 C_i，C_j，其凝聚系数定义为簇间凝聚力与专题属性差异的比

值，记为

$$\text{AR}(C_i, C_j) = \frac{F_c(C_i, C_j)}{\overline{A(c_i)} - \overline{A(c_j)}} \tag{10-53}$$

③基于统计的双重聚类知识挖掘模型。

空间自相关是指同一变量在不同空间位置上的相关性，是空间单元属性值集聚程度的一种度量。基于自相关的空间与非空间属性聚类能够获取目标分布的热点区和冷点区，热点区是指高值与高值集中分布的区域，冷点区是指低值与低值集中分布的区域。采用Morans'I 和 Z-score 统计量（Zhang，Zhang，2007）进行冷热点识别。计算方法如下：

$$I = \frac{n\displaystyle\sum_{i=1}^{n}\sum_{j=1}^{n}C_{ij}(A_i - \overline{A_i})(A_j - \overline{A_j})}{\displaystyle\sum_{i=1}^{n}\sum_{j=1}^{n}C_{ij}\sum_{i=1}^{n}(A_i - \overline{A_i})^2}$$

$$Z(I) = \frac{(I - E(I))}{\sqrt{\text{Var}(I)}} \tag{10-54}$$

其中，$C_{ij} = \begin{cases} 1, & p_i \in ND(p_j) \\ 0, & p_i \notin ND(p_j) \end{cases}$；$E(I) = -\dfrac{\displaystyle\sum_{j=1, j\neq i}^{n}c_{ij}}{n-1}$；$\text{Var}(I) = E(I^2) - E(I)^2$。

当 $I > 0 \ \& \ (Z(I) > 1.65 \,\|\, Z(I) > -1.65)$ 时判断区域为强相关区域，并识别为空间簇。

（3）时序聚类知识挖掘模型

①基于划分的时序聚类知识挖掘。

基于划分的空间聚类仅考虑了空间属性的差异，而没有顾及静态和非静态属性信息，因此，进一步将时序属性信息纳入聚类的过程中，实现时序聚类操作（Bidari et al.，2008；Guyet，Nicolas，2016；Kaur et al.，2016），具体如下。

基于 K-means 的时序聚类算法。

K-means 算法堪称最为经典的一种聚类算法，K-means 算法的核心内容在于迭代优化过程，通过不断优化平方误差准则，最终获得对数据集的 C 个划分，从根本上讲这属于"爬山"算法的范畴。基于 K-means 的时序算法即在 K-means 算法的基础上，将目标之间的时序属性距离作为目标之间的距离进行 K-means 聚类操作。其中时序属性距离即各时点目标之间的属性距离的差异均值。

基于 FCM 的时序聚类算法。

K-means 算法属于对时序数据的硬划分，即一个空间实体只能归属于某个特定的类别。然而，在实际中，当空间簇之间存在交叠现象时，很难明确界定实体的归属。因此，针对每个空间实体，可以对其属于某个簇的程度定义一个权值来度量其归宿程度。与传统划分的方法不同，FCM 算法的平方误差准则的定义如下：

$$E = \sum_{i=1}^{c}\sum_{j=1}^{N} u_{ij}^{M} d_{ij}(p_j, m_i) \tag{10-55}$$

式中，E 表示平方均方误差准则；M 表示权重系数，$M > 1$；p_j 表示空间实体；m_i 表示簇 c_i

的质心；u_{ij} 表示第 j 个空间实体对第 i 个空间簇的隶属度。

$$u_{ij} = \frac{1}{\sum_{i=1}^{c} \left(\dfrac{d_{ij}}{d_{il}}\right)^{2/(1-M)}}$$

d_{ij} 表示第 j 个空间实体与第 i 个空间簇的质心之间的时序距离，即各时点距离的平均值。

②基于密度的时序聚类知识挖掘。

基于 DBSCAN（Density-Based Spatial Clustering of Application with Noise）的时序聚类算法（Chandrakala，Sekhar，2008），是一种典型的基于密度的时序聚类算法，其基本思想在于通过设定目标之间的属性距离阈值，确定在一定领域范围内属性距离小于阈值的数目来定义空间密度的概念，然后不断生长高密度区域进行时序聚类操作。其中，有几个重要的概念。

ε 近邻：一个空间实体 ε 半径区域内的空间实体成为空间实体的 ε 近邻。

核实体：一个空间实体的 ε 近邻至少包含 MinPts 个空间实体，则称该实体为核实体。

直接密度可达：若空间实体 q 为 p 的 ε 近邻，且 p 为核实体，则称 q 是 p 的直接密度可达。

密度可达：若存在一个链接关系 p_1，p_2，…，p_n，$p_1 = q$，$p_n = p$，p_i 是从 p_{i+1} 关于 ε 和 MinPts 直接密度可达，则称孔家实体 p 是从 q 关于 ε 和 MinPts 密度可达。

密度相连：若存在一个空间实体 o，空间实体 p 是从 q 关于 ε 和 MinPts 密度可达的，则称空间实体 p 与 q 是关于 ε 和 MinPts 密度相连的。

3. 分类知识挖掘的基本概念和算法

1）分类知识挖掘的基本概念

分类知识挖掘是通过分析数据集中的数据，为每个类别建立相关的模型（这个模型或者函数也叫作分类器），使其能够最好地拟合这一类别的数据。然后使用这些模型对原始数据集进行划分，使得类别间差异最大，类别内差异最小，达到归类数据的目的。相对于聚类知识挖掘来说，分类知识挖掘是有监督的学习，即事先通过对训练数据集的学习建立模型，对未知数据进行分类知识挖掘。

2）分类知识挖掘算法

（1）决策树方法

决策树方法是根据不同的特征，以树型结构表示分类或决策集合，进而产生规则和发现规律的方法。决策树是用于分类和预测的主要技术，决策树学习是以实例为基础的归纳学习算法。它着眼于从一组无次序、无规则的事例中推理出决策树表示形式的分类规则。它采用自顶向下的递归方式，在决策树的内部节点进行属性值的比较，并根据不同属性判断从该节点向下的分支，在决策树的叶节点得到结论。决策树算法主要是通过构造决策树来发现数据中蕴涵的分类规则，如何构造精度高、规模小的决策树是决策树算法的核心内容。常用的算法有 CART、CHAID、ID3、C4.5、C5.0 等。

其算法的基本思想是：从一棵空决策树开始，选择某一属性（分类属性）作为测试属性，该测试属性对应决策树中的决策节点，根据该属性的值的不同，可将训练样本分成相应的子集。如果该子集为空,或该子集中的样本同属一类,则该子集对应于决策树的叶节点;否则,该子集对应于决策树的内部节点,即为测试节点,需再选择一个新的分类属性对该子集进行划分,直到所有的子集都为空或属于同一类。

不同于贝叶斯算法,决策树的构造过程不依赖领域知识,它是使用属性选择器对属性进行度量,决策树的构造过程就是依据属性判定确定各个属性之间关系的过程。使用决策树进行分类需要进行如下两步:决策树的建立和剪枝。

对于决策树的剪枝主要是采用新的测试数据集中的数据检验决策树生成过程中产生的初步规则,将那些影响预测准确率的分枝剪除。这是因为按照训练数据生成的决策树往往对训练数据过度匹配而造成提取出的规则对未知数据的分类精度不佳。进行剪裁都是为了避免决策树对训练数据的过配(overfitting),即生成的决策树对训练集拟合得很好,但是由于待分类数据集含有"噪声",分类对训练集过于匹配会造成预测集分类误差变大。即剪枝的目的是获得结构紧凑、分类准确率更高、稳定的决策树。剪枝常常利用统计学方法,去掉最不可靠、可能是噪声的一些枝条。

剪枝方法是很丰富的,按剪裁过程与归纳学习过程的相对次序构造决策树的时候即决定是否继续对不纯的训练子集进行进一步划分,还是停止剪裁,叫作预剪裁或称为同步修剪(pre-pruning)。其是指在建树的过程中,当满足一定条件,如信息增益或者某些有效统计量达到某个预先设定的阈值时,节点不再继续分裂,内部节点成为一个叶子节点。叶子节点取子集中频率最高的类作为自己的标识,或者可能仅仅存储这些实例的概率分布函数。而在树完全生成后的剪裁策略叫作后剪裁或称为迟滞修剪(pos-pruning),指与建树时的训练集独立的训练数据进入决策树并到达叶节点时,训练数据的 class label 与叶子节点的 class label 不同,这时称为发生了分类错误。当树建好之后,对每个内部节点,算法通过每个枝条的出错率进行加权平均,计算如果不剪枝该节点的错误率。如果裁减能够降低错误率,那么该节点的所有子节点就被剪掉,而该节点成为一片叶子。出错率用于训练集数据独立的测试数据校验。最终形成一棵错误率尽可能小的决策树。后剪裁方法是在生成与训练数据集合集完全拟合的一棵决策树后,从树的叶节点开始,逐步向根节点的方向剪裁。使用一个测试数据集进行剪裁与否的判断,如果某个叶节点剪去后,能使得对于测试数据集的分类精度不降低,则剪去该叶节点。后剪裁的方法很多,常见的方法有 REP(Reduced Error Pruning)、MEP(Minimal Error Pruning)、EBP(Error-Based Pruning)、CCP(Cost Complexity Pruning)、PEP(Pessimistic Error Pruning)、MDL(Minimum Description Length)等。

(2)朴素贝叶斯分类方法

与决策树方法同属于分类知识挖掘的还有朴素贝叶斯算法。贝叶斯法(Bayes)是一种在已知先验概率的情况下的模式分类方法,是一种统计分类方法。其分类原理是通过某对象的先验概率,利用贝叶斯公式计算出其后验概率,即该对象属于某一类的概率,选择具有最大后验概率的类作为该对象所属的类。用于分类的算法很多,其中以贝叶斯定理为基础的一系列算法被称作贝叶斯分类算法,目前研究较多的贝叶斯分类器主要有四种:Naive Bayes(朴素贝叶斯方法)、TAN(改进的朴素贝叶斯方法)、BAN(Bayesian Network augmented Naive-Bayes,增强贝叶斯网络分类器)和 GBN(General BN,无约束贝叶斯网络分类器)。

朴素贝叶斯方法是基于贝叶斯定理与特征条件独立假设的分类方法，其基本思想是对于给出的待分类项，求解在此项出现的条件下各个类别出现的概率，将该项目划分到概率最大的那个类别中。朴素贝叶斯模型发源于古典数学理论，有着坚实的数学基础，以及稳定的分类效率。同时，朴素贝叶斯分类器模型所需估计的参数很少，对缺失数据不太敏感，算法也比较简单。

朴素贝叶斯分类分为三个主要的阶段：分类器准备阶段、分类器建立阶段(即训练阶段)以及应用阶段。在分类器准备阶段主要是通过对训练样本数据的分析，得到贝叶斯分类器依赖的属性并且对这些属性进行适当的划分。这一阶段输入的是全体待分类数据，然后手动对其进行分析，得到分类器依赖的训练样本和属性。这些在很大程度上影响了分类器的分类质量。在第二阶段，是依据上一步得到的样本和属性对分类器进行初始化，对训练样本和属性进行计算，根据贝叶斯理论和相关的算法得到朴素贝叶斯分类器。第三阶段则是利用得到的朴素贝叶斯分类器对数据集中剩余的数据，即待分类数据进行分类，得到每一项与类别的对应关系。

但是朴素贝叶斯分类器模型假设属性之间相互独立，这个假设在实际应用中往往是不成立的，这给朴素贝叶斯分类器模型的正确分类带来了一定影响。在属性个数比较多或者属性之间相关性较大时，朴素贝叶斯分类器模型的分类效率比不上决策树模型。而在属性相关性较小时，朴素贝叶斯分类器模型的性能最好。

4. 时空过程知识挖掘的基本概念和算法

1)时空过程知识挖掘的基本概念

时空过程与演变机理挖掘的目的就是从时空数据出发，运用各种时空分析模型，溯源其时空过程乃至机理，由样本推断总体，从而实现地理要素的类型变化的变化强度、频率、演化方位和趋势等的挖掘，并进一步通过对要素挖掘结果的组合分析来揭示区域变化的过程、规律和机理。其中类型变化的变化强度、频率、演化方位和趋势等相关概念定义如下。

①变化强度：以土地利用变化强度为例进行说明，土地利用强度即土地资源利用的效率，单位用地面积投资强度，对一个单位的土地投资的强度；土地利用变化强度描述单位用地投资的变化程度。

②频率：描述要素在单位时间内完成周期性变化的次数，表征要素时空变化的速度。

③演化方位：描述要素在时空变化过程中的发展方向。

④趋势：描述要素在时空演变过程中的发展态势或者潜在的模式。

2)时空过程知识挖掘算法

现实世界的演化是一个复杂的过程，如果时空数据来自对时空过程有一定密集度的随机采样，样本将蕴含了过程的所有时空规律，发现这些时空规律则需要借助挖掘模型。常用的时空过程挖掘算法包括以下几种。

(1)时间序列

时间序列也叫时间数列、历史复数或动态数列。它是将某种统计指标的数值，按时间先后顺序排到所形成的数列。时间序列预测法就是通过编制和分析时间序列，根据时间序列所反映出来的发展过程、方向和趋势，进行类推或延伸，借以预测下一段时间或以后若干年内可能达到的水平。其内容包括：收集与整理某种社会现象的历史资料；对这些资料进行检查鉴别，排成数列；分析时间数列，从中寻找该社会现象随时间变化而变化的规律，得出一定的模式；以此模式去预测该社会现象将来的情况。

（2）回归分析

回归分析（Regression Analysis）是确定两种或两种以上变量间相互依赖的定量关系的一种统计分析方法。运用十分广泛，回归分析按照涉及的自变量的多少，可分为一元回归分析和多元回归分析；按照自变量和因变量之间的关系类型，可分为线性回归分析和非线性回归分析。如果在回归分析中，只包括一个自变量和一个因变量，且二者的关系可用一条直线近似表示，这种回归分析称为一元线性回归分析。如果回归分析中包括两个或两个以上的自变量，且因变量和自变量之间是线性关系，则称为多元线性回归分析。

（3）灰色预测

1982 年，中国学者邓聚龙教授创立的灰色系统理论，是一种研究少数据、贫信息不确定性问题的新方法。灰色系统理论以"部分信息已知，部分信息未知"的"小样本""贫信息"不确定性系统为研究对象，主要通过对"部分"已知信息的生成、开发，提取有价值的信息，实现对系统运行行为、演化规律的正确描述和有效监控。社会、经济、农业、工业、生态、生物等许多系统，是按照研究对象所属的领域和范围命名的，而灰色系统却是按颜色命名的。在控制论中，人们常用颜色的深浅形容信息的明确程度，如艾什比（Ashby）将内部信息未知的对象称为黑箱（Black Box），这种称谓已为人们普遍接受。我们用"黑"表示信息未知，用"白"表示信息完全明确，用"灰"表示部分信息明确、部分信息不明确。相应地，信息完全明确的系统称为白色系统，信息未知的系统称为黑色系统，部分信息明确、部分信息不明确的系统称为灰色系统。灰色理论认为系统的行为现象尽管是朦胧的，数据是复杂的，但它毕竟是有序的，是有整体功能的。灰数的生成，就是从杂乱中寻找出规律。同时，灰色理论建立的是生成数据模型，不是原始数据模型，因此，灰色预测是一种对含有不确定因素的系统进行预测的方法。灰色预测通过鉴别系统因素之间发展趋势的相异程度，即进行关联分析，并对原始数据进行生成处理以寻找系统变动的规律，生成有较强规律性的数据序列，然后建立相应的微分方程模型，从而预测事物未来发展趋势的状况。其用等时距观测到的反映预测对象特征的一系列数量值构造灰色预测模型，预测未来某一时刻的特征量，或达到某一特征量的时间。基本思想是用原始数据组成原始序列(0)，经累加生成法生成序列(1)，它可以弱化原始数据的随机性，使其呈现出较为明显的特征规律。对生成变换后的序列(1)建立微分方程型的模型，即 GM 模型。GM(1，1)模型表示 1 阶的、1 个变量的微分方程模型。GM(1，1)模型群中，新陈代谢模型是最理想的模型。这是因为任何一个灰色系统在发展过程中，随着时间的推移，将会不断地有一些随机扰动和驱动因素进入系统，使系统的发展相继地受其影响。用 GM(1，1)模型进行预测，精度较高的仅仅是原点数据(0)(n)以后的 1~2 个数据，即预测时刻越远，预测的意义越弱。而新陈代谢 GM(1，1)模型的基本思想为越接近的数据对未来的影响越大。也就是说，在不断补充新信息的同时，去掉意义不大的老信息，这样的建模序列更能动态地反映系统最新的特征，这实际上是一种动态预测模型。

(4)马尔可夫预测模型

马尔可夫链就是一种随机时间序列，它在将来取什么值，只与它现在的取值有关，而与它们过去取什么值无关，即无后效性。具备这几个性质的离散随机过程称为马尔可夫链。设做随机运动的系统可能处的状态为 S_1，S_2，…，该系统只能在时间 $t = 1$，2，… 时改变它的状态，随着系统的进程定义一列随机变量 $\{X(n)$，$n = 0$，1，2…$\}$，如果 $t = n$ 时系统位于 E_k，记 $X(n) = k$。如果已知 $t = n$ 时的状态，关于它在 n 时以前所处的状态对预言系统在 n 时以后所处的状态不起任何作用，这种性质就是"马尔可夫链的无后效性"。

运用马尔可夫链进行预测的关键在于：建立状态转移概率矩阵(指系统在时刻 t 所处状态，转变为时刻 $t + 1$ 所处状态时与之相对应的一个条件概率)，若由状态 S_i 转向 S_j 的概率为 P_{ij}，则称 P_{ij} 为从状态 S_i 经过一个时期转移到状态 S_j 的一阶转移概率，见式(10-49)。其中 P_{ii}，P_{jj} 为同一状态的转移概率，也称为保留概率。一般而言，转移概率 $P_{ij}(n)$ 构成的转移矩阵为：

$$P(k) = \begin{pmatrix} P_{11}(K) & P_{12}(K) & \cdots & P_{1n}(K) \\ P_{21}(K) & P_{22}(K) & \cdots & P_{2n}(K) \\ \vdots & \vdots & & \vdots \\ P_{n1}(K) & P_{n2}(K) & \cdots & P_{nn}(K) \end{pmatrix} \tag{10-56}$$

其中满足如下条件：$0 \leqslant P_{ij} \leqslant 1$；$\sum_{j=1}^{n} P_{ij} = 1$。

$P(1)$ 为一步转移概率矩阵，$P(k)$ 为 k 步转移概率矩阵，它是在 $k - 1$ 步转移的基础上再一次转移的结果，$P(k) = P(k - 1)P(1) = Pk(1)$。

10.6　地理空间可视化分析

随着一系列新技术的发展，地图学的外延在扩展，地图学内涵也发生了变化。地图的功能由空间位置信息的表达向空间格局、地理过程、作用规律等知识挖掘转化，地图作为可视化产品传播给受众的不再是对"在何处""有何物"的位置问题的回答，而是从深层次揭示地学空间知识，这迫切需将科学计算可视化与空间统计、空间数据挖掘及地图分析相结合，形成新的地学可视化分析理论与方法。

10.6.1　可视化与可视化分析

在地学领域，与可视化分析密切相关的概念有 4 个：即可视化、科学计算可视化、地学可视化、地学可视化分析。

可视化是指在人脑中形成对某物(某人)的图像，以促进对事物的观察力和对概念的建立，是一个心智处理过程。测绘学家的地形图测绘编制，地理学家、地质学家使用的图解，地图学家专题、综合制图等，都是用图形(地图)表达对地理世界现象与规律的认识和理解，都属于可视化的过程。

科学计算可视化是指通过研制计算机工具、技术和系统，把实验或数值计算获得的大量抽象数据转换为人的视觉可以直接感受的计算机图形图像，从而进行数据探索和分析的过程。科学计算可视化与传统地学中的地图等图形表达方式相比，主要区别在于科学计算可视化是基于计算机开发的工具、技术和系统，重在强调知识的建构而非知识的存储；而后者是手工或计算机辅助制图，主要强调地图信息的记录与存储。

地学可视化是科学计算可视化与地球科学结合而形成的概念，是关于地学数据的视觉表达与分析。地学可视化是运用确定的视觉表达使空间情况和问题可视化，从而最大限度地发挥人的与视觉相关的信息处理能力。地学可视化不仅是通过计算机图形显示来表达数据，而且本质上是人们建立某种事物（或某人）在脑海中的意象，是人们对地学信息认知和交流的过程，通过这个过程可以帮助人们获取地学知识，认识地学规律。可视化技术与GIS技术的结合，促进了GIS地学数据的图形表达，也使GIS技术可以更有效地与其他学科的技术方法（如统计方法、数据挖掘方法）结合，通过地学可视化分析方法来解决与地学数据相关的问题。

时空流数据可视化的难点在于将动态的过程在静态的地图上给予合理的展现。其理想的效果是既要保持静态底图与动态过程在样式上的协调，又要使动态内容与静态内容一起流畅地响应对地图的操作（缩放、平移）与对时间轴的操作（暂停、开始、快进、快退）。要达到这一目标，首先需要为时空大数据建立针对动态可视化的数据组织模型，包括时空参考基准的统一，时空多尺度层次化剖分等，为可视化过程中的任务划分与渲染作业调度进行数据准备。其次是在制图领域专用语言的支持下，建立时空动态过程的样式模型，设计样式定制与实时更新方法。针对多时空数据连续分辨率动态处理中的不同版本数据，随时间变化的可视化问题，通过采用面向时空场模型的插值、剔除等数据处理方法，解决不同类型场数据在不同时间版本间连续动态显示的问题。设计运动目标轨迹数据内插、外推等处理方法，解决时空过程数据在不同版本间连续动态显示的问题。

交互可视化：地理信息交互可视化的内容主要包括以下3个方面。①地图数据的交互可视化表示。我们可以根据数字地图数据分类、分级特点，选择相应的视觉变量（如形状、尺寸和颜色等），制作全要素或分要素表示的可阅读的地图，如屏幕地图、纸质地图或印刷胶片等。②地理信息的交互可视化表示。这是利用各种数学模型，把各类统计数据、实验数据、观察数据和地理调查资料等进行分级处理，然后选择适当的视觉变量以专题地图的形式表示出来，如分级统计图、分区统计图和直方图等。这种类型的可视化正体现了科学计算可视化的初始含义。③空间分析结果的交互可视化表示。地理信息系统的一个很重要的功能就是空间分析，包括网络分析、缓冲区分析、叠加分析等，分析的结果往往以专题地图的形式来描述（具体详见图10.16）。

多维动态可视化：在几何、语义信息极度丰富的背景下，空间数据的多维动态可视化成为可视化分析的基本需求。多维空间数据动态可视化在传统上均基于几何面片进行可视化。例如，地形数据一般基于规则格网的数字高程数据，目前已有一些较为成熟的实时动态规则格网数据层次化算法，如ROAM算法、ChunkedLOD算法等。对大量高度复杂且不规则的地物模型，其动态可视化加速算法可归类为四类：模型简化与多分辨率绘制算法，快速的可见性剔除算法，基于GPU的加速和真实感增强技术，海量场景数据的Out-Of-Core局部装载调度。计算机图形学中的连续表面模型简化算法只考虑到视觉感知效果，并没有考虑三维地理信息模型的语义特征。然而，地理信息更要求对地理过程、结构、语

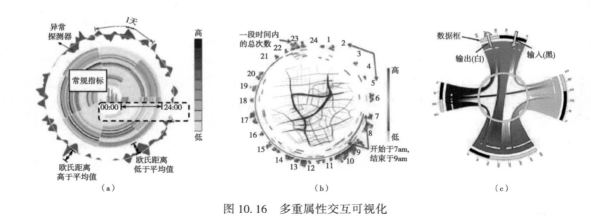

图 10.16 多重属性交互可视化

义的抽象化概括以及增强表达，这使得图形学中的简化算法无法直接应用在复杂三维地理信息对象上。

可视化分析是使用交互式视觉界面促进分析推理的科学。人们使用可视化分析工具和技术来合成信息，并从海量的、动态的、模棱两可的数据中获得规律，检测预期和发现意外，提供及时、可辩护和可理解的评估。虽然现今 GIS 正越来越体现出表达信息方面的优势，但在数据探索和生成假设方面仍显得能力有限。当前科学可视化在技术研究上侧重复杂的多维数据、大型数据场和空间变化过程的可视化，这种可视化技术为数据探索提供了一种高度灵活的手段，恰好可以弥补 GIS 在高维地学数据图形表达及分析方面能力的不足。科学可视化对地学信息表达与分析在技术上所产生的影响体现在对地学数据的可视化分析方法上，它是科学可视化技术、GIS 与统计、数据挖掘、地图等相关的技术方法相互结合的产物。

10.6.2 二维可视化分析的方法

科学计算可视化与统计学、数据挖掘、电子地图等地学数据探索过程相关的技术的结合产生了不同的地学可视化分析技术体系。

1. 基于空间统计学方法的可视化分析

空间统计分析从空间物体的空间位置、联系等方面出发，研究既具有随机性，又具有结构性，或具有空间相关性和依赖性的自然和社会经济现象。空间统计学研究的基础是空间对象间的相关性和非独立的观测。其主要分析内容包含以下几点。

①探索性数据分析：探索性数据分析强调探索性而非确定性，这一特性与可视化技术动态、交互的特征相辅相成。其重点在于确定特别之处，例如识别特殊位置，寻找并了解趋势与特别之处（即全局模式和局部异常）。探索性数据分析主要包括确定统计数据属性、探测数据分布、全局和局部异常值（过大值或过小值）、寻求全局的变化趋势、研究空间自相关和理解多种数据集之间相关性。基本的数据探索分析技术包括直方图、散点图、散点矩阵、影响杠杆图、密度椭圆、旋转图、簇集图。

②空间插值：基于探索性数据分析结果，选择合适的数据内插模型，由已知样点来创建表面，研究空间分布。空间插值方法分为两类：一类是确定性插值方法，另一类是地统计学插值方法。确定性插值方法是基于信息点之间的相似程度或者整个曲面的光滑性来创建一个拟合曲面，如反距离加权平均插值法（IDW）、趋势面法、样条函数法等；地统计学插值方法是利用样本点的统计规律，使样本点之间的空间自相关性定量化，从而在待预测的点周围构建样本点的空间结构模型，如克里金（Kriging）插值法。确定性插值方法的特点是在样本点处的插值结果和原样本点实际值基本一致，若是利用非确定性插值方法，在样本处的插值结果与样本实测值就不一定一致，有的相差甚远。

③空间回归：研究两个或两个以上的变量之间统计关系，通过空间关系，包括考虑空间的自相关性，把属性数据与空间位置关系结合起来，更好地解释地理事物的空间关系。通过回归分析，我们可以对空间关系进行建模、检查和探究，帮助我们解释所观测到的空间模式背后的诸多因素。在所有的回归方法中，普通最小二乘法（OLS）和地理加权回归（GWR）最为著名。OLS 是所有空间回归分析的正确起点，它可以为了解或预测（降雨）的变量或过程提供一个全局模型，并且创建一个回归方程来表示该过程。地理加权回归（GWR）是若干空间回归方法中的一种，被越来越多地用于地理及其他学科研究。通过对数据集中的各要素拟合回归方程，GWR 为了解/预测的变量或过程提供了一个局部模型。若使用得当，这些方法可提供强大且可靠的统计数据，以对线性关系进行检查和估计。

④空间分类：基于地图表达，采用与变量聚类分析相类似的方法来产生新的综合性或者简洁性专题地图，包括多变量统计分析（如主成分分析、层次分析），以及空间分类统计分析（如系统聚类分析、判别分析）等。

将空间统计融入可视化过程，有利于将数据探索作为初始浏览过程的一个重要组成部分。可视化与空间统计功能相结合的实现方式有两种：通常采用的方式是把空间统计功能嵌入 GIS 及制图模块，目前一些先进的空间统计方法（如主成分分析、点模式分析及Kriging 方法）均已结合在 ArcGIS、IDRISI 等主要商业 GIS 中；另一方式是将可视化的功能子集嵌入一个空间统计分析环境，如可以把 GIS 组件的一个有限集嵌入数据库管理系统ACCESS，利用 ACCESS 自身的功能及其便于与其他软件结合的能力来扩展空间数据分析功能。

2. 基于空间数据挖掘技术的可视化分析

空间数据挖掘是从空间数据库中提取隐含的、用户感兴趣的空间的和非空间的模式和普遍特征的过程。空间数据挖掘的对象主要是空间数据库，利用挖掘技术可以从空间数据库中获取的数据类型有普遍的几何知识、空间分布规律、空间关联规律、空间聚类规则、空间特征规则、空间区分规则、空间演变规则、面向对象的知识等。空间数据挖掘技术按功能划分可分为三类：描述、解释、预测。描述性的模型将空间现象的分布特征化，如空间聚类；解释性的模型用于处理空间关系，如处理一个空间对象和影响其空间分布的因素之间的关系；预测型的模型用来根据给定的一些属性预测某些属性，如分类模型和回归模型等。

现今空间数据挖掘方法主要有四类：第一类是以空间信息泛化为目标的方法，如探索性归纳学习方法（Exploratory Inductive Learning）等；第二类是以发现空间关联规则为目标，如 Apriori、DHP、并行挖掘算法等；第三类是以空间分类（聚类）为目标，所运用的方法包括传统统计分类技术（如基于最小距离判别的几何分类法、基于贝叶斯概率准则的最大似然分类法等）、神经网络、遗传算法、模糊识别等算法；第四类是以空间特征和趋势探测为目标的数据挖掘算法。目前，基于数据挖掘的可视化分析系统包括 GeoMiner 和 GeoVISTA。

以下为目前最主要的数据挖掘软件：①Knowledge Studio，由 Angoss 软件公司开发的能够灵活地导入外部模型和产生规则的数据挖掘工具。②IBM Intelligent Miner，该软件能自动实现数据选择、转换、发掘和结果呈现一整套数据挖掘操作，支持分类、预测、关联规则、聚类等算法，并且具有强大的 API 函数库，可以创建定制的模型。③SPSS Clementine，SPSS 是世界上最早的统计分析软件之一，Clementine 是 SPSS 的数据挖掘应用工具，它可以把直观的用户图形界面与多种分析技术如神经网络、关联规则和规则归纳技术结合在一起，该软件首次引入了数据挖掘流概念，用户可以在同一个工作流环境中清理数据、转换数据和构建模型。④Cognos Scenario，该软件是基于树的高度视图化的数据挖掘工具，可以用最短的响应时间得出最精确的结果。

近年来，一种流行的趋势是将可视化技术与数据挖掘相结合，在数据挖掘过程中：对被分析的每个变量的原始数据的可视化显示有助于对合适的模型表达的确定；此外，展现处理过程的可视化有助于领域专家理解这些方法并发现方法的不足之处；在过程控制中使用可视化能开发潜在的并行运算，提高处理速度。可视化数据挖掘技术已用于数据探索分析，并产生了平行坐标、棒状图可视化技术等多种多维数据可视化技术。

3. 基于地图的可视化分析

地图作为重要的地学信息表达和探索技术，在地学问题的解决中不可或缺，它随着可视化技术的引入而具备了交互、动态的特性，推动了地学可视化系统、空间决策支持系统和地学虚拟现实环境的出现和发展，极大增强了地学专家在进行地学数据探索时的图形思维能力，从而能更有效地作为地学可视化思考与决策的辅助工具，更好地服务于地学方面的模式认知和决策支持。电子地图交互、动态的功能不仅使我们可视的地理实体数量增加，更使我们思考和决策的方式发生了质的变化。

地图分析主要是对专题地图和普通地图进行阅读和解译分析，以获取区域某种现象要素分布的状况、规律，或几种现象要素的相关关系。在可视化分析中通常利用地图分析方法，从定性、定量和定位角度进行去粗取精、去伪存真，揭示地学过程的本质。地图分析方法可概括为地图量算法、图解分析法、计量分析法、数理统计法、比较法和相关法等。

基于地图的可视化分析模型可分为三类：聚焦单一视图、多视图连接和多视图组合。聚焦单一视图多用于发现形态，这一类技术包括选取子集和变量投影以用于在显示器上显示信息并进行多种操作。多视图连接可使包含在各单一视图中的信息集中在一个作为整体的连贯图像中，从而弥补单一视图只展现数据的一部分信息的不足之处。多视图间不同的连接方式可以使视图顺序显示或者同时平行显示。顺序显示地图即连续动画。平行显示地图是在多个视图中标记出相关的部分。将多视图组合显示的目的是便于比较。

10.6.3　二维可视化分析示例

1. 点特征的可视化分析——以设施 POI 可视化分析为例

设施 POI(Point of Interest)在城市地理空间中往往聚集分布，呈现热点特征。一种典型的热点分析方法为核密度方法，该方法的计算结果表现出距离核心越近的区域所受中心辐射值越大的特征，符合城市设施服务对周边位置影响的扩散特点。禹文豪等(2015)提出利用基于网络路径距离的核密度计算方法确定热点的区域密度，通过扩展二维栅格膨胀操作，以一维形态算子的连续扩展计算 POI 在网络单元上的密度值，并根据城市公共设施与被辐射对象的联系主要通过道路进行的事实，应用基于路径距离的网络核密度估计方法进行设施分布热点分析。通过选取深圳市福田区作为研究区域，试验数据包括1∶1 000比例尺的道路网数据以及商务设施 POI 点数据。其中，道路网络由 1 999 条网络弧段组成，商务基础设施包括银行、ATM、保险公司、投资公司、证券公司以及财务咨询公司 6个二级类，共有 POI 点 4 471 个(具体详见图 10.17)。

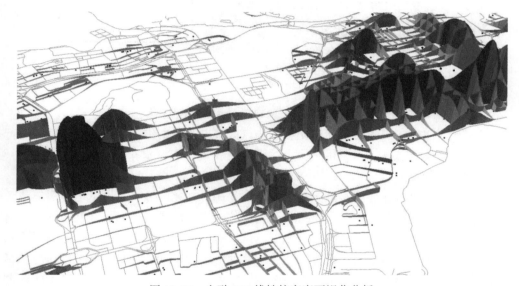

图 10.17　金融 POI 线性核密度可视化分析

实验发现，基于道路网络的核密度估计方法，计算的热点被约束至道路弧段附近，热点分列于城市的主要干道旁。其可视化的形式组合了颜色以及高度视觉变量，能较好地反映城市功能在大尺度下的细部分布特征，可用于网络现象的空间分布模式分析、分布趋势分析以及空间发展预测等。

热点是商务功能相对集中的区域，较其他位置，该区域应包括数值总体分布中一定水平的右尾值(即相对高值)。采用空间统计中的标准差值对密度表面做更进一步的专题分类，以反映一个数据集的离散程度，根据正态分布，99%水平的数值分布于距平均值小于3 个标准差之内的数值范围。取不同水平的尾值会产生集聚程度不同的热点区域，标准差值越大(即 3σ、4σ、5σ)，最终界定的范围越小，结果也将越接近城市功能热点"中心"。经可视化分析发现，深圳市金融热点主要分布于福田中心区以及罗湖—上步中心区，深圳市总体规划明确的南北向景观轴(中轴线)及东西向(深南大道)交通轴构成的"十字"轴，成为该热点清晰的"脊梁"(具体详见图 10.18)。

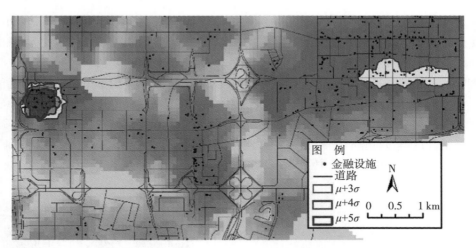

图 10.18　核密度+空间统计的热点探测可视化分析

2. 线特征的可视化分析——以城市出租车轨迹数据可视化挖掘为例

通过用户产生的历史轨迹数据对城市的热点区域以及居民出行行为的时空特性进行挖掘研究，并逐渐受到重视，且取得了一定的进展。在此，以武汉市出租车轨迹数据为例，提出一种基于时间点的可视化分析方法。

基于时间点的可视化分析是基于一个时间点，用可视化的方式来展示地理实体或者地理对象在这个时间点的状态。时间点可以是连续的，也可以是离散的。在此将一个月内的每一天作为一个时间点，以这个时间点来展示武汉这一天内的出租车流动总体情况。在时间轴上，以天为单位对所有 OD 点进行切割，然后在每个时间点内统计该段时间内所有的 OD 点数量。通过日历热图(具体详见图 10.19)的形式来展示一个月内每天的 OD 点数量值。在一个时间点内，还可以对 OD 数据做一个空间尺度上的划分，以行政区划为划分依据，将所有 OD 点划分到它们所对应的行政区划内，然后再细分统计每个行政区域内的 OD 点数量。在一个行政区的区域内，还可以再细分上客点和下客点各有多少，这样展示的信息会更加丰富。

在一个城市内，出租车经常会出现跨区运营，展现出租车这种跨区流动的信息对分析城市区域内的人口流动，揭示城市居民的出行规律具有重要意义。可以采用动态符号+二维平面地图的方式来展示出租车之间的跨区流动。通过统计一天内武汉三镇之间的出租车轨迹数量，然后根据轨迹数量值和颜色模板的映射关系，得到每一条运动符号的颜色，最终可视化的效果如图 10.20 所示。

通过对比不同区之间的数量，可以得到各区之间出租车流动信息的差异。在图 10.21

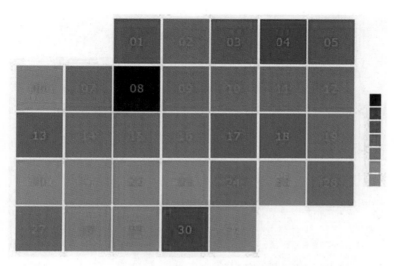

图 10.19 出租车数量日历热图可视化分析

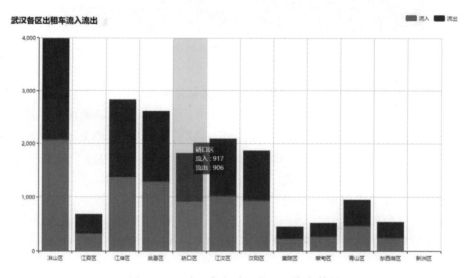

图 10.20 武汉各行政区的上下车点数量

中可以非常清楚地看到洪山区、武昌区、江岸区这三个武汉市最繁华的区，出租车 OD 点数量是最多的；新洲区、黄陂区、蔡甸区这三个远郊城区是出租车 OD 点数量最少的区。可见出租车司机的运营区间和区域的繁华程度紧密相关。在武汉各区之间出租车流动图中，可以明显看到洪山区到武昌区及江岸区的轨迹数量是明显多于洪山区到其他区的。在交互可视化方法上，通过对颜色模板进行调整，调整颜色值的最大值、最小值来改变展现出来的数值区间，从而实现对数据的筛选。通过对图例的控制，可以改变出发点的区域，从而分析以不同区域为出发区域的轨迹流动图。

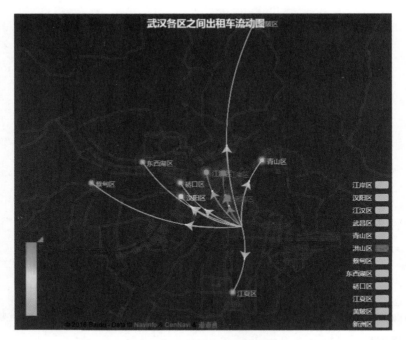

图 10.21　武汉各区之间出租车轨迹综合流动图

3. 区域特征的可视化分析——以 PM$_{2.5}$的可视化分析为例

PM$_{2.5}$的空间分布具有典型的区域特征，但目前的观测数据大多来源于监测站的点位数据。如何基于点位数据反演出区域的 PM$_{2.5}$分布情况，需要采用相关的空间统计模型进行可视化分析。王振波等(2015)基于 2014 年我国 190 个城市中的 945 个监测站的 PM$_{2.5}$浓度观测数据，采用空间数据统计模型，揭示了我国 PM$_{2.5}$的时空格局。

受经济和人力等条件限制，我国环境监测点分布尚不均匀，其中近 70%的监测点集中在环渤海、长三角和珠三角三大经济发达区域。通过插值即可了解区域内的完整空间分布。区域尺度要素常用的插值方法有反距离插值(IDW)、克里金插值(OKM)，前者估测像元的精度受其到已知点距离的影响较大，对插值点的分散性和均匀性要求较高，非均衡插值点的插值结果波动性较大，连续性较差；后者在生成输出表面的最佳估算方法之前，应对插值点属性的空间行为进行全面计算，得出的结果连续性较好。通过从全国 190 个监测点中随机抽取 13 个点作为验证点，采用交叉验证法对插值的效果进行验证。结果显示，OKM 精度均在 85%以上，优于 IDW，说明 OKM 插值能较科学地反映我国 PM$_{2.5}$的空间分布格局。

可视化分析表明：①我国城市 PM$_{2.5}$浓度具有显著的空间分异规律，胡焕庸线和长江是中国 PM$_{2.5}$浓度高值区和低值区的东西和南北分界线。胡焕庸线以东和长江以北的环渤海城市群、中原城市群、长三角城市群、长江中游城市群和哈长城市群等地区是 2014 年 PM$_{2.5}$的高污染城市聚集地，此范围内的城市 PM$_{2.5}$年均值在 72μg/m^3 以上；长江以南以及胡焕庸线以西(新疆中部除外)地区城市的 $PM_{2.5}$ 处于较低水平。②我国城市 $PM_{2.5}$ 浓度具有显著的空间集聚规律,北方城市群是 $PM_{2.5}$ 核心集聚区。华北平原和长三角地区是全年主要的 $PM_{2.5}$ 集聚地区,东南沿海地区则是持续稳定的空气质量优良区。

10.6.4 三维建模与空间分析

对于含有 x, y, z 三维坐标的数据,需要对应的三维模型对其进行描述和表达。通过对物体形态、纹理、色彩等属性的真实再现,更逼真地模拟现实世界,制造一种身临其境的可视化效果。这使得三维模型在越来越多的行业中得到应用,除工程和建筑等设计领域以外,在地理信息系统中城市三维建模也更好地服务于数字城市等内容。三维建模过程就是在三维空间中对建模对象的各项属性进行研究和分析,已达到 3D 数字化再现的过程(毕硕本,2010)。基于三维场景和三维模型的空间分析也正取代传统的基于二维坐标数据的分析形式,更加贴近真实情景,对于城市的管理和规划具有实际应用意义。

1. 三维建模技术

三维建模是许多应用领域的关键技术,随着三维数据采集技术、可视化、图像处理算法等快速发展和计算能力的提升,极大地增强了三维建模能力。使得专业或非专业人士都可以进行一定的三维建模。当然这些建模手段还主要集中在实体的物理建模,可能具有不同的尺度或 LOD、精度。

不同于最初的基于几何图形的手动建模方法,现如今三维建模根据其数据采集方式不同,方法也多种多样,可以分为基于主动遥感的激光建模和被动的基于图像的建模。

1)激光扫描与建模

近 10 年来,激光扫描技术飞速发展,成为三维数据获取的一个主力军。根据扫描方式的不同可以分为陆基激光扫描、空基激光扫描和移动激光扫描三类。

2)陆基激光扫描

陆基激光扫描广泛用于获取建筑的外围数据,如立面、屋顶斜坡等,其最主要、最广泛的应用是三维城市建模。但是对土地宗地提取和建筑重建方面,激光扫描具有一定的不足和限制。激光扫描可以生产建筑立面和屋顶的精确、细节模型,却很难获取土地的宗地边界。同时,在获取建筑信息时,仅有陆基激光扫描可以获取室内 3D 数据(图 10.22),空基和移动激光扫描只能获取立面和屋顶数据。

3)空基激光扫描

利用空基激光扫描的方式可以获取建筑物外表面的信息,包括俯视激光数据和正立面数据等。后期建模时依据建筑的正射影像及剖面点云,确定建筑主体及结构组合方式,就能保证建筑主体正确结构合理。

空基激光扫描获取的点云数据构建三维模型的一般步骤如下。

①通过识别地物和建筑对点云进行细分类后,将点云数据与正射影像(图 10.23)同时导入 Terrasolid 软件内,作为建模参考依据。

②将点云在正视图、侧视图及三维视图下浏览(图 10.24);分析建筑物结构,根据点云反映的建筑物方向、轮廓、高度对主体进行建模(图 10.25),利用建筑物及相邻地物点云来判断模型与地面空间关系。

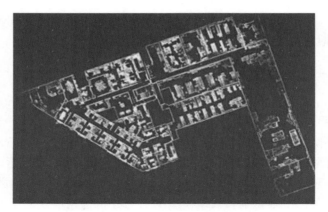

图 10.22　TRIMBLE 天宝室内激光扫描图

图 10.23　点云数据与正射影像

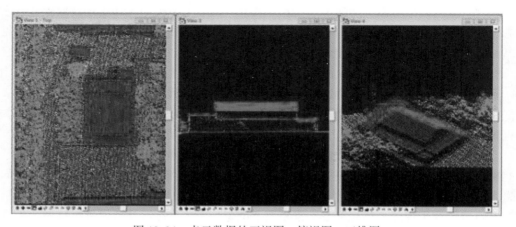

图 10.24　点云数据的正视图、俯视图、三维图

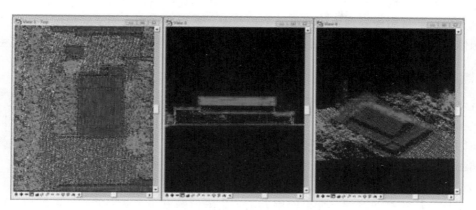

图 10.25 点云数据的轮廓、高度信息

③正射影像数据作为参考数据判断建筑物的顶部结构及附属物，建筑物主体确定后依次对建筑物的附属物进行建模，所得成果如图 10.26 所示。

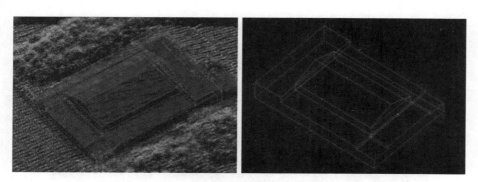

图 10.26 建筑物附属物及其模型

4）移动激光扫描

近年来，移动测量（MLS）的发展和系统集成为城市数据的快速测量提供了工具，它可以用来进行大规模的城市三维数据采集，包括城市建筑立面、道路、植被等。MLS 能方便地采集和记录城市街道两边的设施情况，许多地理信息（如建筑高度、建筑立面、屋檐等）都可以被记录。MLS 的精度当前在 10cm 左右。通常 MLS 用来进行大场景和大区域的数据采集，而地面三维激光扫描（TLS）侧重数据精度、数据强度，多用于小区域固定扫描。

移动激光扫描虽然分辨率高、获取成本低，可以得到几何精度更高、细节更突出的三维数据，但移动激光扫描时受各种遮挡的影响更大，尤其是在城市内，无法获得完整的建筑物表面信息。为此，移动激光扫描获得的数据与遥感图像数据源结合，可以更快速地构建建筑物三维模型（吴君涵等，2016）。

5）影像采集与建模

基于图像的建模技术实质上是利用照相机采集的离散图像或摄像机采集的连续视频作为基础数据,经过图像处理生成真实的全景图像,然后通过合适的空间模型组织为三维模型。图像建模所用到的基础资料有地籍图、建筑平面图、陆基影像、卫星影像、航空影像和无人机影像等。

6)无人机影像建模

近年来,无人机作为航空影像的主要采集来源开始盛行。它的优点:轻巧便携;相比于卫星遥感设备,使用条件限制少,具有很高的机动性、灵活性和安全性。并且不同于卫星遥感影像的低分辨率,无人机往往能够获取多角度、高分辨率的影像,为影像建模提供了更精细的数据。

7)倾斜摄影建模

对于建筑物的侧面纹理,如果使用人工采集图像的方法,效率低下。而城市建模的方法中利用航空立体像,则自动化程度更高、建模速度较快。但是需要解决测量过程中因为拍摄角度倾斜而产生的误差,一般采取以下步骤进行模型的细化工作。

建筑上层结构细化,对于标准模型(图 10.27)主要利用倾斜影像能够获取建筑整体影像数据、附带真实光影信息的特点,即可使简单模型拥有逼真的立体效果,真正做到效果与效率兼顾。

图 10.27 标准模型效果

如图 10.28 所示,标准模型顶部的阁楼及阳台均使用倾斜影像贴图进行标示,模型数据量较小,同时也能够识别出建筑的顶部及侧面结构。

为了精细模型与底部精细效果协调,需要对建筑的上层结构进行细化处理。

图 10.29 为利用倾斜影像在 3D Max 完成细化作业的模型,从图中可以看到,细化后的模型建筑顶部阁楼及侧面的阳台等结构均使用模型进行表现,因倾斜影像可以提供细化的位置参考,细化模型的同时依然保证了模型精度。

对于一些遮挡的纹理,例如,沿街及小区建筑被植被或树木遮挡、房屋密集区的相互遮挡等情况,需要进行人工的编辑,经过编辑后,即可生成模型成果。对于大部分城市建筑,可以制作成标准模型,效果如图 10.29 所示。

8)三维数据获取

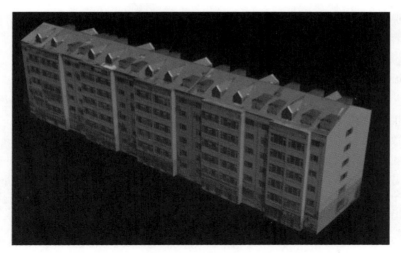

图 10.28 精细模型

图 10.29 标准模型成果

在城市三维建模中，需要采集的三维空间数据主要包括地形、建筑物平面与高程数据和纹理数据，它们是城市三维模型的重要属性，获取这些信息可以制作更逼真的可视化效果。下面分别对它们的获取方式进行介绍。

数字三维地形数据源格式分为矢量数据和栅格数据两种。矢量数据一般分为点、线、面三类，主要指等高线矢量、地形特征点矢量、地理要素矢量，以及用线框或者离散点阵表示的 DEM 等。但是地形数据的表达通常是二维的，要将其转化为三维数据，一种方式是将点位平面信息和文字形式的高程信息用匹配的方法组成三维点，接着对这些三维点进行三角剖分形成三角形网，使用 OpenGL 对三角网渲染，生成具有真实感的三维地形（周方晓等，2011）。

所以 DEM 是三维地形模型显示的基础数据，地形的可视化是研究 DEM 的显示、简化与仿真等内容，它是根据采集的绘图区域地形等高线及重要的线性图形数据，按一定的曲面内插算法拟合生成的。

现有的城市三维模型建立中，获取 DEM 的途径主要有以下 5 种。

①直接使用二维 GIS 中的 DEM。由于其通过实测高程点构成不规则三角网模型（TIN）得来，因而精度最高，但缺点是获取和更新速度太慢。

②通过数字摄影测量系统，处理航摄影像生成，这种获取方式受扫描分辨率和测量手段的限制，成图的精度受到一定的影响，但获取速度快。

③由机载激光扫描系统直接扫描并经过后续处理获得。其优点是直接测量地面要素高程，无须人工干预进行快速、自动的数据处理，获取速度快，且不受天气影响；其缺点是精度低，需要专门的处理算法。

④用合成孔径雷达（SAR）获取数字高程模型。优点是不受白天黑夜以及天气的影响，分辨率高，但数据获取成本高，目前不易推广。

⑤激光扫描获取点云数据得到 DEM。

9）建筑物平面数据获取

建筑物的平面数据主要是指建筑物在俯视图中投影到地平面的轮廓线，它的意义在于将建筑物与其他地形要素分开，绘制更精确的城市建筑三维模型。

目前建筑物平面数据获取主要有以下 4 种方式。

（1）利用数字摄影测量的方法从影像数据中获取建筑物数据

①使用航空影像和地面摄影对建筑物特征进行自动提取。其优点是获取速度快，缺点是提取的几何信息不完整，需要大量的人工后续处理。

②使用航空影像进行交互式获取。航空影片真实地反映了城市建筑物的所有顶部信息，同时也反映了部分建筑物的侧面信息，以及大部分建筑物的附属信息，因此可以运用数字化结合人工交互的方式，获取建筑物的外形特征。这种方式的特点是能够较真实地获取所需的信息，缺点是需要人工干预，工作量大。

③在地面使用激光扫描仪与 GPS，通过测距求算获取。其特点是获取速度快，且获取的几何信息准确，缺点是工作量相当大。

④使用高分辨率卫星影像进行建筑物的自动提取。高分辨率影像卫星的出现，使得高分辨率、实时的城区影像能够很容易获取。

（2）从原有的二维 GIS 中提取三维建筑物模型平面信息

三维 GIS 是从二维 GIS 基础上发展起来的，虽然数字摄影测量和遥感技术可以提供大量的数据，但是传统的 GIS 所积累起来的现成数据应当给予充分利用。

二维 GIS 中，建筑物一般只用投影到地面的轮廓线来表达，并将该轮廓线所勾勒出来的图形作为面对象存储在地图数据中。因此，可以利用现有的地图数据，从中提取出这些轮廓线，把其作为三维建筑物模型的底面。利用原有 GIS 成果的基础上，很容易获取三维GIS 中建筑物的平面几何数据，避免了重复劳动。

（3）建筑物高程数据获取

建筑物高度数据的获取，主要有以下 4 种方法。

①从影像中直接提取建筑物高度以及其他信息。其优点是效率高，但是目前还不适合大批量数据的自动处理。

②用 Laser Ranger Finder 结合 CCD 相机从地面获取建筑物的高度数据。其优点是获取速度快，缺点是工作量大，且后续处理工作量也很大。

③用 Airborne Laser Scanner 结合空中影像，经过算法处理提取建筑物的高程数据。其优点是获取速度快，缺点是后续处理工作量大，费用较高。

④利用原有二维 GIS 的地图资料建立的建筑物专题信息数据库。原有的 GIS 专题信息数据库中如果含有建筑物高度信息，就可以直接利用。或者，从建筑物的层数和建筑物的使用性质估算建筑物的高度。这种方法优点是工作量小，缺点是信息不准确。

（4）建筑物表面纹理获取

纹理数据对于 GIS 的数据管理和空间分析功能没有任何影响，但是在地形模型表面和建筑物模型表面粘贴真实的纹理影像，可以突出可视的景观信息，生成具有真实感的三维景观图。

纹理的主要来源有航空影像上提取地表和建筑物所对应的纹理数据和近景摄影影像。目前，建筑物的纹理数据获取有以下几种方式。

①地面摄影像片直接提取。这种方法需要用相机拍摄大量的建筑物侧面照片，其优点是能够使建筑物模型真实感强，缺点是获取速度慢，且数据量大，后续工作量也大。

②由计算机做简单模拟绘制。这种方法采用了矢量纹理，其优点是数据量少，建立的模型浏览速度快，但缺乏真实感。

③根据摄影像片由计算机生成。这种方法适合具有相似的纹理的建筑物群，可以对其中的一个建筑物进行纹理特征的提取，然后用计算机对其他建筑物进行批量处理，这样可以减少纹理的获取量和后续处理的工作量。

④由空中摄影获取。这一方法主要获取地面影像，但空中影像中也含有部分建筑物的侧面纹理。这种方法获取的纹理变形大，真实感也相对较差。

由于大规模的三维城市模型中小纹理的数量众多，因为在一个场景下涉及的房屋多种多样，每一栋建筑纹理都互不相同，多种纹理的存在大大增加了数据载入次数和绘制批次，降低绘制效率。戴雪峰等（2015）剔除了使用贪心算法和退火算法对众多小纹理进行自动合并，有效地提高了三维模型绘制效率。图 10.30 为基于纹理合并的模型效果。

2. 三维空间分析

1）三维地籍分析

随着城市的立体发展，在垂直方向上的功能划分逐渐增多，传统二维地籍以平面代替建筑三维体的思想已经不再适用，必须研究三维地籍，在三维空间讨论土地权属管理的技术与方法（应申等，2014）。三维产权体是三维地籍的基本单元，基于产权体的三维计算是三维地籍分析的基础。三维产权体在基本几何参数上包括形态、中心、重心、质心、长度、面积和体积等。下面介绍几种常用的产权体计算方法。

（1）产权体的体积计算

不同于传统二维地籍模式对产权体的描述以面积为基础，三维地籍模型的描述中体积

图 10.30 纹理合并后的效果

量算能更好地解决面积量算中忽略楼层高度的问题。对于形状规则的房子计算比较简单，可以通过普通的体积公式计算求出。但对于外形结构复杂的产权体，就需要把不规则产权体剖分为约束不规则四面体网，然后计算网中的每一个四面体的体积，再求和，如图 10.31 所示。

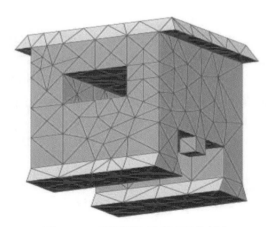

图 10.31 不规则体元素四面体剖分

（2）表面积计算

表面积是三维地籍产权体几何计算的任务之一。同体积算法的思路，先将产权体剖分为约束不规则四面体网，利用边缘算子提取构成该产权体边界的三角面，计算每一个三角面的面积并且求和得到产权体的表面积，如图 10.32 所示。

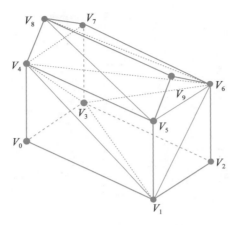

图 10.32 表面积计算示意图

（3）三维叠加分析

三维城市空间分析可能会有这种查询：哪些管线穿越某个产权体，某地表宗地下面有哪些产权体等。这些空间查询要将两种或两种以上的三维地籍数据进行集成，获取它们集成后的综合信息（应申等，2014）。下面介绍面与三维产权体的叠加和体与体的叠加。

三维的表面与体叠加（图 10.33）分析是对表面和三维体的边界进行几何求交，与体相交的表面被分解为子面，落在体内的表面被附加了该体的属性信息。计算方法是将表面和体分别进行三角形和四面体剖分，用剖分后的单纯形来判断表面与体的相交关系。

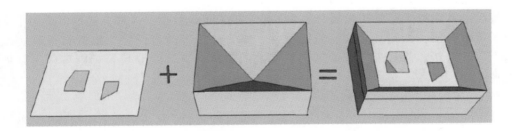

图 10.33 表面与体叠加

两个三维体被叠加后获得一组新的三维信息，就是体与体叠加分析的实质。叠加方式可以分为交、并和叠合（图 10.34）。计算思路同样是将体元剖分为四面体集，再进行叠加计算。

（4）产权体的合并与分割

宗地的分宗与合宗是地籍中常见的一种变更。在三维地籍中，由于产权体的三维特征使得对产权体的分割和合并操作背后的技术难度增大。抛开这种分割合并的业务和法规的

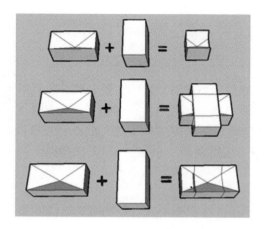

图 10.34　体与体叠加的三种方式

要求，对三维空间中几何体的分割与合并的计算存在较多关键点，包括分割时分割面的确定和重建、合并时重叠面的化简或消除、三维体的结构重组等。

2）三维管线分析

城市的公共设施中，地下管线相当于看不见的生命线。纵横交错的各类管网承担着信息传输、能源输送、污水排放等与日常生活密不可分的重要功能。正因如此，这些管线具有规模大、范围广、空间分布复杂等特点。在管线架设的初期，首先要根据管线的实际用途规划合适路线，铺设过程中还要考虑埋深、与建筑物地基之间的关系。管线搭建好后，后期的维护也是一项长时间的工程，要监测管线的安全状况，并且在可能发生损坏的部位第一时间分析预测结果，从而将伤害降至最低。

传统的管线竣工资料和探测结果大多是二维矢量线数据，这种方法不再适用于交错复杂的管线分析。如路径规划、管线埋深、爆管分析等内容仅凭二维资料很难实现精确的可视化分析。而基于三维地理信息系统的城市地下管线分析管理则可以很好地解决这些难题。

（1）地下管线三维开挖分析

真正的施工过程中对于地面开挖这项工作随意性较大，传统的地面挖掘分析具有一定难度，但是基于地下三维管线的开挖分析方法另辟蹊径，通过管线段/管点与开挖面之间的空间关系分析，结合管线段动态分析，为管线施工提供指导思路（王家文等，2014）。

第一步是对地下管线的数据建模。埋藏在地下的管线种类繁多，包括供水管道、供气管道、供电管道以及其他管线等，首先收集并组织管线数据，然后根据其精确的位置分布要求和状态建立三维空间模型，便于可视化查询和计算。将管线按照特征点划分为管线段和管点（其中管线段包括两个管点和一段线段），利用专业软件对这些管线数据及其拓扑关系进行建模。

准备好基础数据以后，开始进行管线开挖分析，在三维模型中自由设置开挖窗口深度及大小，有三种设置方式，分别是用户输入（图 10.35），沿路开挖（图 10.36）以及自定义开挖地段(图 10.37)。

图 10.35 开挖参数设置

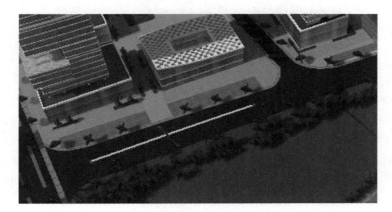

图 10.36 沿路段开挖

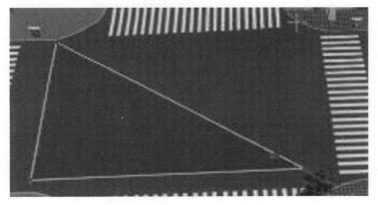

图 10.37 划定范围开挖

通过管线开挖分析，可以在仿真的三维场景中预测开挖情况与管线之间的关系，最大限度地做好提前规划和人力物力的安排。图 10.38 为一个三维管线分析软件显示的开挖分析地段三维效果图。

图 10.38　开挖分析地段三维效果图

（2）爆管分析

地下管线由于其所在位置的特殊性，不像一般的公共设施那样可以随时监控，但是一旦发生破裂、泄漏或爆管都会引起不可估计的损失。因此，对于地下管道的监测和危机发生后迅速找到爆管位置、分析应急策略是三维管线分析中的重要应用（图 10.39）。这一项内容需要结合三维空间中的管线拓扑信息、路段信息、地面房屋信息等，同时增加爆管分析，可进行影响区域分析（图 10.40）。

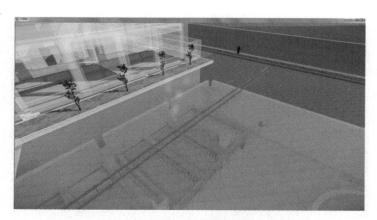

图 10.39　地下爆管分析

图 10.40　爆管受影响区域分析三维效果图

（3）管线纵横断面分析

对管线剖切横断面和纵断面的目的是了解管线内部状况，如管道材质、埋深、管径、历史年份、管线宽度等信息，这些属性有助于对地下管道的管理和监测。对于传统的二维信息记录方式来说，很难看到管线局部的具体情况，但是三维建模中已经包括了这些属性内容，可以直接通过断面而无须实地开挖获取任意管点、管线段的剖面。图 10.41 和图 10.42 为一款三维管线管理软件对横断面的分析，包括数据分析图表。

图 10.41　地下管线横断面位置选择主视图

它的思路原理与前文所述开挖分析一样，算法是计算管线数据与用户定义剖面之间的关系，然后展示剖面数据（图 10.43）。

3）地上、地下三维分析

城市的不断发展与土地资源短缺的矛盾正被三维立体式的城市功能和形态发展解决，通过土地的集约利用，扩展竖向发展来发掘城市空间资源，可以最大限度地开发城市。

传统的城市规划分析是基于二维的地理信息系统，包括选址分析、地形分析、区域规划和缓冲区分析。但是立体化的城市建筑、交通以及公共空间等设施在以 x，y 坐标为主的二维地理信息系统中无法全面分析，只有通过真实反映实际场景的三维城市模型才能满

图 10.42　横断面分析图

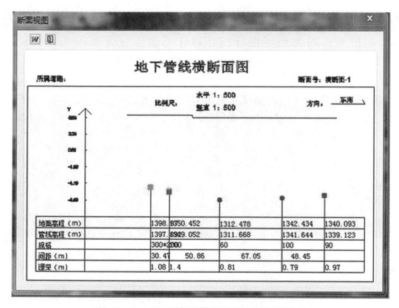

图 10.43　地下管线横断面数据分析图表

足发展的需要。

（1）城市建筑立体化

城市建筑立体化包括向天空发展的高层建筑和向地面以下发展的地下室建筑。近年来，随着大型商场的建造，不少建筑内部的负一层和负二层都具有极其重要的商业作用，规划时必须处理好地面、地上、地下建设的互相关系，正确确定哪些建筑适宜在地面建设，而哪些建筑适宜向高空发展或是延伸到地面以下(李相然，1996)。

这个综合分析与评价的过程离不开除目标建筑以外的地物对象的资料，包括地形结构、地表资源、周围建筑物等数据。图 10.44 为山城重庆的垂直城市结构，从图片中可以看出，依据其特殊的地理特点，建筑物的构造也按照不同的地势分层。大体上可以按照平均的海拔高度分为五层立体结构：自上往下第一层为山顶的城市园林；第二层为位于山顶和山腰之间的商业区；第三层结构是半山腰位置的居住区；第四层是山脚的交通枢纽区；第五层则是滨江休闲娱乐区。这些区域的规划和设计全都依附于一定的自然地理背景条件，如山顶的园林区是得天独厚的自然景观；第二层的商业区地势平缓，适合建筑高层的商业楼；第三层靠近水源，适宜居住；第四层包括了重庆主要的码头和车站，交通便捷；第五层则是因靠近长江重要航运中心而发展的公共活动空间。利用三维城市模型可以清晰地表达这些层次结构，同时存储的地形信息、地表属性信息也是持续扩张和开发的重要基础数据。

图 10.44　重庆市垂直结构分布

因此，三维城市模型在城市立体化建筑中尤为重要，它提供一个真实的场景用于试验搭建新的建筑，能提供以下功能：建筑物遮挡分析、三维城市空间测量分析、城市能量场的三维可视化以及三维城市管理系统。

（2）建筑物遮挡效果分析

如图 10.45 所示，密集的立体建筑会出现互相遮挡采光的问题，三维模型在遮挡计算方面优于二维计算方法。

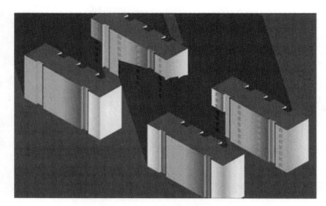

图 10.45　遮挡效果分析

（3）三维城市空间测量分析

如图 10.46 所示，特别是对于向地下发展的建筑空间，涉及挖掘深度、地下空间大小、与地下管线之间的拓扑关系等，具有实际三维效果和高度数据的计算方法准确度也高于传统的二维处理。

图 10.46　三维城市空间测量

城市能量场的三维可视化。对于垂直发展的建筑来说，会考虑随着建筑高度增加而出现的风力、温度、声等能量场的影响，只有在三维模型下场的概念才能更直观地展示出来，便于设计和施工方对建筑的构建和维护。图 10.47 为垂直环境下交通噪声场的可视化。

图 10.47　城市三维能量场分析

　　三维城市管理系统,融合多种数据源的三维城市模型可以提供从规划、审批到实际开发应用(图 10.48,以及后期地上、地下三维管理和维护一整个工作周期的资源,提高了城市管理的效率。还应支持日照分析模拟、建筑通视分析、建筑立面分析、三维测量、规划指标自动计算、二维矢量数据叠加等多项功能(图 10.49),为规划方案审批和城市规划设计提供辅助工具。

图 10.48　三维规划界面

4)城市交通立体化

　　交通立体化是为了采用垂直结构解决"堵"的问题,长久以来,城市地面交通一到上下班高峰期就必然会出现拥堵状况。造成拥堵的原因除了车多路窄这样的客观原因,还有很重要的因素是城市规划不合理。一条交通主干道要负责传输四面八方的车辆往来,一旦出现交通事故或是路面故障,就会有交通"瘫痪"的危险。基于此,城市的交通也开始走向立体化。

　　以武汉光谷为例,它是国家级高新技术开发区,周围高楼林立、车水马龙,但与这现代

图 10.49　方案辅助设计

化发展气息格格不入的是光谷中心始建于 20 世纪 90 年代的光谷转盘。由于建造初期人少车少，规划不合理，导致后期久负"堵"名，每逢节假日和周末更是人满为患、寸步难行。

因此光谷进行了一个为期四年的改造计划，将其变为一个由地下空间和公共交通组成的交通枢纽。改造后将会开发到地下三层，地下一层为地铁站厅及地下公共空间；地下二层为地铁线路及公路隧道；地下三层为地铁站台。其中，地下一层上方还有夹层，部署着地铁站台和公路隧道(图 10.50)。

图 10.50　光谷地下通道三维模型

5)三维导航分析

随着手机定位、电子地图等技术的发展，地图导航作为地理信息系统的重要应用方面之一，在现实生活中具有很强的实用功能，被越来越多的人接受和使用。导航方式也从传统的二维平面导航发展为具有三维真实场景的、以用户为中心的路线导航。由于导航本身在应用中可以抽象成拓扑关系，因此导航或路径引导具有一定的线性网络抽象。但是随着室内外环境的复杂度的提高，使得三维导航凸显重要。三维导航集中体现在室外地理环境中的立体交通和室内空间导航两个方面，并且随着技术发展逐渐成熟，室内外无缝导航也成为一种新型三维导航方式。

（1）三维室内空间导航

商场、超市、剧院、车站、体育馆等大型公共场所，担负着促进城市经济繁荣和社会发展的重任，与广大人民群众的日常生活息息相关。由于这些场所在建筑结构和布局方面的高度高、面积大、内部设施多、内部设施摆放复杂，以及人员密度大、财产集中度高等特点，大型公共场所成为室内信息化服务的新领域。

室内三维导航建模的起点是室内三维空间划分，因为室内场景结构复杂，建模时又要包括所有与导航相关的地理要素才能满足实际应用，所以必须事先对空间按照功能和结构进行细分，整理和分类室内三维导航地理要素。这样方便设计导航模型中需要描述的物体，而且要素分类的颗粒度会直接影响导航模型的组织结构和精细程度。合理和完整的室内三维导航地理要素的分类，有助于三维导航地理数据源的选择、分析和采集以及数据的有序组织，有助于高效实现要素的多细节层次描述和模型的多细节层次表达，做到三维逼真效果与计算速度的兼顾（吴薇，2012）。室内三维空间的分割必须注意空间的三维性，横向分割、纵向分割都要考虑，特别是竖向分割中的高度（应申等，2015），这对应急逃生、灾害预警、室内导航有重要影响。

以大型购物中心建模为例（吴薇，2012），在对地理要素编码以后，将建筑确定为楼块、楼架和楼层三个细节层次，并确定每个层次的要素内容，要素间的关系通过对地理要素属性的定义来实现。然后构建用于路径规划的网络结构。网络结构中的点元素和线元素通过对要素实体进行抽象得到，主要基于三个细节层次中包含的交通要素，如将通道、楼梯、电梯等抽象为通道线，并从通道线的交会口抽象出端点、交叉点等通道节点，将商铺等功能要素抽象为商铺点和服务点，再赋予拓扑关系，即完成网络拓扑结构。对于楼块、楼架、楼层三个细节层次中的地理要素的几何特征，使用几何包、体、面和点表达。

室内构造和设施的复杂性会造成室内阻挡，使得近在不远处的目标无法感知，增强现实可以在这种局部环形下实现对视域外的室内环境的有效指示。通过用户后置摄像头提供的真实场景，根据移动设备的空间位置、姿态、摄像头朝向，将室内空间中在摄像头前方可视范围内的POI信息准确无缝地叠加在实景画面之上（图10.51），如同给室内空间中的实体对象贴上显而易见的标签，达到室内增强的效果，提供更准确的导航服务，也是三维室内导航的一个应用方面。

室内三维建模对室内应急和疏散至关重要，一方面，有关应急相关设置的布局直接影响应急响应的机制和时效；另一方面，室内三维模型的构建是分析有关的空气、火、烟雾等真实蔓延的数据基础。图10.52描述了简单的室内三维模型和相应的三维室内温度场、能见度、氧气浓度、CO浓度、CO_2浓度的分析和可视化（于忠海，2015）。没有精确的室内三维模型，是无法准确地计算相关值的场分布，就无法有效地指导室内的应急和响应。

图 10.51　实景增强效果

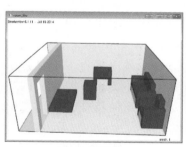

(a) 室内模型

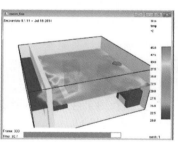

(b) 温度

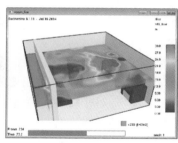

(c) 能见度

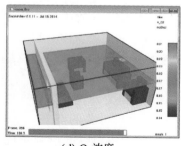

(d) O_2 浓度

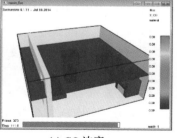

(e) CO 浓度

(f) CO_2 浓度

图 10.52　室内三维模型与各项指标分布

（2）三维室外导航

室外导航软件发展到今天基本上已经取代了传统的纸质地图，几乎人手一部的智能手机可以满足绝大多数情况下出行时导航的需求。但是随着城市发展和立体交通系统的建立，如立交桥、高架桥逐渐增多，车辆处于这个真实的三维环境中，迫切需要车辆的深度信息来分辨车辆在立体交通系统中的位置，以提供更加准确的导航信息。

因此，室外导航不仅要获得车辆精确的平面坐标位置信息，还要检测到它所处的复杂环境中的深度信息，结合二维位置来获取三维坐标，并在真实场景中提供路径规划。

二维平面导航中的高架桥表示很容易让驾驶者在行驶中分心或是丢失方向，而获取了车辆所处位置的具体深度再结合三维真实场景，导航的精度和使用效果都会更进一步优化，如图 10.53 所示。

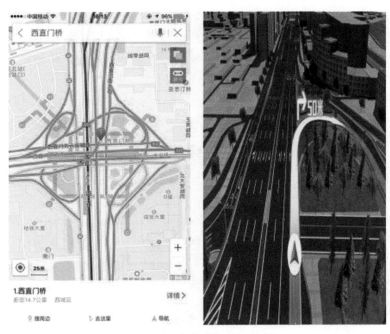

图 10.53　室外高架交通导航

（本章作者：刘耀林）

◎ 本章参考文献

［1］ Zhang H, Zeng Y, Jin X, et al. Simulating multi-objective land use optimization allocation using Multi-agent system—A case study in Changsha, China ［J］. Ecological Modelling, 2016, 320：334-347.

［2］ Li X, Parrott L. An improved Genetic Algorithm for spatial optimization of multi-objective and multi-site land use allocation ［J］. Computers Environment & Urban Systems, 2016,

59：184-194.

［3］ Liu Y, Yuan M, He J, et al. Regional land-use allocation with a spatially explicit genetic algorithm ［J］. Landscape & Ecological Engineering, 2015, 11（1）：209-219.

［4］ Liu X P, Li X, Shi X, et al. A multi-type ant colony optimization（MACO）method for optimal land use allocation in large areas ［J］. International Journal of Geographical Information Science, 2012, 26（7）：1325-1343.

［5］ Liu D, Tang W, Liu Y, et al. Optimal rural land use allocation in central China：Linking the effect of spatiotemporal patterns and policy interventions ［J］. Applied Geography, 2017, 86：165-182.

［6］ Liu Y, Tang W, He J, et al. A land-use spatial optimization model based on genetic optimization and game theory ［J］. Computers Environment & Urban Systems, 2015, 49：1-14.

［7］ 侯景儒, 尹振南, 李维明, 等. 实用地质统计学 ［M］. 北京：地质出版社, 1998.

［8］ 陈天恩, 陈立平, 王彦集, 等. 基于地统计的土壤养分采样布局优化 ［J］. 农业工程学报, 2009, 25（S2）：49-55.

［9］ Brus D J, Degruijter J J. Random sampling or geostatistical modelling? Choosing between design-based and model-based sampling strategies for soil（with discussion）［J］. Geoderma, 1997, 80（1-2）：1-44.

［10］ Brus D J, Degruijter J J, Van Groenigen J W. Designing spatial coverage samples using the K-means clustering Algorithm ［J］. Development in Soil Science, 2006, 31：183-192.

［11］ Benedetti R, Piersimoni F, Postiglione P. Spatially balanced sampling：A review and a reappraisal ［J］. International Statistical Review, 2017, 85（3）：439-454.

［12］ 张娜. 景观生态学 ［M］. 北京：科学出版社, 2013.

［13］ Li J, Zimmerman D L. Model-based sampling design for multivariate geostatistics ［J］. Technometrics, 2015, 57（1）：75-86.

［14］ Cox D D, Cox L H, Ensor K B. Spatial sampling and the environment：some issues and directions ［J］. Environmental and Ecological Statistics, 1997, 4（3）：219-233.

［15］ 傅伯杰. 景观生态学原理及应用 ［M］. 北京：科学出版社, 2011.

［16］ 郭仁忠. 空间分析 ［M］. 北京：高等教育出版社, 1999.

［17］ Haining R. Spatial data analysis：Theory and practice ［D］. Cambridge：Cambridge University, 2003.

［18］ Chen H, Fan L, Wu W, et al. Comparison of spatial interpolation methods for soil moisture and its application for monitoring drought ［J］. Environmental Monitoring and Assessment, 2017, 189（10）：525.

［19］ Huang T, Qin X, Wang Q, et al. Quick spatial outliers detecting with random sampling ［J］. Advances in Artificial Intelligence, Proceedings, 2005, 3501：302-306.

［20］ 姜成晟, 王劲峰, 曹志冬. 地理空间抽样理论研究综述 ［J］. 地理学报, 2009, 64

(3)：368-380.

[21] 李卫锋，王仰麟，彭建，等．深圳市景观格局演变及其驱动因素分析 [J]．应用生态学报，2004，15（8）：1403-1410.

[22] 李秀珍，布仁仓，常禹，等．景观格局指标对不同景观格局的反应 [J]．生态学报，2004，24（1）：123-134.

[23] 李晓晖，袁峰，贾蔡，等．基于反距离加权和克里金插值的 S-A 多重分形滤波对比研究 [J]．测绘科学，2012，32（3）：136-140.

[24] 刘宇，吕一河，傅伯杰．景观格局-土壤侵蚀研究中景观指数的意义解释及局限性 [J]．生态学报，2011，31（1）：267-275.

[25] 孟斌，王劲峰．地理数据尺度转换方法研究进展 [J]．地理学报，2005，60（2）：677-688.

[26] 杨奇勇，杨劲松，余世鹏．禹城市耕地土壤盐分与有机质的指示克里金分析 [J]．生态学报，2011（8）：2196-2202.

[27] Rempel R S, Kushneriuk R S. The influence of sampling scheme and interpolation method on the power to detect spatial effects of forest birds in Ontario（Canada）[J]. Landscape Ecology, 2003, 18（8）：741-757.

[28] Särndal C, Thomsen I, Hoem J M, et al. Design-based and model-based inference in survey sampling [J]. Scandinavian Journal of Statistics, 1978, 5（1）：27-52.

[29] Stein A, Ettema C. An overview of spatial sampling procedures and experimental design of spatial studies for ecosystem comparisons [J]. Agriculture, Ecosystems & Environment, 2003, 94（1）：31-47.

[30] Thompson S. Adaptive network and spatial sampling [J]. Survey Methodology, 2011, 37（2）：183-196.

[31] Turk P, Borkowski J J. A review of adaptive cluster sampling 1990-2003 [J]. Environmental and Ecological Statistics, 2005, 12：55-94.

[32] 王劲峰，柏延臣，孙英君．地统计学方法进展研究 [J]．地球科学进展，2004，19（2）：269-274.

[33] 王劲峰，武继磊，孙英君，等．空间信息分析技术 [J]．地理研究，2005，24（3）：464-472.

[34] Liu Y L, Feng Y H, Zhao Z, et al. Socioeconomic drivers of forest loss and fragmentation：A comparison between different land use planning schemes and policy implications [J]. Land Use Policy, 2016, 54：58-68.

[35] 薛树强，杨元喜．广义反距离加权空间推估法 [J]．武汉大学学报（信息科学版），2013，29（12）：1435-1439.

[36] 张秋菊，傅伯杰，陈利顶．关于景观格局演变研究的几个问题 [J]．地理科学，2003，23（3）：264-270.

[37] 朱明，濮励杰，李建龙．遥感影像空间分辨率及粒度变化对城市景观格局分析的影响 [J]．生态学报，2008，28（6）：2753-2763.

[38] 董超，修春亮，魏冶．基于通信流的吉林省流空间网络格局 [J]．地理学报，2014（4）：510-519.

[39] 范强，张何欣，李永化，等．基于空间相互作用模型的县域城镇体系结构定量化研究——以科尔沁左翼中旗为例 [J]．地理科学，2014（5）：601-607.

[40] 冷炳荣，杨永春，李英杰，等．中国城市经济网络结构空间特征及其复杂性分析 [J]．地理学报，2011（2）：199-211.

[41] Hou H, Liu Y, Liu Y, et al. Using inter-town network analysis in city system planning：A case study of Hubei Province in China [J]. Habitat International，2015，49：454-465.

[42] Liu L, Dong X, Liu X. Quantitative study of the network tendency of the urban system in China [J]. Journal of Urban Planning and Development，2013，140（2）：5013003.

[43] Liu Y, Sui Z, Kang C, et al. Uncovering patterns of inter-urban trip and spatial interaction from social media check-in data [J]. PLOS ONE，2014，9（1）：e86026.

[44] Wu L, Zhi Y, Sui Z, et al. Intra-urban human mobility and activity transition：Evidence from social media check-in data [J]. PLOS ONE，2014，9（5）：e97010.

[45] Tan R H, Liu Y L, Zhou K H, et al. A game-theory based agent-cellular model for use in urban growth simulation：A case study of the rapidly urbanizing Wuhan area of central China [J]. Computers，Environment and Urban Systems，2015，49：15-29.

[46] 毕硕本，张国建，侯荣涛，等．三维建模技术及实现方法对比研究 [J]．武汉理工大学学报，2010（16）：26-30，83.

[47] 吴君涵，余柏蒗，彭晨，等．基于移动激光扫描点云数据和遥感图像的建筑物三维模型快速建模方法 [J]．测绘与空间地理信息，2016（1）：24-27，34.

[48] 唐敏，李永树，鲁恒．基于无人机影像构建三维地形方法研究 [J]．资源与人居环境，2013（9）：27-29.

[49] 戴雪峰，熊汉江，龚健雅．一种三维城市模型多纹理自动合并方法 [J]．武汉大学学报（信息科学版），2015（3）：347-352，411.

[50] 应申，郭仁忠，李霖．三维地籍 [M]．北京：科学出版社，2014：67-92.

[51] 于忠海．基于人员疏散模拟的室内空间布局优化研究——以超市为例 [D]．武汉：武汉大学，2015.

[52] 应申，朱利平，李霖，等．基于室内空间特征的室内地图表达 [J]．导航定位学报，2015，3（4）：74-78，91.

[53] 龚建华，林珲，肖乐斌，等．地学可视化探讨 [J]．遥感学报，1999（3）：236-244.

[54] 王振波，方创琳，许光，等．2014 年中国城市 $PM_{2.5}$ 浓度的时空变化规律 [J]．地理学报，2015，70（11）：1720-1734.

[55] 禹文豪，艾廷华，刘鹏程，等．设施 POI 分布热点分析的网络核密度估计方法 [J]．测绘学报，2015（12）：1378-1383，1400.

[56] 张俊涛，武芳，张浩．利用出租车轨迹数据挖掘城市居民出行特征 [J]．地理与地理信息科学，2015（6）：104-108.

［57］ Lu M, Liang J, Wang Z C, et al. Exploring OD patterns of interested region based on taxi trajectories ［J］. Journal of Visualization, 2016, 19 （4）: 811-821.

［58］ Mennis J, Guo D. Spatial data mining and geographic knowledge discovery—An introduction ［J］. Computers, Environment and Urban Systems, 2009, 33 （6）: 403-408.

［59］ Chen W, Guo F Z, Wang F Y. A survey of traffic data visualization ［J］. IEEE Transactions on Intelligent Transportation Systems, 2015, 16 （6）: 2970-2984.

［60］ Andrade G, Ramos G, Madeira D, et al. G-DBSCAN: A GPU Accelerated Algorithm for density-based clustering ［J］. Procedia Computer Science 2013, 18: 369-378.

［61］ Bidari P S, Manshaei R, Lohrasebi T, et al. Time series gene expression data clustering and pattern extraction in Arabidopsis thaliana phosphatase-encoding genes ［C］ //The 8th IEEE International Conference on BioInformatics and BioEngineering, 2008: 1-6.

［62］ Chandrakala S, Sekhar CC. A density based method for multivariate time series clustering in kernel feature space ［C］ //IEEE World Congress on Computational Intelligence, 2008: 1885-1890.

［63］ Deng M, Peng D, Liu Q, et al. A hierarchical spatial clustering algorithm based on field theory ［J］. Geomatics and Information Science of Wuhan University, 2011, 36: 847-852.

［64］ Edu H C S, Agrawal R, Srikant R. Fast algorithmsfor mining association rules ［C］ // The 20th International Conference on Very Large Databases （VLDB）, Santiago, 1994.

［65］ Ester M, Kriegel H P, Jiirg S, et al. A density based Algorithm for discovering clusters in large spatial databases with noise ［C］ //The 2nd International Conference on Knowledge Discovery and Data Mining, 1996: 226-231.

［66］ Guyet T, Nicolas H. Long term analysis of time series of satellite images ［J］. Pattern Recognition Letters, 2016, 70: 17-23.

［67］ Jiao L, Hong X, Liu Y. Self-organizing spatial clustering under spatial and attribute constraints ［J］. Geomatics and Information Science of Wuhan University, 2011, 36: 862-866.

［68］ Kanungo T, Mount D M, Netanyahu N S, et al. An efficient K-means clustering Algorithm: Analysis and implementation ［J］. IEEE Transactions on Pattern Analysis & Machine Intelligence, 2002, 24: 881-892.

［69］ Kaur G, Dhar J, Guha R K. Minimal variability OWA operator combining ANFIS and fuzzy c-means for forecasting BSE index ［J］. Mathematics and Computers in Simulation, 2016, 122: 69-80.

［70］ Koperski K, Han J. Discovery of spatial association rules in geographic information databases ［M］ //The 4th International Symposium. Springer Berlin Heidelberg, 1995.

［71］ Koperski K, Han J. Discovery of spatial association rules in geographic information databases ［M］ //Symposium on Spation Databases. Springer Berlin Heidelberg, 2000.

［72］ Liu Q, Deng M, Shi Y. Adaptive spatial clustering in the presence of obstacles and facilitators ［J］. Computers & Geosciences, 2013, 56: 104-118.

［73］ Liu Q, Deng M, Shi Y, et al. A density-based spatial clustering algorithm considering both spatial proximity and attribute similarity ［J］. Computers & Geosciences, 2012, 46: 296-309.

［74］ Sha Z, Li X. Algorithm of mining spatial association data under spatially heterogeneous environment ［J］. Geomatics & Information Science of Wuhan University, 2009, 34: 1480-1484.

［75］ Zhang S, Zhang K. Comparison between general Moran's Index and Getis-Ord general G of spatial aotuocorrelation ［J］. Acta Scientiarum Naturalium Universitatis Sunyatseni, 2007, 46: 93-97.

第11章　网络地理信息系统与服务

随着计算机及网络技术的发展，地理信息技术已经从地理信息系统发展到地理信息服务，即采用"互联网+"技术，向用户提供地理信息服务。而服务的范畴大大拓展，不仅在网上提供数据服务，还可以提供地理信息处理与分析的软件服务，地理知识服务和传感网服务等内容。目前网络地理信息系统和空间数据网络服务技术已经成熟并得到大规模应用，我国推广的地理信息公共服务平台及应用系统已经将"互联网+"升级为"互联网+地理信息+"服务模式，大大提高了地理信息服务的水平和应用能力，有力推进了地理信息的广泛应用。本章将首先介绍网络地理信息系统与服务的技术基础，然后介绍网络地理信息系统，网络地理信息服务，网络地理信息公共服务平台等内容，最后介绍网络地理信息服务技术发展趋势。

11.1　网络地理信息系统与服务技术基础

网络通信技术是20世纪末和21世纪初影响最广泛的技术。网络技术通过电信线路和相应设备将分布在不同网络节点上的具有独立处理功能的多个计算机系统联接起来，并基于网络协议实现计算机系统之间的信息传输。网络技术结合了计算机科学技术和通信科学技术，它的出现和发展使得计算机应用和信息传播发生了质的变化，在经历了以大型主机为核心的集中式运算和以个人电脑为基本单元的分布式处理后，计算机的处理模式已发展成现在的网络环境下分布式计算，将分散的计算机资源进行链接和集成，成为无所不在的工具。在此基础上，网络技术又与其他应用领域技术相结合，如地理信息系统技术，在丰富计算机网络应用的同时为其他应用领域的发展和进步提供强有力的技术支持和平台。

11.1.1　计算机网络技术

计算机网络是现代计算机技术和通信技术密切结合的产物，是随社会对信息的共享和信息传递的要求而发展起来的。所谓计算机网络，是利用通信设备和线路将地理位置不同的、功能独立的多个计算机系统互连起来，以功能完善的网络软件，如网络通信协议、信息交换方式以及网络操作系统等来实现网络中信息传递和资源共享的系统。

计算机网络从20世纪60年代末70年代初实验性网络研究，经过70年代中后期集中式网络应用，到80年代中后期局部开放应用，一直发展到90年代开放式大规模推广应用，其速度发展之快、影响之大，是任何学科不能与之相匹敌的。计算机网络的应用从科研、教育到工业，如今已渗透到社会的各个领域，它对于其他学科发展具有十分重要的支撑作用。目前，关于下一代计算机网络(NGN)的研究已全面展开，计算机网络正面临着新一轮的理论研究和技术开发的热潮，我们相信 21 世纪计算机网络向着开放、集成、高性能和智能化发展，必将成为人们生活不可缺少的一部分。

11.1.2　WWW 技术

WWW 是 World Wide Web 的缩写，也可以简称为 Web，中文译名为"万维网"。WWW 是一张附着在 Internet 上的覆盖全球的信息"蜘蛛网"，镶嵌着无数以超文本形式存在的信息，是当前 Internet 上最受欢迎、最流行、最新的信息检索服务系统。它把 Internet 上现有资源统统连接起来，使用户能在 Internet 上检索 WWW 服务器的所有站点提供超文本媒体资源文档。

在 Web 应用系统中，URL、HTTP、HTML(以及 XML)、Web 服务器和 Web 浏览器构成了 Web 的五大要素。Web 的本质内涵是一个建立在 Internet 基础上的网络化超文本信息传递系统，而 Web 的外延是不断扩展的信息空间。Web 基本技术在于对 Web 资源的标识机制(如 URL)、应用协议(如 HTTP 和 HTTPS)、数据格式(如 HTML 和 XML)。HTML 是编制网页基本语言，但它只能用于静态网页。当今 Web 不再是早期的静态信息发布平台，它已被赋予更丰富的内涵。现在，我们不仅需要 Web 提供所需信息，还需要提供可个性化搜索功能，可以收发 E-mail，进行网上销售，从事电子商务等。为实现以上功能必须使用更新的网络编程技术制作动态网页。目前实现动态网页主要有 CGI、ASP、PHP 和 JSP 四种流行的技术。随着在线订购和电子商务的发展，因特网作为计算媒体已经从被动的角色转变为主动角色来支持业务逻辑处理执行，即 Web 应用系统已经从静态 Web 页面、动态 Web 页面向 Web 服务、智能 Web 服务方向发展。

11.1.3　网络通信技术

网络和通信技术在近几十年取得了令人鼓舞的飞速发展，特别是宽带网络技术、IP 技术、WAP 技术以及数字微波技术、卫星数据中继技术和调频副载波技术的发展为地球空间信息技术与之结合创造了必要的基础，具体表现在：公用骨干电信网向分组化、大容量发展；接入技术向宽带化、无线化发展；移动通信向高码率发展；通信终端向多媒体和移动化发展(李德仁等，2006)。无线通信技术的发展进一步推动地理信息技术的网络应用。基于 2G 的 CDMA、TDMA、GSM、PCS 以及基于 2.5G 的 EDGE、GPRS 等开启了数字多媒体通信时代，第三代(3G)无线通信标准已经在 2000 年 5 月被国际无线通信联盟采纳，第四代(4G)无线网络也已经全面商业化。当无线网络技术的发展达到一定的程度时，地球空间信息的无线服务就成为现实，目前网络通信技术可以满足任何人随时随地通过有线或无线网络获得地球空间信息服务。

11.1.4　分布式对象计算技术

20 世纪 90 年代出现的分布式对象技术为网络计算平台上软件的开发提供了强有力的解决方案。目前，分布式对象技术已经成为建立服务应用框架和软件构件的核心技术，在开发大型分布式应用系统中表现出强大的生命力，逐渐形成了 3 种具有代表性的主流技术，即 Microsoft 的 COM/DCOM 技术、Sun 公司的 Java 技术和 OMG 的 COBRA 技术。

分布对象技术是伴随网络而发展起来的一种面向对象的技术。以前的计算机系统多是单机系统，多个用户是通过联机终端来访问的，没有网络的概念。网络出现后，产生了Client/Server的计算服务模式，多个客户端可以共享数据库服务器和打印服务器等。随着网络的更进一步发展，许多软件需要在不同厂家的网络产品、硬件平台、网络协议异构环境下运行，应用的规模也从局域网发展到广域网。在这种情况下，Client/Server模式的局限性就暴露出来了，于是中间件应运而生。中间件是位于操作系统和应用软件之间的通用服务，它的主要作用是屏蔽网络硬件平台的差异性和操作系统与网络协议的异构性，使应用软件能够比较平滑地运行于不同平台上。同时中间件在负载平衡、连接管理和调度方面起了很大的作用，使企业级应用的性能得到大幅提升，满足了关键业务的需求。但是在这个阶段，客户端是请求服务的，服务器端是提供服务的，它们的关系是不对称的。随着面向对象技术的进一步发展，出现了分布式对象技术。可以这么说，分布式对象技术是随着网络和面向对象技术的发展而不断地完善起来的。20世纪90年代初，CORBA 1.0标准的颁布，揭开了分布式对象计算的序幕。

分布对象计算中，通常参与计算的计算体(分布对象)是对称的。分布对象往往又被称为组件(Component)，组件是一些独立代码的封装体，在分布计算环境下可以是一个简单的对象，但大多数情况下是一组相关的对象复合体，提供一定的服务。分布环境下，组件是一些灵敏的软件模块，它们可以位置透明、语言独立和平台独立地互相发送消息，实现请求服务。

目前国际上，分布式对象技术有三大流派——COBRA、COM/DCOM和Java。CORBA技术是最早出现的，1991年OMG颁布了COBRA 1.0标准，在当时来说做得非常漂亮；再有就是Microsoft的COM系列，从最初的COM发展成现在的DCOM，形成了Microsoft一套分布式对象的计算平台；而Sun公司的Java平台，在其最早推出的时候，只提供了远程的方法调用，在当时并不能被称为分布式对象计算，只是属于网络计算的一种，接着推出的JavaBean，也还不足以和上述两大流派抗衡，而其目前的版本叫作J2EE，推出了EJB，除了语言外还有组件的标准以及组件之间协同工作通信的框架。于是，也就形成了目前的三大流派。

应该说，这三者之中，COBRA标准做得最漂亮。COBRA标准主要分为3个层次：对象请求代理、公共对象服务和公共设施。最底层是对象请求代理ORB，规定了分布对象的定义(接口)和语言映射，实现对象间的通信和互操作，是分布对象系统中的"软总线"；在ORB之上定义了很多公共服务，可以提供诸如并发服务、名字服务、事务(交易)服务、安全服务等各种各样的服务；最上层的公共设施则定义了组件框架，提供可直接为业务对象使用的服务，规定业务对象有效协作所需的协定规则。总之，CORBA的特点是大而全，互操作性和开放性非常好。目前CORBA的最新版本是2.3。CORBA 3.0也已基本完成，增加了有关Internet集成和QoS控制等内容。CORBA的缺点是庞大而复杂，并且技术和标准的更新相对较慢，COBRA规范从1.0升级到2.0所花的时间非常短，而再往上的版本的发布就相对十分缓慢。

相比之下，Java标准的制定就快得多，Java是Sun公司自己制定的，演变得很快。Java的优势是纯语言的，跨平台性非常好。Java分布对象技术通常指远程方法调用(RMI)

和企业级 JavaBean(EJB)。RMI 提供了一个 Java 对象远程调用另一 Java 对象的方法的能力，与传统 RPC 类似，只能支持初级的分布对象互操作。Sun 公司于是基于 RMI，提出了 EJB。基于 Java 服务器端组件模型，EJB 框架提供了远程访问、安全、交易、持久和生命期管理等多种支持分布对象计算的服务。目前，Java 技术和 CORBA 技术有融合的趋势。

COM 技术是 Microsoft 独家做的，是在 Windows 3.1 中最初为支持复合文档而使用 OLE 技术上发展而来，经历了 OLE 2/COM、ActiveX、DCOM 和 COM+等几个阶段，目前 COM+把消息通信模块 MSMQ 和解决关键业务的交易模块 MTS 都加进去了，是分布对象计算的一个比较完整的平台。Microsoft 的 COM 平台效率比较高，同时它有一系列相应的开发工具支持，应用开发相对简单。但它有一个致命的弱点就是 COM 的跨平台性较差，如何实现与第三方厂商的互操作性始终是它的一大问题。云计算与云服务技术为分布式计算提供了新的更加强大的平台。

在地理信息系统领域，分布式对象技术有着广泛的应用。地理信息系统网络分布式应用的第一代模式为 Client/Server 模式(如基于 COM 的 GIS 系统)，第二代为 3 层 Client/Server 模式(例如基于浏览器/服务器架构的 WebGIS)，第三代为分布式对象模式的 GIS 系统(例如基于 J2EE/. net 的企业级 GIS)，目前基本上已经从第二代向第三代过渡。目前，一个进展就是将分布对象计算与 Web 以及嵌入式移动计算结合在一起，另外就是和中间件(如通信中间件等)的结合。例如，CORBA 新的标准里加入了 Internet 服务和消息服务，消息服务可以支持异步方法调用，可以提高程序吞吐量，并行能力加强提高了系统整体性能，并增加了系统灵活性。

11.1.5　应用服务器技术

Web 应用开发经历了三个阶段。在第一阶段，大家都使用 Web 服务器提供的服务器扩展接口，使用 C 或者 Perl 等语言进行开发，如 CGI、API 等。这种方式可以让开发者自由地处理各种不同的 Web 请求，动态地产生响应页面，实现各种复杂的 Web 系统要求。但是，这种开发方式的主要问题是对开发者的素质要求很高，往往需要懂得底层的编程方法，了解 HTTP 协议，此外，这种系统的调试也相当困难。

在第二阶段，大家开始使用一些服务器端的脚本语言进行开发，主要包括 ASP、PHP、Livewire 等。其实现方法实质上是在 Web 服务器端放入一个通用的脚本语言解释器，负责解释各种不同的脚本语言文件。这种方法的首要优点是简化了开发流程，使 Web 系统的开发不再是计算机专业人员的工作。此外，由于这些语言普遍采用在 HTML 中嵌入脚本的方式，方便实际开发中的美工和编程人员的分段配合。对于某些语言，由于提供了多种平台下的解释器，所以应用系统具有了一定意义上的跨平台性。但是，这种开发方式的主要问题是系统的可扩展性不够好，系统一旦比较繁忙，就缺乏有效的手段进行扩充。此外，从一个挑剔者的眼光来看，这种方式不利于各种提高性能的算法的实施，不能提供高可用性的效果，集成效果也会比较差。

为了解决这些问题，近年来，出现了 Web 应用开发新方法，也就是应用服务器方式。应用服务器主要解决分布式应用中的产品体系结构、负载均衡、高可靠性、数据库连接池、分布会话管理和高速缓存等技术难题。

应用服务器是一个不断发展的概念，越来越多的功能被加入应用服务器中，没有人能够准确预计其发展轨迹。从当前的趋势来看，应用服务器的未来发展主要三个方面。一是，功能日渐完整：各个应用服务器厂商都在扩充自己的应用服务器产品，例如，使自己的产品更加完整，能够包含上述所有的解决问题的方法，让最终客户来决定系统的真正运行模式。二是，方便开发的工具日益增多：开发工具将不再局限在编辑器、项目管理工具等方面。未来的开发工具将大大增强 Web 系统的调试能力，同时也将提供更多的代码自动生成工具。三是，基于 XML 的开放性通信体系：应用服务器将利用 XML 建立可互操作的平台，这里的互操作包括应用服务器之间的互操作，也包括应用服务器和后台系统之间的互操作。目前几种主流的 Web 应用服务器产品有 BEA WebLogic、IBM WebSphere、SUN iPlanet、Oracle Internet Application Server、SilverStream Application Server 和 Sybase Enterprise Application Server(EAServer) 等。

11.1.6　网络服务技术

随着 Internet 在各个领域的广泛应用和深化，人们迫切需要能够方便实现跨平台、语言无关、松散耦合的异构应用系统之间的交互和集成，这对分布式计算技术提出了新的要求，网络服务(Web Services)技术应运而生，并提出了面向服务的分布式计算模式(杨涛，刘锦德，2004)。Web Services 技术是分布式组件技术与 Web 技术的结合与发展，Web Services 技术克服了分布式组件技术不能满足 Internet 网络环境下异构平台互操作要求的缺点，在现有各种异构平台的基础上构筑一个通用的、平台无关、语言无关的技术层，各种不同平台之上的应用依靠这个技术层来实施彼此的连接和集成。Web Services 在近年来受到人们极大的关注，有些文献甚至认为 Web Services 技术的出现标志着人类已经迈入应用程序开发技术的新纪元(龚健雅，2004)。

关于 Web Services 的定义各个公司都有自己的看法，微软认为 Web Services 是通过标准的 Web 协议可编程访问的 Web 组件。而 IBM 认为 Web Services 是一种新型的 Web 应用程序，具有自包含、自描述及模块化的特点，可以通过 Web 发布、定位和调用。W3C 工作组定义 Web Services 是一个软件系统，用于支持网络上机器到机器之间的互操作。Web Services 实现的功能可以是响应一个简单的用户请求，也可以是完成某个复杂的商务处理流程。

Web Services 采用了面向服务的体系结构(Service Oriented Architecture，SOA)，通过服务提供者、服务请求者和服务注册中心或注册库等实体之间的交互实现服务调用。图11.1 显示了 Web Services 的运行模式。

Web Service 包含以下三种主要角色。

服务提供方(Service Provider)：指网络服务资源的开发者。服务提供者根据一定的标准、规范，提供实现特定功能的服务，它是按一定规则使用的应用程序，并通过一种服务描述语言来描述，其描述信息和访问规则被发布到注册服务器上。从体系结构上看，它是指提供服务访问的平台。服务提供者所面临的问题是如何在一个分布的、异构的环境中将服务资源发布出去，以提供更多用户的访问。

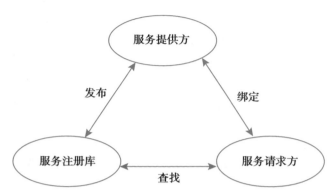

图 11.1　Web Services 运行模式（Papazoglou，2003）

服务请求方（Service Requester）：网络服务资源的调用者。服务请求者为实现特定的应用系统功能，需要访问并使用网络服务资源。服务请求者所面临的问题是如何在一个分布的、异构的环境中找到所需的服务资源，又如何对这个服务资源进行访问。

服务注册库（Service Registry）：又称为注册服务器或服务代理，用来存储服务的描述信息。服务注册库担当了服务提供方和服务请求方之间的媒介，为服务提供者提供发布服务资源的空间，为服务请求者提供发现服务资源的渠道。服务请求者通过服务代理获得所需服务的详细信息，于是可以与服务提供者进行连接，访问服务提供者发布的服务资源。

Web Service 涉及三个主要操作。

发布（Publish）：要使服务被发现并且发挥作用，需要对服务进行一定描述并发布到注册服务器上。在发布操作中，服务提供者需要通过注册服务器的身份验证，才能对服务描述信息进行发布和修改。

查找（Find）：服务发布之后，注册服务器提供规范的接口以接收服务请求方的查询请求。一般有两种查找模式：浏览模式（Browse Pattern）和直接获取模式（Drill-down Pattern）。前者的服务请求方可以根据各种国际通用的行业分类标准来浏览，或者通过一些比较宽泛的关键字来搜索，并逐步缩小查找的范围，直到找到满足需要的服务，查找结果一般是一系列服务的集合；后者则通过唯一关键字直接得到特定服务的描述信息，其查找结果是唯一的。

绑定（Binding）：在查找到满足查询要求的服务对象后，服务请求方通过注册服务器上该服务的描述信息，获得调用该服务所需的条件和参数，包括服务的访问路径、服务调用的参数、返回结果、传输协议、安全要求等，服务请求方根据这些要求对自己的系统进行相应配置，从而实现对服务的远程调用。

11.1.7　分布式空间数据库技术

分布式空间数据库使用计算机网络把物理上分散的空间数据库组织成为一个逻辑上单一的空间数据库系统，同时又保持了单个物理空间数据库的独立性和自治性。分布式空间数据库在具备了空间数据库的所有特点之外，还借助于计算机网络环境，按照某种逻辑划分规则将空间数据进行分割，并分散分布在网络中的不同的存储设备(称为网络节点)上，每个节点具有独立的数据管理能力，可以完成仅与本地节点空间数据库相关的局部应用或局部事务，同时又可以与其他节点的空间数据库相联合，执行需要访问多个空间数据库的全局应用或全局事务。

分布式空间数据库具有以下特点。

①物理分散分布性：分布式空间数据库的数据不是存储在一个节点上，而是分散存储在计算机网络连接的多个节点上。

②逻辑整体性和访问透明性：尽管分布式空间数据库中的数据在物理上分散分布，但是在逻辑上是一个整体，让用户在访问分布式数据时感觉数据就在本地数据库中一样，从而具有访问透明的特点。

③节点的独立性和自治性：分布式空间数据库的各个节点上的数据由各自的空间数据库管理系统管理，具有独立性和自治处理数据的能力，完成与本节点相关的局部应用。

④可靠性和可用性：分布式数据库系统往往同时保持空间数据的多个副本，当系统中某个节点出现故障时，可以由其他副本提供支持，这样通过冗余机制来提高系统的可靠性、可用性，以保障系统的高效性能，此外冗余数据还可以提高数据的并行性，提高数据查询效率。

分布式空间数据库系统的空间数据分布必须解决两个主要问题：要分布到各个节点的空间数据的数据分片和怎样分配这些空间数据使得整个系统的性能最优。在一个分布式空间数据库系统中，空间数据的分割(即数据分片)有多种方式。

①依据地理区域分割：按照空间数据描述的地理区域进行分割，换句话说，就是依据空间数据的地理范围进行分割，不同区域的空间数据由不同的空间数据库存储和管理。

②依据专题类型分割：依据空间数据描述的专题类型进行分割，通常同一地理区域内不同专业领域的专业数据分别由各自的空间数据库存储和管理，如城市地理信息包括了行政区划、交通、地下管线、电力线等，这些数据分别由相关的专业部门拥有和管理。

③依据空间对象特征分割：在 GIS 中空间对象根据其分布特征分别描述为点对象、线对象、面对象和体对象，在分布式空间数据分割时，可以将不同分布特征的空间对象的数据由不同的空间数据库存储和管理。

上述分割方式可以混合使用，例如，在依据地理区域分割的同时，按照空间数据专题类型的不同，分别存放不同的空间数据库。此外，分布式数据库还可以用作空间数据的分布式备份，也就是分布式数据库系统的多个节点维护多个完全相同的空间数据副本，以便于当某个空间数据库出现故障时可以替代。分布式数据分片和数据备份可以组合应用，在空间数据分片的基础上，为某些或所有的数据分片进行复制作为数据副本。

分布式空间数据库系统利用虚拟的空间数据库系统技术屏蔽异构空间数据库之间在结构和语义上的差异。在分布式空间数据库系统中，包括三层空间数据库：本地级空间数据库、区域级空间数据库管理系统和全局级空间数据库管理系统(图 11.2)。

①本地级空间数据库作为分布式空间数据库的最底层，存储具体的空间对象描述数据，即空间数据，它可以采用各类商用数据库建立。

②区域级空间数据库是一个区域内逻辑上的虚拟库，它是建立在若干个本地级空间数

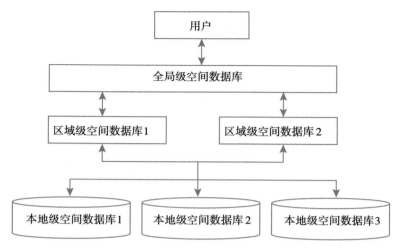

图 11.2　分布式空间数据库系统的概念结构

据库基础上的，位于本地级和全局级空间数据库之间，是把异构数据转化为同构数据的一个关键环节。由于空间数据客观上存在的地理分布特性，区域级空间数据库可以按照地理范围组织。

③全局级空间数据库提供全局数据逻辑的虚拟库，它用全局统一的空间数据模型定义并提供和用户交互的数据访问接口，目的是为全局用户提供一个统一存取空间数据的环境。

在本地级空间数据库和区域级空间数据之间以及区域级空间数据与全局级空间数据库之间存在数据模型转换机制，逐级同化空间数据库异构的数据模型和数据操作方式，目的是将不同空间数据库中的数据进行整合，建立分布式空间数据库系统的全局统一的逻辑结构，并在此基础上建立高效的数据搜索引擎，为用户应用提供数据服务。在本地级空间数据库和区域级空间数据库之间、区域级空间数据库与全局级空间数据库存在数学模型的映射，这项工作由分布式数据库管理系统完成，用于屏蔽本地级空间数据库在数据模型上的差异和区域级空间数据库之间的差异。

采用上述结构体系，使得用户根据需要通过 Internet 透明访问位于不同地理位置上的各种空间数据库上存储和管理的不同格式的空间数据，实现了 Internet 上空间数据的共享。

11.2　网络地理信息系统

11.2.1　传统地理信息系统的局限性

GIS 自从 20 世纪 60 年代诞生以来，就受到政府部门、商业公司、科研单位和大学的普遍重视，成为引人注目的领域。特别是 90 年代以后，计算机软硬件的迅猛发展极大地促进了 GIS 的发展，地理信息系统在研究、开发和市场化方面取得了很大的进展。

传统 GIS 大多是基于早期的计算机技术和地学的原理来设计和开发的，在很大程度上限制了 GIS 软件的进一步发展和应用。当今社会，新技术不断涌现，全球信息化浪潮已波及世界的每一个角落，这使传统的 GIS 面临着严峻的挑战，具体表现为以下 4 个方面。

①二次开发语言复杂，开发任务量大。对 GIS 基础软件进行二次开发是使 GIS 面向具体应用的重要手段。但 GIS 的二次开发语言常常涉及多种软件环境和软硬件，开发人员需学习多种语言和多种开发工具，即使是非常专业的人员也不能完全掌握，造成了系统开发、维护和更新比较困难。

②传统 GIS 的成本高，维护费用大。传统的 GIS 除配置服务器外，还必须在每一个客户端编制特定的软件，程序开发量大，同时如果某一功能发生改变，还必须更新每个客户端上的软件，这也造成了 GIS 难以推广和普及。

③传统 GIS 很难真正做到数据共享。传统 GIS 多为文件共享的低级分布式结构，数据集中存放于服务器，没有对空间数据进行统一管理，在客户端采用 GIS 桌面系统进行远程文件调用，效率低下。当多用户并发操作时，服务器上会存在多个备份，数据库完整性与一致性难以控制。同时由于各 GIS 应用系统之间的相互独立性，各系统数据格式互不相同，造成了数据共享困难。

④操作复杂。传统 GIS 桌面系统通常操作复杂，必须具有一定的专业基础，还要经过长期培训才能掌握。它难以适用大众化应用的要求。

传统 GIS 没有跨平台的特性，一般针对不同的操作系统有不同的程序。

随着互联网(Internet)的发展，特别是万维网(World Wide Web，WWW)技术的发展，信息的发布、检索和浏览无论在形式上还是在手段上都发生了革命性的变化，带来极大的方便。网络的发展为 GIS 提供了机遇和挑战，它改变了 GIS 数据信息的获取、传输、发布、共享、应用和可视化等过程和方式。互联网为 GIS 数据提供商在 WWW 上提供方便的信息发布与共享方式，互联网的分布式查询为用户利用 GIS 数据提供有效的工具，WWW 和 FTP(File Transport Protocol)使用户从互联网下载 GIS 数据变得十分方便。

互联网为地理信息系统提供了新的操作平台，互联网与地理信息系统的结合，即 WebGIS 是 GIS 发展的必然趋势。WebGIS 使用户不必买昂贵的 GIS 软件，而直接通过 Internet 获取 GIS 数据和使用 GIS 功能，以满足不同层次用户对 GIS 数据的使用要求。WebGIS 在用户和空间数据之间提供可操作的工具，而且这种数据信息是动态的、实时的。

11.2.2 网络地理信息系统的概念与原理

网络地理信息系统(Network GIS)，指在广义网络环境下能够进行分布式地理信息的采集、管理和在线共享的客户/服务器应用系统，包含因特网地理信息系统(袁相儒，龚健雅，1997)和移动地理信息系统(陈能成等，2004)。网络环境既可以是因特网和无线网，又可以是局域网、城域网和广域网，一般具有以下技术特征。

①广泛的网络协议。系统基于 TCP/IP 协议，可以采用有线因特网协议 HTTP/HTTPS，也可以采用文件协议，FTP 协议、Scokets 连接、通信端口连接、数据报协议和网络文件系统。

②服务器和客户机计算体系结合。采用服务器和客户机体系来负担计算。

③灵活的客户端。客户端可以是浏览器、独立应用程序和广泛的信息设备。

由于目前 Internet GIS 都是基于 Web 技术，所以又称为 WebGIS，中文名称为万维网地理信息系统，是指使用互联网环境，为各种地理信息系统应用提供空间数据和 GIS 功能（如空间查询、空间分析、地图制图功能等）的分布式地理信息应用服务系统。因此，从本质上说，WebGIS 属于网络地理信息系统的范畴，是网络地理信息系统在 Web 环境下的具体体现，一般具有如下特征。

①基于 HTTP/HTTPS 协议。在数据传输层上采用超文本传输协议，在数据交换上一般采用文件流、对象数据流、HTML 或 XML 文本流。在网络构架上都必须有 WWW 服务器，且多数采用防火墙机制来保证网络的安全。

②服务器和浏览器计算体系的结合。在完成 GIS 分析任务时，采用客户机/服务器的计算体系。与其他的客户机/服务器应用程序一样将 GIS 任务分解，由客户机、服务器分开完成。客户机和服务器通过通信协议连接。客户机向服务器请求数据、分析工具、应用程序模块等，并显示结果；服务器既可以自己完成 GIS 处理工作，并通过网络将结果传送给客户机，也可以将数据和 GIS 分析工具传给客户机，并在客户机执行。

③分布式系统。基于 Internet 的地理信息服务继承因特网获取分布式数据源和完成分布式操作的优点，为分布式系统。GIS 数据和工具可以位于 Internet 上的不同服务器上，其数据和分析工具可为单个部件或模块。用户在需要时可从 Internet 任何位置获取这些数据和应用程序。

④跨平台。基于 Internet 的地理信息服务一般是跨平台的。它的使用与客户机的硬件平台无关，与客户机使用的操作系统环境无关。无论是 Windows 95 、Windows NT、Windows 2000 或 Windows XP 环境，还是 UNIX 或 Macintosh 环境，都可以运行。只要用户能获得并使用 Internet，就能从 Internet 上的任何位置获得并使用服务及资源。它应提供跨平台或平台中立的 GIS 工具。

⑤超媒体信息系统。Web 浏览器为用户提供超媒体信息，基于 Internet 的地理信息服务可以提供超媒体热链接而与不同层次的空间信息和多媒体信息相连接。例如，用户可以通过超媒体热链接，链接从国家地图浏览到省级地图，从省级地图浏览到城市地图。Web 浏览器为它提供了与多媒体结合的信息有视频、音频、地图、文本、图片、广播等。

⑥互操作性能力。通过互联网，在异构环境中，具备获取多种 GIS 数据和功能的能力。能够在 Internet 上获取多种 GIS 数据，拥有处理异构环境的功能，是 Intenret GIS 面临的挑战。为了使系统获取并共享远程 GIS 数据、功能和应用程序，Internet GIS 必须具有很高的互操作性。

Mobile GIS，中文名称为移动 GIS。移动 GIS 的定义有狭义与广义之分。狭义的移动 GIS 可定义为运行于移动终端且具有桌面 GIS 功能的 GIS 系统，它可以不与服务器交互，是一种离线运行模式。广义的移动 GIS 是一种集成系统，是 GIS、GNSS、移动通信、Web 服务和多媒体技术等的集成。

总之，从网络的角度看，GIS、网络 GIS、WebGIS 和 Mobile GIS 的联系和区别如图 11.3 所示。

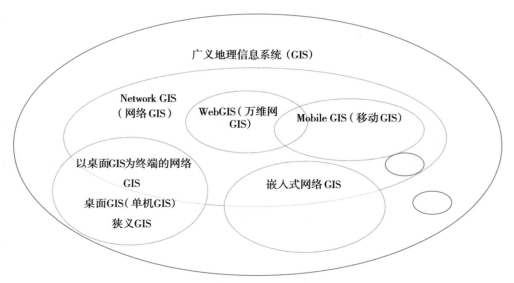

图 11.3 从网络的角度看地理信息系统

11.2.3 网络地理信息系统的基本特征与要求

网络 GIS 是 Internet 和分布式计算技术应用于 GIS 开发的产物, 因此网络 GIS 不但具有大部分乃至全部传统 GIS 软件具有的功能, 而且还具有利用 Internet 优势的特有功能, 即用户不必在自己的本地计算机上安装 GIS 软件就可以在 Internet 上访问远程的 GIS 数据和应用程序, 进行 GIS 分析, 在 Internet 上提供交互的地图和数据。相比桌面 GIS, 它具有如下 10 种特征。

1. 网络 GIS 是集成化客户/服务器系统

客户/服务器的概念就是把应用分析为服务器和客户端两者间的任务, 一个客户/服务器应用有 3 个部分: 客户、服务器和网络, 每个部分都由特定的软硬件平台支持。客户发送请求给服务器然后服务器处理该请求, 并把结果返回给客户, 客户再把结果或数据提供给用户。

网络 GIS 应用客户/服务器概念来执行 GIS 的分析任务, 它把任务分为服务器端和客户端两部分, 客户可以从服务器请求数据、分析工具和模块, 服务器或者执行客户的请求并把结果通过网络送回给客户, 或者把数据和分析工具发送给客户供客户端使用。

全球范围内任意一个 WWW 节点的 Internet 用户都可以访问网络 GIS 服务器提供的各种 GIS 服务, 甚至还可以进行全球范围内的 GIS 数据更新。

2. 网络 GIS 是交互式系统

通过超链接(Hyperlink), WWW 提供在 Internet 上最自然的交互性, 用户通过超链接, 可以一页一页地浏览 Web 页面。网络 GIS 可使用户在 Internet 上操作 GIS 地图和数据, 用 Web 浏览器(IE、Google Chrome 等)执行部分基本的 GIS 功能, 如 Zoom(缩放)、Pan(拖动）、Query（查询）和 Label（标注）；甚至可以执行空间查询，如"离你最近的旅馆或饭店在哪儿"；或者更先进的空间分析，如缓冲分析和网络分析等。在 Web 上使用网络 GIS 就和在本地计算机上使用桌面 GIS 软件一样。

3. 网络 GIS 是分布式系统

Internet 的一个特点就是它可以访问分布式数据库和执行分布式处理，即信息和应用可以部署在跨越整个 Internet 的不同计算机上。网络 GIS 利用 Internet 这种分布式系统把 GIS 数据和分析工具部署在网络不同的计算机上。GIS 数据和分析工具是独立的组件和模块，用户可以随意从网络的任何地方访问这些数据和应用程序。用户不需要在自己的本地计算机上安装 GIS 数据和应用程序，只要把请求发送到服务器，服务器就会把数据和分析工具模块传送给用户。

4. 网络 GIS 是动态系统

网络 GIS 是分布式系统，数据库和应用程序部署在网络的不同计算机上，并由其管理员进行管理，因此这些数据和应用程序一旦由其管理员进行更新，则它们对于 Internet 上的每个用户来说都将是最新可用的数据和应用。这也就是说，网络 GIS 和数据源是动态链接的，只要数据源发生变化，网络 GIS 将得到更新。和数据源的动态链接将保持数据和软件的现势性。

5. 网络 GIS 是跨平台系统

网络 GIS 可以访问不同的平台，而不必关心用户运行的操作系统是什么（如 Windows、UNIX）。网络 GIS 对任何计算机和操作系统都没有限制。只要能访问 Internet，用户就可以访问和使用网络 GIS。随着 Java 技术和嵌入式技术发展，网络 GIS 可以做到"一次编写，到处运行"，使网络 GIS 的跨平台特性走向更高层次。

6. 网络 GIS 能访问多源空间数据

异构环境下在 GIS 用户组间访问和共享 GIS 数据、功能和应用程序，需要很高的互操作性。OGC 提出的开放式地理数据互操作规范（Open Geospatial Interoperability Specification）为 GIS 互操作性提出了基本的规则。其中有很多问题需要解决，如数据格式的标准、数据交换和访问的标准，GIS 分析组件的标准规范等。随着 Internet 技术和标准的飞速发展，完全互操作的网络 GIS 将会成为现实。

7. 网络 GIS 是图形化超媒体信息系统

使用 Web 上超媒体系统技术，网络 GIS 通过超媒体热链接可以链接不同的地图页面。例如，用户可以在浏览全国地图时，通过单击地图上的热链接，而进入相应的省地图进行浏览。此外，WWW 为网络 GIS 提供了集成多媒体信息的能力，把视频、音频、地图、文本等集中到相同的 Web 页面，极大地丰富了 GIS 的内容和表现能力。

8. 网络 GIS 是真正大众化 GIS

由于 Internet 的爆炸性发展，Web 服务正在进入千家万户，网络 GIS 给更多用户提供了使用 GIS 的机会。网络 GIS 可以使用通用浏览器进行浏览、查询，额外的插件（Plug-in）、ActiveX 控件和 Java Applet 通常都是免费的，降低了终端用户的经济和技术负担，在很大程度上扩大了 GIS 的潜在用户范围。而以往的 GIS 由于成本高和技术难度大，往往成为少数专家拥有的专业工具，很难推广。

9. 网络 GIS 具有良好扩展性

网络 GIS 很容易与 Web 和无线环境中的其他信息服务进行无缝集成，可以建立灵活多变的 GIS 应用。

10. 网络 GIS 可降低系统成本

传统 GIS 在每个客户端都要配备昂贵的专业 GIS 软件，而用户使用的经常只是一些最基本的功能，这实际上造成了极大的浪费。网络 GIS 在客户端通常只需使用 Web 浏览器（有时还要加一些插件）或无线终端，其软件成本与全套专业 GIS 相比明显要节省得多。另外，由于客户端的简单性而节省了维护费用。

11.2.4　网络地理信息系统的基本架构

Internet/Intranet 的发展及其相关技术的发展和完善，尤其是 WWW 技术的出现，使早期只能提供远程登录（Telnet）服务、文件传输（FTP）服务和电子邮件（E-mail）服务等面向字符服务的互联网，成为一个包含各类信息，面向各种用户的互联网。网络化分布式 GIS 支持 Internet/Intranet 网络通信协议（TCP/IP）和文件传输协议（FTP）及超文本传输协议（HTTP），采用标准的超文本标识语言（HTML），以网络浏览器为应用工作平台，用来检索和发送各种文本文件、数据表格及图形数据文件。网络化 GIS 作为特定技术，用于处理特殊数据类型，即矢量（Vector）和栅格（Raster）等图形数据。

支持网络化通信技术标准，对于一个网络化 GIS 应用系统至关重要，支持 TCP/IP 和 HTTP，就意味着网络化 GIS 能够与任何地方的数据相连，网络化分布式 GIS 技术应用体系结构的优点是在客户端与服务器端均能提供方便、可执行的进程，能有效地平衡客户机端与服务器端之间的处理负载，可以使诸如动态地理数据提取、分析等进程分配在服务器端进行（因为同一幅地图数据文档可能是来自不同服务器的地图数据或图层）。而空间查询集的选定、地图缩放、平移和专题地图生成等进程任务，则分配在客户端执行。这样可以强化服务器对数据访问的响应性能，使得有更方便的方法实现与空间数据相关的应用分析。

这种客户机与服务器之间的进程分布式处理，能够最大限度地发挥现有计算机硬件资源的效用。而且，当对网络性能的需求提高时，只要适当地提高服务器的处理能力就能实现。可能产生的问题是在当前网络传输能力条件下，由于支持动态访问地理空间信息，对网络的传输速率要求较高。

根据网络技术体系和应用不同可以分为两层架构的网络 GIS 和三层架构的网络 GIS。

1. 两层架构网络 GIS

从 20 世纪 90 年代开始，局域网的 GIS 通常采用基于 C/S 结构的双层体系架构。它将复杂的网络应用的用户交互界面 GUI 和业务应用处理与数据库访问以及处理相分离，服务器与客户端之间通过消息传递机制进行对话，由客户端发出请求给服务器，服务器进行相应的处理后经传递机制送回客户端，应用开发简单且具有较多功能强大的前台开发工具。

如图 11.4 所示，通常这些 GIS 把业务逻辑整合到任意一层中，客户应用程序层和数据层之间通常使用数据库桥函数（如 ODBC 或 JDBC）进行通信，有两种可能的配置：表现层和业务逻辑层部署在简单的第一层中，数据访问作为独立的第二层，如果把第一层看作客户，第二层看作服务器，那么这种体系结构可以认为是"胖"客户/"瘦"服务模式；如果把部分业务逻辑和数据层整合在一起形成独立第二层，那么通常把这种应用归结为"瘦"客户/"胖"服务模式。

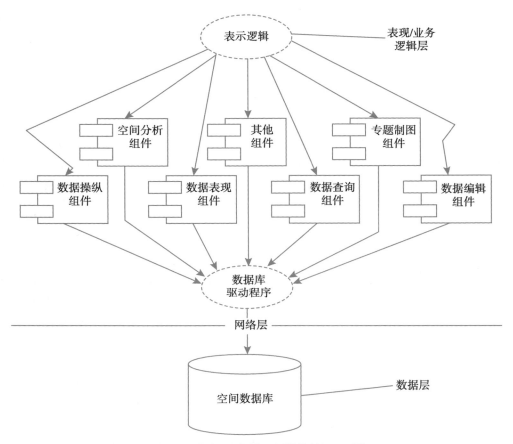

图 11.4　客户/服务器两层结构的 GIS 系统

无论哪种模式，都具有如下几种特点。

①GIS 客户应用程序部署的价格比较高：在每一台客户机上必须安装和配置 GIS 客户端应用程序，客户机可能是成百上千。

②数据库驱动程序变化成本高：换成另一种类型的数据库驱动程序意味着必须在每个客户端的机器上重新安装数据库驱动程序。

③数据库视图转换的成本高：胖客户和数据库的函数是绑定在一起的，如关系数据库或对象数据库的函数。如果用户决定要更改数据库的类型(如把关系数据库换成对象数据库)，那么不仅要重新配置每个客户机，而且必须更改客户机上的应用程序代码才能适用于新的数据库类型。

④业务逻辑迁移费用高：改变了业务逻辑层就得重新编译和部署客户层。

⑤数据库连接费用高：每一个数据库的客户端都必须建立起与数据库的连接。这些连接数目上是有限的，重新创建连接的费用也比较昂贵。当客户机不再使用数据库时，连接还保留着并且不能给其他的用户使用。

⑥网络表现能力差：当业务逻辑执行一个数据库操作时，数据和请求必须在业务逻辑和数据这两个分开的物理层上来回传输。如果系统中最大的瓶颈为网络带宽，那么这种模型将严重制约数据库操作的时间，它可能使网络中断或减少其他人使用的带宽。

⑦支持二次开发的能力有所增强：通常可以提供 API 函数、组件和控件三个层次的二次开发。

通常改进的做法是把一些只与数据有关的业务逻辑放到数据库，允许通过写一些诸如存储过程的模块在数据库环境中执行业务逻辑，如此应用可以获得许多扩展能力和增强表现能力。一方面，从业务逻辑到数据库的网络传输减小；另一方面，可以把一个存储过程保持在数据库中，用于多次查询，提高了访问数据库的速度。同时也减少了总的网络传输负担，使得其他的客户机能够更快地执行网络操作。

2. 三层体系架构的网络 GIS

从总体上来说，两层 C/S 的 GIS 体系部署能够增强表现和增加部署的扩展能力，由于应用处理留在客户端，使得在处理复杂应用时客户端应用程序仍显臃肿，限制了对业务处理逻辑变化适应和扩展能力，当访问数据量增大、业务处理复杂时，客户端与后台数据库服务器数据交换频繁，易造成网络瓶颈。为解决这类问题，出现了采用三层式程序架构趋势，将大量数据库 I/O 的动作集中于应用服务器，有效降低局域网络的数据传输量，客户端不必安装数据库中间件，可简化系统的安装部署。业务逻辑集中于应用服务器，如要修改，仅须更新服务器端的组件即可，易于维护。当前端使用者数量增加时，可扩充应用服务器的数量，系统扩充性好。随着 Internet/Intranet 技术的不断发展，尤其是基于 Web 的信息发布和检索技术，导致了整个应用系统的体系结构从 C/S 的主从结构向灵活的多级分布结构的重大演变，使其在当今以 Web 技术为核心的信息网络的应用中予以更新的内涵，这就是 B/S 体系结构。

在两层模型的基础上增加一层或者多层就构成了多层体系结构。三层客户机/服务器(图 11.5 所示)应用程序使用一个中间件或中间层-应用程序服务器，它在客户机应用程序和后端数据库之间运行。中间层存储系统的业务逻辑，并协调客户机与后端数据库之间交互。在多层体系结构配置中，表示层、业务逻辑层和数据层被分离成物理独立的层。在四层或以上的多层体系结构中，把各个层分解开来，以便于将来可以更好地扩充系统，具有如下的特点。

①部署费用低：数据库驱动程序部署在应用服务器端。

②数据库更换费用低：客户机不再直接访问数据库中的数据，而是通过中间层的应用来完成。可以不要重新部署客户端就可以迁移数据库视图，更换驱动程序，甚至改变永久存储类型。

③业务逻辑迁移费用低：修改业务逻辑不再需要重新编译和部署客户层。

④可以使用防火墙保证各个部署部分的安全：许多的业务需要保护它们的数据，而且

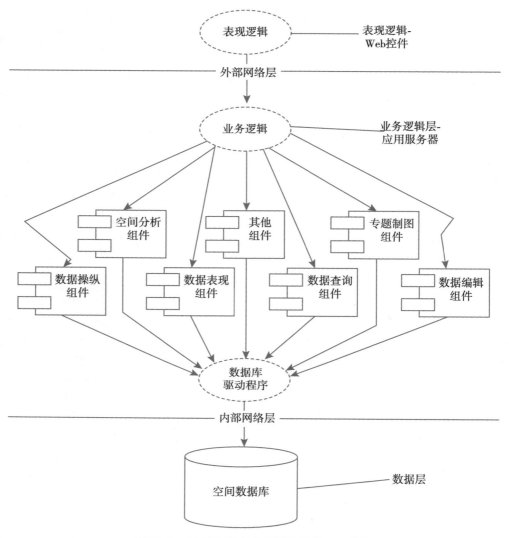

图 11.5　浏览器/服务器三层结构的 GIS 系统

不希望停止已经部署的应用。例如，在一个 Web 的部署中，不能把它们的业务逻辑层直接暴露给用户，却要把展示层暴露给用户以便于用户能够通过 Web 访问它，那么解决的办法就是在业务逻辑层和展示层之间部署防火墙。

　　⑤资源能够有效地共享和再利用。

　　⑥每个层可以独立变化。

　　⑦执行能力下降仅局限于本地。

　　⑧出错仅局限于本地。

　　⑨通信负担重。

　　⑩维护费用高。

11.2.5 网络地理信息系统的组成与功能

1. 组成

一般来讲，网络地理信息系统由 5 个主要组成部分，即异构空间数据库、一个或多个地图服务器(Map Server)、浏览器客户机(Viewer Client，VC)、浏览器客户机生成器(Viewer Client Generator)和服务目录(Service Catalog)。

1)空间数据库管理系统

空间数据库管理系统提供空间数据的存储与管理，包括对影像、矢量、DEM、兴趣点、兴趣区域、专业空间数据及属性数据的管理，并根据应用服务器的请求，提供各类数据服务。

2)地图服务器

一个地图服务器是通过通用的网关发送符号化图形文件给浏览客户机(VC 如图 11.6 所示，可以是 Web 浏览器、PDA、工作站或手机)的软件部件。在 Web 环境下，地图服务器通过使用 HTTP 的通用接口实现与 VC 进行交互。地图服务以标准的 HTTP URL 字符串方式接收来源于 VC 的请求，并且把结果以 GIF、JPEG、PNG 和 XML 等方式发送给VC。

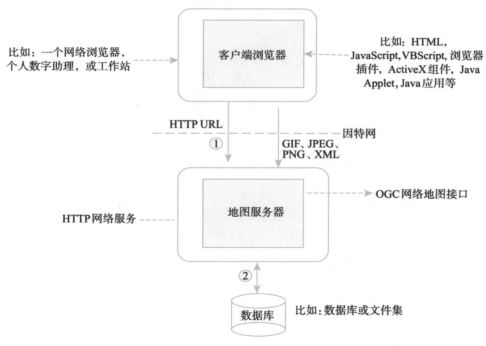

图 11.6 地图服务器的工作原理

3)浏览器客户机

一个地图客户浏览器(VC)是扩展或仅仅表现从地图服务器部件获取的图形的软件部

677

件。通过通用请求接口，VC 能够与不同的地图服务器进行交互。在 Web 环境下，VC 通过 HTTP 协议与地图服务器进行交互。

在最基本的格式中，一个 VC 是运行在一个 Web 浏览器中的一个 HTML 页面。这种 VC 使用 Web 浏览器来处理和用户之间的交互。这种 VC 同时也使用 Web 浏览器，以标准的 Web HTTP URLs 格式，发送 Web 制图接口（例如，Map、Capabilities 和 FeatureInfo）请求给地图服务器。如果所有环节运行良好，VC 接收（又通过 Web 浏览器）从地图服务器发送过来的结果和以 GIF 或 JPEG 编码（或其他 MIME 编码）的地图图像。

在"胖"VC 的情况下，这种 VC 能够在例如工作站环境上以一个 Java 应用程序或一个 Web 浏览器插件的形式运行。在这种配置中（见图 11.6），这种 VC 首先发送一个 Map、Capabilities 或 FeatureInfo 请求 1 以 HTTP URL 编码的方式给一个地图服务器。接下来，地图服务器处理请求 2，也许访问存储在一个数据库或一个数据文件集中的文件。最后，地图服务器返回给 VC 一个符号化的图形 3 以 MIME 格式如 GIF 编码的图形。

4）浏览器客户机生成器

一个 VCG 是生成一个 VC 实例化代码（如 HTML）的软件部件。在 Web 环境下，我们把生成 VC 的应用服务器称为 VCG。一个 VCG 是一种特定类型的应用服务器。在一个应用程序中，VCG 通常作为"瘦"客户的部署。在这种情况下，VC 仅是运行 Web 浏览器或信息设备上的一系列 HTML 页面，例如，图 11.7 中的 HTML 网页就是由驻留在 Web 服务器的 VCG 动态生成。Web 浏览器对由 VCG 生成的 VC（图 11.7 中为 HTML 内容）进行表现和通过 HTTP 协议管理与地图服务器的交互。

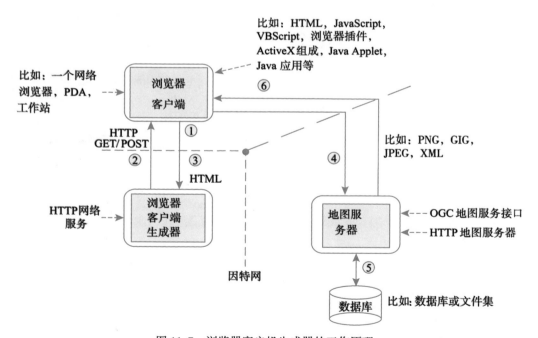

图 11.7 浏览器客户机生成器的工作原理

如图 11.7 所示，包含了以下 6 个交互的过程。

①用户点击 Web 浏览器中的网页连接并向 Web 服务器发送一个请求，即用户与本地的 VC 交互并且提交请求给 Web 服务器中的 VCG。

②Web 服务器中的 VCG 接受用户的请求，并且把这些请求当作 HTTP 的 GET/POST 请求，在一个应用程序中或特定的上下文环境中进行处理。

③在 VCG 中动态生成 VC 的一个新实例，在图中为 HTML 文档，内嵌在 HTML 页面的 VC 通过 0 个或多个标签（例如，<img src="a Map request URL...">）指定一个请求。

④VC 从各自的地图服务器获取响应的内容（以 GIF，JPEG 等编码的方式），每个地图服务器处理请求，可能还需要从永久存储中获取一些内容。

⑤最后，VC 使用 Web 浏览器的服务功能，真正地获取和显示从每个地图服务器获得的内容。

5）服务目录

服务目录包含了所有注册地图服务器的能力描述元数据。服务目录被 VC 或 VCG（在 VC 是一些受限的终端，如仅仅是一个 HTML 页面）用来发现可用的满足用户请求的地图服务器。服务目录解析来自客户的请求并返回满足查询条件的每个地图服务器的元数据。服务目录通常由遍历已知地图服务获得的地图服务能力请求结果形成。地图服务和它们的能力描述能够发布到一个服务目录下，这种方式下，客户端不同应用程序就能够快速发现和访问服务目录。

如图 11.8 所示，包含了以下 7 个交互的过程。

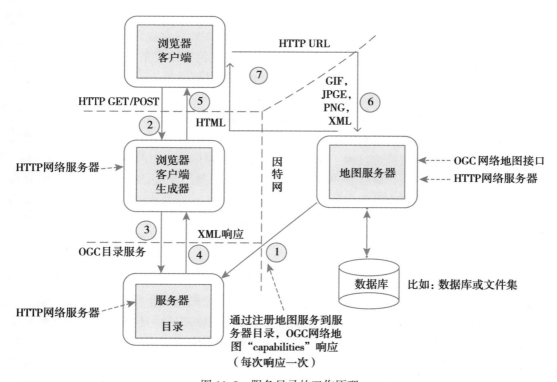

图 11.8　服务目录的工作原理

679

①服务目录形成：通过获得特定地图服务能力描述元数据(例如，一个地图服务的能力请求的响应装载到一个目录)形成服务目录，地图服务则注册到服务目录中。这个处理过程只有当地图服务希望把它的能力通过服务目录暴露给用户时，才会重复执行一次。

②VC 发出用户请求：VC 向 VCG 发出用户请求，在更简单的情况下，可以忽略上述过程。

③VCG 查询服务目录：为了判断哪个地图服务器能够处理用户的请求，VCG 根据请求查询服务目录中的注册数据。

④服务目录把查询结果发送给 VCG：服务目录把能够满足用户请求的地图服务的元数据打包成 XML 格式，返回给 VCG。

⑤VCG 动态生成 HTML：使用查询结果集，VCG 动态生成包含嵌入地图请求服务串(如 HTTP 的 URL 地址)的 HTML 页面，返回给 VC。

⑥发送地图请求：VC 使用 Web 浏览器的服务能力，发送地图请求的 URL 地址给在 VCG 生成的 HTML 指定的地图服务器。

⑦接受地图并显示：最后，VC(又通过 Web 浏览器)接受地图服务器的响应，并把结果显示给用户。

2. 功能

1)空间数据采集与整理

通过 Internet，用户可以实时更新空间数据。例如，在有线网络环境下，用户采用 Web 浏览器加地图的方式，进行企业在线信息标注，实现企业信息的添加、更新和发布；在无线网络环境下，采用 PDA+地图+GPS，进行野外调查数据在线采集；采用移动电话+地图+定位设备，进行紧急事件实时报警。通常在空间数据入库之前需要对采集的数据进行转换和规范化处理，以方便、正确地转入空间数据库管理系统。

2)空间数据管理

Web 数据管理是建立在广义数据库理解的基础上，在 Web 环境下，对复杂信息的有效组织与集成，方便而准确地查询与发布信息。从技术上讲，Web 数据管理融合了 WWW 技术、数据库技术、信息检索技术、移动计算技术、多媒体技术以及数据挖掘技术，是一门综合性很强的新兴研究领域。在 Web 上存在大量的信息，这些信息多数具有空间分布特征，如分销商数据往往有其所在位置属性，这些信息通常称为地理关联信息，利用地图对这些信息进行组织和管理，并为用户提供基于空间的检索服务，无疑也可以通过网络 GIS 实现。

3)空间数据服务

能够以图形方式显示和查询空间数据，较之单纯的 FTP 方式，网络 GIS 使用户更容易找到需要的数据；利用浏览器提供的交互能力，进行图形及属性数据库的查询检索。

基于 Web 的 GIS 查询和分析，允许用户在分布式计算环境中使用一般地理信息系统的功能，如地图分层显示、属性查询、几何查询、缓冲区分析、叠置分析和数据编辑等。网络地理信息系统提供者对这些操作有完全的控制权，与所提供的数据集合哪些可以显示，哪些不能被显示一样。它为使用网络地理信息系统的用户提供完成各种查询和分析的界面。

基于 Web 的 GIS 查询和分析网络地理信息系统的工作原理：Web 浏览器发出 URL(命令、查询)请求给 Web 服务器；Web 服务器将 URL 请求及相应的参数转给 GIS 接口程序，GIS 接口程序将 URL 请求及相应的参数解释成 GIS 具体命令给 GIS 软件或分析脚本。GIS 软件或分析脚本根据 GIS 具体命令，启用相应的 GIS 数据，生成地图报告等结果。这种结果经过 GIS 接口程序和 Web 服务器，以地图、文本或 HTML 等返回给 Web 浏览器。Web 浏览器将接收到的结果显示。

因为用户不能通过网络直接获取和使用网络地理信息系统应用程序，所以要提供这类网络地理信息系统，总是需要编写程序。需要建立用户界面，帮助用户获取和完成具体的查询和分析操作。这包括两类界面或接口需要创建，一类是 Web 界面工具，形成查询和分析请求信息；另一类是地理信息系统分析脚本，用于处理查询和分析请求信息，并将结果返回。使用基于 Web 的 GIS 查询的用户，没有自己的地理信息系统软件，只使用 Web 浏览器。地理信息查询和分析全由网络地理信息系统程序提供。

4)地理信息处理服务

这类服务是能够对空间数据进行某些操作并提供增值服务的基本应用服务。应用服务通常都有一个或多个的输入，在对数据实施了增值性操作后产生相应的输出。应用服务能够转换、合并或者创建数据，既可以和数据服务紧密绑定，也可以与数据服务建立松散型的关联模式。信息处理服务提供的是对地理信息数据的各种加工服务，即对各种数据(原始数据或加工后的数据)进行处理以满足用户的需要。它可分为 4 个子类：空间、专题、时间和元数据。

5)移动定位服务

随着无线通信技术的发展和信息设备功能的日益完善，特别是带宽从 2G 到 3G、4G 和目前正在发展应用的 5G，无线服务的内容、质量和形式都有了长足的进步。2G 手机只能接收一些简单信息；3G 手机可以在线浏览文本、图片和声音等多媒体信息；4G 手机传输的图像速度更快、更清晰，可以在线看视频，最高速度可达 100Mbps；5G 手机数据流传输速度高达 1Gbps，能为用户提供增强现实、超高清视频等极致快速交互服务。无线内容服务面临着前所未有的机遇和挑战，无线技术与定位技术、3S 技术以及 N 层体系结构 GIS 应用服务器的结合，产生了移动定位服务，促使空间信息飞入寻常百姓家，拓宽了无线服务的外延和内涵，有着巨大的市场空间和研究价值。

定位服务技术随着计算机、通信、3S 技术的发展而呈现不同的形式。概括起来，经历了以下的三个发展阶段：集中式单机定位服务阶段，基于 Web 的定位技术和基于无线信息的定位技术。基于无线信息的定位技术，也称为移动定位服务，是指通过无线网络，无论何时、何地，提供基于个人注册信息和当前或者预定位置增强的无线空间服务。例如，用户使用能上因特网的信息设备，从任意位置在任意时间通过无线因特网发送位置信息和请求主题给通信服务提供器，通信服务提供者从定位服务提供器和内容服务代理中取得与当前位置有关的信息，如附近的商店、人、餐馆和 ATMS，并且能够根据当前位置和预定位置的信息，决定驾驶的方向和最佳乘车路线。

11.2.6 网络地理信息系统服务端实现技术

目前有下列几种网络地理信息系统服务端的实现技术。

1. 通用网关接口 CGI

基于 CGI 的网络地理信息系统是 HTML 的一种扩展。它需要有 GIS 服务器在后台运行。通过 CGI 脚本，将 GIS 服务器和 Web 服务器连接。基于 CGI 的网络地理信息系统的体系结构如图 11.9 所示。客户端的所有 GIS 操作和分析，都是在 GIS 服务器上完成的。

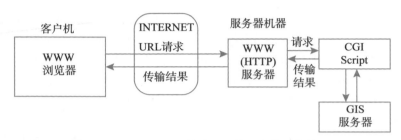

图 11.9 基于 CGI 模式的网络 GIS 体系结构

CGI 模式工作原理：Web 浏览器用户通过地图服务器 URL 地址发送 GIS 数据操作请求；Web 服务器接受请求，并通过 CGI 脚本，将用户请求传送给 GIS 服务器；GIS 服务器接受请求，进行 GIS 数据处理如放大、缩小、漫游、查询和分析等，将操作结果形成 GIF 或 JPEG 图像；最后 GIS 服务器将 GIF 或 JPEG 图像，通过 CGI 脚本和 Web 服务器返回给 Web 浏览器显示。

基于 CGI 的网络地理信息系统优势有两点。

①具有处理大型 GIS 分析功能，利用已有 GIS 资源。由于所有 GIS 操作都是由 GIS 服务器完成，具有客户端小、处理大型 GIS 操作分析功能强、充分利用现有 GIS 操作分析资源等优势。

②客户机端与操作系统平台无关。由于在客户机端使用的是支持标准 HTML 的 Web 浏览器，操作结果以静态 GIF 或 JPEG 图像形式表现，因而客户机端与操作系统平台无关。

基于 CGI 的网络地理信息系统劣势有 5 点。

①增加了网络传输负担。由于用户每一步操作，都需要将请求通过网络传给 GIS 服务器，GIS 服务器将操作结果形成图像，通过网络返回给用户，因而网络传输量大大增加。

②服务器负担重。所有操作都必须由 GIS 服务器解释执行，服务器负担很重，信息（用户请求和 GIS 服务器返回图像）通过 CGI 脚本在浏览器和 GIS 服务器之间传输，势必影响信息传输速度。

③同步多请求问题。由于 CGI 脚本处理所有来自 Web 浏览器的输入和解释 GIS 服务器的所有输出，当有多用户同时发出请求时，系统效率将受到影响。

④静态图像。在浏览器上显示静态图像，因而用户无法在浏览器上直接放大、缩小及通过几何对象如点、线、面来选择查询其关注的地物。

⑤用户界面功能受 Web 浏览器的限制，影响 GIS 资源有效使用。

基于 CGI 的网络地理信息系统典型代表为于 1996 年推出的 MapInfo ProServer（黄伟敏，1996）。

2. 动态服务页面 ASP

动态服务页面（Microsoft，2009）模式是在服务器端采用 ActiveX 组件技术实现的 GIS 服务器，其核心是 GIS ActiveX 组件。系统结构如图 11.10 所示。

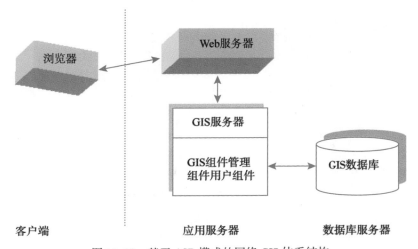

图 11.10　基于 ASP 模式的网络 GIS 体系结构

CGI 模式工作原理：ActiveX 组件封装其内部实现细节并提供符合标准的操纵接口，是一个完成独立功能的程序模块。一般情况下，组件按照功能可以分为 3 个层次：GIS 组件、管理组件和用户组件。GIS 组件包含数据读写、地图操纵和空间分析组件等；管理组件提供对整个应用的管理功能，包括 GIS 服务代理组件、系统性能监测和负载平衡组件、安全管理组件等；用户组件负责用户交互，响应用户操作请求功能。系统可以根据需要对这些组件剪裁或增加，以满足应用需求。用户组件可以从服务器端下载到客户端，通过 DCOM/ActiveX 直接和服务器的 GIS 组件通信，完成 GIS 数据和功能请求操作。

基于 ASP 的网络地理信息系统优势：这种方案的好处在于它可在服务器根据用户需求实现可伸缩应用系统，降低系统成本，提高系统性能；由于组件遵循相同的 ActiveX 标准，因此组件间可以实现无缝连接，提高系统稳定性；"瘦"客户/"胖"服务器模式，使任何浏览器用户都可以访问 GIS 服务器的地理信息；系统开发可以采用任何支持 ActiveX 标准的工具，如 FrontPage、InterDev 和 ASP 结合起来，使开发变得非常容易。

基于 ASP 的网络地理信息系统劣势：这种方案只能在 Windows 平台上实现，无法跨平台部署和运行。

这类产品代表有 1996 年 10 月 ESRI 推出的 MapObjects IMS（王津等，2001）和 MapInfo

的 MapXtreme 等。

3. GIS 桌面系统扩展

以 GIS 桌面系统为基础的 GIS 服务器结构如图 11.11 所示。底层为 GIS 服务器，其核心是已经成熟的 GIS 桌面系统。中间层是应用服务器，它是 Web 服务器和 GIS 服务器间的桥梁。GIS 服务器中的监控调度程序负责调度、维护和管理 GIS 桌面系统运行实例，完成 GIS 数据处理和 GIS 计算功能。

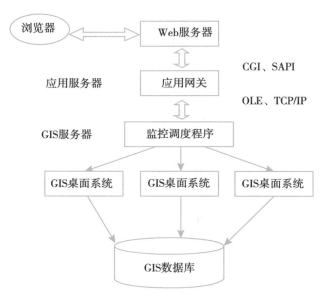

图 11.11　基于 GIS 桌面系统扩展模式的网络 GIS 体系结构

GIS 桌面系统扩展模式工作原理：应用服务器网关在 Web 服务器和 GIS 服务器之间建立连接，它把客户的 GIS 服务请求从 Web 服务器通过 OLE 或者 TCP/IP 技术传送到 GIS 服务器中的监控调度程序，监控调度程序选择可用的 GIS 桌面系统运行实例，完成客户请求的 GIS 计算，然后把结果返回给 Web 服务器，最后再返回给客户，从而实现所有的 GIS 功能。在应用服务器层，还可以实现 GIS 服务代理功能，协调 Web 服务器和 GIS 服务器、GIS 数据库等之间的运行，以控制 GIS 服务器的性能和状态。工作具体步骤如下：

①浏览器用 URL 和 Web 服务器建立连接；

②服务器接受请求并把 URL 转换为路径和文件名；

③启动相应的 ISAPI 网关应用程序；

④ISAPI 网关应用程序调用 GIS 服务器的监控调度程序，并转换和传递用户的地理操作参数；

⑤监控调度程序使用可用的 GIS 桌面系统运行实例，完成 GIS 计算，并把结果转换为 GIF/JPEG 图像格式文件；

⑥ISAPI 网关把结果按照 MIME 类型返回给 Web 服务器；

⑦Web 服务器把结果传递给浏览器，进行显示。

基于 GIS 桌面系统扩展模式的网络地理信息系统优势：这种类型的系统，所有的 GIS 计算全部在服务器端完全，客户端只要是标准的 Web 浏览器即可，是典型的"瘦"客户机/"肥"服务器模式，由于 GIS 服务器的核心是成熟的 GIS 地图桌面系统，因此可以利用以前的开发成果和 GIS 数据。

基于 GIS 桌面系统扩展模式的网络地理信息系统劣势：一是对于每个客户机的请求都要启动一个新的完整 GIS 桌面系统实例进程，这不但浪费服务器的系统资源，也严重影响性能。虽然通过 GIS 服务代理可以缓解问题的严重性，但无法从根本上解决问题。二是系统和客户的交互性非常差，因此诸如多边形选择查询这样的地理操作都不可能实现，从而影响系统的使用性。

ESRI 的 Internet Map Server for ArcView（赵世华等，2003）、Sylvan Ascent 的 SylvanMaps 是 GIS 桌面系统扩展模式的网络地理信息系统的典型代表。

11.2.7 网络地理信息系统客户端实现技术

同样，网络地理信息系统客户端的实现技术也有多种模式。

1. GIS 控件方法

ActiveX 是 Microsoft 为适应互联网而发展的标准。ActiveX 是建立在对象连接和嵌入技术（OLE）标准上，为扩展 Microsoft Web 浏览器 Internet Explorer 功能而提供的公共框架。ActiveX 是用于完成具体任务和信息通信的软件模块。GIS ActiveX 控件用于在客户端处理 GIS 数据和完成 GIS 分析。

ActiveX 控件和 Plug-in 非常相似，是为了扩展 Web 浏览器的动态模块。所不同的是，ActiveX 能被支持 OLE 标准的任何程序语言或应用系统所使用。相反，Plug-in 只能在某一具体的浏览器中使用。

基于 GIS ActiveX 控件的网络地理信息系统体系结构图 11.12 所示。它依靠控件与 Web 浏览器灵活无缝结合在一起，完成 GIS 数据的处理和显示。在通常情况下，GIS ActiveX 控件包容在 HTML 代码中，并通过<OBJECT>参考标签来获取。

图 11.12　基于 GIS ActiveX 控件的网络 GIS 体系结构

GIS ActiveX 控件模式的工作原理：Web 浏览器发出 GIS 数据显示操作请求；Web 服务器接收到用户的请求，进行处理，并将用户所要的 GIS 数据对象和 GIS ActiveX 控件传送给 Web 浏览器；客户端接收到 Web 服务器传来的 GIS 数据和 GIS ActiveX 控件，启动

GIS ActiveX 控件，对 GIS 数据进行处理，完成 GIS 操作。

基于 GIS ActiveX 控件的网络地理信息系统的优势：具有 GIS Plug-in 模式的所有优点。同时，ActiveX 能被支持 OLE 标准的任何程序语言或应用系统所使用，比 GIS Plug-in 模式更灵活，使用方便。

基于 GIS ActiveX 控件的网络地理信息系统的劣势：需要下载，占用客户机端机器的磁盘空间；与平台相关，对不同的平台，必须提供不同的 GIS ActiveX 控件；与浏览器相关，GIS ActiveX 控件最初只应用于 Microsoft Web 浏览器；在其他浏览器使用时，须增加特殊的 Plug-in 予以支持；使用已有的 GIS 操作资源的能力弱，一般来说，GIS 分析能力有限。

基于 GIS ActiveX 控件的网络地理信息系统有 Intergraph 的 GeoMedia Web Map。

2. Java 小程序

GIS Java Applet 是在程序运行时，从服务器下载到客户机端运行的可执行代码。GIS Java Applet 是由面向对象语言 Java 创建的，与 Web 浏览器紧密结合，以扩展 Web 浏览器的功能，完成 GIS 数据操作处理和地图显示。GIS Java Applet 最初为驻留在 Web 服务器端的可执行代码。在通常情况下，GIS Java Applet 包容在 HTML 代码中，并通过<APPLET>参考标签来获取和引发。基于 GIS Java Applet 的网络地理信息系统的体系结构如图 11.13 所示。

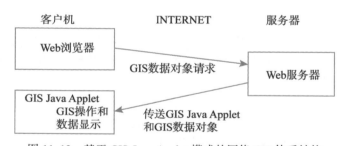

图 11.13　基于 GIS Java Applet 模式的网络 GIS 体系结构

GIS Java Applet 模式的工作原理：Web 浏览器发出 GIS 操作请求；Web 服务器接收到用户的请求，进行处理，并将用户所要的 GIS 数据对象和 GIS Java Applet 传送给 Web 浏览器；客户端接收到 Web 服务器传来的 GIS 数据和 GIS Java Applet，启动 GIS Java Applet，对 GIS 数据进行处理，完成 GIS 操作。GIS Java Applet 在运行过程中，又可以向 Web 服务器发出数据服务请求；Web 服务器接收到请求，进行处理，并将用户所要的 GIS 数据对象传送给 GIS Java Applet。

基于 GIS Java Applet 的网络地理信息系统的优势有如下 4 点。

①体系结构中立，与平台和操作系统无关，在具有 Java 虚拟机的 Web 浏览器上运行，且写一次程序，可到处运行。

②动态运行，无须在用户端预先安装，由于 GIS Java Applet 是在运行时从 Web 服务器动态下载的，所以当服务器端的 GIS Java Applet 更新后，客户端总是可以使用最新

的版本。

③GIS 操作速度快，所有的 GIS 操作都是在本地由 GIS Java Applet 完成，因此运行的速度快。

④服务器和网络传输的负担轻，服务器仅需提供 GIS 数据服务，网络也只需将 GIS 数据一次性传输。服务器的任务很少，网络传输的负担轻。

基于 GIS Java Applet 的网络地理信息系统的缺陷：使用已有的 GIS 操作资源的能力弱，GIS 分析功能有限；大数据量矢量数据传输慢。

基于 GIS Java Applet 的网络地理信息系统有 ActiveMaps、Bigbook、GeoSurf v3.0。

3. GIS 插件方法

GIS Plug-in 是在浏览器上扩充 Web 浏览器功能的可执行 GIS 软件。GIS Plug-in 的主要作用是使 Web 浏览器支持处理 GIS 数据并显示地图，为 Web 浏览器与 GIS 数据之间的通信提供条件。GIS Plug-in 直接处理来自服务器的 GIS 矢量数据。同时，GIS Plug-in 可以生成自己的数据，以供 Web 浏览器或其他 Plug-in 显示使用。Plug-in 必须先安装在客户机上，然后才能使用。Plug-in 模式的体系结构如图 11.14 所示。

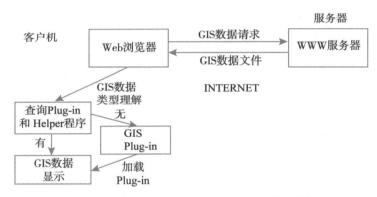

图 11.14 基于 Plug-in 模式的网络 GIS 体系结构

Plug-in 模式的工作原理：Web 浏览器发出 GIS 数据显示操作请求；Web 服务器接收到用户的请求，进行处理，并将用户所要的 GIS 数据传送给 Web 浏览器；客户端接收到 Web 服务器传来的 GIS 数据，并对 GIS 数据类型进行理解；在本地系统查找与 GIS 数据相关的 Plug-in(或 Helper)，如果找到相应的 GIS Plug-in，用它显示 GIS 数据，如果没有，则需要安装相应的 GIS Plug-in，加载相应的 GIS Plug-in，来显示 GIS 数据。GIS 的操作如放大、缩小、漫游、查询、分析皆由相应的 GIS Plug-in 来完成。

基于 Plug-in 的网络地理信息系统的优势：支持与 GIS 数据的连接，由于对每一种数据源，都需要有相应的 GIS Plug-in，因而 GIS Plug-in 支持与多种 GIS 数据的连接；GIS 操作速度快，所有的 GIS 操作都是在本地 GIS Plug-in 完成，因此运行的速度快；服务器和网络传输的负担轻，服务器仅需提供 GIS 数据服务，网络也只需将 GIS 数据一次性传输；服务器的任务很少，网络传输的负担轻。

基于 Plug-in 的网络地理信息系统的劣势：GIS Plug-in 与平台相关，对同一 GIS 数据，不同的操作系统需要不同的 GIS Plug-in，如对 UNIX，Windows，Macintosh 而言，需要有各自的 GIS Plug-in 在其上使用；对于不同的 Web 浏览器，同样需要有相对应的 GIS Plug-in，GIS Plug-in 与 GIS 数据类型相关，对 GIS 用户而言，使用的 GIS 数据类型是多种多样的，如 ArcInfo、MapInfo、AtlasGIS 等 GIS 数据格式，对于不同的 GIS 数据类型，需要有相应的 GIS Plug-in 来支持；需要事先安装，用户如想使用，必须下载安装 GIS Plug-in 程序，如果用户准备使用多种 GIS 数据类型，必须安装多个 GIS Plug-in 程序。GIS Plug-in 程序在客户机上的数量增多，势必对管理带来压力，同时，GIS Plug-in 程序占用客户机磁盘空间；更新困难，当 GIS Plug-in 程序提供者，已经将 GIS Plug-in 升级了，须通告用户进行软件升级，升级时需要重新下载安装；功能有限，使用已有的 GIS 操作资源的能力弱，一般需要重新开发。基于 Plug-in 的网络地理信息系统有 Autodesk 的 MapGuide。

11.3　网络地理信息服务技术

网络地理信息服务技术即是基于 Web Service 技术的地理信息共享与应用技术。它与 WebGIS 的技术不完全相同，它不仅采用 Web 技术，而且基于"Web Service"的标准技术体系，再根据地理信息的特点，发展一系列地理信息网络服务的标准规范。所以 OGC 已经和正在制定大量的基于 Web 的地理信息服务的标准与规范。从最新的技术用户支持的力度来看，基于 Web 的地理信息服务是最受重视和最具发展前景的技术。

所谓 Web 服务(Web Services)，是指那种自包含、自描述、模块化的应用程序，这类应用程序能够被发布、定位，并通过 Web 实现动态调用。Web 服务所实现的功能，可以是从简单请求到复杂商业过程的任意功能。一旦一个 Web 服务被配置完毕，其他的应用程序，包括其他 Web 服务就能够发现并调用该服务。因而，利用 Web 服务技术，可以很好地实现服务在 Web 层次上的互操作，并为服务的整合，特别为电子商务领域中商业过程的组合或服务链的形成提供良好的基础。

11.3.1　Web 服务的主要相关技术

本章的 11.1.6 小节"网络服务技术"初步介绍了 Web 服务模型和主要操作，包括服务提供者、服务代理和服务请求者的三角关系模型，以及服务发布、服务发现、服务绑定三种基本操作。本小节介绍几个相关的技术和标准，包括用于描述 Web 服务的 Web 服务描述语言(Web Services Description Language，WSDL)、用于 Web 服务注册和元数据管理的统一描述、发现与集成协议(UDDI)标准，以及用于调用 Web 服务的简单对象访问协议(Simple Object Access Protocol，SOAP)等技术和标准。

1. Web 服务描述语言

Web 服务描述语言(WSDL)是 W3C 用于描述 Web 服务的规范，能够被用来描述一个 Web 能够服务什么，该服务在什么地方，以及如何调用该服务。WSDL 利用 XML 格式来描述 Web 服务，把 Web 服务看作一系列能够对消息(message)操作端点(endpoints)，这些消息包含了面向文档的信息或者面向过程的信息。WSDL 首先对操作和消息进行抽象描述，然后将其绑定到具体的网络协议和消息格式上以定义端点，而相关的具体端点组合成了服务。

　　一个 WSDL 文档的节可分成两组。上层的组包含抽象定义，而下层的组包含具体说明。抽象各节以独立于语言和平台的方式定义类型、消息和端口类型等元素。与具体实现相关的问题(如序列化等)被放到下层各节，这些节包含具体的说明。WSDL 文档中各个元素之间的关系如图 11.15 所示。

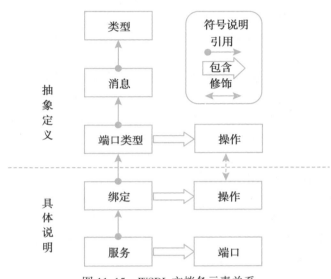

图 11.15　WSDL 文档各元素关系

　　WSDL 服务描述语言的抽象定义包括三个。

　　类型(types)：独立于计算机和语言的类型定义。

　　消息(message)：包含函数参数(输入与输出分开)或文档说明。

　　端口类型(portType)：引用消息节中的消息定义来说明函数签名(操作名称、输入参数和输出参数等)。

　　WSDL 服务描述语言的具体说明包括两个。

　　绑定(binding)：指定端口类型节中每个操作的绑定。

　　服务(service)：指定每个绑定的端口地址。

　　一个典型的 WSDL 文档通常包括类型节、消息节、端口类型节、绑定节和服务节。

　　在类型节中定义了文档中需要用到的数据类型，如果不需要声明数据类型，可以省略该节。该节还可以用来声明文档中使用的架构名称空间。

　　消息节中定义了该文档用到的各种消息元素(<message>)。如果把操作看作函数，那么消息元素就定义了该函数的参数。消息元数中的每个<part>子元素都对应一个参数。输入的参数在一个单独的消息元素中定义，与输出元素分开，输出元素在自己的消息元素中定义。操作的输入和输出参数在输入和输出消息元素中都有各自对应的<part>元素。这些<part>元素的类型可以是 XSD 基本类型、SOAP 定义类型(soapenc)、WSDL 定义类型(wsdl)或类型节定义类型。当这些类型用于文档交换时，WSDL 允许使用消息元素来说明要交换的文档。

端口类型节中可以有零个、一个或多个<portType>元素。因为抽象的端口类型定义可以放在独立的文件中，所以 WSDL 文件中可能有零个<portType>元素。<portType>元素用<operation>子元素来定义一个或多个操作。每个<operation>元素都声明了操作的名称、参数(使用消息元素)以及每个参数的类型(每个消息中声明的<part>元素)，可以有一个、两个或三个子元素(即<input>、<output>和<fault>元素)。每个<input>和<output>元素中的消息属性引用消息节中相关的消息元素。

绑定节可以有零个、一个或多个<binding>元素。其目的是指定如何通过线路发送每个<operation>的调用和响应。该节把类型节、消息节和端口类型节的抽象内容具体化。绑定规范与数据和消息声明的分离意味着参与同种业务的服务提供商可以将一组操作标准化(portType)。然后，每个提供商可以通过提供不同的自定义绑定来彼此区分。WSDL 同样有一个导入构造，这样抽象定义就能够放到自己的文件中，而与绑定和服务节分开。这些文件可以在服务提供商之间分发，并把抽象定义用作标准。例如，多家银行可以将一组银行业务操作标准化，在抽象 WSDL 文档中进行准确说明。然后，每个银行就可以自由地"自定义"底层协议、序列化优化和编码。

服务节也可能有零个、一个或多个<service>元素。<service>元素中包含了一组<port>元素。每个<port>元素以一对一的方式将位置与来自绑定节的<binding>元素相关联。如果有多个<port>元素与同一个<binding>相关联，那么其他 URL 位置将用作备用项。

2. 简单对象访问协议

简单对象访问协议(Simple Object Access Protocol，SOAP)为在分散、分布式的环境中利用 XML 实现点对点间交换结构化信息提供了一种简单且轻量级机制。该协议自身并不定义任何与应用有关的语义，它通过定义的模块化包装模型和模块中数据的编码机制来描述应用的语义，这使得 SOAP 能够被应用于多种系统，从消息系统到远程过程调用等。

简单对象访问协议包含三个主要部分。

①SOAP 信封：定义了一个完整的框架，包括一个消息中包含了什么内容，需要谁来响应它，以及说明该消息的处理是必须的还是可选的。

②SOAP 编码规则：定义了用于交换应用定义数据类型的实例的串行化机制。

③SOAP 远程过程调用(RPC)描述：定义了用于描述远程过程调用和应答的协定。

一个 SOAP 消息通常是由一个强制的信封(SOAP Envelope)、一个可选的消息头(SOAP Header)和一个强制的消息体(SOAP Body)所组成的 XML 文档。

①信封(SOAP Envelope)：是表示 SOAP 消息的 XML 文档的顶级元素。

②消息头(SOAP Header)：是为了支持在松散环境，通信方(可能是 SOAP 发送者、SOAP 接受者或者是一个或多个 SOAP 的传输中介)之间尚未预先达成一致的情况下为 SOAP 消息增加特性通用机制。SOAP 定义了很少的一些属性用于指明谁可以处理该特性，以及它是可选的还是强制的。

③消息体(SOAP Body)：为该消息的最终接收者所想要得到的那些强制信息提供了一个容器。此外，SOAP 定义了 Body 的一个子元素 Fault 用于报告错误。

从本质上说，SOAP 是一种基于 XML 的远程过程调用(RPC)机制。也就是说，SOAP

以 XML 为媒介，为分布式环境下的程序和系统之间，提供了一套简单的信息通信协议。这涉及远程过程调用（RPC）这项很早就有的技术。在远程过程调用中，由于机器通常通过网络进行通信，发送到执行计算的机器的数据必须被编码，也就是说，需要转换成某种容易在网络上传输的格式。在远程过程调用中，通常采用外部数据表示（XDR）标准。该标准是专门为远程过程调用设计的，由于与远程过程调用的联系太紧密，在几乎所有应用程序中，开发人员仅对远程过程调用使用 XDR。

过去几年内，最为知名的 RPC 机制包括了 CORBA、Java RMI 及 COM。这些技术在现在，乃至可预见的未来，仍会在 IT 领域中扮演重要的角色。然而，网络所带来的信息革命及电子商务，加上企业并购风潮的盛行，促使企业对系统整合的需求日盛，异构性系统间的通信亦随之大量增加，RPC 机制开始显得僵硬、弹性不足，而这正是 XML 和 SOAP 诞生，并开始大放异彩的时代背景：SOAP 利用 XML 纯文字的特性，提供一套机制，以 XML 来包装程序调用和信息。由于采用了 XML，SOAP 顺理成章地继承了许多 XML 的优点，可轻易透过 HTTP、SMTP 等网络上最常用、极为流行的通信通道来夹带，更能穿越企业的防火墙，还可利用 SSL、S/MIME 等机制加密，安全性高。通过 XML 来传递信息，还有一项更大的优点，是 CORBA、Java RMI 及 DCOM 这些以专属二进制格式传送数据所不及的，那就是对程序语言、操作系统的独立性。由于是纯文字 XML 格式，SOAP 信息可由任何一种程序语言所产生，被任何程序语言甚至肉眼所解读。

除了 SOAP 协议之外，还有一些其他基于 XML 的远程过程调用协议，XML-RPC 就是一个比较有影响的代表。XML-RPC 和 SOAP 都是基于 XML 的远程过程调用，但是 SOAP 协议比 XML-RPC 多了一些特性，包括能够为消息体提供描述信息信封和一套应用程序特定数据类型编码的规则。前者为更好地实现过程调用提供了更为丰富的信息，如消息编码规则，指定消息该由谁来处理，如何处理等；后者则使得任意数据类型的传输成为可能。XML-RPC 的优势在于十分简单，且易于被集成到现有的体系结构之中，实现代价小，并且非常稳定；不足在于目前只能支持对预先定义的数据类型的编码，无法传输过于复杂的、自定义的数据类型。而其优势在于功能更为强大，能够支持任意数据类型，但相对于 XML-RPC 来说较为复杂，实现代价相对较大。

由于简单和可扩展是设计 SOAP 的主要目标，因此，在 SOAP 中也尽可能地忽略了传统消息系统和分布式对象系统中的一些复杂特性。因而与许多早期的协议相比，SOAP 已经显得十分小巧，而且更易于实现。例如，DCE 和 CORBA 的实现需要数年时间。而 SOAP 可以利用现有的 XML 分析器和 HTTP 数据库完成大部分艰苦的工作，SOAP 实现方案在数月内便可完成。正因为如此，SOAP 就无法具备 DEC 或 CORBA 的全部功能，虽然功能减少了，但由于复杂程度大大降低，使得 SOAP 更加易于应用。

3. 统一描述、发现与集成协议

在目前的电子商务领域中，由于各种企业使用各种各样的方法与他们的客户或合作伙伴交互产品和 Web 服务方面的信息，同时由于全球电子商务的参与者仍然没有针对用同一种技术标准或体系构件作为彼此服务联系的方法达成一致，使得发现那些潜在的贸易伙伴并和他们合作，变得非常困难。

直到现在，仍然没有方便、直接的方法得到关于不同的公司所支持的不同的标准方面的信息，也不能通过简单的方法检索获得所有的市场机遇，更不能使用一种简便、快捷的方式与那些所有的可能的贸易伙伴进行方便的联系和系统对接。这极大地限制了通过Web 进行电子商务的合作的可能，使得对电子商务的投资无法得到应用的回报，同时企业应用也无法方便地接收新的合作者或是增加新的服务。

为了解决这个问题，一个由技术领域和商业领域的领导者组成的开发小组开发了统一描述、发现与集成协议（Universal Description Discovery and Integration，UDDI）标准。这是一个全新的计划，意图建立一个全球化的、平台无关的、开放式的架构，使得企业能够：

①发现彼此；

②定义如何通过 Internet 交互；

③使用一个全球性的商务注册中心，以共享各种相应信息，并加速全球 B2B 的电子商务的应用。

UDDI 建立在 XML 和 SOAP 的基础上，并借助这些技术来解决集成和交互的问题。其中，XML 提供了跨平台的数据编码和组织方法；而 SOAP 在 XML 之上定义了一种跨系统平台的信息交换的简单包装方法。绑定于 HTTP 之上的 SOAP 协议，可以跨语言、跨操作系统进行远程过程调用，实现了编辑语言和系统平台的无关性。而 UDDI 规范在 XML 和 SOAP 的基础之上定义了新的一层，在这一层次，不同企业可以用相同的方法描述自己所能提供的服务，并能查询对方所提供的服务，如图 11.16 所示。

互操	通用服务交互协议（这些层尚未定义）
	通用描述、发现和集成（UDDI）
作协	简单对象访问协议（SOAP）
	可扩展标记语言（XML）
议栈	通用互联网协议（HTTP，TCP/IP）

图 11.16　互操作协议栈

UDDI 是一套基于 Web 的、分布式的、为 Web 服务提供信息注册中心的实现标准规范，同时也包含了一组使企业能够将自身提供的 Web 服务加以注册，以使得其他企业能够发现的访问协议的实现标准。

UDDI 的核心组件是 UDDI 商业注册，它使用一个 XML 文档来描述企业及其提供的Web 服务。从概念上说，UDDI 商业注册所提供信息包含三个部分："白页（White Page）"包括了地址，联系方法和已知的企业标识；"黄页（Yellow Page）"包括了基于标准分类法的行业类别；"绿页（Green Page）"则包括了关于该企业所提供的 Web 服务的技术信息，其形式可能是一些指向文件或是 URL 的指针，而这些文件 URL 是为服务发现机制服务的。

UDDI 包括了 SOAP 消息的 XML schema 和 UDDI 规范 API 的描述。它们两者一起形成了基础的信息模型和交互框架，具有发布各种 Web 服务描述信息的能力。

UDDI 注册使用的核心信息模型由 XML schema 定义。选择 XML 是因为它提供了平台无关的数据描述并很自然地描述了数据的层次关系。而选择 XML 模式是因为它支持丰富的数据类型，便捷的描述方式及其按信息模型验证数据的能力。

UDDI XML schema 定义了四种主要信息类型，它们是技术人员在使用商业伙伴的 Web 服务时必须了解的技术信息，包括商业实体信息、服务信息、绑定信息和服务调用规范的说明信息，如图 11.17 所示。

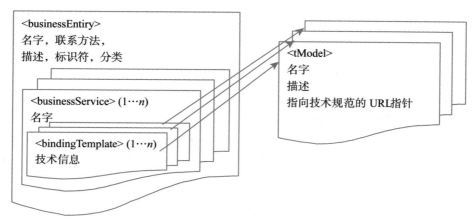

图 11.17　UDDI 信息模型之间的关系

（1）商业信息：businessEtity 元素

很多合作伙伴需要确定企业所提供服务的相关信息，并把这些信息作为了解企业的开发、技术人员、程序员或应用程序，需要知道企业名称和一些关键性的标识符，以及那些可选的分类信息和联系方法等。支持对 UDDI 商业注册的商业信息发布和发现的核心 XML 元素被包含在"businessEntity"结构中。这个结构是商业机构专用信息集的最高管理者，位于整个信息结构的最上层。

所有"businessEntity"中的信息支持"黄页"分类法。因此可以执行这样的搜索，如可以定位属于某个行业分类或提供某种产品的企业，也可以定位处于某个地域范围内的企业。

（2）服务信息：businessService 和 bindingTemplate 元素

"绿页"是 Web 服务的技术和商业描述，是 businessEntity 的子结构。这里定义了两个结构：businessService 和 bindingTemplate。businessService 结构是一个描述性的容器，它将一系列商业流程或有关分类目录的 Web 服务组合到一起。其中，一个可能的商业流程的例子是一组相关的 Web 服务信息，包括采购服务、运输服务和其他高级商业流程。

这些 businessService 信息集合可以被进一步分类，使 Web 应用服务的描述可以按不同行业、产品、服务或地域进行分类。

在每一个 businessService 中存在一个或几个 Web 服务的技术描述。包括应用程序连接远程 Web 服务并与之通信所必需的信息。这些信息包括与 Web 应用服务的地址、应用服务宿主和调用服务前必须调用的附加应用服务等。另外，通过附加的特性还可以实现一些复杂的路由选择，诸如负载平衡等。

（3）规范描述的指针和技术标识

调用一项服务所必须的信息在 bindingTemplate 元素中描述。但是，仅仅知道在哪里与某项 Web 服务连接是不够的，例如，如果我们知道合作伙伴提供了一个 Web 服务来让我们下订单，同时也知道这个服务的 URL，但如果不知道一些具体的信息，如订单的具体格式，应该使用的协议，需要采用的安全机制，调用返回响应格式等，通过 Web 将两个系统集成起来将非常困难。

当一个程序或是程序员需要调用某个特定的 Web 服务时，必须根据应用要求得到足够充分的相关信息，才能确保调用正确执行。因此，每一个 bindingTemplate 元素都包含了一个特殊的元素，该元素包含了一个列表，列表的每个子元素分别是一个调用规范的引用。这些引用作为一个标识符的杂凑集合，组成了类似指纹的技术标识，用来查找、识别实现了给定行为的编程接口的 Web 服务。

在上述的订单例子中，接受订单的 Web 服务提供了一套定义良好的处理方法，当然前提是格式正确的信息以正确的方式被送到正确的地点。这项服务的 UDDI 注册将包括用于描述商业伙伴的信息条目，描述订单服务的逻辑服务的信息条目，描述订单服务技术调用规范的 bindingTemplate 信息条目，其中 bindingTemplate 信息条目包含了服务的 URL 和一个 tModel 引用。

实际上，这些引用是访问服务所需要的关键的调用规范信息。被称为"tModel"的数据项是关于调用规范的元数据，包括服务名称，发布服务的组织以及指向这些规范本身的 URL 等。在前面的例子中，bindingTemplate 中可以得到指向描述订单服务的关于调用规范的信息的 tModel 引用。这个引用本身可以看作提供这项 Web 服务的公司的承诺，承诺他们实现了一项与所引用的 tModel 相兼容的服务。通过这种方式，很多公司可以提供与同一种调用规范相兼容的 Web 服务。

UDDI 规范包括 Web 服务的接口定义，使得能通过编程实现对 UDDI 注册中心的信息进行访问。程序员 API 规范详细定义程序员 API，包括查询 API 和发布 API 两个逻辑部分。其中查询 API 又分为两个部分：一部分被用来构造查询和浏览 UDDI 注册信息的程序，另一部分在 Web 服务出现错误时使用。程序可以用发布 API 为直接与 UDDI 注册交互的工具创建丰富的接口，便于企业技术人员管理 businessEntity 或 tModel 结构的发布信息。

OGC Web 服务启动项目（OGC Web Services Initiative）是一个专门研究如何利用 Web 服务及其相关技术解决地理信息领域互操作问题的研究项目。其目的是希望提出一个可进化的、基于各种标准的、能够无缝集成各种在线空间处理和位置服务的框架，即 OWS（OGC Web Services），使得分布式空间处理系统能够通过 XML 和 HTTP 技术进行交互，并为各种在线空间数据资源、来自传感器的信息、空间处理服务和位置服务基于 Web 的发现、访问、整合、分析、利用和可视化提供互操作框架。

11.3.2   OGC Web 服务的基本服务和数据建模抽象体系结构

OWS 中涉及很多基本服务和数据的构建模块(构件),其抽象模型如图 11.18 所示。这些构件可以分为两类,一类是操作型构件,另一类是数据型构件。通常情况下,操作型构件将在数据型构件的基础上完成相应的操作。

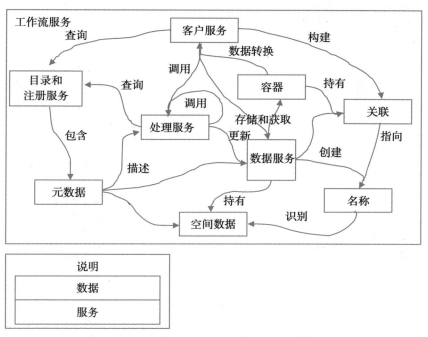

图 11.18   OWS 基础服务和数据构建模块抽象模型(摘自 OGC)

操作型构件主要包括客户服务、目录与注册服务、应用服务与数据服务(图 11.19)。

客户服务:例如阅读器或编辑器,这些服务是能够与用户交互,能够与 OpenGIS 服务框架中的服务交互的应用程序构件。客户服务是主要的用户界面应用程序构件,能够提供底层数据和操作的视图,并为用户提供相应的方法以控制这些数据和操作。

目录与注册服务:这些服务能够提供对目录和注册库的访问,这些目录或注册库由一系列元数据和类型所组成。目录包含了数据集和服务的实例的有关信息,而目录服务则提供了一个相应的搜索操作,能够返回数据集和服务实例的元数据或名称。注册记录则包含了类型(Types)的有关信息,这些类型是由众所周知的词汇定义的。注册服务也实现了一个搜索操作,能够返回类型的元数据或者名称。

应用服务(处理服务):这类服务是能够对空间数据进行某些操作并提供增值服务的基本应用服务构建模块。应用服务通常都有一个或多个的输入,在对数据实施了增值性操作之后产生相应的输出。应用服务能够转换、合并或者创建数据,既可以和数据服务紧密绑定,也可以与数据服务建立松散型的关联模式。

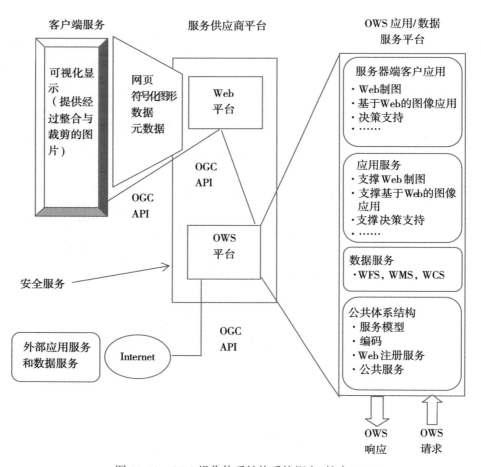

图 11.19 OWS 操作体系结构系统概念(摘自 OGC)

数据服务：这些服务能够提供 OWS 中数据，特别是空间数据库的基本服务构建模块，实现对数据集的访问。通过数据服务插入的资源通常都会有一个名称，通过该名称，数据服务将能够找到该资源。数据服务通常都通过维护索引来提高通过数据项的名称或者其他属性找到相应数据项的速度。OGC 中的 Web 地图服务器(Web Map Server，WMS)、Web 要素服务器(Web Feature Server，WFS)和 Web 覆盖服务器(Web Coverage Server)都属于数据服务。

而数据型构件主要包括数据、元数据、名称、关联与容器。

数据：数据是描述事物的信息，或者仅仅是简单的信息。数据能够被创建、保存、操作、删除、浏览等。数据可以有元数据，这是另一类数据。

元数据：简单地说，元数据(Metadata)就是关于数据的数据。根据不同的语言环境，元数据可以表达不同的含义。资源(Resources)或资源类型(Resource Types)的元数据可以被保存在目录或者注册库中。如果目录或者注册库中含有很多不同资源或者资源类型的元数据记录，则能够通过这些元数据发现并利用相应的资源和资源类型。

名称：名称(Names)是一种标识。目前已经有很多种命名模式，而最有名的则是WWW，大家都很熟悉的URL。只有知道了能够使某个名称有效的环境(名称空间)，该名称才能显得有意义。如果一个数据项被存储在仓库(可通过数据服务访问)之中，则该数据项可以被赋予一个能够在该仓库中显得有意义的名称，如果该仓库自身也拥有一个名称，则这两个名称联合起来将有助于找到该数据项。

关联：如果某两个信息元素之间有连接，则称两者之间建立了某种关联(Relationships)。关联既可以是像WWW超链接这样的简单连接，也可以是由多个元素构成的复杂关联。关联通常连接的都是已经命名了的元素。OGC把面向空间的关联称为"Geolinks"。

容器：容器(Containers)是指数据集或者一个已经编码、能够传输形式的Web内容。容器有众所周知的名称空间，模式和协议。OGC已经开发了两个相关的协议，LOF(Location Organizer Folders)和XIMA(XML for Imagery and Map Annotations)，两者都是建立在GML的基础上。

11.3.3　OGC Web 服务技术体系结构

OGC在抽象模型和系统概念的基础上给出了一个高层次的OWS技术体系结构功能视图(图11.20)，主要包括了五个部分，即公共体系结构部分、Web制图部分、影像利用部分、传感器Web部分和决策支持部分。

公共体系结构部分：这部分关注的主要是OGC技术体系结构中的公用的基本元素，包括服务模型、编码机制、Web注册服务及其他公共服务。

Web制图部分：这部分关注的是在WMT Ⅰ(Web Mapping Test beds Ⅰ)和WMT Ⅱ(Web Mapping Test beds Ⅱ)的基础上，研究Web制图客户服务、服务器端客户应用程序、数据服务以及支撑性的应用服务等。

影像利用部分：这部分关注的是基于Web的图像开发的客户服务、服务器端客户应用程序、数据服务以及支撑性的应用服务等。

传感器Web服务：这部分关注的是传感器网络的客户服务、服务器端客户应用程序、数据服务、支撑性的应用服务以及传感器标记语言(Sensor Markup Language)和传感器注册服务等。

决策支持部分：这部分关注的是决策支持的客户服务、服务器端客户应用程序、数据服务、支撑性的应用服务，建模标记语言(Modeling Markup Language)，以及事件和事件服务的编码机制等。

11.3.4　OGC Web 服务框架

OpenGIS的服务框架如图11.21所示，该框架建立了能够被任何应用所利用的公共接口、交换协议和服务，包括应用客户、注册服务、编码、处理服务、描绘服务和数据服务等。

OpenGIS服务框架中的服务能够被任何拥有授权且实现了OpenGIS相关服务接口和编码规范的应用所访问。主要的应用客户包括发现客户、地图查看器客户、影像利用客户、

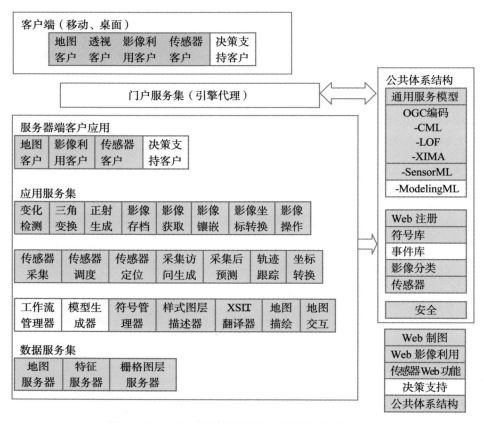

图 11.20　OWS 技术体系结构功能视图(摘自 OGC)

增值客户和传感器客户等。

1. 注册服务

注册服务(Registry Service)为 Web 资源的分类、注册、描述、搜索、维护和访问提供了公共的机制。其中,Web 资源是具有网络地址、类型化的数据或者服务实例。注册服务允许:资源的提供者发布关于资源类型和实例的描述信息;资源需求者发现关于资源类型和实例的有关信息;资源需求者访问或者绑定资源提供者。

注册服务定义了一个允许应用程序和服务与注册实例进行交互的公共信息模型和标准操作,以便发现、访问和管理空间数据和服务。

2. 处理服务

处理服务(Processing Services)提供了一系列服务构建模块,这些模块能够对空间数据进行操作并为应用提供各种增值服务。处理服务是拥有一个或多个输入,能够对数据进行增值处理,并能够产生相应的输出的构件。这些服务能够与数据、描绘等服务建立紧耦合或者松耦合的关系,也能够被嵌入服务的"价值链"之中,以执行某些特定的处理。主要的处理服务包括以下 5 种。

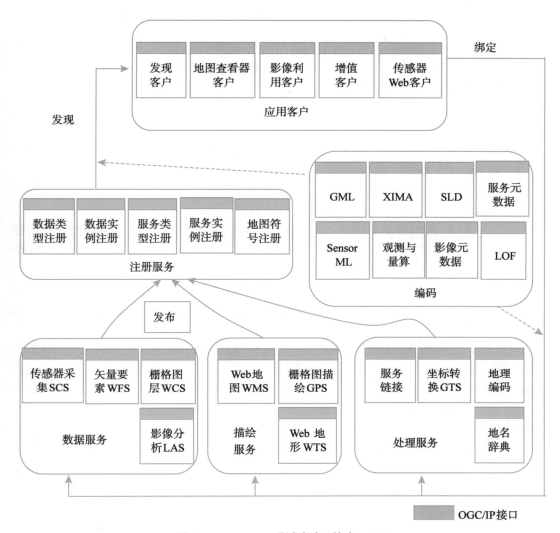

图 11.21 OpenGIS 服务框架(摘自 OGC)

链接服务(Chaining Service):提供服务链的定义、执行和管理。

坐标转换服务(Coordinate Transformation Service,CTS):提供影像与影像、影像与地面、地面与地面坐标参照系之间的位置坐标转换。其中,影像坐标是指二维影像坐标参照系中的位置;而地面坐标是指三维地面坐标参照系中的位置。

地理编码服务(Geocoder Service):是指把字符串中的词、术语和编码连接到相应的地理要素的过程。比较典型的地理编码是把一个街道地址转换成为一个地理位置。

地名辞典服务(Gazetteer Service):是一个可能通过网络访问的服务,该服务能够根据一个或多个地理要素的标识符获得相应的几何体。其中,要素的标识符可以在运行过程通过检索获得,这些标识符可以由任意描述要素的字词或者术语组成;而返回的几何体是基于 GML 编码格式的。每个地名辞典服务的实例都包含一个相应的标识符词汇表，并对应于一个特定的区域，或者一组特定的要素。

空间解析服务（Geoparser Service）：是指对一个文本文档进行处理并鉴别出具有空间内涵的关键词和短语的能力。该服务涉及两个信息体，一个是保留词汇表（如地名），另一个是信息源（如报纸）。该服务能够把信息源中出现的所有保存在保留词汇表中的词鉴别出来，并与相应的位置关联起来。

3. 图示表达服务

图示表达服务（Portrayal Services）提供了支持空间信息可视化的各种特定功能。图示表达服务是拥有一个或多个输入，能够产生相应描绘输出的构件。这些服务能够与数据、处理等服务建立紧耦合或者松耦合的关系，也能够被嵌入服务的"价值链"之中，以执行某些特定的处理。主要的描绘服务包括以下两种。

Web 地图服务（Web Map Service，WMS）：能够根据用户的请求返回相应的地图。这里地图不是指数据本身，而是指空间数据的可视化形式，包括 PNG、GIF 或者 JPEG 等栅格形式，或者 SVG（Scalable Vector Graphics）和 WebCGM（Web Computer Graphics Metafile）等矢量形式。

栅格图层的图示表达服务（Coverage Portrayal services，CPS）：指从栅格图层数据生成可视化图片的服务。通常情况下，这些栅格图层数据是从 WCS 实例中获得的。该服务扩展了 WMS 接口，并利用样式图层描述符语言（Styled Later Descriptor，SLD）来支持 WCS 栅格图层的图示表达。

4. 数据服务

数据服务（Data Services）提供了对存放在仓库和数据库中的数据集合的访问功能。能够通过数据服务访问的资源通常都能够通过一个名称来引用。通过该名称，数据服务就能够找到该资源。数据服务通常都通过维护一个相关的索引来加快利用名称或者其他属性查找资源的过程。OpenGIS 服务框架定义了公共的编码和接口，使得各种分布式的数据服务能够以相同的风格面向其他主要的构件。主要的数据服务包括以下 4 种。

Web 要素服务（Web Feature Service，WFS）：支持对地理要素的插入、更新、删除、检索和发现服务。该服务根据 HTTP 客户的请求返回简单地理要素的 GML 表达形式。

Web 栅格图层服务（Web Coverage Service，WCS）：提供的是对包含了地理位置的值或者属性的空间栅格图层，而不是静态地图的访问服务。该服务能够根据 HTTP 客户的请求发送相应的栅格图层数据，包括影像、多光谱影像和其他科学数据等。

传感器收集服务（Sensor Collection Service，SCS）：为客户收集、访问传感器的观测数据和以不同的方法来操纵传感器提供了标准的接口。该服务能够根据 HTTP 客户的请求发送相关的传感器观测数据。通过引入相应的科学模型或者其他服务的处理，服务请求者可以对这些数据作进一步的分析。

影像存档服务（lmage Archive Service，IAS）：提供对大量数字影像和相关元数据的存储和访问服务。只要客户拥有相应的权限，就可以增加新的影像或者删除旧的影像。

5. 编码

在 OpenGIS 服务框架中，所有编码规范都是基于 XML 的。主要的编码包括以下 8 种。

GML：是一种用于传输和存储空间信息的 XML 编码，这些信息包括了空间几何体和地理要素的属性。

XIMA：定义一个用于编码影像、地图和其他空间数据的注释的 XML 词汇表。这些词汇表主要用于表达注释的位置，并把每个注释都和相应的空间资源关联起来。

图层样式描述符：定义了一种地图样式语言，以便于根据用户定义的样式绘制地图。该语言能够被用于描绘 Web 地图服务器、Web 要素服务器和 Web 栅格图层服务器的输出。

位置组织者文件夹(Location Organizer Folder，LOF)：是一个 GML 应用模式，该模式能够为与某个或某些感兴趣事件的相关信息的组织提供相应结构。LOF 能够被用于灾难分析、智能分析等。

服务元数据(Service Metadata)：是一个 XML 词汇表，由从不同侧面描述服务的几个部分组成，主要包括服务接口的描述信息，服务的数据内容或服务所操作的数据的相关信息，以及服务类型和服务实例的相关信息等。

影像元数据(Image Metadata)：是能够充分描述 OSM 服务可以处理的所有影像类型的 XML 编码。

传感器标记语言(Sensor Markup Language，SensorML)：定义了一个用于描述各种传感器类型的实例的几何、动力学及观测特性的 XML 模式。

观测与度量(Observations and Measurements)：定义了观测和度量的框架和 XML 编码。

11.3.5 网络地理信息服务实现技术

当前 Web 服务技术已成为构建跨平台异构应用系统的主流技术。Web 服务技术以其松散、灵活、易于跨软件和硬件平台等优点，已成为 Web 服务的技术基础，也已成为地理信息系统领域构建跨部门、跨行业、跨地区异构性地理信息系统以及开展地理信息 Web 服务的主要技术基础。最近两年 OGC 和 ISO/TC211 紧密合作，加紧工作，迅速推出了基于 XML 的地理信息服务规范，包括 Web 地图服务规范(Web Map Service，WMS)，Web 要素服务规范(Web Feature Service，WFS)和 Web 覆盖服务规范(Web Coverage Service，WCS)3 个主要规范，并在逐渐推出目录服务规范、注册服务规范等一系列规范。下面介绍 3 个地理数据服务规范的基本原理。

Web 地图服务：Web 地图服务(WMS)利用具有地理空间位置信息的数据制作地图。其中将地图定义为地理数据可视的表现。这个规范定义了三个操作：GetCapabilities 返回服务级元数据，它是对服务信息内容和要求参数的一种描述；GetMap 返回一个地图影像，其地理空间参考和大小参数是明确定义了的；GetFeatureInfo(可选)返回显示在地图上的某些特殊要素的信息。

Web 要素服务：Web 地图服务返回的是图层级的地图影像，Web 要素服务返回的是要素级的 GML 编码，并提供对要素的增加、修改、删除等事务操作，是对 Web 地图服务的进一步深入。OGC Web 要素服务允许客户端从多个 Web 要素服务中取得使用地理标记语言(GML)编码的地理空间数据，这个规范定义了 5 个操作：GetCapabilities 返回 Web 要素服务性能描述文档(用 XML 描述)；DescribeFeatureType 返回描述可以提供服务的任何要素结构的 XML 文档；GetFeature 为一个获取要素实例的请求提供服务；Transaction 为事务请求提供服务；LockFeature 处理在一个事务期间对一个或多个要素类型实例上锁的请求。

Web 覆盖服务：Web 覆盖服务(WCS)面向空间影像数据，它将包含地理位置值的地理空间数据作为"覆盖(Coverage)"在网上相互交换。网络覆盖服务由三种操作组成：GetCapabilities，GetCoverage 和 DescribeCoverageType。GetCapabilities 操作返回描述服务和数据集的 XML 文档。网络覆盖服务中的 GetCoverage 操作是在 GetCapabilities 确定什么样的查询可以执行、什么样的数据能够获取之后执行的。它使用通用的覆盖格式返回地理位置的值或属性。DescribeCoverageType 操作允许客户端请求由具体的 WCS 服务器提供的任一覆盖层的完全描述。

以上 3 个规范既可以作为 Web 服务的空间数据服务规范，又可以作为空间数据的互操作实现规范。只要某一个 GIS 软件支持这个接口，部署在本地服务器上，其他 GIS 软件就可以通过这个接口得到所需要的数据。下面以 WMS 为例介绍基于 Web 的地图服务的实现方法。

图 11.22 显示了一个网络地图服务集成的实例。用户输入已知服务的信息或访问地址，链接该服务，显示该服务能够提供的数据内容。在图 11.22 上左侧列表中列出了可以提供 WMS 服务的列表，如"来自 ArcIMS 的 WMS 服务"和"来自 GeoSurf 的 WMS 服务"，其中 ArcIMS 的 WMS 服务可以提供 CityDistrict 和 Residential 两种数据，GeoSurf 的 WMS 服务提供公交线路数据。这些来自不同服务器的数据可以加载在同一客户端上显示，并可以进行查询，如图 11.22 中的查询对话框中显示了公交线路的查询结果。

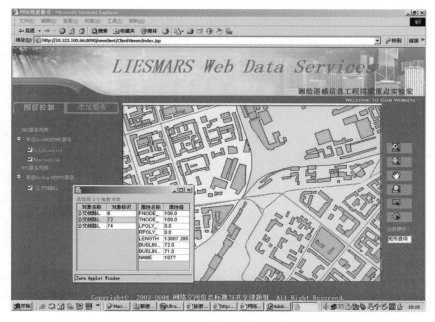

图 11.22 网络地图服务实例

图 11.23 显示了另外一个从不同服务器上利用不同类型的网络服务获取地理数据，并叠加显示在一个客户端的示例。其中图中左侧列表上列出了提供数据的服务器列表，有来自 SuperMap 的 WMS 服务、GeoStar 的 WMS 服务、MapInfo 的 WMS 服务和 ArcIMS 的 WMS服务等。

图 11.23　来自不同服务器的网络地理信息服务示例

11.4　网络地理信息公共服务平台

通过航空航天遥感技术，大量获取全球高分辨率遥感影像，建立覆盖全球的虚拟数字地球，并采用全球分布的大量服务器系统和高效的空间数据传输与三维实时可视化技术，使任何人在任何时候都可以查询到全球任何地方的地理空间信息，已成为当代地理信息技术的重要标志。这一技术对世界各国造成了巨大的冲击和影响，国际上谷歌和微软等 IT巨头凭借雄厚的资金和技术实力纷纷拓展这一领域，开发出 Google Earth 和 Virtual Earth3D 等系统，正在形成影响广泛的新兴战略性产业。

Google Earth 是 Google 公司于 2005 年 6 月推出的一个全新的网络三维虚拟地球平台，将海量的卫星影像与航拍图映射到三维虚拟地球中。对多源多尺度的栅格数据和矢量数据以及 POI 等基础数据进行有效的集成、组织、管理，统一到虚拟的地球中，提高数据的服务效率；将 Google 自身快速、高效的搜索引擎技术应用于 Google Earth，可以满足网络环境下的数据搜索查询、定位以及空间分析等功能。Virtual Earth 是微软公司于 2006 年 11月发布的集航拍照片、地图、黄页数据、卫星影像数据等多种地图数据于一体的三维虚拟地球平台，支持 WMS 服务，运用微软的 Live Local 服务，能够搜索出全球任意区域内的地图影像，并且可以将部分区域内的地图影像以三维画面的形式显示出来。通过可下载的插件，利用创新的 3D 视图模式可以浏览全世界一些主要城市的全方位 3D 图片。Virtual Earth 的核心功能仅限于美国本土的十几个城市，资源有待进一步补充。然而，目前的虚拟数字地球，如 Google Earth、Virtual Earth 等，只是一个三维地理信息浏览系统，空间信息处理与分析功能十分有限，并且不能集成专业 GIS 的分析功能，如缓冲区、空间叠置、地物提取、流域分析等服务功能，大大限制了虚拟地球作为地理信息共享与集成平台的能力。

因此，在具有通用网络虚拟地球高效查询浏览能力基础上，面向异构虚拟地球协同服务、虚拟地球与处理分析软件在线集成和适应多节点地理信息集成服务是实现网络地理信息集成共享的关键问题。对此，本节主要讨论了下面几个问题：①针对分布式地理信息共享服务要求，设计了地理信息集成共享服务系统架构；②针对异构虚拟地球的数据集成，研究了多源、异构三维虚拟地球的共享服务的方法；③针对多级网络节点地理信息集成服务的要求，遵循地理信息服务标准和统一服务接口，提出多级节点服务聚合的地理信息集成共享方法；④介绍了上述方法应用于基于三维虚拟地球的国家地理信息公共服务平台"天地图"的情况。

11.4.1 网络地理信息集成共享服务系统架构

针对地理信息资源的分级、分尺度管理特点，以及地理信息服务的分布式、异构和多源的特征，设计了一个分布式多级多层的网络地理信息集成共享服务系统架构，如图 11.24 所示。

该系统架构首先是一个纵向多级服务架构，按照地理资源数据管理特点，设计为国家级、省级、市级地理信息服务节点，分别提供不同层次的地理信息在线服务。通过地理信息多级聚合服务，可以将分布在各地的地理信息服务节点连成一个协同运行的整体，实现地理信息综合集成与在线服务。同时，该系统架构也是一个多层服务结构，在每一级服务节点中，分为数据层、服务层和应用层三层架构。

①数据层，为管理服务节点中基础的多源、多尺度、多时相空间数据库，多源、多尺度、多时相空间数据库管理系统负责基础地理数据的管理与维护等工作，通过一定的方式抽取服务用的框架数据库，利用数据更新系统保持数据的现势性，并且生成面向服务的框架空间数据库。同时接入谷歌地球等多源异构虚拟地球。

③服务层，是系统架构的核心层，数据来源自空间数据库管理系统和异构瓦片数据管理系统。基于框架空间数据库，通过全球多尺度金字塔结构数据组织，生成分层分块的瓦片数据管理系统；针对地理信息处理服务要求，提供信息查询、处理与分析等功能；同时基于地理信息服务标准，提供注册服务、地图服务和要素服务等服务接口，各级服务节点能够集成异构虚拟地球数据，通过全球虚拟金字塔结构数据模型，将不同剖分方法、不同时相、不同分辨率数据建立的虚拟地球数据进行有机集成，形成异构虚拟地球的数据服务。

③应用层，基于地理信息服务标准和统一服务接口，通过多级节点聚合模型，将不同

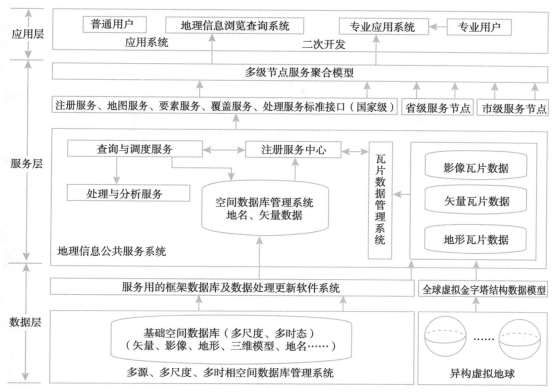

图 11.24　网络地理信息集成共享服务系统结构

节点上多尺度、多时相地理信息聚合服务，为普通用户和专业用户提供统一的地理信息服务。

11.4.2　异构三维虚拟地球数据集成方法

1. 全球虚拟金字塔结构数据模型

近年来，国际上提出了多种全球多级格网剖分方法，包括等经纬度四分格网剖分方法、变分格网经纬度剖分方法、四元三角网剖分方法等，不同方法可以构成不同类型的金字塔和虚拟地球。因此，针对如何有效地存储、组织与管理海量空间数据，兼容与操作不同虚拟地球的空间数据，这里介绍一种全球虚拟金字塔结构数据模型，如图11.25 所示。

全球虚拟金字塔结构数据模型由多个不同类型（地形、影像、模型等）的全球空间数据子金字塔构成。对于一种类型的数据金字塔而言，包含按照连续分辨率编号的多个数据层（Layer）。对于一个数据层而言，包含具有一定全球剖分规则而构建的瓦片（Tile）文件，瓦片作为金字塔结构空间数据模型的最小单元，具有一定的分辨率、空间范围和行列编码等属性。对于不同类型的瓦片之间，如地形瓦片和影像瓦片，因为影像作为地形格网的纹理属性，所以表现出一一对应的映射关系；模型瓦片和影像瓦片之间，由于模型瓦片直接

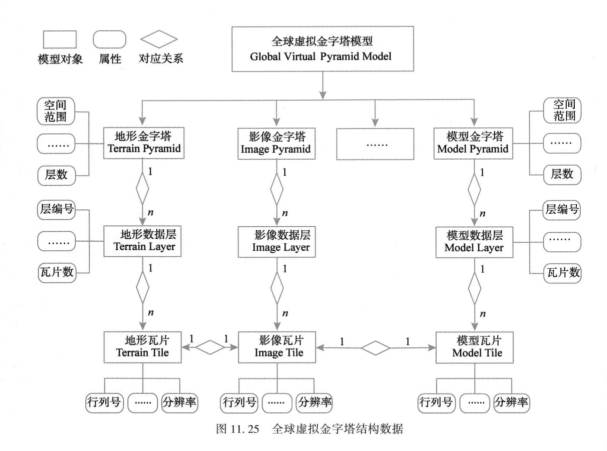

图 11.25　全球虚拟金字塔结构数据

依附影像和地形瓦片，同样表现出一一对应的映射关系。基于上述映射关系，为不同类型数据层和金字塔结构之间的联系奠定了基础。

在每一个瓦片的结构中，首先定义了一个由瓦片空间范围决定的包围盒，用以在数据调度时对瓦片可见性的判断；然后定义了一个用以保存顶点和其对应纹理坐标的结构体 CustomVertex_PosTex，每一个瓦片定义按照四叉树结构定义了四个子节点，每一个子节点保存了一个 CustomVertex_PosTex 指针对象，用以存储构成子节点的所有顶点和纹理数据，因此瓦片的渲染分为对四个子节点的分别渲染。

该数据模型和数据结构定义了全球空间数据组织中瓦片数据的空间参考、剖分方法和地理编码，为异构三维虚拟地球数据集成奠定基础。

2. 异构三维虚拟地球数据集成规则

由于异构三维虚拟地球具有不同的空间参考、剖分方法和地理编码，要实现异构三维虚拟地球数据集成，需要对上述三维虚拟地球的三个特征进行统一定义，形成异构三维虚拟地球数据集成规则。

①空间参考。虚拟地球中常用的空间参考选取的是 WGS-84 坐标系统，常用地图投影包括 Web 墨卡托投影和单圆柱投影两种方式。单圆柱投影横向距离随纬度增大而增大，

但纵向一直是等距的，因此在高纬度地区会变形严重。Web 墨卡托投影的所有经纬线和单圆柱投影一样是互相垂直的，高纬度地区横向也是变得很长，但其纵向距离也是随着纬度增大而变长，但变化比例接近，最大限度接近真实世界，保持地物的形状、角度不变，而且相对于单圆柱投影，在瓦片大小一致的情况下，瓦片数据量要减少一半，考虑 Web 墨卡托投影上述优势，对异构虚拟地球数据集成的空间参考采用 Web 墨卡托投影。

②球面剖分。虚拟地球面向全球空间数据组织与管理，球面剖分的方法决定了虚拟地球空间索引和瓦片数据的形状与大小。在球面剖分模型的研究中，为了精确实现对球面的剖分，通常将球面进行无限细分，但又不改变形状的地球体拟合格网，当细分到一定程度时，可以达到模拟地球表面的目的，如正四面体、正八面体和正十二面体球面等剖分模型。尽管这种模型在球面拟合方面很有优势，但是将全球多尺度影像数据作为虚拟地球可视化绘制的时候，纹理映射比较复杂，并且坐标之间的投影转换也比较困难，导致数据索引效率不高。目前虚拟地球系统还没有非常成熟，在已有的三维虚拟地球系统中，为了兼顾数据的检索与数据可视化效率，通常采用平面模型在球面格网划分方法，常见的主要有规则格网和混合格网两种。规则格网就是用规则网格单元覆盖球面投影后的平面，这些格网通常都是正方形，不同分辨率层级上单元的经纬度间隔之比一般为 2 的倍数，这样计算和索引方法比较简便。考虑现有虚拟地球瓦片的剖分方式，对异构虚拟地球数据集成的空间参考采用全球等经纬度规则格网的平面模型。

③地理编码。基于球面剖分模型，为了更好地集成时间信息，全球虚拟金字塔结构数据模型中考虑基于 Morton 编码方式的全球统一编码。全球虚拟地球 Morton 编码将二维空间数据的行列号转换为二进制，然后交叉放入 Morton 码中，构成一维的地址码，同时扩展时相信息，建立以时空一体 Morton 编码，并与全球球面剖分格网编码一致的空间索引，实现定位复杂度仅为 O(1) 的检索算法。

3. 异构三维虚拟地球集成方法

全球虚拟金字塔数据模型作为全球分层分块的逻辑金字塔结构数据模型，提供了一个异构虚拟地球集成的逻辑视图，通过异构三维虚拟地球数据集成规则，建立该逻辑视图与异构三维虚拟地球中多尺度全球金字塔结构的映射，从而获取异构虚拟地球中的集成数据。异构虚拟地球的集成框架如图 11.26 所示。

在构建全球虚拟金字塔结构数据模型时，对金字塔模型进行分割，使得一个主体金字塔模型中包含多个子金字塔模型。子金字塔模型表达的地理数据逻辑范围是主体金字塔模型若干连续层中的瓦片数据所占的逻辑范围，这样能使子金字塔模型的各层瓦片与主体金字塔中的瓦片保持数据结构的一致性。各子金字塔模型分别是异构三维虚拟地球金字塔模型的子集，子金字塔模型基于空间参考、剖分方法和地理编码三个规则建立全球虚拟金字塔结构数据模型和各个异构虚拟金字塔结构之间的映射关系，从瓦片元信息、瓦片空间参考、瓦片编码、瓦片文件格式和瓦片数据内容等五方面将多源异构三维虚拟地球中瓦片空间数据转换为全球虚拟金字塔结构数据模型定义的统一瓦片空间数据结构，从而实现多源异构虚拟地球数据的无缝数据集成。

将上述异构三维虚拟地球数据集成方法集成于 GeoGlobe 中，实现了 GeoGlobe 与 Google Earth 和 World Wind 等虚拟地球的数据共享集成，如图 11.27 所示。

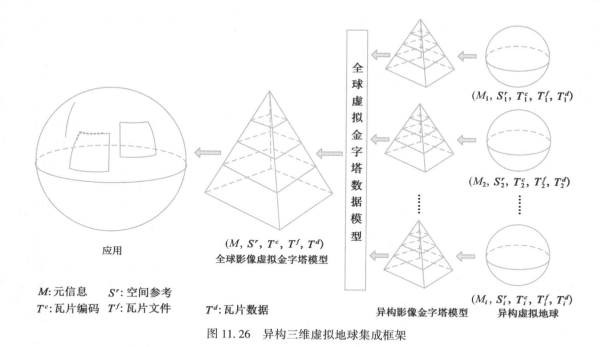

M: 元信息　　S^r: 空间参考

T^c: 瓦片编码　T^f: 瓦片文件　　　T^d: 瓦片数据

图 11.26　异构三维虚拟地球集成框架

11.4.3　多级节点服务聚合的地理信息集成共享方法

1. 多级节点服务聚合模型

多源、多尺度、多时相地理信息通常存储在各级地理信息系统中，由于系统的独立性和结构的异构性，各系统成为独立的"信息孤岛"，难以实现共享服务。对此，基于网络地理信息集成共享服务系统结构，针对国家、省和市三级地理信息在线集成共享服务要求，在各级节点上空间数据组织遵循全球虚拟金字塔数据模型的组织机制基础上，构建一个多级节点服务聚合模型，实现多级多尺度地理信息的集成共享。

各级服务节点上存储的全球地理数据的尺度是连续的，其瓦片空间数据组织遵循全球虚拟金字塔模型数据组织结构。例如，国家级节点的数据是 $0 \sim i$ 层，则省级节点的数据为 $i+1 \sim j$ 层，市级节点的数据是 $j+1 \sim k$ 层（其中，i、j、k 为整数且 $i<j<k$）。

各个服务节点遵循 WMS、WFS、WCS 和 WMTS 接口规范，并提供瓦片空间数据服务接口 API 函数。

2. 多级节点服务聚合方法

基于上述多级节点服务聚合模型，多级节点服务聚合的地理信息集成架构如图 11.28 所示，其中 N_{11} 为国家级节点，N_{2i} 为省级节点，N_{3k} 为市级节点，其中 $i \geqslant 2$，$j \geqslant 2$，$k \geqslant 3$，$h \geqslant 4$，i、j、k、h 属于正整数。

该架构图中遵循国家级、省级和市级三级节点，每个节点可以包含若干个子节点（市级节点外），但有且仅有一个父节点（国家级节点除外）。每个节点包含有空间数据、元信

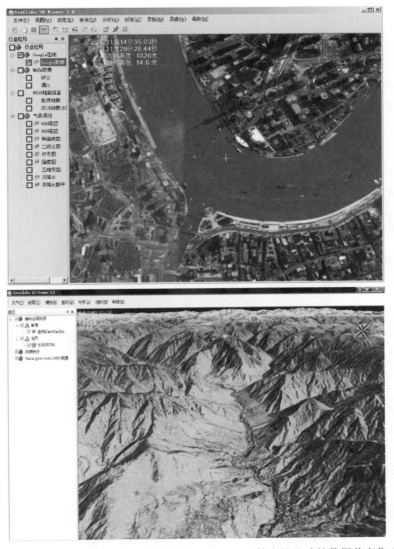

图 11.27　GeoGlobe 与 Google Earth 和 World Wind 等虚拟地球的数据共享集成

息、API 函数及 WMTS 服务接口四部分内容。在该架构中，所有的节点通过多级节点服务聚合模型联系起来，用户通过该聚合模型从各节点获取满足要求的数据。

　　图 11.29 是基于多级节点服务聚合方法，使用了国家测绘地理信息局、黑龙江测绘地理信息局与伊春市城乡规划局提供的国家、省和市三级地理服务节点进行服务聚合的效果图。

11.4.4　网络地理信息集成共享平台——"天地图"

　　上述方法已应用于自主研发的开放式虚拟地球集成共享平台 GeoGlobe 中，同时基于

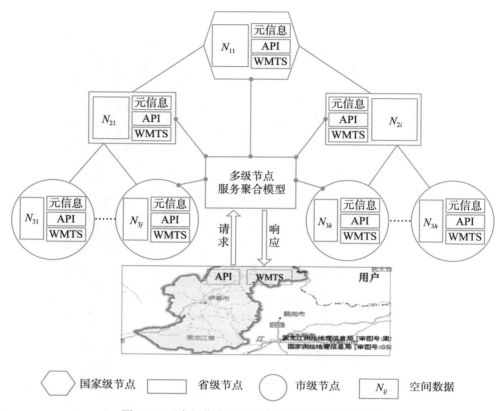

图 11.28　多级节点服务聚合的地理信息集成架构

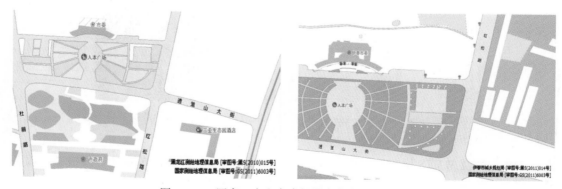

图 11.29　国家、省和市多级服务节点服务聚合

GeoGlobe 软件平台构建了国家地理信息公共服务平台(公共版)"天地图"中,如图 11.30所示。"天地图"组织和管理了覆盖全球的地理信息数据,从全球范围的矢量数据到我国全境具体到县市乃至乡镇、村庄,数据内容包括多尺度的交通、水系、境界、政区、居民地和地名等要素信息以及不同分辨率的影像和三维地形数据等。通过"天地图"的门户网

站，可以无缝地链接到全国省、市等多级网络节点的地理信息服务门户，并且能够将国家、省和市等多级地理信息服务节点进行聚合，实现地理信息的多级集成共享。应用表明，GeoGlobe 能有效地组织和管理覆盖全球的多尺度空间数据，满足全球范围空间数据连续无缝、高效、可视化的需要，实现了"分布式存储管理、纵横向系统联动、网络化在线服务"的三级联动服务模式。

图 11.30　基于 GeoGlobe 平台的"天地图"网站

11.5　网络地理信息服务技术发展趋势

地理信息技术已经从地理信息系统发展到地理信息服务，而且扩展到与所有地理信息相关的服务资源，包括空间数据资源、处理软件资源、空间信息资源、地学知识资源、传感器资源、计算资源、存储资源和网络资源。从而发展形成"地理空间信息资源服务网（GeoSpatial Service Web）"。

11.5.1　地理空间信息资源服务网

计算机中的处理器、存储空间以及网络资源都可以作为服务，近年来发展的云计算、云服务等技术已经开始提供各种各样的服务。地理空间信息资源服务网是将各种地理空间信息资源在 Web 上进行注册，形成服务网络，并通过 Web Service 技术对用户提供服务，包括资源的注册服务、数据服务、处理服务、地学知识服务和传感器服务等。

图 11.31 是地理空间信息资源服务网逻辑结构图，未来的发展方向应该是沿着这个逻辑结构图进行。首先，我们需要有强大的注册服务中心。这个中心一是要广域、分布式的，二是可注册各种数据资源、处理资源、传感器资源和知识等，同时也提供数据服务、处理服务、知识服务和传感资源等服务。其次，地理空间信息资源服务网还能调度、启动传感器，能够启动数据的处理过程，要能够在上面构建服务链，如建立知识库和构造模型，并按照用户需求进行组合，提供集成服务。

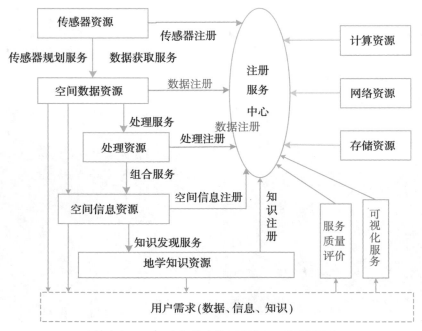

图 11.31　地理空间信息资源服务网逻辑结构图

空间信息资源的注册服务，空间数据服务等内容已经在本章的 11.3 节和 11.4 节作了较详细的介绍。这里仅介绍空间信息处理功能服务、硬软件基础设施服务和传感网服务的发展状况。

11.5.2　空间信息处理功能服务

1. 处理服务的描述、注册与发现

本章的 11.4 节介绍了空间数据注册与公共服务平台，这里介绍空间信息处理软组件的描述、注册与发现。软件注册到公共服务平台的主要问题是处理服务功能的分类体系问题。国际标准组织（ISO/TC211）在前几年推出 ISO19119，是空间信息处理软件的服务标准框架。该框架总体划分为：地理信息人机交互服务、地理模型信息管理服务、工作流任务管理服务、空间地理信息处理服务、地理信息通信服务和地理信息管理服务等一级服务。地理信息的人机交互服务又再细分：目录浏览器、地理信息浏览器、地理信息电子表格浏览器、服务编辑器、链定义编辑器、工作流制定管理器、地理要素编辑器、地理要素符号编辑器等。信息模型和信息管理的服务包括要素访问服务、地图访问服务、覆盖访问服务、传感器访问服务、传感器描述服务、产品访问服务、要素类型服务、目录服务、注册服务、地名词典服务、订购处理服务和委托服务等。工作流服务包括链定义服务、工作流执行服务和预订服务。地理信息处理服务又包括空间处理服务、专题处理服务、时间处理服务和元数据处理服务。通信的服务包括编码、传输、压缩、转换等。

总而言之，把处理划分为各种各样的服务，还有大量的工作要做。首先，要把软件划

分为各种类型的服务，ISO19119 只是一个很粗的划分；其次，服务可能不是一个模块能够解决问题的，所以一般情况下是多个软件模块的组合才能实现一个服务，这时候需要一系列标准、协议，如图 11.32 所示，列出了空间信息互操作涉及的系列标准和层次。

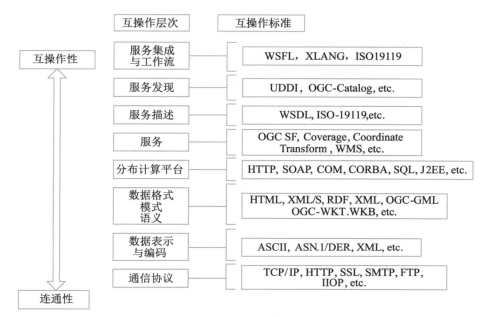

图 11.32　空间信息服务互操作层次结构(摘自 OGC)

2. 服务链构建

服务的链接分为以下几种情况：首先是透明连接。如果要获取某个服务，需要知道它所在位置，通过输入一些参数调用，计算以后得到的结果送到客户端，这种是用户直接调用(图 11.33)。

其次是半透明链接。对于已有的服务链中的模型、过程等，在调用时进行一些修改，修改以后再把它送到整个服务过程中，再调用相应的数据和软件，最后把结果给用户(图 11.34)。

最高级的就是聚集服务，不透明的。对用户来说它可能就是一个命令，然后通过自动组合服务链，调用相应的软件得到一个结果(图 11.35)。

3. 空间信息 Web 服务的体系结构

现在一些部门和研究单位开始提供地理信息处理服务，通过注册服务中心把这些服务装配起来，包括各种处理服务：数据处理服务、传感信息处理服务、可视化的服务等。图 11.36 是整个空间信息网络服务的框架。专业应用模型经过注册中心进入空间信息网络服务平台中，构建形成一个更复杂、更实用的应用模型。在此之前还需要做大量的工作，如把数据的服务和处理的服务分成两个体系，处理的服务中将原模型分解成最原始、最细的处理模块，然后再把它构成更复杂的组合，更大的一些模块，逐渐地组成一些应用模型，还需要对模型进行优化或评价。各种模型划分后，通过中间件管理和装配这些服务。

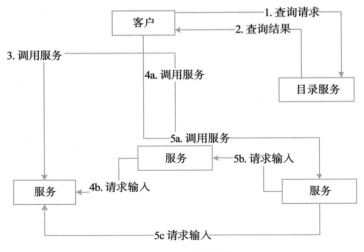

图 11.33 透明链接

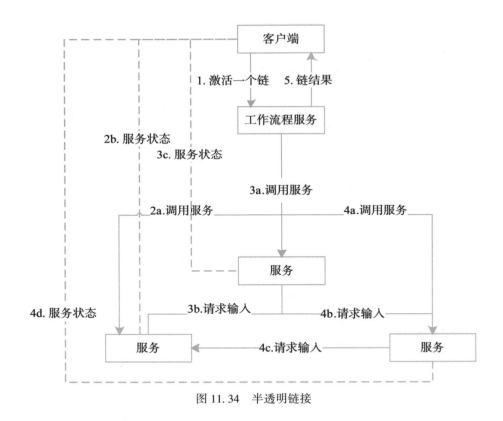

图 11.34 半透明链接

GeoSquare 就是武汉大学测绘遥感信息工程国家重点实验室开发出来的服务平台，它可以注册数据和软(组)件，最主要的是它可以提供基本的软件服务，同时是开放式的，

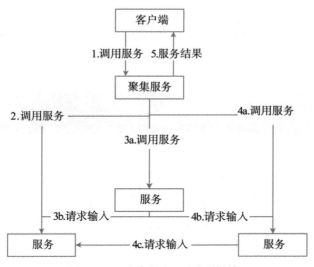

图 11.35　聚合服务(不透明链接)

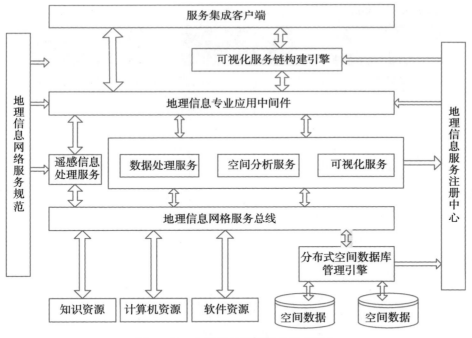

图 11.36　空间信息网络服务集成平台

将会成为整个全球共享的服务中心,可实现用户在软件注册后,使用平台提供的工具进行个人的模型构建。该平台已在武汉大学和香港建立服务网站,还准备在中国其他地区以及美国、欧洲分别建几个这样的服务网站,提供全球的地球空间信息共享服务。基础平台建成后，其他的合作单位在平台上不断发展他们的应用模型，平台将不断发展壮大。目前，平台提供了一些基本的软件，包括武汉大学测绘遥感信息工程国家重点实验室开发的遥感图像处理系统，已包装成服务，还有空间分析的软件、网络分析的软件，以及一些模型等。该平台的界面如图 11.37 所示。

图 11.37　地理空间信息资源网络服务平台 GeoSquare

11.5.3　软硬件基础设施服务

现在云计算发展很快，在我国也已经开始提供云服务。云服务有多种，一是基础设施整个都作为服务（Infrastructure as a Service，IaaS），包括网络、计算设备、存储设备等；二是平台作为服务（Platform as a Service，PaaS），包括数据平台也是作为服务；三是软件作为服务（Software as a Service，SaaS），如前面提到的软件服务。现在谷歌、微软、亚马逊、阿里、华为等公司都建有云服务平台。

云计算分公有云和私有云两类。利用私有云技术，武汉大学研发了开放式遥感处理服务平台——OpenRS-Cloud（图 11.38）。如图 11.39 所示，是 OpenRS-Cloud 平台的界面。它并没有租用谷歌或者微软的平台，只是我们在内部构造了一个体系，把软件作为服务在上面注册并运行。与原来的技术不一样，它直接在 Web Service 上实现，是云计算技术支持的。用户将任务递交上去，系统自动分配一台计算机来完成。我们把私有云的技术实现以后，在平台上开发应用系统提供给中国资源卫星应用中心等部门应用，在几十台到几百台服务器直接支持下完成众多用户的任务。公有云技术是把基于 Web 服务的组件，按照微软等平台的服务标准，并使用这些公司提供的硬件，如计算设备、存储设备等，进行数据的存储、计算。这是一个发展方向，由原来的购买系统，到以后的购买服务。

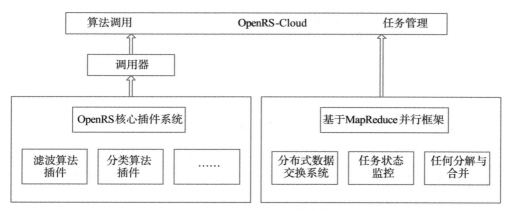

图 11.38　OpenRS-Cloud 技术体系

图 11.39　OpenRS-Cloud 平台的运行界面

11.5.4　传感网服务

传感网的概念在电子信息领域是指地面传感网，现在我们把它扩展成地球观测传感网，包括卫星、飞机和移动车，以及地面的各种传感器集成在一起，涉及很广的领域。与我们领域相关的要解决的几个问题如图 11.40 所示。一是对地观测系统，对地观测系统中卫星的信息、飞机的信息、地面测量平台的信息，以及相应的传感器的信息都能够在 Web 上注册，在 Web 上能够被发现和调用。二是物联网，三是社会网的相关信息都可以在 Web 上注册。要解决传感网的问题，首先要有柔性的观测体系，包括传感器的即插即用。在理论和方法方面，要解决协同观测等问题，需要把天、空、地各种传感网，以及可见光、高光谱、主动、被动微波等传感器进行聚合和协同调度；各种处理、应用的服务需要互联，提供即时的地理信息服务等。

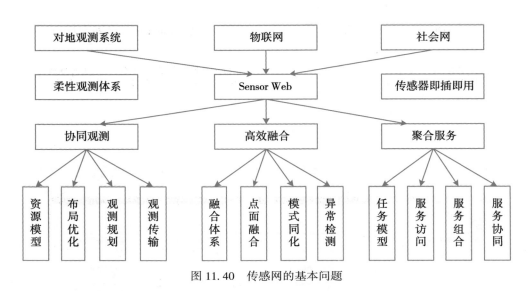

图 11.40　传感网的基本问题

地理空间传感网实现的目标是：通过观测互联网实现自主的、任务可定制的、动态适应并可重新配置的观测系统；通过服务互联网实现一组遵循特定传感器行为和接口规范并可互操作的网络智能服务。

1. 协同感知与集成管理

首先要建立一个协同感知网（图 11.41）。对卫星观测系统、低空观测平台、物联网和社会网等异构观测手段的协同，涉及如柔性的感知体系、事件驱动的主动感知机制、即插即用的感知单元接入机制、面向任务的按需观测服务、感知资源的在线接入、感知信道频谱认知与协作、感知平台和传感器的透明访问、空天地观测平台与海量传感器的优化布局等关键问题。最近几年电子信息领域的传感网发展很快，其中太阳能和传输问题已基本解决，如基于自组网技术的地面大气和水文传感网可自动连续测量环境参数；武汉大学测绘遥感信息工程国家重点实验室建立的大气环境综合监测系统（通过双视场激光雷达可探测 20km 以下大气环境参数）等技术都已经从实验系统向业务化运行系统发展；水下传感网发展也很快，Internet 组成的异构网络可以实现水下传感器和远程终端之间的信息交流。

传感器建模语言（Sensor Model Language，SensorML）是一个基于 XML 编码、带有地理空间和时间参考的传感器观测系统公共描述框架，能够描述各种类型的传感器和观测处理过程及其相互间的联系。SensorML 提供 XML 标准模式以描述传感器，包括传感器系统的几何、动态、观测特征值以及传感器指派任务的参数，用于发现、检索和控制基于网络分

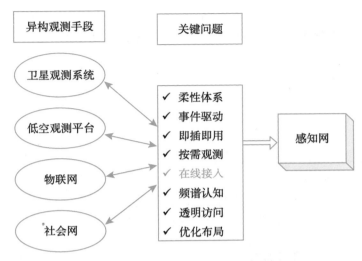

图 11.41   智能感知网的关键问题

布式的传感器。它还用来定义与观测测量及测量后相关的处理，如空间转换、观测数据地理定位及其他处理等。无论是动态还是静态平台的传感器，原位还是遥感的传感器，它们都能通过 SensorML 来描述。从简单的视觉温度计到复杂的电子显微镜和地球观测卫星，它们都能够通过简单过程和复合过程来表达。作为 OGC SWE(Sensor Web Enablement)框架的重要组成部分，SensorML 具有以下几个特点。

①通过 SensorML 信息模型对传感器系统的元数据组描述，分析传感器平台、观测机理、处理过程、定位信息以及技术要求，特别是对观测仪器信息进行系统分析，建立包含位置属性、观测对象、时间属性和状态属性等信息的传感器信息描述模型。提供传感器发现所需的信息，有助于传感器的发现以及传感器处理的发现。

②支持传感器观测系列的信息模型描述，即它可以提供测量的历史信息，也可以用于目前的观测处理，因此支持传感器观测的全过程。

③支持按需处理。无须具备对传感器系统的先验知识，SensorML 支持从低层次的、原始的观测值到高层次的观测数据处理(如地理定位、生成数据产品)，即支持观测结果的推导，其中处理层次是由用户定制的。

④实现传感网络的智能和自治。SensorML 使得传感网的任务可以自适应定制，并可以引入语义网，从而用以解决更高层次的问题。

⑤可以引用外部资源，即通过 Xlink：href 的 URL、URN 进行引用，如链接外部的字典或本体库或引入 GML、SWE、OM 等编码框架，从而丰富 SensorML 的信息模型，体现出其完善与功能的强大性。

SensorML 是一种传感器描述的通用语言，适用于所有类型的传感器。它没有定义具体的描述字段，针对不同的传感器，采用相应的专项元数据标准对其进行信息模型建立，使得模型具有标准一致性。由于适用于不同传感器，因此 SensorML 本身具备建模可扩展性。

　　针对分布异构地学传感器及其观测数据的接入与共享问题，基于传感网资源描述模型开发了地理空间传感网资源集成管理软件 GeoSensorManager(图 11.42)，采用 SensorML 对地学传感器进行快速统一信息建模，通过 SOS 接口服务实现异构传感器及其观测数据的接入，并通过实现 SPS 完成对传感器的控制与规划。GeoSensorManager 提供了一个以传感器资源为核心的通用建模、注册、查询、可视化、接入与控制的集成管理平台，能够满足地理空间传感网环境下传感器及元数据资源集成管理的需求。

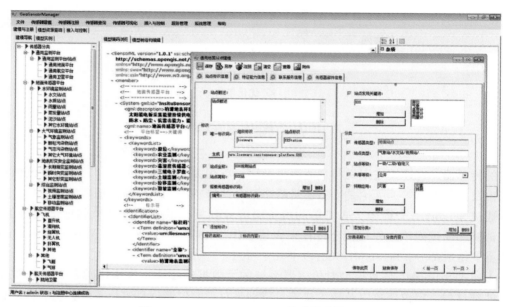

图 11.42　GeoSensorManager 传感器建模界面

　　①传感器建模与注册：基于 SensorML 实现各类典型传感器的标准化建模，通过模型注册转换接口将传感器信息模型注册到注册中心，实现传感器资源信息的同步更新。

　　②传感器资源查询：通过传感器、观测平台的能力信息、时空信息等过滤条件的复杂组合，实现传感器资源的快速、准确发现，满足特定观测需求，提供可用的传感器资源集合。

　　③传感器资源可视化：基于三维可视化平台，实现天地传感器资源空间位置和基本属性信息的可视化表达。

　　④传感器接入与控制：基于 SOS 服务接口实现视频传感器、气象原位传感器、卫星遥感传感器及其观测数据的实时接入和历史数据查询。系统同时提供了视频传感器的云台控制功能，能够实现视频传感器升降、旋转、路径规划的远程控制。

2. 实时服务网

　　要实时发现新增的传感器，并实时处理传感器的信息，需要有一个实时服务网(图11.43)。实时服务网的观测平台，也包括客户端和服务端；服务软件，包括传感器调度软件、处理服务软件等；形成一个整体模型，最后得到整个过程的实时服务。其中包含异质资源的统一描述和动态管理，海量观测数据的实时接入与处理，传感网服务的动态发现与快速聚合，点线面观测数据的时空动态融合等。

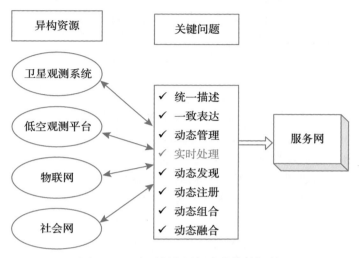

图 11.43　实时服务网解决的关键问题

为了实现传感网资源的在线即时服务，开放地理信息联盟（Open Geospatial Consortium，OGC）制定了传感器告警服务（Sensor Alert Service，SAS）、传感器观测服务（Sensor Observation Service，SOS）和传感器规划服务（Sensor Planning Service，SPS）等标准规范，并在不断发展和完善。

①传感器告警服务 SAS：基于可拓展消息和表示协议（Extensible Messaging and Presence Protocol，XMPP）进行告警消息派遣。SAS 类似于一个事件通知系统，采用订阅/发布机制，将来自传感器节点的满足订阅规则的实时数据（如高于/低于某一阈值）派遣给目标用户，来达到个性化告警通知的目的。

②传感器观测服务 SOS：提供标准的方式访问来自传感器和传感器系统的观测，这种标准的方式对遥感/原位、固定/移动传感器在内的所有传感器系统都是一致的。SOS 提供了广泛的互操作能力，用于在实时、存档或者模拟的环境中发现、绑定和查询单个传感器、传感器平台或者联网的传感器星座。现有的 SOS 实现主要有 52°North SOS（http：//52north.org/communities/sensorweb/sos/）和武汉大学陈能成教授课题组开发的 MongoSOS（http：//gsw.whu.edu.cn：8080/MongoSOS/）。

③传感器规划服务 SPS：用于请求用户驱动的观测和测量的标准网络服务接口，是客户端和传感器收集管理环境之间的媒介。SPS 已在卫星传感器（如 EO-1、SPOT-5 等）、无人机、视频传感器及原位传感器规划控制方面得到成功应用。相关实现包括 GeoBliki SPS、Spot Image SPS、NOSA SPS 以及武汉大学陈能成教授课题组开发的支持物理虚拟传感器统一网络化规划及观测在线获取的 DSPS。

实时服务网的构建离不开实时服务软件的支撑。在这方面，比较著名的有美国 ESRI 公司的 GeoEvent、美国微软公司的 SensorMap、德国 52°North 的系列开源系统以及国内武汉大学研制的 GeoSensor。GeoSensor 是我国首个具有实时动态网络 GIS 特征的软件平台，包括集成管理、公共服务和动态仿真三个子平台。

①资源集成管理子平台：提供以传感器资源为核心的通用建模、注册、查询、可视化、接入等功能，主要目的是对卫星、地面等各类对地观测传感器资源进行统一管理，使用户能够全面、方便、准确地获取可用传感器信息，满足传感网环境下多源异构传感器资源集成与共享管理的需要。

②公共信息服务子平台：提供传感器注册、传感器检索、传感器观测数据获取、传感器控制、传感器规划及可视化等功能，包括网页客户端和 Android 移动客户端两种形式。网页版客户端（http：//gsw.whu.edu.cn：9002/SensorWebPro/）融合了传感器目录服务、传感器观测服务和传感器规划服务等技术，有助于基于位置的传感器和观测数据等资源的在线访问，系统主界面如图 11.44 所示。移动客户端的公共信息服务子平台主要功能包括传感器检索、观测数据浏览和专题地图查询等。

图 11.44　传感网实时地理信息服务平台 GeoSensor 主界面

③可视化与仿真子平台：提供流域大范围场景、观测站点、观测数据及动态变化数据的可视化等功能。同时，通过结合专业模型，支持灾害天气、河演分析、泥沙淤积和洪水演进过程中连续性多源观测数据的三维仿真。

与国外同类型软件相比，GeoSensor 支持卫星、航空和地面三类异构平台不同观测机理的传感器建模与管理；支持多种协议传感器和观测数据的实时动态接入，具备接入、注册、检索、控制、规划和制图功能；不仅具备虚拟地球的功能，同时具备观测场景、平台、数据和模型的动态可视化与仿真功能；实现了传感网信息模型和 GIS 数据模型、传感网服务接口和地理信息服务接口、传感网资源和二三维 GIS 的集成，实现了地理信息技术从面向互联网开放式在线共享到面向传感网即时共享的转变。

11.5.5 模型联网服务

"模型"是对于现实世界的事物、现象、过程或系统的简化描述，是对现实问题的逻辑抽象。如城市各应用行业的模型包括城市圈交通模型、城市水文模型、城市规划模型。城市圈交通模型中又包含了交通产生模型、交通分布模型、交通分配模型、交通网规划模型、交通网优化模型、交通网决策模型等；城市水文模型包含非恒定流过程模型、一维水动力模型、二维水动力模型、三维水动力模型等；在城市时空过程模拟模型方面，已有的主要模型有元胞自动机模型、多智能体模型和离散事件模型等。这些模型模型可能由不同的组织、机构和研究人员开发，各种模型在开发方式、开发平台、服务方式和表示方法等方面千差万别，因此，如何实现模型在网络环境下的共享与重用是模型联网服务需要解决的核心问题。2008 年，NASA 提出了模型网(Model Web)的概念：它是大量计算模型的动态网络，与单个模型相比能够解决更多的科学问题；建模者和用户通过标准协议的网络服务实现对模型和模型结果的访问与互操作。2009 年开始，地球观测组织的 GEOSS(Global Earth Observation System of Systems)提出了 Model Web 的任务：开发模型网的动态建模的框架服务于研究人员、管理者、决策者和一般公众。它是由松耦合的模型组成，模型之间通过网络服务进行交互，模型可以进行独立的开发、管理和操作。这种方式和紧耦合、封闭的、集成式的系统相比有很多优越性。模型网是一个开放式的系统，模型过程的中间结果和最终结果都可以通过网络服务进行访问，改善了现存模型的互操作，提高和共享相关科学领域的预测能力。

智能模型网(图 11.45)是针对水文、大气、海洋等方面模型，解决模型的互联问题，包含模型过程信息的共享表达、注册发现和组合协作服务等问题。由于模型专业性很强，通过智能模型网进行模型的描述、模型的互联及模型的调度。这里简单介绍一个实例，即水质传感器及分析系统，首先是各种传感信息的接入，然后信息的处理，再建模，进行水质分析与评价，通过内插得到不同地方的溶度，并可进行各种流体过程的仿真。

从异构模型的元数据需求出发，模型的共享元数据表现为如下形式：

模型元数据 = {标识信息，特征信息，空间信息，动态信息，参数信息，运行信息，算法信息，性能信息，服务信息，管理信息，约束信息}

其中标识信息、特征信息、空间信息和动态信息是模型标签构件的细化，性能信息和运行信息是模型状态构件的细化，参数信息和算法信息是模型结构构件的细化，服务信息是模型服务构件的细化，管理信息和约束信息是模型可访问性构件的细化。

标识信息：包括关键词、模型名称、模型标识符、模型类型、模型级别等描述模型基本信息的元数据要素，以唯一标识该模型。特征信息：包括模型基本原理、模型适用范围、模型的具体应用领域、模型所解决的问题的名称或简要说明等。模型特征信息主要用于对模型进行描述，以确定模型是否能够应用于某种决策问题。空间信息：包含空间范围信息与空间参考信息。空间范围信息涉及模型所应用的区域及范围；空间参考信息包括模型空间参考的类型、名称、维度及高程参考等。动态信息：包括模型数据更新周期、计算周期、时间维度等，动态信息主要用于描述时间对模型的影响。性能信息：包括模型的服务质量、模型的性能目标、模型求解的稳定性、模型结果的可靠性与精度等描述模型性能

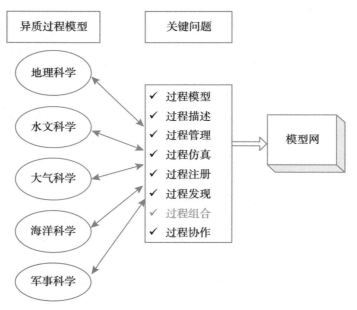

图 11.45　智能模型网解决的关键问题

的元数据要素。模型性能总体可分为两个方面，即模型质量和模型服务质量，并且不同的性能目标对模型质量的评价方式不同，因此模型性能需要基于这两个方面进行扩展。运行信息：模型运行所需要环境的相关描述信息，包括模型运行平台的名称、描述、权属以及开发模型采用的程序语言等。参数信息：有关模型运行所需要数据或参数的说明。模型参数类型包含空间数据、非空间数据或文件参数，每种类型对数据格式的要求不同，因此需要根据模型参数的类型进行扩展。算法信息：模型实现的算法来源、算法的基本要点、算法的步骤、具体的算法表达和公式、模型算法的实例等。服务信息：包括服务名称、服务类型、服务地址、服务参数、服务提供者、服务联系等描述模型服务接口信息的元数据要素，以刻画模型的网络访问方式，通过服务联系要素可以描述服务组合各个服务组件的结构关系。管理信息：包括模型开发者、联系信息、历史信息、文档信息等描述模型管理信息的元数据要素，主要表现了模型的管理机构及其联系方式。约束信息：包括访问权限、法律约束、安全约束等描述模型约束信息的元数据要素，决定了模型的可访问性。

　　武汉大学测绘遥感信息工程国家重点实验室在国家 863"智慧城市"重大项目支持下，开发了城市模型共享管理与可视化服务原型系统 Smart City Simulation（图 11.46），实现了城市异质模型的建模、管理、注册、发现、组合、执行和可视化服务。

　　地理空间数据网络服务技术已经比较成熟，国家在大力推动其发展，推动公共服务。在处理服务方面，部分技术可以满足要求，用户自定义服务链方法达到实用水平，相关的标准化组织也颁布了一些标准，有些研究机构推出了一些原型系统。具有地理空间数据实时调度与获取、自动处理与智能服务的传感网服务是目前的研究热点之一。

　　未来地理空间数据网络服务技术的发展主要在以下 6 个方向：①全息地理信息服务，

图 11.46　城市模型共享管理与可视化服务系统 Smart City Simulation 界面

包括人、机、物混合三元世界的全测度空间信息获取、处理和分析服务等；②实时地理信息服务，包含海量观测数据的统一接入、流式观测数据的实时存储、海量观测数据的在线分析、异构传感器的地理控制规划、观测预警决策信息链的即时构建等；③智能地理信息服务，通过与人工智能技术结合实现物联网非结构化大数据、社交网消费性大数据、对地观测网结构化大数据的存储、理解和服务；④室内地理信息服务，需要突破混合智能室内定位、复杂建筑群自动建模和室内位置信息服务等关键技术，从而满足面向大型复杂公共场所的安全监控与预警和应急救援与管理等重大应用需求；⑤高性能地理信息信息处理服务；⑥可信地理信息服务等。

（本章作者：龚健雅、陈能成）

◎ 本章参考文献

[1] 李德仁，肖志峰，朱欣焰，等．空间信息多级网格的划分方法及编码研究 [J]．测绘学报，2006，35（1）：52-55.

[2] 程承旗，张恩东，万元嵬，等．遥感影像剖分金字塔研究 [J]．地理与地理信息科学，2010，26（1）：19-23.

[3] 马琪，谢忠．海量栅格地理数据的组织与调度 [J]．地理与地理信息科学，2008，24（6）：39-41.

[4] 杜清运，虞昌彬，任福．利用嵌套金字塔模型进行瓦片地图数据组织 [J]．武汉大学学报（信息科学版），2004，30（2）：564-567.

[5] 王方雄，边馥苓．基于网格的空间信息原子服务互操作与集成框架 [J]．武汉大学

学报（信息科学版），2011，36（5）：182-186.

［6］ 高升，陈能成，龚健雅，等. 基于多协议的地理信息服务集成［J］. 测绘信息与工程，2006，31（6）：16-18.

［7］ 龚健雅，高文秀，陈静，等，多源空间信息的集成方法［M］//龚健雅. 对地观测数据处理与分析研究进展. 武汉：武汉大学出版社，2007.

［8］ 徐开明，吴华意，龚健雅. 基于多级异构空间数据库的地理信息公共服务机制［J］. 武汉大学学报（信息科学版），2008，4（33）：402-404.

［9］ 陈能成，王伟，王超，等. 智慧城市综合管理［M］. 北京：科学出版社，2015.

［10］ 陈能成，胡楚丽，王晓蕾. 对地观测传感网资源集成管理的模型与方法［M］. 北京：科学出版社，2014.

［11］ 陈能成. 网络地理信息系统的方法与实践［M］. 武汉：武汉大学出版社，2009.

［12］ 陈能成，陈泽强，何杰，等. 对地观测传感网信息服务的模型与方法［M］. 武汉：武汉大学出版社，2013.

［13］ Li D R. Development prospect of photogrammetry and remote sensing［J］. Geomatics and Information Science of Wuhan University, 2008, 33（12）: 1211-1215.

［14］ Li D R, Huang J H, Shao Z F. Design and implementation of service-oriented spatial information sharing framework for digital city［J］. Geomatics and Information Science of Wuhan University, 2008, 33（9）: 881-885.

［15］ Li D R, Shao Z F. The intrinsic property of geo-informatics is service［J］. Bulletin of Surveying and Mapping, 2008, 5: 1-4.

［16］ Li D R. On geomatics in multi-discipline integration［J］. Acta Geodaetica et Cartographica Sinica, 2007, 36: 363-365.

［17］ Li D R, Ma H C. The new progress of space earth observation technology［R］. Chinese Academy of Sciences High-tech Development Report, 2007.

［18］ Li D R. Geo-spatial information science and it's applications in land science［J］. Nature Magazine, 2005, 27: 316-322.

［19］ Li D R. On generalized and specialized spatial information grid［J］. Journal of Remote Sensing, 2005, 9: 513-519.

［20］ Li D R. Opportunities for geomatics［J］. Geomatics and Information Science of Wuhan University, 2004, 29: 753-756.

［21］ Li H F, Zhang L P, Shen H F. A perceptually inspired variational method for the uneven intensity correction of remote sensing images［J］. IEEE Trans. Geosci. Remote Sensing, 2012, 50（8）: 3053-3065.

［22］ Pan J, Wang M, Li D R, et al. A robust approach for repairing color composite DMC Images［J］. Photogramm Eng. Remote Sens., 2009, 75: 201-210.

［23］ Pan J, Wang M, Li D R, et al. Automatic generation of seamline network using area voronoi diagrams with overlap［J］. IEEE Trans. Geosci. Remote Sensing, 2009, 47: 1737-1744.

［24］ Pan J, Wang M, Li D R, et al. Repair approach for DMC Images based on hierarchical location using edge curve (English) ［J］. Sci. China Ser. F-Inform. Sci. , 2009, 39: 742-750.

［25］ Shen H F, Zeng C, Zhang L P. Recovering reflectance and radiance of AQUA MODIS band 6 based on within-class local fitting ［J］. IEEE J. Sel. Top. Earth. Appl. , 2011, 4: 185-192.

［26］ Shen H F, Zhang L P. A MAP-based algorithm for destriping and inpainting of remotely sensed images ［J］. IEEE Trans. Geosci. Remote Sensing, 2009, 47: 1492-1502.

［27］ Huang W, Zhang L P, Furumi S, et al. Topographic effects on estimating net primary productivity of green coniferous forest in complex terrain using Landsat data: A case study of Yoshino Mountain, Japan ［J］. Int. J. Remote Sens. , 2010, 31: 2941-2957.

［28］ Liao M S, Wang T, Lu L J, et al. Reconstruction of DEMs from ERS-1/2 tandem data in mountainous area facilitated by SRTM data ［J］. IEEE Trans. Geosci. Remote Sensing, 2007, 45: 2325-2335.

［29］ Song X G, Li D R, Shan X J, et al. Correction of atmospheric effect in ASAR interferogram using GPS and MODIS data ［J］. Chin. J. Geophys. , 2009, 52: 1457-1464.

［30］ Song X G, Li D R, Shan X J, et al. Correction of atmospheric effect in repeat-pass InSAR measurements based on GPSand atmospheric transport model ［J］. Chin. J. Geophys. , 2009, 52: 1156-1164.

［31］ Shen H F, Ng M K, Li P X, et al. Superresolution reconstruction algorithm to MODIS remote sensing images ［J］. Comput. J. , 2009, 52: 90-100.

［32］ Wang Z, Ziou D, Armenakis C, et al. A comparative analysis of image fusion methods ［J］. IEEE Trans. Geosci. Remote Sensing, 2005, 43: 1391-1402.

［33］ Li D R, Zhang G, Jiang W S, et al. SPOT-5 HRS satellite imagery block adjustment without GCPS or with Single GCP ［J］. Geomatics and Information Science of Wuhan University, 2006, 31: 377-381.

［34］ Zhang G, Li D R, Yuan X X, et al. The mapping accuracy of satellite imagery block adjustment ［J］. J. Zhengzhou Inst. Surv. Mapp. , 2006, 23: 239-241.

［35］ Zhang G, Fei W B, Li Z, et al. Evaluation of the RPC model for spaceborne SAR imagery ［J］. Photogramm Eng. Remote Sens. , 2010, 76: 727-733.

［36］ Zhang G, Qiang Q, et al. Application of RPC model in orthorectification of spaceborne SAR imagery ［J］. Photogramm Rec. , 2012, 27: 94-110.

［37］ Zhang G, Fei W B, Li Z, et al. Evaluation of the RPC model as a replacement for the spaceborne InSAR phase equation ［J］. The Photogramm Rec. , 2011, 26: 325-338.

［38］ Zhang G, Li Z, Pan H B, et al. Orientation of spaceborne SAR stereo pairs employing the RPC adjustment model ［J］. IEEE Trans. Geosci. Remote Sensing, 2011, 49: 2782-2792.

[39] Huang X, Zhang L P. An adaptive mean-shift analysis approach for object extraction and classification from urban hyperspectral imagery [J]. IEEE Trans. Geosci. Remote Sensing, 2008, 46: 4173-4185.

[40] Su W, Li J, Chen Y, et al. Textural and local spatial statistics for the object-oriented classification of urban areas using high resolution imagery [J]. Int. J. Remote Sens. , 2008, 29: 3105-3117.

[41] Wang L, Sousa W P, Gong P. Integration of object-based and pixel-based classification for mapping mangroves with IKONOS imagery [J]. Int. J. Remote Sens. , 2004, 25: 5655-5668.

[42] Yu Q, Gong P, Clinton N, et al. Object-based detailed vegetation classification with airborne high spatial resolution remote sensing imagery [J]. Photogramm Eng. Remote Sens. , 2006, 72: 799-811.

[43] Kettig R L, Landgrebe D A. Classification of multispectral image data by extraction and classification of homogeneous objects [J]. IEEE Trans. Geosci. Electron. , 1976, 14: 19-26.

[44] Paul T, Philip H. High spatial resolution remote sensing data for forest ecosystem classification: An examination of spatial scale [J]. Remote Sens. Environ. , 2000, 72: 268-289.

[45] Sotaro T, Toshiro S. Cover: A new frontier of remote sensing from IKONOS images [J]. Int. J. Remote. Sens. , 2001, 22: 1-5.

[46] Volker W. Object-based classification of remote sensing data for change detection [J]. ISPRS-J. Photogramm Remote Sens. , 2004, 58: 225-238.

[47] Roger T S, Georges S, Jean L. Using color, texture, and hierarchical segmentation for high-resolution remote sensing [J]. ISPRS-J. Photogramm Remote Sens. , 2008, 63: 156-168.

[48] Huang X, Zhang L P, Li P X. Classification of high spatial resolution remotely sensed imagery based upon fusion of multiscale features and SVM [J]. J. Remote Sens. , 2007, 11: 48-54.

[49] Binaghi E, Gallo I, Pepe M. A cognitive pyramid for contextual classification of remote sensing images [J]. IEEE Trans. Geosci. Remote Sensing, 2003, 41: 2906-2992.

[50] Bruzzone L, Carlin L. A multilevel context-based system for classification of very high spatial resolution images [J]. IEEE Trans. Geosci. Remote Sensing, 2006, 44: 2587-2600.

[51] Hay G J, Blaschke T, Marceau D J, et al. A comparison of three image-object methods for the multiscale analysis of landscape structure [J]. ISPRS-J. Photogramm Remote Sens. , 2003, 57: 327-345.

[52] Huang X, Zhang L P. Comparison of vector stacking, multi-SVMs fuzzy output, and multi-SVMs voting methods for multiscale VHR urban mapping [J]. IEEE Geosci. Remote

Sens. Lett. , 2010, 7: 262-266.

[53] Zhou C H, Luo J C. Geo-computation for high-resolution satellite remote sensing images [M]. Beijing: Science Press, 2009.

[54] Huang X, Zhang L P. A multilevel decision fusion approach for urban mapping using very-high-resolution multi/hyper-spectral imagery [J]. Int. J. Remote Sens. , 2012, 33: 3354-3372.

[55] Song M, Civco D. Road extraction using SVM and image segmentation [J]. Photogramm Eng. Remote Sens. , 2004, 70: 1365-1371.

[56] Aksoy S, Koperski K, Tusk C, et al. Learning Bayesian classifiers for scene classification with a visual grammar [J]. IEEE Trans. Geosci. Remote Sensing, 2005, 43: 581-589.

[57] Liénou M, Maître H, Datcu M. Semantic annotation of satellite images using latent Dirichlet allocation [J]. IEEE Geosci. Remote Sens. Lett. , 2010, 7: 28-32.

[58] Butler D. 2020 computing: Everything, everywhere [J]. Nature, 2006, 440: 402-405.

[59] Bulter D. Agencies join forces to share data [J]. Nature, 2007, 446: 354.

[60] Chen N, Di L, Yu G, et al. Geo-Processing workflow driven wildfire hot pixel detection under Sensor Web environment [J]. Comput. Geosci. , 2010, 36: 362-372.

[61] Kridskron A, Chen N, Peng C, et al. Flood detection and mapping of the Thailand Central Plain using RADARSAT and MODIS under a Sensor Web environment [J]. Int. J. Appl. Earth Obs. , 2012, 13: 245-255.

[62] Chen N, Li D R, Di L, et al. An automatic SWILC classification and extraction for the AntSDI under a Sensor Web environment [J]. Can. J. Remote Sens. (IPY Special Issue), 2010, 36: 1-12.

[63] NASA. 2008 Report from the Earth Science Technology Office (ESTO) Advanced Information Systems Technology (AIST) Sensor Web meeting [R]. Orlando, FL. Greenbelt, MD: NASA Earth Science Technology Office, 2008.

[64] Chen Z, Chen N, Di L, et al. A flexible data and sensor planning service for virtual sensors based on web Service [J]. IEEE Sens. J. , 2011, 11: 1429-1439.

[65] Chen N, Di L, Chen Z, et al. An efficient method for near-real-time on-demand retrieval of remote sensing observations [J]. IEEE J. Sel. Top. Appl. (High Performance Computing Special Issue), 2011, 4: 615- 625.

[66] Chen N, Di L, Gong J, et al. Automatic On-demand Data Feed Service for AutoChem based on Reusable Geo-Processing Workflow [J]. IEEE J. Sel. Top. Appl. (Sensor Web Special Issue), 2010, 3: 418-426.

[67] Chen N, Di L, Yu G, et al. Use of ebRIM-based CSW with SOSs for registry and discovery of remote-sensing observations [J]. Comput. Geosci. , 2009, 35: 360-372.

[68] Chen Z, Di L, Yu G, et al. Real-time on-demand motion video change detection in the sensor web environment [J]. Comput. J. , 2011, 54: 2000-2016.

[69] Chen N, Di L, Yu G. A flexible geospatial sensor observation service for diverse sensor

data based on Web service ［J］. ISPRS-J. Photogramm Remote Sens. , 2009, 64: 274-282.

［70］ John D, Thomas U, Gerald S, et al. An open distributed architecture for sensor networks for risk management ［J］. Sensors, 2008, 8: 1755-1773.

［71］ Simonis I. The Sensor Web: GEOSS's Foundation Layer ［C］ //GEO Secretariat. The Full Picture, Tudor Rose, 2007: 61-63.

［72］ Foster I. Service-oriented science ［J］. Science, 2005, 308: 814-817.

［73］ Sheth A, Henson C, Sahoo S S. Semantic sensor web ［J］. IEEE Internet Comput. , 2008, 12: 78-83.

［74］ Van-Zyl T L, Simonis I, McFerren G. The Sensor Web: Systems of sensor systems ［J］. Int. J. Digital Earth, 2009, 2: 16-30.

［75］ Craglia M, et al. Digital Earth 2020: Towards the vision for the next decade ［J］. Int. J. Digital Earth, 2012, 5: 4-21.

［76］ Yang C, Chen N, Di L. Restful based heterogeneous geoprocessing workflow interoperation for sensor web service ［J］. Comput. Geosci. , 2012, 47: 102-110.

［77］ Zhang J. Multi-source remote sensing data fusion: Status and trends ［J］. Int. J. Image Data Fusion, 2010, 1: 5-24.

［78］ Li X, Huang C L, Che T J, et al. The evolutional and prospective research to the Chinese land surface data assimilation system ［J］. Prog. Nat. Sci. , 2007, 17: 163-173.

［79］ Chen N, Chen Z, Hu C, et al. A capability matching and ontology reasoning method for high precision open GIS Service discovery ［J］. Int. J. Digital Earth, 2011, 4: 449-470.

［80］ Yue P, Di L, Gong J Y, et al. Integrating semantic web technologies and geospatial catalog services for geospatial information discovery and processing in cyberinfrastructure ［J］. Geoinformatica, 2011, 15: 273-303.

［81］ Li D R, Zhu Q, Zhu X Y, et al. Task-oriented Focusing Service Supported by Remote Sensing Information ［M］. Beijing: Science Press, 2010.

第 12 章　展望万物互联时代的地球空间信息学

随着 5G/6G、云计算、物联网和人工智能等新技术的发展，人类已经进入万物互联时代。本章探讨万物互联时代地球空间信息技术的五大特点：定位技术从 GNSS 和地面测量走向无所不在的 PNT 服务体系；遥感技术从孤立的遥感卫星走向空-天-地传感网络；地理信息服务从地图数据库为主走向真三维实景和数字孪生；3S 集成从移动测量发展到智能机器人服务；学科研究范围从对地球自然活动观测走向对人类活动的感知和认知。作者基于这些特点进一步剖析万物互联时代地球空间信息学科面临的挑战，并提出新时代地球空间信息学发展亟待解决的三大科学技术问题：测绘学科如何服务人与机器人的共同需求？遥感影像解译的机理是什么？如何突破实现技术的瓶颈？如何利用时空大数据挖掘人与自然的关系，从空间感知走向空间认知？万物互联时代的地球空间信息学，必须且完全可能为万物互联的数字地球和智慧社会作出更大的贡献！

万物互联时代是 5G/6G 竞争的热点。什么是 5G？5G 是第五代手机移动通信标准，又称第五代移动通信技术。5G 通信的传输率理论上将达到 20GB/s，比 4G 高 20 倍。5G 的三大技术特点是增强移动宽带通信（eMBB）达到 Gbps 级，将提供超高视频、下一代社交网络、沉浸式游戏和全息视频产业的发展；海量机器类通信（mMTC）达到 $1M/km^2$，将支持智慧物流、智能计量、智慧城市和智慧农业的推广应用；超高可靠低时延通信（uRLLC）达到 1ms，将使得工业互联网、车路协同自动驾驶、远程医疗和智能电网成为可能。我国的 5G 技术在全世界处于领先地位，已在中国和外国推广应用。至 2021 年 8 月 31 日，我国 5G 机站 99.3 万个，而 5G 终端手机已达到 3.92 亿户。

但是，目前全球移动通信服务的人口覆盖率约为 70%，受制于经济成本和技术等因素的地区覆盖率仅达到 20% 的陆地面积，小于 6% 的全球表面面积，而 95% 以上的海洋面积尚没有移动通信网络覆盖。所以为了使人类社会进入更加泛在的智能化信息社会，人们提出了 6G 的愿景。

6G 技术融合陆地无线移动通信、中高低轨卫星移动通信以及短距离直接通信等技术，将通信与计算、导航定位、遥感感知和人工智能等通过智能化移动管理控制，建立空、天、地、海泛在移动通信网，实现泛在的高速宽带通信，进一步提升网络容量、频道效率、系统覆盖和能量效率。通过向更高频段扩展以获取更大传输带宽，如毫米波、太赫兹、可见光等，支持 10Gbps 到 100Gbps 用户接入速率，实现 Tbps 级的无线接入网。

在 36 000km 静止轨道上的通信中继卫星轨道资源，世界各国已分配完毕。近年来，西方各国提出了多个低轨通信星座发展计划。尤其是美国特斯拉 SpaceX 公司提出的星链计划（Starlink），已申请了 42 000 个位于 375～1 100km 高度的轨位和 K_u、K_a 频段，目前已经发射了 3 500 多颗卫星入轨，能在全球提供 50~200Mbps 带宽的无线通信，并支持乌克兰在俄乌战争中成功应用。英国的 Oneweb 公司也计划发射 900 颗低轨通信卫星。为了应对这种激烈竞争和满足我国全球陆海通信的需求，我国新成立了星网公司，已向国际电信联盟申请了 12 992 个在 500~1 200km 高度上的轨位，使用 K_a、V 频段通信。到 2025 年，星网一期将发射 72 颗极轨通信卫星和 144 颗倾斜轨道通信卫星。

12.1 地球空间信息学的发展

地球空间信息学是通过各种手段和集成各种方法对地球及地球上的实体目标(physical objects)和人类活动(human activities)进行时空数据采集、信息提取、网络管理、知识发现、空间感知认知和智能位置服务的一门多学科交叉的科学和技术[1]。作为一门测绘遥感科学与信息科学交叉产生的学科，人与自然变量的空间分析是该学科的基础，对地球空间几何与物理变量的空间分析能够为该学科提供多元化的数据和信息处理方法。其中，遥感(Remote Sensing, RS)和全球导航卫星系统(GNSS)是学科常用的测量、观测和时空数据获取工具。地理信息系统(GIS)是地球空间信息和时空大数据在计算机网络中存储、管理和应用的工具。利用云计算和人工智能技术将提高地球空间信息学对地球自然活动和人类社会活动的感知、认知、分析和决策支持能力，促进人类社会可持续发展。

20 世纪 60 年代初期，RS 以航空摄影为基础发展到卫星遥感和近年来的无人机遥感。目前，全球大约有 60 个国家和地区的 1 100 多家航天公司参与研发、制造、部署和运营各种军民商用卫星系统，我国在轨遥感卫星已超过 500 颗。200 多个国家和地区已经在利用通信、导航、遥感卫星的成果[2]，成果应用覆盖了国土资源、气象、环境、海洋等多个领域，能满足不断增长的社会经济发展、国家安全及灾害管理等需求。

GIS 技术发展于 20 世纪 60 年代，自加拿大的 Roger Tomlinson 在纸质地图等基础上提出地理信息系统的概念以来，已经广泛应用于土地利用、资源管理、环境监测、城市规划以及经济建设等方面。其间，互联网和物联网的发展及面向服务概念的提出，都扩充了地理信息技术的概念，逐步实现地理信息服务的"4A"(即 Anybody、Anytime、Anywhere、Anything)标准[3]。近年来，云计算、大数据、人工智能等技术的兴起也使得地理信息大数据得到了高效的管理及应用，为地理信息系统的快速发展提供了坚实的基础。

GNSS 的完备程度能够体现现代化大国的综合国力。目前应用较为广泛的定位系统为美国全球定位系统(GPS)、俄罗斯的导航卫星系统(GLONASS)、欧盟的伽利略导航卫星系统(GALILEO)以及中国的北斗卫星导航系统(BDS)。2020 年北斗三号全球卫星导航系统已正式开通并投入服务，全球组网的成功标志着中国北斗卫星导航系统未来的国际应用空间将会不断扩展[4]。

物联网(IOT)概念的提出为地球空间信息学提供了新的发展机遇。物联网的建设需要地球空间信息学的支撑，为其提供连续的时空信息。同时物联网也是地球空间信息学发展的有力驱动。物联网发展至今，产生了诸多成果，来支持万物上网互联，实现物理世界在网络世界的数字孪生。但是要实现真正意义上的"数字孪生"，还需要多方面的技术支撑。

新型基础设施建设(以下简称"新基建")作为万物互联时代的新理念，包含信息基础设施、融合基础设施以及创新基础设施。

信息基础设施包括：以 5G、IOT、工业互联网和卫星互联网为代表的通信网络基础设施；以人工智能、云计算、区块链为代表的新技术基础设施；以数据中心和智能计算中心为代表的计算基础设施；以全球定位系统、RS 和 GIS 为代表的地理空间信息基础设施。

融合基础设施：主要指深度应用互联网、大数据、人工智能等技术，支撑传统基础设施转型升级，进而形成的融合基础设施，如智能交通基础设施、智慧能源基础设施等。

创新基础设施：主要指支撑科学研究、技术开发、产品研制的具有公益属性的基础设施，如重大科技基础设施、科教基础设施、产业技术创新基础设施等。

新基建的发展理念对于时代发展的推动作用不可小觑。国民经济各行各业通过数字产业化和产业数字化，将大大地促进实体经济和数字经济的发展。在自然资源调查方面，通过地理空间基础设施和计算设施，结合人类活动轨迹和年鉴等统计数据可以实现多时相、实时生态环境监测[5]、资源调查[6]与应急管理[7]；在公共安全与健康产业中，利用北斗+室内外一体化高精度（亚米级）手机导航定位连续数据，通过人工智能与地理空间信息的结合实现高精度时空大数据轨迹的统计、分析和预测[8]，在疫情防控、治安管控和大健康管理等方面都有十分重要的应用；城市管理方面，在数字地球之上，可以通过新基建构建的新型数字孪生智慧城市，真正实现全生命周期的智能规划、建设与管控；利用北斗+POS+可见光/热红外摄像头+激光雷达和高精地图组成的智能感知、定位、定姿集成系统，将推进智能驾驶和机器人产业的发展；在万物互联时代将形成人与智能机器人共存的智慧地球新时代；基于人工智能的通信、导航、遥感一体化空天信息实时智能服务系统（PNTRC），将能更好地为军民用户提供实时、智能的"快、准、灵"空天信息服务，为人与自然的协调发展作出贡献。

12.2 万物互联时代地球空间信息学面临的挑战

12.2.1 如何同时满足人类与机器人的不同需求

在感知和认知地理空间中，人类与机器人存在较大不同。人类通过视觉等感官对周围环境进行感知，包括各类符号的辨认、地物要素的识别和运动中识图用图。机器人则通过信号或数字实现对地理空间的感知和认知。如何实现让机器人对周围环境实时反馈，如进行大范围观测、实时异地观测、灾害响应等，是万物互联时代地理空间智能面临的新挑战。如何结合时空大数据的处理手段，让机器人可以增强资源调查、决策支持的能力？如何让机器人对各类紧急事件做出及时的预测及响应？如何让机器人在探测感知、自主运行处理等环节解决地球空间信息采集和应用难题？这些问题的解决将会促进数字化和智能化的发展。

目前机器人主要出现在无人驾驶、智慧能源和智慧测量等领域。以驾驶与导航为例，通过视觉系统，人类驾驶员可以看到道路上的交通标志等图形，并做出相应的操作。但是机器人无法通过观察视觉图符来驾驶,而是需要接收到信号才能进行相应操作。现有的地图和交通标识供人类驾驶员理解,未来机器人驾驶的地图和交通标识需满足机器人的理解需求,实现通过电子信号和通信手段通知机器人,让机器人实施行驶、加减速、制动等操作。

在人与机器人共存的万物互联时代,人与机器人的协作成为必然,如何服务于人与机器人的共同需求,让人和机器人能够同步获取相同的信息成为挑战。测绘领域的研究者在研究人类的需求与问题之外,应进一步探索机器人的需求与人机关系。

12.2.2　如何表达不同领域对同一地理对象描述的语义歧义

影像解译作为遥感数据的基础应用,是遥感与测绘领域研究的热点。长期以来,遥感影像解译主要是实现地图的分类和符号化,但分类的多义性使得难以产生一致的正确解译结果。

在分类体系层面,空-天-地一体化传感网络提供的海量多源数据在提升地表观测维度的同时凸显了天然地物的多义性。从这些数据中,各领域研究人员可以根据专业需求提取感兴趣信息,构建内部语义一致的分类体系,并建立与之对应的数据库。但不同领域科学问题出发点不一,研究者存在主观认知差异,导致各分类体系中地理对象的描述存在差别。由此建立的样本集在样本类别定义(命名、语义)、层级及兼容性等方面有较大差异,样本集的开放性与可扩展性不足,难以支撑多样本集间的数据共享与综合利用[9],使得地物解译结果受到影响。以土地为例,农艺师根据地表覆盖将土地划分为山坡草地,同时林业专家可能根据地形、地貌等特征将其规划为宜林地,由此引发该地规划用途与实际利用不一致的问题。

在分类过程中,神经网络和深度学习使解译效率提升,通用性增强,但能够兼顾天然地物与人工地物解译的算法仍待发展。在遥感解译中,地物主要可以分为天然地物和人造地物。人工地物是具有确定性的几何维目标(如形状规则的农田、标准长度的跑道及符合规划的园林地等),通过目标提取及变化检测算法能够获得确定性的解译结果[10];而天然地物一般是具有不确定性的分形目标(例如天然植被分布、介于 2~3 维之间的地形、形态符合分形理论[11]的海岸线等),是影像解译结果中不确定性的主要来源。现有解译方法普遍面向天然地物或人工地物之一,而不能二者兼顾。因此,在保证精度的同时考虑天然地物与人工地物特征的差异性是影像解译中的一个难题。

如何回归遥感影像本源,通过影像描述来解决语义歧义问题,兼顾天然地物和人工地物之间的特征差异,实现地表目标正确分类是万物互联时代地球空间信息学面临的挑战之一。

12.2.3　如何用时空大数据挖掘人与自然的复杂关系

万物互联时代,人们应把注意力从地球空间信息科学转移到更高层次的地球空间认知科学,利用时空大数据回答人与自然的关系,分析和挖掘人类与自然之间存在的各种空间、因果关系和发展趋势,找出其中的模式、规则和知识,这是地理学的本源任务。在研究中,应以地球空间信息学为研究手段来解决人类社会可持续发展问题和人与自然的关系问题。人口、资源、环境和灾害是当今人类社会发展所面临的四大问题[12]，地球空间信息学能够为解决这些问题提供数据及模型的支撑。例如，随着遥感卫星的多源化，室内外导航定位高精度化与空间分析方法的进步，人类活动信息的获取应更加精确而全面地反映时空分布的动力学特点。

在人类活动数据的支持下，为实现人地关系的和谐，人类需要尽可能掌握自然资源的分布状况及其变化规律，并研究其对人类活动响应的机理[13]。尽管各地已经建设并形成"一张图"等体系来进行自然资源及生态环境的宏观把控，但对于自然资源及生态环境的监测及保护问题，仍需要实现真三维、高时空分辨率的数字孪生，才能作出科学而及时的反馈。

进入万物互联时代后，人类对地球空间感知的能力和时效性得到了提升，地面系统中接入的物联网传感器类别和数量发生巨大变化，对数据流、信息流的实时处理需求迈上了新的台阶。在信息爆炸、万物互联互通、智慧协同的情况下，如何通过地球空间信息学的研究来加深对人与自然复杂关系的理解是一个巨大的挑战。

12.3　万物互联时代地球空间信息技术的特点

在万物互联时代，地球空间信息学逐渐从系统孤立走向联合，从信息分离走向融合，从事后服务逐渐走向即时服务与预报。万物互联时代推动空天信息产业从专业服务走向大众化和个性化。以下将介绍万物互联时代地球空间信息技术的五个特点。

12.3.1　定位技术从 GNSS 和地面测量走向无所不在的 PNT 服务体系

定位导航定时（PNT）服务是美国最先提出来的，我国的 PNT 服务以北斗等 GNSS 及其增强系统为主体，向用户提供实时动态、时空定位和授时服务。该服务集地理空间信息、社交网络、云计算和互联网应用于一体，成为"大数据、智能化、无线革命"新时代的核心要素与共用基础[14]。其应用需求和服务深入国民经济和国防安全的各个领域，并逐渐从事后走向实时，从静态走向动态，从粗略走向精确，从室外走向室内，从陆地走向海洋，从区域走向全球。

我国的北斗卫星导航系统现有 45 颗卫星在轨运行。与美国 GPS 相比，北斗提供短报文服务，一次可传送多达 240 个字节（120 个汉字）的信息，其中北斗三号已达到 1000 个汉字。北斗采用 B1/B2/B3 三个频率调制信号和星基 PPP 技术，对于厘米级以上的高精度导航定位（载波相位整周模糊度解算）具有重要意义。北斗采用了高轨同步卫星（GEO）、中轨卫星（MEO）和倾斜同步轨道卫星（IGSO）相结合的轨道方案，对于亚太低纬地区的导航定位均比 GPS 有优势。可以说，北斗是全球唯一在一个体系下，同时提供星座标准服务、天基广域增强、天基精密单点增强、地基增强 PNT 服务的导航系统。例如，在电动自行车上装一个带北斗地基增强和 5G 通信功能的导航芯片，可以 0.5m 精度将连续运动轨迹上传至公交管理部门，实现电动自行车的安全运营和智能管理。

智能手机内置了加速度器、陀螺和磁力计组合的多种传感器和定位接收器，在室内等封闭区域能够达到 2～5m 的定位精度。随着应用需求的不断更新，想要实现 1m 或亚米级高精度室内外一体化导航定位，还需要光学传感器、音视频等声光电场传感器的协助（图 12.1）。与之类似的需求也存在于其他生活方面，如精准医疗及护理、疫情期间的安全距离自动感知、公共安全与大健康产业。

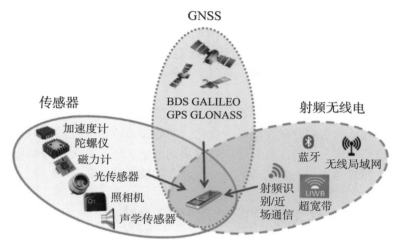

图 12.1　智能手机中的内置传感器和 RF

武汉大学陈锐志团队自主研制的音频定位系统（Acoustic Positioning System，APS）（图 12.2）实现从定位信号设计、芯片、定位模组、定位标签、定位基站等全链条硬件解决方案和跨系统、跨平台的软件解决方案。其测距精度 0.1~0.4m，兼容智能手机，用户容量无限制大众应用易推广，可支持微信小程序，同步精度要求低，建维成本低，与射频信号互不干扰，综合性能优于美国超宽带 UWB 技术。

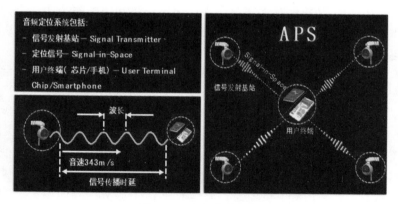

图 12.2　音频定位系统

北斗+5G 手机室内定位是 5G 智能终端侧定位，它利用下行链路信号，优点是利用手机单天线，成本低、低功耗，不需要专用定位信号，节省通信资源，用户容量无限制，更适合应急环境，自行解算，保护自身位置信息。商用 5G 室内定位是基于信道状态信息（CSI）定位，精度为 0.6~1.5m，还可以对行人摔倒行为识别。

智能感知定位及测姿集成系统加上高精导航地图和车路协同可实现智能驾驶或无人驾驶。车路协同的智能化，是实现智能驾驶和自动驾驶的关键。要将智能传感器尽可能放在路上，为所有车辆共享；放在路上的智能传感器至少应当包括保证车辆高精度、高完好率连续导航的增强系统；将路上给驾驶员看的交通标志改为车用智能终端可接收的信号；记录路上人、车、物状态的传感器，如视频、测速雷达等。放在车辆上的智能感知、定位、定姿传感器和智能驾驶脑要做到价廉物美、安全可靠。

无所不在的 PNT 服务的进一步发展是通-导-遥一体化的空天信息实时服务系统（PNTRC）。空天信息实时智能服务系统实现卫星遥感、卫星导航、卫星通信与地面互联网的集成服务，支持军民用户在任何地方、任何时候的信息获取、高精度定位授时、遥感与多媒体通信服务，形成完整的卫星制造、发射、应用产业链。通过天地互联网网络提供快速遥感（视频）增值服务和天地一体遥感数据在轨实时处理和天地一体移动宽带通信服务（Communication），增强了 PNT 服务内容，提升了信息传输效率。可实现卫星遥感、卫星导航、卫星通信与地面互联网的集成服务，支持全球用户在任意时间地点的实时信息获取、高精度定位授时与多媒体通信服务，并带动形成互联网+天基信息实时服务的新兴产业[15]。

12.3.2 遥感技术从孤立的遥感卫星走向空-天-地传感网络

目前我国的卫星在气象、环境监测、资源管理等专业领域，都能提供数据支持和服务帮助，但数据及服务体系的不同导致导航、通信、遥感等服务系统联合应用成为难题。在人工智能的背景下，各类信息系统可以人脑的方式被组织和应用，对地观测脑（Earth Observation Brain，EOB）作为一个能够模拟人脑认知过程的智能地球观测系统，可以实现以下三个过程的自动化：①海量空间数据的获取、组织与存储；②智能化的空间数据处理、信息提取与知识发现；③空间数据驱动应用[16]。

珞珈三号 01 星是世界上第一颗基于天地互联网的智能试验卫星。用户通过手机移动终端、卫星地面站、中继站、中继卫星向智能遥感卫星发送观测任务请求，并通过该链路反向通道接收在轨处理后卫星数据和信息，实现天地互联网卫星遥感的实时服务（B2C）。珞珈三号 01 智能遥感卫星主要由视频相机、智能处理单元、X 数传、K_a 中继、平台综合电子（含 X 测控、星务、GNSS 接收机）、姿轨控、供配电等组成。该卫星有三种成像模式：凝视视频成像模式（动态视频），面阵推帧成像模式（静态图像）和面阵 CMOS 数字TDI 推扫成像模式（长条带）。地面云中心是支撑智能遥感卫星系统为用户提供端到端服务的地面系统核心，功能包括：响应用户手机请求、智能调度星座任务、派送用户需求订单，接收卫星处理影像，反馈用户需求结果；支持实时遥感影像订单服务、历史影像订单服务，支持影像智能处理，支持星载 APP、地面 APP、终端 APP 管理。卫星借鉴智能手机设计模式，采用高性能硬件处理平台，在星上设计了开放的软件平台，包括基础操作系统环境、用户 API 函数接口、图像处理基础库、深度学习软件框架等，支持在轨扩展用户或第三方设计开发的智能处理 APP（类似于智能手机安装 APP）。卫星支持星上自主任务规划,用户只需要向卫星发送目标点经纬度、数传窗口等信息,卫星可自主完成成像任务规划、影像获取、在轨处理、图像下传等。卫星设计了专门用于 APP 在轨上注的高速上注通道,支持 APP 软件在轨快速上注,支持 APP 在轨安装、运行、卸载、更新等操作,通过丰富星载 APP 可以不断拓展卫星的影像信息服务能力(图 12.3)。

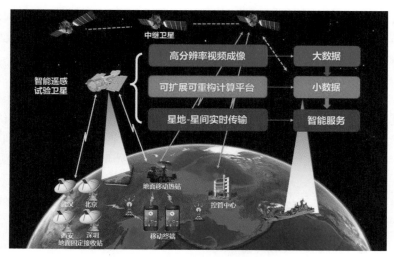

图 12.3　智能遥感卫星珞珈三号

珞珈三号 01 星的智能化特点是星上嵌入式 GPU 集成处理平台。在轨处理的基本模块是 ROI 定位、传感器校正、影像几何纠正和视频稳像,智能处理算法模块 APP 包括云检测、目标检测、变化检测、动目标检测、图像压缩和视频压缩。在轨计算功能还包括语义分割、场景分类、专题信息提取、控制点匹配、时空数据融合和三维重建等。卫星发射后可为国家自然科学基金委员会的相关科研项目提供在轨软件验证平台。

珞珈三号 01 智能遥感试验卫星于 2023 年 1 月 15 日由长征二号丁(Y71)运载火箭采用拼车(一箭 14 星)方案发射,发射地点为太原卫星发射中心。本项目采用 X 频段扩频测控体制,卫星测控方面,入轨及飞控期间测控将引入商业测控来保证,长期运行期间可由武汉大学测控站及西安恒星测控站来支持。

对地观测脑、智慧城市脑和智慧终端(手机、汽车等)脑的出现是人工智能、脑认知和对地观测技术在大数据时代集成与融合的必然结果,能够推动地球空间信息的智能化发展和应用。

12.3.3　地理信息服务从地图数据库为主走向真三维实景和数字孪生

实景三维模型能够在展示地物位置的同时精确描述地物的三维几何信息及其语义属性,可以对相邻地物的空间关系按需精确表达[17]。三维重建引擎如 G-Engine 等为"智慧城市"和"数字孪生"构建等打下了坚实的基础,目前在文物古迹的三维建模及可视化、实景三维示范区建设等方面已有较多应用。如云冈石窟的三维建模及可视化,是全球首次大体量高浮雕洞窟的整体超高精度三维重建。3D 智慧深圳模型（图 12.4）实现了"一图全面感知，视图融合"，能够融合实时视频与真三维地理信息，并进行大型事件应急处理，初步实现了在虚拟空间构建城市大脑的设想。

图 12.4 "智慧龙华"三维综合展示平台界面

数字孪生城市通过构建城市物理世界、网络虚拟空间的一一对应、相互映射、协同交互的复杂巨系统，在网络空间再造一个与之匹配、对应的"孪生城市"，实现城市全要素数字化和虚拟化、城市全状态实时化和可视化、城市管理决策协同化和智能化，形成物理维度上的实体世界和信息维度上的虚拟世界同生共存、虚实交融的城市发展格局，是数字孪生技术在城市层面的广泛应用（图 12.5）。

图 12.5 基于数字孪生的智慧城市

数字孪生（Digital Twin）通过物联网、GIS、5G/6G、实景三维模型、BIM 等技术将城市及其中的人、物、事件等要素数字化，在网络空间中建造一个与之完全相对应的"虚拟城市"。通过云计算、人工智能和大数据分析技术，可对城市发展进行态势洞察和科学决策，将获取的信息反向作用于现实城市，实现"以虚控实"，进而形成具有深度学习能力、迭代进化能力和虚实交融的城市发展格局。

在数字孪生城市中，基础设施(水、电、气、交通等)的运行状态，市政资源(警力、医疗、消防等)的调配情况，人流、物流和车流的安全运控，都会通过传感器、摄像头、数字化子系统采集出来，并通过包括 5G、北斗在内的物联网技术传递到云端和城市的管理者。基于这些数据及城市模型可以构建数字孪生体，从而更高效地管理城市。

在数字孪生世界中，传统的 4D 产品将上升为真三维实景数据产品，即地理实体。地理实体是现实世界中具有共同性质的自然或人工地物，是具有社会意义和经济意义的地理单元，可基于本体论，通过语义格网加以描述，形成知识图谱。利用 LOD 来取代比例尺对地理实体进行组织管理。

实景三维建设硬软件必须自主可控，包括实景三维采集装备，数据处理相关软件，数据组织管理软件和海量数据可视化云渲染平台。大飞机、无人机、移动测量车和便携式扫描仪组成的空地光学与 LiDAR 的融合可获得 2~3cm 高精度真实景三维模型。实景三维数据处理的技术挑战是：大角度偏差导致像素特征变化较大；航带多，航带乱，整体空三和影像匹配困难；照片数量多，整体稳定和可靠解算难，计算消耗大；非量测相机内部参数的不稳定，解算难；超高像素分辨率下物体运动干扰更明显，如车辆移动、风吹树动等；不同源、不同参数模型的多源数据融合，特别是影像与点云的联合建模有较大难度；现有 4D 产品数据转换为地理实体时如何表达等。实景三维数据组织管理难点是：不同类型数据存储在不同的数据库中，数据如何关联；实体间关系类型繁多，如何存储才能实现高效检索；如何实现按需组装达到一库多能。大规模实景三维可视化难题是：数据量大，对展示端的硬件要求高；信息丰富且几何精度极高，数据保密要求高；时空多元几何信息与属性信息关联查询如何智能化等。真三维实景底座与物联网时空大数据关联融合，是建设数字孪生世界的关键。合理处理数据保密与充分利用的矛盾是万物互联时代必须解决的问题。构建分级分类保护、定向授权的安全可控管理体系，利用实时非线性保密处理和局部拟合技术，真正实现专业数据、二维、三维、影像等多源数据的"一张图"管理。各类地理测绘获得的原始数据，根据《中华人民共和国测绘法》可由有资质的单位来管理。需要原始数据的政府和行业用户，可通过内网来保障数据管理和使用安全。简化数据内容后可提供外网服务，为保护知识产权，通过 5G/6G+云端处理，来解决原始数据管理和服务间的矛盾。系统在云端操作和加工，为用户端提供相对精度高的瓦片数据而不需要传送原始绝对坐标值等地理测绘数据，从而实现在线服务和安全管理。

12.3.4　3S 集成从移动测量发展到智能机器人服务

智慧城市的建设需要从室外到室内、从地上到地下的真三维高精度建模与及时更新，移动测量在其中有着重要作用。移动测量需要引入模式识别和人工智能技术等相关学科的先进知识[18]。随着人工智能技术的发展，移动测量的内涵得到了新的解释，其应用范围逐步扩大，逐渐向智能机器人测量转换[19]。

不断涌现的新传感器能够为机器人即时定位与地图构建(SLAM)提供更精确的细节信

息，进而提升移动测量精度及效率[20]，使机器人在多种场景下实现自主导航。机器人可以使用 3D-SLAM 技术和多个传感器来实现冗余定位、定姿和环境感知，使用高精度地图和智能路径规划来完成自主运动。感知传感器+组合导航+高精度地图，实现多传感器融合，以及高可靠、精准定位和智能驾驶。

例如，电力巡检机器人能够实现对变电、输电、配电设备进行全天时、全方位、全自主智能巡检和安全防护，包括自动巡逻、智能读表、图像识别、红外测温、实时视频回传等功能，以人工智能先进化手段代替传统人工完成电站巡检及设备查明工作，降低人员安全风险，保障电网本质安全，提升电网智能化巡检技术水平(图 12.6)。

图 12.6　电力巡检机器人

再如，立得空间无人化运输装备，在国防物资运输、伤员转运、应急搜救等多个领域得到应用。该无人运输车在战场环境中快速装载物资，自动绕行危险区域，自主选择最优路径，在最短时间内将物资运送到安全区域，最大程度地减少伤亡，提升物资及人员的运送效率。

无人机与移动测量车组网集群系统包含了移动测量车和无人机设备，无人机放在车辆后备箱中，车内配备了两台高性能计算机，一台用于实时监控无人机数据，另一台用于实时监控车载采集数据。作业时将车辆开到指定区域，将无人机展开升空，采集过程中因为地面物体遮挡导致车辆无法采集的地方，可用无人机从空中进行同步采集，达到面向城镇三维无缝全息时空信息精准快速获取。

移动测量的概念不断发展，正在从移动测绘、地理信息获取的应用范畴扩展出各种新的应用模式(协同感知)，新的行业形态(智能互联)需求使其在构建智慧地球和智慧城市的大数据时代面临更多的发展机遇。

12.3.5　学科研究范围从对地观测走向物联监测和对人类社会活动的感知

长期以来，地球空间信息学的主要任务是通过测绘遥感等对地观测手段感知各种自然资源，研究和预测其分布状况及空间变化趋势。万物互联时代，利用无所不在的传感器，特别是夜光遥感和智能手机等手段获得的时空轨迹大数据，人们可以聚焦研究反映人类活动轨迹、分布状况及迁移趋势的社会学问题。将自然环境及社会经济活动的研究有机结合，能够更好地揭示人类活动与环境之间的联系，协调人与自然的可持续发展。

1. 夜光遥感及其社会经济学应用

多时相夜间灯光遥感反演区域经济发展实时态势信息，可开展如下研究。①遥感经济发展指数体系：研究遥感经济发展指数体系，包括但不限于经济发展指数、经济未来发展指数。②省市区域经济发展遥感监测：利用时间序列遥感影像监测全国不同省份、不同城市的遥感经济发展指数变化，比较不同区域的经济发展差异的影响，为后续差别经济政策的制定提供依据。③产业集群经济发展遥感监测：利用时间序列遥感影像监测全国主要不同工业园区的夜间亮度变化，分析不同产业集群受到疫情冲击的程度和差别，为后续不同工业园区的恢复提供政策制定依据。④重大决策遥感社会经济评估：分析特大城市夜间灯光的变化规律，评估重大决策对社会经济的影响。表 12-1 列出了夜光遥感在社会经济学中的典型应用，图 12.7 通过比较 2010—2018 年夜光遥感数据，一目了然地揭示了武汉的城市扩张。

表 12-1　　　　　　　　　　　　　　　**夜光遥感的典型应用**

应用类型	实例	采用数据	实际精度
GDP 分析	2012 年中国夜间灯光与 GDP 之间的相关性分析	NPP_VIIRS	相关系数(R^2)0.8702
人口分析	基于人口普查与多源夜间灯光数据的海岸带人口空间化分析	NPP_VIIRS/DMS P_OLS	相关系数(R^2)0.785/0.798
电力能耗分析	2012 年中国夜间灯光与电力能耗之间的相关性分析	NPP_VIIRS	相关系数(R^2)0.8961
碳排放分析	全球灯光分布与二氧化碳排放量相关性分析	DMSP_OLS	相关系数(R^2)0.73
城市扩张分析	基于夜间灯光数据的长江三角洲地区城市化格局与过程研究	DMSP_OLS	各城市提取误差基本在 7% 内 平均误差为 0.51
城市化分析	基于夜间灯光数据的中国城镇变化分析	DMSP_OLS	面积提取符合度大部分 > 75%
贫困分析	基于夜光遥感数据的世界贫困地图	DMSP_OLS	相关系数(R^2)0.7217

夜光遥感的一个成功应用例子是评估叙利亚内战态势。使用美国 DMSP_OLS 月产品监测叙利亚的夜间灯光变化，并通过对归一化的多时相夜光图像进行聚类分析，揭示了夜光的时空分布模式(图 12.8)[21]，进而发现夜间灯光数据揭示出战乱导致的人道主义灾

2010年的国际空间站影像

2018年的"珞珈一号"影像

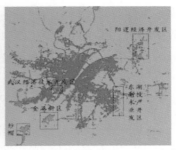
武汉市城市扩张图（2010—2018年）

图 12.7　夜光遥感分析武汉城市扩展

难，这些信息可以成为监测人道主义危机(例如叙利亚发生的危机)的有效支撑。同样的方法也已经用来监测难民营的夜晚灯光变化，及时为联合国难民救助提供信息。

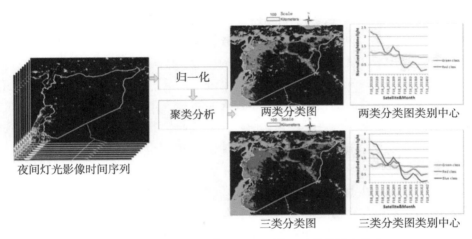

图 12.8　归一化时间序列夜间光照图像得出的类图和类中心

2. 通过手机传感器数据的公共疫情防控服务体系

通过获取手机传感器数据如低功耗蓝牙技术(Bluetooth Low Energy，BLE)，能够使用 Wi-Fi 指纹定位得到室内位置，进而精准跟踪病毒传播途径[22]。通过在网络空间建设基于时空大数据的国家级疫情防控服务体系，避免大范围隔离，构建常态化疫情防控服务体系。

"北斗+高精度室内定位"可实现室内外一体的亚米级定位精度，"北斗+5G"可显著提升公共疫情发生时资源调配精准性，所提供的时空位置姿态大数据为健康中国战略提供世界一流技术支撑，在网络空间建设基于时空大数据的国家级疫情防控服务体系，实现疫情安全距离自动感知。利用"疫情踪"APP 在手机上自动生成健康卡。2020—2021 年李德仁院士牵头、联合 17 位院士完成中国工程院重大咨询项目"大疫情后常态化的基于时空位置大数据的公共疫情防控服务体系",被列为 2022 年中国工程院院士 1 号建议。智能手机大数据的上下文思维引擎,能自动理解老人每日的独立活动,进行心理学、生理学和行为学分析,支持大健康和养老事业。

12.4　智慧互联时代地球空间信息学发展需要解决的三大科学技术问题

12.4.1　测绘学科如何服务人与机器人共同的需求

同时满足人类与机器人的需求应根据不同应用场景构建完善的设施体系和基础数据库。以车辆驾驶为例,车辆驾驶目前可分为 5 个阶段:初始为高级辅助驾驶(ADAS),以人驾为主,有偏离及碰撞提示;第二级为特定功能辅助,能够实现定速巡航、自动紧急刹车等功能,但依然需要手动操作配合;第三级为组合功能辅助,可以实现自动泊车、车道保持等固定操作;第四级为高度自动驾驶,即人工智能驾驶,但用户随时可以接管驾驶权;第五级则能够结合用户需求,由机器人接管人类进行驾驶[23]。

随着智能驾驶技术的日益精进与应用范围的扩增,传统的地图绘制标准需要进行改革与扩充,车辆与道路上的配套设施也应根据需求进行更新。新一代的地图产品与配套设施应能够同时满足人与机器人的共同需求,不仅人能够看懂,机器人通过信号的获取也要能够理解相应的信息,如通过颜色、声音、信号等方式向机器人提示,使其进行对应操作。从传统符号上升到符号加信号,在满足人类可视化需求的同时满足机器人也能够获得对应指示。

要实现这个目标,在改进地图绘制技术的同时,还需要车辆与道路的智能协作[24]。通过高精度地图、导航与移动测量技术,结合车载摄像头的运动测量技术,能够在联网状态下,实现车车通信、车路协同决策和智慧云控的功能(图 12.9)。

12.4.2　遥感影像解译的机理及本体数据库语义描述技术

突破遥感影像解译的技术瓶颈需要整合现有的分类规则,从基于不同规则的分类体系到满足各类需求的遥感共享本体库的描述,完成从符号化分类为主体的地图,到真三维实景加本体库下语义描述的新产品的跨越。无论自然地物或是人造地物,其分类和标识可能由于各领域需求及研究者认知差异而有所不同,但其语义并不会因所处分类体系不同而产生变化。从多源数据中基于本体语义构建数据库能够从机理层面实现对地理实体对象的描述,建立能够在各个领域应用的共享本体库。其中,由符号组成的地图将逐渐使用 VR、AR、IR 技术进行语义描述,实现真实三维景观可视化。

使用本体数据库和语义描述方法进行基于语义本体的语义构建,使遥感影像的解译从二维逐渐转向三维实景及变化检测过程中的解译。对于现有地物影像及三维实景地图,结

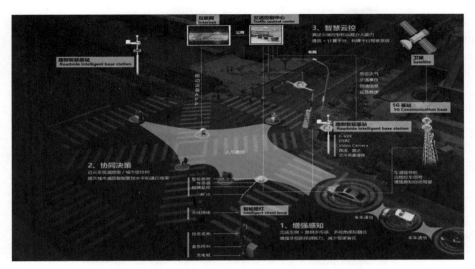

图 12.9   车路协同系统示意图

合分形学思想，融合多源数据，构建数据立方体，实现对于天然目标及人工目标的解译，实现从分类体系到语义本体的转换，并将解译成果应用到城市规划、环境评价及人地关系的研究中。以新一代三维地理信息平台在新型基础测绘中的应用成果为例，在同一个场景中，可以对 4D+数据、实时全景视频、三维实景测量数据、LOD 模型、室内精细模型和BIM、地质层、三维管线、水域环境、动态要素等进行一体化的数据存储与组织，形成知识图谱，可实现可视化展示、解译、动态分析与应用。这种变革将有利于人工智能在地球空间信息学中的应用。

12.4.3   从空间感知走向空间认知

随着空-天-地一体化对地观测体系的建立，遥感及地理信息数据的体量呈现指数级别的增长。通过时空大数据挖掘技术，对地观测脑可以进行多源信息的整合与分析[25]，将地理信息系统转变为基于地理计算的信息地理学，实现从定性到定量的跨越，从感知到认知的飞跃，回答人与自然之间多种科学问题。

结合对地观测技术与人工智能技术，可以构建不同尺度的时空人工智能体系(图12.10)。从微观测度，通过手机、笔记本、智能汽车等智能终端能够采集个体信息，智能终端脑可以集成和分析得到微观尺度上"人-车-物"等个体的分布情况、运行轨迹和趋势，研究人的行为学和心理学，开发智能驾驶脑和各类测量机器人。在中观测度上，构建数字孪生的智慧城市、智慧交通、智慧公安、智慧健康、"一张图"及"一平台"等智慧社会脑，能够对建筑空间、城市及社会发展的轨迹进行分析与归纳，辅助进行城市规划、资源调度、应急管理等[26]。在宏观测度上，各国对天对地观测脑的建立，能够集成空、天、地、海的多源、多角度信息，实现国家、全球乃至太空的联通。通过时空大数据和人工智

745

能方法的空间感知和认知，研究人类与自然的关系，分析人口、资源、环境及灾害的分布状况，诱因以及治理办法。通过多尺度人工智能体系的建立，对于人类与自然关系的理解将上升到一个新的层面，对当下许多全球问题能够获得新的解决方案，从而为人类社会的可持续发展作出新的贡献。

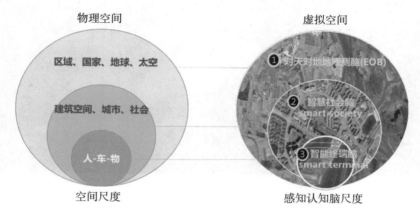

图 12.10　不同尺度下时空人工智能体系构建图

12.5　结论与展望

万物互联时代是数字孪生的时代，以测绘遥感地理信息技术为代表的地球空间信息学将发展到一个全新的智慧新高度。时空基准与导航定位将发展为无所不在的 PNT 和 PNTRC，传统的对地观测卫星系统将构成通-导-遥一体化的对地观测脑，GIS 将从二维地图数据库扩展到室内外一体化真三维实景模型和多 LOD 的地理实体数据库，移动测量系统将变成移动测量机器人，地球空间信息学将从对地(自然)观测走向对人类活动的感知与认知。面对万物互联时代数字孪生技术和人工智能技术发展的新形势，地球空间信息学面临新的挑战，其中至少包括：①测绘学科如何服务人与机器人的共同需求？②遥感影像解译机理是什么？如何突破实现技术的瓶颈？③如何利用时空大数据挖掘人与自然的关系，从空间感知走向空间认知？

展望未来，希望学界专家同仁，特别是年轻一代，发挥大智慧，抓住新机遇，充分利用万物互联时代地球空间信息学的技术特点，努力解决好新提出的科学和技术问题，推动地球空间信息学的发展。在智慧地球时代，我们可以在宏观、中观和微观尺度上作出时空大数据空间感知和认知的巨大贡献！

(本章作者：李德仁)

◎ 本章参考文献

［1］ 李德仁. 展望大数据时代的地球空间信息学［J］. 测绘学报, 2016, 45（4）: 379-384.

［2］ 李德仁, 丁霖, 邵振峰. 面向实时应用的遥感服务技术［J］. 遥感学报, 2021, 25（1）: 15-24.

［3］ Gunther O, muller R. From gisystems to giservices: spatial computing on the Internet Marketplace［M］//The Springer International Series in Engineering and Computer Science, 1998.

［4］ Yang Y X, Liu L, Li J L, et al. Featured services and performance of BDS-3［J］. Science Bulletin, 2021（20）: 2135-2143.

［5］ Ding Q, Shao Z F, Huang X, et al. Monitoring, analyzing and predicting urban surface subsidence: A case study of Wuhan City, China［J］. International Journal of Applied Earth Observation and Geoinformation, 2021, 102（6）.

［6］ Cai B, Shao Z F, Fang S H, et al. Finer-scale spatiotemporal coupling coordination model between socioeconomic activity and eco-environment: A case study of Beijing, China［J］. Ecological Indicators, 2021, 131: 108165-108165.

［7］ Dou M G, Chen J Y, Chen D, et al. Modeling and simulation for natural disaster contingency planning driven by high-resolution remote sensing images［J］. Future Generation Computer Systems, 2014, 37.

［8］ Xu X D, Tong T, Zhang W, et al. Fine-grained prediction of $PM_{2.5}$ concentration based on multisource data and deep learning［J］. Atmospheric Pollution Research, 2020, 11（10）.

［9］ 龚健雅, 许越, 胡翔云, 等. 遥感影像智能解译样本库现状与研究［J］. 测绘学报, 2021, 50（8）: 1013-1022.

［10］ Gong J Y, Ji S P. Photogrammetry and deep learning［J］. Journal of Geodesy and Geoinformation Science, 2018, 1（1）: 1-15.

［11］ Mandelbrot B B. How long is the coast of Britain? Statistical self-similarity and fractional dimension［J］. Science, 1967, 156（3775）: 636-638.

［12］ 李德仁. 地球空间信息学的使命［J］. 科技导报, 2011, 29（29）: 3.

［13］ 胡焕庸. 论中国人口之分布［M］. 北京: 科学出版社, 1983.

［14］ 杨元喜, 杨诚, 任夏. PNT 智能服务［J］. 测绘学报, 2021, 50（8）: 1006-1012.

［15］ 李德仁, 沈欣. 我国天基信息实时智能服务系统发展战略研究［J］. 中国工程科学, 2020, 22（2）: 138-143.

［16］ 李德仁. 脑认知与空间认知——论空间大数据与人工智能的集成［J］. 武汉大学学报（信息科学版）, 2018, 43（12）: 1761-1767.

［17］ 李德仁. 展望 5G/6G 时代的地球空间信息技术［J］. 测绘学报, 2019, 48（12）: 1475-1481.

[18] 张广运，张荣庭，戴琼海，等 . 测绘地理信息与人工智能 2.0 融合发展的方向 [J]. 测绘学报，2021，50（8）：1096-1108.

[19] 闫利，陈宇，谢洪，等 . 测量机器人的关键技术与研究方向 [J/OL]. 测绘学报，1-11 [2021-09-29]. http：//kns. cnki. net/kcms/detail/　11. 2089. P. 20210813. 0847. 001. html.

[20] Di K C. Progress and applications of visual SLAM [J]. Journal of Geodesy and Geoinformation Science，2019，2（2）：38-49.

[21] Li X，Li D. Can night-time light images play a role in evaluating the Syrian Crisis? [J]. International Journal of Remote Sensing，2014，35（17-18）：6648-6661.

[22] Shubina V，Holcer S，Gould M，et al. Survey of decentralized solutions with mobile devices for user location tracking，proximity detection，and contact tracing in the COVID-19 Era [J]. Data，2020，5（4）：87.

[23] 王科俊，赵彦东，邢向磊 . 深度学习在无人驾驶汽车领域应用的研究进展 [J]. 智能系统学报，2018，13（1）：55-69.

[24] 刘经南，詹骄，郭迟，等 . 智能高精地图数据逻辑结构与关键技术 [J]. 测绘学报，2019，48（8）：939-953.

[25] 李德仁，王树良，李德毅 . 空间数据挖掘理论与应用 [M]. 北京：科学出版社，2013.

[26] 张继贤，李海涛，顾海燕，等 . 人机协同的自然资源要素智能提取方法 [J]. 测绘学报，2021，50（8）：1023-1032.